Spur
Krause   CAD-Technik

Günter Spur
Frank-Lothar Krause

CAD-Technik

Lehr- und Arbeitsbuch
für die Rechnerunterstützung
in Konstruktion und
Arbeitsplanung

mit 689 Bildern

Carl Hanser Verlag München Wien

CIP-Kurztitelaufnahme der Deutschen Bibliothek

Spur, Günter:
CAD-Technik: Lehr- u. Arbeitsbuch für d. Rechnerunterstützung in Konstruktion u. Arbeitsplanung /
Günter Spur; Frank-Lothar Krause. – München; Wien:
Hanser, 1984. –
ISBN 3-446-13897-8
NE: Krause, Frank-Lothar:

Dieses Werk ist urheberrechtlich geschützt.
Alle Rechte, auch die der Übersetzung, des Nachdrucks und der Vervielfältigung des Buches oder Teilen daraus, vorbehalten. Kein Teil des Werkes darf ohne schriftliche Genehmigung des Verlages in irgendeiner Form (Fotokopie, Mikrofilm oder einem anderen Verfahren) auch nicht für Zwecke der Unterrichtsgestaltung – mit Ausnahme der in den §§ 53, 54 URG ausdrücklich genannten Sonderfälle –, reproduziert oder unter Verwendung elektronischer Systeme verarbeitet, vervielfältigt oder verbreitet werden.

© Carl Hanser Verlag München Wien 1984
Satz und Druck: Georg Appl, Wemding

Printed in Germany

Vorwort

Für die industrielle Produktion erhält die CAD-Technik eine zunehmende Bedeutung. Konstruktion und Arbeitsplanung werden durch Rechnerunterstützung nachhaltig beeinflußt, so daß eine strukturelle Veränderung der Arbeitsorganisation zu erwarten ist. Durch die integrative Wirkung der rechnerorientierten Informationstechnik wird das Tätigkeitsfeld der Konstrukteure und Arbeitsplaner weiterentwickelt. Neue Erkenntnisse und Erfahrungen zur Produktgestaltung können besser und schneller verwirklicht, die Durchlaufzeiten eines Entwicklungsauftrages verkürzt werden.
Die Ziele und Wirkungen der CAD-Technik lassen sich allerdings nur dann optimal erreichen, wenn auf der Grundlage einer intensiven Forschung und Entwicklung die erforderlichen Kenntnisse von den potentiellen Anwendern erworben werden.
Das vorliegende Lehr- und Arbeitsbuch will die Rechnerunterstützung in der Konstruktion und Arbeitsplanung fördern. Es soll sowohl einen Einblick in die rechnerbezogenen Arbeitsgebiete der Konstruktionsforschung vermitteln, als auch die Komplexität dieser neuen Arbeitstechnik durch Einschluß der grafischen und geometrischen Datenverarbeitung verdeutlichen. Das Buch will dem Praktiker und Anwender von CAD-Systemen, aber auch dem Programmentwickler und Ingenieurwissenschaftler einen systematischen Überblick über dieses junge Fachgebiet ermöglichen. Dem Studierenden soll es als Einführung in eine zukunftsweisende Technologie dienen, die unverzichtbar zu einem fortschrittlichen Ingenieurstudium gehört.
Das Buch versucht einen möglichst breiten Stoffumfang zu erfassen, ohne dabei spezielle Kenntnisse vorauszusetzen. Es will sowohl das Grundwissen verfeinern, als auch die angewandten Methoden und Hilfsmittel zur rechnerunterstützten Konstruktion und Arbeitsplanung erläutern. Ausgehend von einer Deutung der Konstruktions- und Arbeitsplanungsprozesse werden zunächst die Grundlagen der elektronischen Datenverarbeitung, der rechnerinternen Datenorganisation sowie der grafischen und der geometrischen Datenverarbeitung vermittelt. Es folgen die Abschnitte über den Entwicklungsstand der Rechnerunterstützung in Konstruktion und Arbeitsplanung sowie Hinweise für die industrielle Einführung der CAD-Technologie.
Es werden CAD-Systeme vorgestellt und deren Anwendungsbereiche beschrieben. Dies erfolgt sowohl aus der Sicht des Entwicklers als auch aus der Sicht des Anwenders. Das informatische Wissen der CAD-Technik wird konstruktionsorientiert erläutert. Der derzeitige Leistungsstand der CAD-Systeme macht deutlich, daß zukünftig eine verstärkte Zusammenarbeit von Ingenieur und Informatiker eine wichtige Voraussetzung für innovative Erfolge darstellt.
Das vorliegende Buch enthält auch zukunftsorientierte Entwicklungsperspektiven, die eine integrative Ausstrahlung auf die konventionelle Organisation der Konstruktion und Arbeitsplanung beinhalten. Es wird sichtbar, daß eine gezielte Förderung der CAD-Forschung mit einer Systematisierung und Standardisierung sowie mit einer Intensivierung des industriellen Einsatzes eng verbunden ist.
Die inhaltliche Gestaltung des Buches geht auf unsere Vorlesungen an der Technischen Universität Berlin zurück. Sie stützt sich auf langjährige Forschung im Bereich der CAD-Technik am Institut für Werkzeugmaschinen und Fertigungstechnik der Technischen Universität Berlin sowie am Institut für Produktionsanlagen und Konstruktionstechnik der Fraunhofer-Gesellschaft in Berlin.
In umfangreichen und intensiven Forschungsprojekten, die mit öffentlichen und industriellen Mitteln seit 1965 durchgeführt werden, sind vielseitige Ergebnisse erarbeitet worden. Besonders hervorzuheben ist die Förderung durch die Deutsche Forschungsgemeinschaft für die Sonderforschungsbereiche 57 und 203 sowie durch den Bundesminister für Forschung und Technologie und den Senator für Wirtschaft in Berlin.

Rückblickend erweisen die Forschungstätigkeiten und Entwicklungen auf dem Gebiet der CAD-Technik eine langfristige Zielsetzung, die auch durch Technologietransfer gekennzeichnet ist. Von 1965 bis 1983 wurden am Institut für Werkzeugmaschinen und Fertigungstechnik der Technischen Universität Berlin bzw. am Institut für Produktionsanlagen und Konstruktionstechnik der Fraunhofer-Gesellschaft Berlin auf dem Gebiet der Rechnerunterstützung in Konstruktion und Arbeitsplanung rund 140 Studienarbeiten, 170 Diplomarbeiten sowie 33 Dissertationen und 1 Habilitation durchgeführt.

Von den ehemaligen Assistenten promovierten auf dem Gebiet der Werkstückklassifizierung und Formanalyse Kedzierski, Balogh, Mai und Löffler. Über geometrische Modellierung arbeiteten Kurth, Debler, Gausemeier, Lewandowski, Müller, Mayr und Pohlmann. Grundlegende Forschungsprobleme über CAD-Strukturierung bearbeiteten Krause, Greindl, Vassilakopoulos und Nguyen. Im Bereich der rechnerunterstützten Konstruktionsmethodik promovierten Herrmann, Feldmann, Koschnick, Genschow, Weisser und Michaelis. Auf dem Gebiet der rechnerunterstützten Arbeitsplanung forschten Tannenberg, Hahn, Tomczyk, Busselt, Minkmar, Fricke, Auer, Stuckmann, Arndt, Meier, Prager und Schultz.

Für die Mitwirkung an diesem Buch gilt unser Dank den folgenden Mitarbeitern des IWF der TU Berlin und des IPK der Fraunhofer-Gesellschaft: Abramovici, Anger, Banze, Conrad, Daßler, Germer, Gross, Grottke, Hoffmann, Imam, Jansen, Kreisfeld, Kurz, Lehmann, Lutz-Pesko, Meyer, Mina, Münke, Muschiol, Piruzram, Pistorius, Rixius, Schliep, Senbert, Sidarous, Turowski, Vogt und Yaramanoglu.

Für die umfangreiche Unterstützung bei der organisatorischen Bearbeitung danken wir Frau Mina.

Dem Carl Hanser Verlag sei für das großzügige Entgegenkommen bei der Erstellung des Buches gedankt.

Berlin, im Dezember 1983

Günter Spur
Frank-Lothar Krause

Inhaltsverzeichnis

1	**Einführung**	11
1.1	Deutung des Konstruierens	11
1.2	Rechnerunterstütztes Konstruieren	16
1.3	Entwicklung der CAD-Technik	22
1.4	Soziales Umfeld der CAD-Technik	26
	Literatur	29
2	**Grundlagen der Datenverarbeitung**	33
2.1	Einleitung	33
2.2	Grundbegriffe	35
2.3	Datenverarbeitungssysteme	38
2.4	Hardwaresysteme	45
2.4.1	Digitale Schaltungen	45
2.4.2	Zentraleinheit	47
2.4.3	Peripherieeinheiten	50
2.5	Softwaresysteme	52
2.5.1	Anforderungen	52
2.5.2	Softwareentwicklung	54
2.5.3	Einteilung der Software	59
2.6	Aufbauarten von Rechnersystemen	63
	Literatur	72
3	**Aufbau von CAD-Systemen**	74
3.1	Allgemeines	74
3.2	Deutung von CAD-Systemen	78
3.3	Hardwarespezifische CAD-Komponenten	82
3.4	Softwarespezifische CAD-Komponenten	91
3.5	Benutzerspezifische CAD-Komponenten	95
	Literatur	113
4	**Datenorganisation in CAD-Systemen**	115
4.1	Allgemeines	115
4.2	Rechnerinterne Darstellung von Objekten	119
4.3	Datenbanksysteme	132
	Literatur	140
5	**Grafische Datenverarbeitung**	142
5.1	Allgemeines	142
5.2	Grafische Daten	145
5.3	Grafische Datenverarbeitungssysteme	148
5.4	Software für die grafische Datenverarbeitung	150
5.5	Eingabe grafischer Daten	154
5.6	Ausgabe grafischer Daten	160
5.7	Dialog mit Grafiksystemen	164
	Literatur	167

6	**Geometrische Datenverarbeitung**	169
6.1	Allgemeines	169
6.2	Geometrische Objekte	171
6.2.1	Analytisch beschreibbare geometrische Objekte	171
6.2.2	Analytisch nicht beschreibbare geometrische Objekte	183
6.3	Rechnerische Methoden der Geometrieverarbeitung	199
6.4	Geometrisches Modellieren	215
6.4.1	Modellkonzepte	215
6.4.2	Verknüpfungsprinzipien	223
6.4.3	Volumenorientierte Beschreibungsarten von Körpern	229
6.4.4	Grafische Darstellungsarten	237
6.4.5	Sichtbarkeitsverfahren	244
	Literatur	249
7	**Rechnerunterstützte Konstruktion**	254
7.1	Allgemeines	254
7.2	Teilprozesse der rechnerunterstützten Konstruktion	263
7.2.1	Formalisierung des Konstruktionsprozesses	263
7.2.2	Informieren	265
7.2.3	Berechnen	270
7.2.4	Zeichnen	285
7.2.5	Bewerten	290
7.2.6	Ändern	296
7.3	Geometrieverarbeitende Systeme zur rechnerunterstützten Konstruktion	298
7.3.1	Systeme zur zweidimensionalen Geometrieverarbeitung	298
7.3.2	Systeme zur dreidimensionalen Geometrieverarbeitung	327
7.4	Systemkopplungen	356
7.4.1	Zielsetzung und Grundlagen	356
7.4.2	Kopplung von geometrieverarbeitenden Systemen	362
7.4.3	Kopplung von Geometrieverarbeitungs- und Berechnungsprogrammen	364
7.4.4	Kopplung von Konstruktions- und Arbeitsplanungssystemen	371
7.5	Integrative rechnerunterstützte Konstruktionsprozesse	377
7.5.1	Anwendungsbereiche	377
7.5.2	Maschinenbau	377
7.5.3	Automobilbau	392
7.5.4	Flugzeugbau	403
7.5.5	Schiffbau	409
7.5.6	Elektrotechnik	415
7.5.7	Bauwesen	421
	Literatur	433
8	**Rechnerunterstützte Arbeitsplanung**	442
8.1	Allgemeines	442
8.2	Funktionen der rechnerunterstützten Arbeitsplanung	456
8.2.1	Verfahren	456
8.2.2	Verarbeitung von Arbeitsplanungsdaten	471
8.2.3	Rechnerunterstützte Arbeitsplanungsfunktionen	483
8.3	Systeme zur rechnerunterstützten Arbeitsplanung	504
8.3.1	Informationsbereitstellung	504
8.3.2	Systeme zur Arbeitsplanerstellung	511

8.3.2.1	Bearbeitungspläne	511
8.3.2.2	Montagepläne	535
8.3.2.3	Prüfpläne	540
8.3.3	Systeme zur NC-Programmierung	547
8.3.3.1	NC-Werkzeugmaschinen	547
8.3.3.2	NC-Handhabungsmaschinen	579
8.3.3.3	NC-Meßmaschinen	593
8.4	Kopplungsmöglichkeiten von Arbeitsplanungssystemen	597
	Literatur	601
9	**Einführung von Systemen zur rechnerunterstützten Konstruktion und Arbeitsplanung**	**610**
9.1	Allgemeines	610
9.2	Analyse des Istzustandes	612
9.3	Analyse der CAD-Systeme	617
9.4	Erarbeitung eines Sollkonzeptes	618
9.5	Ermittlung der Anforderungen an CAD-Systeme	620
9.6	Technische Auswahl der CAD-Systeme	622
9.7	Wirtschaftlichkeitsrechnung	625
9.8	Einführungsmaßnahmen	631
9.9	Inbetriebnahme	636
9.10	Eigenschaftskatalog zur technischen Analyse von CAD-Systemen	638
	Literatur	653
	Sachwortregister	654

1 Einführung

1.1 Deutung des Konstruierens

Technik ist Bestandteil der menschlichen Kultur und entsteht durch schöpferische Kräfte auf der Grundlage von Wissen und Können, entsteht durch Vernunft, Bewußtsein, Wahrnehmung und Empfindung. Die technische Entwicklung wird vom Individuum gestaltet und zugleich von der Gesellschaft getragen. Technik bedeutet gezielte Nutzung der naturgegebenen Rohstoffe und Energieformen. Zugleich muß sie der Naturerhaltung dienen.

Was sich heute in der Technik als Forschung, Entwicklung und Konstruktion darstellt, war früher durch Zufall, Beobachtung und Erfahrung geprägt. Die ersten technologischen Kenntnisse des Menschen beruhten auf der Wahrnehmung, daß die Stoffe seiner Umwelt unterschiedliche Eigenschaften aufweisen und sich durch geeignete Formgebung nutzbar machen lassen. Aufgrund dieser Erfahrung gestaltete der Mensch schon in seiner Frühgeschichte Werkzeuge und Gebrauchsgeräte [1].

Die durch Technik bewußt eingeleitete und ausgeführte Wandlung unseres Lebensraumes basiert auf schöpferischer Gestaltungskraft. Diese versetzt uns in die Lage, zur Befriedigung des sich jeweils stellenden Bedarfs funktionelle Lösungen zu finden. Dieser kreative Vorgang des Erfindens ist von sehr komplexer Natur. Er zeigt eine gewisse Verwandschaft zum künstlerischen Gestalten, wie auch zum analytischen, einfallsorientierten Denken. In der menschlichen Vorstellung können Funktionslösungen bildhaft entwickelt werden. Bei komplexen Gebilden geschieht dieses systematisch in Einzelschritten, wobei die gedankliche Verbindung sowohl raum- als auch zeitbezogen erfolgen kann. Dieser schrittweise ablaufende, nach Funktionsprinzipien geordnete, schöpferische Prozeß zur Schaffung von Einzellösungen, der sich an der Funktion des Ganzen orientiert, kann als Konstruieren definiert werden.

Unter einer Konstruktion wird sowohl die Zusammensetzung einzelner Teile zu einem Ganzen, als auch die Gestaltung der einzelnen Teile verstanden. Konstruieren kann somit Zusammensetzen, Anordnen, Formen und Gestalten, aber auch Entwerfen, Hervorbringen, Bilden und Erfinden bedeuten. Eine Konstruktion ist ein nach vorgegebenen Regeln zusammengefügtes Funktionssystem, das aus Funktionselementen aufgebaut ist. Dies kommt auch in der ursprünglichen Bedeutung des Wortstamms zum Ausdruck. Im Lateinischen bedeutet *construere* Aufstapeln, Beieinanderbringen, Anhäufen, aber auch Aufbauen. Unter *constructio* ist Bauen durch Zusammenfügen zu verstehen.

Konstruieren ist somit ein zielorientierter, darstellender Prozeß der Gestaltung von Teilfunktionen und deren Zusammensetzung zur Gesamtfunktion. Das Darstellen einer Konstruktion deutet auf eine Realisierung durch materielles Erzeugen hin, also auf das, was wir Bauen, Herstellen, Fertigen oder Produzieren nennen. Konstruieren umfaßt in diesem Sinne auch die fertigungstechnische Planung eines Produktes. Dies kommt auch durch die Entwicklung rechnerunterstützter Programmiersysteme für numerisch gesteuerte Maschinen zum Ausdruck, die die Möglichkeit zur Integration von Konstruktion und Arbeitsplanung schon frühzeitig aufgezeigt haben [2].

Im Konstruktionsprozeß werden Funktionslösungen gesucht und diese als Funktionsstruktur durch Vorschriften zu ihrer materiellen Realisierung dargestellt und dokumentiert. Diese Vorschriften zur Erzeugung eines Produktes werden in der Weise definiert, daß zur materiellen Verwirklichung alle gestellten Anforderungen erfüllt sind. In diesem Sinne beinhaltet der Konstruktionsprozeß sowohl die Erstellung der erforderlichen Zeichnungen als auch der Arbeitspläne *(Bild 1.1-1)*.

12   *1 Einführung*   [Literatur S. 29]

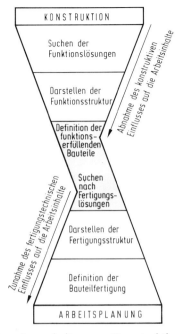

Bild 1.1-1 Arbeitsinhalte im Konstruktions- und Arbeitsplanungsprozeß.

Die Gemeinsamkeiten von Konstruktion und Arbeitsplanung ergeben sich aus der Orientierung auf die Bauteile eines Produktes. Während die Vorgänge des Konstruierens die Entwicklung und Gestaltung der Produktfunktionen mittels geometrischer, technologischer und organisatorischer Informationen zum Ziel haben, wird in der Arbeitsplanung die technologische Realisierung der Wandlung von Rohteilen in Fertigteile vorbereitet. Die Konstruktion kann als Geometrieverarbeitung unter funktionalen Anforderungen, die Arbeitsplanung als Geometrieverarbeitung unter fertigungstechnischen Anforderungen interpretiert werden.

Die Arbeitsteilung zwischen der Definition der Produktfunktion und der Definition der Produktfertigung könnte durch integrative Neugestaltung rechnerunterstützter Konstruktions- und Planungsprozesse aufgehoben werden. Wenn auch nicht davon auszugehen ist, daß eine einzelne Arbeitsperson bei sehr komplexen technischen Gebilden diese integrierte Verarbeitung vornehmen kann, so ergibt sich durch Rechnerunterstützung in Konstruktion und Arbeitsplanung die Chance der größeren Verflechtung der beiden Bereiche. Unter diesem Gesichtspunkt werden die rechnerunterstützten Tätigkeiten der Arbeitsplanung gemeinsam mit denen der Konstruktion unter dem Begriff CAD als rechnerunterstützte Konstruktion und Arbeitsplanung zusammengefaßt [2, 3, 4].

Um den komplexen Ablauf des Konstruierens tiefgehender deuten zu können, wäre eine Psychologie des Konstruierens hilfreich. Diese muß jedoch noch geschrieben werden.

Die Grundelemente der Psychologie des Konstruierens liegen im Bereich des Empfindens und Wahrnehmens an der Schnittstelle des Menschen zu seiner Umgebung. Der eigentliche Konstruktionsprozeß verläuft als gedankliche Vorstellung und setzt die Kenntnis von relevanten Daten sowie deren ständige Verfügbarkeit voraus. Durch intensives Beobachten, durch Erfahrung und Übung wird das bildhafte Vorstellungsvermögen des Konstrukteurs entwickelt. Dabei verknüpfen sich Erinnerungsvorstellungen mit Phantasievorstellungen. Das Konstruieren führt als Vorstellungsverlauf mit bekannten Bewußtseinsinhalten, die in einer neuen Ordnung verbunden sind, zu generativen Wirkungen der Phantasie oder der Einbildungskraft.

Entwickeln, Entwerfen und Erfinden heißt, sich vom Gewohnten zu befreien, es analysieren und anders kombinieren zu können, bisher Gekanntes zu verbinden und bisher Verbundenes zu trennen. Konstruieren beinhaltet Originalität, indem neue Vorstellungsverbindungen intuitiv oder methodisch geschaffen werden.

Das Konstruieren ist eine intellektuelle Leistung, bei der aus verfügbaren Daten richtige Folgerungen abgeleitet werden. Eine Lösung muß, bevor sie als geeignet erkannt wird, bereits erdacht und konzipiert sein. Der Konstruktionsprozeß besteht aus Entscheidungen zwischen verschiedenen Möglichkeiten. Dabei steigen Vorstellungen im Bewußtsein auf, werden beurteilt und akzeptiert, verworfen, modifiziert oder zur weiteren Prüfung gespeichert.

Durch konstruktives Denken wird anschaulich Gegebenes im Bewußtsein abstrahiert und auf ein anderes Objekt bezogen. Hierbei spielt die Wirksamkeit der Phantasie eine wichtige Rolle. Sie kann durch Überwiegen der Erfahrungsassoziation gehemmt werden. Wichtig ist die starke und dauernde Konzentration der Aufmerksamkeit auf die Zielvorstellung.

Die VDI-Richtlinie 2223 unterscheidet begrifflich Forschen, Entwickeln und Konstruieren [5]:

Forschen ist mit dem Ziel verbunden, in methodischer, systematischer und nachprüfbarer Weise neue Erkenntnisse zu gewinnen.

Entwickeln ist zweckgerichtetes Auswerten und Anwenden von Forschungsergebnissen und Erfahrungen technischer und ökonomischer Art, um zu Systemen, Verfahren, Stoffen, Gegenständen und Geräten zu gelangen oder um bereits vorhandene zu verbessern.

Konstruieren ist das vorwiegend schöpferische, auf Wissen und Erfahrung gegründete und optimale Lösungen anstrebende Vorausdenken technischer Erzeugnisse, das Ermitteln ihres funktionellen und strukturellen Aufbaus und das Schaffen fertigungsreifer Unterlagen. Es umfaßt das gedankliche und darstellende Gestalten, die Wahl der Werkstoffe und Fertigungsverfahren und ermöglicht eine technisch und wirtschaftlich vertretbare stoffliche Verwirklichung. Nach der Konstruktionsart lassen sich Neukonstruktion, Anpassungskonstruktion und Variantenkonstruktion unterscheiden.

Informationstechnisch kann unter dem Konstruieren der Informationsfluß im Konstruktionssystem verstanden werden *(Bild 1.1-2)*. RODENACKER deutet das Konstruieren als Informationsumsatz und unterscheidet als Arbeitsschritte die Informationsgewinnung, die Informationsverarbeitung, die Informationsspeicherung und die Informationsbereitstellung [6].

Der einen Konstruktionsprozeß bestimmende Informationsfluß ist durch Qualität und Intensität gekennzeichnet. Er wird durch bildhafte, gedankliche Vorstellungen in räumlicher und zeitlicher Zuordnung zu beschreiben sein, wobei Kenntnis und Verfügbarkeit von relevanten Daten eine wesentliche Voraussetzung darstellen. Oft sind schlechte Konstruktionen die Folge von Unwissenheit und nicht von mangelndem Können.

Systemtechnisch ist das Konstruieren als Darstellung eines realen Systems zu deuten, das durch eine Ordnung von Elementen gebildet und durch Aussagefunktionen beschrieben wird [7, 8]. Im Konstruktionsprozeß werden Aussagefunktionen numerisch bestimmt und als Menge der Aussagen über das System in grafischer, alphanumerischer oder kombinierter Angabe durch geeignete Informationsträger festgehalten. Ein systemtechnisches Modell des Konstruierens ist im *Bild 1.1-3* dargestellt. Die Menge der Aussagen über die Systemfunktion erscheint in grafischer, alphanumerischer oder gemischter Angabe in Zeichnungen, Stücklisten, Arbeitsplänen, NC-Steuerinformationen und anderen geeigneten Informationsträgern.

Bei komplexen Konstruktionsprozessen ergeben sich die erforderlichen Teilmaßnahmen nicht zu jedem Zeitpunkt in einsichtiger Weise aus der Zielsetzung, weil die Kapazität des menschlichen Bewußtseins nicht genügend groß ist, alle Einzelfunktionen gleichzeitig zu erfassen. Eine Verbesserung läßt sich durch Anwendung geeigneter organisatorischer Hilfsmittel, insbesondere durch Übertragung systemtechnischer Methoden auf den Konstruk-

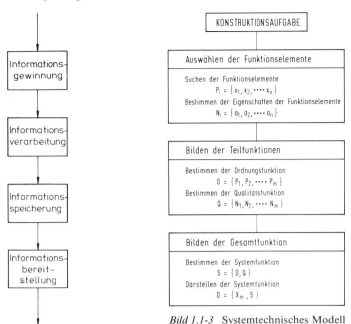

Bild 1.1-3 Systemtechnisches Modell des Konstruktionsprozesses.

Bild 1.1-2 Informationsfluß beim Konstruieren, RODENACKER [5].

tionsprozeß erreichen. Konstruktionssystematik erfordert jedoch eine vorherige Analyse des Konstruktionsprozesses [6, 9, 10, 11, 12, 13].

In der konstruktionstechnischen Forschung ist in den letzten Jahrzehnten das methodische Konstruieren intensiv bearbeitet worden. PAHL und BEITZ geben eine Darstellung der Entwicklung des methodischen Konstruierens und einen Überblick über bekannte Systeme [11]. Konstruktionsmethodik erleichtert das Finden optimaler Lösungen, vermittelt interdisziplinäre Wirkungen und fördert die Anwendung elektronischer Datenverarbeitung. Durch Konstruktionssystematik und Konstruktionsmethodik sind wichtige Vorarbeiten für die Entwicklung rechnerunterstützter Konstruktionsprozesse erbracht worden.

Der Konstruktionsprozeß verläuft zeitlich in mehreren Phasen. Es kann zwischen Konzipierungsphase, Gestaltungsphase und Detaillierungsphase unterschieden werden. Es ist auch eine Gliederung des Konstruktionsprozesses in Konzipierungsphase, Entwurfsphase und Ausarbeitungsphase gebräuchlich [14]. Bei der Anwendung von Datenverarbeitungsanlagen sind unter dem Aspekt der integrierten Herstellung von Konstruktions- und Fertigungsunterlagen folgende Phasenbegriffe formulierbar: Funktionsfindungsphase, Prinziperarbeitungsphase, Gestaltungsphase, Detaillierungsphase und Arbeitsplanungsphase.

Ein Flußdiagramm für Teilvorgänge beim Konstruieren ist in *Bild 1.1-4* dargestellt worden. Eine solche Gliederung erscheint zweckmäßig, da während des Konstruktionsprozesses qualitativ verschiedene Problemschwerpunkte auftreten, die mit unterschiedlichen Methoden und Hilfsmitteln bearbeitet werden. Zeigt sich in einer Phase, daß die erarbeitete Lösung nicht brauchbar ist, wird eine Rückkehr in die vorausgegangene Phase notwendig [12]. Bei der Konstruktion komplexer technischer Objekte erfordert eine optimale Lösungsfindung mehrere Durchläufe der Konstruktionsphasen. Der große Arbeitsaufwand wird durch den Einsatz elektronischer Rechenanlagen für den Teil der Konstruktionsarbeit reduziert, der algorithmierbar ist. Die heuristischen Anteile verbleiben im unmittelbaren Arbeitsbereich des Konstrukteurs. Für die Organisation des Rechnereinsatzes bieten sich als

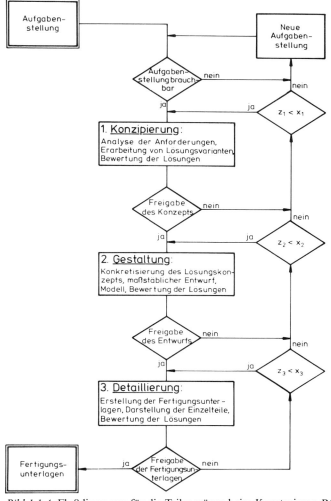

Bild 1.1-4 Flußdiagramm für die Teilvorgänge beim Konstruieren, ROTH [12]; X_i Grenzzahl, Z_i Anzahl der Optimierungsversuche.

Möglichkeiten an, entweder die heuristischen Anteile des Konstruierens zeitlich vorzuziehen, so daß der Konstrukteur alle notwendigen Entscheidungen fällt, bevor die algorithmisch dargestellten Arbeiten einem Rechner übertragen werden, oder die heuristischen und algorithmischen Anteile der Konstruktionsarbeit in zwangloser Folge je nach Anfall abzuarbeiten, so daß der Konstrukteur seine Entscheidungen während des Konstruktionsprozesses gegebenenfalls im Dialog durch Kommunikation mit dem Rechner fällt [8, 15].
Die Optimierung des Konstruktionsprozesses hat eine weitreichende Wirkung. Der qualitative und wirtschaftliche Wert eines Produktes wird entscheidend durch die Konstruktion bestimmt. Andererseits ist festzustellen, daß der Konstruktionsprozeß zunehmend komplexer und zeitaufwendiger geworden ist. Die Produktivitätszunahme in der Konstruktion ist gegenüber der Fertigung weit zurückgeblieben. Deshalb gewinnt die Rationalisierung des Konstruktionsbereiches zunehmende Aktualität. Auch aus betriebswirtschaftlicher und arbeitswissenschaftlicher Betrachtungsweise erhält der Konstruktionsprozeß dann eine ande-

re Deutung, wenn durch Rechnerunterstützung bei verbesserter Qualität die Produktivität des Konstruierens durch wesentliche Verkürzung des Zeitaufwandes gesteigert werden kann.

1.2 Rechnerunterstütztes Konstruieren

CAD steht als Abkürzung für Computer Aided Design und bedeutet rechnerunterstütztes Konstruieren. Der Begriff CAD wird allgemein so verstanden, daß die beim Konstruieren zu lösenden Aufgaben in einer Wechselwirkung von Mensch und Rechner bearbeitet werden.
Dem Begriffsinhalt nach ist das rechnerunterstützte Konstruieren eine Konstruktionstechnik, die sich der Möglichkeiten digitaler Rechenanlagen bedient. Rechnerunterstütztes Konstruieren kann somit auch als rechnerunterstützte Informationsumsetzung während des Konstruktionsprozesses verstanden werden. Entsprechend ist die rechnerunterstützte Arbeitsplanung eine rechnerunterstützte Informationsumsetzung während des Arbeitsplanungsprozesses. Hieraus leitet sich der Begriff des CAD-Prozesses ab. Die Prozeßabläufe können in automatischen oder dialogorientierten CAD-Systemen erfolgen. Man spricht vom Mensch-Maschine-Dialog.
Ein CAD-System umfaßt die Arbeitsperson, die Hardware sowie die Betriebssoftware und die CAD-Software. Die Leistungsfähigkeit eines CAD-Systems wird entscheidend durch die Leistungsfähigkeit der CAD-Software bestimmt. Die Anwendung von CAD-Software für die automatische Bearbeitung weist gegenüber der dialogorientierten Bearbeitung bezüglich Einfachheit der Bedienung und der Rechnerausnutzung Vorteile auf. Sie kann jedoch wegen der Komplexität und der teilweise schwierigen Algorithmierbarkeit der Aufgaben beim gegenwärtigen Stand der Technik nur in begrenztem Umfang angewendet werden. Aus diesem Grund kommt der Gestaltung des Dialogs eine besondere Bedeutung zu.
In *Bild 1.2-1* ist der grundsätzliche Aufbau von CAD-Systemen dargestellt. Der erhebliche Umfang der zu lösenden Aufgaben erfordert die Aufteilung der CAD-Software in verschiedene Programmbausteine. Eine zentrale Stellung in CAD-Systemen nimmt der Modul zur rechnerinternen Darstellung von Objekten ein.
Geeignete Programme und Geräte ermöglichen es, durch Stapelverarbeitung und alphanumerischen sowie grafischen Dialog die Tätigkeiten von Konstrukteuren und Arbeitsplanern zu unterstützen. CAD-Systeme sind zur Bearbeitung von Unterlagen der Angebotserstellung, des Konzipierens, des Entwurfs, der Gestaltung, der Zeichnungs- und Stücklistenerstellung, der Berechnung, der Arbeitsplanung, der NC-Programmierung und der Qualitätssicherung geeignet. Die ersten industriellen Erfahrungen haben gezeigt, in welchen Fällen Wirtschaftlichkeit erreicht werden kann. Die größten Erfolge sind dort erzielt worden, wo die CAD-Technologie in die bestehenden Arbeitsstrukturen harmonisch eingepaßt und der Sachbearbeiter von routinebehafteten und komplexen Aufgaben entlastet werden konnte.
Im Mittelpunkt eines CAD-Systems befindet sich der Konstrukteur, dem geeignete Hardware und Software zum Konstruieren zur Verfügung steht. Er vollzieht diese Tätigkeit am CAD-Arbeitsplatz durch Zuhilfenahme von CAD-Prozessen, wenn ihm dies für die Qualifizierung und Beschleunigung des gesamten Konstruktionsprozesses günstig erscheint. Insbesondere bietet die dialogorientierte Verarbeitung von CAD-Prozessen dem Konstrukteur die notwendigen Eingriffs- und Steuermöglichkeiten, eine gezielte Führung durch das Programm und eine Kontrolle der Auswirkungen seiner Eingriffe.
Während bei alphanumerischen Dialogen die Dateneingaben und Datenausgaben nur aus Zahlen und Texten bestehen, werden bei den grafischen Dialogen zeichnerische Darstellun-

[Literatur S. 29]   *1.2 Rechnerunterstütztes Konstruieren*   17

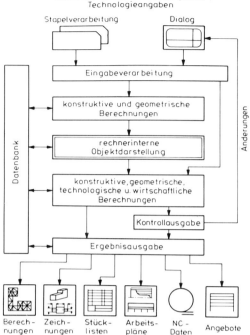

Bild 1.2-1 Aufbau von CAD-Systemen.

gen als zusätzliche Hilfsmittel angewendet. Grafische Eingaben sind durch die Bestimmung von Koordinatenwerten auf der Zeichenfläche eines Bildschirms oder der Abtastfläche eines Digitalisierungsgerätes möglich. Damit lassen sich die sonst nur zahlenmäßig erfaßbaren Vorgänge der Aufgabenbearbeitung grafisch veranschaulichen und Fehler vermeiden. Je nach Systemarchitektur können CAD-Systeme mit unterschiedlichem Automatisierungsgrad gestaltet sein. Die Modularisierung von CAD-Systemen erlaubt einen stufenweisen Ausbau, eine Verlängerung der Nutzungsdauer durch Bausteinaustausch, die Verwendung vorhandener Bausteine und eine Verbesserung der Übersichtlichkeit des gesamten Systems. Es sind problemabhängige und problemunabhängige Moduln zu unterscheiden.

Ein CAD-System kann CAD-Prozesse als lose Folge von getrennten Bearbeitungsprogrammen oder als Gesamtdurchlauf integrierter Programmbausteine vollziehen.

Der Ablauf von CAD-Prozessen erfolgt so, daß der Informationsinhalt einer Zeichnung in die Daten einer rechnerinternen Darstellung gewandelt wird. Der Weg dorthin erfolgt über eine verbale Formalisierung des Konstruktionsprozesses, der sich eine mathematische Formulierung anschließt. CAD-Prozesse bilden eine Folge von Abbildungen im Sinne der Aufgabenstellung und Zielerfüllung. Die Abbildungsvorgänge erfolgen in mehreren CAD-Phasen. Kennzeichnend für eine Phase ist, daß jeweils eine typische Logik abgearbeitet wird, die sich auf das entsprechende Phasenobjekt bezieht. Zur Bearbeitung jeder Phasenlogik eines CAD-Prozesses gehören das Informieren, Berechnen, grafische Darstellen, Bewerten und Ändern [16]. Zur rechnerinternen Informationsverarbeitung dienen Modelle, die aus Daten, Struktur und Algorithmen bestehen.

Unter der rechnerinternen Darstellung eines Objektes soll die Speicherung der beschreibenden Daten in einer definierten Struktur nach festgelegten Algorithmen verstanden werden. Daten stellen Informationen aufgrund bekannter oder unterstellter Abmachungen in einer maschinell verarbeitbaren Form dar. Diese auf einem Speichermedium abgelegte

18   *1 Einführung*   [Literatur S. 29]

rechnerinterne Darstellung kann von verschiedenen Moduln eingelesen und verarbeitet werden. Die zusammenhängende Bearbeitung mehrerer Moduln unter Zuhilfenahme des Moduls der rechnerinternen Darstellung wird zur Beschreibung der in *Bild 1.2-2* dargestellten Entwicklungsstufen von CAD-Systemen verwendet [17]:

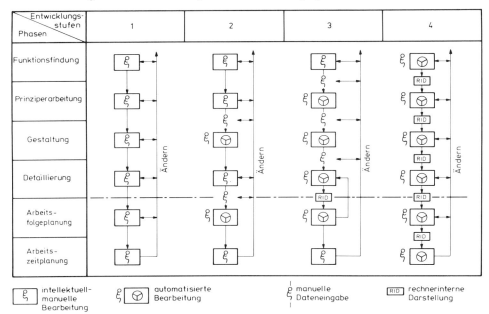

Bild 1.2-2 Entwicklungsstufen von CAD-Systemen.

Bei den Stufen 1 und 2 ist der Datenfluß vollständig auf die Arbeitsperson abgestimmt. In der Stufe 2 müssen die Ergebnisse der mit Rechnerhilfe gelösten Einzelaufgaben durch die Arbeitsperson erneut aufbereitet und an den Rechner übergeben werden.

Eine zusammenhängende rechnerunterstützte Bearbeitung mehrerer Einzelaufgaben ist in der Stufe 3 möglich. Durch die rechnerunterstützt abgearbeitete Konstruktionslogik wird eine rechnerinterne Darstellung des entsprechenden Erzeugnisses hergestellt. Die Daten werden von der Arbeitsplanungslogik zu Fertigungsunterlagen verarbeitet, ohne daß die bereits erzeugten Daten erneut eingegeben werden müssen. Die erforderliche Datenverwaltung wird teils manuell, teils mit Hilfe einer Datenbank vorgenommen.

Die zusammenhängende rechnerunterstützte Bearbeitung aller Einzelaufgaben ist in der 4. Stufe möglich. Beim Stand der Technik sind CAD-Prozesse dieser Entwicklungsstufe nicht automatisch durchführbar, sondern benötigen den Dialog zwischen Arbeitsperson und Datenverarbeitungsanlage. Dabei werden die Konstruktions- und Arbeitsplanungslogik durch rechnerinterne Darstellungen verbunden.

Außer auf geometrische, technologische und auftragsbezogene Daten müssen die Moduln Zugriff auf größere Datenbestände haben, wie beispielsweise auf Werkstoff- und Werkzeugdateien. Zur Verwaltung dieser umfangreichen Datenmengen sind Datenbanksysteme erforderlich. Zur Suche von Ähnlichkeitsteilen und Wiederholteilen in Datenbanken ist die Anwendung von Klassifizierungssystemen oder verbaler Suchtechniken notwendig. Damit können einmal erstellte rechnerinterne Darstellungen von Werkstücken und zugehörige Arbeitspläne, Stücklisten und Bilddaten wiederverwendet werden.

Der Begriff CAD-Technologie wurde beim Produktionstechnischen Kolloquium 1979 in Berlin eingeführt [18]. Hierzu gehören alle Kenntnisse, die sich auf Methoden, Verfahren und Anwendung der rechnerunterstützten Konstruktion und Arbeitsplanung beziehen. Die CAD-Technologie verknüpft Konstruktionstechnik, Arbeitsplanungstechnik, Fertigungstechnik, Qualitätssicherung und Informationstechnik.

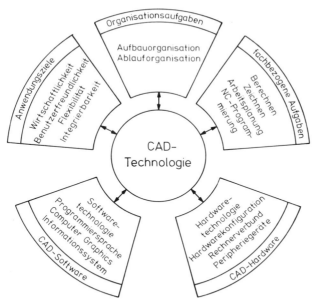

Bild 1.2-3 Wirkfelder der CAD-Technologie.

Der Definition nach ist CAD-Technologie die Lehre von den im Konstruktionsprozeß anwendbaren Verfahren der rechnerunterstützten Informationsverarbeitung *(Bild 1.2-3)*. Sie grenzt an das Gebiet der Angewandten Informatik und steht in engem Bezug zur grafischen Datenverarbeitung. Mit dem Begriff Technologie soll einerseits der verfahrenstechnische Inhalt deutlich, andererseits eine Abgrenzung zum Begriff der CAD-Technik aufgezeigt werden.

Unter der CAD-Technik ist das gesamte Fachgebiet der rechnerunterstützten Konstruktion und Arbeitsplanung zu verstehen. Man könnte auch von einer Informationstechnik der rechnerunterstützten Konstruktion und Arbeitsplanung sprechen. Während unter der CAD-Technologie die Lehre von den Verfahren zur rechnerunterstützten Konstruktion und Arbeitsplanung zu verstehen ist, wird mit CAD-Technik die Gesamtheit des Wissens in diesem Fachgebiet angesprochen.

Die CAD-Technik beinhaltet eine enge Beziehung zum Gebiet der Geometrie. Hierzu gehören die Teilgebiete Axiomatik, Projektive Geometrie, Topologie, Analytische Geometrie und Darstellende Geometrie. In der Axiomatik werden die Beziehungen zwischen den Grundbegriffen als Axiomeigenschaften definiert. Die Projektive Geometrie untersucht die Eigenschaften und Bestimmungsteile geometrischer Objekte, die sich beim Projizieren nicht ändern. Die Topologie untersucht die Zusammenhangsverhältnisse eines Objektes. In der Analytischen Geometrie werden geometrische Aufgaben mit rechnerischen Methoden gelöst.

Die Darstellende Geometrie lehrt, wie räumliche Objekte auf einer Ebene durch grafische Darstellung abgebildet werden. Die Lehre der Darstellenden Geometrie beinhaltet Abbildungsverfahren, die dreidimensionale Objekte durch zweidimensionale Abbildungen wiedergeben. Ziel der Darstellenden Geometrie ist es, von Körpern im Raum Bilder in einer Ebene zu zeichnen.

Als Mittel der Darstellung räumlicher Körper werden Abbildungsverfahren angewandt, die durch die an das zu erzeugende Bild gestellten Forderungen bestimmt werden. Abbildungsverfahren müssen die allgemeinen Forderungen nach Anschaulichkeit und Maßgerechtheit erfüllen: hohe Anschaulichkeit ist mit geringer Maßgerechtheit und hohe Maßgerechtheit mit geringer Anschaulichkeit verbunden.

Die rechnerunterstützte Darstellende Geometrie beinhaltet Programmsysteme, die räumliche Objekte rechnerintern generieren und durch grafische Ausgabe abbilden. Man könnte von CAD-Geometrie sprechen, wenn CAD als übergeordneter Begriff auch in der Geometrie eingeführt wäre. Da die Definition von CAD im strengen Sinne auf den geometrischen Gestaltungsprozeß der Konstruktion technischer Objekte bezogen ist, könnte von „Computer Aided Geometric Modelling" oder von „Computer Aided Geometric Design" gesprochen werden.

Die erfolgreiche Einführung des rechnerunterstützten Konstruierens ist vom Leistungsvermögen der CAD-Hardware und CAD-Software sowie von ihrem Zusammenwirken mit der Arbeitsperson abhängig. Die Anwendungsfunktionen von CAD-Systemen werden durch die Software bestimmt. Dabei kommt der CAD-Software die vom Anwendungsfall abhängige Aufgabenbearbeitung zu. Das Betriebssystem der verwendeten Rechenanlage muß die Verbindung des Anwenderprogramms mit der Hardware vornehmen und beispielsweise die Dialogverarbeitung und Datenbereitstellung steuern. Das Leistungsvermögen der CAD-Software ergibt sich aus Systemarchitektur, Leistungsumfang, Benutzerfreundlichkeit, Flexibilität, Portabilität, Integrationsfähigkeit, Betriebssicherheit, Standardisierung, Allgemeingültigkeit, Erweiterbarkeit, Geräteunabhängigkeit, Kompatibilität, Vollständigkeit und Zuverlässigkeit.

Die Systemarchitektur eines CAD-Systems ist von den zu bearbeitenden Aufgaben abhängig. Eine Analyse bestehender CAD-Systeme in der Bundesrepublik Deutschland ergab die in *Bild 1.2-4* wiedergegebene Verteilung der Aufgabenbereiche, die im Maschinenbau mit Rechnerunterstützung gelöst werden [19]. Die Aufgaben der Zeichnungserstellung, der Berechnung und der Arbeitsplanung stellen den überwiegenden Anteil dar.

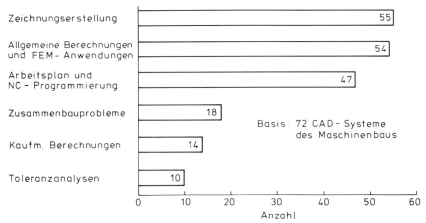

Bild 1.2-4 Anwendung von CAD-Systemen im Maschinenbau.

Bild 1.2-5 zeigt die Gliederungsmöglichkeiten von CAD-Softwarearchitekturen. Sie können produktspezifisch oder betriebsneutral für ein Produktspektrum ausgelegt sein. Es ist weiterhin zwischen Einkomponentensoftware und Zweikomponentensoftware zu unterscheiden. Die Realisierung von Zweikomponentensoftware kann unter Anwendung eines Systemkerns erfolgen oder datenbankorientiert vorgenommen werden. Die an bestimmte

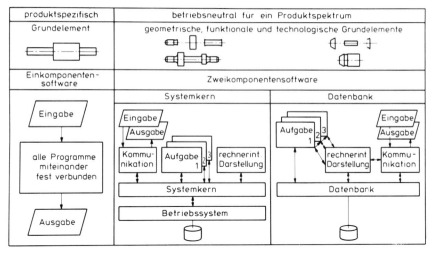

Bild 1.2-5 Gliederungsmöglichkeiten von CAD-Softwarearchitekturen.

Betriebssysteme gebundenen Systemkerne ermöglichen eine komfortable Anwendung großer Datenmengen. Sie sind bisher im Bauwesen, Flugzeugbau und Schiffbau eingeführt. Im Maschinenbau ist noch keine breitere Anwendung vorzufinden. Die meisten CAD-Systeme arbeiten beim Stand der Technik nach der datenbankorientierten Vorgehensweise, weil damit ein hohes Maß an Flexibilität und Portabilität möglich ist. Sie können rechnerflexibel und auch schlüsselfertig bereitgestellt werden. Die Integration von Aufgaben und die Anwendung des grafischen Dialogs ist bei datenbankorientierten Systemen leichter zu realisieren [20].

Bild 1.2-6 gliedert die Herstellung von CAD-Software. Die Untergliederung in Ein- und Zweikomponentensoftware besagt, daß unlösbar verbundene Programmbestandteile vorliegen, wenn Einkomponentensoftware hergestellt wird. Die größere Flexibilität entsteht bei Erstellung von Zweikomponentensoftware, weil die problemabhängigen und problemunabhängigen Softwareanteile voneinander getrennt erstellt und über Schnittstellen gekoppelt werden. Die Anwendung automatischer Programmiersysteme für die Herstellung von CAD-Systemen ist noch in den Anfängen.

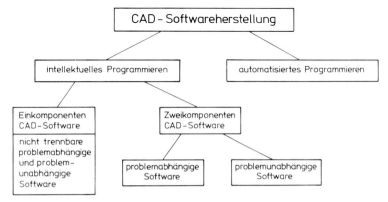

Bild 1.2-6 Gliederung der CAD-Softwareherstellung.

Die Benutzerfreundlichkeit eines CAD-Systems wird weitgehend durch die Art der Kommunikation zwischen Arbeitsperson und Rechnersystem bestimmt. Schon in der Frühphase der CAD-Entwicklung wurde erkannt, daß der Dialog die geeignetste Kommunikationsform ist. Wegen der für den Menschen besser verständlichen bildhaften Informationsübertragung sind die grafische Darstellung und der grafische Dialog von großer Bedeutung. Mit Hilfe dieser Kommunikationstechnik kann eine optimale Arbeitsaufteilung zwischen Arbeitsperson und Datenverarbeitungsanlage vorgenommen werden. Insbesondere können Entscheidungen in CAD-Prozessen aufgrund der schöpferischen Gestaltungskraft des Menschen gefällt werden. Durch Dialogverarbeitung wird die Anwendungsbreite eines Systems vergrößert.

Die aufgrund der allgemeinen Systemarchitektur und Dialogtechnik mögliche Anwendungsflexibilität wird noch gesteigert, wenn die Programme portabel und erweiterbar sind. Die Portabilität wird hauptsächlich durch die Verwendung einer genormten Programmiersprache erreicht. Weltweit hat sich für die industrielle Anwendung von CAD-Software die Programmiersprache FORTRAN durchgesetzt. Die Erweiterbarkeit und Integrationsfähigkeit hängt außerdem von der Definition der Schnittstellen zwischen den Programmmoduln ab. Schnittstellen können auf der Basis von Daten und Programmaufrufen definiert werden.

Die Betriebssicherheit von CAD-Software ist ein Leistungsmerkmal, das die Einführung wesentlich beeinflußt. Besonders wichtig ist die benutzerfreundliche Handhabung von Eingabefehlern. Obwohl nicht ausgeschlossen werden kann, daß Fehler in Programmen enthalten sind, kann der Anwender erwarten, daß keine unkontrollierbaren Zustände eintreten, und daß er über das Auftreten und die Wirkung der Fehler vom Programm informiert wird. Insbesondere muß das bereits erzielte Arbeitsergebnis gesichert werden können. Um zu möglichst betriebssicherer Software zu kommen, ist die Anwendung einer Standardprogrammiersprache, einer strukturierten und modularen Programmierung und die Anwendung systematischer Analyse- und Testverfahren sowie standardisierter Dokumentationssysteme notwendig.

Die Standardisierung von CAD-Software steht erst am Anfang. Für die Programmiersprache FORTRAN sowie für Datenschnittstellen in NC-Programmiersystemen sind in Form des CLDATA (Cutter Location Data) und der Syntax der Sprache APT (Automatically Programmed Tools) bereits nationale oder internationale Normen vorhanden. Als Standard für die grafische Ausgabe hat sich das Grafische Kernsystem (GKS) in den internationalen Normungsgremien durchgesetzt [21]. Zur Übermittlung von objektbezogenen Informationen zwischen unterschiedlichen CAD-Systemen ist die Initial Graphics Exchange Specification (IGES) in der Diskussion für eine international gültige Norm [22]. Auch für Datenbanken gibt es bereits internationale Vereinbarungen. Die Fortführung der Standardisierungsarbeiten ist notwendig, weil dadurch ein vereinfachter Programmaustausch sowie die wirtschaftliche Herstellung und Anwendung von CAD-Software gesichert werden können.

1.3 Entwicklung der CAD-Technik

Schon bevor der Begriff Computer Aided Design gebildet wurde, sind Anwendungen elektronischer Rechenanlagen im Bereich der Konstruktion bekannt geworden, die als Vorläufer der CAD-Technik anzusehen sind. Beispiele sind Programmsysteme zur Methode der Finiten Elemente [23] sowie Programmsysteme für den Entwurf elektronischer Bauelemente und Geräte [24]. Aus dem Bereich der Fertigungstechnik sind die Entwicklungen von Programmiersystemen für NC-Werkzeugmaschinen und NC-Zeichenmaschinen zu nennen [2]. Als wichtiger Beitrag zur Anwendung von Rechenanlagen in der Konstruktion muß die Entwicklung der Programmiersprache FORTRAN angesehen werden [25].

1.3 Entwicklung der CAD-Technik

Das unter der Leitung von ROSS am Massachusetts Institute of Technology in den Jahren 1955 bis 1959 entwickelte Programmiersystem APT (Automatically Programmed Tools) bildete den Rahmen zur Begriffsbildung Computer Aided Design [2]. APT ermöglicht die rechnerunterstützte Programmierung von NC-Maschinen durch die Beschreibung von Werkzeugwegen. Während der Entwicklung des Programmiersystems ergab sich die Idee, nicht den Werkzeugweg für die Herstellung des Werkstücks zu beschreiben, sondern das Werkstück selbst. In diesem Zusammenhang wurde am M.I.T. auch der Begriff Computer Aids to Design diskutiert. Im Gegensatz zu dem heute gebräuchlichen Begriff war damit nur eine sporadisch wirksam werdende Rechnerunterstützung gemeint.

Unter Computer Aided Design wurde eine umfassende fortlaufende Rechnerunterstützung verstanden. Weil auch Ende der fünfziger Jahre nicht davon ausgegangen werden konnte, daß es sich dabei um vollautomatische Abläufe handeln würde, ist bereits zu jener Zeit eine Dialogbearbeitung zugrundegelegt worden [2]. Neben ROSS sind auch die Arbeiten von COONS und MANN mit den Anfängen von CAD eng verbunden.

Der nächste große Schritt war ein Beitrag von SUTHERLAND, der 1963 über die Anwendungsmöglichkeit eines bildwiederholenden Sichtgeräts unter Verwendung dazu geeigneter Programmiertechniken am M.I.T. promovierte [26]. Das von ihm entwickelte System arbeitet auf der erstmals programmtechnisch realisierten Ringstruktur. Dieses zweidimensional arbeitende System mit dem Namen SKETCHPAD wurde im gleichen Jahr von JOHNSON auf dreidimensionale Anwendungen erweitert [27].

Noch 1963 wurde auch das erste industriell entwickelte System DAC-1 (Design Augmented by Computers) durch GENERAL MOTORS vorgestellt. Die Sichtgerätehardware wurde von IBM weiterentwickelt und führte zur Sichtgerätereihe 2250. Die Firma ITEK begann etwa zur gleichen Zeit mit der rechnerunterstützten Konstruktion optischer Linsen. Die dabei verwendete Hardware wurde von CDC zu dem System DIGIGRAPHIC weiter ausgebaut [23].

Zeitlich parallel verliefen die ersten Schritte zur Anwendung größerer Softwaresysteme. Im Bauwesen wurde schon frühzeitig der Bedarf zur Kopplung von Eingabesprachen, verschiedenen Berechnungsprogrammen und der Handhabung großer Datenmengen erkannt. 1965 wurde das System ICES (Integrated Civil Engineering System) von ROOS und MILLER vorgestellt [28]. Die Handhabung großer Datenmengen ermöglicht auch die Anwendung der Finite-Element-Methode. Einer der bekanntesten ICES-Bausteine ist das Subsystem STRUDL für die Berechnung Finiter Elemente.

An der Universität Cambridge in England wurde 1966 das erste Programmsystem mit geräteunabhängiger grafischer Ausgabe, GINO, entwickelt [29]. An gleicher Stelle wurde 1967 und 1968 eine komfortable Möglichkeit zur Speicherung von Objektdaten erarbeitet. GRAY entwickelte das System ASP (Associative Structure Package) [30]. 1969 entstand das CAD Centre Cambridge als zentrale Service-Stelle der Rechneranwendung in Konstruktion und Arbeitsplanung für Großbritannien.

Um 1965 begannen OPITZ, SIMON, SPUR und STUTE mit der Entwicklung des EXAPT-Systems (Extended Subset of APT) [31]. Zunächst entstand EXAPT 1 für die Bohrbearbeitung. Zusätzlich zur Geometrieverarbeitung in APT können technologische Ermittlungen durchgeführt werden. Das System EXAPT 2 entstand ebenfalls in Gemeinschaftsarbeit. Ausgehend von dem EXAPT-Vorhaben wurde eine Reihe von neuen CAD-Systemen in Angriff genommen [31].

Der 1969 an der TU Berlin mit Unterstützung der Deutschen Forschungsgemeinschaft begonnene Sonderforschungsbereich „Produktionstechnik und Automatisierung" ermöglichte die Entwicklung des 3D-Systems COMPAC (Computer Oriented Part Coding) durch SPUR und Mitarbeiter [3, 32, 33, 34], mit dem Werkstücke dreidimensional beschrieben und rechnerintern sowie grafisch dargestellt werden können. Im gleichen Rahmen entstand ab 1971 das System CAPSY [35] zur Arbeitsplanung für die Einzel- und Kleinserienfertigung nach dem Generierungsprinzip und ab 1973 das Zeichnungserstellungssystem COMVAR für Variantenzeichnungen [36]. Durch SPUR und KRAUSE wurde 1974 die programmäßige Modellbehandlung technischer Objekte eingeführt [16], was eine flexible Anwendung rechnerinterner Darstellungen in COMPAC ermöglicht und eine wichtige Grundlage des Bausteins GEOMETRIE bildet, eines drei- und zweidimensional arbeitenden Systems, das seit 1978 entwickelt wird.

Beispiele für Systeme, die bereits Anfang der siebziger Jahre von EVERSHEIM und Mitarbeitern entwickelt wurden, sind die Systeme DETAIL zur Drehteildarstellung und AUTAP zur automatischen Arbeitsplanung [37]. STUTE und Mitarbeiter arbeiteten an Moduln zur NC-Programmierung von Fräsbearbeitungen und zur automatisierten Schaltplanerstellung für Hydraulik und elektrische Anlagen mit REKON [38].

Es entstand ein Schwerpunkt der Entwicklungen im Bereich der Zeichnungserstellung und Geometrieverarbeitung. Systeme zur Variantenzeichnungserstellung stellen eine Weiterentwicklung der bereits Anfang der sechziger Jahre von KAPFBERGER eingeführten rechnerunterstützten Prinzipkonstruktion dar [39]. In Bochum wurde unter der Leitung von SEIFERT das Variantensystem PROREN 1 und das 3D-System PROREN 2 erarbeitet [40]. Andere Entwicklungen beziehen sich auf Berechnungs- und Auswahlprogramme wie die Arbeiten von WECK [41] sowie von BEITZ und Mitarbeitern [42]. Als frühe deutsche Industrieentwicklung eines 2D/3D-Systems sei das System OLYKON der Olympiawerke genannt. Andere in der Industrie entstandene Systeme sind beispielsweise GEOLAN von MBB und DBSURF von Daimler-Benz. Mit der Gründung der CEFE (CAD-Entwicklungsgesellschaft Feinwerktechnik und Elektronik) entstand eine Interessengemeinschaft von CAD-Entwicklern, der neben Industriefirmen auch Hochschulinstitute und Softwarefirmen angehören. Die zunehmende Bedeutung von CAD-Systemen führte zur Errichtung von Lehrstühlen und Lehraufträgen für Rechneranwendung in Konstruktion und Arbeitsplanung. In der zweiten Hälfte der siebziger Jahre wurden auch Lehrstühle für Informatik auf dem CAD-Gebiet aktiv. Insbesondere sind die Arbeiten zur Standardisierung von Grafik-Software von ENCARNACAO in Darmstadt zu nennen, die das Grafische Kernsystem (GKS) als Ergebnis haben [21].

Die zwischen Norwegen und der Bundesrepublik Deutschland vereinbarte Zusammenarbeit zur Entwicklung von CAD/CAM-Systemen sieht mit APS (Advanced Production System) die Nutzung und Weiterentwicklung bereits erstellter Programmsysteme vor [43]. Andere internationale Gremien wie IFIP (International Federation of Information Processing) und CAM-I (Computer Aided Manufacturing International) fördern durch internationale Konferenzen zum Thema Computer Aided Design und Computer Aided Manufacturing den Erfahrungsaustausch.

Mit Beginn der achtziger Jahre haben zahlreiche Systeme einen Entwicklungsstand erreicht, der eine wirtschaftliche Anwendung in der Praxis ermöglicht.

Weltweit begann 1968 mit den Speichersichtgeräten der Firma TEKTRONIX der Einzug der grafischen Datenverarbeitung in den Konstruktionsbereich. Mit diesen Geräten kann eine im Verhältnis zu bildwiederholenden Sichtgeräten eingeschränkte Interaktivität zu niedrigeren Kosten betrieben werden. Mit den Speichersichtgeräten ist damit eine zweckmäßige Ergänzung zu den bereits seit 1952 verfügbaren Zeichenmaschinen entstanden [44]. Die bildspeichernden Sichtgeräte sind auch eine Voraussetzung für die erste Generation schlüsselfertiger CAD-Systeme. Die ersten Systeme kamen durch COMPUTER VISION 1971 auf den amerikanischen Markt. Diese Systeme bestanden zunächst aus 16-bit-Rechnern, einem Digitalisierer und einer automatischen Zeichenmaschine. Der Digitalisierer konnte auch durch ein Speichergerät ersetzt werden. Von Anfang an mit bildwiederholenden Sichtgeräten arbeitet das System CADAM (Computer Augmented Design and Manufacturing) der Firma LOCKHEED, das von IBM vermarktet wird, bekannt in der Bundesrepublik Deutschland unter dem Namen CODEM.

Parallel dazu wurden erste Entwicklungsschritte unternommen, um dreidimensionale Geometrieverarbeitung für konstruktive und fertigungsplanerische Aufgabenstellungen verfügbar zu machen. Praktisch gleichzeitig wurden 1966 und 1967 Methoden zur Verarbeitung von analytisch nicht beschreibbaren Flächen durch BEZIER und COONS entwickelt [45, 46]. In England arbeiteten BRAID und LANG an dem System BUILD und später an ROMULUS. In Japan entstand durch OKINO das System TIPS-1 und HOSAKA und KIMURA entwickelten GEOMAP. In den USA trat vor allem MCDONNELL DOUGLAS mit CADD hervor. Aber auch Entwicklungen der Universität von Rochester durch VOELKER und REQUICHA mit dem System PADL, der Firma MAGI mit dem System SYNTHAVISION und von GENERAL MOTORS mit dem System GMSOLID sind wesentliche Beiträge zur dreidimensionalen Geometrieverarbeitung [47, 48].

Für die Bewältigung großer Datenmengen sind bereits 1951 für den ersten kommerziellen Rechner UNIVAC 1 Möglichkeiten für die Dateiverarbeitung geschaffen worden. BACHMANN entwickelte 1962 eines der ersten Datenbankkonzepte, das später in die Entwicklung des CODASYL-Vorschlags einfloß. Eine Darstellung der relationalen Datenbanken von CODD findet sich erstmals 1970. Das norwegische CAD-System AUTOKON für den Schiffbau, von MEHLUM und LANDMARK entwickelt, stand bereits 1971 für die Speicherung großer Datenmengen bereit.

Für schlüsselfertige CAD-Systeme wurde Anfang der achtziger Jahre mit einem Standardisierungsversuch für den Datenaustausch zwischen unterschiedlichen Systemen begonnen. Vom National Bureau of Standards der USA wird die Initial Graphics Exchange Specification (IGES) genormt [22]. Die von INTEL schon 1971 geschaffenen Möglichkeiten von Mikroprozessoren führen zu einer Verstärkung von Arbeiten an Arbeitsstationen mit integrierten Rechnern, um die Antwortzeiten für den Konstrukteur und Arbeitsplaner verkürzen zu können.

Auch in der DDR gehen die Anfänge des Rechnereinsatzes in Konstruktion und Fertigung auf die Entwicklung rechnerunterstützter NC-Programmiersysteme zurück [58, 59]. Das Mitte der 60er Jahre entwickelte formatgebundene Programmiersystem SAP ermöglichte auf der Basis einer formelementorientierten Werkstückbeschreibung eine rechnerunterstützte Fertigungsprogrammerstellung [49]. Drei Jahre später wurde das formatfreie Programmiersystem SYMAP vorgestellt [50]. Es vereint die geometrischen Beschreibungsmöglichkeiten von APT und die technologischen Verarbeitungsmöglichkeiten von SAP. Dieses in verschiedene Sprachteile gegliederte Programmiersystem basiert auf einer Symbolsprache und weist eine große Anwendungsbreite auf.

Anfang der 70er Jahre setzten verstärkt Bemühungen ein, den gesamten Aufgabenbereich der Arbeitsvorbereitung rechnerunterstützt zu bearbeiten. Das von vornherein für unterschiedliche Niveaustufen der Automatisierung konzipierte System AUTOTECH zur Herstellung technologischer Informationsträger leitete eine stürmische Entwicklung ein [51, 60]. Es wurden im Hinblick auf eine teilautomatische Fertigungsvorbereitung sowohl für die konventionell als auch für die numerisch gesteuerte Fertigung mehrere Untersysteme entwickelt, so daß heute ein umfangreiches AUTOTECH-Programmiersystem zur Verfügung steht [52, 61].

Eine spezielle Weiterentwicklung dieses Systemkomplexes besteht in dem Subsystem AUTOTECH-SKET zur Kopplung an ein Informationszentrum [53, 62]. Damit wird der Anwendungsbereich dieses Systems nicht nur in Richtung Datengenerierung sondern auch in Bezug auf Bereitstellung eines Informations- und Datenmanagementsystems erweitert.

Parallel zu diesen Entwicklungen setzten Bestrebungen ein, auch einzelne Aufgaben aus dem Konstruktionsbereich rechnerunterstützt zu lösen. Im Vordergrund stand zunächst die Teilautomatisierung aufwendiger Berechnungsmethoden, wie für rotationssymmetrische Baugruppen die Wellen/Bolzen-Dimensionierung, Durchbiegung, Biegewinkelberechnung und Wälzlager-Dimensionierung [54]. Ende der 70er Jahre wurde der Bereich der grafischen Datenverarbeitung verstärkt erschlossen. Neben der Entwicklung von Zeichnungserstellungssystemen wie des Variantensystems AUERZAHN [55], stehen heute auch CAD-Systeme für spezielle Anwendungen in der DDR zur Verfügung. Erwähnt seien das System

CADED zur rechnerunterstützten Konstruktion von Fließpreßwerkzeugen [54] und das System INKO zur interaktiven Konstruktion von komplizierten Gebilden über Bildschirme, Kleinrechner und Großrechner [56].

1.4 Soziales Umfeld der CAD-Technik

Die Automatisierung industrieller Arbeitsprozesse vollzieht sich in einem Umfeld technischer, wirtschaftlicher und sozialer Wechselwirkungen. Mit der Einführung von CAD-Systemen in Konstruktion und Arbeitsplanung werden solche Arbeitsbereiche an die schon weit entwickelte fertigungstechnische Automatisierung angeschlossen, deren Arbeitsinhalte bisher für einen Automatisierungsprozeß ungeeignet erschienen und deshalb verschlossen blieben. Die Einführung von CAD-Arbeitsplätzen wird den Konstruktions- und Planungsprozeß zukünftig in einer Weise beeinflussen, die auch Veränderungen der Arbeitsinhalte, der Organisationsformen und der Ausbildungsziele zur Folge hat *(Bild 1.4-1)*.

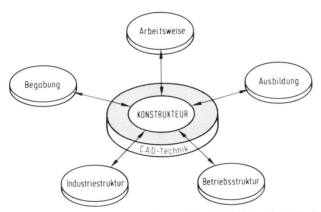

Bild 1.4-1 Wechselwirkungen im sozialen Umfeld der CAD-Technik.

Es liegt nahe, von einer Automatisierung des Konstruktionsprozesses zu sprechen. Automatisierung in Konstruktion und Arbeitsplanung wäre allerdings nicht das gleiche wie in der Fertigung. Bedeutet Automatisierung in der Fertigung die Befreiung von der Bindung des Menschen an den Arbeitstakt der Maschine, so ist die Rechnerunterstützung beim Konstruieren auf die Befreiung von Routinetätigkeiten gerichtet. Automatisierung der Konstruktion würde einen Anspruch erheben, der den Eingriff in die Denk- und Vorstellungsprozesse beim Konstruieren beinhaltet. Eine rechnerunterstützte Konstruktion im kreativen Bereich könnte allerdings auf der Grundlage von Simulations- und Optimierungsprogrammen möglich sein.

Die Rechneranwendung beim Konstruieren würde somit mindestens eine Entlastung von Routinetätigkeiten, aber auch in höheren Ausbauformen als Intelligenzverstärkung gedeutet werden können. Bei Simulation von Denkprozessen wäre man versucht, von Denkmaschinen, bei Simulation von Konstruktionsprozessen gar von Konstruktionsmaschinen zu sprechen. Mag dies zur Zeit noch als Utopie empfunden werden, so ist dennoch eine solche Entwicklung vorstellbar.

Die Arbeit des Konstrukteurs ist einerseits durch Absorption seines schöpferischen Potentials, andererseits durch Steigerung des technologischen Potentials gekennzeichnet. Durch

Intensivierung der Kapitalinvestition in Form der Einführung neuer Technologien, wie der CAD-Technologie, wird der Versuch unternommen, die Produktivität und damit den Erfolg eines Unternehmens positiv zu beeinflussen. Dadurch können langfristige Ziele, wie Sicherung der Wettbewerbsfähigkeit und damit Sicherung der Arbeitsplätze, Wachstumszunahme sowohl im mikroökonomischen als auch im makroökonomischen Bereich erzielt werden. Ausgehend von dem Wirtschaftlichkeitsprinzip führt dies zur Rationalisierung solcher Arbeitsstellen, die sich als unrentabel erweisen. Simultan dazu erfolgt aber eine Neugestaltung anderer leistungsfähiger Arbeitsstellen sowie eine Umstrukturierung bestehender Arbeitsinhalte.

Durch die Einführung der CAD-Technologie werden Veränderungen im Konstruktions- und Arbeitsplanungsbereich festgestellt, die sowohl einen dynamischen, den Inhalt und die Organisation der Tätigkeit wiedergebenden Charakter, als auch einen statischen, den ergonomischen Anforderungen betreffenden Charakter, besitzen. Durch diese Veränderungen werden neue Anforderungen an den Konstrukteur, den Arbeitsplaner sowie den CAD-Systementwickler gestellt.

Die Auswirkungen, die sich aus den neuen Anforderungen herauskristallisieren, sind tiefgreifend, was das Grundlagenwissen und die Arbeitsweise des Konstrukteurs, Arbeitsplaners und Zeichners betrifft.

Das erweiterte Grundlagenwissen bezieht sich auf die Informationswissenschaft, besonders im Bereich der Systemanalyse, der Softwaretechnologie, der Softwaremethodik, der Algorithmentheorie, der grafischen Datenverarbeitung sowie der Datenbank- und Informationssysteme. Darüber hinaus ist das Wissen über das Wesen und die Anwendung von CAD-Systemen erforderlich. Das produktorientierte Wissen wird durch Kenntnis über den Ablauf, die Zustände und die Ergebnisse eines CAD-Prozesses erweitert. Das Erstellen von Werkstattzeichnungen und Stücklisten, die Modellbildungs- und Manipulationsmöglichkeiten von Objekten, die Datenbereitstellung für anderweitige Zwecke, wie Finite-Elemente-Berechnung, Simulation von Bewegungsabläufen sowie Wiederholteilsuche gehören ebenfalls dazu. Hinzu kommt, daß die betriebliche Struktur eine Veränderung erfährt, die sich sowohl in der Aufbau- als auch in der Ablauforganisation widerspiegelt.

Aber den größten Einfluß auf die Arbeitsweise des Konstrukteurs und Arbeitsplaners bewirkt die neuartige, durch die Anwendung von CAD-Systemen aufgetretene Kommunikation. Bekannt als Mensch-Maschine-Kommunikation ermöglicht sie den Dialog des Konstrukteurs und Arbeitsplaners mit dem CAD-System und überläßt ihm die Steuerung des CAD-Prozesses, was ihm einen neuartigen Entscheidungsspielraum bietet. Neue Steuerungs- und Darstellungsarten sowie neue Berechnungsmöglichkeiten prägen die veränderte Arbeitsweise des Konstrukteurs und Arbeitsplaners. Dabei kann die CAD-Systemnutzung kontinuierlich, oder falls die Gegebenheiten es erfordern, zeitdiskret erfolgen.

Für den CAD-Systementwickler bedeutet dies eine Erweiterung seines Grundlagenwissens auf dem Gebiet der Konstruktionsmethodik und Arbeitsplanung. Wissen über Methoden und Verfahren, die vom CAD-Prozeß angewandt werden, gehören ebenfalls dazu. Sein produktorientiertes Wissen darf sich nicht auf das Gebiet der zuverlässigen und benutzerfreundlichen CAD-Systemerstellung beschränken, sondern es müssen auch Qualitätsfaktoren, wie Anpassungsfähigkeit, Flexibilität und Geräteunabhängigkeit der CAD-Systeme Berücksichtigung finden.

Die Erfahrungen mit der Einführung von CAD-Systemen legen den Schluß nahe, daß nach der in *Bild 1.4-2* dargestellten Tendenz CAD-Arbeitsplätze auch im Dienstleistungsbereich entwicklungsfähig sind, so daß eine Umstrukturierung der Arbeitsorganisation die Folge sein wird.

Die CAD-Systeme verändern ihr Leistungsspektrum durch neue Erkenntnisse, durch größere Entwicklungskapazität und durch neue Hardwaretechnologien. Die Lebensdauer von CAD-Systemen kann im einzelnen nicht vorausgesehen werden. Es sind Systeme im Einsatz, die vor mehr als zehn Jahren eingeführt wurden und lediglich aufwärtskompatible

28   1 Einführung   [Literatur S. 29]

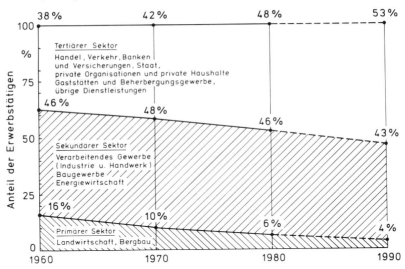

Bild 1.4-2 Aufteilung der Beschäftigten nach dem primären, sekundären und tertiären Sektor [48].

Änderungen erfahren haben. Dabei läßt sich für alle CAD-Systeme ein gemeinsamer Trend zu mehr Benutzerfreundlichkeit, mehr Ergonomie und mehr Anwendungsflexibilität erkennen. Neben den technischen Eigenschaften sind auch die gewählten Vorgehensweisen bei der Einführung von CAD-Systemen von Bedeutung. Besonders ist die Einbeziehung der beteiligten Konstrukteure und Arbeitsplaner in den Planungs- und Ausbildungsprozeß erforderlich. Die Auswahl der zu bearbeitenden Aufgaben ist aufgrund der Anteile an Routinetätigkeiten und zeitlicher Engpässe vorzunehmen. Die Leistungsfähigkeit eines CAD-Systems sollte von den Beteiligten vor der Beschaffung erprobt werden. Um die Erprobung nicht unter falschen Voraussetzungen ablaufen zu lassen, ist eine vorangehende Schulung der Mitarbeiter erforderlich.

Die Einführung von CAD-Systemen erfolgt beim Stand der Technik meist mit der Zielsetzung, zunächst nur einige Aufgaben rechnerunterstützt durchzuführen. Die automatisierbaren Anteile sind von Fall zu Fall unterschiedlich. Führt ein Unternehmen erstmals CAD-Technologie ein, kann erwartet werden, daß zunächst nur geringe Anteile der Konstruktions- und Fertigungsunterlagen erzeugt werden können. Über eine Reihe von Jahren kann dann eine allmähliche Steigerung geplant werden. Als neue Situation für Unternehmen mit CAD-Anwendung ergibt sich die aufeinanderabgestimmte konventionelle und automatisierte Arbeitsweise. Anders als in der Fertigung, wo die Informationsflüsse zunächst enden, wirken Konstruktion und Arbeitsplanung informationserzeugend.

Die Arbeit mit CAD-Systemen ermöglicht eine Zusammenfassung konstruktiver und arbeitsplanerischer Tätigkeiten. Je nach Aufgabenstellung und Unternehmensstruktur wird man diese Möglichkeiten nutzen. Die Anforderungen an die Ausbildung der Mitarbeiter erhöhen sich damit gegenüber konventioneller Tätigkeit. Außerdem muß beachtet werden, daß ein Grundwissen in Datenverarbeitung für jeden Konstrukteur und Arbeitsplaner unumgänglich ist, wenn sie das neue Werkzeug möglichst effektiv nutzen wollen. In *Bild 1.4-3* sind Anforderungen und Arbeitsinhalte aufgetragen, die sich für CAD-Konstrukteure und CAD-Arbeitsplaner ergeben. Die Einführung der CAD-Technologie verändert die Arbeitsinhalte überwiegend im Sinne einer Höherqualifizierung. Es wird hieraus deutlich, daß nicht nur die bewährten Arbeitsstrukturen weiterentwickelt, sondern auch neue Arbeitsstrukturen entstehen werden.

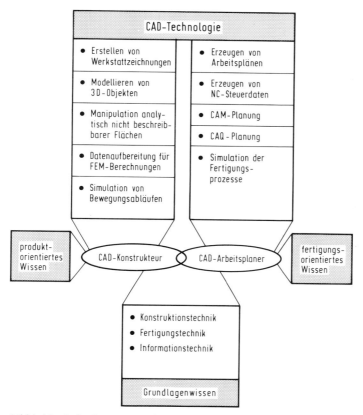

Bild 1.4-3 Anforderungen und Arbeitsinhalte für CAD-Konstrukteure und CAD-Arbeitsplaner.

Literaturverzeichnis

1. Spur, G.: Produktionstechnik im Wandel. Carl Hanser Verlag, München 1979.
2. Ross, D. T.: Computer Aided Design, a Statement of Objectives. M.I.T. Project 8436, Technical Memorandum, 4. Sept. 1960.
3. Spur, G.: Ziele der weiteren Entwicklung des Programmiersystems EXAPT. TZ für praktische Metallbearbeitung 62 (1968) 11, S. 582-585.
4. Spur, G., Krause, F.-L.:Erläuterungen zum Begriff „Computer-Aided Design". ZwF 71 (1976) 5, S. 190-192.
5. VDI-Richtlinie 2223: Begriffe und Bezeichnungen im Konstruktionsbereich. VDI-Verlag, Februar 1969.
6. Rodenacker, W. G.: Methodisches Konstruieren. 2. Aufl. Springer Verlag, Berlin 1976.
7. Spur, G.: Betrachtungen zur Optimierung des Fertigungssystems Werkzeugmaschine. Werkstattstechnik 57 (1967) 9, S. 411-417.
8. Spur, G.: Optimierung des Fertigungssystems Werkzeugmaschine. Carl Hanser Verlag, München 1972.
9. Zwicky, F.: Entdecken, Erfinden, Forschen im morphologischen Weltbild. Droemer Knaur Verlag, München 1966.
10. Hansen, F.: Konstruktionssystematik. VEB Verlag Technik, Berlin 1968.

11. Pahl, G., Beitz, W.: Konstruktionslehre. Springer Verlag, Berlin 1976.
12. Roth, K.: Gliederung und Rahmen einer neuen Maschinen-, Geräte- Konstruktionslehre. Feinwerktechnik 72 (1968) 11, S. 521-528.
13. Koller, R.: Konstruktionsmethode für den Maschinen-, Geräte- und Apparatebau. Springer Verlag, Berlin 1976.
14. Hubka, V.: Theorie der Konstruktionsprozesse. Analyse der Konstruktionstätigkeit. Springer Verlag, Berlin 1976.
15. Spur, G., Herrmann, J.: Beitrag zur Konstruktionsoptimierung. Ann. CIRP XVIII (1970), S. 483-489.
16. Krause, F.-L.: Ein Beitrag zur Behandlung rechnerinterner Darstellungen in CAD-Prozessen. ZwF 69 (1974) 5, S. 228-233.
17. Krause, F.-L., Vassilacopoulos, V., Zimmer, J.-O.: Zukünftige Auswirkungen des Rechnereinsatzes in der Konstruktion auf die Auftragsabwicklung. VDI-Bericht Nr. 191, S. 125-137, Düsseldorf 1973.
18. Spur, G.: Produktionstechnik im Wandel. ZwF 74 (1979) 6, S. 261-272.
19. Spur, G., Arndt, W., Gausemeier, J., Krause, F.-L., Lewandowski, S., Müller, G.: Behandlung technischer Objekte in CAD-Systemen. CAD - KfK 31, Gesellschaft für Kernforschung, Karlsruhe 1977.
20. Krause, F.-L.: Leistungsvermögen von CAD-Systemen. ZwF 75 (1980) 2, S. 72-82.
21. Encarnacao, J., Strasser, W. (Hrsg.): Computer Graphics und Portabilität. Oldenbourg Verlag, Stuttgart 1981.
22. Brauner, K. et. al.:IGES (Initial Graphics Exchange Specification). Y 14.26M. American National Standards Institute, New York 1981.
23. Agyris, J. H.: Energy theorems and structural analysis. Aircraft Engineering 26 (1954) S. 347-356, 383-387 S. 27 (1955) and S. 42-58, 80-84, 125-134, 145-158.
24. Cray, S. R., Kish, R. N.: A Progress Report on Computer Applications in Computer Design. Proc. Conf., West Point, 1956, S. 82-85.
25. Golden, J. T.: FORTRAN IV. Programming and Computing. Englewood Cliffs, New Jersey 1965.
26. Sutherland, I. E.: SKETCHPAD: A man machine graphical communication system. T 2 96, Lincoln Lab., M.I.T., Lexington, Mass. 1963.
27. Johnson, T. E.: SKETCHPAD III. A Computer Programm for Drawing in Three Dimensions. Proc. Conf. Joint Computer, Detroit, Michigan 1963.
28. Roos D. (ed.): ICES System-General Description. M.I.T, 1967, p.p. 267-349.
29. Woodsford, P.: GINO, Graphical Input/Output. 3. Ed., University of Cambridge, Computer Aided Design Group, 1970.
30. Gray, J. C.: Compound data structure for computer aided design: a survey. Proc. ACM, National Meeting 1967, S. 355-365.
31. Opitz, H., Simon, W., Spur, G., Stute, G.: NC-Maschinen-Datenverarbeitungsanlagen-Maschinelle Programmierung. Technischer Verlag Grossmann, Stuttgart 1968.
32. Kurth, J.: Rechnerorientierte Werkstückbeschreibung. Ein Beitrag zur Rationalisierung produktionsbezogener Planungsprozesse. Diss. TU Berlin 1971.
33. Debler, H.: Beitrag zur rechnerunterstützten Verarbeitung von Werkstückinformationen in produktionsbezogenen Planungsprozessen. Diss. TU Berlin 1973.
34. Gausemeier, B. J.: Rechnerorientierte Darstellung technischer Objekte im Maschinenbau. Diss. TU Berlin 1977.
35. Fricke, F.: Beitrag zur Automatisierung der Arbeitsplanung unter besonderer Berücksichtigung der Fertigung von Drehwerkstücken. Diss. TU Berlin 1974.
36. Lewandowski, S.: Programmsystem zur Automatisierung des Technischen Zeichnens. Diss. TU Berlin 1978.
37. Eversheim, W., Wiewelhove, W., Zzabo, Z.-I.: Maschinelle Arbeitsplanung. KfK-CAD 46, Gesellschaft für Kernforschung, Karlsruhe 1977.

38. Fischer, P.: Rechnerunterstützte Hydraulikplanerstellung. CAD-Seminar: Berechnung elektrischer und hydraulischer Systeme. Stuttgart 1976.
39. Kapfberger, K.: Die elektrische Rechenanlage als Hilfsmittel bei der Herstellung von Werkstattzeichnungen. Konstruktion 19 (1967) 1, S. 1-7.
40. Seifert, H.: Fortschritte bei der graphischen Datenverarbeitung im Konstruktionsbereich des Maschinenbaus. VDI-Z 119 (1977) 1/2, S. 9-16.
41. Weck, M., Thurat, B.: Berechnung linear elastischer Strukturen. KfK-CAD 64, Gesellschaft für Kernforschung, Karlsruhe 1978.
42. Beitz, W.: Rechnerunterstützte Auswahl und Auslegung von Maschinenelementen. Unterlagen zum Seminar am 7. und 8. April 1978 im VDI-Haus, Düsseldorf 1978.
43. Autorengemeinschaft: APS Progress Report Nr. 1. KfK, Gesellschaft für Kernforschung, Karlsruhe 1981.
44. van Dam, A.: Storage Tube graphics: Comparison of terminals. CG 70 Brunel University, Department of Computer Science, International Symposium Computer Graphics 70, Uxbridge 1970.
45. Bezier, P.: Definition Numerique des Courbes et Surfaces. Automatisme 12 (1966) 1, S. 17-21.
46. Coons, S. A.: Surfaces for Computer-Aided Design. Design Division, Mechanical Engineering Department, M.I.T., Cambridge, Mass. 1967.
47. N. N. Proceedings 1978 CAM-I. P-78-MM-01. International Spring Seminar, April 25.-27., Albuquerque Convention Center, Albuquerque, New Mexico, 1978.
48. Boyse, J. W., Gilchrist, I. E.: GMSOLID: Interactive Modelling for Design and Analysis of solids. IEEE CG & A, March 1982.
49. Autorenkollektiv: SAP-System zur automatischen Programmierung numerisch gesteuerter Werkzeugmaschinen. Institut für Werkzeugmaschinen Karl-Marx-Stadt 1969.
50. Schreiber, H., Riedel, R., Spielberg, D., Wetzel, J.: SYMAP- eine Sprache für numerisch gesteuerte Werkzeugmaschinen. Bd. 147: Automatisierungstechnik. VEB-Verlag Technik, Berlin, 1973.
51. Franz, U., Freitag, H., Gehlsdorf, W., Lull, B.: CAD/CAM-System für Steuerkurven und ebene Formteile. Metallbearb., 71 (1977) 10, S. 25-27.
52. Gehlsdorf, W., Nitzsche, P.: Maschinelle Programmierung von NC-Maschinen. ZwF 78 (1983) 1, S. 20-24.
53. Tempelhof, K.-H., Borns, R., Buchwald, D.: Basissystem im Programmierungssystem AUTOTECH-SKET. Fertig.-Technik und Betrieb 31 (1981) 12, S. 739-741.
54. Schütze, B.: Anforderungen an ein CAD-System. Maschinenbautechnik 31 (1982) 7, S. 303-305.
55. Franz, L., Scheibner, P., Schönfeld, S.: Rechnerunterstütztes Konstruieren im Maschinenbau. Maschinenbautechnik 29 (1980) 12, S. 549-556.
56. Neubert, B., Voelkner, W.: CADED-Rechnerunterstützte Konstruktion von Fließpreßwerkzeugen. Fertig.-Techn. u. Betrieb 31 (1981) 11, Berlin S. 658-660.
57. Schnur, P.: Projektion des Arbeitskräftebedarfs für die Jahre 1980, 1985, 1990. Modellrechnung nach 26 Wirtschaftszweigen. Mitteilungen aus der Arbeitsmarkt-Berufsforschung 7 (1974) 3, S. 251-266.
58. Tempelhof, K.-H., Mai M., Ullrich, G.: Aufbau und Einsatz von Technologenarbeitsplätzen auf der Basis des Programmierbaren Bildschirmterminals PBT 4000. Wiss. Z. Techn. Hochsch. Magdeburg 26 (1982) 5.
59. Tempelhof, K.-H., Eichhorn K.-H.: Rechnerunterstützte stücklistenorientierte Erzeugung technologischer Fertigungsunterlagen. Feingerätetechnik, Berlin 30 (1981) 9.
60. Tempelhof K.-H., Hahn, R.: Aspekte der Kopplung von AUTOTECH-Arbeitsgangbausteinen mit dem Schnittwertspeicher für die spanende Teilefertigung. Wiss. Z. Techn. Hochsch. Magdeburg 26 (1982) 5.
61. Tempelhof, K-H., Borns, R., Adebahr, M., Bodenbinder D., Gesche, F.: Rahmensystem

ATV-SKET im Programmsystem AUTOTECH-SKET. Fertigungstechnik und Betrieb, Berlin 31 (1981) 10.
62. Lohwasser, F., Herbst, H.: Zu Problemen der technologischen Projektierung von Bereichen der Nestmontage. Fertigungstechnik und Betrieb, Berlin 31 (1981) 12.

2 Grundlagen der Datenverarbeitung

2.1 Einleitung

Die Datenverarbeitung hat sich zu einem Fachgebiet entwickelt, das durch seine Schlüsselfunktion für die industrielle Produktionstechnik ständig an Bedeutung gewinnt. Moderne Formen der Konstruktions- und Arbeitsplanungstechnik sind ohne Rechenanlagen nicht denkbar. Die Entwicklungstendenzen deuten auf integrative Kopplung mit automatisierten Fertigungssystemen, wodurch eine erweiterte Nutzung der Rechenanlagen und Programme ermöglicht wird. Weil informationstechnische Kenntnisse gleichermaßen für die rechnerunterstützte Konstruktion und Arbeitsplanung erforderlich sind, werden im folgenden zunächst grundlegende Ausführungen über Datenverarbeitung vorangestellt.

Die elektronischen Datenverarbeitungsanlagen bestehen aus Gerätesystemen, der sogenannten Hardware, und Programmsystemen, der sogenannten Software. Sie bilden Funktionseinheiten zur Verarbeitung von Daten, indem sie mathematische, umformende, übertragende und speichernde Operationen ausführen [1].

Daten stellen Informationen aufgrund bekannter oder unterstellter Abmachungen in einer maschinell verarbeitbaren Form dar. In Rechenanlagen werden digitale oder analoge Daten verarbeitet. Digitale Daten sind Daten, die nur aus Zeichen bestehen, im Gegensatz zu analogen Daten, die durch kontinuierliche Funktionen dargestellt werden [2].

Bei der maschinellen Datenverarbeitung werden durch eine festgelegte Folge maschineller Operationen Daten mit dem Ziel verarbeitet, eine gestellte Aufgabe zu lösen. Die maschinelle Datenverarbeitung kann mechanisch unter Anwendung mechanischer Rechengeräte oder elektronisch unter Anwendung elektronischer Rechengeräte erfolgen.

Bei der automatischen Datenverarbeitung wird die gestellte Aufgabe entsprechend der vorgegebenen Anweisungen selbsttätig gelöst. Davon läßt sich die bedienergeführte Datenverarbeitung abgrenzen, bei der die Ausführung der Aufgabe durch einen Dialog mit dem Bediener geleitet wird.

Bei der interaktiven Verarbeitung werden dagegen fehlende Informationen während der Verarbeitung durch Informationsaustausch zwischen dem Datenverarbeitungssystem und dem Benutzer beschafft. Bei der Dialogverarbeitung entsteht eine aufgabenorientierte Kommunikation zwischen dem Benutzer und dem Rechner, bekannt als Mensch-Maschine-Kommunikation. Bei der Stapelverarbeitung, im Englischen batch processing genannt, muß eine Aufgabe dem Datenverarbeitungssystem vollständig gestellt sein, bevor mit deren Abwicklung begonnen werden kann [1, 2].

Die kommerzielle Datenverarbeitung ist durch die Existenz einer Vielzahl von Daten mit geringem Verarbeitungsaufwand, die technisch-wissenschaftliche Datenverarbeitung meist durch eine komplexe, umfangreiche und aufwendige Verarbeitung relativ kleiner Datenmengen gekennzeichnet.

Die Datenverarbeitung ist ein Teilgebiet der Informationsverarbeitung. Die Wissenschaft, die sich mit der Informationsverarbeitung befaßt, ist die Informatik. Dazu gehören sowohl Analysen des Informationswesens, der Daten und Algorithmen, als auch die Organisation, Darstellung und Bearbeitung von Informationen durch datenverarbeitende Systeme sowie deren Weiterentwicklung.

Die Informatik kann untergliedert werden in
- Theoretische Informatik,
- Technische Informatik und
- Angewandte Informatik.

Die Theoretische Informatik befaßt sich mit grundlegenden Untersuchungen zur Automatentheorie, zu formalen Sprachen, zur Algorithmentheorie, zur Theorie der Datenstrukturen, zur Graphentheorie, zur Syntax und Semantik algorithmischer Sprachen, außerdem mit der mathematischen Logik und mit Beweismethoden zur Verifikation von Software. Der Begriff Software umfaßt sowohl Daten als auch Programme. In der Theoretischen Informatik werden Probleme, Verfahren und Ergebnisse der Informatik mit mathematischen Mitteln untersucht. Dadurch lassen sich die praktischen Erfahrungen begrifflich genau erfassen und abgegrenzt darstellen.

Die Technische Informatik befaßt sich mit Themen wie Rechnerarchitekturen, Rechnerstrukturen, Rechnerorganisation, Ein-/Ausgabeorganisation, Rechnertechnologie und Mikroprogrammierung. Dazu gehört einerseits die Entwicklung geeigneter Darstellungsmethoden und Entwurfstechniken für die hardwaremäßige Realisierung von Algorithmen und andererseits die Entwicklung leistungsfähiger Hardwarestrukturen von Rechnerarchitekturen sowie die Erarbeitung von Methoden und Hilfsmitteln im Bereich der Mikroprogrammierung.

Die Angewandte Informatik befaßt sich mit den Bereichen Prozeßdatenverarbeitung, Computer Graphics, Computer Vision, Programmiersprachen, Datenbank- und Betriebssystemen sowie mit Systemsimulation, Statistik, Ökonometrie, Textverarbeitung und CAD.

Unter Prozeßdatenverarbeitung ist die datenmäßige Überwachung, Steuerung oder Regelung von Prozessen zu verstehen. Kennzeichnend für die Prozeßdatenverarbeitung ist die Berücksichtigung von Echtzeit. Echtzeitbetrieb ist die Betriebsart einer Datenverarbeitungsanlage, bei der Programme zur Verarbeitung anfallender Daten derart betriebsbereit sind, daß die Verarbeitungsergebnisse innerhalb einer vorgegebenen Zeitspanne zur Verfügung stehen. Die Daten können je nach Bedarf in einer zeitlich zufälligen Verteilung oder in vorbestimmten Zeitpunkten anfallen.

Der zunehmende Bedarf in Konstruktion und Arbeitsplanung, differenziertere grafische Informationen zu verwenden, erhöht die Bedeutung der grafischen Datenverarbeitung. Der Bereich Computer Graphics befaßt sich mit der Eingabe von grafischen Daten zur Erstellung rechnerinterner Objektmodelle und mit der Erzeugung einer dem Wahrnehmungsvermögen des Menschen angepaßten Darstellung auf grafischen Ausgabegeräten [3]. Das rechnerinterne Objektmodell bildet den Gegenstand weiterer Datenverarbeitungsschritte, wie sie für CAD-Systeme und CAM-Systeme erforderlich sind.

Der Bereich Computer Vision befaßt sich auch mit der Analyse und Interpretation von rechnerinternen Objektmodellen und digitalen Bildern, deren Ursprung meist Einzelheiten der natürlichen Umwelt darstellen [3]. Im Deutschen ist für Computer Graphics der Begriff Grafische Datenverarbeitung gebräuchlich.

Die Grafische Datenverarbeitung ist ein wesentlicher Bestandteil der Mensch-Maschine-Kommunikation, die hier auf die Arbeitsperson und die Rechenanlage bezogen wird. Eine Mensch-Maschine-Kommunikation ist für die Bedienung jeder Rechenanlage erforderlich. Im einfachsten Fall kann es sich dabei um Schaltvorgänge handeln. Die für Konstruktion und Arbeitsplanung erforderlichen Anwendungen sind durch die Möglichkeit des Dialogs bestimmt. Der Dialog ermöglicht eine Wechselwirkung zwischen der Arbeitsperson und dem Programm, so daß Entscheidungen über den Programmablauf und über die zu verarbeitenden Daten durch den Menschen gefällt werden können. Aufgrund des intensiven Charakters der Konstruktions- und Arbeitsplanungsprozesse ergibt sich die Mensch-Maschine-Kommunikation als zentrales Element der CAD-Systeme.

In der Datenverarbeitung sind neue entwicklungs-, betriebs- und ausbildungsspezifische Berufsbilder entstanden, die wie folgt unterschieden werden können [1]:

- Systemorganisator,
- Systemanalytiker,
- Systemprogrammierer,
- Anwendungsprogrammierer,

- Hardwaretechniker,
- Softwaretechniker,
- Operateur und
- Datentypist.

Ein Systemorganisator ist für die Planung langfristiger Konzeptionen von Softwaresystemen, für die Untersuchung und Entwicklung neuer Erstellungs- und Anwendungsmethoden sowie für die Überwachung der Realisierung zuständig. Er sollte über eine wissenschaftliche Hochschulausbildung verfügen.

Ein Systemanalytiker ist für die Beurteilung bestehender Softwaresysteme und deren Analyse, für die Entwicklung von Sollkonzepten für neue oder bestehende Softwaresysteme sowie für die Einführung von Systemen nach Systemänderungen zuständig. Er sollte über eine wissenschaftliche Hochschulausbildung verfügen [1].

Ein Systemprogrammierer ist für die Auswahl, Entwicklung, Programmierung und Prüfung von Softwaresystemen, für Überwachung der Funktionsweise von Hardware und Software sowie für deren Leistungsoptimierung verantwortlich. Er sollte über eine Hochschulausbildung in Informatik, Mathematik, Physik oder Elektrotechnik mit Zusatzausbildung bei Herstellern von Datenverarbeitungssystemen verfügen.

Ein Anwendungsprogrammierer ist für die Analyse von vorgegebenen anwendungsbezogenen Aufgaben, für die Ausarbeitung der technischen Realisierung mit leistungsbezogenen Aspekten, wie Speicherplatzbedarf und Rechenzeit, für die Programmierung, Test und Wartung der ausgewählten Realisierungsmöglichkeit sowie für die Erprobung, Optimierung, Überwachung und Einführung bestehender Anwendungsprogramme zuständig. Er sollte je nach Tätigkeitsfeld über eine wissenschaftliche Hochschulausbildung oder Fachschulausbildung mit dem Schwerpunkt Informatik unter Einschluß einer Zusatzausbildung bei Herstellern von Datenverarbeitungssystemen sowie über Anwendungserfahrungen verfügen [1].

Ein Hardwaretechniker ist für die Installation von Hardwaresystemen, für deren vorbeugende Wartung, für die Ausführung von Fehlerdiagnosen und Reparaturen sowie für Erweiterung oder Abbau verantwortlich. Er sollte bei Herstellern von Datenverarbeitungssystemen ausgebildet sein. Ein Fachhochschulstudium der Informatik oder verwandter Fachrichtungen wäre wünschenswert.

Ein Softwaretechniker ist für die Installation von Softwaresystemen, für deren vorbeugende Wartung, für die Ausführung von Fehlerdiagnosen und Korrekturen sowie für deren Erweiterung oder Modifikation zuständig. Seine Berufsausbildung sollte analog zu der des Hardwaretechnikers erfolgen.

Ein Operateur ist für die Bedienung aller Einheiten eines Datenverarbeitungssystems aufgrund vorliegender Bedienungsanweisungen und vorgegebener Arbeitspläne verantwortlich. Er sollte mindestens über eine abgeschlossene mittlere Reife und eine geeignete Lehre verfügen. Wünschenswert ist eine mehrmonatige Grundausbildung im Rechenzentrum.

Ein Datentypist ist für das Übertragen von Originalbelegen auf maschinenlesbare Datenträger bzw. Direkteingabe aufgrund vorliegender Anleitungen sowie für das Prüfen der erfaßten Daten zuständig [1].

2.2 Grundbegriffe

In der Datenverarbeitung sind zahlreiche informationstechnische Begriffe gebräuchlich, die für das Verständnis der rechnerunterstützten Konstruktion und Arbeitsplanung eine wesentliche Bedeutung haben. Die folgenden Begriffe sind bestehenden Normen und Richtlinien entnommen [1, 2, 4]:

Die Informationstechnik befaßt sich mit der Entstehung, Überwachung und Verarbeitung von Informationen. Unter Informationen sind Angaben über Sachverhalte oder Vorgänge zu verstehen.

2 Grundlagen der Datenverarbeitung

Daten stellen Informationen aufgrund bekannter oder unterstellter Abmachungen in einer maschinell verarbeitbaren Form dar. Unter Datenverarbeitung ist jeder Vorgang zu verstehen, der sich auf die Erfassung, Speicherung, Übertragung oder Umformung von Daten bezieht.

Nachrichten stellen Informationen aufgrund bekannter oder unterstellter Abmachungen in einer weitergebbaren Form dar.

Signale sind physikalische Darstellungen von Nachrichten oder Daten.

Eine Operation ist eine Verknüpfung von Elementen, die auch Operanden genannt werden.

Algorithmen sind Rechenvorschriften, die Transformationen der Eingabedaten zu den Ausgabedaten vornehmen.

Ein Programm besteht aus einer endlichen, zur Lösung einer Aufgabe vollständigen Folge von Anweisungen mit allen erforderlichen Vereinbarungen.

Eine Programmiersprache ist eine zum Abfassen von Programmen geschaffene Sprache.

Zur Darstellung von Informationen wird ein Zeichenvorrat vereinbart, der als eine endliche Menge von verschiedenen Elementen definiert wird. Zeichen sind Elemente eines Zeichenvorrats. Elemente sind Bestandteile einer Gesamtheit, die nicht weiterzerlegt werden können oder sollen. Ein Alphabet ist ein geordneter Zeichenvorrat.

Ein Code ist die Vorschrift, nach der eine eindeutige Zuordnung der Zeichen eines Zeichenvorrats zu denjenigen eines anderen Zeichenvorrats vorgenommen wird. Codierung ist die Anwendung dieser Vorschrift.

Als Informationsbestandteile können Zeichen oder Symbole angesehen werden. Symbole bestehen aus einem Zeichen oder aus einem Wort. Ein Zeichen bzw. ein Wort zusammen mit seiner Bedeutung heißt Symbol.

Ein Wort ist eine festgelegte, aus einer endlichen Anzahl von Zeichen gebildete Folge, die in einem bestimmten Zusammenhang als eine Einheit betrachtet wird. Worte aus Binärzeichen werden Binärworte genannt.

Binärzeichen heißen die Zeichen, die zu einem binären Zeichenvorrat gehören. Ein Bit ist die Kurzform für ein Binärzeichen. Der Begriff ist aus dem Englischen (Binary Digit) abgeleitet. Die Einheit der binären Entscheidung zwischen zwei Bits wird in der Informationstheorie bit genannt. Ein binärer Zeichenvorrat ist ein Zeichenvorrat, der aus zwei einstelligen Zeichen besteht.

Ein Byte ist eine bestimmte, von der Datenverarbeitungsanlage abhängige Folge von Bits, die als Speichereinheit aufgefaßt wird. Meist enthält ein Byte acht Bits.

Ein Binärcode, der bedeutendste Code in der Datenverarbeitung, ergibt sich aus der Codierung eines bestimmten Zeichenvorrats durch eine entsprechende Anzahl von Binärzeichen. Der Begriff „binär" bedeutet „zweier Werte fähig" [2]. Häufig werden die Zahlen 0 und 1 sowie die Buchstaben 0 und L verwendet.

Ein Elementarvorrat K ist die Anzahl der Worte bestimmter Länge, deren Zeichen aus einem Zeichenvorrat N entnehmbar sind. Es gilt allgemein:

$$K = N^n,$$

wobei n die Länge der Worte (Anzahl der Stellen) aus dem Zeichenvorrat bedeutet [4, 5].

Ein n-Bit-Code beinhaltet die Zuordnung der aus n Binärzeichen bestehenden Worte eines Zeichenvorrats von N = 2, so daß sich ein Elementarvorrat von $K = 2^n$ ergibt.

Zur Darstellung von Zahlen werden Zeichen verwendet, die dem Bildungsgesetz für Zahlensysteme unterworfen sind:

$$Z_B = \sum_{i=-\infty}^{i=+\infty} z_i \cdot B^i,$$

wobei Z die darzustellende Zahl, z_i den Zahlenwert an der i-ten Stelle und B^i den Stellenwert mit der Basis B bedeuten.

Zum Beispiel wird die Dezimalzahl 235 als Anzahl der Elemente einer Menge im Zahlensystem der Basis 10 (Dezimalsystem) wie folgt dargestellt:

$$Z_{10} = \sum_{i=0}^{2} z_i \cdot 10^i = 2 \cdot 10^2 + 3 \cdot 10^1 + 5 \cdot 10^0.$$

Die Zahl Z zur Basis 10 dargestellt lautet:

$Z_{10} = 2\ 3\ 5.$

Die Anzahl der Elemente derselben Menge entspricht im Zahlensystem der Basis 2 (Dualsystem) der achtstelligen Dualzahl 11101011:

$$Z_2 = \sum_{i=0}^{7} z_i \cdot 2^i = 1 \cdot 2^7 + 1 \cdot 2^6 + 1 \cdot 2^5 + 0 \cdot 2^4 + 1 \cdot 2^3 + 0 \cdot 2^2 + 1 \cdot 2^1 + 1 \cdot 2^0.$$

Die Zahl Z zur Basis 2 dargestellt lautet:

$Z_2 = 1\ 1\ 1\ 0\ 1\ 0\ 1\ 1.$

Entsprechend läßt sich ein Oktalsystem (B = 8) oder Hexadezimalsystem (B = 16) definieren.

Jede Stelle einer Dualzahl kann durch den Zustand eines Schalters repräsentiert werden, der die Stellungen 1 = EIN und 0 = AUS einnehmen kann. Entsprechend lassen sich arithmetische sowie logische Operationen durch Schaltvorgänge beschreiben.

Für die Datenein- und Datenausgabe werden vorzugsweise standardisierte Binärcodes, wie der BCD-Code (Binary Coded Decimals) und der ASCII-Code (American Standard Code for Information Interchange) verwendet. Ein BCD-Code läßt sich durch 4-Bit-Codes aufbauen. Zur Darstellung einer Dezimalzahl (0 bis 9) wird ein 4-Bit-Code benötigt. Beim ASCII-Code ist für jede Dezimalzahl ein 7-Bit-Code erforderlich. Die sich durch 7-Bit ergebenden 128 Kombinationen werden zum Datenaustausch ausgenutzt. Die Festlegung auf 7 Bit stammt daher, daß 7 Datenbit plus ein Prüfbit gerade auf den 8-Kanal-Lochstreifen passen [5].

Zahlen werden als Festkomma- oder Gleitkommazahlen dargestellt. Bei der Festkommadarstellung haben Zahlen eine feste Wortlänge, und das Komma bleibt an einer festen Stelle. Der Nachteil dieser Darstellung liegt darin, daß nur ein begrenzter Zahlenumfang zur Verfügung steht und daher nur ein begrenzter Zahlenbereich dargestellt werden kann.

Bei der Gleitkommadarstellung wird eine Zahl x als

$x = m \cdot b^e$

dargestellt, wobei m die Mantisse, b die Basis und e der Exponent der Zahl ist *(Bild 2.2-1)*. Bei der normalisierten Gleitkommadarstellung gilt:

$b^{-1} \leq |m| \leq 1.$

Bild 2.2-1 zeigt die Zahl $\Pi = 3.14159$ in normalisierter Gleitkommadarstellung $(3141590000 \cdot 10^{-9})$.

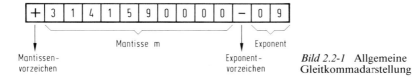

Bild 2.2-1 Allgemeine Gleitkommadarstellung

Unter einer Anweisung ist eine in einer Programmiersprache abgefaßte Arbeitsvorschrift zu verstehen, die im gegebenen Zusammenhang wie auch im Sinne der benutzten Sprache abgeschlossen ist. Es wird unterschieden nach:

– arithmetischer Anweisung,
– boolescher Anweisung,
– Verzweigungsanweisung,
– Sprunganweisung,
– Transportanweisung und
– Ein-/Ausgabeanweisung.

Ein Befehl ist eine Anweisung, die sich in der benutzten Sprache nicht mehr in Teile zerlegen läßt, die selbst Anweisungen sind.

Ein Befehlswort ist ein Wort, im Sinne einer als Einheit betrachteten Zeichenfolge, das von einer Datenverarbeitungsanlage als ein Befehl ausgeführt wird. Die Befehle untergliedern sich in:

- arithmetische Befehle, z.B. Addition,
- logische Befehle, z.B. Vergleich,
- Transportbefehle, z.B. Übertragung,
- Eingabebefehle, z.B. Lesen und
- Ausgabebefehle, z.B. Drucken.

Ein Befehlswort setzt sich aus einem Operationsteil und aus einem Operandenteil zusammen. Der Operationsteil ist der Teil eines Befehlswortes, der die auszuführende Tätigkeit (Operation) angibt. Der Operandenteil ist der Teil des Befehlswortes, der für Operanden (Gegenstand der Operation) oder für Angaben zum Auffinden von Operanden oder Befehlsworten vorgesehen ist. Der Operationsteil enthält Bitfolgen zur Kennzeichnung der Operationen. Die Zuordnung dieser Bitfolgen zu den Operationen ist rechnerspezifisch. Der Operandenteil enthält entweder die Operanden selbst, oder die Adressen der an der Operation beteiligten Operanden. Der Operandenteil, der für Adressen von Operanden oder Befehlsworten vorgesehen ist, wird Adreßteil genannt.

Eine Adresse ist ein bestimmtes Wort zur Kennzeichnung eines Speicherplatzes, eines zusammenhängenden Speicherbereichs oder einer Funktionseinheit.

2.3 Datenverarbeitungssysteme

Ein Datenverarbeitungssystem ist eine Funktionseinheit zur Verarbeitung von Daten, nämlich zur Durchführung mathematischer, umformender, übertragender und speichernder Operationen. Hierfür werden auch die Begriffe Rechner, Rechenanlage und Computer verwendet. Ein Datenverarbeitungssystem *(Bild 2.3-1)* besteht aus dem Hardwaresystem und dem Softwaresystem. Unter Hardware ist der gerätetechnische Teil bzw. die materiell realisierte Datenverarbeitungsanlage, unter Software die Gesamtheit aller Programme zu verstehen, die durch die Hardware erst befähigt werden, selbsttätig und sinnvoll die ihnen gestellten Aufgaben zu erfüllen [5].

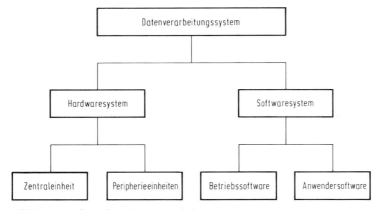

Bild 2.3-1 Aufbau eines Datenverarbeitungssystems

[Literatur S. 72]   2.3 Datenverarbeitungssysteme

Datenverarbeitungsanlagen *(Bild 2.3-2)* werden unterschieden in:
- analoge Rechenanlagen,
- digitale Rechenanlagen und
- hybride Rechenanlagen.

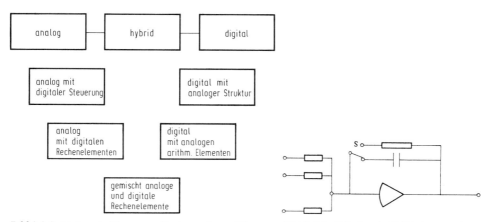

Bild 2.3-2 Unterscheidung von Rechenanlagen [4]

Bild 2.3-3 Prinzipschaltbild eines analogen Rechenelements

Analoge Rechenanlagen *(Bild 2.3-3)* dienen zur Verarbeitung analoger Daten. Dies sind Daten, die durch kontinuierliche Funktionen ausgedrückt werden. Analoge Rechenanlagen werden vorwiegend in technisch-naturwissenschaftlichen Bereichen verwendet.
Digitale Rechenanlagen *(Bild 2.3-4)* dienen zur Verarbeitung digitaler Daten. Dies sind Daten, die nur aus Zeichen bestehen [2].
Hybride Rechenanlagen *(Bild 2.3-5)* sind kombinierte analog-digitale Rechenanlagen.

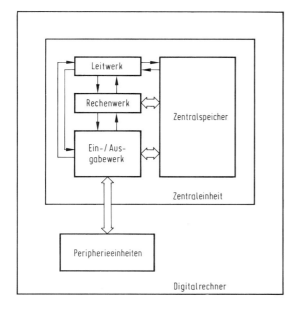

Bild 2.3-4 Digitale Rechenanlage

40   *2 Grundlagen der Datenverarbeitung*   [Literatur S. 72]

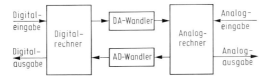

Bild 2.3-5 Hybride Rechenanlage [4]

Für CAD-Systeme werden digitale Rechenanlagen verwendet. Ihre Hardware unterteilt sich in Zentraleinheit und Peripherie sowie ihre Software in Betriebssoftware und Anwendersoftware. Die Zentraleinheit wird in Zentralspeicher, Zentralprozessor (Leitwerk und Rechenwerk) sowie Ein-/Ausgabewerke untergliedert. Die Betriebssoftware, die hauptsächlich das Betriebssystem beinhaltet, dient zur Abwicklung, Steuerung und Überwachung der Programme. Die in Form eines Programms geschriebenen Aufgabenstellungen gehören zur Anwendersoftware.

Eine vereinfachte Darstellung der Wirkungsweise eines Rechensystems zur Programmausführung zeigt *Bild 2.3-6*.

Über Peripherieeinheiten wird eine Aufgabenstellung in Form eines Programms mit den dazugehörigen Daten eingegeben. Sowohl die im Programm enthaltenen Operationen als

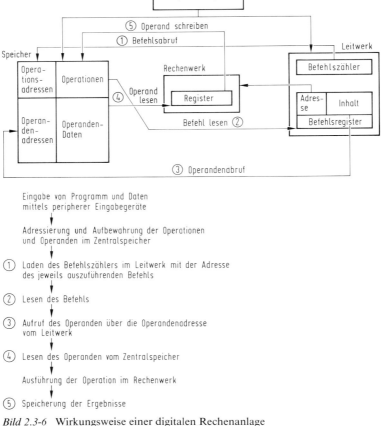

Bild 2.3-6 Wirkungsweise einer digitalen Rechenanlage

auch die dazugehörigen Daten werden im Zentralspeicher zur Programmausführung aufbewahrt. Operationen und Daten werden Adressen zugeordnet. Das Leitwerk der Zentraleinheit übernimmt die Steuerung der Programmausführung. Zum Adressieren und Zwischenspeichern der Operationen enthält das Leitwerk den Befehlszähler und das Befehlsregister. Der Befehlszähler wird mit der Adresse des jeweils zur Ausführung anstehenden Befehls geladen. Das Leitwerk interpretiert ihn mit Hilfe der Betriebssoftware. Jeder Befehl besteht aus dem Operationsteil und dem Operandenteil. Mit Hilfe der Betriebssoftware sucht das Leitwerk den zu der ausgegebenen Operandenadresse gehörenden Wert des Operanden. Das Leitwerk liest ihn vom Zentralspeicher ab und bringt ihn in das Rechenwerk. Das Leitwerk übergibt dem Rechenwerk die Operationsadresse. Das Rechenwerk führt die Operation aus. Anschließend liest das Leitwerk den nächsten Befehl ein und der gesamte Vorgang wird wiederholt [6].

Ein Einteilungsgesichtspunkt für digitale Datenverarbeitungsanlagen ist ihre Anwendungsflexibilität. In diesem Sinne können Universal- und Spezialrechner unterschieden werden. Universalrechner gewährleisten universelle Anwendbarkeit. Sie verfügen über große Speicherkapazität, hohe Rechengeschwindigkeit, verschiedenartige Betriebsarten sowie über ein umfangreiches Leistungsspektrum. Der Aufbau eines Universalrechners ist im *Bild 2.3-7* dargestellt.

Die Anwendung von Universalrechnern für CAD erfolgt vor allem dort, wo Rechner für kommerzielle Aufgaben bereits installiert sind und sich eine Mitbenutzung aus Gesichtspunkten der Auslastung bzw. der Wirtschaftlichkeit als zweckmäßig erweist.

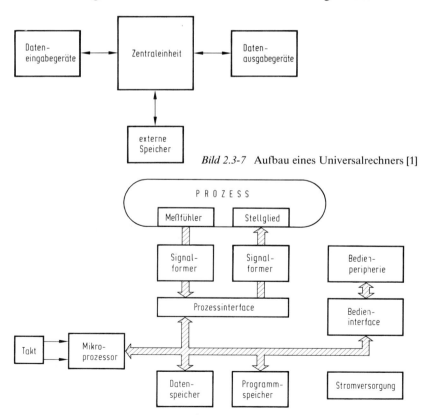

Bild 2.3-7 Aufbau eines Universalrechners [1]

Bild 2.3-8 Schematische Darstellung eines Prozeßrechners [7]

42   *2 Grundlagen der Datenverarbeitung*   [Literatur S.72]

Spezialrechner haben im Gegensatz zu Universalrechnern kein weites Anwendungsspektrum. Sie werden für spezielle Gebiete der Datenverarbeitung, wie Prozeßdatenverarbeitung, eingesetzt.

Ein Prozeßrechner, dessen schematische Darstellung aus dem *Bild 2.3-8* ersichtlich ist, wird zur prozeßgekoppelten Verarbeitung von Prozeßdaten, unter Durchführung arithmetischer, vergleichender, logischer, umformender, übertragender und speichernder Operationen verwendet. Prozeßrechner arbeiten meist im Echtzeitbetrieb und verfügen über Funktionseinheiten, die eine Zuführung bzw. Ausgabe analoger Daten erlauben. Bei digitalen Prozeßrechnern wird die Datenverarbeitung durch spezielle Umsetzer (Wandler) vor und nach der eigentlichen Verarbeitung vorgenommen. Ein Umsetzer ist eine Funktionseinheit zur Änderung der Darstellung von Daten.

Ein anderer Einteilungsgesichtspunkt für digitale Datenverarbeitungsanlagen ist ihr auf Rechengeschwindigkeit, Speicherkapazität und Ausbaufähigkeit bezogener Leistungsum-

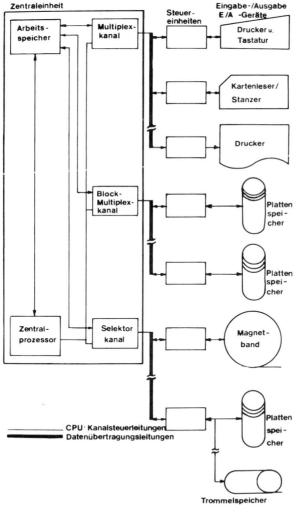

Bild 2.3-9 Aufbau eines Großrechners [1]

fang. Demnach lassen sich digitale Datenverarbeitungsanlagen in Groß- und Kleinrechner einteilen. Zu Kleinrechnern gehören Mini- und Mikrorechner.

Durch die entwicklungsbedingte Erhöhung der Leistungsfähigkeit von Datenverarbeitungsanlagen verschieben sich die Grenzen zwischen den verschiedenen Kategorien. Allgemein ist festzuhalten, daß Großrechner die größere Speicherkapazität, die höhere Rechengeschwindigkeit und eine universellere Anwendbarkeit aufweisen. Den Aufbau eines Großrechners zeigt *Bild 2.3-9*.

Kleinrechner haben den gleichen Aufbau wie Großrechner. Dies bedeutet, daß sie ebenfalls eine Zentraleinheit und Peripherieeinheiten besitzen. Entsprechend ihrer Bauart besitzen Kleinrechner entweder Peripheriegeräte, die zusammen mit der Zentraleinheit in einem Gehäuse untergebracht sind, oder in getrenntem Gehäuse untergebrachte Peripheriegeräte, was einen flexiblen Ausbau ermöglicht.

Minirechner sind dadurch entstanden, daß die anfangs ausschließlich technisch orientierten Prozeßrechner mit schneller Datenperipherie versehen und kommerziell angewendet wurden. Die Zentraleinheit eines Minirechners eignet sich besonders für Dialogbetrieb. Minirechner sind zum Teil mikroprogrammierbar, was bedeutet, daß die Steuerungsanweisungen in mikroprogrammierter Form vorliegen. Darunter ist die hardwarenahe Realisierung der Steueralgorithmen in der Zentraleinheit zu verstehen.

Mikrorechner *(Bild 2.3-10)* bestehen im wesentlichen aus hochintegrierten Bausteinen. Sie ersetzen die in festverdrahteter Form vorhandenen Steuerungs- und Regelungsfunktionen durch freiprogrammierbare Schaltungen. Darüber hinaus dienen sie als Ersatz von Mini- und Prozeßrechnern in solchen Fällen, in denen mit verteilter Intelligenz bei hoher Verarbeitungsgeschwindigkeit eine bessere Betriebssicherheit der Gesamtanlage erreicht werden kann [9, 10]. Die Vorteile liegen darin, daß sie den besonderen branchenspezifischen Anforderungen in hohem Maße angepaßt werden können.

Zur Ausführung der Rechenoperationen und zur Steuerung, Entschlüsselung und Modifikation der Befehle eines Programms verfügt ein Mikrorechner neben einem Speicher über einen Mikroprozessor.

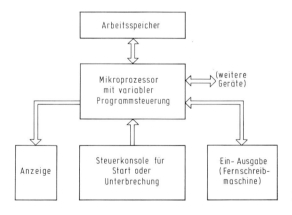

Bild 2.3-10 Aufbau eines Mikrorechners [9]

Unter einem Mikroprozessor wird ein Zentralprozessor verstanden, dessen Leit- und Rechenwerk in einem Baustein, im Englischen chip genannt, mittels bipolarer bzw. unipolarer Halbleitertechnologie integriert sind *(Bild 2.3-11)*. Ein Mikroprozessor kann aus mehreren chips bestehen.

Mikrorechner können Leistungen von Minirechnern erreichen, so daß nicht immer eine eindeutige Trennung zwischen beiden Rechnerarten möglich ist [8].

Der wirtschaftliche Einsatz elektronischer Datenverarbeitungsanlagen wird wesentlich von den gegebenen Kommunikationsmöglichkeiten bestimmt. Ursprünglich waren Ein- und

44   2 Grundlagen der Datenverarbeitung   [Literatur S. 72]

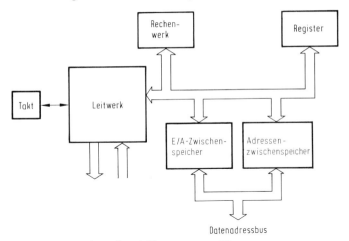

Bild 2.3-11   Struktur eines Mikroprozessors [7]

Ausgabe wegen fehlender technischer Möglichkeiten physikalisch an den Standort der Datenverarbeitungsanlage gebunden. Durch Anwendung der für Telefon und Fernschreiber vorhandenen Leitungsnetze wurde die on-line-Datenübertragung, die allgemein Datenfernverarbeitung genannt wird, möglich *(Bild 2.3-12)*. Hierdurch konnte die Eingabe der maschinenlesbaren Datenträger und die Ausgabe der Verarbeitungsergebnisse an den Ort der Erfassung bzw. des Bedarfs verlegt werden.

Durch Entwicklungsfortschritte in der Mikroelektronik konnten neben den zentralen auch dezentrale Datenverarbeitungssysteme eingeführt werden. Mit der Verknüpfung selbständiger Datenverarbeitungsanlagen durch Datenübertragungssysteme zu Rechnerverbundsystemen kann die Leistung einzelner Anlagen vervielfacht werden [11]. Zu den wichtigsten Bestrebungen bei der Anwendung von Rechnerverbundsystemen gehören eine ausgeglich-

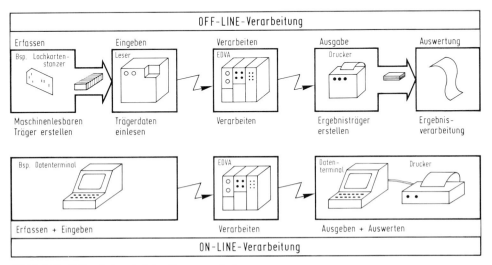

Bild 2.3-12   Teilaufgaben bei der Datenverarbeitung

ne Belastung der eingesetzten Rechner, eine rechtzeitige Verfügbarkeit der erwünschten Informationen und ein breites Leistungsspektrum [12]. Aus diesen Zielen lassen sich als Betriebsarten von Rechnerverbundnetzen der Datenverbund (gemeinsame Nutzung der Daten), der Betriebsmittelverbund (gemeinsame Nutzung von Betriebsmitteln), der Lastverbund (dynamische Verteilung der Belastung) und der Kommunikationsverbund (Nachrichtenaustausch zwischen den Teilnehmern) ableiten [13].

2.4 Hardwaresysteme

2.4.1 Digitale Schaltungen

Die selbsttätige Verarbeitung von Daten in einer Datenverarbeitungsanlage erfordert hardwareseitig eine Schaltungstechnik, die die gewünschten arithmetischen Operationen und logischen Entscheidungen nach einem vorgegebenen Programm ausführen. Weiterhin erfordert sie die Existenz von Speicherelementen, die der Aufbewahrung der zu verarbeitenden Daten, Operationen und Entscheidungen dienen. Grundlagen für die Entwicklung, Berechnung und Optimierung solcher Schaltungen und Speicherelemente sind die Boolesche Algebra und die Schaltalgebra.
Die Schaltalgebra, die Boolesche Algebra oder die Logische Algebra sind Bezeichnungen desselben Formalismus, der auf die Verknüpfung von Entscheidungen zwischen zwei Möglichkeiten, nämlich zwischen logisch falsch und logisch wahr, bzw. offenem Schalter und geschlossenem Schalter, basiert. Eine Verknüpfung derartiger Entscheidungen wird logische Verknüpfung genannt.
Jeder Satz natürlicher Sprachen, der einer derartigen Entscheidung unterliegt, ist eine Aussage. Die zwei verschiedenen Werte, mit deren Hilfe der Inhalt einer Aussage bewertet wird, werden Wahrheitswerte genannt. Der Wahrheitswert „falsch" kann durch 0 und der Wahrheitswert „wahr" durch 1 dargestellt werden. Jede Aussage besteht aus einem Namen, der ihrer Kennzeichnung dient, und aus einem Wert, der ihren Inhalt wiedergibt. Der Wert einer Aussage kann konstant oder variabel sein. Die Aussage wird entsprechend Konstante oder Variable genannt [14, 15, 16, 17, 18, 19].
In der Schaltalgebra wird unter einer Schaltfunktion ein Abbildungsvorgang von Eingangsvariablen in Ausgangsvariablen verstanden. Logische Verknüpfungen werden in Tabellenform zusammengestellt. Diese werden Wahrheitstabellen genannt. Zu den logischen Grundverknüpfungen gehören die Schaltfunktionen Negation, Konjunktion (UND-Verknüpfung), Disjunktion (ODER-Verknüpfung) und Identität.
Bild 2.4.1-1 zeigt die Wahrheitstabelle und das zugehörige Schaltzeichen der Negation. Durch Negation wird der Wert der Eingangsvariablen invertiert.
Bild 2.4.1-2 zeigt die Wahrheitstabelle und das Schaltzeichen der Konjunktion. Durch Konjunktion ergibt sich der Wert „wahr" nur dann, wenn beide Eingangsvariablen den Wert „wahr" besitzen.

Wahrheitstabelle		Schaltzeichen nach DIN 40700
Eingang a	Ausgang $f = \bar{a}$	
0	1	
1	0	

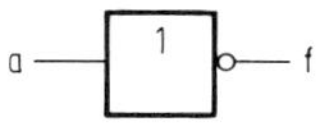

Bild 2.4.1-1 Wahrheitstabelle und Schaltzeichen für Negation

2 Grundlagen der Datenverarbeitung

Wahrheitstabelle		
Eingänge		Ausgang
a	b	$f = a \cdot b$ bzw. $f = a \wedge b$
0	0	0
0	1	0
1	0	0
1	1	1

Schaltzeichen nach DIN 40700

Wahrheitstabelle		
Eingänge		Ausgang
a	b	$f = a \vee b$ bzw. $f = a + b$
0	0	0
0	1	1
1	0	1
1	1	1

Schaltzeichen nach DIN 40700

Bild 2.4.1-2 Wahrheitstabelle und Schaltzeichen für Konjunktion

Bild 2.4.1-3 Wahrheitstabelle und Schaltzeichen für Disjunktion

In *Bild 2.4.1-3* ist die Wahrheitstabelle und das Schaltzeichen der Disjunktion dargestellt. Durch Disjunktion ergibt sich der Wert „wahr" nur dann, wenn mindestens eine der Eingangsvariablen den Wert „wahr" besitzt.

In *Bild 2.4.1-4* ist die Wahrheitstabelle der Identität dargestellt. Die Identität eines Ausdrucks ist der Ausdruck selbst.

Über diese Grundverknüpfungen hinaus gibt es als weitere logische Verknüpfungen die Äquivalenz, die Antivalenz (exklusive ODER-Verknüpfung), die Sheffer-Funktion (NAND-Verknüpfung), die Pierce-Funktion (NOR-Verknüpfung) und die Implikation.

Boolesche Algorithmen werden mit Hilfe logischer Funktionen dargestellt. Sie sind durch boolesche Eingangsvariablen, boolesche Zustandsvariablen, auch innere Zustände genannt, und boolesche Ausgangsvariablen gekennzeichnet. Werden boolesche Algorithmen durch elektronische Schaltungen realisiert, so heißen die Modelle ihres funktionalen Verhaltens Automaten [15].

Wahrheitstabelle	
Eingang	Ausgang
a	$f = a$
0	0
1	1

Bild 2.4.1-4 Wahrheitstabelle für Identität

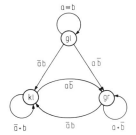

Bild 2.4.1-5 Zustandsgraph

Die Verkettung der Zustände über die logische Funktion der Eingänge, die den Übergang von einem Zustand in einen anderen beschreibt, läßt sich grafisch durch den Zustandsgraph (Bild 2.4.1-5) beschreiben. Dabei ist jeder Zustand als Kreis und jede Funktion der Eingänge als ein Pfeil, dessen Anfang der gegenwärtige Zustand ist und dessen Ende auf den Folgezustand zeigt, dargestellt. Somit kann der Ablauf eines logischen Algorithmus in einen Zustandsgraph überführt werden [15].

Boolesche Algorithmen lassen sich in zeitsequentielle, ortssequentielle und zeitortssequentielle Algorithmen unterteilen, die die sequentielle bzw. schrittweise Verarbeitung von Parameterwerten darstellen [15].

Bei einem zeitsequentiellen Algorithmus wird die kontinuierlich ablaufende Zeit in Intervalle aufgeteilt und nur zu diskreten Zeitpunkten betrachtet, wobei der Übergang von einem Zeitpunkt t auf den Zeitpunkt t+1 „an einem Ortspunkt" erfolgt [15].

Bei einem ortssequentiellen Algorithmus erfolgt der Übergang von einem Ortspunkt i auf den Ortspunkt i+1 „zu einem Zeitpunkt" [15].

Bei einem zeitortssequentiellen Algorithmus erfolgt der Übergang von einem Ortspunkt i auf den Ortspunkt i+1 gleichzeitig mit dem Übergang von einem Zeitpunkt t auf den Zeitpunkt t+1 [15].
Eine Synchron-Schaltkette ist die Realisierung eines zeitortssequentiellen Algorithmus. Ein Synchron-Schaltwerk ist die Realisierung eines zeitsequentiellen Algorithmus. Eine Asynchron-Schaltkette ist die Realisierung eines ortssequentiellen Algorithmus. Ein Asynchron-Schaltwerk ist die Realisierung eines asynchronen Algorithmus [15].
Ein Schaltnetz ist die technische Realisierung einer logischen Funktion. So entstehen Schaltnetze für Negation, Konjunktion, Disjunktion und Identität.
Flipflops sind Synchron-Schaltwerke. Es gibt verschiedene Flipflop-Typen, die sich nach den Konstruktionsvorschriften der logischen Funktion der Zustandsübergänge unterscheiden.
Register bestehen aus einer Menge geordneter Speicherelemente, die aus einer Kette von Flipflops bestehen [49]. Sie können in Einzweck- und Mehrzweckregister unterschieden werden. Zu den Einzweckregistern gehören die einer bestimmten Aufgabe fest zugeordneten Register. Zu den Mehrzweckregistern, auch allgemeine Register genannt, gehören die zur Durchführung verschiedener Operationen einsetzbaren Register. So werden Register, die über Schaltungen zur Verschiebung der enthaltenen Information zwecks Multiplikations- oder Divisionsausführung verfügen, Schieberegister genannt. Register, die über Schaltungen für Zähloperationen nach vorgegebener Schrittweite verfügen, werden Zählregister genannt.
Zähler sind Schaltungen, die eine in den Eingang laufende Impulsfolge im wörtlichen Sinn zählen können. Das Ergebnis steht in codierter Form zur Verfügung. Die Eigenschaften von Zählschaltungen können unterschiedlich sein im Hinblick auf:
- die Art des Codes zur Darstellung des Zählerergebnisses,
- die Fähigkeit zum Vorwärts- und Rückwärtszählen,
- die Voreinstellbarkeit und
- die synchrone oder asynchrone Organisation der Arbeitsweise.

2.4.2 Zentraleinheit

Die Zentraleinheit eines Datenverarbeitungssystems ist eine Funktionseinheit, die aus Zentralprozessor, Zentralspeicher sowie Eingabewerk und Ausgabewerk besteht. Der Zentralprozessor, im Englischen Central Processing Unit (CPU) genannt, ist eine Funktionseinheit, die Leitwerk und Rechenwerk umfaßt.

Leitwerk

Das Leitwerk, auch Steuerwerk genannt, ist eine Funktionseinheit innerhalb eines Datenverarbeitungssystems, die
- die Reihenfolge steuert, in der die Befehle eines Programms ausgeführt werden,
- diese Befehle entschlüsselt und dabei gegebenenfalls modifiziert und
- die für ihre Ausführung erforderlichen digitalen Signale abgibt [2].

Das Leitwerk enthält logische Schaltungen und Register, wie Befehlszähler, Befehlsregister, Operationsregister, Adreßregister, Indexregister und Statusregister [1].
Der Befehlszähler des Leitwerkes ist ein Speicherelement im Sinne eines in einem gegebenen Zusammenhang nicht weiter zerlegbaren Teils des Speichers und enthält die Adresse des nächsten auszuführenden Befehls [2].
Das Befehlsregister des Leitwerkes ist ein Speicherelement, das den auszuführenden Befehl speichert [2].
Das Operationsregister des Leitwerkes ist ein Speicherelement, das den Operationsteil des Befehls enthält [2].

Das Adreßregister ist ein Speicherelement, das den Adreßteil dieses Befehls enthält [2].
Das Indexregister ist ein Speicherelement, das der Adreßmodifikation, der Zähloperation und der Programmverzweigung dient [2].
Das Statusregister ist ein Speicherelement, das den Programmstatus enthält. Unter Programmstatus ist der Zustand zu verstehen, in dem sich ein Programm befindet, z.B. ob eine Unterbrechung der Ausführung des Programms bzw. eine Wiederaufnahme der Ausführung stattgefunden hat bzw. stattfinden soll.
Es wird zwischen synchroner und asynchroner Befehlsverarbeitung unterschieden. Bei der synchronen Befehlsverarbeitung erfolgt der Start der Befehlsverarbeitung durch einen Taktgeber, so daß die einzelnen Schritte der Befehlsverarbeitung durch die Taktabschnitte zeitlich aufeinander abgestimmt werden. Bei der asynchronen Befehlsverarbeitung erfolgt die Angabe über den Stand der Befehlsabarbeitung durch den Befehl selbst, indem das Ende einer Operationsausführung von ihm gemeldet wird. Dadurch wird eine hohe Verarbeitungsgeschwindigkeit erreicht, was aber mit hohen Kosten für Kontrolleinrichtungen verbunden ist.

Rechenwerk

Das Rechenwerk ist die Funktionseinheit eines Datenverarbeitungssystems, die Rechenoperationen ausführt.
Das Rechenwerk einer Zentraleinheit enthält binäre Schaltnetze und Register. Die zur Operationsausführung erforderliche Zeit ist von der Bauart der im Rechenwerk enthaltenen Schaltnetze abhängig.

Zentralspeicher

Der Zentralspeicher ist eine Funktionseinheit innerhalb eines Datenverarbeitungssystems, die digitale Daten aufnimmt, aufbewahrt und abgibt [2]. Auf den Zentralspeicher haben Rechenwerk, Leitwerk und gegebenenfalls Ein- / Ausgabewerke direkten Zugriff.
Es wird unterschieden zwischen
- Arbeitsspeicher,
- Puffer und
- Mikroprogrammspeicher.

Der Arbeitsspeicher enthält die zur Verarbeitung erforderlichen Befehle und Daten. Er ist direkt adressierbar, was bedeutet, daß jede Speicherstelle, die ein Wort oder ein Byte aufnehmen kann, eine eigene Adresse zur Verfügung hat [1].
Unter Speicherkapazität ist die Menge der im Speicher vorhandenen Speicherstellen zu verstehen. Sie wird z.B. in KByte oder K-Worten angegeben.
Der Puffer speichert vorübergehend Daten, die von einer Funktionseinheit zu einer anderen übertragen werden. Er wird dort eingesetzt, wo Funktionseinheiten unterschiedlicher Geschwindigkeiten vorzufinden sind, z.B. zwischen einem Arbeitsspeicher mit relativ hoher Zugriffszeit und einem Zentralprozessor mit vergleichsweise niedriger Zykluszeit. Zykluszeit ist die kürzeste Zeitspanne zwischen zwei aufeinanderfolgenden Lese- bzw. Schreibvorgängen [49].
Unter Mikroprogrammspeicher ist ein Festspeicher mit wahlfreiem Zugriff und einer sehr hohen Zugriffsgeschwindigkeit zu verstehen.
Ein Festspeicher, im Englischen Read Only Memory genannt, ist ein Speicher, dessen Inhalt betriebsmäßig nur gelesen werden kann.
Der Cache-Speicher ist ein zwischen Hauptspeicher und Zentralprozessor geschalteter sehr schneller Speicher. Dadurch wird der aus dem Hauptspeicher und Cache-Speicher bestehenden Speicherhierachie scheinbar die Geschwindigkeit des schnelleren Speichers gegeben. Die Verwaltung dieser Speicherhierachie beruht auf dem Prinzip der Seitenadressierung [16].

[Literatur S. 72]

Unter Seitenadressierung ist die Einteilung des logischen Adreßraumes in eine Anzahl von zusammenhängenden, relativ adressierbaren Unterräumen konstanter Größe, die pages (Seiten) genannt werden, zu verstehen.

Ein logischer Adreßraum ist ein aus logischen Adressen entstehender Speicherraum. Bei der Befehlsausführung werden die in den Befehlen referierten, logischen Adressen hardwaremäßig in die physikalischen Speicheradressen umgerechnet. Da sowohl Cache-Speicher als auch Hauptspeicher über einen gemeinsamen logischen Adreßraum verfügen und für den Außenbetrachter kein Unterschied zwischen beiden Speichern festzustellen sein soll, kann der Cache-Speicher als Assoziativspeicher ausgeführt werden, wobei in jedem Speicherwort seine entsprechende Hauptspeicheradresse steht [16].

Unter Assoziativspeicher ist ein Speicher zu verstehen, dessen Speicherwerte durch Angabe ihres Inhalts oder eines Teils davon aufrufbar sind. Befindet sich bei der Befehlsausführung eine Adresse nicht im Cache-Speicher, so wird sie im Hauptspeicher gesucht. Wegen der hohen Produktionskosten des Assoziativspeichers ist sein Einsatz begrenzt.

Es existieren unter anderem folgende Adressierungsarten:
- indirekte Adressierung,
- indizierte Adressierung,
- relative Adressierung und
- unmittelbare Adressierung.

Bei der indirekten Adressierung ist anstatt des zweiten Operanden selbst, wie bei der direkten Adressierung, die Adresse der Speicherzelle, in der sich der Operand befindet, vorzufinden.

Bei der indizierten Adressierung findet eine Adressenverschiebung statt, indem die im Befehl enthaltene Adresse additiv zu einer in einem Register gespeicherten Basisadresse hinzugefügt wird.

Bei der relativen Adressierung findet eine indirekte Adressierung in Kombination mit einer indizierten Adressierung, die sich auf die Adresse des Operanden bezieht, statt.

Bei der unmittelbaren Adressierung existiert anstelle der Operandenadresse im Befehl eine Konstante, die als Operand gilt.

Speicherorganisations- und Speicherverwaltungsmöglichkeiten sind:
- mapping,
- virtuelle Speicherung und
- Segmentierung [16].

Unter mapping wird die Abbildung eines kleinen logischen Adreßraumes auf einen größeren physikalischen Adreßraum verstanden. Die Abbildung ist in einer Tabelle, im Englischen map genannt, gespeichert.

Unter virtueller Speicheradressierung bzw. -verwaltung wird die Abbildung eines größeren logischen Adreßraumes (virtueller Speicher) auf einen kleineren physikalischen Hauptspeicher-Adreßraum (realer Speicher) verstanden.

Unter Segmentierung ist die Einführung logischer Adreßunterräume variabler Größe (Segmente) zu verstehen.

Eingabe- und Ausgabewerke

Das Eingabewerk (Eingabeprozessor) steuert innerhalb eines Datenverarbeitungssystems das Übertragen von Daten von Eingabeeinheiten oder peripheren Speichern in die Zentraleinheit gegebenenfalls unter Modifizierung der Daten. Die Eingabeeinheit ist eine Funktionseinheit innerhalb eines Datenverarbeitungssystems, mit der das System Daten von außen aufnimmt.

Das Ausgabewerk (Ausgabeprozessor) steuert innerhalb eines Datenverarbeitungssystems das Übertragen von Daten von der Zentraleinheit in Ausgabeeinheiten oder periphere Speicher gegebenenfalls unter Modifizierung der Daten. Unter der Ausgabeeinheit ist eine

Funktionseinheit innerhalb eines Datenverarbeitungssystems zu verstehen, mit der das System Daten nach außen abgibt.

Da die Ein- bzw. Ausgabegeschwindigkeiten der Peripherie niedrig im Vergleich zu den extrem hohen Rechengeschwindigkeiten der Zentraleinheit sind, haben Ein-/Ausgabeprozessoren die Aufgabe, die Datenein- bzw. Datenausgabe zu übernehmen, um die Zentraleinheit zeitmäßig zu entlasten.

Das Ein-/Ausgabewerk besteht je nach Größe der Rechenanlage aus Pufferregistern oder aus einem Rechenwerk und einem Steuerwerk, dem Ein-/Ausgabeprozessor, bzw. aus mehreren Ein-/Ausgabeprozessoren, den Ein- Ausgabekanälen [2].

Es wird zwischen Steuerkanälen und Datenkanälen unterschieden, die entsprechend für den Befehls- bzw. Datenfluß zuständig sind. Weiterhin wird zwischen Selektorkanälen und Multiplexerkanälen unterschieden.

Selektorkanäle dienen der Befehlsübertragung vom Zentralprozessor zur Ein- oder Ausgabe. Da über sie mehrere periphere Geräte angeschlossen werden können, wobei zu einem Zeitpunkt nur eines davon bedient werden kann, werden hohe Übertragungsgeschwindigkeiten erreicht, was zum Anschluß schneller Geräte ausgenutzt wird.

Ein Multiplexerkanal kann gleichzeitig mehrere periphere Geräte bedienen, allerdings arbeitet er dadurch mit niedriger Übertragungsgeschwindigkeit. Deshalb bedient er nur langsamere periphere Geräte zyklisch und jeweils nur während einer kurzen Zeitspanne.

2.4.3 Peripherieeinheiten

Unter der Peripherie eines Datenverarbeitungssystems ist die Gesamtheit aller peripheren Einheiten zu verstehen, die sich außerhalb der Zentraleinheit befinden, ihr aber funktionsmäßig unterstehen [1, 8, 14]. Die peripheren Einheiten, die über Kanäle mit der Zentraleinheit verbunden sind, untergliedern sich in
- periphere Speicher und
- periphere Ein-/Ausgabeeinheiten.

Periphere Speicher sind alle Speicher, die nicht Zentralspeicher sind, bzw. nicht zu der Zentraleinheit gehören. Sie werden auch externe Speicher, sekundäre Speicher oder Datenträger genannt.

Unter Datenträger ist ein Mittel zu verstehen, auf dem Daten aufbewahrt werden können. In der Praxis haben sich folgende Datenträger durchgesetzt [1]:
- Lochkarten,
- Lochstreifen,
- handschriftliche Markierungsbelege,
- Datenträger mit vorgedruckten Strichmarkierungen,
- Magnetschriftbelege,
- Klarschriftbelege,
- Magnetbänder,
- Magnetplatten,
- Magnettrommeln,
- Magnetkarten,
- Magnetbandkassetten,
- flexible Magnetplatten,
- Mikrofilme und
- optische Speicherplatten.

Lochkarten sind aus einem geeigneten Papier (Lochkartenkarton) hergestellte Karten mit genormter Länge und Breite, in der Information durch rechteckige oder runde Lochungen dargestellt werden.

Lochstreifen sind Datenträger in Form von Papierstreifen, in denen die Information durch Lochkombinationen dargestellt wird. Eine Position auf einer Lochkarte oder auf einem Lochstreifen, die entweder gelocht oder nicht gelocht ist, ist die kleinste formale Organisationseinheit von Daten (Bit).

Handschriftliche Markierungsbelege sind von Hand auszufüllende, maschinenlesbare Papierbelege unterschiedlicher Formate, die in der Art eines Fragebogens mit vorgesehenen Antwortfeldern gestaltet sind.

Datenträger mit vorgedruckten Strichmarkierungen enthalten in genormten oder herstellerspezifischen Strichcodes verschlüsselte Daten, die bei der Eingabe optisch aufgrund von Hell-Dunkel-Kontrasten erkannt werden. Als Trägermedien werden Papierbelege unterschiedlicher Formate oder z.B. Verpackungen benutzt [1].

Magnetschriftbelege sind visuell und maschinell lesbare Papierbelege unterschiedlicher Formate, auf denen die maschinenlesbaren Zeichen mit einer ferrithaltigen Farbe in normierter Form aufgedruckt sind [1].

Klarschriftbelege sind visuell und maschinell lesbare Papierbelege unterschiedlicher Formate, bei denen die Schriftzeichen aufgrund ihrer optischen Eigenschaften maschinell erkannt werden. Jede geschwärzte oder ungeschwärzte Stelle auf einem Beleg der vorangegangenen Formen stellt die kleinste formale Organisationseinheit von Daten dar [1].

Magnetbänder sind Datenträger in Form von Bändern, bei denen eine oder mehrere magnetisierbare Schichten auf einem nicht magnetisierbaren Kunststoffträger aufgebracht sind und bei dem die Information durch Magnetisierung aufgezeichnet wird. Ein Zeichen wird durch die übereinanderstehenden Bits aller Spuren dargestellt.

Magnetplatten sind Datenträger in Form einer oder mehrerer Platten, bei denen magnetisierbare Schichten beidseitig auf einem nicht magnetisierbaren Träger aufgebracht sind und bei denen die Information durch Magnetisierung aufgezeichnet wird. In der Regel sind mehrere Platten auf einer Achse übereinander montiert und bilden häufig einen auswechselbaren Plattenstapel [1].

Magnetkarten sind Kunststoffkarten mit einer einseitigen magnetischen Beschichtung.

Magnettrommeln bestehen aus zylindrischen Leichtmetalltrommeln mit magnetisierbaren Mantelflächen [1].

Flexible Magnetplatten, im Englischen Floppy Disks genannt, sind magnetisch beschichtete Speicherplatten aus Kunststoff, die in Schutzhüllen eingeschlossen sind [1].

Magnetbandkassetten weisen prinzipiell keinen Unterschied zu bekannten Radiorecorderkassetten auf, qualitätsmäßige Unterschiede können vorhanden sein.

Alphanumerische oder grafische Informationen, z.B. Texte und Zeichnungen werden in sehr starker Verdichtung auf Mikrofilmrollen oder Filmblättern, im Englischen Mikrofiches genannt, gespeichert.

Auf einer optischen Speicherplatte werden Daten mittels eines Laserstrahls aufgezeichnet und gelesen.

Im Bereich der peripheren Speicher zeichnet sich die Tendenz ab, Maschinendatenträger bzw. Speichermedien zu entwickeln, die einerseits durch hohe Kapazität und kleine Zugriffszeit und andererseits durch niedrige Herstellungskosten gekennzeichnet sind. Dazu gehören folgende Massenspeicher [1]:
- Magnetblasenspeicher,
- Elektronenstrahlspeicher und
- Charge-Coupled Devices.

Eine periphere Ein-/Ausgabeeinheit kann über mehrere Ein-/Ausgabegeräte verfügen. Hierzu gehören [14]:
- Analog-Digital-Umsetzer für elektrische Größen,
- Analog-Digital-Umsetzer für geometrische Größen,
- Digital-Analog-Umsetzer für elektrische Größen,
- Digital-Analog-Umsetzer für geometrische Größen,

- alphanumerische Anzeigevorrichtungen,
- alphanumerische Tastaturgeräte,
- Fernschreibgeräte,
- Lochstreifengeräte,
- Lochkartengeräte,
- mechanische Schnelldrucker,
- nichtmechanische Schnelldrucker,
- visuelle Ein-/Ausgabegeräte,
- akustische Ein-/Ausgabegeräte,
- elektromagnetische Beleglesergeräte und
- Zeichengeräte.

2.5 Softwaresysteme

2.5.1 Anforderungen

Qualität ist die Gesamtheit von Eigenschaften und Merkmalen eines Produktes oder einer Tätigkeit, die sich auf deren Eignung zur Erfüllung gegebener Erfordernisse beziehen. Die Anforderungen ergeben sich aus dem Verwendungszweck des Produktes oder dem Ziel der Tätigkeit unter Berücksichtigung der Realisierungsmöglichkeiten [20, 21].

Unter Softwarequalität ist nicht nur die zeitliche, durch wirtschaftliche Grenzen bestimmte korrekte und effiziente Ausführung der spezifizierten Funktionen eines Softwaresystems zu verstehen. Es muß vielmehr die Berücksichtigung qualitätsbezogener Softwareeigenschaften im Vordergrund stehen [22, 23]:

Softwarezuverlässigkeit ist ein Unterbegriff der Softwarequalität, denn Softwarezuverlässigkeit wird als Qualität unter vorgegebenen Anwendungsbedingungen während oder nach einer vorgegebenen Zeit definiert.

Die Adaptabilität ist die Eigenschaft eines Softwaresystems, anpassungsfähig zu sein.

Die Allgemeingültigkeit eines Softwaresystems ist seine Eigenschaft, sich ohne einschränkende Bedingungen nutzen zu lassen.

Unter Anwendbarkeit eines Softwaresystems sind die Möglichkeiten zu verstehen, die das System anbietet, um es einfach und praktikabel nutzen zu können.

Unter Benutzerfreundlichkeit eines Softwaresystems wird die Zufriedenheit eines Benutzers bei der Handhabung des Systems verstanden. Die Softwareergonomie spielt dabei eine wesentliche Rolle. Softwareergonomie ist die nach arbeitspsychologischen Erfordernissen durchgeführte Gestaltung der Software.

Die Erweiterbarkeit eines Softwaresystems ist das Ausdehnungsvermögen des Systems.

Geräteunabhängigkeit eines Softwaresystems ist seine Eigenschaft, mit anderen Hardwarekonfigurationen als der vorhandenen lauffähig zu sein.

Die Homogenität eines Softwaresystems bedeutet die Gleichartigkeit seiner Teile.

Unter Integrationsfähigkeit eines Softwaresystems ist die Eigenschaft zu verstehen, es in größere Programmsysteme einbeziehen zu können.

Die Kommunikationsfähigkeit eines Softwaresystems ist die Eigenschaft, die Eingaben zu spezifizieren und die Ausgaben in einer Form darzubieten, die die Aufnahme und Weiterverarbeitung durch den Benutzer erleichtert.

Die Kompatibilität eines Softwaresystems ist seine Eigenschaft, mit anderer Software verträglich zu sein.

Die Konsistenz eines Softwaresystems kann den Verständlichkeitsaspekt betreffen, der sich durch einheitliche Darstellung ausdrückt, und den externen Aspekt, der durch die Fähigkeit des Systeminhalts ausgedrückt wird, auf seine Anforderungen, Spezifikationen und Begrenzungen zurückgeführt werden zu können.

Unter Korrektheit eines Softwaresystems ist seine Eigenschaft zu verstehen, nur entsprechend seiner Spezifikation zu funktionieren.

Die Modifikationsfähigkeit eines Softwaresystems ist die Eigenschaft, es nach der Feststellung der Änderungsart zu ändern.

Die Lesbarkeit eines Softwaresystems ist die Eigenschaft, seine Funktionen und seine Anweisungen leicht durch Lesen der Programme festzustellen.

Die Portabilität ist die Eigenschaft eines Softwaresystems, einfach auf verschiedenen Rechnerkonfigurationen ausgeführt zu werden.

Prägnanz besitzt ein Softwaresystem, wenn es keine unnötige Information enthält.

Reproduktionsfähigkeit eines Softwaresystems ist die Eigenschaft des Systems, nach einem Fehler oder nach einer Störung den Zustand herzustellen, in dem sich das System vor dem Fehlereintritt befunden hat.

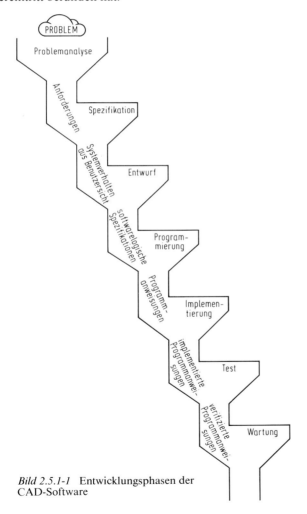

Bild 2.5.1-1 Entwicklungsphasen der CAD-Software

Die Selbsterklärungsfähigkeit eines Softwaresystems bedeutet, daß das System dem Benutzer die Möglichkeit bietet, über ausreichende Informationen seiner Ziele, Voraussetzungen, Inhalte und Ein-/Ausgabekomponenten zu verfügen.

Die Strukturiertheit eines Softwaresystems ist die Eigenschaft, seine Funktionen und Daten in möglichst übersichtlichen, kleinen und voneinander unabhängigen Moduln aufzuteilen und deren Beziehungen durch einen einheitlichen Aufbau darzustellen.

Die Verfügbarkeit ist die Eigenschaft eines Softwaresystems, für den Benutzer arbeitsbereit zu sein.

Verständlichkeit ist die Eigenschaft des Softwaresystems, dem Benutzer die Ziele durchschaubar zu machen.

Vollständigkeit eines Softwaresystems ist seine Eigenschaft, alle seine Teile existent und vollständig entwickelt zur Verfügung zu stellen.

Die Wartungsfähigkeit stellt die Wahrscheinlichkeit dar, nach der das Softwaresystem nach einem Fehlereintritt innerhalb eines gegebenen Zeitintervalls wieder funktionsfähig wird.

Unter Zugänglichkeit eines Softwaresystems ist die Eigenschaft der selektiven Benutzung sowohl seiner Komponenten als auch seiner Anweisungen zu verstehen.

Viele dieser Eigenschaften sind die Voraussetzung für andere, einige sind die Folgerung aus anderen oder sie sind in anderen enthalten. Oft stehen sie miteinander in Konkurrenz oder sind teilweise substituierbar. Als ein sehr großes Problem der Softwarequalität erweist sich somit der Konflikt der Qualitätsmerkmale. Die Effizienz eines Softwaresystems wächst auf Kosten seiner Portabilität, seiner Rechengenauigkeit, seiner Verständlichkeit und seiner Wartungsfähigkeit. Eine zusätzliche Rechengenauigkeit verursacht aufgrund der Wortlängenabhängigkeit Konflikte mit der Portabilität. Die Konsistenz geht zu Lasten der Lesbarkeit. Auch die Eigenschaften Geräteunabhängigkeit, Vollständigkeit, Konsistenz, Genauigkeit, Kommunikationsfähigkeit, Prägnanz, Lesbarkeit und Wartungsfähigkeit stehen zueinander in Konkurrenz.

Es gibt keine Maßzahlen für Softwarequalität. Zu allen obengenannten Qualitätsmerkmalen müssen erst noch genaue Maßzahlen gefunden werden. Zu allen Entwicklungsanforderungen eines Softwaresystems müssen genaue Merkmale und deren quantitative Inhalte definiert werden. Nur dadurch sind Aussagen darüber möglich, ob ein Softwaresystem den ihm gestellten Qualitätsanforderungen genügt und wie hoch seine Qualitätseigenschaften sind.

Durch technische Nutzwertanalyse und Bench-Mark-Test kann die Anwendbarkeit eines Softwaresystems anhand des Erfüllungsgrades der ihm gestellten Anforderungen bewertet werden.

Die Bewertungskriterien für den Leistungstest können in einem Zielkriteriensystem für das Nutzwertanalysenverfahren zusammengefaßt werden.

2.5.2 Softwareentwicklung

Softwareentwicklung ist eine kreative Tätigkeit. Sie ist mit der Konstruktionstätigkeit vergleichbar.

Die ingenieurmäßige Entwicklung der Software, unter dem Namen Software-Engineering bekannt, wendet Methoden, Hilfsmittel und Konzepte an, um festgelegte technische, ökonomische und soziale Ziele zu erreichen.

Die Entwicklung von Software geschieht nach *Bild 2.5.2-1* in der Analysephase, Spezifikationsphase, Entwurfsphase, Programmierphase, Implementierungsphase, Testphase und Wartungsphase. Die Softwaresysteme teilen sich in anwendungsbezogene und betriebsbezogene Systeme. Anwendungsbezogen sind die Systeme, die zur Lösung der gestellten Aufgaben dienen, während die betriebsbezogenen Systeme Teile des Datenverarbeitungssystems sind und mit der technischen Umgebung des Rechners kommunizieren.

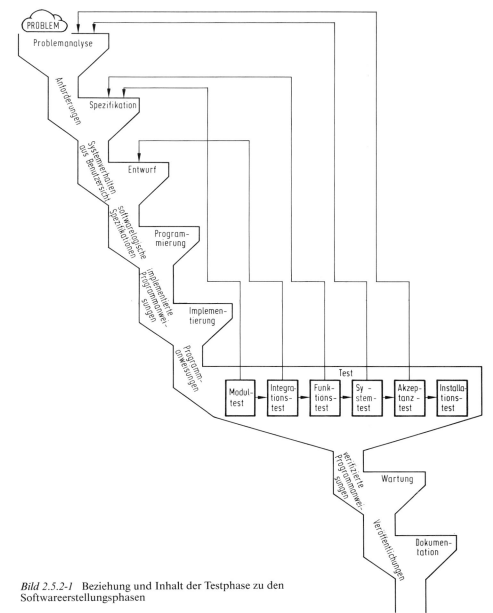

Bild 2.5.2-1 Beziehung und Inhalt der Testphase zu den Softwareerstellungsphasen

Analysephase

Während der Analysephase wird das zu lösende Problem analysiert, von seiner Umgebung abgegrenzt betrachtet und durch Anforderungsdefinitionen beschrieben. Damit wird aus dem realen Problem ein formales Modell erstellt. Sowohl die Anforderungen als auch ihre Relationen zueinander müssen eindeutig definiert sein, damit nicht durch unkorrekte, unvollständige, unangemessene und inkonsistente Annahmen fehlerhafte Abbildungen entstehen.

Spezifikationsphase

Während der Spezifikationsphase findet die Formalisierung der Ziele und Inhalte der Anforderungen unter dem Aspekt der Leistungsbeschreibung statt. In dieser Phase wird festgestellt, ob die Anforderungen im einzelnen erfüllt werden können, und ob die Ein-/ Ausgaben sowie die verschiedenen Eigenschaften vollständig, korrekt, widerspruchsfrei und konsistent sind. Ziel der Phase ist, das Modell auf diese Weise zu betrachten, bevor das System konstruiert wird.

Entwurfsphase

Während der Entwurfsphase wird der Formalisierungsgrad festgestellt. Abweichungen zwischen den geplanten und dem formalen System werden geprüft. Vor- und Nachteilbetrachtung der Entwurfsentscheidungen sowie die Überprüfung der Verträglichkeit mit den Spezifikationsmethoden sind Bestandteil der Aufgaben der Entwurfsmethoden. Neben den netzwerkartigen Entwurfsmethoden wird zwischen Top-Down-Entwurf und modularisiertem Entwurf unterschieden. Weitere Methoden stellen die HIPO-Technik [24] und die JACKSON-Entwurfsmethode dar [25]. Am besten geeignet aber erscheint die als SADT (Structured Analysis Design Technique) bekannte Technik [26].

Programmierphase

In der Programmierphase werden die logischen Spezifikationen der Software in Programmiersprachenanweisungen übertragen. In dieser Phase werden besonders viele Fehler gemacht. Sie sind aber relativ leicht zu entdecken und zu korrigieren. Ein Zuverlässigkeitsproblem entsteht dann, wenn die Implementierung der logischen Struktur eines Softwaresystems nicht korrekt erfolgt.
Schlecht geeignete Programmiersprachen sind oft eine Quelle von Fehlern. Die bisher bekannten Programmiersprachen erfüllen selten alle gestellten Anforderungen. Auch durch eine Spracherweiterung können diese Nachteile nicht behoben werden, denn die vorhandenen Programmiersprachen bieten dem Programmierer nicht die Möglichkeit, das auszudrücken, was er sich formal ausgedacht hat.
Komplizierte und komplexe Probleme werden am besten dadurch gelöst, daß sie hierarchisch strukturiert werden und dann vom Kopf (Top) aus gelöst werden. Den Anfang bildet eine globale Aufgabenstellung, die in mehrere Hauptfunktionen und weitere Unterfunktionen unterteilt wird. Das Ergebnis einer derartigen Aufteilung sind klare und übersichtliche Programmteile. Auf jeder Ebene wird das Problem vollständig dargestellt, da jedes Programm auf der nächst höheren Ebene durch seinen Aufruf repräsentiert wird. Ein Vergleich der Darstellung eines Problems auf verschiedenen Hierarchieebenen führt dazu, daß die höhere Ebene angibt, was zu tun ist, während die tiefere angibt, wie es zu tun ist.
Ein besonderer Vorteil der Top-Down-Programmierung liegt darin, daß zu jeder Zeit das vollständige Programmsystem vorliegt, denn alle noch nicht programmierten Teile werden durch Leerprogramme repräsentiert, die konstante Ergebnisse liefern.
Der Weg der Programmierung führt von der Problemskizze über Programm- und Datenflußplan zur Programmcodierung. Die den Programmen zugrundeliegenden Logiken bzw. Algorithmen können in Form von Programmablaufplänen dargestellt werden. Sie sind eines der wichtigsten Kommunikationsmittel. Mehr organisatorische Auswirkung hat die Festlegung von Datenflußplänen. Sie können Angaben über die Form der Eingabe und Ausgabe, die zu verwendenden Geräte und die Reihenfolge ihrer Anwendung enthalten. Nach der Festlegung des Lösungswegs und dem Aufstellen von Flußdiagrammen wird das Programm in der ausgewählten Programmiersprache codiert.
Programme sind die mit Hilfe von Programmiersprachen vorgenommenen Abbildungen von logischen Vorgängen. Die logischen Vorgänge müssen dazu in eine algorithmische Form gebracht werden. Programme können ebenso wie Aufgaben in Teil- und Unteraufga-

ben gegliedert werden. Dabei können Programmebenen entstehen, die hierarchisch gegliedert sind.

Die Definition der Aufgaben und Teilaufgaben sowie der sie realisierenden Programme geht dabei jeweils von der hierarchisch höchsten Ebene aus, auf der sich das Hauptprogramm befindet. Auf allen weiteren Ebenen befinden sich die Unterprogramme.

Ein Unterprogramm ist ein Programm, das ohne von einem anderen Programm, z.B. einem Hauptprogramm, aufgerufen worden zu sein, vom Rechnersystem nicht abgearbeitet werden kann. Wird ein Unterprogramm aufgerufen und mit aktuellen Parametern versorgt, dann wird nach der Ausführung des Unterprogramms mit dem rufenden Programm fortgefahren. Der Vorteil der Unterprogrammtechnik liegt darin, daß man ein einziges Unterprogramm bei verschiedenen Aufrufen mit verschiedenen aktuellen Parametern versehen kann, ohne den logischen Inhalt mehrmals programmieren zu müssen. Ein Unterprogramm kann wieder ein oder mehrere Unterprogramme aufrufen, in einigen Programmiersprachen auch sich selbst. Diese Möglichkeit ist unter dem Namen Rekursivität bekannt.

Zur Bearbeitung von mehreren in sich abgeschlossenen Aufgaben oder Teilaufgaben werden Programmunterbrechungen bei der Prozedurausführung eingeführt. Ruft eine Prozedur sich selbst auf, so handelt es sich um eine rekursive Prozedur. Findet eine Prozedur ihren früheren Zustand zum Zeitpunkt der Rückkehr der Programmausführung an der Stelle, an der sie früher unterbrochen wurde, so wird sie wiedereintrittsfähig genannt [6].

Mehrere Programmteile, die in einem logischen Zusammenhang stehen, können zu Moduln zusammengefaßt werden. Ein Modul erfordert die Definition der Aufrufe, der Programme und der übergebbaren Daten. Beispielsweise können Programme zum Berechnen in einem Modul zusammengefaßt werden. Einen anderen Modul können Programme zum Zeichnen mit numerisch gesteuerten Zeichenmaschinen bilden.

Die gesamte Aufgabe kann ebenfalls in Teilaufgaben untergliedert werden, wobei jede Teilaufgabe als Modul angesehen werden kann. Bei der Zerlegung der Aufgabe in Teilaufgaben kann man wieder den Zerlegungsprozeß solange fortsetzen, bis sich die komplizierte Aufgabe aus einfachen Moduln zusammensetzen läßt. Dabei soll aber die Unterteilung so vorgenommen werden, daß die Software in Form von austauschbaren Bauteilen erstellt werden kann [27].

Es lassen sich mehrere Modultypen unterscheiden [28]:
- Moduln, die dadurch gekennzeichnet sind, daß die Ausgabe ausschließlich von der Eingabe abhängt.
- Moduln, die aus einer Struktur der Daten und einer Menge von Funktionen, die den Schreibflußzugriff auf diese Daten realisieren, bestehen.
- Moduln, die dazu dienen, die Realisierung wesentlicher Strukturen der Daten des Programms von ihrer Benutzung zu isolieren (abstrakte Datenstruktur).
- Moduln, die den Prototyp einer häufig gebrauchten Struktur der Daten mit den nötigen Zugriffsfunktionen darstellen, auch abstrakter Datentyp genannt,
- Moduln, die abstrakte Datentypen sind, dessen Zugriffsfunktionen durch die Datenstrukturbildung implizit gegeben sind und nicht mehr vom Modulverfasser geschrieben werden.
- Moduln, die aus Funktionen bestehen, deren Ausgabe außer von der Eingabe auch von dem internen Zustand abhängig ist.

Bei der Strukturbildung eines Systems sind nur die Beziehungen wichtig, die bewußt als Anhaltspunkt für die Bildung der Moduln benutzt wurden. Das wesentliche Modularisierungsziel ist dann erreicht, wenn eine geringe Komplexität der intermodularen Beziehungen bei kleinstmöglichen Lösungsschritten realisiert wird. Dabei sind Menge und Art der Informationen das Maß für die Komplexität der Beziehungen, die die Moduln miteinander haben [28].

Einfache und einzelne Moduln sind leichter zu programmieren und zu testen. Durch Austauschbarkeit läßt sich die gesamte Software besser pflegen, erweitern und damit die Le-

bensdauer der gesamten Software und die Wirtschaftlichkeit erhöhen.
Es gibt sehr viele Möglichkeiten, Strukturen zu bilden. Diese reichen von ungeordneten Zuständen, wobei jeder Modul jeden benutzt, bis zur trivialen Ordnung, wobei jeder Modul nur sich selbst benutzt [28]. Während die Zerlegung eines Systems nach dem Prinzip „Zerlegung in Teilfunktionen" strukturiert ist und damit jeder Modul sich über alle Abstraktionsebenen erstreckt, wird bei der Zerlegung eines anderen Systems zusätzlich das Prinzip „Schichtung in Abstraktionsebenen" angewendet [28]. Ziel ist es, die Beziehungen zwischen den Modulen klar, einfach und so gering wie möglich zu halten.
Unter Schnittstelle zweier Moduln ist die Menge aller Annahmen, die die Moduln betreffen, zu verstehen [28].
Diese Annahmen können Name, Bedeutung, Typ, Repräsentation und Wirkung von Daten, Funktionen und Programmabschnitte sein. Welche dieser Informationen die Schnittstelle bilden, hängt primär von der Entwurfsmethode und sekundär von den sprachlichen Möglichkeiten der Entwurfs- bzw. Implementierungssprache ab. Als Vorteile einer einfachen Schnittstelle sind insbesondere folgende Punkte aufzuführen [28]:
- die Vereinfachung der Kommunikation zwischen Programmierern,
- die Beweisführung der Korrektheit wird bei abnehmender Komplexität der Umgebungsannahme eines Moduls leichter,
- die Möglichkeit, daß Moduländerungen andere Moduln betreffen, wird geringer und
- die Adaption in Programmpakete wird erleichtert und deshalb wird die Wiederverwendbarkeit solcher Moduln gefördert.

Ein klassisches Zerlegungskriterium ist das der getrennten Übersetzbarkeit von Moduln. Dieses Kriterium ist insbesondere an der Austauschbarkeit von Moduln im fertigen Programm und an der unabhängigen Entwickelbarkeit durch verschiedene Programmierer orientiert. Ob dieses Kriterium erreichbar ist, hängt jedoch entscheidend von der benutzten Programmiersprache ab [28].
Ein weiteres Zerlegungskriterium ist die geringe Modulgröße. Dieses Kriterium orientiert sich an der Verständlichkeit des Programms. Dabei wird angenommen, daß ein menschlicher Betrachter bei Programmen, die eine bestimmte Größe überschreiten, die Übersicht verliert.
Die Aufgabe der Programme besteht darin, gemeinsam mit der Hardware Daten zu verarbeiten, wobei Daten der Verarbeitung verschlüsselter Darstellungen von Informationen dienen. Dabei wird vorausgesetzt, daß die Verschlüsselungsart bekannt ist [28].
Daten werden ebenso wie Programme von Rechnersystemen binär codiert verarbeitet. Unter Daten sind nicht nur Zahlen, sondern auch Texte und grafische Darstellungen zu verstehen. Es wird zwischen Problemdaten und Programmsteuerungsdaten unterschieden.

Implementierungsphase

Implementierung bedeutet die Eingliederung eines Softwaresystems in eine existierende organisatorische Umgebung. Eine Systemimplementierung fängt mit einem Implementierungsplan an, der den Prozeß der Systemimplementierung spezifiziert. Jede nachfolgende Systemversion beinhaltet die vorherige. Aufgrund einer kontinuierlichen Implementierung unterscheidet sich jede neue Version nur um ein derart kleines Maß von der vorherigen, daß ein Test leichter durchgeführt werden kann und die hinzukommenden Funktionen, die sich nicht korrekt verhalten, erkannt werden können. Ohne eine kontinuierliche Implementierung würden im Laufe des Prozesses Moduln, logische Zusammenhänge und Zeit verlorengehen.

Testphase

Beim Testen wird die mögliche Existenz von Fehlern festgestellt, indem die Testergebnisse eines zu verifizierenden Programms oder ein Programm selbst mit Annahmekriterien vergli-

chen werden, die der Vorstellung über die von dem Softwaresystem zu erfüllenden Aufgabe entsprechen. Ergibt sich keine Übereinstimmung, dann liegt ein Fehler vor.
Ein vollständiges Testen aller möglichen Eingabedaten ist unmöglich, so daß Tests mit ausgewählten, relevanten Daten, sei es auf die Überprüfung der in der Spezifikation vorgesehenen Funktionen (funktioneller Test) oder auf die anwendungsbezogene Verteilung der Eingaben über den Eingabesatz (Abnahmetest) oder auf die Analyse der Programmstruktur (Strukturtest) gestützt, erforderlich werden *(Bild 2.5.2-1)*.
Das Grundziel des Testens besteht zunächst darin, die möglichen Fehlertypen, die Fehlerherkunft und die Fehlerhäufigkeit festzustellen, danach zu entscheiden, ob Fehler eines bestimmten Typs erkannt werden, die Fehlerdichte und ihr Verhältnis zu der Anzahl bereits eingetretener Fehler zu ermitteln sowie Daten zu generieren, die für das Testen benutzt werden. Ein Bericht einer regulären Störungs- oder Korrekturart ist erforderlich, um die Anzahl und den Typ der in einem Programm während seines Tests und während seiner Integrationsphase gefundenen Fehler zu erforschen. Die Testphase der Entwicklung eines großen Softwaresystems repräsentiert einen hohen Anteil an den Kosten und dem Zeitaufwand für seine Entwicklung.

Wartungsphase

Die Wartung untergliedert sich in einen ersten Bereich, in dem fehlerhafte Funktionen entdeckt werden und deren Verfolgung aktiviert wird, und in einen zweiten Bereich, in dem zusätzliche Systemfähigkeiten angeboten werden. Die Wartungsergebnisse sind in Form einer angemessenen Wartungsdokumentation zu liefern. Dadurch können Bezugsparameter erklärt werden, unter anderem Datenpfade und wichtige Informationen für die Fehlerisolierung. Bei der Wartung wird ermittelt, ob und inwieweit vollzogene Softwaresystemänderungen sinnvoll gewesen sind. Diese Auswertung umfaßt alle Phasen der Softwaresystementwicklung.
In der Wartungsphase wird bei fehlerhaften Funktionen auf eine Korrektur hingewiesen, was einen Zusatz oder eine Modifizierung der Systemmerkmale bewirken kann. Durch die Hilfeleistung einer internen Datenbasis kann die Wartungsorganisation von der Spezifikation festgelegt werden.
Die Wartung unterstützt ein Softwaresystem während seiner gesamten Nutzungsdauer durch ausführliche Beschreibungen aller Phasen, Tätigkeiten, Produkte und Projektführungsmaßnahmen. Ein Softwaresystem ohne Wartung ist unbrauchbar, genauso wie ein schlecht entworfenes Benutzerhandbuch oder eine ungenügende oder fehlerhafte Beschreibung die Weiterentwicklung eines Softwaresystems verhindert.

2.5.3 Einteilung der Software

Der Begriff Software umfaßt Programme und Daten. Er kann auf den Betrieb einer Rechenanlage (Betriebssoftware) sowie auf vom Anwender erstellte Programme und Daten (Anwendersoftware) bezogen werden [1, 2, 6, 27, 28].

Betriebssoftware

Unter Betriebssoftware ist die Gesamtheit aller Programme einer Rechenanlage zu verstehen, welche nicht ein einzelnes Benutzerprogramm bei der Ausführung unterstützen, sondern die Benutzung und die Organisation einer Rechenanlage allgemein ermöglichen und ihre Programmierung benutzerfreundlich vereinfachen. Die Betriebssoftware, die sich in Steuerprogramme, Übersetzungsprogramme und Dienstprogramme unterteilt, ist ein übergeordneter Begriff zum Betriebssystem.
Unter Betriebssystem sind die Programme eines Rechnersystems zu verstehen, die zusam-

men mit den Eigenschaften der Rechenanlage die Grundlage der möglichen Betriebsarten des Rechnersystems bilden und insbesondere die Abwicklung von Programmen steuern und überwachen. Das Betriebssystem wird von den Herstellern der Datenverarbeitungsanlagen geliefert.

Zu den Hauptaufgaben eines Betriebssystems gehören
- Ablaufsteuerung,
- Hauptspeicherverwaltung,
- Ein-/Ausgabeverwaltung und
- Externspeicher- und Dateiverwaltung.

Unter Steuerprogrammen, auch Organisationsprogramme genannt, sind die Programme zu verstehen, die für die Steuerung der Einheiten der Zentraleinheit sowie die Verwaltung der Peripherie verantwortlich sind.

Unter Übersetzer ist ein Programm zu verstehen, das Programme in einer problemorientierten oder maschinenorientierten Programmiersprache A, auch Quellsprache genannt, abgefaßte Anweisungen ohne Veränderung der Arbeitsvorschriften in Anweisungen einer Programmiersprache B, auch Zielsprache genannt, umwandelt (übersetzt), bzw. liest, analysiert und in entsprechende Maschinenbefehle umsetzt. Die in der Quellsprache abgefaßte Anweisung wird Quellanweisung oder Quellprogramm, die in der Zielsprache entstandene Anweisung wird Zielanweisung bzw. Zielprogramm genannt.

Unter Dienstprogrammen sind die Programme innerhalb der Betriebssoftware zu verstehen, die entweder anwendungs- oder systembezogene Aufgaben zu erfüllen haben. Zu ihnen gehören Sortier-, Misch-, Test- und Bibliotheksverwaltungsprogramme sowie Editor- und Datenübertragungsprogramme. Die Bibliotheksverwaltungsprogramme dienen dem Einfügen, Ändern und Löschen von Programmen in den auf externen Speichern vorhandenen Programmbibliotheken.

Unter Betriebssprache ist eine Sprache zur Verständigung zwischen Benutzer und Betriebssystem zu verstehen.

Zu den Übersetzungsprogrammen gehören Assemblierer, Compiler und Interpreter.

Ein Assemblierer ist ein Übersetzer, der in einer maschinenorientierten Programmiersprache abgefaßte Quellanweisungen in Zielanweisungen der zugehörigen Maschinensprache umwandelt (assembliert).

Ein Compiler ist ein Übersetzer, der in einer problemorientierten Programmiersprache abgefaßte Quellanweisungen in Zielanweisungen einer maschinenorientierten Programmiersprache umwandelt (compiliert).

Ein Interpreter ist ein Programm, das es ermöglicht, auf einer bestimmten Rechenanlage Anweisungen, die in einer von der Maschinensprache dieser Anlage verschiedenen Sprache abgefaßt sind, direkt ausführen (interpretieren) zu lassen.

Das Vorhandensein eines Compilers oder Interpreters ermöglicht die Anwendung einer höheren Programmiersprache.

Programmiersprachen, die zum Abfassen von Programmen geschaffene Sprachen sind, werden in problemorientierte und maschinenorientierte Programmiersprachen unterschieden. Eine Programmiersprache, die dazu dient, Programme aus einem bestimmten Anwendungsbereich unabhängig von einer bestimmten Rechenanlage abzufassen, und diesem Anwendungsbereich besonders angemessen ist, heißt problemorientierte Sprache. Zu ihnen gehören unter anderen ALGOL, COBOL, FORTRAN, PASCAL und PL/1. Eine Programmiersprache, deren Anweisungen die gleiche oder ähnliche Struktur wie die Befehle einer bestimmten Rechenanlage haben, ist eine maschinenorientierte Programmiersprache.

Unter Maschinensprache ist eine maschinenorientierte Programmiersprache zu verstehen, die zum Abfassen von Arbeitsvorschriften nur Befehle zuläßt, die Befehlswörter einer bestimmten Rechenanlage sind.

Unter Maschinenprogramm ist ein in der jeweiligen Maschinensprache abgefaßtes Programm zu verstehen. Eine Sprache, die den prinzipiellen Aufbau der Befehle der Maschinensprache beibehält, die Instruktionsteile jedoch nicht binär verschlüsselt, sondern durch eine Symbolik ausdrückt, wird Assembler genannt.

Die Maschinensprachen und die Assembler gehören zu den maschinenorientierten Sprachen. Problemorientierte Sprachen, in denen heute überwiegend die Quellprogramme bei der Programmierung formuliert werden, werden höhere Programmiersprachen genannt.

Der Binder ist ein Programm, das die Aufgabe hat, mehrere einzeln erstellte Programme zusammenzufügen. Dies geschieht dadurch, daß er eine Berechnung der absoluten aus der relativen Adresse ausführt.

Der Lader ist ein Programm, das die Aufgabe hat, den Transport des Maschinencodes zu dem Verarbeitungsbereich des Arbeitsspeichers vorzunehmen.

Das Quellprogramm kann mit Hilfe eines Systemprogramms, des Editors, über ein Eingabegerät eingegeben werden. Das editierte Programm wird mit Hilfe eines Kommandos in der Regel auf einem sekundären Speicher als eine Verarbeitungseinheit abgelegt und kann übersetzt oder compiliert, geladen und ausgeführt werden. Das editierte Quellprogramm wird vom Assemblierer für maschinenorientierte Programmiersprachen oder vom Compiler bzw. Interpreter für problemorientierte Programmiersprachen in das Objektprogramm übersetzt. Neben dem Übersetzungsvorgang werden Syntaxprüfungen durchgeführt und falls erforderlich Fehlermeldungen ausgegeben. Um das assemblierte, compilierte oder übersetzte Programm auszuführen, muß es zuvor durch ein Ladeprogramm, den Lader, im Arbeitsspeicher des Rechners abgelegt werden. Wenn es aus mehreren voneinander abhängigen, jedoch getrennt assemblierten, compilierten oder übersetzten Programmoduln besteht, müssen vor der Ausführung von einem Bindeprogramm, dem Binder, die Quellbezüge zwischen den einzelnen Moduln hergestellt werden.

Unter Stapel, im Englischen batch genannt, wird die Menge der von Benutzern an das Rechensystem gerichteten Aufträge verstanden.

Ein Auftrag, im Englischen job genannt, besteht aus mehreren, abgrenzbaren Teilaufgaben.

Unter Prozeß kann sowohl eine Komponente eines Auftrags als auch eine selbständige vom Programmierer formulierte Teilaufgabe sein.

In Abhängigkeit von der gleichzeitigen oder rechtzeitigen Programmausführung können folgende Betriebssystemfunktionen unterschieden werden:
– serielle Stapelbetriebsfunktion (serieller Batch-Betrieb),
– Mehrprogrammbetriebsfunktion (nichtserieller Batch-Betrieb),
– Teilnehmerbetriebsfunktion (Time-Sharing-Betrieb),
– Teilhaberbetriebsfunktion,
– Echtzeitbetriebsfunktion.

Realisierte Betriebssysteme können meist mehrere der genannten Funktionen ausführen.

Unter gleichzeitiger Abarbeitung ist die Fähigkeit des Betriebssystems gemeint, mehrere Programme, die auch zu einem gemeinsamen Auftrag gehören können, gleichzeitig ablaufen zu lassen. Unter rechtzeitiger Abarbeitung ist die Fähigkeit des Betriebssystems gemeint, auf ein auslösendes Ereignis mit dem Start bestimmter Programme zu reagieren [29].

Bei den seriellen Stapelbetriebssystemen ist die gleichzeitige und rechtzeitige Abarbeitung der Aufträge nicht gefordert. Bei dieser Betriebsart muß eine Aufgabe vollständig gestellt worden sein, bevor mit der Abwicklung begonnen werden kann. Mehrere Aufträge werden nacheinander abgearbeitet. Unter Beachtung von Prioritätsfolgen werden die Aufträge ohne Kommunikation mit dem Benutzer ausgeführt. Bei dieser Betriebsart kann erst nach Abarbeitung eines Auftrages und Ausgabe der Ergebnisse der nächste Auftrag abgearbeitet werden (Einprogrammbetrieb), was zu Verlustzeiten bzw. zur schlechten Ausnutzung des Rechners bei ein- bzw. ausgabeintensiven Prozessen führt. Wird keine Ein- oder Ausgabe durchgeführt, so steht die vollständige Prozessorleistung für die Aufgabenbearbeitung zur Verfügung.

Bei den Mehrprogrammbetriebssystemen findet eine gleichzeitige Abarbeitung von Aufträgen statt. Bei dieser Betriebsart werden mehrere Aufträge abwechselnd in Zeitabschnitten verzahnt in der Zentraleinheit verarbeitet, die nach Prioritäten geordnet werden können. Die wegen der Ausführung von Ein- /Ausgabeoperationen durch die langsamen Ein- /Ausgabeeinheiten entstehenden langen Wartezeiten der Zentraleinheit werden bei dieser Betriebsart dadurch ausgenutzt, daß diese Wartezeiten durch die Bearbeitung anderer Aufträge ausgenutzt werden, die andere Funktionseinheiten beanspruchen.

Die Teilnehmersysteme können ereignisgesteuert oder zeitgesteuert realisiert sein. Dabei können alle Teilnehmer mit eigenständigen Programmen arbeiten. Teilnehmersysteme werden auch als Time-Sharing-Systeme bezeichnet. Jeder Teilnehmer kommuniziert zyklisch mit der Zentraleinheit derart, daß bei ihm der Eindruck erweckt wird, sie stände ausschließlich nur ihm zur Verfügung. Zyklisch bedeutet dabei, daß die Gesamtzeit der Zentraleinheit in Intervalle aufgeteilt wird, die als Zeitscheiben bezeichnet werden. Jeder Teilnehmer erhält eine bestimmte Zeitscheibe zur Verfügung und muß danach warten, während die anderen Teilnehmer ihre Zeitscheiben in Anspruch nehmen. Die Wartezeiten sind sehr kurz und können von Ein- /Ausgabeoperationen überlagert werden.

Eine besondere Nutzungsform von Mehrbenutzersystemen stellen Teilhabersysteme dar. Dabei arbeiten mehrere Benutzer mit demselben Programmsystem. Im Gegensatz zum Teilnehmersystem kann der Benutzer keine Programmentwicklung durchführen, sondern er kann nur mit zentral gestarteten Programmen arbeiten, z.B. mit einem Buchungssystem.

Bei den Echtzeitbetriebssystemen muß eine rechtzeitige Abarbeitung und kann eine gleichzeitige Abarbeitung der Aufträge stattfinden. Da eine Beeinflussung der Prozeßabläufe stattfinden kann, wird diese Betriebsart auch Direktverarbeitung genannt.

Die Nutzungsformen eines Betriebssystems sind die Stapelverarbeitung und die interaktive Verarbeitung. Bei der interaktiven Verarbeitung muß eine Aufgabe nicht vollständig gestellt worden sein, bevor mit deren Abwicklung begonnen werden kann. Fehlende Angaben werden während der Verarbeitung durch einen Informationsaustausch zwischen dem Datenverarbeitungssystem und der Systemumwelt beschafft. Umwelt kann sowohl eine technische Umwelt als auch der Mensch sein. Man spricht entsprechend von Maschine-Maschine- bzw. Mensch-Maschine-Kommunikation. Eine Form der interaktiven Verarbeitung ist die Prozeßdatenverarbeitung, eine andere die Dialogverarbeitung.

Unter Dialogverarbeitung wird die aufgabenorientierte Kommunikation zwischen dem Rechner und dem Menschen zur Verarbeitung von Aufträgen verstanden. Dabei kann es sich um Teilnehmerbetrieb oder Teilhaberbetrieb handeln.

Für 16-bit-Kleinrechner wurde das Betriebssystem UNIX entwickelt und wegen seiner Vorteile gegenüber herkömmlichen Betriebssystemen für 32-bit-Rechner erweitert. UNIX zeichnet sich durch folgende Merkmale aus [30]:
- Portabilität,
- Möglichkeit der Programmverkettung, d.h. Möglichkeit der Objektion einer Prozeßausgabe als Eingabe eines Folgeprozesses, die beispielsweise in der Realisierung von Rechnerverbundsystemen Anwendung finden,
- 4-fache Abstufung der Zugriffsüberwachung zu Dateien und Funktionen,
- Existenz eines hierarchischen Datensystems,
- Möglichkeit zur lückenlosen Versions- und Änderungskontrolle von Quellen bzw. Dokumenten,
- Darbietung umfangreicher Hilfsmittel zur Dokumentation der Softwareentwicklung und
- Softwareentwicklungsorientierung.

Der Schwerpunkt von UNIX liegt eindeutig auf den Bereichen Softwareentwicklung und Dokumentverwaltung, die arbeitstechnisch eng zusammengehören und deren Elemente einerseits bis zu Compiler-Compilern, andererseits bis zu Textbearbeitungs- und Drucksatzaufbereitungssoftware reichen. Sein Einsatzbereich liegt unter anderem auf den Bereichen Automatisierungstechnik, Verfahrenstechnik, Fernsprechtechnik und Verwaltung [30].

Anwendersoftware

Unter Anwendersoftware ist die Gesamtheit aller Programme zu verstehen, die zur Lösung spezieller branchen- oder anwendungsbezogener Aufgaben erstellt und ausgeführt werden. Anwendersoftware wird in Standardsoftware und in individuelle Software unterteilt.
Unter Standardsoftware sind fertige, nicht genormte Programme zu verstehen, die auf Allgemeingültigkeit und vielseitige Nutzung ausgelegt sind. Kostengünstigkeit, Zeitersparnis und Kompensierung vorhandener Engpässe gehören zu deren Vorteilen gegenüber der individuellen Software [2].
Unter individueller Software sind Programme zu verstehen, die für spezielle Anwendungen angefertigt sind. Leistungsvermögen, Entwicklungsindividualität und effektive Ausnutzung der Ressourcen des Rechnersystems gehören zu den Vorteilen. Bei der Entwicklung von Anwendersoftware sollen die erforderlichen Qualitätsmerkmale und die Prinzipien der Softwaretechnologie Berücksichtigung finden. Vor der Entwicklung sind die Möglichkeiten des Rechnersystems bezüglich spezieller Ein- /Ausgabegeräte, Speicherkapazität, Befehle und Software, spezieller Betriebssystemarten und Programmiersprachen zusätzlich zu seinen Qualitätsanforderungen zu berücksichtigen.
Bei der Verwendung des Begriffes Anwendersoftware soll nicht der Eindruck entstehen, daß es sich dabei nur um die Entstehung eines Steuerflusses und die Befehlszusammensetzung jedes einzelnen Moduls einer Konstruktionsaufgabe, sondern vielmehr um eine umfassende Lösung der Aufgabe und die Bewältigung der Komplexität der Programmierung in allen Phasen handelt.

2.6 Aufbauarten von Rechnersystemen

Die Architektur eines Rechnersystems ist durch das Operationsprinzip für die Hardware und den Aufbau der einzelnen Hardwarekomponenten bestimmt.
Nach GILOI sind Klassifikationsmerkmale der Architektur von Rechnersystemen das Operationsprinzip und die Struktur bzw. die durch die Informationsstruktur weitgehend implementierte Kontrollstruktur eines Operationsprinzips, in der sich die Art der angewandten Kooperationsregeln innerhalb der Struktur widerspiegelt [16].
Die Informationsstruktur einer Architektur wird durch die Typen der Informationskomponenten im Rechner, der Repräsentation dieser Informationskomponenten und der Menge der auf sie anwendbaren Operationen bestimmt. Die Informationsstruktur läßt sich als eine Menge von abstrakten Datentypen spezifizieren. Die Kontrollstruktur einer Bauart wird durch Spezifikation der Algorithmen für die Integration und Transformation der Informationskomponenten des Rechners festgelegt [16].
Es gibt drei Arten von Operationsprinzipien *(Bild 2.6-1)*:
     – das *von-Neumann*-Operationsprinzip,
     – die Operationsprinzipien des impliziten Parallelismus und
     – die Operationsprinzipien des expliziten Parallelismus.
Die *von-Neumann*-Bauart besteht aus folgenden Hardwarekomponenten:
     – einem Zentralprozessor,
     – einem Zentralspeicher,
     – dem Ein- /Ausgabewerk und
     – den Verbindungseinrichtungen zwischen den Hardwarekomponenten (Bus).
Die *von-Neumann*-Bauart ist durch das Operationsprinzip bestimmt, bei dem eine Operation unabhängig vom Registerinhalt bzw. unabhängig davon, ob es sich um Befehle oder Daten handelt, angewandt wird. Sie ist durch zweiphasige Programmausführungen gekennzeichnet. In der ersten Phase wird der Inhalt der im Befehlszähler enthaltenen Adresse

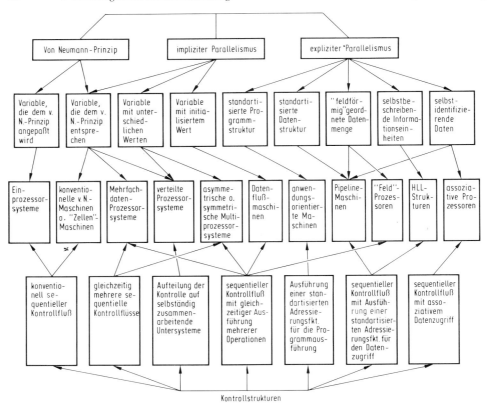

Bild 2.6-1 Verschiedene Informationsstrukturen und Kontrollstrukturen sowie die daraus resultierenden Architekturklassen nach GILOI [16]

geholt und als Befehl interpretiert. In der zweiten Phase wird der Inhalt des im Befehl adressierten Bytes oder Wortes geholt und ausgeführt. Die minimale Ausführung der *von-Neumann*-Rechner ist ein Ein-Akkumulator-Rechner. Die Kommunikation zwischen den Funktionseinheiten eines Rechners erfolgt über Datenwege. Falls eine gemeinsame Benutzung mehrerer Funktionseinheiten vorgesehen ist, ist eine Bussteuerung erforderlich. Die Steuerungsart kann

- zentralisiert oder
- dezentralisiert

sein. Eine dezentralisierte Steuerung hat den Vorteil der größeren Ausfalltoleranz. Sie ist aber mit dem Nachteil verbunden, aufwendig zu sein.

Beim Einadreß-Rechner ist die zur Ausführung der Operationen erforderliche Zeit sehr viel kleiner als die für den Speicherzyklus erforderliche Zeit. Es wurden verschiedene Konzepte entwickelt, um die sich aus diesem Nachteil ergebenden Effekte zu mildern. Eines davon ist die Entwicklung der Zweiadreß-Rechner, bei der jeder Befehl die Adressen der zur Ausführung einer zweistelligen Operation erforderlichen Operanden und unter Umständen auch die Adresse des aus der Operation resultierenden Ergebnisses beinhaltet (Zwei- oder Dreiadreßbefehle). Dazu sind mehrere Register erforderlich. Daraus ergibt sich der Vorteil, daß Zwischenergebnisse von Operationen nicht mehr im Arbeitsspeicher, sondern in Registern gespeichert werden.

Eine weitere Aufbauart von Rechnersystemen ist die Pipeline. Darunter sind eindimensionale Anordnungen von Verarbeitungselementen zu verstehen. Pipelines können auch aus universellen Prozessoren aufgebaut sein. Nach dem Pipeline-Prinzip wird jeder Befehlsbearbeitungsvorgang in Phasen geteilt, denen Befehlsbearbeitungszyklen zugeordnet sind [16]. Eine weitere Aufbauart von Rechnersystemen umfaßt die Multiprozessorsysteme. Sie bestehen aus mehr als einem Prozessor und untergliedern sich in homogene (wenn alle Prozessoren hardwaremäßig, nicht zwingend funktionsmäßig gleich sind) und anderenfalls in inhomogene Multiprozessorsysteme.

Ein Multiprozessorsystem heißt asymmetrisch, wenn dessen Prozessoren verschiedenartige Funktionen haben. Im Gegensatz dazu heißt ein Multiprozessorsystem symmetrisch, wenn dessen Prozessoren gegenseitig vertauschbar sind. Bei einem Multiprozessorsystem existiert eine zentrale Systemaufsicht [16].

Im Gegensatz dazu hat ein Polyprozessorsystem keine zentrale Systemaufsicht, wobei die einzelnen Prozessoren autonom arbeiten, miteinander aber kommunizieren und kooperieren.

Unter Parallelismus ist die Möglichkeit der parallelen bzw. gleichzeitigen Ausführung mehrerer Operationen zu verstehen. Um zu einem hohen Parallelitätsgrad zu gelangen, besteht die Aufgabe darin, die Kontrollstrukturen des Operationsprinzips auf die Kooperationsregeln der Hardwarekomponenten abzubilden [16]. Unter Parallelitätsgrad ist die Anzahl der parallel ausführbaren Operationen zu verstehen.

Bei den Operationsprinzipien des impliziten Parallelismus geht man von den Möglichkeiten der Ausnutzung der *von-Neumann*-Programme für parallele Ausführung arithmetischer Operationen, Anweisungen, konkurrierender Prozesse oder Benutzerprogramme aus [16].

Ein expliziter Parallelismus setzt strukturierte Datenmengen voraus, ein impliziter Parallelismus setzt dagegen im Algorithmus eine Menge von Operationen voraus, die nur parallel geordnet sind, bzw. deren Reihenfolge unwichtig ist.

Bei dem Prinzip der Prozessoreinheitspipeline werden gleichartige Operationen im zeitlichen Nacheinander und verschiedenartige Operationen gleichzeitig ausgeführt. Die Verarbeitungselemente eines Prozessorarrays müssen miteinander kooperieren bzw. zum Datenaustausch fähig sein. Dazu werden zwei Aufbauarten von Arrays unterschieden [16]:

– die Aufbauart, nach der jede Verarbeitungseinheit einen eigenen Arbeitsspeicher und ein Kommunikationsregister zur Verfügung hat und mit den anderen Verarbeitungseinheiten über ein Verbindungsnetzwerk verbunden ist und
– die Aufbauart, nach der eine Anzahl von Prozessoreinheiten des Arrays mit der gleichen Anzahl von unabhängigen Speichermoduln über ein Verbindungsnetz verbunden ist, dessen Aufgabe es ist, die Prozessoreinheiten mit einer der Speichereinheiten zu verbinden.

Ein verteiltes System ist ein aus mehreren Knoten bestehendes Rechnersystem, das folgende Bedingungen erfüllen muß [16]:

– an der Ausführung einer Systemfunktion ist mehr als ein Prozeß beteiligt,
– es gibt keine zwei Prozesse im System, die die gleiche Sicht vom Systemzustand haben und
– es gibt keinen einheitlichen Prozeß im System, der dafür sorgen könnte, daß alle anderen Prozesse eine konsistente und identische Sicht des globalen Systemzustands haben.

Nach dem Grad der räumlichen Entfernung zwischen den Knoten eines verteilten Systems können drei Arten unterschieden werden [16]:

– Rechnerverbundnetze,
– lokale Datenverarbeitungsnetzwerke und
– verteilte Polyprozessorsysteme.

Unter Rechnerverbundnetz ist ein heterogener Verbund vollständiger Rechnersysteme (aktive Knoten) zu verstehen, wobei sie über größere Entfernungen (geographische Verteilung) zum Zweck des Datenverbunds oder des Betriebsmittelverbunds miteinander durch Austausch von Nachrichten (lose Kopplung der Knoten) über ein öffentliches Datennetz oder Satellitenverbindungen kommunizieren [16].

Ein wichtiges Klassifizierungsmerkmal bei Rechnerverbundnetzen ist die Art der Netzwerktopologie des Datenübertragungssystems, die entscheidenden Einfluß auf die Verfügbarkeit und den Aufwand bei der Netzkonzeption hat. Mit Hilfe der Graphentheorie lassen sich verteilte Systeme als zusammenhängende Menge endlicher Graphen mit Knoten als Verarbeitungs-, Verteilungs- oder Entscheidungsfunktion und Kanten als Kommunikations- oder Transportfunktion darstellen [31].

Je nach Anordnung der Knoten und Kanten unterscheidet man sternförmige, hierarchische, ringförmige und vermaschte Netze. Der Forderung nach minimalem Aufwand entspricht das sternförmige Netz. Der Aufwand ist hierbei proportional 2 (N-1) bei N beteiligten Institutionen. Der Ausfall des Sternpunktes führt zum totalen Zusammenbruch des Systems. Die Forderung nach höchster Betriebssicherheit führt zum vollständig vermaschten Netz mit einem N (N-1) proportionalen Aufwand. Zwischen beiden Extremen muß ein wirtschaftlich vertretbarer Kompromiß gefunden werden [32].

Zur Herstellung von Beziehungen zwischen den Knoten müssen die Transportwege „vermittelt" werden. Man unterscheidet folgende Vermittlungsarten:
– die Leitungsvermittlung (Circuit Switching) oder Durchschaltvermittlung, bei der ein bestimmter Datenübertragungsweg für die gesamte Dauer einer Verbindung aufgebaut und reserviert wird,
– die Nachrichtenvermittlung (Message Switching) oder Speichervermittlung, bei der die gesamte Nachrichten in den Netzknoten derart zwischengespeichert werden, daß eine durchgehende physikalische Verbindung zu einem bestimmten Zeitpunkt nicht erforderlich ist und
– die Paketvermittlung (Package Switching), bei der die gesamte Nachricht in Teile zerlegt wird, die jeweils getrennt übertragen werden. Die Verbindung zwischen zwei Knoten muß jeweils nur für die Übertragungsdauer eines Paketes aufrechterhalten werden [33, 34].

Unter einem lokalen Datenverarbeitungsnetzwerk ist ein heterogener Verbund verschiedener Datenverarbeitungsgeräte (passive und aktive Knoten) zu verstehen, die geographisch konzentriert, räumlich verteilt, zum Zweck des Betriebsmittels- oder Datenverbunds miteinander durch Austausch von Nachrichten kommunizieren. Geschlossene Netze enthalten nur völlig aufeinander abgestimmte Systemkomponenten. Diese Netzform ist historisch bedingt weit verbreitet. Das Konzept ist funktionssicher, aber meist an die Produkte eines Herstellers gebunden. Bei offenen Rechnerverbundnetzen kann der Anwender die für seinen Bedarf optimalen Systemkomponenten einbringen.

Unter einem verteilten Polyprozessorsystem ist ein homogener Verbund von Verarbeitungsknoten (aktive Knoten in der Form Prozessor-Speicher-Paar) zu verstehen, die räumlich konzentriert zum Zweck der Funktionsverteilung durch Austausch von Nachrichten, durch Zugriff auf Speicher anderer Knoten (lose Kopplung oder Kombination von loser und fester Kopplung) über ein spezielles Kommunikationssystem kommunizieren. Ein verteiltes Polyprozessorsystem ist für den Benutzer transparent [16].

Der Zugriff auf die Betriebsmittel erfolgt über Datenendgeräte, die entweder direkt an die Rechner oder an das Datenübertragungssystem angeschlossen sind. Da es sich bezogen auf das Datenübertragungssystem auch bei den Rechnern um Datenendgeräte handelt, besteht ein Rechnerverbundnetz aus den physikalischen Komponenten Datenendeinrichtung und Datenübertragungssystem, wobei mindestens zwei der Datenendgeräte Rechner sind *(Bild 2.6-2)*.

Bei der Verknüpfung der Datenendeinrichtung ist zunächst von dem Ziel auszugehen, Information unverändert zwischen den Endgeräten zu übertragen. Hierzu ist ein Kommunikationssystem erforderlich, welches dem Datenübertragungssystem übergeordnet ist *(Bild 2.6-3)*.

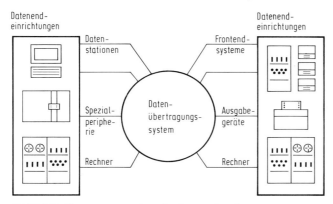

Bild 2.6-2 Komponenten eines Rechnerverbundnetzes

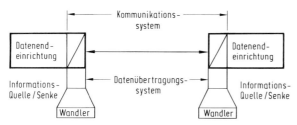

Bild 2.6-3 Informationsübertragungssystem

Das Kommunikationssystem besteht aus Hardware- und Softwareteilen mit den Funktionen [35]:
- Physikalischer Anschluß der Datenendgeräte an das Datenübertragungssystem,
- Umwandeln und Leiten der elektrischen Signale,
- Herstellen und Trennen der Verbindungen,
- Zwischenspeichern der Daten,
- Steuern des Datenverkehrsablaufes über Protokolle in mehreren Schichten und
- Sichern der Daten gegen Störungen auf dem Datenübertragungsweg.

Aus der Aufstellung ist ersichtlich, daß für den Informationsaustausch zwischen beliebigen Endgeräten eine Standardisierung der Teilfunktionen unerläßlich ist. Die Standardisierung der physikalischen Anschlüsse und der elektrischen Signale zum Zwecke der Datenübertragung ist durch internationale Gremien wie beispielsweise CCITT (Comite Consultatif International Télégraphique et Téléphonique) weltweit mit entsprechenden Empfehlungen geregelt [36].

Folgende wichtige technische Begriffe und Verfahren werden bei Datenübertragungssystemen unterschieden [36, 37]:
- bitserielle Datenübertragung,
- asynchrone serielle Datenübertragung,
- synchrone serielle Datenübertragung und
- bitparallele Datenübertragung.

Unter Übertragungsgeschwindigkeit ist die Anzahl der je Zeiteinheit übertragenen Binärentscheidungen zu verstehen (Maßeinheit: bit/s).

Unter Transfergeschwindigkeit ist die Anzahl der im Mittel fehlerfrei übertragenen Informationseinheiten je Zeiteinheit zu verstehen.

Unter Schrittgeschwindigkeit ist der Kehrwert der Taktschrittdauer (Maßeinheit: Baud) zu verstehen.

Unter Simplex-Betrieb ist die Betriebsart zu verstehen, bei der an der Schnittstelle nur gesendet oder nur empfangen werden kann.

Unter Halb-Duplex-Betrieb ist die Betriebsart zu verstehen, bei der an der Schnittstelle abwechselnd gesendet oder empfangen werden kann.

Unter Voll-Duplex-Betrieb ist die Betriebsart zu verstehen, bei der an der Schnittstelle gleichzeitig gesendet und empfangen werden kann.

Die Regeln zur Abwicklung des Datenverkehrs werden mit Hilfe sogenannter Protokolle zur Anwendung gebracht. Sie sind notwendig, da zwischen den parallel laufenden Prozessen der beteiligten Rechner keine direkten Programmkontakte bestehen und Synchronisationsprobleme auftreten. Auf der Grundlage dieser Protokolle werden jeder Nutzinformation zusätzliche Steuerinformationen als Kopf oder als Abschluß hinzugefügt. Die Zusammenfassung gleichartiger Teilaufgaben der Übertragungssteuerung und die Staffelung in einer zeitlichen Reihenfolge führt zu einer Hierarchie, bei der die verschiedenen Teilaufgaben in Schichten geordnet sind [38]. In jeder Schicht werden Steuerinformationen hinzugefügt oder ausgewertet, wobei Steuer- und Nutzinformationen einer Schicht die Nutzinformationen der darunterliegenden Schicht darstellen. Es entsteht eine ineinandergeschachtelte Struktur.

Zur Einführung oder Ausweitung von Rechnerverbundnetzen ist eine Standardisierung der Protokolle notwendig. In dem ISO-Architekturmodell (International Organization for Standardization) wurden sieben Funktionsschichten mit speziellen Aufgaben definiert *(Bild 2.6-4)* [38, 39, 40, 41]:

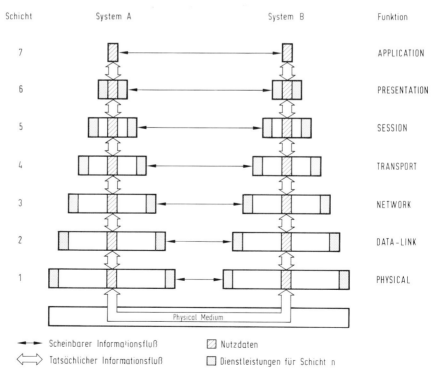

Bild 2.6-4 ISO-Architekturmodell für Rechnerverbundsysteme

- die physikalische Schicht (physical), deren Aufgabe Leitungsverwaltung ist,
- die Leitungsschicht (data-link), deren Aufgabe die Abschnittssicherung ist,
- die Netzwerkschicht (network), deren Aufgabe die Netzsteuerung ist,
- die Transportschicht (transport), deren Aufgabe die Tranportsteuerung der Daten zwischen identifizierbaren Prozessen ist,
- die Verbindungsschicht (session), deren Aufgabe die Steuerung der Zusammenarbeit von Anwendungsprozessen ist,
- die Anpassungsschicht (presentation), deren Aufgabe die Interpretation und Darstellung der Nutzinformationen ist und
- die Anwendungsschicht (application), deren Aufgabe die Durchführung von Anwendungsprozessen ist.

Die Standardisierung der Protokolle der einzelnen Schichten befindet sich noch im Aufbau. Die Übertragung und Verteilung von Daten bis zu den Datenendeinrichtungen wird, sofern diese über den Grundstücksbereich hinausgeht, in der Bundesrepublik Deutschland von der Deutschen Bundespost verwaltet. Zu diesem Zweck können die seit längerer Zeit bestehenden öffentlichen Fernmeldenetze [42], wie

- Fernsprechnetz,
- Telexnetz,
- Datexnetz,
- Direktrufnetz

und die überlassenen Stromwege, wie:

- Telegraphenleitungen
- Fernsprechleitungen
- und Breitbandleitungen

angewendet werden.

Datenübertragung im Fernsprech- und Telexnetz stellen eine Sondernutzung dar, da diese Netze ursprünglich für das Übermitteln von Sprach- bzw. Fernschreibnachrichten eingerichtet wurden. Dagegen wurde das Datex- und Direktrufnetz speziell für das Übermitteln von Daten geschaffen.

Heute werden festgeschaltete Leitungen, die als Hauptanschluß für Direktruf bezeichnet werden, am häufigsten als Datenübertragungswege eingesetzt. Die physikalische Verbindung zwischen zwei Teilnehmern wird hierbei einmalig hergestellt. Diese Betriebsart ermöglicht relativ hohe Übertragungsgeschwindigkeiten und ist sehr betriebssicher. Durch die feste Zuordnung der Leitungen zu einzelnen Anwendern werden diese aber oft nur zu einem Bruchteil ihrer Leistungsfähigkeit ausgenutzt.

Bei der Datenübertragung im Datennetz mit Leitungsvermittlung (Datex L) kann die Verbindung durch einen Teilnehmer hergestellt oder abgebrochen werden. Da die Verbindung nur für die Dauer der tatsächlichen Datenübertragung aufrechterhalten werden muß, können die Verbindungswege besser ausgenutzt werden. Als weitere Möglichkeit existiert das Datennetz mit Paketvermittlung [43]. Hierbei ist eine unmittelbare physikalische Verbindung zwischen sendender und empfangender Station nicht mehr vorausgesetzt. Es werden nur logische bzw. virtuelle Verbindungen hergestellt, deren physikalischer Weg sich während der Verbindung ändern kann. Man unterscheidet „feste virtuelle Verbindungen", bei denen zwischen zwei oder mehreren Teilnehmern eine ständige Verbindung existiert, und „gewählte virtuelle Verbindungen", die den zeitweisen Datenaustausch zwischen beliebigen Teilnehmern ermöglicht. Die Informationen werden in definierte Pakete aufgeteilt, mit Adressen und Steuerinformationen versehen *(Bild 2.6-5)* und durch das Netzwerk transportiert.

Absender-adresse	Empfänger-adresse	Kontroll-abschnitt	eigentlicher Informations-abschnitt

Bild 2.6-5 Struktur eines Paketes

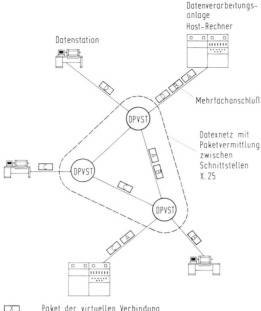

Bild 2.6-6 Vereinfachte Darstellung des paketvermittelnden Datexnetzes mit virtuellen Verbindungen

Bild 2.6-6 [43] veranschaulicht die Arbeitsweise eines paketvermittelnden Netzes. Diese zukunftsorientierte Technik bildet heute die Basis für viele weltweit installierte, offene Rechnerverbundnetze, die durch eine standardisierte Zugangsschnittstelle (Empfehlung X.26 CCITT) auch miteinander verbunden werden können.
Beispiele für die öffentlichen Netze sind:
- EURONET (Europa),
- TELENET und TYMNET (USA),
- DATAPAC (Kanada) oder
- TRANSPAC (Frankreich).

In einer anderen Entwicklungslinie entstanden die von Herstellern oder wissenschaftlichen Organisationen entwickelten anwenderorientierten Rechnerverbundnetze wie z.B. ARPA [44] (Wissenschaft), SITA [45] (Luftfahrt), SWIFT (Banken), SNA der Fa. *IBM* [46] oder DECNET der Fa. *DEC* [47]. Bild 2.6-7 zeigt das größte, von wissenschaftlichen Organisationen entwickelte Experimentalnetz ARPA [44]. Das seit ca. 1967 stufenweise entstandene Netz erstreckt sich über Nord-Amerika und schließt Hawaii und Europa an.

Der Bedarf nach Kommunikation zwischen Arbeitsplatzrechnern führte in begrenzten Gebieten, wie beispielweise Unternehmen und Behörden, zur Installation von sogenannten lokalen Netzen.
Diese müssen wegen der Unterschiedlichkeit der anzuschließenden Geräte sehr flexibel sein. Im Bereich der lokalen Netzwerke hat sich als Netzwerktopologie die BUS-Struktur mit sehr hohen Übertragungsgeschwindigkeiten von 1 Mbit/s bis 50 Mbit/s durchgesetzt. Als Übertragungsmedium dienen entweder Koaxial-Kabel oder Lichtwellenleiter. Beispiel für diese Netzform ist das ETHERNET von *XEROX* [48] mit einer Übertragungsgeschwindigkeit von 10 Mbit/s, großer Netzausdehnung und Kopplungsmöglichkeit für Rechner und Peripherie unterschiedlicher Hersteller.

[Literatur S. 72] 2.6 *Aufbauarten von Rechnersystemen* 71

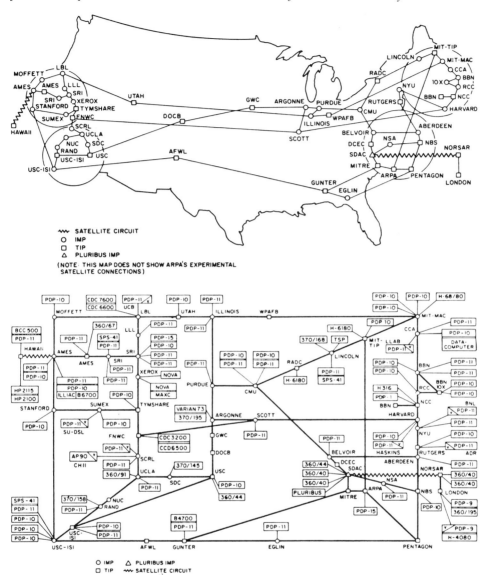

Bild 2.6-7 ARPA-Netz: Stand Februar 1976

2 Grundlagen der Datenverarbeitung

Literatur zu Kapitel 2

1. Hansen, H. R.: Wirtschaftsinformatik. Band I, 3. Aufl., Gustav Fischer Verlag, Stuttgart, New York 1981.
2. DIN 44300: Informationsverarbeitung 1. Normen über Grundbegriffe, Datenübertragungen, Schnittstellen. DIN Taschenbuch 25, Beuth Verlag, Berlin, Köln 1981.
3. N.N. Studienführer Informatik. Technische Universität Berlin, Fachbereich Informatik, 1981/82.
4. Bauer, F. L., Goos, G,: Informatik. Eine einführende Übersicht. Erster Teil, 2. Aufl., Springer Verlag, Berlin, Heidelberg, New York 1973.
5. Schumny, H.: Digitale Datenverarbeitung für das technische Studium. Vierweg Verlag, Braunschweig 1975.
6. Liebig, H.: Rechnerorganisation. Hardware und Software digitaler Rechner. Springer Verlag, Berlin, Heidelberg, New York 1976.
7. Martin, W.: Mikrocomputer in der Prozeßdatenverarbeitung. Carl Hanser Verlag, München 1977.
8. Grupp, B.: Die Wahl des richtigen Minicomputers. Hardware-Software-Auswahl-Einsatz. Expert Verlag, 7031 Grafenau 1/Württ., VDE-Verlag Berlin 1981.
9. Görke, W.: Mikrorechner. Technologie, Funktion, Entwicklung. Reihe Informatik /26, 2. Aufl., B.I.- Wissenschaftsverlag, Mannheim, Wien, Zürich 1980.
10. Diehl, W.: Mikroprozessoren und Mikrocomputer. Vogel-Verlag, Würzburg 1980.
11. Raubold, E.: Rechnernetze in der Bundesrepublik: Ein Situationsbericht. Informatik-Fachberichte Nr.3, Rechnernetze und Datenfernverarbeitung; S. 29, Hrsg. von D. Haupt und H. Petersen, Springer Verlag, Berlin, Heidelberg, New York 1976.
12. Händler, W.: Rechnerverbund: Motivation, Möglichkeiten und Gefahren. Informatik-Fachberichte Nr. 3, Rechnernetze und Datenfernverarbeitung, Hrsg. von D. Haupt und H. Petersen, Springer Verlag, Berlin, Heidelberg, New York 1976.
13. Schmitz, P., Hasenkamp, U.: Rechnerverbundsysteme. Carl Hanser Verlag, München 1981.
14. Steinbuch, K., Weber, W.: Taschenbuch der Informatik. Struktur und Programmierung von CAD-Systemen. 2. Bd., 3. Aufl., Springer Verlag, Berlin, Heidelberg, New York 1974.
15. Giloi, W., Liebig, H.: Logischer Entwurf digitaler Systeme. Springer Verlag, Berlin, Heidelberg, New York 1973.
16. Giloi, W. K.: Rechnerarchitektur. Heidelberger Taschenbücher, Springer Verlag, Berlin Heidelberg, New York 1981.
17. DIN 40700: Informationsverarbeitung 4. Normen über Codierung, Programmierung, Beschreibungsmittel. DIN Taschenbuch 166, Beuth Verlag, Berlin, Köln 1981.
18. Heim, K., Schäffel, K.: Binäre Schaltwerke. 2. Aufl., Siemens AG, Berlin, München, 1974.
19. Steinbuch, K., Weber, W.: Taschenbuch der Informatik. 1.Bd. Grundlagen der technischen Informatik, Springer Verlag, Berlin Heidelberg, New York 1974.
20. DIN 55350 Teil 11: Begriffe der Qualitätssicherung. Beuth Verlag, Berlin, Köln.
21. DGQ 11-04. Begriffe und Formelzeichen im Bereich der Qualitätssicherung. 3. Aufl. Beuth Verlag, Berlin, Köln.
22. Boehm, B. W., Brown, J. R., Quality. Kaspar, H., Lipow, M., Macleod, G. J., Merrit, M. J.: Characteristics of Software Quality, North Holland Verlag, Amsterdam, New York 1978.
23. Myers, G. J.: Software Reliability. Principles and Practices. John Wiley & Sons, New York, London, Sydney, Toronto 1977.
24. Stay, J. F.: HIPO and interactive Program Design. Tutorial on Software Techniques, IEEE, San Francisco 1977.

25. Jackson, M. A.: Principles of programm design. Academic Press, 1975.
26. Connor, M. F.: SADT Structured Analysis and Design Technique: Introduction. Softech Inc. 9595-7 1980.
27. Spur, G.: Rechnerunterstützte Zeichnungserstellung und Arbeitsplanung. Sonderdruck aus ZwF, Carl Hanser Verlag, München, Wien 1980.
28. Kimm, R., Koch, W., Simonsmeier, W., Tontsch, F.: Einführung in Software Engineering. Verlag Walter de Gruyter, Berlin, New York 1979.
29. Koch, G., Rembold, U., Ehlers, L.: Einführung in die Informatik. Teil 2, Programmsysteme, Anwendungen und technologische Perspektiven. Carl Hanser Verlag, München Wien 1980.
30. N.N. UNIX. Das Betriebssystem der 80er Jahre für die Softwareentwicklung. Prospekt der Firma Danet GmbH Stand 6/82.
31. Schnupp, P.: Rechnernetze. Entwurf und Realisierung, Verlag Walter de Gruyter, Berlin, New York 1978.
32. Baran, P.: On Distributed Communication Networks. IEEE Trans. Comm. CS-12 (1969) 1.
33. Davies, D. W.: A Digital Communication Network for Computer Giving Rapid Response at Remote Terminals. Proc. of the ACM Symposium on Operating Systems Principles, Gatlingburg 1967.
34. Wild, K.: Vortragdokumentation zum 3. Fachkongress für Daten- und Textkommunikation. „ONLINE 80", Düsseldorf 1980.
35. Jilek, P.: Über die Wahl der Schnittstelle zwischen Hardware und Software in Datenfernverarbeitungssystemen. NZZ (1972) 3, S. 121-126.
36. N.N. CCITT-Empfehlungen der V-Serie und der X-Serie: Datenübertragung. Pippart, W., Tietz, W. R. v. Decker's Verlag G. Schenk, Heidelberg, Hamburg 1977.
37. DIN 44302: Informationsverarbeitung 1. Normen über Grundbegriffe, Datenübertragungen, Schnittstellen. DIN Taschenbuch 25, Beuth Verlag, Berlin, Köln 1981.
38. Hofer, H.: Datenübertragung: Eine Einführung. Heidelberger Taschenbücher, Springer Verlag, Berlin Heidelberg, New York 1978.
39. Schindler, S.: Offene Kommunikations-Systeme: Eine Übersicht. Informatikfachberichte Nr. 27, Struktur und Betrieb von Rechensystemen. Hrsg. von Zimmermann, G., Springer Verlag, Berlin, Heidelberg, New York 1980.
40. Burkhardt, H. J.: Architektur offener Kommunikationssysteme: Stand der Normungsarbeit. Informatikfachberichte Nr. 22, Kommunikation in verteilten Systemen, Hrsg. von Schindler, S., Springer Verlag, Berlin, Heidelberg, New York 1979.
41. Reference Model of Open Systems Interconnection. ISO [TC 97] SC 16, N 227, 1979.
42. Benutzerhandbuch DATEX P, Datel 2. Loseblattsammlung, Fernmeldetechnisches Zentralamt, Darmstadt 1979.
43. N.N. Report to the Computer Systems and Electronic Division of the Department of Industry. London, on the ARPA Computer Network LOICA, London 1974.
44. Chretien, G. J.: The SITA Network Computer Communication. Networks Conf. Brighton-Sussex 1973.
45. System Network Architecture. IBM-Form GA 27 - 3102 - 9.
46. Loveland, R. A., Stein, C. W.: How Decnet's Communications Software Works. Data Communications 1979.
47. Schwartz, M.: Computer-Communication Network Design and Analysis. Prentice-Hall, Englewood Cliffs, N. J. 1977.
48. Metcale, R. M., Boggs, D. R.: Ethernet: Distributed Packet Switching for Local Computer Networks. XEROX Palo Alto Research Center 1975.
49. Schneider, H.-J. (Hrsg.): Lexikon der Informatik und Datenverarbeitung. Oldenbourg Verlag, München Wien, 1983.

3 Aufbau von CAD-Systemen

3.1 Allgemeines

CAD-Systeme dienen der alphanumerischen und grafischen Informationsverarbeitung in Konstruktion und Arbeitsplanung [1].
Durch CAD-Systeme können Aufgaben des Berechnens, des Gestaltens, der Zeichnungserstellung, der geometrischen Modellierung, der Simulation von Funktions- und von Bewegungsabläufen, der Erstellung und Auflösung von Stücklisten, der Arbeitsplanung und NC-Programmierung sowie der Herstellung von technischen Dokumentationsunterlagen bearbeitet werden *(Bild 3.1-1)*. Die Vielzahl unterschiedlicher Aufgaben erfordert die Anwendung jeweils geeigneter CAD-Systeme [2].

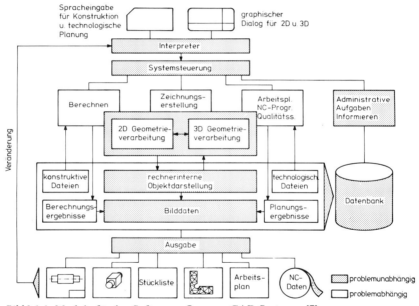

Bild 3.1-1 Moduln für den Softwareaufbau von CAD-Systemen [7]

Beim Stand der Technik ist es nicht möglich, mit einem einzigen CAD-System alle genannten Aufgaben optimal zu bearbeiten [3,4].
Die Eignung von CAD-Systemen ist teilweise branchenspezifisch. So gibt es Systeme mit speziellen Eigenschaften für den Maschinenbau, Flugzeugbau, Schiffbau und Kraftfahrzeugbau, den Apparatebau, die Elektronik und für das Bauwesen [5,6].
CAD-Systeme können schlüsselfertig oder rechnerflexibel realisiert werden [7]. Schlüsselfertige CAD-Systeme bestehen aus einer Liefereinheit von Hardware und Software. Bei den meisten angebotenen schlüsselfertigen Systemen ist die CAD-Software auf die Programmiersprachen des verwendeten Rechners, auf die Größe des Zentralspeichers und der peripheren Speicher sowie auf die grafischen Peripheriegeräte und das Betriebssystem angepaßt. Dadurch lassen sich vor allem für die Interaktivität kurze Verarbeitungszeiten er-

zielen. Schlüsselfertige Systeme sind zu einem großen Teil so gestaltet, daß in den Programmen vorhandene Schnittstellen nicht ohne weiteres vom Anwender zur Programmerweiterung oder Kopplung mit anderen Programmbausteinen genutzt werden können. Sind für schlüsselfertige Systeme die Programm- und Datenschnittstellen vorhanden und dokumentiert, so ist es möglich, anwendungsspezifische Entwicklungen auch in schlüsselfertigen Systemen aufzubauen. Bis auf wenige Ausnahmen werden in schlüsselfertigen Systemen allgemein anwendbare 16-bit-Rechner, zunehmend auch 32-bit-Rechner, verwendet. Die Arbeitsstationen sind in den meisten Fällen systemabhängig ausgelegt.

Als rechnerflexible CAD-Systeme bezeichnet man CAD-Anwendersoftware, die auf unterschiedlichen Rechnern mit unterschiedlicher Speicherausrüstung und Peripherie lauffähig ist. Mindestanforderungen an die Hardware und an das Betriebssystem sind hier Kompatibilität der Programmiersprache, Mindestbedarf an Speicherkapazität und Anschlußmöglichkeit von Peripheriegeräten. Die meisten rechnerflexiblen CAD-Systeme sind in der Programmiersprache FORTRAN geschrieben. Eine große Zahl von rechnerflexiblen CAD-Systemen, die sogenannte schlüsselfertige CAD-Anwendersoftware, erfordert einen geringeren Installationsaufwand seitens des Benutzers, da diese vom Entwickler bereits für den Ablauf auf einer speziellen Rechenanlage ausgelegt ist.

Bei der rechnerunterstützten Zeichnungserstellung und Arbeitsplanung werden zwei Arbeitsprinzipien unterschieden [8]. Bei der Zeichnungserstellung nach dem Variantenprinzip werden die Eigenschaften einer Teilefamilie zuerst in einem sogenannten Komplexteil beschrieben. Analog kann man in der Arbeitsplanung von Komplexarbeitsplänen sprechen. Bei Aktualisierung der Komplexinformationen werden durch Parametereingabe Varianten von Zeichnungen und Arbeitsplänen erzeugt.

Im Gegensatz zum Variantenprinzip werden beim Generierungsprinzip die Konstruktions- und Fertigungsunterlagen ausgehend von einigen Grundelementen und Algorithmen für jeden einzelnen Anwendungsfall neu erstellt *(Bild 3.1-2)*. CAD-Systeme nach dem Generierungsprinzip haben durch die Fähigkeit, breite Klassen unterschiedlicher Aufgaben zu verarbeiten, eine höhere Flexibilität. Die Systemeigenschaften, die für die Generierung angewendet werden, sind auch für Änderungen anwendbar. Anwendungsflexible Systeme ermöglichen die Aufgabenbearbeitung nach beiden Prinzipien.

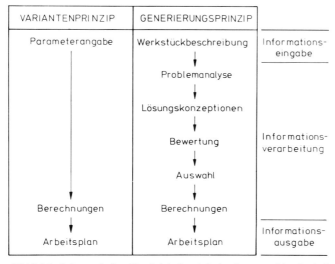

Bild 3.1-2 Schematischer Vergleich des Arbeitsplanungsablaufes beim Varianten- und Generierungsprinzip

76   3 Aufbau von CAD-Systemen   [Literatur S. 113]

CAD-Systeme, die nur bestimmte Aufgaben unterstützen, z.B. nur Zeichnungserstellung, werden auch Insellösungen genannt. Sie werden häufig im Frühstadium der Einführung von CAD-Systemen in der betrieblichen Praxis angewendet [6].
Die programmäßig hintereinander ablaufende Zusammenfassung mehrerer Einzelaufgaben erfolgt entweder durch Verarbeitung jedes Moduls und durch manuelle Eingabe der Daten für den nächsten Modul oder durch programmäßige Kopplung der Einzelmoduln. Wird für jeden Modul ein neuer Programmstart notwendig, liegt eine Programmreihe vor. Bei einer programmierten Kopplung spricht man von einer Programmkette.
Die Integration von CAD-Programmen kann auch über Datenbasen erfolgen, so daß bei der Anwendung von Programmketten ebenfalls eine Übergabe von Daten programmintern vorzunehmen ist [9]. Das zeitlich zuerst ablaufende Programm generiert Daten, die auf einem Plattenspeicherbereich aufbewahrt und vom zeitlich nachfolgenden Programm eingelesen werden.
Die Integration mittels Datenformat und rechnerinterner Objektdarstellung kann durch Datenbanken unterstützt werden.
Eine Kopplung zwischen CAD-Softwaresystemen wird erschwert, wenn die rechnerinternen Objektdarstellungen mit unterschiedlichen geometrischen, topologischen und technologischen Merkmalen aufgebaut sind.
Generell kann die softwaremäßige Kopplung von CAD-Systemen wie folgt durchgeführt werden *(Bild 3.1-3)*:
– Kopplung mittels homogener Datenbasis, d.h. Verwendung der gleichen rechnerinternen Darstellung für alle Moduln bzw. Systeme,
– Kopplung mittels heterogener Datenbasen, d.h. Verwendung von Pre- und Postprozessoren, um die Daten zwischen Systemen mit unterschiedlichen rechnerinternen Darstellungen direkt zu übertragen,
– Kopplung mittels gemeinsamer Datenbasis, d.h. Umsetzung der systeminternen Dateien in eine für alle Systeme angeschlossenen Datenbasis.

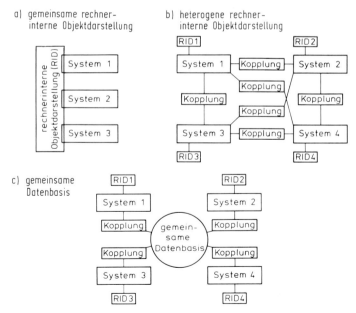

Bild 3.1-3 Kopplungsmöglichkeiten von CAD-Systemen [7]

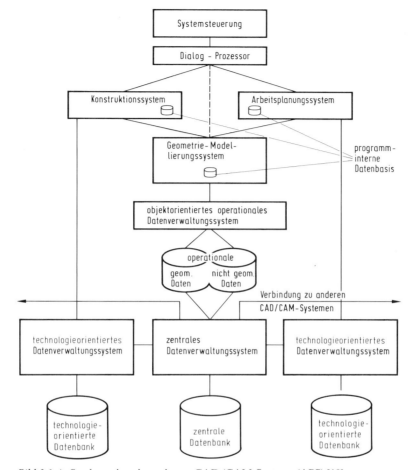

Bild 3.1-4 Struktur eines integrierten CAD/CAM-Systems (APS) [10]

Ein Konzept für ein integriertes System stellt das Advanced Production System (APS) dar *(Bild 3.1-4)*. Hierbei werden ein Konstruktionssystem, ein Arbeitsplanungssystem und ein System zum geometrischen Modellieren integriert, indem von gemeinsamen Datenbasen Gebrauch gemacht wird. Die Integration mittels Methodenbanken ist noch in den Anfängen. Sie ermöglicht, Moduln für zusammenhängende Aufgaben aus einer Menge von vorhandenen Moduln auszuwählen. Dabei sind die Zusammenhänge der Parameter und Datenbasen für alle Moduln kompatibel.

Neben den integrierten CAD-Systemen, die ständig in einem gemeinsamen Wirkzusammenhang arbeitende Teilsysteme haben, gibt es kommunizierende CAD-Systeme, die von Zeit zu Zeit einen Datenaustausch vornehmen. Derartige Vorgänge sind beispielsweise bei der Übertragung von Produktdaten an einen Lieferanten gegeben. Die Kommunikation kann off-line oder on-line erfolgen.

Eine weiterreichende Integration der Software wird durch eine Verbindung von Datenbasissystemen mit Methoden der künstlichen Intelligenz ermöglicht. Solche Systeme werden Expertensysteme genannt. Sie sind für spezielle Aufgaben entwickelt, zu denen ein spezielles Wissen erforderlich ist. Die von Expertensystemen getroffenen Entscheidungen erfordern Verständnis für die Bedeutung der in den Datenbasen vorhandenen Informationen. Expertensysteme stehen erst am Anfang der Entwicklung.

Know-how kann auch bei der Entwicklung von CAD-Anwendersystemen in die Algorithmen und Daten einfließen.

CAD-Programme weisen nur eine geringe Flexibilität auf, wenn sie automatisch ablaufen. Die höchste Benutzerfreundlichkeit haben interaktive CAD-Systeme, weil hier Informationen zwischen der Arbeitsperson und dem CAD-System in einem Kreisprozeß ausgetauscht werden. Es gibt einen geführten und einen freien Dialog. Teilweise wird der Dialog nur alphanumerisch mit grafischen Ausgaben oder nur grafisch realisiert.

Die Komfortstufen der Mensch-Maschine-Kommunikation in CAD-Systemen können wie folgt angegeben werden:
- Eingabe mit Hilfe einer Programmiersprache wie beispielsweise APT,
- Dialog mit alphanumerischen und grafischen Elementen,
- Rekonstruktionstechnik zur Erzeugung von dreidimensionalen Geometrieinformationen aus Bauteilansichten,
- Konstruktionssysteme auf der Basis von Produktmodellen mit minimaler Eingabe von Informationen durch Anwendung von Konstruktionssprachen und Kopplungsmöglichkeiten mit Arbeitsplanungs- und NC-Programmiersystemen.

Für die Verarbeitung von CAD-Software werden je nach Umfang und Dialoganforderungen Kleinrechner mit 16-bit- oder 32-bit-Wortlänge und Großrechner verwendet. Die Bearbeitung von CAD-Aufgaben kann mit einzelnen Rechnern, aber auch im Rechnerverbundsystem erfolgen. Besondere Bedeutung erlangen dabei die lokalen Netzwerke.

3.2 Deutung von CAD-Systemen

Die zum CAD-System gehörende Hardware, auch CAD-Hardwaresystem genannt, wird in Rechner und Peripheriegeräte unterteilt. Die zum CAD-System gehörende Software, auch CAD-Softwaresystem genannt, besteht aus Betriebssoftware und Anwendersoftware *(Bild 3.2-1)*. Die Anwendersoftware wird im Sprachgebrauch CAD-Software genannt.

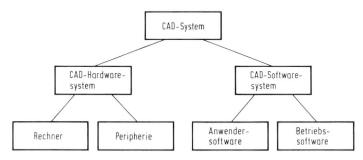

Bild 3.2-1 CAD-Systemgliederung

Als Rechner werden in CAD-Hardwaresystemen digitale Rechenanlagen aller Bauarten verwendet, die einzeln oder in Form von Netzwerken zum Einsatz kommen können.

Unter Peripheriegeräten zur Mensch-Maschine-Kommunikation eines CAD-Hardwaresystems sind alphanumerische sowie grafische Ein-/Ausgabegeräte zu verstehen *(Bild 3.2-2)*.

[Literatur S. 113]   3.2 Deutung von CAD-Systemen   79

① alphanumerischer Bildschirm
② graphischer Bildschirm (zur Darstellung von Vergrößerungen, Details, Änderungen)
③ graphischer Bildschirm (zur Gesamtdarstellung)
④ Hardcopygerät
⑤ alphanumerisches Tastaturgerät
⑥ Eingabetablett mit Menüleiste
⑦ Eingabestift
⑧ Telefon/DFÜ-Anschluß
⑨ Ablage-Zeichenfläche für konventionelle Arbeiten und Handskizzen

Bild 3.2-2 Aufbau eines CAD-Arbeitsplatzes

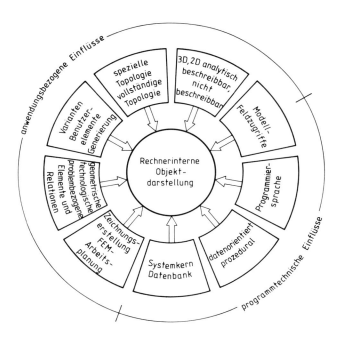

Bild 3.2-3 Einflüsse auf die Auslegung rechnerinterner Darstellungen

80   3 Aufbau von CAD-Systemen   [Literatur S. 113]

Die zum CAD-Softwaresystem gehörende Betriebssoftware diktiert die Nutzungsformen des Systems, insbesondere die Möglichkeiten einer interaktiven Verarbeitung.
Unter der Anwendersoftware eines CAD-Softwaresystems sind Programme zur Unterstützung von Konstruktions- und Arbeitsplanungsaufgaben zu verstehen.
Die hardwaremäßigen und die softwaremäßigen benutzerspezifischen Komponenten eines CAD-Systems dienen der Mensch-Maschine-Kommunikation [11, 12].
Zur Lösung von CAD-Aufgaben verfügen CAD-Systeme über Anwendersoftware zur Verarbeitung alphanumerischer, grafischer und geometrischer Daten.
Grafische Daten sind alle Arten von bildlichen Daten, die zur Beschreibung von linienorientierten Darstellungen bzw. flächenhaften Farb- und Grautondarstellungen dienen.
Der Verwaltung der für CAD-Systeme relevanten alphanumerischen, geometrischen und grafischen Daten dienen CAD-spezifische Datenbanksysteme.
Unter rechnerinterner Darstellung ist die durch Rechnerunterstützung erfolgte Abbildung des realen geometrieorientierten Objektes in ein formales Objekt, in Form von Daten mit zugehöriger eindeutiger, durch Algorithmen beschreibbarer Struktur zu verstehen.
Die Einflüsse auf die Auslegung und die Auswahl rechnerinterner Darstellungen [4] können in programmtechnische und anwendungsbezogene unterteilt werden *(Bild 3.2-3)*.
Die Entwicklungsstufen von CAD-Systemen [13] hinsichtlich rechnerinterner Darstellungen und grafischer Interaktivität zeigt *Bild 3.2-4*.

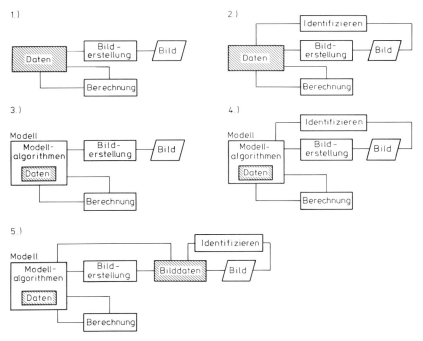

Bild 3.2-4 Entwicklungsstufen von CAD-Systemen hinsichtlich rechnerinterner Darstellungen und Interaktivität [13]

Die rechnerinternen Darstellungen können als Modelle behandelt oder in Datenfeldern gespeichert werden.
Bezüglich der Verarbeitung geometrischer Elemente können sieben Klassen der Geometrieverarbeitung unterschieden werden *(Bild 3.2-5)* [7]. Eine Sonderform der Geometrieverarbeitung wird mit Hilfe von Symbolen durchgeführt.

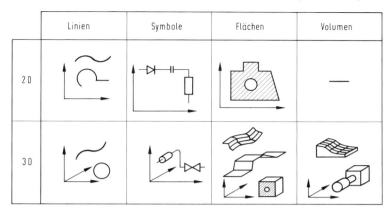

Bild 3.2-5 Gliederung der Geometrieverarbeitungsmöglichkeiten

Die Komplexität der Verarbeitung ist bei dreidimensionaler Verarbeitung größer als bei zweidimensionaler und für analytisch nicht beschreibbare Geometrien umfangreicher als für analytisch beschreibbare Elemente.

Analytisch nicht beschreibbare Flächen sind besonders für die Formgebung im Flugzeug-, Automobil- und Schiffbau und durch die freie Formbarkeit beim Urformen, Umformen und Trennen auch für den allgemeinen Maschinenbau von Bedeutung. Es überwiegt der Bedarf an rechnerunterstützten Verarbeitungsmöglichkeiten für analytisch beschreibbare Flächen. Für die Praxis sind solche Systeme vorteilhaft, bei denen analytisch beschreibbare und analytisch nicht beschreibbare geometrische Elemente zwei- und dreidimensional verwendet werden können.

Bei vielen auf dem Markt angebotenen dreidimensionalen CAD-Systemen erfolgt die Konstruktion von 3D-Gebilden über die Definition von 2D-Linien, ebenen Flächen und das Hinzufügen einer Tiefe oder einer Rotationsachse und eines Rotationswinkels. Der Aufbau von 3D-Gebilden kann auch durch Verknüpfung von Grundvolumenelementen vorgenommen werden. Ferner können räumliche Flächen definiert werden.

Vollständigkeit rechnerinterner Modelle bezüglich der Gestalt von Objekten bedeutet, daß sämtliche Informationen über die Geometrie und Topologie enthalten sein müssen, die für die weitere Verarbeitung benötigt werden. Dies gewährleistet eine Bereitstellung der Daten für die unterschiedlichsten Anwendungsbereiche, wie Zeichnungserstellung, Bewegungssimulation und Kollisionsprüfung.

CAD-Systeme können in flexible und schlüsselfertige Systeme untergliedert werden. Dabei wird davon ausgegangen, daß bei einem schlüsselfertigen CAD-System sowohl das CAD-Hardwaresystem als auch das CAD-Softwaresystem konstant sind.

Software- und hardwareflexible CAD-Systeme bestehen aus variablen CAD-Software- und CAD-Hardwaresystemen. Es sind darüber hinaus Kombinationen von variablen und konstanten CAD-Softwaresystemen sowie von variablen und konstanten CAD-Hardwaresystemen möglich.

Bei hardwareflexiblen CAD-Systemen spricht man auch von Mixed-Hardwaresystemen. Sie können so ausgelegt sein, daß sie

- auf Rechnern unterschiedlicher Hersteller mit unterschiedlichen Peripheriegeräten ablauffähig sind,
- auf unterschiedlichen Rechnern mit gleichen Betriebssystemen und unterschiedlicher Peripherie funktionsfähig sind sowie
- für die Anwendung bestimmter Hardwarekonfigurationen entwickelt worden sind, aber Elemente der Gesamtkonfiguration ausgetauscht werden können.

3.3 Hardwarespezifische CAD-Komponenten

Unter hardwarespezifischen CAD-Komponenten sind der verwendete Rechner und die dazugehörigen Peripheriegeräte zu verstehen (CAD-Hardwaresystem). In Abhängigkeit von der Größe des Rechners, seiner Bauart und seiner Kommunikationsart mit anderen Rechnern sowie in Abhängigkeit von der Anzahl, der Art und der Zusammensetzung seiner peripheren Geräte wird der Leistungsumfang des CAD-Systems aus Hardwaresicht beeinflußt. Zu den wichtigen Eigenschaften eines Rechners gehören die Wortlänge, der maximale Speicherausbau, der Durchsatz und die Betriebseigenschaften, die vor allem auch durch das Betriebssystem gegeben sind. Für den Anschluß der peripheren Geräte wird entweder vom Rechnerhersteller, in der Regel jedoch vom CAD-Gerätehersteller, die entsprechende Software geliefert, die vom Betriebssystem und von der Maschinensprache des verwendeten Rechners abhängig ist.

Bei der Auswahl eines Rechners für CAD-Systeme kann es sich um eine
- Erstkonfiguration (Erstinvestition),
- Rekonfiguration (Ersatzinvestition) oder
- Konfigurationserweiterung (Erweiterungsinvestition)

handeln [14].
Aus der Sicht der CAD-Systemanwendung sind
- Leistungsfähigkeit,
- Wirtschaftlichkeit,
- Bedienungskomfort,
- Zuverlässigkeit,
- Sicherheit,
- Standort,
- Verfügbarkeit und die
- Antwortzeit

des CAD-Hardwaresystems von besonderem Interesse.
CAD-Hardwarekonfigurationen können in drei Funktionsgruppen unterteilt werden *(Bild 3.3-1)*:
- Benutzerstation,
- Kommunikationssystem und
- zentrales Rechensystem [14].

Bei den gebräuchlichsten Konfigurationen handelt es sich um
- Konfigurationen, die den direkten Anschluß der peripheren Geräte an den verwendeten Rechner erlauben und um
- Konfigurationen, die den Anschluß der peripheren Geräte an den verwendeten Rechner mittels Hardwarekomponenten vornehmen.

Die peripheren Geräte sind über Datenleitung an ein Rechnersystem angeschlossen. Die Verwaltung der einzelnen Geräte geschieht über eine Gerätesteuerung, den Multiplexer. In manchen Fällen wird er durch einen sogenannten Front-End-Prozessor unterstützt. Dieser Front-End-Prozessor übernimmt dabei die Pufferung und Organisation von grafischen Daten und entlastet den Zentralrechner, indem er verschiedene Funktionen, wie Berechnungen für die Rotation und Translation von einzelnen Konturen oder auch einer Teilmenge von Konturen eines Körpers, durchführt. CAD-Arbeitsplätze dieser Art entlasten außerdem den angeschlossenen Zentralrechner dadurch, daß nur eine Hardwareschnittstelle belegt wird.

Die Auswahl der Hardwarekomponenten hardwareflexibler Systeme richtet sich nach den Anforderungen der Wirtschaftlichkeit und der Benutzerfreundlichkeit. Diese Ziele stehen in einem gewissen Gegensatz. Aus Gründen der Wirtschaftlichkeit wird man immer bemüht sein, mit möglichst kleinen Rechnerkapazitäten und einfachen, kostengünstigen Peripherie-

3.3 Hardwarespezifische CAD-Komponenten

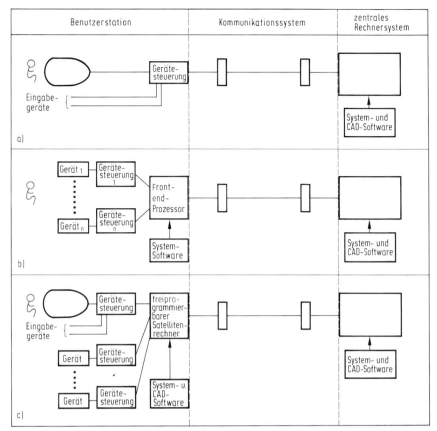

Bild 3.3-1 Ausführungsformen von Benutzerstationen a) direkt gekoppelte Benutzerstation. b) dezentrale Benutzerstation mit unterschiedlichen Ein-/Ausgabegeräten. c) autonome Benutzerstation mit grafischer Peripherie an frei programmierbarem Satellitenrechner.

geräten auszukommen. Aus Gründen der Benutzerfreundlichkeit wird man kurze Rechenzeiten und komfortable Peripheriegeräte fordern. Im Falle der Rechnerkapazität ist der Gegensatz nur scheinbar, denn die Verkürzung von Rechenzeiten stellt auch einen positiv zu bewertenden Wirtschaftlichkeitsfaktor dar. Ausgehend von der technischen Aufgabenstellung gibt es ebenfalls Randbedingungen, die eine Auswahl der Rechner und Peripheriegeräte beeinflussen. So muß entsprechend der verwendeten Programmiersprache der gewählte Rechner über einen Compiler oder Interpreter verfügen. Die geforderte Rechengenauigkeit kann eine bestimmte Wortlänge des Rechners erfordern.

Die Geräte zur Mensch-Maschine-Kommunikation werden nach den erforderlichen Funktionen, den Kosten und dem Bedienungskomfort ausgewählt. Wichtig hierbei ist das Vorhandensein der erforderlichen Gerätetreiber und der für jedes Gerät notwendigen Hardwareschnittstellen.

Bild 3.3-2 zeigt schematisch eine mögliche Konfiguration eines Einzelrechnersystems, wie sie für rechnerflexible Software Anwendung finden kann [15, 16]. Der Zentralprozessor hat eine Wortlänge von 32 bit, die maximale Speicherkapazität beträgt 8 MB. Bis zu 96 Benutzer können maximal gleichzeitig von dem Rechner bedient werden, und zwar auch bei unterschiedlicher Aufgabenstellung. Dies wird durch ein Time-Sharing-Betriebssystem er-

84   3 Aufbau von CAD-Systemen   [Literatur S. 113]

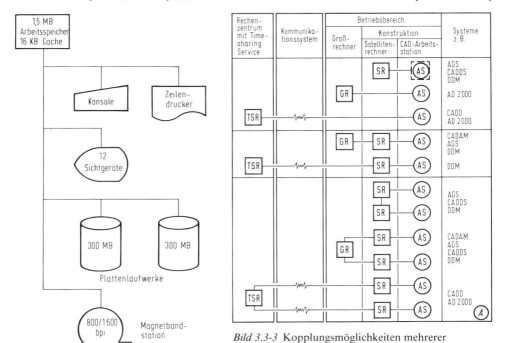

Bild 3.3-2 Konfiguration eines Rechnersystems für CAD

Bild 3.3-3 Kopplungsmöglichkeiten mehrerer CAD-Systeme [17]

reicht, das zudem eine virtuelle Hauptspeicherverwaltung erlaubt. Dies bedeutet, daß das Betriebssystem derart den Hauptspeicher verwaltet, daß dem einzelnen Benutzer scheinbar bis zu 32 MB Speicherkapazität zur Verfügung stehen. Dazu werden immer nur bestimmte Teile eines Programms oder der Daten im Speicher der Zentraleinheit gehalten, wobei die restlichen Teile auf der langsameren peripheren Platte extern gespeichert werden. Entsprechend dem Bedarf werden die unmittelbar benötigten Teile in den Hauptspeicher eingelesen.
Je nach Leistungsfähigkeit des Rechnersystems können mehrere Arbeitsplatzeinheiten, bestehend aus grafischen Sichtgeräten, Tastaturgeräten und Eingabetabletts, angeschlossen werden. Dabei können einzelne Arbeitsplätze auch in einiger Entfernung vom Rechner untergebracht sein. Die maximal mögliche Entfernung ist u.a. davon abhängig, ob eine parallele oder serielle Kopplung gewählt wurde. Für komplexe CAD-Aufgaben reicht diese Konfiguration nicht aus. Hier gewinnt die dezentrale Datenverarbeitung zunehmend an Bedeutung.
Rechnerverbundkonfigurationen werden zunehmend für CAD-Aufgaben eingesetzt. Sie bestehen aus einer Gruppe von Rechnern, die in Netzwerken miteinander verbunden sind. Derartige Netzwerke ermöglichen den vielfältigen Datenaustausch auch zwischen entferntesten Rechenanlagen und ihren Benutzern. Die niedrigste Stufe eines Rechnerverbundsystems ist die Zentralrechner-Satellitenrechner-Konfiguration. *Bild 3.3-3* zeigt eine schematische Darstellung realisierter Konfigurationen.
Der Aufbau einer Rechnerhierarchie für CAD-Systeme ist in *Bild 3.3-4* dargestellt. Dabei kann eine Aufgabeneinteilung für die Rechner derart vorgenommen werden, daß Programme mit einer sehr großen Komplexität durch die Großrechner und weniger komplexe Programme durch Kleinrechner verarbeitet werden. Das Kommunikationssystem ist der ver-

[Literatur S.113] *3.3 Hardwarespezifische CAD-Komponenten* 85

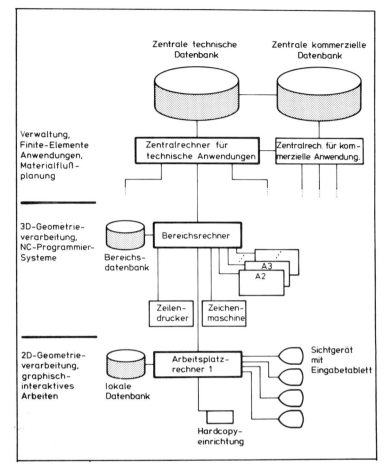

Bild 3.3-4 Hierarchische Rechnerverbund-Konfiguration [7]

bindende Teil zwischen Benutzerstationen und zentralem Rechnersystem. Es wird zwischen Nah- und Fernverbindungen unterschieden. Menge und Art der auszuführenden Funktionen hängen von der Hardwarekonfiguration ab.

Der hardwaremäßige Aufbau von CAD-Arbeitsplätzen richtet sich nach dem Aufgabengebiet, wie beispielsweise der Herstellung integrierter Schaltkreise oder der Durchführung mechanischer Konstruktionen, nach dem Benutzerkomfort und der Anzahl erforderlicher Geräte. Die konfigurationsmäßigen Möglichkeiten sind in *Bild 3.3-5* dargestellt. Danach können Ein- und Ausgabegeräte mit einem Rechner verbunden oder eine größere Anzahl der Geräte mit einem Multiplexer an einen Rechner angeschlossen werden.

Die meisten autonomen Arbeitsplätze besitzen eine Kopplungsschnittstelle, über die sie an Rechner des eigenen Betriebes oder mittels Datenfernverarbeitung an Rechenzentren angeschlossen werden können [17]. Hierdurch wird ein Zugriff zu großen Datenbanken, wie auch das Suchen und Auffinden von Werkzeugdateien oder Wiederholteilen, ermöglicht. Die Kopplung von CAD-Arbeitsplätzen an Großrechner ist neben den Hardwarevoraussetzungen, wie Steckerkompatibilität, auch von den Betriebssystemen der beteiligten Rechner abhängig.

86 3 Aufbau von CAD-Systemen

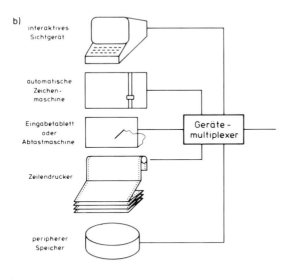

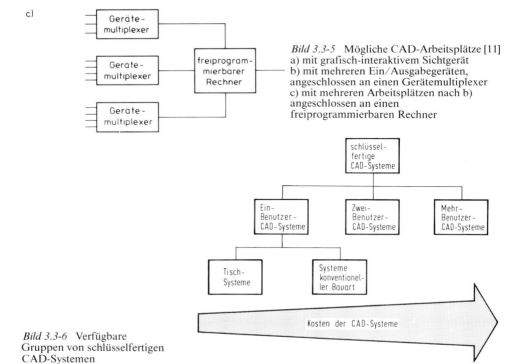

Bild 3.3-5 Mögliche CAD-Arbeitsplätze [11]
a) mit grafisch-interaktivem Sichtgerät
b) mit mehreren Ein-/Ausgabegeräten, angeschlossen an einen Gerätemultiplexer
c) mit mehreren Arbeitsplätzen nach b) angeschlossen an einen freiprogrammierbaren Rechner

Bild 3.3-6 Verfügbare Gruppen von schlüsselfertigen CAD-Systemen

[Literatur S. 113]   3.3 Hardwarespezifische CAD-Komponenten   87

Die Kosten für CAD-Systeme der unteren Preisklasse sind von ihrer Hardwarestruktur abhängig. Sie verhalten sich je nach Anzahl der maximal anschließbaren Arbeitsplätze, der Integration der Rechnerzentraleinheit in den Arbeitsplatz und dem technologischen Stand des verwendeten Rechners entsprechend der Darstellung in *Bild 3.3-6*. Die wichtigsten Eigenschaften schlüsselfertiger CAD-Systeme der unteren Preisklasse sind in der Tabelle 3.3-1 dargestellt [19].

Tabelle 3.3-1 Eigenschaften schlüsselfertiger CAD-Systeme der unteren Preisklasse [19]

'multi sations' CAD-Systeme		'twin stations' CAD-Systeme		'single station' CAD-Systeme					Merkmale	Systemklasse
				'stand alone' CAD-Arbeitsstationen			'Desk-Top' CAD-Systeme			
				'Mini'		'Micro'	'Mini'	'Micro'		
2D/3D	2D	2D/3D	2D	2D/3D	2D	(2D)	(2D)	(2D)		
KR-16 / KR-32	KR-16 / KR-32	KR-16	KR-16	KR-16	KR-16	MR-16	KRM	MR-16	Rechnerart*	
128–512	128–512	128–512	128–512	64–512	64–128	64–1024	64–512	64–128	Hauptspeicherkapazität (KB)	
Magnetplatte Magnetband	Magnetplatte Magnetband	Magnetplatte Magnetband	Magnetplatte Magnetband	Diskette Magnetplatte	Diskette Magnetplatte	Diskette Magnetplatte	Cassette Diskette Magnetplatte	Diskette	Externe Speichermedien	
300	300	300	300	1.2 / 25	1.2 / 25	1 / 25	0.3 / 1.26 / 20	1.2	Maximale Kapazität externer Speichermedien (MB)	
x	x	x	x	x	–	x	x	–	Konstr. Berechnungen	CAD-Anwendungen (Stand Anfang 1982)
x	x	x	x	x	x	x	x	x	Diagramme	
x	x	x	x	x	x	x	x	x	Schema-Zeichnungen	
x	x	x	x	x	–	x	x	x	Werkstattzeichnungen	
x	–	x	–	x	–	–	–	–	3D-Konstruktion	
x	x	x	x	x	–	x	x	–	2D-NC-Programmierung	
x	–	x	–	x	–	–	–	–	3D-NC-Programmierung	
x	–	x	–	x	–	–	–	–	FEM-Berechnungen	
IGDS, GS 1000	IGS 500	T 2000, DESIGNER M	AGS 892	DATAGRID II B, ADS-100	DIAD, CADD	DATAGRID II A, DAW, PERQ	GRAPHIKON, RADIAN, CADBIRD, CAD 100	CASCADE II	Systemname	Auf dem Markt verfügbare CAD-Systeme (Beispiele)
Intergraph, Auto-Trol	Calcomp	Technovision, Computervision	Applicon	Summagraphics, Mc Auto	Lucas Logic, ICS	Summagraphics, Orcatech, ICL	Kontron, Racal-Redac, IRD, DaVeg	CASCADE GRAPH.	Hersteller/Anbieter	
>450	400–500	350–400	220–280	250–300	200–250	150–200	<120	<50	Untere Preisgrenze eines CAD-Systems mit einem Arbeitsplatz (TDM)	

Bei Ein-Benutzer-Systemen verfügt jeder Arbeitsplatz über einen eigenen Rechner. Zentraleinheit und Peripherie sind bei den Tisch-CAD-Systemen im Terminal und bei Systemen konventioneller Bauart im Arbeitstisch eingebaut. Sie beinhalten einen 16-bit oder 32-bit-Kleinrechner mit einer maximalen Hauptspeicherkapazität von beispielsweise 1 MB, Floppy-Disks, Magnetkassetten oder Festplattenspeicher als externe Speicher.

Diese Gruppe von CAD-Systemen bietet eine preisgünstige Lösung vor allem für Firmen oder Ingenieurbüros, die nur einen einzelnen grafischen Arbeitsplatz benötigen. Auch beim Bedarf für mehrere Arbeitsplätze ist ein preiswerter Einstieg in die CAD-Technologie mit einem derartigen System möglich. Die meisten verfügbaren Ein-Benutzer-CAD-Systeme sind keine Insellösungen, sondern verfügen über Kopplungsmöglichkeiten mit anderen Rechnern und Systemen. Da die Zentraleinheit dieser CAD-Systeme und die Peripheriegeräte kompakt im Arbeitsplatz eingebaut sind, ist der erforderliche Platzbedarf sehr gering. Es bestehen keine klimatechnischen Beschränkungen hinsichtlich der Aufstellung der Arbeitsstationen. Ein linearer Investitionseinsatz bei Erweiterung der CAD-Anwendungen innerhalb einer Firma ist durch eine stufenweise Einführung von Ein-Benutzer-CAD-Systemen möglich. Die Installation neuer CAD-Systeme hat keine Auswirkung auf das Antwortzeitverhalten vorhandener Arbeitsplätze. Bei Ausfall eines Rechners ist nur ein einzelner Benutzer betroffen.

Als grafische Sichtgeräte kommen hauptsächlich Raster-Bildschirme mit Auflösungen von maximal 1024 x 1024 Rasterpunkten zur Anwendung. Eine große Reihe grafischer Peripheriegeräte ist über Standardschnittstellen anschließbar. *Bild 3.3-7* veranschaulicht beispielhaft zwei Tisch-CAD-Arbeitsstationen.

Zwei-Benutzer-CAD-Systeme erlauben den Anschluß von maximal zwei grafischen Arbeitsplätzen. Die grafischen Arbeitsplätze unterscheiden sich nicht von denen größerer schlüsselfertiger CAD-Systeme. Zwei-Benutzer-CAD-Systeme werden von vielen CAD-Herstellern als eine kostengünstige CAD-Einsatzmöglichkeit angeboten.

Als Zentraleinheit werden Kleinrechner mit 16-bit-Wortlänge und einer Hauptspeicherkapazität von 128 kB bis 512 kB eingesetzt. Plotter und andere Peripheriegeräte sind ebenfalls

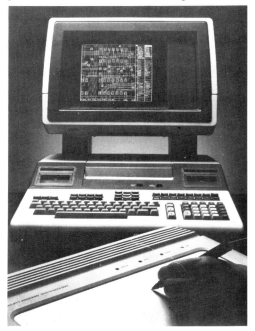

Bild 3.3-7 Tisch-CAD-Arbeitsstationen
a) HP 9845C (Werkfoto Hewlett Packard)
b) Tektronix 4054 (Werkfoto Tektronix)

[Literatur S. 113]   3.3 Hardwarespezifische CAD-Komponenten

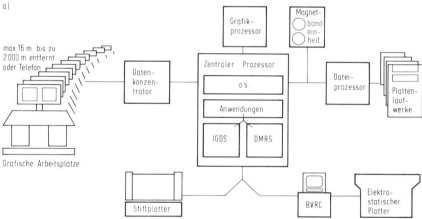

Bild 3.3-8 Arbeitsstationen von Mehr-Benutzer-CAD-Systemen
a) System INTERGRAPH (Werkfoto), a1) Beispiel einer System-Konfiguration
b) System T2000 (Werkfoto ND DIETZ GmbH)

90   3 Aufbau von CAD-Systemen   [Literatur S. 113]

anschließbar. Bei Einführung zusätzlicher Arbeitsplätze kann man die einzelnen Rechnereinheiten über einen Zentralrechner koppeln.

Mehr-Benutzer-CAD-Systeme gehören zu den meist verbreiteten Systemen. Es können zwischen vier und acht Arbeitsplätze angeschlossen werden. Als Zentraleinheiten werden vielfach handelsübliche Kleinrechner mit 16-bit- oder 32-bit-Wortlänge verwendet. Beispiele für Mehr-Benutzer-CAD-Systeme sind T 2000 von der ND DIETZ GmbH und das System der Firma INTERGRAPH *(Bild 3.3-8)*.

Um mit CAD einen größtmöglichen Nutzen zu erzielen, kann die Verknüpfung mehrerer, u.U. unterschiedlicher CAD-Systeme notwendig sein. Beispiele für derartige Kopplungen zu einem CAD-Rechnerverbundsystem sind sowohl in der amerikanischen Flugzeugindustrie als auch in der japanischen Automobilindustrie zu finden *(Bild 3.3-9)*. Das von der Firma Boeing/USA entwickelte CAD/CAM Integrated Information Network (CIIN) ist

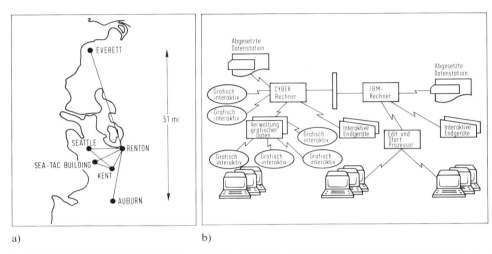

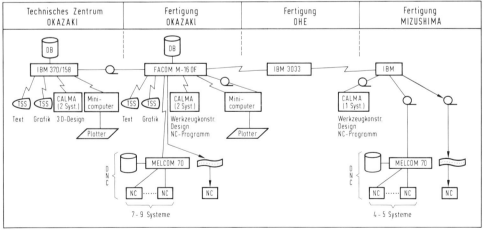

Bild 3.3-9 CAD/CAM-Rechnerverbundsysteme [20, 21]
a, b) Realisierung des CIIN (CAD/CAM Integrated Information Network) bei der Fa. Boeing/USA
c) CAD/CAM-Rechnernetz der Fa. MITSUBISHI AUTO CO.

durch den Verbund mehrerer örtlich verteilter Großrechner realisiert. Im Mittelpunkt des Netzwerks steht die Geometrie-Datenbasis (GDB), auf die die angeschlossenen Stationen über das Managementsystem GDBMS (Geometry Database Management System) zugreifen können. Dieses System ist ebenso wie die notwendigen Netzwerk-Interfaceprozessoren auf einen Großrechner inplementiert [20].
Zukünftige Entwicklungen von CAD-Hardwaresystemen werden vor allem geprägt durch [17]:
- die Entwicklung neuerer Sichtgerätetechnologien,
- den Einsatz von Rechnern mit 32-bit-Wortlänge,
- zunehmende Leistungsfähigkeit der Peripheriegeräte durch Ausstattung mit eigenen Mikroprozessoren,
- neue Eingabetechniken zur Verbesserung der Mensch-Maschine-Kommunikation,
- die Ankopplung der CAD-Stationen an Großrechner und lokale Netze,
- sinkende Preise auf dem Hardware-Sektor und
- hardwaremäßige Übernahme von Softwarefunktionen.

3.4 Softwarespezifische CAD-Komponenten

Die Anwendungsfunktionen von CAD-Systemen werden weitgehend durch die Software bestimmt. Das Betriebssystem der verwendeten Rechenanlage muß den Ablauf des Anwenderprogramms auf der Hardware sicherstellen und die Dialogverarbeitung und Dateibereitstellung steuern. Das Leistungsvermögen der CAD-Software läßt sich durch folgende Begriffe beschreiben: Systemarchitektur, Bearbeitungsumfang, Verarbeitungsgeschwindigkeit, Benutzerfreundlichkeit, Flexibilität, Portabilität, Integrationsfähigkeit, Betriebssicherheit und Standardisierung.
Die Systemarchitektur eines CAD-Systems ist in erster Linie durch die zu bearbeitenden Aufgaben beeinflußt. Eine Analyse bestehender CAD-Systeme in der Bundesrepublik Deutschland ermöglichte eine Bewertung von Aufgaben, die rechnerunterstützt gelöst werden [22].
Die Benutzerfreundlichkeit eines CAD-Systems wird weitgehend durch die Kommunikation zwischen der Arbeitsperson und dem gesamten System bestimmt. Wegen der für den Menschen einfach erfaßbaren bildhaften Informationsübertragung sind die grafische Darstellung und der grafische Dialog die wichtigsten Übertragungsformen. Mit Hilfe dieser Kommunikationsart kann eine optimale Arbeitsaufteilung zwischen Arbeitsperson und Datenverarbeitungsanlage entstehen. Insbesondere können Entscheidungen in CAD-Prozessen vom Menschen besser gefällt werden. Durch die Dialogverarbeitung wird die Anwendungsbreite eines Systems vergrößert. Bezüglich der Dialogverarbeitung sind die Eigenschaften des Betriebssystems besonders wichtig. Hierbei sind die Funktionen zum Datentransport, zum Dateienzugriff und die Kommandosprache von Bedeutung.
Die aufgrund der allgemeinen Systemarchitektur und der Dialogtechniken mögliche Anwendungsflexibilität wird gesteigert, wenn die Programme erweiterbar sind. Außerdem können Einsatzhäufigkeit und Lebensdauer durch Portabilität stark vergrößert werden. Die Portabilität wird hauptsächlich durch die Verwendung einer genormten Programmiersprache erreicht.
Um die Portabilität der Software sicherzustellen, muß das Softwaresystem weitgehend unabhängig von der Hardware sein. Dies kann zu größeren Rechen- und Antwortzeiten führen, da die spezifischen Vorteile einzelner Rechnertypen und Peripheriegeräte dann nicht zielgerichtet ausgenutzt werden können.

92   3 Aufbau von CAD-Systemen   [Literatur S. 113]

Die Erweiterbarkeit und Integrationsfähigkeit der CAD-Software hängt außerdem von der Definition der Schnittstellen zwischen den einzelnen Programmoduln ab. Schnittstellen können auf der Basis von Daten oder Programmaufrufen definiert werden. Darüber hinaus ist ein Modul durch seine Schnittstelle zu anderen Programmen und durch seinen Verarbeitungsalgorithmus definierbar.

Die CAD-Systeme können aus einer Verknüpfung allgemeiner und spezieller Moduln gebildet werden. Durch die Modularisierung wird gewährleistet, daß das Anwendersystem aus austauschbaren Bausteinen besteht, die leicht zu testen, zu warten und zu erweitern sind.

Produktabhängige CAD-Anwendersysteme weisen den geringsten Eingabeaufwand auf. Die Systeme müssen auf geometrische und technologische Produktinformationen und auf Datenbasen mit Angaben wie Werkstoffe, Werkzeuge und Werkzeugmaschinen zurückgreifen können. Der Leistungsumfang eines CAD-Anwendersystems kann sich dabei auf ein Produkt oder ein Produktspektrum beziehen.

Bei der Unterscheidung in produktorientierte und anwendungsneutrale Systeme ist festzustellen, daß aufgrund der gestiegenen Softwareerstellungskosten der Anteil anwendungsneutraler Systeme steigt. Erst die Anwendung von automatisierten Softwaregenerierungsmethoden wird eine problemlose Erstellung produktorientierter CAD-Systeme ermöglichen.

Der Vorteil spezialisierter Systeme liegt in der Möglichkeit, die Software für eine vorliegende Aufgabe zu optimieren. Die Optimierung kann sich auf die Eingabe, die Programmgröße, die erzeugten Datenmengen, die Rechenzeit und die Ausgabe beziehen. Nachteilig ist, daß die Software für andere Anwendungen nicht nutzbar ist.

Die Entscheidung zwischen produktorientierten und anwendungsneutralen Systemen hängt sehr stark vom Anwendungsfall ab. Ist die Konstruktionslogik für ein Konstruktionsobjekt algorithmierbar, kann mit Prinzip- und Variantenkonstruktionsprogrammen gearbeitet werden. Der Eingabeaufwand wird dabei minimiert und der Verarbeitungsprozeß läuft automatisch ab. Reicht die Flexibilität vordefinierter, parametrisierter Lösungen für die Anwendungsfälle nicht aus, so muß vom Generierungsprinzip Gebrauch gemacht werden.

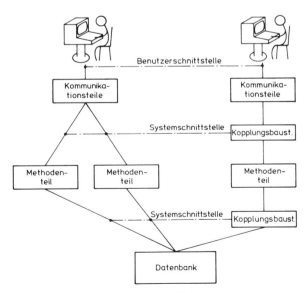

Bild 3.4-1 Funktionsbausteine und Schnittstellen in CAD-Systemen [36]

Bei produktspezifischen Lösungen kann mit Einkomponentensoftware gearbeitet werden, bei der alle Programmbestandteile untrennbar miteinander verbunden sind. Programme, die nach dieser Methode erstellt werden, dienen meist nur zur Lösung kleiner Aufgaben, da die Software für neue Aufgaben jeweils vollständig neu erstellt werden muß.

Eine größere Anwendungshäufigkeit einzelner Softwaremoduln kann erreicht werden, wenn der mögliche Lösungsumfang allgemein nutzbar ist. Dazu dient Zweikomponentensoftware, die sich in problemabhängige und problemunabhängige Bestandteile gliedern läßt *(Bild 3.4-1)*. Ein problemunabhängiges CAD-Anwendungssystem kann dabei zur Lösung immer wiederkehrender Teilaufgaben angewendet werden. Beispiele für problemunabhängige Programme sind die Kommunikationssoftware, die Zugriffsprogramme auf die rechnerinterne Darstellung von Objekten sowie Datenbankprogramme *(Bild 3.4-2)*. Die zur Lösung von Querschnittsaufgaben erforderlichen Softwarebestandteile können auch weitgehend anwendungsneutral ausgelegt sein.

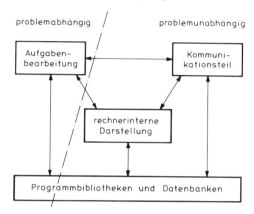

Bild 3.4-2 Programmbestandteile in einem formalen CAD-System [23]

Eine Modularisierung kann wie folgt vorgenommen werden. Der Eingabeteil besteht aus einem Modul zur Spracheingabe für Konstruktion und technologische Planung und einem Modul zum grafischen Dialog für zwei- und dreidimensionale Objekte. Die Eingaben bewirken durch den Interpretermodul die Steuerung der unterschiedlichen Verarbeitungsmoduln, wie zur Berechnung, Zeichnungserstellung, zwei- und dreidimensionalen Geometrieverarbeitung, Arbeitsplanung, NC-Programmierung und Qualitätssicherung. Diese Verarbeitungsmoduln arbeiten mit Hilfe von Datenbankmoduln. Dadurch werden Daten aus konstruktiven oder technologischen Dateien zur Verfügung gestellt, die rechnerinterne Objektdarstellung erzeugt und Planungs- und Berechnungsergebnisse gespeichert. Da große Datenmengen gehandhabt werden müssen, ist eine Datenbank notwendig.

Der Ausgabeteil besteht aus Moduln zur Ausgabe von grafischen Darstellungen auf automatischen Zeichenmaschinen oder grafischen Sichtgeräten, von Stücklisten oder Arbeitsplänen auf Schnelldruckern und von NC-Daten auf Lochstreifen oder Magnetbändern.

Eine andere Form der Modularisierung kann mit einer vergleichbaren Anordnung der Ein-/Ausgabemoduln sowie der Datenbank realisiert werden, wenn, wie häufig bei schlüsselfertigen CAD-Systemen, unterschiedliche Aufgabenstellungen des Maschinenbaus und der Elektronik mit gleicher Grundsoftware verarbeitet werden [18].

Die mit CAD-Systemen zu lösenden Aufgaben bestimmen im wesentlichen die Modularität. Einflüsse bestehen aber auch durch die zugrundegelegte Hardwarekonfiguration. Bei dezentraler Verarbeitung muß entschieden werden, wie die Aufgaben auf die beteiligten Rechnersysteme verteilt werden [23].

Die Laufsicherheit eines CAD-Anwendersystems ist ein Leistungsmerkmal, das die Akzeptanz wesentlich beeinflußt. Besonders wichtig ist die benutzerfreundliche Reaktion auf Ein-

gabefehler. Obwohl nicht ausgeschlossen werden kann, daß Fehler in Programmen enthalten sind, muß der Anwender erwarten können, daß keine unkontrollierbaren Zustände eintreten und daß er über das Auftreten und die Wirkung der Fehler vom Programm informiert wird. Insbesondere muß das bereits erzielte Arbeitsergebnis gesichert sein.
Die Standardisierung von CAD-Software steht erst am Anfang. Für die Programmiersprache FORTRAN, für Datenschnittstellen in NC-Programmiersystemen in Form von CLDATA (Cutter Location Data) [24], und für die Syntax der Sprache APT (Automatically Programmed Tools) [25] sind nationale oder internationale Standardisierungen bereits vorhanden. Auch sind Standards für Grafik und rechnerinterne Objektdarstellungen vorhanden, wie die Beispiele GKS und IGES zeigen [26, 27]. Für Datenbanken gibt es ebenfalls bereits internationale Vereinbarungen. Die Fortführung der Standardisierungsarbeiten ist notwendig, weil dadurch der Programmaustausch, eine breite Markteinführung sowie die wirtschaftliche Herstellung und Anwendung von CAD-Software gesichert werden können.
Die Einschränkungen der Programmiersprache FORTRAN hinsichtlich strukturierter Programmierung, dynamischer Datenfelder, rekursiver und paralleler Prozesse sind bisher hingenommen worden, da FORTRAN-Compiler auf fast allen Rechenanlagen verfügbar sind. Zur Steigerung der Effizienz enthalten CAD-Programmsysteme sehr häufig einen kleinen Anteil von Assemblerprogrammen, die zur Ausnutzung der vom jeweiligen Betriebssystem abhängigen Plattenzugriffe und grafischen Ein-/Ausgabemöglichkeiten dienen. Programmiersprachen, wie BASIC, PL 1, ALGOL 68 und PASCAL sind bisher nur vereinzelt für CAD-Softwaresysteme angewendet worden. Die funktionale Beschreibung von CAD-Systemen ist zunächst unabhängig von der verwendeten Programmiersprache. Die Programmvorgabe kann verbal und mittels grafischer Dokumentationsmittel vorgenommen werden.
Zur grafischen Manipulation mittels grafischer Peripheriegeräte werden die Funktionen wie Translation, Rotation, Zooming, Windowing, Skalierung und Spiegeln angeboten. Im Anschluß an die geometrischen Berechnungen wird die rechnerinterne Darstellung der Werkstücke erzeugt. Für diese rechnerinternen Darstellungen existieren teilweise Schnittstellen mit Zugriffsprogrammen, die das Zufügen, Lesen, Ändern und Löschen von Elementen und ihrer Beziehungen ermöglichen. Die Daten der rechnerinternen Darstellungen und die digitalen Bilddaten für die grafische Ausgabe können durch Datenbanksysteme verwaltet und für weitere Verarbeitungsprozesse verfügbar gehalten werden. Dadurch ist es möglich, aus den einmal eingegebenen produktspezifischen Daten die Werkstattzeichnungen und den NC-Steuerlochstreifen zu generieren. Für viele 2D- und 3D-Systeme ist eine Kopplung zu NC-Programmiersystemen vorhanden. Bei der Zeichnungserstellung wird die Bemaßung von Werkstücken in Einzelfällen automatisch, sonst teilautomatisch durchgeführt. Teilautomatisch bedeutet, daß die zu bemaßenden Kanten am Bildschirm identifiziert und die Lage des Bemaßungsbildes von der Arbeitsperson bestimmt werden muß. Die Maßzahlen und Maßpfeile sowie Hilfslinien werden automatisch generiert. Maßtoleranzen werden interaktiv bei der Anordnung der Bemaßung eingegeben. Um die Innenformen von Werkstücken sichtbar machen zu können, sind Schnitte durch die Körper zu legen. Die verdeckten Kanten werden durch die Arbeitsperson am Bildschirm oder automatisch durch ein Programm ausgeblendet.
Im Bereich des Konstruierens wird in zunehmendem Maße die Entwicklung produktspezifischer Entwurfs- und Konstruktionssprachen erforderlich, die auch die Auswahl von Maschinenelementen oder die Angebotsbearbeitung ermöglichen. In der Arbeitsplanung werden zunehmend grafische Zwischenausgaben die Möglichkeit bieten, mittels grafischer Interaktivität korrigierend und unterstützend in den Planungsprozeß einzugreifen.

3.5 Benutzerspezifische CAD-Komponenten

Auf dem Gebiet der Mensch-Maschine-Kommunikation erweist sich die grafische Darstellung als eine besonders nützliche Informationsform bei der rechnerunterstützten Konstruktion und Arbeitsplanung.

Unter benutzerspezifischen CAD-Komponenten werden die den Benutzer direkt betreffenden Komponenten des CAD-Hardware- und CAD-Softwaresystems verstanden.

Im *Bild 3.5-1* sind CAD-spezifische Ein- und Ausgabegeräte dargestellt. Kombinationen führen zu dialogfähigen Gerätekonfigurationen.

Eine Gliederung von CAD-Ausgabegeräten ist durch eine Einteilung in vektor- und rasterorientierte Geräte möglich *(Bild 3.5-2)*.

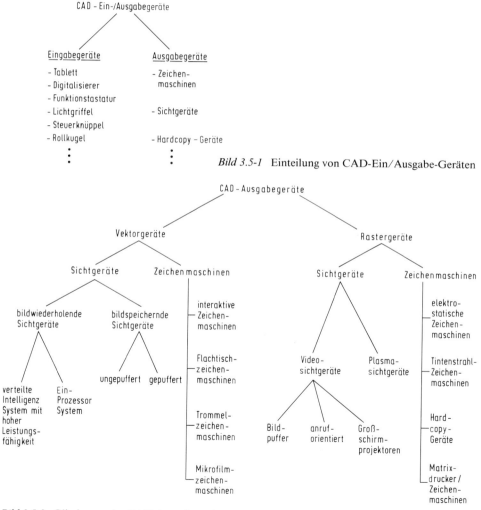

Bild 3.5-1 Einteilung von CAD-Ein/Ausgabe-Geräten

Bild 3.5-2 Gliederung der CAD-Ausgabegeräte

Automatische Zeichenmaschinen

Automatische Zeichenmaschinen sind Geräte, die automatisch, durch ein Programm digital gesteuert, Zeichnungen erstellen können. Eine Gliederung von automatischen Zeichenmaschinen zeigt *Bild 3.5-3* [35].

Durch das Anwendungsspektrum ergeben sich unterschiedliche Anforderungen an die Genauigkeit automatischer Zeichenmaschinen. Die gewünschte Genauigkeit einer Zeichenmaschine beeinflußt ihren Aufbau, der durch die Zeichengeschwindigkeit, durch die Bereitstellung und Verarbeitung der Steuerdaten und durch die Bauart des Tisches als Trommel oder Flachtisch bestimmt ist. Entsprechend spricht man von Flachtisch- oder Trommelzeichenmaschinen. Wegen ihrer höheren Genauigkeit werden für die Herstellung von Präzisionszeichnungen zumeist Flachtischzeichenmaschinen eingesetzt *(Bild 3.5-4)*. Soll eine große Zahl von Zeichnungen erstellt werden, ohne daß eine Arbeitsperson ständig Papier wechseln muß, so sind die kostengünstigeren Trommelzeichenmaschinen besser geeignet *(Bild 3.5-5)*. Eine weitere Eigenschaft, die den Preis einer Zeichenmaschine stark beeinflußt, ist die nutzbare Zeichenfläche.

Zeichenmaschinen werden in Maschinen ohne Lageregelung und mit Lageregelung unterteilt. Vom Gesichtspunkt der Gerätetechnik ist ein prinzipieller Unterschied darin zu sehen, ob die Position des Zeichenwerkzeugs mit einer Steuerkette oder mit Hilfe eines Regelkreises angefahren wird.

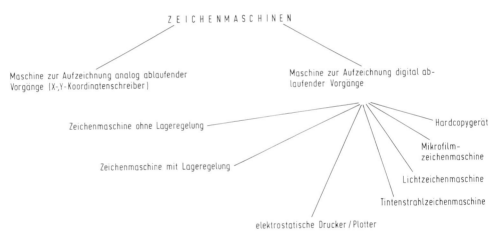

Bild 3.5-3 Gliederung von Zeichenmaschinen

Bild 3.5-4 Flachtischzeichenmaschine. (Werkfoto TEKTRONIX)

Bild 3.5-5 Trommelzeichenmaschine (Werkfoto CALCOMP)

Bei Zeichenmaschinen ohne Lageregelung werden die Relativbewegungen zwischen Zeichenwerkzeug und Zeichnungsträger durch eine digitale inkrementale Steuerung erzeugt, ohne daß die Lage des Zeichenwerkzeugs (Istwert) gemessen und rückgekoppelt wird. Bei Zeichenmaschinen mit Lageregelung liegen die Antriebe für die Relativbewegungen zwischen Zeichenwerkzeug und Zeichnungsträger in einem Lageregelkreis. Das Steuerungssystem liefert die Lagesollwerte an die Lageregelkreise, die im wesentlichen aus einem Vergleicher, Verstärker, Antrieb und Lagemeßsystem jeweils für die X- und Y-Achse bestehen. In den Vergleichern werden aus Lagesoll- und Lageistwerten die Lageregelabweichungen ermittelt. Durch die Auslegung der Lageregelkreise ist es nicht möglich, beliebig lange Geraden zu zeichnen, sondern nur Geradenstücke bis zu einer bestimmten Länge. Am häufigsten sind Zeichenmaschinen mit Lageregelung im Einsatz.

Bei der On-line-Kopplung von Zeichenmaschinen ist die Berücksichtigung von Standard-Schnittstellen wichtig. Üblicherweise arbeiten diese Schnittstellen mit serieller Bit-Übertragung. Außer den seriellen Schnittstellen der Interpolatorzeichenmaschinen zum Rechner werden auch Zeichenmaschinen mit Parallel-Schnittstellen von 12 bis 16 bit angeboten.

Zeichenmaschinen mit Lageregelung haben im allgemeinen höhere Zeichengenauigkeiten als Maschinen ohne Lageregelung.

Eine Reihe von Zeichenmaschinen gestattet es, mehrere und unterschiedliche Zeichenwerkzeuge wie Stifte oder Minen, Kugelschreiber, Filzschreiber, Tintenschreiber, Tuscheschreiber, Rundstechnadel, Diamantstichel, Graviereinrichtung, Druckwerk für Symboldarstellungen, programmgesteuerten Zeichenwerkzeugrevolver und Fotoprojektionskopf sowie Werkzeuge zum Schneiden und Ritzen von Folien einzusetzen. Sie können zusätzlich über Tischbeleuchtung, Positionsanzeige, Meßmikroskop, Hardware-Generatoren für alphanumerische Zeichen und für geometrische Figuren sowie verschiedene Stricharten verfügen.

Zeichenmaschinen können ebenso nach unterschiedlichen Betriebsarten gegliedert werden *(Bild 3.5-6).* Off-line-Zeichenmaschinen finden Anwendung bei Rechneranlagen mit Sta-

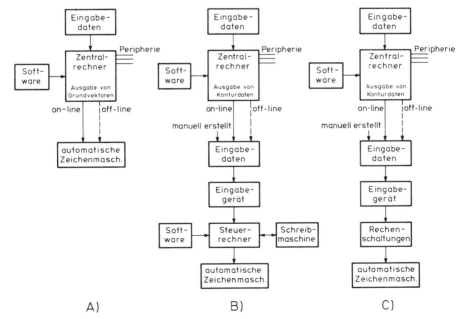

Bild 3.5-6 Betriebsarten von Zeichenmaschinen

98   3 Aufbau von CAD-Systemen   [Literatur S. 113]

pelverarbeitungsbetrieb, bzw. wenn der direkte Anschluß an entfernte Rechenanlagen nicht möglich ist. Für schnelle Datenausgaben ist ein On-line-Anschluß von Zeichenmaschinen erforderlich.

Für die Ausgabe grafischer Information mit Zeichenmaschinen werden die zu zeichnenden Linien in Punktfolgen aufgelöst und diese den Steuerketten bei Zeichenmaschinen ohne Lageregelung bzw. den Regelkreisen bei Zeichenmaschinen mit Lageregelung als Sollwerte vorgegeben. Damit wird das Zeichnen beliebiger Kurven auf das Zeichnen von Geradenstücken zurückgeführt.

Bei Interpolatorzeichenmaschinen müssen zur Übertragung geometrischer Elemente nur Start-, Ziel- und Hilfspunkte übertragen werden. Der Interpolator errechnet daraus die einzelnen Geradeninkremente und entlastet somit den Prozessor der zentralen Rechenanlage. Automatische Zeichenmaschinen, die über große Entfernungen an einen Rechner angeschlossen werden, sollten einen Interpolator haben.

Zur Steuerung einer Inkrementalzeichenmaschine müssen die Geradeninkremente vom Rechner zur Zeichenmaschine übertragen werden.

Die Funktionseinheiten einer Zeichenmaschine sind Tisch, Antrieb und Steuerung. Der Tisch besteht aus einem Gestell mit der Tischplatte oder der Trommel, der Brücke und dem Zeichenkopf. Der Zeichnungsträger, z.B. Papier, Folie oder lichtempfindliches Papier, liegt auf dem Flachtisch oder der Trommel auf. Er kann mechanisch, durch Vakuum oder elektrostatisch festgehalten werden. Bei der Trommelbauart dienen Stachelwalzen gleichzeitig zum Halten und Transport des Papiers. Die Brücke ist bei Flachtischen auf Führungen des

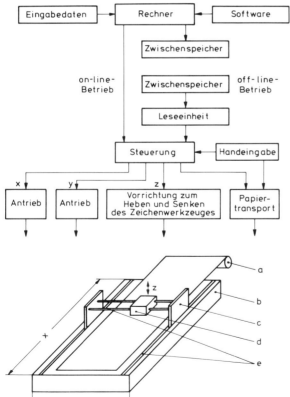

Bild 3.5-7 Funktionseinheiten und Informationsfluß einer automatischen Zeichenmaschine
a) Vorratsrolle,
b) Tisch,
c) Brücke,
d) Zeichenkopf,
e) Führungen

Tisches gestützt und in der X-Achse beweglich. Bei Trommeln ist die Brücke fest mit dem Gehäuse verbunden. Die Relativbewegung zwischen Papier und Zeichenwerkzeug wird dann in der X-Achse durch ein Drehen der Trommel erzeugt. In der Y-Achse wird der Zeichenkopf auf den Führungen der Brücke mit Hilfe von Getrieben auf Zahnstangen, Spindeln oder Seilzüge übertragen. Der Antrieb ist im Tisch eingebaut. Bei Zeichenmaschinen mit Lageregelkreis wird der Antrieb durch Regelkreise überwacht. Der Zeichenkopf trägt ein oder mehrere Zeichenwerkzeuge *(Bild 3.5-7)*.

Der Antrieb besteht im allgemeinen aus einem oder zwei Motoren für die X-Achse, einem Motor für die Y-Achse und einem Hubmotor für die Z-Achse sowie den Elementen zum Übertragen der Bewegungen. Die Motordrehungen werden mit Hilfe von Getrieben auf Zahnstangen, Spindeln oder Seilzüge übertragen. Der Antrieb ist im Tisch eingebaut. Bei Zeichenmaschinen mit Lageregelkreis wird der Antrieb durch Regelkreise überwacht.

Für Zeichenmaschinen ohne Lageregelung werden in den meisten Fällen Schrittmotoren, aber auch Linearmotoren verwendet. Ein Schrittmotor ist so aufgebaut, daß sich der Anker des Motors durch einen Steuerimpuls um ein bestimmtes definiertes Winkelinkrement, den Schritt, dreht. Dieser Schritt der Antriebswelle wird über ein Getriebe und eine Spindel, eine Zahnstange oder einen Seilzug übertragen.

Zeichenmaschinen mit Schrittmotorsteuerung können nur von einem Startpunkt zu einem definierten Zielpunkt verfahren. Jede zu zeichnende Kontur kann nur durch einen mehr oder weniger fein aufgelösten Polygonzug abgebildet werden. Stützpunkte und Richtungen der Einzelvektoren, auch Grundvektoren genannt, ermittelt eine Rechenschaltung. Da dies zeichnungsorientierte Berechnungen sind, bietet es sich an, diese Rechnungen direkt von der Steuerung der automatischen Zeichenmaschine ausführen zu lassen.

Bei Zeichenmaschinen mit Lageregelung werden die Zeichenwerkzeuge in X- und Y-Richtung von Antrieben als Stellglieder in den Lageregelkreisen bewegt. Die Antriebe sind meist Gleichstrommotoren. Aufgrund der Regelabweichung wird die Drehzahl der Antriebe gesteuert.

Die Lageregelkreise von Zeichenmaschinen mit Lageregelung besitzen als wesentliche Bestandteile Lagemeßsysteme und Geschwindigkeitsmeßsysteme. Die Lageistwerte werden in X- und Y-Achse von je einem Lagemeßsystem aufgenommen. Man unterscheidet nach

- Art des Meßverfahrens: inkremental oder absolut,
- Art der Meßwerterfassung: digital oder analog,
- Art des Meßortes: direkt oder indirekt und nach
- Art der Bewegung des Meßsystems: translatorisch oder rotatorisch.

Alle Arten von Lagemeßsystemen sind bei den automatischen Zeichenmaschinen anzutreffen.

Geschwindigkeitsmeßsysteme sind zur Erfassung von Geschwindigkeitswerten erforderlich. Eine Regelung der Geschwindigkeit ist bei großen Verstellgeschwindigkeiten notwendig, weil Lageregelkreise nur bei niedrigen Verstellgeschwindigkeiten stabil sind.

Genauigkeit und Wiederholbarkeit sind wesentliche Kriterien für die Einsatzmöglichkeiten von automatischen Zeichenmaschinen, insbesondere von Präzisionszeichenmaschinen. Um gerätetechnische und wirtschaftliche Vergleiche vornehmen zu können, müßten diese Begriffe einheitlich definiert und die Messungen unter gleichen Bedingungen für alle Maschinen durchgeführt werden. Unter Genauigkeit versteht man die Größe der Abweichung nach der abgeschlossenen Positionierung des Zeichenwerkzeuges. Die Genauigkeit hängt unter anderem ab von

- der Strichqualität des Zeichenwerkzeugs,
- der Führungsgenauigkeit des Zeichenkopfes, der Brücke und des Tisches,
- dem Auflösungsvermögen der Maschine,
- dem Schwingungsverhalten der Maschine,
- der Art des Zeichnungsträgers und von
- den Umweltbedingungen.

Die Wiederholgenauigkeit kann als die Fähigkeit des Systems definiert werden, bei wiederholter Positionierung des Zeichenwerkzeugs an jedem Punkt der Zeichenfläche Positionen anzunehmen, die sich innerhalb eines Toleranzbereiches befinden.

Das Auflösungsvermögen einer Zeichenmaschine ohne Lageregelung wird durch die kleinste programmierbare Lageänderung des Zeichenwerkzeuges entlang einer Achse bestimmt. Diese ist mit der Schrittlänge identisch, wenn als Antrieb Schrittmotoren verwendet werden. Bei den Zeichenmaschinen mit Lageregelung ist das Auflösungsvermögen die kleinste Lageänderung, die von der Lagemeßeinrichtung noch erfaßt werden kann.

Bei den Zeichenmaschinen ohne Lageregelung hängt die Schrittlänge parallel zu den Achsen von der Übersetzung ab. Die Hersteller bieten im allgemeinen Zeichenmaschinen an, bei denen je Achse ein Antrieb mit verschiedenen Schrittlängen vorgesehen ist. Folgende Kombinationen von Schrittlängen werden angeboten *(Bild 3.5-8)*:
- Für die X- und Y-Achse wird dieselbe Schrittlänge verwendet.
- Für die X- und Y-Achse werden je zwei verschiedene Schrittlängen verwendet, die sich wie 2:1 verhalten. Zwischen den Schrittlängen kann bei einigen Maschinen manuell, bei anderen zusätzlich durch das Programm umgeschaltet werden.

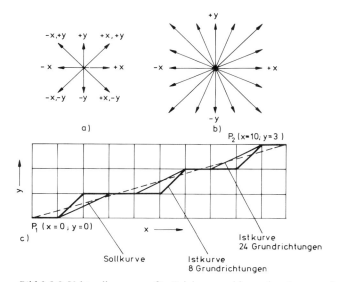

Bild 3.5-8 Vektordiagramme für Zeichenmaschinen ohne Lageregelungen ZMoLR mit Schrittmotorantrieb zur Darstellung einer Geraden
a) eine Schrittlänge für jede Achse, b) zwei vom Programm auswählbare Schrittlängen für jede Achse nach a), die sich wie 2:1 verhalten, wobei die entsprechende Schrittlänge pro Achse gleich sein oder im gleichen Verhältnis geteilt sein kann; 24 Grundschritte sind möglich, c) das Zeichnen einer Geraden als Aufzeichnungsbeispiel einer ZMoLR mit Schrittmotorantrieb, gezeichnet mit 8 und 24 Grundschritten

Wenn in jeder Achse nur eine Schrittlänge gefahren werden kann, ergeben sich acht Grundschritte, wenn aber in jeder Achse zwei verschiedene Schrittlängen gefahren werden, sind 24 Grundschritte möglich. Je mehr verschiedene Grundschritte möglich sind, desto glatter und genauer können beliebige Kurven gezeichnet werden.

Bei Zeichenmaschinen ohne Lageregelung ergeben sich die Zeichengeschwindigkeiten mittelbar aus dem Produkt von Schrittlänge und Schrittzahl. Es werden Geräte angeboten, bei denen mit einer oder mit zwei Schrittzahlen gefahren werden kann, die manuell und bei einigen Geräten zusätzlich vom Programm gewählt werden können.

Da bei einigen Zeichenmaschinen ohne Lageregelung mehrere Alternativen bezüglich der Schrittlänge und Schrittzahl von den Herstellern angeboten werden, existieren unterschiedliche Alternativgeschwindigkeiten. Es ist zu beachten, daß nicht mit allen Zeichenwerkzeugen hohe Geschwindigkeiten erreicht werden können, da sonst die Linienqualität beeinträchtigt wird. Mit einem Tuscheschreiber kann beispielsweise nur so schnell gezeichnet werden, wie die Tusche nachfließt.

Einige Hersteller von Zeichenmaschinen bieten eine Kombination von Zeichenmaschine und Digitalisierer an. Bei diesen Geräten kann das Zeichenwerkzeug oder die Abtastmarkierung von Hand positioniert werden. Der Koordinatenwert kann auf einem peripheren Speicher abgelegt oder im Steuerrechner ausgewertet werden. Einen erhöhten Komfort bieten Systeme, bei denen das Zeichenwerkzeug durch einen Abtastkopf ersetzt wird.

Zur Herstellung von Zeichnungen ist zeichnungs- und steuerungsorientierte Software erforderlich. Zeichnungsorientierte Software wird von den meisten Herstellern automatischer Zeichenmaschinen mitgeliefert. Sie dient der grafischen Darstellung von geometrischen Elementen wie Geraden, Kreisbögen, Elipsenbögen, Interpolationskurven, Approximationskurven sowie von alphanumerischen Zeichen und Symbolen. Die softwaremäßige Ausführung geometrischer Operationen ist für Maßstabsänderungen, Translation, Rotation und Spiegelung vorgesehen. Der Umfang der angebotenen zeichnungsorientierten Software ist ein Maß für den Komfort der Programmierung.

Zeichenmaschinen ohne eigenen Steuerrechner werden immer maschinell programmiert. Zeichenmaschinen mit eigenem Steuerrechner können meistens auch manuell programmiert werden. Dabei werden die Weg- und Schaltbedingungen wie bei numerisch gesteuerten Werkzeugmaschinen vorgegeben und von der Steuerung direkt verarbeitet. Die steuerungsorientierte Software übernimmt in diesen Fällen Postprozessorfunktionen, wie sie von NC-Werkzeugmaschinen bekannt sind.

Die zeichnungsorientierte Software ist weitgehend anwendungsunabhängig. Es ist von Vorteil, wenn sie insgesamt vom Maschinenhersteller in Form einer Unterprogrammbibliothek geliefert wird. Je nachdem, ob die Software im Steuerungssystem der Zeichenmaschine oder im Zentralrechner verarbeitet wird, entstehen für den Anwender unterschiedliche Kosten. Je größer der Anteil im Steuerungssystem der Zeichenmaschine ist, desto teurer ist die Zeichenmaschine. Andernfalls entstehen größere Rechen- und gegebenenfalls auch Datenübertragungskosten.

Automatische Zeichenmaschinen werden in kaufmännischen oder technischen Betriebsbereichen eingesetzt. Für kaufmännisch-administrative Zwecke werden vornehmlich Diagramme, Statistiken, Tabellen und Übersichtsdarstellungen gezeichnet. Im technischen Bereich werden die automatischen Zeichenmaschinen angewendet, um Kontroll-, Präzisions- und Werkstattzeichnungen zu erstellen.

Es gibt eine Vielzahl von Möglichkeiten zum Herstellen von Kontroll- und Arbeitskopien. Die größte Bedeutung kommt dabei Techniken zu, die sowohl die Ausgabe auf Sichtgeräten als auch auf Hardcopy-Geräten *(Bild 3.5-9)* ohne großen Softwareaufwand ermöglichen.

Bild 3.5-9 Hardcopy-Gerät (Werkfoto) TEKTRONIX)

Hardcopy-Geräte bieten die Möglichkeit, den vollständigen Bildschirminhalt auf Papier auszugeben. Die Information über gespeicherte Bildpunkte wird über eine elektronische Schaltung auf eine zeilenförmige Bildröhre innerhalb des Hardcopy-Geräts übertragen und als Helligkeitsinformation dargestellt. An dieser Röhre wird proportional zur Bildabtastgeschwindigkeit ein lichtempfindliches Papier vorbeigeführt, wobei helle Punkte auf dem Bildschirm als schwarze Punkte aufgezeichnet werden.

Das Prinzip des elektrostatischen Druckens basiert auf kapazitiver Aufladung von elektrostatisch-sensitivem Papier. Das Papier wird dazu mit einer 8-12 µm starken Schicht eines Dielektrikums versehen. In einem Schreibkopf werden die Metallspitzen eines Schreibkamms elektrostatisch aufgeladen *(Bild 3.5-10)*. Beim Vorbeiführen des elektrostatisch sensitiven Papiers wird die Ladung auf das Papier übertragen. Beim nachträglichen Vorbeiführen des Papiers an einem Tonersystem wird an den aufgeladenen Stellen Farbstoff aufgetragen und fixiert. Werden die Metallspitzen des Schreibkopfs doppelreihig-parallel gegeneinander versetzt angeordnet, werden eine verbesserte Liniendarstellung und ein erhöhter Kontrast erreicht *(Bild 3.5-11)*. Für die Ausgabe von alphanumerischen und grafischen Daten mit Hilfe von elektrostatischen Druckern bzw. Plottern ist eine vorherige Umstellung von Konturen in zeilenförmig angeordnete Rasterpunkte erforderlich, weil keine Rücklaufmöglichkeit für das Papier besteht.

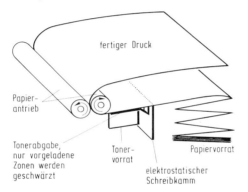

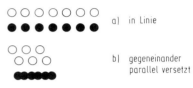

Bild 3.5-11 Anordnung von Metallspitzen des Schreibkopfes für elektrostat. Drucker/Plotter (Werkbild VERSATEC) [29]

Bild 3.5-10 Prinzipbild eines elektrostat. Druckers/Plotters

Tintenstrahl-Zeichenmaschinen sind Geräte zum Darstellen von gerasterten Farbbildern. Sie bestehen aus drei Komponenten. Der Spritzkopf arbeitet mit je einer Farbdüse für jede Hauptfarbe, nämlich rot, gelb und blau. Eine Trommel dient zur Aufnahme des Zeichnungsträgers, der Papier oder Kunststoffolie sein kann. Eine mikroprozessororientierte Steuerung übernimmt die Kontrolle über das punktförmige Ausspritzen der Farbe. Der Spritzkopf wird entlang der rotierenden Trommel mittels eines Schrittmotors bewegt. Die Trommel bewegt sich mit konstanter Geschwindigkeit, die vom Benutzer eingestellt werden kann. Derzeitig realisierte Ausführungen haben beispielsweise Umfangsgeschwindigkeiten von 5m/s, mit der eine Zeichnung des Formats DIN A1 fertiggestellt werden kann. Die punktförmigen Farbflächen haben eine Auflösung von 125 Punkten pro Zoll in beiden Richtungen. Daher enthält ein Bild der Größe DIN A1 eine Anzahl von nahezu 12 Millionen Bildpunkten. Tintenstrahl-Zeichenmaschinen werden wegen der großen erforderlichen Datenmenge off-line mittels Magnetband *(Bild 3.5-12)* oder bei kleineren Formaten auch on-line betrieben.

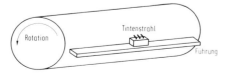

Bild 3.5-12 Prinzipbild einer Tintenstrahl-Zeichenmaschine

Sichtgeräte

Für Aufgaben in der Konstruktion und Arbeitsplanung ist die Ausgabe grafischer Daten mit Hilfe automatischer Zeichenmaschinen häufig nicht schnell genug. Die Möglichkeiten der Rückmeldung von Änderungswünschen durch den Benutzer über die Anwendung von Digitalisierern und Tastaturgeräten entsprechen nicht immer den gestellten Anforderungen. Für die Lösung von Aufgaben, die sowohl eine grafische Ausgabe als auch eine direkte Verwendung des Bildes zur Eingabe erfordern, haben sich daher Sichtgeräte durchgesetzt.
Eine Systematik von bereits in der Praxis eingesetzten Sichtgeräten zeigt das *Bild 3.5-13*. Es sind nur Gliederungskriterien angegeben, die für eine Anwendung der Sichtgeräte im Konstruktionsbereich von Bedeutung sind [30].

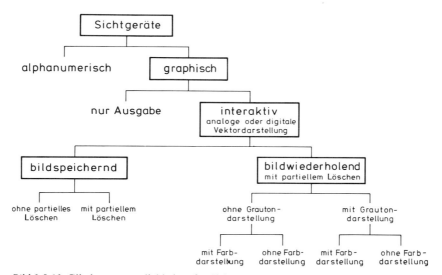

Bild 3.5-13 Gliederungsmöglichkeiten für Sichtgeräte [30]

Grafische Sichtgeräte können nach ihrem physikalischen Prinzip wie folgt unterschieden werden:
- Elektronenstrahlsichtgeräte,
- Plasmasichtgeräte und
- Laserstrahlsichtgeräte.

Elektronenstrahlsichtgeräte werden bildspeichernd und bildwiederholend ausgeführt. Bei bildwiederholenden Sichtgeräten muß das Bild auf der Sichtfläche ständig neu erzeugt werden, wodurch sich einerseits ein höherer gerätetechnischer Aufwand, andererseits aber auch die Möglichkeit zur Abbildung dynamischer Vorgänge und bessere Interaktionsmöglichkeiten ergibt. Die prinzipielle Arbeitsweise von bildwiederholenden Sichtgeräten mit analoger Vektordarstellung ist dem *Bild 3.5-14* zu entnehmen.
Für die Anwendung von bildspeichernden Sichtgeräten sprechen im Konstruktions- und Arbeitsplanungsbereich Kostengesichtspunkte sowie auch die flackerfreie und hochauflösende Bilddarstellung. Die Entwicklung preiswerterer und verbesserter bildwiederholender Sichtgeräte führt jedoch inzwischen zu einem verstärkten Einsatz dieser Sichtgeräteart.
Bildwiederholende Sichtgeräte können auch mit digitaler Vektordarstellung arbeiten, man spricht dann von Rastersichtgeräten. Sie benötigen Bildwiederholungsspeicher, die jeden adressierbaren Punkt der Bildschirmfläche mit einer Bildinformation abspeichern können. Die Art der Bildinformation entscheidet, ob nur Hell-Dunkel getastet wird oder ob zusätz-

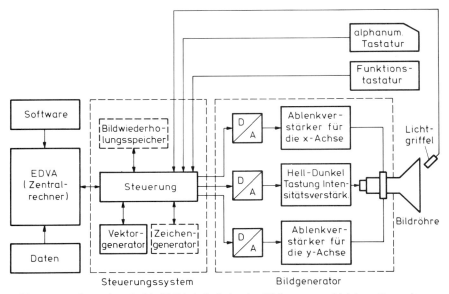

Bild 3.5-14 Informationsfluß bei bildwiederholenden Elektronenstrahlsichtgeräten mit analoger Vektordarstellung (random scan)

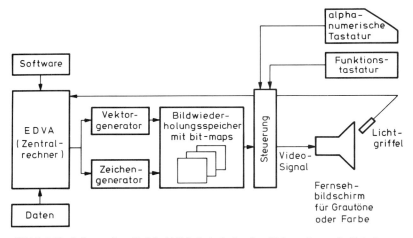

Bild 3.5-15 Informationsfluß bei bildwiederholenden Sichtgeräten mit digitaler Vektordarstellung

lich Grau- und Farbtöne erzeugbar sind. In *Bild 3.5-15* ist der grundsätzliche Aufbau von bildwiederholenden Sichtgeräten mit digitaler Vektordarstellung gezeigt.

Bildspeichernde Sichtgeräte speichern die auf dem Bildschirm sichtbaren grafischen Darstellungen auf dem Bildschirm selbst *(Bild 3.5-16)*. Die Phosphorschicht auf der Sichtfläche wird durch das Aussenden von Flutelektronen auf dem zur Speicherung erforderlichen Potential gehalten. Ein zur Identifizierung grafischer Elemente angezeigtes Fadenkreuz wird mit geringerem Ladungspotential dargestellt, so daß die Fadenkreuzdarstellung nicht in der Phosphorschicht fixiert wird. Das Fadenkreuz kann deshalb auf dem Bildschirm verscho-

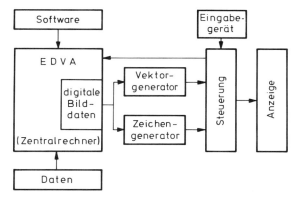

Bild 3.5-16 Informationsfluß bei bildspeichernden Sichtgeräten

ben werden. Es wird im Gegensatz zur Bilddarstellung wiederholt angezeigt. Bildspeichernde Sichtgeräte können bei Vorhandensein eines Bildwiederholungsspeichers nach dem gleichen Prinzip wie beim Fadenkreuz eine begrenzte Menge an Bildinformationen bildwiederholend anzeigen. Damit gelten für diese Bildmenge die prinzipiell gleichen Eigenschaften wie für bildwiederholende Sichtgeräte. Nachteilig wirkt sich jedoch hier der geringe Kontrast der bildwiederholend dargestellten Information aus.

Bei bildspeichernden Sichtgeräten mit analoger Vektordarstellung ohne Bildwiederholungsanteil ist kein partielles Löschen möglich. Will man ein grafisches Element aus einem Bild löschen, muß der gesamte Bildinhalt gelöscht und ohne das betreffende Element erneut angezeigt werden. Ein Beispiel für bildspeichernde Sichtgeräte mit analoger Vektordarstellung ist in *Bild 3.5-17* dargestellt.

Bild 3.5-17 Beispiel für ein bildspeicherndes Sichtgerät mit analoger Vektordarstellung

Der Zeichengenerator sorgt für eine schnelle und speicherplatzsparende Darstellung der alphanumerischen Zeichen und Sonderzeichen. Die Zeichen eines Codes werden dabei in einem PROM, im Englischen Programmable Read Only Memory, gespeichert. Der Zeichengenerator interpretiert den Code eines darzustellenden Zeichens und bestimmt die zugehörige Ablenkung des Elektronenstrahls. Diese Bewegungsdefinition kann darin bestehen, daß jedes Zeichen in einer 5×7 Matrix *(Bild 3.5-18)* oder 7×9 Matrix abgebil-

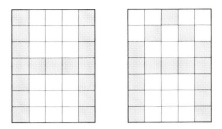

Bild 3.5-18 Buchstaben in einem 5 × 7 Punktraster

det wird. Eine andere Technik besteht darin, jedes Zeichen aus kurzen Strecken zu generieren. Auch in diesem Fall müssen die dafür notwendigen Informationen gespeichert werden. Schnelle Zeichengeneratoren benötigen 4 bis 5 und langsame 10 bis 20 Mikrosekunden für die Darstellung eines Zeichens. Wie aus *Bild 3.5-19* zu ersehen ist, unterliegt die Zeichenausgabe nicht den geometrischen Transformationen.

Für die Transformationen werden neben Softwarelösungen auch Hardwarelösungen angeboten, die eine wesentliche Beschleunigung der Transformationsprozesse bewirken. Die transformierten Bildelemente werden in analoge Signale umgewandelt und dem Vektorgenerator zugeführt *(Bild 3.5-19)*. Ein Vektorgenerator ist eine Hardwarekomponente, die den Elektronenstrahl einer Kathodenstrahlröhre vom Anfangspunkt einer Strecke zu ihrem Endpunkt führt.

Die Eingabe für einen Vektorgenerator besteht in Anfangspunkt und Endpunkt einer Strecke. Die Ausgabe besteht in einem Wert für die X-Ablenkung, einem für die Y-Ablenkung und einem Wert für die Intensitätssteuerung *(Bild 3.5-20)*.

Für die Generierung der Ablenkungssignale stehen zwei unterschiedliche Methoden zur Verfügung. Analoge Vektorgeneratoren basieren auf analogen Integrierern. Die digitalen Vektorgeneratoren arbeiten inkremental, wobei ein X- und Y-Register während einer Vektorausgabe laufend verändert wird.

Elektronenstrahlsichtgeräte mit dreidimensional hardwareorientierten Ausgabefunktionen für Verktordarstellungen werden vornehmlich für die Bewegungssimulation und Aufgaben des geometrischen Modellierens verwendet.

Sie ermöglichen das Ausführen von Transformationsmatrizen. Damit können Drahtmodellbilder vom Benutzer in die jeweils gewünschte Lage gedreht werden, ohne daß dafür Rech-

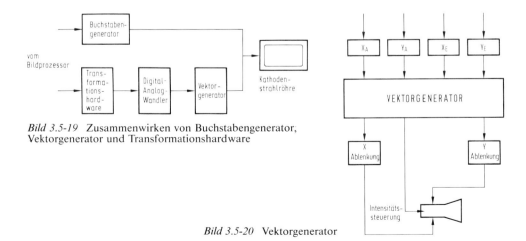

Bild 3.5-19 Zusammenwirken von Buchstabengenerator, Vektorgenerator und Transformationshardware

Bild 3.5-20 Vektorgenerator

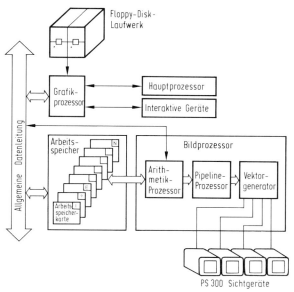

Bild 3.5-21 Aufbau des PS 300 Systems [31] (Werkbild EVANS & SHUTHERLAND)

nerkapazität notwendig ist. Aufgrund der hohen Geschwindigkeit, mit der Drehungen von Objekten ausgeführt werden, kann für das interaktive Arbeiten auf das Ausblenden verdeckter Kanten verzichtet werden. Eine weitere Visualisierungshilfe wird bei derartigen Systemen durch eine Helligkeitsabstufung der Vektoren in Richtung der Bildtiefe erreicht *(Bild 3.5-21)*. Als Beispiel wird hier das System PS 300 der Firma EVANS & SUTHERLAND herangezogen [31]. Es besteht aus einem Grafik-Prozessor, einem Arbeitsspeicher von 1 bis 2 MB, einem Bildprozessor und dem Bussystem. Der Grafikprozessor verwaltet die vom Zentralrechner bereitgestellten grafischen Datenstrukturen im Arbeitsspeicher und initialisiert die Transformationsdaten für den Bildprozessor. In jedem Bildwiederholzyklus wird die grafische Datenstruktur vom Bildprozessor umstrukturiert und zur Ausgabe am Bildschirm transformiert. Mit jeder Bildwiederholung lassen sich die Transformationsdaten im Arbeitsspeicher ändern. Der Bildprozessor übernimmt die Aufgaben der Randabschaltung und der perspektivischen Projektion. Die Funktionseinheiten des Bildprozessors sind arithmetischer Prozessor, Pipeline-Prozessor und Vektorgenerator. Der arithmetische Prozessor besteht aus mehreren Hochgeschwindigkeits-Multiplizierern, speziellen Logikelementen und einem speziellen Mikroprozessor zur Kopplung mit dem Arbeitsspeicher. Der Mikroprozessor übernimmt Aufgaben wie Matrixoperationen zur Transformation der Vektorlisten und die Weiterleitung der Vektordaten zum Pipeline-Prozessor. Der Pipeline-Prozessor bereitet die Arbeit des Vektorgenerators vor. Der Vektorgenerator übernimmt die Vektorliste und die Informationen über die Darstellungsart. Als grafische Eingabegeräte werden üblicherweise Eingabetablett und Drehknöpfe verwendet. Mit den programmierbaren Drehknöpfen können numerische Werte für beispielsweise Winkelangaben und Maßstabsfaktoren in das System eingegeben werden. Die Kommandosprache des Systems enthält interpretative und compilierende Bestandteile. Die compilierten Kommandos werden im Arbeitsspeicher gehalten, um sie zu einem geeigneten Zeitpunkt mit dem Bildprozessor zu verarbeiten. Interpretative Kommandos werden verwendet, um beispielsweise Initialisierungen, Benennungen oder Definitionen numerischer Werte vorzunehmen.

108   3 Aufbau von CAD-Systemen   [Literatur S. 113]

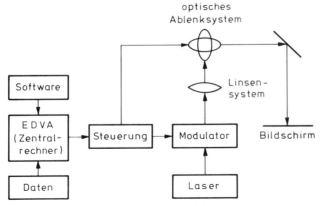

Bild 3.5-22 Aufbau eines Laserstrahl-Sichtgerätes

Bei bildspeichernden Sichtgeräten mit analoger Vektordarstellung nach dem Laserverfahren werden die Bilder auf lichtempfindlichen Schichten erzeugt. Der Vorteil der Lasertechnik liegt in der erreichbaren Bildgröße und der hohen Bildschärfe. Nachteilig ist die noch zu geringe Darstellungsgeschwindigkeit. Der prinzipielle Aufbau von Laserstrahlsichtgeräten ist in *Bild 3.5-22* gezeigt.

Bei Plasmasichtgeräten werden grafische Darstellungen durch das punktweise Leuchten von Plasmasäulen zwischen zwei Glasflächen erzeugt. Die Anwendung von Plasmasichtgeräten für CAD ist heute noch gering. Die Entwicklung ist auf eine höhere Auflösung ausgerichtet. Interaktionen über Lichtgriffel sind grundsätzlich möglich, aber technisch noch nicht ausgereift. Der prinzipielle Vorgang beim Bildaufbau wird im *Bild 3.5-23* dargestellt. Die Kopplung zwischen Sichtgerät und Rechenanlage geschieht durch Steuerungssysteme. Die Datenverarbeitungsanlage übernimmt die Aufgabe, die Anweisungen für die Steuerung

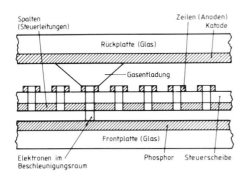

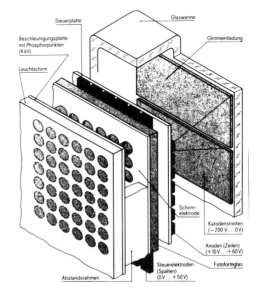

Bild 3.5-23 Funktionsprinzip von Plasmasichtgeräten [32]

des Sichtgerätes zur Bildgenerierung zu erzeugen. Weiterhin hat sie die Eingabekommandos des Bedieners zu interpretieren, Berechnungen durchzuführen und die grafischen Darstellungen zu manipulieren. Für die grafischen Darstellungen und deren Manipulation sind umfangreiche grafische Routinen notwendig. Dies bedeutet, daß die Datenverarbeitungsanlage sehr stark durch die grafische Datenverarbeitung beansprucht wird. Mehrere Entwicklungen von Steuerungssystemen und Sichtgerätekonfigurationen sind entstanden. Je nach Komfortstufe können einzelne Funktionen auch mittels Hardware realisiert sein, wie beispielsweise die Rotation von Bildelementen und die Erzeugung von Vektoren und Zeichen.

Eingabegeräte

Zu den Eingabegeräten zählen Lichtgriffel, Fadenkreuz, Eingabetablett, Digitalisierer, Rollkugel und Steuerknüppel.

Der Lichtgriffel *(Bild 3.5-24)* ist ein Gerät, das einen Impuls, der durch den Elektronenstrahl während des Zeichnungsvorgangs auf dem Bildschirm erzeugt wird, aufgrund der Anfangshelligkeit fotoelektrisch als Interrupt an die Steuerung weitergibt. Dies wird durch Aufsetzen des Lichtgriffels an der gewünschten Position auf dem Bildschirm erreicht, wodurch eine Identifizierung von Bildschirminformationen ermöglicht wird. Damit wird entweder ein X-Y-Register gesetzt oder es werden ein oder mehrere Elementnamen festgestellt. Es kann auch der Befehlszähler abgefragt werden. Die Anwendung des Lichtgriffels ist bisher auf bildwiederholende Sichtgeräte begrenzt.

Bei bildspeichernden Sichtgeräten kann das Fadenkreuz über Rändelschrauben, eine Rollkugel, einen Steuerknüppel oder über Eingabetabletts gesteuert werden. Es wird zur Identifizierung von Konturelementen, Punkten und Text verwendet. Die Identifizierungsprüfung erfolgt über Koordinatenwerte.

Eingabetabletts *(Bild 3.5-25)*, deren Blockschaltbild in *Bild 3.5-26* dargestellt ist, werden auch Digitalisierer genannt. Sie werden angewandt, um mit Hilfe einer Marke grafisch dargestellte Objekte auf dem Bildschirm zu identifizieren oder zu verschieben. Eine weitere Anwendung besteht darin, auf dem Eingabetablett in Menüfeldern vorhandene Kommandos durch Identifizieren zu aktivieren. Eingabetabletts können u.a. sowohl akustisch als auch induktiv arbeiten und sind in unterschiedlichen Abmessungen gebräuchlich. Üblicherweise wird die Arbeitsfläche eines Tabletts auf die Darstellungsfläche des verwendeten Sichtgerätes abgebildet. In einigen Aufgabenbereichen besteht der Bedarf, Zeichenmaschi-

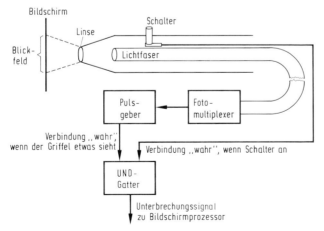

Bild 3.5-24 Funktionsprinzip eines Lichtgriffels [33]

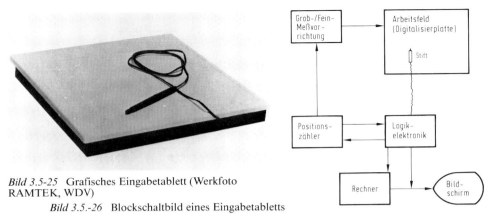

Bild 3.5-25 Grafisches Eingabetablett (Werkfoto RAMTEK, WDV)

Bild 3.5.-26 Blockschaltbild eines Eingabetabletts

ne und Digitalisierer (Abtastmaschinen) in einem Gerät vereint zu haben. Da der gerätetechnische Aufbau von Zeichenmaschinen mit Lageregelung und Abtastmaschinen nach dem gleichen Prinzip der Nachführung des Zeichen- bzw. Abtastkopfes arbeitet, findet man auf dem Markt kombinierte Geräte. Abtastmaschinen sind mit Zusatzvorrichtungen, wie Funktionstastatur, versehen, über die Zusatzinformationen eingegeben und für jedes Programm mit gewünschten Bedeutungen belegt werden können.

Die wichtigsten Abtastmaschinen für CAD-Prozesse sind Digitalisiergeräte mit manuell geführtem Abtastkopf. Sie sind für die Abtastung von Zeichnungen geeignet.

Die Auswahlkriterien für 2D-Abtastmaschinen mit manuell geführtem Abtastkopf sind [14]:

- Bauart,
- Größe der Arbeitsfläche,
- Führungsart des Abtastkopfes,
- Tastwerkzeuge,
- Art der Signalauslösung zur Datenerfassung,
- Erfassungsart von Zusatzinformationen,
- Möglichkeit der Benutzung als Zeichenmaschine sowie
- Funktionen der Steuerung bezüglich des Umfangs, des Konzepts und der Qualität.

Für das Abtasten von dreidimensionalen Objektdaten sind 3D-Abtastmaschinen verfügbar. Der Steuerknüppel *(Bild 3.5-27)*, dessen Blockschaltbild im *Bild 3.5-28* dargestellt ist, dient zur Positionseingabe. Auf dem Bildschirm wird die Position des Steuerknüppels durch eine Marke sichtbar gemacht. Über eine Taste wird die Übernahme der momentanen Position der Marke dem Rechner mitgeteilt. Der Knüppel ist so gelagert, daß er sich um die X- und Y-Achse gleichzeitig bewegen läßt.

Die Rollkugel *(Bild 3.5-29)* dient zur Bewegung von Objekten und Positionseingaben (Koordinaten) auf dem Bildschirm. Die Arbeitsweise der Rollkugel ist identisch mit der des Steuerknüppels. Die Geschwindigkeit der Marke ist proportional zur Bewegung der Kugel. Geschwindigkeit und Richtung der bewegten Objekte sind von der auf die Rollkugel ausgeübten Kraft und deren Winkel abhängig.

Das Funktionstastaturgerät *(Bild 3.5-30)* besteht aus einer Tastenmatrix. Jeder Taste wird eine Funktion, z.B. die Rotation eines Objektes auf dem Bildschirm, zugeordnet. Der Benutzer hat bei manchen Systemen die Möglichkeit, die Funktionen der Tasten durch Software selbst zu bestimmen. Durch Druck einer Taste wird dem Rechner die entsprechende Codierung für die Auslösung der gewünschten Funktion mitgeteilt.

[Literatur S. 113] 3.5 Benutzerspezifische CAD-Komponenten 111

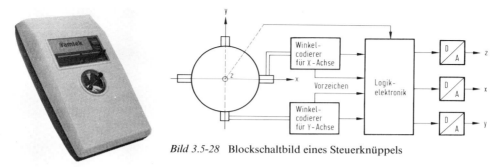

Bild 3.5-28 Blockschaltbild eines Steuerknüppels

Bild 3.5-27 Steuerknüppel (Werkfoto RAMTEK, WDV)

Bild 3.5-29 Rollkugel (Werkfoto RAMTEK, WDV)

Bild 3.5-30 Funktionstastaturgerät (Werkfoto APPLICON)

Mikrofilmaufzeichnungsgeräte

Auf der Basis von Elektronenstrahlsichtgeräten arbeiten Fotoaufzeichnungsgeräte zur Darstellung von grafischen und alphanumerischen Informationen auf lichtempfindlichen Medien, wie Film oder Papier, wobei fotografische Aufzeichnungsverfahren zur Anwendung kommen [14]. Die Fotoaufzeichnungssysteme werden auch als COM-Systeme (Computer-Output on Microfilm) oder als Mikrofilmaufzeichnungsgeräte bezeichnet. Die Aufzeichnung auf lichtempfindlichem Papier ist eine vergrößerte Darstellung der vorher in verkleinerter Form auf Mikrofilm dargestellten Information.
Es werden zwei Arten von Mikrofilmaufzeichnungen unterschieden:
– Aufzeichnung von Informationen, die nicht in digitaler Form gegeben sind, d.h. die Informationen liegen in Form von üblichen Zeichnungen oder Belegen vor oder
– Aufzeichnung von bereits in digitaler Form gegebenen Informationen.
Für beide Mikrofilmaufzeichnungsarten sind mehrere Geräte entwickelt worden. Hier ist nur die rechnerunterstützte Aufzeichnungsart von Interesse, deren Ablauforganisation in *Bild 3.5-31* dargestellt ist.
Die Mikrofilmtechnik ist nicht als Alternative zur digitalen Speicherung, sondern als Ergänzung anzusehen. Die Datenverarbeitungsanlage übernimmt die Speicherung und Verwaltung der Suchdaten einer Mikrofilmdatei, während die letztere als peripherer Speicher

112   3 Aufbau von CAD-Systemen   [Literatur S. 113]

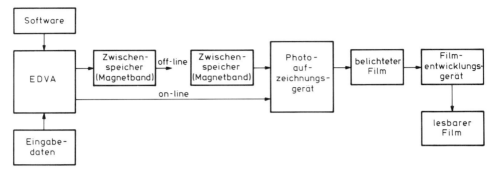

Bild 3.5-31 Ablauf bei Mikroverfilmung von Datenverarbeitungsausgaben

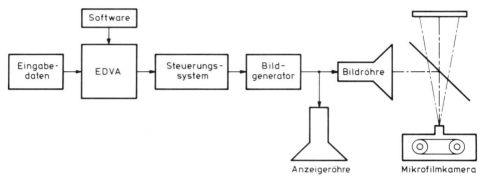

Bild 3.5-32 Konfiguration für Photoaufzeichnungsgeräte mit Diapositiveinblendungs- und Anzeigemöglichkeit

im Off-line-Betrieb in Form von Mikrofiches oder Filmkassetten verwirklicht wird. Auf diese Weise ist es möglich, auch solche Informationen von der Datenverarbeitungsanlage zu verwalten, die nicht in digitaler Form vorliegen.

Die Geräte zur Verfilmung von digital vorliegenden Informationen können im On-line- oder Off-line-Betrieb mit einer Datenverarbeitungsanlage betrieben werden. Ihre Bestandteile weisen elektronische, elektromechanische und fotooptische Eigenschaften auf. Die digitale Information wird grundsätzlich mit Hilfe von grafischen Sichtgeräten sichtbar gemacht und mittels geeigneter Apparaturen fotografiert. Im Bild 3.5-32 ist die Konfiguration im On-line-Betrieb dargestellt. Durch das Betrachtungsgerät wird dem Bediener die Möglichkeit gegeben, über die Filmaufzeichnung eines Bildes zu entscheiden. Die Geräte ermöglichen in der Regel keine weiteren Interaktionen, sie sind nur Ausgabegeräte. Eine Diapositiveinblendung muß nicht in jedem Fall vorhanden sein. Sie bringt jedoch den Vorteil, daß wiederholte, in gleicher Form vorkommende Informationen, wie Einrahmung, Tabellenstriche und Firmenzeichen, nicht digital gespeichert und vom Datenverarbeitungssystem wiederholt sichtbar gemacht werden müssen.

Die Mikrofilmaufzeichner sind nicht mit den Hardcopy-Geräten vergleichbar, die ihre Anwendung im Zusammenwirken mit den Sichtgeräten finden, weil die Bildaufzeichnung der letztgenannten Geräte nicht die Vorteile des Mikrofilms, bezüglich der Archivierung, aufweisen.

Die Auswahlkriterien für Fotoaufzeichnungsgeräte sind zu einem Teil durch die Basis, auf der sie arbeiten, festgelegt, d.h. das verwendete Sichtgerät bestimmt die Eigenschaften des Fotoaufzeichnungsgerätes. Die zusätzlichen Kriterien sind folgende:

- Art des Aufzeichnungsmediums: Film, Papier,
- Kenngrößen des Aufzeichnungsmediums: Anordnung in bezug auf die Kathodenstrahlröhre, Format, Transport und Geschwindigkeit,
- Vergrößerungsmöglichkeit,
- Anzeigemöglichkeiten: Zusatzröhre oder Projektion des Films,
- Diapositiveinblendung,
- Eingriffsmöglichkeiten (Eingabegeräte),
- Betriebsarten: on-line, off-line.

Die Entwicklung der Fotoaufzeichnungsgeräte ist von der Einsatzstärke des Mikrofilms als Organisationsmittel in der Industrie abhängig. Die Hauptschwierigkeit besteht darin, die auf dem Mikrofilm aufgezeichneten Informationen für die Verarbeitung in einer Datenverarbeitungsanlage zu digitalisieren. Die Filmleser oder sogenannte Filmabtaster erfordern hohen Softwareaufwand für die Erkennung und Interpretation der auf dem Film gespeicherten Informationen. Geeignete Verfahren zur Erzeugung von rechnerorientierten Darstellungen sind noch Gegenstand von Forschung und Entwicklung. Neben Fotoaufzeichnungsgeräten auf der Basis von Elektronenstrahlsichtgeräten sind auch Mikrofilm-Laser-Plotter entwickelt worden, bei denen die Darstellungen ähnlich den Laserstrahlsichtgeräten vorgenommen werden. Allerdings ist die Größe der Darstellung hier auf die Mikrofilmgröße festgelegt [34].

Literatur zu Kapitel 3

1. Spur, G.: Rechnerunterstützte Zeichnungserstellung und Arbeitsplanung. Carl Hanser Verlag, München, Wien 1980.
2. Spur, G., Arndt, W., Gausemeier, J., Krause, F.-L., Lewandowski, S., Müller.: Studie über die Behandlung technischer Objekte in CAD-Systemen. CAD-Bericht 31, Gesellschaft für Kernforschung mbH, Karlsruhe, 1977.
3. Spur, G.: Forum „Entwicklungstendenzen des rechnerunterstützten Konstruierens" am 26.11.1980 Heidelberg.
4. Spur, G., Krause, F.-L.: Gesichtspunkte zur Weiterentwicklung von CAD Systemen. ZwF 76 (1981) 5, S. 207-215.
5. Daßler, R.; Gausemeier, J.: Dreidimensionale Beschreibung von Bauteilen. Industrie-Anzeiger 100 (1978), 61, S. 26-27.
6. Spur, G., Krause, F.-L.: "Rechnenerunterstützte Zeichnungserstellung (CAD)" am 5. und 6.2.81. VDI-Bildungswerk mit IWF TU Berlin und IPK der FhG Berlin.
7. Spur, G., Krause, F.-L.: Aufbau und Einordnung von CAD-Systemen. VDI-Berichte Nr. 413, Düsseldorf 1981.
8. Spur, G.: "Tendenzen und Weiterentwicklung von Software zur Produktionsplanung und -steuerung" am 12.1..1980 in Böblingen. Gesellschaft für Management & Technologie. PPS–80 - Produktion Planung – Steuerung.
9. Spur, G.: Zum Deutschen Ingenieurtag 1981 in Berlin. 125 Jahre VDI, ZwF 76 (1981) 5, S. 201.
10. N.N.: Advanced Production System. Progress Report No. 1, Gesellschaft für Kernforschung mbH, Karlsruhe 1982.
11. Spur, G., Anger, H. M., Kaebelmann, F. E., Krause, F.-L.: Capabilities of Graphic Dialogue Systems: Graphic Dialogue Capabilities in CAD/CAM Proc. of the CIRP Seminars on Manufacturing Systems. 10, (1981) 1.
12. Spur, G., Gausemeier, J.: Eine Leitlinie zur Entwicklung von CAD-Programmsystemen. ZwF 73 (1978) 8, S. 413-419.
13. Krause, F.-L.: Leistungsvermögen von CAD-Software für Konstruktion und Arbeitsplanung. ZwF 75 (1980) 2, S. 72-82.

14. Vassilakopoulos, V.: Hardwarekonfigurationen für CAD-Prozesse. Reihe Produktionstechnik-Berlin. Bd. 5, Hrsg. Prof. Dr.-Ing. G.Spur, Carl Hanser Verlag, München 1979.
15. Schädlich, F.-D.: Prime Operating System. Prime Computer GmbH, Wiesbaden 1980.
16. N.N.: Prime Computer. The 50 Series: The One System Solution, Prime Computer Inc., Mass., USA 1981.
17. Abramovici, M.,Germer, H.-J.: Stand und Entwicklung der CAD-Industrie in den USA. ZwF 76 (1981) 5, S. 216-222.
18. Kaebelmann, E.-F.; Krause, F.-L.; Müller, G.: Strukturen von CAD Arbeitsplätzen in den USA. ZwF 72 (1977) 1, S. 20-26.
19. Krause, F.-L., Abramovici, M.: Möglichkeiten zum verstärkten Einsatz von CAD in kleineren und mittleren Betrieben. ZwF 77 (1982) 5, S. 201-206.
20. N.N.: Boeing's CAD/CAM integrated Information. American Institute of Automatics and Astronautics 1979.
21. N.N.: Zeitschrift: NIKKEI MECHANICAL Nr.4, 27, Japan 1981.
22. N.N.:VDI-Berichte 413. Datenverarbeitung in der Konstruktion 81. Orientierungshilfen für Einführung und Anwendung von CAD. VDI-Verlag GmbH 1981.
23. Krause, F.-L.: Methoden zur Gestaltung von CAD-Systemen. Diss. TU Berlin 1976.
24. N.N.: CLDATA. DIN 66215, entspricht auch ISO/DIS 3592.
25. N.N.: APT, Part Programming Manual. IIT-Research Institute, Chicago 1963.
26. N.N.: IGES. Initial Graphics Exchange Specification. Digital Representation for Communication of Product Definition Data. ANSI Y14.26M – 1981.
27. Encarnacao, J., Strasser, W.: (Hrsg.).: Computer Graphics und Portabilität. Oldenbourg Verlag 1981
28. Bo, K.: Standardisation of Graphics Software. University of Trondheim, Trondheim, Norway 1980.
29. Firmenanschrift: VERSATEC. München/Unterhaching.
30. Kaebelmann, E.-F., Krause, F.-L.; Müller, G.: Aufbau, Funktion und Anwendung grafisch interaktiver Sichtgeräte. ZwF 73 (1978) 5, S. 260-269.
31. Firmenanschrift: PS 300 User's Manual EVANS & SUTHERLAND, Utah, USA 1982.
32. N.N.: Elektronik (1982) H.14, S.80.
33. Foley, F.D.; Van Dam,A.: Fundamentals of Interactive Computer Graphics. Addison-Wesley, Reading, Mass., USA 1982.
34. Firmenanschrift: Mikrofilm Laser Plotter. Imtec Equipment ltd, Stanmore, England.
35. Kaebelmann, E.-F.; Krause, F.-L.; Müller, G.: Aufbau, Funktion und Anwendung automatischer Zeichenmaschinen. ZwF 72 (1977) H. 5, S. 239-251.
36. N.N.: VDI 2213, Entwurf Okt. 1983, Integrierte Herstellung von Konstruktions- und Fertigungsunterlagen. VDI Verlag, Düsseldorf 1983.

4 Datenorganisation in CAD-Systemen

4.1 Allgemeines

Die für CAD-Softwaresysteme erforderliche Datenorganisation muß es ermöglichen, rechnerinterne Objektdarstellungen zu realisieren und Datenbanken aufzubauen.
Eine Datenorganisation beschreibt die Struktur und den Inhalt eines mit Algorithmen abgebildeten realen Objekts oder Sachverhalts. Unter einer CAD-Datenorganisation ist im weiteren Sinn das Management von CAD-Daten und im engeren Sinn die Modellierung von Daten- und Speicherungsstrukturen zu verstehen.
Eine Modellierung setzt die Umsetzung des Realobjekts in ein Formalobjekt voraus *(Bild 4.1-1)*, wobei nur die objektrelevanten Realitätsbestände wiedergegeben werden. Entsprechendes gilt für Probleme und Sachverhalte.
Modelle sind logische Verknüpfungen von Daten, Strukturen und Algorithmen [1]. Der Umsetzungsvorgang von Werkstückbeschreibungen in rechnerinterne Darstellungen wird durch *Bild 4.1-2* verdeutlicht.
Organisatorisch lassen sich Daten in
- Bit,
- Zeichen,
- Feld,
- Segment,
- Satz,
- Datei und
- Datenbank

unterteilen *(Bild 4.1-3)*.
Ein Feld ist eine Zeichenfolge, der eine besondere Bedeutung zugeordnet ist. Es ist durch seinen Namen und seine Länge definiert, wobei aus dem Namen die Art der in ihm enthaltenen Werte ersichtlich wird [2].
Ein Segment besteht aus mehreren Feldern, die einen logischen Zusammenhang aufweisen. Es ist durch einen eindeutigen Namen gekennzeichnet [2].
Ein Satz besteht aus mehreren Feldern oder Segmenten, wobei deren Anzahl die Satzlänge bestimmt. Jeder Satz ist durch einen eindeutigen Namen gekennzeichnet [2].
Datei oder Datenbestand ist die Menge aller Sätze mit demselben Ordnungsmerkmal. Das Ordnungsmerkmal dient der Identifikation und der Strukturierung der zu einer Datei gehörenden Sätze. Jede Datei verfügt über einen eindeutigen Namen [2].
Die Datenorganisation beinhaltet die Darstellung der Beziehungen zwischen den einzelnen Datensätzen. Ein Datensatz enthält eine Menge von Daten auf Speichermedien. Durch deren eindeutige Bezeichnung, den Satzschlüssel, wird ihre direkte Adressierung ermöglicht.
Eine Datenorganisation läßt sich auf verschiedenartige Datenstrukturen zurückführen. Eine baumartige Datenstruktur wird in *Bild 4.1-4* dargestellt.
Bei einem Binärbaum besitzt jeder Knoten höchstens zwei Nachfolgerknoten *(Bild 4.1-5)*, wobei sich die physischen Adressen der Datensätze in den Knoten befinden. Wenn die Datenspeicherung in den Endknoten, auch Blätter genannt, stattfindet, handelt es sich um einen blattorientierten Binärbaum, anderenfalls um einen knotenorientierten Binärbaum.
Wird ein Binärbaum in Teilbäume unterteilt und werden diese in gleichzeitig zugreifbaren Speichereinheiten abgespeichert, so handelt es sich um einen Vielwegbaum. Der Zugriff zu einem gesamten Teilbaum wäre dann etwa genauso aufwendig wie der Zugriff auf nur einen Knoten im ursprünglichen Binärbaum. Ein derartiger Vielwegbaum wird durch Opera-

116   4 *Datenorganisation in CAD-Systemen*   [Literatur S. 140]

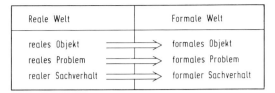

Bild 4.1-1 Modellbildung

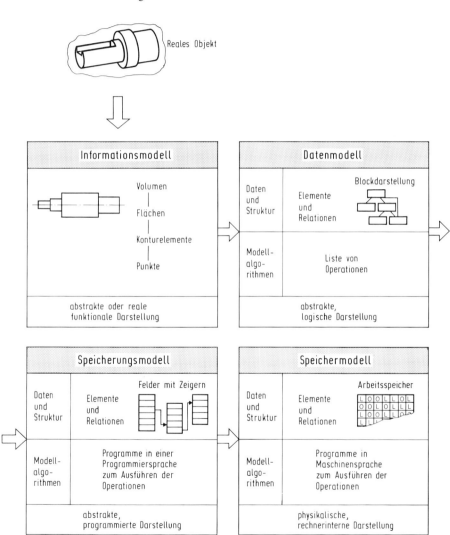

Bild 4.1-2 Umsetzungsvorgang vom realen Objekt zur rechnerinternen Darstellung.

tionen wie Hinzufügen und Löschen verändert und verliert seine ausgeglichene Struktur. Daher sind unbedingt Regeln für das kontrollierte Wachsen des Vielwegbaumes erforder-

4.1 Allgemeines 117

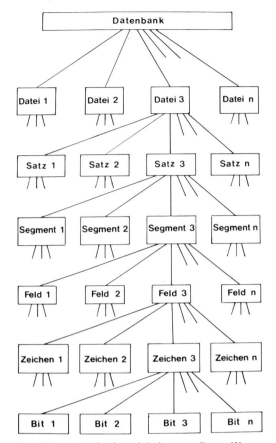

Bild 4.1-3 Organisationseinheiten von Daten [2].

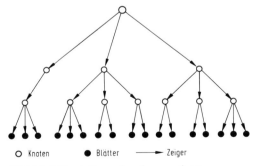

Bild 4.1-4 Darstellung einer baumartigen Datenstruktur.

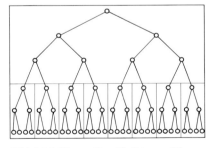

Bild 4.1-5 Unterteilter Binärbaum [4].

lich [4]. Kriterien für diese Vielwegbäume wurden 1970 von *Bayer und Creight* aufgestellt. Diese speziellen Vielwegbäume werden Bayerbäume (B-Bäume) genannt.

118   4 Datenorganisation in CAD-Systemen   [Literatur S. 140]

Jede Datenorganisation wird durch die Logik der Anwenderprogramme bestimmt. Diese Datenabhängigkeit kann eine Änderung der Anwenderprogramme hervorrufen [5]. Diese Nachteile werden durch Datenbanksysteme vermieden, die eine Trennung der Anwenderprogramme von der Datenorganisation aufweisen *(Bild 4.1-6)*. Zu einem Datenbanksystem gehören die Datenbank und das Datenbankverwaltungssystem.

Unter einer Datenbank ist die Gesamtheit aller physischen Datenbestände zu verstehen. Die Menge aller Datensätze mit demselben Namen bezeichnet man als Datei oder Datenbestand.

Ein Datenbankverwaltungssystem beinhaltet die Gesamtheit aller Verfahren zur Handhabung einer Datenbank und zur Beschreibung ihrer logischen Datenstruktur. Diese Verfahren werden mit Hilfe von Zugriffs-, Verarbeitungs- und Verwaltungsalgorithmen realisiert. Daher gehört zu den Aufgaben des Datenbankverwaltungssystems die Bereitstellung einer Datenmanipulationssprache und einer Datendefinitionssprache.

Unter Datenmanipulationssprachen sind freigestaltete oder durch Erweiterung bestehender Programmiersprachen definierte Sprachen zu verstehen, die der Verarbeitung der Anwenderdaten dienen. Sie ermöglichen den Verkehr zwischen den Anwenderprogrammen und dem Datenbanksystem mit Hilfe von Anweisungen, die in die Anwenderprogramme eingefügt werden können. Mit der Datenmanipulationssprache kann der Anwender innerhalb der von der Datendefinitionssprache festgelegten Strukturen die Daten einer Datenbank lesen und ändern sowie Sätze einfügen oder löschen.

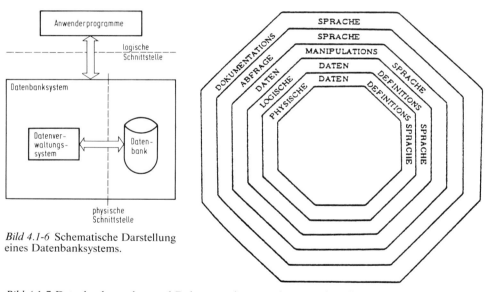

Bild 4.1-6 Schematische Darstellung eines Datenbanksystems.

Bild 4.1-7 Datenbanksprachen und Dokumentationssprachen umgeben die physische Datenbank [6].

Die Datendefinitionssprachen untergliedern sich in physische und logische Datendefinitionssprachen *(Bild 4.1-7)*. Mit den logischen Datendefinitionssprachen werden die logischen Datenstrukturen der Datenbank definiert. Diese Definition nennt man auch Schemabeschreibung. Mit Hilfe der physischen Datendefinitionssprachen wird die Anordnung der Daten auf den physischen Speichereinheiten beschrieben. Diese wird auch physische Datenbankbeschreibung genannt. Die Abbildung von den logischen auf die physischen Datenstrukturen erfolgt implizit durch Vergleich der in der Schemabeschreibung verwendeten

Datensatz- und Datenelementnamen mit den in der physischen Datenbankbeschreibung verwendeten Namen [4].
Um den Benutzer nicht mit einer physischen Datenbankbeschreibung zu belasten, wird diese und auch die logische Datenbankbeschreibung häufig von einem Datenbankadministrator vorgenommen.

4.2 Rechnerinterne Darstellung von Objekten

Der Einsatz des Rechners zur Lösung von Konstruktions- und Arbeitsplanungsaufgaben setzt die Abbildung von realen technischen Objekten auf physischen Speichern voraus. Der Prozeß der Abbildung erfolgt dabei in mehreren Stufen, die aus dem *Bild 4.2-1* zu entnehmen sind[1]).

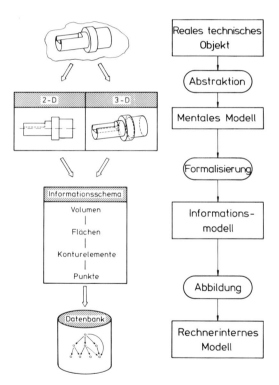

Bild 4.2-1 Modellierungsstufen von technischen Objekten [7].

Ausgehend von einem realen räumlichen Objekt wird in der ersten Stufe durch Abstraktion ein mentales Modell definiert, welches der Vorstellung des Menschen von der Realität entspricht und das Objekt vollständig oder nur teilweise wiedergibt. Der Umfang des mentalen Modells wird dabei im wesentlichen durch die Konzeption des CAD-Systems beeinflußt. Diese wiederum hängt von der Komplexität der verwendeten technischen Objekte sowie

---
[1] In diesem Kapitel wird zu einem wesentlichen Teil auf Arbeiten von POHLMANN [7] zurückgegriffen.

120   4 Datenorganisation in CAD-Systemen   [Literatur S. 140]

von deren Anwendungsbreite in den verschiedenen Systemmoduln ab. Das mentale Modell beschreibt die Sicht des Systemanwenders auf technische Objekte. Im wesentlichen lassen sich für die Konzeption eines CAD-Systems die folgenden Methoden unterscheiden:
- die dreidimensionale volumenorientierte Methode,
- die dreidimensionale flächenorientierte Methode,
- die dreidimensionale linienorientierte Methode,
- die zweidimensionale flächenorientierte Methode und
- die zweidimensionale linienorientierte Methode.

In der zweiten Stufe erfolgt durch Formalisierung der dem mentalen Modell innewohnenden Informationen die Beschreibung des Informationsmodells. Die Informationsmodelle werden mit benutzerorientierten Datenstrukturen gebildet. Bei der Modelltransformation auf diese Ebene ist zu berücksichtigen, daß alle für die späteren Verarbeitungsprozesse erforderlichen Informationen ausgewählt werden. Das Informationsmodell präzisiert und strukturiert diese Informationen nach logischen Gesichtspunkten. Es ist darauf zu achten, daß das der Informationsstruktur zugrundeliegende Schema einerseits problemunabhängig aufgebaut ist, andererseits aber auch eine verarbeitungseffiziente Informationshandhabung ermöglicht, da die verschiedenen CAD-Moduln nach diesem Modell arbeiten.

Die Abbildung des Informationsmodells im Rechner wird rechnerinternes Modell oder auch rechnerinterne Darstellung des technischen Objektes genannt. Die Elemente und das Informationsmodell sind in den *Bildern 4.2-2, 4.2-3* dargestellt. Wichtig ist, daß die rechnerinterne Darstellung in einem integrierten CAD-System als eine Datenbasis für die verschiedenen Planungsaufgaben dienen kann. Dabei muß sowohl das abzubildende Teilespektrum selbst betrachtet werden, als auch Anwendungsbreite und Detaillierungsgrad der zu erstellenden Fertigungsunterlagen. Die rechnerinterne Darstellung muß deshalb allgemeingültige und hinreichend genaue Informationen enthalten. Da es sich bei den technischen Objekten sowohl um Werkstücke als auch um Werkzeuge und andere Fertigungsmittel

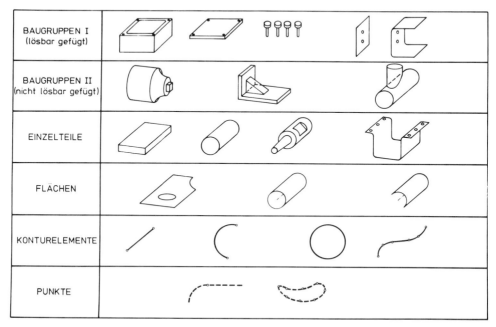

Bild 4.2-2 Elemente eines Informationsmodells [7].

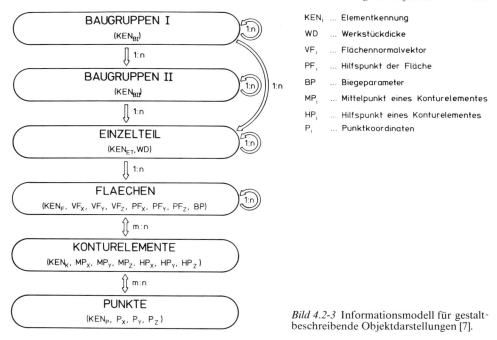

Bild 4.2-3 Informationsmodell für gestaltbeschreibende Objektdarstellungen [7].

handeln kann, ist eine differenzierte Betrachtung der verschiedenen Objektarten notwendig. Rechnerinterne Werkstückdarstellungen beinhalten im wesentlichen gestaltbeschreibende Daten, während Fertigungsmittel überwiegend durch technologische Daten charakterisiert sind.

Der Abbildungsprozeß erfolgt in der dritten Stufe *(Bild 4.2-1)* mit Hilfe von Modellalgorithmen oder von Datenbanksystemen. Unter Modellalgorithmen sind die zum Modellierungsprozeß erforderlichen Algorithmen zu verstehen *(Bild 4.2-4)*, die der Datenverwaltung dienen [7, 8].

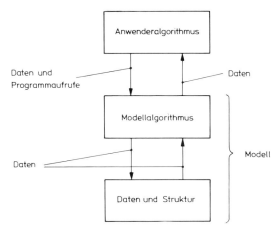

Bild 4.2-4 Zusammenwirken von Modellalgorithmen und Anwenderalgorithmen.

Während Modellalgorithmen in der Regel auf die Semantik der Informationsmodelle ausgerichtet sind, berücksichtigen Datenbanksysteme lediglich die syntaktischen Merkmale. Sie besitzen eine logische, anwendungneutrale Schnittstelle. Die Modellalgorithmen können in Form eines Unterprogrammpakets realisiert sein. Ihre Aufrufe stellen die Schnittstelle dar, über die alle Manipulationen der rechnerinternen Darstellung ausgeführt werden. Die programmtechnische Realisierung der Modellalgorithmen kann in der Form erfolgen, daß eine Ausrichtung auf den Anwendungsbereich erfolgt oder eine Problemunabhängigkeit der Schnittstelle erreicht wird. Im *Bild 4.2-5* sind mögliche Ebenen für programmierte Modellalgorithmen angegeben.

weitere Ebenen	anwendungsorientierte Programme
Ebene 4	Programme zur problemabhängigen Manipulation von Elementen
Schnittstelle der rechnerinternen Darstellung	
Ebene 3	problemunabhängige Programme zur Manipulation der Elemente und Relationen der Datenstruktur
Ebene 2	Programme zur Manipulation im Feldbereich
Ebene 1	Programme zur Manipulation im Wortbereich

Bild 4.2-5 Ebenen für programmierte Modellalgorithmen [8].

Eine Standardisierung der sogenannten Systemschnittstelle der rechnerinternen Darstellung bringt Vorteile bei der Austauschbarkeit von Anwenderprogrammen. Eine Standardisierung der Systemschnittstelle setzt Vereinbarungen über die Aufrufe, die verarbeitbaren Datenstrukturen und die Modellalgorithmen voraus. Bei Einhalten dieser Vereinbarungen können rechnerinterne Darstellungen auch mit unterschiedlichen Speicherungsstrukturen realisiert werden, ohne die Schnittstelle zu ändern.
Ein weiterer Unterschied zwischen Modellalgorithmen und Datenbanksystemen ist darin zu sehen, daß durch die Modellalgorithmen nur jeweils ein technisches Objekt, d.h. ein Werkstück oder eine Baugruppe, betrachtet wird, dessen rechnerinterne Darstellung während des Bearbeitungsprozesses vollständig im Arbeitsspeicher gehalten wird, während bei Datenbanksystemen der Arbeitsspeicher als virtueller Speicher dient, über den man beliebig viele Objekte gleichzeitig abbilden und hantieren kann. Ferner ermöglichen Datenbanksysteme eine strukturelle Verknüpfung von unterschiedlichen rechnerinternen Darstellungen. Dies führt zu einer erheblichen Verminderung der Redundanz der Daten und zu einer integrierten Datenhandhabung insgesamt.

Informationsmodelle

Die dreidimensionale volumenorientierte Methode erlaubt die vollständige Erfassung der Gestalt beliebiger Bauteile. Die Elemente der rechnerinternen Darstellung sind Baugruppen, Einzelkörper, Flächen, Konturelemente und Punkte, die derart definiert und strukturiert sind, daß sich die gestaltbezogenen Informationen für alle CAD-Prozesse ableiten lassen *(Bild 4.2-6)*.
Die flächenorientierte Methode, die ebenfalls auf den zuvor genannten Strukturelementen beruht, kann für beliebig geformte Blechteile mit konstanter Dicke angewandt werden. Für dieses Teilespektrum ist die Erstellung einer hinreichend genauen rechnerinternen Darstel-

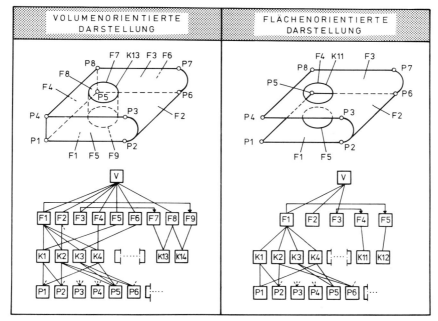

Bild 4.2-6 Volumen- und flächenorientierte Modelldarstellung von ähnlichen Bauteilgeometrien [7].

lung gegeben. Diese ist zwar im Vergleich zu der volumenorientierten Darstellung reduziert, aber hinsichtlich des Informationsgehalts für die verschiedenen Anwendungen vollständig. Dies zeigt sich dadurch, daß aus ihr automatisch die volumenorientierte Darstellung generierbar ist.

Mit Hilfe der zweidimensionalen Darstellung lassen sich nur ebene Blechteile und rotationssymmetrische Teile eindeutig und hinreichend genau beschreiben. Gegenüber der flächenorientierten Vorgehensweise, die auch eine räumliche Darstellung ebener Blechteile einschließt, gilt hier die Einschränkung, daß eine Darstellung nur in der Ebene möglich ist. Ferner ist der Beschreibungsaufwand für Rotationsteile größer und der Umfang der rechnerinternen Darstellung etwa gleich groß wie bei der volumenorientierten Darstellung [9], so daß sich auch von daher keine unmittelbaren Vorteile ergeben. Die zweidimensionale Methode zielt aber im wesentlichen auf die Zeichnungserstellung hin. Sie ist hinsichtlich eines beliebigen Teilspektrums nur für die rechnerinterne Darstellung von Bauteilansichten und Schnitten geeignet. Aufgrund des relativ geringen Entwicklungsaufwandes beruht eine Vielzahl der heute bekannten Systeme auf dieser Methode zur rechnerinternen Objektdarstellung [10, 11, 12, 13].

Die Beschreibung mit Hilfe der dreidimensionalen volumenorientierten Methode erlaubt eine vollständige rechnerinterne Bauteildarstellung für ein beliebiges Teilspektrum. Zur Beantwortung der Frage, ob die volumenorientierte Vorgehensweise die einzig sinnvolle Methode zur Bauteildarstellung ist, sind weitere, quantifizierbare Kriterien heranzuziehen. Hierbei handelt es sich um:

- den Beschreibungsaufwand,
- den Umfang der rechnerinternen Darstellung,
- die Rechenzeit für die Bauteilgenerierung und um
- den programmtechnischen Aufwand für die Erstellung der Moduln zur Generierung von rechnerinternen Darstellungen.

124 4 Datenorganisation in CAD-Systemen [Literatur S. 140]

Die wesentlichen Unterschiede zwischen der volumenorientierten und der flächenorientierten Beschreibungsmethode sind in *Bild 4.2-7* am Beispiel eines ebenen und eines gebogenen Blechteils dargestellt. Die Bauteilbeschreibung erfolgt in beiden Fällen durch die Definition einfacher Grundkörper, wie Quader, Zylinder und Profilkörper, die bei der flächenorientierten Beschreibung durch entsprechende Modifikatoren als reduzierte Körper gekennzeichnet werden. Dem *Bild 4.2-7* ist zu entnehmen, daß der Beschreibungsaufwand bei dem ebenen Blechteil für beide Verfahren identisch ist, während er bei dem gebogenen Blechteil etwa die Hälfte beträgt. Der geringere Aufwand bei der flächenorientierten Eingabe des gebogenen Blechteils läßt sich dadurch erklären, daß die Beschreibung der Profilkörper durch einen offenen Konturzug mit jeweils zwei Konturelementen erfolgt, während bei der volumenorientierten Eingabe die Profilkörper durch einen geschlossenen Konturzug mit jeweils sechs Konturelementen beschrieben werden.

Für die rechnerinterne Darstellung ist festzustellen, daß die Anzahl der Elemente und der Relationen und damit auch der benötigte Speicherplatz bei der flächenorientierten Darstellung wesentlich geringer ist. Besonders markant sind die Unterschiede bei der Anzahl von Flächen und den Relationen.

Verglichen mit der volumenorientierten Methode ermöglicht das Verfahren zur flächenorientierten Beschreibung und Generierung von Blechteilen einen geringeren Beschreibungsaufwand. Ferner sinkt die Rechenzeit für die Bauteilgenerierung ebenso wie der benötigte Speicherplatz. Da die reduzierte Darstellung zudem alle für die verschiedenen CAD-Anwendungen relevanten gestaltbeschreibenden Informationen enthält, ist der zusätzliche programmtechnische Aufwand gerechtfertigt [7].

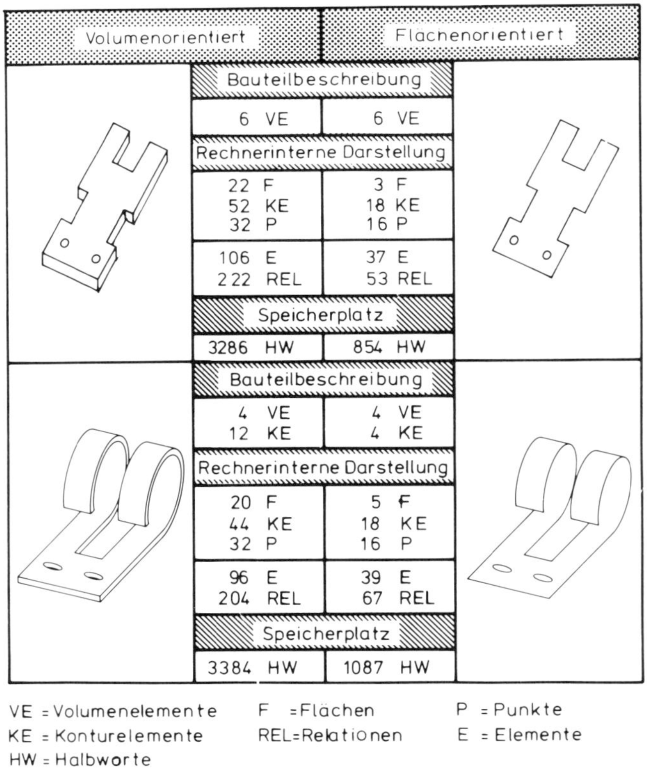

Volumenorientiert	Flächenorientiert
Bauteilbeschreibung	
6 VE	6 VE
Rechnerinterne Darstellung	
22 F	3 F
52 KE	18 KE
32 P	16 P
106 E	37 E
222 REL	53 REL
Speicherplatz	
3286 HW	854 HW
Bauteilbeschreibung	
4 VE	4 VE
12 KE	4 KE
Rechnerinterne Darstellung	
20 F	5 F
44 KE	18 KE
32 P	16 P
96 E	39 E
204 REL	67 REL
Speicherplatz	
3384 HW	1087 HW

VE = Volumenelemente F = Flächen P = Punkte
KE = Konturelemente REL = Relationen E = Elemente
HW = Halbworte

Bild 4.2-7 Gegenüberstellung von Verfahren zur rechnerinternen Objektdarstellung [7].

Datenmodelle nach CODASYL

Die Conference on Data System Languages (CODASYL), ein Zusammenschluß amerikanischer Rechnerhersteller und -anwender, erarbeitete im Rahmen der Data Base Task Group (DBTG) seit 1965 ein Datenbankkonzept für hierarchische und netzwerkartige Strukturen [14], das eine Datendefinitionssprache (DDL) für das Schema enthält, welches das Datenmodell in Anlehnung an das jeweilige Informationsmodell beschreibt, sowie für ein Subschema, durch das den Anwenderprogrammen die Datenbank zugänglich gemacht wird. Ferner ist eine Datenmanipulationssprache als Interface zwischen Anwenderprogrammen und Datenbank spezifiziert. In den vergangenen Jahren wurde eine Anzahl von Datenbanksystemen entwickelt, die auf diesem Datenmodell basieren [15, 16, 17]. Ein grundlegender Nachteil des Konzepts ergibt sich durch eine unscharfe Trennung zwischen dem Informationsmodell, dem Datenmodell und dem Speicherungsmodell. So erlaubt die Beschreibung des Datenmodells durch die Datendefinitionssprache die Angabe von unterschiedlichen Zugriffspfaden für die datenbanksysteminterne Organisation der Daten. Zugriffspfade können durch die Folge von Satzschlüsseln beschrieben werden. Neben der dadurch hervorgerufenen Abhängigkeit der Modelle auf den verschiedenen Stufen ist von vornherein die Implementierung unterschiedlicher Zugriffspfade bei der Systemerstellung festgelegt.

Die Basiselemente zur Beschreibung des Datenmodells sind Records und Sets, mit deren Hilfe sich beliebig umfangreiche Netzwerke und hierarchische Strukturen definieren lassen *(Bild 4.2-8)*. Die Records sind Datensätze, die gleichartige Elemente repräsentieren. Die einzelnen Elemente sind als Ausprägung des Records anzusehen. Die hierarchische Beziehung zwischen zwei Records wird als Set bezeichnet, wobei jedes Set wiederum beliebig viele Set-Ausprägungen aufweisen kann. Der übergeordnete Record wird als Owner, der untergeordnete Record als Member deklariert.

Eine weitere Forderung an ein Datenmodell für CAD-Systeme ist der wahlfreie Zugriff auf alle Elemente der rechnerinternen Darstellung. Bei CODASYL wird dies durch die Definition eines singulären Sets ermöglicht, das als Owner das „System", bzw. die Basisverwaltung der Datenbank, und als Member den entsprechenden Record besitzt. Auch hier ist zu bemängeln, daß die Zugriffspfade, die durch das Speicherungsmodell realisiert werden, im Datenmodell zu definieren sind. Der wahlfreie Zugriff auf alle Elemente sollte möglich sein, ohne daß er explizit definiert werden muß.

Das Netzwerkmodell gestattet es, beliebige Baum- und Netzstrukturen ebenso abzubilden, wie tabellenorientierte Strukturen. Im weiteren ist es möglich, mengenorientierte Operationen auf diesem Datenmodell mit der Einschränkung durchzuführen, daß bei geschachtelten, beliebig komplexen Operationen ein umfangreicher programmtechnischer Aufwand bei der Realisierung des Datenbanksystems erforderlich ist.

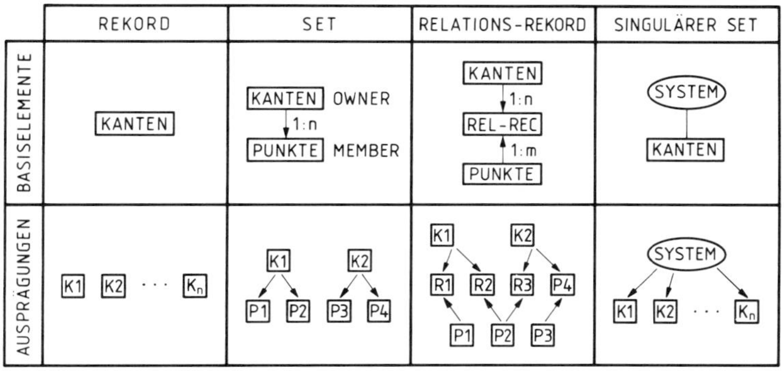

Bild 4.2-8 Elementare Strukturen nach dem CODASYL-Konzept [7].

Beispiel eines netzwerkartigen Datenmodells

Die Bausteine des Datenmodells *(Bild 4.2-9)* sind Elemente und Relationen, wobei die Elemente die Knoten einer Baumstruktur oder eines Netzwerkes repräsentieren und die Relationen die Beziehungen zwischen jeweils zwei Elementen. Handelt es sich um Tabellen, so stellen die Elemente die Datensätze in horizontaler oder vertikaler Richtung dar. Bezüglich der Elemente besteht eine Einteilung in Klassen, wobei gleichartige Elemente in einer Klasse zusammengefaßt werden. Im weiteren sind die Elemente einer bestimmten Datei zugeordnet. Die eindeutige Identifizierung der Elemente einer Datenbank erfolgt über den Namen der Datei, der das Element logisch zugeordnet ist, der Elementklasse und dem vom Datenbanksystem vergebenen Identifikator, der innerhalb einer Datei für jede Klasse nur einmal auftritt.

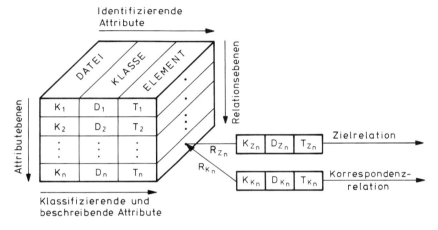

Bild 4.2-9 Schematische Darstellung eines netzwerkartigen Datenmodells [7].

Eine Relation definiert die direkte Zuordnung zweier Elemente. Aufgrund der Elementidentifikatoren ist es möglich, jedes Element einer Datenbank mit jedem anderen Element zu verknüpfen. Da ein Elementpaar unterschiedliche Beziehungen zueinander aufweisen kann, ist es notwendig, benannte Relationen zu verwenden. Dazu werden Relationsebenen eingeführt, die es erlauben, mehrere Relationen zwischen zwei Elementen zu definieren.
Tritt eine Relation zwischen zwei Elementen unterschiedlicher Klassen auf, so ist implizit eine Relationsrichtung vorgegeben. Dies ist nicht der Fall, wenn Elemente gleicher Klasse in Beziehung gesetzt werden. Hier ist die Relationsrichtung explizit anzugeben. Man unterscheidet deshalb zwischen Ziel- und Korrespondenzrelationen.
Im allgemeinen weisen Elemente und Relationen neben den identifizierenden und strukturbildenden Attributen noch klassifizierende und beschreibende Attribute auf. Die klassifizierenden Attribute dienen dazu, Elemente oder Relationen einer bestimmten Klasse zu spezifizieren, ohne die beschreibenden Daten oder die strukturelle Umgebung näher zu kennen. Sie tragen wesentlich zur Beschleunigung der Abläufe von CAD-Prozessen bei. Insbesondere sind klassifizierende Attribute bei mengenorientierten Anfragen dazu geeignet, eine bestimmte Vorauswahl von Elementen oder Relationen zu treffen. Die beschrei-

benden Attribute sind einerseits vom Typ REAL und andererseits vom Typ CHARACTER. Semantisch ähnliche Attribute gleichen Typs werden in Gruppen zusammengefaßt, wobei deren Anzahl innerhalb einer Attributgruppe variieren kann. Den Elementen können die einzelnen klassifizierenden Attribute und beschreibenden Attributgruppen auf verschiedenen Datenebenen zugewiesen werden. Bei Relationen kann die Einführung von Datenebenen entfallen, da durch die Definition der Relationsebenen eine entsprechende Differenzierung möglich ist [7].

Datenmodelle nach Codd

Das von *Codd* vorgeschlagene Relationenmodell beruht auf dem Gedanken, daß Daten nicht strukturiert, sondern in Mengen eingeteilt werden [18]. Datenmengen mit gleicher oder ähnlicher Semantik faßt man in Relationen zusammen. Die Zielsetzung dieses Modellierungsvorschlags ist die mathematische Vollständigkeit des Datenmodells. Basierend auf der relationalen Darstellung wurden verschiedene Datenmanipulationssprachen entwickelt [19, 20], mit denen die Relationen, also Mengen von Datensätzen, ausgewertet und verändert werden können. Der Grundgedanke des Relationenmodells ist die Darstellung der Relationen in Form von Tabellen, mit denen dann die entsprechenden Datenbankoperationen arbeiten *(Bild 4.2-10).*

Um mit überschaubaren, in der Regel vollständig besetzten Tabellen arbeiten zu können und eine effektive Handhabung zu gewährleisten, ist es erforderlich, normalisierte Relationen zu verwenden, die bestimmte Normalisierungsbedingungen erfüllen müssen [21].

Die Definition der einzelnen Relationen unter Berücksichtigung der Normalisierungsbedingungen ist am Beispiel eines Zylinders in *Bild 4.2-10* dargestellt [7].

Der Vorteil des relationalen Datenmodells ergibt sich im Hinblick auf die mengenorientierten Datenbankoperationen durch die Möglichkeit, beliebig komplexe Operationen mit Hilfe weniger elementarer Funktionen zu realisieren. Die Normalisierungsbedingungen ermöglichen es, einfach strukturierte, homogene Datensätze aufzubauen.

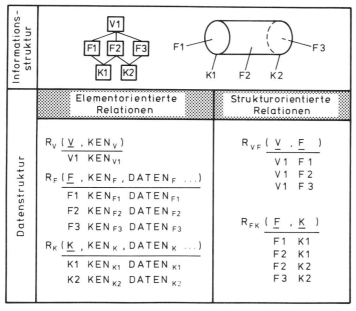

Bild 4.2-10 Relationale Datenmodelldefinition für technische Objekte [7].

128   4 *Datenorganisation in CAD-Systemen*   [Literatur S. 140]

Bei elementorientierten Operationen im Sinne der Informationsstruktur für technische Objekte ist mit Nachteilen gegenüber den netzwerkartigen Datenmodellen zu rechnen. Dies trifft vor allem auf die Antwortzeiten bei bestimmten Operationen zu. Während bei Operationen, die sich auf ein Tupel, d.h. eine Zeile einer Relationentabelle, einer elementorientierten Relation beziehen, durch geeignete Zugriffspfade auf der Ebene der Speicherungsstruktur eine Beschleunigung bei der Identifizierung eines Tupels erreicht werden kann, ist das Anlegen von Zugriffspfaden für strukturorientierte Relationen, die die Beziehungen zwischen Elementen beinhalten, nicht sinnvoll. Beim Stand der Technik befinden sich relationale Datenmodelle noch im Vorfeld der praktischen Anwendung von CAD-Systemen [7].

Speicherungsmodelle

Während das Datenmodell ausschließlich die logischen Aspekte der Datenstrukturierung erfaßt, berücksichtigt das Speicherungsmodell auch die Abbildung der Daten auf die physischen Speicher. Es definiert, in welcher Form die Daten des übergeordneten Modells auf den Speichern organisiert werden, ohne die Abbildung selbst vorzunehmen. Dabei ist das Datenmodell in einer speicherorientierten Form mit der Zielsetzung zu strukturieren, bei beliebigen Datenbankoperationen, auch für sehr große Dateien, möglichst kurze Antwortzeiten zu erreichen.

Für die Datenorganisation auf dieser Ebene bieten sich drei Methoden an [22]:
- die sequentielle Organisation,
- die Organisation in Listen und
- der direkte Zugriff.

Bei der sequentiellen Organisation werden die Datensätze im Speicher sequentiell abgelegt. Sie stellt die einfachste Speicherungsmethode dar, da der Zugriffsmechanismus zu den Daten durch die fortlaufenden Adressen des Hauptspeichers des Rechners bereits vorhanden ist. Die Manipulationsmöglichkeiten der Daten sind erheblich beschränkt [22].

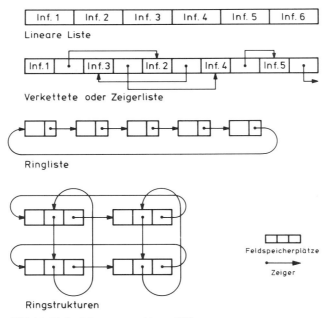

Bild 4.2-11 Speicherungsstrukturen [23].

Zu der sequentiellen Organisation gehören unter anderem Stapel, Warteschlangen, Felder und Tabellen.

Unter einem Stapel ist die Speicherungsstruktur zu verstehen, bei der ein Zeiger auf das zu bearbeitende Element zeigt. Das jeweils als letztes gespeicherte Element wird als erstes bearbeitet. Diese Vorgehensweise wird LIFO genannt, aus dem Englischen Last In First Out.

Unter einer Warteschlange ist die Speicherungsstruktur zu verstehen, bei der das zuerst eingefügte Element auch als erstes bearbeitet wird. Diese Vorgehensweise wird FIFO genannt, aus dem Englischen First In First Out. Es werden dazu zwei Zeiger benötigt. Der eine zeigt auf den Anfang und der andere auf das Ende der Warteschlange.

Unter einem Feld ist die Speicherungsstruktur zu verstehen, die eine Anzahl von Speicherstellen darstellt.

Unter einer Tabelle ist die Speicherungsstruktur zu verstehen, bei der in der Regel die Daten mit Schlüsselwörtern versehen werden.

Bei der Organisation in Listen können die Daten im Speicher physisch verstreut bzw. unabhängig von ihrer logischen Reihenfolge gespeichert werden *(Bild 4.2-11)*. Die logische Reihenfolge muß durch zusätzliche Daten repräsentiert werden, die eine Verkettung beschreiben. Dies geschieht mit Hilfe von Zeigern, die zusammen mit den Daten zum Inhalt eines Datensatzes gehören und auf den nächsten Datensatz zeigen. Außer der einfachen Liste gibt es die Ringlisten und die doppelt verketteten Listen [23].

Unter einer Liste ist eine endliche, geordnete Anzahl von Einheiten zu verstehen. Zu den Einheiten gehören Daten und Zeiger. Falls die Anzahl der Einheiten gleich Null ist, liegt eine leere Liste vor.

Unter einer Ringliste ist eine Liste zu verstehen, deren Zeiger der letzten Einheit auf die erste Einheit zeigt. Dies hat zur Folge, daß von einer beliebigen Stelle in der Struktur aus alle Listenelemente erreicht werden können [24].

Ringstrukturen bestehen aus Einheiten, bei denen jeweils zu einem Datenelement zwei Zeiger gehören. Der eine Zeiger ist auf das nächste Element in einer Ringliste gerichtet. Der andere Zeiger stellt eine Verbindung zu einer zweiten Ringliste her.

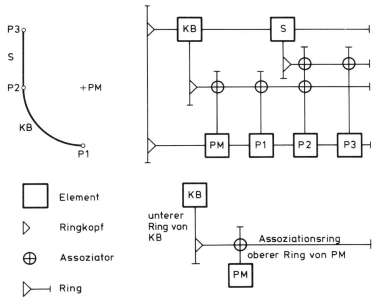

Bild 4.2-12 ASP-Struktur [7].

130   4 Datenorganisation in CAD-Systemen   [Literatur S. 140]

Unter doppelt verketteter Liste ist eine Liste zu verstehen, bei der zusätzlich zu dem Zeiger, der auf die logisch nächste Einheit zeigt, ein weiterer Zeiger eingeführt wird, der als Rückwärtszeiger auf den vorangehenden Datensatz zeigt.

Beim direkten Zugriff wird jedem Datensatz eine Adresse zugeordnet, die entweder vom Benutzer erzeugt oder als Tabelle zur Verfügung gestellt wird, in der das Schlüsselwort des Datensatzes mit seiner Adresse abgespeichert wird.

Die Tabellenorganisation erfolgt durch Anwendung der sequentiellen Organisation, der Hashing-Methode oder einer doppelt verketteten Liste.

Bei der sequentiellen Organisation erweist sich das Einfügen und Löschen von Datensätzen als besonders kompliziert, weil es umfangreiche Änderungen mit sich bringt, im Gegensatz zu der Organisation in Listen. Am einfachsten sind Einfügungen und Löschungen beim direkten Zugriff, wobei jeder Datensatz durch einen einzigen Zugriff und unabhängig von anderen Datensätzen verarbeitet wird. Der Speicherbedarf ist bei den beiden letzten Organisationsarten am größten, weil die Zeiger gespeichert werden müssen.

Für die Anwendung in CAD-Prozessen hat sich die ASP-Struktur bewährt, da sie neben einem gewissen Maß an Flexibilität einen homogenen Aufbau aufweist [25]. Die Komponenten der ASP-Struktur und deren Zusammenwirken sind exemplarisch in *Bild 4.2-12* wiedergegeben. Angewandt auf einen Konturzug sind alle Elemente einer Klasse auf einem

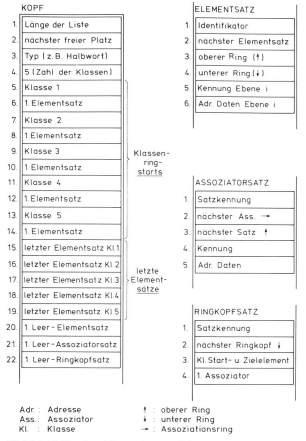

Bild 4.2-13 Kopf und Sätze einer realisierten ASP-Speicherungsstruktur [26].

Klassenring angeordnet, während die Beziehungen zwischen den Elementen durch die Assoziationen dargestellt werden, die ihrerseits wiederum ringförmig verknüpft sind.

Unter der Voraussetzung, daß nicht alle für einen CAD-Prozeß benötigten Daten im Arbeitsspeicher abgelegt werden können, was eine Festforderung bei der Anwendung eines Datenbanksystems sein muß, ergeben sich erhebliche Nachteile hinsichtlich der Antwortzeiten, wenn die Anzahl der Sekundärspeicherzugriffe hoch ist. Die Zugriffshäufigkeit erhöht sich, wenn der Arbeitsspeicher in kleinere Seiten aufgeteilt ist, deren Inhalte entsprechend der Zugriffsreihenfolge verwaltet werden. Analysiert man die ASP-Struktur, so wird deutlich, daß bei wahlfreiem Zugriff auf ein Element jeweils der Klassenring soweit abzuarbeiten ist, bis das Element gefunden wird. Das gleiche gilt für die Beziehungen zwischen den Elementen. Bei einer derart modularen Struktur nimmt die Anzahl der Sekundärspeicherzugriffe mit wachsendem Umfang einer Datei zu.

Zwar könnte man den wahlfreien Zugriff auf die Elemente durch geeignete Zugriffsstrukturen, wie Indexlisten oder Vielwegbäume unterstützen [26], jedoch würde dadurch der homogene Aufbau der ASP-Struktur verloren gehen. Ein weiterer kritischer Punkt ist in der großen Anzahl der über die Gesamtstruktur verteilten physischen Zeiger zu sehen, die generell geändert werden müssen, wenn man eine Datei teilweise oder vollständig neu in der Datenbank positioniert *(Bild 4.2-13)*.

Speichermodell

Das Speichermodell bestimmt die Abbildung der satzweise im Speicherungsmodell definierten Daten auf die physischen Speicher und deren Verwaltung. Als Datenträger dienen dabei externe Speicher wie Magnetplatte oder -trommel, auf denen die Daten der gesamten Datenbank gespeichert sind, und der Arbeitsspeicher, in dem die zeitweise von einem Anwendungsprozeß benötigten Daten verwaltet werden. Der Datentransfer zwischen den externen Speichern und den Arbeitsspeichern ist ebenso eine Funktion des Speichermodells wie die Freiraumverwaltung auf den unterschiedlichen Speichermedien.

Für die Datenhandhabung auf der Stufe des Speichermodells bieten sich hauptsächlich zwei Verfahren an. Das erste beruht auf der Annahme, daß sowohl die externen Speicher als auch der Arbeitsspeicher in gleichlange Seiten unterteilt sind. Mit Hilfe eines einfachen Paging Systems können die einzelnen Seiten hantiert und verwaltet werden. In Abhängigkeit von den Hardwareeigenschaften der externen Speicher sind Seiten bestimmter Größe adressierbar. Bezogen auf das Speicherungsmodell bedeutet dies, daß mehrere Datensätze in einer Datenseite gespeichert werden können. Da die Häufigkeit und der Zeitpunkt des Zugriffs auf die Datensätze sehr stark differieren kann, ist von einem hohen Datentransfer auszugehen, selbst wenn bei der Segmentierung der Datenbank die logischen Zusammenhänge einzelner Datensätze berücksichtigt werden.

Diesen Nachteil vermeidet das zweite Verfahren, welches hinsichtlich der Datenorganisation im Arbeitsspeicher flexibler ist. Hierbei erfolgt der Datentransfer zwischen den externen Speichern und dem Arbeitsspeicher zwar auch seitenweise, jedoch werden im Arbeitsspeicher die einzelnen Datensätze unabhängig voneinander hantiert. Dazu sind umfangreiche Algorithmen erforderlich, die aber weniger rechenzeitaufwendig sind als der wiederholte Zugriff auf externe Speicher.

Das Speichermodell beruht auf einer Unterteilung der physischen Speicher in Datenseiten mit konstanter Länge, wobei die Sekundärspeicherseiten in der Regel größer sind als die Seiten des Primärspeichers. Die Seiten beinhalten dann die durch das Speicherungsmodell definierten, variabel langen Datensätze, die sowohl die Elementdaten als auch Daten des Zugriffspfades und andere Verwaltungsdaten beschreiben. Während der Wahl der Seitengröße der Sekundärspeicher durch die Hardware insbesondere nach unten Grenzen gesetzt sind, läßt sich die Seitengröße des Primärspeichers beliebig definieren. Dies führt zu der Vereinbarung, daß auf einer Sekundärspeicherseite mehrere Datensätze abgelegt werden können, während eine Primärspeicherseite höchstens einen Datensatz aufnimmt.

Bei der Wahl der Seitengröße zu Beginn der Implementierung des Datenbanksystems wird davon ausgegangen, daß sich diese bei Sekundärspeichern an der kleinsten adressierbaren Einheit orientiert, während die Größe der Primärspeicherseiten so zu wählen ist, daß die einzelnen Datensätze nicht übermäßig segmentiert werden müssen, aber auch nicht zu große Lücken entstehen. Gegenüber der Implementierung des Primärspeichers als linearen Adreßraum, bei der die Wahl der Seitengröße entfällt, hat diese Vorgehensweise den Vorteil, daß sich der zeitliche Aufwand bezüglich der Freiraumverwaltung in Grenzen hält.
Für die Anordnung der Datensätze auf dem Sekundärspeicher können bestimmte Vereinbarungen getroffen werden [7].

4.3 Datenbanksysteme

Mit Hilfe eines Datenbanksystems ist es möglich, eine große Anzahl von unterschiedlich strukturierten Daten zu speichern und den verschiedenen Anwenderprogrammen zur Verfügung zu stellen. Der Zugriff auf die Daten erfolgt dabei nicht mittels Adressen, sondern durch eine teilweise Beschreibung der Daten auf einer höheren, logischen Ebene. Dadurch entfällt die physische Datenorganisation für die jeweiligen Anwendungsprozesse. Das Speichern und Verwalten der Daten auf den physischen Speichern sowie das Bereitstellen für den jeweiligen Anwendungsprozeß geschieht mit Hilfe eines softwaremäßig realisierten Datenbanksystems [3, 27, 28].
Ein Datenbanksystem besteht aus dem Datenbankverwaltungssystem und der Datenbank. Die Datenbank enthält Anwender- und Verwaltungsdaten, d.h. alle Daten, die von verschiedenen Anwendern mit Hilfe eines Datenbankverwaltungssystems erzeugt und im Speicher abgelegt werden. Eine Datenbank kann demnach viele Datenbasen enthalten. Eine Datenbasis ist eine im Rechner abgelegte Menge von Daten, die bezüglich einer bestimmten Aufgabenstellung relevant ist.
Die Definition von allgemeingültigen Informationsmodellen für die unterschiedlichen technischen Objekte ist eine wesentliche Voraussetzung für den Einsatz eines Datenbanksystems als Komponente eines integrierten CAD-Systems. Sie ermöglicht eine einheitliche Sicht der Daten in den unterschiedlichen Phasen der automatisierten Bearbeitung von Konstruktions- und Arbeitsplanungsaufgaben.
In CAD-Softwaresystemen werden vier Arten von Datenbasen benötigt, die mit Datenbanksystemen verfügbar gemacht werden können [29]:
- administrative,
- technologieorientierte,
- produktorientierte und
- programmorientierte Datenbasen.

Administrative Datenbasen sind Archive, mit denen Dokumente wie Zeichnungen, Arbeitspläne, Stücklisten verwaltet werden können. Sie ersetzen die konventionellen Archive. Daher müssen sie mit Möglichkeiten zum Identifizieren, Klassifizieren, Speichern und Wiederauffinden sowie zur Reproduktion versehen sein.
Technologieorientierte Datenbasen werden mit Hilfe von Tabellen und Registern mit Angaben über Werksnormen, nationale und internationale Normen, Vorschriften, Werkstoffwerte, Fertigungsmittel und Relativkosten gebildet.
Produktorientierte Datenbasen enthalten die zur vollständigen Beschreibung von Produkten erforderlichen Daten. Dazu gehören identifizierende, klassifizierende und statusbeschreibende Daten sowie die Daten zur räumlichen und technologischen Definition. Die räumliche Definition ist eine logische Verknüpfung der geometrischen, topologischen und dimensionierenden Daten. Die technologische Definition ist eine logische Verknüpfung

fertigungsrelevanter Attribute mit der Geometrie des Produkts. Die operationale Verarbeitung produktorientierter Datenbasen erfolgt in rechnerinternen Darstellungen, die mehr statische Langfrist-Speicherung wird mit Datenbanksystemen vorgenommen.
Programmorientierte Datenbasen enthalten temporäre Daten, die nur für die Verarbeitung mit den Programmen des CAD-Softwaresystems relevant sind.
Die Handhabung der Daten sowie die Nachbildung des Datenflusses, wird durch das Datenbanksystem unterstützt. Die Strukturierung der Daten in einem einheitlichen, weitgehend problemunabhängigen Datenmodell und eine strukturflexible, aufgabenneutrale Schnittstelle zwischen Anwendungsprozessen und Datenbanksystem sowie die Möglichkeit, große Datenmengen in der Datenbank zu speichern, sind Kriterien zur Vermeidung von unkontrollierbaren Datenredundanzen und Voraussetzung für die Mehrfachanwendung gleicher Daten in unterschiedlichen Planungsprozessen.
Bei dem Einsatz eines Datenbanksystems im CAD-Bereich besteht ein Schwerpunkt in der Handhabung der unterschiedlichen Informationsmodelle für technische Objekte. Weiterhin ist es notwendig, auch andere betriebliche Daten, wie Richtwerttabellen und Fertigungsunterlagen, zu erfassen. Durch die zentrale Speicherung aller Daten entsprechend *Bild 4.3-1* ist ein einheitlicher, innerbetrieblicher Informationsfluß gewährleistet. Dies setzt aber voraus, daß unterschiedlich strukturierte Informationsmodelle, wie Netzwerke, Baumstrukturen und Tabellen, von dem Datenbanksystem verarbeitet werden können [7].

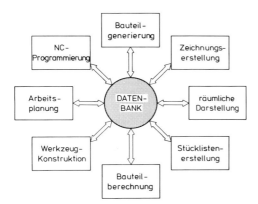

Bild 4.3-1 Die Datenbank als zentrale Komponente eines integrierten CAD-Systems [7].

Die Zugriffe auf eine CAD-Datenbank sind einerseits operationelle, wobei einzelne Elemente oder Datensätze eingefügt, geändert, bereitgestellt oder gelöscht werden, und andererseits informationelle, wobei man Elemente oder Datensätze aufgrund von vorgegebenen Kriterien aus einer definierten Menge selektiert. In beiden Fällen ist der Aufbau der Datenelemente und ihrer Attribute bekannt, da die Daten formatiert, bzw. nach einem bestimmten Schema geordnet, in der Datenbank gespeichert sind.
Einen wesentlichen Einfluß auf die Zugriffs- und Antwortzeiten eines CAD-Systems hat die Organisation der Daten auf dem Sekundärspeicher. Die Wahl einer Organisationsform wird dabei durch die Bewegungshäufigkeit, den Umfang des Änderungsdienstes sowie durch Größe und Wachstum der Datei bestimmt [4].
Die Größe sowie das Wachstum einer Datei beeinflussen sowohl grundsätzlich die Wahl externer Speichermedien als auch die physische Anordnung der Datenelemente innerhalb der Plattenstapel.
Um eine größere Effizienz des Systems zu erreichen kann eine anwendungsorientierte physische Packung (Clustering) der Daten realisiert werden. So können z.B. alle Datensätze, die zu einer rechnerinternen Darstellung desselben Objektes gehören, zu einem Cluster zu-

sammengefaßt werden. Beim Zugriff auf den Cluster stehen dann alle mit diesem Objekt verbundenen Daten in physischer Nähe gespeichert zur Verfügung und können für eine Folge von Modellierungsschritten an dem Objekt gleichzeitig in den Arbeitsspeicher geladen werden. Auf diese Weise wird die Zahl der zeitraubenden Speicherzugriffe klein gehalten [30]. Ein Nachteil dieser Vorgehensweise liegt in der höheren Abhängigkeit des Systems von physischen Speichergegebenheiten, d.h. die physische Datenunabhängigkeit, die auch das Ziel jedes Datenbanksystems ist, geht teilweise verloren. Dies hat zur Folge, daß ein Wechsel des Speichermediums oder der Rechenanlage größere Änderungen in den Systemalgorithmen verursachen kann.

Datenbanken müssen vor Mißbräuchen durch unerlaubte Zugriffe von nicht berechtigten Benutzern geschützt werden. Zugriffe zu Datenbanken müssen in der industriellen Praxis durch die Erhebung von Zugriffsberechtigungen und -prioritäten geregelt werden.

Der modellbezogene Aufbau von Datenbanksystemen orientiert sich an unterschiedlichen Konzepten, die sich in der Regel nicht hinsichtlich ihrer Auswirkungen auf die Implementierung und Anwendungsmöglichkeiten von Datenbanken unterscheiden. Die Zielsetzung besteht in der Definition voneinander unabhängiger Modelle für die jeweiligen Entwurfsstufen.

Das zentrale Problem in der Konzeptphase eines Datenbanksystems ist die Definition des Datenmodells, da dieses die Sicht der Anwendungsmoduln auf die Daten bestimmt sowie die Datenbankoperationen festlegt. Dadurch ergibt sich eine enge Beziehung zu den unterschiedlichen Informationsmodellen und deren Betrachtung seitens der Anwendungsmoduln. Um dieser Tatsache Rechnung zu tragen, ist ein einheitliches, syntaxorientiertes Datenmodell zu definieren, welches die unterschiedlichen Merkmale der Informationsmodelle beinhaltet.

Durch eine ausschließlich syntaxorientierte Ausrichtung wird eine Datenunabhängigkeit gegenüber den Informationsmodellen erreicht, die eine Erweiterung bzw. Modifikation dieser Modelle zuläßt. Die Anwendungsmoduln sind nur dann betroffen, wenn sich die Modifikationen auf sie auswirken.

Eine Datenbank ist nur dann widerspruchsfrei, wenn nicht zugleich ein Satz und seine Negation von ihr ableitbar sind. Sie ist vollständig, wenn wenigstens einer von beiden, der Satz oder seine Negation, aus ihr ableitbar ist. Sie ist unabhängig, wenn kein in ihr erhältlicher Satz aus den übrigen Sätzen der Datenbank ableitbar ist. Zu den Änderungen einer Datenbank gehören die Operationen Einfügen, Ersetzen, Löschen. In *Bild 4.3-2* wird gezeigt, welche Zugriffsoperationen welche Eigenschaften einer Datenbank ändern können.

Eigenschaften / Operationen	Unabhängigkeit	Vollständigkeit	Widerspruchsfreiheit
Löschen	—	×	—
Einfügen	×	—	×
Ersetzen	×	×	×

Bild 4.3-2 Beeinflussung der Eigenschaften von Datenbanken durch Zugriffsoperationen.

Die Datenunabhängigkeit gegenüber den datenbanksysteminternen Modellen besagt, daß das Datenmodell keinerlei Informationen über die Speicherungs- und Speicherstruktur beinhalten darf, was bedeutet, daß eine Änderung dieser Modelle sich nicht auf das Datenmodell auswirkt und somit keinen Einfluß auf die Datenbankschnittstelle und die Anwendungsmoduln hat.

Die bisher formulierten Datenmodelle können im wesentlichen in hierarchische Modelle, Netzwerkmodelle und relationale Modelle eingeteilt werden.

Bei den bisher entwickelten Datenbanksystemen handelt es sich fast ausschließlich um solche Systeme, die im kommerziellen Bereich eingesetzt werden. Zwar gibt es eine Vielzahl von Merkmalen und Anforderungen, die auch für die Datenbanksysteme im CAD-Bereich

relevant sind, dennoch sind in einigen Fällen die Prioritäten anders zu setzen und bezüglich der Strukturierung der Gesamtdatenbank anderweitige Organisationseinheiten notwendig. Der Zugriff der CAD-Prozesse auf die Datenbank sollte parallel auf mehrere Dateien erfolgen können. Dieser Tatsache muß durch die Verwaltung der Daten im Arbeitsspeicher Rechnung getragen werden, um während eines Zugriffes auf eine Datei nicht alle Daten einer ebenfalls aktualisierten Datei auslagern zu müssen [7].
In einer einheitlichen Datenbank lassen sich nicht nur die geometrischen und physikalischen Eigenschaften technischer Objekte abbilden, sondern auch die Beziehungen zwischen den einzelnen Objekten. Diese Beziehungen können geometrischer Art sein, wie der relative räumliche Abstand voneinander, oder physikalischer Natur, wie die Art, nach der einzelne Bauteile eine Bewegung eines anderen Bauteils erzwingen. Eine derartig verfügbare Datenbasis, die die Beschreibung der geometrischen und physikalischen Eigenschaften von technischen Objekten zuläßt, ermöglicht die Simulation und Gültigkeitsprüfung der Eigenschaften, wie Festigkeit, Steifigkeit, Schwingungsverhalten und Wärmeverhalten.
Unterschieden werden Systeme mit gemeinsamer Datenbasis, die als homogen bezeichnet werden, und Systeme mit unterschiedlichen Datenbasen, die heterogen heißen. Bei homogenen Systemen wird eine leichte Ankopplung und Vielfachverwendbarkeit von Anwendungsmoduln erreicht. Die Datenübertragung zwischen den Moduln ist äußerst einfach, weil gleiche Datenbasen verwendet werden. Eine Standardisierung der Schnittstellen der rechnerinternen Darstellung ist eine Voraussetzung. Bei heterogenen Systemen ist eine Datenkopplung möglich, das Datenformat muß dann standardisiert werden. Diese Forderung kommt für homogene Systeme hinzu, wenn für rechnerinterne Darstellungen unterschiedliche Speicherungsstrukturen verwendet werden. Für Zeichnungserstellungssysteme und Geometrieverarbeitungssysteme ist vor allem die Kopplung mit anderen Systemen der Geometrieverarbeitung, aber auch zunehmend mit Systemen zur Berechnung und Arbeitsplanung, erforderlich.

Verteilte Datenbanksysteme

Für die dezentrale Verarbeitung gewinnen die sogenannten verteilten Datenbanken an Bedeutung. Dabei wird davon ausgegangen, daß Arbeitsplatzrechner lokale Datenbanken beinhalten und der Zentralrechner die globale Datenbank verwaltet.
Ziel dieser Entwicklung ist es, dem Benutzer nicht nur das Arbeiten auf seiner lokalen Datenbank zu ermöglichen, sondern ihm auch den Zugriff zu anderen Datenbanken zu erlauben. Diese Möglichkeit ist auch für CAD von zunehmendem Interesse, da für die verschiedenen Aufgabenstellungen oft Informationen erforderlich sind, die durchaus in verschiedenen Datenbanken abgelegt sein können.
Durch ein globales Verwaltungssystem werden die Zugriffe der Benutzer auf die Datenbanken gesteuert. Weiterhin werden mächtige Anfrage- und Zugriffsmöglichkeiten für den Benutzer angestrebt, die ihn von der Verteilung der Daten auf verschiedene Datenbanken unabhängig machen. Bei einer Realisierung dieser mächtigen Zugriffsmöglichkeiten besteht für den Benutzer kein Unterschied zu der Arbeit mit einem lokalen Datenbanksystem.
Es lassen sich im folgenden zwei Typen von Anwendern von Datenbanksystemen unterscheiden, der globale Anwender, der die Daten einer verteilten Datenbank (logische Zusammenfassung der lokalen Datenbanken) unter der Kontrolle des für sie geschaffenen Verwaltungssystems (Distributed Database Management System DDBMS) verarbeitet, und der lokale Anwender, der die Daten einer lokalen Datenbank mit Hilfe eines lokalen Datenbankverwaltungssystems (Local Database Management System LDBMS) hantiert [31]. Die Verwaltungssysteme üben also Kontrollfunktionen aus, die auf zwei unterschiedlichen Ebenen liegen, jedoch an den Stellen in Beziehung stehen, wo Zugriffsmöglichkeiten auf gemeinsame Daten bestehen.
Bei der Realisierung der globalen Kontrollfunktion für eine verteilte Datenbank lassen sich grundsätzlich zwei Möglichkeiten unterscheiden [31]:

– Die zentralisierte Kontrolle.
Alle Bearbeitungsprozesse werden zentral von einem Verwaltungssystem auf einer zentralen Rechenanlage gesteuert *(Bild 4.3-3)*. Nachteile dieser Realisierungsform sind darin zu sehen, daß dieses Kontrollsystem einen Engpaß bildet und ein Zugriff auf die verteilte Datenbank bei einem Ausfall der zentralen Rechenanlage unmöglich wird. Ein Vorteil liegt in der leichten Daten- und Integritätssicherung.

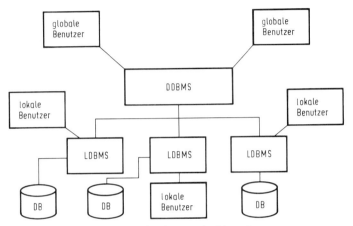

Bild 4.3-3 Verteilte Datenbank mit zentraler Verwaltung

– Die dezentrale Kontrolle.
Jeder Knoten (eine Datenbank eines verteilten Datenbanksystems) hat eine Kopie des globalen Verwaltungssystems und bearbeitet die an ihn gerichteten Verarbeitungswünsche selbst *(Bild 4.3-4)*. Der Ausfall eines Knotens führt hier nicht zu einer Blockierung der gesamten verteilten Datenbank. Die Daten- und Integritätssicherung erfordert dagegen einen erhöhten Aufwand.

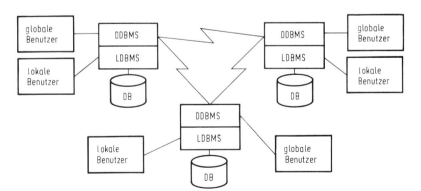

Bild 4.3-4 Verteilte Datenbank mit dezentraler Verwaltung [31].

Die bei lokalen Datenbanksystemen auftretenden Problemstellungen der Daten- und Integritätssicherungen erlangen bei verteilten Datenbanken eine zunehmende Bedeutung, für die Lösungen gefunden werden müssen [32, 33, 34, 35]. An dieser Stelle sei nur auf die redundante Datenhaltung in verschiedenen Knoten hingewiesen. Eine Veränderung dieser Daten erfordert die Aktualisierung in allen Knoten [32].

Ein weiteres Problem ist darin zu sehen, daß die Daten in den einzelnen Knoten nach unterschiedlichen Datenbankmodellen, nämlich hierarchisch, netzartig und relational, organisiert sein können. Diese unterschiedlichen Gegebenheiten müssen von den globalen Verwaltungssystemen berücksichtigt werden [31].

Eine besondere Problematik liegt auch in der Bearbeitung von Anfragen an eine verteilte Datenbank. Der Benutzer erwartet eine möglichst schnelle Beantwortung seiner Anfrage. Die zur Beantwortung nötigen Daten können in unterschiedlichen Mengen in mehreren Knoten verteilt sein. Um ein Ergebnis zu erzielen, müssen deshalb Daten zu dem Knoten transferiert werden, in dem die Anfrage bearbeitet wird. Dieser Transfer kostet je nach Datenumfang unterschiedliche Zeit. Es ist deshalb zu entscheiden, in welchem Knoten die Bearbeitung vorgenommen werden soll [36].

CAD-Datenbanksysteme

Als Beispiele für realisierte Datenbanken im CAD-Bereich werden im folgenden PHIDAS und TORNADO beschrieben. Das von *Philips* entwickelte Datenbankverwaltungssystem (DBVS) PHIDAS basiert auf dem CODASYL-Vorschlag eines Netzwerkmodells. Dieses Modell hat bereits heute eine weitgehende Standardisierung erfahren [37]. PHIDAS kann durch einzelne Benutzer oder gleichzeitig durch mehrere Benutzer angewendet werden.

Das Datenmodell von PHIDAS wird mit einer Datendefinitionssprache (DDL) schematisch festgelegt und enthält alle unterschiedlichen Typen von Datensätzen sowie ihre Beziehungen untereinander. Dieses, auch konzeptionelles Schema genannte Datenmodell stellt die logische Gesamtsicht der gesamten Datenbank dar. Da die Anwender jedoch nur gewisse Teilsichten für ihre Verarbeitungsprozesse benötigen, können gemäß den jeweiligen Informationsstrukturen sogenannte externe Schemata als die entsprechenden Teilsichten des konzeptionellen Schemas definiert werden. Das konzeptionelle Schema ist dann als die

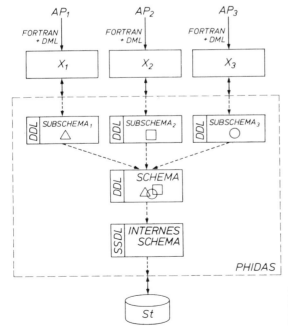

Bild 4.3-5 Architektur des PHIDAS-Datenbanksystems in Übereinstimmung mit dem ANSI-Schema-Konzept [30].

138   4 Datenorganisation in CAD-Systemen   [Literatur S. 140]

Vereinigung der externen Schemata zu verstehen. Wie die Daten konkret im Rechner gespeichert werden, benennt das interne Schema in einer physischen Datenbankbeschreibung. Zur optimalen Erstellung entsprechender Zugriffspfade sind dabei auch mehrere interne Schemata denkbar. Sie sind darüber hinaus die maschinenabhängige Komponente dieses Schema-Konzeptes [15, 30, 38]. *Bild 4.3-5* skizziert die Architektur von PHIDAS.
Die Software von PHIDAS ist in Standard-FORTRAN IV geschrieben und damit weitgehend portabel. An der Anwenderschnittstelle steht eine Datenmanipulationssprache (DML) in Form von FORTRAN-Unterprogrammaufrufen zur Verfügung, die in entsprechende Anwendersprachen eingebettet werden können. Die DML umfaßt Suchoperationen zum Auffinden bestimmter Datensätze (FIND) und davon abhängige Operationen, wie Einfügen (INSERT), Löschen (DELETE) und Modifizieren (MODIFY).

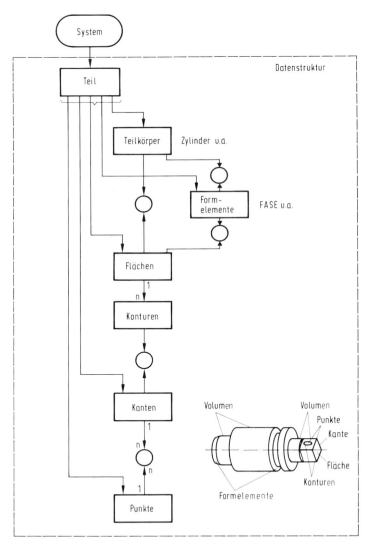

Bild 4.3-6 Datenstruktur eines geometrischen Modells unter Anwendung von PHIDAS [38].

Die zentrale Rolle des beschriebenen Schema-Konzepts von PHIDAS fällt dem konzeptionellen Schema zu. In ihm lassen sich alle Aspekte der Anwender wiederfinden. Die Formulierung insbesondere des Schemas sowie dessen Erweiterung und Änderung ist Aufgabe eines Datenbankadministrators (DBA), der verantwortlich für die Wartung und Pflege des Gesamtsystems ist.

Eine Anwendung von PHIDAS ist PHILIKON, ein 2 ½-dimensionales CAD-System von *Philips*. *Bild 4.3-6* zeigt die Datenstruktur des geometrischen Modells.

TORNADO (Technical Oriented Network Data Organisation) ist die norwegische Entwicklung eines Datenbanksystems und basiert, wie PHIDAS, auf dem CODASYL-Vorschlag eines Netzwerkmodells. In Erweiterung des CODASYL-Vorschlags im Hinblick auf mehr Generalität liegen bei TORNADO keine Restriktionen in bezug auf die Bildung von Beziehungen zwischen Objekten vor. So kann z.B. ein Datensatztyp zugleich Eigentümer und Mitglied in einer Beziehung sein, oder ein Mitglied kann mehrere Eigentümer, auch unterschiedlichen Typs, aufweisen. Die Länge von Datensätzen, d.h. die Zahl der Attribute,

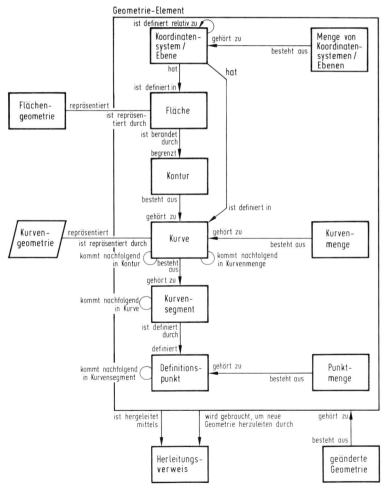

Bild 4.3-7 Datenstruktur des Systems GPM in TORNADO [39].

ist darüber hinaus variabel. (m:n)-strukturierte Beziehungen sind direkt hantierbar, ein Verbindungs-Datensatz (LINK), wie bei PHIDAS, ist nicht notwendig [17].
Durch diese und weitere Vereinbarungen ist es einfach, Objekte und Beziehungen der Realität direkt auf das Datenmodell von TORNADO abzubilden. Ein Beispiel für eine Anwendung von TORNADO ist das CAD-System GPM (Geometric Product Models), dessen Datenstruktur durch *Bild 4.3-7* beschrieben wird [39].

Literatur zu Kapitel 4

1. Ross, D. T.: A generalized technique for symbol manipulation and numerical calculation. Comm. ACM Vol. 4 (1961) 3, S. 147.
2. Hansen, H. R.: Wirtschaftsinformatik. Bd. 1, 3. Aufl. Gustav Fischer Verlag, Stuttgart, New York 1981.
3. Wedekind, H.: Datenbanksysteme I. 2. Aufl. B-I-Wissenschaftsverlag, Mannheim,- Wien, Zürich 1982.
4. Scheuernstuhl, G., Schneider, H.-J., Wild, J. K.: Manuskript zur Vorlesung Datenbanksysteme I. Fachbereich Informatik, Technische Universität Berlin, WS 76/77.
5. Dittmann, E. L.: Datenunabhängigkeit beim Entwurf von Datenbanksystemen. S. Toeche-Mittler-Verlag, Darmstadt 1977.
6. Reusch, P. J. A.: Informationssysteme, Dokumentationssprachen, Data Dictionaries. Eine Einführung. B-I Wissenschaftsverlag, Mannheim, Wien, Zürich 1980.
7. Pohlmann, G.: Rechnerinterne Objektdarstellungen als Basis intergrierter CAD-Systeme. Reihe Produktionstechnik Berlin, Band 27, Carl Hanser Verlag, München 1982.
8. Krause, F.-L.: Ein Beitrag zur Behandlung rechnerinterner Darstellungen in CAD-Prozessen. ZWF 69 (1974) 5, S. 228-233.
9. Spur, G., Gausemeier, J.: Eine Leitlinie zur Entwicklung von CAD-Programmen. ZWF 73 (1978) 8, S. 413-419.
10. Lewandowski, S.: Programmsystem zur Automatisierung des technischen Zeichnens. Reihe Produktionstechnik Berlin, Bd. 1, Carl Hanser Verlag, München 1978.
11. Stracke, H.: PROREN 1 - Eine Software für die Zeichnungserstellung von Variantenkonstruktionen im Bereich des Maschinenbaus. Forschungsheft 49, Forschungskuratorium Maschinenbau 1976.
12. Falkenhausen, F. V.: Automatische Zeichnungserstellung von Einzelteilen mit dem System DETAIL, IWF Report Nr. 7, Hrsg. von IWF e.V., Berlin 1977.
13. Flygare, R. M.: Distributed CAD/CAM with Database Management Common to both Engineering and Manufacturing. SME Technical Papers MS 76-723, Michigan 1976.
14. N.N.: CODASYL DDL Journal of Development. IFIP, Amsterdam 1973.
15. Blume, P., Fischer, W. E.: Datenbanksystem für CAD Anwendungen. Gesellschaft für Kernforschung mbH, KFK-CAD 111, Karlsruhe 1978.
16. Kudlich, H.: UDS - Das universelle Datenbank-System von Siemens. Physica-Verlag, Wien 1978, S. 268-298.
17. Ulfsby, St., et al.: TORNADO User's Guide. Central Institut for Industrial Research, Oslo 1980.
18. Codd, E. F.: A Relational Model of Data for Large Shared Data Banks. Comm. ACM 1970, H. 6, S.377-387.
19. Codd, E. F.: A data base sublanguage on the Relational Calcules. ACM SIGFIDET Workshops, H. 11, 1971.
20. Chamberlin, R. F., Boyce R. F.: SEQUEL: A structured English query language. ACM-SIGMOD Workshop, Ann Arbor, Michigan 1974, S. 249-264.
21. Codd, E. F.: Further Normalisation of the Data Relational Model. Symposium „Data Base Systems", Hrsg. von Rustin, R., New York, 1971, S. 33-64.

22. Lemke, H. U.: Manuskript zur Vorlesung Computer Graphics I. Institut für Technische Informatik, TU Berlin, WS 76/77.
23. Encarnacao, J.: Datenstrukturen für grafische Informationsverarbeitung. Fachtagung Computer Graphics, Gesellschaft für Informatik, Bericht Nr. 2, Berlin, 19.-21. Oktober 1971.
24. Klinger, A.; Fu, K. S.; Kumi, T. L. (Hrsg.): Data Structures Computer Graphics and Pattern Recognition Academic Press, New York, San Francisco, London 1977.
25. Gray, J. C.; Lang, C. A.: ASP - A Ring Implemented associated structure package. Comm. ACM 11 (1968) 8, S. 550-555.
26. Gausemeier, J.: Eine Methode zur rechnerorientierten Darstellung technischer Objekte im Maschinenbau. Diss. TU Berlin 1977.
27. Härder, T.: Implementierung von Datenbanksystemen. Carl Hanser Verlag, München 1978.
28. Lutz, T., Klimesch, H.: Die Datenbank im Informationssystem. Oldenbourg Verlag, München 1971.
29. Encarnacao, J.; Krause, F.-L. (Hrsg.): Filestructures and databases for CAD. Proc. of the IFIP WG 5.2 Working Conference, North Holland Publishing Co., Amsterdam 1982.
30. Fischer, W. E.: Datenbanksystem für CAD/CAM Anwendungen, ZWF 78 (1983) 2, S. 68 - 73.
31. Deen, S. M.: Distributed Databases, An Introduction. Hrsg. von Schneider, H.-J., Distributed Databases, North Holland Publishing Co. 1982.
32. Breitwieser, H.; Leszak, M.: Improving Availability of Partially Redundant Databases by Majority Consensus Protocols. Hrsg. von Schneider, H.-J., Distributed Databases, North Holland Publishing Co. 1982.
33. Bayer, R.; Elhardt, K.; Heigert, J.; Reiser, A.: Dynamic Timestamp Allocation for Transaction in Database Systems. Hrsg. von Schneider, H.-J., Distributed Databases, North Holland Publishing Co. 1982.
34. Kuss, H.: On Totally Ordering Check points in Distributed Data Bases. Hrsg. von Schneider, H.-J., Distributed Databases, North Holland Publishing Co. 1982.
35. Kuss, H.: Transaktionsorientierte Recovery in verteilten Datenbanksystemen. Angewandte Informatik 10, (1981), S. 432 ff.
36. Forker, H. J.: Algebraical and Operational Methods for the Optimization of Query Processing in Distributed Relational Database Systems. Hrsg. von Schneider, H.-J., Distributed Databases, North Holland Publishing Co. 1982.
37. N.N.: ANSI [X3] SPARC Study Group on Database Management Systems. ACM-SIGMOD 7 (1975) 2, ACM-SIGMOD.
38. Fischer, W. E.: PHIDAS - a database managementsystem for CAD/CAM application software. CAD, 11 (1979)3, S. 146-150.
39. Meen, S.; Oian, J.; Ulfsby, S.: TORNADO A DBMS for CAD/CAM systems in Filestructures and Databases for CAD. Hrsg. von Encarnacao, J., Krause, F.-L., North Holland Puplishing Co 1982.

5 Grafische Datenverarbeitung

5.1 Allgemeines

Eine wesentliche Verbesserung der Mensch-Maschine-Kommunikation wird dadurch erreicht, daß der Rechner seine Ergebnisse in Bildern oder Diagrammen bereitstellt, weil bildhafte Darstellungen für den Menschen eine anschauliche Arbeitsgrundlage bilden.
Die grafische Datenverarbeitung befaßt sich als Teilgebiet der Angewandten Informatik mit der rechnerunterstützten Generierung, Speicherung, Darstellung und Manipulation von Bildern. Da Rechner mit Zahlen arbeiten und als Ergebnis Zahlen liefern, müssen alle grafischen Informationen für die rechnerinterne Verarbeitung in Zahlen gewandelt werden. Unter grafischer Information werden alle Arten von bildlicher Information verstanden, die aus Kurven oder Rasterbildern bestehen.
Eine für CAD-Systeme grundlegende Arbeit zur grafischen Datenverarbeitung wurde 1963 am M.I.T. durch SUTHERLAND mit dem System SKETCHPAD vorgestellt [1]. SKETCHPAD ist ein System, mit dem geometrische Figuren generiert werden. Mit Hilfe eines Lichtgriffels können Figuren eingegeben und manipuliert werden. Als Speicherungsstruktur dient eine Ringstruktur. Dieses zweidimensional orientierte System ist zu einem dreidimensionalen System erweitert worden [2]. Die Bildschirmfläche wird dabei für eine Vorderansicht, eine Seitenansicht, eine Draufsicht und eine perspektivische Ansicht eines Bauteils in vier Bereiche aufgeteilt. Jede Änderung in einer Ansicht wird automatisch auf die anderen drei Ansichten übertragen. Der Konstrukteur kann ein Bauteil rechnerintern modellieren und beliebige Ansichten von diesem Modell auf dem Bildschirm erzeugen.
In der grafischen Datenverarbeitung wird zwischen der passiven und der interaktiven Arbeitsweise unterschieden. Die passive grafische Datenverarbeitung umfaßt die Ausgabe grafischer Daten. Der Betrachter der erstellten Bilder hat dabei keinen direkten Einfluß auf die Bildgenerierung. Bei interaktiver grafischer Datenverarbeitung steuert der Mensch die Kommunikation mit dem Rechner durch Kommandos. Er kann sowohl eine alphanumerische als auch eine grafische Ausgabe erhalten. Die Systemantwort soll dabei in einer der Anwendung angemessenen Zeit erfolgen. Die Menge der auszutauschenden Informationen und die Häufigkeit des Wechsels zwischen Eingabe und Ausgabe bestimmt die Intensität der Interaktion.
Der Begriff Interaktion kennzeichnet ein Zusammenwirken von Mensch und Rechner zur Erzielung eines Resultats, das einem der beiden Teilnehmer allein zu erreichen nicht möglich wäre. Erfolgen mehrere in Zusammenhang stehende Interaktionen, so spricht man von einem interaktiven Prozeß. Interaktiv ist das mehrmalige aufeinander abgestimmte Zusammenwirken von Mensch und Rechner. Die erforderliche Abstimmung der Eingabe durch den Menschen auf die Ausgabe des Rechners bereitet besondere Schwierigkeiten. Die Lösung dieses Problems ist ein Gütekriterium für die grafische Kommunikationsschnittstelle.
Die Entwicklung von CAD-Systemen hat die grafische Datenverarbeitung sehr stark beeinflußt [3]. Konstruktionszeichnungen können verhältnismäßig leicht und schnell mit Rechnern und automatischen Zeichenmaschinen erstellt werden. Deshalb wird die grafische Datenverarbeitung in zahlreichen Gebieten als Hilfsmittel herangezogen: Werkstattzeichnungen im Maschinenbau, Schaltpläne in der Elektrotechnik, Flußdiagramme in der Chemietechnik, Diagramme in der Organisationstechnik, Pläne in der Architektur und Statik, Illustrationen beim rechnerunterstützten Unterricht, Gebrauchsgrafik und Trickfilmproduktion sind nur einige Beispiele.

Die verschiedenen Anwendungen lassen sich nach den darzustellenden Objekten und nach den zu generierenden Bildern untergliedern in:
- Strichzeichnungen zweidimensionaler Objekte *(Bild 5.1-1)*,
- Strichzeichnungen dreidimensionaler Objekte *(Bild 5.1-2)*, Drahtmodelldarstellung genannt,

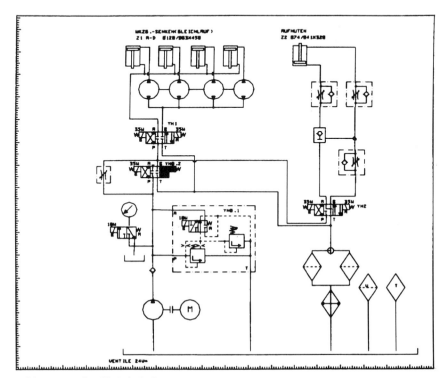

Bild 5.1-1 Hydraulik-Schaltplan

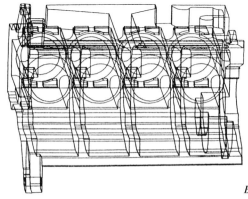

Bild 5.1-2 Drahtmodell eines Motorblocks

- Strichzeichnungen dreidimensionaler Objekte mit ausgeblendeten verdeckten Kanten *(Bild 5.1-3)*,
- zweidimensionale Grauton- und Farbdarstellungen *(Bild 5.1-4)*,
- dreidimensionale Farbdarstellungen von Körpern mit ausgeblendeten verdeckten Flächen *(Bild 5.1-5)*.

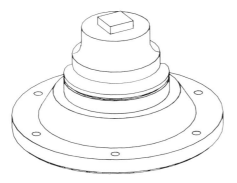

Bild 5.1-3 Strichzeichnung eines dreidimensionalen Objektes mit ausgeblendeten verdeckten Kanten

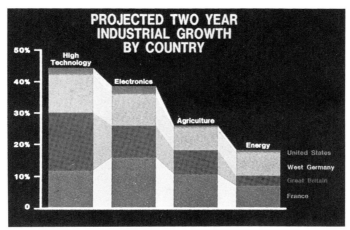

Bild 5.1-4 2D-Flächendarstellung [4]

Bild 5.1-5 3D-Flächendarstellung [4]

Daneben wird die grafische Datenverarbeitung auch zur Herstellung von Kunstwerken eingesetzt *(Bild 5.1-6)*.

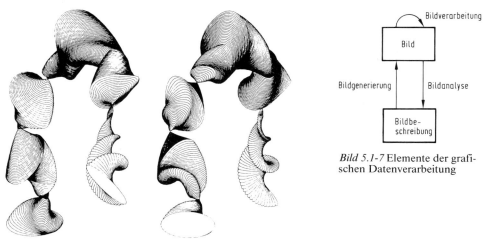

Bild 5.1-7 Elemente der grafischen Datenverarbeitung

Bild 5.1-6 Künstlerische Anwendung von Computergrafik (Vorder- und Rückansicht) [5]

Bereiche der grafischen Datenverarbeitung sind die Bildverarbeitung (Bilder sind die Ein- und Ausgabe), die Bildanalyse (Bilder sind die Eingabe und Bildbeschreibungen sind die Ausgabe) und die Bildgenerierung (Bildbeschreibungen sind die Eingabe und Bilder sind die Ausgabe) [4]. Zusammenhänge und Unterschiede der drei Bereiche sind *Bild 5.1-7* zu entnehmen.

Die Bildgenerierung ist von besonderer Bedeutung, da in CAD-Systemen mit Hilfe der grafischen Datenverarbeitung die rechnerinternen Modelle bildhaft dargestellt werden sollen. Die Bilder wiederum dienen als Hilfsmittel für die Modellerzeugung, Modell- und Bildtransformation, Bildidentifikation und Informationsgewinnung [6].

Bei der Bildanalyse werden Bilder für die Verarbeitung mit Rechnern in eine Menge von Zahlenwerten umgewandelt. Dieser Vorgang wird Digitalisierung genannt und umfaßt die Erfassung und Quantisierung [7].

5.2 Grafische Daten

Für die Mensch-Maschine-Kommunikation in CAD-Systemen werden alphanumerische und grafische Datendarstellungen verwendet. Es werden zwei Klassen grafischer Daten entsprechend den unterschiedlichen Darstellungs- und Verarbeitungsmöglichkeiten unterschieden:
- linienorientierte Darstellungen und
- flächenhafte Farb- und Grautondarstellungen.

Die erste Klasse umfaßt Strichzeichnungen, die aus Punkt- bzw. Vektorfolgen aufgebaut sind. Zur zweiten Klasse gehören die nach der bekannten Fernsehbildtechnik hergestellten Bilder, mit denen realistisch erscheinende Darstellungen generiert werden können. Die Umwandlung grafischer Daten in grafische Darstellungen kann mittels Vektor- und Raster-Grafik erfolgen. Hierbei werden Darstellungen der ersten Klasse üblicherweise in Vektortechnologie realisiert und Darstellungen der zweiten Klasse mittels Rastertechnologie erzeugt.

Bezüglich der Datenspeicherung reicht für einfache grafische Anwendungen die Abspeicherung von Listen mit XY-Koordinaten, die die Endpunkte von Strecken darstellen, aus. Oft jedoch werden komplexe Datenstrukturen, die von der Anwendung abhängig sind, benötigt. Derartige Datenstrukturen müssen das Löschen bestehender Elemente und das Hinzufügen neuer Elemente erlauben, ohne daß die Arbeitsperson von den notwendigen Verwaltungsaktionen durch eine verlängerte Wartezeit belastet wird. Die Such- und Zugriffsalgorithmen müssen daher der jeweiligen Datenstruktur sorgfältig angepaßt werden.

Für CAD-Systeme können grundsätzlich zwei Arten von benutzerorientierten Datenstrukturen unterschieden werden: die Problemdatenstruktur und die Bilddatenstruktur. Die Problemdatenstruktur wird im Modell abgebildet. Die Bilddatenstruktur enthält im wesentlichen nur diejenige Information, die für die Darstellung eines Bildes benötigt wird. Sie repräsentiert gewissermaßen als Bilddatei *(Bild 5.2-1)* die Darstellung eines Bildes im Rechner.

Ein Bild baut sich aus einfachen grafischen Elementen auf. Für die Modifizierung eines Bildes müssen daher auch die Beziehungen der einzelnen Elemente untereinander bekannt sein. Soll zum Beispiel ein Polygon identifiziert werden, so muß eine Beziehung zwischen den einzelnen Strecken und dem Polygon als übergeordnetem Element bestehen. Auf diese Weise ist es möglich, alle Strecken und damit das gesamte Polygon zu löschen, obwohl nur eine einzige Strecke identifiziert wurde.

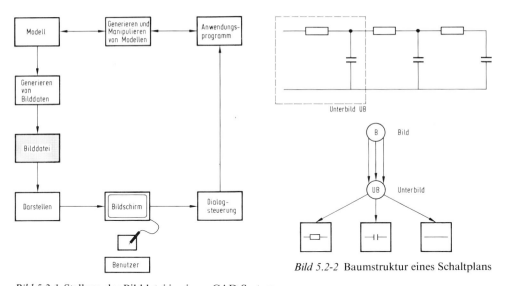

Bild 5.2-2 Baumstruktur eines Schaltplans

Bild 5.2-1 Stellung der Bilddatei in einem CAD-System

Für derartige logische Strukturierungen stehen zahlreiche Methoden zur Verfügung, wie lineare Listen, Bäume und assoziative Strukturen. Die Art der Anwendung bestimmt dabei den Grad der Eignung der jeweiligen Struktur [8].

Ein Beispiel für eine Baumstruktur zeigt *Bild 5.2-2*. Für häufiges Durchsuchen und Modifizieren sind einfache Strukturen jedoch nicht geeignet. Zusätzliche Verkettungen durch Zeiger können diese Nachteile beseitigen. Hierarchische Ringstrukturen benötigen mehr Speicherplatz, denn sie machen von den erwünschten zusätzlichen Zeigern Gebrauch. Auch Ringstrukturen wie ASP [9] können bei der Organisation von Bildelementen hilfreich sein.

In CAD-Systemen werden an die Bilddatenstrukturen folgende Anforderungen gestellt:
- anwendungsbezogene Flexibilität,
- Modifizierbarkeit,
- Abbildung von Hierarchien,
- Einstieg an beliebiger Stelle und
- schneller Zugriff.

Für die physikalische Abbildung einer Datenstruktur im Speicher stehen als Methoden die sequentielle Speicherung, die Listenorganisation und der direkte Zugriff zur Verfügung [10]. Die Manipulation sequentiell angeordneter Daten ist ein komplizierter und somit zeitaufwendiger Vorgang. Wegen der fehlenden Verwaltungsinformationen (Zeiger) ist der Speicherbedarf jedoch minimal. Bei der Listenorganisation werden die einzelnen Datensätze durch Zeiger miteinander verbunden. Durch diese Zusatzinformation wird das Löschen und Einfügen von Daten einfach, obwohl eine festgelegte Reihenfolge beibehalten wird. Die Struktur gewinnt dadurch an Flexibilität. Beim direkten Zugriff erhält jeder Datensatz eine Adresse und ist somit durch einen einzigen Zugriff wiederauffindbar.

Für die Speicherung der grafischen Daten zum Zweck der Bildwiederholung in bildwiederholenden Sichtgeräten mit Vektorgrafik ist eine Bilddatenstruktur zu wählen, die die Anweisungen an die Sichtgerätesteuerung enthält. Diese spezielle Datenstruktur heißt Bildwiederholungsdatei. Bei Rastersichtgeräten enthält die Bildwiederholungsdatei die Informationsinhalte, die zur Darstellung aller mit dem Gerät ausgegebenen Rasterpunkte erforderlich sind.

Eine schematische Darstellung einer Bildwiederholungsdatei ist *Bild 5.2-3* zu entnehmen. Sie enthält ein einfaches Programm zur Darstellung von Punkten mit einem Sprung zurück an den Anfang, sofern nicht eine Unterbrechung von außen erfolgt. Dieses Programm wird aus der Bilddatei aufgebaut. Den Programmaufbau vollzieht ein Umsetzerprogramm. Das Zusammenwirken der Dateien mit dem Programm ist in *Bild 5.2-4* zu sehen.

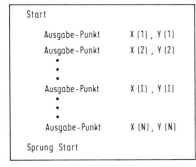

Bild 5.2-3 Einfache Bildwiederholungsdatei

Bild 5.2-4 Aufbau der Bildwiederholungsdatei aus der Bilddatei

Auf eine Bildwiederholungsdatei wird von zwei verschiedenen Stellen aus zugegriffen. Einerseits schreibt das Umsetzerprogramm auf die Datei, andererseits liest der sogenannte Bildprozessor die Datei, um den Inhalt ständig auf dem Sichtgerät auszugeben. Beide Einheiten müssen jederzeit konfliktfrei miteinander arbeiten können.

Für eine effektive Ausnutzung des Speicherplatzes der Bildwiederholungsdatei werden Strukturierungen durch Unterprogramme realisiert. *Bild 5.2-5* zeigt eine derartig strukturierte Bildwiederholungsdatei, die sich einfacher verändern läßt als eine unstrukturierte. Bildelemente, die wiederholt auftreten, werden nur einmal gespeichert, womit Speicherplatz gespart wird.

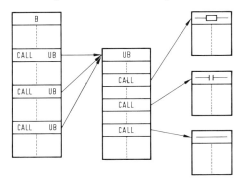

Bild 5.2-5 Strukturierte Bildwiederholungsdatei

5.3 Grafische Datenverarbeitungssysteme

Ein grafisches Datenverarbeitungssystem, im folgenden kurz Grafiksystem genannt, besteht aus Hardware- und Softwarekomponenten. Mit ihm sind grafische Ein- und Ausgaben möglich.

Werden grafische Ein- und Ausgabegeräte ohne eigene Rechnerkapazität betrieben, spricht man von nichtautonomen Grafiksystemen. Bildspeichernde Sichtgeräte werden meistens in dieser Form betrieben, da sie sich bezüglich der Rechnerbelastung wie nichtgrafische Peripheriegeräte verhalten.

Ist mehr Rechnerkapazität für grafische Aufgaben notwendig, wird das Sichtgerät mit einem eigenen Rechner gekoppelt, so daß alle speziellen Aufgaben, die die Ein- und Ausgabe betreffen, lokal ausführbar sind. Derartige Gerätekonfigurationen werden als autonome Grafiksysteme bezeichnet. In *Bild 5.3-1* ist ein einfaches autonomes Grafiksystem dargestellt.

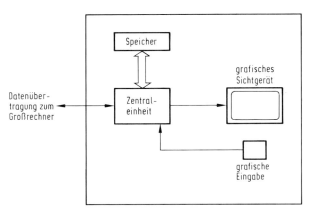

Bild 5.3-1 Einfaches autonomes Grafiksystem

Wird der dem Sichtgerät zugeordnete Rechner besonders stark belastet, wie bei Anwendung bildwiederholender Sichtgeräte, läßt sich ein zusätzlicher Bildprozessor einführen. Man erhält das sogenannte autonome Grafiksystem mit Bildprozessor *(Bild 5.3-2)*. Der Bildprozessor greift jedoch nicht auf die Bilddatei zu, da sich diese aufgrund ihres Inhalts und ihrer Organisation nicht für die Bildwiederholung eignet. Eine Umsetzung der Bilddatei in die Bildwiederholungsdatei ist deshalb Voraussetzung für den Einsatz eines Bildprozessors.

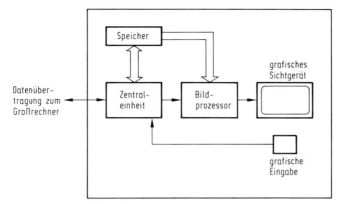

Bild 5.3-2 Autonomes Grafiksystem mit Bildprozessor

Beim autonomen Grafiksystem mit Bildprozessor werden sowohl die Bilddatei als auch die Bildwiederholungsdatei im Speicher des eigenen Rechners gehalten. Eine zusätzliche Entlastung wird durch die Einführung eines speziell für die Bildwiederholung ausgelegten Bildwiederholungsspeichers erreicht *(Bild 5.3-3).*

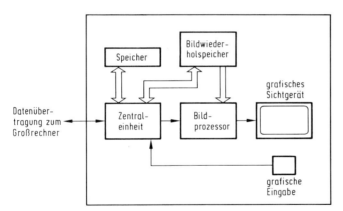

Bild 5.3-3 Autonomes Grafiksystem mit Bildprozessor und Bildwiederholungsspeicher

Die Bildwiederholungsdatei enthält Angaben für die Bildgenerierung, die aufgrund von vorgegebenen Koordinatenwerten und Transformationen durchgeführt wird. Die Koordinaten sind die Argumente für die sequentiell abgelegten Darstellungskommandos wie beispielsweise DRAW. Dieses generiert auf dem Schirm eine Strecke von der augenblicklichen Position des Strahls zu der durch die Argumente X und Y angegebenen neuen Position.
Die in der Bildwiederholungsdatei enthaltenen Daten umfassen Bildelementgenerierungs-, Transformations- und Steuerkommandos. Die Bildgenerierungskommandos werden gebraucht, um Strichzeichnungen auf dem Bildschirm zu generieren. Die Transformationskommandos legen eine Skalierung, Translation oder Rotation fest, denen die Bildelemente unterworfen werden. Steuerkommandos dienen dem Aufruf von Unterprogrammen oder der Kommunikation mit einem Hauptrechner, zu dem eine Verbindung hergestellt werden kann [11].

150   5 Grafische Datenverarbeitung   [Literatur S. 167]

Die Bildwiederholungsdatei wird dadurch strukturiert, daß Bilder aus Unterbildern aufgebaut werden. Jedes Unterbild kann dabei auf eigene Transformationen zurückgreifen, die vor jeder Ausgabe verändert werden können. In *Bild 5.3-4* ist eine typische einfache Struktur wiedergegeben. Als erstes wird ein Wertgeber, in diesem Fall ein Steuerknüppel abgefragt, um die Transformationswerte für Unterbild A zu ermitteln. Danach wird Unterbild A dargestellt. Es folgt das Setzen der Transformationen für Unterbild B, bevor dieses dargestellt wird. Danach erfolgt ein Sprung in ein weiteres Unterprogramm, um neue Transformationswerte für Unterbild B zu berechnen. Danach erfolgt ein erneutes Darstellen des Unterbildes B, jedoch mit veränderten Transformationswerten. Als letztes ist in *Bild 5.3-4* die Ermittlung der Transformationswerte für Unterbild C und dessen Ausgabe zu erkennen. Dadurch, daß dieses Bildprogramm bei jedem Bildwiederholungszyklus durchlaufen wird, kann durch Bewegung des Steuerknüpels auf dem Bildschirm ein dynamisches Bild generiert werden.

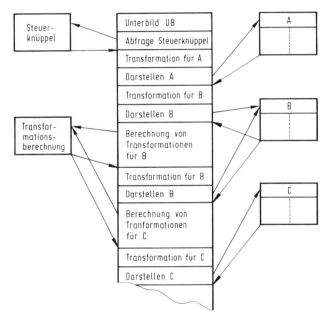

Bild 5.3-4 Strukturierte Bildwiederholungsdatei

5.4 Software für die grafische Datenverarbeitung

Grafische Software wird nach den folgenden vier Erscheinungsformen unterschieden:
- Allgemeine Unterprogrammpakete,
- spezielle Unterprogrammpakete,
- Spracherweiterungen und
- grafische Sprachen.

Ein allgemeines Unterprogrammpaket ist eine Zusammenfassung grafischer Unterprogramme, die für eine große Anzahl von Anwendungen einsetzbar ist. Die zur Zeit verfügbaren grafischen Unterprogrammpakete, wie GINO-F [12], ACM-Core [13], GPGS-F [14],

GKS [15] sind so ausgelegt, daß keine Geräteabhängigkeiten für den Anwendungsprogrammierer in Erscheinung treten. Sie stellen demnach eine sinnvolle Schnittstelle zwischen Anwendungsprogrammen und der peripheren Grafikhardware dar. Die Funktionen, die von einem allgemeinen Unterprogrammpaket gefordert werden, gliedern sich in folgende Funktionsgruppen: Generierung grafischer Grundelemente, Transformationen, Segmentverwaltung, Ein-/Ausgabefunktionen und Steuerfunktionen [16].
Dafür stellen die Unterprogrammpakete entsprechende Unterprogrammaufrufe zur Verfügung, die zur Positionierung und Generierung grafischer Grundelemente dienen. Beispielsweise wird mit Hilfe des Aufrufes
    CALL MOVE ABS (0.0, 0.0)
der Strahl oder Stift ohne Berücksichtigung seiner aktuellen Position an die Stelle x = 0.0 und y = 0.0 bewegt. Der Aufruf
    CALL LINE ABS (10.0, 10.0)
zeichnet eine Strecke von der augenblicklichen Position (0.0, 0.0) bis zum Punkt (10.0, 10.0). Der Aufruf
    CALL MOVE REL (10.0, 10.0)
bewegt den Strahl oder Stift von der augenblicklichen Position um dx = 10.0 und dy = 10.0 weiter. Der Aufruf
    CALL LINE REL (10.0, 10.0)
zieht dagegen eine Strecke von der augenblicklichen Position (x, y) zur neuen Position (x + 10.0, y + 10.0).
Neben diesen wesentlichen Unterprogrammaufrufen zum Lenken des Strahls oder Stiftes stehen weitere, eher für die Organisation der Bilddarstellung zuständige Unterprogrammaufrufe zur Verfügung.
Die grafische Ausgabe auf einem Darstellungsbereich umfaßt nur Koordinaten, die einen bestimmten Ausschnitt des unbegrenzten Raumes definieren. Das zweidimensionale Rechteck, das diesen Ausschnitt bestimmt, wird Fenster genannt. Dieser Bereich wird durch die Angabe von zwei Endpunkten einer Rechteckdiagonalen festgelegt. Für die Bildausgabe muß dieses Rechteck außerdem noch auf den vorgesehenen Bereich der Ausgabefläche des Ausgabegerätes abgebildet werden. Es ist üblich, auch Bildausschnitte von einem Gesamtbild zu erstellen. Alle nicht im Fenster sichtbaren Teile werden dabei von speziell dafür vorgesehenen Programmen oder Hardwarekomponenten abgeschnitten. Dieser Vorgang ist in der Literatur unter dem Begriff Randabschaltung, aber allgemein unter dem englischen Begriff clipping bekannt.
Weitere Funktionen betreffen die Segmentbildung und Segmentverwaltung. Ein Segment kann aus einem oder mehreren einfachen Bildelementen bestehen. Die jeweils vorliegende Anwendung bestimmt die Größe und den Inhalt der einzelnen Segmente, deren einzelne Elemente nachträglich nicht mehr veränderbar sind. Das Bedürfnis zur Segmentierung entsteht, wenn Bildteile veränderbar sein sollen, ähnlich dem Vorgang bei der Softwareerstellung, wo ebenfalls eine entsprechende Aufteilung eines Gesamtsystems in einzelne Moduln erfolgt, damit nach Änderungen nicht mehr das Gesamtsystem, sondern nur noch der von einer Änderung betroffene Modul neu übersetzt werden muß. Die gleichen Vorteile ergeben sich bei der Segmentierung von Darstellungen.
Segmente können generiert, gelöscht, benannt, umbenannt, sichtbar und unsichtbar gemacht, ansprechbar und nichtansprechbar gemacht, hervorgehoben, transformiert und eingefügt werden. Geometrische Transformationen von Segmenten und Änderungen der Segmentattribute sind jederzeit möglich [17].
Jedes allgemeine Unterprogrammpaket stellt einfache Eingabefunktionen zur Verfügung. Diese bilden die Grundlage für höhere Eingabefunktionen, die nicht zum Unterprogrammpaket gehören und im Bedarfsfall anwendungsspezifisch erstellt werden müssen.
Zu den Steuerfunktionen gehören Funktionen, mit denen der Zustand und die Parameter der Peripheriegeräte abgefragt werden können. Die Funktionen zum Löschen des Bild-

schirms und zur Initialisierung des gesamten Unterprogrammpaketes gehören ebenfalls in diese Funktionsgruppe.

Neben der Ausgabe von grafischen Elementen stehen dem Anwendungsprogrammierer auch Möglichkeiten zur Ausgabe alphanumerischer Zeichen zur Verfügung. Dabei wird mit Hilfe der MOVE-Aufrufe vorher die Position für die Zeichenausgabe festgelegt.

Spezielle Unterprogrammpakete sind nur für ganz spezielle Anwendungen entwickelt worden. Sie besitzen den Vorteil, genau auf ein vorliegendes Problem zugeschnitten zu sein. Das bedeutet, daß sie mit ihrem geringen Umfang und ihrer hohen Ausführungsgeschwindigkeit jedes allgemeine Unterprogrammpaket übertreffen. Der große Nachteil dieser Pakete liegt darin, daß sie nicht für andere Anwendungen benutzt werden können. Liegt die Spezialisierung darin, daß sie für einen speziellen Rechner oder ein bestimmtes Gerät entwickelt wurden, so sind sie nicht auf andere zu übertragen, d.h. sie sind nicht portabel. Die Unterprogrammpakete der Firmen CALCOMP [18] und TEKTRONIX [19] haben sich trotz ihrer Bindung an spezielle Geräte durchgesetzt, da die Geräte dieser Firmen einen weiten Anwenderkreis gefunden haben.

Spezielle Pakete werden entwickelt, wenn den Anwendern ein reduzierter Funktionsumfang ausreicht, wie z.B. für die Generierung von Diagrammen. Es gibt spezielle Unterprogrammpakete, die sich auf das Aufzeichnen von Meßwerten und das Auszeichnen von Daten beschränken. Ein Beispiel für diese Art von Software ist DISSPLA [20].

Die bekannten algorithmischen Sprachen besitzen keine grafischen Datentypen und darauf operierende Funktionen. Wird eine Sprache für grafische Anwendungen erweitert, so heißt sie selbst Gastgebersprache und die hinzukommenden Sprachteile Spracherweiterungen. Derartige Erweiterungen werden durch Übersetzeränderung wie bei GRAF [21] und ADAGE-FORTRAN [22] sowie durch Vorübersetzer wie bei AIDS [23] vorgenommen.

Bei der ersten Methode wird der entsprechende Sprachübersetzer derart verändert, daß die zusätzlichen Sprachelemente wie alle bereits existierenden Elemente behandelt werden. Bei der zweiten Methode wird ein Programm erstellt, das alle in der Gastgebersprache nicht vorkommenden Sprachelemente in bekannte Sprachelemente überträgt. Erst danach findet die eigentliche Sprachübersetzung statt [24].

Ein Beispiel für eine FORTRAN Spracherweiterung unter dem Einsatz eines Vorübersetzers ist BIGS (Boeing Interactive Graphics System) [25].

Die Entwicklung einer neuen grafischen Programmiersprache hat gegenüber Spracherweiterungen den Vorteil, daß man für die grafischen Sprachelemente optimale Implementierungen finden kann. Grafische Programmiersprachen bieten dem Anwender höheren Komfort in der Beschreibung, Verarbeitung, Speicherung sowie Ein- und Ausgabe grafischer Daten. Dagegen widerspricht die Benutzung grafischer Unterprogrammpakete den Anforderungen an höhere Programmiersprachen, da sich ein Programmierer nicht alle Unterprogrammnamen und Parameter sowie deren Anzahl, Datenart, Funktion und Anordnung merken kann [26].

Diese Nachteile besitzt eine eigenständige grafische Programmiersprache nicht. Sie besitzt neben den aus höheren Programmiersprachen bekannten Datentypen auch den Datentyp GRAFISCH [26]. Dieser Datentyp unterscheidet sich in der Syntax der Sprache nicht von den konventionellen Datentypen und läßt sich konsistent handhaben. Jedem Sprachelement einer höheren Programmiersprache ist ein bestimmter Datentyp, wie INTEGER oder REAL, zugeordnet. Analog dazu gibt es in grafischen Programmiersprachen grafische Konstante, grafische Variable und grafische Funktionsprozeduren. Der Wert eines grafischen Datums ist ein Bildelement [26].

Die für die grafische Datenverarbeitung entwickelte Hardware wird in so großer Vielfalt angeboten, daß es außer bei schlüsselfertigen Systemen üblich ist, Rechner und verschiedene Peripheriegeräte unterschiedlicher Fabrikate zu verwenden. Die CAD-Software und insbesondere die grafische Software muß von der Hardware unabhängig sein, so daß sie auf den verschiedenartigen Rechnern und Geräten einsetzbar ist *(Bild 5.4-1)*. Die Portabilität der Software stützt sich auf die Rechner- und Geräteunabhängigkeit. Beschränkt sich die Hardwareabhängigkeit auf wenige, deutlich vom Gesamtsystem getrennte Teile, so ist die Portabilität besonders groß. Um für eine immer wiederkehrende Menge von grafischen Funktionen eine unabhängige Realisierung zu erhalten, wurden Standardlösungen diskutiert. Das grafische Kernsystem GKS [27, 28] hat sich als DIN- und ISO-Norm durchgesetzt [15].

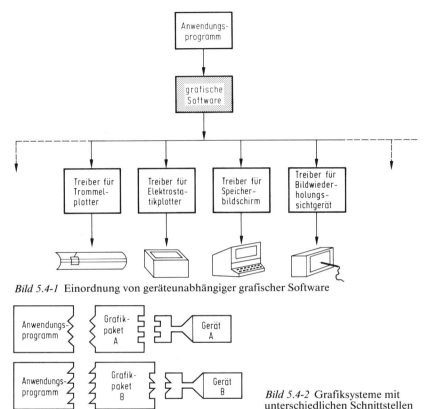

Bild 5.4-1 Einordnung von geräteunabhängiger grafischer Software

Bild 5.4-2 Grafiksysteme mit unterschiedlichen Schnittstellen

Für die Normung mußten zwei Schnittstellen untersucht werden. *Bild 5.4-2* zeigt ein Anwendungsprogramm mit zwei unterschiedlichen Grafiksystemen, weil zwei unterschiedliche Geräte Verwendung finden sollen. Das Anwendungsprogramm muß dabei so gestaltet werden, daß es einmal das eine und einmal das andere Grafiksystem benutzen kann. Eine Vereinheitlichung der Schnittstelle vom Anwendersystem zum Grafiksystem führt dazu, daß das Anwenderprogramm nicht mit zwei unterschiedlichen Schnittstellen versehen werden muß *(Bild 5.4-3)*. Eine Trennung des geräteunabhängigen vom geräteabhängigen Teil des Grafiksystems führt zwar auf eine zusätzliche Schnittstelle, aber dafür benötigt man nur noch ein Grafiksystem, obwohl man zwei unterschiedliche Geräte betreibt *(Bild 5.4-4)*. Die in diesem Bild dargestellten Geräte-Treiber sind diejenigen Programmteile, die die geräteunabhängigen Datenmengen auf die speziellen Bedürfnisse eines Gerätes abbilden.

Durch Verwendung des standardisierten Grafiksystems GKS ergeben sich hauptsächlich wirtschaftliche Vorteile, die auf der Portabilität der Software beruhen. Da nur noch ein einziges Grafiksystem eingesetzt wird, kann jeder Programmierer mit diesem System vertraut sein.

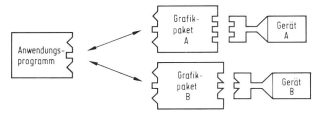

Bild 5.4-3 Grafiksystem mit standardisierter Anwenderschnittstelle

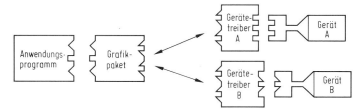

Bild 5.4-4 Grafiksystem mit standardisierten Schnittstellen

GKS besteht aus einer Reihe von grafischen Funktionen, die unabhängig von speziellen Geräten, Programmiersprachen und Anwendungen definiert sind. Die Funktionen umfassen die folgenden Fähigkeiten [15]:
- Ausgabe zweidimensionaler Grafik auf Vektor- und Rastergeräten,
- Ein- und Ausgabe an einem oder mehreren Arbeitsplätzen, Workstation-Konzept genannt [29],
- Speicherung grafischer Daten,
- Segmentverwaltung,
- Speicherung grafischer Daten auf einer externen Datei, GKS-Metafile genannt, und
- Teilmengenbildung des Funktionsumfangs, Level-Konzept genannt.

GKS erfüllt drei Aufgaben:
- Tabellenverwaltung für die Beschreibung des internen Zustandes des GKS,
- Übertragung aller grafischen Daten aus einem Anwendungsprogramm zu den aktiven Arbeitsplätzen oder einer externen Datei und
- Übertragung der grafischen Eingabedaten von einem Eingabegerät zu einem Anwendungsprogramm.

Um jederzeit einen definierten Zustand zu gewährleisten, ist nur GKS berechtigt, diese Aufgaben auszuführen. Kein Anwendungsprogramm kann sich der Grafik unter Umgehung von GKS bedienen.

5.5 Eingabe grafischer Daten

Für die Eingabe von grafischen Daten in einen Rechner stehen die in Kapitel 3 beschriebenen Geräte zur Verfügung.
Die Eingabefunktionen, die den verschiedenen Eingabegeräten zugeordnet werden können, lassen sich in folgende Funktionsklassen unterscheiden [15]:

- der Identifizierer dient dem Auswählen der vom Benutzer erstellten Bildelemente.
- der Positionierer liefert Koordinatenwerte für Positionen.
- der Textgeber liefert Zeichenketten.
- der Auswähler liefert ein Element aus einer dargebotenen Auswahlmenge und
- der Wertgeber liefert einen numerischen Wert.

Diese Eingabeklassen bezeichnet man auch als logische Eingabegeräte oder elementare Eingabefunktionen. Ihre Realisierung kann durch unterschiedliche physikalische Eingabegeräte vorgenommen werden. Ein Positionierer kann z.B. ein Lichtgriffel, ein Steuerknüppel oder eine Tastatur sein, über die man ein Koordinatenwertepaar eingibt.

Neben den fünf Eingabeklassen gibt es die folgenden drei unterschiedlichen Eingabemechanismen, um ein Eingabegerät anzusprechen [15]:

- Anforderung: der Rechner wartet auf einen Benutzereingriff und setzt anschließend das unterbrochene Programm fort.
- Ereignis: der Rechner wartet nicht auf eine Eingabe. Alle erfolgten Eingaben werden vom Rechner in einer Warteschlange verwaltet und erst dann abgearbeitet, wenn dafür Zeit ist. Eine Benutzereingabe kann vom Rechner erlaubt und verboten sein. Im letzten Fall wird sie zurückgewiesen und nicht in die Warteschlange eingefügt.
- Abfrage: der Rechner übernimmt den aktuellen Wert eines Eingabegerätes, nachdem er von einem Programm dazu aufgefordert worden ist. Eine Abfrage ist nur möglich, wenn das Gerät freigegeben und nicht gesperrt ist.

Identifizierungsfunktion

Mit Hilfe der Identifizierfunktion können ein oder mehrere Bildelemente identifiziert werden, die vom Benutzer zuvor generiert wurden. Als Ergebnis liefert diese Funktion den Namen des identifizierten Bildelements oder der Bildelementmenge, wobei die Eingabe aus einem XY-Koordinatenpaar besteht. Bei einem bildwiederholenden Sichtgerät mit Lichtgriffel wird das gesuchte Bildelement bei der Bildwiederholung festgestellt, indem bei der Darstellung die Identifizierung erfolgt und die entsprechende Adresse in der Bildwiederholungsdatei ermittelt wird. Wird kein Lichtgriffel verwendet, müssen alle Bildelemente dahingehend überprüft werden, ob sie die eingegebene XY-Position erfüllen. Um den Aufwand der Untersuchung zu reduzieren, werden die Elemente, die nicht im Bereich des eingegebenen Punktes liegen, von einer genaueren Überprüfung ausgeschlossen. Das hat eine Beschleunigung der Identifizierung zur Folge. Jedem dargestellten Bildelement kann auch ein sichtbarer Identifizierungsbereich zugeordnet werden. In diesem Fall müssen nur diese Bereiche untersucht werden und bei Übereinstimmung kann auf das dazugehörige Element zurückgegriffen werden.

Positionierfunktion

Mit Hilfe des Positionierers wird eine Position durch Angabe von Koordinatenwerten eingegeben. Dabei ist es gleichgültig, ob an dieser Stelle ein Bildelement ausgegeben wird oder nicht. Das Ergebnis dieser Eingabefunktion ist ein Zahlenpaar, das von den anfordernden Programmen verarbeitet werden kann.

Mit einem bildwiederholenden Sichtgerät mit Lichtgriffel ist es nur in Verbindung mit einem Positionierungssymbol auf dem Bildschirm möglich, Positionen einzugeben. Dieses Positionierungssymbol hat meistens die Form eines Kreuzes *(Bild 5.5-1)*. Aus der Position des Lichtgriffels wird bei jedem Bildwiederholungszyklus die neue Position des Positionierungssymbols ermittelt. Wird einmal kein Punkt des Kreuzes erfaßt, so ist das Symbol verloren. Dies geschieht unbeabsichtigt, wenn der Benutzer den Lichtgriffel schneller bewegt als das Programm zur Berechnung der neuen Symbolposition arbeiten kann. Das Symbol geht

beabsichtigt verloren, sobald der Benutzer den Lichtgriffel vom Schirm entfernt, wenn die endgültige Position erreicht ist. Spezielle Systementwicklungen ermöglichen, daß ein unbeabsichtigtes Verlieren des Symbols automatisch korrigiert wird, indem die Position des Lichtgriffels gesucht und das Positionierungssymbol neu dargestellt wird.
Drei Verfahren zum Wiederfinden eines verlorenen Positionierungssymbols sind bekannt. Alle drei können unabhängig von der Symbolsuche dafür eingesetzt werden, die Position des Lichtgriffels festzustellen. Das erste Verfahren stellt spiralförmig von der letzten bekannten Symbolposition Punkte dar. Das zweite Verfahren simuliert eine Darstellung nach dem Rasterverfahren und im dritten Fall werden zeilenweise Punkte ausgegeben. Alle drei Verfahren brechen ab, wenn die Position des Lichtgriffels erfaßt wird. Ist die Position nicht festzustellen, so wird angenommen, daß es sich um ein beabsichtigtes Entfernen des Lichtgriffels vom Schirm handelt.

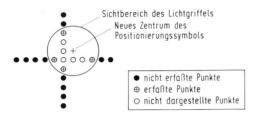

Bild 5.5-1 Positionierungssymbol

Texteingabe

Die Eingabefunktionsklasse Textgeber eröffnet dem Benutzer die Möglichkeit, einzelne Zeichen oder ganze Zeichenketten (Texte) einzugeben.

Auswahlfunktion

Die Auswahlfunktion vollzieht die Auswahl von Programmfunktionen. Die physikalische Realisierung kann in einer Funktionstastatur oder einem Kommandomenü bestehen.
Funktionstastaturen haben bei Verwendung durch ungeübte Benutzer den Nachteil, daß sie während der Auswahl einer Funktion die Aufmerksamkeit vom Bildschirm ablenken. Von vielen Anwendern wird daher eine Kommandoliste, auch als Kommandomenü bekannt, die auf dem Bildschirm dargeboten wird und deren Funktionen mit dem Auswähler selektiert werden, bevorzugt. Ein typisches Kommandomenü besteht aus einer Liste mit Kommandowörtern und grafischen Symbolen. Besondere Vorteile bieten die Kommandomenüs auf dem Bildschirm, wenn es sich um bildwiederholende Sichtgeräte handelt, denn in diesem Fall ist es sehr einfach, von einem Steuerungsprogramm aus nur die aktuell zulässigen Kommandos dem Benutzer anzubieten. Damit erreicht man eine ausgeprägte Benutzerführung durch das System, wodurch sich die Anzahl der Eingabefehler reduzieren läßt.
Die Kommandowörter eines Menüs werden z.B. am linken oder rechten Bildrand untereinander *(Bild 5.5-2)* oder am unteren oder oberen Bildrand horizontal nebeneinander *(Bild 5.5-3)* angeordnet. Obwohl untereinander eine größere Anzahl von Kommandos darzustellen ist, spielt dieser Gesichtspunkt in der Praxis keine Rolle, da die Suchzeit des Benutzers mit dem Umfang der Kommandoliste wächst und daher immer nur kurze Listen dargestellt werden sollten. Die Kommandolisten werden in Untermenüs aufgespalten, so daß eine Baumstruktur entsteht. Ein Beispiel mit zwei Menüebenen ist in *Bild 5.5-4* dargestellt. Mit dem ENDE-Kommando gelangt man in die nächst höhere Ebene zurück. Eine Kommandoliste aus Symbolen zeigt *Bild 5.5-5*. Bei bildwiederholenden Sichtgeräten ist es möglich, das Menü nur dann darzustellen, wenn es benötigt wird, und zwar jeweils in der Nähe des

Auswählers [30]. Auf diese Weise werden für die Kommandoauswahl die Bewegungen der Hand minimiert, da das Menü der Hand folgt. Die Implementierung von Menüs ist sehr einfach: bei Benutzung eines Lichtgriffels werden die Kommandos direkt erkannt. In den übrigen Fällen hilft ein einfacher Vergleich der Koordinaten.

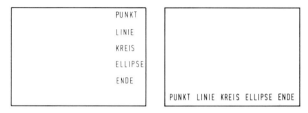

Bild 5.5-2 Kommandowörter vertikal am Bildschirmrand angeordnet
Bild 5.5-3 Kommandowörter horizontal am unteren Bildschirmrand angeordnet

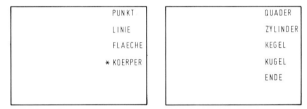

Bild 5.5-4 Kommandomenü mit zwei Ebenen

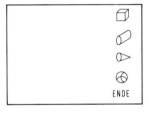

Bild 5.5-5 Kommandomenü mit Symbolen

Werteingabe

Der Wertgeber erlaubt dem Benutzer die Eingabe von skalaren Werten aus einem festgelegten Wertebereich. Der typische Wertgeber besteht aus einem Potentiometer. Der analoge Wert des Potentiometers wird in einen entsprechenden digitalen umgewandelt, der in einem dafür vorgesehenen Bereich des Bildschirmes oder direkt am Potentiometer zur Überprüfung angezeigt wird.

Nachziehtechnik

Neben den elementaren Eingabefunktionen sind auch Funktionskombinationen gebräuchlich. Die Nachziehtechnik findet eine sinnvolle Realisierung nur auf Bildwiederholungssichtgeräten. Sie ermöglicht dem Benutzer, ein dargestelltes Bildelement zu identifizieren und es auf eine gewünschte neue Position zu überführen. Das Bildelement folgt der Überführungsbewegung und bleibt den gesamten Prozeß über sichtbar. Dies geschieht dadurch, daß der Positionierer bei jedem Bildwiederholungszyklus eine neue Position, die für die nächste Darstellung des Bildelements Verwendung findet, errechnet.

158   5 Grafische Datenverarbeitung   [Literatur S. 167]

Dehnlinientechnik

Bei der Dehnlinientechnik wird eine Strecke eingegeben, wobei der Anfangspunkt fest und der Endpunkt zunächst frei bewegbar bleibt, d.h. er folgt dem Positionierer. Die Strecke zwischen beiden Punkten bleibt immer sichtbar. Auch diese Funktion eignet sich nur bei Verwendung eines bildwiederholenden Sichtgerätes, weil derartige dynamische Vorgänge auf Bildspeicherröhren nicht dargestellt werden können.

Spurenecho

Beim Spurenecho wird während der Veränderung des Positionierers auf dem Bildschirm eine Geradenabschnittskette ausgegeben, die die Spur des Positionierers auf dem Schirm widerspiegelt. Mit dieser Funktion können Kurven freihändig, mehr oder weniger genau und sofort sichtbar eingegeben werden.
Je nachdem, ob das zu modellierende Objekt zwei- oder dreidimensional gespeichert werden soll, werden unterschiedliche Eingabeformen benutzt. Zweidimensionale Modelle können in einer Ebene, beispielsweise der XY-Ebene gespeichert werden. Dafür benötigt der Benutzer nur diese Ebene auf seinem Eingabemedium.

Mustererkennung

Die grafische Dateneingabe mittels Mustererkennungsmethoden läßt sich bezüglich ihrer Anwendung in zwei Verfahren gliedern. Zum ersten Verfahren werden grafische Symbole in einer Definitionsphase mit dem Mustererkennungssystem vereinbart und in einer Symboldatei abgelegt. Diese Symboldatei dient als Vergleichsdatei für die Symbole, die während des Mensch-Maschine-Kommunikationsprozesses vom Benutzer über ein grafisches Tablett eingegeben werden. Nach Erkennung der Symbole werden die diesen Symbolen zugeordneten Aufgaben von dem angekoppelten CAD-System durchgeführt. *Bild 5.5-6* zeigt in einer Anwendung für ein 2D-System im Bildteil a) ein handgezeichnetes Symbol „V", das eine Verschiebung des gleichzeitig identifizierten Kreises auf die durch das handgezeichnete Kreuz markierte Position bewirken soll. Die erfolgreiche Verschiebung des Kreises ist im Bildteil b) zu erkennen. Die Vorteile der Kommunikation mit Symbolen liegen darin, daß mit der Eingabe nur eines Symbols gleichzeitig mehrere Aufgaben initialisiert werden können [31].

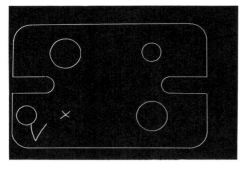 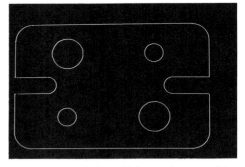

Bild 5.5-6 Mensch-Maschine-Kommunikation mittels grafischer Symbole und Mustererkennung, hier Verschiebung eines Kreises

Beim zweiten Verfahren werden aus einer handskizzierten Kontur exakte Darstellungen generiert. Der dabei ablaufende Verarbeitungsprozeß ist in *Bild 5.5-7* erläutert. Da die Handskizzeneingabe eine der konventionellen Zeichentechnik des Konstrukteurs nachempfundene Eingabemethode darstellt, kann sie ohne größere Umstellung von Konstrukteuren übernommen werden und trägt damit sehr wesentlich zur Erhöhung des Benutzerkomforts bei. Eine Möglichkeit zur Anwendung dieser Technik kann durch die Eingabe von Ansichten einer zu beschreibenden räumlichen Darstellung erfolgen. Dies wird bei der Rekonstruktion eines Körpers aus seinen Ansichten durchgeführt *(Bild 5.5-8)* [31].

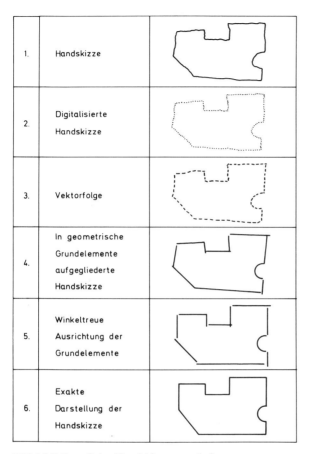

Bild 5.5-7 Prozeß der Handskizzenverarbeitung

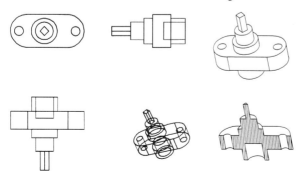

Bild 5.5-8 Rekonstruktion eines Körpers aus seinen Ansichten [31]

5.6 Ausgabe grafischer Daten

Für die grafische Ausgabe stehen die in Kapitel 3 beschriebenen Ausgabegeräte zur Verfügung. Je nach der Geräteart muß eine andere Ausgabetechnik angewandt werden.
Eine Gliederung der Ausgabegeräte erfolgt in sogenannte Hardcopy-Geräte, die permanente Bilder auf Papier oder ähnlichen Medien erzeugen und Softcopy-Geräte, die auf einem Bildschirm temporäre Bilder liefern.
Bei den Softcopy-Geräten werden drei Haupttechnologien angewendet:
- bildwiederholende Vektortechnik,
- bildspeichernde Vektortechnik und
- Rastertechnik.

Für die Ausgabe stehen die Punktausgabe, Linienausgabe und Flächenausgabe zur Verfügung. Um mit der Punktausgabe ein brauchbares Bild darzustellen, muß das Bild aus vielen Punkten aufgebaut werden.
Für punktausgebende Geräte stehen für die Geraden-, Kurven- und Textausgabe Algorithmen zur Verfügung, die die gewünschten Punktfolgen erzeugen. Die Genauigkeit einer Punktausgabe hängt von der Auflösung des verwendeten Bildschirmes ab.
Für eine Linienausgabe, auch Vektorausgabe genannt, muß ein geeignetes Ausgabegerät zur Verfügung stehen, das die Angaben des Rechners in elektrische Signale umwandelt und die entsprechenden Bilder erzeugt. Der hohe Speicheraufwand der Punktausgabe wird bei der Linienausgabe dadurch reduziert, daß z.B. bei Geraden nur noch die Endpunkte und nicht mehr alle Zwischenpunkte gespeichert werden.
Für Flächenausgaben eignen sich am besten die Geräte, die nach dem Fernsehrasterverfahren arbeiten. Bei diesem Verfahren werden die grafischen Elemente in punktförmige Bereiche zerlegt. Der Unterschied zur Punktausgabe liegt in der Organisation der gespeicherten Punkte. Bei der Punktausgabe sind für jedes grafische Element die Punkte sequentiell gespeichert. Sie werden immer in dieser Reihenfolge ausgegeben, so daß der Schreibstrahl nach der Anordnung der Punkte über den Schirm bewegt wird. Bei einem Rastergerät ist die Bildwiederholungsdatei als Matrix angelegt. Durch die Angabe einer Zeile und einer Spalte kann die dadurch adressierte Speicherstelle einen Helligkeitswert oder einen Farbwert aufnehmen. Es besteht eine Eins-zu-Eins Beziehung zwischen der Speichermatrix und dem Bildschirm. Die Bildwiederholung erfolgt nach dem aus der Fernsehtechnik bekannten Fernsehrasterverfahren.
Ist für jeden Bildschirmpunkt nur ein einziges Bit im Bildwiederholungsspeicher vorgesehen, so können auf dem Schirm nur helle und dunkle Punkte erscheinen. Für Grauton- und Farbbilder müssen für jeden Rasterpunkt mehrere Bits vorgesehen werden.
Für die Darstellung von Strichzeichnungen auf einem Rastergerät müssen zunächst die entsprechenden Umwandlungen vorgenommen werden.
Die allgemeine grafische Ausgabefunktion erzeugt aus einer Menge von Koordinatenwerten ein grafisches Element auf dem Ausgabemedium. Der Argumentbereich ist der Benutzerbereich, der in den sogenannten Weltkoordinaten beschrieben wird. Jeder Benutzer definiert sich den Ursprung seines Koordinatensystems und beschreibt darin seine Objekte.
Der Bildbereich wird meistens in Rastereinheiten angegeben. Die Weltkoordinaten stammen aus der Menge der reellen Zahlen. Die allgemeine grafische Ausgabefunktion bildet den Benutzerbereich auf den Bildbereich ab. Da man den vom Benutzer gewählten Ausschnitt auch als ein Fenster ansehen kann, wird sie auch Fensterfunktion genannt [8].

Transformationen

Die für die Ausgabe vorgesehenen grafischen Elemente können einer Reihe von Transformationen unterworfen werden, um sie anschließend transformiert auszugeben [4]. Zum Bei-

spiel können Vergrößerungen vorgenommen werden, um auch Details erkennen zu können. Diese Transformation wird Skalierung genannt. Weitere Transformationen sind die Translation und die Rotation. Diese Transformationen können auch verkettet ausgeführt werden. Sie bilden die sogenannten Elementartransformationen und sind bijektive Abbildungen im Koordinatenbereich. Eine Eigenschaft der Transformationen ist, daß sie nicht unbedingt kommutativ sind. Das bedeutet, daß die Lage eines grafischen Elements auf dem Ausgabemedium von der Reihenfolge der ausgeführten Elementartransformationen abhängt *(Bild 5.6-1)*. *Bild 5.6-1a* zeigt ein Bildelement, das sich im Koordinatenursprung befindet. In *Bild 5.6-1b* ist eine Translation um eine Einheit nach rechts vorgenommen worden. In *Bild 5.6-1c* erfolgte eine Rotation um den Ursprung um 90 Grad. Die Transformationsreihenfolge lautet: Translation-Rotation. Die Translationsreihenfolge Rotation-Translation wird in dem *Bild 5.6-1d* und 5.6-1e dargestellt. Ein unterschiedliches Ergebnis ist festzustellen.
Die Translation wird durch eine Vektoraddition, während die Rotation und die Skalierung durch eine Matrixmultiplikation ausgeführt werden. Es ist jedoch anzustreben, alle drei Transformationen in einer einheitlichen Weise durchzuführen, so daß sie leicht zusammengefaßt werden können. Werden die zu transformierenden Punkte in homogene Koordinaten überführt, so können alle drei Transformationen auf eine Multiplikation zurückgeführt werden. Die homogenen Koordinaten gehen auf MAXWELL zurück [32, 33]. Zahlreiche grafische Unterprogrammpakete basieren auf homogenen Koordinaten, was für den Anwender meistens nicht erkennbar ist.

a.   b.   c.   d.   e.

Bild 5.6-1 Wirkung von Translation und Rotation in Abhängigkeit von der Anwendungsreihenfolge

Projektionen

Für die Darstellung von dreidimensionalen Objekten ist der Vorgang komplexer als im zweidimensionalen Fall, bei dem ein Fenster auf den Benutzerkoordinaten definiert und anschließend die Abbildung auf den Ausgabebereich vorgenommen wird. Der Mehraufwand bei Verwendung des dreidimensionalen Raumes kommt daher, daß das Ausgabemedium nur zweidimensional ist. Die Lösung liegt in der Verwendung von Projektionen, die dreidimensionale Objekte auf einer zweidimensionalen Projektionsebene abbilden [4].
Anstelle eines Fensters wird im dreidimensionalen Fall ein Volumen definiert. Außerdem muß eine Projektionsregel und der Ausgabebereich auf dem Ausgabemedium festgelegt werden. Der gesamte Darstellungsprozeß wird in *Bild 5.6-2* gezeigt.
Im ersten Schritt soll entschieden werden, welcher Teil eines Bildelements in räumlichen Koordinaten im Gesichtsfeld des Benutzers liegt. Die Teile eines Objektes, die außerhalb

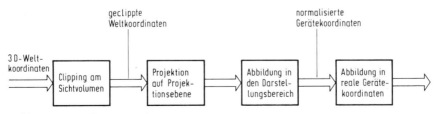

Bild 5.6-2 Darstellungsprozeß

des definierten Sichtvolumens liegen, werden abgeschnitten. Nach dem Abschneiden wird von dem sichtbaren Teil die Projektion ermittelt. Eine Projektion bildet im allgemeinen einen Punkt in einem Koordinatensystem der Dimension n als einen Punkt in einem Koordinatensystem mit einer kleineren Dimension als n ab.

Die Projektion von dreidimensionalen Objekten wird durch Projektionsstrahlen, die vom Zentrum der Projektion ausgehen, vollzogen. Durch jeden Punkt des Objektes verläuft ein Projektionsstrahl und trifft zur Erzeugung der Projektionsabbildung auf die Projektionsebene *(Bild 5.6-3)*. Das Zentrum der Projektion kann auch im Unendlichen liegen, dann verlaufen die Projektionsstrahlen parallel *(Bild 5.6-4)*. Projektionen dieser Art heißen planare geometrische Projektionen, denn sie werden auf eine Projektionsebene und mit Hilfe von Strahlen vorgenommen. Daneben gibt es die nichtplanaren und nichtgeometrischen Projektionen, die hier nicht weiter betrachtet werden sollen [4, 34].

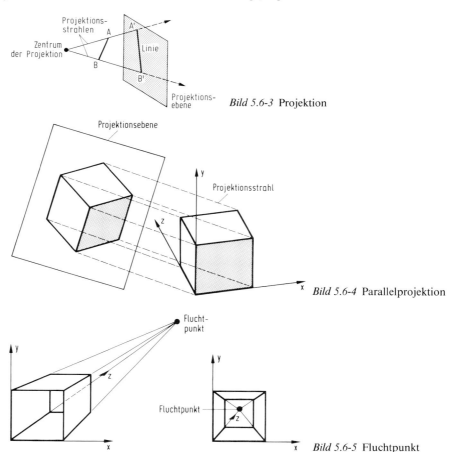

Bild 5.6-3 Projektion

Bild 5.6-4 Parallelprojektion

Bild 5.6-5 Fluchtpunkt

Die planaren geometrischen Projektionen werden im folgenden nur noch kurz als Projektionen bezeichnet. Sie lassen sich in die Grundklassen zentral und parallel einteilen. Bei den ersten liegt das Projektionszentrum im Endlichen, während es bei der zweiten Klasse im Unendlichen liegt.

Bei den zentralen Projektionen treffen sich alle vorher parallelen Linien, die nicht parallel zur Projektionsebene verlaufen, in sogenannten Fluchtpunkten *(Bild 5.6-5)*. Die zentralen

Projektionen werden nach der Anzahl der Fluchtpunkte kategorisiert [34]. Die Parallelprojektionen gliedern sich in zwei Gruppen, die durch die Projektionsrichtung und die Normale der Projektionsebene festgelegt werden, in die orthogonalen Parallelprojektionen und in die schiefen Parallelprojektionen. Bei der ersten Gruppe fällt die Projektionsrichtung mit der Normalen der Projektionsebene zusammen *(Bild 5.6-6)* und bei der zweiten nicht *(Bild 5.6-7)*. Die beiden Gruppen der Parallelprojektionen werden noch weiter unterteilt [34].

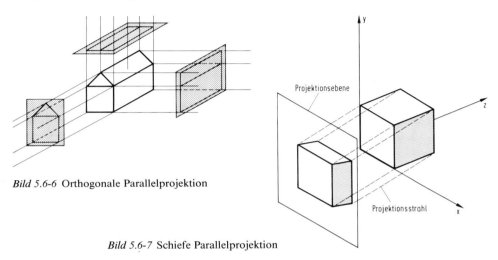

Bild 5.6-6 Orthogonale Parallelprojektion

Bild 5.6-7 Schiefe Parallelprojektion

Flächendarstellungen

Bei der Darstellung von dreidimensionalen Objekten auf zweidimensionalen Ausgabegeräten hat der Betrachter Schwierigkeiten, die auftretenden Mehrdeutigkeiten wegen der fehlenden Tiefenwirkung zu lösen. Um dem Betrachter trotzdem einen Tiefeneindruck vermitteln zu können, werden Hilfsmittel benötigt. Man unterscheidet direkte und indirekte Tiefeneindrücke. Zu den direkten Tiefeneindrücken gehören: das stereoskopische Sehen, das Entfernen von verdeckten Kanten und Flächen und die Flächenschattierung. Die indirekten Tiefeneindrücke erhält man durch Perspektive, unterschiedliche Intensitäten, dynamische Perspektive und Bewegungsparallaxe.

Um den räumlichen Eindruck zu verstärken, können bei Verwendung eines Rasterbildschirms schattierte Darstellungen generiert werden. Derartige Darstellungen dreidimensionaler Objekte müssen in zwei Phasen generiert werden. Die erste Phase besteht darin, die sichtbaren Teile zu ermitteln und in der zweiten Phase werden die sichtbaren Flächen schattiert.

Die sichtbaren Teile werden ermittelt, indem die unsichtbaren Kanten ausgeblendet werden. Dies geschieht am dreidimensionalen Modell, bevor die Projektion in eine zweidimensionale Ebene erfolgt. Die Grundoperation besteht in einem Tiefenvergleich für alle diejenigen Punkte einer Darstellung, die auf dem gleichen Projektionsstrahl liegen [16]. Über die Notwendigkeit, derartige Algorithmen einzusetzen, gibt es bei Betrachtung von *Bild 5.6-8* keinen Zweifel. Das Ausblenden ist jedoch ein sehr rechenintensiver Prozeß, der das Antwortzeitverhalten eines CAD-Systems negativ beeinflussen kann [4].

Die zweite Phase umfaßt die realistische flächenhafte Darstellung von Objekten, indem Schattierungs-, Transparenz-, Schattenwurf- und Reflexionsmodelle angewendet werden. Sehr komplexe Modelle berücksichtigen alle Faktoren, die für eine möglichst realistische Darstellung notwendig sind. Für CAD-Systeme sind die derzeitig bekannten Verfahren wegen ihrer sehr hohen Rechenzeit nicht anwendbar [4].

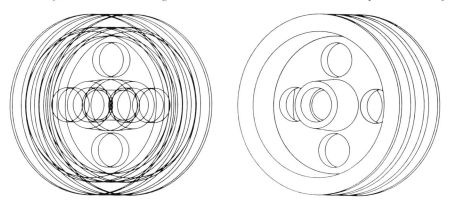

Bild 5.6-8 Automatisches Ausblenden verdeckter Kanten

Bewegungen und Veränderungen an grafischen Darstellungen können sich einerseits auf das Objekt bei stationärem Beobachter, andereseits auf den Beobachter bei feststehendem Objekt beziehen. Mit Hilfe der geometrischen Transformationen Rotation, Skalierung und Translation können Bewegungseindrücke hervorgerufen werden. Im Konstruktionsbereich eignet sich diese Technik zur Simulation der Bewegung von Maschinenteilen. Eine andere Anwendung ist die Generierung von bewegten Bildern für Flugsimulatoren. Es können Veränderungen der Gestalt, der Farbe oder anderer Eigenschaften eines dargestellten Objektes vorgenommen werden.

5.7 Dialog mit Grafiksystemen

Neben der Schnittstelle zwischen den Anwenderprogrammen und dem rechnerinternen Modell gibt es eine zweite, die Kommunikationsschnittstelle Mensch-Maschine. Kommunikation ist der beabsichtigte Austausch von Informationen. Der Sinn der Kommunikationsschnittstelle besteht darin, die Benutzereingaben dem CAD-System in codierter Form darzubieten und dem Benutzer die Systemergebnisse in verständlicher Form auszugeben. Bei CAD-Systemen besteht die Ausgabe in alphanumerischen Zeichen und grafischen Darstellungen. Die Kommunikation läßt sich zum einen nach der Arbeitsweise in Stapelbetrieb und Dialogbetrieb und zum anderen nach der Art der verwendeten Ein-/Ausgabegeräte in alphanumerisch und grafisch unterteilen *(Bild 5.7-1)*.

Nach dieser Gliederung ergeben sich vier verschiedene Kommunikationsarten:
- alphanumerisch im Stapelbetrieb,
- alphanumerisch im Dialog,
- grafisch im Stapelbetrieb und
- grafisch im Dialog.

Dabei sind auch Kombinationen möglich. Eine grafische Kommunikation im Stapelbetrieb führt auf problemorientierte Kommandosprachen. Bei der Verwendung einer Kommandosprache steht dem Benutzer eine Reihe von Sprachwörtern zur Verfügung, mit denen ein Programm aufgebaut wird, um dem Rechner Ausführungsanweisungen mitzuteilen. Eine Liste von Kommandos bildet die Eingabeschnittstelle zwischen dem Benutzer und dem CAD-System. Kommandosprachen im Stapelbetrieb sind für den Benutzer mit Nachteilen verbunden, da Schwierigkeiten beim Erstellen der notwendigen Programme auftreten, wenn keine Programmiererfahrungen vorliegen. Ein direkter Kontakt des Benutzers mit

5.7 Dialog mit Grafiksystemen

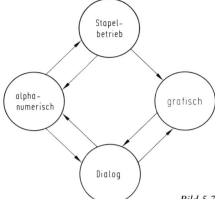

Bild 5.7-1 Klassifizierung der Kommandoschnittstellen

dem Rechner kommt nicht zustande. Außerdem unterscheidet sich die Verwendung eines Tastaturgeräts sehr von der konventionellen Zeichnungserstellung.
Eine dem heutigen Stand der Technik angepaßte Kommunikationsweise ist der grafische Dialog. Beim grafischen Dialog kommt es zu einem sehr engen Zusammenwirken zwischen dem Benutzer und dem Rechner, wobei der Benutzer sofort eine Rückmeldung auf seine Eingaben erhält, so daß Eingabefehler von ihm auch sofort erkannt und korrigiert werden können. Beim Stapelbetrieb können Fehler vom Benutzer erst nach der vollständigen Abarbeitung des Programms erkannt und beseitigt werden. Zwischen beiden Kommunikationspartnern gibt es eine Beziehung, bei der zwei Partner mit unterschiedlichen Fähigkeiten infolge ihrer Komplementarität im Dialog gemeinsam ein geschlossenes System bilden, um Arbeiten auszuführen, die einer der Partner allein nicht hätte ausführen können [35]. Eine hohe Antwortgeschwindigkeit ist dabei eine sehr wichtige Voraussetzung.
Eine ausführliche Beschreibung der Kommunikationsschnittstelle hilft beim Entwurf der Schnittstelle als Teil der Dokumentation des Systems und als Benutzeranleitung. Eine Methode, interaktive Systeme zu beschreiben, sind Zustandsgraphen [36]. Die Eingaben sind die Benutzeraktionen. Die Ausgaben umfassen die Berechnungen und die darausfolgenden Veränderungen auf dem Bildschirm. Die Knoten des Graphen repräsentieren die verschiedenen Systemzustände. Die Knotenverbindungen werden mit den dazugehörigen Benutzeraktionen bezeichnet. Die Kontrolleemente der Anweisungen bestimmen einen Weg durch das Netzwerk der Zustände *(Bild 5.7-2)*.
Da die Zeichnung das wichtigste Verständigungsmittel in der Konstruktion darstellt, bietet sie sich als Kommunikationsschnittstelle zwischen Benutzer und Rechner an. Komplexe Beziehungen können mit Bildern in leicht verständlicher Form dargestellt werden. Eine Rechnerreaktion, die grafisch erfolgt, ist somit einfach kontrollierbar.
Zum Zweck der Kommunikation werden die grafischen Daten außerhalb der rechnerinternen Darstellung in einer Bilddatei bereitgestellt. Damit wird die Unabhängigkeit des Datenfeldes des Kommunikationsteils von der rechnerinternen Darstellung gesichert [35].
Mit Eingabegeräten sind die folgenden Kommunikationsmöglichkeiten realisierbar:
– Eingabe von grafischen oder alphanumerischen Informationen und
– Auswahl von dargestellten Informationen, um Operationen zu spezifizieren oder um Bildelemente für Operationen auszuwählen.
Diese Art der Kommunikation bedarf keiner Programmierkenntnisse, denn der Benutzer wählt Dargebotenes aus, beantwortet Fragen oder positioniert vordefinierte Bildelemente auf dem Bildschirm. Diese Benutzereingaben werden von einem Kommunikationsteil decodiert und in Aufrufe des Grafiksystems oder der Anwenderprogramme umgesetzt. Wenn

ein Anwenderprogramm die rechnerinterne Darstellung verändert hat, wird das Grafiksystem ebenfalls aktiviert, um die Darstellung zu aktualisieren. Das Grafiksystem ist an der Dialogführung nicht direkt, sondern über den zuvor schon erwähnten Kommunikationsteil beteiligt.

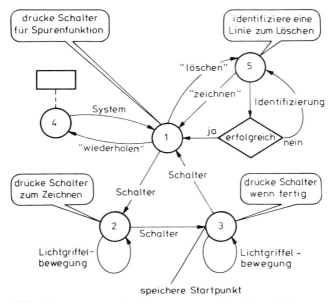

Bild 5.7-2 Kommandoabarbeitung nach dem Modell endlicher Automaten [36].

Die Kommunikation zwischen einem Benutzer und einem Rechner muß eine Reihe von Eigenschaften besitzen, die alle eine möglichst große Benutzerfreundlichkeit des Systems garantieren, da benutzerfreundliche Systeme die Effizienz der Benutzerleistung steigern.
Typische Systemeigenschaften, die die Benutzerfreundlichkeit bestimmen, sind die Selbsterklärungsfähigkeit, die Kontrollierbarkeit, die Erkennbarkeit, die Problemangemessenheit, die Verläßlichkeit, die Flexibilität und die Fehlertoleranz. Selbsterklärungsfähigkeit bedeutet, daß der Benutzer zu jedem Zeitpunkt den Systemzustand kennt oder Auskunft darüber erhalten kann. Kontrollierbarkeit bedeutet, daß der Benutzer Arbeitsabschnitte im Dialog schadlos abbrechen kann, um einen anderen Prozeß aufnehmen zu können. Eine gute Erlernbarkeit setzt voraus, daß Benutzerhandbücher fast überflüssig sind und daß beim Benutzer keine speziellen Kenntnisse erwartet werden. Unter Problemangemessenheit versteht man, daß der Benutzer weitgehend von Routineeingaben entlastet und so wenig wie möglich durch die Dateiverwaltung, die Formatierung, die Adressierung und die Speicherorganisation belastet wird. Ein verläßliches System verhält sich in ähnlichen Situationen ähnlich. Die Flexibilität ermöglicht dem Benutzer, die Dialogsprache zu erweitern und Befehlsketten zu bilden. Dem Benutzer stehen damit nicht nur die vordefinierten Systemkommandos zur Verfügung. Die Fehlertoleranz erweist sich in der gebotenen Unterstützung bei der Eingabe. Fehlerhafte Eingaben müssen durch eine Teilwiederholung korrigiert werden können und typische Tippfehler sollen bei der Kommandoeingabe toleriert werden.
Obwohl grafische Darstellungen eine gute Kommunikationsgrundlage bieten, reichen sie allein für eine zufriedenstellende Mensch-Maschine-Kommunikation nicht aus. Eine sorgfältige Berücksichtigung der Benutzerfreundlichkeitsfaktoren beim Entwurf eines Dialogsystems ist zwingend [37].

Hören und Sprechen sind gut ausgebildete Fähigkeiten des Menschen. Die Spracherkennung ist bisher jedoch kaum als Bestandteil der Kommunikationsschnittstelle für CAD-Systeme aufgenommen worden [38].

Literatur zu Kapitel 5

1. Sutherland, I. E.: SKETCHPAD: a Man-Machine Graphical Communication System. AFIPS Conf. Proc. SJCC 1963, Spartan Books, Baltimore 1963.
2. Johnson, T. E.: SKETCHPAD III: a Computer Program for Drawing in Three Dimensions. AFIPS Conf. Proc. SJCC 1963, Spartan Books, Baltimore 1963.
3. Ross, D.T.: Gestalt Programming: a New Concept in Automatic Programming. Proc. of the Western Joint Computer Conf., San Francisco, 7-9 Febr. 1956, Am. Inst. Elec. Engrs., New York 1956.
4. Foley, J.D., van Dam, A.: Fundamentals of Interactive Computer Graphics. Addison-Wesley Publishing Co., Reading, Menlo-Park, London, Amsterdam, Don-Mills, Sydney 1982.
5. Herbert, F.: Computergrafik-Galerie. Angewandte Informatik, (vormals elektronische Datenverarbeitung) 23, (Mai 1981) H. 5, S. 217-220.
6. Nake, F., Rosenfeld, A.: Graphic Languages. North-Holland Publishing Co., Amsterdam, May 1972.
7. Pavlidis, T.: Algorithms for Graphics and Image Processing. Springer Verlag, Berlin, Heidelberg, New York 1982.
8. Giloi, W. K.: Interactive Computer Graphics-Data Structures, Algorithms, Languages. Prentice-Hall Englewood Cliffs, N. J. 1978.
9. Gray, J. C., Lang, C. A.: ASP – A Ring implemented associative structure package. Communications ACM, 11 (1968) 8, S. 550-555.
10. Dodd, G. G.: Elements of Data Management Systems. Computer Surveys, vol. 1, 1969, S. 115-135.
11. Williams, R.: A Survey of Data Structures for Computer Graphics Systems. Hrsg. von Kilger, A., FU, K. S., Kunii, T. L., Data Structures, Computer Graphics and Pattern Recognition. Academic Press Inc., New York, San Francisco, London 1977.
12. N.N.: GINO-F User Manual. Computer Aided Design Centre, Cambridge, England 1976.
13. N.N.: Status Report of the Graphics Standards Committee. Computer Graphics 13 (1979) 3.
14. N.N.: GPGS-F Users Guide. Tapir Forlag, N-7034 Trondheim-NTH.
15. ISO/DIS 7942: Graphical Kernel System (GKS). Functional Description, Draft International Standard ISO/DIS 7942, Aug. 1982.
16. Newman, W.M., Sproull, R.F.: Principles of Interactive Computer Graphics, 2. Edition. Mc Graw-Hill Book Company, New York 1979.
17. Grieger, I.: Ein Plädoyer für deutsche Begriffe in der graphischen Datenverarbeitung. (vormals Elektronische Datenverarbeitung), Angewandte Informatik, (Juni 1982), H. 6, S. 307-319.
18. Firmenschrift: California Computer Products, Inc.: Calcomp Subroutine Package Reference Manual. CALCOMP Inc, 2411 W. La Palma Ave, Anaheim Calif.
19. Firmenschrift: PLOT-10 Terminal Control System Standard FORTRAN Instruction Manual. Part. No. 062-1474-00, TEKTRONIX Inc. Beaverton, Oregon 1971.
20. Firmenschrift: DISSPLA Beginners/Intermediate Manual. Integrated Software Systems Corp., San Diego, Calf. 1970.
21. Hurwitz, A., Citron, J. P.: GRAF, Graphic Additions to FORTRAN. AFIPS Conf. Proc. SJCC 1967, Spartan Books, Baltimore 1967.

22. Firmenschrift: FORTRAN IV Language and Programming System. Programmer's Ref. Maunal, ADAGE Inc.
23. Stack, T. R., Walker, S. T.: AIDS - Advanced Interactive Display System. AFIPS Conf. Proc. SSCC 1971, Spartan Books, Baltimore 1971.
24. Hatfield, L.; Herzog, B.: Grafics Software - from Techniques to Principles. IEEE Computer Graphics and Applications, January 1982.
25. Firmenschrift: BCS Interactive Graphics (BIG) System, Users Manual. Publication 10201-044, Boeing Computer Services, July 1975.
26. Schrack, G.: Grafische Datenverarbeitung. Reihe Informatik, Bd 28. B.I.-Wissenschaftsverlag, Bibliografisches Institut, Mannheim, Wien, Zürich 1978.
27. Eckert, R., Enderle, G., Kansy, K., Prester, F.-J.: Grafische Datenverarbeitung: Entwicklungen auf dem Weg zur Standardisierung. Informatik Sprektrum 3, 1980.
28. Encarnacao, J., Straßer, W.: (Hrsg.) Geräteunabhängige grafische Systeme. Oldenbourg Verlag, München, Wien 1981.
29. Encarnacao, J., Enderle, G., Kansy, K., Nees, G., Schlechtendahl, E.G., Weiss, J., Wilskirchen, P.: The Workstation Concept of GKS and the Resulting Conceptual Differences to the GSPC Core System. Computer Graphics, 14 (1980) 3.
30. Wiseman, N.E., Lemke, H.U., Hiles, J.O.: PIXIE: A New Approach to Graphical Man-Machine Communication. Proc. 1969 CAD Conf. Southampton, IEEE Conf. Pub. 51.
31. Jansen, H., Meyer, B.: Rekonstruktion von volumenorientierten 3D-Modellen aus handskizzierten 2D-Ansichten. GI-Fachtagung „Geometrisches Modellieren", Berlin, 24. - 26. November 1982.
32. Maxwell, E.A.: Methods of Plane Projective Geometry Based on the Use of of General Homogenous Coordinates. Cambridge Univ. Press, Cambridge 1946.
33. Maxwell, E.A.: General Homogenous Coordinates in Space of Three Dimensions. Cambridge Univ. Press, Cam bridge 1951.
34. Calborn, I., Paciorek, J.: Planar Geometric Projections and Viewing Transformations. Computing Surveys 10 (1978) 4.
35. Krause, F.-L.: Methoden zur Gestaltung von CAD-Systemen. Diss. TU Berlin 1976.
36. Newman, W. M.: A System for Interactive Graphical Programming. AFIPS Conf. Proc. SJCC 1968, vol. 32, Spartan Books, Baltimore 1968.
37. Foley, J.D., Wallace, V.L.: The Art of Natural Graphic Man-Machine Conversation. Proc. of the IEEE 62 (1974) 4.,
38. Riganati, J. P.; Griffith, M.L.:Interactive Audio-Graphics for Speech and Image Characterization. Hrsg. von Kilger, A., FU, K.S., Kunii, T. L., Data Structures, Computer Graphics and Pattern Recognition.Academic Press Inc., New York, San Francisco London 1977.

6 Geometrische Datenverarbeitung

6.1 Allgemeines

In den Produktionsbereichen Konstruktion und Arbeitsplanung wird eine Vielzahl von geometrischen Daten verarbeitet, so daß der Erfassung, Speicherung und Verwaltung geometrischer Daten in der Konstruktion eine zentrale Bedeutung zukommt [1, 2, 3, 4, 5].
Bei den der Konstruktion nachgeschalteten Planungsprozessen ergeben sich ähnliche Verhältnisse. So existieren beispielsweise Programme zur Ermittlung von Vorgabezeiten, zur Schnittaufteilung oder zur Ermittlung von Weginformationen für die Programmierung von NC-Werkzeugmaschinen, die alle einen großen Bedarf an Geometrieinformationen haben [6, 7].
Die in der Konstruktion und Arbeitsplanung verwendeten geometrischen Elemente, Daten und Informationen dienen in vielfältiger Form der Gestaltbeschreibung bzw. Gestaltveränderung des behandelten technischen Objekts [8, 9, 10, 11, 12].
Für Konstruktionsberechnungen muß dem realen bzw. mentalen Objekt ein Ersatzmodell gegenübergestellt werden, das eine Behandlung durch mathematische Methoden zuläßt. In den *Bildern 6.1-1* und *6.1-2* sind Ersatzmodelle für unterschiedliche Berechnungsmethoden dargestellt.

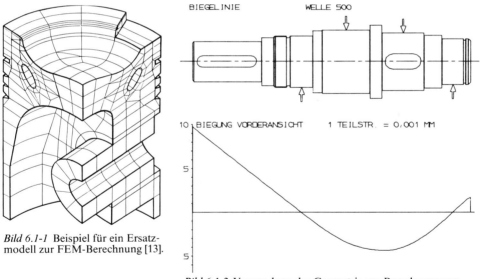

Bild 6.1-1 Beispiel für ein Ersatzmodell zur FEM-Berechnung [13].

Bild 6.1-2 Verwendung der Geometrie zur Berechnung von Wellen [14].

Für die Planung von Drehbearbeitungsaufgaben zeigt *Bild 6.1-3* die grafische Darstellung der Umlaufgeometrie eines Kolbens, die als Ersatzmodell die Grundlage für den Planungsvorgang darstellt.
Das klassische Ausdrucksmittel eines Konstrukteurs ist die Darstellung eines technischen Objekts in Form einer Zeichnung. Die Möglichkeiten reichen hier von sehr anschaulichen perspektivischen Darstellungen *(Bild 6.1-4)* bis zu Werkstattzeichnungen *(Bild 6.1-5)*.

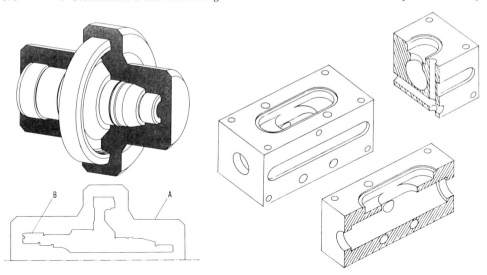

Bild 6.1-3 Beispiel für die Aufbereitung der Bauteilgeometrie zur Drehbearbeitung [15]
A) Generierte Rohteilkontur,
B) Generierte Fertigteilkontur

Bild 6.1-4 Grafische Darstellung von Bauteilen mit dem System COMPAC [7].

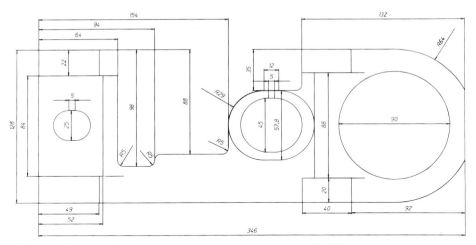

Bild 6.1-5 Werkstattzeichnung erzeugt vom System Baustein GEOMETRIE [16].

Wie die angeführten Beispiele zeigen, werden zur Lösung geometrisch orientierter Problemstellungen Verfahren der geometrischen Datenverarbeitung verwendet, die darin bestehen, daß sie geometrische Zusammenhänge in Form eines geeigneten Modells im Rechner abbilden und Werkzeuge bereitstellen, um das Modell interpretieren und modifizieren zu können.

Unter geometrischen Objekten werden geometrische Gebilde verstanden, die als Punktmengen aufzufassen sind. Eine solche Punktmenge ist die Zusammenfassung aller Punkte, denen eine gewisse vorgegebene geometrische Eigenschaft zukommt. Die geometrischen Objekte lassen sich in analytisch beschreibbare und analytisch nicht beschreibbare untergliedern.

Zu den analytisch beschreibbaren gehören beispielsweise der Punkt, die Gerade, die Strecke, die Ellipse, der Kreis, die Rechteckfläche, der Zylinder, der Kegel, die Kugel, der Quader und das Ellipsoid.

Zu den analytisch nicht beschreibbaren gehören geometrische Objekte wie beliebig gekrümmte Kurven und beliebig gekrümmte Flächen.

Für die rechnerunterstützte Konstruktion wichtige Gebiete der Geometrie sind die Darstellende Geometrie, die Analytische Geometrie, die Projektive Geometrie und die Differentialgeometrie.

Durch die Darstellende Geometrie werden geometrische Objekte im dreidimensionalen Raum auf einer Ebene abgebildet [17, 18]. Gegenstand der Analytischen Geometrie sind geometrische Untersuchungen mit Hilfe rechnerischer Methoden [19]. Gegenstand der Differentialgeometrie ist die Untersuchung geometrischer Gebilde, die durch genügend oft differenzierbare Gleichungen oder Funktionen charakterisiert werden [20, 21, 22]. Gegenstand der Projektiven Geometrie sind Eigenschaften und Bestimmungsstücke geometrischer Gebilde, die sich beim Projizieren nicht ändern [23, 24].

Weitere Gebiete der Geometrie sind die Mengengeometrie, die Geometrie der Zahlen und die Algebraische Geometrie. Die Mengengeometrie befaßt sich mit Methoden, die auf der Basis der Theorie von konvexen Körpern direkt mit den geometrischen Objekten operieren und den Umweg über analytische Hilfsmittel weitgehend vermeiden. Gegenstand der Geometrie der Zahlen ist die Anwendung von Ergebnissen der Theorie der konvexen Körper auf zahlentheoretische Probleme. Gegenstand der Algebraischen Geometrie sind allgemeine Kurven und Flächen im mehrdimensionalen Raum [25].

Unter einer topologischen Abbildung in der Geometrie wird eine eindeutige, stetige Abbildung eines geometrischen Objektes auf ein anderes geometrisches Objekt verstanden, für die auch die Umkehrabbildung stetig ist.

Unter topologischen Eigenschaften werden die Eigenschaften verstanden, die nur von den Zusammenhangsverhältnissen abhängen. Zusammenhängend ist ein geometrisches Objekt nur dann, wenn sich je zwei Punkte aus ihm durch eine in ihm verlaufende Kurve verbinden lassen. Einfach zusammenhängend ist ein geometrisches Objekt nur dann, wenn sich jede in ihm verlaufende geschlossene Kurve innerhalb des Objektes auf einen Punkt zusammenziehen läßt. Einfach zusammenhängende ebene geometrische Objekte können keine Löcher mehr aufweisen, weil sich eine geschlossene Kurve, die ein solches Loch umschlingt, nicht im geometrischen Objekt zu einem Punkt zusammenziehen läßt. Dagegen werden bei räumlichen geometrischen Objekten durch den einfachen Zusammenhang zwar Durchgänge, nicht aber Kavernen ausgeschlossen [26].

6.2 Geometrische Objekte

6.2.1 Analytisch beschreibbare geometrische Objekte

In der analytischen Geometrie sind jedem Punkt Zahlenwerte zugeordnet, durch die er sich von anderen Punkten unterscheidet. Eine Kurve ist Träger einer Gesamtheit von Punkten, für deren Zahlenwerte bestimmte Beziehungen gelten [27]. Koordinatensysteme sind die Mittler zwischen Punkten und Zahlen [19]. Zur Festlegung eines rechtwinkligen oder kartesischen Koordinatensystems *(Bild 6.2.1-1)* ist ein Punkt im Raum als Anfangspunkt oder

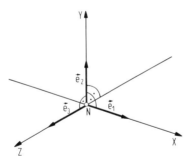

Bild 6.2.1-1 Rechtwinkliges Koordinatensystem rechtsorientiert.

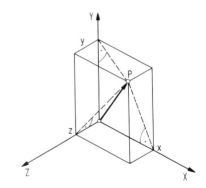

Bild 6.2.1-2 Darstellung eines Punktes im Raum mittels der Koordinaten x,y,z.

Ursprung zu wählen. Die drei Koordinatenachsen stehen paarweise senkrecht aufeinander. Jedem Punkt werden drei reelle Zahlen eindeutig zugeordnet, die die Längen der Projektion von dem Punkt auf die drei Achsen in Einheiten angeben *(Bild 6.2.1-2)*. Jeder Punkt hat dann vom Ursprung den Abstand:

$$r = \sqrt{x^2 + y^2 + z^2}.$$

Wird ein Punkt im ebenen kartesischen Koordinatensystem dargestellt, so werden ihm zwei reelle Zahlen zugeordnet.

Ein Polarkoordinatensystem ist durch einen festen Punkt 0, der Anfangspunkt oder Pol genannt wird, und eine von ihm ausgehende Nullrichtung oder Achse bestimmt, auf dem wie auf einem Zahlenstrahl positive Längen abgetragen und gemessen werden können. Ein Punkt wird dann durch die Winkelgröße, um die der Zahlenstrahl im positiv mathematischen Drehsinn gedreht werden muß, bis er durch den Punkt läuft, sowie durch den auf dem Zahlenstrahl gemessenen Abstand des Punktes vom Pol definiert *(Bild 6.2.1-3)*.

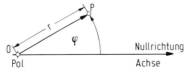

Bild 6.2.1-3 Darstellung eines Punktes in Polarkoordinaten

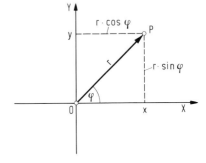

Bild 6.2.1-4 Beziehung zwischen kartesischen und Polarkoordinaten.

Der Zusammenhang zwischen kartesischen und Polarkoordinaten ist in *Bild 6.2.1-4* dargestellt:

$$\cos \varphi = \frac{x}{r} = \frac{x}{\sqrt{x^2+y^2}},$$
$$\sin \varphi = \frac{y}{r} = \frac{y}{\sqrt{x^2+y^2}}.$$

Die Möglichkeit, Punkte der Ebene und des Raumes eindeutig durch Zahlenpaare bzw. Zahlentripel zu bestimmen, führt auf den Begriff des Vektors. Neben der physikalischen Deutung eines Vektors als gerichtete Größe, legt ein Vektor die Lage von Punkten zueinander fest. So wird ein Vektor $\vec{v}$ der Ebene durch ein geordnetes Punktepaar (x, y) bestimmt. Dieses Punktepaar ist gegeben durch die Differenz der Koordinaten (x_A, y_A), (x_E, y_E) seines Anfangspunktes P_A und seines Endpunktes P_E *(Bild 6.2.1-5)*. Im Raum tritt an die Stelle eines Punktepaares ein Zahlentripel [28].

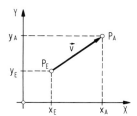
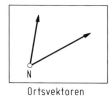
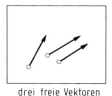

Ortsvektoren   drei freie Vektoren

Bild 6.2.1-5 Vektor als geordnetes Punktepaar.   Bild 6.2.1-6 Gebundene und freie Vektoren.

Die in einem Endpunkt angehefteten Vektoren werden Ortsvektoren und solche Vektoren, deren spezielle Lage in der Ebene bzw. im Raum nicht von Bedeutung ist, werden freie Vektoren genannt *(Bild 6.2.1-6)*.

Da Vektoren der Ebene bzw. des Raumes durch Zahlenpaare bzw. Zahlentripel dargestellt werden, orientieren sich die Verknüpfungsoperationen für Vektoren an den Rechenregeln der reellen Zahlen.

Einige dieser Rechenregeln, die im weiteren Verwendung finden, seien hier kurz erläutert. Dabei seien $\vec{a}$, $\vec{b}$ zwei Vektoren mit den Koordinaten (a_1, a_2, a_3) und (b_1, b_2, b_3). Die Summe bzw. Differenz zweier Vektoren ist durch:

$$\vec{c} = \vec{a} + \vec{b} = \begin{bmatrix} a_1 \\ a_2 \\ a_3 \end{bmatrix} + \begin{bmatrix} b_1 \\ b_2 \\ b_3 \end{bmatrix} = \begin{bmatrix} a_1 + b_1 \\ a_2 + b_2 \\ a_3 + b_3 \end{bmatrix},$$

bzw. durch

$$\vec{c} = \vec{a} - \vec{b} = \begin{bmatrix} a_1 \\ a_2 \\ a_3 \end{bmatrix} - \begin{bmatrix} b_1 \\ b_2 \\ b_3 \end{bmatrix} = \begin{bmatrix} a_1 - b_1 \\ a_2 - b_2 \\ a_3 - b_3 \end{bmatrix}$$

gegeben.

Bei der Multiplikation zweier Vektoren wird unterschieden zwischen dem Skalarprodukt

$$\vec{a} \cdot \vec{b} = \begin{bmatrix} a_1 \\ a_2 \\ a_3 \end{bmatrix} \cdot \begin{bmatrix} b_1 \\ b_2 \\ b_3 \end{bmatrix} = a_1 \cdot b_1 + a_2 \cdot b_2 + a_3 \cdot b_3$$

und dem Vektorprodukt

$$\vec{c} = \vec{a} \times \vec{b} = \begin{bmatrix} a_1 \\ a_2 \\ a_3 \end{bmatrix} \times \begin{bmatrix} b_1 \\ b_2 \\ b_3 \end{bmatrix} = \begin{bmatrix} a_2 \cdot b_3 - a_3 \cdot b_2 \\ a_3 \cdot b_1 - a_1 \cdot b_3 \\ a_1 \cdot b_2 - a_2 \cdot b_1 \end{bmatrix}.$$

Dabei steht der Vektor $\vec{c}$ senkrecht auf $\vec{a}$ und $\vec{b}$, und die Vektoren $\vec{a}$, $\vec{b}$, $\vec{c}$ bilden nach der Dreifingerregel ein Rechtssystem *(Bild 6.2.1-7)*.

Die Länge eines Vektors $\vec{a}$ ist definiert durch

$$|\vec{a}| = \sqrt{a_1^2 + a_2^2 + a_3^2}.$$

Ist die Länge eines Vektors gleich Eins, dann wird er Einheitsvektor genannt.

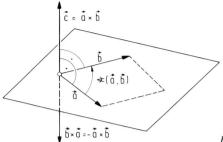

Bild 6.2.1-7 Darstellung des Vektorproduktes.

In der Ebene können aus zwei Vektoren $\vec{a}, \vec{b}$ neue Vektoren gebildet werden, indem man $\vec{a}$ und $\vec{b}$ linear kombiniert, d.h., sind m und n reelle Zahlen, dann stellt der Vektor $\vec{d}$ mit
$$\vec{d} = m \cdot \vec{a} + n \cdot \vec{b}$$
eine Linearkombination der Vektoren $\vec{a}$ und $\vec{b}$ dar.
Entsprechend lassen sich im Raum drei Vektoren $\vec{a}, \vec{b}, \vec{c}$ und drei reelle Zahlen l, m, n zu einer Linearkombination
$$\vec{d} = l \cdot \vec{a} + m \cdot \vec{b} + n \cdot \vec{c}$$
zusammenfassen. Dabei bezeichnet man die einzelnen Vektoren $l \cdot \vec{a}$, $m \cdot \vec{b}$ und $n \cdot \vec{c}$ als Komponenten des Vektors $\vec{d}$, und l, m, n als die Koordinaten von $\vec{d}$.

Darstellungsformen von Geraden in der Ebene

In der darstellenden Geometrie werden die Risse einer Geraden durch die Risse von zwei ihrer Punkte eindeutig bestimmt.
In der analytischen Geometrie der Ebene wird eine Gerade durch zwei auf ihr liegende Punkte P_1 und P_2 bestimmt (Zweipunkteform):
$$\frac{y-y_1}{x-x_1} = \frac{y_2-y_1}{x_2-x_1}.$$
In der Punktrichtungsform
$$y - y_1 = m \cdot (x-x_1)$$
ist eine Gerade durch den Tangens m des Winkels φ und durch einen Punkt P_1 bestimmt. Der Winkel φ wird hierbei von der Geraden und der positiven Richtung der X-Achse gebildet *(Bild 6.2.1-8)*.

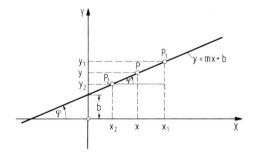

Bild 6.2.1-8 Herleitung der Punktrichtungsform aus der Zweipunktform.

Durch Umformung folgt daraus die kartesische Normalform der Geradengleichung:
$$y = m \cdot x + b.$$
Die Achsenabschnittform lautet *(Bild 6.2.1-9)*:

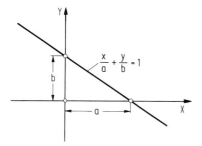

Bild 6.2.1-9 Achsenabschnittsform der Geradengleichung.

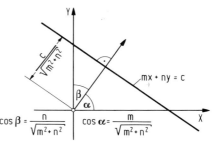

Bild 6.2.1-10 Zur HESSEschen Normalform der Geradengleichung.

$$\frac{x}{a} + \frac{y}{b} = 1.$$

Die HESSEsche Normalform lautet *(Bild 6.2.1-10)*:

$$\frac{m \cdot x + n \cdot y}{\sqrt{m^2 + n^2}} = \frac{c}{\sqrt{m^2 + n^2}}.$$

Darstellungsformen der Geraden im Raum

In der analytischen Geometrie des Raumes lautet die Punktrichtungsgleichung einer Geraden *(Bild 6.2.1-11)*:

$$\vec{x} = \vec{x}_1 + \lambda \cdot \vec{a},$$

wobei $\vec{x}_1$ der Ortsvektor eines festen Punktes auf der Geraden, $\vec{a}$ der Richtungsvektor der Geraden ist und λ eine beliebige reelle Zahl sein kann.

Die Zweipunktegleichung der Geraden ist durch

$$\vec{x} = \vec{x}_1 + \lambda \cdot (\vec{x}_1 - \vec{x}_2)$$

gegeben *(Bild 6.2.1-12)*. Dabei sind $\vec{x}_1, \vec{x}_2$ die Ortsvektoren zweier Punkte der Geraden und λ eine beliebige reelle Zahl.

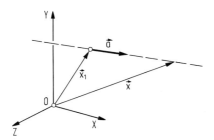

Bild 6.2.1-11 Zur Punktrichtungsform einer Geraden.

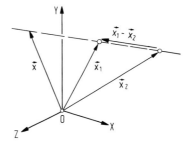

Bild 6.2.1-12 Zur Zweipunkteform der Geraden.

Geometrische Objekte in der Ebene

Ein Strahl ist definiert als die Menge aller Punkte einer Geraden, die bezogen auf einen festen Punkt der Geraden auf der gleichen Seite dieser Geraden liegt, wobei der Punkt inbegriffen ist.

Eine Strecke PQ enthält genau die Menge aller Punkte einer Geraden, die zwischen den Punkten P und Q liegen, die beiden Punkte inbegriffen. Die Entfernung der Punkte P und Q voneinander ergibt die Länge der Strecke *(Bild 6.2.1-13)*:
  $PQ = \sqrt{(x_Q - x_P)^2 + (y_Q - y_P)^2}$.
Ein Kreis ist die Menge aller Punkte der Ebene, die von einem festen Punkt, dem Mittelpunkt, einen konstanten Abstand, den Radius, haben. Ein Teil der Kreisperipherie wird Kreisbogen genannt.
In algebraischer Form ist ein Kreis in der Ebene mit dem Mittelpunkt (x_m, y_m) und Radius r durch:
  $r^2 = x^2 + y^2 - 2 \cdot x \cdot x_m - 2 \cdot y \cdot y_m + x_m^2 + y_m^2$
gegeben *(Bild 6.2.1-14)*.
Fällt der Mittelpunkt mit dem Koordinatenursprung zusammen, gilt:
  $r^2 = x^2 + y^2$.

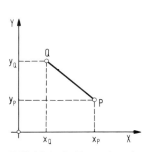

Bild 6.2.1-13 Abstand zweier Punkte.

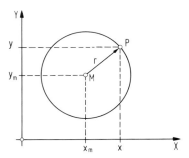

Bild 6.2.1-14 Kreis in allgemeiner Lage.

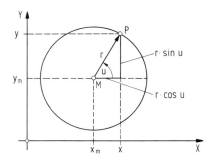

Bild 6.2.1-15 Parameterdarstellung eines Kreises.

In Polarkoordinaten lautet die Gleichung des Mittelpunktkreises wie folgt:
  $r = R, 0 \leq \varphi < 2\pi$.
Die Parameterdarstellung eines Kreises vom Radius r und dem Mittelpunkt (x_m, y_m) lautet *(Bild 6.2.1-15)*:
  $x = x_m + r \cdot \cos u$,
  $y = y_m + r \cdot \sin u, \ 0 \leq u < 2\pi$.
Die algebraische Darstellungsform ermöglicht es nicht, auf direktem Wege Punkte des Kreises zu ermitteln. Auch ist die Lagebestimmung eines Kreises bei der algebraischen Darstellung nicht sofort ersichtlich.
Die Parameterdarstellung dagegen ermöglicht für jeden Parameterwert u zwischen 0 und $2 \cdot \pi$ eine direkte Bestimmung von Punkten des Kreises.

Ferner ist mit der Parametrisierung ein bestimmter Durchlaufsinn längs des Kreises festgelegt. Dieser entspricht den wachsenden Parameterwerten u. Der Nachteil einer parametrisierten Darstellung liegt darin begründet, daß sie keineswegs eindeutig ist, sondern auf verschiedene Weise erfolgen kann. Ist beispielsweise

$$u = \Phi(t)$$

eine Parametertransformation, so erhält man für die Kurve $x = x(u)$, $y = y(u)$ eine weitere Parametrisierung in der Form

$$x = x(\Phi(t)), \quad y = y(\Phi(t)).$$

Für die oben angegebene Parameterdarstellung des Kreises durch transzendente Winkelfunktionen ist durch

$$t = r \cdot tg \frac{u}{2}$$

eine Parametertransformation, wobei t das Intervall von $-\infty$ bis $+\infty$ durchläuft, gegeben. Mit dieser Parametertransformation ergibt sich eine rationale Parameterdarstellung des Kreises mit dem Mittelpunkt im Ursprung in der Form

$$x = x(t) = r \cdot \frac{1-t^2}{1+t^2}, \quad y = y(t) = r \cdot \frac{2 \cdot t}{1+t^2}.$$

Der geometrische Zusammenhang ist im *Bild 6.2.1-16* dargestellt.
Ein weiterer Nachteil der parametrisierten Darstellung liegt darin, daß bei der Elimination des Parameters nur noch Stücke der eigentlichen Kurve betrachtet werden können, da anderenfalls durch die Auflösung ein mehrdeutiger Ausdruck definiert wird.

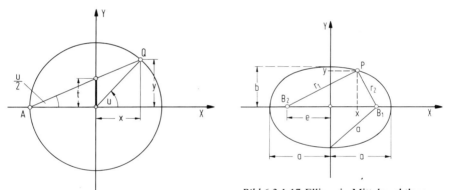

Bild 6.2.1-16 Der Kreis $x^2 + y^2 = r^2$ als rationale Kurve [29].

Bild 6.2.1-17 Ellipse in Mittelpunktlage.

Eine Ellipse ist als die Menge aller Punkte definiert, für die die Summe der Abstände von zwei festen Punkten konstant ist *(Bild 6.2.1-17)*.
Diese Definition führt auf den folgenden Zusammenhang:

$$r_1 + r_2 = 2a,$$
$$e^2 = a^2 - b^2.$$

In der Analytischen Geometrie der Ebene lautet die Mittelpunktgleichung einer Ellipse:

$$\frac{x^2}{a^2} + \frac{y^2}{b^2} = 1.$$

Die Parameterdarstellung der Ellipse mittels transzendenter Winkelfunktionen ist nach *Bild 6.2.1-18* wie folgt bestimmt:

$$x = a \cdot \cos t,$$
$$y = b \cdot \sin t.$$

178   6 Geometrische Datenverarbeitung   [Literatur S. 249]

Die Gleichung einer Hyperbel *(Bild 6.2.1-19)* lautet:
$$\frac{x^2}{a^2} - \frac{y^2}{b^2} = 1$$

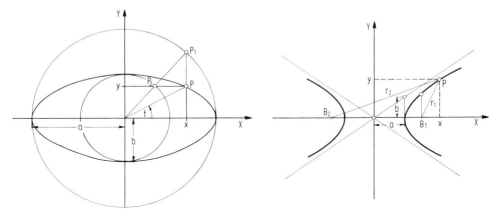

Bild 6.2.1-18 Zur Parameterdarstellung der Ellipse.   *Bild 6.2.1-19* Zur Gleichung der Hyperbel.

Die Gleichung einer Parabel *(Bild 6.2.1-20)* kann in der Form
$$y^2 = 2 \cdot p \cdot x$$
geschrieben werden.
Geschlossene ebene Figuren mit geradlinigen Begrenzungsstrecken werden Vielecke oder Polygone genannt und sind durch die Anzahl ihrer Eckpunkte charakterisiert *(Bild 6.2.1-21)* [26]. Regelmäßig werden die Polygone genannt, die konvex sind und genauso viele Seiten gleicher Länge wie Innenwinkel gleicher Größe besitzen. Dabei bezeichnet man ein Vieleck als konvex, wenn bezüglich jeder seiner Seiten alle anderen Seiten auf ein und derselben Seite zur betrachteten Seite liegen.

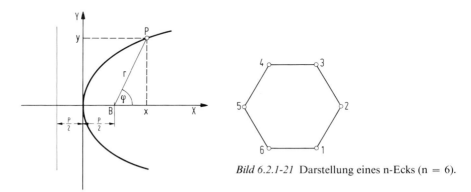

Bild 6.2.1-21 Darstellung eines n-Ecks (n = 6).

Bild 6.2.1-20 Zur Gleichung der Parabel.

Bei Parallelogrammen sind die einander gegenüberliegenden Seiten gleich lang, je zwei gegenüberliegende Seiten parallel, einander gegenüberliegende Winkel gleich groß und die Diagonalen halbieren einander.

[Literatur S. 249]   6.2 Geometrische Objekte   179

Ein Parallelogramm ist dann ein Rechteck *(Bild 6.2.1-22)*, wenn alle Winkel rechte sind oder wenn die Diagonalen gleich lang sind [30]. Der Flächeninhalt ist

$$F = a \cdot b,$$

wobei a und b die Kantenlängen sind.

Ein Parallelogramm ist ein Rhombus *(Bild 6.2.1-23)*, wenn alle Seiten gleich lang sind, die Diagonalen senkrecht aufeinander stehen und die Diagonalen die Winkel des Parallelogramms halbieren. Mit:

$$d_1 = 2 \cdot a \cdot \sin \frac{\alpha}{2},$$

$$d_2 = 2 \cdot a \cdot \cos \frac{\alpha}{2},$$

$$d_1^2 + d_2^2 = 4 \cdot a^2$$

ist der Flächeninhalt durch

$$F = a^2 \cdot \sin \alpha = \frac{1}{2} \cdot d_1 \cdot d_2$$

gegeben.

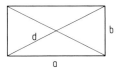
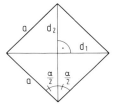

Bild 6.2.1-22 Darstellung eines Rechtecks.

Bild 6.2.1-23 Darstellung eines Rhombus (Raute).

Ein Trapez *(Bild 6.2.1-24)* ist ein Viereck, bei dem zwei Seiten einander parallel sind.
Ist n die Anzahl der Seiten eines Vielecks, so ist die Summe der Innenwinkel gleich $(n-2) \cdot 180°$. Die Zerlegung eines Vielecks in Dreiecke erlaubt die Berechnung des Flächeninhaltes der Figur, indem man die Flächeninhalte der Dreiecke summiert [30]. Der Flächeninhalt eines Dreiecks *(Bild 6.2.1-25)* ist

$$F = \frac{1}{2} \cdot b \cdot h = \frac{1}{2} \cdot a \cdot b \cdot \sin \varphi.$$

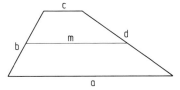
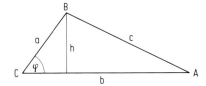

Bild 6.2.1-24 Darstellung eines Trapezes.

Bild 6.2.1-25 Darstellung eines Dreiecks.

In der Analytischen Geometrie kann durch eine Gleichung der Gestalt $F(x, y, z) = 0$ eine Fläche gegeben sein [25].
Ist $F(x, y, z)$ eine lineare Funktion der drei Variablen x, y, z, dann wird durch:

$$A \cdot x + B \cdot y + C \cdot z - D = 0,$$

mit $A \neq B \neq C \neq 0$, eine Ebene definiert.

Durch drei nicht auf einer Geraden liegende Punkte oder durch zwei Punkte und einen zu der Verbindungsgeraden dieser beiden Punkte nicht parallelen Richtungsvektor oder durch einen Punkt und zwei nicht parallele Richtungsvektoren kann eine Ebenendarstellung in parametrischer Darstellung erfolgen. Beispielsweise lautet die Parameterdarstellung der

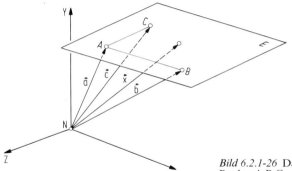

Bild 6.2.1-26 Darstellung der Ebene durch drei Punkte A,B,C.

Ebene, die von drei Punkten A, B, C mit den Ortsvektoren $\vec{a}, \vec{b}, \vec{c}$ aufgespannt wird *(Bild 6.2.1-26)*:

$\vec{x} = \vec{a} + \lambda \cdot (\vec{b} - \vec{a}) + \mu \cdot (\vec{c} - \vec{a})$.

Die Achsenabschnittsgleichung der Ebene lautet *(Bild 6.2.1-27)*:

$\dfrac{x}{a} + \dfrac{y}{b} + \dfrac{z}{c} = 1$.

Die HESSEsche Normalform der Ebenengleichung lautet *(Bild 6.2.1-28)*:

$n_1 \cdot x + n_2 \cdot y + n_3 \cdot z - p = 0$.

Die HESSEsche Normalform in Vektorschreibweise lautet:

$\vec{n} \cdot \vec{x} = p$,

wobei $\vec{n}$ einen Vektor darstellt, der senkrecht auf der Ebene steht.

Eine in x, y, z quadratische Funktion $F(x, y, z) = 0$ der Form

$a_{11}x^2 + 2a_{12}xy + 2a_{13}xz + a_{22}y^2 + 2a_{23}yz + a_{33}z^2 + 2a_{14}x + 2a_{24}y + 2a_{34}z + a_{44} = 0$

stellt eine algebraische Gleichung zweiten Grades dar.

Dieser algebraische Ausdruck definiert eine Fläche, sofern die ersten sechs Koeffizienten nicht sämtlich gleich Null sind.

Unter einer Kugel versteht man die Menge aller Punkte des Raumes, die von einem festen Punkt, Mittelpunkt genannt, den gleichen Abstand, Radius genannt, haben.

Eine Möglichkeit, die Kugel analytisch darzustellen, ist durch den algebraischen Ausdruck

$x^2 + y^2 + z^2 - 2x\, x_m - 2y\, y_m - 2z\, z_m + x_m^2 + y_m^2 + z_m^2 - R^2 = 0$

gegeben.

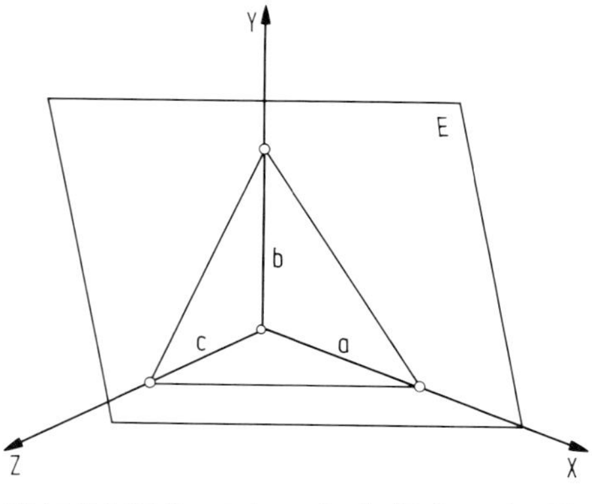

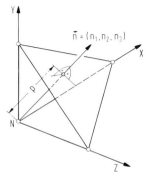

Bild 6.2.1-27 Zur Achsenabschnittsform der Ebene.

Bild 6.2.1-28 Zur HESSEschen Normalform der Ebenengleichung.

[Literatur S. 249]   6.2 *Geometrische Objekte*   181

Setzt man
$$\vec{x}_{ku} = (x, y, z),$$
$$\vec{x}_m = (x_m, y_m, z_m),$$
$$\vec{x}_{ku}^2 - 2 \cdot (\vec{x}_{ku} \cdot \vec{x}_m) + \vec{x}_m^2 - R^2 = 0,$$
so erhält man die vektorielle Darstellung
$$(\vec{x}_{ku} - \vec{x}_m)^2 - R^2 = 0,$$
wobei $\vec{x}_m$ der Ortsvektor des Mittelpunktes der Kugel ist.
Ein Kegel mit dem Scheitelpunkt im Ursprung kann in algebraischer Form durch den Ausdruck
$$\frac{x^2}{a^2} + \frac{y^2}{a^2} - \frac{z^2}{c^2} = 0$$
beschrieben werden.
Die vektorielle Schreibweise dieses Kreiskegels *(Bild 6.2.1-29)* hat die Form:
$$\vec{x} \cdot \vec{a}_0 = |\vec{x}| \cdot \cos \alpha, \quad |\vec{a}_0| = 1.$$

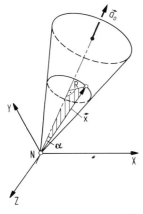

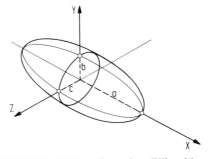

Bild 6.2.1-30 Darstellung eines Ellipsoids.

Bild 6.2.1-29 Zur vektoriellen Darstellung des Kegels.

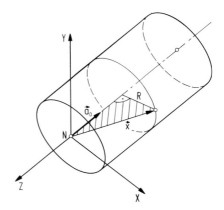

Bild 6.2.1-31 Zur vektoriellen Darstellung eines Zylinders.

Die Gleichung für ein Ellipsoid *(Bild 6.2.1-30)* lautet:
$$\frac{x^2}{a^2} + \frac{y^2}{b^2} + \frac{z^2}{c^2} = 1,$$
wobei a, b, c die Halbachsen sind.
Ein Zylinder kann in vektorieller Form durch
$$|\vec{x}|^2 - (\vec{x} \cdot \vec{a}_0)^2 = R^2, \quad |\vec{a}_0| = 1$$
dargestellt werden *(Bild 6.2.31)*. Hierbei bezeichnet R den Radius des Zylinders, $\vec{x}$ den Ortsvektor eines beliebigen Punktes der Mantelfläche und $\vec{a}_0$ einen Einheitsvektor in Richtung der Drehachse.

Ist eine Determinante eine Funktion von n^2 Veränderlichen, kann sie als quadratisches Schema in der Form:

$$\begin{vmatrix} a_{11} & a_{12} & \ldots & a_{1n} \\ a_{21} & a_{22} & \ldots & a_{2n} \\ \vdots & \vdots & & \vdots \\ a_{n1} & a_{n2} & \ldots & a_{nn} \end{vmatrix}$$

geschrieben werden [19].
Bezeichnet man mit D_{ik} die Determinate der Matrix, die aus A durch Streichen der i-ten Zeile und k-ten Spalte hervorgeht, und setzt:
$$A_{ik} = (-1)^{i+k} \cdot D_{ik},$$
so ergibt sich der Wert der Determinate aus
$$A = a_{11} \cdot A_{11} + a_{21} \cdot A_{21} + \ldots + a_{n1} \cdot A_{n1}.$$
Sehr häufig werden Flächen durch die Verwendung der GAUSS'schen Parameter (u, v) dargestellt. Hierzu gehören u.a. Flächen, die durch Drehung einer Kurve C um eine Rotationsachse P entstehen *(Bild 6.2.1-32)*.

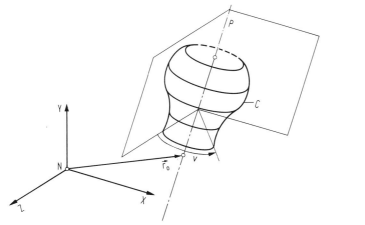

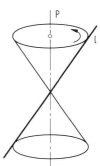

Bild 6.2.1-33 Darstellung eines Kreiskegels als Drehfläche.

Bild 6.2.1-32 Darstellung einer Drehfläche.

Der Kegel entsteht durch Drehung einer Geraden l um die Rotationsachse P. Dabei haben l und P einen gemeinsamen Schnittpunkt *(Bild 6.2.1-33)*.
Die Kugel wird durch Drehung eines Halbkreises, dessen Mittelpunkt auf der Drehachse liegt, erzeugt. Legt man den Halbkreismittelpunkt nicht auf die Drehachse, so stellt die erzeugte Fläche eine Teiltorusfläche dar.
Ist durch
$$f(u) = \text{tg } \varphi \cdot u$$
eine Gerade definiert, die um die Rotationsachse gedreht werden soll, dann folgt damit aus der allgemeinen Darstellungsform der Drehfläche
$$\vec{r}(u, v) = \vec{r}_0 + u \cdot \vec{a}_0 + f(u) \cdot (\cos v \cdot \vec{e}_1 + \sin v \cdot \vec{e}_2) \text{ mit } |\vec{a}_0| = 1$$
die Darstellung eines Kreiskegels *(Bild 6.2.1-34)*:
$$\vec{r}(u,v) = \vec{r}_0 + u \cdot (\vec{a}_0 + \text{tg } \varphi \cdot (\cos v \cdot \vec{e}_1 + \sin v \cdot \vec{e}_2)).$$
In der geometrischen Datenverarbeitung finden neben den Flächen, die wir als Drehflächen interpretieren können, auch solche Flächen Verwendung, die dadurch entstehen, daß eine irgendeinem Gesetz gehorchende bewegliche Gerade G entlang einer Raumkurve C, der sogenannten Direktrix, bewegt wird. Eine derartig erzeugte Fläche heißt Regelfläche *(Bild 6.2.1-35)*.

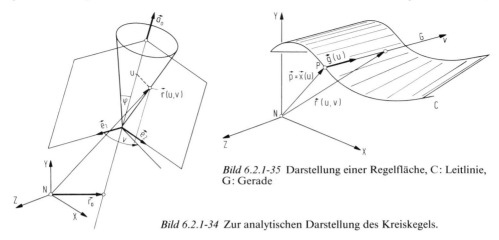

Bild 6.2.1-35 Darstellung einer Regelfläche, C: Leitlinie, G: Gerade

Bild 6.2.1-34 Zur analytischen Darstellung des Kreiskegels.

Es sei durch
$$\vec{x} = \vec{x}(u)$$
eine Raumkurve C bestimmt. Die Gerade G durch einen Punkt $\vec{p} = \vec{x}(u)$ der Kurve habe die vom Parameter u abhängende Richtung $\vec{g}(u)$. In Punktrichtungsform ist die an die Raumkurve C gebundene Gerade G gegeben durch
$$\vec{r}(u,v) = \vec{x}(u) + v \cdot \vec{g}(u).$$
Dies ist die GAUSS'sche Parameterdarstellung der von G erzeugten Regelfläche. Zu den Regelflächen gehören unter anderem der Kegel, der Zylinder und die Ebene.
In der Stereometrie ist ein Polyeder ein Körper, der von Ebenen begrenzt wird *(Bild 6.2.1-36)* [23].
Ein Prisma ist ein Polyeder, dessen Grundflächen kongruente Vielecke und dessen Seitenflächen Parallelogramme sind.
Ein Parallelepiped ist ein Prisma, dessen Grundflächen Parallelogramme sind.

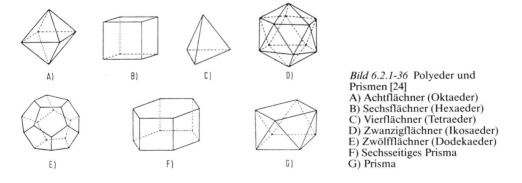

Bild 6.2.1-36 Polyeder und Prismen [24]
A) Achtflächner (Oktaeder)
B) Sechsflächner (Hexaeder)
C) Vierflächner (Tetraeder)
D) Zwanzigflächner (Ikosaeder)
E) Zwölfflächner (Dodekaeder)
F) Sechsseitiges Prisma
G) Prisma

6.2.2 Analytisch nicht beschreibbare geometrische Objekte

Zur rechnerunterstützten Erfassung geometrischer Formen werden zwei Verfahren herangezogen. Zum einen lassen sich Geometrien durch analytische Ausdrücke exakt erfassen, zum anderen können Näherungsmethoden verwendet werden, die interpolierender oder

approximierender Art sind. Die Interpolation bzw. Approximation erfolgt unter Verwendung geeigneter Polynombasen[1]. Derartig numerisch angenäherte Kurven und Flächen bezeichnet man als analytisch nicht beschreibbare geometrische Objekte [32, 33, 34, 35]. Diese analytisch nicht beschreibbaren geometrischen Objekte können Kurven und Flächen sein, die vorwiegend zur Geometriebeschreibung im Flugzeugbau, Schiffbau und Maschinenbau verwendet werden. Die Verwendung analytisch nicht beschreibbarer Kurven und Flächen kann unter folgenden Gesichtspunkten gesehen werden:
- Eine Kurve soll durch vorgegebene Punkte verlaufen, oder die Fläche soll den gemessenen Eigenschaften des tatsächlichen Objekts angepaßt werden.
- Eine weitaus häufiger angewandte Vorgehensweise führt zu einem Kurven- oder Flächenentwurf, bei dem das aus einem ersten Entwurf entstandene Modell solange interaktiv modifiziert, überprüft und verbessert wird, bis es die gewünschte Gestalt angenommen hat.
- Oberflächen sollen meist glatt verlaufen und Unregelmäßigkeiten müssen innerhalb gesetzter Grenzen bleiben. Analytisch bedeuten diese Forderungen, daß die Kurven bzw. Flächen und darüber hinaus noch ihre mehrmaligen Ableitungen Stetigkeitskriterien erfüllen müssen. Allgemein bezeichnet man eine Kurve bzw. Fläche als C^n-stetig ($n \geqslant 1$), wenn ihre n-te Ableitung stetig ist.
- Die grafische Darstellung einer gekrümmten Oberfläche soll sowohl der Beurteilung von Formeigenschaften als auch der Fertigungsplanung dienen [36].

Die Form der analytisch nicht beschreibbaren Kurven und Flächen ist entweder funktionell oder durch ästhetische und modische Aspekte bedingt. Im Flugzeug- und Schiffbau wird die Außenhaut, im Strömungsmaschinenbau werden Turbinen- und Verdichterschaufeln sowie Pumpenlaufräder und Umlenkkanäle strömungstechnisch berechnet. Vorwiegend nach ästhetischen Gesichtspunkten und seit einiger Zeit auch verstärkt strömungstechnisch werden im Automobilbau Karosserien konstruiert *(Bild 6.2.2-1)*. Für Verrundungs-

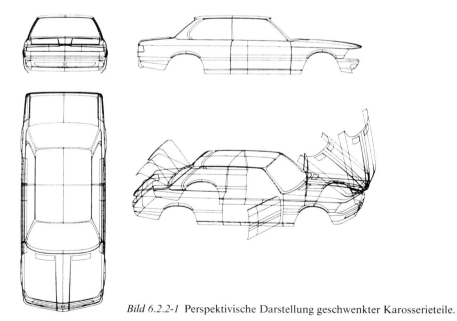

Bild 6.2.2-1 Perspektivische Darstellung geschwenkter Karosserieteile.

---

1 In diesem Abschnitt des Kapitels wird zu einem wesentlichen Teil auf Arbeiten von MÜLLER zurückgegriffen [31]

Tabelle 6.2.2-1 Anwendungsbeispiele für analytisch nicht beschreibbare Kurven und Flächen [31].

Bereich	technische Objekte	Auslegungskriterien
Flugzeugbau	Außenhaut Spanten	Strömung
Schiffbau	Schiffskörper Schiffsmodelle Schiffsschraube	Strömung
Automobilbau	Karosserie	ästhetische Anforderung und Strömung
Strömungsmaschinenbau	Turbinenschaufeln Verdichterschaufeln Pumpenlaufräder Umlenkkanäle	Strömung
Werkzeugbau	Werkzeuge für Gieß-, Druckgieß- und Spritzgießteile	Festigkeit optimale Materialverteilung

flächen in Gieß-, Druckgieß- und Spritzgießteilen werden Festigkeitsgesichtspunkte berücksichtigt, entsprechend müssen die Werkzeuge hergestellt werden.

Die *Tabelle 6.2.2-1* zeigt einige Bereiche, in denen analytisch nicht beschreibbare Kurven und Flächen auftreten.

Mit wenigen Parametern die gewünschte Form zu erhalten, ist eine der grundsätzlichen Anforderungen an die Verfahren zur Beschreibung gekrümmter Kurven und Flächen. In den noch näher zu beschreibenden Verfahren steht hierzu eine Reihe von Parametern, von denen nur einige dazu ausgewählt werden müssen, zur Verfügung [37, 38].

Im folgenden sind die wichtigsten Eigenschaften für den Kurvenentwurf zusammengestellt.
– Die Einführung eines charakteristischen Polygons von vorher definierten Punkten erleichtert den Kurvenentwurf. Punkte des charakteristischen Polygons sind durch Strecken miteinander verbunden und geben in erster Näherung den Verlauf der Kurve wieder. Diese Punkte müssen nicht notwendigerweise Punkte der Kurve sein *(Bild 6.2.2-2)*.
– Unerwünschte Extrema führen zu Schleifen und unerwünschte Wendepunkte bedeuten Oszillation der Kurve. Mit dem Anwachsen der Ordnung der verwendeten Polynome können sich diese Eigenschaften verstärken. Daher soll bei der Erhöhung des Freiheitsgrades eines Polynoms eine Erhöhung der Anzahl von Segmenten einer segmentierten Kurve zu einem glatten Verlauf führen.

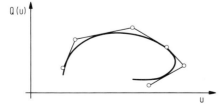

Bild 6.2.2-2 Charakteristisches Polygon und zugehörige Kurve.

- Lokale und globale Änderungen einer Kurve sollen möglich sein *(Bild 6.2.2-3)*.
- Stetigkeit höherer Ordnung ist erwünscht *(Bilder 6.2.2-4 bis 6.2.2-6)*, aber auch starke Änderung bis hin zur Unstetigkeit.
- Kurven sollen teilbar und unter vorgegebenen Randbedingungen zusammengefügt werden können *(Bild 6.2.2-7)*.

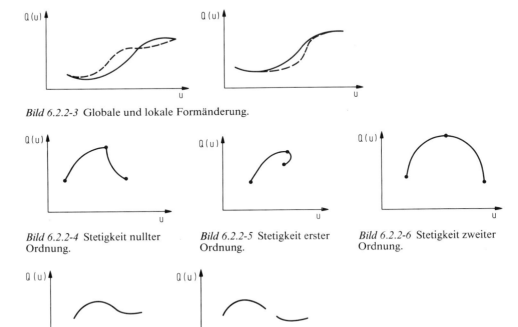

Bild 6.2.2-3 Globale und lokale Formänderung.

Bild 6.2.2-4 Stetigkeit nullter Ordnung.

Bild 6.2.2-5 Stetigkeit erster Ordnung.

Bild 6.2.2-6 Stetigkeit zweiter Ordnung.

Bild 6.2.2-7 Kurve aus zwei Teilkurven zusammengesetzt.

Es gibt prinzipiell die folgenden drei möglichen Ausgangspunkte für den Entwurf gekrümmter Flächen.
- Es soll eine Form entworfen werden, die vorerst nur in der Vorstellung des Anwenders besteht und bei der es weniger auf die Einhaltung vorgegebener Bedingungen, wie z.B. geometrischer Parameter, als vielmehr auf den ästhetischen Eindruck ankommt. Hierfür eignet sich besonders die Methode der interaktiven Eingabe und die Manipulation am Bildschirm.
- Eine bereits als gegenständliches Modell vorhandene Form soll dargestellt werden. Auch hier ist die Möglichkeit zur interaktiven Veränderung vorteilhaft einzusetzen. So lassen sich Meßfehler, die beim Digitalisieren eines Modells entstanden sind, durch verschiedene Darstellungen wie Projektionen und Schnitte beseitigen.
- Eine Oberfläche soll unter Berücksichtigung funktioneller Gesichtspunkte, z.B. ihres Strömungswiderstandes, bestimmt werden.

Praktische Anwendungsfälle überdecken oft alle drei Möglichkeiten. Ziel der verschiedenen Methoden ist es, eine Form durch möglichst wenige Parameter zu beschreiben. Die Eingabedaten sollen eine einfache Berechnung von Transformationen erlauben. Die Parameter, die die Arbeitsperson zur Eingabe festlegt, sollen so geartet sein, daß ihre Auswirkung auf die Form leicht zu erkennen ist.

Folgende Anforderungen werden an die Verfahren für die Darstellung von Kurven und Flächen gestellt [39, 40, 41, 42, 43]:
- Kurven und Flächen sollen durch wenige, leicht bestimmbare Parameter beschrieben werden.
- Die Kurve oder Fläche soll durch Variieren der Parameter in Teilbereichen oder auch im gesamten Verlauf änderbar sein.
- Das Ändern der Parameter soll trotzdem einen stückweise „glatten" Kurvenverlauf ermöglichen. Unter einem glatten Kurvenbogen wird ein Kurvenbogen mit sich stetig änderbaren Tangenten verstanden. Unter einem glatten Flächenstück wird ein Flächenstück mit sich stetig ändernden Tangentialebenen verstanden. Der Begriff „glatt" umfaßt dazu die Forderung, daß die Kurve bzw. Fläche geringfügige Oszillationseigenschaften besitzt.
- Es soll möglich sein, Knickstellen innerhalb des Kurvenverlaufs zu definieren.
- Damit ein „glatter" Verlauf gewährleistet werden kann, wird gefordert, daß die Kurve bzw. Fläche mehrfach differenzierbar ist.
- Es soll möglich sein, gerade Kurven bzw. ebene Flächenstücke zu erzeugen. Es soll möglich sein, Schnittpunkte bei Kurven und Durchstoßpunkte (Durchdringungskurven) von Flächen zu berechnen.
- Kurven und Flächen sollen einfach und stetig aneinander gefügt werden können.
- Die Kurve bzw. Fläche soll beliebig im Raum transformierbar und darstellbar sein.
- Es soll möglich sein, Kurven bzw. Flächen zu beschreiben, deren Tangenten bzw. Tangentialebenen parallel zu den Koordinatenachsen bzw. Ebenen verlaufen.
- Die Koordinaten eines beliebigen Kurven- bzw. Flächenpunktes sollen unabhängig voneinander bestimmt werden können.
- Kurven bzw. Flächen sollen teilbar sein, ohne dabei ihre ursprüngliche Form zu verändern.

Die Aufgabe der Approximation besteht darin, zu einer fest vorgegebenen Kurve Q bzw. Fläche F eine numerisch einfach zu handhabende Näherung N zu bestimmen. Die Kurve bzw. Fläche muß dabei noch näher zu bezeichnende Approximationsforderungen erfüllen. Für die Approximation von Kurven und Flächen sind die Verfahren von COONS [33, 35] und BEZIER [32, 34] und die B-Splines [32, 44] bekannt.

Die Interpolation ist ein Approximationsprinzip, bei dem gefordert wird, daß die Näherungskurve bzw. Fläche in vorgegebenen Stützstellen mit den tatsächlichen Kurvenpunkten bzw. Flächenpunkten übereinstimmt *(Bild 6.2.2-8)*. Bekannte Verfahren für die Kurven- und Flächeninterpolation sind die Verfahren von LAGRANGE und HERMITE [45, 46] und die kubischen Splines [35]. Stetige Raumkurven können durch analytisch beschreibbare Kurven angenähert werden. Dabei wird die Raumkurve stückweise durch Strecken, Kreisbögen, Parabeln und Kurven höherer Ordnung approximiert. Dieses Verfahren ist aber sehr datenintensiv und erfordert ein aufwendiges Zerlegen der Raumkurve in einzelne Kurvenelemente.

Die bekannteste Form der Approximation einer ebenen Kurve ist die Interpolation durch ein Polynom der Form:

$$y = \sum_{i=0}^{n} a_i \cdot x^i.$$

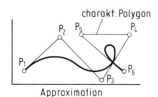
Approximation

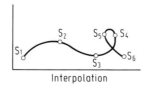
Interpolation

Bild 6.2.2-8 Approximation und Interpolation einer Kurve.

Sind n+1 Kurvenpunkte durch ihre x- und y-Koordinaten vorgegeben, erhält man die Koeffizienten a_i als Lösung eines Systems von n+1 linearen Gleichungen.
Der Vorteil der einfachen Berechenbarkeit der Koeffizienten wird durch mehrere Nachteile, die diese Darstellung mit sich bringt, aufgehoben. Diese sind:
- Es können keine Kurven angenähert werden, die vertikale Tangenten haben. (Dieser Nachteil kann durch Anwendung mehrerer Koordinatensysteme, die versetzt angeordnet sind, ausgeglichen werden.)
- Von der Wahl des Koordinatensystems hängt auch die Gestalt des Polynoms ab.
- Der Zusammenhang zwischen den Koeffizienten und der Kurvengestalt ist explizit nicht sichtbar, sondern nur durch eine Rechnung zu ersehen. Für einen Wert der unabhängigen Variablen können mehrere Werte der abhängigen Variablen auftreten *(Bild 6.2.2-9)*.
- Das Approximationspolynom ist transformationsabhängig.

Die in den vier Punkten aufgeführten Nachteile ergeben sich auch für Raumkurven und Raumflächen. Aus diesen Gründen ist es allgemein üblich, Kurven nicht explizit, sondern in Parameterform darzustellen.
Dreidimensionale Kurven können entweder aus einem System von zwei Gleichungen oder als Schnittkurve zweier sich im Raum schneidender, dreidimensionaler Flächen formuliert werden. Zusätzlich muß beim Flächenentwurf der Definitionsbereich angegeben sein, innerhalb dessen sich die unabhängigen Variablen bewegen dürfen.
Eine Raumkurve in Parameterdarstellung hat die Form:

$x = x(u),$
$y = y(u),$
$z = z(u), u \in I, I = \text{Intervall}.$

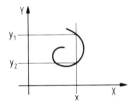

Bild 6.2.2-9 Mehrdeutigkeit bei expliziter Darstellung.

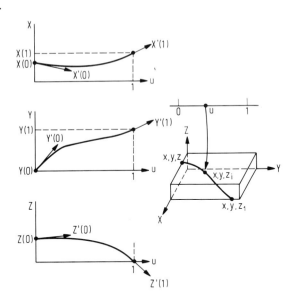

Bild 6.2.2-10 Zusammenhang zwischen expliziter und Parameterdarstellung.

Der Zusammenhang zwischen der expliziten Darstellung und der Parameterdarstellung wird im *Bild 6.2.2-10* verdeutlicht. Wesentlich dabei ist, daß die Koordinaten x, y, z jeweils durch den Parameter hergeleitet werden. Es entsteht für jede Koordinate x, y und z eine Gleichung in Abhängigkeit von dem Freiheitsgrad u, die einer expliziten Darstellung entspricht.
Ein wesentlicher Vorteil der Parameterdarstellung von Kurven und Flächen ist darin zu sehen, daß jedem Wert des Parameters u bei Kurven bzw. den Parametern u und v bei Flä-

chen eindeutig ein Wert der abhängigen Variablen zugeordnet ist. Jede Variable kann unabhängig von den anderen geändert werden. Eine Transformationsabhängigkeit oder allgemeiner, ein Bezug zum gewählten Koordinatensystem, besteht nicht.

Ein erhöhter Rechenaufwand kann dann auftreten, wenn die Form der zu beschreibenden Objekte nicht nur von Punkten, sondern beispielsweise von in differentieller Form gegebenen Parametern abhängt.

Besonders kritisch stellt sich die Frage nach der Wahl der mathematischen Funktion. Gewöhnlich bieten sich zunächst Polynome an, diese haben aber die Nachteile, daß reelle Nullstellen auftreten können, die zu unerwünschten Oszillationen führen können. Die am häufigsten verwendeten Verfahren benutzen daher stückweise definierte Polynome verschiedener Typen in Parameterform. Dies bedeutet, daß eine Kurve in vielfältiger Form angenähert werden kann.

Ein Approximationskriterium kann die Angabe eines maximalen Abstandes von Punkten der Kurve oder Fläche sein, was aber oft mit aufwendigen Berechnungen verbunden ist. Stückweise Approximationen benötigen aber Verfahren, um stetige Übergänge zwischen den einzelnen Kurven oder Flächensegmenten nicht nur herbeiführen zu können, sondern auch, um diese zu beeinflussen. Das Einfügen eines Kurvenstückes soll weiterhin einen ungestört glatten Verlauf ergeben. Um Kontrolle über Verlauf oder Form der Kurve ausüben zu können, soll diese mit möglichst einfachen Parametern, wie beispielsweise Aufmaßen, herbeigeführt werden. Andere Parameter in Differentialform oder in Integralform erschweren eine solche Kontrolle. Daher ist es notwendig, Punkte zu finden und zu beeinflussen, die den Kurvenverlauf maßgeblich mitgestalten.

Kurvendarstellung nach FERGUSON

Es folgt eine Darstellung von Kurven in Parameterform nach FERGUSON [47] *(Bild 6.2.2-11)*.

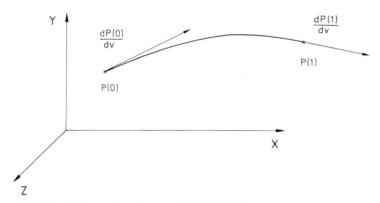

Bild 6.2.2-11 Kurvendefinition nach FERGUSON.

Für die Kurvendarstellung wird der folgende Ansatz gemacht:
$$P(v) = \vec{m} \cdot v^3 + \vec{n} \cdot v^2 + \vec{p} \cdot v + \vec{q},$$
wobei v der Parameter und $\vec{m}, \vec{n}, \vec{p}, \vec{q}$ Koeffizientenvektoren sind. Um diese vier Vektoren bestimmen zu können, werden die folgenden Voraussetzungen gemacht:
– Der Parameter v soll im Kurvenanfangspunkt A den Wert 0 und im Kurvenendpunkt B den Wert 1 haben,
– die Koordinaten von Anfangs- und Endpunkt sowie die Ableitungen in diesen Punkten sind vorgegeben.

Die Vektoren $\vec{m}, \vec{n}, \vec{p}, \vec{q}$ ergeben sich als Lösung des folgenden Gleichungssystems:

$A = P(0) = \vec{q}$,
$B = P(1) = \vec{m} + \vec{n} + \vec{p} + \vec{q}$,
$C = \left.\dfrac{dP}{dv}\right|_{v=0} = \vec{p}$,
$D = \left.\dfrac{dP}{dv}\right|_{v=1} = 3\cdot\vec{m} + 2\cdot\vec{n} + \vec{p}|$.

Aufgelöst nach den Unbekannten erhält man:

$\vec{m} = 2(A-B)+C+D$,
$\vec{n} = 3(B-A)-2C-D$,
$\vec{p} = C$,
$\vec{q} = A$.

Diese Kurvendarstellung zeichnet sich durch die folgenden Eigenschaften aus:
– Die Kurve ist vollständig durch die Bedingungen in den Randpunkten A und B bestimmt.
– Die Tangenten in den Randpunkten sind mit den Vektoren der parametrischen Ableitung kollinear. Man kann deshalb Kurven mit gleichen Randpunktkoordinaten und gleichen Richtungen der parametrischen Ableitung an den Randpunkten stetig zusammenfügen.
– Die Gestalt der Kurve läßt sich durch die Beträge der Ableitungsvektoren ändern.

Kurvendarstellung durch Interpolation mit kubischen Splines-Funktionen

Ein anderes Interpolationsverfahren besteht darin, daß man durch je vier Punkte ein kubisches Polynom legt, wobei die Segmentübergänge im allgemeinen wieder unstetig sind.
Eine Funktion, die sich aus Polynomen vom Grad k zusammensetzt und an den Knoten k-1 mal stetig differenzierbar ist, heißt Spline-Funktion. Geht die Kurve zusätzlich durch die Stützpunkte, so spricht man von einer interpolierenden Spline-Funktion, kurz: Spline. Q(u) heißt kubische Spline-Funktion [35], wenn folgendes gilt:
1) Vorgegeben sind $n+1$ Stützstellen $u_0,...,u_n$ und die zugehörigen Stützpunkte (Knoten) $S_0,...,S_n$.
2) Q(u) ist in jedem Teilintervall (u_k, u_{k+1}) ein Polynom $f_k(u)$ dritten Grades (k = 3):
$f_k(u) = A_k(u-u_k)^3 + B_k(u-u_k)^2 + C_k(u-u_k) + D_k$.
3) $Q(u_k) = S_k$, $k = 0,...,n$.
4) Q(u) muß im gesamten Intervall (also auch in den Knotenpunkten) zweimal stetig differenzierbar sein, d.h. es gilt
$f'_k(u_{k+1}) = f'_{k+1}(u_{k+1})$,
$f''_k(u_{k+1}) = f''_{k+1}(u_{k+1})$.
5) In den Randpunkten u_0 und u_n müssen die ersten oder zweiten Ableitungen vorgegeben werden.

Mit den Bedingungen 1 bis 5 ist die kubische Spline-Funktion Q(u) eindeutig bestimmt.
Kubische Splines haben die folgenden Vorteile:
– Die Kurve ist für den Benutzer einfach zu beschreiben, da nur die Stützstellen und die ersten bzw. zweiten Ableitungen am Kurvenanfang und -ende bekannt sein müssen,
– die Kurve ist segmentweise durch Polynome dritten Grades definiert,
– es entstehen keine Knickstellen, da die Kurve überall zweimal stetig differenzierbar ist.

Als Nachteil ergibt sich, daß n-1 erste bzw. zweite Ableitungen gebildet werden müssen.

Kurvendefinition nach HERMITE

Bei der Definition einer Raumkurve nach HERMITE [46] sind geometrische Angaben über den Anfangs- und Endpunkt der darzustellenden Kurve und die erste bis n-te Ableitung in diesen Punkten erforderlich.

[Literatur S. 249]   6.2 Geometrische Objekte   191

Werden für die Gewichtsfunktionen kubische Polynome der Form
$$x(u) = a_x \cdot u^3 + b_x \cdot u^2 + c_x \cdot u + d_x,$$
$$y(u) = a_y \cdot u^3 + b_y \cdot u^2 + c_y \cdot u + d_y,$$
$$z(u) = a_z \cdot u^3 + b_z \cdot u^2 + c_z \cdot u + d_z$$
gewählt, kann zwischen dem Anfangspunkt und dem Endpunkt sowie den dazugehörigen ersten Ableitungen interpoliert werden. Die Kurvenform wird durch die Länge der Tangentialvektoren beeinflußt.

Die Bestimmung der Koeffizienten
$$(a_i, b_i, c_i, d_i), \ i = |x, y, z|$$
aus den Koordinaten des Anfangs- und Endpunktes sowie deren Tangentialvektoren führt zur HERMITE-Matrix

$$M_H = \begin{bmatrix} 2 & -2 & 1 & 1 \\ -3 & 3 & -2 & -1 \\ 0 & 0 & 1 & 0 \\ 1 & 0 & 0 & 0 \end{bmatrix}.$$

Benutzt man zur Darstellung der Gewichtsfunktion und der Randbedingungen die Matrixschreibweise, beispielsweise in der Form:
$$x(u) = (u^3 \ u^2 \ u \ 1) \cdot (a_x \ b_x \ c_x \ d_x)^T = U \cdot K_x$$
und

$$G_H = \begin{bmatrix} P(0) \\ P(1) \\ P(0) \\ P(1) \end{bmatrix},$$

dann erhält man eine HERMITE-Darstellung in der Form:

$$Q(u) = \begin{bmatrix} x(u) \\ y(u) \\ z(u) \end{bmatrix} = U \cdot M_H \cdot G_H, \ 0 \leq u \leq 1.$$

Entsprechend dem Produkt $U \cdot M_H$ werden Anfangs- und Endpunkt sowie die dazugehörigen Tangentialvektoren durch die Größen
$$2u^3 - 3u^2 + 1,$$
$$-2u^3 + 3u^2,$$
$$u^3 - 2u^2 + u,$$
$$u^3 - u^2$$
gewichtet.

Die gewünschte Kurvenform kann entweder durch Variieren der Längen der Tangentialvektoren oder durch Richtungsveränderung der Tangentialvektoren erreicht werden.

In *Bild 6.2.2-12* wird die Länge der Tangentialvektoren variiert, in *Bild 6.2.2-13* dagegen die Richtung der Tangentialvektoren [47]. Wie aus den Bildern ersichtlich wird, können Kurvensegmente glatt aneinandergefügt werden, wenn gleiche Tangentenvektoren an den Segmentübergängen der Kurve vorgegeben werden. Segmentweises Beschreiben glatter Raum-

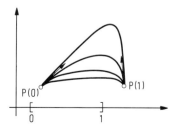

Bild 6.2.2-12 Einfluß der Änderung des Betrages der Tangentialvektoren in den Punkten P(0) und P(1) auf die Kurvenform

kurven ist möglich, aber um eine gewünschte Kurvenform zu erzielen, sind die Stützpunkte, d.h. die Randpunkte der Segmente, relativ dicht zu legen. Es ist also ein großer numerischer Aufwand zu betreiben. Die Änderung eines Kurvenstützpunktes wirkt sich auf den gesamten Kurvenverlauf aus. Eine solche Kurvendefinition läßt also keine lokalen Änderungen zu.

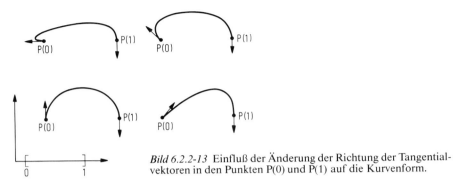

Bild 6.2.2-13 Einfluß der Änderung der Richtung der Tangentialvektoren in den Punkten P(0) und P(1) auf die Kurvenform.

Kurvendefinition nach BEZIER

Die BEZIERsche Darstellung einer Kurve *(Bild 6.2.2-14)* [34]

$$Q(v) = \sum_{i=0}^{n} S_i \, g_{i,n}(v), \qquad 0 \leq v \leq 1$$

benutzt als Basisfunktionen die BERNSTEIN-Polynome [44] vom Grad n:

$$g_{i,n}(v) = \binom{n}{i} v^i (1-v)^{n-i}, \qquad i = 0, 1, .., n.$$

Sie approximiert ein durch die Stützstellen $S_0, S_1, ..., S_n$ gelegtes Polygon, das als charakteristisches Polygon bezeichnet wird.

Wichtige Eigenschaften der BEZIER-Kurve sind, daß die Form der Kurve Q(v) die Form des definierenden Polygons durch eine glatte Kurve approximiert. Die Glättung wird durch die BERNSTEIN-Polynome bewirkt. Wie bei den vorangegangenen Verfahren soll unter glatt der Begriff der Differenzierbarkeit verstanden werden.

Die Kurve geht durch den Anfangs- und Endpunkt des Polygons, wobei die erste und die letzte Polygonseite die Tangente am Anfangs- bzw. Endpunkt bilden. Mit dem Verschieben der Scheitelpunkte des charakteristischen Polygons wird die Form der Kurve beeinflußt. Die Verschiebung eines Scheitelpunkts wirkt sich über den gesamten Verlauf aus.

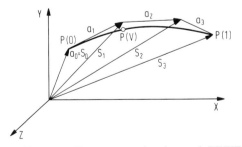
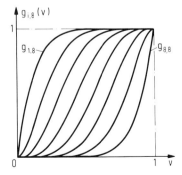

Bild 6.2.2-14 Kurvenapproximation nach BEZIER.

Bild 6.2.2-15 Verlauf der BERNSTEIN-Polynome $g_{i,8}$ (i = 1, ...,8) im Intervall [0,1]

Durch Unterteilung des Polygons, z.B. durch Halbierung der Polygonabschnitte, läßt sich eine Graderhöhung erreichen und führt zu einer engeren Anlehnung des Polygons an die Kurve, d.h. die Folge der Polygonabschnitte konvergiert mit zunehmender Graderhöhung gegen die Kurve [34]. *Bild 6.2.2-15* gibt den Verlauf der BERNSTEIN-Polynome für den Grad n = 8 wieder.

Für einen tangentialen Übergang zweier BEZIER-Kurven genügt es, wenn die Punkte S_{i-1}, S_i und S_{i+1} des definierenden Polygons kollinear sind. P_i bildet dabei den Endpunkt der einen bzw. Anfangspunkt der anderen Kurve.

Als Nachteil ist anzusehen, daß der Grad n-1 der Kurve Q(v) von der Anzahl der Polygonpunkte (n+1) abhängt. Außerdem hat das Ändern eines Polygonpunktes Einfluß auf den gesamten Kurvenverlauf. Man spricht deshalb bei der BEZIER-Approximation von einem globalen Approximationsverfahren.

Kurvendefinition mit B-Splines

Ursprünglich verstand man unter Splines dünne Stäbe aus Metall oder Holz, die auch als Straklatten bezeichnet wurden. Diese Stäbe wurden unter Spannung zwischen festen Punkten hindurch gelegt, um so Kurven zu erzeugen, wie sie im Schiff-, Automobil- und im Flugzeugbau verwendet werden. Heute, da geeignete mathematische Verfahren zur Verfügung stehen, um solche Kurven zu beschreiben, haben sie auch für andere Branchen der industriellen Produktionstechnik an Bedeutung gewonnen [40, 48].
SCHOENBERG [47] zeigte, daß die B(Basis)-Spline-Approximation Kurven liefert, die die gleichen abweichungsvermindernden Eigenschaften besitzen, wie die BEZIER-Approximation. Dies bedeutet:
- Lineare Funktionen werden optimal approximiert, und
- die Anzahl der Kreuzungspunkte der approximierten Kurve mit einer Geraden
    y = a + b·x
  überschreitet nicht die Anzahl der Kreuzungspunkte dieser Geraden mit dem dazugehörigen Polygon.

Nachteile der BEZIER-Approximation, bei der sich die Anzahl der Stützstellen auf Form und Ordnung der dargestellten Kurve auswirken, werden bei der B-Spline-Approximation vermieden.

Obengenannte Nachteile können wegfallen, wenn zur Kurvendarstellung die folgenden modifizierten, normierten B-Spline-Funktionen herangezogen werden [39, 40]. Es sei
$$U = (u_0 = 0, u_1, ..., u_n = n), \text{ mit } u_0 \leq u_1 \leq ... \leq u_n,$$
eine Zerlegung des Intervalls [0,n] in Segmente (u_i, u_{i+1}), wobei n eine natürliche Zahl ist und $u_i := i, \quad i = 0, ..., n$
als natürliche Zahlen definiert sind. Dabei werden die u_i als Knoten und die Zerlegung U als Knotenvektor bezeichnet. Eine normierte B-Spline-Funktion ist definiert durch den Ausdruck:
$$N_{i,k}(u) = \frac{u-i}{k-1} N_{i,k-1}(u) + \frac{i+k-u}{k-1} N_{i+1,k-1}(u)$$
mit den Eigenschaften:

- $\sum_{i=0}^{k} N_{i,k}(u) = 1$ (konvexe Hülle),
- $N_{i,k}(u)$ ist ein Polynom vom Grad k-1 in jedem Teilintervall (i, i+1),
- $N_{i,k}(u)$ ist k-2 mal stetig differenzierbar in (0, n),
- $N_{i,k}(u) = 0$ für u < i,
  $N_{i,k}(u) = 0$ für u ≥ i+k.
- Zwischen den Segmentübergängen bzw. Knoten gilt:

$$N_{i,1}(u) = \begin{cases} 1 & \text{für } i \leq u < i+1 \\ 0 & \text{sonst.} \end{cases}$$

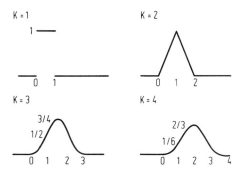
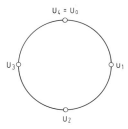

Bild 6.2.2-16 B-Spline Funktion für k = 1, k = 2, k = 3 und k = 4 mit äquidistanter Verteilung der Knoten [39].

Bild 6.2.2-17 Kreis dargestellt mit periodischen B-Splines und dem Knotenvektor U = (u_0, u_1, u_2, u_3, $u_4 = u_0$) [39].

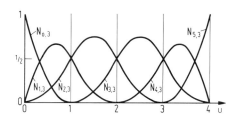

Bild 6.2.2-18 Nichtperiodische B-Splines für k = 3 und dem dazugehörigen Knotenvektor U = ($u_0 = u_1 = u_2, u_3, u_4, u_5, u_6 = u_7 = u_8$).

Im *Bild 6.2.2-16* sind für k = 1, 2, 3, 4 B-Spline-Funktionen dargestellt.
Es wird zwischen periodischen und nichtperiodischen B-Splines unterschieden. Periodische B-Splines haben den Knotenvektor:

$$U = (u_0, u_1, \ldots, u_n), \quad u_i \neq u_j \text{ für } i \neq j.$$

Bild 6.2.2-17 zeigt ein Beispiel für einen geschlossenen Knotenvektor, der sich als Kreis darstellen läßt.
B-Splines mit Mehrfachknoten sind nichtperiodische Funktionen *(Bild 6.2.2-18)*.
Aus *Bild 6.2.2-18* ist ersichtlich, daß die B-Spline-Funktion $N_{0,3}$ aus einem Segment mit den zusammenfallenden Knoten u_0, u_1 und u_3 besteht.
In Matrixschreibweise lautet die Darstellung einer B-Spline-Funktion der Ordnung 3:

$$N_{i,3} = \frac{1}{2} (u^2 \ u \ 1) \begin{bmatrix} 1 & -2 & 1 \\ 0 & 2 & -2 \\ 0 & 1 & 1 \end{bmatrix}.$$

Werden Polygonpunkte P_i und die normierten periodischen B-Spline-Funktionen $N_{i,k}$ der Ordnung k vorgegeben, dann ist die B-Spline-Kurve durch

$$Q(u) = \sum_{i=0}^{n} P_i N_{i,k}(u)$$

vollständig definiert.
Unter Berücksichtigung der Zuordnung von Polygonpunkten P_i und Kurvenpunkten Q_i ergibt sich die periodische Eigenschaft:

$$Q(u_i) = \sum_{i=0}^{n} P_i N_{(i-k/2) \bmod n+1, k}(u).$$

In Matrixschreibweise:
$$Q = N^T \cdot P.$$

[Literatur S. 249]   6.2 *Geometrische Objekte*   195

Jede Kurve besteht aus (m−k+1) Segmenten. Jedes Segment wird durch k aufeinanderfolgende Stützstellen definiert. Das i-te Segment ist durch die Stützstellen i bis i+k−1 bestimmt. Eine Stützstelle tritt in höchstens k Segmenten auf. Daraus ergibt sich die Lokalität ihres Einflusses auf die Gesamtkurve.
Jedes Kurvensegment Q_l liegt innerhalb der konvexen Hülle der Stützstellen
    P_i, i = (l, l+k−1).
Das Polygon gibt in einer ersten Näherung den Verlauf der Kurve wieder. Aus dem Polygonverlauf läßt sich auf die Kurveneigenschaften schließen. Die Kurve hat höchstens so viele Extrema und Wendepunkte wie das Polygon und besitzt nur Schleifen, wenn auch das Polygon Schleifen aufweist. Hat die Kurve eine Anzahl von k kollinearen Stützstellen, so hat sie ein Geradenstück mit dem Polygon gemeinsam. Das bedeutet, daß die Kurve Geradenstücke haben kann. Liegen (k−1) kollineare Stützstellen vor, so ist die entsprechende Polygonseite Tangente an der Kurve. Wenn (k−1) Stützstellen zusammenfallen, approximiert die Kurve diese Mehrfachstützstellen und hat die in diesem Punkt zusammentreffenden Polygonseiten als Tangenten. Man erhält somit eine Unstetigkeit des Tangentenverlaufes. Die Ableitungen nach dem Parameter sind dabei jedoch wie stets bis zur (k−2)ten Ableitung stetig.
Zusammenfassend ergeben sich folgende Eigenschaften von B-Spline-Kurven:
 – Koeffizienten als Stützstellen $P_i = (P_x, P_y, P_z)$,
 – definierendes Polynom,
 – segmentweise zusammengesetzte Kurve,
 – Lokalität des Stützstelleneinflusses,
 – Kurvenverlauf innerhalb der konvexen Hülle,
 – Darstellung von geraden Kurvenstücken,
 – Beschreibung von Ecken und
 – Erkennbarkeit von unerwünschten Schleifen und Beulen aus dem Polygonverlauf.

Kurveninterpolation mit B-Splines

Die Aufgabe der BEZIER- und der B-Spline-Interpolation ist es, ein charakteristisches Polygon zu finden, welches jede beliebige Kurve eindeutig definiert und zwar so, daß die Interpolationsbedingungen erfüllt sind.
Hierzu ist es bei B-Spline-Kurven notwendig, den Zusammenhang zwischen den Stützstellen S_i der Kurve, den Punkten P_i des charakteristischen Polygons und den Knoten u_i zu kennen. Bezeichnet $p_i := u$ denjenigen Parameterwert des Intervalls (u_0, u_n), der auf den Kurvenverlauf den maximalen Einfluß ausübt, und ist S_i der dazugehörige Kurvenpunkt, dann besteht der folgende Zusammenhang:
    $S_i = Q(p_i)$.
Sind die Parameterwerte p_i bekannt, so läßt sich für die Kurvenstützpunkte S_i das folgende Gleichungssystem aufstellen:

$$\begin{bmatrix} S_0 \\ \cdot \\ \cdot \\ S_i \\ \cdot \\ \cdot \\ S_n \end{bmatrix} = \begin{bmatrix} Q(p_0) \\ \cdot \\ \cdot \\ Q(p_i) \\ \cdot \\ \cdot \\ Q(p_n) \end{bmatrix} = \begin{bmatrix} u^T(p_0) \\ \cdot \\ \cdot \\ u^T(p_i) \\ \cdot \\ \cdot \\ u^T(p_n) \end{bmatrix} \cdot \begin{bmatrix} P_0 \\ \cdot \\ \cdot \\ P_i \\ \cdot \\ \cdot \\ P_n \end{bmatrix}$$

bzw. in Matrixschreibweise:
    $(S_i) = (Q(p_i)) = (U^T(p_i)) \cdot (P_i)$
oder
    $S = U^T \cdot P$,
dessen Lösungen sich in der Form

$$P = U^{T^{-1}} \cdot S$$
schreiben lassen und dessen Komponenten sich durch
$$P_i = \sum_{i=0}^{N} S_i \cdot N^{-1}{}_{(i-k/2) \bmod (n+1),\, k}(p_i)$$
berechnen lassen.

Wichtig für die B-Spline-Interpolation ist, daß den Kurvenpunkten P_i Parameterwerte p_i zugeordnet werden müssen. Diese Werte beeinflussen den Verlauf der Kurve. Sie bestimmen die Güte einer interpolierten Kurve. Als Maß für die Güte einer interpolierten Kurve kann z.B. die Abweichung von einer analytisch vorgegebenen Kurve, die Welligkeit oder das Auftreten von Schleifen dienen [48].

Flächendarstellung nach FERGUSON

Eine Kurve ist nach FERGUSON durch die Koordinaten und die parametrischen Ableitungen in ihren Endpunkten bestimmt. Fügt man vier FERGUSON-Kurven ringförmig zusammen, kann man die so entstandene Kontur als Randkurve einer Fläche betrachten. Die Parameter werden entsprechend *Bild 6.2.2-19* gewählt [34].

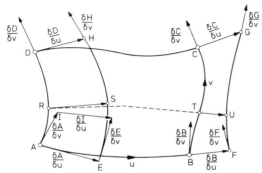

Bild 6.2.2-19 Flächendarstellung nach FERGUSON.

Das Innere der Fläche soll nun ebenfalls durch FERGUSON-Kurven bestimmt werden, die in Abhängigkeit von u bzw. v zwei gegenüberliegende Randkurven verbinden. Da durch die Randkurven schon die Endpunkte der variablen Kurven gegeben sind, fehlen zu ihrer Bestimmung noch die parametrischen Ableitungen. Für eine Kurve RT, die sich in Abhängigkeit von v ändern soll, bestimmen die Kurven AD und BC die Endpunkte. Die parametrischen Ableitungen der variablen Kurve müssen für v=0 und v=1 mit den parametrischen Ableitungen der Randkurven $\partial A/\partial u$, $\partial B/\partial u$, $\partial C/\partial u$ und $\partial D/\partial u$ identisch sein. Um für die übrigen Werte von v die Ableitungen zu bestimmen, legt man in den Punkten E, F, G und H beliebige Vektoren $\partial E/\partial v$, $\partial F/\partial v$, $\partial G/\partial v$ und $\partial H/\partial v$ fest. Dadurch sind die Kurven EH und FG bestimmt und durch sie auch die parametrischen Ableitungen:
$$\partial R/\partial u = S(v) - R(v) \text{ und } \partial T/\partial u = U(v) - T(v).$$
Kurven, die sich in Abhängigkeit vom Parameter v ändern, erhält man analog, wenn man im Punkt I den Vektor $\partial I/\partial u$ bestimmt und entsprechend für die restlichen Eckpunkte vorgeht. Diese Vektoren sind jetzt aber nicht mehr frei wählbar, sondern von den bis jetzt gewählten Vektoren abhängig, beispielsweise:
$$\partial I/\partial u = \partial A/\partial u + \partial E/\partial v - \partial A/\partial v.$$

Flächendarstellung nach COONS

Eine Fläche im dreidimensionalen Raum kann definiert werden als Menge von Punkten, die sich im Raum mit zwei Freiheitsgraden bewegen. Sind u, w zwei voneinander nicht abhängige Parameter, so kann die Fläche in folgender Schreibweise nach COONS dargestellt werden [33]:

$(x,y,z) = (X(u,w), Y(u,w), Z(u,w)) =: uw$.

Daraus ergeben sich folgende Abkürzungen:

$uw_u = \partial(uw)/\partial u$, $uw_w = \partial(uw)/\partial w$, $uw_{uw} = \partial^2(uw)/\partial u \partial w$.

Die unabhängigen Variablen u und w ändern sich innerhalb des Intervalls $0 \leq u \leq 1$ bzw. $0 \leq w \leq 1$. Daraus ergeben sich die Randkurven eines Flächenstücks oder „Patches":

$P(u,w) = uw$,
$P(u,0) = u0$,
$P(u,1) = u1$,
$P(0,w) = 0w$,
$P(1,w) = 1w$.

Ein Flächenpunkt läßt sich durch das Festhalten beider Parameter bestimmen, woraus sich die Eckpunkte 00, 01, 10, 11 ergeben. Dies wird durch *Bild 6.2.2-20* verdeutlicht.

COONS führt für die weitere Betrachtung der Flächen die skalaren Bindefunktionen F_0 und F_1 und G_0 und G_1 ein. Jede dieser Bindefunktionen ist eine Funktion einer einzigen Variablen.

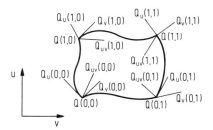

Bild 6.2.2-20 Flächendarstellung nach COONS

Für ein Polynom 3.Grades in Parameterrichtung u

$$P(u) = \sum_{i=1}^{3} a_i u^i = P_1 F_0(u) + P_2 F_1(u) + P_{1u} G_0(u) + P_{2u} G_1(u)$$

ergeben sich die Bindefunktionen:

$F_0(u) = F_{0u} = 2u^3 - 3u^2 + 1$,
$F_1(u) = F_{1u} = -2u^3 + 3u^2$,
$G_0(u) = G_{0u} = u^3 - 2u^2 + u$,
$G_1(u) = G_{1u} = u^3 - u^2$.

Die Gleichung für ein bikubisches Flächenstück hat damit folgende Form:

$$Q(u,w) = (F_{0u}\ F_{1u}\ G_{0u}\ G_{1u})\ (P) \begin{bmatrix} F_{0w} \\ F_{1w} \\ G_{0w} \\ G_{1w} \end{bmatrix},$$

bzw.

$$Q(u,w) = (u^3\ u^2\ u\ 1) \cdot N \cdot P \cdot N^T \cdot (w^3\ w^2\ w\ 1)^T$$

oder

$$Q(u,w) = U \cdot N \cdot P \cdot N^T \cdot W^T.$$

Die Matrix P beinhaltet die Koeffizienten der Beschreibungsvektoren in Untermatrizen der Form:

$$P = \begin{bmatrix} \text{Eckpunkt-} & \text{w-Tangenten-} \\ \text{vektoren} & \text{vektoren} \\ & \\ \text{u-Tangenten-} & \text{Twist-} \\ \text{vektoren} & \text{vektoren} \end{bmatrix}.$$

Nicht alle Flächen können durch Begrenzungskurven mit Polynomen dritten Grades beschrieben werden, da auch Flächen mit Randkurven auftreten können, die nur in rationalen Bindefunktionen ausgedrückt werden können. Sind die Berandungskurven einer Fläche durch unterschiedliche Gleichungstypen beschrieben, so ist es notwendig, variable, d.h. von den Begrenzungskurven unabhängige Bindefunktionen, einzuführen. Generell können auch Bindefunktionen noch höherer Ordnung angewendet werden, doch tritt damit eine größere Welligkeit auf, bedingt durch eine größere Anzahl auftretender Minima und Maxima.

Von COONS wird auch die Möglichkeit gezeigt, B-Splines für die Darstellung der Randkurven und Bindefunktionen anzuwenden. Damit werden die Eigenschaften von B-Splines mit den Flächeneigenschaften von COONS vereinigt [32].

Flächendefinition nach BEZIER

Eine BEZIER-Fläche *(Bild 6.2.2-21)* ist durch eine Menge von Punkten definiert, die ein charakteristisches Netz bilden [34, 46]. Die so definierten Punkte stellen Hilfspunkte dar. Werden die Punkte durch Doppelindizes gekennzeichnet, so können die Punkte entsprechend ihrer Indizes als Matrixelemente aufgefaßt werden. Aus einer solchen Anordnung von Hilfspunkten Flächenpunkte zu berechnen, ist die Aufgabe des Flächenentwurfs.

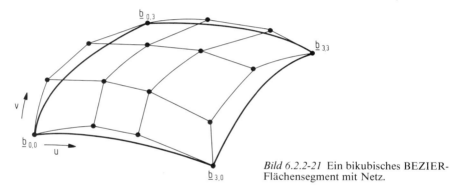

Bild 6.2.2-21 Ein bikubisches BEZIER-Flächensegment mit Netz.

Es sei eine Matrix mit m+1 Zeilen und n+1 Spalten vorhanden. Die einzelnen Elemente charakterisieren das gesamte Netz. Alle Hilfspunkte mit gleichen Zeilenindizes werden zu (m+1) charakteristischen Polygonen zusammengefaßt, damit sind (m+1) Kurven bestimmt. Auf jeder dieser Kurven wird derjenige Punkt ermittelt, der dem Parameterwert u entspricht. Die so erhaltenen (m+1) Punkte werden zu einem neuen charakteristischen Polygon zusammengefaßt. Dieses Polygon beschreibt eine Flächenkurve mit konstanten Parameterwerten u. Der zum Parameterwert v gehörende Punkt dieser Kurve ist der gesuchte Flächenpunkt P(u,v).

Allgemein läßt sich eine Fläche durch den Ausdruck
$$P(u,v) = V \cdot F \cdot A \cdot F^T \cdot U^T$$
beschreiben. Dabei gilt:

$f_{i,n}(v) = V \cdot F$ (Gewichtsfunktion in v-Richtung),

$f_{j,m}(u) = F^T \cdot U^T$ (transponierte Matrix der Gewichtsfunktion in u-Richtung),

$$\begin{bmatrix} b_{00} & b_{10} & \ldots & b_{m0} \\ \cdot & \cdot & \ldots & \cdot \\ \cdot & \cdot & \ldots & \cdot \\ \cdot & \cdot & \ldots & \cdot \\ b_{0n} & b_{1n} & \ldots & b_{mn} \end{bmatrix} = A \text{ (Koeffizienten der Flächenhilfspunkte)}.$$

Wie bei der Kurveninterpolation durch vorgegebene Stützstellen müssen auch bei der Interpolation einer Fläche durch vorgegebene Flächenstützpunkte die Flächenhilfspunkte, d.h. das Netz, das die Punkte der charakteristischen Polygone enthält, ermittelt werden.
Mit vorgegebenen Flächenpunkten P (u,v) ist aus der Gleichung zur Darstellung einer BEZIER-Fläche die Matrix A zu bestimmen:
$$A = V^{-1} \cdot F^{-1} \cdot P \cdot F^{T-1} \cdot V^{T-1}.$$

Flächendarstellung mit B-Splines

Eine B-Spline-Fläche und eine BEZIER-Flächendefinition sind identisch, wenn der Grad der B-Spline-Polynome der Anzahl der Stützpunkte entspricht. Mit B-Spline-Kurven der Ordnung k in der Parameterrichtung u und der Ordnung l in der Parameterrichtung v, kann eine B-Spline-Fläche durch den Ausdruck:
$$Q(u,v) = \sum_{i=0}^{n} \sum_{j=0}^{m} N_{i,k}(u) \, P_{ij} \, N_{j,l}(v)$$
beschrieben werden.
Die Ordnung k und l der B-Spline-Funktionen kann unterschiedlich sein. Im allgemeinen werden bikubische Flächen beschrieben. Eine Fläche wird in einzelne Flächensegmente
$$Q_{bc}(u,v) = \sum_{i=b-1}^{b+k-2} \sum_{j=c-1}^{c+l-2} N_{i,k}(u) \, P_{ij} \, N_{j,l}(v)$$
unterteilt. Dabei gilt:
$$1 \leq b \leq n-k+2 \quad , \quad b-1 \leq u \leq b,$$
$$1 \leq c \leq m-k+2 \quad , \quad c-1 \leq v \leq c.$$
Die Anzahl der Flächensegmente beträgt:
$$BC = (n-k+2) \cdot (m-k+2).$$
Diese Gleichung ist gültig für in beiden Parameterrichtungen offene Flächen. Für eine in beiden Parameterrichtungen geschlossene Fläche ist die Anzahl der Segmente
$$BC = (n+1) \cdot (m+1).$$
Es lassen sich drei Arten von Flächen unterscheiden:
- in beiden Parameterrichtungen offene Flächen,
- in beiden Parameterrichtungen geschlossene Flächen und
- in einer Parameterrichtung geschlossene Fläche.

Die Verwendung periodischer B-Spline-Funktionen führt zu der Darstellung
$$Q(u,v) = \sum_{i=0}^{n} \sum_{j=0}^{m} N_{(i-k/2) \bmod (n+1), k}(u) \cdot P_{ij} \cdot N_{(j-l/2) \bmod (m+1), l}(v).$$

6.3 Rechnerische Methoden der Geometrieverarbeitung

In *Tabelle 6.3-1* sind Standardprobleme, die bei der Verarbeitung geometrischer Elemente auftreten, aufgelistet. Im folgenden sollen einige Aufgaben dieser Standardprobleme behandelt werden.

Schnitt einer Geraden mit einer Ebene

Der Schnitt einer Geraden mit einer Ebene liefert stets einen Schnittpunkt S, wenn die Gerade nicht parallel zur Ebene verläuft.
Die Gerade G sei durch zwei Punkte $P_1(x_1, y_1, z_1)$ und $P_2(x_2, y_2, z_2)$ in der parametrischen Form

$$\vec{x} = \vec{x}_1 + t \cdot (\vec{x}_2 - \vec{x}_1),$$
bzw. durch die drei Gleichungen
$$x = x_1 + t\,(x_2 - x_1),$$
$$y = y_1 + t\,(y_2 - y_1),$$
$$z = z_1 + t\,(z_2 - z_1)$$
gegeben. Durch drei Punkte A (a_1, a_2, a_3), B (b_1, b_2, b_3), C (c_1, c_2, c_3) ist eine Ebene bestimmt. Die Parameterdarstellung mit den entsprechenden Ortsvektoren $\vec{a}$, $\vec{b}$, $\vec{c}$ und den GAUSS'schen Parametern u, v ist durch den Ausdruck
$$\vec{x} = \vec{a} + u\,(\vec{b} - \vec{a}) + v\,(\vec{c} - \vec{a}),$$
bzw. durch das Gleichungsschema
$$x = a_1 + u\,(b_1 - a_1) + v\,(c_1 - a_1),$$
$$y = a_2 + u\,(b_2 - a_2) + v\,(c_2 - a_2),$$
$$z = a_3 + u\,(b_3 - a_3) + v\,(c_3 - a_3)$$
gegeben.

Tabelle 6.3-1 Standardprobleme der Verarbeitung geometrischer Objekte.

○ Schnittpunktbestimmung von Flächen
  — Ebene   geschnitten   Ebene
  — Kegel   mit   Kegel
  — Zylinder   Zylinder
  — Torus   Torus
  — ⋮   ⋮

○ Schnittpunktberechnung von Flächen mit Kurven
  — Gerade   geschnitten   Ebene
  — Kreis   mit   Kegel
  — Kreisbogen   Zylinder
  — Kegelschnitte   Torus
  — ⋮   ⋮

○ Schnittpunktberechnungen von Kurven
  — Gerade   geschnitten   Gerade
  — Kreis   mit   Kreis
  — Kreisbogen   Kreisbogen
  — Kegelschnitt   Kegelschnitt
  — ⋮   ⋮

○ Lösen von Gleichungssystemen

○ Spiegeln von Elementen
  — Spiegeln von Punkten
  — Spiegeln von Kurven
  — Spiegeln von Volumen

○ Lagebestimmung von Punkten
  — Punkt in einer Fläche oder nicht
  — Punkt auf einer Kurve oder nicht
  — Punkt in einem Volumen oder nicht

○ Charakterisierung von Flächentypen

Der erste Schritt zur Bestimmung des gemeinsamen Punktes S (S_1, S_2, S_3) erfolgt durch Gleichsetzung der beiden Darstellungen *(Bild 6.3-1)*.

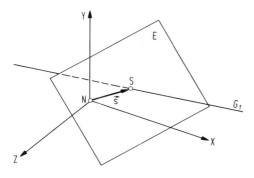

Bild 6.3-1 Schnittpunkt von Gerade und Ebene. $\vec{s}$ Ortsvektor des Schnittpunkts S.

Mit
$$\vec{x}_1 + t^* \cdot (\vec{x}_2 - \vec{x}_1) = \vec{a} + u \cdot (\vec{b} - \vec{a}) + v^* \cdot (\vec{c} - \vec{a})$$

ist ein System von drei Gleichungen
$$(b_1 - a_1) u^* + (c_1 - a_1) v^* - (x_2 - x_1) t^* = x_1 - a_1,$$
$$(b_2 - a_2) u^* + (c_2 - a_2) v^* - (y_2 - y_1) t^* = y_1 - a_2,$$
$$(b_3 - a_3) u^* + (c_3 - a_3) v^* - (z_2 - z_1) t^* = z_1 - a_3$$

zur Bestimmung der Parameter t^*, u^*, v^*, die eingesetzt in die Ausgangsformen den gemeinsamen Schnittpunkt S der Ebene und der Geraden bestimmen, gegeben.
Mit Hilfe der CRAMER-Regel oder des GAUSS'schen Algorithmus kann dieses System gelöst werden. Als Lösung erhält man:

$$u^* = \frac{1}{N}[(x_1 - a_1)((c_2 - a_2)(z_2 - z_1) - (y_2 - y_1)(c_3 - a_3)) - (y_1 - a_2)((c_1 - a_1)(z_2 - z_1) - (x_2 - x_1)(c_3 - a_3))$$
$$+ (z_1 - a_3)((c_1 - a_1)(y_2 - y_1) - (x_2 - x_1)(c_2 - a_2))],$$

$$v^* = \frac{1}{N}[(b_1 - a_1)((y_1 - a_2)(z_2 - z_1) - (y_2 - y_1)(z_1 - a_3)) - (b_2 - a_2)((x_1 - a_1)(z_2 - z_1) - (x_2 - x_1)(z_1 - a_3))$$
$$+ (b_3 - a_3)((x_1 - a_1)(y_2 - y_1) - (x_2 - x_1)(y_1 - a_2))],$$

$$t^* = \frac{1}{N}[(b_1 - a_1)((c_2 - a_2)(z_1 - a_3) - (y_1 - a_2)(c_3 - a_3)) - (b_2 - a_2)((c_1 - a_1)(z_1 - a_3) - (x_1 - a_1)(c_3 - a_3))$$
$$+ (b_3 - a_3)((c_1 - a_1)(y_1 - a_2) - (x_1 - a_1)(c_2 - a_2))],$$

mit
$$N = (b_1 - a_1)((c_2 - a_2)(z_2 - z_1) - (y_2 - y_1)(c_3 - a_3)) - (b_2 - a_2)((c_1 - a_1)(z_2 - z_1) - (x_2 - x_1)(c_3 - a_3)) +$$
$$(b_3 - a_3)((c_1 - a_1)(y_2 - y_1) - (x_2 - x_1)(c_2 - a_2)).$$

Wird t^* in die Parameterdarstellung der Geradengleichung eingesetzt, so ergeben sich die Koordinaten des Schnittpunktes aus:
$$S_1 = x_1 + t^* (x_2 - x_1),$$
$$S_2 = y_1 + t^* (y_2 - y_1),$$
$$S_3 = z_1 + t^* (z_2 - z_1).$$

Schnitt eines Kreises mit einer Geraden

Die Ermittlung der gemeinsamen Punkte des Schnittes eines Kreises und einer Geraden, die in einer Ebene liegen, kann wie folgt geschehen: Die Gerade G sei definiert in der Punkt-Richtungsform. Die Parameterdarstellung dieser Geraden ist dann durch den Ausdruck

$$\vec{x} = \vec{a} + t \cdot \vec{g}$$
gegeben, worin t den Parameter, $\vec{a}$ den Ortsvektor eines festen Punktes A (a_1, a_2, a_3) und $\vec{g}$ den Richtungseinheitsvektor der Geraden darstellen. Ferner seien die Länge l_1 des Vektors $\vec{b}$, die Koordinaten des Kreismittelpunktes M und der Radius r des Kreises bekannt. Der Vektor $\vec{b}$ mit den Koordinaten (b_1, b_2, b_3) bezeichne die Lage der Punkte M und A zueinander, der Vektor $\vec{c}$ mit den Koordinaten (c_1, c_2, c_3) die Lage der Punkte M* und A zueinander *(Bild 6.3-2)*.

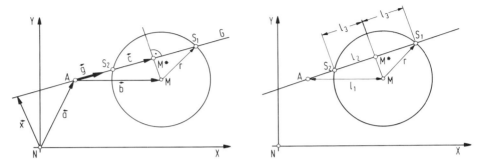

Bild 6.3-2 Herleitung der Schnittpunkte von Kreis und Gerade.

Die Länge l_2 des Vektors $\vec{c}$ berechnet sich aus dem Skalarprodukt der Vektoren $\vec{b}$ und $\vec{g}$:
$$l_2 = \vec{b} \cdot \vec{g}.$$
Der Abstand l_3 der Punkte M*, S_2 bzw. M*, S_1 ist durch zweimalige Anwendung des Satzes von Pythagoras durch
$$l_3 = \sqrt{(l_2^2 - l_1^2) + r^2}$$
bestimmt *(Bild 6.3-2)*.
Bei der Diskussion dieses Ausdruckes sind drei Fälle zu unterscheiden:

Fall 1: Die Wurzel zur Bestimmung von l_3 liefert zwei reelle Werte. Der Schnitt zwischen Gerade und Kreis besitzt zwei Schnittpunkte, die durch Einsetzen von l_3 als Parameter aus der Geradengleichung gewonnen werden können. Es ist:
$$\vec{S}_1 = \vec{a} + (l_2 + l_3) \cdot \vec{g},$$
$$\vec{S}_2 = \vec{a} + (l_2 - l_3) \cdot \vec{g}.$$

Fall 2: Die Wurzel zur Bestimmung von l_3 ist Null. Die Gerade tangiert den Kreis. Man erhält den doppelten Schnittpunkt somit durch
$$\vec{S}_{1,2} = \vec{a} + l_2 \cdot \vec{g}.$$

Fall 3: Die Wurzel zur Bestimmung von l_3 liefert zwei komplexe Werte. Es liegt kein Schnitt vor.

Punktmengen geschnittener Flächen

Der Durchschnitt zweier Ebenen definiert eine Gerade im Raum und der Durchschnitt einer Kreiskegelfläche mit einer Ebene, die nicht durch die Spitze des Kegels geht, definiert räumliche Kegelschnitte.
Für jede nicht durch die Spitze des Kegels gehende Ebene tritt genau einer der folgenden Fälle ein:
– Die Ebene schneidet eine der Kegelhälften in einer geschlossenen beschränkten Kurve (Ellipse *Bild 6.3-3A*).
– Die Ebene schneidet eine der Kegelhälften in einer unbeschränkten Kurve (Parabel *Bild 6.3-3B*).
– Die Ebene schneidet beide Kegelhälften in einer unbeschränkten Kurve (Hyperbel *Bild 6.3-3C*).

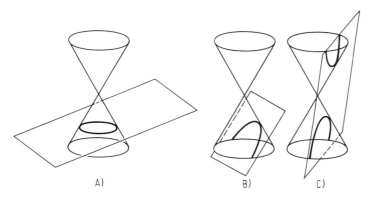

Bild 6.3-3 Räumliche Kegelschnitte
A) Ellipse,
B) Parabel,
C) Hyperbel.

Im allgemeinen rechnet man zu den Kegelschnitten auch die Schnitte einer Zylinderfläche mit einer Ebene.

Wird eine Quadrik (Fläche 2ter Ordnung, wie z.B. Kegel, Zylinder, Ellipsoid) von einer Geraden geschnitten, so besteht die Schnittmenge aus zwei Punkten, wird sie von einer Ebene geschnitten, so entsteht eine Kurve 2ter Ordnung, wie beispielsweise Kegelschnitte. Die Bestimmung der Schnittmengen erfolgt unter Verwendung der Methoden der linearen Algebra mit Hilfe von Gleichungssystemen und kann durch einen geschlossenen, analytischen Ausdruck definiert werden. Ungleich schwieriger werden die Probleme dagegen beim Schnitt zweier Quadriken. Das Ergebnis ist in diesem Fall eine Kurve vierter Ordnung. Ebenfalls führt der Schnitt von Kreis und Quadrik auf ein Polynom vierten Grades.

Schnitt einer Geraden mit einer Zylinderfläche

Die Gerade G sei in der Form
$$\vec{x}(t) = \vec{p} + t \cdot \vec{g}$$
durch den Punkt $\vec{p}$ und die Richtung $\vec{g}$ definiert.
Der Zylinder Z mit dem Radius R sei in der parameterfreien Form
$$|(\vec{x}-\vec{r}_0) \times \vec{n}|^2 - R^2 = 0$$
gegeben *(Bild 6.3-4)*.

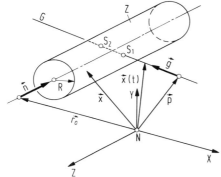

Bild 6.3-4 Schnittpunktbestimmung zwischen Gerade G und Zylinder Z.
$\vec{p}$ Ortsvektor der Geraden G
$\vec{g}$ Richtungsvektor der Geraden G
$\vec{x}(t)$ Ortsvektor zu den Punkten der Geraden.
$\vec{r}_0$ Ortsvektor der Zylinderrotationsachse
$\vec{n}$ Richtungsvektor der Rotationsachse des Zylinders Z
R Radius
$\vec{x}$ Ortsvektor eines Zylindermantelpunktes
S_1, S_2 Schnittpunkte von Zylindermantel und Gerade.

Da für beide Gleichungen die gemeinsamen Punkte gesucht werden, setzen wir den Ausdruck der Geraden in die Gleichung des Zylinders ein und erhalten
$$|((\vec{p}+t \cdot \vec{g})-\vec{r}_0) \times \vec{n}|^2 - R^2 = 0.$$
Unter Verwendung der Rechenregeln für das Kreuzprodukt von Vektoren gilt:
$$|(\vec{p} \times \vec{n})-(\vec{r}_0 \times \vec{n}) + t \cdot (\vec{g} \times \vec{n})|^2 - R^2 = 0.$$

Setzt man
$$\vec{C} = (\vec{p} \times \vec{n}) - (\vec{r}_0 \times \vec{n}),$$
$$C = (\vec{C})^2 - R^2,$$
$$B = 2 \cdot (\vec{C} \cdot (\vec{g} \times \vec{n})),$$
$$\vec{A} = t^* \cdot (\vec{g} \times \vec{n}),$$
$$A = t^{*2} \cdot (\vec{g} \times \vec{n})^2,$$
dann erhält man eine Bestimmungsgleichung für t^*:
$$A \cdot t^{*2} + B \cdot t^* + C = 0.$$
Als Lösung dieser quadratischen Gleichung erhält man zwei Parameterwerte t_1^*, t_2^*. Unter der Voraussetzung, daß t_1^*, t_2^* nicht komplex sind, werden die Schnittpunkte $\tilde{S}_1$, $\tilde{S}_2$ ermittelt, indem man diese Parameter in die Ausgangsgleichung der Geraden einsetzt. Damit ist:
$$\tilde{S}_1 = \vec{x}(t^*) = \vec{p} + t_1^* \cdot \vec{g},$$
$$\tilde{S}_2 = \vec{x}(t^*) = \vec{p} + t_2^* \cdot \vec{g}.$$

Lineare Transformationen

Eine Gerade S zerlegt die Ebene in zwei Halbebenen. Durch eine räumliche Drehung um 180° (Klappung) um die Gerade (Symmetrieachse) wird jede Halbebene eindeutig auf die andere abgebildet. Bei dieser Abbildung ist jeder Originalpunkt S, der auf der Symmetrieachse liegt, mit seinem Bildpunkt S' identisch. Originalpunkte, die nicht auf der Symmetrieachse liegen, werden derart abgebildet, daß die Verbindungsstrecke zwischen Original und Bildpunkt senkrecht auf der Achse steht und durch sie halbiert wird. Bei dieser Art der Abbildung spricht man von einer Spiegelung an einer Geraden oder von Axialsymmetrie *(Bild 6.3-5)*. In *Bild 6.3-6* sind axialsymmetrische Figuren dargestellt.

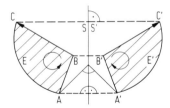

Bild 6.3-5 Axialsymmetrie.

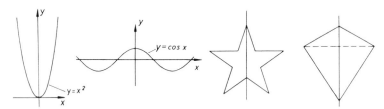

Bild 6.3-6 Axialsymmetrische Figuren [23].

Bei der zentralen Symmetrie erfolgt eine Drehung um 180° um einen Punkt S (Symmetriezentrum). So wird jeder Punkt M der Ebene auf einen anderen Punkt M* der Ebene abgebildet, indem die Verbindungsstrecke MM* durch den Zentralpunkt S halbiert wird. Die Art der Abbildung wird auch Spiegelung an einem Punkt genannt *(Bild 6.3-7)*.

Bei beiden Abbildungen entstehen Bildfiguren, die zu den Originalfiguren deckungsgleich (kongruent) sind. Bei der Axialsymmetrie unterscheiden sich Original- und Bildfiguren hinsichtlich ihres Umlaufsinnes, bei der zentralen Symmetrie sind die Figuren gleichsinnig kongruent.

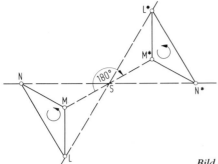

Bild 6.3-7 Zentrale Symmetrie.

Analytische Formulierung des Vorgangs der Spiegelung an einer Geraden

Es sei M, mit den Koordinaten (b_1, b_2, b_3) und dem zugehörigen Ortsvektor $\vec{b}$, ein an einer Geraden G zu spiegelnder Punkt. Die Gerade G ist durch Vorgabe eines Punktes $\vec{c}$ mit den Koordinaten (c_1, c_2, c_3) und der Richtung $\vec{g}$ mit den Koordinaten (g_1, g_2, g_3) durch
$$\vec{x}(t) = \vec{c} + t \cdot \vec{g}$$
gegeben.

Vom Punkt M kommt man zum Spiegelpunkt M*, der die Koordinaten (a_1^*, a_2^*, a_3^*) und den Ortsvektor $\vec{a}^*$ haben soll, indem man das vom Punkt M auf die Gerade gefällte Lot $\vec{p}$ um sich selbst verlängert und den Ortsvektor $\vec{b}$ des zu spiegelnden Punktes addiert *(Bild 6.3-8)*:
$$\vec{a}^* = \vec{b} + 2 \cdot \vec{p}.$$

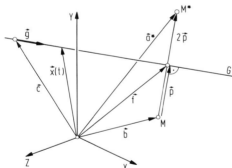

Bild 6.3-8 Spiegelung eines Punktes an einer Geraden.
$\vec{b}$ Ortsvektor des zu spiegelnden Punktes
$\vec{a}^*$ Ortsvektor des gespiegelten Punktes M
$\vec{c}$ Ortsvektor der Geraden G
$\vec{x}(t)$ Ortsvektor zu den Punkten der Geraden G
$\vec{g}$ Richtungsvektor der Geraden G
$\vec{p}$ Vektor des Lotes von M auf G
$\vec{f}$ Ortsvektor des Fußpunktes des Lotes.

Bezeichnet $\vec{f}$ den Ortsvektor des Fußpunktes des Lotes vom Punkt M auf die Gerade, dann ist der Vektor des Lotes
$$\vec{p} = \vec{f} - \vec{b}$$
durch die Differenz der Ortsvektoren $\vec{f}$ und $\vec{b}$ gegeben.

Der Fußpunkt $\vec{f}$ ist für einen bestimmten Parameterwert, beispielsweise t_0, aus der Geradengleichung
$$\vec{f} = \vec{x}(t_0) = \vec{c} + t_0 \cdot \vec{g}$$
zu bestimmen.

Die Festlegung des Parameters t_0 erfolgt unter Ausnutzung der Rechenregeln für die Vektorrechnung in folgender Form
$$t_0 = \frac{(\vec{b} - \vec{c}) \cdot \vec{g}}{(\vec{g})^2}.$$

Für der Fußpunkt $\hat{f}$ gilt somit:

$$\hat{f} = \vec{c} + \left[\frac{(\vec{b}-\vec{c})\cdot\vec{g}}{\vec{g}^2}\right]\cdot\vec{g}.$$

Setzt man diese Zwischenergebnisse in den Ansatz ein, dann ist der Ortsvektor $\vec{a}^*$ des Spiegelpunktes bestimmt durch

$$\vec{a}^* = 2\cdot\vec{c} + 2\cdot\frac{(\vec{b}-\vec{c})\cdot\vec{g}}{(\vec{g})^2}\cdot\vec{g} - \vec{b}.$$

Als Gleichungssystem für die Koordinaten a_1^*, a_2^*, a_3^* erhält man:

$$a_1^* = 2c_1 + \frac{2}{g_1^2+g_2^2+g_3^2}\left[\frac{1}{2}(g_1^2-g_2^2-g_3^2)\cdot b_1 + (g_1\cdot g_2)\cdot b_2 + (g_1\cdot g_3)\cdot b_3 - (c_1\cdot g_1+c_2\cdot g_2+c_3\cdot g_3)\cdot g_1\right],$$

$$a_2^* = 2c_2 + \frac{2}{g_1^2+g_2^2+g_3^2}\left[(g_1\cdot g_2)\cdot b_1 + \frac{1}{2}(g_2^2-g_1^2-g_3^2)\cdot b_2 + (g_2\cdot g_3)\cdot b_3 - (c_1\cdot g_1+c_2\cdot g_2+c_3\cdot g_3)\cdot g_2\right],$$

$$a_3^* = 2c_3 + \frac{2}{g_1^2+g_2^2+g_3^2}\left[(g_1\cdot g_2)\cdot b_1 + (g_2\cdot g_3)\cdot b_2 + \frac{1}{2}(g_3^2-g_1^2-g_2^2)\cdot b_3 - (c_1\cdot g_1+c_2\cdot g_2+c_3\cdot g_3)\cdot g_3\right].$$

Dieses Gleichungssystem läßt sich auch in Matrizenschreibweise darstellen. Eine Matrix stellt ein System von (m × n) Zahlen dar, die in einem rechteckigen Schema von m Zeilen und n Spalten geordnet sind.

Bezogen auf das obige Gleichungssystem heißt dies, daß sich die absoluten Glieder der rechten Seite in einer 3 × 1 Matrix

$$v = \frac{-2(c_1\cdot g_1+c_2\cdot g_2+c_3\cdot g_3)}{g_1^2+g_2^2+g_3^2}\cdot\begin{bmatrix}g_1\\g_2\\g_3\end{bmatrix} + 2\cdot\begin{bmatrix}c_1\\c_2\\c_3\end{bmatrix}$$

darstellen lassen, durch die eine Verschiebung definiert wird. Das Koeffizientenschema der gemischten Glieder kann durch die 3 × 3 Matrix

$$T = \frac{2}{g_1^2+g_2^2+g_3^2}\cdot\begin{bmatrix}\frac{1}{2}(g_1^2-g_2^2-g_3^2) & (g_1g_2) & (g_1g_3)\\ (g_1g_2) & \frac{1}{2}(g_2^2-g_1^2-g_3^2) & (g_2g_3)\\ (g_1g_3) & (g_2g_3) & \frac{1}{2}(g_3^2-g_1^2-g_2^2)\end{bmatrix}$$

angegeben werden. Diese Matrix beschreibt eine Transformation. Schreibt man die Koordinaten b_1, b_2, b_3 des gegebenen Punktes M sowie die Koordinaten a_1^*, a_2^*, a_3^* des gesuchten Punktes M* als einspaltige Matrizen **b** und **a**, dann kann das Gleichungssystem als Matrizengleichung in der Form

$$\mathbf{a} = T\mathbf{b} + \mathbf{v}$$

geschrieben werden.

Allgemein bezeichnet man derartige Abbildungen, die in der mathematischen Literatur häufig in der Form

$$\mathbf{y} = T\mathbf{x} + \mathbf{b}$$

geschrieben werden, als inhomogene lineare Transformationen [19]. Stellt die Spaltenmatrix **b** den Nullvektor dar, dann bezeichnet man die Abbildung als homogene lineare Transformation.

Es sei mit

$$T = \begin{bmatrix}t_{11} & t_{12}\\ t_{21} & t_{22}\end{bmatrix}$$

eine allgemeine Transformationsmatrix gegeben. Durch Betrachtung der Elemente $t_{11}, t_{12}, t_{21}, t_{22}$ der Matrix sollen die möglichen Formen der linearen homogenen Transformation

$$\mathbf{x}^* = T\cdot\mathbf{x}$$

diskutiert werden. Dabei sind x_1, x_2 die Koordinaten eines Punktes P vor und x_1^*, x_2^* die Koordinaten des Punktes P* nach der Transformation.

Fall 1: $t_{11} = 1, t_{12} = 0, t_{21} = 0, t_{22} = 1$.
Die Abbildung

$$\begin{bmatrix} x_1^* \\ x_2^* \end{bmatrix} = \begin{bmatrix} 1 & 0 \\ 0 & 1 \end{bmatrix} \cdot \begin{bmatrix} x_1 \\ x_2 \end{bmatrix}$$

führt P in sich selbst über. D.h.: P* = P.

Fall 2: $t_{12} = 0, t_{21} = 0, t_{22} = 1$.
Die Abbildung

$$\begin{bmatrix} x_1^* \\ x_2^* \end{bmatrix} = \begin{bmatrix} t_{11} & 0 \\ 0 & 1 \end{bmatrix} \cdot \begin{bmatrix} x_1 \\ x_2 \end{bmatrix}$$

bewirkt eine Skalierung. Siehe hierzu *Bild 6.3-9A*.

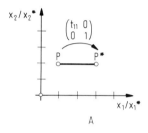

A

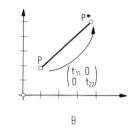

B

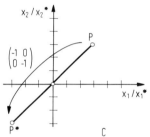

C

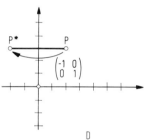

D

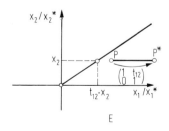

E

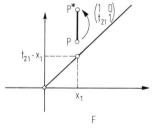

F

Bild 6.3-9 Lineare homogene Tranformation eines Punktes.
A) Skalierung,
B) Streckung,
C) Spiegelung am Ursprung,
D) Spiegelung an der x_2-Achse,
E) Scherung,
F) Scherung.

Fall 3: $t_{12} = 0, t_{21} = 0, t_{11} > 0, t_{22} > 0$.
Die Abbildung

$$\begin{bmatrix} x_1^* \\ x_2^* \end{bmatrix} = \begin{bmatrix} t_{11} & 0 \\ 0 & t_{22} \end{bmatrix} \cdot \begin{bmatrix} x_1 \\ x_2 \end{bmatrix}$$

stellt eine Streckung (Stauchung) der Koordinaten des Originalpunktes dar, die sich für $t_{11} \neq t_{22}$ nicht gleichmäßig auf die Koordinaten auswirkt *(Bild 6.3-9B)*.

Fall 4: $t_{12} = 0$, $t_{21} = 0$, $t_{11} < 0$, $t_{22} < 0$.
Die Abbildung

$$\begin{bmatrix} x_1^* \\ x_2^* \end{bmatrix} = \begin{bmatrix} -1 & 0 \\ 0 & -1 \end{bmatrix} \cdot \begin{bmatrix} x_1 \\ x_2 \end{bmatrix}$$

stellt eine Spiegelung des Punktes P am Koordinatenursprung dar *(Bild 6.3-9 C)*.

Fall 5: $t_{12} = 0$, $t_{21} = 0$, $t_{11} < 0$, $t_{22} > 0$.
Die Abbildung

$$\begin{bmatrix} x_1^* \\ x_2^* \end{bmatrix} = \begin{bmatrix} -1 & 0 \\ 0 & 1 \end{bmatrix} \cdot \begin{bmatrix} x_1 \\ x_2 \end{bmatrix}$$

spiegelt den Punkt P an der x_2-Achse *(Bild 6.3-9 D)*. $t_{11} > 0$ und $t_{22} < 0$ definiert eine Spiegelung an der x_1-Achse.

Fall 6: $t_{11} = 1$, $t_{22} = 1$, $t_{21} = 0$.
Unter der Abbildung

$$\begin{bmatrix} x_1^* \\ x_2^* \end{bmatrix} = \begin{bmatrix} 1 & t_{12} \\ 0 & 1 \end{bmatrix} \cdot \begin{bmatrix} x_1 \\ x_2 \end{bmatrix}$$

ist die Koordinate x_1^* des Bildpunktes linear abhängig von der Koordinate x_2 *(Bild 6.3-9 E)*. Für x_1^* gilt:
$x_1^* = x_1 + t_{12} \cdot x_2$.

Fall 7: $t_{11} = 1$, $t_{22} = 1$, $t_{12} = 0$.
Unter der Abbildung

$$\begin{bmatrix} x_1^* \\ x_2^* \end{bmatrix} = \begin{bmatrix} 1 & 0 \\ t_{21} & 1 \end{bmatrix} \cdot \begin{bmatrix} x_1 \\ x_2 \end{bmatrix}$$

ist die Koordinate x_2^* des Bildpunktes linear abhängig von der Koordinate x_1. Für x_2^* gilt:
$x_2^* = x_2 + t_{21} \cdot x_1$.

Die Abbildungsformen der Fälle 6 und 7 bezeichnet man als „Scherung" *(Bild 6.3-9 E, F)*. Mit Hilfe linearer Transformationen werden auch die Bewegungen von Koordinatensystemen beschrieben.

Bewegungen von Koordinatensystemen

Die rechnerunterstützte Definition geometrischer Objekte erfolgt in der Regel derart, daß Objekte im Raum bzw. in der Ebene positioniert und dort dimensioniert werden. Dabei erfolgt die Dimensionierung in einem mit dem Objekt verbundenen Koordinatensystem (lokales Koordinatensystem), das bezogen auf ein fest gewähltes Koordinatensystem (ortsfestes Koordinatensystem) verschoben worden ist. Die Frage, die sich analytisch stellt, ist, welche Abhängigkeit zwischen den Koordinaten (x, y, z) eines Punktes P bezogen auf ein rechtwinkliges, ortsfestes Koordinatensystem und den Koordinaten x', y', z' desselben Punktes bezogen auf ein Koordinatensystem besteht, das aus dem ortsfesten durch eine Bewegung wie
     – Parallelverschiebung oder
     – Drehung
hervorgegangen ist.

Es sei durch drei Einheitsvektoren $\hat{e}_1$, $\hat{e}_2$, $\hat{e}_3$ und den festen Punkt N mit den Koordinaten (0, 0, 0) ein ortsfestes Koordinatensystem gegeben. Ferner definiere das System $\hat{s}_1$, $\hat{s}_2$, $\hat{s}_3$, das im Punkt K gebunden ist, ein weiteres rechtwinkliges Koordinatensystem und $\vec{a}$ mit Koordinaten (a_1, a_2, a_3) den Ortsvektor zum Punkt K.

Fall 1: Das Koordinatensystem (K; $\hat{s}_1$, $\hat{s}_2$, $\hat{s}_3$) ging aus einer Parallelverschiebung aus dem Koordinatensystem (N; $\hat{e}_1$, $\hat{e}_2$, $\hat{e}_3$) hervor.

Aus *Bild 6.3-10* ist der vektorielle Zusammenhang
$$\vec{x} = \vec{a} + \vec{x}'$$
ersichtlich. Die Beziehung zwischen den Koordinaten ist damit durch das Gleichungssystem
$$x = a_1 + x',$$
$$y = a_2 + y',$$
$$z = a_3 + z'$$
gegeben.

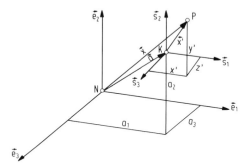

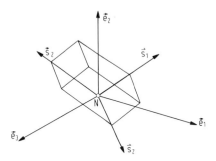

Bild 6.3-10 Translation eines Koordinatensystems.

Bild 6.3-11 Rotation eines räumlichen Koordinatensystems.

Fall 2: Das Koordinatensystem $(K; \vec{s}_1, \vec{s}_2, \vec{s}_3)$ ging aus einer Drehung aus dem Koordinatensystem $(N; \vec{e}_1, \vec{e}_2, \vec{e}_3)$ hervor *(Bild 6.3-11)*.
Zwischen den Achsen zweier rechtwinkliger Koordinatensysteme treten neun Winkel auf, deren Kosinus die skalaren Produkte je zweier Einheitsvektoren sind *(Bild 6.3-12)*:
$$t_{11} = \cos\alpha_1 = \vec{e}_1\cdot\vec{s}_1,\ t_{12} = \cos\beta_1 = \vec{e}_2\cdot\vec{s}_1,\ t_{13} = \cos\gamma_1 = \vec{e}_3\cdot\vec{s}_1,$$
$$t_{21} = \cos\alpha_2 = \vec{e}_1\cdot\vec{s}_2,\ t_{22} = \cos\beta_2 = \vec{e}_2\cdot\vec{s}_2,\ t_{23} = \cos\gamma_2 = \vec{e}_3\cdot\vec{s}_2,$$
$$t_{31} = \cos\alpha_3 = \vec{e}_1\cdot\vec{s}_3,\ t_{32} = \cos\beta_3 = \vec{e}_2\cdot\vec{s}_3,\ t_{33} = \cos\gamma_3 = \vec{e}_3\cdot\vec{s}_3.$$
Unter diesen neun Richtungskosinus bestehen vier Gruppen von drei Gleichungen der Form:
$$\cos^2\alpha_1 + \cos^2\beta_1 + \cos^2\gamma_1 = 1,$$
$$\vdots$$
$$\cos^2\alpha_2 + \cos^2\alpha_2 + \cos^2\alpha_3 = 1,$$
$$\vdots$$
$$\cos\alpha_1 \cdot \cos\alpha_2 + \cos\beta_1 \cdot \cos\beta_2 + \cos\gamma_1 \cdot \cos\gamma_2 = 0,$$
$$\vdots$$
$$\cos\alpha_2 \cdot \cos\beta_1 + \cos\alpha_2 \cdot \cos\beta_2 + \cos\alpha_3 \cdot \cos\beta_3 = 0,$$
$$\vdots$$
von denen die ersten beiden $\vec{e}_1, \vec{e}_2, \vec{e}_3$ und $\vec{s}_1, \vec{s}_2, \vec{s}_3$ Einheitsvektoren charakterisieren und die letzten die Rechtwinkligkeit eines jeden Koordinatensystems kennzeichnen. Diese vier Gruppen ergeben ein Gleichungssystem von zwölf Gleichungen, die die Beziehung zwischen den neun Winkeln beschreiben.
Es reichen jedoch bereits drei Winkel aus, um die Lage gegeneinander zu bestimmen. Zunächst ist zu zeigen, daß diese neun Kosinus nicht unabhängig voneinander zu wählen sind. Dazu wähle man aus den vorhandenen zwölf Gleichungen neun aus.

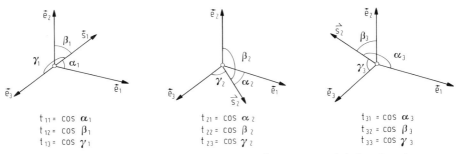

$t_{11} = \cos \alpha_1$	$t_{21} = \cos \alpha_2$	$t_{31} = \cos \alpha_3$
$t_{12} = \cos \beta_1$	$t_{22} = \cos \beta_2$	$t_{32} = \cos \beta_3$
$t_{13} = \cos \gamma_1$	$t_{23} = \cos \gamma_2$	$t_{33} = \cos \gamma_3$

Bild 6.3-12 Darstellung der Abhängigkeit zweier Koordinatensysteme bei einer Rotation.

Mit den obigen Bezeichnungen t_{ij} kann hierzu ein entsprechendes Gleichungssystem in der folgenden Form geschrieben werden:

$$\cos \alpha_1 \cdot t_{11} + \cos \beta_1 \cdot t_{12} + \cos \gamma_1 \cdot t_{13} = 1,$$
$$\cos \alpha_2 \cdot t_{11} + \cos \beta_2 \cdot t_{12} + \cos \gamma_2 \cdot t_{13} = 0,$$
$$\cos \alpha_3 \cdot t_{11} + \cos \beta_3 \cdot t_{12} + \cos \gamma_3 \cdot t_{13} = 0,$$
$$\cos \alpha_1 \cdot t_{21} + \cos \beta_1 \cdot t_{22} + \cos \gamma_1 \cdot t_{23} = 0,$$
$$\cos \alpha_2 \cdot t_{21} + \cos \beta_2 \cdot t_{22} + \cos \gamma_2 \cdot t_{23} = 1,$$
$$\cos \alpha_3 \cdot t_{21} + \cos \beta_3 \cdot t_{22} + \cos \gamma_3 \cdot t_{23} = 0,$$
$$\cos \alpha_1 \cdot t_{31} + \cos \beta_1 \cdot t_{32} + \cos \gamma_1 \cdot t_{33} = 0,$$
$$\cos \alpha_2 \cdot t_{31} + \cos \beta_2 \cdot t_{32} + \cos \gamma_2 \cdot t_{33} = 0,$$
$$\cos \alpha_3 \cdot t_{31} + \cos \beta_3 \cdot t_{32} + \cos \gamma_3 \cdot t_{33} = 1.$$

Dieses Gleichungssystem mit den Unbekannten t_{ij} (i, j = 1,...,3) kann mit Hilfe der CRAMER-Regel oder dem GAUSS'schen-Algorithmus gelöst werden und führt auf die angesprochenen Abhängigkeiten, die zwischen den neun Kosinus gelten. Dabei sind die t_{ij} (i,j = 1,...,3) wieder durch die entsprechenden Kosinus ersetzt.

$$\cos \alpha_1 = t_{11} = \pm (\cos \beta_2 \cdot \cos \gamma_3 - \cos \gamma_2 \cdot \cos \beta_3),$$
$$\cos \beta_1 = t_{12} = \pm (\cos \alpha_2 \cdot \cos \gamma_3 - \cos \gamma_2 \cdot \cos \alpha_3),$$
$$\cos \gamma_1 = t_{13} = \pm (\cos \alpha_2 \cdot \cos \beta_3 - \cos \beta_2 \cdot \cos \alpha_3),$$
$$\cos \alpha_2 = t_{21} = \pm (\cos \beta_1 \cdot \cos \gamma_3 - \cos \gamma_1 \cdot \cos \beta_3),$$
$$\cos \beta_2 = t_{22} = \pm (\cos \alpha_1 \cdot \cos \gamma_3 - \cos \gamma_1 \cdot \cos \alpha_3),$$
$$\cos \beta_3 = t_{23} = \pm (\cos \alpha_1 \cdot \cos \beta_3 - \cos \beta_1 \cdot \cos \alpha_3),$$
$$\cos \alpha_3 = t_{31} = \pm (\cos \beta_1 \cdot \cos \gamma_2 - \cos \gamma_1 \cdot \cos \beta_2),$$
$$\cos \gamma_2 = t_{32} = \pm (\cos \alpha_1 \cdot \cos \gamma_2 - \cos \gamma_1 \cdot \cos \alpha_2),$$
$$\cos \gamma_3 = t_{33} = \pm (\cos \alpha_1 \cdot \cos \beta_2 - \cos \beta_1 \cdot \cos \alpha_2).$$

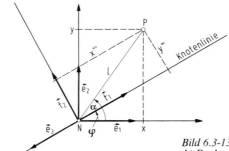

Bild 6.3-13 Zur Herleitung der EULERschen Winkel.
A) Rechtsdrehung des Systems $\vec{e}_1, \vec{e}_2, \vec{e}_3$, um $\vec{e}_3$ mit dem Winkel φ

6.3 Rechnerische Methoden der Geometrieverarbeitung

Sehr anschaulich gewinnt man nun die Anzahl der frei wählbaren Winkel, die EULERsche Winkel genannt werden, aus folgender heuristischen Überlegung:

- Eine Rechtsdrehung mit dem Winkel φ um die $\vec{e}_3$ Richtung führt das Dreibein $\vec{e}_1, \vec{e}_2, \vec{e}_3$ in ein Dreibein $\vec{t}_1, \vec{t}_2, \vec{e}_3$ über. Man bezeichnet die durch die Richtung von $\vec{t}_1$ definierte Gerade als Knotenlinie *(Bild 6.3-13 A)*. Bezeichnet man weiter die Koordinaten des Punktes P vor der Drehung mit x, y, z und nach der Drehung mit x''', y''', z''', so gilt, wenn l den Abstand des Punktes P vom Ursprung N in der Betrachtungsebene beschreibt:

  $x = l \cdot \cos \alpha, \; y = l \cdot \sin \alpha,$
  $x''' = l \cdot \cos (\alpha-\varphi) = \cos \varphi \cdot x + \sin \varphi \cdot y,$
  $y''' = l \cdot \sin (\alpha-\varphi) = -\sin \varphi \cdot x + \cos \varphi \cdot y,$
  $z''' = z.$

  Benutzt man zur Darstellung der Koordinatenzusammenhänge die Matrizenschreibweise, so kann die Beziehung in der Form

  $$\begin{bmatrix} x''' \\ y''' \\ z''' \end{bmatrix} = \begin{bmatrix} \cos \varphi & \sin \varphi & 0 \\ -\sin \varphi & \cos \varphi & 0 \\ 0 & 0 & 1 \end{bmatrix} \cdot \begin{bmatrix} x \\ y \\ z \end{bmatrix}$$

  geschrieben werden.

- Eine weitere Rechtsdrehung mit dem Winkel θ um die Knotenlinie führt das Dreibein $\vec{t}_1, \vec{t}_2, \vec{e}_3$ über in ein Dreibein $\vec{t}_1, \vec{t}_3, \vec{s}_3$. Dabei habe der Punkt P vor der Drehung die Koordinaten x''', y''', z''' und nach der Drehung die Koordinaten x'', y'', z'' *(Bild 6.3-13 B)*. Als Beziehung zwischen diesen Koordinaten erhält man

  $y''' = l \cdot \cos \beta, \; z''' = l \cdot \sin \beta,$
  $y'' = l \cdot \cos (\beta-\theta) = \cos \theta \cdot y''' + \sin \theta \cdot z''',$
  $z'' = l \cdot \sin (\beta-\theta) = -\sin \theta \cdot y''' + \cos \theta \cdot z''',$
  $x'' = x'''.$

  In Matrizenschreibweise entspricht diese Beziehung der Form

  $$\begin{bmatrix} x'' \\ y'' \\ z'' \end{bmatrix} = \begin{bmatrix} 1 & 0 & 0 \\ 0 & \cos \theta & \sin \theta \\ 0 & -\sin \theta & \cos \theta \end{bmatrix} \cdot \begin{bmatrix} x \\ y \\ z \end{bmatrix}.$$

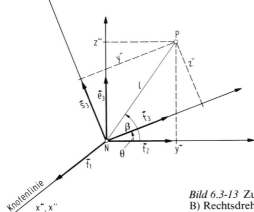

Bild 6.3-13 Zur Herleitung der EULERschen Winkel. B) Rechtsdrehung des Systems $\vec{t}_1, \vec{t}_2, \vec{e}_3$ um die Knotenlinie mit dem Winkel θ

- Eine letzte Rechtsdrehung mit dem Winkel ψ um die $\vec{s}_3$-Achse führt das Dreibein $\vec{t}_1, \vec{t}_3, \vec{s}_3$ in das Dreibein $\vec{s}_1, \vec{s}_2, \vec{s}_3$ über *(Bild 6.3-13 C)*. Dabei ist der Übergang von den Koordinaten x'', y'', z'' bzgl. $\vec{t}_1, \vec{t}_3, \vec{s}_3$ in die Koordinaten x', y', z', bezüglich $\vec{s}_1, \vec{s}_2, \vec{s}_3$ eines betrachteten Punktes mit

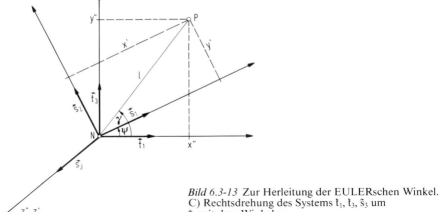

Bild 6.3-13 Zur Herleitung der EULERschen Winkel.
C) Rechtsdrehung des Systems $\hat{t}_1$, $\hat{t}_3$, $\hat{s}_3$ um $\hat{s}_3$ mit dem Winkel ψ

$x'' = 1 \cdot \cos \gamma$, $y'' = 1 \cdot \sin \gamma$,
$x' = 1 \cdot \cos (\gamma - \psi) = \cos \psi \cdot x'' + \sin \psi \cdot y''$,
$y' = 1 \cdot \sin (\gamma - \psi) = -\sin \psi \cdot x'' + \cos \psi \cdot y''$,
$z' = z''$

bzw. in Matrizenschreibweise durch

$$\begin{bmatrix} x' \\ y' \\ z' \end{bmatrix} = \begin{bmatrix} \cos \psi & \sin \psi & 0 \\ -\sin \psi & \cos \psi & 0 \\ 0 & 0 & 1 \end{bmatrix} \cdot \begin{bmatrix} x'' \\ y'' \\ z'' \end{bmatrix}$$

gegeben.
Durch Elimination von x'', x''' ... ist der Zusammenhang zwischen den Koordinaten x, y, z und x', y', z' als System von drei Gleichungen gegeben:

$x' = (\cos \varphi \cdot \cos \psi - \sin \varphi \cdot \cos \theta \cdot \sin \psi) \cdot x + (\sin \varphi \cdot \cos \psi + \cos \varphi \cdot \cos \theta \cdot \sin \psi) \cdot y + (\sin \theta \cdot \sin \psi) \cdot z$,

$y' = (-\cos \varphi \cdot \sin \psi - \sin \varphi \cdot \cos \theta \cdot \cos \psi) x + (-\sin \varphi \cdot \sin \psi + \cos \varphi \cdot \cos \theta \cdot \cos \psi) \cdot y + (\sin \theta \cdot \cos \psi) \cdot z$,

$z' = (\sin \varphi \cdot \sin \theta) \cdot x + (-\cos \varphi \cdot \sin \theta) \cdot y + \cos \theta \cdot z$.

Setzt man

$t_{11} = (\cos \varphi \cdot \cos \psi - \sin \varphi \cdot \cos \theta \cdot \sin \psi)$,
$t_{12} = (\sin \varphi \cdot \cos \psi + \cos \varphi \cdot \sin \psi \cdot \cos \theta)$,
$t_{13} = (\sin \theta \cdot \sin \psi)$,
$t_{21} = -(\cos \varphi \cdot \sin \psi + \cos \theta \cdot \sin \varphi \cdot \cos \psi)$,
$t_{22} = (-\sin \varphi \sin \psi + \cos \varphi \cdot \cos \theta \cdot \cos \psi)$,
$t_{23} = (\sin \theta \cdot \cos \psi)$,
$t_{31} = (\sin \varphi \cdot \sin \theta)$,
$t_{32} = -(\cos \varphi \cdot \sin \theta)$,
$t_{33} = \cos \theta$,

dann nimmt die Koordinatentransformation, mit Hilfe von Matrizen dargestellt, die Form an:

$$\begin{bmatrix} x' \\ y' \\ z' \end{bmatrix} = \begin{bmatrix} t_{11} & t_{12} & t_{13} \\ t_{21} & t_{22} & t_{23} \\ t_{31} & t_{32} & t_{33} \end{bmatrix} \cdot \begin{bmatrix} x \\ y \\ z \end{bmatrix}.$$

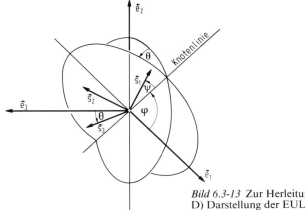

Bild 6.3-13 Zur Herleitung der EULERschen Winkel.
D) Darstellung der EULERschen Winkel φ, θ, ψ

Die drei frei wählbaren Winkel φ, θ, ψ bezeichnet man als EULERsche Winkel *(Bild 6.3-13D)*.

Fall 3: Das Koordinatensystem (K; $\hat{s}_1$, $\hat{s}_2$, $\hat{s}_3$) ging aus einer Drehung und Parallelverschiebung aus dem Koordinatensystem (N; $\hat{e}_1$, $\hat{e}_2$, $\hat{e}_3$) hervor.

Der Koordinatenzusammenhang zwischen ortsfesten und lokalen Koordinaten ist in diesem Fall durch das Gleichungssystem

$$x = a_1 + t_{11} \cdot x' + t_{21} \cdot y' + t_{31} \cdot z',$$
$$y = a_2 + t_{12} \cdot x' + t_{22} \cdot y' + t_{32} \cdot z',$$
$$z = a_3 + t_{13} \cdot x' + t_{23} \cdot y' + t_{33} \cdot z',$$

bzw. durch

$$x' = t_{11} \cdot (x-a_1) + t_{12} \cdot (y-a_2) + t_{13} \cdot (z-a_3),$$
$$y' = t_{21} \cdot (x-a_1) + t_{22} \cdot (y-a_2) + t_{23} \cdot (z-a_3),$$
$$z' = t_{31} \cdot (x-a_1) + t_{32} \cdot (y-a_2) + t_{33} \cdot (z-a_3)$$

gegeben. Die Bewegung setzt sich aus einer Rotation und einer Verschiebung zusammen. Analytisch einfacher stellt sich der Zusammenhang zwischen einem ortsfesten und einem gedrehten Koordinatensystem in der Ebene dar. Zur Festlegung der Drehung reicht hier ein Winkel aus. Der Zusammenhang zwischen den Koordinaten ist hier durch

$$x' = \cos \alpha \cdot x + \sin \alpha \cdot y,$$
$$y' = -\sin \alpha \cdot x + \cos \alpha \cdot y$$

gegeben *(Bild 6.3–14)*.

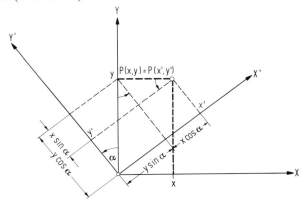

Bild 6.3-14 Rotation eines ebenen Koordinatensystems.

214   6 Geometrische Datenverarbeitung   [Literatur S. 249]

Eine zusätzliche Parallelverschiebung des Koordinatenursprungs um einen Vektor $\vec{a}$ (a_1, a_2) führt auf das System

$$x' = \cos \alpha \cdot x + \sin \alpha \cdot y + a_1,$$
$$y' = -\sin \alpha \cdot x + \cos \alpha \cdot y + a_2.$$

In Matrizenschreibweise gilt:

$$\begin{bmatrix} x' \\ y' \end{bmatrix} = \begin{bmatrix} \cos \alpha & \sin \alpha \\ -\sin \alpha & \cos \alpha \end{bmatrix} \cdot \begin{bmatrix} x \\ y \end{bmatrix} + \begin{bmatrix} a_1 \\ a_2 \end{bmatrix}.$$

Die Ausnutzung der Rechenregeln für Matrizen gestattet es, den analytischen Ausdruck für eine aus Rotation und Translation zusammengesetzte Bewegung in einer einzigen Matrix zusammenzufassen. Die angegebene ebene Bewegung kann durch Verwendung der linearen Transformation

$$T = \begin{bmatrix} \cos \alpha & \sin \alpha & a_1 \\ -\sin \alpha & \cos \alpha & a_2 \\ 0 & 0 & 1 \end{bmatrix}$$

in der Form

$$\begin{bmatrix} x' \\ y' \\ 1 \end{bmatrix} = T \cdot \begin{bmatrix} x \\ y \\ 1 \end{bmatrix}$$

mit Hilfe einer 3 × 3 Matrix dargestellt werden. Analog beschreibt eine 4 × 4 Matrix

$$T = \begin{bmatrix} t_{11} & t_{12} & t_{13} & a_1 \\ t_{21} & t_{22} & t_{23} & a_2 \\ t_{31} & t_{32} & t_{33} & a_3 \\ 0 & 0 & 0 & 1 \end{bmatrix}$$

die angegebene zusammengesetzte Bewegung eines Koordinatensystems. Für den Raum gilt:

$$\begin{bmatrix} x' \\ y' \\ z' \\ 1 \end{bmatrix} = T \cdot \begin{bmatrix} x \\ y \\ z \\ 1 \end{bmatrix}.$$

Eine geometrische Deutung des Schemas (x, y, z, 1) bzw. (x, y, 1) erfolgt in der projektiven Geometrie [21]. Man bezeichnet das 4-Tupel (x, y, z, t) bzw. das Tripel (x, y, t), wobei $t \neq 0$ ist, als die homogenen Koordinaten eines Punktes des Raumes bzw. der Ebene. Damit wird erreicht, daß die unendlich entfernte Gerade bzw. der unendlich entfernte Punkt durch projektive Abbildungen erfaßt werden. Der Zusammenhang zwischen den kartesischen und den homogenen Koordinaten ist durch

$$x := \frac{x}{t}, y := \frac{y}{t} \text{ und } z := \frac{z}{t}$$

gegeben. Durch die Einführung von homogenen Koordinaten können im allgemeinen sowohl die Rotation und die Verschiebung als auch die Maßstabsänderung (Skalierung) und die Spiegelung durch die lineare Transformation

$$T = \begin{bmatrix} a_{11} & a_{12} & a_{13} & a_{14} \\ a_{21} & a_{22} & a_{23} & a_{24} \\ a_{31} & a_{32} & a_{33} & a_{34} \\ a_{41} & a_{42} & a_{43} & a_{44} \end{bmatrix}$$

als 4 × 4 Matrix beschrieben werden.

6.4 Geometrisches Modellieren

6.4.1 Modellkonzepte

Ein Schwerpunkt der Rechnerunterstützung in Konstruktion und Arbeitsplanung ist das geometrische Modellieren. Dies resultiert aus der Erkenntnis, daß die überwiegende Anzahl der Aufgaben in diesen Planungsbereichen nur unter Einbeziehung der Gestalt der betrachteten Objekte zu lösen ist. Informationen über die Geometrie der Objekte sind nicht nur zur Erzeugung von grafischen Darstellungen notwendig, sondern sind gleichermaßen Eingangsgrößen für mechanische Berechnungen, für bewegungstechnische Abläufe sowie für Arbeitsplanung, Qualitätssicherung und Fertigung. Damit müssen gestaltbeschreibende Informationen als ein integrativer Bestandteil des Konstruktions- und Produktionsprozesses gesehen werden (*Bild 6.4.1-1*) [49, 50, 51].

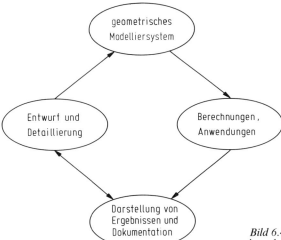

Bild 6.4.1-1 Geometrisches Modellieren innerhalb des Konstruktionsprozesses.

Bisher erfolgte die Kommunikation innerhalb der angesprochenen Prozesse über Entwurfs- und Werkstattzeichnungen. In CAD-Prozessen wird sie mit Hilfe von Daten und rechnerinternen Modellen durchgeführt. Unter geometrischen Modellen werden Modelle verstanden, die neben der körperbeschreibenden Geometrie auch technologische, funktionelle sowie administrative Informationen und Zusammenhänge wiedergeben [52].

Als geometrisches Modellieren bezeichnet man den gesamten mehrstufigen Vorgang, ausgehend von der aus einer Aufgabenstellung resultierenden gedanklichen Vorstellung, dem Entwurf, bis hin zur Abbildung des vollständig gestalteten Produktes in einer rechnerinternen Darstellung (*Bild 6.4.1-2*).

Ein CAD-System, mit dem dieser Vorgang rechnerunterstützt erfolgen kann, bezeichnet man als geometrischen Modellierer. Kernstück eines geometrischen Modellierers ist die rechnerinterne Darstellung eines Modells. Diese Modelle können verschiedene Ausprägungen besitzen. Ihnen zugrunde liegt ein mehrstufiger Abstraktionsprozeß (siehe Kapitel 4.2):

1. Für die darzustellenden Geometrien eines Körpers muß eine Abbildung entwickelt werden, die seine geometrischen Zusammenhänge vollständig und logisch strukturiert wiedergibt, z.B. Bauteile durch Volumen, Flächen, Kanten und Punkte.
2. Diese Abbildung muß dann analytisch und numerisch aufbereitet werden.

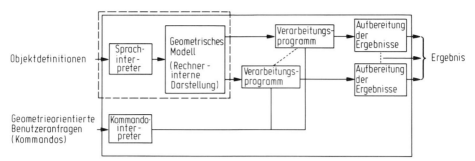

Bild 6.4.1-2 Konzeptioneller Aufbau eines geometrischen Modellierers [53].

3. Nachdem für sie identifizierende und beschreibende Attribute definiert sind, erfolgt deren Umsetzung in eine symbolhafte und algorithmierbare Darstellungsform.
4. Anschließend werden für diese Darstellungsform geeignete Verfahren zur Umsetzung in ein rechnerinternes Modell vereinbart.
5. Als nützlich hat sich die Definition einer Kommunikationsschnittstelle zum Definieren, Modifizieren und Interpretieren der rechnerinternen Darstellung unter Berücksichtigung der symbolhaften Darstellung erwiesen.

Die Darstellung eines geometrischen Objektes in einem geometrischen Modellierer erfolgt entweder in
- einem kantenorientierten,
- einem flächenorientierten oder
- einem volumenorientiertem Modell *(Bild 6.4.1-3).*

Diese drei Konzepte stellen die am häufigsten verwendeten Arten der Geometrierepräsentation dar.

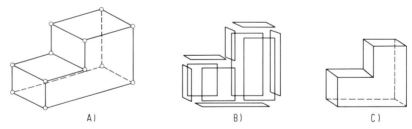

Bild 6.4.1-3 Modellformen eines geometrischen Objektes.
A) Kantenorientiert, B) Flächenorientiert, C) Volumenorientiert.

In ihnen können die geometriebestimmenden Elemente eines Objektes in entwickelter (d.h. in endlicher Gestalt mit bestimmter Position) oder in prozeduraler Form abgebildet werden. Dabei versteht man unter einer prozeduralen Abbildung, daß die Elemente nicht als endliche Geometrie und in ihrer tatsächlichen räumlichen Lage abgespeichert, sondern nur die Vorschriften, die zu ihrer Definition und ihrer eigentlichen Position führen, vermerkt werden.

Kantenorientierte Modelle stellen technische Objekte lediglich durch Konturen und Punkte dar. Dieses verhältnismäßig einfache Modell deckt zur Darstellung dreidimensionaler Geometrien nur ein relativ begrenztes Teilespektrum ab. Dieses Teilespektrum umfaßt dabei vorwiegend Objekte, die durch ebene Flächen begrenzt sind. Zur Darstellung zweidimensionaler Geometrien kann dieses Modell herangezogen werden. Die Verwendung

Bild 6.4.1-4 Mehrdeutigkeit bei perspektivischer Darstellung.

räumlicher Konturmodelle zur Erzeugung beliebiger grafischer Ansichten ist möglich. Die Darstellung ist jedoch im allgemeinen nicht eindeutig *(Bild 6.4.1-4)*. Automatische Visibilitätsuntersuchungen ebenso wie die automatisierte Erstellung von Schnittansichten lassen sich mit einem derartigen Modell nicht durchführen.

Einem flächenorientierten Modellkonzept liegt die Auffassung zugrunde, daß technische Objekte von einer Oberfläche umgeben sind, die sie gegenüber der Umwelt abgrenzen. Diese „Haut" eines Körpers wird geometrisch durch Flächen dargestellt, die auch das Kernstück dieses Darstellungsschemas bilden. Die Flächen eines technischen Objekts wiederum werden begrenzt durch Konturen. Diese Konturen sind das Ergebnis jeweils zwei benachbarter, sich berührender oder durchdringender Flächen. Punkte des Objekts entstehen durch den Schnitt dreier Flächen (Endpunkte) oder sind charakteristische Orte bei der Festlegung von Konturelementen.

Einem flächenorientierten Modell können zwei an der Mathematik orientierte Techniken zugrundegelegt werden:
1. Jede Fläche wird im Modell repräsentiert durch ein Anzahl ebener Flächen. Diese ebenen Flächen können Dreiecks- oder Rechteckflächen (allgemeine Polyeder) sein *(Bild 6.4.1-5)*.
2. Neben ebenen Flächen werden Flächen zweiter Ordnung sowie numerische Verfahren der Flächendarstellung auf der Basis der Polynom-Interpolation bzw. Approximation zugelassen (analytisch nicht beschreibbare Flächen).

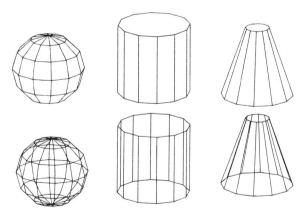

Bild 6.4.1-5 Geometrische Elemente approximiert durch ebene Flächen.

Die Vorteile der Zurückführung von Flächen allgemeiner Art auf eine Approximation durch ebene Flächen besitzt den Vorteil, daß zu deren Verarbeitung relativ einfache mathematische Methoden herangezogen werden können. Ein Nachteil eines derartigen Konzeptes besteht darin, daß die Maß- und Formtreue des Objektes abhängig ist von der Anzahl der zur Approximation jeder Fläche herangezogenen Polyederflächen. Die Abweichung von der wahren Gestalt wird umso geringer, je höher die Anzahl an Polyedern ist. Daraus ergibt sich jedoch ein weiterer Nachteil, der darin begründet ist, daß mit einer Erhöhung

der Anzahl an Polyedern gleichzeitig eine Erhöhung der zu speichernden Daten und Informationen in der rechnerinternen Darstellung verbunden ist, wodurch die Verarbeitungszeit erhöht wird beziehungsweise Grenzen der Abspeicherung erreicht werden können.
Werden reale Objekte in einem Modell derart abgebildet, daß eine Unterscheidung von Raumpunkten hinsichtlich ihrer Lage zum Objekt nach innen- und außenliegenden Punkten erfolgen kann, dann spricht man von einem volumenorientierten Modell. Eine Form der volumenorientierten Vorgehenweise besteht darin, daß die ein Objekt umhüllenden Flächen orientiert und zu einem Volumen zusammengefaßt werden *(Bild 6.4.1-6).*

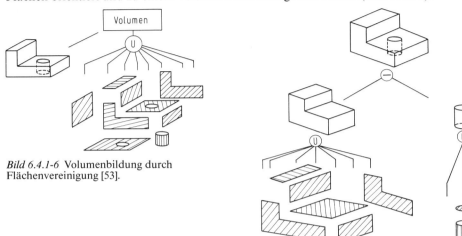

Bild 6.4.1-6 Volumenbildung durch Flächenvereinigung [53].

Bild 6.4.1-7 Volumenbildung durch Basiskörper mittels Flächen.

Die dabei zur Bildung eines Volumens beitragenden geometrischen Elemente können entsprechend ihrer geometrischen Nachbarschaftsverhältnisse in einer netzwerkartigen Struktur im Modell abgebildet werden [54]. Unter Nachbarschaftsverhältnissen werden Beziehungen verstanden, daß beispielsweise ein Eckpunkt gemeinsamer Punkt von drei Konturelementen ist, ein Konturelement stets zu zwei Flächen und die Fläche stets zu einem Volumen gehört.
Der Aufbau eines komplexen geometrischen Gebildes erfolgt durch Kombination von Basiskörpern, die aus einer Vereinigung der sie umhüllenden orientierten Flächen bestehen *(Bild 6.4.1-7).* Ein von der flächenumhüllenden Modellkonzeption abweichendes Konzept besteht darin, daß die zum Aufbau eines Objektes verwendeten Basiskörper im mengentheoretischen Sinn als dreidimensionale Punktmengen definiert und miteinander verknüpft werden. Im *Bild 6.4.1-8* sind die mengentheoretischen Verknüpfungsoperatoren durch die Zeichen ∪ = Vereinigung, ∩ = Durchschnitt, − = Differenz gegeben.
Die Darstellung eines auf dieser Basis aufgebauten Objektes erfolgt im Modell in einer Baumstruktur [55]. Die Basiskörper dieses Modells werden dabei als Durchschnitt geeigneter, einfacher Teilbereiche gebildet.
Eine weitere Vorgehensweise zur Erzeugung einer volumenorientierten Darstellung besteht darin, die Basiskörper durch Tetraeder oder allgemeinere ebenflächig begrenzte Körper, wie Quader oder Parallelepipede, zu approximieren [56, 57]. Die Abbildung des gesamten Objektes erfolgt dann durch Kombination dieser Basiskörper.
Das Erzeugen von volumenorientierten Körpern auf der Basis von Grundkörpern, die selbst eine volumenorientierte Darstellung haben, führt stets zu konsistenten Körpern. Dies bedeutet, daß zwischen den geometriebestimmenden Elementen keine Lücken bestehen. Beispielsweise könnte eine Strecke nur einen Punkt besitzen, oder eine Fläche fehlt. Eine nu-

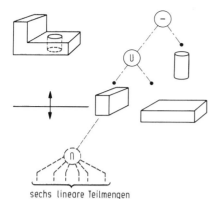

sechs lineare Teilmengen

Bild 6.4.1-8 Volumenbildung durch mengentheoretisch definierte Basiskörper [53].

merische Möglichkeit, Körper auf ihre Konsistenz hin zu prüfen, besteht in der Anwendung des Satzes von EULER. So gilt beispielsweise für jedes Polyeder, das von einer Anzahl von f Flächen, e Eckpunkten und k Kanten gebildet wird, der folgende Zusammenhang:

$f + e - k = 2.$

Für einige Bereiche der Technik ist es ausreichend, Probleme zweidimensional in der Ebene zu beschreiben und auszuwerten. Beispiele hierzu sind
- Schemadarstellungen *(Bild 6.4.1-9)*,
- Schaltpläne und
- Werkstattzeichnungen.

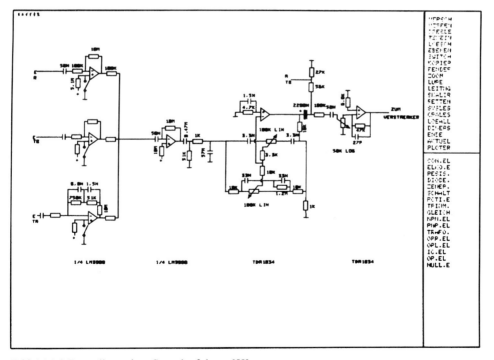

Bild 6.4.1-9 Darstellung eines Stromlaufplanes [58].

220   6 Geometrische Datenverarbeitung   [Literatur S. 249]

Die Komplexität der verwendeten geometrischen Elemente zur Beschreibung reicht dabei in der Regel von Geraden, Kreisen, Ellipsen bis hin zu analytisch nicht beschreibbaren Kurven.
Ein größeres Anwendungsspektrum haben Systeme zum geometrischen Modellieren von Objekten im Anschauungsraum [59, 60, 61, 62, 63, 64, 65]. Die hierzu verwendeten geometrischen Elemente können Raumkurven, ebene Flächen, Flächen zweiten Grades und analytisch nicht beschreibbare sowie dreidimensionale Basiskörper sein. Analytisch nicht beschreibbare Elemente wie Kurven und Freiformflächen sind vorwiegend im Automobil-, Flugzeug- und Schiffbau anzutreffen [66, 67]. Durch die freie Formbarkeit von Kunststoffen und Gußwerkstoffen findet diese Geometrieklasse jedoch auch Anwendungen im allgemeinen Maschinenbau. Eine Einteilung der Geometrie in 2D, 3D, analytisch beschreibbare und analytisch nicht beschreibbare Geometrie ist in *Bild 6.4.1-10* dargestellt.
Die Vorgehensweise zur Beschreibung einer komplexen Gestalt eines Objektes ist abhängig von dem in einem geometrischen Modellierer zugrunde gelegten Modell. Im 2D-Bereich ist eine Kanten- oder 2D-flächenorientierte Verarbeitung möglich. Die kantenorientierte Verarbeitung bedeutet, daß im System nur Konturelemente beschrieben werden können und eine rißweise Darstellung des Bauteils durch Aneinanderreihen der verschiedenen Elemente möglich ist. Da eine Definition des Bereiches zwischen zusammenhängenden Konturelementen nicht vorgenommen werden kann, ist es nicht ohne weiteres möglich, diese automatisch zu schraffieren.

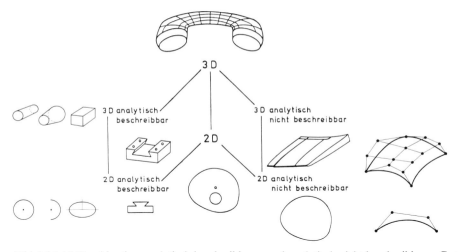

Bild 6.4.1-10 Kombination analytisch beschreibbarer und analytisch nicht beschreibbarer Geometrie [31].

Bei einer flächenorientierten zweidimensionalen Verarbeitung kann der Bereich zwischen geschlossenen Konturzügen zu einer ebenen Fläche definiert werden. Diese Definitionsmöglichkeit bringt erhebliche Beschreibungsvereinfachungen mit sich, da die Fläche einschließlich ihrer Berandung als eine Einheit angesprochen werden kann und so ein automatisches Schraffieren, Kopieren oder Transformieren möglich ist. Darüber hinaus bieten einige 2D-flächenorientierte Systeme die Möglichkeit, Flächenverknüpfungen durchzuführen. Dabei können die mengentheoretischen Operationen wie Subtraktion, Vereinigung und Durchschnitt von ebenen Flächen automatisch ausgeführt werden. Mit diesen Operationen besteht die Möglichkeit, u.a. Löcher in Flächen zu generieren, die beim Schraffieren automatisch berücksichtigt werden. Im *Bild 6.4.1-11* ist ein Beispiel für die Anwendung der Flächenverknüpfung dargestellt.

[Literatur S. 249] 6.4 *Geometrisches Modellieren* 221

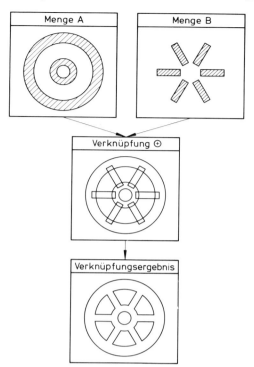

Bild 6.4.1-11 Prinzip der mengentheoretischen Verknüpfung ebener Flächen [68].

Die Mehrzahl der zweidimensional arbeitenden Systeme verfügt über eine benutzerfreundliche grafisch-interaktive Methode der Geometriebeschreibung, die der herkömmlichen Arbeitstechnik des Konstruierens nahekommt. Eine Erweiterung der zweidimensionalen Arbeitsweise kann darin bestehen, daß man geschlossenen Konturzügen oder ebenen Flächen eine konstante oder variable Raumtiefe zuordnet. Systeme, die auf dieser Basis arbeiten, bezeichnet man als $2\frac{1}{2}$ D-Systeme. Diese Systemklasse bietet dem Benutzer die Möglichkeit, in einem eingeschränkten Umfang perspektivische Zeichnungen zu erstellen sowie die geometrischen Informationen für $2\frac{1}{2}$D-Fräsaufgaben bereitzustellen.

Für den wirtschaftlichen Einsatz speziell unter dem Aspekt der Weiterverarbeitung einmal erzeugter Modelle eignen sich aufgrund des Informationsgehaltes dreidimensionale flächen- oder volumenorientierte Modelle [69]. Der Vorgang der Bauteildefinition in flächenorientierten 3D-Systemen kann wie folgt geschehen: Definiert werden zunächst die ein Bauteil berandenden Konturzüge. In diesem Gerüst werden dann zwischen jeweils geschlossenen Konturzügen Flächen aufgespannt. Die hierzu erforderliche Arbeitstechnik ist an den interaktiven Kommunikationsmöglichkeiten des Systems orientiert. Da die Beschreibung eines 3D-Objektes in der Bildschirmebene erfolgt, müssen Beschreibungshilfsebenen definiert werden.

Es existieren Systeme, die keine analytisch beschreibbaren Flächen, sondern ausschließlich Freiformflächen verarbeiten. Der Anwendungsbereich dieser Systeme liegt vorwiegend im Flugzeug-, Automobil- und Schiffbau. Grundlage zur Erzeugung dieser Flächen sind beispielsweise abgetastete Punkte einer vorgefertigten Form oder Raumpunkte, die nach produktspezifischen Kriterien ermittelt werden. *Bild 6.4.1-12* zeigt den Entwurf eines Schiffskörpermodells.

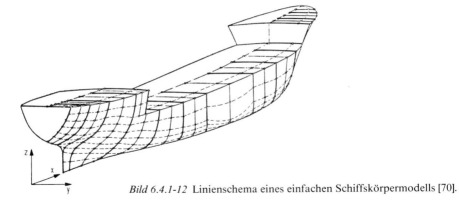

Bild 6.4.1-12 Linienschema eines einfachen Schiffskörpermodells [70].

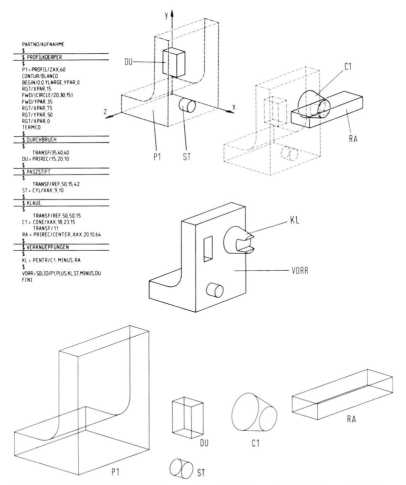

Bild 6.4.1-13 Gedankliche Zerlegung einer Vorrichtung in Basiselemente [15].
P1 = Profilkörper, ST = Stift, DU = Durchbruch, C1 = Kegel, RA = Rachen.

Dem Vorgang der Beschreibung eines Objektes durch Basisvolumenelemente muß eine andere Denkweise zugrunde gelegt werden. Das Bauteil wird gedanklich in die vom System bereitgestellten Basiselemente zerlegt (*Bild 6.4.1-13*). Die von den Systemen am häufigsten vordefinierten Basiselemente sind Quader, Kegelstumpf, Pyramide, Rechteck, Zylinder, Kugel und Torus. Zusätzlich kann der Benutzer weitere Beschreibungsgrundkörper definieren, die dadurch entstehen, daß begrenzte Flächen als Translation und Rotation entlang einer beliebigen Leitlinie bewegt werden. Wird dieses Verfahren angewendet, dann entstehen Regelkörper bzw. rotationssymmetrische Volumen *(Bild 6.4.1-14)*. Ein Großteil praxisgerechter Formen läßt sich durch geeignete Kombinationen derartiger Basisvolumenelemente zusammensetzen [71]. Dabei werden die Elemente im Raum positioniert und dimensioniert.

Die Verknüpfung der einzelnen Grundkörper geschieht durch die mengentheoretischen Operationen Vereinigung, Differenz und Durchschnitt. In CAD-Prozessen sind für diese Operationen zwei unterschiedliche Methoden entwickelt worden, nämlich
- die durchdringungsmäßige Verknüpfung und
- die Kontaktflächenverknüpfung.

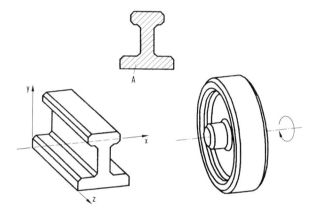

Bild 6.4.1-14 Bewegung der Fläche A entlang einer Leitlinie.

6.4.2 Verknüpfungsprinzipien

Die Volumenelementverknüpfung ermöglicht die Erzeugung von rechnerinternen Darstellungen für beliebig komplexe Bauteile. Sie hat die Aufgabe, auf der Basis der rechnerinternen Darstellung der Einzelvolumenelemente definierte Verknüpfungsoperationen programmtechnisch zu verarbeiten und eindeutige rechnerinterne Bauteildarstellungen zu generieren. Das allgemeinere Verfahren stellt die Durchdringung dar, während die Kontaktflächenverknüpfung den Sonderfall dieses allgemeineren Verfahrens bildet[2].
Die Verknüpfungsfunktionen
- ⊕ additive Verknüpfung,
- Ⓢ Schnittverknüpfung,
- ⊖ subtraktive Verknüpfung und
- © Komplementbildung

gewährleisten die mengentheoretische Verknüpfung.

---
2 In diesem Abschnitt wird zu einem wesentlichen Teil auf Arbeiten von MAYR zurückgegriffen [72]

224   6 *Geometrische Datenverarbeitung*   [Literatur S. 249]

Kontaktflächenverknüpfung

Mit der Methode der Kontaktflächenverknüpfung lassen sich Volumenelemente vereinigen, wenn die Verknüpfung an ebenen Flächen erfolgt *(Bild 6.4.2-1)*. Die Verknüpfung kann somit auf eine Analyse der Berandungskonturen der beteiligten Volumenelemente zurückgeführt werden. Die Analyse wird im folgenden anhand der Verknüpfung zweier Mengen kurz beschrieben.

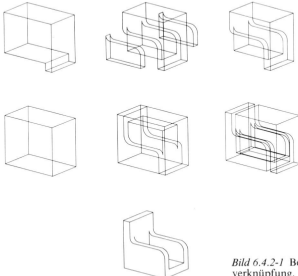

Bild 6.4.2-1 Beispiel für die Kontaktflächenverknüpfung.

Ausgehend von den Berandungskonturelementen und ihrer mathematischen Repräsentation werden zunächst die Schnittpunkte zwischen den einzelnen Konturteilstücken ermittelt und entsprechend der Orientierung beider Flächen in die Konturzyklen eingereiht. Nach Berechnung aller Schnittpunkte und der Segmentierung haben die Konturelement-Teilstücke eine eindeutige Lage bezüglich der korrespondierenden Fläche. Lagespezifikationen der Konturelement-Teilstücke, wie innenliegend, außenliegend oder identisch, ermöglichen daher eindeutige Aussagen über die Raumlage jedes einzelnen Konturelementes.

Analysiert man die Möglichkeiten aller Mengenkombinationen unter Berücksichtigung der eingeführten Operationen, der Additionsverknüpfung (+) und der Schnittverknüpfung (s) *(Bild 6.4.2-2)*, so kann man direkt Aussagen für das Reihenfolgeproblem der Konturelemente ableiten. Außerdem zeigen die Bilder, daß die Operationen bezüglich der Eingangsmengen ineinander überführbar sind. Detailliert ergibt sich folgendes Resultat: Die Tabellenseiten Verknüpfung (+) und Verknüpfung (s) sind bis auf die Orientierung der Konturen ineinander überführbar. Durch eine zyklische Substitution gelingt somit eine Reduktion auf folgende drei Fälle der (+) Verknüpfungen:

- M1, M2 positiv (Fall 1),
- M1 positiv, M2 negativ (Fall 2),
- M1, M2 negativ (Fall 3).

Ausgenommen sind bei dieser Betrachtung triviale Fälle, wie identische Mengen, ineinanderliegende Mengen und Mengen, deren Schnittmenge leer ist. Diese Trivialfälle bereiten keinerlei Schwierigkeiten, da keine Konturaufteilung erforderlich ist.

Die Betrachtung der drei Fälle vom Standpunkt der Konturanalyse zeigt, daß die Ergebniskonturen offenbar in Abhängigkeit der Konturattribute außenliegend, innenliegend und

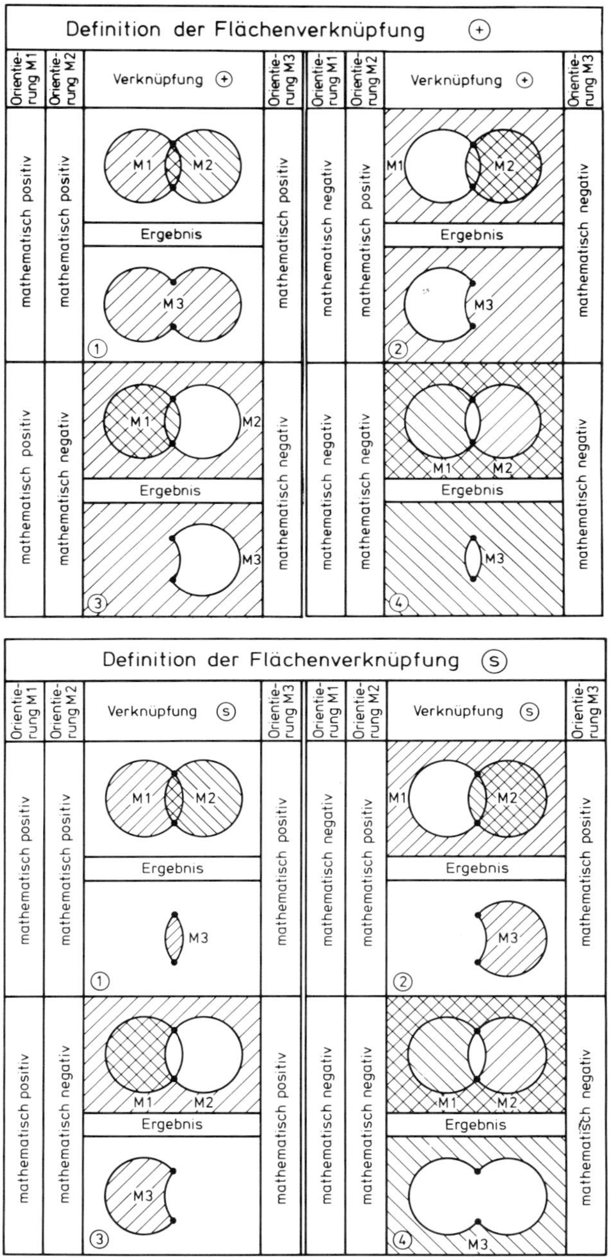

Bild 6.4.2-2 Verknüpfung (+) und (s).

identisch formuliert werden können. So ist die Ergebnisberandungskontur im Fall 1 durch zyklisches Aneinanderreihen der außenliegenden Konturelemente beider Konturringe zu erzeugen. Ähnliches gilt für den Fall 3, wobei hier das Merkmal innenliegend zur Betrachtung herangezogen wird. Eine Untersuchung von Fall 2 ergibt, daß bezüglich der ersten Menge alle innenliegenden Konturelemente und bezüglich der zweiten Menge alle außenliegenden Konturelemente berücksichtigt werden müssen. Konturelemente, deren Attribut identisch ist, haben einen Sonderstatus, sie sind neutral gegenüber den beiden Prüfattributen außen und innen. Diese Zweideutigkeit des identischen Elements bereitet bei der Aufstellung des Konturzyklus erhebliche Schwierigkeiten, da aufgrund der Neutralität gegenüber den Prüfargumenten keine eindeutige Zuordnung möglich ist.

Dieser Zusammenhang ist im *Bild 6.4.2-3* festgehalten. Es stellt die Verknüpfung (+) zweier positiver Mengen dar. Das Prüfargument der Konturelemente ist in diesem Fall „außen", d.h., alle außenliegenden Konturelemente müssen zyklisch aneinandergereiht werden. Das im Bildteil A) gezeigte Beispiel legt zunächst die Vermutung nahe, daß dies ohne weiteres möglich ist, indem man identische Elemente einfach ignoriert. Doch das Beispiel in Bildteil B) zeigt gerade das Gegenteil. Die Frage nach der Eindeutigkeit muß also beantwortet werden. Ein Verfahren zur subjektiven Beurteilung von Prüfungen ist die Gewichtung der Prüfergebnisse. Dieses Verfahren führt auch hier zum Ziel, indem man die folgenden Zusammenhänge definiert:

– Prüfargument und Kontureigenschaft stimmen überein, ergibt Gewicht „Zwei",
– Prüfargument und Kontureigenschaft stimmen nicht überein, ergibt Gewicht „Null",
– Prüfargument und Kontureigenschaft stimmen nicht überein, jedoch Kontureigenschaft ist identisch, ergibt Gewicht „Eins".

Das Gewicht „Null" kennzeichnet ein unbrauchbares Konturelement. Stehen am Kreuzungspunkt zweier Linien alternative Lösungen zur Verfügung, so ist die Lösung mit dem größten Gewichtungsfaktor zu nehmen. Ein Vorteil dieser Verknüpfungsmethode ist darin zu sehen, daß der programmtechnische Aufwand und die benötigten Rechenzeiten verhältnismäßig gering sind, da die Flächenverknüpfung in der Ebene stattfinden kann.

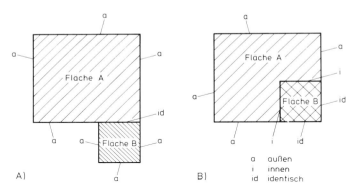

Bild 6.4.2-3 Verknüpfung (+) mit identischen Elementen.

Durchdringungsverknüpfung

Ähnlich der Verarbeitung von Flächen im zweidimensionalen Raum, deren Verknüpfungen über die Betrachtung ihrer Randelemente gelöst werden kann, ergibt sich die Lösung für den Fall von dreidimensionalen geometrischen Objekten. Im zweidimensionalen Fall der Flächenverknüpfung erfolgt die Problemlösung in drei Hauptschritten durch Berechnung der Schnittpunkte zwischen den Konturelementen beider Flächen, durch deren Lageprüfung und durch Konturzyklusgenerierung für die Ergebniskontur.

Im dreidimensionalen Fall tritt an Stelle des Berandungselementes „Konturelement" das Berandungselement „Fläche", die Schnittpunktberechnung zwischen Konturelementen geht in die Flächendurchdringungsberechnung über. Das Analogon zur Lageprüfung von

Punkten im zweidimensionalen Fall ist im dreidimensionalen Fall die Lageprüfung von Kurven. Diese Lageprüfung ist immer notwendig, da die mathematische Form der Flächendarstellung die endliche Begrenzung der Flächen nicht berücksichtigt. Die mathematische Darstellung der unendlichen Flächen wird zur Berechnung von Durchdringungskurven herangezogen.

Die Zulässigkeitsprüfung der Kurventeilstücke ist notwendig. Ebenso wird eine Topologieänderung der Flächenstruktur erforderlich, um das Durchdringungsergebnis abzubilden. Für die Berechnung der Durchdringungskurven gibt es zwei grundsätzlich verschiedene Vorgehensweisen.

Eine Methode besteht darin, die Durchdringungskurve in analytischer Form zu bestimmen. Unter Verwendung der vektoriellen Flächenform $Q(x) = 0$ und einer parametrischen Darstellung $x = x(u,v)$ für die zweite an der Durchdringung beteiligte Fläche gelingt die Beschreibung des Parameters v in von u abhängiger Form. Durch Rückeinsetzen in die Parameterdarstellung der zweiten Fläche wird eine von u abhängige Durchdringungskurve erzeugt. Die folgende Darstellung gibt den mathematischen Zusammenhang wieder:

$Q(x) = 0$ (Darstellung der 1. Fläche),

$x = x(u,v)$ (parametrische Darstellung der 2. Fläche).

Über $Q(x(u,v)) = 0$ gelingt die Ermittlung von $v = v(u)$. Eingesetzt in die Darstellung der 2. Fläche erhält man die Durchdringungskurve

$x_s = x_s(u) = x(u,v(u))$.

Die daraus resultierende Vorgehenweise führt zu einer aufwendigen Programmierung, da für jede Flächenkombination ein getrennter Algorithmus erstellt werden muß. Verwendet man anstelle einer speziellen parametrischen Darstellung eine allgemeinere Darstellung der Flächen etwa als Regel- oder Drehfläche, so kann damit eine Reduktion der zu erstellenden Durchdringungsprogramme erreicht werden. Die Durchdringungsbehandlung einer vektoriell dargestellten Fläche mit allen anderen parametrischen Flächen kann in nur einem Programm vollzogen werden. Als Nachteil dieser Methode ist ihre Beschränkung auf Flächen maximal zweiter Ordnung zu werten.

Im vorangehenden Abschnitt wurde ein Verfahren gezeigt, dessen Einsetzbarkeit bis auf die umständliche Berechnung des Ausdrucks v(u) gute Bedingungen bezüglich der Programmierung bietet. Da in den meisten Anwendungsfällen eine diskrete Anzahl von Durchdringungskurvenpunkten zur Charakterisierung der Kurve ausreicht, bietet sich die Betrachtung des Durchdringungsergebnisses mit diskreten Parameterpunkten einer Variablen an. Da mit der Darstellung der Flächen als Drehflächen alle rotationssymmetrischen Flächen erfaßt werden können, ist als Untermenge auch die Durchdringung von Tori mit Flächen zweiten Grades möglich. Dies ist im *Bild 6.4.2-4* für einen variablen Torus dargestellt.

Bild 6.4.2-4 Raumkreisdurchdringung eines Zylinders und eines Torus.

Setzt man bei der Berücksichtigung der endlichen Berandung von Bauteilen voraus, daß die Stirnflächen der zu betrachtenden Bauteile senkrecht zur Rotationsachse stehen, so unterscheiden sich die drei vorgestellten Verfahren zur Durchdringungsberechnung durch eine wesentliche Eigenschaft.

Während in den beiden zuerst beschriebenen Verfahren immer Vollkurven entstehen und somit eine Kurvenaufteilung bei der Betrachtung endlicher Bauteile unabdingbar ist, ergeben sich beim dritten Verfahren die Durchdringungsrandpunkte bezüglich eines Bauteils automatisch. Zusätzlich zu dieser Unterscheidung zeigt die Analyse, daß für die Endlichkeitsbetrachtung der obigen Vollkurvenverfahren die Lösung des Problems Raumkreis zur vektoriellen Fläche erarbeitet werden muß. Dies bedeutet, daß ein wesentlicher Bestandteil des Raumkreisverfahrens für die Berandungsbetrachtung beim analytischen Verfahren zusätzlich anfällt. Im allgemeinen Fall der beliebigen Berandung müssen die Endpunkte der Durchdringungskurven bei allen vorgestellten Verfahren explizit berechnet werden. Eine mögliche Vorgehensweise bei der programmtechnischen Realisierung von Volumenelementdurchdringungen soll am Beispiel des *Bildes 6.4.2-5* erläutert werden [59].

Die beiden Volumenelemente Quader (V1) und Zylinder (V2) sollen positiv miteinander verknüpft werden. Dabei geht man von der flächenorientierten Darstellung der Volumenelemente aus und bestimmt zuerst die potentiellen Durchdringungsflächen. Dies geschieht in der Weise, daß in der endlich berandeten, ebenen Fläche (F1) eine Ebene aufgespannt wird.

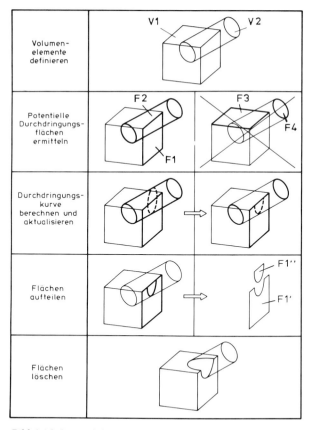

Bild 6.4.2-5 Durchdringung zweier Volumen.

[Literatur S. 249] 6.4 Geometrisches Modellieren 229

Da die endlich berandete Zylinderfläche (F2) die Ebene schneidet, bilden die Flächen (F1, F2) ein potentielles Durchdringungsflächenpaar. Im zweiten Fall sind zwei ebene Flächen (F3, F4) auf Durchdringung zu untersuchen. Durch die Fläche (F3) wird eine Ebene definiert, die die Fläche (F4) schneidet. Legt man dagegen in die Fläche (F4) eine Ebene und versucht, sie mit der Fläche (F3) zu schneiden, so ist kein Schnitt möglich, und infolgedessen bilden die ebenen Flächen (F3, F4) kein potentielles Durchdringungsflächenpaar. Nachdem alle Durchdringungsflächenpaare bestimmt worden sind, werden die Durchdringungskurven analytisch berechnet. Anschließend ist die Durchdringungskurve so zu aktualisieren, daß nur der Teil der Kurve übrig bleibt, welcher innerhalb beider Durchdringungsflächen liegt. In der nächsten Phase sind die Flächen aufzuteilen, die mit einer oder mehreren Flächen zum Schnitt gebracht worden sind. Aus der Fläche (F1) ergeben sich die Flächen (F1', F1''). Nachdem alle Durchdringungskurven berechnet und die entsprechenden Flächen aufgeteilt worden sind, werden die überflüssigen Flächen gelöscht. Bei positiv definierten Volumenelementen sind dies die Flächen, die innerhalb des anderen Volumenelementes liegen, bei negativ definierten Volumenelementen die Flächen, welche außerhalb des anderen Volumenelementes liegen. Im *Bild 6.4.2-6* sind mögliche Durchdringungsverknüpfungen am Beispiel eines Kegels und eines Quaders dargestellt.

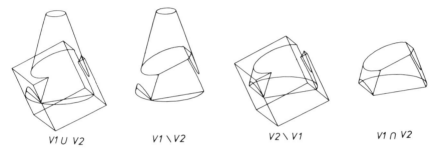

Bild 6.4.2-6 Verknüpfungsmöglichkeiten zwischen einem Kegelstumpf und einem Quader [12].

6.4.3 Volumenorientierte Beschreibungsarten von Körpern

Die formale Beschreibung eines Objektes in einem geometrischen Modellierer erfolgt in der Form einer Kommunikation mit dem Rechner. Mögliche und noch in der Entwicklung befindliche Verfahren der Beschreibung sind:
 – Beschreibung der Geometrie durch alphanumerische Spracheingabe,
 – Beschreibung der Geometrie durch akustische Spracheingabe,
 – grafisch-interaktive Definition der 3D-Geometrie am Bildschirm,
 – Beschreibung der Geometrie durch Handskizzeneingabe und Rekonstruktionstechnik.

Im folgenden werden drei dieser Verfahren, die sich auch für eine volumenorientierte Geometriebeschreibung eignen, näher erläutert.
Bei der überwiegenden Anzahl der geometrischen Modellierer, die mit Grundvolumenelementen arbeiten, werden die Bauteile sequentiell, ähnlich einem Baukastenprinzip, aufgebaut. Die Definition und Verknüpfungen der Grundelemente werden vielfach durch eine alphanumerische Spracheingabe durchgeführt. Der Sprachumfang dieser Eingabesprachen umfaßt u.a. die Definition, räumliche Positionierung, Dimensionierung und Verknüpfung der Grundelemente. Als Beispiel für die Art der Bauteilbeschreibung ist in *Bild 6.4.3-1* ein Teileprogramm dargestellt.

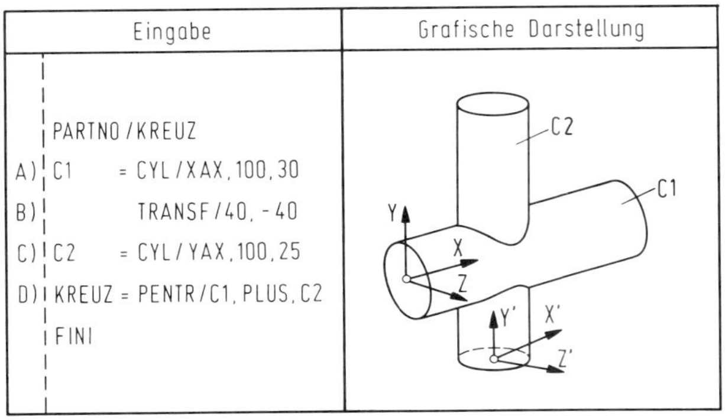

Eingabe	Grafische Darstellung
PARTNO /KREUZ A) C1 = CYL / XAX, 100, 30 B) TRANSF / 40, -40 C) C2 = CYL / YAX, 100, 25 D) KREUZ = PENTR / C1, PLUS, C2 FINI	

Bild 6.4.3-1 Alphanumerische Spracheingabe des Systems COMPAC [15].
A) Definition und Dimensionierung des Zylinders C1,
B) Positionierung eines lokalen Koordinatensystems,
C) Definition und Dimensionierung des Zylinders C2,
D) Definition des Verknüpfungskörpers.

Die Definition von Grundvolumenelementen minimiert den Beschreibungsaufwand, da keine einzelnen Konturen oder Flächen beschrieben werden müssen, sondern mit einer einzigen Anweisung sofort ein vollständiges Volumen definiert ist. Nachteil der alphanumerischen Spracheingabe ist die Tatsache, daß der Benutzer eine für ihn neue Sprache erlernen muß [73].

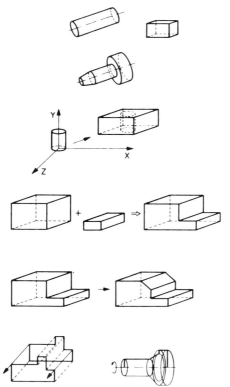

Bild 6.4.3-2 3D-Interaktivität [71].

6.4 Geometrisches Modellieren

Unterstützt von den Möglichkeiten, die Hardwaregeräte, wie beispielsweise Sichtgeräte zur dynamischen Darstellung und Eingabetabletts, bieten, kann die Bauteilbeschreibung im grafischen Dialog erfolgen *(Bild 6.4.3-2)*. Eine benutzerfreundliche Eingabetechnik stellt die handskizzierte Eingabe in Verbindung mit der Rekonstruktionstechnik zur Erzeugung volumenorientierter Objekte dar. Diese Technik beinhaltet Methoden, die der konventionellen Arbeitsweise des Konstrukteurs entgegenkommen.

Die Vorgehensweise bei dieser Art der Geometriebeschreibung beruht auf einer weitgehend automatisierten 3D-Modellbildung aus handskizziert eingegeben 2D-Ansichten [74, 75, 76, 77]. Der Gesamtablauf dieser Eingabetechnik muß unter den zwei Hauptaspekten Handskizzeneingabe und Rekonstruktionstechnik gesehen werden. Die Verbindung dieser beiden Teilaspekte zu einem Gesamteingabemodul ist in *Bild 6.4.3-3* dargestellt.

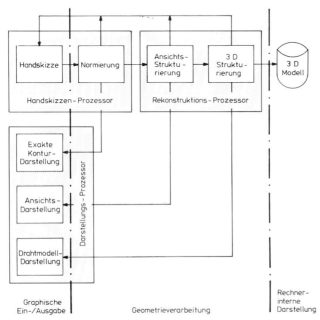

Bild 6.4.3-3 Zusammenwirken von Handskizzeneingabe und Rekonstruktionstechnik in einem Eingabemodul [78, 79].

Der Aufbau des Gesamtmoduls sieht für die einzelnen Problembearbeitungen spezielle Prozessoren vor, die wiederum in die folgenden modularen Funktionseinheiten gegliedert sind:
- Der Handskizzenprozessor ermöglicht die Eingabe der Handskizze sowie ihre Weiterverarbeitung zu einer exakten Kontur.
- Der Rekonstruktionsprozessor bildet aus den Daten der exakten Kontur eine Ansichtsstruktur und generiert daraus ein volumenorientiertes 3D-Modell.
- Der Darstellungsprozessor dient der grafischen Ausgabe der exakten Kontur sowie der Ansichten und des Drahtmodells.

Voraussetzung für die Handskizzeneingabe und deren Verarbeitung ist ein Hardware-Softwaresystem, das als Eingabemedium ein grafisches Tablett, das in drei Rißebenen zum Entwerfen von Vorderansicht, Seitenansicht und Draufsicht eingeteilt ist, vorsieht. Im *Bild 6.4.3-4* sind der Vorgang der rißweisen Eingabe und das daraus rekonstruierte Bauteil dargestellt.

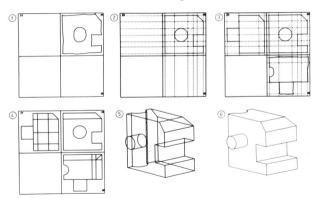

Bild 6.4.3-4 Vorgang der rißweisen Eingabe für den Rekonstruktionsvorgang [78].
1 Handskizzierte Eingabe,
2 exakte Darstellung mit Hilfsliniengenerierung,
3 ergänzende Ansichtseingabe,
4 vollständige Ansichten,
5 Darstellung des rekonstruierten Drahtmodells,
6 Darstellung des rekonstruierten Volumenmodells.

Dabei wird von einem Mustererkennungssystem die handskizzenhafte Eingabe jeder Ansicht in Teilkonturen zerlegt, die man als eindeutig beschreibbare geometrische Konturelemente (Strecke, Kreis, Kreisbogen) klassifizieren kann. Grundlage dieses Mustererkennungsprozesses bildet eine geordnete Folge digitalisierter Punkte der geschlossenen Konturen jeder Ansicht. Dieses Punktmuster wird umgesetzt in eine Folge von Vektoren, die sich aufgrund ihrer Richtungsänderungen in Gruppen klassifizieren lassen. Über die Gruppeneinteilung erfolgt dann eine Zuordnung der geometrischen Begriffe Strecke, Kreis bzw. Kreisbogen. Durch Ausrichtung der so bestimmten Elemente und durch Schnittpunktbildung benachbarter Elemente erfolgt die Festlegung der exakten Kontur *(Bild 6.4.3-5)*. Ist eine Ansicht exakt dargestellt, können als Eingabehilfen Hilfslinien in das aktuelle Eingabebild eingeblendet werden.

Der sich an den Mustererkennungsprozeß anschließende Rekonstruktionsprozeß erzeugt aus den durch die Risse gegebenen Projektionen ein 3D-Modell. Durch Koordinatenvergleich zwischen den Punkten der Ansichten werden zunächst die Raumpunkte ermittelt. Diese werden dann durch entsprechende Konturelemente verbunden. Der folgende Schritt besteht in der Generierung der Flächen, die dann zu einem Volumen zusammengefaßt werden. Während des Vorganges der Volumenbildung ist es notwendig, das Modell auf Konsistenz nach dem angegebenen Verfahren zu überprüfen.

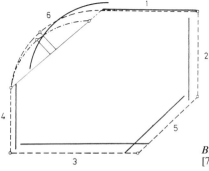

Bild 6.4.3-5 Ablauf der Handskizzen-Verarbeitung [78, 79].

Spezielle Formen der Bauteilbeschreibung und der Bauteilrepräsentation

Der für den Aufbau von Geometriemodellen von Bauteilen zu treibende Aufwand ist besonders bei der Erzeugung der rechnerinternen Darstellung von 3D-Modellen recht erheblich. Zum einen ist dies der Aufwand, der dem Benutzer zur Vorbereitung und Durchführung der Teilbeschreibung entsteht, und zum anderen der Aufwand, der sich aus der Ausführung der erforderlichen Geometrieoperationen ergibt. Erinnert sei an komplexe Flächenverknüpfungen oder die Betrachtung sich durchdringender Körper [80]. Neben dem Aufwand für die eigentliche Gestaltbeschreibung und die Generierung der rechnerinternen Darstellung ist zusätzlich die Detaillierung der Bauteilgeometrie zu beachten. Dies umfaßt das Hinzufügen von Detailinformationen zur Geometrie wie Kantenbrüche, Verrundungen oder Einstiche und das Vermerken von Oberflächenangaben oder Toleranzinformationen *(Bild 6.4.3-6)*. Im Sinne einer Beschleunigung und qualitativen Verbesserung der geometriebezogenen Planungsaufgaben besteht die Aufgabe, diesen Aufwand zu verringern.

Hierzu bietet sich die Verwendung bereits bestehender Geometriemodelle an. Diese Modelle sind an die neuen Erfordernisse in geeigneter Weise anzupassen. Dies kann dadurch geschehen, daß die Teile des Modells, die nicht weiterverarbeitet werden können, aus dem Modell entfernt werden. Das verbleibende Modell wird wie üblich hantiert, d.h., es werden geometrische und nichtgeometrische Beschreibungselemente hinzugefügt und mit dem Teilmodell kombiniert. Neben dem Vorteil der beschleunigten Teilebeschreibung resultiert hieraus eine Standardisierung des Teilespektrums und eine qualitative Verbesserung der Konstruktion durch Verwendung bereits erprobter Geometrien.

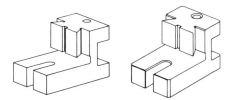

Bild 6.4.3-6 Detaillierung eines Bauteils durch Hinzufügen von Fasen und Rundungen.

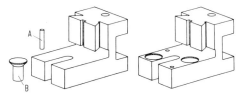

Bild 6.4.3-7 Beispiel für die Verwendung der Makros A und B.

Dieser Gedanke führt unmittelbar zur Verwendung von Makros oder dimensions- und gestaltvariablen Benutzerelementen. Hierbei handelt es sich um Bauteilgeometrien, die aufgrund ihres häufigen Auftretens in einem Planungsbereich als bereits fertig generierte Elemente auf einen externen Speicher in einer Modellbibliothek abgelegt sind. Diese Geometrien werden während des Beschreibungsvorganges in das aktuelle Geometriemodell eingelesen und gegebenenfalls nach den Variationsregeln angepaßt, positioniert und mit dem bereits bestehenden Modell verknüpft *(Bild 6.4.3-7)*.

Bekannt ist dieses Makroverfahren im Bereich der 2D-Geometrieverarbeitungssysteme, in denen nicht nur Geometrie, sondern auch Bemaßungselemente und Oberflächenqualitäten mit Hilfe dieser Technik verarbeitet werden *(Bild 6.4.3-8)*. Der konsequente Ausbau dieser Verfahren führt zu Modellbibliotheken, die sowohl Normteile, seien es internationale, nationale oder firmeneigene Normen, als auch vom Benutzer definierte Komplexgeometrien enthalten.

In technischen Objekten treten häufig sich wiederholende Geometrien auf. Ein typisches Beispiel ist das Bohrmuster in einer Platte. Zur exakten Bauteildarstellung ist für alle Bohrungen die Abbildung ihrer tatsächlichen Geometrien erforderlich. Eine bedeutende Erleichterung wird dadurch geschaffen, daß der Benutzer bei der Definition entsprechender Geometriemuster nur einmal die Geometrie zu definieren und anschließend die Positionen ihrer Wiederholungen festzulegen hat. Diese Form der Geometriedefinition läßt sich eben-

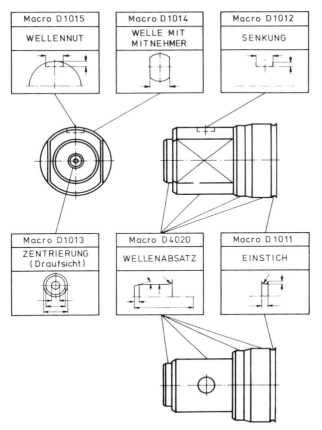

Bild 6.4.3-8 Anwendung der Makro-Technik bei der Zeichnungserstellung [81].

so auf ihre interne Darstellung im Rechner übertragen. Die Detailgeometrie wird nur einmal abgespeichert, ihre Wiederholungen werden durch Ersatzelemente repräsentiert. Dieses Verfahren ist als Master-Instance-Verfahren bekannt, wobei die zusammengefaßte detaillierte Geometrie als Master und ihre Wiederholungen als Instances des Masters bezeichnet werden *(Bild 6.4.3-9)*. Nachteilig ist, wie bei allen prozedural orientierten internen Darstellungen von Bauteilgeometrien, daß für jede Anwendung die Geometrie zu ermitteln ist, ob und wie die Wiederholungen von den vorgenommenen Geometrieoperationen betroffen sind. Für besondere Gruppen von technischen Objekten kann ein anderes Verfahren zur wesentlichen Reduzierung des Beschreibungs- und Verarbeitungsaufwandes angewendet werden, dem Variantenprinzip folgend. Es beruht darauf, daß aus einem Teilespektrum geometrisch ähnlicher Objekte ein Repräsentant bestimmt wird, aus dem sich alle geometrischen Formen eines bestimmten Teilespektrums ableiten lassen. Dabei bezeichnet man den Repräsentanten als Komplexteil und die abgeleiteten Formen als Varianten.

Unter der Voraussetzung, daß das darzustellende Bauteilspektrum in Gruppen eingeteilt und für jede Gruppe das Komplexteil beschrieben werden kann, stellt dieses Verarbeitungsprinzip eine rationelle Methode dar, die einzelnen Varianten einer Gruppe durch die Angaben der aktuellen Parameter zu erzeugen. Das Verfahren versagt, sobald in einer Variante ein geometrischer Sachverhalt dargestellt werden soll, der im Komplexteil nicht berücksich-

[Literatur S. 249] 6.4 Geometrisches Modellieren

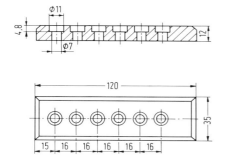
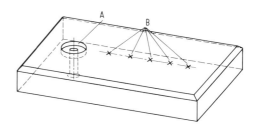

Bild 6.4.3-9 Beispiel für die Anwendung des Master-Instance-Verfahren.
A Master Element, B Instances des Masters.

tigt wurde. In der Praxis ist die reine Variantenkonstruktion selten anzutreffen, da Kundenwünsche oder veränderte Randbedingungen berücksichtigt werden müssen. Daher bieten fast alle CAD-Systeme, die nach dem Variantenverfahren arbeiten, die Möglichkeit, die erzeugte Variante abschließend geometrisch zu verändern.
Für einen Anwender eines Systems, das auf der Basis des Variantenprinzips arbeitet, ergibt sich folgende Vorgehenweise: Im Hinblick auf die Bildung von Gruppen ähnlicher Teile hat eine Analyse des betrieblichen Teilespektrums zu erfolgen. Das Komplexteil für eine Teilefamilie wird definiert, indem die zur Erzeugung der Werkstücke der Teilefamilie erforderlichen Variationsmöglichkeiten von Abmessungen und Gestalt des Komplexteiles in Form von Parametern und zulässigen Parameterbereichen festgelegt werden. Da der Aufwand zur Beschreibung eines Komplexteiles relativ hoch im Vergleich zur Erzeugung von Varianten ist, gestatten die meisten Systeme eine Schachtelung der Komplexteile. Das heißt, daß einmal beschriebene Komplexteile in anderen Komplexteilen als Makros zur Beschreibung herangezogen werden können. Die Makros können z.B. auch Einstichformen an Drehteilen beschreiben.
Bild 6.4.3-10 zeigt die Werkstattzeichnung einer Walze, erzeugt von dem 2D-Varianten-Zeichnungserstellungssystem COMVAR [81].
Der Aufbau von internen Bauteildarstellungen erfolgt in einer Reihe von Einzelschritten, zwischen denen größere zeitliche Abstände liegen können (Arbeits- und Erholungspausen). Zur Rückverfolgung der vorgenommenen Beschreibungsschritte und zur Sicherung von Zwischenergebnissen bei Beschreibungsirrtümern bieten einige Systeme die Möglichkeit, bei der Generierung von geometrischen Elementen die Beschreibungshistorie mit abzuspeichern. Dabei werden Bedingungen wie Parallele zu, Lot auf, Tangente an usw. den Elementen zugeordnet [73]. Bei späteren Geometrieänderungen bzw. bei korrigierenden Eingriffen können diese Beziehungen zur Vereinfachung und Beschleunigung der Neugenerierung herangezogen werden.
Eine weitere Methode der Beschreibung von Geometrien ist durch die Verwendung einer Kommandosprache gegeben. Als Beispiele für mögliche Kommandos seien hier die Bildung eines Kreises durch drei Punkte, die Bildung eines ebenen Kreises durch Mittelpunkt und Radius oder das Erzeugen von Tangenten an Kurven genannt. Die während eines Geometriedefinierungsvorganges verwendeten Kommandos lassen sich rechnerintern als Kommandofolge festhalten. Über die abgespeicherte Kommandofolge ist dann eine Reproduzierung der geometrischen Form möglich. Darüber hinaus besteht die Möglichkeit der Variantenbildung, indem man die Abarbeitung der Kommandos in der Kommandofolge variiert. In *Bild 6.4.3-11* ist dem Element Strecke die Beschreibungshistorie Tangente an zwei Kreisen hinzugefügt. Bei einer Radiusänderung eines Kreises wird die Strecke automatisch aktualisiert.

236   6 Geometrische Datenverarbeitung

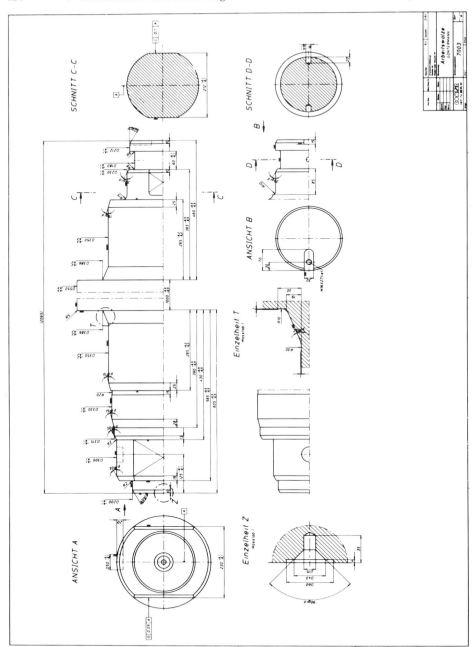

Bild 6.4.3-10 Werkstattzeichnung einer Walzwerkwalze.

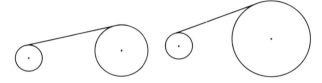

Bild 6.4.3-11 Berücksichtigung der Beschreibungshistorie bei geometrischen Elementen [7].

6.4.4 Grafische Darstellungsarten

Eine naheliegende Verarbeitungsform von rechnerintern dargestellten Objekten ist deren grafische Wiedergabe *(Bild 6.4.4-1)*. Während sich ebene Objekte stets genau auf eine Ebene abbilden lassen (abgesehen von einer ähnlichen Veränderung der Abmessungen), sind bei der grafischen Darstellung räumlicher Gegenstände gewisse Gesetzmäßigkeiten zu beachten [82].

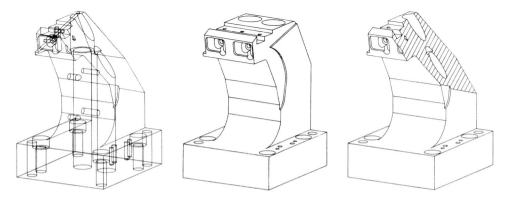

Bild 6.4.4-1 Grafische Darstellung rechnerintern repräsentierter Objekte des Systems COMPAC [15].

Die Darstellende Geometrie stellt eine Reihe von Verfahren zur Darstellung zur Verfügung, die darin bestehen, von Gegenständen im Raum Bilder in einer Projektionsebene zu entwerfen. Keines dieser Verfahren kann jedoch in jeder Hinsicht befriedigen, da das Fehlen einer Dimension stets die Unterdrückung der räumlichen Eigenschaften des abzubildenden Gegenstandes zur Folge hat. Bei der Entscheidung, welches Darstellungsverfahren zu wählen ist, hat man zwischen Maßgerechtigkeit und Anschaulichkeit abzuwägen und nach den gegebenen Anforderungen zu entscheiden.

Dabei beinhaltet die Forderung nach Anschaulichkeit eines Bildes, daß das Bild einen naturgetreuen und plastischen Eindruck des Originals vermittelt. Bei einer maßgerechten Darstellung sollen sich die Maße des abgebildeten räumlichen Gegenstandes, d.h. die wahren Größen seiner Strecken und Winkel, leicht wiedergewinnen lassen. Während in der Architektur die Anschaulichkeit eines Bildes im Vordergrund steht, wird von einem dargestellten Objekt im Maschinen- und Bauwesen eine maßgerechte Darstellung erwartet.

Die Darstellende Geometrie lehrt, daß Verfahren, die zu anschaulichen Darstellungen führen, geringe Maßgerechtigkeit besitzen und daß umgekehrt höchst maßgerechte Darstellungen mit geringer Anschaulichkeit verbunden sind. So sind in einer technischen Zeichnung die wahren Abmessungen des Objektes exakt gegeben, für einen ungeübten Betrachter jedoch ist die Gestalt des Objekts nicht zu erkennen. Das genaue Gegenteil gilt beispielsweise für eine fotografische Darstellung.

Das Verfahren, dessen sich die Darstellende Geometrie bedient, ist die Projektion. Grund hierfür ist, daß bei den Projektionsverfahren das Bild in einer ähnlichen Weise konstruiert

238 6 Geometrische Datenverarbeitung   [Literatur S. 249]

wird wie beim Sehprozeß im Auge auf der Netzhaut und deshalb am anschaulichsten ist. Bei einer Projektion werden durch die Punkte K eines räumlichen Gegenstandes Projektionsstrahlen gezogen, deren Schnittpunkte K' mit einer Zeichenebene (Projektionsebene) als Bilder des Raumpunktes bezeichnet werden. Eine Einteilung der gebräuchlichsten Verfahren der in der Darstellenden Geometrie verwendeten Projektionsarten ist aus *Bild 6.4.4-2* zu entnehmen.

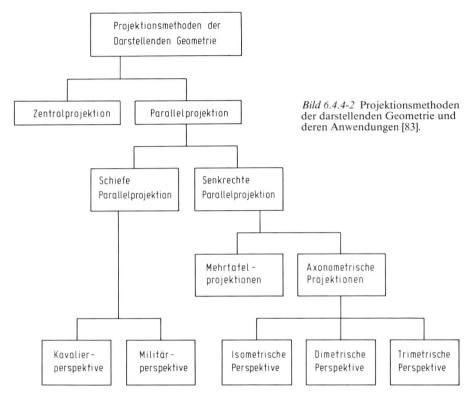

Bild 6.4.4-2 Projektionsmethoden der darstellenden Geometrie und deren Anwendungen [83].

Zentralprojektion

Bei der Zentralprojektion wird der räumliche Gegenstand aus einem im Endlichen liegenden Punkt 0, dem Projektionszentrum (Auge bzw. Augpunkt), durch Projektionsstrahlen auf die Bildebene projiziert. Das dabei entstehende Bild heißt Zentralriß oder perspektivisches Bild des Gegenstandes *(Bild 6.4.4-3)*.

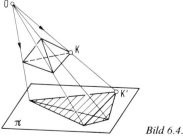

Bild 6.4.4-3 Zentralprojektion.

Parallelprojektion

Bei der Parallelprojektion sind alle Projektionsstrahlen untereinander parallel *(Bild 6.4.4-4)*. Fallen die Projektionsstrahlen orthogonal auf die Bildebene, dann spricht man von einer senkrechten Parallelprojektion und bezeichnet das projizierte Bild als Normalriß *(Bild 6.4.4-5)*. Im Gegensatz hierzu bezeichnet man die Projektion mit nicht senkrechten Projektionsstrahlen als schiefe oder schräge Projektion *(Bild 6.4.4-6)*. Das dabei gewonnene Bild heißt dann ein Schrägriß. Normalrisse eines räumlichen Objektes sind vor allem geeignet als Konstruktionszeichnungen, da sie weitgehend maßgetreu sind. Dies gilt für alle zur Bildebene parallelen geometrischen Figuren. Durch Normalrisse dargestellte Körper besitzen jedoch das geringste Maß an Anschaulichkeit. So verlangt das richtige Lesen des in *Bild 6.4.4-7* durch Grund- und Aufriß dargestellten Zylinders eine gut entwickelte Raumanschauung.

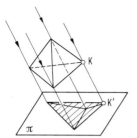

Bild 6.4.4-4 Parallelprojektion.

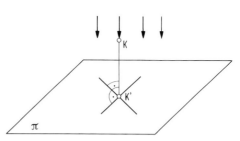

Bild 6.4.4-5 Senkrechte Parallelprojektion.

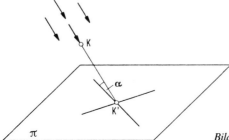

Bild 6.4.4-6 Schräge Parallelprojektion.

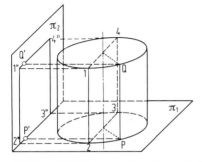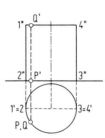

Bild 6.4.4-7 Zylinder in Grund- und Aufriß.

Zweitafelprojektion bzw. Darstellungen in Zeichnungen

Das Verfahren, dreidimensionale Objekte als Grund- und Aufriß darzustellen, ist als Zweitafelprojektion bekannt. Bei diesem Verfahren werden die geometrischen Elemente des Raumes auf zwei gegebene, aufeinander senkrecht stehende Ebenen, eine Grundrißebene A und eine Aufrißebene B, projiziert. Nach Umlegung der Aufrißebene um die Projektionsachse in die Grundrißebene erhält man die Zweitafelprojektion *(Bild 6.4.4-8)*. Da im allgemeinen durch die Vorgabe zweier Projektionen das Original noch nicht eindeutig festgelegt ist, muß man sich mit einer weiteren Projektionsebene behelfen. Eine Projektion auf eine dritte Seite bezeichnet man als Seitenriß. Dieses Verfahren der Mehrtafelprojektion wird bei der Darstellung von Objekten in Form technischer Zeichnungen angewandt und ist in DIN 6 genormt *(Bild 6.4.4-9)*.

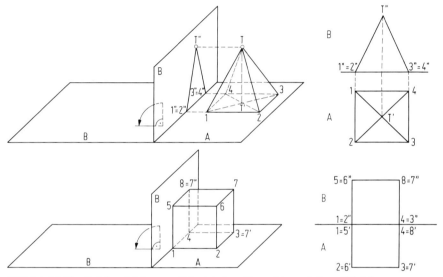

Bild 6.4.4-8 Zweitafelprojektion am Beispiel einer Pyramide und eines Würfels. A Grundrißtafel, B Aufrißtafel.

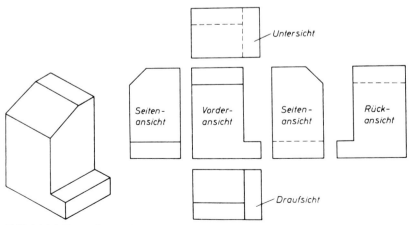

Bild 6.4.4-9 Darstellungen in Zeichnungen nach DIN 6

Kavalierperspektive und Militärperspektive

Die Beispiele zur Zweitafelprojektion und Mehrtafelprojektion haben gezeigt, daß damit eine Methode zur Verfügung steht, den in einer Zeichnung dargestellten Körper metrisch zu rekonstruieren. Auf der anderen Seite sind derartige Darstellungen mit wenig Anschaulichkeit verbunden. Ein Mittelmaß an Anschaulichkeit und Maßtreue erreicht man durch die Kavalier- und Militärperspektive, die Sonderfälle der schrägen Parallelprojektion *(Bild 6.4.4-10A, B)* sind.

Bezeichnet man die drei zueinander senkrechten Kantenrichtungen x, y, z des Würfels als Tiefe, Breite und Höhe, so gilt für die Kavalierperspektive, daß alle Breiten und Höhen in wahrer Größe, alle Tiefen unter dem Winkel nach hinten fliehend und um einen Faktor verkürzt dargestellt werden *(Bild 6.4.4-10A)*. Bei der Darstellung eines Objektes in der Militärprojektion wird der Grundriß in wahrer Größe dargestellt. Die Höhen werden orthogonal ebenfalls in wahrer Größe gezeichnet *(Bild 6.4.4-10B)*.

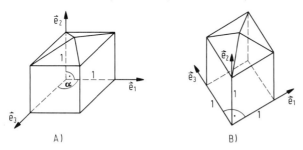

Bild 6.4.4-10 A) Darstellung eines Objektes in Kavalierperspektive $(\vec{e}_1 \perp \vec{e}_2, \alpha = \sphericalangle(\vec{e}_3, \vec{e}_1) = 135°$ gewählt), B) Militärperspektive $\alpha = (\vec{e}_3 \perp \vec{e}_1, \vec{e}_2$ vertikal)

Orthogonale Axonometrie

Verbindet man das räumlich abzubildende Objekt mit einem räumlichen Koordinatensystem und projiziert beide, dann bezeichnet man das projizierte Bild als axonometrisches Bild. Fallen die Projektionsstrahlen senkrecht auf die Bildebene, dann bezeichnet man den Riß als normal-axonometrischen Riß.

Spezielle Axonometrien, die bei der Darstellung technischer Objekte Anwendung finden, sind die Isometrie und die Dimetrie, die in DIN 5 genormt sind *(Bild 6.4.4-11)*.

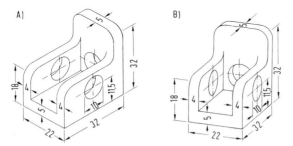

Bild 6.4.4-11 A) Isometrische Darstellung nach DIN 5, B) Dimetrische Darstellung nach DIN 5.

Isometrie

Bei der isometrischen Projektion werden Höhe, Breite und Tiefe des Objektes im Verhältnis 1:1:1 dargestellt. Für das in die Bildebene mitprojizierte Koordinatenkreuz gilt: $\vec{e}_2$ steht senkrecht auf der Horizontalen der Projektionsebene. $\vec{e}_1$ und $\vec{e}_3$ bilden mit der Bildhorizontalen einen Winkel von jeweils 30° *(Bild 6.4.4-12)*.

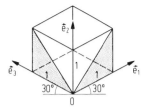

Bild 6.4.4-12 Charakteristische Größen der Isometrie.

Dimetrie

Bei der dimetrischen Projektion werden Höhe, Breite und Tiefe im Verhältnis 1:1:1/2 dargestellt. Die $\vec{e}_2$-Achse des mitprojizierten Koordinatensystems steht senkrecht auf der Horizontalen der Projektionsebene, und $\vec{e}_1$ bildet mit ihr einen Winkel von 42° und $\vec{e}_3$ einen Winkel von 7° *(Bild 6.4.4-13)*.
Die verschiedenen Projektionsarten mit Ausnahme der Mehrtafelprojektionen, die mehr oder weniger Anschaulichkeit des projizierten Objektes vermitteln, erzeugen, da sie nur die Konturen projizieren, in der Regel Bilder, die verschiedene Deutungen zulassen (*Bild 6.4.4-14*). Um diese Mehrdeutigkeiten zu vermeiden, müssen dem Betrachter zusätzliche Hilfen gegeben werden.

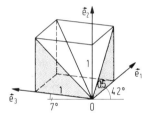

Bild 6.4.4-13 Charakteristische Größen der Dimetrie.

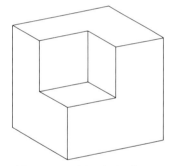

Bild 6.4.4-14 Nicht eindeutige perspektivische Darstellung.

Darstellungshilfen[3)]

Möglichkeiten zusätzlicher Sehhilfen sind [75]:
– stereoskopisches Sehen
  Im Zweidimensionalen erscheint das Bild des Gegenstandes in zwei verschiedenen Ansichten, die denen entsprechen, die jedes Auge im Raum hätte. Durch Aufsetzen einer Brille (Polarisation Rot-Grün bei zweifarbigem Bild) sieht jedes Auge nur eine Ansicht, so daß ein realistischer Eindruck entsteht.
– Intensität
  Linien werden auf Bildschirmen so dargestellt, daß ihre Helligkeit (Lichtstärke) mit zunehmender Entfernung vom Beobachter abnimmt.
– dynamische Perspektive
  Das Mittel der dynamischen Perspektive kann nur angewendet werden, wenn die Möglichkeit besteht, auf einem Bildschirm Bewegungsabläufe schnell hintereinander darzu-

---

3 In diesem Abschnitt wird zu einem wesentlichen Teil auf die Arbeiten von MÜLLER zurückgegriffen [31]

stellen. Dabei werden Körper und Körperteile um so schneller bewegt, je näher sie dem Betrachter sind, so wie aus einem fahrenden Zug gesehen nahe Objekte schneller vorbeiziehen als entfernte.
- Bewegungsparallaxe
 Oft kann der Betrachter sich eine eindeutige Vorstellung durch Rotation des Objektes verschaffen.
- Ausblenden der verdeckten Flächen (hidden surfaces) und verdeckten Kanten (hidden lines).
 Diejenigen Teile eines Objektes, die dem Betrachter im Raum nicht sichtbar erscheinen, weil sie entweder vom Objekt selber (z.B. die Rückseite) oder durch andere Objekte im Raum verdeckt werden, entfallen bei der Darstellung im Zweidimensionalen *(Bild 6.4.4-15)*.
- Flächenschattierung
 Die sichtbaren Flächenteile werden in Abhängigkeit vom auffallenden Licht einer gedachten Lichtquelle schattiert, d.h., den Flächen werden Grautöne *(Bild 6.4.4-16)* oder Farben zugeordnet. Derartige Darstellungen können bei Montage- und Explosionsdarstellungen verwendet werden, desweiteren zur Darstellung von Strömungs- und Spannungsfeldern.

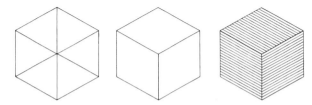

Bild 6.4.4-15 Darstellung durch Fortlassung verdeckter Geometrien bzw. mittels Schraffur.

Bild 6.4.4-16 Automatisch erzeugte Schattierung von ebenen und gewölbten Flächen.

Die im Bereich CAD am häufigsten verwendete Projektionsart ist die orthogonale Parallelprojektion. Dabei müssen bei gewölbten Flächen Sichtkanten berechnet werden, die den potentiell sichtbaren Teil vom nicht sichtbaren Teil der Flächen abgrenzen, um in der Projektion ein genaues Bild der Umrißlinien zu erhalten *(Bild 6.4.4-17)*. Hierzu kommen die Verfahren zum Ausblenden verdeckter Kanten und Flächen. Im folgenden werden mehrere Verfahren vorgestellt.

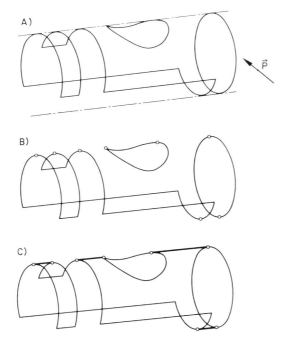

Bild 6.4.4-17 Erzeugung von Sichtkanten [54].
$\vec{P}$ Blickrichtung.
A) Sichtgeraden berechnen
B) Schnittpunkte berechnen
C) Sichtkanten generieren

6.4.5 Sichtbarkeitsverfahren[4]

Alle bekannten Sichtbarkeitsverfahren sind auf die Flächenmethode und die Flächen-Punkt-Methode zurückzuführen. Bei der Flächenmethode [75, 84] ist das Grundelement der Sichtbarkeitsuntersuchung eine Fläche. Die Methode geht davon aus, daß bei konvexen Volumina immer ganze Flächen sichtbar oder unsichtbar sind. Eine teilweise Verdeckung von Flächen, wie sie bei konkaven Bauteilen oder bei mehreren Bauteilen auftritt, wird nicht berücksichtigt. Durch diese Methode wird lediglich festgestellt, ob Flächenkanten nicht sichtbar oder ganz sichtbar sind. Mittels der Beziehung

$$\overrightarrow{FV} \cdot \overrightarrow{AB} = |\overrightarrow{FV}| \cdot |\overrightarrow{AB}| \cdot \cos \sphericalangle (\overrightarrow{FV}, \overrightarrow{AB}) = \begin{cases} < 0 \\ \geq 0 \end{cases},$$
$\overrightarrow{FV}$ = Flächennormalvektor,
$\overrightarrow{AB}$ = Projektionsrichtung

kann entschieden werden, ob eine Fläche eines konvexen Körpers vom Körper selbst verdeckt wird. Dies ist der Fall, wenn das Skalarprodukt zwischen dem Flächennormalvektor und der Sichtgeraden negativ ist. Das ist dann der Fall, wenn der Winkel zwischen den Vektoren $\overrightarrow{FV}$ und $\overrightarrow{AB}$ größer als 90° und kleiner als 180° ist. Dabei entspricht die Projektionsrichtung der Blickrichtung. Der Flächennormalvektor ist stets so orientiert, daß er vom eingeschlossenen Volumen wegweist.

Da bei dieser Methode nur Flächen und nicht Punkte betrachtet werden, ist sie zwar sehr schnell, in der Anwendung jedoch begrenzt. Ein Flächentest dieser Art ist nur auf konvexe Körper anwendbar, gegenseitige Verdeckungen werden nicht berücksichtigt.

---

4 In diesem Abschnitt wird zu einem wesentlichen Teil auf Arbeiten von MÜLLER zurückgegriffen [31]

[Literatur S. 249]

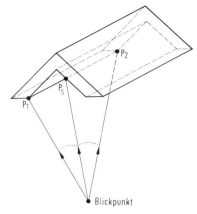

Bild 6.4.4-18 Beispiel zur Erläuterung des Punkttests [75, 84].

Bei der Flächen-Punkt-Methode [75, 84] wird eine Kurve in kleine Segmente zerlegt. Jedes dieser Segmente wird gekennzeichnet, wenn ein Testpunkt auf diesem Segment von keiner Fläche im Raum verdeckt wird. Im Bild 6.4.4-18 wird die Strecke zwischen P_1 und P_2 in n Segmente mit je einem Testpunkt zerlegt. Mit Hilfe der Testpunkte erfolgt dann eine Prüfung auf Verdeckung durch die Flächen des Körpers. Um den Grenzpunkt P_s zu finden, muß die Strecke sehr fein unterteilt werden. Diese Vorgehensweise erfordert viel Speicherplatz und erhebliche Rechenzeiten. Demgegenüber haben diese Tests den Vorteil, daß sie allgemein anwendbar sind.
Alle Sichtbarkeitsverfahren sind eine Kombination aus der Flächen- und der Flächen-Punkt-Methode. Nur die Art der Kombination dieser beiden Methoden unterscheidet die verschiedenen Verfahren voneinander. Es sind viele leistungsfähige Algorithmen entwickelt worden, die für unterschiedliche Arten von Körpern und Projektionsarten anwendbar sind [85].
Die meisten Sichtbarkeitsalgorithmen setzen Parallelprojektion voraus. Nur wenige können darüber hinaus auch bei der Zentralprojektion angewendet werden [86]. Nach der Form der Körper kann man die Algorithmen grob in zwei Gruppen einteilen. Die erste Gruppe arbeitet mit Objekten, deren Oberflächen auch gewölbt (z. B. Flächen zweiter Ordnung) und von nichtgeradlinigen Konturen begrenzt sein können. Die zweite Gruppe beschränkt sich auf ebenflächig und geradlinig begrenzte Körper. Innerhalb der zweiten Gruppe können dabei die Algorithmen derart ausgelegt sein, daß ihr Anwendungsbereich nur die Klasse der konvexen Polyeder umfaßt.
Beispielsweise löst der Sichtbarkeitsalgorithmus von ROBERTS [87] das Problem der verdeckten Kanten nur für konvexe Polyeder. Ein beliebiges Bauteil muß bei Anwendung dieses Algorithmus in konvexe Polyeder zerlegt werden, was in den meisten Fällen einen erheblichen Aufwand darstellt. Die Sichtbarkeitsermittlung basiert auf der Betrachtung der Polyederkanten und erfolgt in drei Schritten :
– Zuerst wird festgestellt, welche Kanten bzw. Teile der Kanten innerhalb und welche ausserhalb der Bildgrenzen liegen.
– Im zweiten Schritt werden die rückwärtigen Kanten bzw. diejenigen Kanten, die vom Volumen des Objekts, zu dem sie gehören, verdeckt sind, ermittelt.
– Der dritte Schritt besteht darin, jede der restlichen Kanten mit allen anderen Objekten zu vergleichen, um festzustellen, ob ein Körper die Kante ganz oder nur teilweise verdeckt.
Der Algorithmus von ROBERTS basiert vorwiegend auf der Betrachtung von Vektorprodukten. Er wählt die Ebenengleichung so, daß er aus dem Wert und dem Vorzeichen des Produkts eines Punkt- und eines Ebenennormalvektors Schlüsse auf die gegenseitige Lage der beiden Größen ziehen kann. Im ersten Schritt der Sichtbarkeitsuntersuchung wird für

jede Kante der jeweilige Vektor mit einer Matrix multipliziert, die den Bildausschnitt repräsentiert. Daraus können für die einzelnen Kanten die Extremwerte bestimmt werden, die noch innerhalb des Bildes liegen. Die Entfernung der rückwärtigen Kanten geht folgendermaßen vor sich:

Eine Kante ist sichtbar, d.h. nicht vom Volumen des eigenen Körpers verdeckt, wenn mindestens eine der beiden Flächen, die diese Kante gemeinsam haben, dem Betrachter zugewandt ist. Alle anderen Kanten sind rückwärtige, also unsichtbare Kanten. Ob eine Fläche dem Betrachter zugewandt ist oder nicht, wird aus dem Vorzeichen des Produkts des Flächennormalvektors und eines Punkts, der auf derselben Seite der Fläche wie der Augpunkt liegt, bestimmt.

Der dritte Schritt, der darin besteht, Kanten mit anderen Objekten zu vergleichen, ist der aufwendigste. Nach dem Verfahren von ROBERTS wird von jedem Punkt einer Kante eine Linie in Blickrichtung gezogen. Wenn diese Testlinie kein anderes Objekt durchdringt, ist der Punkt sichtbar. Liegt eine Überdeckung vor, liefert die Auflösung nach dem Kantenparameter die Koordinaten der Kantenpunkte, die die Grenzen der Sichtbarkeit in bezug auf dieses eine Objekt bilden.

LOUTREL [86, 88] entwickelte 1967 einen Algorithmus für beliebige Polyeder. Die Objekte dürfen sich, wie auch bei ROBERTS, nicht gegenseitig durchdringen. LOUTREL geht davon aus, daß die Objekte durch Zentralprojektion abgebildet sind. Die Kanten der begrenzenden Flächen der Körper müssen im Uhrzeigersinn eingegeben werden.

Als erster Schritt wird für jede Fläche mit Hilfe des Flächennormalvektors festgestellt, ob sie dem Betrachter zu- oder abgewandt ist. LOUTREL benützt hier dieselbe Terminologie wie ROBERTS, er spricht von Front- und Rückflächen. Die Ergebnisse des ersten Berechnungsschrittes werden für den zweiten, die Klassifikation der Kanten, benötigt. LOUTREL teilt die Kanten seiner Gebilde in vier Klassen ein: H1-Kanten bilden den Schnitt zweier rückwärtiger Flächen und sind somit unsichtbar. H2-Kanten sind ebenfalls unsichtbar, sie bilden den Schnitt einer rückwärtigen Fläche mit einer Frontfläche, wobei der Winkel zwischen diesen beiden innerhalb des Polyeders gemessen größer als 90° ist. Das heißt, die Frontfläche liegt vom Betrachter aus gesehen hinter der Rückfläche. Diese Anordnung ist nur bei nichtkonvexen Körpern möglich. H3-Kanten sind der Schnitt einer Rück- und einer Frontfläche, wobei letztere vor der ersteren liegt, H4-Kanten sind der Schnitt zweier Frontflächen. H3- und H4-Kanten sind potentiell sichtbar, d.h., sie müssen daraufhin untersucht werden, ob und von welchen Teilen sie verdeckt werden *(Bild 6.4.4-19)*. Dazu führt LOUTREL den Begriff der Ordnung der Visibilität ein. Die Ordnung der Visibilität eines Punktes P_k ist die Anzahl der Frontflächen, die ihn verdecken. Wie sich die Ordnung der Visibilität ändert, ob sie um eins größer oder kleiner wird, d.h., ob die Kante hinter einer Fläche verschwindet oder hervorkommt, wird mit Hilfe des Vorzeichens des Kreuzproduktes, gebildet aus den Ortsvektoren der beiden Kantenendpunkte, festgestellt. Diese Berechnung führt nur deswegen zu dem gewünschten Ergebnis, weil die Kanten im Uhrzeigersinn eingegeben werden.

LOUTREL berechnet die Ordnung der Kantenteile ausgehend von einem Anfangspunkt P_0 auf sogenannten Pfaden. Das sind zusammenhängende, potentiell sichtbare Kanten. Nachdem alle relevanten Kanten auf solchen Pfaden erfaßt worden sind, steht fest, welche Teile sichtbar sind und welche nicht. Die Kantenteile, deren Ordnung der Visibilität gleich Null ist, sind nicht verdeckt und können gezeichnet werden. Sind mehrere Objekte vorhanden, wird so vorgegangen, als handle es sich um ein einziges mit einer entsprechend höheren Anzahl von Pfaden.

WARNOCK [86, 89] entwickelte 1968 einen Algorithmus, der nach anderen Prinzipien arbeitet als die beiden zuvor beschriebenen. Der Algorithmus operiert hauptsächlich in der Bildebene bzw. innerhalb des Bildausschnitts und arbeitet erst in zweiter Linie mit den räumlichen Gegebenheiten. Dieses Verfahren wurde für die Anwendung von Raster-Scan-Sichtgeräten entwickelt.

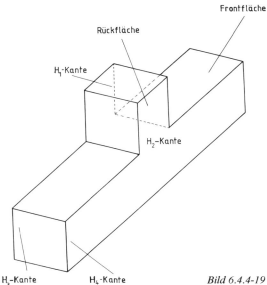

Bild 6.4.4-19 Kanteneinteilung nach LOUTREL.

Der Grundgedanke ist folgender: WARNOCK teilt den Bildausschnitt in sogenannte „Fenster" und betrachtet dann den Inhalt jedes Fensters daraufhin, ob er einfach genug ist, um ihn sofort auf das Ausgabegerät auszugeben. Die Fenster, deren Inhalt zu kompliziert ist, werden in neue kleinere Fenster geteilt, mit denen dann wiederum genauso verfahren wird. Dieser Algorithmus wird rekursiv fortgesetzt, bis einer der beiden folgenden Fälle eintritt:
- Entweder sind alle Fenster ausgegeben, weil ihr Gehalt nach endlichen Schritten als „einfach genug" befunden wurde, und das Bild ist fertig,
- oder dieser Fall tritt so lange nicht ein, bis die Grenze der entsprechenden Fläche das Auflösungsvermögen des Bildausgabegeräts unterschreitet. In diesem Fall ist eine differenziertere Ausgabe sowieso nicht möglich und das Fenster wird als Punkt dargestellt.

Klassifizierung der Sichtbarkeitsverfahren

SUTHERLAND, SPROULL und SCHUMACKER teilen die existierenden Algorithmen zur Lösung des Sichtbarkeitsproblems grob in drei Gruppen ein: Object-Space-Algorithmen, List-Priority-Algorithmen und Image-Space-Algorithmen. Diese Einteilung ist in der verschiedenartigen Arbeitsweise der Programme begründet [85, 86]. Unter Object-Space-Algorithmen werden solche Algorithmen verstanden, die am Objekt exakte Berechnungen über die Lage der Körper und Flächen und die daraus resultierenden Sichtbarkeitsverhältnisse anstellen. Zu den Verfahren, die auf dieser Basis arbeiten, gehören die Verfahren von ROBERTS und LOUTREL.

Den Verfahren, Sichtbarkeitsbetrachtungen am dreidimensional repräsentierten Objekt durchzuführen, liegen unterschiedliche Methoden zugrunde, die jedoch darin übereinstimmen, daß sie nur die Konturen der Objekte auf deren Sichtbarkeit bzw. Teilsichtbarkeit untersuchen. Neben der Punktetest- bzw. Flächentest-Methode wurde von APPEL [90] sowie GALIMBERTI und MONTANARI [91] ein Sichtbarkeitsalgorithmus entwickelt, der dem von LOUTREL ähnlich ist.

Nach einer anderen Methode arbeitet der Algorithmus von GRIFFITH [92]. Er arbeitet auch mit Kantentests, geht aber anders vor als bei den bisher beschriebenen Algorithmen.

Er definiert für das Bild jeder Fläche und jeder Kante ein umschließendes Viereck. Die Seiten dieser Vierecke sind parallel zu den Koordinatenachsen. Sie haben die Gleichungen
   X = XMAX, X = XMIN, Y = YMAX, Y = YMIN,
wobei XMAX jeweils der größte X-Wert des betreffenden Polygonzuges bzw. der betreffenden Kante ist und XMIN jeweils der kleinste.
Die Flächen und Kanten werden nach diesen X-Werten in absteigender Reihenfolge sortiert. Dann vergleicht GRIFFITH alle Kanten solange miteinander, bis er auf die erste stößt, deren umschließendes Viereck sich mit dem der gerade aktuellen Kante nicht mehr überschneidet. Schneiden sich zwei Kanten, teilt er eine in zwei Segmente, die entsprechend ihren X-Werten in die Liste eingeordnet werden. Anschließend wird die ursprüngliche Kante aus der Liste entfernt. Auf diese Art erhält GRIFFITH Segmente, die entweder vollständig sichtbar oder vollständig unsichtbar sind, da sich an der Sichtbarkeit einer Kante nur etwas ändern kann, wenn sie von einer anderen geschnitten wird. Diese Segmente werden mit den Flächen, deren umschließende Vierecke ihre eigenen überschneiden, verglichen, um festzustellen, ob sie von ihnen verdeckt werden.
Die Image-Space Algorithmen basieren auf einer Technik, Sichtbarkeitsuntersuchungen zunächst nicht am räumlich dargestellten Objekt, sondern in seiner Projektionsebene (Bildschirmebene) vorzunehmen. Hierzu wird die Bildschirmebene aufgeteilt in einzelne Flächenstücke. Die Arbeitsweise derartiger Algorithmen ist abhängig von den Grafikbildschirmen, die nach dem Raster-Scan-Prinzip arbeiten [93, 94, 89]. Eine Methode besteht darin, Ebenen zu betrachten, die von den Bildzeilen und der Blickrichtung aufgespannt werden. Diese Ebenen werden mit den zu projizierenden Flächen des Bauteils zum Schnitt gebracht. Dabei bezeichnet man die Schnittlinien als Segmente. Die folgenden Untersuchungen erfolgen in der Projektionsebene. Der erste Schritt der Raster-Scan-Algorithmen besteht in einer Sortierung der Flächen und Kanten nach der Y-Koordinate ihrer Bilder. Die Flächen und Kanten, deren Bilder unter- oder oberhalb der Rasterlinie liegen, werden bei der weiteren Berechnung nicht berücksichtigt. Es wird eine Liste der aktiven Kanten geführt, in der diejenigen Kanten stehen, die die Rasterlinie schneiden. Da sich das Bild von Linie zu Linie nur geringfügig ändert und es sehr wahrscheinlich ist, daß eine Kante, die die Rasterlinie schneidet, auch die nächste schneidet, kann die Information aus dieser Liste bei der Berechnung der nächsten Linie verwendet werden. Der nächste Schritt besteht aus der Aufteilung der Rasterlinie in sogenannte Sample Spans. Dies ist ein Abschnitt der Rasterlinie, in dem das Bild einer bestimmten Fläche liegt. Jede Kante, die die Rasterlinie schneidet, teilt ein Sample Span in zwei neue. Im dritten Schritt wird für jeden Sample Span festgestellt, welche Segmente ganz oder teilweise darin liegen. Im vierten Schritt werden dann neben zusätzlichen Bedingungen diese Segmente miteinander verglichen, um festzustellen, welches davon dem Betrachter am nächsten liegt und sichtbar ist. Dazu werden die Z-Koordinaten der Fläche an den Grenzen des Sample Spans miteinander verglichen.
Die dritte Gruppe, die List-Priority-Algorithmen, stellen eine Kombination der beiden anderen Gruppen dar. Sie basieren dabei sowohl auf einer Betrachtung der Objekte im Raum als auch auf der Betrachtung der projizierten Bilder [85, 86]. Im ersten Schritt erfolgt eine lineare Tiefenstaffelung der Flächen entsprechend einem Prioritätskriterium. Dabei besitzt ein Fläche in bezug auf eine zweite eine höhere Priorität, wenn sie zum größeren Teil sichtbar ist als die andere. In den Prinzipien, die der Erstellung der Prioritätstest zugrunde liegen, unterscheiden sich die Algorithmen dieser Gruppe. Im folgenden werden die Verfahren von SCHUMACKER [85] und NEWELL [86] gegenübergestellt.
SCHUMACKER geht davon aus, daß, wenn ein Körper A näher am Betrachter ist als ein anderer Körper B, jede Fläche von A eine höhere Priorität als jede Fläche von B hat, das heißt, sie verdeckt, wenn ihre Bilder sich überschneiden. Diese Annahme ist falsch, wenn die Körper sich durchdringen oder verzahnt ineinander liegen. SCHUMACKER setzt für die Form und Lage seiner Objekte strenge einschränkende Bedingungen voraus, während NEWELL alle Formen und Lagen zuläßt. Die Oberflächen der Körper müssen bei SCHU-

MACKER aus konvexen Polygonzügen gebildet sein; die Objekte dürfen sich gegenseitig nicht durchdringen und müssen linear separabel sein, das heißt, jedes Objekt muß von jedem anderen durch eine Ebene zu trennen sein. Die Bilder der Objekte können dann durch eine Gerade voneinander getrennt werden. Die Berechnung der Flächenpriorität innerhalb einer Gruppe erfolgt, indem festgestellt wird, ob eine Fläche von irgendeinem Blickpunkt aus eine andere verdecken kann. Sofern Mehrdeutigkeiten auftreten, d.h., wenn es je nach Blickpunkt sowohl möglich ist, daß die Fläche A die Fläche B verdeckt, als auch umgekehrt, wird die Gruppe in mehrere kleinere aufgeteilt. Zur Berechnung der Priorität der Gruppen untereinander wird für je zwei Gruppen die Ebene definiert, die beide trennt. Die Priorität wird abhängig von der Lage des Blickpunkts in bezug auf diese Ebenen berechnet. Die Gruppenpriorität wird im Gegensatz zur Flächenpriorität bei jedem Blickpunktwechsel neu berechnet. Die eigentliche Visibilitätsberechnung erfolgt bei SCHUMACKER nach dem Raster-Scan-Verfahren.

NEWELL verfährt bei der Erstellung der Prioritätsliste folgendermaßen: Zuerst ordnet er alle Flächen nach der Z-Koordinate des am weitesten entfernten Eckpunkts in die Prioritätsliste ein. Diese Ordnung entspricht unter Umständen nicht der tatsächlichen Priorität. Um diese endgültig festzustellen, ist eine weitere Prüfung nötig. Sei P eine Fläche in der Prioritätsliste und Q die Fläche davor, dann haben die Flächen die korrekte Reihenfolge in der Liste, wenn eine der folgenden sechs Bedingungen erfüllt ist:
- Die Z-Koordinate des dem Betrachter näher liegenden Eckpunkts der Fläche P ist kleiner als die des am weitesten entfernten Punktes von Q.
- Die von den Flächen umschlossenen X-Intervalle überschneiden sich nicht.
- Das Gleiche gilt für die Y-Intervalle.
- Alle Eckpunkte von P liegen weiter hinten als die Ebene der Fläche Q.
- Alle Eckpunkte der Fläche Q liegen näher am Augpunkt als die Ebene, in der P liegt.
- Die Bilder der beiden Flächen überschneiden sich nicht in der 2D-Darstellung.

Es gibt Fälle, in denen nicht entschieden werden kann, welche Fläche eine höhere Priorität hat *(Bild 6.4.4-20)*. Die Flächen Q und P verdecken sich gegenseitig. In diesem Fall wird Q in zwei Flächen geteilt, so daß eine klare Zuordnung möglich ist. Diese beiden Teilflächen werden anstelle der Fläche Q in die Liste eingeordnet. NEWELLs Algorithmus ist, wie der von SCHUMACKER, für Raster-Scan-Geräte geschrieben.

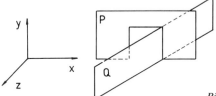

Bild 6.4.4-20 Flächenpriorität ist unentscheidbar.

Literatur

1. Spur, G., Arndt, W., Gausemeier, J., Krause, F.-L., Lewandowski, S., Müller, G.: Studie über die Behandlung technischer Objekte in CAD-Systemen. Gesellschaft für Kernforschung mbH, KfK-CAD 31, Karlsruhe 1977.
2. Spur, G.: Produktionstechnik im Wandel. Carl Hanser Verlag, München, Wien 1979.
3. Krause, F.-L.: Veränderung der Konstruktionstätigkeit durch CAD-Systeme. Vorträge des Produktionstechnischen Kolloquiums Berlin, PTK '83, Carl Hanser Verlag, München 1983.
4. Baer, A., Eastman, S.; Henrion, M.: Geometric Modelling: A Survey, Computer Aided Design, vol. 11, no. 5, S. 253–272, September 1979.

5. Blume, P., Fischer, W.E.: Datenbanksystem für CAD-Anwendungen. Gesellschaft für Kernforschung mbH, KfK-CAD 111, Karlsruhe 1978.
6. EXAPT: CADCPL-Systembaustein für die Kopplung mit dem EXAPT-System. EXAPT-NC-Technik GmbH, Aachen 1981.
7. Daßler, R., Germer, H.-J., Ernst, G., Reubsaet, G.: Anwendung von 3D-Werkstückmodellen für die maschinelle NC-Programmierung. ZwF 76 (1981) 7, S. 309–314.
8. Beitz, W.: Systematische Lösungssuche unter Anwendung der Datenverarbeitung. VDI-Bericht 191, Düsseldorf: VDI-Verlag, 1973.
9. Eversheim, W., Fuchs, H., Loersch, U.: Automatische Arbeitsplan- und NC-Lochstreifenerstellung für Blechteile. Industrie-Anzeiger 102, Nr.1, vom 4.1.1980.
10. Beitz, W., Eversheim, W., Pahl, G., Fleiss, R., Friese, W., Schnelle, E.: Rechnerunterstütztes Entwickeln und Konstruieren im Maschinenbau (CAD). Forschungshefte 28, Forschungskuratorium Maschinenbau e.V., Frankfurt 1974.
11. Spur, G., Krause, F.-L., Lewandowski, S., Mayr, R., Melzer-Vassiliadis, P., Siebmann, H., Kiesbauer, H., Kuhn, W.: Baustein GEOMETRIE. Programmvorgabe zur 1. Ausbaustufe. Gesellschaft für Kernforschung mbH, KfK-CAD 134, Karlsruhe 1979.
12. Krause, F.-L.: Methoden zur Gestaltung von CAD-Systemen. Diss. TU Berlin 1976.
13. Flack, V.; Hellen, T. U.: A User's Guide to BERPLOT Phase II Level 1. CEGB Report RD/B/N 3674 1976.
14. Beitz, W., Grünanger, G.: Rechnerunterstütztes Entwerfen als Vorphase zur automatischen Zeichnungserstellung mit dem Programmsystem REKO. Seminarbeitrag beim 2. Produktionstechnischen Kolloquium des IWF TU-Berlin 1977.
15. Spur, G., Germer, H.-J.: 3-Dimensional Solid Modelling Capabilities of the COMPAC System and Some Applications. CAE 82, Workshop on Geometric Modelling, Milan, Feb. 1982.
16. Spur, G., Krause, F.-L., Hoffmann, H.: Systemarchitektur und Leistungsspektrum des Bausteins GEOMETRIE. Fachtagung GI, TU Berlin, 14.-26. Nov. 1982, Berlin.
17. Graf, U.: Darstellende Geometrie. Quelle und Meyer, Leipzig 1937.
18. Müller, E., Kruppa, E.: Lehrbuch der darstellenden Geometrie. 5. Aufl., Springer Verlag, Wien 1948.
19. Brehmer, S., Bellener, A.: Einführung in die analytische Geometrie und lineare Algebra. H. Deutsch Verlag, Frankfurt am Main 1972.
20. Blaschke, W., Leichtweiß, K.: Elementare Differentialgeometrie, 5. Aufl., Reihe: Die Grundlehren der mathematischen Wissenschaften, Bd. 1, Springer Verlag, Berlin 1973.
21. Baule, B.: Die Mathematik des Naturforschers und Ingenieurs. Teil I und II, H. Deutsch Verlag, Frankfurt am Main 1979.
22. Courant, R.: Vorlesungen über Differential- und Intergralrechnung. Bd. 2, Springer Verlag, Berlin 1972.
23. Mathematik. Kleine Enzyklopädie 2. Aufl., H. Deutsch Verlag, Hrsg. von Gellert, W. Küstner, H., Hellwich, M., Thun und Frankfurt am Main, 1980.
24. Hilbert, D., Cohn-Vossen, St.: Anschauliche Geometrie. Wissenschaftliche Buchges. Darmstadt 1973.
25. Fladt, U., Baur, A.: Analytische Geometrie spezieller Flächen und Raumkurven. Fr. Vieweg + Sohn Verlag, Braunschweig 1975.
26. Müller, U. P., Wölpert, H.: Anschauliche Topologie. Teubner, Stuttgart 1976.
27. Hameister, E.: Geometrische Konstruktionen und Beweise in der Ebene. Deutsch Taschenbücher Nr. 13, H. Deutsch Verlag, Zürich und Frankfurt am Main 1970.
28. Grotemeyer, U. P.: Analytische Geometrie. Sammlung Göschen Band 65/65a, 1969.
29. Strubecker, K.: Einführung in die höhere Mathematik. Bde. 1–3, R. Oldenbourg, München, Wien 1966, 1967, 1980.
30. Bronstein, I., Semendjajew, K.: Taschenbuch der Mathematik. 10. Aufl., B.G. Teubner Verlag, Leipzig 1969.

31. Müller, G.: Rechnerorientierte Darstellung beliebig geformter Bauteile. Produktionstechnik Berlin, Bd. 8, Forschungsberichte für die Praxis, Hrsg. von Spur, G., Carl Hanser Verlag, München, Wien 1980.
32. Barnhill, E., Riesenfeld, R.F.: Computer Aided Geometric Design. Academic Press, New York 1974.
33. Coons, S.A.: Surfaces for Computer Aided Design of Space Forms. M.I.T Project, MAC-TR-41, 1967.
34. Bezier, P.: Numerical Control, Mathematics and Applications. J. Wiley, London 1972.
35. Rogers, D.F., Adams, J.A.: Mathematics Elements for Computer Graphics. McGraw Hill, New York 1976.
36. Spur, G., Müller, G.: Ein Verfahren zur rechnerorientierten Darstellung gekrümmter Flächen mit dem System COMPAC. ZwF 73 (1978) 2, S. 79-84.
37. Spur, G.: Optimierung des Fertigungssystems Werkzeugmaschine. Carl Hanser Verlag, München 1972.
38. Beitz, W.: Übersicht über die Möglichkeiten der Rechnerunterstützung beim Konstruieren. Konstruktion 26 (1974) 5, S. 193-199.
39. Straßer, W.: Schnelle Kurven- und Flächendarstellung auf graphischen Sichtgeräten. Diss. TU Berlin 1974.
40. Creutz, G.: Kurven- und Flächenentwurf aus Formparametern mit Hilfe von B-Splines. Diss. TU Berlin 1977.
41. Henning, H.: Fünfachsiges NC-Fräsen gekümmter Flächen, ein Beitrag zur numerischen Flächendarstellung, Programmierung und Fertigung. Diss. TU Stuttgart 1976.
42. Engeli, M.: Methode zur Beschreibung gekrümmter Flächen. Fertigung (1973) 6, S. 187-194.
43. Walter, H.: Numerische Darstellung von Oberflächen unter Verwendung eines Optimierungsprinzips. Diss. TU München 1971.
44. Riesenfeld, R.F.: Bernstein-Bezier Methods for the Computer-Aided Design of Free-Form Curves and Surfaces. Ph.D. Thesis, Syracus University, March 1973.
45. Prenter, P.M.: Splines and Variational Methods. Pure and Applied Mathematics. A Wiley-Interscience Series of Texas, J. Wiley & Sons 1975.
46. Böhm, W.: Grundlagen kurven- und flächenorientierter Modellierung. In: Geometrisches Modellieren. Fachtagung GI, TU Berlin, 24-26 Nov. 82, Berlin.
47. Schoenberg, I.J.: Spline Analysis. Prentice-Hall, Englewood Cliffs, New York 1973.
48. Nowacki, H.: Curve and Surface Generation and Fairing, Kapitel 3 in: Computer Aided Design, Modelling, Systems Engineering, CAD-Systems, edited by J. Encarnacao, Lecture Notes in Computer Science, Bd. 89, S. 137-176, Springer Verlag, Berlin Heidelberg New York 1980.
49. Spur, G., Krause, F.-L.: „Geometric Modeling in CAD Technology", CAM-I, Geometric Modeling Seminar, Bournemouth Nov. 1979.
50. Krause, F.-L.: Systeme der CAD-Technologie für Konstruktion und Arbeitsplanung. Reihe Produktionstechnik Berlin, Bd. 14, Carl Hanser Verlag, München Wien 1980.
51. Braid, I.C.: New Directions in Geometric Modelling. Proceedings of Geometric Modelling Project Computer Aided Manufacturing CAM-I International-Inc. Proceedings of Geometric Modelling Project, Meeting, St. Louis/USA 1978.
52. Daßler, R., Germer, H.-J., Krause, F.-L., Pohlmann, G.: Databases for Geometric Modelling and their Application. In: Filestructures and Databases for CAD, S. 171-189, Encarnacao, J.; Krause, F.-L. (Hrsg.). Proceeding of the IFIP WG 5.2 Working Conference, North Holland Publishing Co., Amsterdam 1982.
53. Requicha, A., Voelcker, H.B.: Solid Modelling: A Historical Summary and Contemporary Assessment IEEE Computer Graphics and Applications 2 (1982) 2, S. 9-26.
54. Gausemeier, J.: Eine Methode zur rechnerorientierten Darstellung technischer Objekte im Maschinenbau. Diss. TU Berlin 1977.

55. Requicha, A.: Representations of Rigid Solid Objects, Kapitel 1 in: Computer Aided Design, Modelling, Systems Engineering, CAD-Systems, J. Encarnacao (ed.), Lecture Notes in Computer Science, Bd. 89, S. 2–78, Springer-Verlag, Berlin, Heidelberg, New York 1980.
56. Brun, J. M.: EUCLID and its Application at Computer Aided Design in Machining Topic. Laboratory of Computer Science for Mechanical Science and Engineering Science (L.I.M.S.L.) BP 30, 81404 ORSAY, France.
57. Braid, I.C.; Hillygard, R.C.; Stroud, I.A.: Stepwise Construction of Polyhedrain Geometric Modelling in Mathematical Methods in Computer Graphics and Design. K.W. Brodlie (ed.), Academic Press, London, 1980, S. 123–141.
58. Kaebelmann, E.-F.: Herstellung von Schemazeichnungen mit dem System CADSYM. VDI-Bildungswerk BW 4777, 1980.
59. Pohlmann, G.: Rechnerinterne Objektdarstellungen als Basis integrierter CAD-Systeme. Reihe Produktionstechnik Berlin, Bd. 27, Carl Hanser Verlag, München Wien 1982.
60. Enders, H.-H., Otto, D.: Rechnerinternes Werkstückmodell und Beispiele aus dem praktischen Einsatz eines 2D/3D-Geometriesystems. ZwF 72 (1977) 5, S. 225–231.
61. Seifert, H.; Bargelé, N.; Fritsche, B.: Different Ways to Design Threedimensional Representations of Engineering Parts with PROREN 2. Proc. of the conference „Interactive Techniques in Computer Aided Design", Bologna 1978.
62. Braid, I.C.: Designing with Volumes. Dissertation, Universität Cambridge, England 1973.
63. Allen, G.: Solid Modelling Systems Tutorial Notes; NCGA 82 Anaheim (June 1982).
64. Spur, G., Krause, F.-L.; Imam, M.: Automatisierte Geometrieverarbeitung in Konstruktion und Arbeitsplanung. INFERT 82, Dresden, Sept. 1982.
65. Tips Working Group: Tips-1, Technical Information Proc. System for CAD/CAM Institute of Precision, Engineering, Hokkaido University, Sapporo, Japan.
66. Bezier, P.E.: „Example of an Existing System in the Motor Industry: The Unisurf System", Proc. Roy. Soc. (London), Vol. A321, 1971, S. 207–218.
67. Munchmeyer, F.C., Schubert, C., Nowacki, H.: Interactive Design of Fair Hull Surface Using B-Splines. Third International Conference on Computer Applications of Shipyard Operation and Ship Design, Glasgow 1979. Nachgedruckt in: Computers in Industry, North Holland Publishing Co. 1 (1979) 2.
68. Lutz-Peško, M., Mayr, R.: Flächenverknüpfungen auf der Basis mengentheoretischer Operationen zur Erzeugung komplexer Profil- und Rotationskörper. Automobil-Industrie 3/81, S. 337–340.
69. Daßler, R., Pistorius, E.: Vollständige Werkstückdarstellung mit COMPAC. Ind.-Anz. 102 (1980) 73, S. 62–63.
70. Rabien, U.: Schiffskörpermodelle. Fachtagung GI, TU Berlin, 24–26 Nov. 82, Berlin.
71. Daßler, R.; Gausemeier, J.: Dreidimensionale Beschreibung von Bauteilen. Industrie-Anzeiger Jg. 100 (1978), Nr. 61, S. 26–27.
72. Mayr, R.: Automatisierte Netzgenerierung für Finite-Element-Verfahren. Reihe Produktionstechnik Berlin, Bd. 20, Carl Hanser Verlag, München Wien 1981.
73. Krause, F.-L., Hoffmann, H., Kazmi, N.: Herstellung von perspektivischen Darstellungen und Werkstattzeichnungen mit dem Baustein Geometrie. VDI-Bildungswerk, BW 5610, Berlin 1983.
74. Jakobs, G.: Rechnerunterstützung bei der geometrisch-stofflichen Produktgestaltung. Diss. TU Braunschweig 1981.
75. Encarnacao, J.L.: Untersuchungen zum Problem der rechnergesteuerten räumlichen Darstellung auf ebenen Bildschirmen. Diss. TU Berlin 1971.
76. Woo, T.C., Hammer, J.M.: Reconstruction of Three-Dimensional Designs from Orthographic Projections. Proc. of 9th CIRP Conference, Cranfield Institute of Technology, Cranfield, England 1977.

77. Spur, G., Jansen, H.: Handskizzierte Eingabe von Geometrieinformationen mittels Mustererkennung. 1. Zwischenbericht, BMFT DV 5.808, Berlin 1981.
78. Spur, G., Jansen, H., Meyer, B.: Handskizzierte Eingabe von Geometrieinfomationen mittels Mustererkennung. 2. Zwischenbericht, BMFT DV 5.808, Berlin 1981
79. Jansen, H.; Meyer, B.: Rekonstruktion von volumenorientierten 3D-Modellen aus handskizzierten 2D-Ansichten. Beitrag zur Fachtagung „Geometrisches Modellieren" der Gesellschaft für Informatik und der TU Berlin, 24.–26.11.1982 in Berlin.
80. Spur, G.; Lutz-Peško, M.; Ye, H.F.: Komplexteilbeschreibung mit dem System COMPAC am Beispiel eines Motorblocks. Konstruktion (1982) 6, S. 245–248.
81. Kurz, O.: Praxisbeispiele für automatisiertes technisches Zeichnen. VDI-Bildungswerk, BW, 4532 1981.
82. Haack, W.: Darstellende Geometrie I-III Die wichtigsten Darstellungsmethoden, Grund- und Aufriß ebenflächiger Körper. Walter de Gruyter, Berlin 1967.
83. Carlbom, I.; Dacioreh, J.: Plane Geometric Projections Viewing Transformations. Computing Surveys, 10 (1978) 4.
84. Kestner, W., Saniter, J., Strasser, W.; Trambacz, U.: Einführung in Computer Graphics. Brennpunkt Kybernetik, Nr. 55, TU Berlin 1973.
85. Sutherland, I.E., Sproull, R.F., Schumacker, R.A.: „A Characterization of Ten Hidden Surface Algorithms". Computing Surveys, 6 (1974) 1, S. 1–56.
86. Sutherland, I. E.; Sproull, R. F.; Schumacker, R. A.: Sorting and Hidden Surface Problems. Proc. AFIPS 1973 National Computer Conf. Vol 42, S. 685–693.
87. Roberts, L.G.: Machine Perceptions of Three Dimensional Solids. MIT Laboratory, TR 315 (May 1963) Und in: Optical and Electro-Optical Information Processing, Tipper et al. (Eds) MIT Press, 159.
88. Loutrel, P. P., „A Solution to the Hidden-Line Problem for Computer-Drawn Polyhedra", Department of Elecrical Engineering, New York University, Bronx, Technical Report 400–167, Sept. 1967.
89. Warnock, J.E.: „A Hidden-Surface Algorithm for Computer-Generated Halftone Picture" Computer Science Department, University of Utah, TR 4–15, June 1969.
90. Appel, A.: „The Notion of Quantitative Invisibility and the Machine Rendering of Solids" Proc. ACM National Conference 1967, S. 387–393.
91. Galimberti, R.; Montanari, U,: An Algorithm for Hidden-Line Elimination Comm. ACM 12, 4 (April 1969) 206.
92. Griffith, J.G.: Drawing picture of solid objects using a graph plotter. CAD 5 (1975) 1, S. 14–21.
93. Watkins, G. S.: „A Real-Time Visible Surface Algorithm" Computer Science Dep. University of Utah, UTECH-CSC-70-101, Juni 1970.
94. Bouknight, W. J.: „An Improved Procedure for Generation of Three-Dimensional Halftoned Computer Graphics Representations" Comm. ACM. 13, 9, (Sept. 1970) 527.

7 Rechnerunterstützte Konstruktion

7.1 Allgemeines

Die Komplexität vieler technischer Objekte bewirkt, daß sich die beim Konstruieren erforderlichen Teilmaßnahmen nicht zu jedem Zeitpunkt in unmittelbar einsichtiger Weise aus dem Ziel ergeben [1]. Insbesondere ist die Kapazität des menschlichen Bewußtseins nicht genügend groß, um bei komplexen Konstruktionen das Ziel und alle dazu erforderlichen Maßnahmen gleichzeitig zu erfassen.
Dieser Sachverhalt macht es erforderlich, dem Konstrukteur Methoden zur Verfügung zu stellen, die den Konstruktionsvorgang in seiner ganzen Komplexität erfassen und somit eine Optimierung der Konstruktion ermöglichen. Die Notwendigkeit, den Konstruktionsablauf zu verbessern, ergibt sich aus der Tatsache, daß die Verantwortung für die Qualität und die Kosten der Produkte in hohem Maße bei der Konstruktion liegt [2]. Mit der Wahl des Lösungsprinzips, des Werkstoffs, der Teilegeometrie und der Genauigkeitsanforderungen werden in starkem Maße bereits die Entscheidungen der nachgeordneten Betriebsbereiche beeinflußt. Durch die kürzere Beibehaltungszeit der Produkte ist es notwendig, immer schneller neue Produkte auf den Markt zu bringen. Das erfordert in der Konstruktion eine Beschleunigung des Arbeitsablaufes, da sich dieser Bereich oft als Engpaß beim Auftragsdurchlauf darstellt. Eine Verbesserung läßt sich durch Anwendung geeigneter organisatorischer Hilfsmittel, durch Übertragung systemtechnischer Methoden auf die Konstruktion und vor allem durch den Einsatz von Datenverarbeitungsanlagen erreichen. Die Einführung dieser Maßnahmen erfordert eine vorherige Analyse des Konstruktionsablaufes. Wichtige Einflußgrößen sind die Konstruktionsart und die Komplexität der zu konstruierenden Produkte. Als weitere Aspekte sind die Branche, wie Fahrzeugbau, Maschinenbau, die Produktart, wie Investitionsgüter, Konsumgüter sowie die Fertigungsart, wie Einzel-, Serien- oder Massenfertigung zu nennen.
Der Konstruktionsvorgang ist ein Prozeß, der durch eine definierte Aufgabenstellung mit dem Ziel eingeleitet wird, Fertigungsunterlagen zu erzeugen. Die auf den Prozeß einwirkenden Störgrößen, wie beispielsweise Schwierigkeiten bei der Funktionsrealisierung und bestehende Konkurrenzsituationen, können zur Veränderung der Aufgabenstellung führen.
Die Tätigkeiten beim Konstruieren können in heuristische und algorithmierbare Vorgänge eingeteilt werden. Heuristische Vorgänge haben ihren Ursprung in Ideen, Intuitionen und im Erfindungsvermögen. Sie stellen geistig-schöpferische Vorgänge dar, die sich beim Stand der Technik für eine automatische Ausführung mit Datenverarbeitungsanlagen nicht eignen, sondern den Dialog erfordern. Algorithmisch beschreibbare Vorgänge lassen sich auf mathematische, physikalische und konstruktive Gesetzmäßigkeiten zurückführen oder beziehen sich auf logische Verknüpfungen zwischen verschiedenen Aussagen. Bei der Ausführung durch Arbeitspersonen werden diese Vorgänge als manuell-schematisch bezeichnet [3]. Sie eignen sich für die automatische Aufgabenbearbeitung mit Hilfe von Datenverarbeitungsanlagen.
Die in Konstruktionsprozessen zu lösenden Aufgaben können in unstrukturierte und strukturierte Probleme aufgeteilt werden. Bei unstrukturierten Problemen besteht kein eindeutiger Zusammenhang zwischen den bestimmenden Variablen der Aufgabenstellung. Die Variablen selbst sind ebenfalls unsicher. Daher können unstrukturierte Probleme nur mit heuristischen Vorgängen gelöst werden. Bei strukturierten Problemen sind die Variablen und ihre Zusammenhänge klar definiert, so daß sich eine mathematische Exaktheit ergibt, womit der Einsatz von Rechnern möglich ist.

Der zur Umformung von Informationen dienende Konstruktionsprozeß wird wegen seiner Komplexität in eine Folge von Phasen aufgeteilt [4]. Jede Konstruktionsphase ist durch eine Phasenlogik gekennzeichnet. Phasenlogiken sind dem Konkretisierungsgrad der Phasen entsprechende verallgemeinerte Folgen logischer Lösungsschritte. In *Bild 7.1-1* sind unter Berücksichtigung der Anwendung von Datenverarbeitungsanlagen die Phasen der Konstruktion und Arbeitsplanung dargestellt [5]. Die in jeder Phase auszuführenden rechnerunterstützten Tätigkeiten sind: Informieren, Berechnen, Darstellen, Bewerten und Ändern [6]. Die dafür erforderlichen Zeitanteile sind abhängig vom jeweiligen Konkretisierungsgrad.

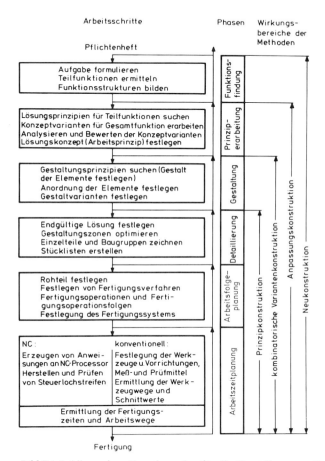

Bild 7.1-1 Allgemeiner Vorgehensplan für die Herstellung von Fertigungsunterlagen.

Die Gliederung des Konstruktionsablaufes in Konstruktionsphasen (Teilvorgänge) macht eine Prüfung der Brauchbarkeit des Ergebnisses nach jedem Teilvorgang notwendig. Gegebenenfalls kann sie einen Rücksprung in eine vorhergehende Phase zur Folge haben [7]. Dies gilt auch für die kritische Betrachtung der Aufgabenstellung.

Es stellt sich die Frage, welche Bedeutung die einzelnen Konstruktionsphasen hinsichtlich der optimalen Gestaltung eines technischen Objektes haben. Man erkennt unmittelbar, daß eine frühe Konstruktionsphase das Ergebnis stärker beeinflußt als eine später folgende.

Gründliche Optimierungsüberlegungen in den ersten Phasen des Konstruierens wirken sich besonders günstig auf das Produkt aus, während Fehlentscheidungen in diesem frühen Stadium auch durch größeren Aufwand in einer späteren Phase nicht kompensiert werden können. Daher ist es notwendig, innerhalb jeder Konstruktionsphase ein Optimum anzustreben. Bei der Konstruktion komplexer technischer Objekte erfordert die Suche nach einer optimalen Lösung eine große Anzahl von Durchläufen durch die entsprechenden Konstruktionsphasen. Der damit verbundene Arbeitsaufwand kann durch den Einsatz von Datenverarbeitungsanlagen verringert werden.

Konstruktionstätigkeiten

Bezüglich der Tätigkeiten des Konstrukteurs kann der Konstruktionsprozeß in direkte und indirekte Konstruktionstätigkeiten unterteilt werden. Die Tätigkeiten, die unmittelbar dem Fortgang des Konstruktionsauftrags dienen, werden als direkte Konstruktionstätigkeiten bezeichnet. Dagegen werden Tätigkeiten, die einem Auftragsfortgang nur mittelbar dienen, zu den indirekten Konstruktionstätigkeiten gezählt. Im Schrifttum werden die im Rahmen des Konstruktionsprozesses anfallenden Tätigkeiten mehrfach dargestellt [8, 9, 10, 11]. *Bild 7.1-2* zeigt das Ergebnis einer neueren Untersuchung [12].
Wie die zuvor aufgeführten Konstruktionstätigkeiten erkennen lassen, besteht der Konstruktionsprozeß aus den Einzeltätigkeiten:

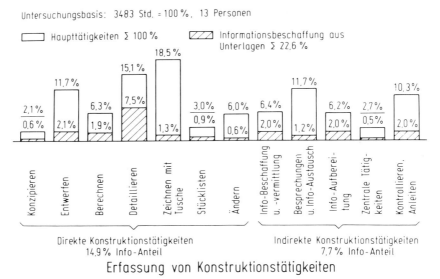

Bild 7.1-2 Aufschlüsselung der Tätigkeitsanteile beim direkten und indirekten Konstruieren in einem Unternehmen des elektrischen Großmaschinenbaus [12].

Informieren

Die Eingangsinformationen in der Konstruktion besteht aus der Aufgabenstellung. Während der verschiedenen Phasen des Konstruktionsprozesses werden zur Durchführung der Arbeiten weitere Informationen benötigt.
Zur Kennzeichnung von Informationen und zur Formulierung von Forderungen seitens des Informationsverbrauchers dienen Informationskriterien. Im einzelnen können genannt werden [13]:

7.1 Allgemeines   257

- Zuverlässigkeit,
- Informationsschärfe,
- Volumen und Dichte,
- Wert,
- Informationsform,
- Originalität und
- Feinheitsgrad.

Eine Analyse bezüglich der Darstellung von Informationen in verschiedenen Fertigungsunterlagen ergab die in *Bild 7.1-3* dargestellten Ergebnisse. Hierbei können sich auch Verteilungen ergeben, deren Summe größer als 100% sind, da eine Vielzahl von Informationen in einer Fertigungsunterlage zwei- oder mehrfach bzw. redundant dargestellt werden muß [14]. Als Beispiel hierfür kann die grafische maßstabsgerechte Durchmesserdarstellung genannt werden, die darüber hinaus auch noch bemaßt wird. Diese redundante Darstellungsform beschränkt sich überwiegend auf Entwürfe und Einzelteilzeichnungen.

Es muß für eine einfache, übersichtliche und schnelle Informationsbereitstellung gesorgt werden. Ferner sollten die erforderlichen Informationen für alle Unternehmensbereiche mit einem wirtschaftlich vertretbaren Aufwand verfügbar gemacht werden [15].

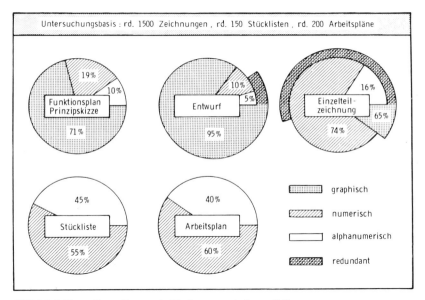

Bild 7.1-3 Darstellungsformen in Fertigungsunterlagen [14].

Berechnen

In jeder Konstruktionsphase treten Berechnungen unterschiedlicher Komplexität und unterschiedlichen Umfangs auf. Hierbei ist noch zu unterscheiden, daß branchenspezifisch im Flugzeugbau, Schiffbau und in der Reaktortechnik andere Berechnungen anfallen als im Maschinenbau. Berechnungen können sich in den einzelnen Konstruktionsphasen des Maschinenbaus z.B. auf folgende Zeitanteile verteilen [16]:

- Konzeptphase 3%,
- Entwurfsphase 6 bis 10%,
- Ausarbeitungsphase 3 bis 5%.

Aufgrund der durchzuführenden Lösungsschritte können die anfallenden Berechnungsaufgaben wie folgt gegliedert werden [17]:
- Kontroll- oder Nachrechnungen,
- Auslegungsrechnungen und
- Optimierungsrechnungen.

Kontroll- oder Nachrechnungen werden nach dem Stand der Technik am häufigsten rechnerunterstützt durchgeführt [18]. Nachrechnungen erfordern, daß die Konstruktion weitgehend beschrieben ist. Das Ziel der Nachrechnung besteht darin, festzustellen, ob die zu kontrollierenden Größen innerhalb zugelassener Grenzen liegen.

Auslegungsrechnungen dienen zur Auslegung von Bauteilen im Hinblick auf die Erfüllung der ihnen zugedachten Funktionen. Mit der Auslegungsrechnung werden Bauteile dimensionsmäßig nach gewissen Einzelfunktionen festgelegt. Diese Festlegung ist immer verbunden mit einer Kontrollrechnung. Der Prozeß der Auslegung nähert sich iterativ einem Funktionsoptimum. Daher kann man sagen, daß die Auslegungsrechnung einen Teil der Optimierungsrechnung bildet.

Zeichnen

Die konventionelle Zeichnungserstellung ist besonders dann unrationell, wenn wiederholt die gleichen oder fast gleichen Objekte gezeichnet werden. Deshalb wurden unter anderem Vordruckzeichnungen entwickelt, bei denen auf die maßstäbliche Bauteildarstellung verzichtet wurde. Wiederholen sich in den Zeichnungen häufig Bildelemente, so lohnt sich die Erstellung von lichtdurchlässigen Folien, die dann auf die Transparentzeichnungen aufgeklebt werden.

Nach der Anfertigungsart lassen sich technische Zeichnungen in
- Original- oder Stammzeichnungen und
- Vordruckzeichnungen

unterscheiden.

Original- oder Stammzeichnungen (Blei- oder Tuschezeichnungen) dienen als Grundlage für Vervielfältigungen. In diesem Zusammenhang sei darauf hingewiesen, daß es zweckmäßig sein kann, Zeichnungen nach einem Baukastenprinzip aufzubauen. Bei dieser Vorgehensweise wird die Gesamtzeichnung bauteilartig in Zeichnungsteile aufgegliedert, so daß die Möglichkeit besteht, aus diesen neue Gesamtzeichnungsvarianten zu erstellen. Die verwendeten Zeichnungsteile liegen entweder als Aufklebebild vor oder werden zum Kopieren bzw. zur Mikroverfilmung zusammengefügt. Die Zeichnungserstellung kann ferner durch Sammelzeichnungen rationalisiert werden, die als Sortenzeichnung (für Gestaltvarianten) mit aufgedruckter oder getrennter Maßtabelle oder als Satzzeichnung (Zusammenfassung zusammengehöriger Teile) aufgebaut sind.

Nach der VDI-Richtlinie 2211 kann der Zeichnungsinhalt in einen technologischen und einen organisatorischen Inhalt unterteilt werden [19]. Allgemein ist anzustreben, daß die Zeichnungen so aufgebaut sind, daß sie möglichst auftragsunabhängig und dadurch auch für andere Anwendungsfälle verwendbar sind.

Jede Änderung der Bauteile hat auch eine Änderung der Zeichnung zur Folge. Bei einer Zeichnungsänderung kann aufgrund von Konstruktionsfehlern oder Änderungswünschen sowohl ihr technologischer als auch ihr organisatorischer Inhalt betroffen sein. Durch ein schnelles Reagieren auf diese Zeichnungsänderungen kann die Durchlaufzeit für einen Konstruktionsauftrag verringert werden. Bei großen Änderungen wird eine neue Zeichnung erstellt. In diesem erhält das Schriftfeld der bisherigen Zeichnung einen Hinweis auf die alte Zeichnung. Ebenfalls muß die Stückliste berichtigt werden.

Unmittelbar auf der Zeichnung dürfen nur eingeschränkte Änderungen vorgenommen weren. Dies geschieht dadurch, daß bei Berichtigung einer Maßzahl die bisher gültige durchgestrichen oder ausradiert und die neue eintragen wird. Die Berichtigung wird durch einen

[Literatur S. 433] *7.1 Allgemeines* 259

Kleinbuchstaben gekennzeichnet. Der Buchstabe wird mit einem Vermerk der Änderung in die dafür vorgesehene Spalte des Schriftfeldes geschrieben. Aufgabe des Änderungsvermerkes ist es, den Zustand vor und nach der Änderung zu kennzeichnen.

Bewerten

Aufgabe des Bewertens ist die Ermittlung eines „Wertes" bzw. des „Nutzens" oder der „Stärke" einer Lösung, bezogen auf eine vorher aufgestellte Zielvorstellung. Da der Wert einer Lösung nicht absolut ist, sondern immer nur für eine bestimmte Anforderung gesehen werden kann, ist das Aufstellen einer Zielvorstellung unbedingt notwendig.

Das eingeschränkte Lösungsfeld für eine Konstruktionsaufgabe enthält eine Anzahl von Lösungen, unter denen die optimale gesucht werden muß [203]. Zu diesem Zweck müssen alle Lösungen nach bestimmten Gesichtspunkten bewertet werden. Dabei ist zwischen einer technischen und wirtschaftlichen Beurteilung zu unterscheiden.

Bei der Vielfältigkeit technischer Aufgabenstellungen können keine allgemeingültigen Richtlinien für eine zusammenfassende Bewertung von Konstruktionen angegeben werden. Eine Konstruktion kann nur dann als gelungen bezeichnet werden, wenn sie technische und wirtschaftliche Fortschritte in sich vereinigt.

Konstruktionsarten

Im folgenden werden die einzelnen Konstruktionsarten, basierend auf der VDI-Richtlinie 2210, beschrieben [20]. Das *Bild 7.1-4* zeigt die Zuordnung der Konstruktionsarten zu den einzelnen Konstruktionsphasen.

Konstruktionsarten		Konstruktionsphasen			
		Konzipieren		Entwerfen	Ausarbeiten
Gruppenbegriffe	gebräuchliche Begriffe der Praxis	Funktionsfindung	Prinziperarbeitung	Gestaltung	Detaillierung
Neukonstruktion	Neukonstruktion Entwicklungskonstr. Angebotskonstr.				
Anpassungskonstr.	Anpassungskonstr. Angebotskonstr. Fertigungskonstr. Änderungskonstr.				
Variantenkonstr.	Variantenkonstr.				
Konstruktion mit festem Prinzip	Prinzipkonstr.				

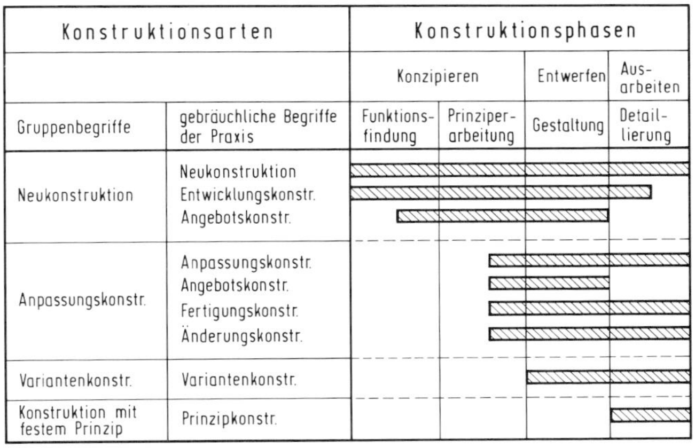

Bild 7.1-4 Zuordnung von Konstruktionsarten zu den Konstruktionsphasen [20].

Eine Untersuchung [21] ergab, daß im Maschinenbau etwa 56% Anpassungskonstruktionen, 24% Neukonstruktionen und 20% Variantenkonstruktionen vorzufinden sind. Aufgrund wirksamer Standardisierungsmaßnahmen ist die Variantenkonstruktion mit rund 49% im Werkzeugmaschinenbau weit verbreitet. Die Grenzen zwischen den einzelnen Konstruktionsarten sind fließend.

Es lassen sich alle auftretenden Konstruktionsarten durch unterschiedliche Kombination der Konstruktionsparameter

- Funktionsnetz bzw. Funktionsprinzip,
- Art und Anzahl der Elemente,

7 Rechnerunterstützte Konstruktion   [Literatur S. 433]

- Anordnung der Elemente,
- Gestalt und
- Dimension

definieren und gegeneinander abgrenzen. Von den theoretisch möglichen $2^5 = 32$ Kombinationen bleiben letztlich die in *Bild 7.1-5* dargestellten sinnvollen Variationen übrig [22]. Eine Konstruktion wird als Neukonstruktion bezeichnet, wenn eine geforderte Gesamtfunktion durch eine neue Anordnung bekannter oder neuer Elemente bei veränderter oder unveränderter Gestalt zu einer neuen Lösung führt. Dabei ist es gleichgültig, ob die Dimension der einzelnen Elemente geändert wird oder nicht.

Konstruktionsart (Gruppenbegriff)	Konstruktionsvariable				
	Funktionsnetz	Element	Anordnung	Gestalt	Dimension
Neukonstruktion	G	G	G	G	G/N
	G	N	G	G	G/N
	G	N	G	N	G/N
	N	G	G	G	G/N
Anpassungskonstruktion	(N)	G	(N)	G	G/N
	(N)	(N)	G	G	G/N
	(N)	(N)	G	N	G/N
	(N)	(N)	(N)	G	G/N
Variantenkonstruktion	N	N	N	G	G
	N	N	N	G	N
Prinzipkonstruktion	N	N	N	N	G

Zeichenerklärung: G = geändert
 N = nicht geändert
 (N) = im wesentlichen nicht geändert
 G/N = geändert oder nicht geändert

Bild 7.1-5 Bestimmung unterschiedlicher Konstruktionsarten mit Hilfe von Konstruktionsvariablen [22].

Aus der Definition geht hervor, daß das wesentliche Kriterium einer Neukonstruktion die neue Anordnung bekannter oder neuer Elemente ist. Diese Überlegung wird durch Erfahrungen aus der Praxis gestützt. Danach entstehen die meisten im Sprachgebrauch als Neukonstruktionen bezeichneten Konstruktionen durch eine bisher nicht ausgeführte Anordnung sowohl vom Arbeitsprinzip als auch von der Gestalt her bekannter Elemente. Die Verwendung neuer Elemente setzt im allgemeinen die Entdeckung neuer physikalischer Prinzipien oder die Erfindung neuer Arbeitsprinzipien voraus.

Als Anpassungskonstruktion bezeichnet man eine Konstruktion, wenn bei gegebener Grundordnung der Elemente, einzelne Elemente entsprechend ihrer Funktion oder Gestalt geändert werden. Die ursprüngliche Gesamtfunktion des technischen Gebildes wird dadurch nur in unwesentlichen Teilen verändert oder ergänzt. Dies ist der in der Praxis häufig auftretende Fall bei einer kundenwunschabhängigen Konstruktionsänderung an Standardmodellen. Während des Konstruktionsprozesses wird außer der Entwurfs- und Ausarbeitungsphase auch die Phase der Konzepterarbeitung durchlaufen.

Eine Konstruktion wird als Variantenkonstruktion bezeichnet, wenn bei festgelegter Funktionsstruktur sowie fester Anordnung aller Elemente die Gestalt und Dimension der Elemente verändert wird. Eine Konstruktion wird als Prinzipkonstruktion bezeichnet, wenn bei festgelegter Funktionsstruktur, Anordnung und Gestalt aller Elemente nur die Dimension aller oder einzelner Elemente verändert wird. Es wird nur die Phase der Detaillierung durchlaufen, da ein Entwurf nicht angefertigt werden muß.

Konstruktionsorganisation

In vielen Unternehmen bildet die Konstruktion einen Engpaß, der durch Mängel und Schwachstellen in der Ablauf- und der Aufbauorganisation bedingt ist *(Bild 7.1-6)*. Dies unterstreicht die Bedeutung einer wirkungsvollen Ablaufplanung. Anforderungen an eine wirkungsvolle Ablauforganisation sind [23]:
- Verminderung von Informationsverlusten,
- zwangsläufiger Informationsfluß,
- klare Abgrenzung der Aufgaben,
- Vermeidung von Doppelarbeiten,
- gezielter Einsatz von Hilfsmitteln,
- Möglichkeit der Steuerung und Überwachung der Aufträge,
- transparenter Ablauf,
- Kostentransparenz und die Möglichkeit der Kostenbeeinflussung.

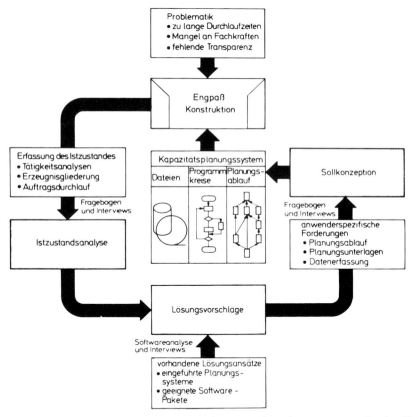

Bild 7.1-6 Vorgehensweise zur Erstellung eines Kapazitätsplanungssystems für den Unternehmensbereich Konstruktion und Entwicklung [26].

Die von einzelnen Abteilungen und Gruppen wahrgenommenen Funktionen zur Planung und Steuerung müssen von einer zentralen Koordinationsstelle übernommen werden. Als methodische Planungsmittel stehen z.B. die

- Balkenplanmethode,
- Netzplanmethode und
- Meilensteinmethode

zur Verfügung [24,25]. In der Literatur werden zahlreiche technische Hilfsmittel zur Verbesserung der Ablauforganisation genannt [26].

Die erforderlichen zeitlichen und sachlichen Verknüpfungen des Konstruktionsbereiches mit anderen Unternehmensfunktionen sind in *Bild 7.1-7* dargestellt. Die Produktion wird dabei als die Gesamtheit wirtschaftlicher, technologischer und organisatorischer Maßnahmen definiert [27].

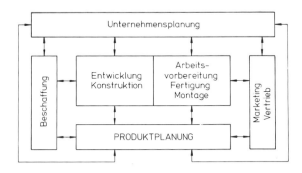

Bild 7.1-7 Verknüpfung der Funktion Produktplanung mit anderen Unternehmensfunktionen [32].

Die vielschichtige Verknüpfung der Unternehmensbereiche führt zu bereichsübergreifenden Planungsaufgaben. Als die vier wesentlichen Planungsaufgaben werden die

- Unternehmensplanung,
- Produktplanung,
- Termin-Kapazitätsplanung und
- Kostenplanung

genannt [28].

Die Konstruktion, als Teil des gesamten Produktionsprozesses, muß einerseits die Gesichtspunkte der verschiedenen Unternehmensbereiche berücksichtigen, andererseits müssen die anstehenden Konstruktionsarbeiten entsprechend ihrer Zielsetzung ausgeführt werden. Um die Konstruktionsarbeiten den zuständigen Konstruktionsbereichen zuordnen zu können, ist eine eindeutige Organisation Voraussetzung. Grundlage der Organisation ist die Arbeitsteilung, die

- nach der Quantität der Arbeit und
- nach der Qualität der Arbeit

gegliedert werden kann [29].

Für die zweckmäßige Gestaltung der Aufbauorganisation gibt es eine Vielzahl verschiedener Kriterien [23, 26], die

- produktorientiert,
- funktionsorientiert oder
- tätigkeitsorientiert

gegliedert werden können.

Durch den verstärkten Rechnereinsatz in der Konstruktion sind organisatorische Maßnahmen erforderlich, die vom jeweiligen Automatisierungsgrad abhängen [30].

Hierbei handelt es sich meist um die Eingliederung neuer Funktionen in die bestehende Ablauforganisationen.

Die Aufbauorganisation beinhaltet im wesentlichen die Gliederung eines Unternehmens in aufgabenteilige Bereiche und ihr Zusammenspiel untereinander [31]. Dabei sind z.B. die

[Literatur S.433]   *7.2 Teilprozesse der rechnerunterstützten Konstruktion*   263

Zuweisung von Aufgaben, die Kompetenzverteilung und die Festlegung der Beziehungszusammenhänge zwischen den verschiedenen Bereichen für die Aufbaustruktur von wesentlicher Bedeutung.
Für die Wahl der Organisationsform gibt es eine Vielzahl verschiedener Faktoren, die bei der Bildung einer Aufbauorganisation berücksichtigt werden müssen. Dies sind [28]:
- Produktspektrum,
- Unternehmensgröße,
- Mitarbeiterstruktur,
- Fertigungstiefe und
- Marktsituation.

Neben dem innerbetrieblichen Informationsstrom, der sich aus einer Vielzahl einzelner Kommunikationsschritte zusammensetzt, spielt die Kommunikation mit Kunden und Lieferanten eine wichtige Rolle. Das gilt insbesondere für Unternehmen, deren Produkte aufgrund spezieller Kundenwünsche entstehen oder Einzelfertigungen sind.

7.2 Teilprozesse der rechnerunterstützten Konstruktion

7.2.1 Formalisierung des Konstruktionsprozesses

Die Formalisierung des Konstruktionsprozesses ist eine Voraussetzung für die Gestaltung und Realisierung von CAD-Systemen [195, 198]. Sie hat ihren Ausgangspunkt in den systematischen Methoden und Lehren der Konstruktionstechnik. Die Formalisierung führt auf die Konstruktionsplanungsphasen, wie Funktionsfindung, Prinziperarbeitung, Gestalten und Detaillieren sowie auf die Konstruktionstätigkeiten innerhalb der einzelnen Phasen, wie Informieren, Berechnen, Zeichnen, Bewerten und Ändern.
Kennzeichnend für jede Phase ist, daß jeweils eine typische Logik abgearbeitet wird. Der Arbeitsfortschritt zur Erreichung des entsprechenden Phasenziels zeigt sich im Detaillierungsgrad des jeder Phase zugehörigen Phasenobjektes. Diese Objekte sind Modelle der Entwicklungsstufen der jeweiligen technischen Gebilde. Um die einzelnen Phasenlogiken rechnerunterstützt durchlaufen zu können, ist es notwendig, die Modelle sowohl rechnerintern als auch rechnerextern darstellen zu können [6].
Die Kopplung der einzelnen Phasen sowie die Abarbeitung der einzelnen Phasenlogiken führt zu einer vertikalen und horizontalen Formalisierung von CAD-Prozessen *(Bild 7.2.1-1)*.
Allen Phasentätigkeiten gemeinsam ist es, Fortschritte im Sinne der Aufgabenstellung an der rechnerinternen Darstellung von jeweils einem Phasenobjekt zu erreichen.
Die Tätigkeit Informieren muß auf dreierlei Weise aufgefaßt werden. Der Konstrukteur kann sich mit Hilfe der Datenverarbeitungsanlage informieren. Er kann Informationen an die Datenverarbeitungsanlage übergeben, wobei automatische Übertragungen von Informationen zwischen Programmen dazugehören können. Informieren heißt dabei primär das Übergeben von Daten, aber es kann auch die Übertragung der die Daten verarbeitenden Algorithmen einschließen. Innerhalb größerer CAD-Aufgaben kann das Informieren nicht ohne Datenbanken durchgeführt werden. Die Daten- und Programmverwaltung sind Hilfsmittel für das Informieren.
Berechnungen in CAD-Prozessen werden durchgeführt, um die Weiterentwicklung des Phasenobjektes zu einem höheren Konkretisierungsgrad zu betreiben. Die Berechnungen können mit Daten des bereits existierenden rechnerinternen Phasenobjektes, aber auch mit noch nicht dazugehörigen Daten und unabhängig von rechnerinternen Darstellungen durchgeführt werden. Berechnungen können als Nachrechnungen, zur Auslegung und Optimierung sowie zur Auswertung von Daten erforderlich sein.

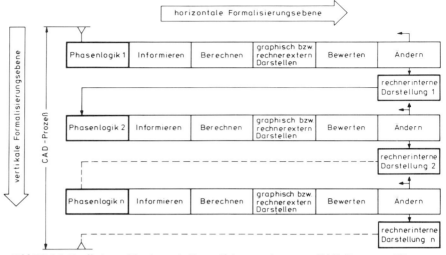

Bild 7.2.1-1 Vertikale und horizontale Formalisierungsebene von CAD-Prozessen [6].

Rechnerexterne Darstellungen können Zeichnungen, Texte oder Steuerlochstreifen sein. Zeichnungen können zur bewertenden Kontrolle oder wie Steuerlochstreifen direkt in der Fertigung eingesetzt werden, beispielsweise als Präzisionsvorlagen für optisch abtastende Brennschneidemaschinen. Sie können mit Hilfe rechnerintern dargestellter Phasenobjekte von Berechnungs- und Bewertungsergebnissen hergestellt werden.

Die Automatisierung der Zeichnungserstellung mit Hilfe von Varianten- und Generierungsprinzipien ist bereits intensiv bearbeitet worden, aber noch nicht abgeschlossen. Dabei werden zeichnungs- oder werkstückorientierte rechnerinterne Darstellungen verwendet, die aus 2D- oder 3D-Elementen bestehen. Die Erweiterung der Betrachtung auf Phasenobjekte erfordert rechnerinterne Darstellungen, die 2D- und 3D-Elemente enthalten können.

Das Bewerten ist eine Tätigkeit, die zur Beurteilung von rechnerinternen Phasenobjekten automatisch oder intellektuell mittels grafischer Darstellungen vorgenommen werden kann. Das gleiche gilt für Ergebnisse von Berechnungen.

Ändern ist ausgehend von einem bestimmten Phasenpunkt eine Veränderung des CAD-Systemzustandes. Es ist dazu eine Entscheidung über den Weg und die Art und Weise der Fortentwicklung des CAD-Prozesses zu treffen, insofern enthält das Ändern jeweils Merkmale des Steuerns. Das Ändern muß auf der Grundlage einer Bewertung vorgenommen werden. Dabei sind zwei Fälle zu unterscheiden:
- Das Ergebnis der Bewertung ist in Übereinstimmung mit der vorher definierten Zielvorstellung. Eine Änderung wird dadurch erreicht, daß die Bearbeitung mit der Logik der nächsten Phase fortgesetzt wird.
- Das Ergebnis ist nicht in Übereinstimmung mit der vorher definierten Zielvorstellung. Dann muß die Entscheidung gefällt werden, ob
    a) an dem gerade bewerteten Phasenobjekt mit der gerade aktuellen Phasenlogik Veränderungen durchgeführt werden müssen, oder ob
    b) ein früheres Phasenobjekt mit der dazugehörigen Phasenlogik geändert werden muß.

Das Erreichen eines optimalen Konstruktionsziels macht es unter Umständen aufgrund von erreichten Ergebnissen in einer Phase $n+1$ erforderlich, die Phase n mit neuen Eingangsinformationen erneut zu durchlaufen. Dies bedeutet, daß in der vertikalen Formalisierungsebene ein integrierter Informationsfluß und damit verbunden, eine Kopplung der einzelnen rechnerinternen Darstellungen notwendig ist.

Neben dem Rückspringen in eine bereits durchlaufene Phase ist das wiederholte Durchlaufen einzelner Phasentätigkeiten zur Erreichung eines optimalen Phasenziels notwendig. Dieser Schritt wird erleichtert, wenn innerhalb einer Phase eine einheitliche Modellstruktur des Phasenobjektes verwendet wird.

7.2.2 Informieren

Im Konstruktionsprozeß werden Informationen gewonnen, verarbeitet und ausgegeben. Diese sind unterschiedlich nach Art, Inhalt und Umfang. Zur Konstruktionsoptimierung müssen häufig bestimmte Einzelschritte des Informationsumsatzes iterativ mehrmals durchlaufen werden. Schließlich müssen die sehr vielschichtigen Informationsbrücken zu anderen Betriebsbereichen, so zur Arbeitsvorbereitung, Materialwirtschaft sowie zu den einzelnen Fertigungs- und Montagestellen und zum Kunden in beiden Informationsflußrichtungen genutzt werden. Den Informationsumsatz beim Konstruieren zeigt *Bild 7.2.2-1*. Die Eingangsinformation der Konstruktion ist die Aufgabenstellung. Während der verschiedenen Phasen des Konstruktionsprozesses werden zur Erstellung von Konstruktions- und Fertigungsunterlagen weitere Informationen benötigt. Ausgabeinformationen sind die vom Konstrukteur erstellten, für die Fertigung des Produktes notwendigen Fertigungsunterlagen.

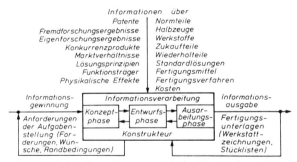

Bild 7.2.2-1 Informationsumsatz beim Konstruieren [33].

Soll die erforderliche Informationsbeschaffung schneller, gezielter und vollständiger erfolgen, so bieten sich Datenverarbeitungsanlagen als geeignete Hilfsmittel an. Sie sind besonders zur Speicherung, Verarbeitung und Ausgabe sehr großer Datenmengen geeignet. Die dafür erforderlichen Systeme sind die Informationssysteme. Die Grundbegriffe für Informationssysteme sind in der VDI-Richtlinie 2211, Blatt 1 festgelegt. Die Hauptkomponenten von Informationssystemen lassen sich, wie in *Bild 7.2.2-2* dargestellt, in Informationserfassung, Informationsaufbereitung und Informationsrückgewinnung einteilen.
Die Informationserfassung beinhaltet das Sammeln, Sichten, Bewerten und Auswählen der Informationen, also die Selektion der in ein Unternehmen einfließenden Unterlagen. Die Informationsaufbereitung beinhaltet das Umwandeln der eingegebenen Informationen in speicherbare Daten. Dazu zählen das Identifizieren von Informationen, z.B. über Bauteile und Unterlagen durch Identifizierungsnummern, das Klassifizieren durch Klassifizierungsnummern oder Beschreibung durch Deskriptoren sowie die Informationseingabe und -speicherung. In der Informationsrückgewinnung sind schließlich Funktionen wie die Suche nach gespeicherten Informationen sowie die Auswahl und Ausgabe der Informationen in der geforderten Form zusammengefaßt.
Je nach Speichermedium und Automatisierungsgrad teilt man bestehende Informationssysteme ein in

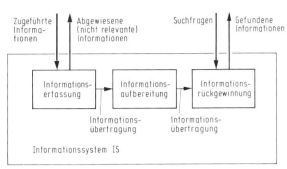

Bild 7.2.2-2 Hauptkomponenten eines Informationssystems [34].

- Informationssysteme ohne Datenverarbeitung,
- Informationssysteme mit Datenverarbeitung,
- Informationssysteme mit Datenverarbeitung und Dialogverkehr [13].

In *Bild 7.2.2-3* sind die einzelnen Komfortstufen der Informationssysteme sowie einige der dazu entwickelten Systeme und die entsprechenden Speichermedien aufgeführt. Mit zunehmender Verwendung der Datenverarbeitung steigt der Automatisierungsgrad der entsprechenden Systeme und damit verbunden der Komfort des Informationssystems.

Die Anforderungen, die von der Benutzerseite her an ein Informationssystem gestellt werden, ergeben sich aus den Eingangs- und Ausgangsgrößen des Systems. Eingangsgrößen

SYSTEMARTEN	BEISPIELE	ANWENDUNG	SPEICHER	AUSGABE
INFORMATIONSSYSTEME OHNE EDVA	Filmdata (Siemens)	Bereitstellung von Dokumenten mit Text, Zeichnungen oder Bildern	optische Speicher (Filmdatakarten)	optische Ausgabe (Lesegerät)
	Minicard (Kodak)	Zeichnungen, Berichte, Patente, Normen	optische Speicher (Filmlochkarte)	optische Ausgabe (Lesegerät)
	Patentkartei (Kodak)	Patente	optische Speicher (Filmlochkarte)	schriftliche Ausgabe (Lesegerät)
	Baugruppenkartei (Werkzeugmaschinenlabor)	Zeichnungen, Stücklisten	optische Speicher (Filmlochkarte)	optische Ausgabe (Lesegerät)
INFORMATIONSSYSTEME MIT EDVA	KWIC-Index (IBM)	Literatur verschiedener Problembereiche	numerische Datenspeicher	schriftliche Ausgabe (Drucker)
	Chefzahlensystem (Philips)	Einsatz in der Bilanzbuchhaltung	numerische Datenspeicher	schriftliche Ausgabe (Drucker)
	Informationssystem für Serien- und Auftragsfertigung (Rheinstahl)	Ermittlung des Teilebedarfs, des Kapitalbedarfs und der Sollfertigungskosten	numerische Datenspeicher	schriftliche Ausgabe (Drucker)
INFORMATIONSSYSTEME MIT EDVA UND DIALOGVERKEHR	ESRO (European Space Research Organization)	Literatur aus Naturwissenschaft und Technik	numerische Datenspeicher	schriftliche Ausgabe (Drucker) optische Ausgabe (Datensichtgerät)
	Golem (Siemens)	Dokumente, Informationen jeder Art	numerische Datenspeicher	(Drucker) optische Ausgabe (Datensichtgerät)

AUTOMATISIERUNGSGRAD

Bild 7.2.2-3 Informationssysteme - Beispiele und Anwendungen [13].

[Literatur S. 433] *7.2 Teilprozesse der rechnerunterstützten Konstruktion*

sind die Informationsquellen, aus denen die Informationen stammen, die in der Datenverarbeitungsanlage zur Verfügung stehen. Diese Quellen sind unter anderem Forschungsberichte, Wiederholteilkataloge, Konstruktionsrichtlinien, Werkstoffblätter, Dissertationen und Fachzeitschriften. Die Informationen, die aus den Quellen entnommen werden, sollten folgende Kriterien erfüllen [13]:
- Zuverlässigkeit, d.h. die Wahrscheinlichkeit des Eintreffens dieser Information, z.B. bei Prognosen,
- Informationsschärfe bzw. die wissenschaftliche Exaktheit und Eindeutigkeit der Information,
- Volumen und Dichte, bzw. Angaben über Wort- und Bildmenge, die zur Beschreibung eines Bauteils oder Vorgangs notwendig sind,
- Werte, die die Wichtigkeit der Information für den Empfänger beinhalten,
- Aktualität, die den Zeitpunkt der Verwendung einer Information ausdrückt,
- Informationsform, bzw. Angaben darüber, ob die Information in grafischer oder alphanumerischer Form vorliegt,
- Originalität, bzw. die Erhaltung des Originalitätscharakters der Information,
- Komplexität, bzw. der Verknüpfungsgrad von Informationssymbolen, -elementen und Informationseinheiten zu Informationskomplexen und
- Feinheitsgrad, bzw. den Detaillierungsgrad, in dem eine Information dem Empfänger vorliegen muß.

Neben den Anforderungen, die an die Informationen gestellt werden, ergeben sich noch Anforderungen an die Informationsbereitstellung.
Dabei gelten folgende Grundforderungen:
- kurze Antwortzeiten,
- Einfachheit aller technischen Hilfsmittel,
- Bereitstellen der optimalen Informationsmenge und
- Übersichtlichkeit der ausgegebenen Informationen.

Der Benutzer eines Informationssystems erwartet bei der Anwendung, daß das System einerseits die benötigten Informationen schnell bereitstellt, andererseits sollten die technischen Hilfsmittel, mit denen er in Berührung kommt, einfach zu handhaben sein. Neben diesen technischen Anforderungen spielt die Art der Informationsausgabe eine bedeutende Rolle. Der Benutzer erwartet, daß die ausgegebenen Informationen übersichtlich angeordnet sind, damit er nicht viel Zeit aufwenden muß, um sich erst eine Übersicht zu verschaffen. Daneben ist die Bereitstellung der optimalen Informationsmenge wichtig. Der Benutzer soll nicht zu viel und nicht zu wenig Informationen erhalten. Der Teil der Informationsquellen, die für die Arbeiten des Benutzers nicht brauchbar sind, jedoch mit den relevanten Informationsquellen zusammen auf eine Suchfrage hin ausgegeben werden, stellen für den Benutzer einen unnötigen Ballast dar. Denn dieser muß vermuten, daß alle ausgegebenen Informationen für ihn relevant sind. Um eine hohe Effizienz des Systems zu erreichen, müssen sowohl Informationsballast als auch Informationsverluste, möglichst klein gehalten werden [13].

Es können grundsätzlich vier Typen von rechnerunterstützten Informationssystemen unterschieden werden:
- die Dokumenten-Wiedergewinnungssysteme, deren Informationen wenig strukturiert sind und deren Informationsnutzung sich auf Auswahl und Zusammenstellung beschränkt,
- die Fakten-Wiedergewinnungssysteme, deren Informationen stark strukturiert sind und deren Informationsnutzung nur beschränkt über Auswahl und Zusammenstellung hinausgeht,
- die Frage-Antwort-Systeme, deren Informationen stark strukturiert sind und deren Informationskombination, -auswertung, -verdichtung und logische Schlußfolgerungen als Erschließungsmethode anzusehen sind und

– die problemlösenden Systeme, deren Informationen stark strukturiert und deren Informationsnutzung auf Angabe von Lösungsschritten, Alternativen und kausalen Zusammenhängen zielt.

Als ein Beispiel eines mit Deskriptoren arbeitenden Systems für den Einsatz in der mittleren Datentechnik sind nachstehend einige Angaben zu dem Dokumenten-Wiedergewinnungssystem INDOK von NIXDORF [35] zusammengestellt, die sich auf die Anwendung des Systems als Literatur-Wiedergewinnungssystem beziehen.

Die identifizierende Information setzt sich zusammen aus einer Identifizierungsnummer sowie Angaben zu Autor, Titel, Quelle und einem Kurzinhalt der jeweiligen Literatur. Die Beschreibung je Literaturtitel erfolgt durch Deskriptoren, wobei die Verwendung von Standarddeskriptoren beispielsweise für das Sachgebiet und den Standort möglich ist.

Bei der Informationswiedergewinnung erfolgt die Datenauswertung mit Deskriptoren als Suchbegriff. Dabei kann die Kombination beliebig vieler Deskriptoren verwendet werden sowie die logische UND- und ODER-Verknüpfung zwischen einzelnen Deskriptoren. Die interne Dateiorganisation umfaßt drei Bereiche: die Stammsatzdatei, in der die einzelnen Literaturtitel abgelegt sind, die Deskriptorendatei sowie eine Synonymdatei für einprägsame Abkürzungen.

Ein Programmsystem zur Dokumentation von Bauteilen und Unterlagen mit Hilfe von Großrechnern wird von *IBM* mit dem System STAIRS angeboten.

Das System STAIRS (STORAGE AND IFORMATION RETRIEVAL SYSTEM) bietet ebenfalls die Möglichkeit, Informationen direkt über die verbale Beschreibung eines gesuchten Gegenstandes aufzufinden, ohne daß zunächst der Umweg über die Umsetzung in eine Sachnummer erforderlich ist. Auf den Aufbau von Teileklassen kann verzichtet werden [36].

Mit STAIRS ist es möglich, nichtformatierte Daten als Suchkriterien zu verwenden, wobei ein Zugriff auf die in den Datenverarbeitungssystemen von Fertigungsunternehmen bereits eingespeicherten verbalen Beschreibungen von Teilen in Teilestammsätzen oder in Stücklisten möglich ist. Als Suchbegriffe werden dabei die Beschreibungen in den Benennungs- oder Beschreibungsfeldern benutzt. Die Suchmerkmale sind alphanumerische Zeichenfolgen (z.B. Zeichnungs-Nummern, Abkürzungen, Firmenbezeichnungen, Systembezeichnungen), Wörter oder auch Wortkombinationen.

Das Auffinden der Informationen erfolgt schrittweise im Dialogverkehr am Bildschirm. Bei der Vorgabe bestimmter Suchbegriffe wird in einem ersten Schritt zunächst angezeigt, auf wieviele dem System bekannte Informationen die vorgegebenen Suchkriterien zutreffen. Damit wird es möglich, durch zusätzliche Vorgaben die Anzahl der Lösungen einzuengen, bevor die eigentlichen Informationsausgabe abgefragt wird. Zu Beginn eines Abfragedialoges läßt sich andererseits durch Aufruf des vollständigen Informationsumfanges zu einem charakteristischen Beispiel zunächst ein Überblick über die eingespeicherten Merkmalskategorien gewinnen, aus denen dann die relevanten Suchmerkmale für den aktuellen Anwendungsfall ausgewählt werden können.

Als typische Anwendung für STAIRS werden angegeben:
- Literaturdokumentation,
- Patentdokumentation,
- Versuchsberichtsdokumentation,
- Produktdokumentation,
- Teiledokumentation und
- Ersatzteildokumentation.

Ein weiteres Beispiel stellt die am *Institut für Maschinenkonstruktion* der TECHNISCHEN UNIVERSITÄT BERLIN entwickelte Werkstoffdatei dar [15]. Für den wirtschaftlichen Einsatz eines Werkstoffs sind Preis- und Kostenrelationen der verschiedenen Fertigungsverfahren zu berücksichtigen. Um einen termingerechten Einsatz eines Werkstoffs zu ermöglichen, sind Daten über Liefermöglichkeiten und -zeiten erforderlich. Für einen günstigen Werkstoffeinsatz sind diese Daten notwendig. Sie können durch Erweiterung der Werkstoffdatei oder im Verbund mit einer entsprechenden Datei erhalten werden. Erst die objektive Auswahl der Werkstoffe anhand der technischen Kennwerte, kombiniert mit der Berücksichtigung wirtschaftlicher Bedingungen, führt zu einem technisch und wirtschaftlich optimalen Werkstoffeinsatz.

Die einmalige Dateneingabe der Werkstoffwerte erfolgt über Lochkarten in formatierter Form. Von den verschiedenen Möglichkeiten der Datenspeicherung wurde die Adreßverkettung gewählt. Sie ist sparsam im Speicherplatzbedarf und erlaubt eine einfache Erweiterung der Datei. Wie aus *Bild 7.2.2-4* hervorgeht, werden in einem Kopfsegment die Adressen, der zu diesem Kopfsegment gehörenden Segmente gespeichert. Die Segmente können wiederum aus mehreren Datensätzen bestehen, in denen die eigentlichen Werkstoffkennwerte enthalten sind. Im Kopfsegment befindet sich die Werkstoffbezeichnung.

Falls bei einem Werkstoff ein Segment fehlt, ist die entsprechende Segmentadresse im Kopfsegment Null. Die Anzahl der Datensätze kann für Segment 1 (allgemeine Werkstoffdaten) und Segment 3 (Warmfestigkeitswerte) beliebig sein. Es sind Grenzen aufgrund des Speicherplatzbedarfs gesetzt. Segment 2 (Dauerfestigkeitswerte) und Segment 4 (Lieferzustand, Lieferform, Fertigungsmöglichkeit) bestehen nur aus einem Datensatz pro Werkstoff.

Jeder Datensatz der Segmente enthält die Werkstoffnummer, die Segmentnummer und, falls ein Segment aus mehreren Datensätzen besteht, noch die Folgeadresse. Der letzte Datensatz eines Segments hat die Folgeadresse Null. Auf diese Weise ist eine leichte Abfrage nach dem Ende eines Segments möglich. In den Datensätzen der Segmente sind die Werkstoffdaten gespeichert.

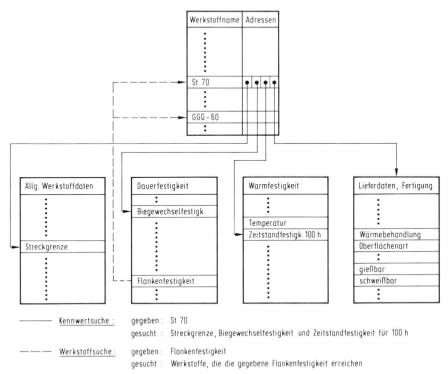

Bild 7.2.2-4 Adreßverkettung einer Werkstoffdatei [15].

Für die jeweiligen Berechnungen, bei denen Werkstoffkennwerte benötigt werden, kann rechnerintern auf die Datei zugegriffen werden.

Eine vorliegende Werkstoffdatei kann ohne Schwierigkeiten bezüglich der Anzahl der Werkstoffe sowie der Segmente erweitert werden. Ein weiteres Segment könnte die Lieferzeiten, Preise, Rabatte, u.a. enthalten, um auch den wirtschaftlichen Faktor bei der Werkstoffauswahl zu berücksichtigen. Daten für spezielle Berechnungsarten, wie z.B. bei der Schraubenberechnung, könnten in einem entsprechenden Segment untergebracht werden.

7.2.3 Berechnen

Die Gestaltung von Bauteilen kann nach folgenden Gesichtspunkten durchgeführt werden:
- festigkeitsgerechtes-,
- funktions- und bedienungsgerechtes-,
- stoffgerechtes- und
- fertigungsgerechtes Gestalten.

Neben diesen Gestaltungskriterien müssen auch wirtschaftliche Gesichtspunkte berücksichtigt werden.

Für ein festigkeits- und funktionsgerechtes Gestalten stehen Methoden der Mechanik, Festigkeitslehre, Elastizitätslehre und Werkstoffkunde zur Verfügung. Diese Methoden können in verschiedenen Berechnungsarten verwendet werden:

Kontroll- oder Nachrechnungen

Kontroll- oder Nachrechnungen dienen zur Überprüfung eines bereits gestalteten Bauteils. Dabei wird festgestellt, ob die einzelnen Einflußgrößen (Kräfte, zulässige Spannungen, Verformungen) außerhalb der ihnen zugeordneten Grenzen liegen. Ein typisches Beispiel dafür ist die Frage nach den in einem Bauteil vorhandenen Spannungen.

Die Nachrechnung kann mit gegenüber der Realität vereinfachten Ersatzmodellen durchgeführt werden. Ein Beispiel dafür sind Gleit- und Wälzlager. Das mechanische Äquivalent dazu ist das Federelement. Für die in *Bild 7.2.3-1* dargestellte unbestimmt gelagerte elastische Arbeitsspindel wird auf das aus der Mechanik bekannte Ersatzsystem des „federgefesselten Balkens" zurückgegriffen.

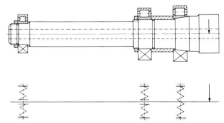

Bild 7.2.3-1 Umwandlung eines Spindel-Lager-Systems in ein Ersatzmodell [55].

Je komplexer ein solches Ersatzmodell ist, desto umfangreicher ist die daran durchzuführende Berechnung. Man wird daher bestrebt sein, das Ersatzmodell so einfach wie möglich, aber dennoch wirklichkeitsnah zu halten. Dazu ist es notwendig, gewisse Vereinfachungen am Ersatzmodell durchzuführen. Diese Modelle bezeichnet man auch als strukturmechanische oder Abstraktionsmodelle.

Ein Abstraktionsmodell weist gegenüber der entsprechenden realen Konstruktion mehr oder weniger starke Vereinfachungen auf. Mit zunehmendem Abstraktionsgrad werden die Vereinfachungen größer und damit die Berechnungsalgorithmen immer einfacher. Gleichzeitig werden aber mit steigendem Abstraktionsgrad die Abweichungen von der realen Konstruktion größer. Damit wird die Qualität der Ergebnisse schlechter.

Ein vertretbarer Abstraktionsgrad ist immer ein Kompromiß zwischen hoher Ergebnisqualität und geringem Berechnungsaufwand. Allgemein ist festzustellen, daß die Qualität der Ergebnisse mit zunehmendem Abstraktionsgrad zunächst wenig, dann immer stärker abnimmt und schließlich nur noch einer Grobabschätzung entspricht. Dieser Sachverhalt ist in *Bild 7.2.3-2* dargestellt.

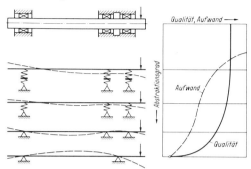

Bild 7.2.3-2 Abstraktionsgrade eines realen Systems [55].

Liegt das Abstraktionsmodell einer realen Konstruktion vor, kann mit der eigentlichen Nachrechnung begonnen werden. Dazu werden die aus der Mechanik bekannten Methoden verwendet.

Die Berechnung von Konstruktionsteilen wird im wesentlichen nach produkt- bzw. verfahrenspezifischen Berechnungsverfahren durchgeführt, wobei sehr oft firmenspezifisches Wissen eingesetzt wird. Jedoch sind für zahlreiche handelsübliche Konstruktionselemente wie Schrauben, Federn, Zahnräder, Wälz- und Gleitlager oder Wellen teilweise allgemeingültige bzw. genormte Berechnungsverfahren entwickelt worden. Für diese Berechnungsverfahren werden vorwiegend von Hochschulen Programmsysteme zur Verfügung gestellt. Diese Systeme sind meistens modular aufgebaut, um den vielfältigen Berechnungen in der Konstruktion zu genügen. Am Beispiel eines Berechnungsprogramms für Zahnradgetriebe ist dieser modulare Aufbau im *Bild 7.2.3-3* dargestellt. Ein Beispiel für Nachrechnungspro-

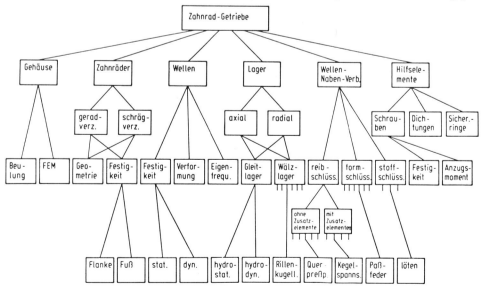

Bild 7.2.3-3 Programmsystem für Berechnungen an einem Zahnradgetriebe [15].

gramme ist das System REMOP [38]. Das Programmsystem ermöglicht die Nachrechnung von Paßfederverbindungen, insbesondere bei Berücksichtigung der Lastverteilung in Längsrichtung des Formschlußelements [39]. Die vom Progamm benötigten Eingabewerte sind in *Bild 7.2.3-4* dargestellt. Während normalerweise nur die mittlere Flächenpressung, bezogen auf das gesamte Wirkflächenpaar von Paßfeder und Wellen- bzw. Nabennut zugrundegelegt wird, was für kurze Paßfederverbindungen auch zulässig ist, berücksichtigt das Programm REMOP die tatsächlichen Beanspruchungsspitzen an der Lasteinleitungszone der Paßfederverbindung. Das Programm enthält weiterhin eine Datei mit genormten Paßfederabmessungen. *Bild 7.2.3-5* zeigt den Rechnerausdruck einer Paßfederberechnung mit freigestalteten Abmessungen und *Bild 7.2.3-6* den Rechnerausdruck der Nachrechnung einer genormten Paßfeder. Der Eingabeaufwand für genormte Paßfedern ist dabei erheblich reduziert.

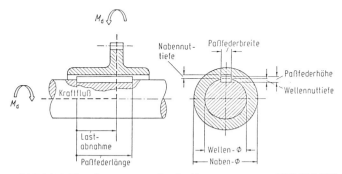

Bild 7.2.3-4 Eingabeparameter für das Programmsystem REMOP [56].

```
                EINGABEWERTE
                ************

EINGELEITETES MOMENT  ......   1500.0    NM
ZUL. FLAECHENPRESSUNG ......    120.0    N/MM**2
WELLENDURCHMESSER     ......    100.0    MM
NABENAUSSENDURCHMESSER ....     160.0    MM
GEWAEHLTE PASSFEDERLAENGE .     100.0    MM
LASTABNAHME NACH      ......     50.0    MM
ANZAHL PASSFEDERN AM UMFANG       1
PASSFEDERBREITE       ......     25.0    MM
PASSFEDERHOEHE        ......     17.0    MM
WELLENNUTBREITE       ......     25.0    MM
WELLENNUTTIEFE        ......     10.5    MM
NABENNUTBREITE        ......     25.0    MM
NABENNUTTIEFE         ......      6.6    MM
ELASTIZITAETSMODUL NABE  ...  206000.0   N/MM**2
ELASTIZITAETSMODUL WELLE ..   206000.0   N/MM**2
QUERKONTRAKTIONSZAHL NABE .       0.30
QUERKONTRAKTIONSZAHL WELLE        0.30

                AUSGABEWERTE
                ************

***** PASSFEDERBEZEICHNUNG *****
    25  X    17  X   100 (FREI GEWAEHLT)

        ***** PRESSUNG BEZOGEN AUF EINE PASSFEDER *****

        MAXIMALE FLAECHENPRESSUNG (NABE)    =   52.055 N/MM**2

        MINIMALE FLAECHENPRESSUNG (NABE)    =   43.066 N/MM**2

        UEBERHOEHUNGSFAKTOR
        PMAX/PCONSTANT .................    =    1.127

        SICHERHEIT NACH RECHENMODELL  .....  =    2.305
```

Bild 7.2.3-5 Ergebnisausdruck des Systems REMOP für eine Paßfeder mit freigestalteten Abmessungen [56].

7.2 Teilprozesse der rechnerunterstützten Konstruktion

```
                EINGABEWERTE
                ************

    EINGELEITETES MOMENT ......       1500.0    NM
    ZUL. FLAECHENPRESSUNG .....        120.0    N/MM**2
    WELLENDURCHMESSER .........        100.0    MM
    NABENAUSSENDURCHMESSER ....        160.0    MM
    GEWAEHLTE PASSFEDERLAENGE .        100.0    MM
    LASTABNAHME NACH ..........         50.0    MM
    ANZAHL PASSFEDERN AM UMFANG            1
    PASSFEDER NACH DIN 6885 BL. 01


                AUSGABEWERTE
                ************

  ***** PASSFEDERBEZEICHNUNG *****

   A  28   X   16   X   100  DIN 6885 BL.01 HOHE FORM

    PASSFEDERBREITE ............         28.0   MM
    PASSFEDERHOEHE .............         16.0   MM
    WELLENNUTBREITE ............         28.0   MM
    WELLENNUTTIEFE .............         10.0   MM
    NABENNUTBREITE .............         28.0   MM
    NABENNUTTIEFE ..............          6.4   MM


        ***** PRESSUNG BEZOGEN AUF EINE PASSFEDER *****

    MAXIMALE FLAECHENPRESSUNG (NABE)    =   56.251  N/MM**2

    MINIMALE FLAECHENPRESSUNG (NABE)    =   46.727  N/MM**2

    UEBERHOEHUNGSFAKTOR
    PMAX/PCONSTANT .....................=    1.125

    SICHERHEIT NACH RECHENMODELL .....  =    2.133
```

Bild 7.2.3-6 Ergebnisausdruck des Systems REMOP für eine genormte Paßfeder [56].

Die Anwendung solcher Berechnungsprogramme ermöglicht es dem Konstrukteur selbst umfangreiche Berechnungen, die bei einer „manuellen" Lösung mehrere Stunden oder Tage in Anspruch nehmen, in wenigen Minuten durchzuführen. Dies gestattet es, mehrere Varianten einer Konstruktion in sehr kurzer Zeit durchzurechnen und dadurch zu besseren Produktlösungen zu gelangen.

Entspricht das Abstraktions- bzw. Ersatzmodell, das dem Berechnungsprogramm zugrunde gelegt ist, nicht mehr der zu berechnenden realen Konstruktion, bzw. sind die Abweichungen zu groß, kann das Berechnungsprogramm nicht mehr für die Nachrechnung der jeweiligen Konstruktion verwendet werden.

Der Einsatz von Datenverarbeitungsanlagen im Konstruktionsbereich ermöglicht nicht nur die Berechnung von Bauteilen nach Methoden der klassischen Mechanik, sondern erlaubt es auch Methoden einzusetzen, die einer manuellen Bearbeitung nicht mehr zugänglich sind. Eine dieser Methoden ist die der Finiten Elemente.

Mit dieser Methode können Aufgabenstellungen aus den Gebieten der Statik, Dynamik, Wärmetechnik, Hydro- und Aerodynamik, Kontinuumsmechanik, Magnetohydrodynamik, Bodenmechanik sowie der elektrischen und magnetischen Felder gelöst werden [40]. Als Beispiel für die Anwendung dieser Methode ist in *Bild 7.2.3-7* die Nachrechnung einer idealisierten Werkzeugmaschine dargestellt. Für die Berechnung nach der Finite-Elemente-Methode wird die Bauteilgeometrie durch eine endliche Anzahl von Elementen angenähert. Diese besitzen alle eine einfache Gestalt sowie einen vereinfachten Spannungs- und Formänderungszustand. Die einzelnen Elemente werden an den Eckpunkten, den sogenannten Knotenpunkten verknüpft, belastet oder gelagert. In *Bild 7.2.3-8* ist der formale Ablauf einer FEM-Berechnung dargestellt.

Das mechanische Verhalten der Elemente und der Gesamtstruktur wird im wesentlichen durch drei Überlegungen beschrieben. Diese drei Überlegungen gehen von dem physikalischen Verhalten elastisch deformierbarer Tragwerke aus und lauten [41]:
– angreifende und innere Kräfte müssen im Gleichgewicht stehen (statische Verträglichkeit),

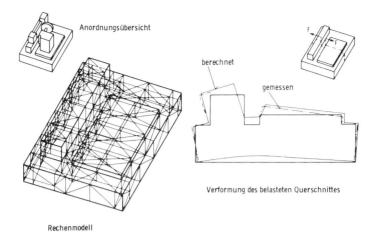

Bild 7.2.3-7 Finite-Elemente-Netz für eine Werkzeugmaschine [57].

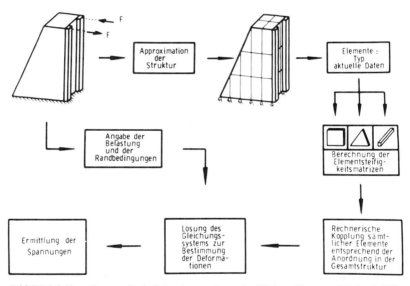

Bild 7.2.3-8 Vorgehensweise bei der Anwendung der Finiten-Element-Methode [58].

– benachbarte Elemente dürfen nach der Deformation weder auseinanderklaffen noch sich durchdringen und müssen an kinematisch geführten Randpunkten den Randbedingungen entsprechen (kinematische Verträglichkeit) und
– die Beziehungen zwischen Spannungen und Dehnungen werden über das Materialgesetz formuliert (Spanungs-Dehnungsbeziehung).

Mathematisch ausgedrückt bedeuten diese drei Überlegungen:
Für die statische Verträglichkeit

$$[A]\{G\} + \{F_v\} = 0 \qquad (1)$$

mit [A] als Matrix von Differentialoperationen, {G} als Spaltenvektor der Spannungen und $\{F_v\}$ für eingeprägte Volumenkräfte.

Für die kinematische Verträglichkeit
$$\{\varepsilon\} = [B] \cdot \{\delta\} \quad (2)$$
mit $\{\varepsilon\}$ als Dehnungsvektor, $\{\delta\}$ für den Verschiebungsvektor und der Matrix [B], welche die Knotenverschiebung mit dem Dehnungsfeld verknüpft. Die Forderung nach kinematischer Verträglichkeit ist erfüllt, wenn die Verschiebung u in jedem Punkte stetig ist. Die erste Ableitung der Verschiebung braucht dabei nur stückweise stetig zu sein.

Das Materialgesetz stellt die Spannungen $\{\sigma\}$ und Dehnungen $\{\varepsilon\}$ in Beziehung zueinander. Im linear-elastischen Bereich (HOOKEsches Gesetz) geschieht dies über die Elastizitätsmatrix [D] zu
$$\{\sigma\} = [D] \cdot \{\varepsilon\} \quad (3).$$
Das unter Beachtung der drei Beziehungen aufzustellende System partieller Differentialgleichungen ist für die vorgeschriebenen statischen und kinematischen Randbedingungen zu integrieren. Diese Integration gelingt jedoch nur unter starker Vereinfachung, d.h. nur in Fällen einfacher Geometrie und Belastung. Anstelle der Differentialgleichungen kann jedoch eine Integralgleichung als Variationsproblem formuliert werden. Als Variationsprinzip wird dabei das Prinzip der virtuellen Arbeit angewendet. Dieses Prinzip besagt, daß die äußere virtuelle Arbeit, die von der äußeren Belastung mit einer virtuellen Verschiebung geleistet wird, gleich ist mit der inneren virtuellen Arbeit, die von den Spannungen mit den virtuellen Dehnungen geleistet wird, wenn die Spannungen mit der äußeren Belastung statisch verträglich sind. Bei Beschränkung auf den Fall kleiner Verschiebungen, Dehnungen und Verdrehungen läßt sich die äußere virtuelle Arbeit mit Hilfe von Einzel-, Oberflächen- und Volumenkräften mit den zugehörigen virtuellen Verschiebungen formulieren. Die innere Arbeit wird dagegen mit der Spannung und der virtuellen Dehnung formuliert.

Die Methode der Finiten Elemente beruht auf einer physikalischen Idealisierung. Diese Idealisierung bedeutet, daß eine der beiden Verträglichkeitsbedingungen (statische oder kinematische) exakt erfüllt wird und die zweite nur näherungsweise. Ausgehend von den beiden Verträglichkeitsbedingungen sind die Kraft- und die Verschiebungsmethode für Finite-Elemente-Berechnungen entwickelt worden. Die Kraftmethode benutzt Finite Elemente, in denen die Spannungsverteilung derart angesetzt ist, daß die statischen Verträglichkeitsbedingungen eingehalten werden. Durch elementweise Ansätze für die Verschiebung werden bei der Verschiebungsmethode dagegen die kinematischen Bedingungen eingehalten. Die heute fast ausschließliche Anwendung der Verschiebungsmethode liegt u.a. darin begründet, das sich die kinematischen Beziehungen selbst bei komplizierten Tragwerken leicht aufstellen lassen. Bei dynamischen und nichtlinearen Problemen zeigt sich, daß die Verschiebungsmethode eine größere Allgemeinheit besitzt.

Wird die Verschiebungsmethode auf das Prinzip der virtuellen Arbeit angewendet, dann ergibt sich für den Fall der linearen Statik die Kraft $\{F\}^e$ an einem Element zu.
$$\{F\}^e = [k]^e \cdot \{\delta\}^e + \{J\}^e \quad (4).$$
Dabei ist $[k]^e$ die Steifigkeitsmatrix, $\{\delta\}^e$ die Verschiebung und $\{J\}^e$ die in dem Elementknotenpunkt zu berücksichtigenden Anfangslasten. Da jedoch eine Gesamtstruktur berechnet werden soll, müssen die Einzelelemente zu einer Gesamtstruktur zusammengebaut werden. Dies erfordert u.a. das Zusammenfassen der Elementsteifigkeitsmatrix $[k]^e$ zur Struktursteifigkeitsmatrix $[K]^s$. Für die Strukturknotenkräfte $\{R\}^s$ ergibt sich
$$\{R\}^s = [K]^s \{\delta\}^s + \{J\}^s \quad (5)$$
mit der Strukturknotenpunktverschiebung $\{\delta\}^s$ und den Strukturknotenanfangskräften $\{J\}^s$. Dieses Gleichungssystem ist unter gegebenen Randbedingungen zu lösen.

An einem einfachen Beispiel soll die mathematische Vorgehensweise bei der FE-Methode näher erläutert werden [42]. In diesem Beispiel werden die einzelnen Schritte und notwendigen Voraussetzungen an einem zweidimensionalen elastischen Problem dargestellt. Es wird zwar nur das ebene Dreieckselement behandelt, dennoch hat der grundlegende Ansatz Allgemeingültigkeit, so daß kompliziertere Elemente in ähnlicher Art und Weise behandelt werden können.

In *Bild 7.2.3-9* ist ein beliebiges Dreieckselement mit den Knoten i, j, m dargestellt. Die Verschiebung eines einzelnen Knotens ergibt sich zu

$$\{\delta_j\} = \left\{ \begin{array}{c} u_j \\ v_j \end{array} \right\}$$

Die Verschiebungen aller drei Knoten lassen sich in einem Vektor

$$\{\delta\}^e = \left\{ \begin{array}{c} \delta_i \\ \delta_j \\ \delta_m \end{array} \right\}$$

darstellen.

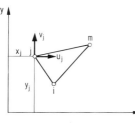

Bild 7.2.3-9 Dreieckselement das einem ebenen Spannungs- oder Verzerrungszustand unterworfen ist [42].

Die Definition der Verschiebung im Inneren des Elementes läßt sich am einfachsten durch zwei lineare Polynome durchführen. Damit ergibt sich für die Verschiebung u und v der Ansatz

$$u = \alpha_1 + \alpha_2 x + \alpha_3 y,$$
$$v = \alpha_4 + \alpha_5 x + \alpha_6 y.$$

Für Elemente mit einer größeren Anzahl von Freiheitsgraden je Knoten und anderen geometrischen Voraussetzungen (z.B. krummlinige Koordinaten) müssen für den Verschiebungsansatz Polynome höherer Ordnung verwendet werden. Aus der Forderung, daß sich beim Einsetzen der Knotenkoordinaten die jeweiligen Knotenverschiebungen ergeben, können die 6 Koeffizienten α_1 bis α_6 ermittelt werden. Aus

$$u_i = \alpha_1 + \alpha_2 x_i + \alpha_3 y_i,$$
$$u_j = \alpha_1 + \alpha_2 x_j + \alpha_3 y_j$$

und

$$u_m = \alpha_1 + \alpha_2 x_m + \alpha_3 y_m$$

können die Koeffizienten α_1 bis α_3 bestimmt werden. Es ergibt sich für die Verschiebung u

$$u = \frac{1}{2\Delta}[(a_i + b_i x + c_i y) u_i + (a_j + b_j x + c_j y) u_j + (a_m + b_m x \cdot c_m y) u_m]. \quad (6)$$

Darin ist $2 \cdot \Delta$ gleich 2mal der Flächeninhalt der Dreiecksfläche und

$$a_i = x_j y_m - x_m y_j,$$
$$b_i = y_j - y_m,$$
$$c_i = x_m - x_j.$$

Die weiteren Koeffizienten können durch zyklisches Vertauschen der Indizes in der Reihenfolge i j m bestimmt werden. Analog ergibt sich für die Verschiebung v

$$v = \frac{1}{2\Delta}[(a_i + b_i x + c_i y) v_i + (a_j + b_j x + c_j y) v_j + (a_m + b_m x + c_m y) v_m]. \quad (7)$$

Die kinematische Verträglichkeit (Gl. 2) ergibt sich für den ebenen Verzerrungszustand zu

$$\{\varepsilon\} = \left\{ \begin{array}{c} \varepsilon_x \\ \varepsilon_y \\ \gamma_{xy} \end{array} \right\} = \left\{ \begin{array}{c} \dfrac{\partial u}{\partial x} \\ \dfrac{\partial v}{\partial y} \\ \dfrac{\partial u}{\partial y} + \dfrac{\partial v}{\partial x} \end{array} \right\}$$

Mit Gl. 6 und 7 folgt daraus

$$\{\varepsilon\}^e = \frac{1}{2\Delta} \cdot \begin{bmatrix} b_i & 0 & b_j & 0 & b_m & 0 \\ 0 & c_i & 0 & c_j & 0 & c_m \\ c_i & b_i & c_j & b_j & c_m & b_m \end{bmatrix} \cdot \{\delta\}^e = [B]\{\delta\}^e. \tag{8}$$

Für das Materialgesetz (Gl. 3) erhält man, wenn man bestehende Anfangsdehnungen vernachlässigt,

$$\{\sigma\} = \begin{Bmatrix} \sigma_x \\ \sigma_y \\ \tau_{xy} \end{Bmatrix} = [D] \cdot \begin{Bmatrix} \varepsilon_x \\ \varepsilon_y \\ \gamma_{xy} \end{Bmatrix}.$$

Für den ebenen Spannungszustand und isotropes Material vorausgesetzt ergibt sich

$$\varepsilon_x = \frac{1}{E}\sigma_x - \frac{\nu}{E}\sigma_y,$$

$$\varepsilon_y = \frac{\nu}{E}\sigma_x - \frac{1}{E}\sigma_y,$$

$$\gamma_{xy} = \frac{2(1+\nu)}{E}\tau_{xy}.$$

Darin sind E der Elastizitätsmodul und ν die Querkontraktionszahl. Nach den Spannungen aufgelöst folgt für die Matrix [D]

$$[D] = \frac{1}{1-\nu^2} \begin{bmatrix} 1 & \nu & 0 \\ \nu & 1 & 0 \\ 0 & 0 & \frac{(1-\nu)}{2} \end{bmatrix}. \tag{9}$$

Die Matrizen [B] und [D] können nun zur Steifigkeitsmatrix [K] zusammengefaßt werden. Im vorliegenden Fall ergibt sich die Steifigkeitsmatrix zu.

$$[K] = \iint_F [B]^T [D][B] \, t \, dF,$$

mit t als Dicke des Elementes. Das Integral erstreckt sich in diesem Beispiel über die Dreiecksfläche. Ist die Dicke des Elements konstant, ergibt sich für die Steifigkeitsmatrix

$$[K] = [B]^T [D][B] \, t \, \Delta, \tag{10}$$

Dabei ist Δ der Flächeninhalt der Dreiecksfläche. Für dieses Beispiel ist [K] eine 6 x 6 Matrix.
Aus Gleichung (5) ergeben sich die Knotenkräfte, wenn man diejenigen Knotenkräfte, die durch Volumenkräfte, Anfangsdehnungen und Anfangsspannungen hervorgerufen werden vernachlässigt, zu

$$\{F\}^e = [K]\{\delta\}^e. \tag{10}$$

Einsetzen von Gl. 8, 9 und 10 ergibt für das hier aufgezeigte Beispiel unter Berücksichtigung von Randbedingungen 6 Gleichungen mit 6 Unbekannten.
Bei der Berechnung eines realen Bauteils werden die entsprechenden Bauteilflächen durch mehrere hundert Elemente angenähert, so daß Gleichungssysteme mit mehreren hundert oder tausend Unbekannten entstehen und gelöst werden müssen. Bei dem FE-System ASKA können z.B. max. 27.000 Elemente vorgegeben und bei einer voll besetzten Steifigkeitsmatrix bis zu 43.000 Unbekannte gelöst werden [43].
Die Lösung dieses Gleichungssystems ist das Kernstück eines jeden FE-Systems. Die zur Verfügung stehenden Lösungsmethoden hängen von der Problemgröße und der Art des verwendeten Rechners ab. Im einfachsten Fall wird das Gleichungssystems vollständig aufgestellt. Die erforderliche Speicherkapazität ist dabei proportional zu N^2, wobei N die Anzahl der Gleichungen ist. Bei 100 Gleichungen bedeutet das einen Speicherbedarf von 10.000 Speicherplätzen.
Zur Lösung dieser Art von Gleichungssystemen kommen zwei Gruppen von Verfahren zur Anwendung. Direkte Verfahren, bei denen die exakte Lösung gefunden wird (z.B. GAUSSsche Verfahren) oder indirekte Verfahren, bei denen das Ergebnis durch sukzessive Approximation gefunden wird (z.B. GAUSS-SEIDEL-Verfahren).

Für die unterschiedlichen Anwendungen der FE-Methode sind unterschiedliche geometrische Elemente (Finite Elemente) entwickelt worden, in denen die je nach der Problemstellung unterschiedlichen Knotenfreiheitsgrade berücksichtigt werden. Die gebräuchlichsten dieser zwei- und dreidimensionalen Elemente können in allen kommerziell angebotenen FE-Berechnungsprogrammen wie NASTRAN (NASA Structural Analysis) [44], ASKA (Automatic System for Kinematic Analysis) [43] TPS-10 [45], ADINA [46], SAP-V [47] angewendet und berechnet werden. *Bild 7.2.3-10* zeigt eine Auswahl der im System ASKA zur Verfügung stehenden Elemente.

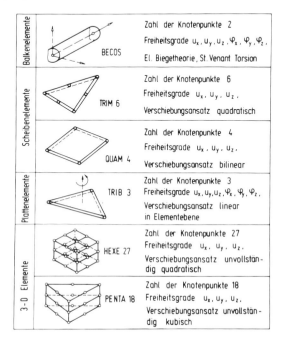

Bild 7.2.3-10 Einige Elementtypen aus ASKA [43]. Verschiebung Verdrehung

Zur Erzeugung von Eingabedaten für die FE-Berechnungsprogramme ist eine Reihe von Netzgeneratoren wie SUPERNET [48], FEMGEN [49] entwickelt worden. Die Vorgehensweise bei der Netzgenerierung zeigt im wesentlichen zwei Unterscheidungsmerkmale [50]. Während frühe Verfahren davon ausgingen, die Netzgeometrie manuell aus der Bauteilgeometrie abzuleiten, erfolgt bei neueren Verfahren zuerst ein Umsetzen der Bauteilgeometrie in ein rechnerinternes Geometriemodell und anschließend die automatische Vernetzung. In den Anfängen der rechnerunterstützten Erzeugung von Netzwerken wurden in erster Linie Anforderungen, die aus der manuellen Erzeugung von Netzwerken resultierten, berücksichtigt. Das Ziel war, über den Rechner einen Zeichenbrettersatz zu schaffen.

Parallel zu den rein grafisch-interaktiv arbeitenden Systemen mit relativ wenig automatisierten Prozessen wurden generierende Systeme entwickelt. Grundlage dieser Systeme ist die Vorgabe einer erzeugenden Kontur, die um eine Achse rotiert, ein rotationssymmetrisches Netz oder bei Translation entlang einer Leitkurve ein verallgemeinertes Profilnetz erzeugt. Als Nachteil dieser Systeme ist zu nennen, daß nur relativ einfache Topologien erfaßt werden können.

In neueren Verfahren ist der Trend zu einer weiteren Automatisierung der Vernetzung erkennbar. Insbesondere tritt die Generierung von allgemeinen räumlichen Oberflächennetzen und Raumelementnetzen stärker in den Vordergrund. Grundprinzip derartiger Netz-

[Literatur S. 433]   7.2 Teilprozesse der rechnerunterstützten Konstruktion   279

generierung ist häufig das sogenannte Blockprinzip, d.h. die Erkenntnis, daß sich komplexe Körper in quaderförmige Grundstrukturen zerlegen lassen. Quaderförmig ist hier im Sinne einer topologischen Definition zu sehen, d.h. es handelt sich um allgemeine räumliche Gebilde, deren Begrenzung aus acht Randpunkten, zwölf Randlinien und sechs Randflächen besteht. Die Zerlegung eines komplexen Körpers in Teilkörper ist vom grafischen Eingabemedium abhängig und erfolgt meist grafisch interaktiv. Durch die Einführung einer Blockstruktur des Körpers ist bereits eine mengenmäßige Erfassung der topologischen Zusammenhänge des Bauteils gegeben, d.h. ein einfaches geometrisches Modell definiert.
Bild 7.2.3-11 zeigt die Entwicklungsstufen der Netzgenerierungssysteme. Zur automatisierten Netzgenerierung sind mehrere Methoden entwickelt worden, von denen stellvertretend für die Dreiecksnetzgenerierung die Methode von CAVENDISH [51] näher beschrieben wird [50].

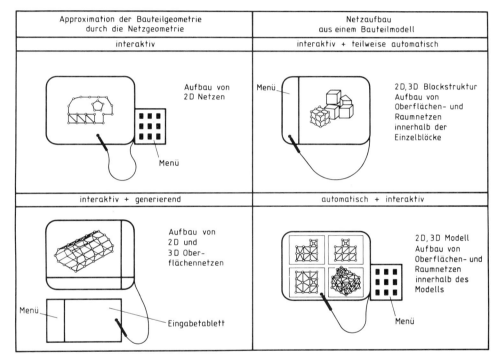

Bild 7.2.3-11 Entwicklungsstufen der Netzgenerierungssysteme [50].

Die Methode erlaubt die Erzeugung von Netzwerken in ebenen abgeschlossenen Gebieten. In der ersten Stufe erfolgt die Generierung von Netzinnenpunkten, die zweite Stufe dient zur vollautomatischen Dreiecksnetzgenerierung. Voraussetzung für diese Methode ist eine Linearisierung der Berandungskontur des Gebiets. Die Aufteilung der Berandung in Geradenstücke muß vor dem Einleiten des Prozesses erfolgen. Bezüglich des Berandungszusammenhangs besteht keine Einschränkung. Dies impliziert, daß das Gebiet mehrfach zusammenhängend sein darf. Eine Einschränkung besteht lediglich bezüglich der Orientierung der berandeten Konturen. Sie wird sowohl für die äußere Berandung als auch für die innere Berandungen mathematisch positiv vorgeschrieben.
Zusätzlich zu der Vorgabe der Orientierung erfordert die Methode die Angabe von sogenannten Dichtebereichen. Darunter versteht man Gebiete, in denen die Punkte einen festen

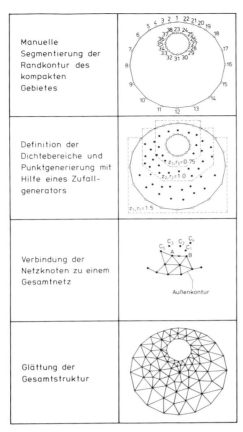

Bild 7.2.3-12 Methode von CAVENDISH [51].

frei definierbaren Abstand voneinander haben. *Bild 7.2.3-12* zeigt als Beispiel die Unterteilung in Dichtebereiche für ein kreisförmiges Gebiet mit einem Loch. Die eigentliche Generierung der Punkte innerhalb von Gebieten mit konstanter Dichte erfolgt über einen Zufallsprozeß, der es erlaubt, ein Gebiet gleichmäßig mit Punkten zu besetzen. Nach Abschluß der Punktgenerierung innerhalb aller vorgeschriebenen Dichtebereiche sind die Voraussetzungen für die Einleitung der Topologiegenerierung in der zweiten Stufe erfüllt. Die Netzgenerierung des gesamten Gebietes bezieht sich auf die gesamte Punktmenge der randseitigen und der inneren Punkte. Ausgehend von einer Randseite D, gebildet aus zwei Randpunkten, werden potentielle dritte Punkte für eine Dreiecksbildung gesucht und nach zwei Kriterien ausgewählt. Das erste Kriterium ist das Lagekriterium, d.h., es sind nur Punkte zulässig, die links von der betrachteten Randseite liegen. Es zeigt sich damit, daß die Orientierung eine wesentliche Voraussetzung darstellt. Beim zweiten Kriterium handelt es sich um eine Längenoptimierung der potentiell möglichen Dreiecksseiten, d.h., es werden fünf Punkte aus der Gesamtpunktmenge mit dem Kriterium des minimalen Umfangs ausgewählt. Es sind somit fünf Dreieckskandidaten in der engeren Wahl. Die eigentliche Dreiecksbildung erfolgt unter Berücksichtigung eines Dreiecksmaßes, das die Gleichseitigkeit wiedergibt. Mit den fünf Punkten werden alle Dreiecksalternativen durchgespielt und die Einflüsse auf nachfolgende Dreiecksbildungen untersucht. Bei einer optimalen Anordnung wird ein Dreieck gebildet. Durch die iterative Weiterführung des Prozesses erfolgt die Vernetzung des gesamten Gebietes.

Neben der Netzgenerierung und Berechnung der FE-Struktur kommt der Ausgabe der berechneten Werte eine große Bedeutung zu. Da eine sehr große Informationsmenge ausgegeben werden muß, sind geeignete Möglichkeiten zu schaffen, diese dem Benutzer in einer übersichtlichen Form anzubieten. Standardausgabeformen von Finite-Elemente-Systemen sind u.a. die in *Bild 7.2.3-13* dagestellte grafische Ausgabe der einzelnen Knotenverschiebungen sowie die Verläufe der Hauptspannungen. Verschiedene FE-Systeme ermöglichen daneben die grafische Ausgabe von Isolinien, das sind Linien gleicher Spannungen oder Temperatur. Ein Beispiel für die Ausgabe von Isolinien zeigt *Bild 7.2.3.–14*. Bei Verwendung geeigneter Ausgabegeräte können auch farbige Darstellungen der Spannungs- oder Temperaturverteilung ausgegeben werden.

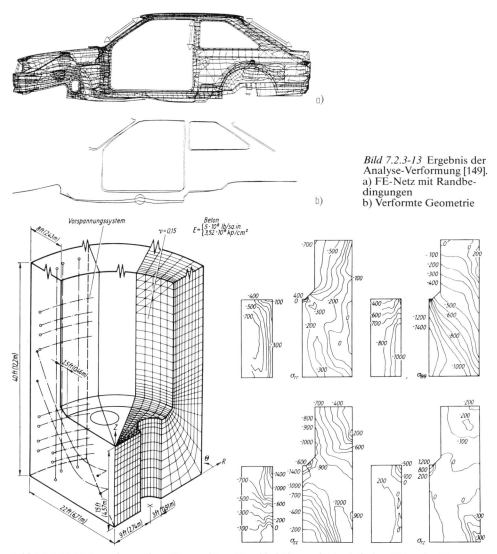

Bild 7.2.3-13 Ergebnis der Analyse-Verformung [149].
a) FE-Netz mit Randbedingungen
b) Verformte Geometrie

Bild 7.2.3-14 Untersuchung eines Kernreaktor-Druckbehälters mittels einfacher Tetraeder-Elemente, Abmessungen Unterteilung sowie Ergebnisse der Spannungsbestimmung [42].

Auslegungsrechnungen

Auslegungsrechnungen dienen zur Auslegung von Bauteilen im Hinblick auf die Erfüllung der ihnen zugedachten Funktion. So ermöglichen sie z.B. die dimensionsmäßige Auslegung von Bauteilen nach gestellten Anforderungen wie z.B. Belastung oder Lebendauer. Im Gegensatz zur Nachrechnung liegt bei dieser Berechnungsart die vollständige Bauteilgeometrie zu Beginn der Berechnung noch nicht vor, sie ist vielmehr das Ergebnis der Auslegungsrechnung.
Wie für die Nachrechnung, sind auch für die Auslegungsrechnung zahlreiche Programmsysteme entwickelt worden, mit denen häufig verwendete Maschinenelemente wie z.B. Schrauben, Federn oder Kupplungen ausgelegt werden können. Diese Auslegungsprogramme beinhalten in der Regel Nachrechnungen mit denen das Auslegungsergebnis iterativ erreicht wird. Nach jeder Kontrollrechnung werden bestimmte Parameter verändert mit der Absicht, bei einer erneuten Rechnung das Ergebnis zu verbessern. Lassen sich nach einer Parameterveränderung keine günstigeren Ergebnisse erzielen oder müssen bestimmte Sicherheiten eingehalten werden, ist die Auslegungsrechnung abgeschlossen.
Da in den Auslegungsprogrammen in der Regel Nachrechnungsprogramme integriert sind, können mit einer Vielzahl von Auslegungsprogrammen auch Nachrechnungen durchgeführt werden. Der Benutzer eines solchen Systems kann zu Beginn der Berechnung entscheiden, ob er das betreffende Maschinenelement mit vorgegebener Abmessung nachrechnen oder aufgrund vorgegebener Belastung auslegen möchte. Ein Beispiel für diese Programmsysteme ist das System BOLT 3 [52], mit dem verschiedene Schraubenverbindungen berechnet werden können. Der Gesamtaufbau des Systems ist in *Bild 7.2.3-15* dargestellt.
Der Systemkern besteht aus sechs Moduln zur Berechnung von Einschraubenverbindungen mit geteilten oder geschlossenen Trennfugenflächen sowie Mehrschraubenverbindungen, wobei die Schraubenachsen in einer Ebene oder räumlich zueinander liegen können. Die von den einzelnen Moduln benötigten Norm- und Werkstoffdaten werden automatisch aus den ebenfalls im System integrierten Norm- und Werkstoffdateien entnommen. Stellvertretend für die sechs Moduln ist die Leistungsfähigkeit des Moduls zur Berechnung von Einschraubenverbindungen für zylindrische Schraubengeometrien in *Bild 7.2.3-16* dargestellt.
Dieser Modul ermöglicht eine Schraubenverbindung nachzurechnen oder auszulegen. Für eine Nachrechnung kann der Benutzer die Geometrie der Schraube extern vorgeben oder eine Normschraube verwenden, wobei die Geometrie der Schraube aus der integrierten Normdatei entnommen wird. Entscheidet sich der Benutzer dafür, die Schraube vom System auslegen zu lassen, so wird die Schraube automatisch aufgrund der vorgegebenen Randbedingungen vom System dimensioniert.

Optimierungsrechnungen

Im Gegensatz zu Auslegungsrechnungen werden in Optimierungsrechnungen die in Betracht kommenden Variablen so variiert, daß ein bestimmter Wert oder eine bestimmte Funktion einen Extremwert (Optimum) erreicht.
Der einfachste Fall liegt vor, wenn eine Variable zu einem Extremwert gebracht wird und alle anderen Variablen beliebige Werte annehmen dürfen.
Die Optimierungsmethoden unterscheiden sich nicht nur hinsichtlich des Optimierungszieles, sondern auch in Bezug auf die Verknüpfung der Parameter untereinander. Man spricht von einer linearen Optimierung, wenn alle Parameter miteinander über lineare Beziehungen verbunden sind. Liegt die Zielfunktion ebenfalls als lineare Funktion vor und werden für eine Anzahl von Variablen bestimmte Größt- und Kleinstwerte vorgegeben, führt die lineare Optimierungsmethode zu exakten Problemlösungen.

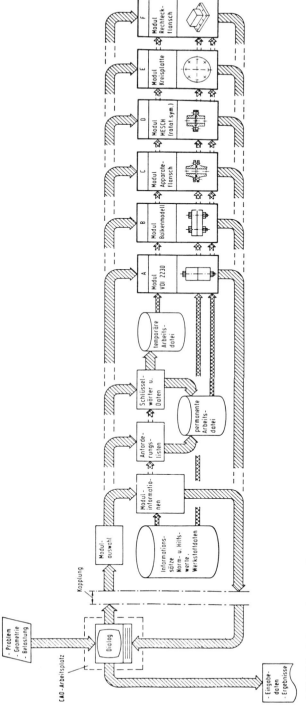

Bild 7.2.3-15 Gesamtkonzept des Programmsystems BOLT3 [52].

284   7 *Rechnerunterstützte Konstruktion* [Literatur S. 433]

Modul:	VDI 2230
Theorie	VDI-Richtlinie 2230
Geometrie	Zylinder 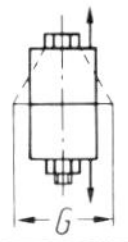 $G = d_k \cdot h_{min}$
Schraubenzahl	eine
Betriebslasten	Betriebskraft F_A und Exzentrizität a <u>oder</u> Betriebsmoment M_B
Schraubenvorgabe	- Nachrechnen, Abmaße extern vorgeben - Nachrechnen einer Normschraube - Dimensionieren und Optimieren

Ergebnisse	- lineares Verhalten
	- Schraubenkräfte
	- Sicherheiten { - Flächenpressung
	    - Dauerfestigkeit
	    - Streckgrenzenauslastung der Schraube im Vor- spann- und Lastfall

Besonderheiten	Die Abmaße des Zylinders in der Trennfugen- ebene sind auf G begrenzt. G = Schraubenkopfdurchmesser · Höhe des kleineren Zylinders

Bild 7.2.3-16 Modul VDI 2230 des Systems BOLT3 [52].

In der Konstruktion weitaus häufiger anzutreffen ist die nichtlineare Verknüpfung der Parameter. Man spricht in diesem Fall von nichtlinearer Optimierung. Für die Lösung dieses Problemkreises stehen Methoden der nichtlinearen Optimierung wie z.B.

- GAUSS-SEIDEL-Methode,
- Gradienten-Methode und
- Monte-Carlo-Verfahren

zur Verfügung.
Als Beispiel für die nichtlineare Optimierung wird die Gradienten-Methode kurz beschrieben [53]. Notwendige Voraussetzung für die Anwendung der Gradienten-Methode ist, daß die zu optimierende Funktion $f(x_1, x_2, x_3, \ldots, x_n)$ partiell differenzierbar ist d.h., daß

$$\frac{\partial F(x_1, x_2, x_3 \ldots x_n)}{\partial x_i}$$

für alle $i = 1, \ldots, n$ existiert. Ist diese Voraussetzung erfüllt, so existiert auch der Gradient grad (f). Dieser Gradient kann über Differenzenquotienten angenähert werden. Mit dieser Näherung gelingt es, die Richtung des nächstfolgenden Schrittes vorzugeben. Die Gradientenrichtung wird solange beibehalten, wie sich der Wert der Zielfunktion verbessert. Ist keine Verbesserung der Zielfunktion vorhanden, wird in dem jeweiligen Punkt der angenäherte Gradient bestimmt und in der damit definierten Richtung fortgefahren. Bild 7.2.3-17 zeigt die Vorgehensweise am Beispiel einer Funktion $f(x, y)$ und einer Funktion $f(x, y, z)$.
Zwei weitere Verfahren zur Optimierung mit unterschiedlichen Konvergenzgeschwindigkeiten sind das zweigliedrige Wettkampfschema und das erweiterte Evolutionsprinzip [54]. Hier soll nur das erste Verfahren, das zweigliedrige Wettkampfschema oder auch Muta-

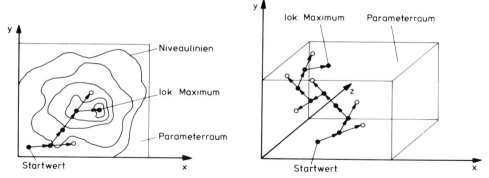

Bild 7.2.3-17 Grafische Darstellung der Gradientenmethode [50].

tions-Selektionsprinzip, erklärt werden. Es geht davon aus, daß diejenigen zufällig erzeugten Mutationen der Funktionsparameter x von der Selektion eliminiert werden, sobald der Funktionswert, der über diese Parameter erzeugt wird, schlechter wird als der vorangehende. Damit ist die Vorgehensweise vorgegeben. Der Parametervater wird so lange beibehalten, bis die zufällige Mutation seiner Gene (Parameter) einen leistungsfähigen Paramtetersohn ergibt. Der Parametervater stirbt aus, und der Sohn tritt an seine Stelle. Damit dieses Verfahren konvergieren kann, ist die Glattheit der zu optimierenden Funktion Voraussetzung. Das Verfahren konvergiert unter gewissen Randbedingugnen gegen das absolute Maximum.

7.2.4 Zeichnen

Eine der wichtigsten Fertigungsunterlagen, die in der Konstruktion angefertigt wird, ist die technische Zeichnung. In der CAD-Technologie ist das Zeichnen nicht mit der Erstellung von Werkstattzeichnungen gleichzusetzen, sondern beinhaltet allgemein den Aufbau grafischer Darstellungen [191, 196]. Diese Darstellungen reichen von Schemazeichnungen bis hin zu perspektivischen Darstellungen dreidimensional gespeicherter Bauteilgeometrien.
Die Vorgehensweise beim Aufbau der grafischen Darstellung ist von den Eigenschaften des jeweils verwendeten CAD-Systems abhängig [192]. Betrachtet man CAD-Systeme unter dem Aspekt zwei- und dreidimensionaler Geometrieverarbeitung nach dem Varianten- oder Generierungsprinzip, so ergeben sich unterschiedliche Möglichkeiten für die Erzeugung grafischer Darstellungen [200].
Die Erstellung einzelner Varianten bei einem Variantensystem beruht auf der Eingabe der aktuellen Parameter für die Variante. Die in *Bild 7.2.4-1* dargestellten acht Varianten des Komplexteiles werden nur durch die Angabe jeweils unterschiedlicher Werte für die Variablen HÖHE, FX, FY, LB, LH und BREITE erzeugt. Der Anwender beschreibt die aktuelle Variante also nicht durch Eingabe von geometrischen Elementen, sondern nur durch Vorgabe von entsprechenden Parameterwerten.
Das Generierungsprinzip arbeitet auf der Grundlage im System definierter und verarbeitbarer geometrischer Elemente. Bei 2D-CAD-Systemen sind dies vorwiegend Strecken, Kreise, Kreisbögen und Ellipsen. Zur Darstellung von Bauteilansichten muß die Bauteilgeometrie in die vom System verarbeitbaren geometrischen Elemente zerlegt werden. Diese werden vom Benutzer am Bildschirm definiert und zu offenen oder geschlossenen Konturzügen aneinandergereiht. Auf diese Art und Weise lassen sich Bauteilansichten darstellen, die jedoch nur aus den im verwendeten CAD-System definierbaren grafischen Elementen

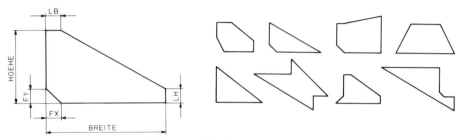

Bild 7.2.4-1 Komplexteil und einige mögliche Varianten.

bestehen können. Die Leistungsfähigkeit heutiger CAD-Systeme geht jedoch über die Generierung einzelner grafischer Elemente hinaus [197]. So kann beispielsweise der Bereich innerhalb eines geschlossenen Konturzuges als Fläche definiert werden. Diese Definition kann entweder zu Beginn der Beschreibung erfolgen, indem die Funktion „generiere Fläche" aufgerufen und anschließend der geschlossene Konturzug eingegeben wird, oder man faßt bereits generierte Konturelemente zu einem Konturzug zusammen und definiert abschließend die Fläche. Diese kann dann für weitere Beschreibungsschritte als eine Einheit betrachtet werden. Zur Vereinfachung bei der Beschreibung komplexer Geometrien können Funktionen wie Transformieren, Kopieren oder Spiegeln von Elementen oder die Verknüpfung von Einzelflächen zu einer Gesamtfläche verwendet werden *(Bild 7.2.4-2)*. Diese Technik ermöglicht z. B. die Definition von Löchern innerhalb einer Fläche.

Vielfach ist eine Anordnung von geometrischen Elementen nur unter Verwendung von Hilfselementen wie Hilfslinien, Hilfskreisen oder Hilfsflächen möglich. Diese Hilfselemente sind nicht Bestandteil der Bauteilgeometrie, sondern dienen lediglich ihrem Aufbau. Damit keine Verwechslung mit geometrischen Elementen der Bauteilgeometrie vorkommen kann, werden die Hilfselemente meistens als gestrichelte Elemente grafisch dargestellt.

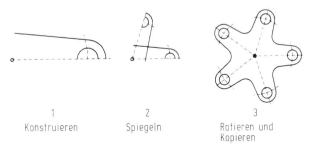

Bild 7.2.4-2 Anwendung von Hilfselementen zum Aufbau von Bauteilgeometrien [122].

Einige Systeme bieten die Möglichkeit, die Beschreibungshistorie (z.B. Tangente an, Lot auf, Parallele zu) den erzeugten geometrischen Elementen zuzuordnen. Bei einer späteren Geometrieveränderung können diese Beziehungen automatisch berücksichtigt werden.

Zur Erstellung vollständiger Werkstattzeichnungen ist es erforderlich, Funktionen zum Schraffieren und Bemaßen zur Verfügung zu haben. Schraffiert werden können nur Bereiche bzw. Flächen innerhalb eines geschlossenen Konturzuges, wobei vorher definierte Löcher automatisch berücksichtigt werden. Nach Vorgabe von Abstand und Steigung der Schraffurgeraden, erfolgt das Schraffieren automatisch. Ein Beispiel für diese Technik ist in *Bild 7.2.4-3* dargestellt.

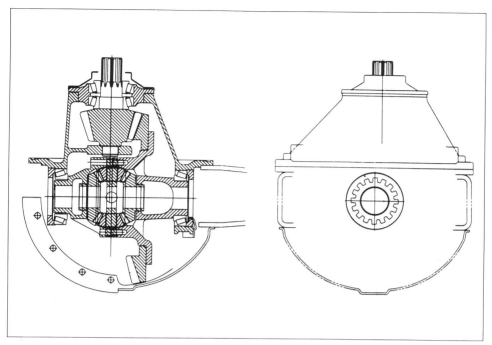

Bild 7.2.4-3 Automatisch schraffierte Schnittflächen. Erstellt mit dem System CADDS-3.

Die Bemaßung der Bauteilansichten wird vorwiegend grafisch interaktiv durch den Benutzer vorgenommen. Für gezielte Anwendungsfälle kann die Bemaßung jedoch von einigen CAD-Systemen automatisch durchgeführt werden. Eine solche Funktion beinhalten z.B. die Systeme DETAIL 2 und CADDS 3 die in Kapitel 7.3.1 und 7.3.2 näher beschrieben werden. Eine allgemeine Anwendung der Bemaßung ist beim heutigen Stand der Technik jedoch nur im grafisch-interaktiven Dialog möglich. Bei deutschen Systementwicklungen werden dabei die in DIN 406 festgelegten Bemaßungsrichtlinien berücksichtigt. Neben der Bemaßung von Radien, Kreisen und Winkeln kann die X-Differenz, Y-Differenz oder der Abstand zwischen zwei Punkten bemaßt werden. Der Benutzer wählt über die Menütechnik die entsprechende Bemaßungsart, identifiziert das zu bemaßende geometrische Element und gibt die Position der Maßzahl an. Die Maßbrücken einschließlich der Maßpfeile sowie die Maßzahl werden vom System automatisch ermittelt und dargestellt. Eine Werkstattzeichnung beinhaltet neben der Bemaßung Angaben über Oberflächengüte, Toleranzen und Texte. Diese Funktionen sind ebenfalls in den Bemaßungsmoduln der CAD-Systeme enthalten. *Bild 7.2.4-4* zeigt die grafisch interaktiv bemaßte Ansicht eines Hebels.
Das Arbeiten mit 3D-CAD-Systemen setzt ein größeres geometrieorientiertes Denken voraus als das bei 2D-CAD-Systemen der Fall ist. Neben der Bauteilbeschreibung durch kanten- und flächenorientierte Systeme kann diese auch volumenorientiert durchgeführt werden. Dazu stehen verschiedene in Kapitel 6.4 dargestellte Beschreibungsmöglichkeiten zur Verfügung.
Die Beschreibung von Bauteilen durch Grundvolumenelemente soll an einem Beispiel näher erläutert werden. Das in *Bild 7.2.4-5* dargestellte Bauteil wird in die Funktionseinheit Nabe, Bohrung, Steg, Grundplatte, Leiste und Schraubenlöcher zerlegt. Diese Funktionseinheiten müssen so ausgewählt werden, das sie mit den Grundvolumenelementen, die im verwendeten CAD-System zur Verfügung stehen, beschrieben werden können. Der nächste

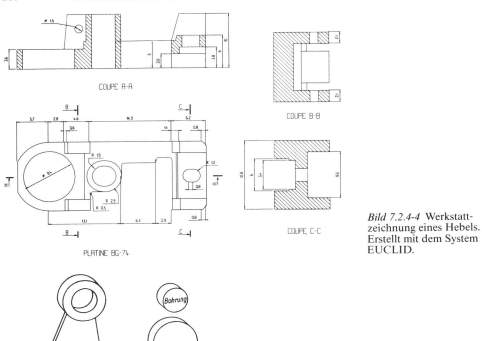

Bild 7.2.4-4 Werkstattzeichnung eines Hebels. Erstellt mit dem System EUCLID.

Bild 7.2.4-5 Zerlegung eines Bauteils in Einzelvolumen.

Schritt ist die Umsetzung dieser Funktionseinheiten in die geometrischen Grundvolumenelemente. Bohrung, Nabe und Schraubenlöcher werden als Zylinder, Grundplatte und Leiste als Quader und der Steg als Profilkörper dargestellt. Bei der Beschreibung des Bauteils besteht dieses also nur noch aus Zylindern, Quadern und einem Profilkörper.

Diese Elemente werden entsprechend ihrer Lage positioniert, dimensioniert und abschließend zu einem Gesamtvolumen verknüpft. Ein Profilkörper wird beschrieben, indem die geschlossene Kontur einer Deckfläche definiert wird. Diese Fläche wird aufgrund der Tiefenangabe entlang einer Achse verschoben. Bei grafisch-interaktiv arbeitenden 2D/3D-CAD-Systemen stehen zur Beschreibung der Deckfläche die bereits beschriebenen Funktionen zur Erzeugung von Konturzügen und Flächen zur Verfügung.

Ein Vorteil der 3D-Bauteilbeschreibung besteht bei der Erstellung von Werkstattzeichnungen darin, daß beliebige räumliche Ansichten des Bauteils vom Rechner erzeugt werden können. Dazu zählen natürlich auch die Normalansichten des Bauteils *(Bild 7.2.4-6)*. Die zur Darstellung des Bauteils notwendigen Normalansichten können ausgesucht und grafisch-interaktiv bemaßt werden.

Reichen die Normalansichten nicht aus, um das Bauteil eindeutig in einer Werkstattzeichnung darzustellen, werden zusätzlich Schnittansichten benötigt.

[Literatur S. 433]   7.2 Teilprozesse der rechnerunterstützten Konstruktion   289

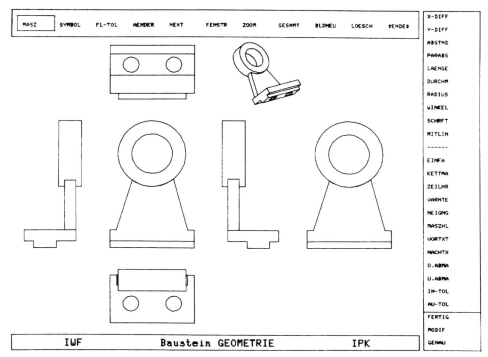

Bild 7.2.4-6 Automatisch erzeugte Ansichten eines Bauteils. Erstellt mit dem System Baustein GEOMETRIE.

Bei 3D-flächen- oder volumenorientierten Systemen können beliebige Schnittansichten ebenfalls automatisch generiert werden. Dazu wird vom Benutzer die Schnittebene definiert. Ein Beispiel für die grafisch-interaktive Schnittebenendefinition ist das Identifizieren von drei Punkten mit Hilfe des Fadenkreuzes oder Lichtgriffels am grafisch dargestellten Bauteil. Die Schnittebene verläuft dann durch diese drei Punkte und vom System werden automatisch die Schnittkonturelemente berechnet und eine Schnittfläche generiert. Einige Systeme ermöglichen darüber hinaus noch zusätzlich das Aufteilen des Bauteils an der Schnittfläche und Löschen einer Bauteilhälfte *(Bild 7.2.4-7)*.

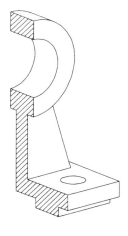

Bild 7.2.4-7 Automatisch erzeugte Schnittansicht eines Bauteils. Erzeugt mit dem System Baustein GEOMETRIE.

7.2.5 Bewerten

Jede technische Aufgabe hat mehrere mögliche Lösungen. Die Forderung nach einer optimalen Lösung verlangt entsprechende Entscheidungshilfen. Neben Optimierungs- und Auswahlverfahren sind es Informationssysteme, die den subjektiven Entscheidungsspielraum einengen sollen [59].
Die rechnerunterstützte Informationsbereitstellung [60] basiert auf Datenbanken die die benötigten Informationen in ihrer logischen Struktur und ihrer Darstellung dem zu vollzie-

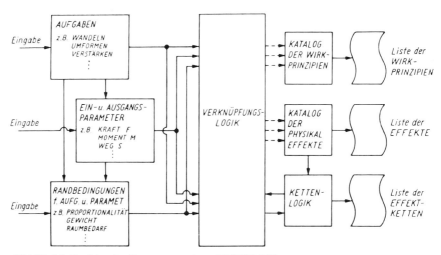

Bild 7.2.5-1 Struktur des Programmsystems RELKO [60].

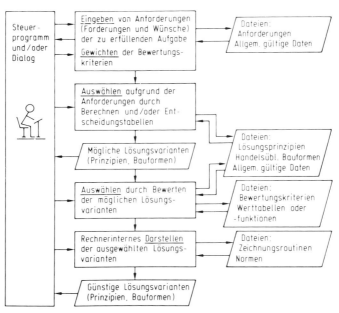

Bild 7.2.5-2 Allgemeiner Ablauf bei Anwendung von Auswahlsystemen [65].

henden Prozeß anpassen [61]. Für die Konzeptphase wurde z.B. das Programmsystem RELKO (Rechnerunterstützte Lösungsfindung für Konstruktionsaufgaben) entwickelt, das den eigentlichen Dateien (Katalogen) über physikalische Effekte und Wirkprinzipien eine Auswahl und Verknüpfungslogik vorschaltet *(Bild 7.2.5-1)*. Dadurch werden für die eingegebenen Teilfunktionen die sie erfüllenden physikalischen Effekte ausgewählt bzw. zu Effektenketten verknüpft und wenn vorhanden, bereits als verwirklichte Wirkprinzipien ausgegeben [62].
Zwischen Auswahl- und Bewertungsverfahren wird oft nicht unterschieden. Was als Bewerten bezeichnet wird, ist meistens ein Auswählen [63]. Der in *Bild 7.2.5-2* dargestellte verallgemeinerte Ablauf bei der Anwendung von Auswahlsystemen macht das deutlich. Auswahlsysteme für Wälzlager [66] Wellen- Naben-Verbindungen [64], Kupplungen [67] und Getriebe sind in der Praxis bereits anwendbar. Beispielsweise sind für das Auswählen von Wälzlagern Lagerdaten in einer Datei gespeichert. Diese Daten bilden die Grundlage für die Anwendung bekannter Rechenverfahren. Eindimensionale Optimierungskriterien ermöglichen die Auswahl nach z.B. geringstem Lagergewicht oder der kleinsten Lagerbreite. In *Bild 7.2.5-3* ist das Ergebnis einer Wälzlagerauswahl mit Eingabedaten angegeben. Die automatisch ausgewählten Daten einer Kupplungsauswahl enthält *Bild 7.2.5-4*.

WAELZLAGERAUSWAHL FUER RADIALLAGER

AXIALLAST STAT. 0.0 KP / DYN. 100.0 KP — AXIALLASTBEIWERT 0.20

RADIALLAST STAT. 0.0 KP / DYN. 1000.0 KP — GEWUENSCHTE LEBENSDAUER 1500.0 STUNDEN / 180.0 MILL. UMDREHUNGEN

BETRIEBSDREHZAHL 2000 U/MIN — LAGER 1 — DREHZAHLSICHERHEIT 1.25

AUSSENRING HAT UMFANGSLAST — BETRIEBSTEMPERATUR 20 GRAD C

BERECHNUNG AUF MINIMALES GEWICHT — ** NEBENBEDINGUNGEN **

TYP	LAGERBEZEICHNUNG			DI (MM)	DA (MM)	B (MM)	SDYN	SSTAT	N(MAX) (U/MIN)	GEWICHT (KP)	PREIS (DM)	SCHMFR. (H)
KE		32207	0	35.0	72.0	23.0	1.00	******	7000	0.4300	0.00	1000.
Z1	OEL	210E	0	50.0	90.0	20.0	1.02	******	7500	0.4900	0.00	********
Z1	FETT	210E	0	50.0	90.0	20.0	1.02	******	7500	0.4900	0.00	3900.
PR		22210	0	50.0	90.0	23.0	1.01	******	4800	0.6000	0.00	790.
S1	2X	7211CG	0	55.0	100.0	42.0	1.00	******	10000	1.2000	0.00	720.
S2	2X	7212CG	0	60.0	110.0	44.0	1.13	******	9000	1.5500	0.00	660.
TO		20311	0	55.0	120.0	29.0	1.05	******	2800	1.6500	0.00	720.
R1		6410	0	50.0	130.0	31.0	1.00	******	6300	1.9000	0.00	7900.
R1	C3	6410	0	50.0	130.0	31.0	1.00	******	6300	1.9000	0.00	7900.
R1	C4	6410	0	50.0	130.0	31.0	1.00	******	6300	1.9000	0.00	7900.
PK		2312	0	60.0	130.0	46.0	1.03	******	5300	2.6000	0.00	6600.

DIE AXIALE TRAGSICHERHEIT DES EINREIHIGEN ZYLINDERROLLENLAGERS BETRAEGT
BEI OELSCHMIERUNG 2.90 / BEI FETTSCHMIERUNG 1.47

Bild 7.2.5-3 Ergebnisse einer Wälzlagerauswahl [66].

max. Kuppl.-Abmessungen

L11	100
L12	160
L13	0
L14	0
L15	0
L16	0
LA1	500
LA2	0
LA3	0
LA4	0
LA5	0
LA6	180

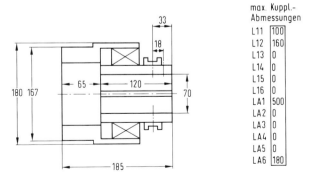

Bild 7.2.5-4 Ausgabedaten einer automatisch ausgewählten Kupplung [67].

Reine Bewertungsverfahren werden im Vergleich zu Auswahlverfahren nur vereinzelt und in einem konkreten Stadium angewendet. Zu den wichtigsten Bewertungsverfahren zählen die technisch- wirtschaftliche Bewertung nach VDI 2225 [68], nach KESSELRING [69,70] und die Nutzwertanalyse [71]. Als Beispiel für die Anwendung der Nutzwertanalyse kann die Bewertung und die Auslegung von Werkzeugmaschinen angeführt werden [72, 73, 74, 75]. In *Bild 7.2.5-5* ist die Vorgehensweise der Nutzwertanalyse erläutert. Die Daten werden im Dialog eingegeben *(Bild 7.2.5-6)*. Bei den Zielerträgen wird von der Bestimmung eines minimalen und eines maximalen Werts je Lösungsmöglichkeit ausgegangen. Damit soll der Einfluß der Aussagesicherheit für die verschiedenen Ziele und Lösungsmöglichkeiten auf das Endergebnis berücksichtigt werden. Das Programm enthält eine Reihe verschiedener Wertfunktionen, die bei der Dateneingabe über eine entsprechende Kennziffer aufgerufen werden *(Bild 7.2.5-7)*. Entscheidet man sich für eine direkte Wertzuweisung, so wird der für alle möglichen Lösungen minimale und maximale Zielertrag ausgegeben. Dies erleichtert die Bewertung der vorliegenden Lösungsmöglichkeiten. Schließlich wird mit der Angabe von Kennziffern bestimmt, ob und nach welchen Kriterien eine Analyse der Bewertung vorgenommen werden soll.

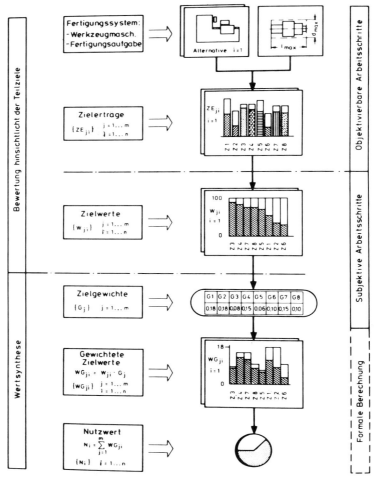

Bild 7.2.5-5 Vorgehensweise bei Anwendung der Nutzwertanalyse [72].

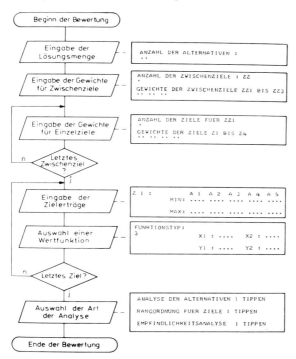

Bild 7.2.5-6 Arbeitsschritte bei der rechnerunterstützten Bewertung von Lösungsmöglichkeiten [73].

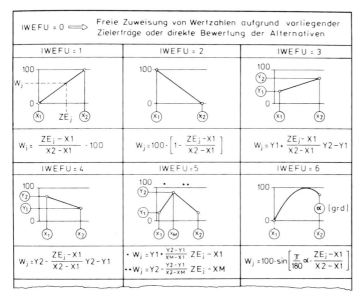

Bild 7.2.5-7 Wertfunktionen zur rechnerunterstützten Durchführung der Nutzwertanalyse [73].

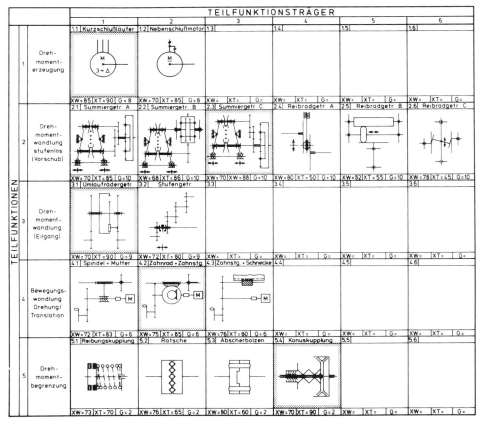

a)

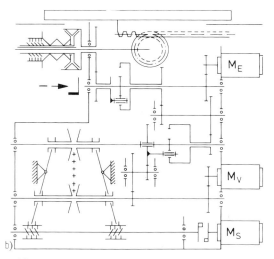

b)

Bild 7.2.5-8 Anwendung des morphologischen Kastens [76].
a) Teillösungen, b) Gesamtlösung

[Literatur S. 433]   7.2 Teilprozesse der rechnerunterstützten Konstruktion   295

Mit Hilfe des Programms werden mit den eingelesenen Daten die Zielwerte bestimmt, indem sie mit Gewichtungsfaktoren multipliziert und für jede Lösungsmöglichkeit addiert werden. Ein Ordnungsprogramm bringt dann die Lösungsmöglichkeiten nach fallendem Nutzwert in eine Reihenfolge, wobei entweder die maximalen, mittleren oder minimalen Werte zugrunde gelegt werden können. Diese Rangordnung kann die gesamte Zielmenge und auch für beliebige Teilmengen des Zielsystems ermittelt werden.
Rechnerunterstützte Bewertungsverfahren, die allgemein bei der Lösungsfindung angewendet werden können, hat BAATZ in Anlehnung an das Stärkediagramm von KESSELRING beschrieben [76]. Ausgehend von der Zuordnung von Funktionsträgern zu Teilfunktionen im morphologischen Kasten *(Bild 7.2.5-8)* werden die technische und wirtschaftliche Wertigkeit der Teillösungen bestimmt. Die Gesamtwertigkeit wird mit dem Geraden-, Kreisbogen- oder Hyperbelverfahren ermittelt. Die Gesamtwertigkeitsermittlung nach dem Hyperbelverfahren ist am besten geeignet, weil sie progessiv reduzierend wirkt, wenn Lösungen mit unausgeglichenen Teilwertigkeiten verwendet werden. Die Anwendung des Hyperbelverfahrens am Bildschirm verdeutlicht *Bild 7.2.5-9*.

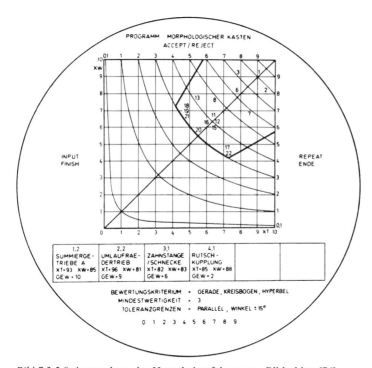

Bild 7.2.5-9 Anwendung des Hyperbelverfahrens am Bildschirm [76].

Für einen systematischen rechnergestützten Konstruktionsprozeß zur Entwicklung und Bewertung von Werkzeugmaschinenstrukturen können mit Hilfe von Berechnungsprogrammen Bewertungsmodelle zur optimalen Dimensionierung statischer und dynamischer sowie thermischer Verhaltensgrößen aufgebaut werden [77].

7.2.6 Ändern

Ändern nach herkömmlichen Verfahren bedeutet das direkte Verändern von Zeichnungsinhalten. Auf Systeme zur rechnerunterstützten Erstellung grafischer Darstellungen übertragen heißt dies, daß die die Zeichnung im Rechner repräsentierenden Daten manipuliert werden müssen. Für den Menschen ist also eine Verbindung zwischen diesen für ihn in der Regel nicht les- oder interpretierbaren Daten und den sie darstellenden Grafikelementen herzustellen. Hierzu wird die grafische Interaktivität herangezogen, die es dem Benutzer durch geeignete Hilfsmittel (Fadenkreuz, Lichtgriffel) gestattet, Elemente der grafischen Darstellung zu identifizieren und sie dem Rechner als zu verändern bekannt zu machen.
Für die Bearbeitung bestehender Grafiken müssen dem Benutzer die Grundfunktionen Löschen und Hinzufügen von Elementen zur Verfügung stehen. Elemente sind dabei die Bausteine der grafischen Darstellung, also Punkte, Strecken, Kreisbögen, Texte, Makros sowie Bemaßungselemente einschließlich Oberflächen- und Bearbeitungszeichen. Entsprechende Grundfunktionen müssen für das Erstellen und Löschen von Verknüpfungen von Elementen bestehen. Die exklusive Verwendung nur dieser Grundfunktionen bedingt aber bei dem Benutzer einen hohen Aufwand und setzt zudem genaue Kenntnisse der Datenstrukturen voraus. Daher wird man diese Grundfunktionen zu komplexeren Funktionen zusammenfassen. Der Inhalt dieser Änderungsfunktionen wird an häufig auftretenden Änderungsaufgaben orientiert, wie sie dem Benutzer gestellt werden.
Geometrie-Änderungsaufgaben lassen sich in zwei Gruppen einteilen:
- die Gruppe der topologieerhaltenden und
- die Gruppe der topologieändernden Manipulationen.

Die topologieerhaltenden Manipulationen ermöglichen Änderungen, die die Bauteilabmessungen betreffen, wobei keine geometrischen Elemente aus dem Bauteil entfernt oder hinzugefügt werden. Topologieändernde Manipulationen ermöglichen dagegen das Hinzufügen oder Löschen von Elementen (Konturen, Flächen) in rechnerintern abgebildeten Bauteilgeometrien.
Ein typisches Beispiel für eine topologieändernde Manipulation ist das Anlegen einer Verrundung an eine Bauteilkante *(Bild 7.2.6-1)*. Es werden im Zuge dieser Änderung (Detaillierung) u.a. neue Flächen (Rundungsflächen) und neue Konturelemente (Kreisbögen) in die rechnerinterne Bauteildarstellung eingefügt. Eine topologieerhaltende Manipulation ist dann die Änderung des Radius der Verrundung.

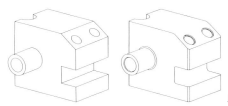

Bild 7.2.6-1 Topologieändernde Manipulation

An diesem Beispiel wird eine zusätzliche Problematik deutlich; nämlich die Beeinflussung benachbarter Elemente im Zuge der Manipulationen. Zwei Möglichkeiten ergeben sich für das angeführte Beispiel. Eine Möglichkeit ist, den Mittelpunkt des Rundungsradius nicht zu verändern, so daß die Nachbarelemente angepaßt werden müssen, wohingegen die andere Möglichkeit, die Lageveränderung des Kreisbogenmittelpunktes, die Nachbarelemente unberührt läßt. Die Entscheidung, nach welcher der beiden Möglichkeiten vorzugehen ist, muß vom Systembenutzer getroffen werden.
Je komfortabler die Änderungsfunktionen werden, desto komplexer werden die sie realisierenden Programmbausteine und desto mehr Anforderungen werden an die Datenbasis ge-

stellt, die die Zusammenhänge zwischen den Einzelelementen abbilden muß. Die Datenbasen können im einfachsten Fall durch reine Grafikdaten wie sie in Bilddatendateien vorliegen, aber auch durch strukturierte rechnerinterne Darstellungen repräsentiert sein, wie sie in 2D- oder 3D-Geometrieverarbeitungssystemen verwendet werden. Systeme, die mit rechnerinternen Modellen arbeiten, ermöglichen Funktionen, die mit reinen Bilddatendateien als Basis nicht realisierbar sind. Beispielsweise haben Zeichnungsänderungen, die in einer Ansicht des Bauteils vorgenommen werden, Einfluß auf die entsprechenden Elemente der anderen Bauteilansichten. Bei geeigneter Gestaltung der Datenbasis können diese Elemente automatisch geändert werden.

Änderungsmodulen, die nur auf Bilddatenebene arbeiten erfordern demnach mehr Aktionen vom Benutzer als entsprechende Programmbausteine, die auf struktuierte rechnerinterne Modelle zugreifen können.

Meist weisen CAD-Systeme mehrere Formen der Repräsentation der Gestalt der Bauteile im Rechner auf. In einem 3D-Geometrieverarbeitungssystem sind dies das dreidimensionale Bauteilmodell, die davon abgeleiteten zweidimensionalen rechnerinternen Darstellungen der Bauteilansichten und -schnitte sowie die zugehörigen Bilddatendateien. Es ergibt sich die Frage, an welcher dieser Darstellungen die Änderungen vorzunehmen sind.

Eine Vorgehensweise geht von der Manipulation des 3D-Modells aus. Von diesem geänderten Modell werden alle weiteren Darstellungen (2D-Modelle, Bilddateien) erneut abgeleitet. Somit weisen diese Darstellungen alle den gleichen aktuellen Stand auf. Dies ist aufwendig, ist aber der konsequente Weg, wenn das vollständige 3D-Modell als zentrale Datenbasis auch für andere Anwendungen, wie die rechnerunterstützte Arbeitsplanung, herangezogen wird. Hinzu kommt, daß durch die Veränderungen der Bauteilgeometrie eventuell weitere oder andere abgeleitete 2D-Modelle bzw. Bilddaten notwendig werden.

Eine Beschleunigung des wiederholten Erzeugens der Bilddaten kann dadurch erreicht werden, daß während der erstmaligen Ableitung die dazu notwendigen Kommandos und Eingaben protokolliert werden. Für alle folgenden Ableitungen stehen diese Protokolle als Eingabedaten zur Verfügung, so daß dieser Vorgang automatisch ablaufen kann.

Auch bei Vorliegen von 3D-Geometriemodellen wäre die Änderung an den abgeleiteten 2D-Modellen möglich. Beispielsweise dann, wenn über die Variation von Maßeinträgen die Geometrie geändert oder Oberflächenmerkmale neu definiert werden sollen *(Bild 7.2.6-2)*. In diesem Falle muß das zugrunde liegende 3D-Geometriemodell automatisiert angepaßt werden. Dies ist bei Geometrieänderungen ggf. mit Hilfe der Rekonstruktionstechnik möglich. Bei Änderungen von Toleranzeinträgen oder Oberflächenmerkmalen muß eine Verbindung zu den Herkunftselementen bestehen.

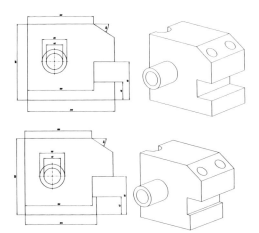

Bild 7.2.6-2 Änderung durch Maßzahländern.

Das ausschließliche Ändern von Bilddaten ist nur in solchen Fällen möglich, in denen die geänderten Daten nicht Bestandteile anderer übergeordneter Darstellungen sind, oder dann, wenn die Bilddaten bereits die Datenbasis des CAD-Systems darstellen. Änderungen an den Bilddaten könnten beispielsweise dann vorgenommen werden, wenn sie aus Gründen der Ästhetik durchgeführt werden. Existieren jedoch übergeordnete Darstellungen und liegen keine entsprechenden Mechanismen vor, die Änderungen, die in untergeordneten Modellen vorgenommen wurden, in die übergeordneten zu überführen, ist das Ändern der übergeordneten Modelle vorzuziehen. Dieser Weg ist besonders dann wirtschaftlich, wenn wie bereits erwähnt durch Protokollierung die wiederholte Ableitung der untergeordneten Modelle automatisiert erzeugt werden kann.

Bei 2D-Geometrieverarbeitungssystemen ergibt sich die Problematik nicht in dem gleichen Maße wie bei 3D-Geometrieverarbeitungssystemen. Hier wird nach jeder Veränderung der Bauteilgeometrie sofort ein neuer Bilddatensatz erzeugt und die Änderung grafisch dargestellt.

Dem Benutzer muß die Möglichkeit gegeben sein, die vorgenommenen Änderungen schnell auf ihren Erfolg prüfen zu können. Bei Fehlern muß der Originalzustand ohne weiteres wieder herzustellen sein. Hierfür müssen alle Zwischenzustände abgelegt werden, auf die zurückgegriffen werden kann. Von diesem Zwischenzustand an sind alle Manipulationen zu wiederholen. Protokolle der Änderungssitzungen beschleunigen und vereinfachen diesen Vorgang wesentlich.Diese Protokolle können auch herangezogen werden, um bei der abschließenden Erstellung von Werkstattzeichnungen die entsprechenden Änderungsvermerke automatisiert einzutragen.

Bauteilmanipulationen können bewirken, daß die Bauteilgestalt grundlegend verändert wird. Beispielsweise kann eine Bohrung im Durchmesser derart verändert werden, daß die Bauteilberandung erreicht bzw. überschritten wird. Die dann notwendigen Operationen und das Erkennen dieses Zustandes überschreiten in vielen Fällen den Rahmen der Bauteilmanipulationen und erfordern eine grundlegende Neugenerierung des Bauteilmodells.

7.3 Geometrieverarbeitende Systeme zur rechnerunterstützten Konstruktion

7.3.1 Systeme zur zweidimensionalen Geometrieverarbeitung

Das Hauptanwendungsgebiet zweidimensional orientierter geometrieverarbeitender CAD-Systeme ist die rechnerunterstützte Zeichnungserstellung. Hinsichtlich des Verarbeitungsprinzips der geometrischen Elemente unterscheidet man Varianten- und Generierungssysteme. Beim Stand der Entwicklung werden jedoch vielfach Kombinationen beider Prinzipien verwendet.

Beim Variantenprinzip werden durch Ändern der Gestalt und Dimension eines Komplexteiles die einzelnen Varianten einer Teilefamilie gebildet. Der einfachste Fall liegt vor, wenn nur die Dimension geändert wird und die Gestalt der einzelnen Varianten einer Teilefamilie beibehalten bleibt. Diese Konstruktionsart bezeichnet man als Prinzipkonstruktion.

Prinzipkonstruktion

Die Prinzipkonstruktionsmethode ermöglicht, daß die unveränderlichen Daten von Fertigungsunterlagen für ein bestimmtes Produkt nicht immer wieder neu durch die Datenverarbeitungsanlagen erstellt, sondern in vorbereiteten Prinzipzeichnungen festgehalten werden [78]. Die rechnerunterstützt ablaufende produktspezifische Konstruktionslogik erzeugt rechnerinterne Daten, die mit produktspezifischen Zeichnungs- und Stücklistenlogiken zu rechnerextern darstellbaren Daten weiterverarbeitet werden. Diese Daten werden bei Zeichnungen und Stücklisten zur Ergänzung der vorbereiteten Prinzip-Fertigungsunterlagen verwendet. Um die Aufgaben von Konstruktionslogikprogrammen beschreiben zu können, müssen die Produktdaten noch näher erklärt werden. Produktdaten bestehen aus identifizierenden, klassifizierenden, technologischen und die räumliche Definition beschreibenden Daten *(Bild 7.3.1-1)*. Die räumliche Definition kann als logische Verknüpfung der Gestalt und Dimension aufgefaßt werden.

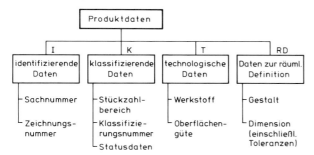

Bild 7.3.1-1 Einteilung der Produktdaten [78].

Die Geometrie bestimmt die Konturen nach ihren Eigenschaften. Topologie bestimmt die Lage der geometrischen Elemente im Raum zueinander. Die Dimension gibt die Größenordnung der geometrischen Elemente an, ohne die Topologie zu verändern.

Voraussetzung für die Herstellung und Anwendung eines Konstruktionslogikprogramms im Sinne der Prinzipkonstruktionsmethode ist das Vorhandensein einer Prinziplösung, die identifizierende, klassifizierende, technologische Daten und eine räumliche Definition vorsieht. Durch das Konstruktionslogikprogramm wird die Prinziplösung für die Produktdaten in aktuelle Produktdaten überführt *(Bild 7.3.1-2)*. Die identifizierenden und eventuell zusätzlich die klassifizierenden und technologischen Daten werden im allgemeinen nicht berechnet, sondern liegen beim Stellen der Aufgabe schon fest. Klassifizierende und technologische Daten können aber auch aufgrund der räumlichen Definition ermittelt werden. Die Gestalt liegt fest vor. Außerdem können aus Gründen des fertigungsgerechten Gestaltens auch einige Dimensionen vor Anwendung eines Verfahrens rechnerintern festgelegt sein. Andere Dimensionen bleiben variabel und müssen durch das Konstruktionslogikprogramm berechnet werden.

Bild 7.3.1-2 Aufgabe der Konstruktionslogik bei Prinzipkonstruktionsverfahren [78]
I = Identifikation,
K = Klassifikation,
T = Technologie,
RD = Räumliche Definition,
P = Prinziplösung,
Dim = Dimension,
v = variabel,
c = konstant

Der allgemeine Ablauf bei Anwendung von Prinzipkonstruktionsverfahren ist in *Bild 7.3.1-3* dargestellt [79]. Der Ablauf ist zu unterteilen in die Erzeugung des Ergebnisses der Konstruktionslogik, nämlich die rechnerinterne Darstellung des Produkts, und in die Herstellung von Fertigungsunterlagen. Dabei läuft der erste Teil des Prozesses für ein Produkt immer gleich, der zweite Teil je nach den gewünschten Fertigungsunterlagen ab.

7 Rechnerunterstützte Konstruktion

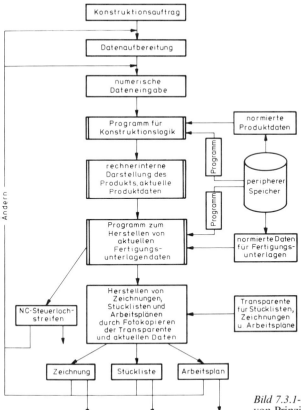

Bild 7.3.1-3 Datenfluß bei Anwendung von Prinzipkonstruktionsverfahren [78].

Programme für das Prinzipkonstruktionsverfahren können grundsätzlich vom Start bis zum Ende automatisch arbeiten. Die Ausgabe der Ergebnisse kann mit einfachen Geräten wie Blattschreibern und Zeilendruckern erfolgen, die an fast jeder Datenverarbeitungsanlage vorhanden sind. Die Ausgabe der alphanumerischen Zeichen kann direkt in vorhandene Vordruckzeichnungen vorgenommen oder aber die Ausgabewerte werden auf ein leeres Blatt so aufgedruckt, daß bei dem Darüberlegen einer normierten Transparentzeichnung des Konstruktionsgegenstandes die gewünschte Werkstattzeichnung durch Fotokopieren entsteht.

Als Beispiel für ein Prinzipkonstruktionsverfahren sei die rechnerunterstützte Herstellung von Fertigungsunterlagen für Eisenkerne von Großtransformatoren dargestellt [80]. Es muß sichergestellt sein, daß die erforderliche transparente Prinzipzeichnung, in der die variablen Daten fehlen, zur Verfügung steht *(Bild 7.3.1-4)*. Bei der Datenaufbereitung werden aus dem Kundenauftrag die Eingabedaten erarbeitet. Für die Eisenkernkonstruktion bilden folgende geometrische Abmessungen die Eingabedaten: der Eisenkerndurchmesser, Höhe und Breite des Kernfensters und die Dicke der Kernbleche. Nach Festlegung der Eingabedaten erfolgt das Übertragen der Daten auf Lochkarten, die zur Eingabe in die Datenverarbeitung dienen. Die Verarbeitung der Daten wird von einem Haupt- und mehreren Unterprogrammen durchgeführt. Die zum Einlesen, Verarbeiten und Ausgeben der Ergebnisdaten erforderliche Zeit beträgt weniger als eine Minute. Die Ausgabe der Ergebnisdaten mit dem Zeilendrucker erfolgt wie in *Bild 7.3.1-5* dargestellt. Nach der Datenausgabe auf dem

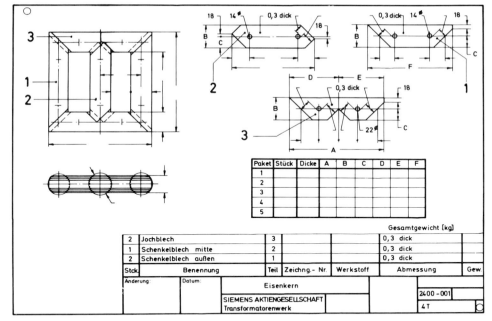

Bild 7.3.1-4 Anwendung des Prinzipkonstruktionsverfahrens für Eisenkerne von Großtransformatoren. Vorgefertigte Transparentzeichnung mit konstanten Daten [80].

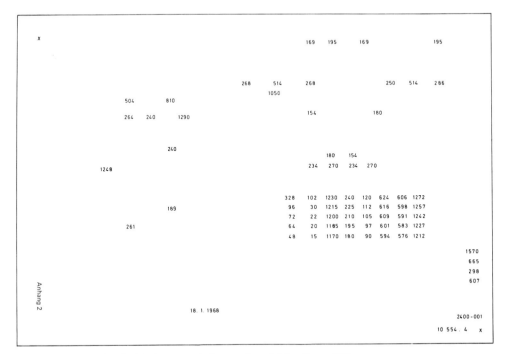

Bild 7.3.1-5 Ausgabe der Rechnerverarbeitung mit variablen Daten [80].

302 7 Rechnerunterstützte Konstruktion [Literatur S. 433]

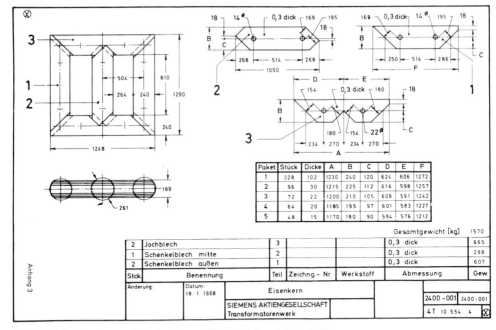

Bild 7.3.1-6 Gemeinsame Fotokopie von Bild 7.3.1-4 und 7.3.1-5 [80].

Zeilendrucker werden die transparente Prinzipzeichnung und das Datenblatt auf einem Kopiergerät gemeinsam kopiert, so daß Markierungszeichen der Prinzipzeichnung und des Datenblattes übereinstimmen. Das Kopierergebnis ist die fertige Zeichnung *(Bild 7.3.1-6).* Der Anwendungsbereich von Prinzipkonstruktionsverfahren ergibt sich aus der Abwägung von Vor- und Nachteilen. Vorteile sind die:
- optimierte funktionsgerechte Gestaltung,
- norm- und fertigungsgerechte Gestaltung,
- vollautomatische Bearbeitung,
- kleine Datenverarbeitungsanlage und
- leichte Programmierung.

Nachteile sind die:
- enge Bindung an ein Produkt, dadurch Einschränkung der Anwendbarkeit und
- schlechte Änderungsmöglichkeiten.

Anwendungsbereiche sind:
- Einzelteile, z.B. Federn,
- zusammengesetzte Funktionseinheiten, z.B. Lager, sowie
- vollständige Produkte, z.B. Transformatoren, Werkzeuge.

Bezüglich der Losgrößen kann man feststellen, daß sich bei Einzel- und Kleinserienfertigung Fertigungsunterlagen wirtschaftlich mit Prinzipkonstruktionsverfahren erzeugen lassen, bei Massenfertigung können die Fertigungsunterlagen für die Herstellung der Werkzeuge bereitgestellt werden.

Der Ablauf bei der Anwendung des Prinzipkonstruktionsverfahrens ist in *Bild 7.3.1-7* dargestellt. Die Einführung eines Prinzipkonstruktionsverfahrens hängt sehr stark von der Eignung der Produkte für diese Verarbeitungsart ab. Die Anwendung der Methode setzt voraus, daß eine Gestaltauswahl für den Konstruktionsgegenstand bereits bekannt ist. Die Erarbeitung der Gestaltauswahl einschließlich des Dimensionierungsspielraums muß sehr

7.3 Geometrieverarbeitende Systeme

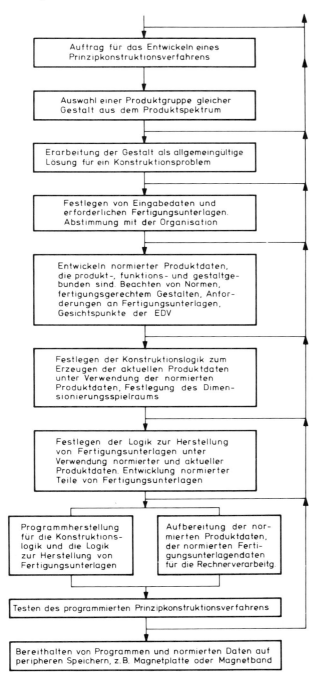

Bild 7.3.1-7 Ablauf bei der Herstellung von Prinzipkonstruktionsverfahren [78].

304   7 Rechnerunterstützte Konstruktion   [Literatur S. 433]

sorgfältig vorgenommen werden. Bei der Entwicklung der Konstruktionslogik müssen die gewünschten Eingangs- und Ergebnisdaten festgelegt werden. Die unveränderlichen gestalt- und technologiebeschreibenden Produktdaten werden entsprechend der Konstruktionslogik zur Herstellung der aktuellen Produktdaten zur Verfügung gestellt. Die Entwicklung der Verarbeitungslogiken geht von dieser rechnerinternen Darstellung aus, dabei werden ihre Daten als Eingangsgrößen verwendet. Die erforderlichen Zusatzdaten, wie beispielsweise Rohmaterial, Werkstoffkenndaten und Maschinen, müssen aufbereitet werden und dem Programm zur Verfügung stehen.

Variantenkonstruktion

Das Variantenverfahren erfordert prinzipiell die Definition vom Komplexteilen. Dazu wird aus einer Gruppe geometrisch ähnlicher Bauteile ein fiktives Komplexteil gebildet, in dem alle geometrischen Eigenschaften der Gruppenbauteile enthalten sind. Außerdem wird festgelegt, aufgrund welcher Parameterwerte und in welchem Parameterspielraum die einzelnen Varianten der Gruppe gebildet werden können. Die einzelnen Varianten einer Gruppe werden durch Angabe der aktuellen Parameter erzeugt, d.h. bei der Erstellung einer Variante ist keine Beschreibung geometrischer Elemente notwendig [87].
Für diese Konstruktionsart ist eine Reihe produktspezifischer Systeme wie z.B. VABKON [81] und produktunabhängiger Systeme wie z.B. PROREN1 [82], COMDRAW [83] und COMVAR [84] entwickelt worden. Am Beispiel des Systems COMVAR soll die Arbeitsweise bei den Anwendung von Variantensystemen dargestellt werden.
Im Vordergrund der Entwicklung des Systems COMVAR stand die Zielsetzung, vollständig detaillierte Werkstattzeichnungen weitgehend normgerecht automatisch zu erstellen [84, 85, 86, 189].
Bild 7.3.1-8 zeigt eine maschinell erstellte Werkstattzeichnung eines Anwendungsbeispiels. Es läßt kaum Abweichungen von den bestehenden Zeichnungsnormen erkennen. Als Bei-

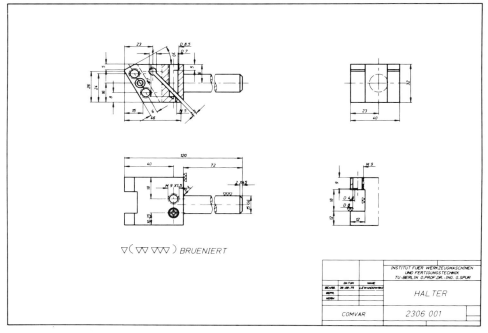

Bild 7.3.1-8 Automatisch erstellte Werkstattzeichnung mit dem System COMVAR.

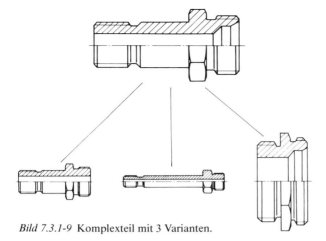

Bild 7.3.1-9 Komplexteil mit 3 Varianten.

spiele seien die enge Anlehnung der Schriftdarstellung an die Normschrift, die Berücksichtigung der verschiedenen Linienarten und Linienbreiten, die Bemaßungsanordnung und die verschiedenen Symboldarstellungen genannt.

Der Eingabeaufwand läßt sich bei der Anwendung des Systems zum einen dadurch verringern, daß eine parameterisierte Werkstückbeschreibung möglich ist. Das heißt, es lassen sich aus einer Werkstückbeschreibung durch unterschiedliche Aktualparameter Varianten erzeugen. Zum anderen ist es möglich, jedes beschriebene Werkstück selbst als Beschreibungselement zu verwenden. Die Verarbeitung der Beschreibungselemente ist einheitlich in Form von Komplexteilen möglich. Ein Komplexteil ist ein Teil einer Zeichnung, welches durch freie Parameter in seinen Dimensionen und in seiner Gestalt verändert werden kann. *Bild 7.3.1-9* zeigt ein Komplexteil mit einigen durch unterschiedliche Parameter erzeugten Varianten.

Das COMVAR-System besteht aus zwei Programmbausteinen *(Bild 7.3.1-10)*:
- dem Beschreibungsprozessor und
- dem Zeichnungsprozessor.

Der Beschreibungsprozessor verarbeitet die für jedes Komplexteil einmalig durchzuführende Beschreibung und erzeugt die Komplexteilmodelle, welche die unveränderlichen Daten, die Variationsregeln und die Struktur eines Komplexteils enthalten.

Aus diesen in den Komplexteildateien abgelegten Modellen lassen sich durch Eingabe konkreter Werte für die unabhängigen Variablen mit Hilfe des Zeichnungsprozessors aktuelle Zeichnungen erstellen. Für die Beschreibung von Komplexteilen werden programmexterne Tabellen verwendet. Durch das Auslagern sämtlicher Werkstückinformationen auf Massenspeicher konnte der Programmumfang des Systems so klein gehalten werden, daß die Verwendung von Rechnern der mittleren Datentechnik möglich ist. Ein weiterer Vorteil ist darin zu sehen, daß während der Zeichnungserstellungphase der gesamte Umfang der Komplexteilmodelle dem Anwender zur Verfügung steht, ohne daß dies durch entsprechende Binde- und Ladeoperationen organisiert werden muß. Dies ist ein wesentlicher Aspekt, wenn man bedenkt, daß schon in mittleren Unternehmen des Maschinenbaus die Anzahl der Zeichnungen und damit die Anzahl der Teile über 10 000 liegen kann.

Aus dem Komplexteilmodell und den aktuellen Parametern erstellt der Zeichnungsprozessor ein aktuelles rechnerinternes zweidimensionales Modell eines Werkstückes. Dieses bildet die Datenbasis für die weiteren Verarbeitungsschritte.

Für die Zwecke der Zeichnungserstellung erfolgt daraus die Generierung der Bilddaten.
Der Beschreibungs- und der Zeichnungsprozessor bilden die Grundbausteine zur automati-

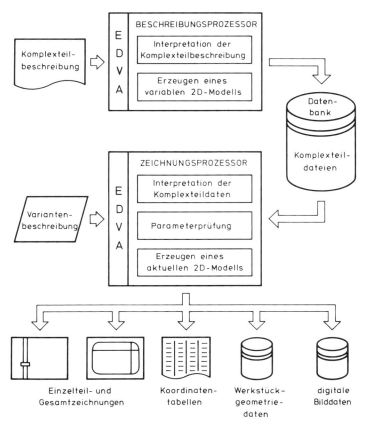

Bild 7.3.1-10 Aufbau des Systems COMVAR.

sierten Zeichnungserstellung. Eine notwendige Ergänzung ist durch den Prozessor zur Ähnlichkeitsteilsuche gegeben. Die Gründe für diese Ergänzung liegen darin, daß einerseits der hohe Beschreibungsaufwand die Bildung von Teilefamilien verlangt und somit eine Entwicklung in Richtung Standardisierung unterstützt wird.

Andererseits steht aber nach erfolgter Komplexteilbeschreibung dem Konstrukteur ein Instrument zur Verfügung, die Teilevielfalt stark ansteigen zu lassen, da er mit geringem Aufwand Varianten mit beliebigen Abmessungen erzeugen kann. Der Anstieg der Teilevielfalt kann jedoch durch automatische Ähnlichkeitsteilsuche vermindert werden. Zu diesem Zweck werden für jedes Komplexteil die verwendeten Parameter archiviert und bei der Aktualisierung einer neuen Variante auf Wiederverwendbarkeit geprüft.

Bei Anwendung des COMVAR-Systems sollte eine Hardwarekonfiguration bestehend aus grafischem Sichtgerät und Tablett zur Verfügung stehen. Unter Berücksichtigung des Speicherbedarfs für das Rechnerbetriebssystem sollten 256 KWorte à 32 bit für den Arbeitsspeicher vorhanden sein.

Der erste Schritt bei der Systemeinführung erfolgt immer durch eine Analyse des betrieblichen Teilespektrums im Hinblick auf die Bildung von Teilefamilien. Die Festlegung einer Teilefamilie im Hinblick auf die spätere Beschreibung als Komplexteil ist ein wesentlicher Faktor für den wirtschaftlichen Einsatz des COMVAR-Systems und sollte deshalb mit großer Sorgfalt vorgenommen werden.

Für eine Teilefamilie wird das Komplexteil definiert, indem die zur Erzeugung der Werkstücke der Teilefamilie erforderlichen Variationsmöglichkeiten von Dimension und Gestalt des Komplexteiles festgelegt werden. Als Endergebnis der Komplexteildefinition sollten für die Komplexteilbeschreibung eine oder mehrere skizzenhafte Darstellungen des Komplexteils angefertigt werden, wobei die freien Parameter mit ihren Benennungen anstelle der Maßzahlen eingetragen sind. Zusätzlich sind noch Angaben über die Reihenfolge der Parameter und die Funktion abhängiger Variabler anzugeben *(Bild 7.3.1-11)*.

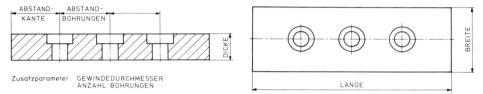

Bild 7.3.1-11 Katalogzeichnung des Komplexteiles „Platte mit Bohrungen".

Bei der Komplexteilbeschreibung selbst ist nur noch die Aufbereitung der durch die Komplexteildefinition festgelegten Logik in eine vom Beschreibungsprozessor verarbeitbaren Form vorzunehmen *(Bild 7.3.1-12)*.
Eine erhebliche Reduzierung des Beschreibungsaufwandes kann dadurch erzielt werden, daß einmal beschriebene Komplexteile in anderen Komplexteilen als Makros (Datenmakros) wiederverwendet werden können. Hierbei sind keine Schachtelungsgrenzen gesetzt. Für einen Anwender besteht im allgemeinen keine Notwendigkeit, eigene FORTRAN-Programme zu schreiben. COMVAR läßt jedoch auch dieses zu, wenn für spezielle Anwendungsfälle eine Systemerweiterung oder Einbeziehung von programmierter Konstruktionslogik erforderlich ist.
Im Vergleich zu der Komplexteilbeschreibung gestaltet sich die Variantenbeschreibung sehr einfach. Hierzu ist seitens des Anwenders im wesentlichen nur noch die Eingabe aktueller Werte für die formalen Komplexteilparameter erforderlich. Alle zur Zeichnungserstellung erforderlichen Verarbeitungsschritte geschehen dann automatisch.
Die Parametereingabe kann über eine Datei oder im Dialog über Tastatur erfolgen. Der Gebrauch von Parameterübergabedateien eignet sich für eine automatische Datenübergabe aus Konstruktionsprogrammen. Die Verwendung von Parameterübergabedateien bietet sich aber auch an, wenn ein Komplexteil sehr viele formale Parameter besitzt, so daß der zu führende Dialog für die Parametereingabe zu lang wäre. Anstelle von Werten können in den Parameterübergabedateien auch Fragezeichen enthalten sein. Sie bewirken, daß die entsprechenden Parameter im Dialog abgefragt werden. *Bild 7.3.1-13* zeigt den zu führenden Dialog mit dem Rechner, um aus einem Komplexteil „Platte mit Bohrungen" eine Variante zu erzeugen. Alle bei einem Rechenlauf des Zeichnungsprozessors verwendeten Parameter werden in einer besonderen Datei protokolliert. Dadurch ist es z.B. nicht erforderlich, alle Parameter wieder neu einzugeben, wenn nach dem Zeichnen einer Variante eines Komplexteils festgestellt wird, daß einzelne Parameter falsch eingegeben wurden. Diese lassen sich in der Protokolldatei leicht ändern. In einem Wiederhollauf des Zeichnungsprozessors kann diese Datei als Parametereingabedatei dienen, so daß für solche Änderungen nur ein minimaler Eingabeaufwand erforderlich ist. Der Aufbau des Systems erlaubt die Ankopplung von Berechnungsprogrammen, wobei die aus diesen Programmen berechneten geometrischen Größen direkt zur Variantenerstellung verwendet werden. Neuere Entwicklungen des COMVAR-Systems zielen darauf hin, die Komplexteilbeschreibung sowie die Veränderung erzeugter Varianten im grafish-interaktiven Dialog durchzuführen [88].

308 7 Rechnerunterstützte Konstruktion [Literatur S. 433]

COMVAR — IWF TU BERLIN — Werte- und Texttabelle — VERSION 2

Nr	Men. T W	Kennungen 1 2 3	Definition	Teil 7104W	Blatt 1
0					
	C		D 7.1.0.4		
	C		DEMONSTRATIONSBEISPIEL LEWANDOWSKI		
	C		PLATTE MIT BOHRUNGEN		
	C				
1	W	PA	LAENGE;150		
2	W		DICKE;12		
3	W		BREITE;60		
4	W		ANZAHL BOHRUNGEN;3		
5	W	AA	W4/W4		
6	W	PA	4<GEWINDEDURCHMESSER<4+6*W5;6		
7	W		ABSTAND-KANTE;20		
8	W	AA	BED(W4-1,0,0,W1)		
9	W	PA	0<ABSTAND-BOHRUNGEN<W1;35		
10	W	AA	W3+10		
11	W		W3/2		
ENDE					

COMVAR — IWF TU BERLIN — Beschreibungstabelle — VERSION 2

Nr	Menu R K M F S L P	Kennungen 1 2 3	Bestimmungselemente 4 5 6 7 8 9 10 11 12 13 14	Teil 7104B	Blatt 1
0					
1	P	B P	50 W10		
2	P		50 50		
3	M		40.16 W1 W2		
4	M		40.16 W1 W3		
5	P		W7 W2 0 W4 W9		
6	M		10.11 W6 W2		
7	P		W7 W11 0 W4 W9		
8	M		10.12 W6		
9	K		W5-2 M3 P0 M6 P5		
10	R		K9 P1 1 5 45		
11	K		OS 2 M4 P0 M8 P7		
12	R		K11 P2 1		
ENDE					

Bild 7.3.1-12 Tabellenbeschreibung für das Komplexteil „Platte mit Bohrungen".

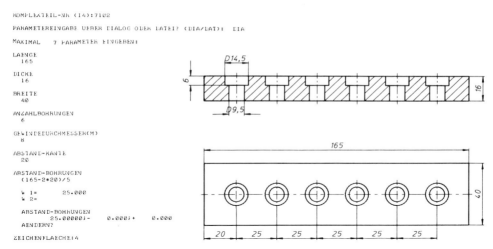

Bild 7.3.1-13 Beschreibung einer Komplexteilvariante im Dialog.

Anwendung technischer Elemente

Neben dem Variantenprinzip werden bei der Realisierung von CAD-Systemen auch technische Elemente angewendet. Diese Technik ermöglicht den Aufbau von Bauteilen durch einzelne Elemente.

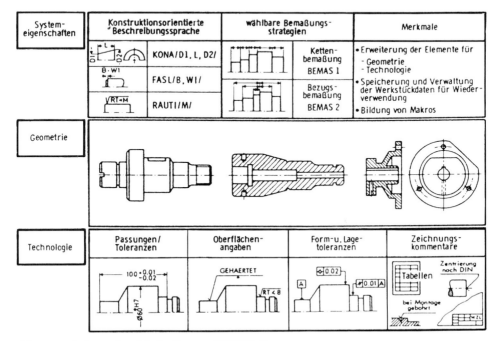

Bild 7.3.1-14 Leistungsbereich des Systems DETAIL 2.

310 7 Rechnerunterstützte Konstruktion   [Literatur S. 433]

Zur Beschreibung eines Bauteils wird dieses in die zur Verfügung stehenden technischen Elemente zerlegt. Diese Elemente werden an Hand von Namen aufgerufen, positioniert und dimensioniert. Auf diese Art und Weise können beliebige Bauteile, die sich durch Aneinanderreihen von Elementen erzeugen lassen, beschrieben werden. Eine typische Anwendung dieser Technik ist die Darstellung von Rotationsteilen. Anhand der Beschreibung des Systems DETAIL 2 soll die Anwendung von technischen Elementen näher erläutert werden.

DETAIL 2 ist ein Programmsystem für die rechnerunterstützte Zeichnungserstellung von Rotationsteilen. Das System benutzt als Eingabe eine konstruktionsorientierte Beschreibungssprache, aus der die Werkstattzeichnung einschließlich der vollständigen Bemaßung vollautomatisch generiert wird. Als wesentliche Eigenschaft des Systems DETAIL 2 ist einmal die Möglichkeit zur Erweiterung des Elementvorrats durch den Benutzer, die Bildung von Beschreibungsmakros und vor allem die vollautomatische Bemaßung nach wählbaren Bemaßungsstrategien sowohl für die Ketten- als auch für die Bezugsbemaßung hervorzuheben *(Bild 7.3.1-14)* [89].

Wellen- und scheibenförmige Rotationsteile mit Innenkonturen und Hinterdrehungen können durch DETAIL 2 dargestellt werden. Bei Schnittdarstellungen wird automatisch die Schraffur erzeugt.

Die Arbeitsweise des Systems basiert auf einer Zerlegung des Einzelteils in Elemente bzw. auf dem Wiederaufbau neuer Einzelteile aus Elementen. Anhand eines Beispiels ist im *Bild 7.3.1-15* die Zerlegung eines Einzelteils in Elemente dargestellt.

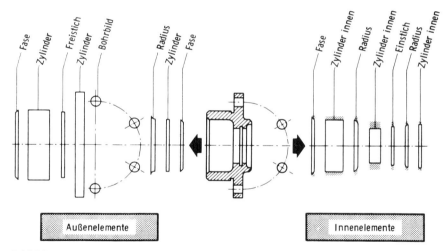

Bild 7.3.1-15 Zerlegung eines Einzelteils in Elemente.

Der Konstrukteur beschreibt die zu verarbeitenden Werkstücke mit einer konstruktionsorientierten Beschreibungssprache. Bestandteil dieser Sprache sind die angesprochenen, technisch abgegrenzten Elemente. Dabei werden folgende Elementgruppen unterschieden *(Bild 7.3.1-16)* [90]:
- Hauptelemente,
- Nebenelemente,
- Technologieelemente.

Mit Hilfe der Hauptelemente wird die Geometrie des Werkstückes bezüglich Außenkontur, Hinterdrehungen und Innenkontur beschrieben. Mit Hilfe der Nebenelemente, die den

[Literatur S. 433]   7.3 *Geometrieverarbeitende Systeme*   311

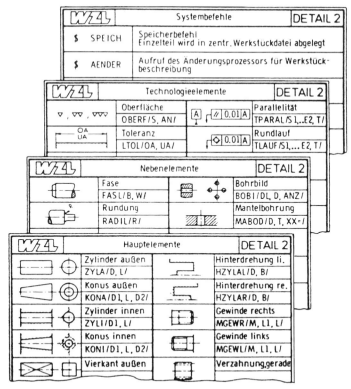

Bild 7.3.1-16 Sprachumfang des Systems DETAIL 2.

Hauptelementen zugeordnet sind, findet eine Detaillierung des Einzelteils statt, wodurch die Geometrie des Werkstücks vollständig erfaßt wird. Die technologiespezifischen Elemente können sich sowohl auf Haupt- als auch auf Nebenelemente beziehen. Sie beeinflussen die Bemaßung eines Werkstückes. Als letzter Elementtyp stehen noch Systembefehle zur Verfügung.

Bei der Entwicklung der Sprache wurden folgende Gesichtspunkte berücksichtigt:
- Abgrenzung der Elemente allein nach konstruktiven Gesichtspunkten,
- Benennung der Elemente durch leicht erlernbare Sprachworte und
- Reduzierung der Elementparameter auf die minimal erforderlichen konstruktiven Angaben.

Auf diese Weise wird erreicht, daß die Konstrukteure als Anwender der Beschreibungssprache nicht „umdenken" müssen, sondern die ihnen geläufigen Konstruktionselemente vorfinden und anwenden können. Dadurch kann der Beschreibungsaufwand für die Werkstücke sehr niedrig gehalten werden.

Der schrittweise Aufbau eines Einzelteils mit Hilfe dieser Beschreibungssprache soll an einem Beispiel verdeutlicht werden. Die in *Bild 7.3.1-17* angegebenen Hauptelemente kennzeichnen zunächst die Grobgeometrie des Einzelteils. Durch Voranstellen einer aufsteigenden Zählnummer vor den Elementnamen wird die Reihenfolge der Elemente definiert. Die Angabe von Positionsdaten für die einzelnen Elemente kann dadurch entfallen. Über die Zählnummer erfolgt auch die Zuordnung der Nebenelemente zum jeweiligen Hauptelement. So gehören beispielsweise die Fase rechts und die Mantelbohrung eindeutig zu dem

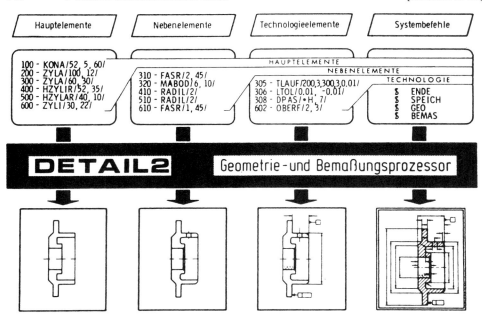

Bild 7.3.1-17 Detaillierung eines Rotationsteils mit dem System DETAIL 2.

entsprechenden Außenzylinder. Im dritten Block kommen die Technologieangaben hinzu, die ebenfalls über die laufende Nummer dem entsprechenden Geometrieelement zugeordnet sind. Auf diese Weise erhält der Außenzylinder die Durchmesser- und Längentoleranz sowie die Angabe über die Rundlaufgenauigkeit. Die Neben- und Technologieelemente können sowohl in der hier beschriebenen Vorgehensweise als auch direkt nach dem zugehörigen Hauptelement eingegeben werden. Mit dem zum Abschluß der Beschreibung eingegebenen Systembefehlen wird die Verarbeitung gesteuert. DETAIL 2 erzeugt aus dieser Beschreibung die vollständige Werkstattzeichnung einschließlich Schraffur und aller erforderlichen Maße, Toleranzangaben und Oberflächenzeichen. In *Bild 7.3.1-18* ist eine von DETAIL 2 erzeugte Wellenzeichnung dargestellt. Hier wurde sowohl für die Außen- als auch für die Innenkontur jeweils die Bezugsbemaßung gewählt. Neben der Darstellung der Ansichten mit der Bemaßung erzeugt DETAIL 2 auch die zu einer vollständigen Werkstattzeichnung notwendigen Zusatzangaben, wie Einzelheiten, Teilschnitte, Passungs- und Kommentartabellen.

Verkürzung der Durchlaufzeit, Qualitätsverbesserung der Zeichnungen, Entlastung des Konstrukteurs von Routinetätigkeiten, Einheitlichkeit der Zeichnungen, Aufbau von CAD-Know-How und vereinfachter Änderungsdienstes sowie die Möglichkeit, das System einzeln oder als Baustein in einem integrierten System zur Fertigungsunterlagenerstellung einzusetzen, gehören zu den Vorteilen von DETAIL 2 [91].

Die Geometrie und Technologiedaten werden in einer zentralen Datei, der Werkstückinformationsbasis gespeichert [92]. Damit stehen die Daten sowohl für die Zeichnungserstellung als auch für die Arbeitsplan- und NC-Lochstreifenerstellung zur Verfügung. Die hierbei zum Einsatz kommenden Programme sind DETAIL 2, AUTAP und AUTAP-NC [93, 94]. Neben der manuellen Eingabe der Werkstückinformationen können diese auch durch Entwurfsprogramme, wie VABKON und FREKON [95] ermittelt und in die Werkstückinformationsbasis eingespeichert werden *(Bild 7.3.1-19)*.

7.3 Geometrieverarbeitende Systeme

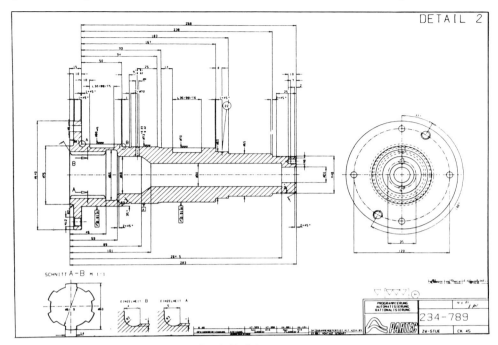

Bild 7.3.1-18 Mit DETAIL 2 erzeugte Einzelteilzeichnung.

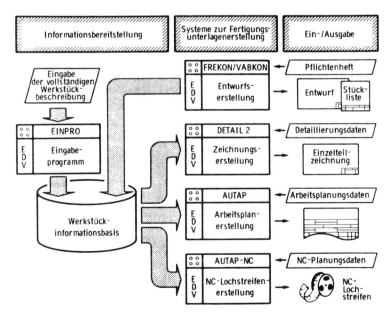

Bild 7.3.1-19 System zur integrierten Fertigungsunterlagenerstellung [91].

Als Hardware benötigt DETAIL 2 einen Arbeitsspeicher von 32 KWort (16 bit), ein alphanumerisches Terminal, eine Plattenkapazität von 6 MB und einen Plotter. Erfahrungen haben gezeigt, daß die Benutzung eines passiven grafischen Bildschirms zur Vorabkontrolle der Zeichnung zweckmäßig ist. Das System wurde in FORTRAN IV geschrieben und ist auf unterschiedlichen Rechenanlagen installiert. Das System DETAIL 2 wurde am *Werkzeugmaschinenlabor* der TH AACHEN, *Lehrstuhl für Produktionssystematik,* entwickelt.

Schemakonstruktion

Neben 2D-CAD-Systemen zur Herstellung von Werkstattzeichnungen sind 2D-Systeme zur Symbolverarbeitung entwickelt worden. Diese Systeme kommen vorwiegend dort zum Einsatz, wo eine symbolhafte Darstellung von Funktionseinheiten notwendig ist. Die Systeme arbeiten mit der Makrotechnik. Die Makros, die vom Benutzer definiert werden können, sind hierbei symbolhafte Darstellungen von einzelnen Funktionen [96]. Diese werden beliebig positioniert und miteinander verknüpft. Ein typischer Vertreter dieser Systemklasse ist das System CADSYM.

Das System CADSYM ist ein Programmsystem für den grafischen interaktiven Entwurf von Schemazeichnungen [97, 98]. Es ermöglicht dem Benutzer die Gestaltung und Manipulation beliebiger Symbole und deren logische Verknüpfungen untereinander. Die Anwendungsbereiche des Systems sind:
- Entwurf von elektrischen Schaltungen,
- Entwurf von Hydraulikplänen,
- Entwurf von Fabrikanlagen und
- Entwurf von Rohrleitungsnetzen.

Mit der Anwendung von CADSYM ergeben sich als Vorteile:
- schneller Entwurf von Schemazeichnungen,
- Verwendung einheitlicher Symbole im Unternehmen,
- einfaches Ändern von bestehenden Schemazeichnungen,
- Vereinfachung der Verwaltung von Schemazeichnungen und
- maschinelle Zeichnungserstellung.

Die Software wurde in FORTRAN IV bei weitgehender Vermeidung gerätespezifischer Moduln geschrieben, um ein in hohem Grade rechnerflexibles System zu erreichen. Aufgrund seiner Modularität kann das System hinsichtlich alternativer grafischer Ausgabegeräte modifiziert werden.

Die gegenwärtige Version des Systems CADSYM setzt als Gerätekonfiguration einen 32-bit-Rechner, ein bildspeicherndes Sichtgerät und einen Plotter zur Erstellung der Zeichnungen voraus.

Die Grobstruktur des Systems zeigt *Bild 7.3.1-20.* Die Arbeit mit CADSYM erfolgt in der Definitionsphase und der Entwurfsphase.

Jede Schemazeichnung besteht aus einer Auswahl von Symbolen, die in ihrer grafischen Form vorgeschrieben sind und deshalb nicht verändert werden dürfen. In der Definitionsphase hat der CADSYM-Anwender die Möglichkeit, die benötigten Symbole festzulegen. Die Zusammenstellung der Symbole erfolgen in zwei Schritten *(Bild 7.3.1-21).*

Aus einer Symbolbibliothek werden diejenigen Symbole ausgewählt, die für die jeweilige Problemstellung erforderlich sind. Ist das gewünschte Symbol nicht vorhanden, kann es in der Definitionsphase beschrieben und in der Symbolbibliothek abgelegt werden.

Die Symboldefinition wird grafisch interaktiv am Bildschirm durchgeführt. Dem Benutzer stehen dafür geometrische Grundelemente, wie Gerade, Kreis und Ellipse sowie Hilfsfunktionen, wie Anlegen von Tangenten und Spiegeln von Konturen, zur Verfügung *(Bild 7.3.1-22).* Neben der Grafik kann ein Symbol auch Texte beinhalten.

Das Einfügen von Texten und ihre Modifikation ermöglicht eine Textmanipulationsfunktion. Die Texte werden über das Tastaturgerät eingegeben und mit dem Fadenkreuz positioniert *(Bild 7.3.1-23).*

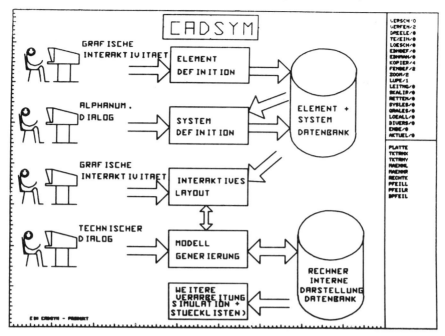

Bild 7.3.1-20 Gesamtstruktur des Systems CADSYM.

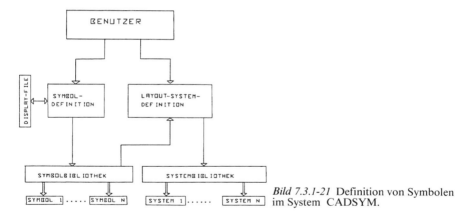

Bild 7.3.1-21 Definition von Symbolen im System CADSYM.

Eine Erleichterung für das Zeichnen bzw. Sichtbarmachen von Details bietet die Zoomfunktion (*Bild 7.3.1-24*). Damit können Ausschnitte einer Zeichnung beliebig vergrößert und Einzelheiten betrachtet bzw. hinzugefügt werden.

Beim Entwurf von Schemazeichnungen genügt es häufig, nur die äußere Kontur eines Symbols darzustellen. Durch Verwendung der Ebenentechnik besteht die Möglichkeit, unterschiedliche Grafiken eines Symbols in verschiedenen Ebenen abzulegen. Vom Benutzer kann dann diejenige Ebene ausgewählt werden, die die gewünschte Darstellung enthält.

Die weitere Handhabung der Symbole bedarf einiger spezifischer Parameter. Die Zuordnung erfolgt im Dialog am Bildschirm. Jedes Symbol erhält einen Namen, der vom Anwender frei wählbar ist. Unter diesem Namen wird das Symbol als Datei auf der Magnetplatte

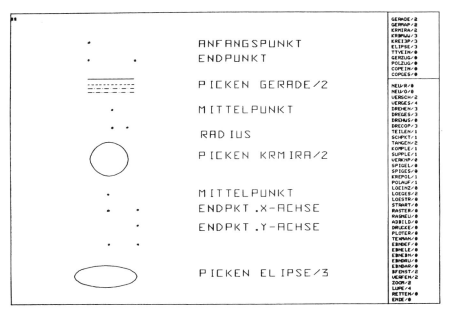

Bild 7.3.1-22 Grafisch interaktive Symboldefinition.

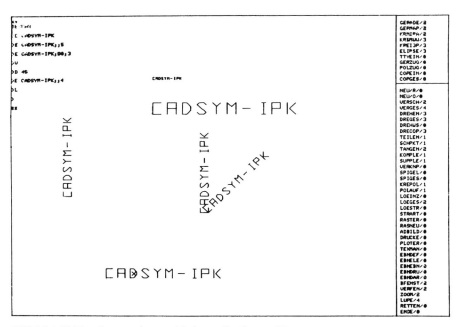

Bild 7.3.1-23 Textelemente in verschiedenen Größen und Lagen.

abgespeichert. Ebenso hat der Benutzer die Möglichkeit, der Grafik einen Skalierungsfaktor zuzuordnen. Vorteilhaft daran ist, daß das Symbol in einem größeren Maßstab gezeichnet werden kann als es im Layout-Entwurf eingesetzt wird.

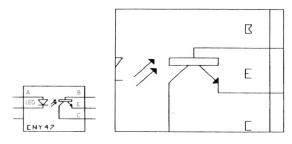

Bild 7.3.1-24 Vergrößerung eines Zeichnungsausschnittes.

Mit Hilfe des Fadenkreuzes ist ein Bildpunkt zu markieren, durch den in der Entwurfsphase die einzelnen Symbole identifiziert werden. Wenn ein Symbol Aus- bzw. Eingänge (Anknüpfungspunkte) hat, so können diese mit einer Kennung beschrieben werden. Außerdem ist es möglich, den Anknüpfungspunkten eine Liste derjenigen Anknüpfungspunkt-Kennungen zuzuweisen, die mit ihnen verknüpft werden dürfen.

Um in der Entwurfsphase jedem Symbol technische Daten zuordnen zu können, müssen bei der Symboldefinition Parametertexte festgelegt werden.

In der Entwurfsphase dienen diese Texte der Gestaltung des Benutzerdialogs für die Eingabe von technischen Daten. Nach Abschluß des Parameterdialogs wird die Symboldatei generiert und in der Bibliothek abgelegt.

Die Layout-System-Definition erfolgt im alphanumerischen Dialog. Die für die Entwurfsphase benötigten Symbole werden anhand ihres Namens aus der Symbolbibliothek ausgewählt und zusammengefügt. Entsprechend den im Parameterdialog eingefügten Parametertexten können den einzelnen Symbolen technische Standardwerte zugeordnet werden, die in der Entwurfsphase modifizierbar sind. Die Klassifizierung der Symbole ermöglicht die Definition eines formalen Datenstrukturmodells.

Durch die Möglichkeit des Aufbaus von Symbolstrukturen können logische Zusammenhänge zwischen beliebigen Symbolen definiert werden. Zulässig sind Haupt- und Unterelemente, gleichberechtigte Elemente (Ringelemente) sowie Kombinationen davon.

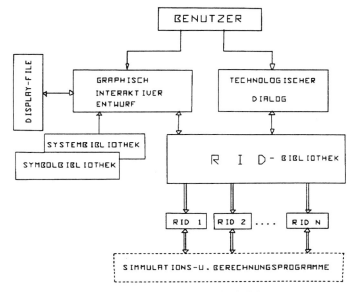

Bild 7.3.1-25 Entwurfsphase des Systems CADSYM.

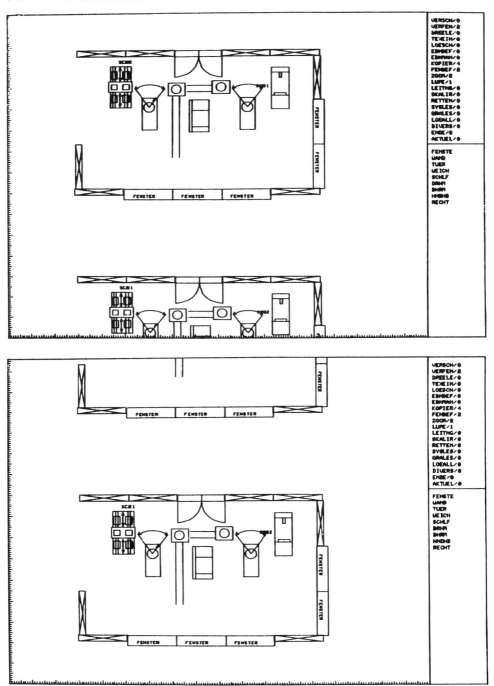

Bild 7.3.1-26 Anwendung der Fenstertechnik im System CADSYM.

Nachdem alle für die Problemstellung benötigten Symbole ausgewählt und mit den gewünschten Parametern versehen worden sind, beginnt die Entwurfsphase.
In der Entwurfsphase kann der CADSYM-Anwender mit Hilfe der definierten Symbole sowohl die Grafik der Schemazeichnung erzeugen als auch die technischen Standardwerte modifizieren *(Bild 7.3.1-25).*
Der Entwurf der Schemazeichnung erfolgt ähnlich wie bei der Symboldefinition grafisch interaktiv mit Hilfe der Menütechnik. Die in der Systemdefinition festgelegten Symbole sind in einer Menüleiste mit ihrem Namen aufgeführt.
Durch Identifizieren des entsprechenden Namens mit dem Fadenkreuz wird dem System mitgeteilt, welches Symbol darzustellen ist. Die dazugehörige Positionierung erfolgt durch Identifizieren in der Arbeitsfläche. Die Verbindung der Symbole ermöglicht die Funktion „Leitung/O". Wenn sich Leitungen kreuzen, wird automatisch die kreuzungsfreie Darstellung generiert.
Eine Zusatzfunktion erlaubt das automatische Zusammenfügen von Symbolen über ihre Anknüpfungspunkte. Ist die Option wirksam, errechnet das System CADSYM die Entfernungen aller Anknüpfungspunkte des neu eingegebenen Symbols zu den Anknüpfungspunkten des bereits vorhandenen Symbols. Nachdem die kürzeste Entfernung zweier Anknüpfungspunkte gefunden ist, wird das Symbol so verschoben, daß diese Entfernung zu Null wird.
Außerdem besteht die Möglichkeit, eine Kennungsprüfung durchführen zu lassen. In diesem Fall werden die Kennungen des Anknüpfungspunktes der zu verbindenden Symbole auf ihre Zulässigkeit überprüft. Bei einem negativen Ergebnis erfolgt eine Mitteilung über die Unverträglichkeit der Anknüpfungspunkt-Kennungen.
Die grafische Handhabung der einzelnen Symbole erfolgt durch Manipulationsfunktionen.

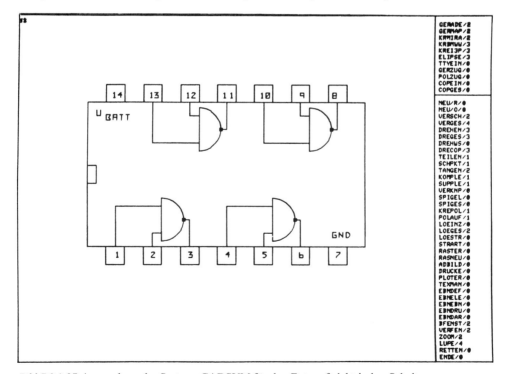

Bild 7.3.1-27 Anwendung des Systems CADSYM für den Entwurf elektrischer Schaltungen.

Neben Manipulationsfunktionen wie Drehen, Kopieren, Verschieben, Löschen, Skalieren ist die Anwendung der Ebenentechnik und Zooming möglich.

Damit der CADSYM-Anwender seine Schemazeichnung unabhängig von der Größe des Bildschirms entwerfen kann, verfügt das System über die Fenstertechnik *(Bild 7.3.1-26)*. Die Technik bietet die Möglichkeit, das Bildfenster zu verschieben. Dadurch werden Teile der Schemazeichnung, die außerhalb des Bildfensters liegen, sichtbar gemacht.

Ist die Grafik der Schemazeichnung erstellt, können die technischen Standardwerte im technologischen Dialog modifiziert werden, d. h. es besteht die Möglichkeit, jeder Darstellung des gleichen Symbols unterschiedliche technische Daten zuzuordnen. Ein Beispiel für die Anwendung des Systems zeigt *Bild 7.3.1-27* für den Entwurf elektrischer Schaltungen.

Generierungskonstruktion

Generierungsverfahren arbeiten auf der Grundlage im System definierter und verarbeitbarer geometrischer Elemente. Diese Elemente sind beispielsweise Strecken, Kreise, Kreisbögen, Ebenen. Die Beschreibung eines Bauteils erfolgt durch Zerlegen eines realen Objektes in die vom jeweiligen System verarbeitbaren Elemente. Die Komplexität der darzustellenden Bauteile ist bei diesem Verfahren nur durch die verarbeitbaren Elemente und deren Verknüpfung eingeschränkt.

Die Systeme CODEM, RADIAN und T 2000 sind drei der zahlreichen nach diesem Prinzip arbeitenden Systeme. Anhand der Beschreibung dieser Systeme sollen Arbeitsweise und Einsatzbereich aufgezeigt werden.

System CODEM

Das von IBM vertriebene CODEM-System [99] besteht aus unterschiedlichen Moduln, die in verschiedenen Variationen miteinander kombinierbar sind.In Abhängigkeit von der gewählten Modul-Kombination kann das System in unterschiedlichen Phasen des Konstruktionsprozesses eingesetzt werden.

Der Basis-Modul erlaubt das Zeichnen von 2-dimensionalen oder auch perspektivischen Darstellungen *(Bild 7.3.1-28* und *Bild 7.3.1-29)*. Für die geometrische Definition von Konstruktionsobjekten stehen dem Benutzer die in *Bild 7.3.1-30* dargestellten drei Eingabegeräte zur Verfügung.

- das alphanumerische Tastaturgerät,
- die Funktionstastatur (32 Tasten) und
- der Lichtstift.

Wenn der Benutzer z.B. die Funktionstaste „Linie" drückt, so bietet ihm das System ein Menü verschiedener Möglichkeiten an, um eine Linie zu definieren (Punkt zu Punkt, horizontal, vertikal). Mit Hilfe des Lichtstiftes kann nun die gewünschte Möglichkeit vom Bildschirm selektiert werden. Für die geometrische Definition von Objekten im 2D-Bereich stehen folgende Funktionen zur Verfügung:

- Punkt,
- Linie,
- Bogen/Kreis,
- Ellipse,
- Kegelschnitt,
- Spline (gestreckte Kurve),
- verschiedene Linienarten,
- Zusammenstellung von Zeichnungen (z.B. zwei oder mehr Zeichnungen können auf dem Schirm in einem Bild erzeugt werden),
- Aufbereitung von Zeichnungen (z.B. normale Schnittlinien beliebiger geometrischer Elemente) und
- Berechnungen.

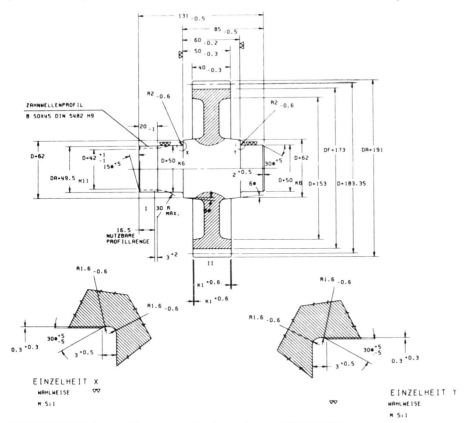

Bild 7.3.1-28 Werkstattzeichnung erstellt mit dem System CODEM [99].

Bild 7.3.1-29 Perspektivische Darstellung mit dem System CODEM [99].

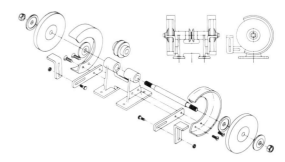

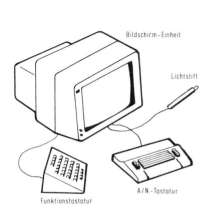

Bild 7.3.1-30 CODEM-Arbeitsplatz [99].

Für die Erstellung von Schemazeichnungen *(Bild 7.3.1-31)* und die Anwendung in der Variantenkonstruktion steht das Programmpaket GIAM zur Verfügung, welches mit Hilfe des CODEM-Moduls „Geometrieschnittstelle" mit CODEM gekoppelt werden kann. GIAM ermöglicht dem Anwender die Entwicklung von Makros, Menüs, Kettung von Befehlen sowie interaktives Berechnen und Zeichnen durch eine grafische Sprache, die auf der Programmiersprache APL basiert.

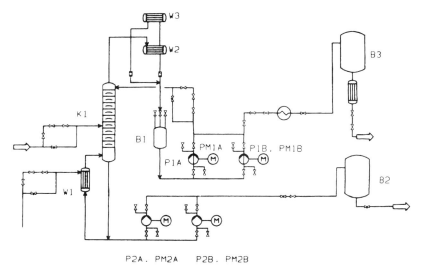

Bild 7.3.1-31 Fließbild gezeichnet mit GIAM [99].

Ein weiterer Softwaremodul erlaubt das Konstruieren und Bearbeiten von 3D-Oberflächen. Er ermöglicht die Definition von Regelflächen, bikubischen Oberflächen und 3D-Straks. Ausgangspunkt für die Beschreibung kann sowohl die 2D-Geometrie als auch die 3D-Geometrie sein. Durch eine Oberfläche können Schnitte gelegt und die Schnittkurven dargestellt werden. Darüber hinaus ermöglicht der Modul die Erzeugung beliebiger Ansichten und Projektionen, die mit dem Basis-Modul weiterverarbeitbar sind. Rotationsflächen werden durch die grafische Darstellung von Mantellinien veranschaulicht, deren Abstand vom Benutzer vorgegeben wird. Ein Beispiel für die Möglichkeiten dieses Moduls ist in *Bild 7.3.1-32* dargestellt.

Berechnungen, wie z.B. Flächen, Volumen oder Trägheitmoment, können mit dem Basis-Modul durchgeführt werden. Damit die erzeugte Geometrie auch der Strukturanalyse (FEM) zugänglich wird, stellt CODEM einen Modul zur Verfügung, der die Manipulation

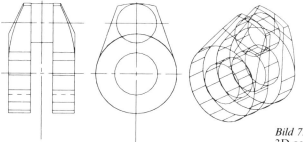

Bild 7.3.1-32 Drei Ansichten einer 3D-gespeicherten Kurbelwelle [99].

von Modellen erlaubt, die aus 3D-Netzen mit Knoten und Verbindungen bestehen. Die Generierung von Finiten-Elementen erfolgt interaktiv am Bildschirm durch Eingabe von Knotenkoordinaten, Elementtypen und Attributen, wobei Funktionen das Duplizieren von Knoten und Elementen durch Rotation, Translation und Größenveränderung ermöglichen. Nach der FE-Netzgenerierung kann die so aufbereitete Geometrie an ein Finite-Elemente-Programm (z.B. NASTRAN), das die Strukturanalyse durchführt, übergeben werden.
Der Datenbankmanagement-Modul ermöglicht die Verwaltung der mit CODEM erstellten Zeichnungen. Die Zeichnungen werden als Modelle in einer Bibliothek gespeichert. Die Modelle können geteilt und gemischt sowie zwischen Benutzern ausgetauscht werden.

System RADIAN

RADIAN von der Fa. RACAL-REDAC ist ein rein zweidimensionales CAD-System [100]. Es wurde ausschließlich für die 2D-Konstruktion und Zeichnungserstellung entwickelt *(Bild 7.3.1-33)*. Die konventionelle Arbeitsweise am Zeichenbrett wird durch grafisch interaktive Beschreibungsmöglichkeiten am Bildschirm abgelöst. Das Haupteinsatzgebiet von RADIAN ist die Mechanik, doch auch in Bereichen wie dem Rohrleitungsbau, der Architektur oder der Elektrotechnik findet das System seine Anwendung.
Der Arbeitsplatz besteht aus einem Tischcomputer mit grafischem Bildschirm. Das Sichtgerät kann wahlweise im bildspeichernden oder bildwiederholenden Modus betrieben werden. Die Eingabe von Befehlen erfolgt über die alphanumerische Tastatur. Für die Positionierung, die Identifizierung oder das Digitalisieren von Elementen und Symbolen wird das Fadenkreuz benutzt. Es kann optional durch einen Steuerknüppel oder Digitalisierer ersetzt werden.
Als geometrische Elemente stehen dem Benutzer Punkte, Strecken, Kreise und Kreisbögen zur Verfügung. Die Definition erfolgt wahlweise in kartesischen oder Polarkoordinaten. Außerdem erlaubt das System die Eingabe einer Art Freihandzeichnungen. Definierte Punkte können dann auf die Matrizenpunkte eines vom Benutzer festgelegten Rasters abgebildet werden. Für die Bemaßung stehen verschiedene Darstellungsarten und -größen zur Verfügung. Die Maßzahl selbst wird automatisch ermittelt und in die Zeichnung eingetra-

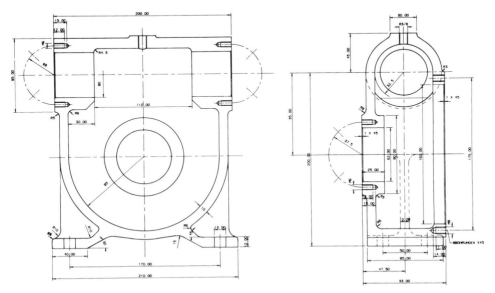

Bild 7.3.1-33 Zeichnungserstellung mit RADIAN [100].

gen. Zusätzliche Informationen werden über die Tastatur eingegeben. Linien können als Volllinien, gebrochen oder strichpunktiert gezeichnet werden. Es kann zwischen zwei Linienbreiten gewählt werden.

RADIAN ermöglicht die Gruppenbildung von Elementen. Häufig auftretende Teile einer Zeichnung können als Gruppe definiert werden, die dann insgesamt kopiert, rotiert, positioniert, gespiegelt oder skaliert werden kann. Mit Hilfe dieser Funktion wird zum Beispiel die Schraffur erzeugt. Außerdem können Standardteile generiert und gespeichert werden, so daß sie in jeder anderen Zeichnung ebenfalls verwendet und wie eine Gruppe verarbeitet werden können.

System T 2000

Das System T 2000 wird von der Fa. TECHNOVISION ein Tochterunternehmen der NORSK DATA Gruppe entwickelt und vertrieben [101]. Das System ist als 2D-System konzipiert und wird für die mechanische Konstruktion und das Erstellen von Zeichnungen eingesetzt *(Bild 7.3.1-34)*. Für die Bedienung des Systems stehen drei Geräte zur Verfügung:
- ein alphanumerischer Bildschirm, der den Benutzer zur Eingabe des nächsten Bedienkommandos auffordert und eingegebene Kommandos quittiert,
- ein graphischer Vektorbildschirm mit bildspeichernden und bildwiederholenden Darstellungsmöglichkeiten, der für die grafische Ausgabe verwendet wird sowie
- ein Menütablett, über das durch Antippen eines Menüfeldes mit einem Eingabestift Funktionen zur Systembestimmung aufgerufen werden.

Das Menütablett ist in drei Bereiche aufgeteilt. In einem Bereich sind alle dem Benutzer zur Verfügung stehenden Kommandos aufgeführt. In einem zweiten Bereich sind alle Ziffern,

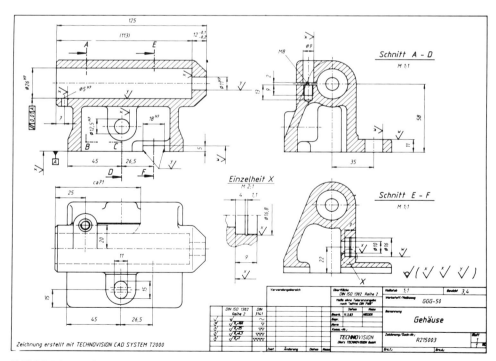

Bild 7.3.1-34 Werkstattzeichnung erstellt mit dem System T2000 [101].

Buchstaben und Sonderzeichen, die sich im Normalfall auf der Bildschirmtastatur befinden, wiedergegeben.
Zusätzliche Felder in diesem Bereich ermöglichen den Aufruf der wesentlichsten mathematischen Funktionen, da alle Koordinateneingaben aus Zahlen und auch aus zu berechnenden Formelketten bestehen können. Eine dritte unbeschriftete Fläche hat eine Doppelfunktion. Sie repräsentiert die gesamte Bildschirmfläche. Führt der Benutzer des Systems den Stift über diese freie Fläche, so erscheint auf dem Bildschirm ein Fadenkreuz, das der Position des Stiftes auf dem Digitalisierer entspricht. Dadurch kann der Benutzer die auf dem Bildschirm befindlichen Elemente identifizieren und manipulieren. Bei der Eingabe von Koordinaten ist zwischen den Funktionen „Identifizieren" und „Eingeben" zu unterscheiden. Ist die Funktion „Identifizieren" eingeschaltet, so wird der Benutzer aufgefordert, das Fadenkreuz in die Nähe z.B. eines Linienpunktes zu führen. Um den Mittelpunkt des Fadenkreuzes befindet sich ein Fangkreis. Ist der zu identifizierende Linienpunkt nun in diesem Fangkreis, so ermittelt das System die genauen abgespeicherten Koordinaten und nimmt sie als neu eingegebenen Wert. Die Größe des Fangkreises und damit die Identifizierungsgenauigkeit ist veränderbar. Ist die Funktion „Eingeben" eingeschaltet, so wird der durch den Schnittpunkt des Fadenkreuzes angegebene oder ein numerischer Wert übernommen.
In bestimmten Fällen werden in diese freien Flächen sogenannte Benutzermenüs eingelegt. Dieses sind entweder Standardelemente der Datenbank, die es dem Benutzer erlauben, ohne besondere Kenntnisse der Datenbankorganisation bereits vorkonstruierte Teilelemente oder auch neu definierte Sonderfunktionen (Benutzermakros, DIN-Teile) in die vorhandene Zeichnung zu übernehmen.
Die Erzeugung der Bauteilgrafik erfolgt durch Elemente, wie z.B. Punkt, Linie, Kreis oder Tangente, die über ein Menütablett identifiziert werden. Bereits konstruierte Linien können in ihrer Länge verändert werden. Dazu stehen folgende Möglichkeiten zur Verfügung:
– Einseitiges Verlängern oder Verkürzen einer Linie mit einer Begrenzungslinie,
– Zweiseitiges Verlängern oder Verkürzen einer Linie mit einer oder zwei Begrenzungslinien,
– Unterbrechen einer Linie zwischen einer oder zwei Begrenzungslinien,
– Gegenseitiges Verlängern oder Verkürzen zweier sich schneidender Linien,
– Verlängern oder Verkürzen einer Linie bis zum Lotpunkt eines Punktes,
– Verlängern oder Verkürzen einer Linie vom Lotpunkt eines Punktes auf eine bestimmbare Länge und
– Verlängern oder Verkürzen einer Linie auf die Entfernung zweier Lotpunkte.
Werden durch die Ausführung dieser Funktion Teile von Linien gelöscht, kann bestimmt werden, ob die gelöschten Linienteile als Strichlinie gezeichnet werden sollen.
Das System T 2000 erlaubt die Gruppenbildung von Elementen, wobei die einzelnen Elemente für sich durch Translation und Rotation manipulierbar sind *(Bild 7.3.1-35)*.

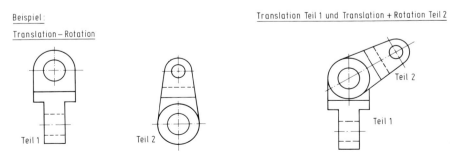

Bild 7.3.1-35 Translation - Rotation von Einzelteilen [101].

Zu den wesentlichsten Merkmalen einer technischen Zeichnung gehören Bemaßung und Beschriftung. Die Beschriftung unterliegt der DIN 6776. Damit sind Zeichenform und Zeichenvorrat vorgegeben. Größe, Lage und Winkel können beliebig variiert werden. Bei der Bemaßung nach DIN 406 werden die Arten Horizontal-, Vertikal-, Abstands-, Längen-, Durchmesser-, Radius- und Winkelbemaßung sowie Einzel-, Bezugs- und Kettenbemaßung unterschieden. Die Maßzahlen können mit Zusatzangaben, wie Toleranzen versehen werden.

Neben dieser Form des Zugriffs auf bereits erstellte Geometrie verfügt T 2000 über eine Normgrafik-Datenbank mit Schrauben, Muttern, Gewindesacklöchern, Senkungen und Symbolen als Variantenteile. Beim Abruf werden lediglich die zur Bestimmung notwendigen Parameter angegeben, worauf vom System mit Hilfe der Normtabelle alle weiteren Werte berechnet und das Teil in der gewünschten Lage dargestellt wird. Diese Normteilsammlung wird ständig erweitert und kann durch benutzerspezifische Teile ergänzt werden *(Bild 7.3.1-36)*.

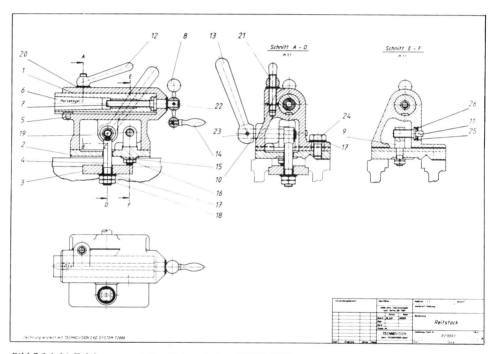

Bild 7.3.1-36 Zeichnung erstellt mit dem System T2000 [101].

Darüber hinaus bietet T 2000 als definierte Benutzerschnittstelle ein FORTRAN-Programmpaket an, mit der die Geometrieerzeugungsfunktionen in selbst programmierten Makros genutzt werden können. Mit dieser Schnittstelle können neben der programmierten Variantenerzeugung auch andere Programmsysteme oder Festigkeitsberechnungen an das System gekoppelt werden. Eine der bereits realisierten Kopplungen ist die zu dem System EXAPT. Dadurch können auch die Daten bereits erstellter Geometrie der Weiterverarbeitung in Fertigung und Produktionsplanung zugänglich gemacht werden.

7.3.2 Systeme zur dreidimensionalen Geometrieverarbeitung

Viele in der Konstruktion anfallende Probleme lassen sich rechnerunterstützt nur lösen, wenn die Bauteilgeometrie im Rechner dreidimensional abgelegt wird.
Die 40 bis 50 weltweit entwickelten 3D-CAD-Systeme lassen sich aufgrund der Modellbeschreibung und -abspeicherung in kanten-, flächen- und volumenorientierte Systeme einteilen. Die Realisierung der einzelnen Systeme erfolgte als rechnergebundene Systeme wie APPLICON [102], CALMA [103], COMPUTERVISION [104] oder GERBER [105], als rechnerflexible Systeme wie COMPAC [106], EUCLID [107], MEDUSA [108], PROREN 2 [126] oder TIPS 1 [109] oder als betriebssystemgebunden wie CADD [110] oder CADIS [111]. Im folgenden werden Systeme der einzelnen Systemklassen exemplarisch dargestellt, wobei die Auswahl der Systeme keiner Wertigkeit unterlag. Da das Wirkungsverhalten der Systeme innerhalb einer Systemklasse gleich oder zumindest ähnlich ist, sollen mit der Beschreibung einiger Systeme lediglich die prinzipiellen Möglichkeiten aufgezeigt werden.

System CADDS 3

CADDS 3 wurde von COMPUTERVISION für die vielfältigen Anwendungen beim dreidimensionalen rechnergestützten Entwurf und bei der dreidimensionalen Fertigung entwickelt [104]. Die Bauteile werden durch die Beschreibung von Punkten, Linien und Flächen erzeugt. Die Datenbasis enthält neben der grafischen Information auch Angaben wie Stücklisten und technische Parameter. Außer zum dreidimensionalen mechanischen Entwurf und der Erstellung von Zeichnungen bietet CADDS 3 Möglichkeiten zur Berechnung von Werkzeugverfahrwegen und zur Erzeugung von Lochstreifen für die Bearbeitung auf NC-Maschinen. Das System findet aber auch in der Elektrotechnik und Elektronik seinen Einsatz. Zu den Anwendungen gehören u.a. der Entwurf gedruckter Schaltungen und der Stromlaufplanentwurf. Ein weiterer Anwendungsbereich ist die Kartografie.
CADDS 3 läuft auf dem Hardware-System der Design-Serie. Der Arbeitsplatz umfaßt standardmäßig einen grafisch-interaktiven Schwarzweiß- oder Farbrasterbildschirm, ein Tablett mit Tablettstift und ein alphanumerisches Tastaturgerät. Das Tablett ist unterteilt in einen Bereich mit Menüfeldern zur Befehlseingabe und einen Bereich zum Digitalisieren und zum Freihandzeichnen von Linien. Das Tastaturgerät kann ebenfalls zur Kommandoeingabe genutzt werden. Der Dialog mit dem Benutzer wird über den grafischen Bildschirm geführt.
Für die mechanische Konstruktion stehen die üblichen geometrischen Elemente und Beschreibungsarten für Punkte, Linien, Kurven und Flächen zur Verfügung. Enthalten sind dabei auch B-Spline-Kurven und B-Spline-Oberflächen. Die dreidimensionalen Splines sind kubisch oder quadratisch. Hervorzuheben ist die Möglichkeit des Benutzers, eigene Gruppen zu beschreiben, diese in einer Bibliothek abzulegen und sie wie andere Elemente beim Entwurf einzubeziehen. Einige der vielen vorhandenen Operationen sind Verschieben, Drehen und Spiegeln, das Löschen oder Ändern von Elementen und die Ermittlung von Durchdringungskurven dreidimensionaler Teile.
Der Benutzer kann beliebig viele Ansichten definieren und darstellen. Jede Manipulation in einer Ansicht führt zur automatischen Aktualisierung aller anderen. Außerdem erlaubt das System die Erzeugung von Schnittansichten und bietet Unterstützung beim Ausblenden verdeckter Kanten *(Bild 7.3.2-1)*. Die Bemaßung erfolgt automatisch durch nur ein Kommando *(Bild 7.3.2-2)*. Sie wird angepaßt, sobald die Änderungen der Geometrie durchgeführt werden. Texte können in verschiedenen Schriftarten angebracht werden.
Das 3D-Modell ermöglicht Berechnungen wie Umfang, Flächeninhalt, Schwerpunkt, Trägheitsmoment von Schnittflächen und Gewicht. Außerdem dient das Modell als Grundlage für die Finite-Elemente-Netzgenerierung. Das Netz kann grafisch interaktiv oder automatisch erzeugt werden. Es steht ein Post-Prozessor zur Verfügung, der die grafischen Da-

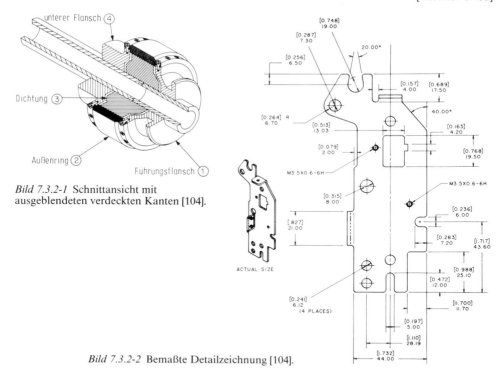

Bild 7.3.2-1 Schnittansicht mit ausgeblendeten verdeckten Kanten [104].

Bild 7.3.2-2 Bemaßte Detailzeichnung [104].

ten in die Standardformate für Finite-Elemente-Programme wie NASTRAN, STRUDL oder SUPERB umsetzt.

Mit CADDS 3 lassen sich grafisch-interaktiv unter Zuhilfenahme einer einfachen Kommandosprache Werkzeugverfahrwege erzeugen. Die gleichzeitige Darstellung des zu bearbeitenden Teiles gewährleistet eine direkte grafische Kontrolle. Mit einem Postprozessor können Steuerdaten für NC-Maschinen mit 2-, 2 1/2 -, 3-, 4- und 5-Achsensteuerung erstellt werden.

Als eine Weiterentwicklung des Systems CADDS 3 bietet COMPUTERVISION das System CADDS 4 für die rechnerunterstützte Konstruktion an.

System DDM

Das System DDM (Design, Drafting, and Manufacturing) von der Fa. CALMA [103] ist ein grafisch-interaktives CAD-System und dient zur Erzeugung von 3D-Drahtmodellen. Ein zusätzliches Programmpaket erlaubt die Darstellung endlich berandeter Flächen und ermöglicht zugleich eine Vervollständigung des reinen Kantenmodells. Auf Grundlage eines einzelnen Modells lassen sich alle Ansichten und Zeichnungen, die für die Konstruktion, für Werkstattzeichnungen und den Fertigungsprozeß benötigt werden, erstellen *(Bild 7.3.2-3)*. Es dient aber genauso als Basis zur Lösung anderer Fertigungsprobleme und zur Bereitstellung von Informationen für die NC-Lochstreifenerstellung.

Der DDM-Arbeitsplatz besteht in seiner typischen Konfiguration aus zwei Bildschirmen, Tablett und Funktionstastaturgerät. Der grafische Rasterbildschirm dient zur Darstellung der Modellgeometrie und der mittels Tablettstift durchgeführten Interaktionen. Auf dem alphanumerischen Schirm wird der Dialog mit dem Benutzer geführt. So erscheinen auf ihm alle durch Tastaturgerät oder Menü eingegebenen Geometriekommandos oder Anleitun-

[Literatur S. 433] 7.3 *Geometrieverarbeitende Systeme* 329

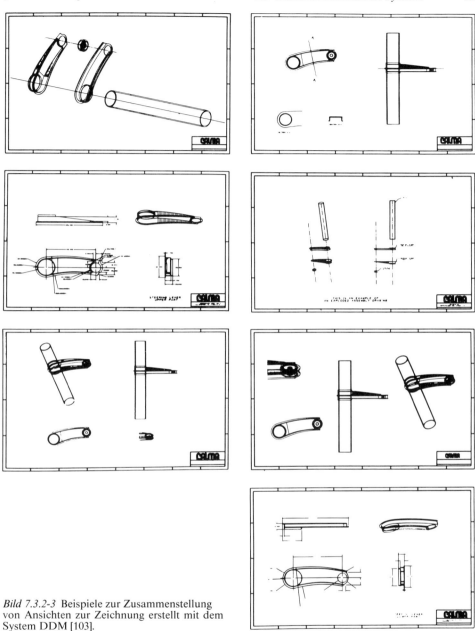

Bild 7.3.2-3 Beispiele zur Zusammenstellung von Ansichten zur Zeichnung erstellt mit dem System DDM [103].

gen zur nächsten Benutzeraktion. Das Menü befindet sich auf dem oberen Teil des Tabletts. Die häufigsten Kommandos sind außerdem durch Funktionstasten belegt.

Die Beschreibung der Geometrie erfolgt durch Eingabe von Kommandos zur Erzeugung von Geraden, Kreisbögen und Kreisen, Kegelschnitten und Splines. Das Programmpaket für Flächen umfaßt ebene Flächen, Zylinderflächen, Rotationsflächen, Regelflächen, tabuellierte Zylinder und sogenannte B-Flächen. Zur Definition geometrischer Elemente stehen jeweils mehrere Möglichkeiten zur Verfügung. Eine dieser Möglichkeiten ist die Definition von geometrischen Elementen in einem Arbeitskoordinatensystem, das beliebig im Raum und unabhängig von den dargestellten Ansichten gewählt wird. Alle Eingabeinformationen, die eine 2D-Ebene als Referenz erfordern, beziehen sich auf die XY-Ebene des Arbeitskoordinatensystems. Jede bereits vorhandene Fläche kann somit zur aktuellen Konstruktionsebene werden.

Operationen wie Verschieben, Duplizieren, Rotieren, Spiegeln, Löschen, sichtbar oder unsichtbar Setzen, können nicht nur auf einzelne Elemente sondern auf ganze Gruppen angewandt werden. Die Zusammenstellung von Elementen zu Gruppen erfolgt nach unterschiedlichen Auswahlkriterien. So können zum Beispiel beliebige einzelne Elemente oder alle Elemente innerhalb eines vorgegebenen Bereichs oder Elemente einer bestimmten Klasse zusammengefaßt werden. Mann kann permanente Gruppen bilden, dann gehört diese Information zum Modell, oder temporäre, wie alle unsichtbaren Linien, die dann nur für die aktuelle Ansicht Gültigkeit besitzen. Die Gruppenbildung unterstützt außerdem die Bildung von Teilmodellen oder Makros, die beliebig oft in ein Modell hineinkopiert werden können. Operationen auf Flächen erlauben die Berechnung von Flächeninhalten, die Erzeugung von Schnittansichten oder die Berechnung von Durchdringungskurven.

Eine andere Art, Makros zu definieren bietet die Programmiersprache DAL (Design Analysis Language). Sie erlaubt die Erweiterung des Kommandoumfangs durch Beschreibung häufig auftretender Kommando- und Eingabefolgen. Ein DAL-Programm kann durch seinen Namen aufgerufen und damit einem Menüfeld zugeordnet werden.

Auf dem grafischen Bildschirm können bis zu sechs beliebige Ansichten gleichzeitig dargestellt und hantiert werden *(Bild 7.3.2-4)*. Jede Änderung des Modells führt zur Aktualisierung aller Ansichten. Das Ausblenden verdeckter Kanten erfolgt manuell. Das 3D-Modell wird auf eine 2D-Bildebene projiziert. Dabei bleibt das Geometriemodell als solches erhalten, da nur die Ansicht manipuliert werden soll. In der Ebene kann man dann 2D-Operationen verwenden, um die Sichtkanten durch Schnittpunktermittlung und 2D-Trimmen in sichtbare und unsichtbare Segmente aufzuteilen *(Bild 7.3.2-5)*.

Die Bemaßung erfolgt grafisch-interaktiv durch Identifizieren des gewünschten Elements. Auch sie betrifft nur eine Ansicht, nicht aber das Modell. Überschneiden sich Maßlinien, kann der Benutzer korrigierend eingreifen. Linientypen, Schriftgröße und Schrifttypen sind in jeder Ansicht wählbar.

DDM bietet außerdem die Möglichkeit NC-Lochstreifen bis zum 5-achsigen Fräsen zu erstellen. Mit DAL können komplexe Berechnungen durchgeführt, Teilefamilien beschrieben und Werkzeugwege ermittelt werden. Makros können leicht für bestimmte Maschinen, Bearbeitungsprozesse oder Materialien modifiziert werden. DAL besitzt eine FORTRAN-Schnittstelle, die es dem Benutzer erlaubt, das System um eigene Anwendungsprogramme zu erweitern.

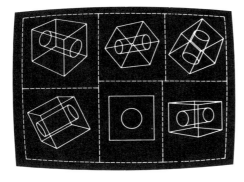

Bild 7.3.2-4 Gleichzeitige Darstellung von sechs beliebigen Ansichten erstellt mit dem System DDM [103].

[Literatur S. 433]   7.3 *Geometrieverarbeitende Systeme*   331

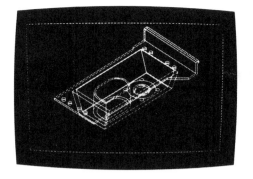
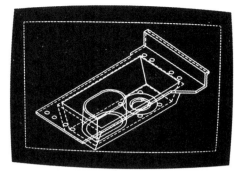

Bild 7.3.2-5 Schritte zum Ausblenden verdeckter Kanten mit dem System DDM [103].

System CDM 300

Das CAD/CAM-System CDM 300 von KONGSBERG ist wie die Systeme CD/2000 von CONTROL DATA oder AD/380 von AUTO-TROL eine abgewandelte und erweiterte Version des flächenorientierten 3D-Systems AD 2000, das von HANRATTY entwickelt wurde [112]. In dem System CDM 300 wurden außer Linien und Flächen auch Volumenelemente zur Beschreibung dreidimensionaler Objekte aufgenommen. Außer vielfältigen Möglichkeiten zur Konstruktion und Zeichnungserstellung enthält CDM 300 einen NC-Programmiermodul zur Erstellung von NC-Steuerlochstreifen. Für das EXAPT-System wurde ein spezieller Kopplungsmodul zur Verfügung gestellt. Eine andere Anwendungsschnittstelle besteht zu FEMGEN zur Erzeugung von Netzen für die Finite-Elemente-Analyse.
CDM 300 unterstützt eine Vielzahl von Arbeitsplatzkonfigurationen. So können zum Beispiel ein bildspeicherndes oder bildwiederholendes Sichtgerät und ein alphanumerischer Bildschirm Verwendung finden. Die Definition der Geometrie erfolgt in einer typischen Hardwarekonfiguration grafisch-interaktiv über das Menütablett und mit Hilfe der interaktiven grafischen Sprache GRAPL II über das Tastaturgerät.
In CDM 300 wird die beschreibbare Geometrie in zwei Kategorien eingeteilt; die „Basis-Geometrie" und die "Erweiterte Geometrie". Zur Basis-Geometrie gehören die Punkte und alle zweidimensionalen Linien- und Kurvenelemente wie Geraden, Kreise, Kreisbögen, Kegelschnitte, geschlossene Polygonzüge und 2D-Splines. Die erweiterte Geometrie enthält dreidimensionale Kurven und Flächen und Volumenelemente. Der 3D-Spline wird durch die Angabe von Interpolationspunkten erzeugt. Die Flächentypen reichen von der Ebene über Rotations- und Regelflächen (einschließlich Torus und Kugel) bis zu Flächen, die durch Kurvennetze beschrieben sind. Die Körper werden vorwiegend durch Verschieben

oder Drehen von Konturen erzeugt. Flächen können an sich überdeckenden Kanten zu komplexen Oberflächen zusammengesetzt werden. Die Schnittkurvenermittlung erfolgt automatisch.

Zur Manipulation geometrischer Elemente stehen dem Benutzer Funktionen wie Löschen, Einfügen und Ersetzen zur Verfügung. Elemente können zu Gruppen zusammengefaßt und so gemeinsam verschoben oder gedreht werden. Einzelne geometrische Elemente können an Geraden gespiegelt werden. Bis zu 32 Ansichten lassen sich gleichzeitig darstellen, dabei ist jede gewünschte Orthogonalprojektion möglich.

Der Maßstab wird automatisch so angepaßt, daß die Ansicht vollständig auf dem Bildschirm erscheint. Die Fenster-Funktion gestattet, jeden beliebigen Ausschnitt zu wählen, um so Einzelheiten leichter modifizieren zu können. Die Darstellung von Bildelementen kann durch eine Ausblendefunktion unterdrückt werden. Die Operation kann elementweise ausgeführt werden oder sich auf eine Reihe von Elementen beziehen, die zum Beispiel zum selben Elementtyp gehören oder durch eine Darstellungsebene repräsentiert werden. Zur Erstellung von Werkstattzeichnungen stehen Funktionen zur horizontalen, vertikalen, parallelen und schrägen Bemaßung, zur Anordnung von Text und Pfeilen und zum Schraffieren zur Verfügung *(Bild 7.3.2-6)*. Zeichen können auch durch den Benutzer definiert werden. Zeichenart und Größe sind wählbar. Die DIN- und ISO-Normen finden Berücksichtigung.

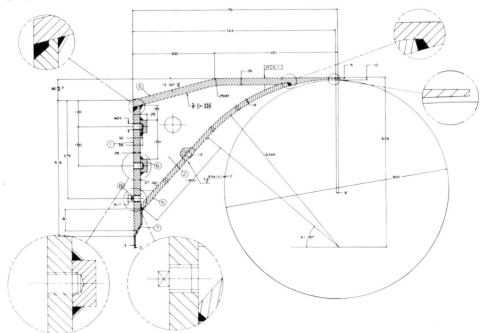

Bild 7.3.2-6 Beispiel zur Zeichnungserstellung mit CDM 300.

Oberflächen und Kurven können mathematisch ausgewertet werden. Dies ermöglicht Informationen über Steigung, Krümmung und Krümmungsradius, aber auch Berechnungen von Schwerpunkt, Trägheitmoment, Volumen und Gewicht.

Mit dem NC-Programmier-Modul von CDM 300 können Steuerlochstreifen bis zu 5-Achsen-Bearbeitung erstellt werden. *Bild 7.3.2-7* zeigt eine Darstellung von Werkzeugwegen.

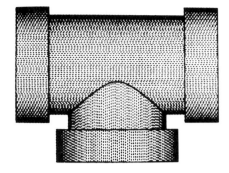

Bild 7.3.2-7 Darstellung von Werkzeugwegen mit CDM 300.

System CATIA

Das CAD-System CATIA, das die dreidimensionale Beschreibung von Objekten ermöglicht, wird in der Konstruktion und Fertigung eingesetzt [113]. Es wurde von den DASSAULT-Flugzeugwerken in Paris entwickelt und wird durch IBM vertrieben. Die Steuerfunktionen des Systems werden, wie bei dem CAD-System CODEM, über eine Funktionstastatur und einem Lichtstift ausgelöst. Durch die Betätigung der Funktionstasten lassen sich Funktionsbereiche ansprechen, die untergliedert auf dem grafischen Bildschirm als Menü dargestellt werden. Die Auswahl eines Menüfeldes erfolgt mit dem Lichtstift. Darüber hinaus besteht der Arbeitsplatz aus einem alphanumerischen Bildschirm, der u.a. für die Ausgabe von Fehlermeldungen verwendet wird, sowie aus einem alphanumerischen Tastaturgerät, über das Text eingegeben und Steuerinformationen ausgelöst werden können.

Die Software von CATIA ist modular aufgebaut, wobei jeder Modul mit dem Basis-Modul beliebig kombinierbar ist. Der Basis-Modul ermöglicht die Generierung von dreidimensionalen Drahtmodellen. Für die Definition des Modells können bis zu vier Ansichten festgelegt werden *(Bild 7.3.2-8).*

Für die geometrische Beschreibung werden im Menü Basiselemente, wie z.B. Punkt, Gerade und Kurve, angeboten. Komplexe Kurven werden aus BEZIER-Kurven erzeugt.

Ebenso enthält der Basis-Modul Programmpakete für Berechnungen sowie für die Datenbankverwaltung. In CATIA können einzelne Elemente zu Gruppen zusammengefaßt und somit gemeinsam manipuliert werden. Die Datenbankverwaltung läßt den simultanen Zugriff von mehreren CATIA-Benutzern zu. Darüber hinaus besteht eine Geometrie-Schnittstelle, die eine Datenübergabe von und zu CODEM erlaubt. Beide Systeme können auf demselben grafischen Bildschirm betrieben werden.

Ein Erweiterungsmodul bietet die Möglichkeit, einfache und komplexe 3D-Oberflächen zu erzeugen sowie von NC-Teileprogrammen für drei oder mehrachsige Werkzeugmaschinen zu generieren. Für die Beschreibung der Flächen stehen mehrere Flächentypen zur Verfügung:
- einfache Oberflächen (z.B. Zylinder, Torus),
- Rotationsflächen,
- Flächenverwendungen mit konstantem Radius,
- Regelflächen,
- Ringe und Röhren.

Als Oberfläche ergeben sich BEZIER-Flächen, die entweder aus einem oder aus mehreren Flächentypen bestehen *(Bild 7.3.2-9).*

Oberflächen, die sich nicht durch die vorgegebenen Elementtypen beschreiben lassen, können durch dreidimensionale Punkte festgelegt werden. Mit Hilfe von biparametrischen polynomischen Funktionen (BEZIER) lassen sich daraus Kurven ermitteln, die in Form eines

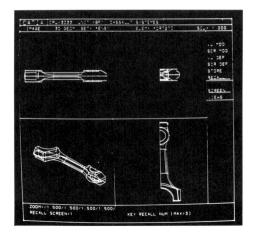

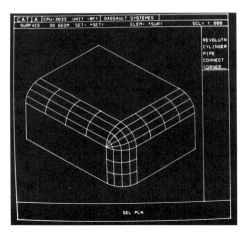

Bild 7.3.2-8 Automatische Erstellung von Bauteilansichten [113].

Bild 7.3.2-9 Automatisches Runden von Kanten [113].

Kurvennetzes auf dem Bildschirm dargestellt werden. Entspricht das dargestellte Flächenprofil nicht dem gewünschten, so kann die Lage der Punkte entsprechend verändert werden. Die Manipulation der Grafik erfolgt über den Lichtstift, indem die Punkte identifiziert werden. CATIA ermöglicht auch die Definition von Randbedingungen, die bei der Kurvenermittlung einzuhalten sind. Volumenelemente lassen sich generieren, indem eine Mantelfläche definiert wird. Wenn Flächen bei der Verknüpfung sich schneiden, wird automatisch die Schnittkurve berechnet und die verdeckte Teilfläche ausgeblendet. Dieser Modul enthält ebenfalls ein Programmpaket für Berechnungen geometrischer Gegebenheiten, wie z.B. Krümmungen der Oberflächen.

Mit dem NC-Programmpaket sind Werkzeugwege definierbar und darstellbar, wobei jeweils die Geometrie aus dem Volumenmodell übernommen und die Technologie über Menüauswahl oder Eingabe ergänzt wird.

Mit einem dritten Modul können einfache Volumenelemente (Solids) erzeugt werden, die

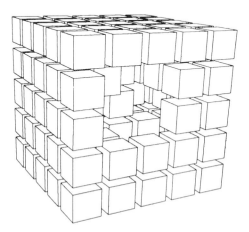

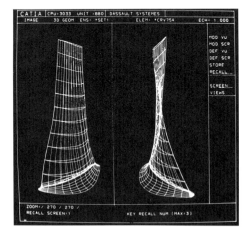

Bild 7.3.2-10 Grafische Darstellung mit ausgeblendeten verdeckten Kanten [113].

Bild 7.3.2-11 Grafische Darstellung einer Turbinenschaufel [113].

aus Facetten aufgebaut sind. Die Anwendung dieses Moduls erlaubt das automatische Ausblenden von verdeckten Kanten bei der Objektdarstellung *(Bild 7.3.2-10)*.
Zur dreidimensionalen Beschreibung von Objekten stehen einfache Volumentypen, wie Würfel, Quader und Prismen zur Verfügung. Diese Basiselemente sind in ihrer Größe variabel und können nach Booleschen Operationen miteinander verknüpft werden. Unter der Voraussetzung, daß der „Oberflächen-Modul" vorhanden ist, sind auch komplexe Volumen-Körper definierbar, indem die analytisch nicht beschreibbaren Oberflächen durch Facetten approximiert werden *(Bild 7.3.2-11)*.
Der Kinematik-Modul ergänzt den Basis-Modul um die Funktionen, die für die Definition von mechanischen Zusammenhängen und die zweidimensionale Bewegung von Elementen benötigt werden. Neben der Bewegung in einer Ebene ist auch die Rotation möglich, wobei die verdeckten Kanten ausgeblendet werden. Die Anwendung dieses Moduls erfolgt u.a. für die Berechnung von Trajektoren, Bewegungsbereichen, Kollisionen und Beschleunigungen. Ein weiterer Modul ermöglicht die Bearbeitung aerodynamischer Probleme.

System COMPAC

Der Name COMPAC steht für Computer Oriented Part Coding. Das System wird seit 1969 im *Institut für Werkzeugmaschinen und Fertigungstechnik* der TU BERLIN entwickelt. Das Programmsystem COMPAC wurde vorwiegend für die Anwendung im Bereich des Maschinenbaus konzipiert [114, 115], in der die überwiegende Anzahl der Bauteile durch ebene, zylindrische und konische Flächen begrenzt ist. Für die Definition von analytisch nicht beschreibbaren Flächen werden B-Spline-Algorithmen verwendet.
Bild 7.3.2-12 zeigt den prinzipiellen Aufbau des COMPAC-Systems. Mit einer APT-ähnlichen Eingabesprache werden die Bauteile beschrieben und vom COMPAC-Prozessor eingelesen. Der Prozessor erzeugt eine rechnerinterne Darstellung (RID) des Werkstückes. Diese Datenbasis dient dann den verschiedenen Anwenderbausteinen wie z.B. der Berech-

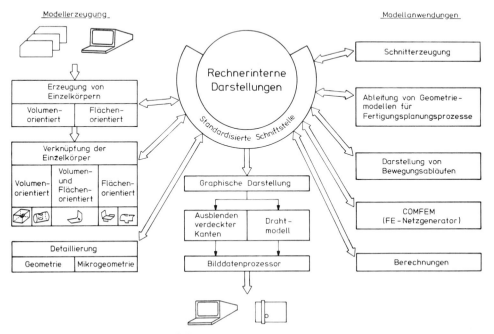

Bild 7.3.2-12 Aufbau des COMPAC-Systems.

nung von Bauteilen, der grafischen Darstellung und der Arbeitsplanung [194, 202]. Zur Beschreibung von Bauteilen stehen Grundvolumenelemente wie Quader, Zylinder, Kegelstumpf, Profil- und Rotationskörper zur Verfügung. Diese Grundvolumenelemente werden per Sprachanweisung positioniert, definiert und miteinander verknüpft.
Die prinzipielle Vorgehensweise bei der Bauteilbeschreibung mit der volumenorientierten Eingabesprache COMPAC ist anhand eines Beispiels in *Bild 7.3.2-13* dargestellt.

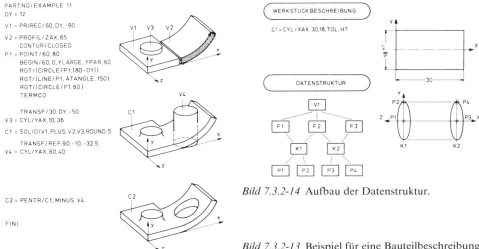

Bild 7.3.2-14 Aufbau der Datenstruktur.

Bild 7.3.2-13 Beispiel für eine Bauteilbeschreibung.

Ein Teileprogramm beginnt grundsätzlich mit dem Sprachwort PARTNO = Part-Number und endet mit dem Sprachwort FINI. Zwischen diesen beiden Sprachworten werden die Volumenelemente definiert und verknüpft. Zur Beschreibung des Bauteils in *Bild 7.3.2-13* werden nach dem Sprachwort PARTNO die Einzelvolumen V1, V2, V3 und V4 definiert. Mit dem Sprachwort SOLID für die Kontaktflächenverknüpfung und PENTR für die durchdringungsmäßige Verknüpfung werden diese Einzelvolumen zu einem Volumen verknüpft. Das Ergebnis ist eine rechnerinterne Darstellung des Werkstückes. Der Aufbau dieser rechnerinternen Darstellung ist in *Bild 7.3.2-14* dargestellt.
In der rechnerinternen Darstellung wird das Bauteil hierarchisch in 5 Klassen abgebildet. Dabei repräsentiert die Klasse 1 Punkte, Klasse 2 Konturelemente, Klasse 3 Flächen, Klasse 4 Volumen und Klasse 5 Baugruppen. Den Elementen innerhalb der Klassen werden Kennungen und Daten zugewiesen. Kennungen dienen vorwiegend der kurzen Charakterisierung eines Elementes. Beispielsweise findet in der Klasse 2 eine Unterscheidung zwischen Strecke, Kreis und Kreisbogen statt. Neben den Kennungen erhalten die einzelnen Elemente Daten. Daten, die den Punkten zugeordnet werden, sind die kartesischen Koordinaten X, Y und Z. Ebenfalls als geometrische Daten werden die Komponenten des Flächennormalvektors dem Element „Fläche" zugewiesen. Die logische Verbindung der Elemente wird über Relationen hergestellt. Der Zugriff auf Informationen in der Datenbasis geschieht grundsätzlich über ein standardisiertes Interface (Siehe auch Kap. 4). Mit dieser Technik sind alle geometrieverarbeitenden Algorithmen unabhängig von der verwendeten Speicherungsstruktur.
Zur Verknüpfung der Einzelvolumenelemente zu einem Gesamtvolumen stehen im COMPAC-System zwei verschiedene Verknüpfungsmethoden zur Verfügung, die kontaktflächenmäßige Verknüpfung und die durchdringungsmäßige Verknüpfung.
Ein Beispiel für die Verknüpfung von Einzelvolumen ist in *Bild 7.3.2-15* dargestellt. Ist eine Verknüpfung der Einzelvolumen durch Kontaktflächen nicht möglich, wird die Verknüp-

fung mit Hilfe der Durchdringung durchgeführt [188]. Dabei werden die Durchdringungskurven automatisch ermittelt und als parametrische Kurven (B-Spline) dargestellt. Danach werden die Flächen aufgeteilt und entsprechend der Addition oder Substraktion der Einzelvolumen aktualisiert *(Bild 7.3.2-16)*.

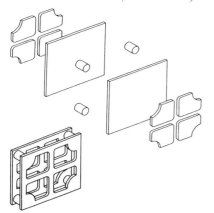

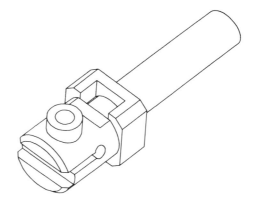

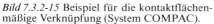

Bild 7.3.2-15 Beispiel für die kontaktflächenmäßige Verknüpfung (System COMPAC).

Bild 7.3.2-16 Beispiel für die durchdringungsmäßige Verknüpfung (System COMPAC).

Neben analytisch beschreibbaren Flächen können im COMPAC-System auch analytisch nicht beschreibbare Flächen dargestellt werden. Hierzu wurde das System um B-Spline-Algorithmen erweitert [116, 190]. Zur Definition einer B-Spline-Fläche werden die Stützpunkte der Flächen definiert. Im COMPAC-Prozessor wird dann mit Hilfe der B-Spline-Algorithmen eine analytisch nicht beschreibbare Fläche generiert.

Beide Flächentypen, analytisch beschreibbare und analytisch nicht beschreibbare, werden in einer gemeinsamen Datenbasis abgelegt. Die Beschreibung des Wasserpumpengehäuses in *Bild 7.3.2-17* stellt ein Beispiel dafür dar.

Ein Manipulationsmodul ermöglicht das grafisch interaktive Ändern und Detaillieren eines rechnerintern und grafisch dargestellten Bauteils. Ein Anwendungsbeispiel ist in *Bild 7.3.2-18* dargestellt.

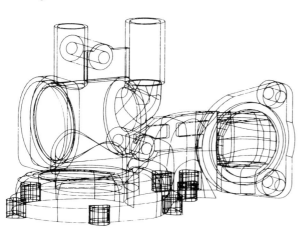

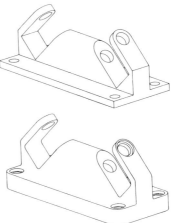

Bild 7.3.2-17 Grafische Darstellung eines Wasserpumpengehäuses (System COMPAC).

Bild 7.3.2-18 Interaktiv verändertes Bauteil (System COMPAC).

Für den Zweck der grafischen Darstellung ist es notwendig, das rechnerintern dargestellte Bauteil in die gewünschte Raumlage zu drehen. Nach Vorgabe der Drehwinkel werden dazu folgende Prozeduren durchlaufen [204]:
- Berechnen von Sichtkanten bei gewölbten Flächen,
- automatisches Ausblenden der verdeckten Kanten und
- Projizieren der sichtbaren Kanten auf die gewählte Bildebene.

In Ergänzung dazu ist zur anschaulich grafischen Darstellung von Bauteilen mit komplizierten Innenformen das Generieren von Schnittansichten wichtig. Hierzu wird das rechnerintern dargestellte Bauteil durch Angabe einer Schnittebene in zwei Teile zerschnitten. Der verbleibende Teil gelangt dann wie jedes andere rechnerintern dargestellte Bauteil zur grafischen Darstellung. Ein Beispiel für das Ausblenden der verdeckten Kanten und Erzeugen von Schnittansichten ist in *Bild 7.3.2-19* dargestellt. Neben der Verarbeitung und Darstellung von Einzelvolumen ermöglicht das System die Handhabung von Baugruppen. Damit ist es möglich, Explosionszeichnungen, wie in *Bild 7.3.2-20* dargestellt, zu erzeugen.

Die aus Wirtschaftlichkeitserwägungen heraus geforderte Mehrfachanwendung einmal erzeugter gestaltbeschreibender Werkstückdaten ist dann gesichert, wenn die Daten weiteren Prozessen zur Verfügung gestellt werden. Grafische Ausgaben der dafür entwickelten Anwendermoduln, wie Blechteilverarbeitung, Finite-Elemente-Netzgenerierung, Kopplung zur Arbeitsvorbereitung und Bewegungssimulation, zeigt *Bild 7.3.2-21*.

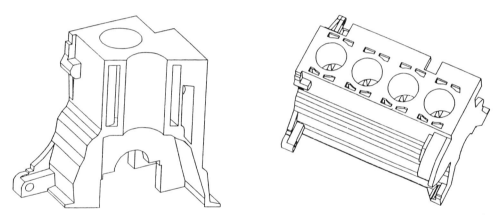

Bild 7.3.2-19 Grafische Darstellung eines Bauteils mit ausgeblendeten verdeckten Kanten, erstellt mit dem System COMPAC.

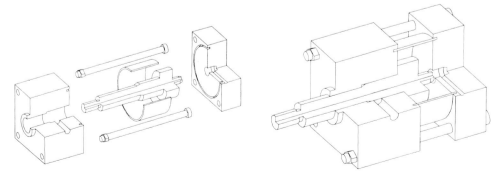

Bild 7.3.2-20 Grafische Darstellung einer Baugruppe mit dem System COMPAC.

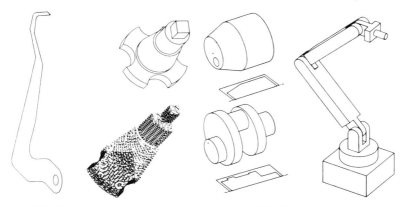

Bild 7.3.2-21 Anwendungsbeispiele mit dem System COMPAC.

System ROMULUS

Das 3D-CAD-System ROMULUS wurde von SHAPE DATA LTD. in England entwickelt [118]. Es dient zur Beschreibung dreidimensionaler Objekte auf Grundlage von sogenannten Solid-Modelling-Methoden. Diese gewährleisten, daß das erzeugte rechnerinterne Modell vollständig die Gestalt eines Körpers enthält. Vollständig bezieht sich dabei auf die Darstellung der Gestaltgeometrie einschließlich ihrer topologischen Zusammenhänge und der Information, wo sich Material befindet und wo nicht. Außerdem können dem Modell nichtgeometrische Daten zugefügt werden. Beispiele hierfür sind Angaben über Oberflächengüte oder Materialeigenschaften.
ROMULUS ist so konzipiert, daß es durch eindeutig definierte Schnittstellen sowohl für die grafische Ein- und Ausgabe als auch für die verschiedensten Anwendungen offen ist. So wurden zum Beispiel Schnittstellen für den Datenaustausch mit anderen CAD-Systemen entwickelt. Eine weitere Schnittstelle existiert zu CNC. Hier wird die mit ROMULUS erzeugte Geometrie eines Objektes so aufbereitet, daß sie als Eingabe für das CNC-Programm zur Erstellung von Steuerlochstreifen für NC-Maschinen verwendet werden kann. Zum Anschluß an das Netzgenerierungsprogramm FEMGEN zur Finite-Elemente-Analyse werden mit ROMULUS komplexe Objekte in einfache Volumenelemente aufgeteilt. Dann wird eine Ausgabebeschreibung dieser Elemente erzeugt, die durch FEMGEN verarbeitet werden kann (*Bild 7.3.2-22*).
Die mit ROMULUS beschreibbaren Körper können durch ebene und gekrümmte Flächen umgeben sein. Als gekrümmte Flächen sind Zylinder-, Kugel-, Kegel- und Torusflächen erlaubt. Ebene Flächen werden durch ihre berandende Kontur erzeugt. Die Beschreibung

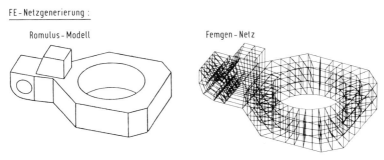

Bild 7.3.2-22 ROMULUS Modell mit FEMGEN-Netz [118].

kann durch unbeschränkte Geometrien wie (unendliche Gerade und Kreise) erfolgen, die durch Schnittpunktbildung in Segmente aufgeteilt werden. Jede Kurve, die als Schnittkurve zwischen den erlaubten Flächentypen entstehen kann, ist als Konturelement zugelassen. Zur Erzeugung der Körper stehen zum einen die Grundkörper Quader, Zylinder, Kegelstumpf, Kugel und Torus zur Verfügung, zum anderen können sie aus Flächen bzw. Konturen durch Verschieben entlang oder durch Drehen um eine Achse generiert werden.

Die Konstruktion komplexer Körper erfolgt durch die Anwendung der booleschen Operationen Vereinigung, Differenz und Durchschnitt *(Bild 7.3.2-23)*. Insbesondere die Durchschnittsbildung kann zu einem vereinfachten Kollisionstest herangezogen werden, da sie gerade den Bereich liefert, der von zwei Objekten gleichzeitig eingenommen wird.

Die automatische Schnittbildung ist sowohl mit Ebenen als auch mit (unendlichen) Zylindern möglich. Schnitte werden für die Erstellung von Werkstattzeichnungen gebraucht, können aber genauso zum Modellieren eines Körpers eingesetzt werden, indem Teile abgeschnitten oder Löcher erzeugt werden.

Zur grafischen Ausgabe können beliebige orthogonale Projektionen, axonometrische oder perspektivische Ansichten generiert werden. Neben der Darstellung des Drahtmodells können auf Grund der volumenorientierten Representation eines Objektes die verdeckten Kanten automatisch ermittelt werden. Wahlweise werden sie gestrichelt oder nicht gezeichnet. Durch Schattieren in verschiedenen Grautonabstufungen werden flächenhafte Darstellungen erzielt *(Bild 7.3.2-24)*.

In ROMULUS integrierte Anwendungen der vollständigen Gestaltinfomation sind die approximative Ermittlung geometrischer und physikalischer Eigenschaften wie Flächen- und Volumeninhalt, Schwerpunkt und Trägheitsmoment. Die Genauigkeit der Berechnung wird

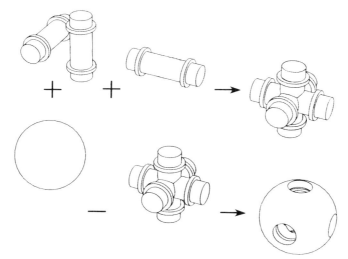

Bild 7.3.2-23 Anwendung der Booleschen Operationen Vereinigung und Differenz mit ROMULUS [118].

Bild 7.3.2-24 Möglichkeiten der grafischen Darstellung mit ROMULUS [118].

vom Benutzer vorgegeben. Eine weitere Anwendung ist die Abwicklung von Flächen auf Ebenen. Diese können zum Beispiel als Faltzeichnungen ausgegeben werden.

System TIPS-1

Das CAD-System TIPS-1 wurde am *Institute of Precision Engeneering* UNIVERSITÄT HOKKAIDO, Japan entwickelt. Ausgehend von einer Geometrieverarbeitung, kann das System eine Reihe von Zusatzproblemen bearbeiten: Generierung eines Finite-Elemente-Netzes, Arbeitsplanung für die Fräsbearbeitung einschließlich der Erstellung eines Lochstreifens, Volumen- und Gewichtsberechnung sowie die Schwerpunktsberechnung von Teilen [109].
Die gestaltbeschreibende Geometrie wird entweder am Bildschirm unter Verwendung einer Kommandosprache oder im Batchbetrieb mit der Kommandosprache als Batch-Eingabesprache eingegeben. Die Sprache besteht aus APT-ähnlichen Definitionen und Anweisungen.
Zur Beschreibung von Volumenelementen stehen Möglichkeiten zur Verfügung, die auf Prinzipien der Mengenlehre beruhen. Die Basiselemente bestehen aus Halbräumen. Jede Ebene und jeder (unendliche) Zylinder teilen den dreidimensionalen Raum in zwei Bereiche auf, nämlich diesseits und jenseits der Ebene oder innerhalb und außerhalb der Zylindermantelfläche. Durch geeignete Mengenoperationen wie die Durchschnittsbildung von Halbräumen lassen sich Volumenelemente definieren (Bild 7.3.2-25). Als Grundelemente stehen Linie, Ebene, Kreis, Ellipse, Zylinder, Kugel, Kegel, Paraboloid und ein allgemeines Konturelement zur Verfügung *(Bild 7.3.2-26).* Freiformflächen werden durch Gleichungen oder Programme ermittelt oder durch Punktmengen und Sweep-Operationen definiert. Die Volumenelemente können durch die Mengenoperationen Vereinigung, Durchschnitt und Differenz zu komplexen Körpern verknüpft werden. Die Positionierung von Elementen erfolgt durch die Transformationsanweisungen ROTATE, TRANSFER und MIRROR.
Die geometrische Datenbasis des Systems ist in zwei Unterbereiche aufgeteilt. Der erste Unterbereich besteht aus zwei Tabellen für die geometrischen Basisdaten und die Maschentabelle, wobei die Basisdaten den Daten der Gestaltbeschreibung entsprechen, und die Maschentabelle die Verknüpfungszusammenhänge wiederspiegelt. Diese Tabelle wird dazu be-

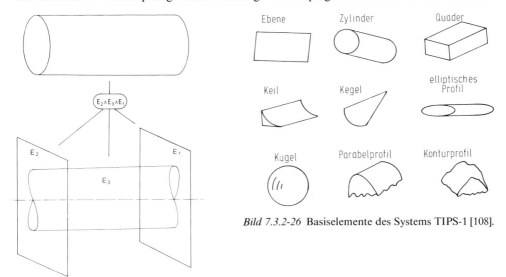

Bild 7.3.2-26 Basiselemente des Systems TIPS-1 [108].

Bild 7.3.2-25 Definition eines Zylinders durch Halbräume mit dem System TIPS-1 [109].

nutzt, ein Teil in kleine Zellen aufzuteilen, die in einen zweiten Unterbereich gespeichert werden. Sie bilden die Grundlage für die verschiedensten Anwendungen. So liefern sie die Information zur automatischen Netzgenerierung für Finite-Elemente-Analysen und ermöglichen Berechnungen wie Volumen und Schwerpunkt mit Hilfe der Monte-Carlo-Methode. Für die grafische Ausgabe stehen mehrer Funktionen zur Verfügung, von denen hier zwei genannt werden sollen. Die Funktion TRIVIW bildet automatisch die drei Ansichten eines Teils, die Funktionen PERS 3 generiert die perspektivische Ansicht des Bauteils. Beide Funktionen beinhalten die Darstellung mit oder ohne Oberflächennetzstrukturen *(Bild 7.3.2-27)*.

Die Anwendungsprogramme von TIPS-1 liegen als FORTRAN-Unterprogramme vor. Der Benutzer schreibt das aufrufende Hauptprogramm, indem die Eingabeparameter für den speziellen Anwendungsfall vorbereitet werden. Bei der FE-Netzgenerierung sind das zum Beispiel Angaben über die Anzahl der Elemente in X-, Y- und Z-Richtung, die Größe der Steifigkeitsmatrix, ob nur ein grobes Netz oder das endgültige erzeugt werden soll und Angaben zu Definition von Schnitten, die auf die Vernetzung angewendet werden soll. Dreidimensionale Netze werden dadurch erzeugt, daß ebene Schnitte durch das dreidimensionale Objekt gelegt werden. Für diese wird jeweils die automatische zweidimensionale Vernetzung durchgeführt und die Knoten eines Schnittes so verbunden, daß Hexaederelemente entstehen. Mit dem Programm FEMSTR können unter vorgegebenen Randbedingungen die Hauptspannungen und die Verschiebungen berechnet werden.

In ähnlicher Weise stehen für die Arbeitsvorbereitung und NC-Programmierung Unterprogramme zur Einbindung in FORTRAN-Programme zur Verfügung.

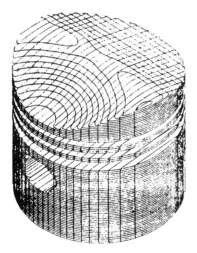

Bild 7.3.2-27 Darstellung eines Kolbens mit dem System TIPS-1 /103)).

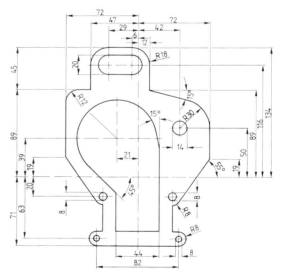

Bild 7.3.2-28 Mit dem System CADIS-2D erstellte Werkstattzeichnung

System CADIS

Das von der Firma SIEMENS angebotene betriebssystemgebundene System CADIS [111] arbeitet zwei- und dreidimensional.

Mit CADIS-2D können zweidimensionale Konstruktionsaufgaben *(Bild 7.3.2-28)*, wie Erzeugen von Bauteilansichten, Erstellen und Ändern von Einzelteil- und Zusammenbauzeichnungen, bearbeitet werden. Eine Erweiterung von CADIS-2D stellt das volumen-

7.3 Geometrieverarbeitende Systeme

orientierte CAD-System CADIS-3D dar, welches die Bearbeitung von dreidimensionalen Aufgaben aus dem Konstruktionsbereich zuläßt. Neben der Möglichkeit, das System um anwendungsspezifische Komponenten zu erweitern, können Programmbausteine für NC-Programmierung und Fertigungssteuerung angekoppelt werden.

Der Arbeitsplatz 9731 besteht aus einem grafischen Bildschirm mit bildspeichernder und bildwiederholender Eigenschaft, einem alphanumerischen Bildschirm, einem Grafik-Tablett mit Tablettstift und einem alphanumerischen Tastaturgerät. Der Arbeitsplatz muß mit einem Rechner verbunden werden, der unter dem Betriebssystem BS 2000 arbeitet.

CADIS-2D, das Basissystem, arbeitet zweidimensional. Der Anwender definiert und bearbeitet am Grafik-Arbeitsplatz die einzelnen Ansichten und Schnitte der technischen Zeichnung.

CADIS-3D arbeitet dreidimensional. Der Anwender definiert nicht die Ansichten, sondern die Gestalt des Objektes. Dessen Beschreibung beruht daher grundsätzlich auf einem dreidimensional orientierten Vorgehen. Linien, Flächen oder Grundkörper (Volumina) beschreiben einen Gegenstand. Das 3D-System erzeugt aus diesen vom Benutzer angegebenen geometrischen Elementen ein digitales rechnerinternes Abbild, ein Modell, des Objektes im Rechner. Durch Beschreiben des Objektes mit Linien, die dessen Kanten entsprechen, wird ein Linienmodell erzeugt. Dieses besteht aus den dreidimensionalen Kanten und Punkten sowie den logischen Beziehungen zwischen den Kanten und den Punkten. Werden beim Beschreiben des Objektes einzelne Linien interaktiv zu Flächen zusammengefaßt, so entsteht ein Flächenmodell. Flächenmodelle bieten die Möglichkeit, Flächenverschneidungen automatisch zu berechnen. Die Objektbeschreibung mit Volumenelementen führt zu einem Volumenmodell, das die Gestalt des Objektes exakt wiedergibt. Erst hierdurch wird ermöglicht, daß auch Volumendurchdringungen und Körperschnitte automatisch erzeugt werden.

Die Beschreibung und Bearbeitung eines dreidimensionalen Objektes erfolgt in mehreren Ansichten. Hierfür wird die Zeichenfläche vom Benutzer in rechteckige Arbeitsflächen (AF) aufgeteilt, die die Hauptansicht, wie Vorderansicht, Seitenansicht von links und Draufsicht oder Schrägansichten enthalten können. Jede Arbeitsfläche besitzt ihr eigenes lokales Koordinatensystem. Die Haupt- und Schrägansichten sind bei CADIS-3D automatisch generierte orthogonale Parallelprojektionen.

Als Haupt- und Schrägansichten können auch Schnittansichten dargestellt werden. Bei der Bauteilbeschreibung *(Bild 7.3.2-29)* kann man eine Arbeitsfläche u.a. mit folgenden darstellungsbezogenen Angaben versehen:

- alle Kanten darstellen,
- verdeckte Kanten ausblenden,
- verdeckte Kanten gestrichelt darstellen und
- Maßstab.

In der Phase 1 werden vom Benutzer die Arbeitsflächen AF1 und AF2 eingerichtet. In AF1 wird der für das Profil erforderliche Konturzug mit CADIS-2D-Kommandos definiert und mit einem 3D-Kommando der Profilkörper erzeugt. Das Profil erscheint danach automatisch als Vorderansicht in AF1 und als Seitenansicht von links in AF2. Die räumliche Lage des negativen Zylinders (für die Beschreibung der Bohrung erforderlich) wird in AF1 und AF2 ausgegeben. Die Subtraktion des Zylinders von dem Ausgangsprofil wird von CADIS-3D automatisch gelöst.

In der zweiten Phase definiert der Benutzer die zwei weiteren Arbeitsflächen AF3 und AF4. Der Profilkörper wird in AF3 so hineingedreht, daß die in AF2 verzerrt dargestellte ebene Profilfläche in AF3 unverzerrt erscheint. Dann kann der Anwender den zweiten negativen Profilkörper definieren. Die Körpersubtraktion wird wieder vom System durchgeführt. AF4 enthält eine Schrägansicht, bei der die verdeckten Kanten automatisch ausgeblendet sind. Zum Generieren einer derartigen Schrägansicht sind die Drehwinkel um die Achsen des Koordinatensystems des Bauteils in der Vorderansicht anzugeben.

344   7 Rechnerunterstützte Konstruktion   [Literatur S. 433]

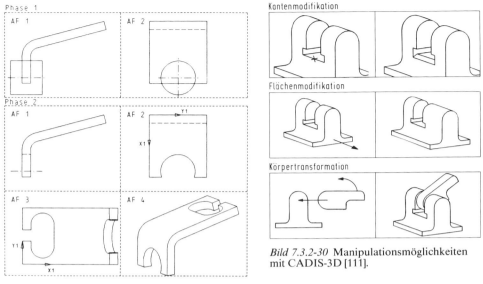

Bild 7.3.2-30 Manipulationsmöglichkeiten mit CADIS-3D [111].

Bild 7.3.2-29 Phasen bei der Beschreibung eines Volumenelementes in Arbeitsflächen (System CADIS-3D) [111].

Zur Manipulation des 3D-Modells hat der Benutzer die Möglichkeiten der Kantenmodifizierung, der Flächenmodifizierung und der Körpertransformation *(Bild 7.3.2-30)*.
Die Transformationsroutinen von CADIS-3D erlauben das räumliche Verschieben und Drehen von Einzel- und Gesamtobjekten. Man kann in einer Arbeitsfläche ein Bauteil von Punkt zu Punkt verschieben und um eine senkrecht auf der Arbeitsfläche stehende Achse drehen, die durch einen Punkt in der Arbeitsfläche bestimmt ist. Weiterhin ist es möglich, ein Objekt um eine seiner Kanten zu drehen.
Für die rechnerinterne Bearbeitung mechanischer Bauteile ist die Schnittechnik eine wichtige Funktion. Sie erfüllt in CADIS-3D drei Aufgaben:
  – Verändern der Gestalt durch Abschneiden von Teilen eines Volumens,
  – Generieren von Schnittansichten für die Zeichnungserstellung sowie
  – Generieren von Querschnitten für Entwurfs- und Berechnungsaufgaben.
In den einzelnen Arbeitsflächen dargestellte Objektansichten lassen sich mit Hilfe von CADIS-2D-Kommandos weiterbearbeiten. Das bietet z.B. die Möglichkeit, eine normgerechte Einzelteil- oder Werkstattzeichnung zu erstellen. Das 3D-Modell ist mit seinen zugehörigen Darstellungen (Zeichnungen) intern verknüpft. Beim Abspeichern des 3D-Modells wird auch automatisch das aktive 2D-Bild abgelegt. Zu einem 3D-Modell können beliebig viele 2D-Bilder archiviert werden.
Jedes abgespeicherte 3D-Modell kann zum gerade in Arbeit befindlichen 3D-Modell hinzugefügt werden. Dadurch ist es z.B. möglich, Bibliotheken mit Standardbauteilen aufzubauen.
In der Regel werden bei spezifischen Anwendungen dimensions- und teilweise gestaltvariable Formkomplexe (Makros) behandelt, z.B. Einstiche für Drehteile oder Bauteile einer Baureihe. Der Systembenutzer ruft ein Makro unter Angabe der gewünschten Abmessung mit einem speziellen Kommando auf. Definiert wird ein Makro in einer Programmiersprache wie FORTRAN - daher auch die Bezeichnung „Programm-Makro". Zur Makro-Definition lassen sich sämtliche Funktionen von CADIS auf FORTRAN-Ebene aufrufen. Das benutzerspezifische Programm kann auch spezielle Unterprogramme des Anwenders, z.B. zur Festigkeitsberechnung, und Zugriffe auf Dateien und Datenbanken enthalten.

Analog zu der Zugriffsmöglichkeit auf die CADIS-Funktionen stehen zur Programmerweiterung FORTRAN-Unterprogrammaufrufe für den Zugriff auf die CADIS-Datenbasis zur Verfügung. Diese Zugriffsprogramme ermöglichen das Hinzufügen, Ausgeben, Verändern und Löschen von Einzelheiten der Datenbasis, die die Ansichten und die Gestalt des Objektes enthält. Diese Schnittstellen ermöglichen das Ankoppeln von Programmbausteinen zur rechnerunterstützten Lösung weiterer Konstruktions- und Planungsaufgaben, z.B. Festigkeitsberechnungen und NC-Programmierung.

System Baustein GEOMETRIE

Ausgehend von der Programmvorgabe zur ersten Ausbaustufe [119] ist das System *Baustein* GEOMETRIE unter Berücksichtigung der Anforderungen an einen Normbaustein Geometrie [120] sowie der Studie über die Behandlung technischer Objekte in CAD-Systemen realisiert worden [121].

Das System *Baustein* GEOMETRIE (erste Ausbaustufe) ist ein in FORTRAN IV realisiertes rechnerflexibles Programmsystem, das aus rund 900 Unterprogrammen mit zusammen 40.000 ausführbaren Anweisungen besteht. Der Baustein GEOMETRIE ist eine durch das BMFT geförderte Gemeinschaftsentwicklung des IWF der TU Berlin, des IPK-Berlin der FhG und der Firma IKOSS GmbH Stuttgart.

Das System *Baustein* GEOMETRIE ermöglicht die Eingabe der geometrischen Beschreibung von Bauteilen entweder mit Hilfe einer Kommandosprache oder in einem grafischen Dialog. *Bild 7.3.2-31* zeigt den Systemaufbau.

Die Spracheingabe erfolgt über eine APT-ähnliche Sprache, deren Anweisungen von einem Interpreter interpretiert werden und in Elemente des rechnerinternen Modells umgesetzt werden.

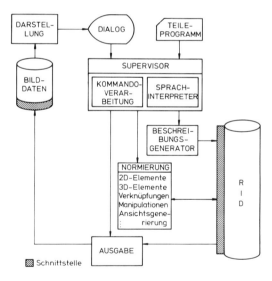

Bild 7.3.2-31 Systemaufbau des Systems Baustein GEOMETRIE

Die interaktive Eingabe erfolgt mit der Menütechnik durch die Auswahl von Kommandos aus den bei der aktuellen Version auf dem Bildschirm angebotenen Kommandolisten *(Bild 7.3.2-32)* [122]. Die einzelnen Kommandowörter können in deutsch oder in englisch auf dem Bildschirm ausgegeben werden. Die Realisierung sieht eine einfache Ersetzung durch eine andere Technik wie die Tabletteingabe vor. Mit dem System ist sowohl die Beschreibung zwei- als auch dreidimensionaler Geometrie-Elemente möglich. Durch Manipulationen und Verknüpfungen können Modelle komplexer Bauteile generiert werden. Dem Be-

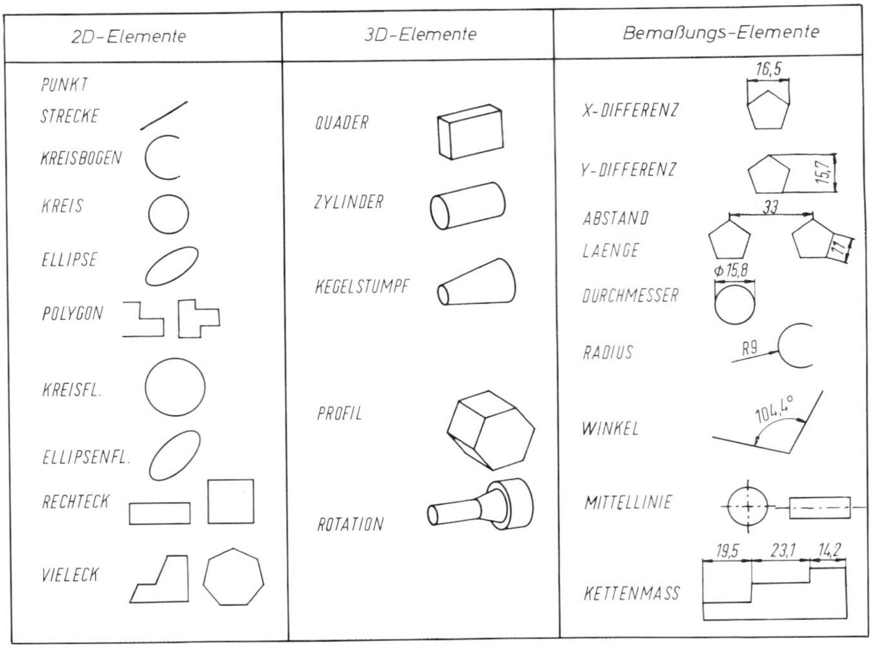

2D-Elemente	3D-Elemente	Bemaßungs-Elemente
PUNKT		
STRECKE	QUADER	X-DIFFERENZ
KREISBOGEN		Y-DIFFERENZ
KREIS	ZYLINDER	ABSTAND
ELLIPSE		LAENGE
	KEGELSTUMPF	DURCHMESSER
POLYGON		
		RADIUS
KREISFL.		
ELLIPSENFL.	PROFIL	WINKEL
RECHTECK	ROTATION	MITTELLINIE
VIELECK		KETTENMASS

Bild 7.3.2-32 Geometrieelemente und Bemaßungsarten im System *Baustein* GEOMETRIE.

nutzer stehen zwei- und dreidimensionale Eingabe- und Manipulationsmöglichkeiten sowie der Bemaßungsmodul zur Verfügung. Jederzeit kann von einem Modul in einen anderen umgeschaltet werden.
Zweidimensionale geometrische Elemente wie Punkte, Strecken, Geraden, Kreise, Kreisbögen, Ellipsen, Polygonzüge, Konturzüge, Rechtecke, Vielecke, Kreisflächen und Ellipsenflächen können beschrieben werden, wobei für jede Elementart mehrere Beschreibungsmöglichkeiten bestehen. Ein Kreis kann z.B. entweder durch drei Hilfspunkte, durch Mittelpunkt und Hilfspunkt, durch Mittelpunkt und Radius oder tangential an zwei Geraden mit vorgebbarem Radius definiert werden. Die Konturelemente Strecke und Kreisbogen lassen sich miteinander so verknüpfen, daß sie geschlossene Konturzüge ergeben, aus denen anschließend ebene Flächen generiert werden.
Die Verknüpfung beliebig vieler ebener Flächen unterschiedlicher Topologie zu neuen Flächen ist unter Anwendung mengentheoretischer Operationen wie Vereinigung und Differenz durchführbar *(Bild 7.3.2-33)*. Flächen können unter Angabe eines Steigungswinkels mit einem vorgebbaren Linienabstand schraffiert werden. Auf alle 2D-Elemente lassen sich Operationen wie Kopieren, Verschieben, Spiegeln, Drehen und Löschen anwenden.
In der 3D-Verarbeitung können die Volum-Elemente Quader, Zylinder und Kegelstumpf definiert werden. Die im 2D-Bereich generierten Flächen werden zur Generierung von Profil- und Rotationsvolumen herangezogen. Diese Grundvolumen können miteinander additiv oder subtraktiv verknüpft werden, um komplexere Volumen zu erzeugen. Diese Verknüpfungen lassen sich auf zwei verschiedene Arten durchgeführen, nämlich als Kontaktflächenverknüpfung oder als Durchdringung. Die Verknüpfungsart ist von der Gestalt der Volumenelemente und deren räumlicher Lage zueinander abhängig.
Außerdem besteht die Möglichkeit, Bauteile zu schneiden, um daraus entweder ein verändertes Bauteil zu erzeugen oder um eine Schnittansicht eines Bauteil zu generieren *(Bild 7.3.2-34)*. Jedes gespeicherte Bauteil kann in eine beliebige Raumlage transformiert und

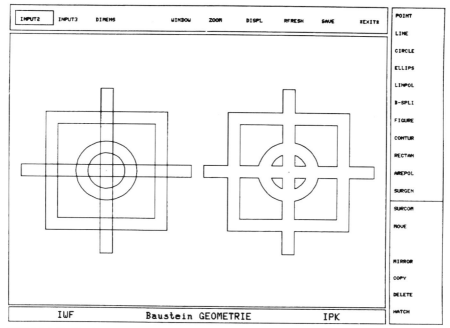

Bild 7.3.2-33 Flächenverknüpfung im System *Baustein* GEOMETRIE.

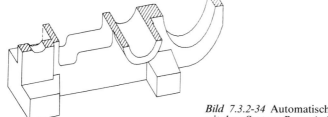

Bild 7.3.2-34 Automatisch erstellte Schnittansicht mit dem System *Baustein* GEOMETRIE.

grafisch dargestellt werden. Die Darstellung erscheint entweder als Drahtmodell des Bauteils, oder als Ansicht mit ausgeblendeten verdeckten Kanten. Zu jeder Ansicht kann ein dazugehöriges zusätzliches 2D-Modell erzeugt werden, das eine Rückkopplung mit dem ursprünglichen 3D-Modell erlaubt. Die Manipulationen Verschieben, Kopieren, Drehen und Löschen können auch auf alle 3D-Elemente angewendet werden.

Der die 3D-Elemente verarbeitende Teil des *Baustein* GEOMETRIE besteht im wesentlichen aus Modulen des COMPAC-Systems. Die Moduln konnten unverändert in das System integriert werden, da sie auf derselben Modelldatenstruktur arbeiten.

Das System bietet die Möglichkeit, jede beliebige Ansicht von Bauteilen grafisch-interaktiv zu bemaßen. Es können verschiedene Maßeinträge wie Längen-, Radius-, Durchmesser-, Winkel- und Kettenbemaßungen vorgenommen werden. Daneben können X-Differenzen, Y-Differenzen und Abstände von zwei beliebigen Punkten ermittelt und bemaßt werden. Zu jedem Maßeintrag kann der Benutzer Ergänzungsangaben wie obere und untere Abmaße, Vor- und Nachtext sowie Toleranzen zufügen *(Bild 7.3.2-35)*. Fehlerhafte Maßeinträge können jederzeit wieder gelöscht werden.

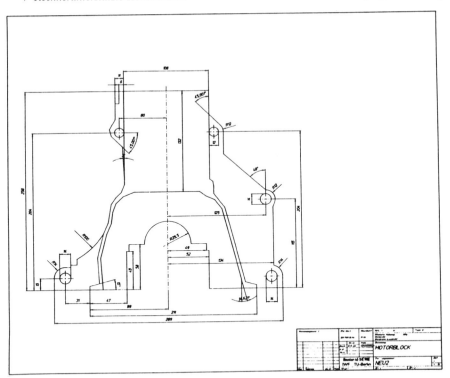

Bild 7.3.2-35 Bemaßte Bauteilansicht eines Motorblockes. Erstellt mit dem System *Baustein* GEOMETRIE.

Die Maßeinträge werden in der rechnerinternen Darstellung (RID) in Verbindung mit den bemaßten Geometrie-Elementen abgelegt, so daß eine Dimensionsänderung im Modell ausgeführt keine explizite Veränderung der Bemaßung bedarf, da alle eventuell notwendigen Änderungen automatisch vollzogen werden.

Werkstattzeichnungen werden vom System mit einem Schriftfeld versehen. Die Einträge für das Schriftfeld werden in einem alphanumerischen Dialog abgefragt und zur Darstellung automatisch an die von der Norm vorgeschriebene Stelle positioniert. Zusatzangaben, wie beispielsweise die Oberflächenbeschaffenheit eines Bauteils betreffen, können ebenfalls interaktiv eingegeben werden.

Um die einzelnen geometrischen Elemente darzustellen, werden Bilddaten aus dem drei- bzw. zweidimensionalen Modell erzeugt. Diese Bilddaten enthalten alle für das Auszeichnen notwendigen Informationen. Ein Darstellungsprogramm steuert die Ausgabe. Die Darstellungsart der einzelnen Kontur-, Hilfs- und Bemaßungselemente wird in den Bilddaten gespeichert. Mögliche Arten sind Vollinien, gestrichelte Linien und Strichpunktlinien. Unterschiedliche Arten werden beispielsweise für Hilfsliniendarstellungen verwendet *(Bild 7.3.2-36)*.

Operationen wie Zooming oder Windowing werden auf dem Bildinhalt ausgeführt, wodurch ein vergrösserter oder verkleinerter Bildausschnitt oder ein Fenster auf dem Bild definiert wird, um damit einen neuen Bildausschnitt festzulegen.

Die rechnerinterne Darstellung (RID) ist hierarchisch aufgebaut, wobei die abzuspeichernden Elemente auf fünf Klassen aufgeteilt sind: Klasse 1 enthält die Punkte und die Werteelemente, Klasse 2 die Konturelemente, Klasse 3 die Flächen, Klasse 4 die Grundvolumen

[Literatur S. 433]   7.3 *Geometrieverarbeitende Systeme*   349

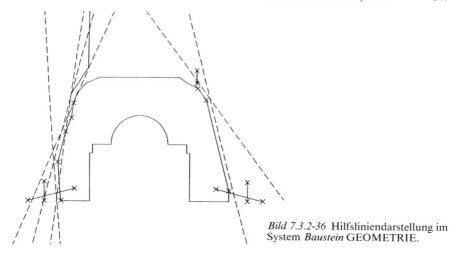

Bild 7.3.2-36 Hilfsliniendarstellung im System *Baustein* GEOMETRIE.

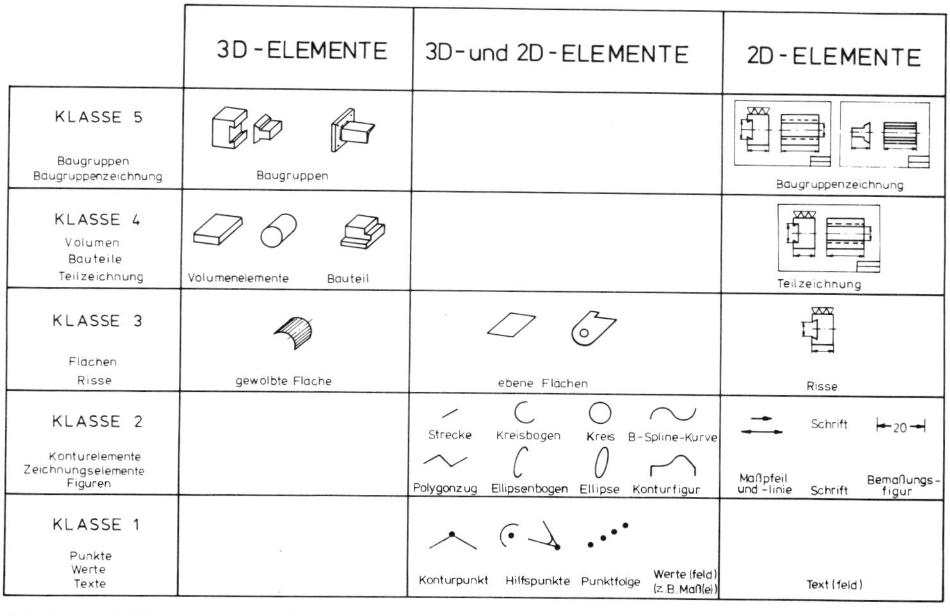

	3D-ELEMENTE	3D- und 2D-ELEMENTE	2D-ELEMENTE
KLASSE 5 Baugruppen Baugruppenzeichnung	Baugruppen		Baugruppenzeichnung
KLASSE 4 Volumen Bauteile Teilzeichnung	Volumenelemente Bauteil		Teilzeichnung
KLASSE 3 Flächen Risse	gewölbte Fläche	ebene Flächen	Risse
KLASSE 2 Konturelemente Zeichnungselemente Figuren		Strecke Kreisbogen Kreis B-Spline-Kurve Polygonzug Ellipsenbogen Ellipse Konturfigur	Maßpfeil und -linie Schrift Bemaßungs- figur
KLASSE 1 Punkte Werte Texte		Konturpunkt Hilfspunkte Punktfolge Werte (feld) (z.B. Maß(e))	Text (feld)

Bild 7.3.2-37 Elemente der rechnerinternen Darstellung des Systems *Baustein* GEOMETRIE.

und Bauteile und Klasse 5 die Baugruppen *(Bild 7.3.2-37)*. Ein Ebenenprinzip ermöglicht die Abspeicherung auch nichtgeometrischer Angaben in der gleichen rechnerinternen Darstellung.

Die rechnerinterne Darstellung dient als Schnittstelle zwischen den einzelnen Anwendungsmoduln. Für die Kommunikation der Programme mit der rechnerinternen Darstellung stehen standardisierte FORTRAN-Subroutine-Aufrufe zur Verfügung, die das Addieren, Lesen und Löschen der Elemente oder zusätzlicher Angaben ermöglicht. Elemente der rechnerinternen Darstellung werden mit Daten versehen. Um die Elemente einer Klasse weiter unterteilen zu können, wird jedem Element eine Kennung zugewiesen. Alle Elemente können über logische Relationen paarweise miteinander verknüpft werden. Den Relationen können, wie auch den Elementen selbst, Daten und Kennungen zugewiesen werden. Daten, Kennungen und Relationen werden bestimmten Ebenen zugeordnet.

Der *Baustein* GEOMETRIE beschränkt sich in seiner ersten Ausbaustufe auf die Verarbeitung analytisch beschreibbarer geometrischer Elemente. Die Beschreibungsart der eingegebenen Elemente wird in der rechnerinternen Darstellung auf der Beschreibungsebene gespeichert. Ausgehend von dieser Beschreibung erfolgt durch den Normierungsmodul die Generierung der Geometrie-Elemente. Normierung bedeutet, daß unabhängig von der Beschreibungsart eines Elementes stets ein einheitliches geometrisches Element generiert wird. Die Systemarchitektur des Systems erlaubt über die definierte Schnittstelle die Ankopplung weiterer Verarbeitungsmoduln. Im Rahmen der COMPAC-Weiterentwicklung sind experimentelle Versionen von mehreren Verarbeitungsmoduln entstanden, die auch für eine Ankopplung an den *Baustein* GEOMETRIE geeignet sind. Dies sind Moduln zur
- automatischen Netzgenerierung für Finite-Elemente-Methoden,
- Ableitung der Drehteilkontur von Rotationskörpern und
- Simulation von Bewegungen für Handhabungsgeräte mit Kollisionsprüfungen.

Symbolverarbeitungsmöglichkeiten sind zur Bearbeitung von Schemadarstellungen und zur Beschreibung von Arbeitsprinzipien erforderlich. Diese Möglichkeiten sind bereits mit dem System CADSYM, das mit derselben Schnittstelle zur rechnerinternen Darstellung arbeitet, realisiert. Dies ermöglicht eine Kopplung des Systems CADSYM zum System *Baustein* GEOMETRIE.

Eine weitere Ausweitung erfährt der *Baustein* GEOMETRIE gegenwärtig durch die Einbeziehung von Möglichkeiten zur Verarbeitung beliebig geformter Flächen. Dazu steht ein Modul des GPM-SS [123] zur Verfügung, bei dem B-Spline Verfahren zur Flächendarstellung genutzt werden. Diese Arbeiten werden im Rahmen des Deutsch-Norwegischen Gemeinschaftsprojektes APS (Advanced Production Systems) [124] durchgeführt. Im gleichen Vorhaben werden die Systeme DETAIL 2 zur Rotationsteilbeschreibung und GPM-APC als System für Blechteildarstellung mit dem *Baustein* GEOMETRIE gekoppelt. In APS dient der *Baustein* GEOMETRIE als Unterprogrammpaket für die Entwicklung von Konstruktions- und Arbeitsplanungssystemen.

Das System hat einen modularen Aufbau, der eine Bildung von Teilsystemen für bestimmte Anwendungszwecke erlaubt. Es können weitere Moduln, wenn sie mit derselben Schnittstelle arbeiten, dem System hinzugefügt werden. Bereits vorhandene Moduln können durch andere ersetzt werden. Es lassen sich also Systeme mit unterschiedlichen Leistungsspektren realisieren. Es ist ein 2D-, ein 3D- und ein 2D/3D-System generierbar, wobei auch noch eingeschränkte 2D- und 3D-Versionen möglich sind.

Außer der Schnittstelle zur rechnerinternen Darstellung besitzt das System noch eine Eingabe- und eine Ausgabeschnittstelle. Die Eingabeschnittstelle erlaubt die Verwendung eines Sprachinterpreters und eines grafisch-interaktiven Eingabemoduls. Die Ausgabeschnittstelle benutzt eine sequentielle Bilddatei für die Darstellung und die Elementidentifikation. Es können aber auch Grafikpakete wie GKS und GPGS-F verwendet werden.

System EUCLID

Das System EUCLID von MATRA DATAVISION ist ein 2D/3D CAD-System [107]. Es ermöglicht nicht nur die Generierung von 3D-Flächen, sondern gleichermaßen die Verarbeitung von Volumenelementen, die Körpereigenschaften besitzen. Das bedeutet, daß jederzeit entschieden werden kann, wo sich Material befindet und wo nicht. Diese Information gewährleistet die automatische Ausführung vieler Funktionen, deren Ergebnisse sonst nur durch zusätzliche Hilfestellung vom Benutzer nachvollziehbar wären. Über die dreidimensionale, grafisch-interaktive Modellierung hinaus reicht die Anwendungsbreite von EUCLID von der Erstellung beliebiger Perspektiven oder bemaßter Zeichnungen über die

Berechnung geometrischer und physikalischer Eigenschaften bis hin zur Ermittlung von Werkzeugwegen und Steuerbefehlen für die NC-Fertigung.

EUCLID benutzt bildspeichernde und bildwiederholende Darstellunsmöglichkeiten und verwendet das Fadenkreuz zur grafisch-interaktiven Eingabe. Zur Befehlseingabe stehen Menüfelder auf dem grafischen Bildschirm und das alphanumerische Tastaturgerät zur Verfügung.

Ein Tablett und ein zusätzliches alphanumerisches Ausgabegerät können angeschlossen werden. EUCLID ist eigentlich rechnerflexibel, wird aber von MATRA DATAVISION zusammen mit der Hardware auch als schlüsselfertiges System angeboten.

Die Definition geometrischer Objekte erfolgt direkt im dreidimensionalen Raum. Außer den üblichen Linienelementen und ihren verschiedenen Beschreibungsmöglichkeiten stellt EUCLID biparametrische Kurven bis zu achten Grades zur Verfügung, die nach der Methode von BEZIER ermittelt werden. Vorhandene Flächentypen sind Ebenen, Facetten, prismatische Flächen, Rotationsflächen und Regelflächen. Sogenannte Rohr-Flächen können durch Beschreibung der Querschnittkontur und einer Mittellinie erzeugt werden. Komplexe Flächen bestehen analog zu den Kurven aus biparametrischen Flächen. Volumen können einmal die Grundelemente, Quader, Zylinder, Kegel und Kegelstumpf sein, zum anderen können sie aus Flächen und Linien erzeugt werden. Dabei sind auch die sogenannten komplexen Flächen als Begrenzungsflächen zugelassen. Das „Undurchsichtig Setzen" von Basisflächen liefert dabei die Voraussetzung für die Körpereigenschaften. So entsteht statt einer „Rohr"-Fläche ein kompaktes „Strang"-Volumen, wenn anstelle der Querschnittskontur die „undurchsichtige" Querschnittfläche entlang der Mittellinie verschoben wird *(Bild 7.3.2-38)*.

Bild 7.3.2-38 Gegenüberstellung von „ROHR"-Flächen und „STRANG"-Volumen im System EUCLID.

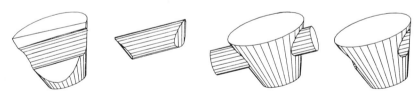

Bild 7.3.2-39 Differenz, Vereinigung, Durchschnitt von Volumenelementen im System EUCLID.

EUCLID erlaubt die Gruppenbildung, das heißt das Zusammenfassen beliebiger Objekte zu einer Figur. Alle Operationen wie Drehen, Spiegeln, Verschieben oder Dehnen und Verzerren lassen sich dadurch nicht nur auf einzelne Elemente sondern auf eine ganze Figur anwenden. Volumenelemente werden durch die mengentheoretischen Operationen Vereinigung, Differenz und Durchschnitt zu Volumen beliebiger Komplexität verknüpft. Außerdem läßt sich ein Volumen mit einer Ebene schneiden, wobei der Benutzer entscheidet, welche Teilvolumen bezüglich der Schnittebene erhalten bleiben soll *(Bild 7.3.2-39)*.

Der Benutzer kann bis zu vier Ansichten gleichzeitig bearbeiten. Die grafische Ausgabe erfolgt immer ohne die verdeckten Kanten, es sei denn, der Benutzer verlangt es ausdrücklich anders *(Bild 7.3.2-40)*. Gekrümmte Flächen werden für die grafische Darstellung in Facetten unterteilt. Die Facettendichte wird vom Benutzer je nach gewünschter Darstellungsge-

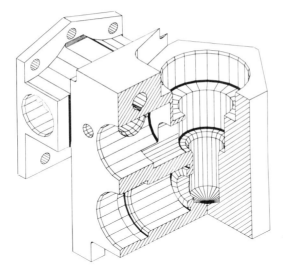

Bild 7.3.2-40 Schnittansicht mit automatisch ausgeblendeten verdeckten Kanten. Erstellt mit dem System EUCLID.

nauigkeit vorgegeben. Außer beliebigen orthogonalen Projektionen können konische, zylindrische und sphärische Perspektiven durch die Angabe von Standort und Blickpunkt festgelegt werden. Darüber hinaus gibt es die axonometrische Perspektive. Die Bemaßung erfolgt halbautomatisch. Der Benutzer bestimmt die Lage, die Größe von Zeichen und Maßpfeilen, das Maß selbst wird aus dem Modell abgeleitet und in die Zeichnung eingetragen.

EUCLID bietet Standardfunktionen an, die in jeder Phase des Entwurfs und für jedes Objekt ausgegeben werden können. Sie beinhalten einfache Informationen wie Punktkoordinaten, Kreisradien oder Abstand eines Punkts zu einer Ebene, aber auch technische Grundberechnungen wie Länge einer Kurve, Flächeninhalt, Volumen, Schwerpunkt und Trägheitsmoment.

System MEDUSA

Das volumenorientierte CAD-System MEDUSA [108] ist für die Darstellung von Konstruktionsobjekten sowie für die Erstellung von technischen Zeichnungen und NC-Lochstreifen anwendbar.

In der Regel benötigt das System einen grafischen Bildschirm zur Grafik-Ein-/Ausgabe, einen alphanumerischen Bildschirm mit separatem Tastaturgerät zur Dialogführung sowie ein Digitalisiertablett, auf dem das Kommandomenü liegt.

Die Eingabe von Kommandos ist auf folgenden Wegen möglich:
- über das Tastaturgerät,
- über das Menüfeld auf dem Digitalisiertablett,
- über ein Menüfeld, das der Tastatur unterlegt ist und
- aus einer Kommando-Datei.

Die am meisten benutzten Kommandos werden häufig durch ein für den Benutzer und seine Anwendung entsprechend gestaltetes Menüfeld am Tablett eingegeben. Dabei wird durch Antippen eines Menüfeldes das zugeordnete Kommando ausgeführt. Parameter, wie z.B. Koordinatenwerte, Texte und Strichart, werden ebenfalls über die oben angeführten Wege eingegeben.

Um die Bedienung zu erleichtern bietet das System zum einen Kommandohilfen an, die dem Benutzer mitteilen, was als nächster Schritt innerhalb des augenblicklichen Kommandos ausgeführt werden soll, zum anderen Kommandofolgen. Eine Kommandofolge ist eine Aneinanderreihung von Kommandos, die vom Benutzer festgelegt und unter einem Namen gespeichert sind. Der Benutzer kann dadurch mit einem einzigen Kommando eine ganze Kette von Kommandos ablaufen lassen.

Die Software von MEDUSA ist modular aufgebaut und besteht u.a. aus:
- einem Basis-Modul für 2D-Geometrieverarbeitung,
- einem Modul für die 3D-Geometrieverarbeitung,
- einem Modul für die Datenverwaltung und Hilfsfunktionen,
- einem Modul für die Variantenkonstruktion und
- einem Modul für die NC-Bearbeitung.

Im Basis-Modul erfolgt die 2D-Geometrieverarbeitung. Dem Benutzer stehen zur Zeichnungserstellung und Manipulation die Elemente LINIE, TEXT, PRIM, SYMBOL und BLATT zur Verfügung.

Eine LINIE wird zunächst als Punktfolge eingegeben und als Polygonzug dargestellt. Neben der punktweisen Koordinateneingabe können auch Längen- und Winkelangaben über die Tastatur eingetippt werden. Der Abschluß einer Eingabe wird durch Auslösen einer neuen Eingabefunktion, durch Eingabe eines identischen Punktes und durch ein explizites Endekommando erkannt. Die Manipulation der Elemente bzw. Elementegruppen kann u.a. über die Funktionen Verschieben, Löschen und Drehen erfolgen.

Bei der Eingabe von TEXT muß zunächst der Texttyp ausgewählt und der zu plazierende Text in einen „Textpuffer" eingegeben werden. Die Plazierung erfolgt über eine Justierangabe (links-, rechtsbündig, mittig), einen Referenzpunkt und eine Orientierung.

Sogenannte PRIMS dienen dazu, häufig wiederkehrende, einfache Symbole in einer kompakten Form manipulieren zu können. Sie finden Anwendung in der Erstellung von Schemazeichnungen *(Bild 7.3.2-41)*. Durch die Möglichkeit, ein sichtbares oder unsichtbares Raster am Bildschirm zu aktivieren, können Symbole exakt an die Rasterpunkte positioniert werden, obwohl die Position mit der Marke auf dem Sichtgerät nur ungefähr angefahren werden muß. SYMBOLE stellen Teilbilder dar, die als Ganzes manipulierbar und frei generier- sowie abspeicherbar sind.

Ein BLATT enthält alle oben aufgeführten Elemente und zeichnet sich neben seinem Inhalt durch seine Abmessungen und seine ihm zugeordnete Einheit aus. Mit der Einrichtung eines neuen Blattes werden die Abmessungen eingegeben, die die nutzbare Zeichenfläche definiert und dem Blatt fest zuordnet. Der Koordinatennullpunkt ist, wenn nicht explizit anders definiert, die linke untere Blattecke. Winkelangaben werden immer als Altgradwerte angenommen. Zusammen mit dem Blatt wird ein Maßstabsfaktor, in der Regel 1:1, abgespeichert. Während der Eingabe kann ein beliebig anderer Maßstab bzw. Skalierungsfaktor gesetzt werden. Diese Skalierung wirkt dann so lange, bis eine neue Skalierung gesetzt wird.

Zur Erstellung von Zeichnungen bietet der Modul die Möglichkeit, in sogenannten Ebenen zu arbeiten. Bis zu 100 Ebenen sind dem Benutzer zugänglich, werden aber zum Teil von MEDUSA selbst verwendet. Eine Ebene ist zu vergleichen mit einer Folie, auf die gezeichnet wird. Durch Aktivieren verschiedener Ebenen wird so der Effekt erzielt, mehrere Folien übereinander zu legen. Mit dieser Technik lassen sich in einem Blatt mehrere Zeichnungsvarianten erzeugen. Eine technische Zeichnung, die mit MEDUSA erstellt wurde, zeigt *Bild 7.3.2-42*.

Die Erweiterung des Basis-Moduls um das Modul für die 3D-Geometrieverarbeitung besteht aus den Komponenten
- Generieren von 3D-Volumenmodelle aus 2D-Definitionen und
- Ausgabe perspektivischer Darstellungen von 3D-Modellen im Raum.

Die Beschreibung von dreidimensionalen Objekten kann durch die Beschreibung verschiedener Bauteilansichten erfolgen, die gleichzeitig auf dem grafischen Bildschirm dargestellt werden. Die geometrische Definition erfolgt durch Linien-, Kurven-, Flächen- und Volu-

354 7 Rechnerunterstützte Konstruktion [Literatur S. 433]

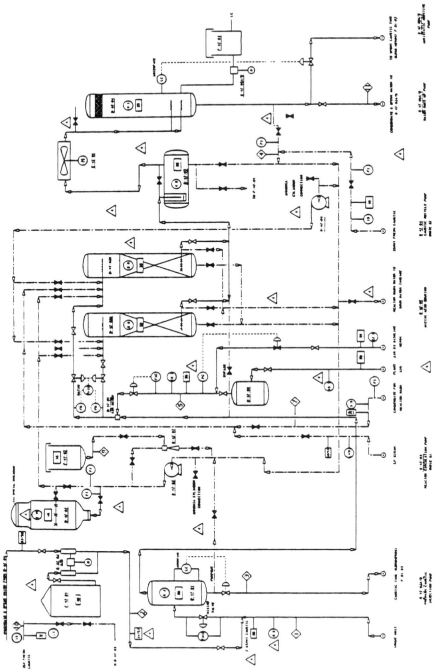

Bild 7.3.2-41 Grafische Darstellung eines Schemaplans aus dem Anlagenbau. Erstellt mit dem System MEDUSA [117].

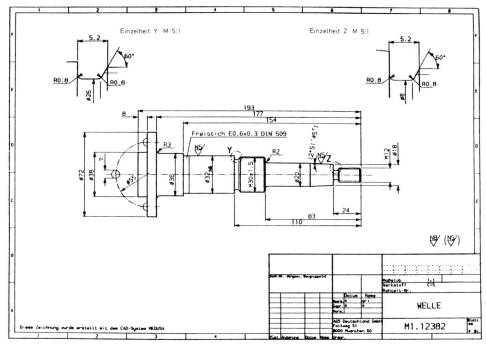

Bild 7.3.2-42 Werkstattzeichnung erstellt mit dem System MEDUSA [117].

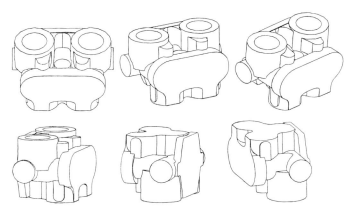

Bild 7.3.2-43 Grafische Darstellung verschiedener Bauteilansichten mit dem System MEDUSA [117].

menelemente. Dadurch können je nach Bedarf dreidimensionale Kanten-, Flächen- und Volumenmodelle erzeugt werden.

Die Basis-Volumenelemente entstehen durch Transformation bzw. Rotation von Konturen um eine Achse. Anschließend verknüpft man diese Elemente mit booleschen Operationen, wie Addition, Subtraktion und Verschneidung zu einem komplexen Körper. Beim Verschneiden von Körpern werden die Schnittkurven automatisch berechnet und die verdeckten Kanten ausgeblendet. *Bild 7.3.2-43* zeigt einen Körper in verschiedenen Ansichten.

356   7 Rechnerunterstützte Konstruktion

Konstruktionsobjekte mit Freiformoberflächen *(Bild 7.3.2-44)* werden erzeugt, indem in den unterschiedlichen Ansichten Kurven definiert werden (Profillinientechnik).
Für die Variantenkonstruktion kann der Basis-Modul um den Parameter-Modul erweitert werden. Damit können in eine bereits vorhandene Geometrie die Werte einer Variante eingesetzt werden, woraufhin dieser Modul die assoziierte Geometrie nachzieht.
Die hierzu zwangsläufig erforderliche vollständige und widerspruchsfreie Bemaßung wird durch schrittweises Vorgehen erreicht, wobei der PARAMETRIC-MODUL vielfältige Unterstützung bietet: Auf Abfrage wird angezeigt, wieweit die Ausgangssituation „verstanden" wurde und bis zu welchem Maße die gewünschte Variation realisierbar war.

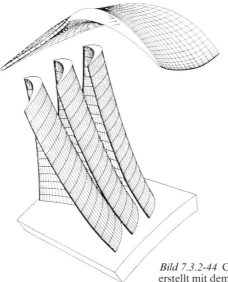

Bild 7.3.2-44 Grafische Darstellung von Turbinenschaufeln erstellt mit dem System MEDUSA [117].

7.4 Systemkopplungen

7.4.1 Zielsetzung und Grundlagen

Die Herstellung von Konstruktions- und Arbeitsplanungsunterlagen ist die Voraussetzung für Fertigung, Montage und Qualitätskontrolle. Die auftragsbezogenen Unterlagen sind Detailzeichnungen, Zusammenbauzeichnungen, Stücklisten, Materiallisten, Arbeitspläne, Arbeitsanweisungen, NC-Steuerdaten, Maschineneinrichtepläne, Prüfpläne, Montagepläne und Kalkulationsunterlagen. Zwischen diesen Unterlagen bestehen informationelle Beziehungen, die durch das Produkt selbst entstehen. Bei den Arbeitsvorgängen zur Erzeugung dieser Unterlagen sind geometrische und technologische Produktdaten erforderlich.
Die bereits im Kapitel 1 angegebenen Vorteile der rechnerunterstützten Konstruktion und Arbeitsplanung werden bei einer integrierten Verarbeitung noch verstärkt:
– Einschränkung der manuellen Aufbereitung und Übergabe erforderlicher, bzw. erzeugter Informationen an den bisherigen Nahtstellen,
– kürzere Durchlaufzeiten für größere Bearbeitungskomplexe durch den Fortfall von Ruhezeiten und Übergabezeiten,

[Literatur S. 433]   7.4 Systemkopplungen

- Einschränkung von Fehlern und Vermeidung von Informationsverlusten,
- Ermöglichung optimierender Vorgänge durch Integration über mehrere Planungstätigkeiten hinweg,
- Änderungen, bei denen der Prozeß vom Änderungspunkt an neu durchlaufen werden muß, können mit den genannten Vorteilen durchgeführt werden,
- die Bildung eines integrierten rechnerunterstützten Informationsflusses im gesamten industriellen Produktionsprozeß wird gefördert.

Eine vollständig integrierte rechnerunterstützte Bearbeitung der Konstruktions- und Planungsaufgaben ist aufgrund der genannten Vorteile anzustreben.

Die Integration kann einerseits als Vorgang, andererseits als Zustand aufgefaßt werden [127]. Von der inhaltlichen Deutung läßt sich die Integration als das Herstellen einer Einheit interpretieren. Technisch ergeben sich durch die Integration folgende Deutungen [186]:

- Zusammenfassen mehrerer Funktionen,
- durchgängige Informationsbereitstellung, Informationsübertragung, Informationsverarbeitung und
- Bildung eines zusammenhängenden technischen Ablaufs.

Für die Herstellung von Konstruktions- und Fertigungsunterlagen verbindet sich mit dem Begriff Integration

- das Zusammenfassen von Funktionen zur Durchführung von Konstruktion und Arbeitsplanungstätigkeiten und
- die Bereitstellung, Übertragung und Verarbeitung der Informationen, die bei den einzelnen Produktvorbereitungsschritten auftreten.

Bei der integrierten Herstellung von Konstruktions- und Fertigungsunterlagen sind zwei Aufgabenstellungen hinsichtlich des Integrationsbegriffes definierbar [186]:

- die Gestaltung eines integrierten Systems mit Schwerpunkten bei der Definition und Auswahl von Planungsfunktionen sowie einer informationsbezogenen Verknüpfung der Einzelfunktionen zu einem ablauffähigen Gesamtsystem,

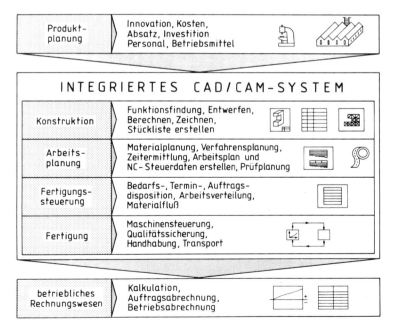

Bild 7.4.1-1 Aufgabenspektrum intergrierter CAD/CAM-Systeme.

– das Betreiben eines integrierten Systems unter Berücksichtigung von Problemen der organisatorischen Eingliederung in den Planungsprozeß, der Einarbeitung von Mitarbeitern und der Verwendung der erzeugten Konstruktions- und Fertigungsunterlagen.

Bei der Herstellung von Konstruktions- und Fertigungsunterlagen mit Hilfe von Datenverarbeitungsanlagen lassen sich folgende Stufen unterscheiden:
– rechnerunterstützte Bearbeitung von Einzelaufgaben,
– rechnerunterstützte Bearbeitung von mehreren zusammenhängenden Einzelaufgaben, d.h. teilintegrierte Verarbeitung und
– zusammenhängende rechnerunterstützte Bearbeitung aller Einzelaufgaben, d.h. integrierte Verarbeitung.

Der Planungsvorgang bei der Erstellung von Unterlagen kann in verschiedenen Automatisierungsstufen erfolgen, vom Einsatz der Datenverarbeitungsanlage als komfortables Schreib- und Zeichengerät über eine teilautomatisierte Aufgabenbearbeitung im Dialog bis zur vollautomatischen Unterlagenerzeugung. *Bild 7.4.1-1* zeigt das Aufgabenspektrum, das mit einem integrierten System bearbeitbar sein kann.

Ein Schwerpunkt derartiger Systeme liegt bei der Konstruktion mit einem hohen Anteil nicht algorithmierbarer, schöpferischer Tätigkeiten. Hier werden die Informationen für die nachfolgenden Planungs- und Fertigungsbereiche erstellt. Bei der Übernahme von Routinearbeiten durch die Datenverarbeitung, wie Berechnen, Zeichnungs- und Stücklistenerstellung sowie bei der Bereitstellung von Informationen ist ein wesentlicher Rationalisierungseffekt zu erzielen. Dies gilt ebenso in den Bereichen der Arbeitsplanung für die Erstellung von Arbeitsplänen, Prüfplänen und NC-Steuerdaten.

An Systeme zur integrierten rechnerunterstützten Herstellung von Konstruktions- und Fertigungsunterlagen sind Mindestforderungen zu stellen. *Bild 7.4.1-2* zeigt diese Anforderungen, gegliedert nach Aufbau, Einsatzmöglichkeit, Eingabe und Ausgabe.

Für den Aufbau integrierter CAD-Systeme ist ein modulares Konzept als eine Festforderung anzusehen. Dieser Aufbau, bestehend aus unabhängigen Bausteinen für einzelne Funktionen, erleichtert die Erfüllung von Anforderungen wie gute Erweiterungsfähigkeit über die Bereitstellung weiterer Moduln oder die stufenweise Systemeinführung durch schrittweisen Einsatz einzelner Moduln.

Eine Integration von CAD-Systemen ist als Automatisierung des technischen Informationsflusses zu betrachten. Diese Automatisierung kann als Verknüpfung verschiedener Softwaresysteme auf einem Rechner erfolgen.

Für den Aufbau von integrierten CAD-Systemen ist die Bestimmung der zu verknüpfenden Einzelsysteme eine wesentliche Aufgabe. Die verschiedenen Einzelsysteme, deren Auswahl in erster Linie nach der Aufgabenstellung erfolgt, müssen die Anforderungen hinsichtlich einer Integrierbarkeit erfüllen. Kriterien für die Auswahl zu integrierender Systeme können Aufgabenumfang, Aufgabenstellung, Verarbeitungslogik, Einsatzbereich, Organisationsform, Betriebsart, Rechnerabhängigkeit, Hardwarekonfiguration und Systemarchitektur sein. Neben diesen für den Anwender der Programmsysteme maßgebenden Kriterien, sind die Datenspeicherung, die Art der Aufgabendefinition und das verwendete rechnerinterne Modell der Planungsaufgabe ebenfalls von Bedeutung.

Ist zur Integration der Softwaresysteme noch zusätzlich die Integration von Rechnersystemen zu berücksichtigen, so muß die Vielschichtigkeit der Rechnerspezifikationen und der Datenübertragung beachtet werden.

CAD-Prozesse können als eine Folge von Abbildungen der gleichen Ausgangsinformation aufgefaßt werden. Diese Folge reicht von einer als Information dargestellten Idee bis zur konkreten Beschreibung eines herzustellenden Erzeugnisses und der dazugehörigen Konstruktions- und Fertigungsunterlagen. Die Erarbeitung von Konstruktions- und Arbeitsplanungslösungen ist mit Hilfe rechnerexterner und rechnerinterner Darstellungen von Urbildmengen und Bildmengen möglich. Diese werden durch die rechnerunterstützte Ausführung von Abbildungsvorschriften abgearbeitet bzw. erzeugt.

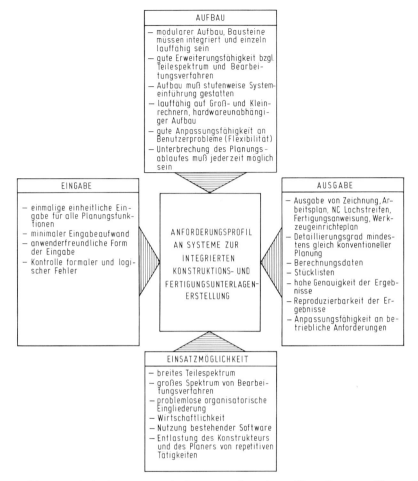

Bild 7.4.1-2 Anforderungen an ein System zur integrierten Herstellung von Konstruktions- und Fertigungsunterlagen [186].

CAD-Phasen sind Teilprozesse, während deren Ablauf Umformungen von Urbildmengen zu Bildmengen mit Hilfe von Phasenlogiken vorgenommen werden *(Bild 7.4.1-3)*. Der Umfang von CAD-Phasen ist nicht notwendigerweise deckungsgleich mit der verbalen, logischen Zusammenfassung von Arbeitsschritten des allgemeinen Vorgehensplans beim Konstruieren, sondern abhängig davon, ob es gelingt, dafür Algorithmen und Abbildungsvorschriften zu finden. Deshalb können sich CAD-Phasen von Konstruktions- und Arbeitsplanungsphasen unterscheiden. Zur Vermeidung von Verwirrung wird jedoch hier von einer Deckungsgleichheit mit den konventionellen Phasen ausgegangen.

Kennzeichnend für eine Phase ist, daß jeweils eine typische Logik abgearbeitet wird. Versteht man eine Logik als eine verallgemeinerte Folge logischer Lösungsschritte, dann muß sich die Logik auf das dem Konkretisierungsgrad der Phase entsprechende Phasenobjekt beziehen, um Fortschritte im Sinne der Aufgabenstellung zu erzielen. Phasenobjekte sind Modelle von Entwicklungsstufen technischer Objekte von der Idee bis zur Fertigung, hier speziell der Konstruktion und Arbeitsplanung. Diese Modelle müssen in CAD-Prozessen rechnerintern und rechnerextern darstellbar sein.

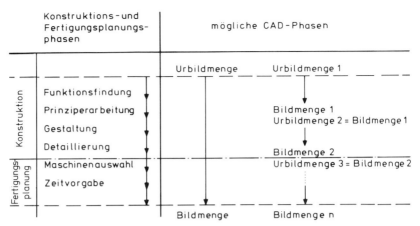

Bild 7.4.1-3 Mögliche Abbildungsvorgänge in CAD-Prozessen [6].

Der Begriff der rechnerinternen Darstellung muß in diesem Zusammenhang von der Anwendung auf die rechnerinterne Behandlung von Werkstückdaten auf die Behandlung von Phasenobjekten erweitert werden. Dadurch ist es möglich, nicht nur die Makrophasen Konstruktion und Arbeitsplanung, sondern auch die Mikrophasen wie z.B. Funktionsfindung und Prinziperarbeitung durch die Verwendung rechnerinterner Darstellungen von Phasenobjekten miteinander zu koppeln. Die Kopplung wird dadurch erreicht, daß ein Ergebnis einer Phase unter Zuhilfenahme von Randbedingungen, wie z.B. einer Stückzahl, als Aufgabenstellung der Phase n + 1 benutzt wird. Zur Ausführung der in den Phasenlogiken erforderten Lösungsschritte sind intellektuelle, manuelle oder rechnerunterstützte Tätigkeiten erforderlich. Zu jeder Phasenlogik gehören die Tätigkeitskomplexe Informieren, Berechnen, grafisch Darstellen, Bewerten und Ändern.

Dabei wird die Einschränkung gemacht, daß für die Zeitanteile einer Tätigkeit in einer Phase große Unterschiede auftreten dürfen. Die Tätigkeitskomplexe können einen überwiegenden Zeitanteil ausmachen oder in Grenzfällen null Zeiteinheiten benötigen. Allen Phasentätigkeiten gemeinsam ist die Richtung ihrer Wirkung auf das Erreichen von Fortschritten im Sinne der Aufgabenstellung an der rechnerinternen Darstellung von jeweils einem Phasenobjekt.

Wegen der für jede Phase wiederkehrenden syntaktischen Bestandteile der Phasenlogiken kann der CAD-Prozeß wie in *Bild 7.4.1-4* rekursiv dargestellt werden. Die Festlegung der programmäßigen Ausgestaltung des CAD-Prozesses hängt im weiteren von den algorithmierbaren und heuristischen Anteilen ab.

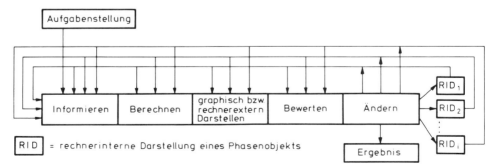

Bild 7.4.1-4 Ableitung des formalen CAD-Systems aus dem rekursiven CAD-Prozeß [6].

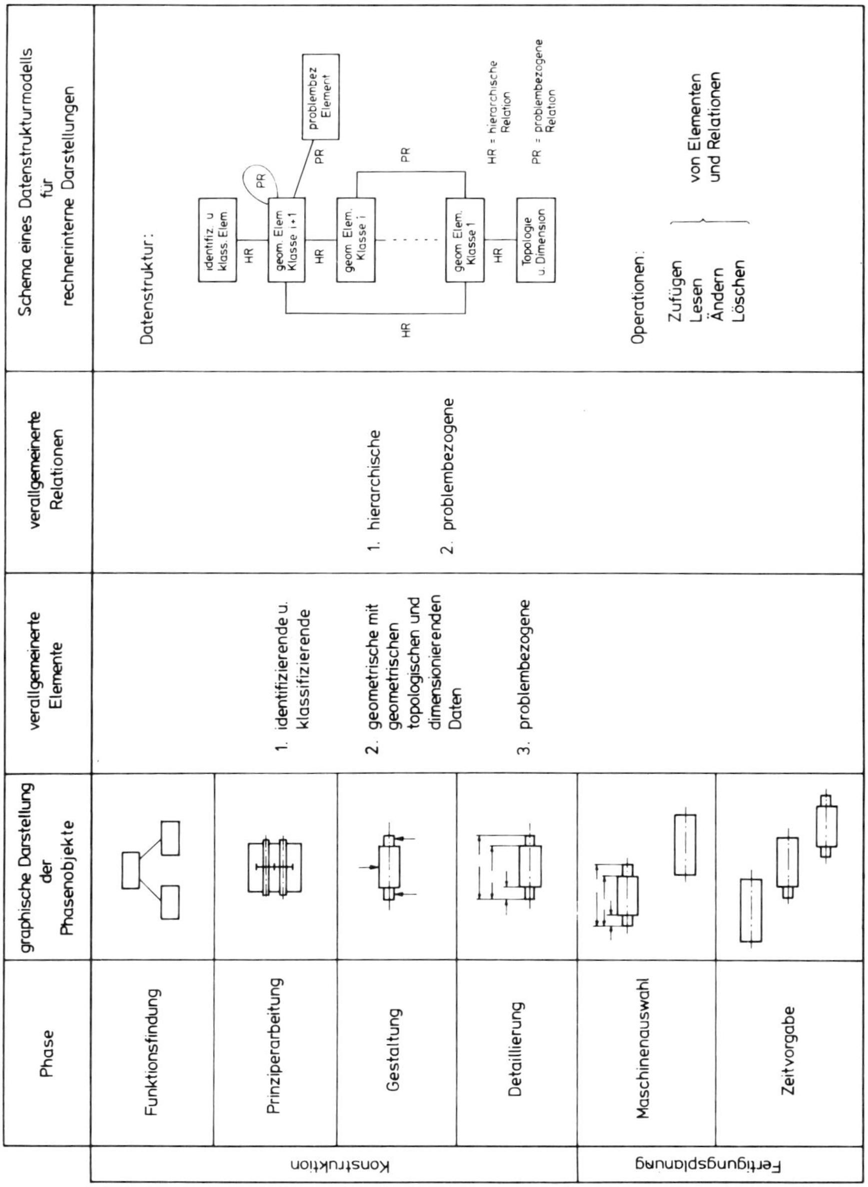

[Literatur S. 433]   7.4 Systemkopplungen   361

Phase		graphische Darstellung der Phasenobjekte	verallgemeinerte Elemente	verallgemeinerte Relationen	Schema eines Datenstrukturmodells für rechnerinterne Darstellungen
Konstruktion	Funktionsfindung		1. identifizierende u. klassifizierende	1. hierarchische	Datenstruktur: (geom Elem Klasse i-1, geom Elem Klasse i, geom Elem Klasse 1, Topologie u. Dimension, problembez Element; HR, PR) HR = hierarchische Relation, PR = problembezogene Relation
	Prinziparbeitung				
	Gestaltung		2. geometrische mit geometrischen topologischen und dimensionierenden Daten	2. problembezogene	
	Detaillierung				Operationen: Zufügen, Lesen, Ändern, Löschen von Elementen und Relationen
Fertigungsplanung	Maschinenauswahl		3. problembezogene		
	Zeitvorgabe				

Bild 7.4.1-5 Herleitung eines verallgemeinerten Datenstrukturmodells für Phasenobjekte [6].

Die in Kapitel 3 angegebenen Möglichkeiten zur Kopplung von Moduln oder Systemen können unter den hier dargestellten Zusammenhängen wie folgt realisiert werden.
Die Kopplung über eine gemeinsame rechnerinterne Darstellung setzt eine gemeinsame Modellvorstellung für Phasenobjekte verschiedener Phasen voraus. Die vollständige formale Beschreibung von Phasenobjekten kann folgendermaßen vorgenommen werden:
Phasenobjekt = Identifikation & Klassifikation & räumliche Definition & Technologie & Umgebung & Zustand.

Dabei sei erlaubt, daß für das eine oder andere Phasenobjekt nicht alle Bestandteile der Gleichung erforderlich, also Null sind. Räumliche Definitionen von 2D-Objekten sind Sonderfälle von 3D-Objekten. Der in *Bild 7.4.1-5* dargestellte Zusammenhang zwischen den Phasenobjekten und der dafür jeweils geeigneten und gemeinsamen gleichen softwaremäßigen Realisierung sei im folgenden erläutert. Die Phasenobjekte der Phasen in Konstruktion und Arbeitsplanung werden grafisch dargestellt. Funktionsstrukturen und Arbeitsprinzipe können zu einem großen Teil mit Hilfe zweidimensionaler Symbole aufgebaut werden. Die Gestaltung wird im allgemeinen dreidimensionale Vorgehensweisen fordern. Die Detaillierung wird anhand zweidimensionaler grafischer Darstellungen durchgeführt. Die Bestimmung der Rohteilabmessungen und die Simulation der sukzessiven Abarbeitung des Rohteils kann zwei- oder dreidimensional erfolgen. Zusätzlich zur Geometrie sind funktionale, technologische oder anderweitig problemorientierte Informationen zur Beschreibung der jeweiligen Phasenobjekte erforderlich. Dazu werden die in Kapitel 4 beschriebenen Elemente und Relationen benötigt. Die gemeinsame programmtechnische Realisierung für rechnerinterne Darstellungen von Phasenobjekten sind möglich, wenn
- die Datenstrukturen für alle Gruppen von Phasenobjekten eindeutig definiert sind,
- die Aufrufe der Modellalgorithmen bzw. des Datenbankverwaltungssystems vereinheitlicht sind,
- die Realisierung der Modellalgorithmen entsprechend einheitlich vorgenommenen Vereinbarungen erfolgt.

Die Verwendung von Kopplungsbausteinen muß dagegen die Datenstruktur und die Speicherungsstruktur eines Systems interpretieren und in die Datenstruktur und Speicherungsstruktur des zu koppelnden Systems umsetzen (siehe auch Kapitel 3).

7.4.2 Kopplung von geometrieverarbeitenden Systemen

Die für die rechnerunterstützte Konstruktion eingesetzten geometrieverarbeitenden Systeme sind auf ihre Leistungsfähigkeit und ihr Anwendungsspektrum beschränkt. Die vielfältigen Tätigkeiten, die in den Konstruktionsabteilungen anfallen, können unter Umständen nicht durch den Einsatz eines einzigen Systems abgedeckt werden. Dies tritt besonders in der Konstruktion der Automobil-, Flugzeug- und Schiffbauindustrie auf. Hier werden für die teilweise sehr unterschiedlichen Aufgaben verschiedene Systeme eingesetzt. Sie stellen in den einzelnen Anwendungsbereichen nur Insellösungen dar, da der notwendige Informationsfluß zwischen den Systemen nur über konventionelle Datenträger, wie beispielsweise Zeichnungen, erfolgt. Ein effektiver Einsatz dieser Systeme ist dann zu erreichen, wenn ein rechnerunterstützter Datentransfer zwischen den einzelnen Systemen möglich ist.

An einem Beispiel aus dem Automobilbau soll eine mögliche Vorgehensweise zur Kopplung verschiedener Systeme erläutert werden. Bei der Einführung von Systemen, die für die Fahrzeugkonstruktion eingesetzt werden, ergeben sich allgemein die folgenden Probleme [128]:
- Es gibt kein System, das allen Anforderungen an Leistungsfähigkeit, Handhabung und Ergonomie entspricht.
- Der volle wirtschaftliche Nutzen entsteht erst bei einem durchgängigen Datenfluß vom ersten Entwurf eines Bauteils bis zur Fertigung. In der Einführungsphase kann ein System in der Regel jedoch nur in einem Glied dieser Kette eingesetzt werden.
- Die für viele Konstruktionsaufgaben benötigten Anschlußteile sind nicht als CAD-Datenbestand vorhanden.

Die Anwendungsbereiche, in denen Systeme zur rechnerunterstützten Konstruktion eingesetzt werden, reichen von den Einbauuntersuchungen *(Bild 7.4.2-1)* über die Erstellung von Einzelteil- und Zusammenbauzeichnungen bis hin zu Berechnungen *(Bild 7.4.2-2)*.

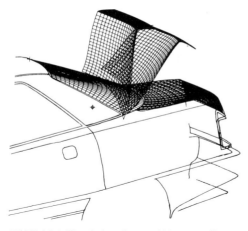

Bild 7.4.2-1 Simulation der Heckklappenöffnung [128].

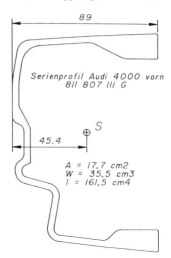

Bild 7.4.2-2 Berechnung von Querschnittswerten für ein Stossfängerprofil [128].

Neben leistungsfähigen Systemen ist ein durchgängiger Datenfluß vom Entwurf bis zur Fertigung für einen wirtschaftlichen Einsatz wichtig. Bezogen auf die Karosserieentwicklung bedeutet dies eine Systemuntersuchung nicht nur in Konstruktion, Festigkeitsanalyse und im Modellbau, sondern auch in den vorgeschalteten Schritten Straken und Styling.
Für nachfolgende CAM-Aktivitäten in Planung und Produktion müssen Datenbestände an Systeme mit anderen Zielsetzungen übergeben werden. Darüber hinaus wird es in wachsendem Maße erforderlich, mit Zulieferern nicht nur Zeichnungen, sondern auch Daten auszutauschen. Aus diesem Grund ist es notwendig, CAD-Daten in einer Form bereitzustellen, die von möglichst vielen Systemen interpretiert werden kann. Als systemneutrale Schnittstelle ist hierfür die in USA entwickelte IGES (Initial Graphics Exchange Specification) – Definition vorgesehen *(Bild 7.4.2-3)*, die stufenweise von allen führenden Systemanbietern integriert wird [129], wobei berücksichtigt werden muß, daß der Standard noch nicht voll den Anforderungen entspricht.

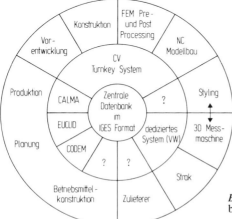

Bild 7.4.2-3 Zukünftige CAD-Unterstützung bei einem Automobilhersteller [128].

7.4.3 Kopplung von Geometrieverarbeitungs- und Berechnungsprogrammen

Für einen integrierten Informationsfluß zwischen CAD-Systemen und Berechnungsprogrammen ist es notwendig, eine Kopplung vorzunehmen. Die Integration von Berechnungsprogrammen für die Berechnungsarten Nachrechnen, Auslegen und Optimieren in eine allgemeine CAD-System-Architektur ist in *Bild 7.4.3-1* dargestellt [58].

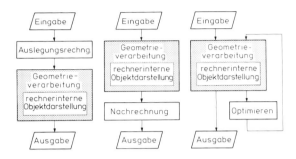

Bild 7.4.3-1 Integration von Berechnungsprogrammen in CAD-Systeme [58].

Die Arbeitsschritte, die für die Berechnung einer Konstruktion oder eines Maschinenelementes notwendig sind, gliedern sich in folgende Stufen:
- Auswahl der Berechnungsmethode,
- Ableitung der relevanten Bauteilgeometrie,
- Aufbau des Rechenmodells,
- Zufügen der Randbedingungen und
- Bereitstellen der Eingabedaten für das Berechnungsprogramm.

Eine Berechnung kann nur durchgeführt werden, wenn feststeht, welche Teile und welche Funktionen nachgerechnet bzw. ausgelegt werden sollen. Diese beiden Angaben bestimmen die Berechnungsmethode, die für die Berechnung angewendet werden muß. Steht die Berechnungsmethode fest, können die notwendigen geometrischen Daten aus der vorhandenen Konstruktion ermittelt werden. Diese Daten müssen anschließend in das dem Berechnungsprogramm zugrunde liegende Rechenmodell übertragen werden. Neben den geometrischen Daten werden dem Berechnungsmodell ebenfalls die vorhandenen Randbe-

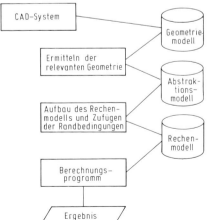

Bild 7.4.3-2 Vorgehensweise bei der Integration von Berechnungsprogrammen in CAD-Systeme.

dingungen zugefügt. Aus diesem Berechnungsmodell wird anschließend der Eingabedatensatz für das Berechnungsprogramm abgeleitet. Übersetzt man diese Vorgehensweise in die CAD-Technologie, so ergibt sich die in *Bild 7.4.3-2* dargestellte Systemarchitektur.
Für den Bereich der Nachrechnung sind Kopplungen zwischen CAD- und Berechnungssystemen realisiert worden, bei denen ein integrierter Informationsfluß zwischen Konstruieren und Berechnen stattfindet [37].
FEM-Programme sind sehr datenintensive Programme, d.h es wird eine sehr große Menge an Eingabedaten benötigt, um eine FEM-Berechnung durchzuführen. Der Hauptanteil dieser Datenmenge besteht aus geometrischen Daten. Die geometrischen Daten einer Konstruktion müssen bislang sowohl für das rechnerunterstützte Konstruieren (CAD-System) wie auch für das Berechnen (FEM-System) erfaßt und eingegeben werden. Bei einer Kopplung beider Systeme entfällt die wiederholte Eingabe der Geometrie, da das Berechnungsprogramm auf die bereits erzeugten Geometriedaten zugreifen kann.

Kopplung Variantensystem/FEM

Für den Fall der 2D-Variantenkonstruktion wurde eine solche Kopplung [130] zwischen dem 2D-CAD-System COMVAR und dem FEM-System TPS-10 [45] realisiert. Die Geometriedaten von Bauteilen werden hierbei nur noch im Zeichnungsprogramm beschrieben. Ein Koppelbaustein übernimmt die Konturdaten des Bauteils und erzeugt automatisch eine für einen TPS-10 Rechenlauf geeignete Finite-Elemente-Struktur. Der Koppelbaustein selbst ist Teil des FEM-Datenverwaltungs-Systems GENTRI. Dieses Verwaltungssystem enthält außerdem Funktionen zur Speicherung und Verzerrung der FEM-Struktur. Die Systemarchitektur für die Kopplung der beiden Systeme ist in *Bild 7.4.3-3* aufgezeigt.
Für den Benutzer gliedert sich die Bedienung des gekoppelten Systems in zwei Phasen: eine Vorbereitungsphase und eine Anwendungsphase.
Die Vorbereitungsphase beginnt mit der Komplexteilbeschreibung. Bei der rechnerunterstützten Variantenkonstruktion werden die Bauteile aus dem darzustellenden Teilespektrum zu geometrisch ähnlichen Gruppen zusammengefaßt. Aus jeder dieser Gruppe wird das komplexeste Teil ermittelt, aus dem sich durch Variation jedes Teil der Gruppe erzeugen läßt. Die Beschreibung der Struktur des Komplexteils einschließlich der zulässigen

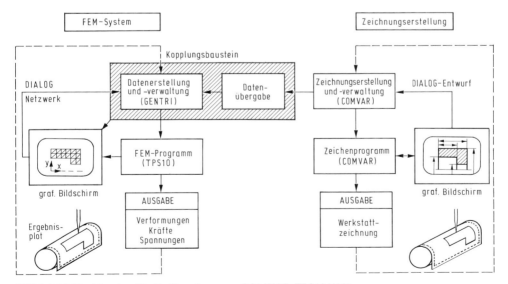

Bild 7.4.3-3 Strukturplan für die Kopplung von COMVAR-TPS10 [130].

366 7 Rechnerunterstützte Konstruktion

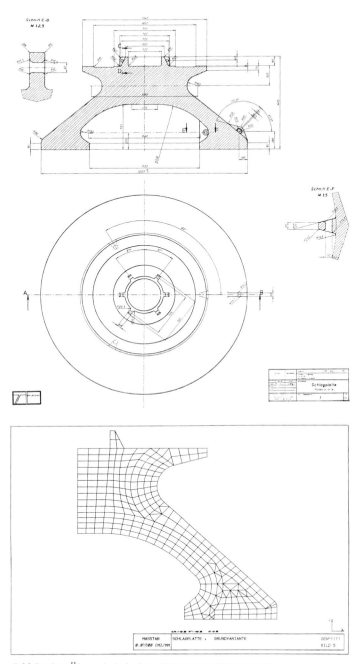

Bild 7.4.3-4 Übergabebeispiele COMVAR-TPS-10 [103].

[Literatur S.433]

Maß- und Gestaltvariationen wird im COMVAR-System über eine Beschreibungstabelle oder grafisch-interaktiv vorgenommen. Die grafische Ausgabe der jeweils erzeugten Variante geschieht durch Interpretation der Beschreibungstabelle durch den COMVAR-Beschreibungsprozessor. Der zweite Schritt innerhalb der Vorbereitungsphase ist die Definition von FE-Grundstrukturen. Dabei wird für jede Klasse von untereinander hinreichend ähnlichen Varianten des Komplexteils in der GENTRI-Datenbank eine FE-Grundstruktur abgelegt. Der letzte Schritt innerhalb der Vorbereitungsphase ist die Beschreibung des Zusammenhangs zwischen Komplexteil und FE-Grundstruktur-Konturen. Dabei können Zeichnungsdetails, die für die Berechnung unwesentlich sind, weggelassen werden. Dieser Arbeitsschritt entspricht der „Ermittlung der relevanten Geometrie" in *Bild 7.4.3-2*.

Die Anwendungsphase gliedert sich in die Schritte Variantenzeichnung, FE-Strukturerzeugung und Vervollständigung der FE-Daten.

Die Beschreibung einer Komplexteilvarianten wird durch die Eingabe der aktuellen Parameter in dem COMVAR-Zeichnungsprozessor ermöglicht. Die Zeichnungsausgabe geschieht über grafische Ausgabegeräte wie Bildschirm oder Plotter.

Für die FE-Strukturerzeugung wählt der Benutzer die für die Komplexteilvariante geeignete FE-Grundstruktur aus. Der Progammodul GENTRI übernimmt die Konturdaten der Komplexteilvarianten und aktualisiert die FE-Struktur. Dabei besteht die Möglichkeit zur manuellen Korrektur der generierten FE-Struktur.

Durch Zufügen der Randbedingungen, Querschnitt-, Material- und Lastdaten werden die FE-Daten vervollständigt. Damit steht die vollständige Eingabe für ein TPS-10 Rechenlauf zur Verfügung. Die beiden Arbeitsschritte entsprechen dem „Aufbau des Rechenmodells und Zufügen der Randbedingungen" im *Bild 7.4.3-2*. In *Bild 7.4.3-4* sind Beispiele für die Übergabe von Daten aus dem System COMVAR an TPS-10 dargestellt [130].

Kopplung Volumensystem/Wellenberechnung

Das Programmsystem SPINEL, das am *Lehrstuhl für Werkzeugmaschinen des Laboratoriums für Werkzeugmaschinen und Betriebslehre* der TH AACHEN entwickelt wurde [131], dient zur Berechnung des statischen und dynamischen Verhaltens von Spindel-Lager-Systemen. Das System ist insbesondere dann anzuwenden, wenn die Lagereigenschaften schon bekannt sind und das statische und dynamische Gesamtverhalten des Spindel-Lager-Systems vorauszubestimmen ist. Das System ermöglicht, die folgenden Berechnungen durchzuführen: statische Verformung mit oder ohne Berücksichtigung des Eigengewichts, statische Deformation infolge äußerer Lasten, Reaktionskräfte an den Lagerstellen, Eigenfrequenzen in einem vorgegebenen Frequenzbereich sowie die zu den Eigenfrequenzen gehörenden Schwingungsformen. Die Berechnung des Spindel-Lager-Systems basiert auf der Finiten-Elemente-Methode. Zur Spindelapproximation werden Balken- und rotationssymetrische Wellenelemente verwendet sowie Feder- und Dämpfungselemente zur Beschreibung des dynamischen Last-Verformungsverhaltens von Lagerstellen.

Bei einer Kopplung zwischen den Systemen COMPAC und SPINEL müssen ausgehend von der 3D-COMPAC-Datenbasis folgende Schritte durchlaufen werden:
- Umwandlung der 3D-Geometrie in 2D-Geometrie,
- Zufügen der Randbedingungen,
- Ableiten des Rechenmodells und
- Übergabe der Daten an das Berechnungsprogramm.

Bei der Kopplung der Systeme SPINEL und COMPAC werden außer dem Zufügen der Randbedingungen alle Schritte automatisch durchgeführt. Da für Wellenberechnungsprogramme nur eine 2-dimensionale Darstellung der Welle notwendig ist, muß eine Umwandlung der vorliegenden 3-dimensionalen Bauteildaten in 2-dimensionale vorgenommen werden. Bei rotationssymmetrischen Körpern führt dieser Schritt zur 2-dimensionalen Umrißkurve des Bauteils. Dieser Umwandlungsprozeß entspricht dem Arbeitsschritt „Bereitstellen der relevanten Bauteilgeometrie" in *Bild 7.4.3-2*.

Dieser so entstandenen 2-dimensionalen Datenbasis, die nur noch die für die Berechnung notwendige Geometrie enthält, werden grafisch-interaktiv am Bildschirm die Randbedingungen wie angreifende Kräfte, Streckenlasten, Momente, Lagerstellen und Lagereigenschaften zugewiesen. Aus diesem Modell kann anschließend das Rechenmodell automatisch generiert werden. In *Bild 7.4.3-5* sind in sequentieller Reihenfolge diese einzeln notwendigen Schritte dargestellt.

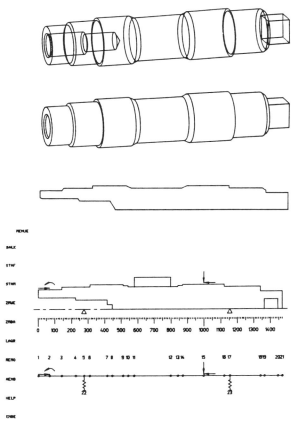

Bild 7.4.3-5 Grafische Ausgaben der Kopplungsmoduln COMPAC-SPINEL

Kopplung Volumensystem/FEM

Liegen die geometrischen Daten, wie z.B. die im COMPAC-System 3-dimensional vor, bietet es sich an, Berechnungsprogramme zu integrieren, die 3-dimensionale Eingabedaten benötigen. Unter diesem Gesichtspunkt wurde der automatische FEM-Netzgenerator COMFEM (COMPAC Oriented Finite Element Meshgeneration) [50] entwickelt. Dieser Netzgenerator ermöglicht die automatische Vernetzung eines in der COMPAC-Datenstruktur abgebildeten Bauteils ohne erneute Eingabe der Bauteilgeometrie. Dabei können sowohl räumliche Oberflächennetze als auch Volumennetze erzeugt werden. An Elementen für diese beiden Netzarten stehen Dreiecke und Tetraeder zur Verfügung. Nach Vorgabe der Netzdichte werden ebene räumliche Flächen des Bauteils auf einen ebenen Bereich durch Translation und Rotation abgebildet. Die Ränder der Fläche werden aufgrund der

[Literatur S. 433]   *7.4 Systemkopplungen*   369

Netzdichte segmentiert und über einen automatischen Punktsetzprozeß werden die Knotenpunkte generiert. Anschließend erfolgt die Generierung der Dreieckselemente zwischen diesen Punkten.

Der nächste Schritt besteht in der Verknüpfung der Dreieckselemente mit dem segmentierten Rand. Das so entstandene FEM-Netz weist am Rand ungleichseitige Dreiecke auf. Es ist aber das Bestreben bei der Netzgenerierung, möglichst gleichseitige Dreieckselemente zu erzeugen. Zu diesem Zweck wurde ein Glättungsalgorithmus entwickelt, der mit Hilfe der Schwerpunktmethode in mehreren Glättungsschritten ein „glattes" (möglichst gleichseitige Dreiecke) Netz erzeugt. Dieses Netz wird abschließend wieder in die ursprüngliche Raumlage transformiert und die nächste Fläche kann vernetzt werden.

Bei Zylinder- und Kegelmantelflächen erfolgt eine Abbildung auf die Abwicklung. Die Fläche 2. Grades wird auf einen ebenen Bereich abgewickelt und die so entstandene ebene Fläche nach dem beschriebenen Verfahren vernetzt. Abschließend erfolgt wieder die Rücktransformation in die Ursprungslage. In den *Bildern 7.4.3-6 und 7.4.3-7* ist dieser Prozeß am Beispiel von zwei verknüpften Zylindermantelflächen dargestellt. Für eine grafische Kontrolle der Netze sind diese in einer Explosionsdarstellung abgebildet.

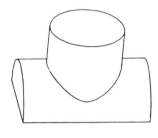

Bild 7.4.3-6 Zu vernetzende Bauteilgeometrie [50].

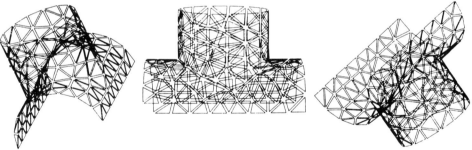

Bild 7.4.3-7 Darstellung des Gesamtnetzes [50].

In vielen Anwendungsfällen ist es notwendig, innerhalb einer Fläche unterschiedlich dichte Netzstrukturen aufzubauen. Dies ist besonders dort der Fall, wo Spannungsspitzen erwartet werden. Um diese unterschiedlich dichte Netzstruktur zu erzeugen, besteht die Möglichkeit innerhalb einer Fläche Unterbereiche zu definieren. Diese Bereiche werden grafisch-interaktiv am Bildschirm definiert. Dazu wird das Bauteil in vier Ansichten (Draufsicht, Vorderansicht, Seitenansicht, perspektivische Darstellung) auf dem Bildschirm dargestellt. Die Unterbereichsdefinition erfolgt in den drei Hauptansichten. Die perspektivische Darstellung dient nur zur Kontrolle. *Bild 7.3.4-8* zeigt die einzelnen Schritte bei der Bereichsdefinition und die anschließende unterschiedlich dichte Vernetzung der einzelnen Bereiche.

In *Bild 7.4.3-9* ist das automatisch erzeugte Oberflächennetz eines Kupplungsmitnehmers in einer Explosionsdarstellung dargestellt. Aus Symmetriegründen ist es hierbei nur notwendig, ein Viertel des Bauteils zu vernetzen.

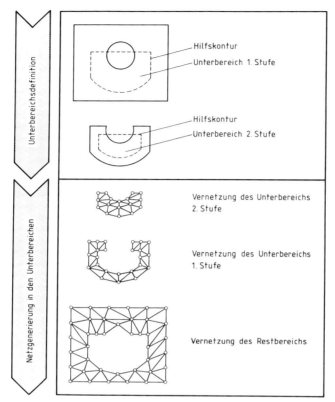

Bild 7.4.3-8 Unterbereichsdefinition im System COMFEM [50].

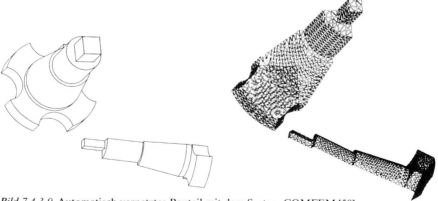

Bild 7.4.3-9 Automatisch vernetztes Bauteil mit dem System COMFEM [50].

Neben den Oberflächennetzen ist es mit diesem Netzgenerator möglich, automatisch Volumennetze aus Tetraederelementen zu erzeugen. Aus Symmetriegründen brauchte bei der in Bild 7.4.3-10 dargestellten Lochplatte nur ein Viertel vernetzt werden. Falls bei Volumennetzen überhaupt noch eine grafische Netzkontrolle möglich ist, kann sie mit der dargestellten Explosionsdarstellung vorgenommen werden.

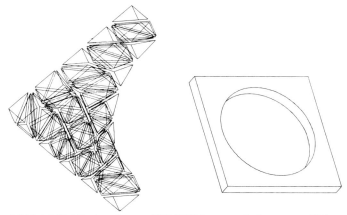

Bild 7.4.3-10 Mit dem System COMFEM automatisch erzeugtes Volumennetz [50].

7.4.4 Kopplung von Konstruktions- und Arbeitsplanungssystemen

Eine wesentliche Voraussetzung für die Kopplung von Konstruktions- und Arbeitsplanungssystemen ist die Vollständigkeit der Werkstückbeschreibung in geometrischer und technologischer Hinsicht, so daß bei der Anwendung der einzelnen Bausteine nur noch problemspezifische Eingaben ergänzt werden müssen [193]. Die Integration einzelner Programmbausteine über diese zentrale Werkstückinformationsbasis weist den Vorteil auf, daß alle beteiligten Programmbausteine sowohl einzeln als auch integriert eingesetzt werden können, so daß der Benutzer sich seine spezifische Programmkette aufbauen kann [205]. Weiterhin ist es durch eine einheitliche Schnittstellendefinition jederzeit möglich, neue Programmbausteine in solche Systeme zu integrieren, z. B. Berechnungsmoduln. Somit sind eine stufenweise Einführung und der Ausbau eines integrierten Systems gewährleistet.

Kopplung von FREKON, VABKON, DETAIL 2, AUTAP

Das am Werkzeugmaschinenlabor der TH AACHEN, *Lehrstuhl für Produktionssystematik* entwickelte integrierte System zur Fertigungsunterlagenerstellung *(Bild 7.4.4-1)* besteht aus den Programmbausteinen [134]

- VABKON/FREKON zur Entwurfserstellung,
- DETAIL 2 zur Einzelteilzeichnungserstellung,
- AUTAP zur Arbeitsplanerstellung und
- AUTAP-NC zur NC-Lochstreifenerstellung.

Die einzelne Bausteine sind über die Werkstückinformationsbasis untereinander gekoppelt. Sowohl DETAIL 2 wie auch AUTAP und AUTAP-NC decken ihren Informationsbedarf hinsichtlich der geometrischen und technologischen Daten des Werkstücks vollständig aus dieser Datenbasis. Die Systeme VABKON und FREKON legen die mit ihnen ausgelegten Bauteilgeometrien in diese Datei ab.

Der Tätigkeitsbereich nach der Detaillierung, der die Informationen über die Geometrie und Technologie der Werkstücke benötigt und weiterverarbeitet, ist die Arbeitsplanerstellung. Für diese Aufgabe steht das System AUTAP zur Verfügung, das aus den Daten der Werkstückdatei durch Hinzufügen von organisatorischen Daten vollautomatisch den Arbeitsplan generiert. Das von AUTAP verarbeitbare Teilespektrum umfaßt Rotations- und Blechteile. Die Beschreibung der Blechteile erfolgt mit demselben Prinzip mittels technischer Elemente wie bei Rotationsteilen. Technische Elemente für Blechteile sind Zuschnitt,

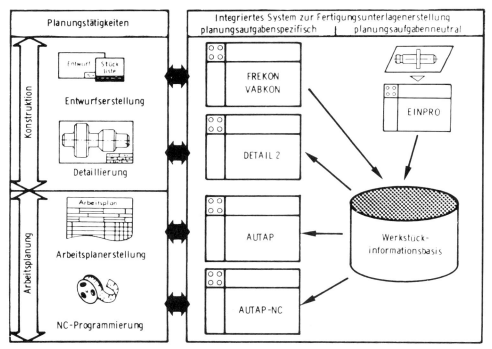

Bild 7.4.4-1 Integriertes System zur Herstellung von Fertigungsunterlagen [92].

Klinkungen, Stanzlöcher und Bohrungen. Ein Unterschied in der Beschreibung von Blechteilen und Rotationsteilen besteht darin, daß bei Blechteilen die Lage der Elemente explizit in einem werkstückbezogenen Koordinatensystem angegeben werden muß. Die einzelnen Aufgaben des Systems AUTAP ergeben sich aus den Planungsschritten, die zur konventionellen Erstellung von Arbeitsplänen erforderlich sind.

Bei der rechnerunterstützten Erstellung von NC-Lochstreifen innerhalb des integrierten Systems lassen sich hinsichtlich der Nutzung von vorhandenen NC-Programmiersystemen verschiedene Möglichkeiten unterscheiden. Bei der Anwendung des Bausteins AUTAP-NC für die Stanzbearbeitung von Blechteilen konnte nicht auf die Funktionen eines bestehenden NC-Programmiersystems zurückgegriffen werden, so daß in diesem Fall die Steuerinformationen in Form der neutralen Schnittstelle des CLDATA 2 erzeugt werden mußten. Bei der NC-Lochstreifenerstellung für die Drehbearbeitung wurde demgegenüber das Teileprogramm als Ausgabeschnittstelle für AUTAP-NC gewählt. Dies hat den Vorteil, daß der Leistungsumfang der NC-Prozessoren und Postprozessoren voll genutzt werden kann. Darüber hinaus kann relativ einfach auch an andere NC-Prozessoren gekoppelt werden, da viele Module von AUTAP-NC vom verwendeten NC-System weitgehend unabhängig sind. Zudem ist die Schnittstelle, das NC-Teileprogramm, ohne Schwierigkeiten vom Benutzer auf Richtigkeit zu prüfen.

AUTAP-NC benutzt in der vorliegenden Version den EXAPT 2-Prozessor. Für die Aufbereitung des NC-Teileprogramms benötigt AUTAP-NC Informationen über Maschinen, Spannmittel und Werkzeuge, für die entsprechende Dateien zur Verfügung stehen. Bei mehrstufiger Fertigung, z.B. bei Vor- und Feindrehen, müssen diese Arbeitsplanungsdaten zusätzlich angegeben werden.

Die Erstellung der Steuerinformationen für NC-Maschinen gliedert sich in drei Schritte. Basierend auf den Daten der Werkstückdatei, in der das Fertigteil beschrieben ist, und den

Daten aus der Arbeitsplanung wird durch eine formelle Datenumsetzung die Geometriebeschreibung des Werkstücks im NC-Teileprogramm erzeugt.

Die technologischen Angaben zur Steuerung der Maschine werden im zweiten Schritt ermittelt. Dazu ist zunächst die Auswahl der Werkzeuge aus einer Werkzeugdatei notwendig. Kriterien hierfür sind die realisierbaren Schnittwerte und die zur Erzeugung der erforderlichen Oberflächengüte notwendige Schneidengeometrie. In direktem Zusammenhang mit der Werkzeugauswahl stehen die Ermittlung der Spannvorgänge und die Festlegung der Bearbeitungsanweisungen. Da es zur Bestimmumg der Bearbeitungsfolge bis heute keine allgemeingültigen Kriterien gibt, wird hierbei auf eine Komplexfolge zurückgegriffen. Die Reihenfolge und die Auswahl der Operationen hängen von den aktuellen Bearbeitungsaufgabe ab und erfolgen durch Abfrage der Auswahlkriterien. Die Komplexfolge der Bearbeitung kann betriebsspezifisch bzw. in Abhängigkeit vom Teilespektrum geändert werden.

Aus der Bestimmung der technologischen Anweisungen leitet sich der Technologieanteil des NC-Teileprogramms ab. Das vollständige Teileprogramm stellt die Eingabeinformationen für den NC-Prozessor dar, der im dritten Schritt die Umsetzung in Maschinensteuerdaten vornimmt.

Bei Verwendung von mehreren Werkzeugen wird zudem der Werkzeugeinrichteplan automatisch erstellt, der beim Rüsten der Maschine dem Einrichter als Hilfsmittel dient.

Der Systemaufbau des NC-Kopplungsbausteins kann als überbetrieblich angesehen werden, obwohl firmenspezifische Einflußgrößen Auswirkungen auf den Planungsablauf zur NC-Lochstreifenerstellung haben und das Programm beim Einsatz entsprechend angepaßt werden muß.

Kopplung COMPAC/EXAPT

Für die Systeme COMPAC und EXAPT wurde eine Kopplung realisiert, die aus der dreidimensionalen rechnerinternen Bauteildarstellung des Systems COMPAC die notwendigen Informationen für das NC-System EXAPT ableitet [133].

In *Bild 7.4.4-2* ist die grundlegende Vorgehensweise bei der Kopplung der Systeme COMPAC und EXAPT dargestellt. Ausgehend von der dreidimensionalen rechnerinternen Werkstückdarstellung des Fertigteils und Rohteils wird im ersten Verarbeitungsschritt die resultierende Drehteilkontur abgeleitet. Dabei werden fehlende Angaben wie beispielsweise Werkstoffidentnummer und Bearbeitungsaufmaße im Dialog mit dem Anwender ergänzt. Zu Kontrollzwecken kann die erzeugte Drehteilkontur grafisch dargestellt werden. Für den nächsten Verarbeitungsschritt liegt die Drehteilgeometrie in einer für das EXAPT-System geeigneten Form vor. In diesem Schritt wird die Technologiezuordnung im Dialog vorgenommen. Hier handelt es sich beispielsweise um die Festlegung von Zerspansegmenten und die Definition der Spannlagen. Dabei sind im vorliegenden Konzept zwei Möglichkeiten vorgesehen. Einmal können die Technologiedaten unmittelbar den aufbereiteten Geometriedaten zugewiesen werden. Dies stellt datentechnisch den kürzesten Weg dar, erfordert jedoch einen hohen programmtechnischen Aufwand für die Anpassung des EXAPT-Prozessors. Demgegenüber erlaubt die andere Möglichkeit die Verwendung vorhandener Techniken. In diesem Fall wird aus den aufbereiteten Geometriedaten eine EXAPT-Konturbeschreibung generiert, die vom Anwender gelesen und erweitert werden kann. Der bestehende EXAPT-Prozessor bleibt in diesem Fall unverändert. Dies gestattet die Übernahme existierender und in der Praxis eingeführter Programmbausteine.

Die Realisierung der Kopplung wurde in zwei Schritten vorgenommen. Im ersten Schritt wird von dem rechnerintern dargestellten 3-dimensionalen Werkstückmodell ein für Bearbeitungsverfahren auf Drehmaschinen hinreichendes rechnerinternes Modell generiert. Dieses Modell ist durch die Angabe eines ebenen Konturzuges gegeben, der als Erzeugende einer rotationssymmetrische Hülle des Körpers gedacht wird. Der Körper muß nicht selbst rotationssymmetrisch sein. So ist beispielsweise die rotationssymmetrische Hülle eines um eine Seitenkante rotierenden Vierkantes ein Zylinder, dessen Erzeugende dem Rand der

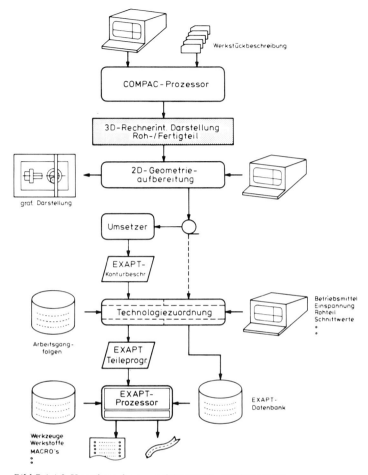

Bild 7.4.4-2 Kopplungskonzept COMPAC - EXAPT [133].

diagonalen Querschnittsfläche entspricht. Dieses 2D-Modell wird als Fläche-Kanten-Punkte-Modell in der COMPAC-Datenstruktur abgebildet.

Anhand der von COMPAC generierten Werkstücksdarstellung legt der Arbeitsplaner die einzelnen Zerspanungssegmente sowie die Reihenfolge der Abarbeitung fest. Unterschiedliche Spannlagen und Bearbeitungslagen bezüglich der Drehmitte werden vom EXAPT-System automatisch berücksichtigt. Eine Umprogrammierung der Werkstückgeometrie ist in diesen Fällen nicht erforderlich.

Die Bearbeitungsmethode wird im folgenden Schritt vom Arbeitsplaner mit EXAPT-Techniken vorgegeben. Dieses sind im einzelnen die Art des Fertigungsverfahrens, die Angaben zum Werkzeug und die Hauptvorschubrichtung. Resultat dieses Verarbeitungsschrittes ist der vollständige Arbeitsablauf zur Fertigung des Werkstückes. Die Ausgabe erfolgt wie im zweiten Schritt in Form von EXAPT-Sprachanweisungen.

Im letzten Schritt der NC-Teileprogrammerstellung wird dem Anwender Gelegenheit gegeben, im Dialog eine Kontrolle des Teileprogramms durchzuführen und eventuell notwendige Postprozessoranpassungen mittels Editierfunktionen der Datenverarbeitungsanlage zuzufügen. Somit ist die Funktionsfähigkeit für die definierte NC-Maschine gewährleistet.

Kopplung CADIS-2D/SIEAPT

Wesentlich bei der Kopplung von CADIS-2D und SIEAPT ist die Anwendung von Makros in der Datenstruktur, die zu Formelementen aufgebaut und von dem NC-Kopplungsbaustein ausgewertet werden [135]. Die allgemeine Kopplung setzt unmittelbar auf dem Softwareprodukt CADIS-2D auf, sie ist rein geometrisch orientiert. Sie eignet sich somit primär auch nur für geometrisch orientierte Fertigungsaufgaben, wie Drahterodieren und Brennschneiden.

Eine spezielle Kopplung setzt ein Zusatzpaket zu CADIS-2D voraus. Der Benutzer des Zusatzpaketes beschreibt das Teil mit Makros, die auch technologische Inhalte aufweisen können. Somit eignet sich die spezielle Kopplung besonders für technologisch orientierte Aufgaben, wie Drehen und Bohren. Ein typisches Beispiel für die allgemeine CAD/NC-Kopplung ist der Kopplungsbaustein CADIS-NCS, der die Verbindung zwischen der Softwareprodukten CADIS-2D und SIEAPT herstellt. SIEAPT dient primär der maschinellen NC-Programmierung von zweidimensionalen Bahnsteuerungsaufgaben und enthält keine Technologiefunktionen. CADIS-NCS ist programmtechnisch gesehen eine Erweiterung von CADIS-2D. CADIS-NCS erlaubt die NC-Programmierung im grafischen Dialog. Die mit den Funktionen von CADIS-2D erstellte Zeichnung enthält ein Teil, das durch Drahterodieren zu fertigen ist. Der Anwender von CADIS-NCS ruft die Zeichnung am Grafik-Arbeitsplatz auf und erzeugt mit NC-spezifischen Kommandos im grafischen Dialog die Geometrie- und Bewegungsanweisungen eines SIEAPT-Teileprogramms. Die Koordinatenangaben werden aus den geometrischen Elementen der CADIS-Datenbasis automatisch entnommen und in das Teileprogramm übertragen. Es wird also nicht auf anwendungsspezifische Makros zurückgegriffen. Teileprogrammanweisungen, die sich nicht aus der gespeicherten Zeichnung ableiten lassen, wie die Angabe des Werkzeuges, werden direkt eingegeben. Diese Anweisungen sind im *Bild 7.4.4-3* zu erkennen. Nach dem das erstellte Teilprogramm den SIEAPT-Prozessor durchlaufen hat, ist es möglich, die errechneten Werkzeugwege am Bildschirm darzustellen, und zwar gemeinsam mit dem zu fertigen-

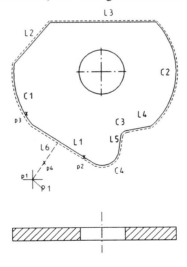

Bild 7.4.4-3 Zufügen von Werkzeuganweisungen zum Teileprogramm [135].

den Werkstück. Die aufgabenspezifische CAD/NC-Kopplung basiert auf der Anwendung von Makros. Die Makros tragen zur Beschleunigung der Zeichnungserstellung bei und vereinfachen die interaktive Erstellung der NC-Teileprogramme. Das *Bild 7.4.4-4* enthält eine schematische Darstellung der makroorientierten CAD/NC- Kopplung mit CADIS für die Fertigungstechnologien Stanzen, Bohren und Fräsen sowie Drehen.

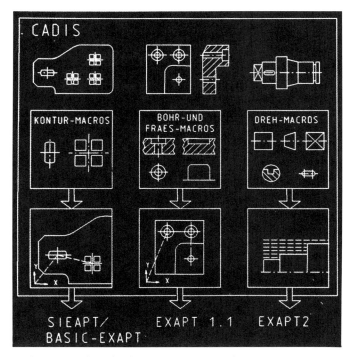

Bild 7.4.4-4 Makroorientierte CAD/NC-Kopplung [135].

Die Kopplung STANZEN ist Teil eines CAD-Systems auf der Basis des Softwareproduktes CADIS-2D für ebene und gebogene Blechteile, die durch Nibbeln und Stanzen gefertigt werden. Das ebene beziehungsweise abgewickelte Blechteil enthält Formlöcher, wie Langloch und Lochgruppe, die Formstempeln entsprechen. Die in der Fertigung verwendeten Formstempel sind zu Gruppen zusammengefaßt. Die Formstempel einer Gruppe haben die gleiche Grundform und unterscheiden sich in den Abmessungen. Für jede Formstempelgruppe existiert ein CADIS-Makro. Die zulässigen Parameter der Formstempel werden gemeinsam mit weiteren fertigungsrelevanten Werkzeugdaten in einer Formstempeldatei geführt, die mit CADIS gekoppelt ist. Dadurch ist sichergestellt, daß bei Aufruf eines Makros für Formstempel durch den Anwender nur solche Formen in der Zeichnung verwendet werden, die auch gefertigt werden können. Ferner bewirkt der Makroaufruf, daß in der CADIS-Datenbasis ein Element Formstempel erzeugt wird, das die fertigungsrelevanten Daten enthält. Auf diese Elemente greift der CAD/NC-Kopplungsbaustein zu.

Voraussetzung für die Kopplung BOHREN und FRÄSEN ist, daß der Anwender bei Erstellung der Zeichnung Bohr- oder Fräs-Makros verwendet, deren Fertigung über EXAPT 1.1 möglich ist. Bei Aufruf eines Makros wird in der CADIS-Datenbasis ein Element erzeugt, das die Makroparameter und die Makrolage aufnimmt. Wie beim Stanzen ist es auch hier möglich, anwenderspezifische Werkzeugdateien anzuschließen und damit einen Beitrag zur fertigungsgerechten Konstruktion zu leisten.

Dem Anwender stehen für die Kopplung DREHEN folgende drehteilspezifische Makros zur Verfügung: Hauptformelemente, wie Zylinder und Kegelstumpf sowie Nebenformelemente, wie Einstich, Fase und Paßfedernut. Durch koaxiale Anordnung der Hauptformelemente und Ergänzung durch Nebenformelemente kann der Anwender sehr effizient die Drehteilzeichnung erstellen. Ferner lassen sich die genannten Formelemente zum Beispiel zu einem Wellenabsatz zusammenfassen. Was den weiteren Weg zum NC-Teileprogramm anbetrifft, so gilt das Analoge wie bei den vorstehenden Technologien.

Die Vorteile der Makroanwendung und der damit eng verbundenen CAD/NC-Kopplung liegen auf der Hand. Voraussetzung für den Erfolg dieser technologieorientierten Vorgehensweise ist allerdings, daß für die Werkstückbeschreibung alle erforderlichen Makros vorhanden sind.

Die beschriebenen Kopplungen von Systemen der Zeichnungserstellung bzw. 3D-Geometrieverarbeitung zeigen, daß hier ein großes Rationalisierungspotential liegt. Durch entsprechende Ausgestaltung der beteiligten CAD-Programmbausteine wird ein weiterer Fortschritt auf dem Weg zur integrierten Informationsverarbeitung in Konstruktion und Arbeitsplanung erreicht.

7.5 Integrative rechnerunterstützte Konstruktionsprozesse

7.5.1 Anwendungsbereiche

Während früher rechnerunterstützte Planungssysteme vorwiegend zur Lösung produkt- oder betriebsspezifischer Problemstellungen entwickelt wurden, zeigen neuere Entwicklungen eine zunehmende Orientierung an allgemeingültigen Vorgehensweisen und branchenübergreifenden Aufgabenschwerpunkten.

Ziel dieser Umstrukturierung ist ein branchenunabhängiger Einsatz der einzelnen Systeme [199]. Zur Anwendung von CAD ist beim Stand der Technik keine betriebsspezifische Systementwicklung, sondern lediglich eine Anpassung des geeignetsten Systems erforderlich. Aus der Verwendung von universellen Basissystemen resultieren Kostensenkungen für den Anwender.

Die Entwicklung von möglichst universell anwendbaren integrierten CAD-Systemen ist eine allgemeine Zielsetzung [197, 198]. Bestehende Lösungen zeigen die grundsätzliche Durchführbarkeit solcher Vorhaben und weisen zudem auf einen außerordentlichen wirtschaftlichen Nutzen hin, der sich aus der Verknüpfung ergibt.

Die Anwender von CAD lassen sich grundsätzlich in die Branchen Maschinenbau, Elektrotechnik und Bauwesen gliedern. Neben den genannten, ähnlich strukturierten Aufgabenstellungen werden in diesen Bereichen jeweils spezifische Aufgaben gelöst. Eine vollständige Darstellung aller Einzelanwendungen ist außerordentlich unübersichtlich. Im folgenden werden deshalb einzelne Aufgabenbereiche schwerpunktmäßig dargestellt.

7.5.2 Maschinenbau

Der Maschinenbau umfaßt eine große Anzahl sehr unterschiedlicher Disziplinen. Entsprechend vielfältig sind die eingesetzten Konstruktionsmethoden.

Die Anwendung rechnerunterstützter Konstruktionssysteme im Maschinenbau ist disziplinübergreifend auf zwei Anwendungsschwerpunkte bezogen, nämlich auf die Zeichnungserstellung und Berechnung.

Die nachfolgend beschriebenen Fallbeispiele zeigen typische CAD-Anwendungen in verschiedenen Disziplinen des Maschinenbaus, dabei werden sowohl einzelne Programmbausteine behandelt, als auch das Zusammenwirken mehrerer Systeme in einem integrierten CAD-System.

Variantenkonstruktion von Kurvenscheiben

Das folgende Beispiel zeigt die Arbeitsschritte bei der Anwendung des Systems COMVAR für eine einfache Variantenkonstruktion. Schritt 1 bei der Systemanwendung ist immer eine Analyse des betrieblichen Teilespektrums mit dem Ziel, Teilefamilien zu bilden [87]. Schritt 2 ist die skizzenhafte Darstellung der charakteristischen Teile einer Teilefamilie. Schritt 3 ist die Komplexteildefinition, dabei werden die erforderlichen Variantenmöglichkeiten der Abmessungen und Gestalt des Komplexteiles festgelegt und die Parameter mit ihren Namen, Grenzen und Standardwerten in eine Skizze eingetragen (*Bild 7.5.2-1*). Schritt 4 legt in einer zusätzlichen Skizze die Beschreibungsreihenfolge fest. Schritt 5 ist die eigentliche Komplexteilbeschreibung, dabei erfolgt nur noch der Übertrag der Komplexteildefinition in ein Tabellensystem, bestehend aus Werte- und Texttabelle und Beschreibungstabelle. Schritt 6 ist die Variantenbeschreibung. Sie gestaltet sich im Gegensatz zu der Komplexteilbeschreibung sehr einfach. Hierbei ist von dem Anwender nur noch die Eingabe der aktuel-

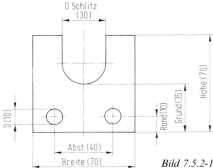

Bild 7.5.2-1 Parameterdefinition im System COMVAR [87].

len Werte für die formalen Komplexteilparameter notwendig. Alle zur Zeichnungserstellung erforderlichen Verarbeitungsschritte geschehen automatisch.

Die Konstruktion von Kurvenscheiben verursacht einen zeit- und kostenintensiven Engpaß. Außerdem erlauben die zeichnerischen Entwicklungsverfahren nur einen ungenauen Überblick über die kinematischen und kinetischen Parameter eines Getriebes. Durch Zusammenarbeit der Fa. FRITZ WERNER mit dem IPK Berlin wurde eine Konzeption erarbeitet, die das Zeichnungserstellungssystem COMVAR mit dem Kurvenberechnungsprogramm KUKON koppelt. KUKON ist eine Entwicklung des *Instituts für Allgemeine Konstruktionstechnik des Maschinenbaues* der TH AACHEN [136]. Der Datenfluß ist *Bild 7.5.2-2* zu entnehmen. Der Konstrukteur erstellt mit Hilfe des Systemdialogs eine Eingabedatei, die die von ihm gewünschte Kurvenscheibe mit wenigen Parametern beschreibt. Das Programm KUKON führt dann die notwendigen Berechnungen für die Kurvenscheibe aus und stellt in mehreren Schnittstellen Informationen für die weitere Verarbeitung bereit, z.B. Koordinatentabellen, Zeit-, Weg-, Geschwindigkeits- sowie Beschleunigungsdiagramme, NC-Kontur und NC-Steuerlochstreifen und Werkstattzeichnung. Die Informationen für die Werkstattzeichnung werden von einem Koppelbaustein des CAD-Systems COMVAR übernommen und in Steuerparameter für das zugehörige Komplexteil umgewandelt. Als Ausgabe liefert das CAD-System automatisch eine komplette Werkstattzeichnung (*Bild 7.5.2-3*).

7.5 Integrative rechnerunterstützte Konstruktionsprozesse

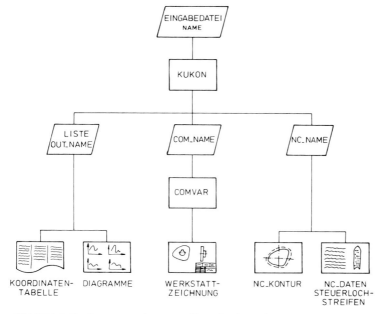

Bild 7.5.2-2 Fertigungsunterlagenerstellung für Steuerkurven (System COMVAR, System KUKON) [139].

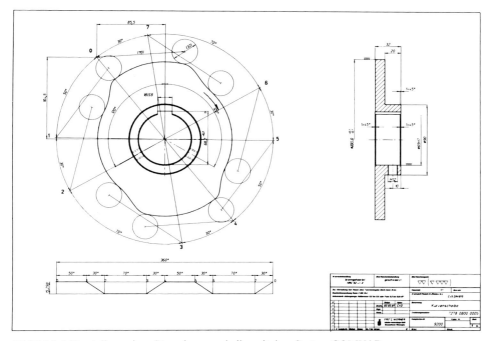

Bild 7.5.2-3 Darstellung einer Steuerkurvenscheibe mit dem System COMVAR.

Werkzeugkonstruktion für Blechteile

Bei dem folgendem Beispiel handelt es sich um die Anwendung eines integrierten CAD/CAM-System, das von der Firma PHILIPS entwickelt wurde [137].
Die Arbeitsschritte Geometrieeingabe, Werkzeugkonstruktion und NC-Programmierung sollen am Beispiel eines Blechteiles erläutert werden.
Die Geometrieeingabe erfolgt interaktiv am Bildschirm. Um universelle Anwendbarkeit zu gewährleisten, wird mit den geometrischen Grundelementen Gerade und Kreis gearbeitet. Formelemente wie Rechteck und Langloch, Hilfsprogramme für Koordinatentransformationen oder für das Spiegeln beschleunigen die Eingabe. Zusätzlich stehen Hilfsgeometrien zur Verfügung.
Das Arbeitsfeld auf dem Bildschirm ist durch einen Rahmen begrenzt. Außerhalb des Rahmens stehen die Kommandoworte des Menüs. Als erstes wird zur Eröffnung des Dialogs ein Menü von Teileklassen angeboten (Drehteil, Stanzteil, sonstige Teile). Durch Identifizieren des entsprechenden Kommandowortes wird das Programm darüber informiert, daß ein Blechteil gezeichnet werden soll. Es erscheint dann ein neues Menü mit den Namen von Beschreibungselementen, die für das Zeichnen benötigt werden. Im Beispiel sind die Kommandoworte „Linie" und „Punkt-Punkt" identifiziert worden, d.h. das System zeichnet nach Eingabe zweier Punkte eine gerade Verbindungslinie zwischen diesen Punkten. Die Eingabe der Daten erfolgt entweder über eine Tastatur oder über ein Zahlenfeld. Dies ist ein Menü mit den Zahlen 0 bis 9, das die numerische Eingabe durch Identifizieren ermöglicht. Vorteilhaft bei der Zahleneingabe über Bildschirm ist, daß der Lichtgriffel während dieser Operation nicht aus der Hand gelegt werden muß. Analog zu der beschriebenen Arbeitsweise wird das Werkstück bzw. jedes seiner Konturelemente mit Geraden und Kreisbögen aufgebaut. Anschließend werden die technologischen und organisatorischen Daten hinzugefügt und die Teile bemaßt *(Bild 7.5.2-4)*.

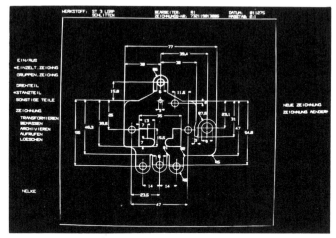

Bild 7.5.2-4 Darstellung eines Teiles nach der interaktiven Bemaßung [137] (System PHILIKON).

Bei ebenen Blechteilen muß bei der Konstruktion des Werkzeugs von dem in einer Ebene abgewickelten Rohteil ausgegangen werden. Dabei sind die beim Biegen auftretenden Fließvorgänge durch Einrechnen von Korrekturwerten bei der Ermittlung der gestreckten Länge zu berücksichtigen. Da die automatische Erzeugung der Abwicklung zur Zeit noch nicht möglich ist, muß also bei Biegeteilen zunächst die Abwicklung erstellt werden, bevor mit der Konstruktion begonnen werden kann.

7.5 Integrative rechnerunterstützte Konstruktionsprozesse

Für das in *Bild 7.5.2-5* gezeigte ebene Stanzteil ergibt sich für die Werkzeugkonstruktion folgender Ablauf: Für den ersten Schritt des Konstruktionsprozesses, die Anordnung des Werkstücks im Stanzstreifen, wird das Teil aus der Datenbank aufgerufen. Unter Berücksichtigung der erforderlichen Werte für Steg- und Randbreiten wird dem Werkstück eine Streifenbreite zugeordnet. Nunmehr wird durch Drehen des Werkstücks um den Linienschwerpunkt die Lage ermittelt, die den geringsten theoretischen und praktischen Materialverbrauch ergibt.

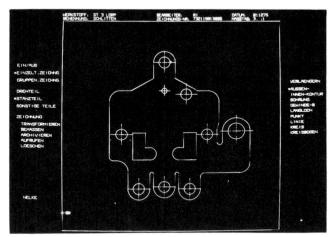

Bild 7.5.2-5 Darstellung eines Stanzteils auf dem Bildschirm nach der Geometrieeingabe [137] (System PHILIKON).

Die Streifenauslegung kann automatisch oder von einer durch den Konstrukteur vorgegebenen günstigen Lage des Teiles ausgehend, interaktiv erfolgen. Die interaktive Arbeitsweise hat sich für die Praxis infolge ihrer wesentlich kürzeren Rechenzeit als am zweckmäßigsten herausgestellt.

Da beim Biegen kaltgewalzter Bleche quer und längs zur Walzfaser meist unterschiedliche Biegeradien eingehalten werden müssen, sieht das Programm die Eingabe bestimmter Mindestwinkel zwischen Walzfaser und Biegekante vor. Damit wird verhindert, daß die Materialminimierung zu Lasten der Biegbarkeit geht.

Im nächsten Konstruktionsschritt wird die Größe des Werkzeuggestells ermittelt. Da hier in der Regel die Geometrie des Teils maßgebend ist, erfolgt die Gestellzuordnung über einen Vergleich der maximalen Teileabmessungen mit der Vordrehung in der Abstreiferplatte. In der Abstreiferplatte können zusätzlich Freifräsungen vorgenommen werden, damit sich innerhalb bestimmter Grenzen die kostengünstigeren kleinen Gestelle verwenden lassen. Die Entscheidung, eine Freifräsung vorzunehmen, statt die nächst größere Gestelltype einzusetzen, trifft der Konstrukteur im Dialog mit dem Rechner. Nach der geometrischen Zuordnung erfolgt eine Überprüfung der Abstreifer- und Schnittkraft. Ist die standardmäßig vorgesehene Abstreiferkraft zu klein, so kann sie durch paarweises Anbringen von Zusatzfedern auf das 1,5- und 2-fache erhöht werden.

Im folgenden Konstruktionsschritt wird die Streifenführung festgelegt. Die Lage des Stanzstreifens relativ zum Werkzeug ist standardmäßig mit 30 Grad festgelegt und wird durch vier Führungsbleche fixiert. Diese Führungsbleche werden mit jeweils zwei Schrauben an der Abstreiferplatte befestigt. Hier kontrolliert das Programm, ob diese Schrauben mit den Federführungen der Abstreiferplatte kollidieren. Ist dies der Fall, so wird die Streifenführung berichtigt. Nunmehr kann der bei manuellem Streifenvorschub notwendige Anschlagstift positioniert werden. Das heißt, aus den beiden möglichen Vorschubrichtungen ist diejenige auszusuchen, bei der sich die besseren Anlage- und Einführungsverhältnisse ergeben. Dann ist der Anschlagstift so zu positionieren, daß eine stabile Anlage gegeben und eine ausreichende Einführungsstrecke vorhanden ist. Diese Festlegungen erfolgen durch den Konstrukteur interaktiv am Bildschirm.

Wegen der kleinen Werkstückabmessungen können in der Regel Löcher für Stifte und Befestigungsschrauben am Ausschneidstempel nur in einem vergrößerten Stempelfuß untergebracht werden. Aufgrund der unterschiedlichen Ausgangsformen und der oft sehr komplizierten Teilegeometrie erfolgt das Positionieren dieser Löcher im Dialog mit dem Rechner. Hiermit ist der Konstruktionsprozeß für das Werkzeugunterteil abgeschlossen. In ähnlicher Weise wird nun das Werkzeugoberteil am Bildschirm konstruiert. Danach werden die Werkzeugeinzelteile in der Werkzeugdatenbank abgelegt. Für die Werkzeugherstellung wird eine Stückliste und eine Plotterzeichnung ausgegeben.

Auswahl von Maschinenelementen

Für die häufig wiederkehrende Konstruktionstätigkeit der Auswahl und Auslegung von Maschinenelementen gibt es bereits eine größere Anzahl geeigneter Berechnungsprogramme. Sie wurden teilweise bereits Anfang der 70er Jahre entwickelt. Mit Hilfe eines Lagerauswahlprogramms [138] ist es möglich, sowohl ausreichend tragfähige Lager auszuwählen zu lassen, als auch die voraussichtliche Lebensdauer gegebener Lager zu berechnen. Das System wurde am *Institut für Maschinenkonstruktion* der TU-BERLIN entwickelt. Grundlage für alle Berechnungen sind die im SKF-Katalog 2800T/Dd6000 angegebenen Formeln und Daten. Lediglich bei den Nadellagern sind die Daten des INA-Katalogs zugrunde gelegt worden. Neben der Ermittlung ausreichend tragfähiger Lager findet immer eine Optimierung statt. Der Anwender kann zwischen folgenden Zielkriterien wählen:
- geringstes Lagergewicht,
- geringster Lageraußendurchmesser,
- geringste Lagerbreite,
- geringster Lagerpreis,
- maximale Drehzahl und
- maximale Schmierfrist bei Fettschmierung.

Neben diesen Zielkriterien für eine eindimensionale Optimierung ist gleichzeitig die Angabe einschränkender Nebenbedingungen möglich. Vorgeschrieben werden können:
- minimal zugelassener Lagerinnendurchmesser,
- vorgeschriebener Lagerinnendurchmesser,
- maximal zugelassener Lagerinnendurchmesser,
- minimal zugelassener Lageraußendurchmesser,
- vorgeschriebener Lageraußendurchmesser,
- maximal zugelassener Lageraußendurchmesser und
- minimal geforderte Schmierfrist bei Fettschmierung.

Die sinnvolle Angabe von Nebenbedingungen gestattet dem Anwender in einfacher Weise, das gewählte Lager den konstruktiven Gegebenheiten anzupassen.

Der modulare Aufbau des Programms erlaubt die Berücksichtigung aller typenspezifischen Bedingungen. Bei gleichzeitiger Radial- und Axiallast wird die Verwendung von Nadellagern von vornherein ausgeschlossen. Von den einreihigen Zylinderrollenlagern werden nur die für Axialbelastung geeigneten Sorten verwendet. Die Verminderung der zulässigen Maximaldrehzahl bei Pendelrollenlagern infolge der Axialbelastung und bei den Rillenlagern die infolge erhöhter Lagerluft gesteigerte Tragfähigkeit wird berücksichtigt. Als Eingabedaten benötigt das Programm für eine Lagerauslegung folgende Größen:
- statische und dynamische Axiallast,
- statische und dynamische Radiallast,
- Axiallastbeiwert zum Berechnen von Zylinderrollenlagern,
- Betriebsdrehzahl,

7.5 Integrative rechnerunterstützte Konstruktionsprozesse

- gewünschte Lebensdauer,
- Drehzahlsicherheit,
- Betriebstemperatur,
- Optimierungsziel und
- Nebenbedingungen.

Die Ergebnisse eines Rechenlaufs werden in einem Formular ausgegeben *(Bild 7.5.2-6).*
Für die Berechnung und Auswahl geeigneter Verbindungsarten werden die in der Konstruktionspraxis bekannten und verwendeten reib- und formschlüssigen Wellen-Naben-Verbindungen berücksichtigt. Sie wurden aufgrund der erforderlichen unterschiedlichen Berechnungsverfahren in drei Gruppen gegliedert und für die spätere Programmverarbeitung fortlaufend numeriert. *Bild 7.5.2-7* gibt eine Übersicht über die im Programm derzeitig enthaltenen Verbindungsarten [64].

Bei einem Programmablauf werden zunächst diejenigen Lösungen ausgeschieden, die die Festforderungen, z.B. das zu übertragende Drehmoment, nicht erfüllen. Es verbleibt ein mögliches Lösungsfeld, für das eine weitere Einschränkung zweckmäßig erscheint. Eine

```
****************************************************************************************
*                          WAELZLAGERAUSWAHL FUER RADIALLAGER                           *
*  ------------------------------------------------------------------------------------ *
*              STAT.       0.0                                                          *
*  AXIALLAST   DYN.       100.0  KP                           AXIALLASTBEIWERT    0.20  *
*              STAT.       0.0                                                          *
*  RADIALLAST  DYN.      1000.0  KP          GEWUENSCHTE LEBENSDAUER  1500.0 STUNDEN    *
*                                                                     180.0 MILL. UMDREHUNGEN *
*  BETRIEBSDREHZAHL   2000 U/MIN                LAGER 1        DREHZAHLSICHERHEIT   1.25 *
*  AUSSENRING HAT UMFANGSLAST                   =======        BETRIEBSTEMPERATUR  20 GRAD C *
*  BERECHNUNG AUF MINIMALES GEWICHT                            ** NEBENBEDINGUNGEN **   *
*  ------------------------------------------------------------------------------------ *
*  TYP  LAGERBEZEICHNUNG    DI     DA     B     SDYN   SSTAT  N(MAX)  GEWICHT  PREIS SCHMFR. *
*                          (MM)   (MM)  (MM)                 (U/MIN)  (KP)    (DM)   (H)    *
*  KE      32207     0    35.0   72.0  23.0   1.00  ******    7000   0.4300   0.00  1000.  *
*  Z1  OEL 210E      0    50.0   90.0  20.0   1.02  ******    7500   0.4900   0.00 ******  *
*  Z1  FETT 210E     0    50.0   90.0  20.0   1.02  ******    7500   0.4900   0.00  3900.  *
*  PR      22210     0    50.0   90.0  23.0   1.01  ******    4800   0.6000   0.00   790.  *
*  S1  2X  7211CG    0    55.0  100.0  42.0   1.00  ******   10000   1.2000   0.00   720.  *
*  S2  2X  7212CG    0    60.0  110.0  44.0   1.13  ******    9000   1.5500   0.00   660.  *
*  TO      20311     0    55.0  120.0  29.0   1.05  ******    2800   1.6500   0.00   720.  *
*  R1      6410      0    50.0  130.0  31.0   1.00  ******    6300   1.9000   0.00  7900.  *
*  R1  C3  6410      0    50.0  130.0  31.0   1.00  ******    6300   1.9000   0.00  7900.  *
*  R1  C4  6410      0    50.0  130.0  31.0   1.00  ******    6300   1.9000   0.00  7900.  *
*  PK      2312      0    60.0  130.0  46.0   1.03  ******    5300   2.6000   0.00  6600.  *
*  ------------------------------------------------------------------------------------ *
*         DIE AXIALE TRAGSICHERHEIT DES EINREIHIGEN ZYLINDERROLLENLAGERS BETRAEGT       *
*                   BEI OELSCHMIERUNG 2.90 / BEI FETTSCHMIERUNG 1.47                    *
****************************************************************************************
```

Bild 7.5.2-6 Ergebnisformular eines Programmlaufs bei der Auswahl von Wälzlagern [138].

Gruppe 1: Reibschlüssige Wellen-Naben-Verbindungen ohne Zusatzelemente.

1. Längspreßpassungen
2. Querpreßpassungen
3. Kegelpreßpassungen
4. Ölpreßpassungen
5. Stufenpreßpassungen

Gruppe 2: Reibschlüssige Wellen-Naben-Verbindungen mit Zusatzelementen.

6. Doppelkegelspannsätze (z. B. Ringfederspannsätze)
7. Kegelspannsätze (z. B. Ringfederspannelemente)
8. Stufenspannsätze (z. B. Doko-Elemente)
9. Wellenspannsätze (z. B. Spieth-Elemente)
10. Schrumpfscheiben (außen)
11. Sternscheiben
12. Wellenspannhülsen

Gruppe 3: Formschlüssige Wellen-Naben-Verbindungen.

13. Längskeilverbindungen
14. Tangentialkeilverbindungen
15. Paßfederverbindungen
16. Keilwellenverbindungen
17. Zahnwellenverbindungen
18. Polygonverbindungen
19. Stirnprofilverbindungen
20. Querstiftverbindungen

Bild 7.5.2-7 Aufstellung der Verbindungsarten [64].

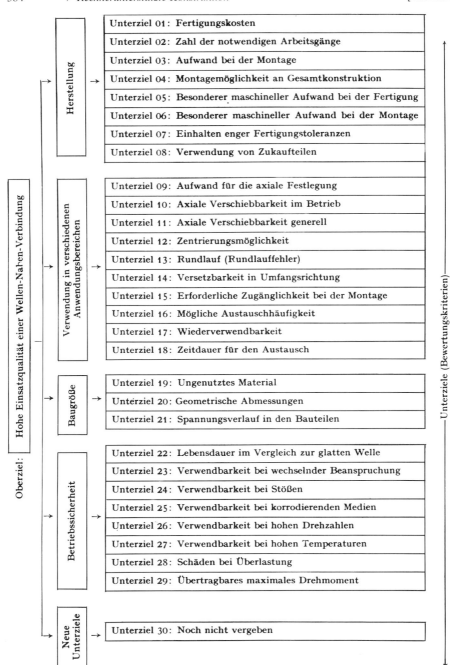

Bild 7.5.2-8 Zielsystem für die Auswahl von Wellen-Naben-Verbindungen [64].

solche Lösungseinschränkung ist nur nach den jeweils für eine konkrete Aufgabenstellung relevanten Zielvorstellungen möglich. Das Verhalten der einzelnen Lösungsvarianten nach solchen Zielvorstellungen wird mit Hilfe einer Bewertung vorgenommen, die einmalig vorab durchgeführt wurde und im Programm enthalten ist.

Bewertet wird in zwei Schritten. Im ersten Schritt werden Lösungen eines Lösungsprinzips, im zweiten Schritt werden verschiedene Lösungsprinzipien miteinander verglichen. Die Lösungsvarianten desselben Prinzips können entweder nach allgemeingültigen oder nach anwendungsorientierten Kriterien bewertet werden. Als allgemeine Kriterien gelten der Fertigungsaufwand, die Sicherheit für die Drehmomentübertragung und die Zentriereigenschaften. Die Bewertung nach anwendungsorientierten Kriterien besteht im wesentlichen darin, daß man für bestimmte Passungen entsprechend vorliegender Werknormen Vorzugswerte bzw. sogenannte Vorzugskenner vergibt, die eine Rangfolge günstiger, insbesondere wirtschaftlicher Lösungen ermöglicht.

Der zweite Bewertungsschritt vergleicht und beurteilt nun Lösungsvarianten mit unterschiedlichem Lösungsprinzip. Als Bewertungsverfahren wurde die Nutzwertanalyse vorgesehen. Sie berechnet für ein vorgegebenes Zielsystem aufgrund der Eigenschaften der Lösungsvarianten Nutzwerte für diese Varianten, mit denen ihre Reihenfolge aufgrund der gespeicherten Wertvorstellungen gezeigt werden kann. *Bild 7.5.2-8* zeigt das im Programm gespeicherte Zielsystem für Wellen-Naben-Verbindungen, aus dem der Benutzer diejenigen Unterziele (Bewertungskriterien) auswählen muß, die für den jeweiligen Fall interessant sind. Die Kriterien werden über einzugebende Gewichtungsfaktoren ausgewählt. Ziele ohne jede Bedeutung für den konkreten Einsatzfall erhalten die Gewichtung „0". Die möglichen Lösungsvarianten werden anschließend in der Reihenfolge ihrer Nutzwerte ausgegeben.

Getriebeauswahl

Ein Programmsystem für Getriebeauswahl [140] beschränkt sich auf gleichförmig arbeitende Getriebe und handelsüblich zu erhaltende Getriebeelemente. Die Logik des Programmsystems geht davon aus, daß es bei der Fülle vorhandener Getriebearten einerseits und den unterschiedlichsten Aufgabenstellungen andererseits zweckmäßig ist, eine Auswahl stufenweise vorzunehmen [141]. *Bild 7.5.2-9* zeigt die Struktur des Auswahlprozesses mit den drei Hauptbereichen Vorauswahl, Endauswahl und Bewertung. Der Anwender kann beim Auswahlvorgang festlegen, ob die Kette vollständig durchlaufen werden soll oder ob die Zwischenergebnisse ausreichen.

Als Ergebnis der Vorauswahl ergeben sich für die Aufgabenlösung geeignete Getriebeprinzipien. Dabei beschreiben Wertebereiche der Anforderungsliste die Aufgabenstellung. Unter Wertebereich wird hier die Spanne einer Anforderung verstanden. Über das Datenbanksystem können den Getriebeprinzipien handelsübliche Fertiggetriebe oder Getriebeauslegungsvorschriften und Getriebeelemente zugeordnet werden. Bei der Endauswahl werden dann die geeigneten Fertiggetriebe eines Prinzips im Vergleich mit den Daten der Anforderungsliste ermittelt.

Bei der Getriebeauslegung sind jedoch wie bisher Berechnungen notwendig. Nach Abschluß der Endauswahl liegen im allgemeinen mehrere Getriebealternativen vor, welche die vorliegende Aufgabe erfüllen. Für sie läßt sich mit nachfolgendem Bewertungsschritt eine Rangfolge im Sinne einer Wertigkeit (Nutzwert) ermitteln.

Konstruktion von Tiefziehteilen

Bei der Fertigung von Blechteilen durch Tiefziehen tritt das Problem auf, daß man die Form und die Abmessungen einer Platine bestimmen muß. Weitere Fragen betreffen die Anzahl der einzelnen Arbeitsvorgänge und ihre Realisierung mittels eines Werkzeugs. Hier soll nur auf das erstgenannte Problem eingegangen und gezeigt werden, wie sich bei kom-

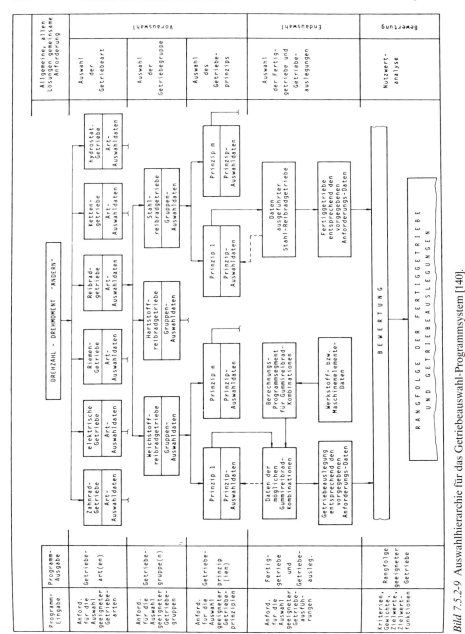

Bild 7.5.2-9 Auswahlhierarchie für das Getriebeauswahl-Programmsystem [140].

plizierten, vor allem nicht rotationssymmetrischen Blechteilen durch eine dreidimensionale Erfassung der Blechteilgeometrie und ihre anschließende Abwicklung sehr genau die Größe und die Form ihrer Platine ermitteln lassen. Die Anwendung wurde mit dem System PROREN 2 realisiert [143].

Bild 7.5.2-10 enthält die Ansicht und die Draufsicht eines Federtellers, wie er in Stoßdämpferbeinen an Fahrzeugachsen verwendet wird. Eine zweidimensionale Darstellung wäre nicht ausreichend, um alle Informationen für eine Abwicklung zu gewinnen.
Im *Bild 7.5.2-11* ist der Federteller dreidimensional dargestellt. Seinen Aufbau aus analytisch beschreibbaren Körperelementen kann man gut erkennen: Ein Zylinder ist der erste Basiskörper, dann folgt ein Kegel, auf dessen Mantelfläche eine spiralförmige Kurve liegt. Es schließt sich wieder ein Zylinder an, dessen obere Kante das Blechteil nach oben begrenzt. Die Angabe zweier Winkel und der Blickrichtung in der X-Z-Ebene reichen aus, um eine Schnittdarstellung zu erzeugen *(Bild 7.5.2-12)*.

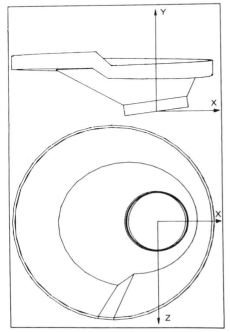

Bild 7.5.2-10 Federteller für Stoßdämpferbeine (System PROREN 2) [141].

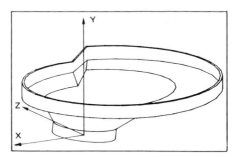

Bild 7.5.2-11 Perspektivische Ansicht des Federtellers (System PROREN 2) [141].

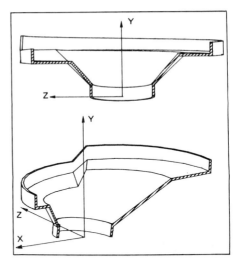

Bild 7.5.2-12 Schnittdarstellungen des Federtellers (System PROREN 2) [141].

Geht man davon aus, daß Platine und Fertigteil gleiches Volumen haben, dann muß die Abwicklung beliebig schmaler Flächensegmente des Fertigteils in radialer Richtung bereits das Volumen der Platine in der Ebene darstellen, allerdings noch nicht zusammenhängend, wie sie in *Bild 7.5.2-13* zu sehen ist. Durch Ausgleich der jeweiligen Zwickelflächen mit den zugehörigen Flächen gewinnt man die Koordinaten der Punkte P_i, deren Verbindungslinie die äußere Kontur der gesuchten Platine darstellt *(Bild 7.5.2-14)*. Das Verfahren ermittelt die Platine auf rund 5% genau, wenn man bei Abmessungen bis 200 mm eine Segmentbreite von 10 mm wählt.

388   7 Rechnerunterstützte Konstruktion   [Literatur S. 433]

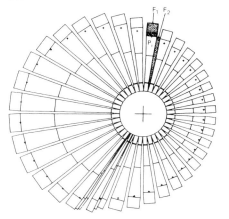

Bild 7.5.2-13 Radiale Abwicklung des Federtellers [141].

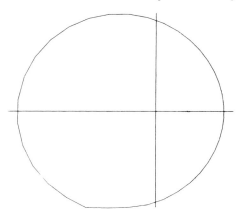

Bild 7.5.2-14 Platine zum Tiefziehen des Federtellers [141].

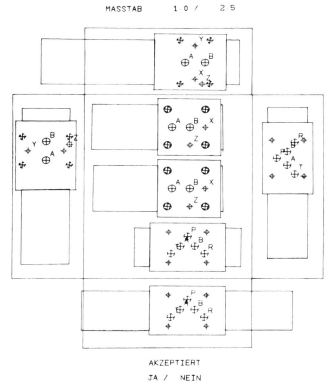

Bild 7.5.2-15 Anordnen der Bauelemente auf einem Hydraulik-Steuerblock (Abwicklung der Steuerblock-Oberflächen) [142].

Konstruktion von Hydraulik-Steuerblöcken

Hydraulik-Steuerblöcke werden im allgemeinen aus einem quaderförmigen Block hergestellt, der unter Ausnutzung aller drei Raumrichtungen so durchbohrt ist, daß das entstandene Leitungsnetz den Verknüpfungen des betreffenden Schaltplans entspricht. An der

[Literatur S. 433]   7.5 Integrative rechnerunterstützte Konstruktionsprozesse   389

Oberfläche des Steuerblocks befinden sich ferner Anschlußstellen zur Befestigung oder zum Einbau diskreter Bauelemente und Rohrleitungen. Die wesentlichen Ausgangsdaten für die Konstruktion von Steuerblöcken sind die Informationen des Hydraulik-Schaltplans sowie die Kenntnis der in einem System zu verbindenden diskreten Bauelemente und Baugruppen bzw. der für die Gestaltung des Steuerblocks relevanten Anschlußmaße (Schnittstellenbedingungen).

Bereits 1975 ist das System HYKON I bekannt geworden [142], das unter der Voraussetzung, daß die Lage der Bauelemente auf den Steuerblock manuell angegeben wird, die Steuerblockkonstruktion automatisch durchführt. *Bild 7.5.2-15* zeigt exemplarisch verschiedene Seiten eines Steuerblocks und die darauf überdeckungsfrei angeordneten Bauelemente bzw. deren Flanschbilder und Umrisse. Wenn diese Information gegeben ist, dann ist das Programmsystem in der Lage, automatisch ein dieser Anordnung entsprechendes Leitungs- bzw. Bohrungsnetz zu entwerfen. Dabei wird dieses Netz bezüglich der erforderlichen Zahl an Leitungsumlenkungen und bezüglich der Leitungslängen optimiert.

Bei diesem Optimierungsprozeß nimmt das Programm zunächst keine Rücksicht auf eventuell unzulässige Kollisionen oder Annäherungen von Leitungen. Unerwünschte Kollisionen oder Annäherungen lassen sich in einem weiteren unmittelbar anschließenden Arbeitsschritt feststellen, wobei diese Leitungen gekennzeichnet und die Feststellungen in Form einer sogenannten Kollisionstabelle oder einer perspektivischen Darstellung der Bohrungsstruktur ausgegeben werden.

Über den Bildschirm kann der Konstrukteur dann im Dialog sinnvoll erscheinende Anordnungen ändern. Hiermit entwickelt der Rechner den zweiten Entwurf eines Leitungsnetzes, welches anschließend auf Kollision und unzulässige Annäherung von Leitungen geprüft

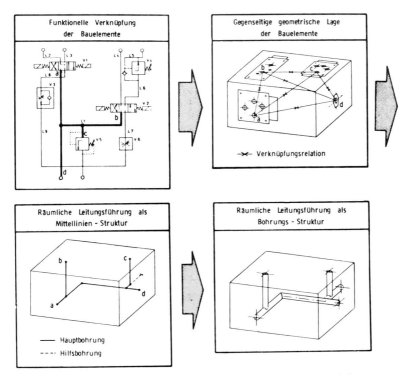

Bild 7.5.2-16 Schematische Darstellung der Zwischenergebnisse des Konstruktionsprozesses bei Hydraulik-Steuerblöcken [142].

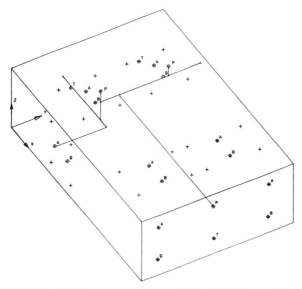

Bild 7.5.2-17 Vom Rechner erzeugte perspektivische Zeichnung der Mittellinienstruktur der Leitung eines Steuerblocks (aus Gründen der Übersichtlichkeit wurde nur ein Leitungszug dargestellt) [142].

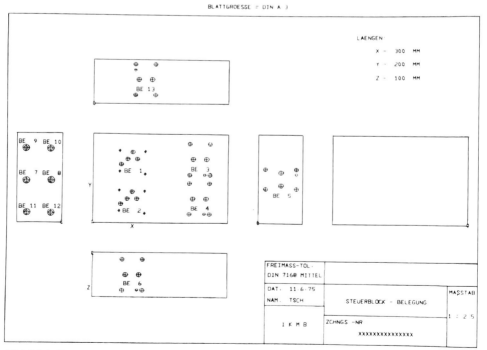

Bild 7.5.2-18 Vom Rechner konstruierter und gezeichneter Hydraulik-Steuerblock in verschiedenen Ansichten (Beispiel) [142].

wird. Dieser Zyklus ist so oft zu wiederholen, bis ein befriedigender Entwurf gefunden ist. *Bild 7.5.2-16* zeigt den Ablauf des Konstruktionsprozesses. Das Programm sieht zunächst nur den Entwurf eines Netzes aus Leitungsmittellinien vor, *Bild 7.5.2-17*. In einem weiteren Arbeitsschritt ermittelt es zusätzlich die entsprechend dem Durchsatz und anderen Kriterien notwendigen Bohrungsdurchmesser und Bohrungslängen. Die Ergebnisse des beschriebenen Konstruktionsprozesses können in Form von Zeichnungen und Steuerlochstreifen für NC-Bohrmaschinen ausgegeben werden *(Bild 7.5.2-18)*.

Konstruktion von Schweißvorrichtungen

Die Konstruktion von Schweißvorrichtungen [143] erfordert einen hohen zeichnerischen Aufwand, wenn die Schweißzangen oder Schweißzylinder in ihrer tatsächlichen räumlichen Lage, d. h. senkrecht zur gekrümmten Fläche des Karosserieblechs dargestellt werden sollen. Mit Hilfe des 3D-Systems PROREN 2 [126] wurde eine Lösung gefunden, die sowohl den Variantencharakter der Schweißzangen oder -zylinder berücksichtigt, als auch das Problem der räumlichen Darstellung löst.

Die Eingabe von neuen Parameterwerten genügt, um zum Beispiel die Geometrie des jeweils ausgewählten Schweißzylinders festzulegen und ihn in der gewünschten räumlichen Lage darzustellen. Die Eingabedaten sind Typenbezeichnung, Hub, Elektrodenlänge, Drehwinkel für die Anschlußflansche und die Lage des Arbeitspunktes. Die räumliche Lage ergibt sich durch die Senkrechte im Arbeitspunkt, und zwar errichtet auf der gekrümmten Fläche des Karosseriebleches (Bild 7.5.2-19). Bei Anordnungen mehrerer Zylinder oder Zangen wird geprüft, ob eine Kollision zwischen den Teilen auftreten kann. Im Fall von Überschneidungen wird der Kollisionsbereich dargestellt. Dies erleichtert es dem Konstrukteur, konstruktive Maßnahmen zur Kollisionsvermeidung zu treffen.

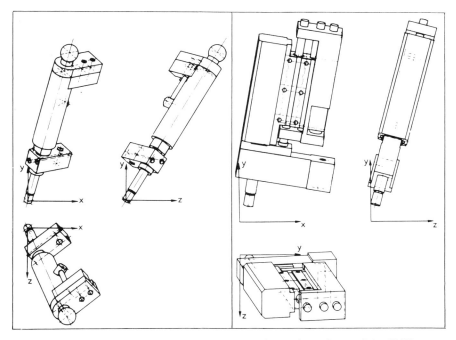

Bild 7.5.2-19 Vielpunktschweißvorrichtungen als Beispiel für eine Variantenkonstruktion [143].

7.5.3 Automobilbau

Anwendungen der CAD-Technologie im Automobilbau können nach *Bild 7.5.3-1* wie folgt gegliedert werden [144]:
- 2D-Objekte: Darstellung von Diagrammen aus Berechnung und Versuch und schematische Darstellungen von Schaltplänen.
- 3D-Objekte: mechanische Konstruktion zur Behandlung von Konstruktionsobjekten, die vorwiegend durch spangebende Verarbeitung entstehen, zur Variantenkonstruktion und zu Einbauuntersuchungen und Konstruktion und Glättung von freien Oberflächen für die Karosserieentwicklung.

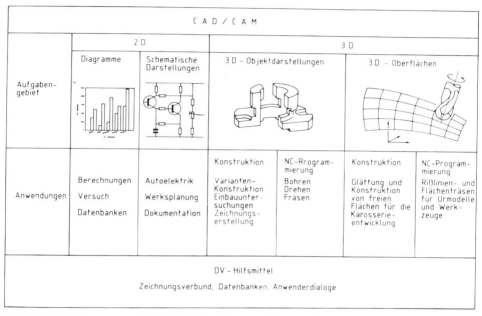

Bild 7.5.3-1 Gliederung von CAD/CAM-Aufgaben und -Anwendungen [144].

Karosserieentwicklung

Bei der Entwicklung von Karosserien ist eine Fülle von Einzelschritten zu durchlaufen *(Bild 7.5.3-2)*. Im folgenden seien die wichtigsten genannt [145]:
- Vorentwurf,
- Styling,
- Digitalisieren von Modell- und Zeichnungsdaten,
- Verwalten und Korrigieren dieser Daten,
- konstruktive Gestaltung,
- Glättung von Kurven und Flächenformen,
- Ausgabe von Kontrollzeichnungen,
- Aufbereiten von Liniendaten für NC-Fertigungsprozesse,
- Fräsen von Modellen,
- Formfräsen von Werkzeugen sowie
- Kontrollieren von Werkzeugen und Prüfeinrichtungen.

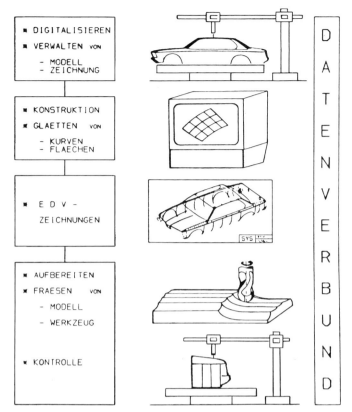

Bild 7.5.3-2 CAD/CAM-Ablaufschritte in der Karosserieentwicklung [148].

Bei dem derzeitigen Stand der Technik wird die Umsetzung der zweidimensionalen Vorentwurfszeichnungen in ein dreidimensionales Plastelin-Modell fast ausschließlich manuell vorgenommen.

Die Transformation von einem dreidimensionalen Styling-Modell zu einem zweidimensionalen Außenhautplan erfolgt meist automatisch. So wird durch eine 3D-Abtastung bzw. durch Abnahme der sogenannten Formleitlinien von dem Karosseriemodell automatisch ein Abtastplan erzeugt *(Bild 7.5.3-3)*. Die dabei entstehende Punktdatenmenge wird mit Hilfe eines Flächengenerators in ein mathematisches Modell überführt. Dieses wird einem Glättungsprozeß unterworfen, der dann den gewünschten Außenhautplan liefert.

Für den Glättungsvorgang werden vielfach CAD-Systeme eingesetzt, die eine automatische Glättung der durch die abgetasteten Punktdaten beschriebenen Karosserieform ermöglichen. Exemplarisch sind nachfolgend einige Systeme genannt, die von der Automobilindustrie für diesen Aufgabenbereich benutzt werden:

- OGSURF (VW),
- DBSURF und SYRKO (DAIMLER-BENZ),
- GILDAS und SYSTRID (BMW),
- CADANCE und FISHER GRAPHICS (OPEL),
- FORD GRAPHICS SYSTEM (FORD),
- UNISURF (RENAULT).

394   7 Rechnerunterstützte Konstruktion   [Literatur S. 433]

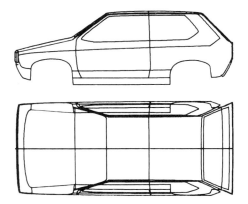

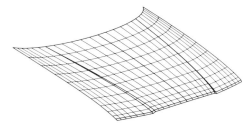

Bild 7.5.3-4 Mathematisches Flächenmodell einer Motorhaube.

Bild 7.5.3-3 Seiten- und Grundriß eines Formleitlinienmodells [150].

Bild 7.5.3-4 zeigt beispielhaft die Darstellung einer Fahrzeugaußenhaut nach der Durchführung des Glättungsprozesses und die Aufteilung in Flächenfelder für die mathematische Behandlung der Aussenhaut. Die aus dem beschriebenen Prozeß resultierenden mathematisch angenäherten Flächen unterliegen besonders im Karosseriebau sehr hohen Qualitätsanforderungen. Um diesen Anforderungen gerecht zu werden, muß die erreichte Qualität der Oberflächen überprüft werden, um eventuell notwendige Verbesserungen vornehmen zu können. Die Lösung dieser schwierigen Überprüfungsaufgabe wird an der Vorgehensweise bei der Fa. DAIMLER-BENZ dargestellt [146].
Hier wird die Qualitätsprüfung der Oberfläche durch Simulation einer in der Praxis bewährten Methode gelöst. Das Simulationsprogramm begutachtet die Fläche im abstrakten Zustand der mathematischen Darstellung ähnlich einem praktischen Verfahren, bei dem die Reflexionslinie exakt ausgerichteter stabförmiger Lichtquellen auf der glatten Oberfläche beobachtet werden. Aus Abweichung im harmonischen Verlauf der Reflexionslinien wird dabei auf Unebenheiten in der Fläche geschlossen *(Bild 7.5.3-5)*. So entsteht durch dauernde Korrektur des mathematischen Flächenmodells sukzessiv das endgültige mathematische Modell der Fahrzeugkarosserie in seiner typischen Darstellung durch COONS-Maschen *(Bild 7.5.3-6)*.
Die zur Formgebung der Karosserieteile erforderlichen Werkzeuge werden mit Verfahren, ähnlich der Karosserieentwicklung, konstruiert. NC-Techniken können zum Flächenfräsen für einfache Flächen dem rechnerunterstützten Glättungsprozeß angekoppelt werden.
Relativ weit fortgeschritten bezüglich der Karosserieentwicklung sind die rechnerunterstützten Methoden für Strukturanalysen. Berechnungen zur Ermittlung der notwendigen oder erwünschten Steifigkeit, bzw. der Dauerfestigkeit und Belastbarkeit unter vorgegebe-

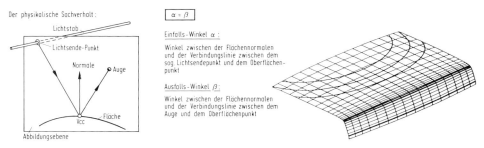

Bild 7.5.3-5 Qualitätsprüfung des Flächenmodells [146].

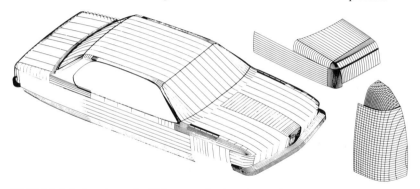

Bild 7.5.3-6 Aufbereitung der Fahrzeugaußenhaut im mathematischen Modell [148].

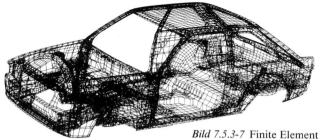

Bild 7.5.3-7 Finite Element Modell eines PKW [149].

nen Gewichtsbedingungen sind mit Hilfe der Methode der Finiten Elemente (FE) weit verbreitet *(Bild 7.5.3-7)*. Lediglich die Erstellung des strukturmechanischen Modells für die Karosserie ist sehr zeitaufwendig und mühsam. Hier sind teil- und vollautomatische FE-Netzgeneratoren notwendig und in einigen Fällen auch schon im Einsatz.

Durch die Anwendung automatischer Netzgeneratoren ergibt sich ein direkter Bezug zu dem Systemteil, mit dem die Geometrie der Karosserie beschrieben und erzeugt wird, da gleiche Algorithmen verwendbar sind, um ein sublimierbares Gitternetz von Oberflächepunkten zu erstellen *(Bild 7.5.3-8)*. Ausgehend von der geometrischen Beschreibung kann unter Berücksichtigung der Topologie ein Finite-Elemente-Modell erzeugt werden.

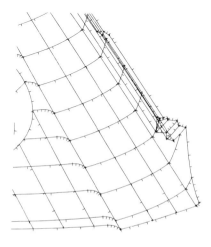

Bild 7.5.3-8 Ausschnitt von einem Karosserieteil (Seitenwand) [145].

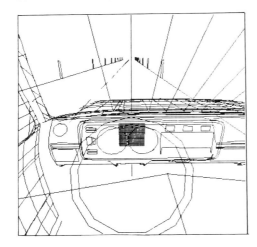

Bild 7.5.3-10 CAD-Unterstützung bei der Sichtuntersuchung [146].

Bild 7.5.3-9 CAD im Vorentwurf: Simulierte Sicht aus dem Fahrzeug [150].

Für die Beurteilung der Sichtverhältnisse aus dem Fahrzeuginneren existieren inzwischen schon vielfach Simulationsprogramme *(Bild 7.5.3-9)*. Sie stützen sich ebenfalls auf die Oberflächenbeschreibung der Karosserie und die mathematische Beschreibung der entsprechenden Windschutzscheibe *(Bild 7.5.3-10)*. Ebenso können mit bereits existierenden Systemen über die exakte mathematische Beschreibung der Scheibe und der Bewegungssimulation der Scheibenwischer gesetzlich vorgegebene Bestimmungen hinsichtlich der Wischerfläche überprüft und im Bedarfsfall interaktiv am Bildschirm korrigiert werden *(Bild 7.5.3-11)*.

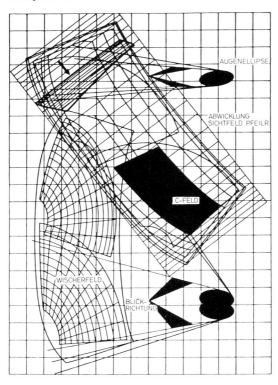

Bild 7.5.3-11 Sicht- und Wischfeldermittlung auf der Windschutzscheibe [146].

Die Karosseriefläche beinhaltet eine spezielle Art von Flächen, die in den Übergangsbereichen zwischen Außenhaut und Innenraum auftreten, wie die Türrahmen, Fenstereinfassungen oder Radkästen. Flächen dieser Art werden als Profilflächen bezeichnet, da sie meistens einen konstanten oder variablen Profilquerschnitt besitzen und ein tragendes Element darstellen. Beim Erzeugen solcher Flächen müssen vor allem die Übergänge von unterschiedlichen Querschnitten der Profile beachtet werden, um ein mathematisches Modell zu erhalten *(Bild 7.5.3-12)*, welches die Fertigung dieser Karosserieteile mit Hilfe numerisch gesteuerter Werkzeugmaschinen ermöglicht *(Bild 7.5.3-13)*.

Für einen Entwurf der Radkästen sind ebenfalls rechnerunterstützte Hilfsmittel verfügbar, die auf bequeme Weise die Ermittlung des Raumbedarfs für ein Vorderrad ermöglichen. Dazu werden die Achsgeometrie, die Reifenabmessungen und die Federcharakteristik bezüglich des Lenkwinkels benötigt. Aus der kinematischen Rechnung der Achse ergibt sich dann ihre räumliche Bewegung. Das mathematische Modell des Reifens, welches das Rad repräsentiert, dient zur Simulation der möglichen Radbewegungen, indem alle zulässigen

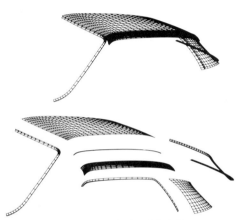

Bild 7.5.3-12 Mathematisches Modell von Profilflächen [146].

Bild 7.5.3-13 NC-Bearbeitung von Profilflächen [146].

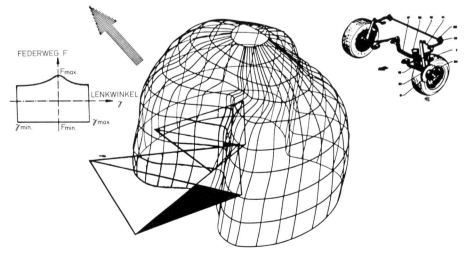

Bild 7.5.3-14 Ermittlung des Raumbedarfs für das Vorderrad [146].

Lenk- und Federstellungen durchlaufen werden. Die Summe der dabei erzeugten Radstellungen ergibt einen Hüllkörper, dessen Oberfläche, die sog. Hüllfläche, durch ein mathematisches Modell angenähert wird *(Bild 7.5.3-14)*. Mit beliebigen Schnitten durch die Hüllfläche werden Schnittkonturen erzeugt, die grafisch darstellbar sind. Diese Darstellungen geben dem Konstrukteur zu einem sehr frühen Zeitpunkt genaue Angaben, die ihn in die Lage versetzen, die Radausschnittsgestaltung anhand des Raumbedarfs der Räder zu untersuchen.

Dreidimensionale Bauteilbeschreibung

Ein anderes Einsatzgebiet der CAD-Technologie im Automobilbau ist die dreidimensionale Beschreibung von Bauteilen und Aggregaten *(Bild 7.5.3-15)*. Diese Bauteilbeschreibung dient einerseits für die spätere Detailkonstruktion und Zeichnungserstellung, andererseits unterstützt sie den Entwurfskonstrukteur bei der Festlegung der räumlichen Anordnung der Aggregate, bei komplizierten Einbauuntersuchungen, Bewegungssimulationen und Ermittlung von wahren Längen bzw. Abständen in der räumlichen Darstellung. Ferner erlaubt eine vollständige mathematische Beschreibung der Oberfläche des Bauteils genauere Zusammen- und Einbauuntersuchungen, wobei alle notwendigen Abstandsuntersuchungen zwischen benachbarten Bauteilen entweder durch direkte Berechnung des Abstands oder durch geometrische Ermittlung über exakte Schnitte durch die Bauteile erfolgen [146]. Für die Ermittlung der physikalischen Körpereigenschaften wie Volumen, Gewicht, Trägheits- und Widerstandmomente, kann die dreidimensionale Bauteilbeschreibung ebenfalls herangezogen werden.

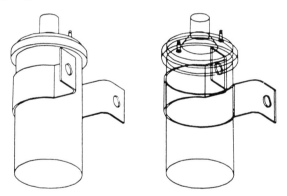

Bild 7.5.3-15 3D-Darstellung einer Zündspule [146].

Eine vollständige Beschreibung der Bauteilflächen erleichtert die Generierung eines FE-Modells. Bei Anwendung eines Flächenmodells ist dies bereits heute in CAD-Systemen möglich.
Bild 7.5.3-16 zeigt ein Beispiel für diese Verwendung der dreidimensionalen Bauteilbeschreibung bei Kollisions- und Einbauuntersuchungen. Die für diese Untersuchungen erforderlichen Karosseriekonturen werden z.B. dem mathematischen Modell der Motorhaube entnommen.
Mit Hilfe der Bewegungssimulation können ebenfalls Einbauuntersuchungen durchgeführt werden, aber auch Funktionsanalysen einzelner Bauteile und Untersuchungen zur optimalen Gestaltung und Anordnung der Bedienungselemente im Innenraum *(Bild 7.5.3-17)*.
Um den Einbau von speziellen, meist firmenspezifischen Programmbausteinen zu gewährleisten, sind die verwendeten CAD-Systeme modular aufgebaut und besitzen klar definierte Schnittstellen. Ein Beispiel für eine Verknüpfung zwischen Berechnungsprogramm und

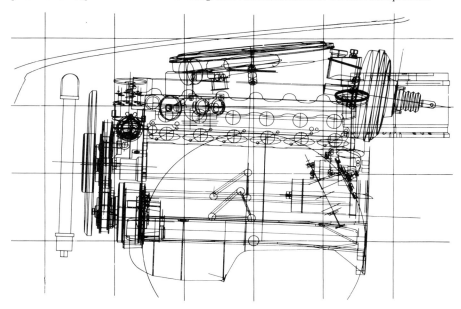

Bild 7.5.3-16 Einbauuntersuchung eines Motors mit Aggregaten [146].

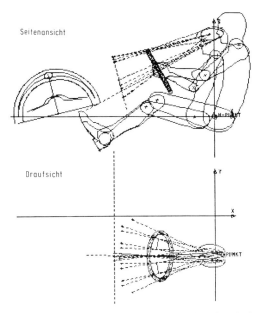

Bild 7.5.3-17 CAD im Vorentwurf: Lenkradverdeckungsbereich auf der Schalttafel [150].

Grafikprogramm zeigt *Bild 7.5.3-18*. Die Hauptabmessung, die Form und die Anordnung der Kurbelwangen werden rechnerisch bestimmt. Anschließend werden die Informationen dem geometrieverarbeitenden System übergeben. Dort wird die Kurbelwelle am Bildschirm weiter bearbeitet und zu einer vollständigen Fertigungszeichnung komplettiert.

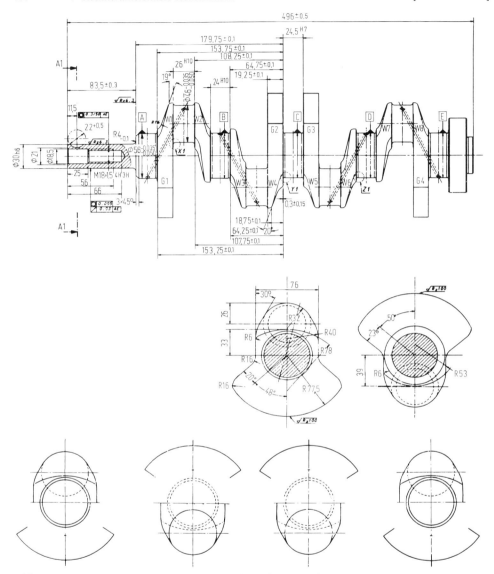

Bild 7.5.3-18 Rechnerunterstützte Auslegung und Detail-Konstruktion der Kurbelwelle [146].

Entwurf elektrischer Kabelpläne

Ein wesentlicher Anwendungsbereich für zweidimensionale schematische Darstellungen im Automobilbau ist der Entwurf und die Konstruktion von elektrischen Kabelplänen. Aufgrund der steigenden Anwendung elektronischer Komponenten ergibt sich eine aufwendige Verkabelungstechnik. Hier sei als Beispiel der gesamte Kabelbaum des PORSCHE Typ 928 erwähnt *(Bild 7.5.3-19)*, der wie folgt gekennzeichnet ist [147]:

Bild 7.5.3-19 Kabelbaum eines Automobils [147].

- Zahl der Kabelbäume : 20,
- Gesamtgewicht: 16 kg,
- gesamte Leitungslänge: 900 m,
- Zahl der Steckverbindungen: > 1000.

Diese Daten lassen erkennen, daß die Konstruktion von Leitungssträngen sehr zeitintensiv ist. Aufgrund der jährlich stattfindenden Modellpflege sind häufig Änderungen am System erforderlich. Die Konstruktion eines Leitungsstranges und das Erstellen der dazugehörigen Konstruktionsstückliste ist eine weitgehend schematisierbare Tätigkeit. Daher bietet sich eine Rechnerunterstützung an. Die Firma PORSCHE entwickelte für das Entwerfen und Konstruieren elektischer Leitungsstränge das System RAFAELE (Rechnerunterstützte Anwendung für die Autoelektronik mit APL) [147]. Dieses System deckt alle Tätigkeiten vom Entwurf bis zur Erstellung der vollständigen Fertigungsunterlagen ab. Eine Kopplung zwischen dem geometrischen Zeichnungsteil und den dazugehörigen technisch-organisatorischen Daten ist realisiert. Abschließend kann an einer Untermenge dieses Datenteils die Konstruktionsstückliste generiert werden. In *Bild 7.5.3-20* ist eine Leitungsstrangzeichnung mit integrierter Teileliste dargestellt. Vorteile des CAD-Systems ergeben sich bei der grafischen Zeichnungserstellung beispielsweise durch eine halbautomatische Bemaßung, ein Kopieren von komplexen Symbolen und häufig verwendeten Zeichnungsteilen aus einer grafischen Datenbasis bzw. aus bestehenden Zeichnungen sowie durch schnelles Ändern von Zeichnungen. Ferner bietet dieses System Vorteile durch die rechnerunterstützte Auslegung von Leitungssträngen, wie z.B. Berechnung der Schlauchdicken und Leitungslänge sowie Überprüfung von Unverträglichkeiten. Vor allem kann es vorteilhaft bei der Erstellung und Verwaltung der Stücklisten eingesetzt werden. Hier werden durch das System zeitaufwendige Arbeitsgänge automatisiert, z.B. automatisches Zufügen des Tabellenteils zur Zeichnung und Erstellen von Konstruktionsstücklisten. Das System kann auch zur Erstellung anderer Leitungspläne verwendet werden.

402 7 Rechnerunterstützte Konstruktion [Literatur S. 433]

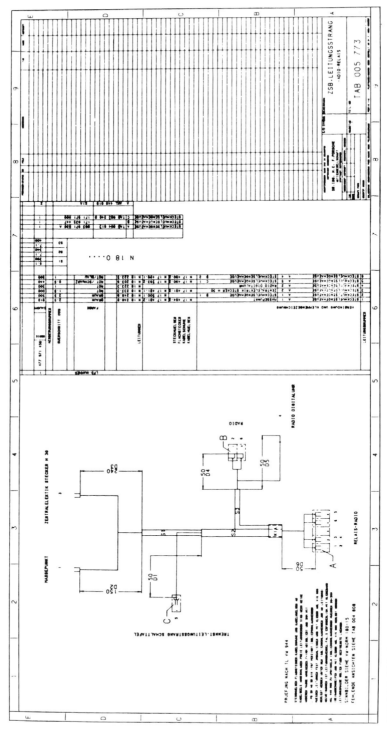

Bild 7.5.3-20 Leitungsstrangausschnitt [147].

7.5.4 Flugzeugbau

Während der Entwicklung eines Flugzeuges stellt die Gestaltung des Flugkörpers die wichtigste Phase der Konstruktion dar. Neben den flug- und strömungstechnischen Vorschriften ist der Konstrukteur gezwungen, die Zielsetzungen an Leistungsfähigkeit und Kosten einzuhalten. Diese Bedingungen machen es unvermeidbar, mehrere Gestaltvarianten zu erzeugen und unter Einsatzbedingungen auszuprobieren. Der Aufwand solcher Iterationen kann in der Praxis zwischen einfachen Variationen und grundsätzlichen Umgestaltungen liegen. Es ist ein wichtiger Kostenfaktor, zu welchem Zeitpunkt der Produktentwicklung diese Gestaltänderungen vorgenommen werden. *Bild 7.5.4-1* stellt die entstehenden relativen Kosten durch Gestaltänderung bezogen auf die gesamte Entwicklungsperiode eines Flugzeuges dar.

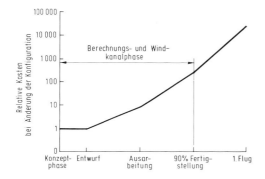

Bild 7.5.4-1 Relative Kosten durch Gestaltänderung während der gesamten Konstruktionsperiode eines Flugzeuges [151].

Wie aus dem Diagramm hervorgeht, müssen die Varianten möglichst vor der Detaillierungsphase getestet und ausgewählt werden, um kostspielige Änderungen in späteren Phasen zu vermeiden. Dabei bietet sich die Rechnerunterstützung als eine wichtige Hilfe an.
Es gibt erprobte CAD-Systeme zur Flugkörpergestaltung, die von Flugzeugherstellern, Rechnerherstellern oder Forschungsinstituten entwickelt worden sind. Diese Systeme unterscheiden sich voneinander in ihrem Aufbau und ihrer Funktion. In den meisten Fällen reicht ein einziges System für die Bewältigung verschiedener Aufgaben der Konstruktion nicht aus. Daher werden in den Konstruktionsabteilungen der Flugzeughersteller mehrere Systeme eingesetzt, die in folgenden Problembereichen wirtschaftlich benutzt werden können:
- Gestaltung der Außenhaut der Flugkörper,
- Teilegestaltung mit NC-Steuerdatenerzeugung,
- Modul zur Zeichnungserstellung sowie
- Simulations- und Berechnungsprogramme.

Die ersten drei Gruppen werden heute als schlüsselfertige Systeme oder als rechnerflexible Software-Pakete angeboten. Die Berechungs- und Simulationsprogramme sind meistens Programmpakete, die an andere Systeme angeschlossen zur Prüfung und Optimierung der erzeugten Strukturen, Bauteile oder Baugruppen dienen. Wegen der hohen Herstellungskosten der Produkte auf diesem Gebiet kommt den Simulationsprogrammen eine besondere Bedeutung zu. So werden beispielsweise Funktionsprüfungen der Baugruppen durch Bewegungssimulationen, Gestaltungsoptimierung der Flugkörper durch Strömungssimulation und Tragflächendimensionierung durch Schwingungssimulation durchgeführt. Dabei wird ein rechnerinternes Modell des Prüflings dem mathematischen Modell seiner zukünftigen Umwelt- und Einsatzbedingungen ausgesetzt und in seiner Gestalt optimiert.
Mit Hilfe von Berechnungsprogrammen können heute Aufgaben gelöst werden, deren Bewältigung manuell nicht denkbar wären. Zu den wichtigsten zählen hier die Programme,

die mit Hilfe von Finite-Elemente-Methoden die Festigkeitsprüfungen komplexer Gebilde ermöglichen.

Die Auslegung von Kabelbäumen oder Hydraulikleitungen muß im Flugzeugbau aus Gewichts-, Raumausnutzungs- und Wirtschaftlichkeitsgründen optimiert werden. Bei den herkömmlichen Verfahren werden die Leitungen und Kabel in einem Modell in natürlicher Größe verlegt und von Hand gebogen. Ausgehend von der entstandenen Form werden die Zeichnungen für die Serienfertigung erstellt. Bei der rechnerunterstützten Konstruktion können diese Zeichnungen aus den Geometriedaten abgeleitet werden. Manche CAD-Systeme ermöglichen auch die Steuerung einer Biegemaschine.

Im Flugzeugbau werden durch Einsatz von NC-Fräsmaschinen besonders leichte Teile mit hoher Festigkeit hergestellt. Da solche Strukturen mit herkömmlichen Blechkonstruktionen nicht realisierbar sind, sind die NC-Werkzeugmaschinen unverzichtbare Bestandteile der Fertigung im Flugzeugbau. Heute können viele CAD-Systeme die Erstellung von den NC-Steuerinformationen für diese Maschinen übernehmen. Dazu werden die Geometrieinformationen des Produktes unter Berücksichtigung der Maschinendaten in fertigungsgerechten Steuerbefehlen weiterverarbeitet. Diese Information wird anschließend in einer für die jeweilige NC-Maschine verständlichen Verschlüsselung auf Informationsträgern wie Lochstreifen oder Magnetbänder übertragen.

Beim Stand der Technik ist es möglich, Entwürfe von Flugzeugmodellen mit Kleinrechnern zu realisieren. Im folgenden wird an einem Beispiel der gesamte Entwicklungsprozeß der Flugzeugkörpergestaltung dargestellt. Ein für diese Aufgaben entwickeltes System arbeitet mit einem Minirechner vom Typ SPERRY-UNIVAC V-76, an dem mehrere grafische Ein-/Ausgabegeräte vom Typ Tektronix 4014 angeschlossen sind. Das System enthält neben Geometrieeingabemöglichkeiten auch eine Datenbank, in der über 150 Komponenten, wie Triebwerke, verschiedene Typen von Fahrwerken, Radaranlagen und Tragflügel gespeichert sind. Diese Komponenten können manipuliert, dem Entwurf angepaßt und positioniert werden [152].

Im folgenden Beispiel soll der Konstrukteur die Konfiguration eines Düsenflugzeuges entwerfen. Der Ablauf des rechnerunterstützten Entwurfes ergibt sich in 5 Schritten:

1. Schritt: Anfertigung einer Handskizze, die den Anforderungen in groben Zügen entspricht.
2. Schritt: Beschreibung des Rumpfquerschnittes.
3. Schritt: Definition des Volumens und Schlankheitsgrades.
   Ausgegeben wird eine Rumpfform mit minimiertem Wellenwiderstand, abgeleitet von dem beschriebenen Querschnitt. Diese dreidimensional erzeugte Rumpfform legt die Endmaße, die Dimensionen und Form der Ausrüstung, Kraftstoffkapazität und Nutzlast des Flugzeuges fest. Um die Ausrüstung und den Rumpf zusammenzufügen, muß der Konstrukteur die Schritte 2 und 3 gegebenenfalls wiederholen.
4. Schritt: Aus der Datenbank wird ein bestimmter Typ von Tragflügelprofilen aufgerufen *(Bild 7.5.4-2)*. Nach der Eingabe von Fläche, Flügelstreckung, Verjüngungsgrad, Flügelpfeilung, Dicke und V-Form wird aus dem Profil ein trapezförmiger Flügel abgeleitet. In *Bild 7.5.4-3* ist der Eingabedialog und die Draufsicht auf den daraus entstandenen Flügel auf dem Bildschirm des Ein-/Ausgabegerätes dargestellt. Derselbe Prozeß wird für die Gestaltung des Seitenleitwerks ausgeführt.
5. Schritt: Zusammenfügen der Innen- und Außenteile. Bei der Entwicklung der Innenteile müssen diese zum Teil neu beschrieben oder aus vorhandenen Komponenten ausgewählt werden.

Zur Darstellung aller Bauteile werden diese erst auf dem Bildschirm positioniert und dann, unter Berücksichtigung der Anforderungen und aerodynamischen Regeln, durch entsprechende Formmanipulationen angepaßt.

Die kritischen Querschnitte werden unter Einsatzbedingungen erneut geprüft und gegebenen-

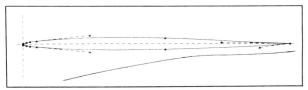

Bild 7.5.4-2 Tragflügelprofil [152].

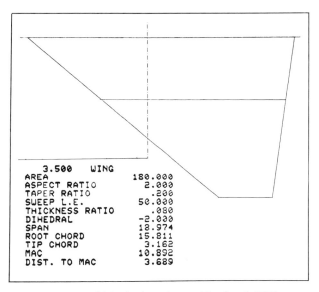

Bild 7.5.4-3 Draufsicht des berechneten Tragflügels [152].

falls neu gestaltet. Durch Bildung von Querschnitten werden die Formen der Tragholme der Flügel abgeleitet sowie die Volumen des Kraftstofftanks berechnet. Als weiterer Schritt wird das Fahrwerk und seine Verkleidung in der bisher beschriebenen Weise entworfen *(Bild 7.5.4-4)*. Als Ergebnis entsteht eine ausführliche Vorlage für weitere Detaillierungen eines Flugzeuges, an dem in der Konzeptphase schon die grundsätzlichen aerodynamischen und konstruktionstechnischen Prüfungen durchgeführt wurden.

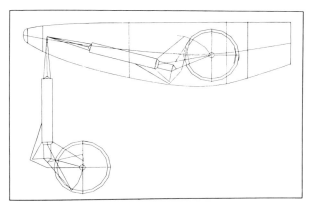

Bild 7.5.4-4 Hauptfahrwerk und Verkleidung [152].

Außer diesen Gestaltungsaufgaben können mit dem System auch Berechnungen, wie Volumenverteilung, Wellenwiderstand, benetzte Fläche, aerodynamischer Brennpunkt des Flugkörpers und Schwerpunktkoordinaten ausgeführt und grafisch dargestellt werden.

Bei der Entwicklung eines neuen Flugzeuges vom Typ 767 der Fa. BOEING wurden CAD-Systeme für die Detaillierung eingesetzt [153].Während der gesamten Entwicklungsperiode lieferte die CAD-Gruppe der Konstruktionsabteilung 7000 Zeichnungen, die 35% aller erstellten Zeichnungen ausmachten.

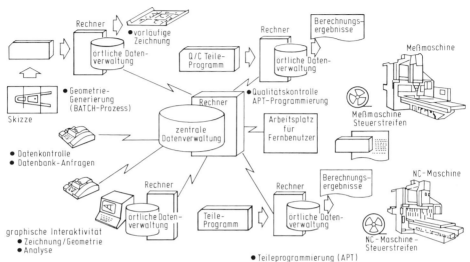

Bild 7.5.4-5 Die Funktionseinheiten des Systems CIIN [153].

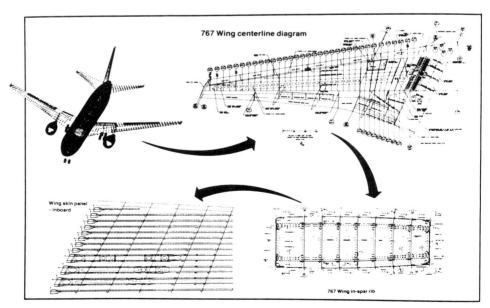

Bild 7.5.4-6 Eine typische integrierte CAD-Bearbeitung der Tragflügelkonstruktion der BOEING 767 [153].

Um CAD-Systeme während der Entwicklung eines Flugzeuges möglichst frühzeitig einsetzen zu können und das System den neuesten technologischen Entwicklungen offen zu halten, entstand in der CAD-Abteilung der Fa. BOEING ein modular aufgebautes heterogenes System. Es besitzt für verschiedene Problembereiche unterschiedliche Modulen, die entweder in einem zentralen Rechner oder in einem peripheren Kleinrechner laufen. Dabei werden die Daten in einer zentralen Datenbank gespeichert und für andere Moduln zur Verfügung gestellt. Die Funktionseinheiten dieses Systems sind in *Bild 7.5.4-5* dargestellt.
Bild 7.5.4-6 stellt eine typische CAD-Arbeit an der Flügelkonstruktion der BOEING 767 dar. Ausgehend von den Aufgaben der Flügelform generiert der Konstrukteur das Skelettlinienmodell der Flügelstruktur mit Hilfe eines grafisch-interaktiven Systems.
Diese Daten werden anschließend in ein parametrisches APT-Programm (Automatically Programmed Tools) eingesetzt. Nach der Eingabe von weiteren Einzelheiten wie Oberflächendefinition sowie weiteren technischen Faktoren werden die ersten Zeichnungen über Bildschirm oder Zeichengerät ausgegeben. Solange die Daten in dem System bleiben, können verschiedene Variationen der Lösung ausprobiert und optimiert werden. Der endgültige Entwurf kann den grafisch-interaktiven Systemen zur Verfügung gestellt werden. Nun können die einzelnen Bauteile der Tragflügelstruktur zeichnerisch dargestellt, dokumentiert und zur Fertigung freigegeben werden.
In derselben Art und Weise wurden die Kabinenausstattung und die Triebwerksteile entwickelt, rechnerintern zusammengebaut, auf Kollision geprüft sowie Stützen und Verbindungselemente positioniert *(Bild 7.5.4-7* und *7.5.4-8)*.
Andere, ähnliche CAD-Systeme werden von anderen Flugzeugherstellern eingesetzt. Ein weiteres Beispiel ist das CADAM-System, das von der Firma LOCKHEED entwickelt wurde (vgl. Kapitel 7.3.1). Dieses System wird auch von anderen Herstellern im Flugzeugbau benutzt. Neben den aufgeführten Möglichkeiten bietet das System auch NC-Programmierungseigenschaften an. In den *Bildern 7.5.4-9* und *7.5.4-10* sind einige mit dem System CADAM erstellte Zeichnungen für den Flugzeugentwurf dargestellt.

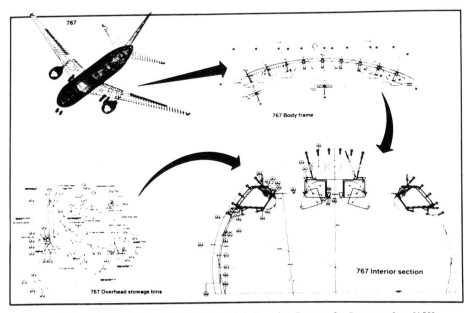

Bild 7.5.4-7 Ein typisches Beispiel der CAD-Tätigkeiten der Gruppe für Innenausbau [153].

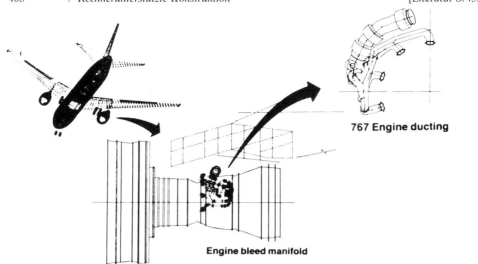

Bild 7.5.4-8 Anpassung vom Lufteintrittskanal zum Triebwerkabzapfkrümmer [153].

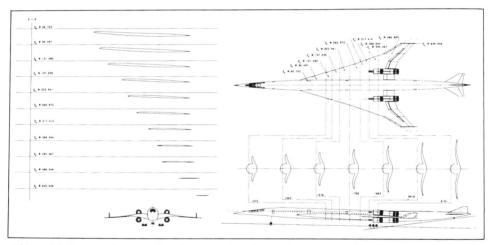

Bild 7.5.4-9 Passagierflugzeug-Gestaltung erstellt mit dem System CADAM [154].

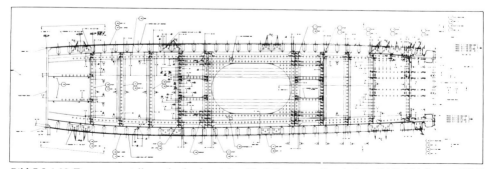

Bild 7.5.4-10 Zusammenstellung der horizontalen Heckrippe erstellt mit dem CADAM-System [154].

7.5.5 Schiffbau

Bezüglich des Umfanges und der Art der Aufträge nimmt der Schiffbau einen besonderen Platz unter den Industriebereichen ein. Die Produktion auf diesem Gebiet besitzt die Merkmale der Einzelfertigung. Dabei zeigen die Produkte je nach ihren Aufgaben eine Vielfalt an Gestalt und Größe. Die Entwürfe unterscheiden sich nach den einzelnen Produktanforderungen. In der Fertigungsphase spielt die optimale Auswertung des Rohmaterials wegen der großflächigen Teile eine besondere Rolle. Diese Eigenschaften zwingen zu einer engeren Zusammenarbeit von Konstruktion und Fertigung während des gesamten Produktionsablaufes.

Wegen der hohen Kosten, die bei einer Einzelfertigung eines Schiffes entstehen, ist die Herstellung eines Prototyps wirtschaftlich nicht vertretbar. Dadurch entfallen die Testmöglichkeiten. Alle Teillösungen der Konstruktion müssen unter intensivem Informationsaustausch mit der Fertigungsabteilung erfolgen und überprüft werden. Dazu kommen hydrostatisch bzw. hydrodynamisch bedingte Probleme der Rumpfgestaltung, die entweder iterativ oder durch komplizierte mathematische Beziehungen zu lösen sind, wobei die Ergebnisse von Schlepptankversuchen einfließen. Beide Lösungswege bedeuten einen hohen Zeitaufwand in der Konstruktion. Eine bedeutende Beschleunigung dieses Prozesses erweist sich durch einen wirkungsvollen und zuverlässigen Informationsfluß und schnelle Verarbeitung großer Datenmengen mit Hilfe von Datenverarbeitung.

Der erste Einsatz von Datenverarbeitung im Schiffbau erfolgte durch Anwendung von NC-Brennschneiden bei der Fertigung von großen Rumpfteilen, um Bearbeitungsdauer und Bearbeitungsqualität zu verbessern. Zu diesem Zweck wurden Programme entwickelt, die nach Eingabe der zu erzeugenden geometrischen Strukturen die Steuerinformationen zum NC- Brennschneiden generieren. Die positiven Erfahrungen, die hier gesammelt wurden und die Ähnlichkeit anderer Probleme mit denen, die in der Rumpfgestaltungsphase bei der Kurvenglättung auftauchen, gaben den Ansatz, die Datenverarbeitung auch in der Konstruktion einzusetzen.

In erster Linie wurden im Schiffbau problemorientierte Programmpakete entwickelt, die zur schnellen Berechnung großer Datenmengen dienten und dadurch die Durchlaufzeiten in der Konstruktion verkürzten. Diese Programme wurden u.a. zur Berechnung der Steifigkeit, Stabilität, Fahrdynamik, Rohrspannungen und Kurvenglättung bei der Erstellung von Wasserlinien oder Spantkonturen eingesetzt. Die voneinander unabhängig entwickelten Programme waren nicht miteinander verknüpfbar, so daß man einen besseren Informationsfluß benötigte. Dieses Problem ist auf zwei Wegen gelöst worden. Es gibt für diesen Einsatzbereich schlüsselfertige Systeme für ein breiteres Anwendungsspektrum. Da diese Systeme zwar wirtschaftlich genutzt werden können, aber begrenzt flexibel sind, zeigt sich im Schiffbau auch ein Trend zum modularen Aufbau rechnerunabhängiger Systeme.

Bild 7.5.5-1 stellt die Funktion eines CAD-Systems während einer Schiffproduktion in verschiedenen Phasen am Beispiel des integrierten CAD-Systems STEERBEAR HULL 3 dar [155].

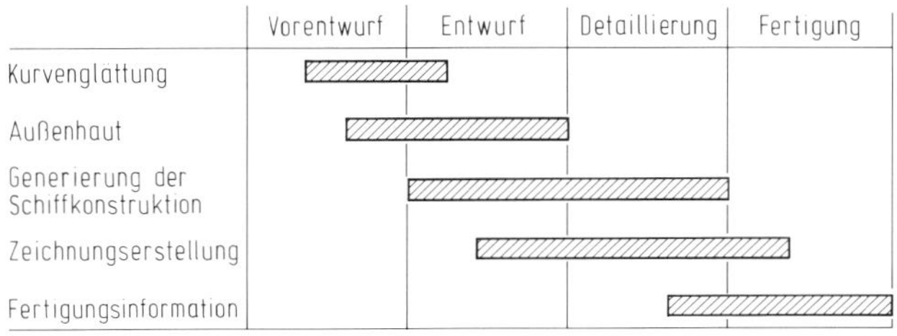

Bild 7.5.5-1 Funktion des Systems STEERBEAR HULL 3 [155].

Dabei sind folgende typische Tätigkeiten zu nennen [155]:
Vorentwurf: (Rumpfbeschreibung)
- Auswertung der technischen und wirtschaftlichen Daten,
- Grobe Beschreibung des Rumpfes,
- Hydrostatische und hydrodynamische Berechnungen.

Entwurf: (Rumpfdefinition)
- Dimensionierung (z.B. mit FEM),
- Konstruktive Entscheidungen,
- Zusammenstellungszeichnungen,
- Definition der endgültigen Rumpfform (Risse).

Detaillierung:
- Entwurf der Einzelteile,
- Fertigungsgerechte Ausarbeitung des Entwurfs.

Fertigung:
- Nesting (Verschnittminimierung),
- Werkstattzeichnungen,
- NC-Informationen,
- Materiallisten.

Systeme, die zur Lösung der Probleme in verschiedenen Phasen des dargestellten Schiffsherstellungsprozesses eingesetzt werden, bestehen aus mehreren Moduln für unterschiedliche Aufgaben. Diese Moduln sind meistens in ihrer Funktion unabhängig und über definierte Schnittstellen mit einer gemeinsamen Datenbasis verbunden. Der Vorteil der gemeinsamen Datenbasis ist, daß dadurch Redundanz in der Datenspeicherung und die Fehlerquellen beim Datentransport vermieden werden. In *Bild 7.5.5-2* ist das Flußdia-

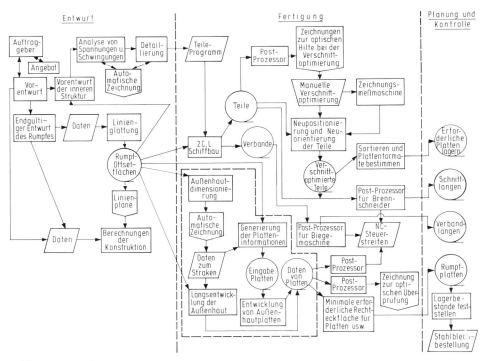

Bild 7.5.5-2 Das integrierte CAD-System BRITSHIPS [156].

gramm des CAD-Systems BRITSHIPS [156] (BRITisch SHipbuilding Integrated Production System) mit seinen zahlreichen Modulen dargestellt. Ein Beispiel für die Anwendung einer gemeinsamen Datenbasis für alle Moduln zeigt das im *Bild 7.5.5-3* dargestellte System NASD [157].

In einem modular aufgebauten CAD-System werden die Moduln je nach ihrer Funktion in verschiedenen Phasen der Konstruktion und Fertigung eingesetzt.

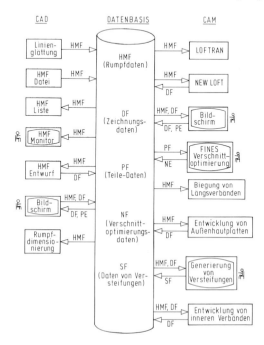

Bild 7.5.5-3 Datenbasis des Systems NASD [157].

Vorentwurf

In diesem Stadium wird die Bauart je nach Typ des Produktes bestimmt. Daraus ergeben sich die Grundformen und groben Dimensionen des Schiffes. Dabei werden auch zukünftige technische und wirtschaftliche Eigenschaften des Schiffes berücksichtigt. Dazu werden Moduln benötigt, die Optimierungsaufgaben lösen. Anschließend werden die Anforderungen an Leistungsfähigkeit und Volumenkapazität erfüllt, indem neue Dimensionierungs-

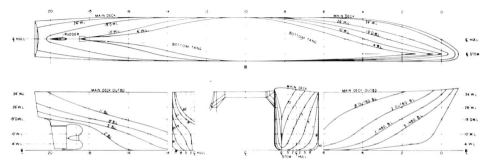

Bild 7.5.5-4 Außenhautlinien eines Katamarans [158].

und Wasserverdrängungsberechnungen ausgeführt und die ersten Entscheidungen über den Antrieb getroffen werden. In dieser Phase können auch die ersten groben Kurvenglättungen realisiert werden, die für bessere hydrostatische Berechnungen sorgen. In *Bild 7.5.5-4* sind die automatisch generierten Linien für einen Katamaran dargestellt [158].

Entwurf

In dieser Phase wird eine genauere Definition der Rumpffläche erzielt. Es werden Festigkeit und Spannungsverteilungen z.B. mit Hilfe von FEM bestimmt. Den Ergebnissen entsprechend wird die Dimensionierung des Schiffes korrigiert. *Bild 7.5.5-5* stellt das Finite-Element-Modell eines zweischraubigen Schiffes dar. Die Definition des Rumpfes muß in dieser Phase so genau sein, daß die konstruktiven Informationen für die Herstellung eines Modells zur hydrodynamischen Prüfung ausreichen. Aus diesem Grund werden hier die Rumpflinien z.B. mit Hilfe von Splines gestaltet. *Bild 7.5.5-6* zeigt das Ergebnis einer Glättung mit dem System BHULL [159], die mit Hilfe eines integrierten Glättungsprogrammes durchgeführt wurde. Am Ende dieser Phase liegen für das jeweilige Fahrzeug charakteristische Daten über Rumpfform und Größe vor.

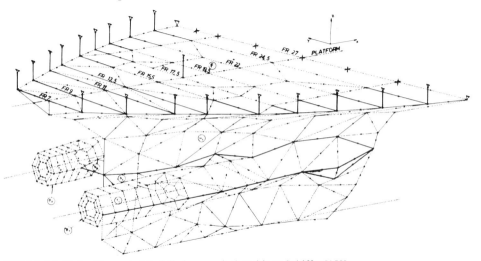

Bild 7.5.5-5 Finite-Elemente-Modell eines zweischraubigen Schiffes [158].

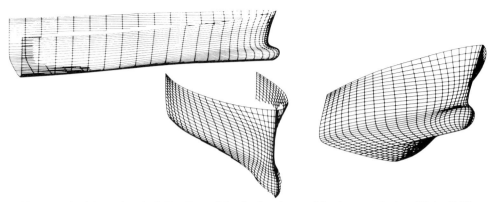

Bild 7.5.5-6 Ansichten einer B-Spline-Rumpfoberfläche mit ausgeblendeten verdeckten Linien [159].

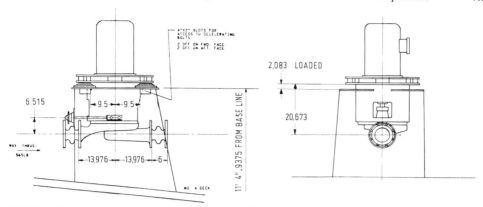

Bild 7.5.5-7 Darstellung einer Pumpe mit Montagedaten [160].

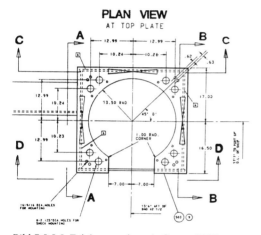
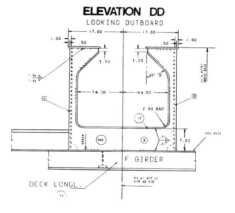

Bild 7.5.5-8 Zeichnung eines Auflagers [160].

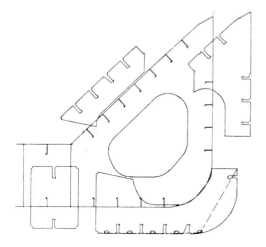

Bild 7.5.5-9 Vom Modell abgeleitete Teile [161].

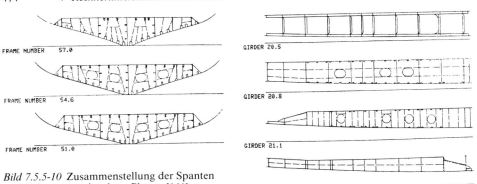

Bild 7.5.5-10 Zusammenstellung der Spanten und Stringer aus einzelnen Platten [161].

Detaillierung

Während der Detaillierung werden die einzelnen Teile des Schiffes in ausführlicher Form beschrieben, Montagezeichnungen erstellt und Fertigungsvorschriften festgelegt. Einige typische Beispiele für diese Phase sind in den *Bildern 7.5.5-7* und *7.5.5-8* dargestellt. Bei der Detaillierung eines Auflagers für eine Pumpe werden die Daten der Pumpe und die Montagezeichnung *(Bild 7.5.5 -7)* abgerufen und daraus die Dimensionen des Auflagers hergeleitet *(Bild 7.5.5-8)* [160]. Die Beschreibung der einzelnen Spanten und die Information über die Verbindung einzelner Teile gehören auch zu den CAD-Tätigkeiten in dieser Phase. Generierungen einzelner Platten für definierte Spanten aus einer rechnerinternen Darstellung eines Schiffes sind in den *Bildern 7.5.5-9* und *7.5.5-10* dargestellt.

Fertigung

In der Fertigungsphase werden CAD-Systeme zur Erstellung von NC-Informationen weitgehend eingesetzt. Eine der wichtigsten CAD-Tätigkeiten bei der Fertigung eines Schiffes ist die Verschnittminimierung (Nesting). Hier werden die zu schneidenden Platten auf dem gegebenen Blechformat so positioniert, daß am Ende möglichst großflächige Überreste in geringster Anzahl entstehen. Diese Informationen werden bei der Erstellung von Materiallisten und von Steuerdaten für das NC-Brennschneiden weiterverarbeitet. Die Zeichnung in *Bild 7.5.5-11* entstand mit dem entsprechenden Modul des CAD-Systems NASD.
In Norwegen wurde zu Beginn der sechziger Jahre das System AUTOKON unter Zusammenarbeit der AKER Werft-Gruppe mit dem Sentralinstitut for industriell forskning (SI) entwickelt. Zu den ersten Anwendern zählte die italienische Werft ITALCANTIERI, die einige Erweiterungen in das System einbrachte. Heute gibt es ca. 90 Anwender von AUTOKON.

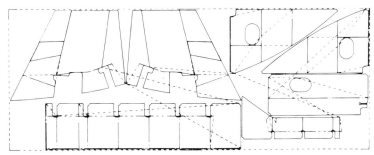

Bild 7.5.5-11 Zeichnung der verschnittminimierten Blechteile erstellt mit dem Sub-System NFDRAFT [157].

Das ursprünglich batchorientierte System zum Schiffsrumpfentwurf wurde im Laufe der Zeit weiterentwickelt. Erweiterungen wurden für den Rohrleitungsbau durch das Teilsystem AUTOFIT [162], zur Materialplanung durch MAPLIS, zur Zeichnungserstellung durch AUTODRAW [163], zur Einzelteilkonstruktion durch AUTOPART und zum NC-Brennschneiden einschließlich vorheriger Verschnittminimierung durch AUTONEST in das System integriert. Parallel dazu wurden die Bearbeitungsmöglichkeiten für den Bereich Off-Shore-Technik zur Konstruktion von Bohrinseln eingeführt. In *Bild 7.5.5-12* ist ein Überblick des Systems dargestellt [164].

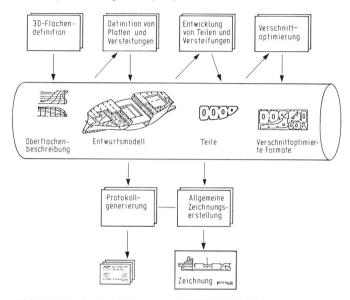

Bild 7.5.5-12 Module des Systems AUTOKON [164].

Die Weiterentwicklung von AUTOKON zu einem durchgehend interaktiven System und die Integration mit Berechnungs- und Prüfsystemen der Klassifizierungsgesellschaft DET NORSKE VERITAS sowie die Erweiterung des Bearbeitungsspektrums zu einen vielseitig einsetzbaren CAD-System für den Stahlbau werden vorangetrieben [165].

7.5.6 Elektrotechnik

Der Grad des Rechnereinsatzes in der Entwicklung, Konstruktion und Fertigung der elektrotechnischen Industrie ist in hohem Maße uneinheitlich. Diese Situation ist bestimmt durch die Größenstruktur dieses Industriezweiges, durch die Vielfalt kurzfristig wechselnder Technologien und die daraus resultierenden Änderungen in der Konstruktion und Fertigung sowie durch die Breite und Vielfalt des Produktspektrums.

Eine Sonderstellung nehmen die Produktgruppen Halbleiter- und Rechnerentwicklung ein. In diesen Bereichen sind in den vergangenen Jahren umfangreiche Programmsysteme entstanden, die den Produktentstehungsprozeß vom Entwurf bis zur Fertigungsprüfung lückenlos unterstützen.

Untersuchungen in der elektrotechnischen Industrie ergaben, daß neben Berechnungsprogrammen zwar einzelne Insellösungen in der Entwicklungsphase vorhanden sind, aber ein ausgeprägter Bedarf an Programmen in den folgenden Bereichen vorhanden ist [166]:

- Geometrische Datenverarbeitung für Projektierung, Zeichnungserstellung, Montageunterlagen,
- Schaltungsentwurf für analoge, digitale und hybride Schaltungen,
- Prüfvorbereitung und Prüfung,
- Fertigungsplanung und
- Qualitätssicherung.

Die Produktgruppen, für die der Bedarf an Rechnerunterstützung in Entwicklung, Konstruktion und Fertigung am deutlichsten ist, lassen sich wie folgt zusammenfassen:
- Geräte und Anlagen in der Energietechnik,
- Geräte der Nachrichtenverarbeitung,
- Industrie- und Ausrüstungselektronik und
- Konsumgüter.

CAD-Systeme können grundsätzlich in der elektrotechnischen Industrie zwei Arten von Konstruktionsarbeiten unterstützen:
- Systeme, die mit Hilfe eines Digitalisierers eine automatische bzw. teilautomatische Abtastung der elektrischen Schaltpläne ermöglichen. Diese Systeme sind besonders dann wirkungsvoll, wenn sich ständig wiederholende Arbeiten wie Schaltsymbole und der Aufbau einfacher geometrischer Gebilde durchgeführt werden [3].
- Systeme, die auf die jeweilige Anwendung zugeschnitten sind, wie z.B. Leiterplattenentwurf, Entwurf logischer Schaltungen, Simulation elektrischer Schaltungen, Geometrieentwurf integrierter Schaltungen, Auslegung der integrierten Schaltungen und Verdrahtungspläne [167].

Von den eingangs erwähnten Produktgruppen und -bereichen, in denen der Bedarf an unterstützenden Programmen am deutlichsten ist, werden im folgenden die Schwerpunkte Schaltungsentwurf und Zeichnungserstellung in der Nachrichtentechnik, Industrie- und Ausrüstungselektronik betrachtet.

Analysiert man in diesen Bereichen die Entwicklung eines Produktes, so fallen die in *Bild 7.5.6-1* dargestellten Entwicklungsschritte an. Grundlage der Entwicklung bildet die gewünschte Ausgangsfunktion. Aus den zur Verfügung stehenden Bauelementen und Elementgruppen wird die Schaltungstopologie entwickelt und mit technologischen Parametern versehen. Die Elemente werden so zusammengeschaltet, daß die Realisierung der gewünschten Ausgangsfunktion als wahrscheinlich erscheint; das ist ein in hohem Maße kreativer Prozeß und erfordert deshalb interaktive Eingriffsmöglichkeiten. Die anschließende Simulation, Ergebnisdarstellung und Ergebnisanalyse ist in weiten Teilen automatisierbar. Die elektronische Schaltungsentwicklung ist abgeschlossen, wenn die gewünschte Ausgangsfunktion erreicht ist. In den folgenden Phasen werden Schaltungsträger, Baugruppenträger und Gehäuse entwickelt und die Fertigungsunterlagen wie Stücklisten, Verdrahtungs-, Bohr-, Bestückungs- und Prüfpläne sowie eine Dokumentation erstellt.

Eine Zuordnung der wichtigsten Entwicklungsschritte in den Bereichen CAD und CAM sowie den integrierten Datenfluß zwischen diesen Entwicklungsschritten zeigt *Bild 7.5.6-2*. Zur Lösung der in den einzelnen Entwicklungsschritten anfallenden Aufgaben werden vereinzelt CAD-Systeme eingesetzt. Dabei handelt es sich überwiegend um schlüsselfertige Systeme mit unterschiedlicher Anwendungsbreite.

Für die Entwicklung der Schaltungstopologie sei hier beispielhaft das System CADSYM genannt. CADSYM ist ein rechnerflexibles System, das aufgrund seines modularen Aufbaus und der rechnerinternen Modellgenerierung als Grundbaustein für integrierte CAD-Systeme eingesetzt werden kann *(Bild 7.5.6-3)*.

Das System CADSYM ist ein problemunabhängiger Generierungsbaustein für grafisch interaktive, problemabhängige Entwurfssysteme. Je nach Anwenderwunsch können Entwurfssysteme für analoge und digitale Schaltungen, Installationstechnik, beliebige Funktionsstrukturen und Flußdiagramme generiert werden.

Die Arbeit mit dem CADSYM-System erfolgt in vier Schritten:

7.5 Integrative rechnerunterstützte Konstruktionsprozesse

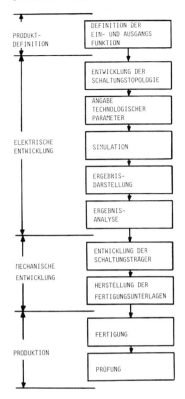

Bild 7.5.6-1 Entwicklungsschritte eines Produktes [168].

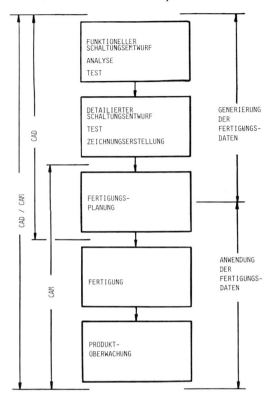

Bild 7.5.6-2 Zuordnung der Entwicklungsschritte in die Bereiche CAD/CAM [168].

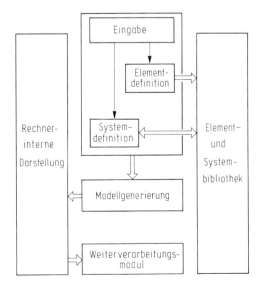

Bild 7.5.6-3 Systemarchitektur des Systems CADSYM.

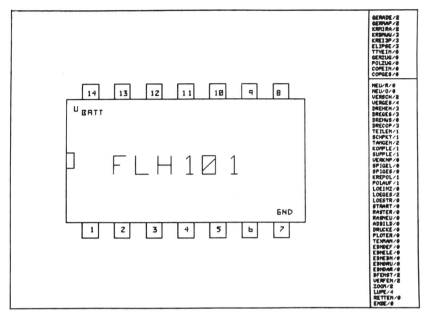

Bild 7.5.6-4 Darstellungsform eines Elementes nach der Elementdefinition. Erstellt mit dem System CADSYM.

- Element-Definition *(Bild 7.5.6-4)*:
  Mit verschiedenen Dialogmethoden können Symbole erstellt und mit Beschriftung, Zusatztexten und Anschlußpunkten versehen werden. Funktionell zusammengehörige Symbole lassen sich als Element-Struktur definieren. Alle definierten Elemente werden in einer Element-Bibliothek abgelegt.
- System-Definition:
  In dieser Phase wird aus einer Untermenge aller in der Element-Bibliothek enthaltenen Elemente ein System gebildet. Auf diese Weise können gleichzeitig mehrere Entwurfssysteme nebeneinander bestehen, ohne daß bei Arbeiten mit einem System unzulässige Elemente verwendet werden können. Zusätzlich werden dem System Parameter hinzugefügt, die für die Bildung eines rechnerinternen Modells erforderlich sind. Nach diesem Schritt kann mit dem definierten System grafisch interaktiv gearbeitet werden.
- Grafisch interaktives Arbeiten *(Bild 7.5.6-5)*:
  Mit Hilfe der in dem System enthaltenen Elemente können Strukturen erstellt und manipuliert sowie mit technologischen Daten versehen werden.
- Modellgenerierung:
  Nach Beendigung des technologischen Dialoges wird automatisch aus der erzeugten Struktur ein rechnerinterne Darstellung generiert, über die beispielsweise Programme zur Stücklistenerzeugung, Berechnung und Simulation angekoppelt werden können.

Für die Erstellung der Fertigungsunterlagen, wie sie zum Beispiel für die Herstellung gedruckter Schaltungen benötigt werden, gibt es Systeme, die ausschließlich der Entflechtung dienen. Komfortablere Systeme verfügen zusätzlich über automatische Bauelement-Plazierungs-Routinen. Die Dateneingabe erfolgt interaktiv am Bildschirm oder über einen Digitalisierer, mit dem konventionelle Planungzeichnungen abgetastet werden. Als Ausgabe liefern die Systeme mit hoher Genauigkeit auf einem Fotoplotter meist folgende Platinenzeichnungen:

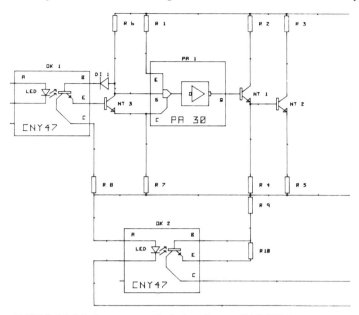

Bild 7.5.6-5 Schaltungsentwurf mit dem System CADSYM.

- Komponentenseite,
- Verdrahtungsseite,
- Bohrungsanordnung (oder Lochstreifen für NC-Maschinen),
- Montagezeichnungen (oder Lochstreifen für NC-Maschinen),
- Lötmaske und
- Siebdruckvorlage.

Die nachstehenden Kurzbeschreibungen einiger CAD-Systeme für die Schaltungsentwicklung sollen die Einsatzmöglichkeiten und die erreichten Leistungsfähigkeiten der Systeme verdeutlichen.

AUTO BOARD ist ein System der Fa. GRADO. Es arbeitet mit einem Eingabedialog für die automatische Plazierung und Entflechtung von Leiterplatten. Mit diesem System wird ein Dialog in deutscher Sprache mit vollständigem Text durchgeführt. Grafische Eingaben werden geprüft. Auf Eingabefehler wird sofort entsprechend reagiert.

Das SYSCAP II-Programm von CONTROL DATA ist für die Entwicklung elektrischer Schaltungen entwickelt worden. Die Eingabe erfolgt interaktiv oder im Stapelbetrieb. Das System ist für folgende Untersuchungen geeignet:

- Gleichspannungsanalyse,
- Wechselspannungsanalyse und
- Einschwingverhalten.

Dieses System besitzt eine umfangreiche Datenbank, die die Modelle für folgende Bauelemente enthält:

- Operationsverstärker,
- Unipolare und bipolare Transistoren,
- Übertrager,
- gekoppelte Induktivitäten,
- Gleichrichter,
- Z-Dioden und
- Widerstände.

Neben diesen vorbereiteten Modellen kann der Anwender aber auch eigene Modelle entwickeln, mit einem Namen versehen und eingeben. Diese Modelle können dann jederzeit wieder aufgerufen werden [169].

Das System CALAY VO3 ist speziell für die Erstellung von Leiterplatten-Layouts entwickelt worden. Das Konzept dieses Systems ist die automatische Entflechtung (Leiterbahnfindung und Ausgabe von komplexen Leiterplatten-Layouts) [170]. Wesentliche Merkmale dieses Systems sind ein vollständiges bildschirm-formulargesteuertes Multi-User-System zur interaktiven Eingabe und für Änderungen von Layoutdaten (Daten können alphanumerisch und grafisch am Bildschirm eingegeben werden), fehlerfreie Eingabe durch Echtzeit-Rechnerkontrolle, hohe Geschwindigkeit und Komfort.

Für die Entwicklung von höchstintegrierten Schaltungen (VLSI = Very Large Scale Integration) haben CAD-Systeme eine überragende Bedeutung gewonnen. So benutzen heute alle Halbleiterhersteller rechnerunterstützte Entwurfssysteme und Entwicklungssysteme, die auch Schaltungsanalysen und -tests ermöglichen. Der Entwurf von integrierten Schaltungen beinhaltet eine Hierarchie logischer Ebenen. Dazu gehören unter anderem, wie in *Bild 7.5.6-6,* dargestellt,
- der Systementwurf,
- der logische Entwurf,
- der Schaltungsentwurf,
- der Layoutentwurf.

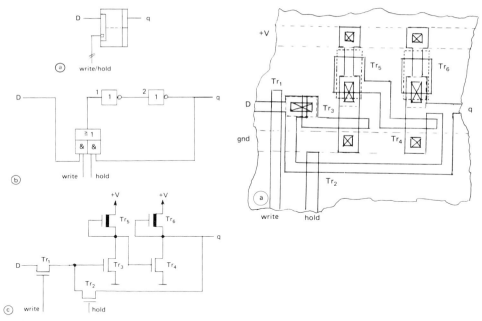

Bild 7.5.6-6 Auschnitt aus einem dynamischen Schieberegister. Darstellung der Register-Transfer-Ebene (a), der logischen Ebene (b), der Schaltkreis-Ebene (c) und des Layouts (d) [171].

Im notwendigen Zusammenspiel der Techniken der verschiedenen Ebenen für den VLSI-Entwurf stellen CAD-Systeme ein wesentliches Integrationsmittel dar, mit dem neuere IC-Technologien erst wirtschaftlich eingesetzt werden können. Die allgemeine Architektur eines VLSI-CAD-Systems beinhaltet neben Funktionen, die den entsprechenden Ebenen zugeordnet sind, ein Datenhaltungssystem (Datenbank), Programmsysteme zur Erzeugung

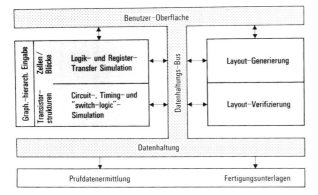

Bild 7.5.6-7 Allgemeines VLSI-CAD-System [172].

von Prüfdaten und Fertigungsunterlagen sowie eine Benutzeroberfläche *(Bild 7.5.6-7)*. Die für den VLSI-Entwickler wichtigsten CAD-Funktionen sind Simulatoren für den funktionellen Entwurf sowie Funktionen zum Layoutentwurf und dessen Überprüfung (z.B. Design-Rule-Checker).

Bei der Entwicklung von Schaltungsträgern müssen ausgehend vom Schaltbild die einzelnen Bauelemente auf dem Schaltungsträger plaziert und kreuzungsfrei verbunden werden. Im allgemeinen kommt für diesen Konstruktionsschritt Software mit zwei gegensätzlichen Vorgehensweisen zur Anwendung. Einerseits lassen sich die Programme so gestalten, daß der Rechner eine Aufgabenstellung, beispielsweise die Leiterbahnentflechtung für ein Platinenlayout vollautomatisch bis zum Ende durchführt. Andererseits können die Programme interaktiv ausgeführt werden, d.h. daß dem jeweiligen Benutzer die Möglichkeit gegeben ist, in den Programmablauf einzugreifen und ihm notwendig erscheinende Korrekturen im Dialog mit dem Rechner vorzunehmen.

Nachdem die erforderlichen Daten über die Bauteile interaktiv in den Rechner eingegeben wurden, führen die automatisch arbeitenden Programmsysteme, wie z.B. das von RACAL ELEKTRONIK GmbH vertriebene System AUTOPLACE, die automatische Plazierung der Bauelemente in ein gleichmäßig angeordnetes Gitter innerhalb von Leiterplattenumrissen durch. Dabei findet ein automatischer Tausch von benachbarten Bauelementen auf der X- und Y-Achse statt, sofern sich dadurch eine Verringerung der Leiterbahnlänge erreichen läßt. Programmsysteme, die Interaktivität zulassen, empfehlen sich immer dann, wenn es nicht nur darum geht, reine Routinevorgänge vom Rechner ausführen zu lassen, sondern auch die Erfahrung und Kreativität eines Entwicklers oder Konstrukteurs erforderlich ist. Bei diesen Systemen werden vom Benutzer bestimmte Positionen der Bauelemente und Leitungsverbindungen (Leiterbahnbreiten, Leiterbahnabstände) vorgegeben, die das Programm als Randbedingungen beachtet. Diese Programme beinhalten in der Regel Prüfroutinen, die Abweichungen von Entwurfsregeln, Figurenbreiten sowie innere und äußere Freimaße analysieren.

7.5.7 Bauwesen

Die Anwendungsgebiete von CAD-Systemen im Bauwesen lassen sich in die Aufgabenbereiche Architektur, Konstruktion und Installation unterteilen.

Architekturobjekte sollen hinsichtlich ihrer Gestalt menschlichen Lebensbedürfnissen dienen. Jedes Bauvorhaben erfordert dazu vom Architekten das Erkennen der vorliegenden Problematik, das Lösen des damit gestellten Aufgabenkomplexes sowie Vorbereitung und Kontrolle für die Realisierung des Lösungsmodells [173].

422   7 Rechnerunterstützte Konstruktion   [Literatur S. 433]

Den Kern dieses Informationsverarbeitungsprozesses bildet das Entwerfen, wobei die 3-dimensionale Komplexität der Objekte und die große Menge der zur Beschreibung erforderlichen Daten charakteristisch sind. Vom Verwendungszweck her können die Ergebnisse des Entwurfes dargestellt werden als
- schnell auszuführende Kontrollzeichnungen der jeweiligen Modelle. Sie sind standardisiert und dienen zur sofortigen anschaulichen Überprüfung der einzelnen Konstruktionsabschnitte oder als
- genau auszuführende Dokumentationszeichnungen der fertig bearbeiteten Modelle, die Handlungsanweisungen für die spätere Ausführung darstellen und mit entsprechenden Texten versehen sind.

Den unterschiedlichen Bauaufgaben entsprechend sind angemessene Formen auszuwählen und auf den hierdurch bestimmten geometrischen Trägerflächen geeignete Strukturen als Tragkonstruktionen zu realisieren (*Bild 7.5.7-1*).

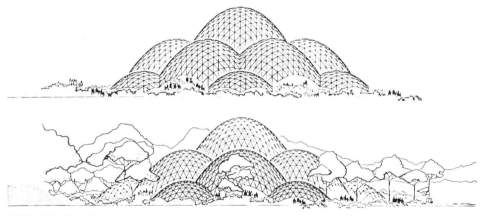

Bild 7.5.7-1 Gestaltungsalternativen eines Bauobjektes [173].

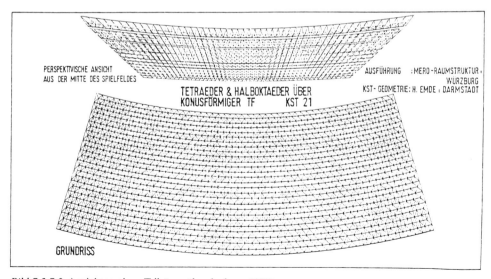

Bild 7.5.7-2 Ansichten einer Tribünenüberdachung [173].

Der Architekt wird durch die Anwendung der CAD-Technologie hinsichtlich Abrufbarkeit alle Zwischenergebnisse und durch die Verfügbarkeit der jeweils benötigten Bearbeitungsprozeduren unterstützt. Als Entscheidungshilfen während des Konstruktionsprozesses dienen ihm die Visualisierung der gewonnenen Ergebnisse und die Möglichkeit des gezielten, schnellen Durchspielens von Alternativen und Variantenreihen *(Bild 7.5.7-2)*.

Die Anwendung der CAD-Technologie beim Entwurf von Gebäuden zeigt *Bild 7.5.7-3*. Die Beschreibung der Entwurfsobjekte erfolgt dreidimensional. Dadurch können auf einfache Art und Weise, unter anderem auch durch Definition von Schnittebenen, unterschiedliche Ansichten erzeugt werden.

Die dreidimensionale Beschreibung ist ebenfalls Voraussetzung für die Darstellung eines Innenraumes aus unterschiedlichen Blickwinkeln *(Bild 7.5.7-4)*. Diese Technik vermittelt dem Betrachter einen ähnlichen optischen Eindruck, als wenn er durch einen existierenden Raum gehen würde. Damit können z. B. die Sichtverhältnisse bei der Sitzraumgestaltung eines Theaters optimiert werden.

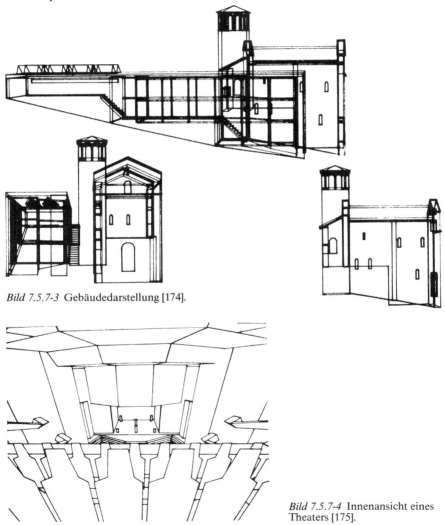

Bild 7.5.7-3 Gebäudedarstellung [174].

Bild 7.5.7-4 Innenansicht eines Theaters [175].

424   7 Rechnerunterstützte Konstruktion   [Literatur S. 433]

Die architektonische Planung von Hochbauten mit Hilfe der CAD-Technologie zeigt *Bild 7.5.7-5*. Nachdem die Kontur eines Gebäudes beschrieben ist und in der Datenbank als ein Element abgelegt ist, kann sie auf dem Bildschirm beliebig positioniert werden. Anschließend erfolgt die Gestaltung von Außenanlagen. Dieser Vorgang wird solange wiederholt bis die Skizze den Vorstellungen des planenden Architekten entspricht. Da die Darstellung auf dem Bildschirm häufig einen ausreichenden optischen Eindruck vermittelt, kann das mühselige Entwerfen von maßstabsgerechten Modellen entfallen.

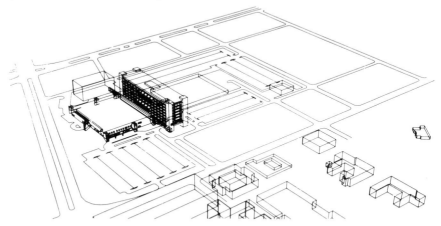

Bild 7.5.7-5 CAD-Anwendung in der Hochbauplanung [176].

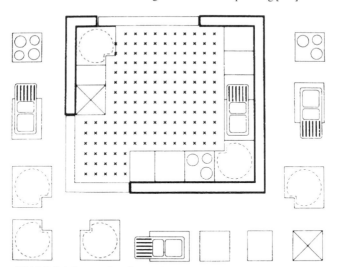

Bild 7.5.7-6 Layout für die Küchenplanung.

Für die Raumgestaltung kommen zum Teil Spezialsysteme zur Anwendung, die einen Symbolvorrat für Möbel und eine Definitionsmöglichkeit für Grundrisse anbieten. Die Position der Symbole kann innerhalb des Grundrisses solange verändert werden bis das gewünschte Ziel erreicht ist *(Bild 7.5.7-6)*.

Während im Bereich Architektur die Gestaltung von Bauobjekten dominiert, sind im Bereich des konstruktiven Ingenieurbaus in erster Linie Berechnungen durchzuführen. Im folgenden sollen am Beispiel der statischen Berechnung von Flachdecken Möglichkeiten der Nutzung von CAD-Systemen aufgezeigt werden, wobei Programmsysteme der grafischen Datenverarbeitung zur Ein- bzw. Ausgabe von Daten Anwendung finden und die Berechnungen von Finite-Elemente-Programmen (FEM) durchgeführt werden.

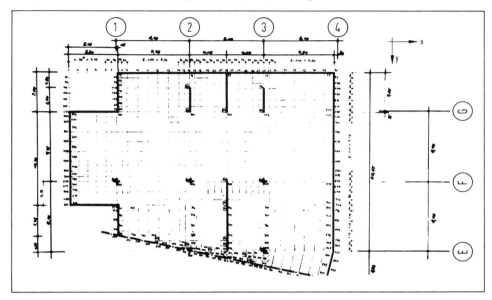

Bild 7.5.7-7 Systemplan für eine Flachdecke [177].

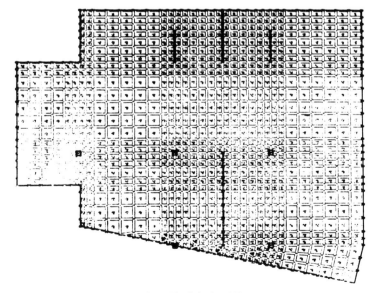

Bild 7.5.7-8 Vollständiges FE-Netz einer Flachdecke [177].

426   7 *Rechnerunterstützte Konstruktion*   [Literatur S. 433]

Als Grundlage zum Entwurf eines geeigneten Elementnetzes dient der Systemplan, der die Abmessungen der zu berechnenden Flachdecke zeigt *(Bild 7.5.7-7)* [177].
Nachdem eine optimale Netzeinteilung gefunden wurde, werden die Knotenkoordinaten erfaßt, die Randbedingungen und Steifigkeiten eingegeben und das Elementnetz gezeichnet. *Bild 7.5.7-8* zeigt ein vollständiges Elementnetz. Nach der Netzgenerierung erfolgt die Berechnung der unterschiedlichen Lastfälle *(Bild 7.5.7-9)*. Die Größe der Hauptmomente läßt sich direkt aus dem Plan entnehmen. Das Vorzeichen der Hauptmomente wird durch Querstriche kenntlich gemacht. Anhand derartiger Bilder können Fehler rasch erkannt und behoben werden.

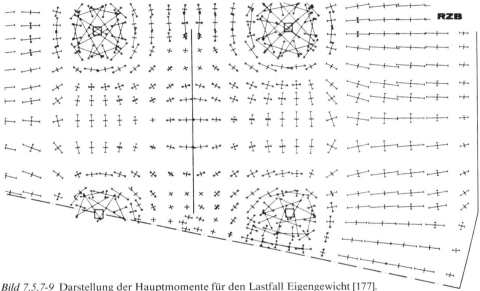

Bild 7.5.7-9 Darstellung der Hauptmomente für den Lastfall Eigengewicht [177].

Darüber hinaus können auch Stahlbedarfs- und Bewehrungspläne errechnet werden. Durch den Einsatz derartiger Berechnungsprogramme lassen sich Stahlersparnisse von 35% erzielen sowie Verlegepläne rationeller erstellen [177].
Eine Anwendung der CAD-Technologie in der elektrischen Installationstechnik zeigt *Bild 7.5.7-10*. Damit der dargestellte Verteiler-Schaltplan automatisch gezeichnet werden kann, müssen vorher vom CAD-System umfangreiche elektrische Berechnungen durchgeführt werden, die die elektrische Sicherheit, die Betriebssicherheit und die Wirtschaftlichkeit der elektrischen Anlage bestimmen. Die Eingabe der Daten erfolgt teilweise durch den Benutzer interaktiv mit Hilfe der Menütechnik oder durch Verwendung vom Standardwerten, die in Dateien abgelegt sind.
Im Rahmen der Sanitär-, Heizungs- und Lüftungsinstallation kommen sowohl 2D- als auch 3D-CAD-Systeme zur Anwendung.
In *Bild 7.5.7-11* ist ein Rohrleitungsnetz dreidimensional dargestellt. Die Definition von Rohrleitungen erfolgt durch Aneinanderreihung von Elementen, die gerade und gekrümmte Rohrteile darstellen und in einer Datenbank verwaltet werden. Der Vorteil einer dreidimensionalen Darstellung besteht in der Möglichkeit, das Rohrnetz auf Kollisionsfreiheit überprüfen bzw. die Rohrführung optimieren zu können.

7.5 Integrative rechnerunterstützte Konstruktionsprozesse

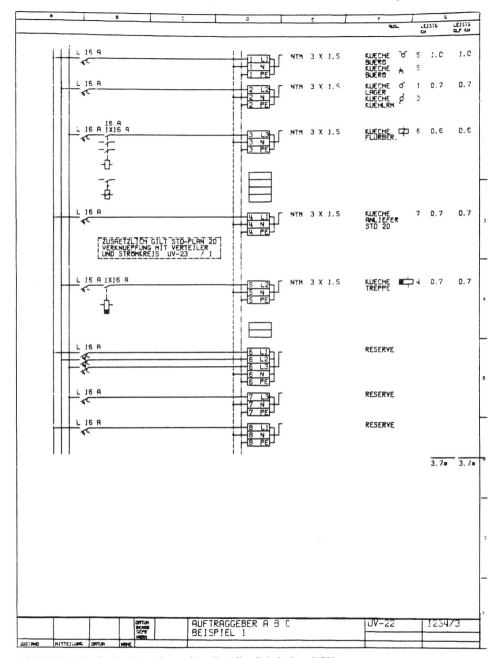

Bild 7.5.7-10 Grafische Darstellung eines Verteiler-Schaltplans [178].

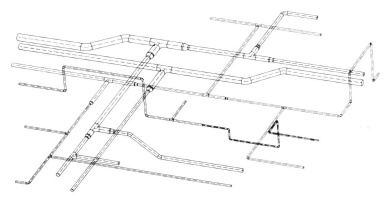

Bild 7.5.7-11 Grafische Darstellung eines Rohrleitungsnetzes [179].

Die Anwendung eines 3D-Systems in der Sanitärinstallation ist in *Bild 7.5.7-12* dargestellt. CAD-Systeme, die mehrere Tätigkeitsbereiche der Installationstechnik bearbeiten können, bieten die Möglichkeit, daß die einzelnen Zeichnungsinhalte nach ihrer Zusammengehörigkeit und nach Verwendungszweck auf getrennten Zeichnungsebenen entwickelt und abgespeichert werden. Damit gelingt es, durch Kombination dieser Zeichnungsteile Pläne jedes gewünschten Inhalts anzufertigen. Diese Zeichnungsebenen können wie folgt definiert werden:
- Grundriß,
- Sanitärinstallation,
- Elektroinstallation,
- Heizungs-/Lüftungsinstallation und
- Textteile.

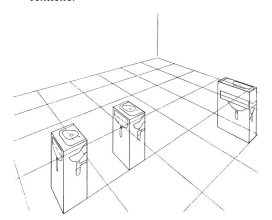

Bild 7.5.7-12 Dreidimensionale Darstellung und Positionierung von sanitären Einrichtungen [180].

Ein Beispiel für diese Anwendung ist in *Bild 7.5.7-13* dargestellt.
Neben den CAD-Systemen, die für bestimmte Aufgaben eingesetzt werden, kommen auch vereinzelt Systeme zum Einsatz, die den gesamten Konstruktionsprozeß begleiten. Dies geschieht besonders in Unternehmen, die Bauobjekte mit Fertigteilen durchführen.

[Literatur S. 433]   7.5 Integrative rechnerunterstützte Konstruktionsprozesse   429

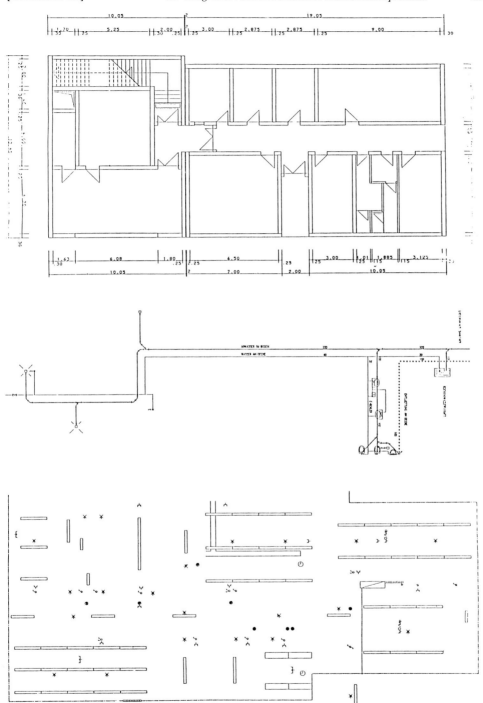

Bild 7.5.7-13 Anwendung der Ebenentechnik bei der Erstellung von Installationsunterlagen [181].

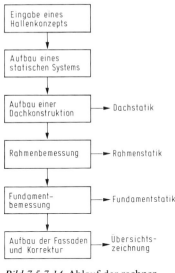

Bild 7.5.7-14 Ablauf der rechnerunterstützten Auftragsabwicklung im Stahlhallenbau

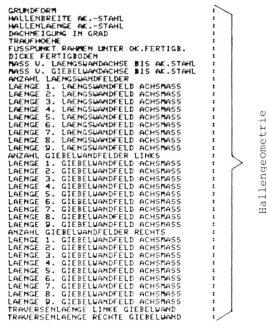

Bild 7.5.7-15 Eingabe der Hallengeometrie [182].

Beispielhaft soll die rechnerunterstützte Auftragsabwicklung im Stahlhallenbau erläutert werden [182]. Auf der Grundlage des „Darmstädter Modells" [183, 184, 185] muß der Konstrukteur die in *Bild 7.5.7-14* dargestellten Konstruktionsschritte durchlaufen. In der Konzeptphase greift der Konstrukteur auf eine vorhandene Eingabedatei zurück und beginnt, die Datei am Bildschirm mit Eingabedaten zu füllen. Dabei sind Angaben über die Hallengeometrie *(Bild 7.5.7-15)*, Profil, Fassade und Belastungen zu machen. Hat der Konstrukteur diese Datei abgeschlossen, so startet er ein Programm, welches die Eingaben verarbeitet. Dabei wird ein räumliches Stabwerk aufgebaut, dessen Stäbe mit den dazugehörenden Knoten abgespeichert werden *(Bild 7.5.7-16)*. Diese Darstellung erlaubt eine optische Kontrolle aller vorhandenen Stäbe. Sind Änderungen erforderlich, geschieht dies über ein Änderungsprogramm, welches die Zeichnung eines statischen Systems mit Stab- und Knotennummern einer Längs- oder Giebelwand auf den Bildschirm abbildet.

Bis zu diesem Zeitpunkt existiert das statische System des Daches noch nicht. Durch Aufruf eines Entwurfsprogramms kann der Pfettenabstand bei vorher festgelegten Hallenbreiten von einer Datei gelesen werden. Bei Abweichungen von dieser Hallenbreite stellt das Pro-

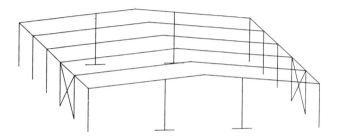

Bild 7.5.7-16 Statisches System einer Halle [182].

gramm eine Optimierung des Pfettenabstandes auf, bei dem die Lieferlängen der Dacheindeckungsplatten berücksichtigt werden. Sämtliche Stäbe der Dachkonstruktion werden mit dem Ziel bemessen, gleich die zugehörige Dach-Statik als Ausgabe zu erhalten. Das Ergebnis des Entwurfprogramms stellt *Bild 7.5.7-17* dar. Bei der Bemessung von Hallen werden die Schnittgrößen nach der Theorie zweiter Ordnung errechnet und im Anschluß daran eine Bemessung nach den Interaktions-Bedingungen für plastische Schnittgrößen durchgeführt. Außerdem besteht die Möglichkeit, während des Programmablaufes zusätzliche Lasten mit in der Berechnung zu berücksichtigen. Ausgegeben werden Listen der Schnittgöße mit den erforderlichen Profilen und Darstellung der Momenten-, Quer- und Normalkraftlinien für einzelne Lastfälle.

Aus den vorhandenen Schnittgrößen der Rahmenstatik werden die maßgebenden Lastfälle für die Fundamentbemessung zusammengestellt und abgespeichert. Mit Hilfe dieser Datei wird ein Programm zur Fundamentdimensionierung von Blockfundamenten für Zweigelenkrahmen durchlaufen. Die Bemaßungen werden dabei interaktiv so lange vergrößert, bis die zulässigen Spannungen und Sicherheitswerte erreicht sind.

Eine Fassade setzt sich aus Wandfeldern zusammen und diese bestehen wiederum aus Einbauelementen. Nachdem die Einbauelemente *(Bild 7.5.7-18)* entworfen worden sind, und unter ihrer Ident-Nummer in einer Datei abgelegt sind, können die Wandfelder konstruiert werden.

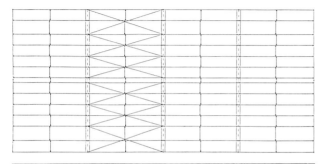

Bild 7.5.7-17 Statisches System des Dachaufbaues [182].

Bild 7.5.7-18 Eingangselement als Einbauteil [182].

432 7 Rechnerunterstützte Konstruktion [Literatur S. 433]

Die Wandfelder werden ebenfalls in einer Datei abgelegt, so daß im Laufe der Zeit eine größere Auswahl von Wandfeldern entsteht, auf die dann bei weiteren Auftragsbearbeitungen immer wieder zurückgeriffen werden kann. Für jede Fassade müssen die Wandfelder mit ihrer Ident-Nummer eingegeben und positioniert werden. Aufgrund der gespeicherten Daten ist die Zeichnung einer Übersicht möglich *(Bild 7.5.7-19)*. Diese Übersicht besteht aus

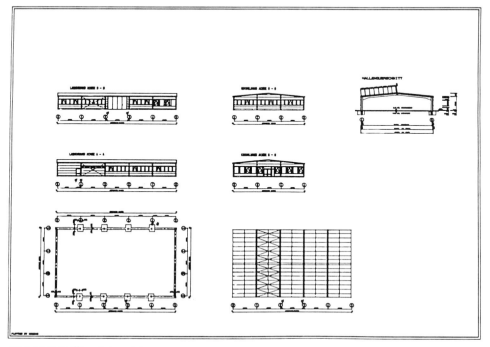

Bild 7.5.7-19 Übersichtszeichnung [182].

```
TEILELISTE  FUER RAHMENSTIEL IPE500x4909 ENTG. WIE GEZ.
```

ID-NR	BAU-ELEMENT	ST	QUERSCHNITT	LANG	EIG.	GEW.	WK-ST	BEMERKUNG
	RAHMENSTIELPROFIL	1	IPE500	4909		445.3		
319066	STEIFE	1	FL.70x8	129		0.6		
340340	ANSCHLUSS W.U.	2	BL.8x105	160		1.1		
300225	KNAGGENRING	1	ROHR152.4x11	35		1.3		
319058	FRONTPLATTE	1	FL.150x8	122		1.1		
309745	AUFSETZWINKEL	1	L130x65x12	550		2.5		
050172	SECHSKANT MU	6	M10					DIN 6330
	WINKEL FUER W.U.	1	L100x78x12	468		7.3		COUP. L100x12
309583	KOPFPLATTE	1	BFL.200x15	670		15.8		
301671	FUSSPLATTE	1	BFL.300x15	520		18.4		
315052	QUERRIPPE	2	FL.90x15	300		3.2		
				SUMME		496.4		
				+2%		9.9		
				GES.-SUMME		506.5		

Bild 7.5.7-20 Teileliste zur Konstruktionszeichnung [182].

den vier Hallenansichten, dem Hallengrundriss, dem Dachgrundriss und einem Hallenquerschnitt. Die Zeichnung wird zur optischen Kontrolle auf dem Bildschirm aufgebaut und kann dann von einem Plotter mit Tusche auf Papier gezeichnet werden.
Da die Informationen für Konstruktionszeichnungen aus dem bisherigen Programmablauf noch nicht vollständig sind, werden die Programme mit einer definierten Eingabeschnittstelle versehen, die vom Konstrukteur am Bildschirm ausgefüllt werden muß.
Mit Hilfe dieser Eingabedateien erstellt das Programm die Konstruktionszeichnung mit allen erforderlichen Schnitten und Details. Während des Programmablaufs werden die gezeichneten Profile, Teile und Schrauben auf einer sogenannten Teileliste abgespeichert und bei Bedarf aufgelistet *(Bild 7.5.7-20)*.

Literatur

1. Frank, H.: Kybernetische Grundlagen der Pädagogik. Bd. 1, Angewandte Kybernetik, Agis Verlag, Baden Baden 1969.
2. Opitz, H.: Moderne Produktionstechnik. Stand und Tendenzen. W. Giradet Verlag, Essen 1970.
3. Simon, R.: Rechnerunterstütztes Konstruieren. Diss. RWTH Aachen 1968.
4. Roth, K.: Konstruieren mit Konstruktionskatalogen. Springer Verlag, Berlin, Heidelberg, New York 1981.
5. VDI Richtlinie 2213: Integrierte Herstellung von Fertigungsunterlagen. VDI-Verlag, Düsseldorf, Entw. 05.75.
6. Krause, F.-L.: Methoden zur Gestaltung von CAD-Systemen. Diss. TU Berlin 1976.
7. Roth, K.: Gliederung und Rahmen einer neuen Maschinen-, Geräte-Konstruktionslehre. Feinwerktechnik 72 (1968) 11, S. 521-528.
8. Grabowski, H., Wiendahl, H. P.: Systematische Erfassung von Konstruktionstätigkeiten. Konstruktion 24 (1972) 5, S. 175-180.
9. Schoen, F.: Wirtschaftlicher Konstruieren durch bessere Informationen. VDI-Bericht 191, VDI-Verlag, Düsseldorf 1973.
10. Rugenstein, J.: Die Rationalisierung der Ingenieurarbeit in der Konstruktion. Wissenschaftliche Zeitschrift der Technischen Hochschule Otto von Guericke, Magdeburg 18 (1974) 5, S. 521-531.
11. Bullinger, H.-J., Fritz, H. U., Hichert, R.: Multimomentstudie als Hilfsmittel zur Schwachstellenanalyse im Technischen Büro. AV 12 (1975) 3, S. 83-90.
12. Hesser, W.: Untersuchung zum Beziehungsfeld zwischen Konstruktion und Normung. DIN-Normungskunde Band 16. Beuth Verlag, Berlin, Köln 1981.
13. Mewes, D.: Der Informationsbedarf im konstruktiven Maschinenbau. VDI-Taschenbuch T 49, VDI-Verlag, Düsseldorf 1973.
14. Szabo, Z. J.: Systematische Planung von Programmsystemen zur Erstellung von Fertigungunterlagen. VDI-Taschenbuch T 57, VDI-Verlag, Düsseldorf 1977.
15. Grünanger, G.: Möglichkeiten des bildschirmunterstützten Entwerfens im Maschinenbau. Diss. TU Berlin 1978.
16. Krause, F.-L., Vassilacopoulos,V.: Rechnerunterstützte Konstruktionssysteme für verschiedene Branchen und Phasen. CAD-Mitteilungen 1/1973, Gesellschaft für Kernforschung mbH, Karlsruhe 1973.
17. Praß, P.: Einsatz von elektronischen Datenverarbeitungsanlagen für Berechnungen in der Konstruktion. Konstruktion 26 (1974) 6, S. 235-242.
18. Pahl, G., Beitz, W.: Konstruktionslehre. Springer Verlag, Berlin, Heidelberg, New York 1977.
19. VDI-Richtlinie 2211, BL.3: Datenverarbeitung in der Konstruktion. Methoden und Hilfsmittel. Maschinelle Herstellung von Zeichnungen, VDI-Verlag, Düsseldorf, 06.80.

20. VDI-Richtlinie 2210: Analyse des Konstruktionsprozesses im Hinblick auf den EDV-Einsatz. VDI-Verlag, Düsseldorf, Entw. 11.75.
21. Beitz, W., Eversheim, W., Fleiss, R., Friese, W., Schnelle, E.: Rechnerunterstütztes Entwickeln und Konstruieren im Maschinenbau. Forschungsheft - Forschungskuratorium Maschinenbau e. V., H. 28, Frankfurt 1974.
22. Grabowski, H.: Ein System zur technischen Angebotsplanung in Unternehmen mit auftragsgebundener Fertigung. Diss. RWTH Aachen 1972.
23. Brankamp, K.: Leitfaden zur Leistungssteigerung in der Konstruktion. VDI-Verlag Düsseldorf 1975.
24. Madauss, B.: Planung und Überwachung von Forschungs- und Entwicklungsprojekten. MBB Seminarhandbuch 1978.
25. REFA: Methodenlehre der Planung und Steuerung. Teil 1, Grundlagen, 3. Aufl. Carl Hanser Verlag, München, Wien 1978.
26. Bullinger, H.-J.: Ablaufplanung in der Konstruktion. Otto Krauskopf Verlag, Mainz 1976.
27. Ellinger, T.: Ablaufplanung. C. E. Poeschel Verlag Stuttgart 1959.
28. Eversheim, W.: Organisation in der Produktionstechnik. Bd. 1, Grundlagen, VDI-Verlag Düsseldorf 1981.
29. Schiele, O. H.: Personelle Strukturen. VDI-Bericht 311, VDI-Verlag Düsseldorf 1978.
30. Eversheim, W., Rademacher, W.: Zukünftige Veränderungen im Konstruktionsbereich. VDI-Z 124 (1982) 7, S. 243-248.
31. Kosiol, E.: Aufbauorganisation. Im Handwörterbuch der Organisation. Hrsg. E. von Grochla, Poeschel Verlag, Stuttgart 1969.
32. N.N. Systematische Produktplanung. Ein Mittel zur Unternehmenssicherung. VDI-Taschenbuch T 76, VDI-Verlag, Düsseldorf 1976.
33. Beitz, W., Schelle, E.: Rechnerunterstützte Informationsbereitstellung für den Konstrukteur. Konstruktion 26 (1974) 2, S. 46-52.
34. Focken, H. G.: Aufbau unternehmensspezifischer Informationssysteme für den Entwicklungsbereich. Diss. RWTH Aachen 1975.
35. N.N. INDOK. Firmenschrift Nixdorf Computer AG, Fürstenalle 7, 4790 Paderborn.
36. N.N. Teiledokumentation Stairs-Anwendungen. IBM-Form GE 12-1456-O 1977.
37. Spur, G., Schliep, W.: Integration of mechanical calculation programs in CAD-systems. Proceedings of the 5th international conference and exhibition on computers in design engineering. Brighton Metropole Sussex UK, 30.3.-1.4.1982.
38. Militzer, O.: Exakte Berechnung von Wellen-Naben-Paßfederverbindungen. Programmbeschreibung. FVA-Forschungsheft 34, Forschungsvereinigung Antriebstechnik, Frankfurt 1976.
39. Beitz, W.: Berechnung von Wellen-Naben-Paßfederverbindungen. Antriebstechnik 16 (1977) 10, S.563-567.
40. Lange, K., Neitzert, Th.: Einsatzbereiche und Leistungsfähigkeit der Finite-Element-Methode bei der Konstruktion von Werkzeugmaschinen und Werkzeugen. wt-Z.ind. Fert. 70 (1981) 2, S. 115-128.
41. Buck, K. E., Schorpf, D. W., Stein, E., Wunderlich, W.: Finite Elemente in der Statik. W. Ernst & Sohn Verlag, Berlin, München, Düsseldorf 1973.
42. Zienkiewicz, O.L.: Methode der Finiten Elemente. Carl Hanser Verlag, München, Wien 1975.
43. Argyris, J. H., u. a.: ASKA Users Reference Manual. ISD-Report 73, Stuttgart 1971.
44. Mac Neal, R. H.: NASTRAN Theoretical Manual. NASA Sp-221. Ed. Mac Neal, R. H., Washington 1972.
45. N.N. TPS 10. Benutzerhandbuch. Firma T-Programm GmbH, Oskar-Kalbfeld-Platz 8, 7410 Reutlingen.
46. N.N. ADINA-User Manual. ADINA ENGINEERING AB. Västeräs, Schweden.

Literaturverzeichnis 435

47. Bothe, K. J., Wilson, E. L., Peterson, F. E.: SAP IV - A Structural Analysis Program for Static and Dynamic Response of linear Systems. EERC Report 73-11, University of California, USA.
48. Buck, K. E., v. Bodisko, U., Winkler, K.: Pre- and Postprocessors for Finite Element Programms-Requirements and their relationship in SUPERNET. Proc. Finite Element Congress, Baden Baden, Hrsg. von IKO Software Service GmbH Stuttgart, 1978.
49. N.N. FEMGEN Users Reference Manual. Version 5.2, IKO Software Service GmbH, Stuttgart 1978.
50. Mayr, R.: Automatisierte Netzgenerierung für Finite- Element-Verfahren. Reihe Produktionstechnik Berlin, Bd. 20, Forschungsberichte für die Praxis, Carl Hanser Verlag, München, Wien 1981.
51. Cavendish, J.C.: Automatic Triangulation of Arbitrary Planar Domains for the Finite Element Methode. Int.J. Num. Meth. Eng., 8 (1974), S. 679-696.
52. Galwelat, M.: Rechnerunterstützte Gestaltung von Schraubenverbindungen. Schriftenreihe Konstruktionstechnik, Hrsg. Beitz, W., TU Berlin 1980.
53. Spur, G., Mayr, R.: Rechnerunterstützte Konstruktionsberechnungen. ZwF 75 (1980) 5, S. 303-307.
54. Rechenberg, I.: Evolutionsstrategie. Friedrich Froman Verlag Stuttgart-Bad Cannstadt 1973.
55. VDI-Richtlinie 2211, Bl.2: Datenverarbeitung in der Konstruktion. Methoden und Hilfsmittel, Berechnungen in der Konstruktion. VDI-Verlag, Düsseldorf, Entwurf 03. 1973.
56. Beitz, W.: Rechnerunterstützte Auslegung und Auswahl von allgemein anwendbaren Konstruktionselementen bei Kreiselpumpen. Produkt- und Produktionsentwicklung. Neue Wege am Beispiel der Strömungsmaschine und strömungstechnischer Bauteile. Forschungskuratorium Maschinenbau e.V., (1982) 100, S. 107-117.
57. Weck, M., Thurat, B.: Berechnung linearer elastischer Strukturen. KfK-CAD 64, Gesellschaft für Kernforschung, Karlsruhe 1978.
58. Krause, F.-L.: Systeme der CAD-Technologie für Konstruktion und Arbeitsplanung. Reihe Produktionstechnik Berlin, Bd. 14, Forschungsberichte für die Praxis, Carl Hanser Verlag, München, Wien 1980.
59. Feldmann, K.: Entscheidungshilfen für die Konstruktion von Werkzeugmaschinen. ZwF 70 (1975) 4, S.163-170.
60. Beitz, W.; Schnelle,E.: Rechnerunterstützte Informationsbereitstellung für den Konstrukteur. Konstruktion 26 (1974) 2. S. 46-52.
61. Müller, J.: Probleme der Rationalisierung der Informationsprozesse im konstruktiven Entwicklungsprozeß. Maschinenbautechnik 22 (1973) 7, S. 304-307.
62. Krumhauer, P.: Möglichkeiten der Rechnerunterstützung für die Konzeptphase der Konstruktion. ZwF 68 (1973) 3, S. 119-126.
63. Pahl, G., Beelich, K.H.: Erfahrungen mit dem methodischen Konstruieren. Werkstatt und Betrieb 114 (1981) 11, S. 773-840.
64. Beitz, W., Haug, J.: Rechnerunterstützte Berechnung und Auswahl von Wellen-Nabenverbindungen. Konstruktion 26 (1974) 10, S. 407-411.
65. Beitz, W.; Rechnerunterstützte Auswahl und Auslegung handelsüblicher Maschinenelemente. ZwF 73 (1978) 10, S. 519-524.
66. Praß, P.: Ein Programmsystem zur Auswahl geeigneter Wälzlager aus rechnerintern gespeicherten Lagerkatalogen. Konstruktion 25 (1973) 7, S. 259-263.
67. Beitz, W.; Buschhaus, D: Rechnerunterstützte Auswahl von Wellenkupplungen. KfK-CAD 17, Ges. für Kernforschung mbH, Karlsruhe 1976.
68. VDI-Richtlinie 2225: Konstruktionsmethodik. Technisch-wissenschaftliches Konstruieren. VDI-Verlag Düsseldorf 1977.
69. Kesselring, F.: Bewertung von Konstruktionen. VDI-Verlag Düsseldorf 1951.

70. Kesselring, R.: Technische Kompositionslehre. Springer Verlag, Berlin, Göttingen, Heidelberg 1954.
71. Zangemeister, Ch.: Nutzwertanalyse in der Systemtechnik. Wittermannsche Buchhandlung, München 1970.
72. Spur, G.: Optimierung des Fertigungssystems Werkzeugmaschine. Carl Hanser Verlag, München 1972.
73. Spur, G., Feldmann, K.: Möglichkeiten und Grenzen der Nutzwertanalyse beim Konzipieren technischer Systeme. Konstruktion 27 (1975) 7, S. 257-264.
74. Spur, G., Feldmann, K.: Modell zur Arbeitsraumbewertung, Konstruktionsoptimierung am Beispiel der Drehmaschine. MM-Industriejournal 77 (1971) 102, S. 2302-2304.
75. Spur, G., Herrmann, J.: Erweiterungsoptimierung von Fertigungssystemen am Beispiel der Gestellanordnung numerisch gesteuerter Drehmaschinen. Proc. of the CIRP Seminar on Manufacturing Systems, 1 (1972) 3, Ljubljana 1972.
76. Baatz, U.: Bildschirmunterstütztes Konstruieren. Diss. RWTH Aachen 1971.
77. Kretzschmar, G., Zimmermann, R.; Grossmann, K.: Bewertungsmodelle im Konstruktionsprozeß von Werkzeugmaschinen - Strukturen. Maschinenbautechnik 28 (1979) 12, S. 556-561, 573.
78. Krause, F.-L.: Die Prinzipkonstruktionsmethode und ihre Erweiterbarkeit. ZwF 71 (1976) 5, S. 193-199.
79. VDI-Richtlinie 2213: Datenverarbeitung in der Konstruktion. Integrierte Herstellung von Fertigungsunterlagen. VDI-Verlag Düsseldorf, Entwurf 03.75
80. Kapfberger, K.: Programmierte Prinzipkonstruktion. Ein Verfahren zur Herstellung von Werkstattzeichnungen für die Einzelfertigung. Siemens-Data Praxis, Bestell-Nr. D10/1012.
81. Eversheim, W., Prior, H., Wessel H. J.: Variantenkonstruktion von Spindelstöcken. KfK- CAD 60, Kernforschungszentrum Karlsruhe 1978.
82. Seifert, H., Diedenhoven, H., Stracke, H.: Die industrielle Anwendung der Geometrie-Software-PROREN 1. Konstruktion 32 (1980) 7, S. 267-276.
83. N.N. COMDRAW-Firmenschrift. MDSI, Lyonerstr. 10, 6000 Frankfurt/Niederrad.
84. Debler, H., Lewandowski, S.: COMVAR-Ein Programmsystem zur komplexteilgebundenen Zeichnungserstellung. ZwF 70 (1975) 4, S. 171-173.
85. Lewandowski, S., Dohrmann, H.-J., Melzer-Vassiliadis, P.: Rechnerunterstütztes Technisches Zeichnen. Informatik Fachbereich Nr. 11, Methoden der Informatik für Rechnerunterstütztes Entwerfen und Konstruieren. Springer Verlag, Berlin, Heidelberg, New York 1977.
86. Dohrmann, H.-J., Lewandowski, S., Melzer-Vassiliadis P., Siebmann, H.: Benutzer-Handbuch für ein Programmsystem zum Automatisierten Technischen Zeichnen. IWF TU Berlin 1978.
87. Spur, G.: Anforderungen der Konstruktionspraxis an die CAD-Technologie im Werkzeugmaschinenbau. Fertigungstechnik und Betrieb 32 (1982) 12, S. 719–722.
88. Spur, G., Kurz, O.: Weiterentwicklung des CAD-Systems COMVAR. ZwF 82 (1981) 3, S. 130-135.
89. Eversheim, W., Prior, H.: Entwicklung eines Kleinrechner-Programmsystems zur rechnerunterstützten Detaillierung für rotationssymmetrische Teile. Zwischenbericht zum DFG-Forschungsvorhaben Ev 10/15, TH Aachen 1977.
90. Eversheim, W., Fischer, W., Prior, H.: Entwicklung eines Kleinrechnerprogramms zur rechnerunterstützten Detaillierung für rotationssymmetrische Teile. Zwischenbericht zum DFG-Forschungsvorhaben Ev 10/22, TH Aachen 1979.
91. Prior, H.-A., Fuchs, H.: Integrierte Erstellung von Fertigungsunterlagen. Industrieanzeiger 102 (1980) 82, S. 120-127.
92. Prior, H., Wessel, H.-J.: Aufbau einer zentralen Werkstückdatei – Speicherung der

Werkstückinformationen für die Konstruktion und Arbeitsvorbereitung. CAD/GDV 2 (1979) 1, S. 3-5.
93. Eversheim, W., Fuchs, H.: Automatische Arbeitsplanerstellung – Anwendung des Systems AUTAP für allgemeine Rotationsteile. Industrie-Anzeiger 101 (1979) 7, S. 21-25.
94. Eversheim, W., Fuchs, H.: Automatische Arbeitsplan- und NC-Lochstreifenerstellung für Blechteile. Industrie-Anzeiger 99 (1977) So.-Nr., S. 1393-1396.
95. Albien, E., Prior, H.: Variantenkonstruktion-VABKON. Freie Konstruktion-FREKON. Systeme zur rechnerunterstützten Konstruktion von Baugruppen. CAD/GDV 1 (1978) 1, 2, S. 1-10.
96. Spur, G.: Rechnerunterstützte Zeichnungserstellung und Arbeitsplanung. Sonderdruck aus ZwF, Carl Hanser Verlag, München, Wien 1980.
97. Meyer, B., Senbert, E.: Computer Aided Design Symbol Handling. Einführung in das System CADSYM, SYSTEMS' 81, München 1981.
98. Senbert, E.: Einführung in das System CADSYM. Vortrag zum Seminar „Einführung der CAD-Technologie in mittelständische Unternehmen", Berlin 1981.
99. N.N. CODEM-Firmenschrift. IBM Deutschland, Postfach 800880, 7000 Stuttgart 80.
100. N.N. RADIAN-Firmenschrift. Racal Redac, Design-Systems GmbH, Amsinckstr. 45, 2000 Hamburg 1.
101. N.N. T 2000-Firmenschrift. TECHNOVISION NORSK DATA Gruppe, Solingerstr. 9, 4330 Mülheim/Ruhr 13 Postfach 13 02 20.
102. N.N. APPLICON Deutschland GmbH. Nymphenburgerstr. 84, 8000 München 19.
103. N.N. Firmenschrift CALMA GmbH. Gustav-Stresemann-Ring 12-16, 6200 Wiesbaden.
104. N.N. CADDS3 von COMPUTERVISION. COMPUTERVISION GmbH, Berg-am-Laim-Str. 47, 8000 München 80.
105. N.N. Firmenschrift. Gerber-Scientific Instruments GmbH, Edelbergerstr. 8, 8000 München 21.
106. N.N. Institut für Werkzeugmaschinen und Fertigungstechnik der Technischen Universität Berlin. Fasanenstr. 90, 1000 Berlin 12.
107. Brun, J. M.: EUCLID audits Application of Computer Aided Design in Machinery Topic. Laboratory of Computer Science for Mechanical Science and Engineering Science BP 30, 9140402 SAY, France.
108. N.N. Firmenschrift. Applied Graphic Systems Deutschland GmbH, Falkweg 51, 8000 München 60.
109. TIPS WORKING GROUP: TIPS-1. Technical Information Processing System for CAD/CAM. Institute of Precision Engineering, Hokkaido University, Sapporo, 060 Japan.
110. Englisch, C. H.: Interactive Aided Technology Evolution of the Design/Manufacturing Process. 7th Aircraft-Design Flight Test and Operation Meeting. Los Angeles, California, 4.-6. Aug. 1975. McDonell Aircraft Company, St. Louis/ Missouri, USA.
111. Denner, R., Gausemeier, J., Henssler-Mickisch, M.: Eine neue Dimension für Konstruktion und Planung. Siemens Data Report 17 (1982) 6, S. 26-31.
112. N. N. Systembeschreibung AD 2000. Hanratty, P.J., PMD Manufacturing and Consulting Services Inc., 3195A Airport Coop. Dr. Costa.
113. N.N. Firmenschrift CATIA. IBM Deutschland GmbH, Postfach 800880, 7000 Stuttgart 80.
114. Debler, H.: Beitrag zu rechnerunterstützten Verarbeitung von Werkstückinformationen in produktionsbezogenen Planungsprozessen. Diss. TU Berlin 1973.
115. Gausemeier, J.: Eine Methode zur rechnerorientierten Darstellung technischer Objekte im Maschinenbau, Diss. TU Berlin 1977.
116. Müller, G.: Rechnerorientierte Darstellung beliebig geformter Bauteile. Reihe Produktionstechnik Berlin, Bd. 8, Carl Hanser Verlag, München, Wien, 1980.

117. N.N. MEDUSA. Firmenschrift. Applied Graphics Systems. Deutschland GmbH, Falkweg 51, 8000 München 60.
118. N. N. ROMULUS. Firmenschrift. Shape Data Ltd., 5 Jesuslane, Cambridge CB 58 BA, England.
119. Spur, G., Krause, F.-L., Lewandowski, S.; Mayr, R.; Melzer-Vassiliadis,P.; Müller, G.; Siebmann, H.; Kiesbauer, H., Kuhn, R.-D.: Baustein GEOMETRIE. Programmvorgabe zur 1. Ausbaustufe. Kernforschungszentrum Karlsruhe GmbH, KfK-CAD 134, Karlsruhe 1979.
120. Rothenberg, R.: Anforderungen an einen Norm-Baustein Geometrie. Kernforschungszentrum Karlsruhe GmbH, KfK-CAD 36, Karlsruhe 1977.
121. Spur, G., Arndt, W., Gausemeier, J., Krause, F.-L., Lewandowski, S.; Müller, G.: Behandlung technischer Objekte in CAD-Systemen. Kernforschungszentrum Karlsruhe Gmbh, KfK-CAD 31, Karlsruhe 1977.
122. Spur, G., Krause, F.-L., Hoffmann, H.: Systemarchitektur und Leistungsspektrum des Baustein GEOMETRIE. Beitrag zur Fachtagung „Geometrisches Modellieren" der Gesellschaft für Informatik und der TU Berlin, 24.-26.11.1982 in Berlin.
123. N.N. Reference Manual. Sculptured Surfaces, Report 21, Sentralinstitutt for industriell forskning, Oslo.
124. N.N. APS Advanced Production System. Progress Report 1, Kernforschungszentrum Karlsruhe GmbH, 1982.
125. Spur, G., Lutz-Peško, M., Ye, H. F.: Komplexteilbeschreibung mit dem System COMPAC am Beispiel eines Motorblocks. Konstruktion 34 (1982) 6, S. 245-248.
126. N.N. Firmenschrift. ISYKON Software GmbH, Wittenerstr. 185, 4630 Bochum 1.
127. Hübner, H.: Integration und Informationstechnologie im Unternehmen. Minerva-Verlag, München 1979.
128. Wewer, K.: Einsatz eines Turnkey Systems in der Karosseriekonstruktion. Proc. CAMP 83, Berlin 1983.
129. N.N. U.S.Department of Commerce: A Technical Briefing on the Initial Graphics Exchange Specification (IGES). National Bureau of Standards, Washington, DC 20234.
130. Groth, P., Walcher, E.: Geometrieverarbeitung und Finite-Element-Anwendung. CAD-Seminarreihe Berlin, 1.-5.6.1981, Tagungsband Maschinenbau, Kernforschungszentrum Karlsruhe, 1981.
131. Weck, M., Dickhaus, N., Tinke, R., Thurat, B.: Berechnung des statischen und dynamischen Verhaltens von Spindel-Lager-Systemen. CAD-Berichte, KfK-CAD 65, Nov. 1978.
132. Daßler, R., Pistorius, E.: Vollständige Werkstückdarstellung. mit COMPAC. Industrie-Anzeiger 102, (1980) 73, S. 62-63.
133. Ernst, G., Reubsaet, G., Daßler, R., Germer, H.-J.: Anwendung von 3D-Werkstückmodellen für die wirtschaftliche NC- Programmierung. ZwF 76 (1981) 7, S. 309-313.
134. Autorengemeinschaft: Wirtschaftliches Konstruieren. Vortrag zum 17. Aachener Werkzeugmaschinenkolloqium 1981.
135. Gausemeier, J., Ajouri, E., Rouman, H. H.: Aufgabenspezifische Kopplung von CAD-Systemen mit NC-Programmen. ZwF 77 (1982) 5, S. 207-210.
136. Koller, R.: Konstruktion von Kurvenscheibengetrieben mit Unterstützung elektronischer Datenverarbeitungsanlagen. Industrieanzeiger 94 (1972) 44, S. 1011-1017.
137. Blume, P.; Integriertes CAD/CAM-System für Stanzteile. ZwF 72 (1972) 5, S. 219-224.
138. Praß, P.: Prinzipien für den Aufbau von Konstruktionsprogrammen. Konstruktion 29 (1977) 8, S. 292-302.
139. Ewen, W.: Einführung von CAD in einem mittleren Maschinenbaubetrieb. VDI-Bildungswerk, Düsseldorf, 1981.
140. Kochem, W.: Rechnergestützte Auswahl von Getrieben. Konstruktion 29 (1977) 3, S. 94-100.

141. VDI-Richtlinie 2801: Wertanalyse. VDI-Verlag, Düsseldorf 1970.
142. Koller, R.; Tschörtner, K.A.: Rechnerunterstütztes Konstruieren von Hydraulik-Steuerblöcken. Konstruktion 27 (1975) 12, S. 457-461.
143. Seifert, H.: Der unaufhaltsame Weg des CAD/CAM. VDI-Z 124 (1982) 15/16, S. 565-580.
144. Schuster, R., Müller, G.: Aspekte der rechnerunterstützten Konstruktion (CAD/CAM) im Automobilbau. ZwF 76 (1981) 7, S. 327-333.
145. Schuster, R., Dankwort, W., Beilschmidt, O.: Rechnergestützte Verarbeitung von Karosseriedaten: Systementwicklung und Erfahrungen beim Einsatz. VDI-Bericht 417 (1981), S. 15-20.
146. Wilfert, H. G.: CAD-Entwicklung und Anwendung bei Daimler-Benz. VDI-Bericht 417 (1981), S. 21-35.
147. Fritz, R.: Rechnergestütztes Entwerfen und Konstruieren elektrischer Leitungsstränge für Kraftfahrzeuge. VDI-Bericht 417 (1981), S. 71-78.
148. Schuster, R.: Erfahrungen bei der CAD-Anwendung in einem Unternehmen des Automobilbaus. VDI-Berichte 417 (1981), S. 33-47.
149. Brasche, R.: Der neue Ford Escort und die Strukturanalyse. VDI-Bericht 417 (1981), S. 57-63.
150. Siepmann, H. G.: Beispiele für den CAE-Einsatz bei Volkswagen. VDI-Bericht 417 (1981), S.79-84.
151. Miranda, L. R.: Computational Aerodynamics-Its Coming of Age and its Future. Lockheed Horizons Spring 1982.
152. Raymer, D. P.: Developing an Aircraft Configuration Using a Minicomputer. Astronautics & Aeronautics, Nov. 1979, S. 26-34.
153. Harris, D. H. W.: Applying Computer Aided Design (CAD) to the 767. Astronautics & Aeronautics, 18 (1980) 1, S. 44-49.
154. Smyth, S. J., The CADAM System-The Designers' New Tool. Lockheed Horizons Summer 1980.
155. Johansson, K.: STEERBEAR HULL 3-Interactive Graphical System for hull Applications. Computer Applications in the Automation of Shipyard Operation and Ship Design IV, Rogers, D. F., Nehrling, B. C., Kuo, C., eds., North Holland Publishing Co., IFIP 1982.
156. Hurst, R.: BRITSHIPS – An Integrated Design and Production System. Computer Applications in the Automation of Shipyard Operation and Ship Design, IFIP Vol. 2, Fujita.Y., Lind, K., Williams, T.J., eds., North Holland/American Elsevier 1976.
157. Hattari, Y., Ikeda, Y., Haga, K.: The NASD-System-NKK Advanced Ship Design System. Computer Applications in the Automation of Shipyard Operation and Design II, Jakobsson et all, eds., North Holland Publishing Co. 1976.
158. Lasky, M. P., Daidola, J. C.: Design Experience with Hull Form Definition During Pre- Detail Design. SCAHD 77, Computer Aided Hull Surface Definition Symposium, Annapolis, Md., 26.-27. Sept. 1977.
159. Theilhamer, F.: The Role of Splines in Computer Aided Ship Design. SCAHD 77, Computer Aider Hull Surface Definition Symposium, Annapolis, Md., 26.-27. Sept. 1977.
160. Beck, W. F., Computer Aided Ship Outfitting. Computer Applications in the Automation of Shipyard Operation and Ship Design IV, Rogers, D. F., Nehrling, B. Kuo, C., eds., North Holland Publishing Co., IFIP 1982.
161. Di, L.: AIDS, An Interactive CAD/CAM System for Steel Structure. Computer Applications in the Automation of Shipyard Operation and Ship Design IV, Rogers, D. F., Nehrling, B.C., Kuo, C., eds.: North Holland Publishing Co., IFIP 1982.
162. Saetersdal, H.: AUTOFIT-A Computerbased Technical Information System for Piping-Engineering. Computer Applications in the Automation of Shipyard Operation

and Ship Design, Rogers, D. F., Nehrling, B. C., Kuo, C., eds., North Holland, IFIP 1982.
163. Fotland, H. Ch.: AUTODRAW-System Description and User's Manual.Shipping Research Services A/C, Oslo 1980.
164. Oian, J.: System Design Considerations. Vortrag, Nordiska CAD/CAM Dager 1981.
165. Oian, J., Mack, J. F., Jacobsen, K.: Interactive AUTOKON: Focusing of the Information System ICCAS Proc. 1980.
166. N.N. Projekt Bericht 1978, Bereich Elektrotechnik. Kernforschungszentrum Karlsruhe GmbH, KfK CAD 54, Karlsruhe 1978.
167. Meyer, B.: Anwendung der CAD-Technologie in der Elektrotechnik. CAD-Seminar für den Vorstand der Berliner Elektroindustrie e. V. am 28.11.1980, Berlin 1980.
168. N.N. Fragen und Antworten zum Thema CAD. Elektronik Journal, 15 (1980) 1, S. 27
169. N.N. CAD: Rechnergestützter Entwurf Beispiele aus der Elektronik-Entwicklung. Elektronik-Entwicklung 14 (1979) 2, S. 46.
170. N.N. Computer Automatik Layout Systeme. CAL Kroschewski Elektronic GmbH, Postfach 671, 6050 Offenbach 4.
171. Hartenstein, R. W.: VLSI – Bausteine in geringen Stückzahlen für Spezialanwendungen. Elektronische Rechenanlagen 22 (1980) 4, S. 159-173.
172. Steinkopf, U.: Entwicklungsschwerpunkte für ein Entwurfssystem. Hrsg. von Schwärtzel, H. G., CAD für VLSI, Rechnergestützter Entwurf höchstintegrierter Schaltungen. Springer Verlag Berlin, Heidelberg, New York 1982.
173. Emde, H.: Rechnerunterstütztes Entwerfen von Architekturobjekten. CAD-Seminarreihe, Tagungsband Bauwesen, Kernforschungszentrum Karlsruhe GmbH, Berlin 1981.
174. Rogen, G.: Dynamic 3-d modelling for architectural design. Int. Kongress über den Einsatz von Computern in Architektur, Bauwesen und Stadtplanung, PArC·79, Berlin 1979.
175. Aylward, G., Clark, J., Laing, L., Parkins, R., Turnbull, M.: Appraisal of building subsystems. Int. Kongress über den Einsatz von Computern in Architektur, Bauwesen und Stadtplanung, PArC·79, Berlin 1979.
176. N.N. CAD-Berichte. Projektbericht 1978, Bereich Bauwesen, Kernforschungszentrum Karlsruhe GmbH, KfK-CAD 51, Karlsruhe 1978.
177. Frey, G.: Berechnen von Platten nach der Finiten Elemente Methode mit graphischer Auswertung. CAD-Seminarreihe, Tagungsband Bauwesen, Kernforschungszentrum Karlsruhe GmbH, Berlin 1981.
178. Hannappel, K.-H.: CAD/CAM-Elektrische Installationstechnik. Kernforschungszentrum Karlsruhe GmbH, KfK-CAD 164, Karlsruhe 1980.
179. Oliver, B. C.: Services co-ordination and controlling programs. Int. Kongress über den Einsatz von Computern in Architektur, Bauwesen und Stadtplanung, PArC·79, Berlin 1979.
180. Hoskins, E. M.: Design Developement and description using 3-D base geometries. Int. Kongress über den Einsatz von Computern in Architektur, Bauwesen und Stadtplanung, PArC·79, Berlin 1979.
181. Gödel, S.: Planerstellung im Hochbau. CAD-Seminarreihe, Tagungsband Bauwesen, Kernforschungszentrum Karlsruhe GmbH, Berlin 1981.
182. Binde, F.: Computer Aided Design von Stahlhallen. Einführung, Anwendung, Erfahrung. CAD-Seminarreihe, Tagungsband Stahlbau, Kernforschungszentrum Karlsruhe GmbH, Berlin 1981.
183. Merkel, P.: Ganzteiliges rechnerunterstütztes Entwerfen im Stahlhallenbau. Diss. TH Darmstadt 1978.
184. Jungbluth, O.: Rechnerunterstütztes Entwerfen im Stahlmaschinenbau. Bauingenieur 52 (1977) 12, S. 451-456.

185. Bertzky, R.: Konstruieren und Fertigen im Stahlbau durch ganzheitliches rechnerunterstütztes Entwerfen. Diss. TH Darmstadt 1978.
186. Fuchs, H.: Automatisierte Arbeitsplanerstellung. Ein Baustein im Rahmen der integrierten Fertigungsunterlagenerstellung. Diss. RWTH Aachen, 1981.
187. N.N.: DASSAULT-Firmenschrift, The Future with CATIA. 40, Bd. Henri Sellier, 92150 Suresnes, France.
188. Spur, G., Mayr, R.: Mathematische Verfahren zur Berechnung der Durchdringungskurven von Bauteilen in CAD-Systemen. ZwF 73 (1978) 11, S. 570–573.
189. Spur, G., Lewandowski, S.: Automatisierte Zeichnungserstellung. wt-Z. ind. Fertigung 67 (1977) 3, S. 161–166.
190. Spur, G., Müller, G.: Ein Verfahren zur rechnerorientierten Darstellung gekrümmter Flächen mit dem Programmsystem COMPAC. ZwF 73 (1978) 2, S. 79–84.
191. Spur, G., Krause, F.-L.; Erläuterungen zum Begriff „Computer-aided Design" ZwF 71 (1976) 5, S. 190–192.
192. Spur, G.; Krause. F.-L., Mayr, R., Müller, G., Schliep, W.: A Survey about Geometric Modelling Systems. Annals of the CIRP 28 (1979) 2, S. 519–538.
193. Spur, G.: Capabilities of Solid Modelling and Technological Planning Systems. Michael Field International Manufacturing Engineering Symposium. 19. 6. 1982. Cincinnati: METCUT Res. Ass. Inc., 1982.
194. Spur, G., Krause, F.-L., Harder, J.J.: The COMPAC Solid Modeller. Computers in Mechanical Engineering. Vol. 1, Nr. 2, Oktober 1982, S. 44–53.
195. Spur, G., Gausemeier, J.: Eine Leitlinie zur Entwicklung von CAD-Programmsystemen. ZwF 73 (1978) 8, S. 413–419.
196. Spur, G., Anger, H.-M., Kaebelmann, E.-F.; Krause, F.-L.: Capabilities of Graphic Dialogue Systems: Graphic Dialogue Capabilities in CAD/CAM-Systems. Proc. of the CIRP Seminar on manufacturing systems 10 (1981) 1, S. 3–18.
197. Spur, G., Krause, F.-L.: Gesichtspunkte zur Weiterentwicklung von CAD-Systemen. ZwF 79 (1981) 5, S. 210–215.
198. Spur, G., Krause, F.-L.: Aufbau und Einordnung von CAD-Systemen. Datenverarbeitung in der Konstruktion 1981. VDI-Bericht 413, S. 1–18, VDI-Verlag, Düsseldorf 1981.
199. Spur, G.: Rechnerunterstützte Konstruktion im Bereich der Strömungsmaschinen. Forschungshefte FKM, (1982) 100, S. 97–107. Forschungskuratorium Maschinenbau e.V. Frankfurt/M. 1982.
200. Spur, G., Krause, F.-L.: Geometric Modelling in CAD-Technology. Proceedings of CAM-I, Geometric Modelling Seminar. Bournemouth. 27. 11. 1979.
201. Spur, G., Daßler, R., Gausemeier, J.: Computer Aided Handling of Geometric Data for Design and Manufacturing. Proceedings of the 18th International Machine Tool Design and Research Conference. London 1977.
202. Spur, G., Krause, F.-L., Pistorius, E.; Schliep, W.: Geometric modelling for design and technological planning. Proceedings of the conference on CAD/CAM Technology in Mechanical Engineering. 24.–25. März 1982, Cambridge, Massachusetts.
203. Spur, G., Feldmann, K.: Konstruktionsoptimierung von Handhabungssystemen für die Drehbearbeitung. VDI-Bericht 219, VDI-Verlag, Düsseldorf 1974.
204. Spur, G., Mayr, R., Müller, G., Sieber, P.: Verfahren zur Berechnung der verdeckten Kanten im CAD-System COMPAC. ZwF 75 (1980) 9, S. 447–452.
205. Spur, G., Krause, F.-L.: Computer Aided Drawing and Manufacturing Process Planning. Mécanique, matériaux, electricité 62 (1979) 358, S. 332–338.

8 Rechnerunterstützte Arbeitsplanung

8.1 Allgemeines

Ziel der Arbeitsplanung ist es, bei der Fertigung von Erzeugnissen ein Optimum aus Aufwand und Arbeitsergebnis zu erreichen. Insbesondere der zunehmende Anteil der Kleinserienfertigung macht eine Rechnerunterstützung der Arbeitsplanung erforderlich, um auch hier die Vorteile einer detaillierten Planungsdurchführung auszuschöpfen. Der hohe Kapitaleinsatz bei automatischen Fertigungseinrichtungen erfordert eine hohe Planungsqualität und die rechtzeitige Unterlagenbereitstellung. Steigender Konkurrenzdruck setzt für kurzfristige Marktreaktionen eine hohe Planungsflexibilität voraus. Das Ziel einer integrierten betrieblichen Informationsverarbeitung macht eine vollständige und genaue Informationsbereitstellung erforderlich [1, 178].
Im Laufe des Industrialisierungsprozesses haben sich die Anforderungen an die Arbeitsplanung sehr verändert. In den ursprünglichen Handwerksbetrieben war eine explizite Planung der Arbeit nicht nötig. Erst mit dem Aufkommen der Arbeitsteilung und Mechanisierung entstand die Notwendigkeit einer Arbeitsvorbereitung. Sie wurde zunächst von Meistern wahrgenommen. Schwächen der Fertigungsstruktur veranlaßten TAYLOR zu einer Reform der Fabrikorganisation. Mit der Aufteilung der Leitungsfunktionen durch Einführung von Funktionsmeistern und durch die Erarbeitung des Formular- und Berichtswesens entwickelte er eine neue Basis der betrieblichen Datenerfassung [2]. Mit diesen Grundlagen konnte HENRY FORD durch konsequente Anwendung der Fließfertigung die Kraftwagenfertigung bei gleichzeitiger Preisreduzierung vervielfachen. Die Aufgaben der Arbeitsplanung wurden von Praktikern in einem zentralen technischen Büro, der Arbeitsplanung, durchgeführt. Dieser Zustand ist heute noch in vielen Betrieben zu finden.
Der Einsatz von Datenverarbeitungsanlagen im Bereich der Arbeitsplanung begann mit der Übernahme organisatorischer Problemlösungen, wie der Verwaltung von Arbeitsplänen. Der nächste wichtige Schritt bei der automatisierten Arbeitsplanung erfolgte durch die Entwicklung maschineller Programmiersysteme zur Erzeugung der Steuerinformationen für numerisch gesteuerte Werkzeugmaschinen. Zahlreiche Entwicklungen betriebsspezifischer und betriebsneutraler Arbeitsplanungssysteme ermöglichen heute die rechnerunterstützte Durchführung der meisten in der Arbeitsplanung anfallenden Aufgaben [179].
Wesentliches Kennzeichen der rechnerunterstützten Arbeitsplanung ist die Ausführung von Routinetätigkeiten und die Bereitstellung von Informationen durch die Datenverarbeitungsanlage. Dem Arbeitsplaner wird dadurch die Möglichkeit geboten, seine kreativen und schöpferischen Fähigkeiten verstärkt zu nutzen. Ebenso können durch die großen Verarbeitungsgeschwindigkeiten von Datenverarbeitungsanlagen verschiedene Lösungsalternativen untersucht und Optimierungsvorgänge durchgeführt werden.
Grundlage für den Arbeitsplanungsvorgang ist ein in der Konstruktion definiertes technisches Objekt [180, 181]. Für dieses Objekt werden unter Berücksichtigung der zur Verfügung stehenden Betriebsmittel die für die Fertigung benötigten Fertigungsunterlagen hergestellt. Der Arbeitsplanungsprozeß setzt sich aus heuristischen und algorithmierbaren Teilvorgängen zusammen. Heuristische Funktionen haben ihren Ursprung in Ideen, Intuitionen und im Erfindungsvermögen und sind aufgrund ihres schöpferischen Ursprungs für eine Verarbeitung mit Datenverarbeitungsanlagen nur bedingt geeignet. Algorithmierbare Funktionen, die sich auf mathematisch-physikalische Gesetzmäßigkeiten zurückführen lassen, eignen sich gut für eine rechnerunterstützte Bearbeitung [182].
Bei allen nicht algorithmierbaren Ermittlungen müssen die Informationen vom Bearbeiter vorgegeben werden. Bei einer interaktiven Planungsdurchführung können die heuristischen

8.1 Allgemeines

Funktionen vom Bearbeiter definiert werden, für die algorithmierbaren Anteile erfolgt eine automatische Ermittlung.

Die Entwicklung auf dem Gebiet der rechnerunterstützten Arbeitsplanung bietet inzwischen ein weitgefächertes Spektrum an Systemen für die rechnerunterstützte Arbeitsplanerstellung und die rechnerunterstützte NC-Programmierung. Auch an Systemen zur Erstellung von Montage- und Prüfarbeitsplänen wird gearbeitet. Neben der Einführung von werkzeugmaschinenintegrierten Programmiersystemen werden verstärkt die Aufgaben bei der Programmierung numerisch gesteuerter Meßmaschinen und freiprogrammierbarer Handhabungsgeräte (Industrieroboter) berücksichtigt.

Durch die rasche Entwicklung auf dem Hardware-Sektor erschließen sich der Datenverarbeitung immer weitere Gebiete. Daraus resultierten verstärkte Anforderungen an einen integrierten betrieblichen Informationsfluß, um die Vorteile und Möglichkeiten der Datenverarbeitung, vor allem durch Mehrfachverwendung von eingegebenen Informationen, voll zu nutzen. Weitere Entwicklungen auf dem Gebiet der rechnerunterstützten Arbeitsplanung werden sich vermehrt mit Problematiken der Kopplung und Integration von Systemen innerhalb der Arbeitsplanung sowie von Arbeitsplanungssystemen mit der rechnerunterstützten Aufgabenbearbeitung vor- und nachgeschalteter Betriebsbereiche befassen. Im Vordergrund der weiterführenden Arbeiten an Arbeitsplanungssystemen steht die Erweiterung des Einsatzbereiches durch Verwendung der Interaktivität oder Entwicklung von Planungsalgorithmen sowie die Erhöhung der Anwenderakzeptanz durch Verbesserung der Planungstransparenz und Vereinfachung der Systembedienung.

Die Wirtschaftlichkeit eines rechnerunterstützten Arbeitsplanungssystems kann nicht nur durch einen monetären Kostenvergleich zwischen manueller und rechnerunterstützter Aufgabenbearbeitung bemessen werden. Vielmehr sind Einflüsse zu berücksichtigen, die über die Arbeitsplanung hinaus auf den gesamten Produktionsprozeß wirken. Die Vorteile hinsichtlich Flexibilität, Planungsqualität und Planungstransparenz sind nicht quantifizierbar und lassen sich damit kaum in einer Kostenvergleichsrechnung berücksichtigen.

Die Arbeitsplanung ist nach AWF/REFA, Ausschuß für wirtschaftliche Fertigung e.V./ Verband für Arbeitsstudien und Betriebsorganisation – REFA – e.V., eines der drei Subsysteme der Arbeits- oder Fertigungsvorbereitung [3]. Sie umfaßt alle einmalig auftretenden Planungsmaßnahmen, die dem Zusammenwirken von Menschen und Betriebsmitteln zum Zwecke der Erfüllung einer Produktionsaufgabe unter Berücksichtigung der Wirtschaftlichkeit dienen.

Ausgehend von den in der Konstruktion erstellten Zeichnungen und Stücklisten werden in der Arbeitsplanung die Aufgaben funktional unterteilt in kurzfristige Planungsaufgaben, wo die zur Durchführung des Fertigungs- und Montageprozesses notwendigen Anweisungen ermittelt werden und in langfristige Planungsaufgaben, mit der Aufgabe, für ein zukünftiges Produktionsspektrum neue, bessere Fertigungsbedingungen und verbesserte Abläufe zu bestimmen [4]. *Bild 8.1-1* zeigt die Aufgaben der Arbeitsplanung getrennt nach Kurzfristigkeit und Langfristigkeit.

REFA definiert den Arbeitsplan wie folgt: „Im Arbeitsplan sind die Ablaufabschnittfolge und die Arbeitssysteme beschrieben, die für eine schrittweise Aufgabendurchführung erforderlich sind. Darin ist auch die Vorgangsfolge zur Fertigung eines Teiles, einer Gruppe oder eines Erzeugnisses beschrieben. Dabei sind mindestens das verwendete Material sowie für jeden Vorgang der Arbeitsplatz, die Betriebsmittel, die Vorgabezeiten und die Lohngruppen angegeben" [6]. Im Arbeitsplan wird demzufolge die Umwandlung des Werkstückes vom Rohzustand in den Fertigzustand beschrieben.

Der Arbeitsplan kann auftragsbezogen oder auftragsneutral erstellt werden. Zur Unterscheidung werden die auftragsneutralen Arbeitspläne häufig Basisarbeitspläne genannt. Kennzeichen für den auftragsbezogenen Arbeitsplan sind die vorhandenen Daten über Termin, Stückzahl und Auftragsnummer. Ergänzend zu den Arbeitsplänen für die Fertigung werden immer häufiger Arbeitspläne für den Bereich der Instandhaltung erzeugt.

444 8 Rechnerunterstützte Arbeitsplanung   [Literatur S.601]

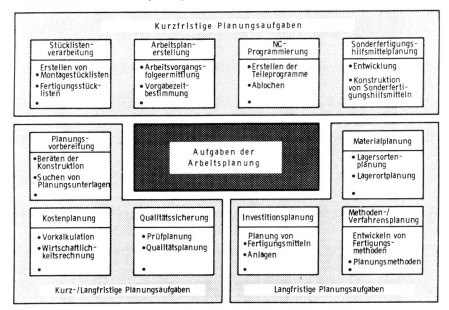

Bild 8.1-1 Aufgaben der Arbeitsplanung [5].

Bei der langfristigen Planung werden die Fertigungsmittel nach Optimierungsgesichtspunkten in die Planung einbezogen. Dazu gehören die Methoden-, Investitions- und Materialplanung. Bei der Methodenplanung werden neue Verfahren für die Fertigung, Montage und Qualitätsprüfung entwickelt und getestet, um dem technischen Fortschritt standzuhalten und Kosten zu senken. Bei der Investitionsplanung werden unter Berücksichtigung der wirtschaftlichen Lage des Betriebes die Vorarbeiten zur Beschaffung neuer Fertigungsmittel oder zur Einstellung von zusätzlichem Personal geleistet. Die Materialplanung befaßt sich mit der Lagerhaltung von Materialsorten und deren Verbrauch oder Verwendung in bestimmten Zeiträumen. Dabei werden die Lagerbewegungen überprüft und gegebenenfalls lagerhaltige Materialien neu festgelegt oder aussortiert.

Arbeitsplanungstätigkeiten

Untersuchungsergebnisse zeigen, daß die Arbeitsplanerzeugung durch unterschiedliche Planungsmethoden, durch Zeitdruck und durch fehlende aktuelle Daten nicht mit genügender Genauigkeit und deshalb nicht mit optimalen Ergebnissen durchgeführt werden kann [5].
Die Arbeitsplanerzeugung umfaßt die Ermittlung der Arbeitsvorgangsfolge und der Arbeitsvorgangsdaten. Dabei werden aus Eingangsinformationen nach feststehenden Algorithmen Zeiten und Kosten berechnet. Anschließend erfolgt eine Optimierung .
Für die Arbeitsplanerzeugung steht dem Arbeitsplaner eine Vielzahl von Daten zur Verfügung. Inhalt und Struktur der einzelnen Daten sind unterschiedlich. Der Planungsprozeß bleibt jedoch vom Fachwissen und von der Erfahrung des Arbeitsplaners abhängig. Für die manuelle Planung werden die meisten Informationen durch konventionelle Hilfsmittel wie Kataloge oder Karteien bereitgestellt. Seit einiger Zeit werden Mikrofilme für die Dokumentation von Planungsinformationen eingesetzt. *Bild 8.1-2* zeigt die Zuordnung von Planungsunterlagen zu den Planungsfunktionen.
Für die Rohteilbestimmung werden Kataloge mit den lagerhaltigen Materialien benutzt. Zur Arbeitsvorgangsfolgeermittlung müssen Entscheidungskriterien aufgestellt werden, die

[Literatur S. 601]   8.1 Allgemeines   445

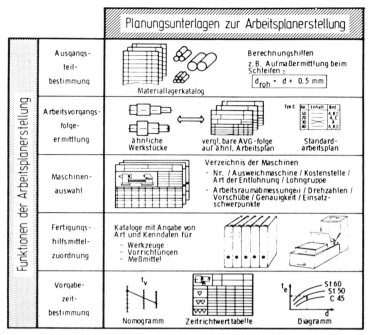

Bild 8.1-2 Planungsunterlagen zur Arbeitsplanerstellung [7].

sowohl das Werkstück als auch die vorhandenen Fertigungsverfahren berücksichtigen. Hierfür werden ähnliche Arbeitspläne oder Standardarbeitspläne verwendet, in denen die Arbeitsvorgangsstruktur abgebildet ist.
Für die Funktion Maschinenauswahl werden Maschinenkataloge bzw. -karteien eingerichtet. Neben den Kostenstellen und den Maschinenstundensätzen enthalten sie technische Angaben über Einsatzgebiete. Bei der Zuordnung von Fertigungshilfsmitteln zur Fertigungsaufgabe werden Werkzeug-, Meß- und Prüfmittelkarteien sowie Vorrichtungskataloge mit einsatzbestimmenden Kenndaten benutzt.
Zur Vorgabezeitermittlung werden Nomogramme, Zeitrichtwerttabellen und verfahrensbezogene Schnittwerttabellen als Hilfsmittel herangezogen [8].
Werkstückdaten teilen sich, wie von der Konstruktion bereitgestellt, in geometrische und technologische Daten. Außer der Fertigteilgeometrie und den technologischen Daten werden zusätzliche Informationen über den Rohzustand benötigt. Die Rohteildaten sind entweder von der Konstruktion festgelegt, zum Beispiel bei Guß- und Schmiedeteilen, oder sie werden als Teil der Arbeitsplanungtätigkeiten erzeugt.
Die Arbeitsvorgangsfolge ist die Reihenfolge der Tätigkeiten, die die technischen Randbedingungen und die Wirtschaftlichkeit der Fertigung berücksichtigt. Nach AWF/REFA ist ein Arbeitsvorgang die Bearbeitung, die zusammenhängend auf einer Maschine oder an einem Handarbeitsplatz ausgeführt wird [3]. Um einen Arbeitsvorgang mit Planungsinformationen detaillieren zu können, wird bei der Arbeitsplanerzeugung ein Arbeitsvorgang in Arbeitsteilvorgänge zerlegt. Arbeitsvorgänge sind zum Beispiel Sägen, Drehen und Fräsen. Teilvorgänge des Arbeitsvorgangs „Drehen" sind die einzelnen Arbeitsschritte wie Längsdrehen, Querdrehen oder Einstechen.
Mit der Arbeitsvorgangsfolge ist die Fertigungstechnologie für die Planungsaufgabe festgelegt. Daran schließt sich die Bestimmung der Arbeitsvorgangsdaten an. Die wichtigsten die-

ser Daten sind Angaben über Fertigungsmittel, Vorgabezeiten sowie Arbeitsanweisungen. Das Fertigungsmittel, mit dem ein Arbeitsvorgang ausgeführt werden soll, ist durch mehrere Informationen wie Abteilung, Identnummer und Kostenstelle definiert. Bei der Auswahl einer Maschine für die Fertigung eines Werkstückes wird eine Überprüfung der technischen und wirtschaftlichen Einsatzbedingungen durchgeführt. Als technische Einsatzkriterien können Arbeitsraumabmessungen der Maschine, das maximal zulässige Werkstückgewicht oder die erforderliche Bearbeitungsqualität maßgebend sein.

Werkzeuge, Vorrichtungen und Spannmittel sind ebenfalls Fertigungsmittel, werden aber als Fertigungshilfsmittel bezeichnet, da sie im allgemeinen den Maschinen und Arbeitsplätzen zugeordnet sind. Im Arbeitsplan sollten stets Angaben über die benötigten Hilfsmittel für jeden Arbeitsvorgang vorhanden sein. Bei Sonderhilfsmitteln, seien es Werkzeuge oder Spannmittel, ist es Aufgabe des Arbeitsplaners für deren Konstruktion, Fertigung und Bereitstellung zu sorgen.

Die häufigste Planungsaufgabe der Fertigungshilfsmittelbestimmung in der Einzel- und Kleinserienfertigung ist die Werkzeugermittlung. Für jedes Bearbeitungsverfahren sind eigene Werkzeuge erforderlich, die oft noch spezielle Vorrichtungen sowie Spann- und Meßmittel benötigen.

Zur Bestimmung von Arbeitsvorgangsdaten gehört auch die Erstellung von Daten für numerisch gesteuerte Werkzeugmaschinen. Der Arbeitsplan verweist für Arbeiten mit NC-Werkzeugmaschinen auf einen Lochstreifen, zum Beispiel über eine Identnummer.

Zu den wesentlichen Aufgaben der Arbeitsplanerzeugung gehört die Zeitermittlung für die im Arbeitsplan festgehaltenen Arbeitsvorgänge. Sie dient als Grundlage für Kostenrechnungen, Entlohnung und Kapazitätsterminierung [9]. Die detaillierte Ermittlung der Vorgabezeiten ist aufwendig und zeitraubend und wird von subjektiven Einflüssen bezüglich Genauigkeit, Zuverlässigkeit und Wiederholbarkeit beeinträchtigt. In der Einzel- und Kleinserienfertigung ist ein hoher Genauigkeitsgrad der Vorgabezeiten aus Kapazitäts- und Wirtschaftlichkeitsgründen meist nicht möglich. Von besonderer Bedeutung ist sie bei der Serien- und Massenfertigung, da die Bestimmung der Taktzeit und die damit verbundene Investitionsplanung davon abhängt.

Die Vorgabezeit setzt sich aus mehreren Zeitanteilen zusammen, wie Rüst-, Haupt-, Neben-, Grund- und Verteilzeit. Der einzige mit mathematischen Gesetzmäßigkeiten errechenbare Zeitanteil ist die Hauptzeit. Die anderen Zeiten werden durch empirische Formeln, Messungen oder durch Erfahrung ermittelt.

Jede Änderung in den Produkten, die eine Investition neuer Maschinen oder Werkzeuge sowie die Einführung neuer Methoden zur Verbesserung des Fertigungsablaufes zur Folge hat, wirkt sich auf die Planung aus. Die in der Fertigung eingesetzten neuen Betriebsmittel, Methoden und Abläufe müssen der Arbeitsplanung aktuell zur Verfügung stehen, damit die Planung dem tatsächlichen Betriebsgeschehen entspricht. Dies erfordert einen ständigen Änderungsdienst für die vorhandenen Arbeitsplanungsmethoden und die vorhandenen Arbeitspläne [6].

Die in der Arbeitsplanung erzeugten Informationen werden auch in anderen Unternehmensbereichen benötigt (*Bild 8.1-3*). Die Arbeitssteuerung und Kapazitätsplanung basiert auf den im Arbeitsplan angegebenen Fertigungszeiten. In der Fertigung sind in erster Linie der NC- Lochstreifen und die Arbeitsanweisungen von Interesse. Der Einkauf muß anhand der Arbeitsplaninformationen für eine gesicherte Fertigung Materialien bereitstellen.

Die Form des Arbeitsplanes wird unternehmensspezifisch festgelegt, wobei je nach Abteilung Kurzfassungen oder detaillierte Arbeitspläne mit Arbeitsanweisungen bereitgestellt werden. Die Dokumentation der Arbeitsplandaten kann neben alphanumerischen Angaben grafische Darstellungen enthalten. Zur Archivierung werden Karteien mit Arbeitsplanblättern oder Mikrofilmkarteien benutzt.

[Literatur S. 601] 8.1 Allgemeines 447

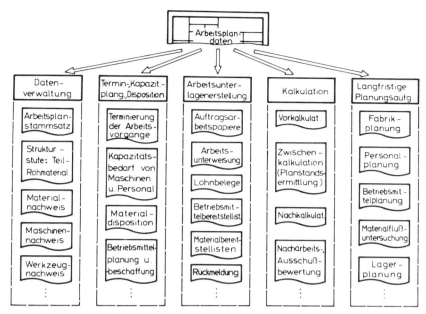

Bild 8.1-3 Verwendung von Arbeitsplandaten in verschiedenen Aufgabenbereichen [6].

Technologische Arbeitsplanungsaspekte

Objekte der Arbeitsplanung sind Werkstücke, Fertigungsmittel und Fertigungshilfsmittel. Das Werkstück ist das Objekt, das unter Verwendung der anderen Planungsobjekte geplant bzw. hergestellt werden soll. Die Menge der Werkstücke kann Aufschluß über das Fertigungsverfahren geben. Es handelt sich dabei um Einzelfertigung, Klein- oder Mittelserienfertigung und Massenfertigung. Eigenschaften der Rohmaterialien sind nach Gestalt und Werkstoff zu unterscheiden. Dabei kann zwischen genormten Halbzeugen zum Beispiel Profilstangen, Blechen sowie Guß- oder Schmiedeteilen unterschieden werden. Die Werkstoffart ist ein weiteres Merkmal, da oft ein Zusammenhang zwischen Werkstoff und Fertigungsablauf besteht.

Ausgangsbasis für die Arbeitsplanung sind geometrische und technologische Angaben, die in den Zeichnungen und Stücklisten enthalten sind.

Die Vielfältigkeit aller möglichen Roh- und Fertigteilgeometrien macht eine Algorithmierung und die daraus resultierende Automatisierung der Zuordnung von Fertigungsverfahren zu Objektgeometrien kaum möglich. Ein Hilfsmittel hierfür ist eine Klassifizierung von Werkstücken nach geometrischen oder technologischen Merkmalen zusammen mit entsprechenden Standardarbeitsfolgen.

Die Werkstückabmessungen haben Einfluß auf die einzusetzenden Fertigungsmittel und Fertigungsverfahren. So können zum Beispiel kleine rotationssymmetrische Teile auf Drehautomaten aus Standardhalbzeugen hergestellt werden. Mittelgroße Teile werden meist aus Gußteilen oder Schmiedeteilen weiterverarbeitet. Bei großen Drehteilen werden entweder Karusselldrehmaschinen oder Sondermaschinen eingesetzt.

Der Detaillierungsgrad der Planung hängt stark von der auftretenden Losgröße ab. In der Einzelfertigung wird die Fertigung unmittelbar vom Markt und von Kundenwünschen beeinflußt. Dies führt zwangsläufig zur auftragsabhängigen Arbeitsplanerstellung.

In der Kleinserienfertigung werden Fertigungsaufträge nach wirtschaftlichen Gesichtspunkten und Marktbeobachtungen erteilt. Je nach Losgröße der aufgelegten Serie werden

die Arbeitspläne entsprechend erstellt oder von der Arbeitsplanung wird ein Grenzwert der Losgröße im Zusammenhang mit einem Arbeitsplan festgelegt.
In der Serien- und Massenfertigung werden in der Arbeitsplanung die Arbeitssysteme für längere Zeit in allen Einzelheiten festgelegt. Beim Wechseln des Produktionsprogrammes (zum Beispiel in der Automobilindustrie, Unterhaltungselektronik oder bei Haushaltsgeräten) werden häufig neue Arbeitssysteme geplant und gestaltet, zumindest aber sind die vorhandenen neu anzuordnen.
Untersuchungen über den Einfluß von Losgrößen auf die Arbeitsplanung zeigen, daß bei der Zunahme der Losgröße die Planungszeit ebenfalls zunimmt, was eine kürzere Fertigungszeit pro Stück zur Folge hat [6].
In der Fertigung werden noch immer überwiegend Eisenwerkstoffe verarbeitet. Immer häufiger sind jedoch Nichteisenmetalle und Kunststoffe zu berücksichtigen. Aber auch neue Stahlsorten werden eingeführt, die sich durch besondere mechanische, chemische oder physikalische Eigenschaften auszeichnen. Daraus ergeben sich ständig ändernde Voraussetzungen für die Bearbeitung mit entsprechenden Auswirkungen auch auf die Planung.
Für die spanende Fertigung sind die Schnittdaten Bestandteil des Arbeitsplanes. Die Ermittlung von Schnittdaten basiert auf den technologischen Eigenschaften des zu verarbeitenden Werkstoffes. Neben den Maschinen- und Werkzeugdaten sind die Werkstoffdaten für ein Fertigungsverfahren die wesentlichen Komponenten bei der Technologieermittlung. Erst eine optimale Technologieermittlung ermöglicht das Erreichen einer hohen Produktivität.
Bei der Fertigungsmittelauswahl sind Maschinen und Arbeitsplätze zu bestimmen, an denen die Arbeitsvorgänge ausgeführt werden, und die unmittelbar von den Fertigungsverfahren beeinflußt sind. Dabei wird im wesentlichen auf Angaben von Roh- und Fertigteil zurückgegriffen. Arbeitsraumabmessungen der Maschine, Werkstückabmessungen sowie erforderliche Leistung und Fertigungsgenauigkeit sind Kriterien dieser Planungstätigkeit.
Die Bedeutung der NC-Programmierung läßt sich aus einer Statistik des INSTITUTS DER DEUTSCHEN WIRTSCHAFT erkennen. Danach stieg die jährliche Produktion der NC-Werkzeugmaschinen von 760 im Jahr 1970 auf rund 5.672 im Jahr 1981. Insgesamt wurden 25.000 Maschinen in der Bundesrepublik Deutschland installiert (3,2 % NC-Quote). Im Jahr 1981 waren 22,5 % aller produzierten Werkzeugmaschinen numerisch gesteuert (1971 lag die Quote bei 5,6 %). Über 65 % der NC-Maschinen stehen in Betrieben mit weniger als 1.000 Beschäftigten.

Arbeitsplanungsarten

Bei der Arbeitsplanung werden unterschiedliche Planungsprinzipien eingesetzt, deren Grenzen jedoch fließend sind. Die Planungsverfahren können nach folgenden Prinzipien unterschieden werden:
- Arbeitsplanverwaltung,
- Variantenplanung,
- Anpassungsplanung und
- Neuplanung.

Die Art des eingesetzten Planungsprinzips richtet sich nach den betrieblichen Anforderungen aufgrund der Fertigungsart und des Produktspektrums.
Kennzeichnend für die Arbeitsplanverwaltung ist das Archivieren von Arbeitsplänen unter Verwendung von Kodier- oder Klassifizierungsschlüsseln. Voraussetzung ist, daß für das zu fertigende Werkstück ein auftragsneutraler Arbeitsplan bei einer entsprechenden Losgröße vorhanden ist.
Wird das Archivieren mit einer Klassifizierung der Arbeitspläne verbunden, kann anhand der Klassifizierungsnummer eine Aussage über die Art des zugehörigen Werkstücks, der Fertigungsverfahren oder anderer Ordnungskriterien gemacht werden. Bei der Verwendung

[Literatur S. 601]

des Arbeitsplanes werden die aktuellen Auftragsdaten eingesetzt. Dieses Planungsprinzip wird auch als Regenerierungsprinzip bzw. als Wiederholplanung bezeichnet. Der Anwendungsbereich der Arbeitsplanverwaltung ist durch die Wiederholhäufigkeit der zu fertigenden Werkstücke begrenzt. Für Werkstücke, bei denen keine vollständige Wiederverwendung bestehender Planungsunterlagen möglich ist, muß ein neuer auftragsneutraler Arbeitsplan erstellt werden.

Bei der Verwendung des Variantenplanungsprinzips wird das zu planende Werkstückspektrum durch einen Standardarbeitsplan für jede Teilefamilie erfaßt. Zur systematischen Vorbereitung sind in der Regel folgende Schritte erforderlich *(Bild 8.1-4)*. Aus dem betriebsspezifischen Werkstückspektrum werden alle ähnlichen Teile zu sogenannten Variantenklassen zusammengefaßt. Innerhalb dieser Klassen wird eine Standardisierung aller Teile unter Berücksichtigung wertanalytischer Aspekte durchgeführt. Für alle zugelassenen Varianten werden die erforderlichen Planungsinformationen dokumentiert [10].

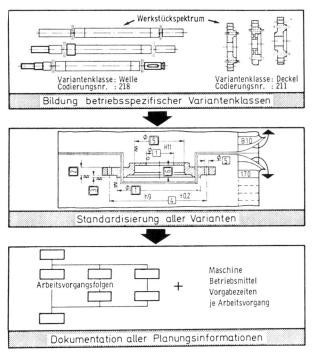

Bild 8.1-4 Systematik der Standardarbeitsplanbildung [24].

Damit entstehen vollständige Arbeitspläne für alle Varianten jeweils einer Teilefamilie. Die Größe der Teilefamilie ist abhängig vom Umfang der standardmäßig festgelegten Arbeitsplandaten und der zugelassenen Änderungsmöglichkeiten [7,10].

Die Variantenplanung sieht ausschließlich eine Veränderung des Standardplans durch die Variation von Parametern innerhalb festgelegter Grenzen vor. Das Zufügen von Bearbeitungselementen ist nicht möglich. Das Variantenprinzip eignet sich besonders für firmenspezifische Lösungen mit einem eng begrenzten Werkstückspektrum. Mit der Beschränkung auf das Spektrum der durch die Standardarbeitspläne repräsentierten Teile weist ein solches System eine geringe Flexibilität auf [6].

Eine wesentlich größere Flexibilität als die Variantenplanung bietet die Anpassungsplanung. Voraussetzung für die Anpassungsplanung ist das Vorliegen bereits erstellter Arbeitspläne. Diese werden durch Zufügen, Löschen und Ändern einzelner Arbeitsschritte der Planungsaufgabe angepaßt. Für eine nutzbringende Anwendung dieses Planungsprinzips ist es zweckmäßig, die Suche von ähnlichen Plänen durch einen Klassifizierungsschlüssel zu unterstützen [11]. Die Anpassungsplanung bietet im Gegensatz zu den vorher genannten Planungsprinzipien die Möglichkeit, neue Planungsdaten zu erzeugen.

Mit der Neuplanung können sowohl für ähnliche als auch für neue Werkstücke Arbeitspläne nach allgemeinen und betriebsabhängigen Planungsdaten und Planungsregeln erstellt werden. Es erfolgt zunächst auf der Grundlage der Werkstückbeschreibung eine Problemanalyse, aufgrund derer aus der Anzahl möglicher Lösungswege unter Berücksichtigung von Optimierungskriterien ein Lösungsweg festgelegt wird. Daher wird diese Methode auch als Generierungs- oder Optimierungsprinzip bezeichnet [12].

Organisation der Arbeitsplanung

Die Entwicklung der Produktionstechnik zeigt eine tiefgreifende Wandlung bei der Gestaltung und Organisation von Produktionsstrukturen. Damit stellt sich die Frage nach den organisatorischen, informationsbezogenen und prozeßabhängigen Strukturen, die möglich oder erforderlich sind, um die Aufgaben der Zukunft zu bewältigen [12, 13].

Die Effizienz der Produktion ist nicht nur vom technischen Stand der Fertigungsmittel, sondern in hohem Maße von der Wirksamkeit der betrieblichen Organisation abhängig. Nach dem Beginn der Rationalisierung und Automatisierung in der Vollzugsphase stehen inzwischen die der Fertigung vorgelagerten Bereiche der Konstruktion und Arbeitsplanung im Zentrum der Rationalisierungsbemühungen [7,14,15,16].

Die durch Optimierung des technologischen Ablaufes vorgenommene Verbesserung in der organisatorischen Abwicklung des mit erheblichen Rationalisierungsreserven ausgestatteten herkömmlichen Material- und Informationsflusses erfordert weit mehr eine integrale Betrachtung betrieblicher Faktoren als dies bisher notwendig war [17,18,19].

Der Materialfluß wird definiert als Verkettung aller Vorgänge beim Gewinnen, Verarbeiten sowie bei der Verteilung von stofflichen Gütern innerhalb festgelegter Bereiche [20]. Analog dazu kann der Informationsfluß als Verkettung aller Vorgänge aufgefaßt werden, die der Bearbeitung, der Handhabung, dem Transport, dem Prüfen, dem Zwischenspeichern und dem Speichern von Nachrichten bzw. Informationen dienen.

Aus systemtechnischer Sicht stellt die Arbeitsplanung das Modell des Fertigungsprozesses dar. Durch formale Simulation der Fertigungsabläufe wird auf logischem Weg ein optimaler Fertigungsprozeß für ein bestimmtes Werkstück ermittelt. Die Ergebnisse dieses abstrakten Modells werden dokumentiert und dienen als informationelle Grundlage der realen Fertigung.

Die informationellen Beziehungen der Arbeitsplanung zu angrenzenden betrieblichen Bereichen zeigt das *Bild 8.1-5*. Als Merkmale werden das Mitspracherecht, die Pflicht zur Information und das Recht auf Information herausgestellt. Das Mitspracherecht beinhaltet die Verarbeitung von Informationen und setzt einen informationellen Austausch voraus. Die Informationspflicht dient der direkten Versorgung bestimmter betrieblicher Aufgabenträger. Das Informationsrecht versetzt einen Aufgabenträger in die Lage, sich Informationen und Daten über einen Tatbestand oder Vorgang zu beschaffen.

Die Arbeitsvorbereitung und mithin die Arbeitsplanung ist in immer stärkerem Maße das informationelle Bindeglied zwischen den betrieblichen Bereichen Konstruktion und Fertigung. Die Hauptaufgabe besteht dabei in der Daten- und Informationskoordination.

Unter informationellen Tätigkeiten werden die Aufgaben verstanden, die in einem funktionalen Zusammenhang mit der gesamten Arbeitsplanung stehen. Dabei dient die Informationsbeschaffung der Suche und Auswahl innerbetrieblicher wie außerbetrieblicher Informationen, die für die Arbeitsplanung relevant sind.

Die Informationsübertragung hat zwei wesentliche Schwerpunkte. Zum einen ist dies eine Verteilerfunktion im Sinne der Weiter- oder Ausbildung von Sachbearbeitern bzw. der Be-

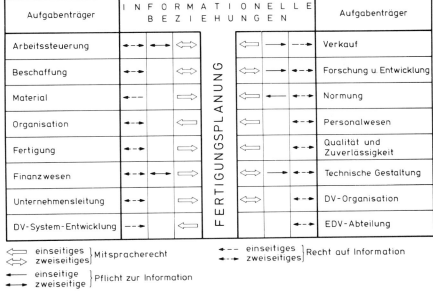

Bild 8.1-5 Informationelle Beziehungen der Arbeitsplanung zu angrenzenden betrieblichen Bereichen [21].

reitstellung von externen und internen Informationen zur Auswertung durch bestimmte Aufgabenträger. Das zweite Element ist die Informationskoordination der Arbeitsplanung einschließlich der Weitergabe von Informationen an die benachbarten Betriebsbereiche.
In einer realen Planungsabteilung werden die Teilaufgaben durch die abzuwickelnden Planungsaufträge miteinander verknüpft (Ablauforganisation). Für die Anzahl und den Aufwand der parallel bzw. in einer bestimmten Zeit auszuführenden Aufträge muß die erforderliche Kapazität an fachkundigem Personal zur Verfügung stehen. Für eine reibungslos funktionierende Abwicklung ist es notwendig, daß die einzelnen Mitarbeiter abgegrenzte Aufgabengebiete erhalten und hinsichtlich ihrer Aufgaben und ihrer hierarchischen Stellung in organisatorischen Einheiten zusammengefaßt werden (Aufbauorganisation) [5].
Daher sind außer der ablauforganisatorischen Abhängigkeit der Planungstätigkeiten insbesondere die grundlegenden Gliederungsmöglichkeiten für eine Aufbauorganisation in der Arbeitsplanung zu betrachten.
Die Ablauforganisation kennzeichnet den institutionalisierten beleggebundenen Informationsfluß in bzw. zwischen den Abteilungen oder Betriebseinheiten. *Bild 8.1-6* zeigt den Informationsfluß in der Arbeitsplanung in einer verallgemeinerten Form. Zu den einzelnen Tätigkeiten sind die jeweils erforderlichen Eingangs- und Ausgangsinformationen aufgeführt. Die gezeigte Informationsverknüpfung verdeutlicht die zentrale Bedeutung des Arbeitsplans und damit der Aufgaben der Arbeitsplanerstellung sowohl innerhalb der kurzfristigen als auch der langfristigen Tätigkeitsstruktur.
Im Gegensatz zur allgemeingültigen, funktionellen Informationsverknüpfung lassen die vielfältigen Gestaltungsmöglichkeiten einer aufbauorganisatorischen Gliederung der Arbeitsplanung keine umfassende Darstellung aller Lösungsmöglichkeiten zu.
Voraussetzung zur detaillierten Betrachtung der Aufbauorganisation in der Arbeitsplanung ist die Kenntnis der grundlegenden Gliederungsmöglichkeiten, die sich in diesem Bereich anbieten. Wie bei der Strukturierung auf höheren Ebenen sind auch in der Arbeitsplanung Abgrenzungen hinsichtlich

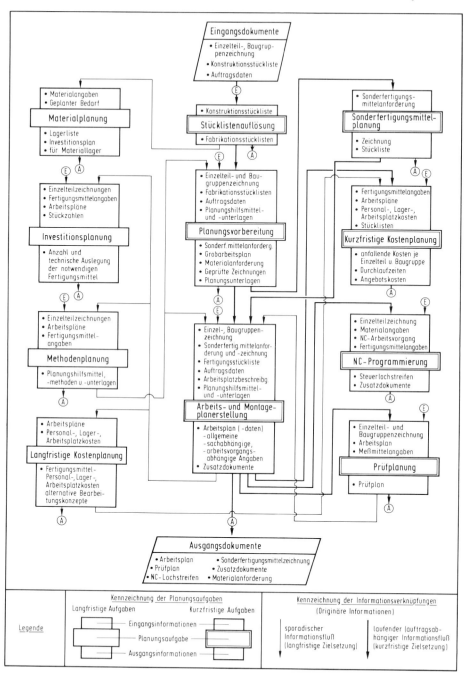

Bild 8.1-6 Informationsverknüpfungen der Tätigkeiten in der Arbeitsplanung [22].

[Literatur S.601] 8.1 Allgemeines 453

- einzelner Funktionen der Arbeitsvorbereitung (funktionale Gliederung),
- der bearbeiteten Planungsobjekte (objektbezogene Gliederung) sowie
- den Funktionen der Fertigung und Montage (herstellungsbezogene Gliederung) sinnvoll [23].

Innerhalb dieser Gliederungsmöglichkeiten lassen sich unterschiedliche Gliederungstiefen durch den Grad der Unterteilung, z. B. ohne, grob, mittel oder fein, realisieren. Jede Stelle der Aufbauorganisation wird durch eine Kombination aus funktionaler, objektbezogener und herstellungsbezogener Gliederung mit jeweiliger Angabe der Gliederungstiefe beschrieben. Eine Kennzeichnung durch nur eine Gliederungsrichtung oder ohne nähere Angaben der Gliederungstiefe ist nicht aussagefähig.

Die funktionale Gliederung der Arbeitsplanung ist durch Abgrenzung von Stellen der Aufbauorganisation nach den Aufgaben, die bei der Durchführung der Planungsprozesse zu bearbeiten sind, gekennzeichnet. In *Bild 8.1-7* sind einige Beispiele für funktionale Abgrenzungsmöglichkeiten auf unterschiedlichen Komplexitätsebenen dargestellt.

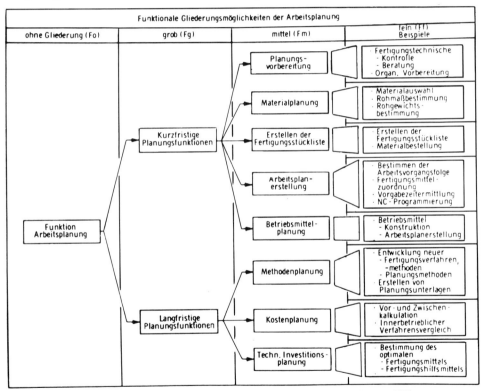

Bild 8.1-7 Beispiele funktionaler Gliederungsmöglichkeiten in der Arbeitsplanung [23].

Bei der objektbezogenen Gliederung werden die Stellen der Aufbauorganisation nach den herzustellenden und daher zu planenden Objekten abgegrenzt *(Bild 8.1-8)*. Bei der Abgrenzung von Gruppen der Arbeitsplanerstellung für die Fertigung ist eine Untergliederung bis zur Ebene ähnlicher Einzelteile möglich. Je weiter untergliedert wird, umso mehr steigt die Einheitlichkeit und Genauigkeit der Planungsergebnisse für die jeweiligen Werkstücke. Anwendbar ist eine extreme Untergliederung nur bei ausreichendem Ähnlichkeitsgrad der Werkstücke und einer erforderlichen hohen benötigten Planungskapazität je Werkstückgruppe.

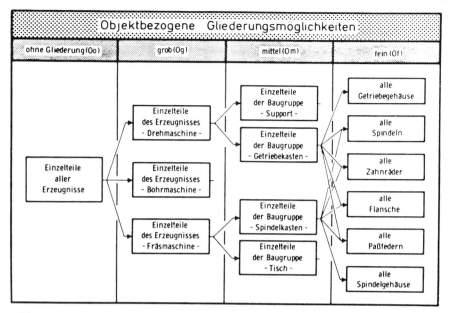

Bild 8.1-8 Objektbezogene Gliederungsmöglichkeiten am Beispiel der Herstellung von Werkzeugmaschinen [23].

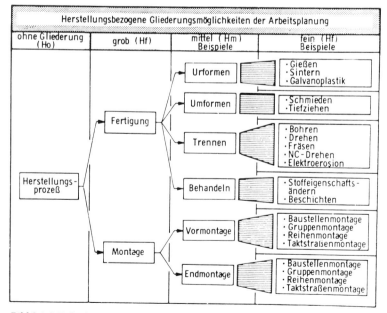

Bild 8.1-9 Beispiele herstellungsbezogener Gliederungsmöglichkeiten in der Arbeitsplanung [23].

Die an den Funktionen des Herstellungsprozesses orientierte Gliederung kann teilweise Funktionen der Arbeitsplanung überlagert werden. Eine Zusammenstellung möglicher Abgrenzungskriterien der herstellungsbezogenen Gliederung ist in *Bild 8.1-9* dargestellt. Die Eigenschaften dieser Gliederung sind denen der funktionalen Gliederung sehr ähnlich. Neben der durch steigende Spezialisierung hervorgerufenen Verbesserung der Planungsergebnisse ist eine Durchlaufzeitverkürzung durch steigende Übergangszeiten und fallende Bearbeitungszeiten kaum erreichbar. Ihre häufigste Anwendung findet die herstellungsbezogene Gliederung auf der Ebene einzelner Herstellungsverfahren bei der NC-Programmierung. Wegen des hohen Neuigkeitsgrades und wegen der unterschiedlichen Problematik werden diese Aufgaben meist in eigenständigen Gruppen der Arbeitsplanung bearbeitet und erst nach einer gewissen Lernzeit in die Arbeitsplanerstellungsgruppen integriert [23].

Die Abgrenzung von Gruppen innerhalb der Organisationsstruktur der Arbeitsvorbereitung kann durch eine Kombination der genannten Gliederungsmöglichkeiten unter Beachtung der entsprechenden Gliederungstiefe vorgenommen werden. Die Auswahl der für eine Stelle jeweils geeigneten organisatorischen Abgrenzung ist durch eine Betrachtung der damit verbundenen Eigenschaften möglich. In *Bild 8.1-10* sind die Eigenschaften organisatorischer Einheiten in Abhängigkeit der Gliederungsmöglichkeiten dargestellt [24]. Es zeigt sich, daß mit zunehmender Gliederungstiefe die Ausprägung der einzelnen Eigenschaften

Gliederungsmöglichkeiten	Eigenschaften bei zunehmender Gliederungstiefe	Anwendung der Gliederungsmöglichkeit
Funktionale Gliederung (Funktion 1, Funktion 2, Funktion 3, Funktion 4)	- Steigender Informationsverlust bei Auftragsabwicklung - Einarbeitung der nachfolgenden Sachbearbeiter erforderlich - Gruppenüberschreitende Rückfragen - Steigende Einheitlichkeit bei gleichen Einzelteilen in verschiedenen Baugruppen/Produkten - Keine einheitliche Verantwortlichkeit für Auftragsabwicklung - Flexibilität bei wechselnden Produkten - Genauigkeit der Ergebnisse	- Bei hohem Anteil ähnlicher Einzelteile in verschiedenen Baugruppen - Bei kurzer Lebensdauer der Erzeugnisse - Gleicher Fertigungsbereich - Gleicher Konstruktionsbereich
Objektbezogene Gliederung (Produkte A, B, C, D)	- Gute Informationsweitergabe bei Auftragsabwicklung - Kurze Durchlaufzeit - Einheitliche Verantwortlichkeit für Auftragsabwicklung - Abnehmende Flexibilität bei wechselnden Produkten - Informationsaustausch zwischen Planungsgruppen für Objekte nachteilig - Aufbau und Anwendung werkstückbezogener Planungsunterlagen - Steigende Genauigkeit der Ergebnisse	- Bei sehr unterschiedlichen Baugruppen - Bei hoher Lebensdauer gleicher oder ähnlicher Baugruppen - Bei hohem Informationsbedarf der einzelnen Planungsfunktionen - Fertigung in unterschiedlichen Bereichen - Konstruktion in unterschiedlichen Bereichen
Herstellungsbezogene Gliederung (Verfahren a, Verfahren b, Verfahren c)	- Steigender Informationsverlust bei Auftragsabwicklung - Einarbeitung der nachfolgenden Sachbearbeiter erforderlich - Gruppenüberschreitende Rückfragen - Steigende Einheitlichkeit bei gleichen Einzelteilen in verschiedenen Baugruppen/Produkten - Keine einheitliche Verantwortlichkeit für Auftragsabwicklung - Flexibilität bei wechselnden Produkten - Genauigkeit der Ergebnisse	- Gliederung der Fertigung nach Verfahrensgruppen - Verfahrensbezogene Planungsunterschiede (z. B. konventionelle NC-Fertigung) - Unterschiedliche Fertigungsarten - Termindruck

Bild 8.1-10 Eigenschaften und Anwendungsgebiete der Gliederungsmöglichkeiten [5].

beeinflußt wird. Diese erstrecken sich zum Beispiel infolge des erzeugten Spezialisierungsgrades der betroffenen Planer auf eine zeitliche und kostenmäßige Auftragsabwicklung sowie auf die Einheitlichkeit und Genauigkeit der Planungsergebnisse.

Außerdem werden die Gliederungsmöglichkeiten durch weitere Eigenschaften der Organisation bestimmt, wie zum Beispiel die Flexibilität bei wechselndem Produktspektrum und die Verteilung der Verantwortung für die Auftragsabwicklung. Damit lassen sich typische Anwendungsgebiete der einzelnen Gliederungsmöglichkeiten abstecken, die insbesondere durch die Art und Struktur der Produkte sowie durch die technologischen und organisatorischen Voraussetzungen in den angrenzenden Produktionsbereichen geprägt sind. Aufgrund der vielgestaltigen Möglichkeiten der objekt- und verfahrensspezifischen Gliederungen muß sich eine Organisationsstruktur an den vorliegenden firmenspezifischen Gegebenheiten, wie zum Beispiel den Produkt- und Fertigungsstrukturen sowie der Firmengröße orientieren.

Unternehmensplanerische Entscheidungen werden im wesentlichen durch die Verantwortung über die Anteile an den Herstellkosten innerhalb der einzelnen Bereiche eines Unternehmens beeinflußt. Durch die Tätigkeit der Entwicklung, Konstruktion, Normung und des Versuchs wird ein Großteil der Herstellungskosten festgelegt. Dies erfordert bereits im Planungsprozeß den Informationsaustausch und gemeinsame Planungstätigkeiten der beteiligten Abteilungen.

Zielsetzung der fachlichen Zusammenarbeit muß sein, bereits im Konstruktionsbereich Lösungen zu erarbeiten, die in nachgeschalteten Planungsbereichen weiter verarbeitet und mit vorhandenen Fertigungseinrichtungen hergestellt werden können.

Eine zentrale Bedeutung kommt bei dieser Aufgabenstellung vor allem der Informationsbeschaffung, -vermittlung und -aufbereitung zu. Es muß dem Konstrukteur eine vollständige Informationsbasis zur Verfügung stehen und es muß gleichzeitig der hohe Zeitanteil für die Tätigkeit Informieren reduziert werden. Neben der Bereitstellung geeigneter Informationsquellen ist eine systematische personelle Zusammenarbeit zwischen Konstruktion und Arbeitsplanung unerläßlich [36, 37].

8.2 Funktionen der rechnerunterstützten Arbeitsplanung

8.2.1 Verfahren

Im kommerziellen betrieblichen Bereich wird mit Hilfe der elektronischen Datenverarbeitung im großen Umfang Listenverarbeitung durchgeführt. Durch Übertragung dieser dort schon sehr früh eingesetzten Methoden wurden zunächst rechnerunterstützte Arbeitsplanverwaltungssysteme realisiert.

Rechnerunterstützte Arbeitsplanverwaltung

Kennzeichnend für Systeme zur Arbeitsplanverwaltung ist das Ablegen von Daten unter Verwendung von Kodier- und Klassifizierungsvorschriften und deren Ausgabe in gewünschter Form. Voraussetzung dafür ist, daß für das zu fertigende Werkstück bereits ein auftragsneutraler Arbeitsplan vorliegt und eine entsprechende Auftragssituation, die durch die Losgröße gekennzeichnet ist. Der Ablauf der rechnerunterstützten Arbeitsplanverwaltung ist in *Bild 8.2.1-1* dargestellt. Zu unterscheiden sind die Funktionsbereiche Einlesen und Speichern von Arbeitsplänen sowie Suchen und Ausgeben von Arbeitsplänen. Wenn das Einlesen und Speichern mit einer Klassifizierung der Arbeitspläne verbunden wird, ermöglicht die Klassifizierungsnummer eine Aussage über die Art des zugehörigen

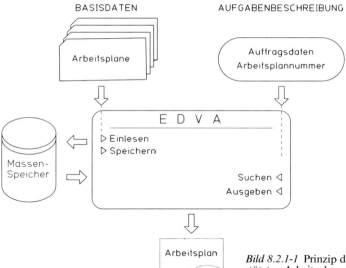

Bild 8.2.1-1 Prinzip der rechnerunterstützten Arbeitsplanverwaltung [26].

Werkstückes, der Fertigungsverfahren oder anderer Ordnungskriterien. Gleichzeitig dient das Klassifizierungssystem zur Speicherungsorganisation, um den Suchaufwand und damit die Rechenzeiten und -kosten zu minimieren. Bei der Ausgabe des Arbeitsplans werden die aktuellen Auftragsdaten automatisch generiert und eingetragen. Eine Generierung von Planungsdaten findet bei der rechnerunterstützten Arbeitsplanverwaltung nicht statt.

Rechnerunterstützte Variantenplanung

Bei der Anwendung des Variantenplanungsprinzips wird das zu planende Werkstückspektrum durch je einen Standardarbeitsplan für eine Teilefamilie erfaßt. Die Grenze der Arbeitsplanverwaltung ist durch die Wiederholhäufigkeit der zu fertigenden Werkstücke be-

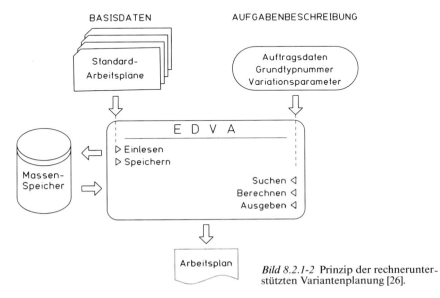

Bild 8.2.1-2 Prinzip der rechnerunterstützten Variantenplanung [26].

stimmt. Bei den Werkstücken, bei denen keine vollständige Wiederverwendung bestehender Planungsunterlagen möglich ist, muß zunächst ein auftragsneutraler Arbeitsplan erstellt werden. Diese Pläne stellen vollständige Arbeitspläne für alle Varianten jeweils einer Teilefamilie dar. Die Größe der Teilefamilie ist abhängig vom Umfang der standardmäßig festgelegten Arbeitsplandaten und der zugelassenen Änderungsmöglichkeiten. Die Funktionsbereiche sind das Einlesen und Speichern von Standardarbeitsplänen sowie das Suchen von Standardplänen, Berechnen von variablen Planungswerten und Ausgeben von Arbeitsplänen *(Bild 8.2.1-2)*.

Die Variantenplanung sieht ausschließlich eine Veränderung des Standardarbeitsplans durch die Variation von Parametern innerhalb festgelegter Genzen vor. Das Zufügen von Bearbeitungselementen ist nicht möglich.

Rechnerunterstützte Arbeitsplanungssysteme nach dem Variantenprinzip eignen sich insbesondere für den Einsatz in Betrieben mit einem eng begrenzten Werkstückspektrum. Diesem Nachteil einer geringen Flexibilität dieser Systeme stehen die Vorteile eines geringen programmtechnischen Aufwandes und kurzer Rechenzeiten gegenüber.

Rechnerunterstützte Anpassungsplanung

Eine wesentlich größere Flexibilität als die zuvor beschriebenen Systeme weisen Anpassungsplanungssysteme auf. Ihre Funktionsbereiche sind entsprechend *Bild 8.2.1-3* das Einlesen und Speichern von Arbeitsplänen sowie das Auswählen des Ähnlichkeitsplans, Einfügen bzw. Löschen von Arbeitsschritten und das Durchführen einfacher Berechnungen.

Voraussetzung für den Einsatz derartiger Systeme ist ebenfalls das Vorliegen bereits erstellter Arbeitspläne. Diese werden durch Zufügen, Löschen und Ändern einzelner Arbeitsschritte der neuen Planungsaufgabe angepaßt. Für eine optimale Anwendung dieses Planungsprinzips ist es zweckmäßig, die Suche nach ähnlichen Plänen durch ein Arbeitsplanverwaltungs- und ein Klassifizierungssystem zu unterstützen.

Anpassungsplanungssysteme bieten im Gegensatz zu den vorher genannten Planungssystemen die Möglichkeit, mit Rechnerhilfe neue Planungsdaten zu erzeugen. Das kann durch die Anwendung eines Planungsalgorithmus oder durch Dialogeingaben des Bearbeiters erfolgen.

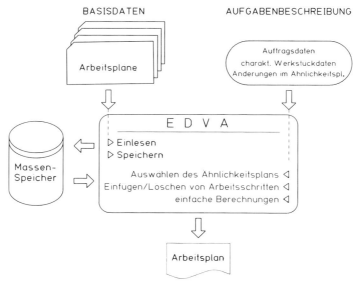

Bild 8.2.1-3 Prinzip der rechnerunterstützten Anpassungsplanung [26].

Rechnerunterstützte Neuplanung

Den größten Automatisierungsumfang bei der rechnerunterstützten Arbeitsplanerstellung weisen Neuplanungssysteme auf. Sie basieren auf dem Generierungsprinzip, das bedeutet, daß aus den jeweils direkt eingegebenen Daten ein vollständiger Arbeitsplan erzeugt wird. Bezüglich der Eingabedaten unterscheidet man zwischen Neuplanungssystemen mit Arbeitsvorgangsbeschreibungen und mit Werkstückbeschreibungen. Bei der Neuplanung mit Arbeitsvorgangsbeschreibung enthalten die Eingabedaten neben den allgemeinen Informationen Angaben über alle durchzuführenden Arbeitsvorgänge. Der allgemeine Planungsablauf ist in *Bild 8.2.1-4* wiedergegeben.

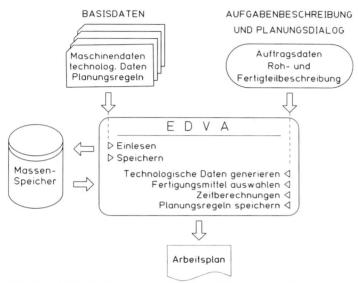

Bild 8.2.1-4 Prinzip der rechnerunterstützten Neuplanung mit Arbeitsvorgangsbeschreibung [26].

Die Funktionsbereiche der Neuplanung mit Arbeitsvorgangsbeschreibung sind das Einlesen und Speichern von Maschinendaten und technologischen Daten sowie das Generieren von aktuellen technologischen Daten, Auswählen von Fertigungsmitteln und Durchführen von Zeitberechnungen.

Demgegenüber erfordern Systeme zur Neuplanung mit vollständiger Roh- und Fertigteilbeschreibung Algorithmen zur automatisierten Zuordnung von Arbeitsoperationen zu Elementen der Werkstückgeometrie. Dieses Prinzip stellt eine Erweiterung der Neuplanung mit Arbeitsvorgangsbeschreibung um die Ermittlung von Arbeitsoperationen dar. Arbeitsplanungssysteme, die von einer vollständigen Werkstückbeschreibung ausgehen, sind für die Einbeziehung in CAD-Systeme zur integrierten Informationsverarbeitung gut geeignet, da sie eine Übernahme von Werkstückgeometriedaten aus dem Konstruktionsbereich ohne umfangreiche Datenanpassung und Datenergänzung erlauben.

Die Funktionsbereiche dieses Planungsprinzips sind entsprechend *Bild 8.2.1-5* das Einlesen und Speichern von Maschinendaten und technologischen Daten sowie die Auswahl von Arbeitsvorgängen, Generierung aktueller technologischer Daten, Auswahl von Fertigungsmitteln und Durchführung von Zeitberechnungen.

Die Entscheidung, nach welchem Planungsprinzip eine rechnerunterstützte Arbeitsplanerstellung erfolgen soll, richtet sich sowohl nach den betrieblichen Anforderungen als auch nach der Fertigungsart und den Zielsetzungen hinsichtlich des betrachteten Produktes. Für

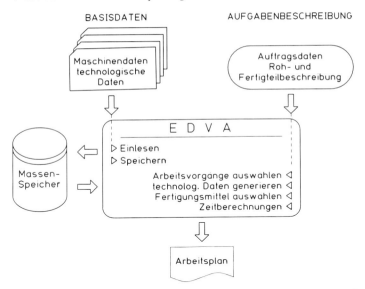

Bild 8.2.1-5 Prinzip der rechnerunterstützten Neuplanung mit vollständiger Werkstückbeschreibung [26].

die Festlegung des Planungsprinzips existieren zwar Kriterien, aber keine pauschalen Anwendungsformen. Im folgenden wird eine grobe Auswahl an Einflußfaktoren aufgeführt, die im wesentlichen die Entscheidungsfindung bei der Planungsprinzipbestimmung festlegt [27]:
- Art und Umfang der geplanten Rationalisierung der Arbeitsvorbereitung,
- Verwendbarkeit vorhandener betriebsinterner Datenstrukturen und Normungen für mögliche Alternativsysteme,
- Kapazität, Eignung und Auslastung vorhandener Datenverarbeitungsanlagen,
- Planungs- bzw. Investitionsdaten hinsichtlich der Rechnersituation,
- betriebliches Werkstückspektrum,
- Variationsmöglichkeit und Variationsbreite der in Betracht gezogenen Werkstücke hinsichtlich Standardarbeitsplänen,
- Spektrum der möglichen Fertigungsverfahren sowie die vorhandenen Betriebsmittel,
- Werte einer Analyse des Bearbeitungsprozesses eines Anwendungsfalls,
- geplante Verwendungsdauer und eventuelle Erweiterung des Systems auf andere Teile des Werkstückspektrums und
- Losgröße der behandelten Werkstücke.

NC-Programmierung

Der wirtschaftliche Einsatz von NC-Werkzeugmaschinen wird bei Erfüllung aller technischer und organisatorischer Voraussetzungen im wesentlichen durch ihre Programmierung bestimmt. Das Fertigungssystem kann somit nur in enger Verbindung mit der Informationserstellung betrachtet werden *(Bild 8.2.1-6)*.
Die Informationserstellung umfaßt alle Arbeitsoperationen einer Werkzeugmaschine, die zu einem unmittelbaren oder mittelbaren Arbeitsfortschritt bei der Umwandlung eines Werkstückes vom Rohzustand in den Fertigzustand beitragen. Die rechnerunterstützte Ermittlung des Arbeitsablaufes beinhaltet die Bestimmung von Art und Reihenfolge dieser Operationen. Darin ist die Ermittlung der optimalen Zuordnung der Werkzeugmaschine, Werkzeuge und Spannmittel zur Fertigungsaufgabe eingeschlossen.

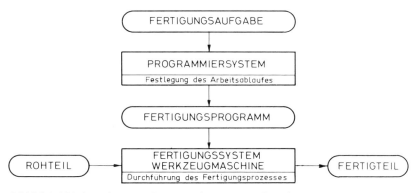

Bild 8.2.1-6 Verknüpfung von Programmiersystem und Fertigungssystem.

Innerhalb eines Programmiersystems ist das Ergebnis der Arbeitsablaufermittlung das auf das Fertigungssystem bezogene Fertigungsprogramm. Es umfaßt alle Schalt-, Weg- und Hilfsinformationen, die zur Steuerung des Fertigungssystems Werkzeugmaschine erforderlich und damit für die Durchführung des Fertigungsprozesses bestimmend sind.

Die Erstellung des Fertigungsprogrammes für numerisch gesteuerte Werkzeugmaschinen kann manuell oder maschinell erfolgen *(Bild 8.2.1-7)*.

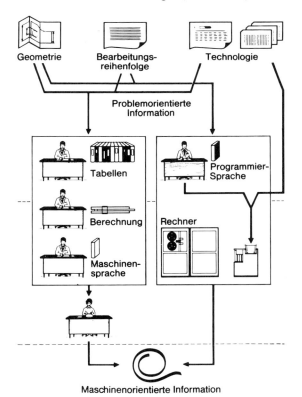

Bild 8.2.1-7 Ablauf von manuellem und maschinellem Programmieren [207].

Manuelles Programmieren

Die manuelle Programmierung umfaßt die direkte Erstellung des Informationsträgers für eine numerisch gesteuerte Werkzeugmaschine in der steuerungsorientierten Befehlsstruktur und Verschlüsselung (Format und Codierung nach DIN 66025). Die zur manuellen Programmierung von NC-Werkzeugmaschinen erforderlichen Schritte von der Werkstückzeichnung bis zur Erstellung der Informationsträger sind in *Bild 8.2.1-8* dargestellt.

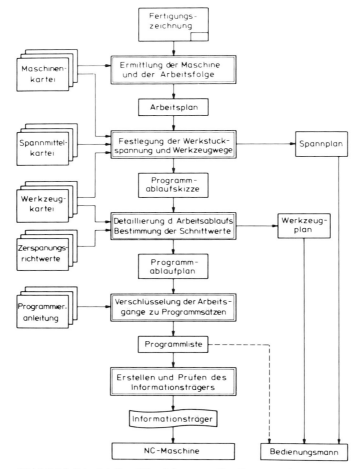

Bild 8.2.1-8 Prinzipieller Ablauf der manuellen Programmierung.

Der erste Schritt beim Programmieren besteht in der Erstellung eines Arbeitsplanes für die gesamte Bearbeitung des zu fertigenden Werkstückes. Grundlage des Arbeitsplanes ist die Werkstückzeichnung. Die zu bearbeitenden Flächen werden zu Gruppen zusammengefaßt, von denen jede Gruppe auf einer Maschine zu fertigen ist. Die Bearbeitungsreihenfolge dieser Gruppen wird im Arbeitsplan festgehalten. Zusätzlich werden die Art der durchzuführenden Einzelarbeitsgänge, die Spindeldrehzahlen, die Vorschubgeschwindigkeiten sowie die Vorgabezeiten angegeben.

In einem weiteren Schritt wird eine Programmablaufskizze angefertigt. Die Skizze enthält eine Darstellung des Werkstückes, die Lage des Werkstückes auf dem Werkstückträger, die

Spannelemente sowie die einzelnen Werkzeugwege mit Hinweisen bezüglich der Drehzahlen und der Vorschubgeschwindigkeiten sowie der Hilfsfunktionen.
Die Lage der von Werkzeug- oder Werkstückträger anzufahrenden Punkte wird der Werkzeugmaschinensteuerung in Form von Koordinatenwerten übergeben. Die Berechnung der Koordinaten kann sehr aufwendig sein, so daß häufig Taschenrechner eingesetzt werden.
Bevor der Programmierer die Werkzeugwege in die Programmablaufskizze einträgt, muß er die Werkzeuge bestimmen und in einem Werkzeugplan zusammenstellen. Hierfür bedient er sich eines Werkzeugkataloges, der die Werkzeuge nach Art und Abmessung geordnet, enthält. Den Werkzeugen sind dabei oft Vorschübe und Schnittgeschwindigkeiten für häufig vorkommende Werkstoffe zugeordnet.
Da die Werkzeugwege auf einen definierten Punkt am Werkzeug bezogen sind, kommt der Werkzeugvoreinstellung eine besondere Bedeutung zu. Die Werkzeugabmessungen zwischen Werkzeugaufnahme und Werkzeugangriffspunkt müssen genau angegeben und überwacht werden.
Numerisch gesteuerte Bohr- und Fräsmaschinen verfügen in der Regel über ein Werkzeugmagazin und eine automatische Werkzeugwechseleinrichtung. In diesen Fällen muß der Programmierer im Werkzeugplan den jeweiligen Magazinplatz festlegen.
Nachdem der Programmierer für das Werkstück den Ort der Aufspannung sowie die Spannvorrichtungen festgelegt und die Werkzeuge ausgewählt hat, stellt er den Bearbeitungsablauf grafisch dar. Die von den Werkzeugen im Arbeitsbereich der Maschine auszuführenden Bewegungen sind in die Programmablaufskizze einzutragen.
Bei der Drehbearbeitung wird der Weg der Meißelspitze bzw. des Eckenmittelpunktes, bei der Bohrbearbeitung der Weg der Bohrerspitze und bei der Fräsbearbeitung der Weg des Schnittpunktes der Arbeitsspindelachse mit der bearbeiteten Fläche eingezeichnet. Die im Eilgang zurückgelegten Wege werden mit unterbrochenen Linien, Vorschubwege als Vollinien dargestellt.
Anhand des Arbeitsplanes wird festgelegt, welche Bearbeitungsabschnitte auf welcher NC-Maschine durchgeführt werden. Für diese Abschnitte werden Programme erstellt, die alle zur Steuerung einer Maschine notwendigen Fertigungsinformationen in einzelnen Sätzen enthalten. Ein Satz kann jeweils einen Verfahrweg, eine Verfahrbedingung und Schaltinformationen enthalten. Der Programmierer codiert diese Informationen und stellt sie in einer Tabelle zusammen, von der ausgehend ein Lochstreifen erzeugt wird.
Da in dem fertiggestellten Lochstreifen sowohl Programmier- als auch Codierungsfehler enthalten sein können, ist eine Prüfung des Lochstreifens erforderlich. Fehler, die beim Entwurf des Programms entstanden sind, können durch Simulationsverfahren gefunden werden. Bei einfachen Bearbeitungsaufgaben können die Werkzeugwege mit einer lochstreifengesteuerten Zeichenmaschine ausgezeichnet werden, die mit der gleichen Steuerung ausgestattet ist, wie die vorgesehene Werkzeugmaschine. Bei komplizierteren Bearbeitungsaufgaben empfiehlt sich hingegen die Prüfung auf der Werkzeugmaschine oder durch grafische Simulation.

Maschinelles Programmieren

Unter maschineller NC-Programmierung ist die Erstellung von Steuerinformationen für numerische Steuerungen durch Datenverarbeitungsanlagen zu verstehen. Für die Verarbeitung müssen dem Programmiersystem Eingabedaten bereitgestellt werden, die die entsprechende Bearbeitungsaufgabe beschreiben. Diese Eingabedaten bezeichnet man als Teileprogramm. Es enthält den Fertigungsprozeß vom Roh- zum Fertigteil in einzelne Schritte gegliedert.
Die Beschreibung der Fertigungsaufgabe in Form eines Teileprogrammes erfolgt für jedes Programmsystem mit einer fest vorgeschriebenen Symbolik, der sogenannten Programmiersprache. Die Programmiersprache dient als Kommunikationsmittel zwischen Bearbeiter und Programmiersystem.

Die maschinelle Erstellung des Fertigungsprogramms für numerisch gesteuerte Werkzeugmaschinen läßt sich in folgende Abschnitte unterteilen:
- Formulieren der Bearbeitungsaufgabe in Form eines Teileprogramms,
- Übertragung des erstellten Manuskriptes auf einen maschinell lesbaren Datenträger und
- Umwandlung des Teileprogramms mit Hilfe des in einer Datenverarbeitungsanlage gespeicherten Prozessors in den Steuerlochstreifen.

Die Verarbeitung der für einen Programmlauf erforderlichen Eingabedaten kann im Stapel- oder Dialogbetrieb erfolgen. Beim Stapelbetrieb besteht keine Möglichkeit, den Programmlauf durch den Benutzer zu beeinflussen. Beim Dialogbetrieb dagegen kann in Abhängigkeit von Zwischenergebnissen und Lösungsalternativen in den Ermittlungsablauf personell eingegriffen werden. Der Einsatz des Dialoges kann erfolgen
- bei der Teileprogrammerstellung,
- während der Teileprogrammübersetzung oder
- während der gesamten Verarbeitung.

Während die ersten beiden Möglichkeiten der Behebung von formalen Eingabefehlern dienen, bietet die interaktive Verarbeitung eine qualitative Verbesserung des Gesamtergebnisses, da Einzelergebnisse vor ihrer Weiterverarbeitung korrigiert werden können.

Die bisherige Entwicklung der maschinellen Programmiersysteme ist durch vielfältige Zielvorstellungen gekennzeichnet, beispielsweise durch den angestrebten Grad der Automatisierung, durch den Umfang des zu berücksichtigenden Werkstückspektrums sowie durch betriebsbezogene Anforderungen.

Bei den zur Zeit auf dem Markt befindlichen NC-Programmiersystemen lassen sich zwei wesentliche Entwicklungsrichtungen feststellen, die mit den Bezeichnungen Einzweck- und Mehrzwecksprachen gekennzeichnet werden.

Unter dem Begriff Einzwecksprachen werden die vielen speziellen Programmiersysteme zusammengefaßt, von denen keines den Anspruch erheben kann, den Attributen einer weiten Verbreitung bzw. eines vielfachen Einsatzes zu entsprechen. In Summe führen sie beim derzeitigen Stand der Technik einen großen Teil der maschinellen Erstellung von Steuerinformationen durch. Diese Systeme sind durch eine Spezialisierung gekennzeichnet, so daß folgende Systemeigenschaften zutreffen können:
- Ausrichtung auf eine Werkzeugmaschinenart.
- Verwendung eines Kleinrechners, der ausschließlich beziehungsweise überwiegend für die Programmierung benutzt wird.
- Entwicklung durch einen Werkzeugmaschinenhersteller.
- Geringer Komfort der Programmiersprache.

Aufgrund der engen Verknüpfung mit der betreffenden Werkzeugmaschine und/oder eines bestimmten Rechnertyps ermöglichen diese Programmiersysteme eine optimale Ausnutzung der technologischen Möglichkeiten der Werkzeugmaschine bzw. eine Verringerung der Eingabedaten und Verarbeitungsprogramme.

Unter dem Begriff der Mehrzwecksprachen sind die Programmiersprachen zusammengefaßt, die folgenden Eigenschaften entsprechen:
- Leichte Erlernbarkeit der Eingabesprache,
- universelle Anwendbarkeit bezüglich der zu programmierenden Fertigungsanlagen,
- umfassende Einbeziehung technologischer Beschreibungsmöglichkeiten in den Sprachumfang,
- universelle Einsetzbarkeit bezüglich der verfügbaren Rechenanlagen.

Die leichte Erlernbarkeit setzt eine problemorientierte Sprache voraus, d.h. das Vokabular muß der Fachsprache der Fertigungstechnik angepaßt sein. Der Aufbau der Anweisungen muß auf wenigen Grundregeln basieren, die konsequent angewendet werden. Zusätzlich müssen alle zur Beschreibung der Fertigung notwendigen Angaben direkt aus der Werkstattzeichnung entnommen werden können.

Die Aufgaben eines Programms zur Verarbeitung derartiger Programmiersprachen bestehen aus Berechnungen und Entscheidungen ohne Bezug auf eine bestimmte Fertigungsanlage sowie einer Informationsaufbereitung für eine spezielle Werkzeugmaschine. Die universelle Anwendbarkeit von Programmiersprachen erfordert daher eine Teilung des Programmsystems in einen Prozessor (Übersetzer) für die allgemeingültigen Verarbeitungsschritte und einen Postprozessor (Anpassungsprogramm) für die von der NC-Maschine abhängigen Verarbeitungsschritt *(Bild 8.2.1-9)*. Darüber hinaus sollte die Konzeption der Sprache für besondere Fertigungsaufgaben und für neue Fertigungsverfahren anpaßbar und austauschbar sein.

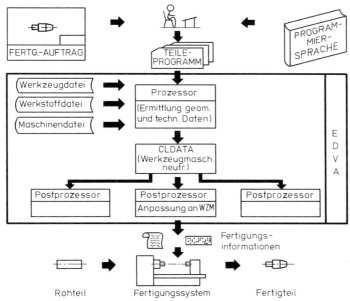

Bild 8.2.1-9 Prinzip der maschinellen Programmierung.

Die Einbeziehung technologischer Beschreibungsmöglichkeiten ist die Voraussetzung für eine Automatisierung des Programmsystems. Dazu gehören die programmäßige Behandlung technologischer Probleme wie
- Arbeitsablaufermittlung,
- Werkzeugermittlung,
- Schnittwertermittlung und
- Werkzeugwegermittlung.

Da allgemeingültige, durch die Zerspanungstheorie fundierte Verfahren zur Lösung der Probleme zu komplex sind, beschränkt man sich auf die Reproduktion von in der Praxis erprobten Daten, die zeckmäßigerweise in Dateien gespeichert werden. Entsprechend *Bild 8.2.1-9* ist es erforderlich, daß das Programmsystem zu den anwendungsspezifischen Dateien Zugriff hat, um mittels vorgegebener Algorithmen die Fertigungsinformationen erstellen zu können.

Nach Art der Eingabeform des Teileprogramms lassen sich die Programmiersysteme in formatgebundene und formatfreie Programmiersysteme einteilen. Zu den formatgebundenen Programmiersystemen gehören die Einzwecksprachen. Ihre Formulierungsmöglichkeiten sind rein numerisch. Aufgrund der Zuordnung der Zahlenwerte zu bestimmten Spalten innerhalb der Eingabetabelle resultiert eine große Fehleranfälligkeit, die zudem vom Rechner kaum festgestellt werden kann. Außerdem ist das Tabellenformat zum stetigen Ausbau der Eingabesprache wenig geeignet.

466   8 Rechnerunterstützte Arbeitsplanung   [Literatur S. 601]

Eingabesprachen mit freiem Format – zu ihnen gehören die Sprachen der APT-Familie – bestehen aus einem ausgewählten Vokabular mit festvereinbarten Bedeutungen. Das Vokabular ist einer natürlichen Sprache entlehnt. Die Syntax schreibt den Aufbau zulässiger Anweisungen und Programme vor. Demzufolge weisen sie gegenüber den formatgebundenen Eingabesprachen eine höhere Redundanz auf. Das Vokabular ist eine mnemotechnische Hilfe zur Vermeidung von Fehlern.

Um eine einwandfreie Erkennung der Sprachaussagen mit einer Datenverarbeitungsanlage durchführen zu können, müssen eindeutige Regeln die Struktur der Sprache festlegen. In Analogie zu den Hierarchiestufen im Aufbau von natürlichen Sprachen unterscheidet man einen Zeichenvorrat, aus dem durch Kombination von Zeichen Sprachelemente gebildet werden, die den Worten der Umgangssprache vergleichbar sind und aus denen wiederum durch Kombination Anweisungen gebildet werden.

Eine Folge von Anweisungen ist die höchste Stufe in diesem Hierarchiesystem. Sie wird als Teileprogramm bezeichnet *(Bild 8.2.1-10)*.

Die Verarbeitung schließt mit der Erstellung eines maschinenunabhängigen Fertigungsprogrammes, das als CLDATA (Cutter Location DATA) bezeichnet wird und normalerweise

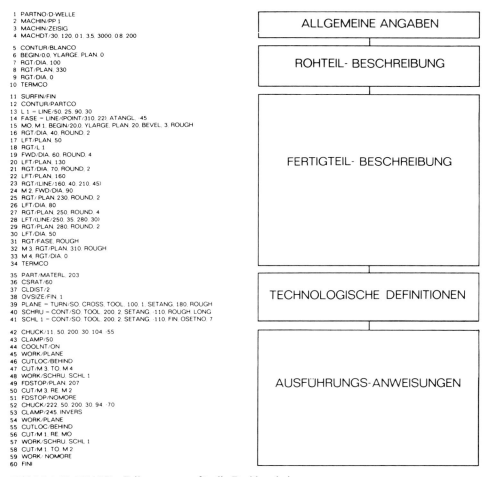

Bild 8.2.1-10 EXAPT – Teileprogramm für die Drehbearbeitung.

[Literatur S. 601]   *8.2 Funktionen der rechnerunterstützten Arbeitsplanung*   467

in einer nach DIN 66215 genormten Form vorliegt. Ein maschinensteuerungsspezifischer Postprozessor führt die entsprechende Maschinenanpassung durch und erstellt die maschinenbezogenen Steuerinformationen auf Lochstreifen und Magnetbändern. Unter der Voraussetzung, daß Fertigungsverfahren und die einzusetzende Werkzeugmaschine bereits vorher festgelegt wurden, umfaßt die maschinelle NC-Programmierung, auch Teileprogrammierung genannt, im wesentlichen folgende Planungsschritte [28]:
– Planung des Bearbeitungsablaufes und der Werkstückaufspannungen,
– Auswahl der geeigneten Werkzeuge,
– Ermittlung der Zerspanungsdaten unter Berücksichtigung der Einflußgrößen von Werkstück, Werkzeug und Maschine,
– Berechnung der Werkzeugwege bei Vermeidung möglicher Kollisionen mit dem Werkstück und seiner Aufnahme und
– Verschlüsseln der Steuerinformationen entsprechend dem Eingabecode der numerischen Steuerung.

Für eine rationelle Erstellung der Teileprogramme sind unterschiedliche Programmiertechniken entwickelt und in der Praxis eingesetzt worden. Beispiele für Programmiertechniken sind:
   – Makro- beziehungsweise Unterprogrammtechnik,
   – Preprozessoren,
   – Entscheidungstabellentechnik und
   – Assembler- beziehungsweise Basis-Makros in CNC-Steuerungen.

Durch die konsequente Anwendung derartiger Programmiertechniken lassen sich erhebliche Reduzierungen des Programmieraufwandes erzielen. So wird beispielsweise durch die Definition von Fertigungsmakros bei der Technologieverarbeitung in EXAPT eine erhebliche Reduzierung des Beschreibungsaufwandes erzielt, die zum Teil bis zu 85% betragen kann [29]. Voraussetzung dafür ist eine systematische Erfassung und eine ständig aktuelle Dokumentation dieser Makros *(Bild 8.2.1-11)*. Der NC-Anwender hat hiermit die Möglichkeit, häufig wiederkehrende Bearbeitungsabläufe zu definieren, die im Wiederholfall mit den aktuellen Parametern automatisch vom NC-Prozessor aktiviert werden.

Werkstattprogrammierung

Die Werkstattprogrammierung stellt eine Ergänzung der Programmiermöglichkeiten von NC-Werzeugmaschinen dar [183]. Durch die Einführung der CNC-Steuerung und des Mikroprozessors wurde es möglich, die Rechenfähigkeit des Steuerungsrechners zur direkten Programmierung an der Maschine zu nutzen. Die Programmierung in der Werkstatt hat den Vorteil, daß die Einführung der NC-Technologie ohne organisatorische Änderungen im Fertigungsbereich und ohne Folgeinvestitionen für einen Programmierplatz und einen Werkzeugvoreinstellplatz erfolgen kann.

Die entwickelten Werkstattprogrammiersysteme lassen sich in Abhängigkeit von der Systemstruktur in zwei Hauptgruppen aufteilen. Die erste Gruppe der Handeingabesteuerungen ist durch die Anpassung der CNC-Steuerung an die geforderten Programmiermöglichkeiten gekennzeichnet. Die Steuerdatendefinition und deren Interpretation in der CNC-Steuerung ist vom Steuerungshersteller auf den gegebenen Anwendungsbereich zugeschnitten. Aufgrund der Systemstruktur ist nur der Steuerungshersteller in der Lage, derartige Systeme zu entwickeln und zu pflegen. Die Berücksichtigung anwenderabhängiger Besonderheiten ist nur selten möglich.

Die strukturelle Gliederung in Programmier- und Steuerungssystem ist das kennzeichnende Merkmal bei der zweiten Gruppe von Werkstattprogrammiersystemen [30, 31]. Beide Systeme bilden zwar eine funktionelle Einheit, sind aber weitgehend unabhängig voneinander lauffähig *(Bild 8.2.1-12)*. Die Programmiermöglichkeiten können in diesem Fall speziell auf die Erfordernisse der zu steuernden Werkzeugmaschine abgestimmt werden, ohne das Steuerungssystem zu beeinflussen. Mit Hilfe des Programmiersystems werden die Teilepro-

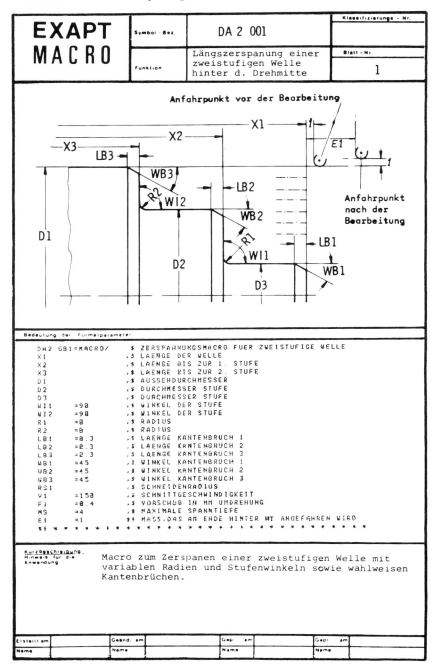

Bild 8.2.1-11 Beispiel einer Makro-Dokumentation [28].

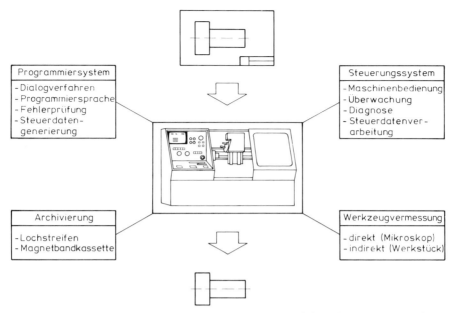

Bild 8.2.1-12 Aufgabenverteilung bei einer CNC-Steuerung mit integriertem Programmiersystem [31].

gramme erstellt, auf Anforderung in Steuerdaten umgesetzt und an das Steuerungssystem übertragen. Das Steuerungssystem hat dann die Aufgabe, diese Steuerdaten auszuführen. Durch die eindeutige Schnittstelle zwischen beiden Teilsystemen ist die Entwicklung des Programmiersystems nicht an die Entwicklung des Steuerungssystems gebunden.

Unabhängig von der direkten Programmierung an der Maschine muß auf jeden Fall auch die Programmierung mittels eingeführter NC-Programmiersysteme möglich sein. Die externe Programmierung wird auch künftig bei mehreren NC-Maschinen, umfangreichen Teileprogrammen und schwierigen Werkstückkonturen ihren Einsatzbereich behalten.

Der Schwierigkeitsgrad der in der Werkstatt beschreibbaren Werkstücke wird zum einen durch die Qualifikation des Bedienungspersonals und die Umweltbedingungen der Werkstatt, ganz entscheidend aber durch die gewählte Programmiersprache und den Bedienungskomfort bestimmt.

Die Archivierungsmöglichkeit der Teileprogramme schließt die externe Programmierung in der systemeigenen Programmiersprache ein. Ein interessanter Aspekt der Werkstattprogrammierung ist, daß sowohl an der Maschine als auch in der Arbeitsvorbereitung die gleiche Programmiersprache verwendet werden kann. Zur Korrektur und Optimierung der extern erstellten Bearbeitungsprogramme bietet sich dem Maschinenbediener der gleiche Programmierkomfort wie dem Programmierer in der Arbeitsvorbereitung. Programmänderungen können daher einfach, schnell und sicher durchgeführt werden.

Mehrmaschinenprogrammierung

Werden mehrere NC-Maschinen zu einem Mehrmaschinensystem verkettet, müssen die Fertigungsprogramme für die Einzelmaschinen aufeinander abgestimmt sein. Dies bedeutet, daß neben dem Problem der Steuerdatengenerierung das der Verteilung berücksichtigt werden muß. Für den organisatorischen Ablauf bei der Mehrmaschinenprogrammierung ergeben sich prinzipiell drei Möglichkeiten *(Bild 8.2.1-13)*.

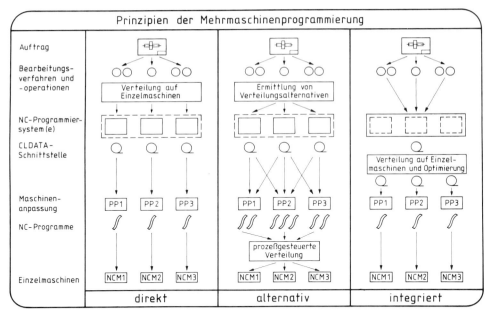

Bild 8.2.1-13 Prinzipien der Mehrmaschinenprogrammierung [32].

Bei der direkten Mehrmaschinenprogrammierung erfolgt die Zuordnung zur Einzelmaschine vor dem Planungsprozeß, so daß die Programmierung in Abhängigkeit zur gewählten Werkzeugmaschine erfolgen kann. Nachteilig dabei ist eine fehlende Optimierungsmöglichkeit auf der Basis der ermittelten Werte. Realisierungen dieses Verfahrens eignen sich daher nur für Mehrmaschinensysteme, die mit Werkstückzwischenlagern ausgestattet sind [33].

Die alternative Mehrmaschinenprogrammierung zeichnet sich durch die Möglichkeit einer Auslastungs- und Durchlaufoptimierung aus. Als Grundlage dafür dienen Strukturarbeitspläne [34]. Sie beinhalten zusätzlich zu den Angaben eines herkömmlichen Arbeitsplanes alle alternativen Bearbeitungsoperationen, die in dem betrachteten Mehrmaschinensystem zur Bearbeitung des vorliegenden Werkstückes möglich sind. Unter Zuhilfenahme eines Prozeßrechners werden in der Fertigungssteuerung zum aktuellen Zeitpunkt alle notwendigen Teilarbeitspläne zu einem Bearbeitungspfad verbunden. Die verknüpften Strukturelemente entsprechen einem herkömmlichen Arbeitsplan. Nachteilig bei diesem Verfahren sind die getrennten Planungsphasen und der Mehraufwand zum Aufstellen eines Strukturarbeitsplans, der die alternativen Bearbeitungsmöglichkeiten enthält.

Eine Zusammenfassung der Vorteile beider Verfahren führt zu einem Prinzip, das man als integrierte Mehrmaschinenprogrammierung bezeichnen kann. Den Ausgangspunkt bildet der Fertigungsauftrag, dessen wesentlicher Inhalt die Festlegung der geometrischen Gestalt des herzustellenden Werkstückes ist. Erst nach Ermittlung der notwendigen Bearbeitungsoperationen erfolgt die Verteilung auf die einzelnen Maschinen. Wichtige Kriterien für diese Aufgaben sind technologiebedingte Reihenfolge, maschinenorientierte Bearbeitungsmöglichkeiten und hohe Auslastung des Mehrmaschinensystems bei möglichst geringer Durchlaufzeit.

Durch eine maschinennahe Durchführung der Planungsaufgabe können die aktuellen Verhältnisse am Mehrmaschinensystem berücksichtigt und ein aktueller Sollarbeitsplan aufgestellt werden. Diese Zielstruktur erlaubt die geschlossene Lösung des Gesamtproblems an einem Arbeitsplatz und an einem Rechner. Nachteilig ist die zu erwartende größere Reaktionszeit beim Auftreten von Störungen infolge des gegebenenfalls neu durchzuführenden Planungsprozesses. Dieser Nachteil wird in Hinblick auf die ständig steigenden Rechnerkapazitäten reduziert, so daß der Vorteil einer geschlossenen Lösung des Problems angestrebt wird.

8.2.2 Verarbeitung von Arbeitsplanungsdaten

Betrachtet man den Vorgang der Verarbeitung von Arbeitsplanungsdaten als Simulation des Fertigungsablaufes, muß für diese Simulation ein Modell gebildet werden, das ein realitätsbezogenes Abbild des Fertigungsablaufes enthält. Für allgemeine Planungsaufgaben werden bereits automatische rechnerunterstützte Systeme zu Simulationszwecken benutzt. Dabei werden zum Beispiel die Auswirkungen neuer Verfahren, organisatorischer Maßnahmen und Änderungen überprüft, ohne das der Simulation zugrunde liegende System zu beeinträchtigen. Die einzelnen Störgrößen sind bei diesen Modellen nur statistisch bekannt, so daß ein Auftrag an ein derartiges System nur statistisch verteilte Störgrößen beinhalten kann.

Das Modell für die Verarbeitung von Arbeitsplanungsdaten dagegen beschreibt ein deterministisches Problem, das analytisch zu lösen ist. Die zu durchlaufenden Planungsstufen der jeweiligen Bearbeitungsaufgabe sind detailliert beschreibbar. Für einen industriellen Einsatz eines derartigen Modells sind jedoch Restriktionen vorhanden. Aus wirtschaftlichen Gründen ist zunächst das Aufwand/Nutzen-Verhältnis entscheidend.

Bisherige Ansätze zur automatischen Verarbeitung von Arbeitsplanungsdaten während des gesamten Planungsablaufes führten zu der Erkenntnis, daß der Programmdialog eines der bestimmenden Elemente zukünftiger Planungssysteme sein wird [26]. Diese Entwicklung steht im engen Zusammenhang mit der Weiterentwicklung der Rechner- und Gerätetechnik.

Dialogverarbeitung

Bei der Arbeitsplanung für kapitalintensive und hochautomatisierte Fertigungseinrichtungen ist dem Anwendungskomfort eines Programmsystems besondere Beachtung beizumessen. Ein typisches Beispiel hierfür ist die rechnerunterstützte Arbeitsplanung für numerisch gesteuerte Werkzeugmaschinen. Zum Einrichten der Maschine, zur Werkzeugvoreinstellung sowie zur Steuerung des Bearbeitungsprozesses werden detaillierte Fertigungsunterlagen benötigt. Das Testen und Korrigieren der Unterlagen an der Maschine ist wegen ihres hohen Maschinenstundensatzes mit erheblichen Kosten verbunden. Deshalb ist durch die Arbeitsplanungsmethode sicherzustellen, daß fehlerhafte Ergebnisse vermieden werden. Die Dialogverarbeitung in Verbindung mit grafischen Darstellungen erlaubt eine vereinfachte Bearbeitung derartiger Planungsaufgaben [186]. Hierzu eingesetzte grafische Sichtgeräte bieten neben den Dialogmöglichkeiten eines alphanumerischen Ein- und Ausgabegerätes folgende zusätzlichen Vorteile:

– Die schnelle visuelle Auffassungsgabe des Menschen für grafische Darstellungen kann in Verbindung mit den Vorteilen der Datenverarbeitung genutzt und damit die Sicherheit der Planungsergebnisse erhöht werden. Beispielsweise kann bei der NC-Programmierung das in vielen Fällen noch notwendige Testen des NC-Informationsträgers an der Werkzeugmaschine entfallen.
– Grafisch dargestellte Zwischenergebnisse lassen eine sichere Kontrolle und Steuerung des Ermittlungsablaufs zu. Ferner führen sie zu leicht überschaubaren Planungsschritten.
– Die Darstellungen von Werkstückeinspannung, Werkzeugen und Werkzeugbewegungen und des aktuellen Bearbeitungszustandes erlauben anschauliche Kontrollen der Planungsergebnisse. Kollisionen zwischen Werkstück, Spanneinrichtungen und Werkzeugen können am Bildschirm erkannt und beseitigt werden.

– Außer der alphanumerischen Dialogeingabe mittels Tastaturgerät ermöglichen Lichtgriffel oder verstellbares Fadenkreuz die Definition von Koordinatenwerten auf dem Bildschirm. Mit deren Hilfe werden ebene Abbildungen von Werkstücken, Werkzeugen und Spannmitteln positioniert, verschoben oder gelöscht.

In *Bild 8.2.2-1* sind unterschiedliche Kommunikationsmöglichkeiten mit Datenverarbeitungsanlagen einzelnen Anwendungsbeispielen aus der Arbeitsplanung gegenübergestellt. Für die interaktive Aufgabenbearbeitung lassen sich Dialogfunktionen zum Steuern und Kontrollieren automatisierter Planungsabläufe sowie zum Ändern von Teilergebnissen darstellen. *Bild 8.2.2-2* zeigt das Zusammenwirken dieser Funktionen.

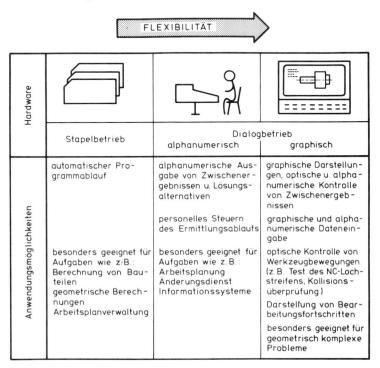

Bild 8.2.2-1 Systemflexibilität in Abhängigkeit von der Verarbeitungsart [35].

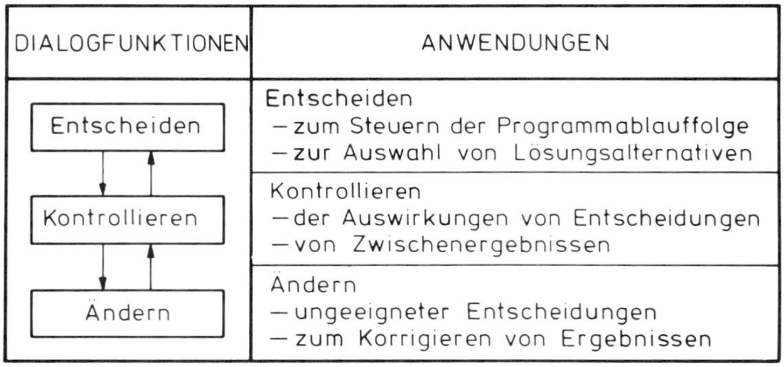

Bild 8.2.2-2 Aufgaben des Programmdialoges [35].

[Literatur S. 601]   8.2 *Funktionen der rechnerunterstützten Arbeitsplanung*   473

Unter Entscheiden ist die personelle Bestimmung des Planungsablaufes und die Auswahl von Lösungsalternativen aus einem Lösungsangebot zu verstehen. Die Aufgabe der Dialogfunktion Kontrollieren besteht in der personellen Überwachung der Auswirkung von Entscheidungen. Voraussetzung dazu ist die Bereitstellung der ermittelten Ergebnisse in leicht überschaubaren Darstellungsformen. Die Funktion Ändern dient zum Korrigieren von Entscheidungen oder zum Verbessern von Teilergebnissen.

In rechnerunterstützten Planungssystemen sind für die Vielzahl der zu treffenden Entscheidungen unterschiedliche Methoden der Lösungsfindung anzuwenden. Die Auswahl der Methoden ist insbesonders davon abhängig,
– ob sich zur Aufgabenbearbeitung ein geeigneter Algorithmus definieren läßt,
– welcher personelle Entscheidungsaufwand erforderlich ist,
– welcher Entwicklungsaufwand zur Softwareerstellung benötigt wird,
– welche Sicherheit hinsichtlich der Richtigkeit einer Entscheidung gilt und
– welcher Rechenaufwand für die automatische Bearbeitung zu erwarten ist.

In *Bild 8.2.2-3* sind die anwendbaren Bearbeitungsmöglichkeiten zur Lösung von Teilaufgaben dargestellt. Diese Methoden zur Lösungsfindung in Verbindung mit einer stufenweisen Optimierung sowie einer iterativen Lösungsverbesserung durch Änderung von Teilergebnissen stellen in ihrem Automatisierungsgrad, Softwareumfang und der Entscheidungsflexibilität gestufte Verfahren dar.

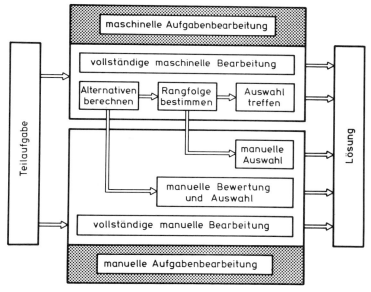

Bild 8.2.2-3 Möglichkeiten zur Aufgabenbearbeitung bei dialogfähigen Programmsystemen [35].

Für die rechnerunterstützte Aufgabenbearbeitung in der Arbeitsplanung hat sich ein geführter Dialogablauf mit alphanumerischer und grafischer Dialogform als zweckmäßig erwiesen. Die Unterscheidungsmerkmale der Dialogverarbeitung zeigt *Bild 8.2.2-4*. Benutzerfreundliche Dialoge stellen eine wesentliche Voraussetzung für die einfache Anwendbarkeit einer grafisch-interaktiven Aufgabenbearbeitung dar.

Folgende Maßnahmen tragen zur Vereinfachung des Dialogs bei:
– die Eingabe kurzer Befehlsworte ist anzustreben,
– es ist eine möglichst einfache Syntax zu vereinbaren,
– die Befehlsworte sind mnemotechnisch auf die zu lösenden Aufgaben abzustimmen und

474   8 Rechnerunterstützte Arbeitsplanung

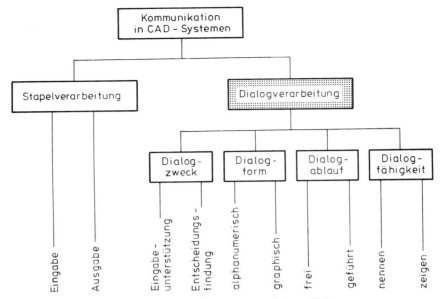

Bild 8.2.2-4 Unterscheidungsmerkmale der Dialogverarbeitung [36].

– die Ausgabe eines auf die zu lösende Aufgabe ausgerichteten Angebots von Befehlsworten ist vorzusehen.

Die wichtigsten anwenderbezogenen Eigenschaften des Dialoges zur rechnerunterstützten Arbeitsplanung lassen sich in folgenden Punkten zusammenfassen:
– Zur Programmsteuerung sind nur wenige, einfache Regeln zu beachten. Der Benutzer braucht keine Befehlsworte zu kennen.
– Bei Eingabe einer unzulässigen Anweisung erfolgt die Wiederholung des Dialogs.
– Der Dialog ist so flexibel ausgelegt, daß die verschiedenen Ermittlungsstufen beliebig oft durchlaufen werden können.

Bild 8.2.2-5 zeigt beispielhaft einen Ausschnitt aus dem Dialogprotokoll eines Planungsablaufes.

Für den Arbeitsplaner wird der Dialog jedoch unbefriedigend, wenn er oftmals Entscheidungen treffen muß, die sich wiederholen und durch einfache Bedingungen begründbar sind. Hieraus ist die Anforderung an Arbeitsplanungssysteme abzuleiten, unterschiedliche Qualifikationsmerkmale der Arbeitsplaner zu berücksichtigen, um entsprechend den Dialog und damit auch den Planungslauf zu verkürzen. Voraussetzung dafür ist die strikte Trennung von algorithmierbaren und heuristischen Planungsschritten. Weiterführende Entwicklungen von Planungssystemen müssen darauf ausgerichtet sein, die heuristischen Anteile der Planung zu automatisieren, um damit die Grundlage für eine Erhöhung des Anteils der algorithmischen Planungsschritte zu schaffen.

Algorithmen

Als Hilfsmittel wird dabei die Lernfähigkeit von Planungssystemen verwendet, um heuristische Entscheidungsprozesse zunächst quasi-algorithmisch zu bearbeiten und dabei Daten zu sammeln, die einen möglichen Algorithmus erkennen lassen [26].

Ein Algorithmus ermöglicht die Umformung gegebener Eingabeinformationen aufgrund eines Systems von Transformationen in Ausgabeinformationen. Um einen Algorithmus for-

[Literatur S.601]   *8.2 Funktionen der rechnerunterstützten Arbeitsplanung*   475

```
*****************************************
PROGRAMMIERUNG VON DREHMASCHINEN AM BILDSCHIRM
*****************************************

ALLGEMEINE ANGABEN
******************

    WERKSTUECK-BENENNUNG ..... : AUFNAHME              1
    NR. DER DREHTEILKONTUR ... : 106                   2

    MASCHINENGRUPPEN-AUSWAHL                           3
    (NC-DREHBEARBEITUNG, MEHR-
    SCHNITT-DREHBEARBEITUNG ...) NC

    STEUERDIALOG
    ************

    (GEOMETRIE,SPANNEN,ANORDNEN,SIMULIEREN,ZWISCHENKONTUR) SP   4
    WERKSTUECKLAGE WENDEN .... ? NEIN                           5
    (FUTTER,ZANGE,FREIE EINSP. )  FU                            6

    SPANNDURCH.   SPANNLAENGE                                   7
        140.        26.5           AUSSEN
        160.5        5.
         60.         20.           INNEN

    SPANNDURCH.  EINSPANNTIEFE : 140  15.5                      8
    FUTTER-NR.   BACKENSTUFE   : 2                              9
    ZENTRIERSPITZE ERFORDERLICH?  NE                           10
    BEREICHSABGRENZUNG RICHTIG ?  JA                           11
    (WAHL,VERSCH,LOE,ZUORD,SCHA) WA                            12
    (WKZ,HALTER,AUFNAHME ..... ) DR 102                        13
    (WKZ,HALTER,AUFNAHME ..... ) XY                            14

    ***** EINGABEFEHLER XY *****                               15

    (WKZ,HALTER,AUFNAHME ..... ) LO                            16
    (WAHL,VERSCH,LOE,ZUORD,SCHA) B                             17
    (WAHL,VERSCH,LOE,ZUORD,SCHA) K                             18
```

Bild 8.2.2-5 Ausschnitt aus einem Planungsdialog [35].

mulieren zu können, müssen die folgenden grundlegenden Bedingungen erfüllt sein [37]:
- das System der Größen, die ineinander umgeformt werden sollen, muß definiert sein,
- die Umformung der Größen erfolgt in Arbeitsschritten, wobei jeder Arbeitsschritt in der Anwendung einer Regel besteht,
- die Beschreibung muß vollständig und endlich sein,
- das System zulässiger Operationen und die Sprache, in der die Regeln formuliert werden, muß angegeben werden.

Die Übertragung der Verarbeitung von Arbeitsplanungsdaten auf einen Rechner bedingt eine rechnergerechte Formulierung der Aufgabenlösungen. Grundlage dafür bilden verallgemeinerte Modelle der einzelnen Planungsphasen, die bestimmte Vorstellungen über Aufbau, Eigenschaften und Funktionen der Aufgabenlösungen als Abbildungsvorschriften enthalten. Die Gesamtheit dieser Aussagen stellt eine verbale Formalisierung dar, die mit Hilfe mathematischer, beschreibender oder grafischer Darstellungen präzisiert wird. Ansätze für eine rein mathematische Formulierung sind zwar vorhanden, können aber den gesamten Aufgabenbereich nicht abdecken.

Allgemeingültige Algorithmen lassen sich in der rechnerunterstützten Arbeitsplanung nur für Detailplanungsaufgaben anwenden. Beispiele für Detailplanungsaufgaben sind:
- Schnittaufteilung,
- Schnittwertermittlung (Schnittiefe, Vorschub, Drehzahl) und
- Hauptzeitberechnung.

Der Vorteil allgemeingültiger Algorithmen besteht in der universellen Anwendbarkeit und in der hohen Reproduzierbarkeit der Planungsergebnisse. Der Aufbau allgemeingültiger

Algorithmen für sämtliche Planungsaufgaben ist äußerst schwierig, da die Entscheidungskriterien und -parameter in der Regel von nicht quantifizierten Einflußgrößen abhängig sind. Für die rechnerunterstützte Bearbeitung derartiger Planungsaufgaben, die auch als Grobplanungsfunktionen bezeichnet werden, hat sich der Einsatz der Entscheidungstabellentechnik als sinnvoll erwiesen. Grobplanungsfunktionen sind zum Beispiel Maschinenauswahl, Spannmittelbestimmung, Ermittlung der Bearbeitungsbereiche und Werkzeugauswahl.

Der Einsatz der Lernfähigkeit ist dort sinnvoll, wo die mathematischen, physikalischen, planerischen oder sonstigen Gesetzmäßigkeiten zur Lösung eines Problems nicht hinreichend bekannt sind. Für den Bereich der Arbeitsplanung zeigt *Bild 8.2.2-6* die Planungsphasen, die sinnvollerweise mit starrer oder lernfähiger Logik ausgestattet werden. Diese Unterteilung soll nicht als zwingend angesehen werden, sondern kann je nach Benutzeranforderung oder aufgrund neuer Erkenntnisse variiert werden.

Bild 8.2.2-6 Planungsphasen für starre und lernfähige Logik [26].

Entscheidungstabellen

Für die Entscheidungs- und Lernfähigkeit von Programmsystemen ist es erforderlich, Algorithmen variabel zu gestalten. Zur Definition derartiger variabler Algorithmen wird die Entscheidungstabellentechnik genutzt [37,38].

Die Elemente von Entscheidungstabellen sind:
- Bedingungen,
- Aktionen und
- Regeln in Form von Zuordnungsmatrizen.

Bedingungen einer Entscheidungstabelle sind Variable mit einer endlichen Zahl von Ausprägungen. Aktionen sind ebenfalls Variable mit einer endlichen Zahl von Ausprägungen. Unter der Voraussetzung, daß nur einfache Bedingungen und einfache Aktionen, das heißt jeweils nur mit einer Ausprägung, zugelassen sind, erhalten die Entscheidungstabellen die in *Bild 8.2.2-7* dargestellte Form.

Die Formulierung der Bedingungen ist auf eine standardisierte Form beschränkt, die in drei Unterformen auftreten kann (siehe *Bild 8.2.2-8,* Form 2,3 und 4).

Für die Anwendung der Entscheidungstabellen werden zwei Darstellungen benötigt. Die rechnerinterne Verarbeitung erfolgt in verschlüsselter Form. Für die rechnerinterne Darstellung ist eine alphanumerische Wiedergabe der Bedingungen notwendig, um die Dokumentation und Kontrolle der Informationen zu vereinfachen sowie den Dialog während der Entscheidungstabellenveränderung benutzerfreundlich zu gestalten.

Bild 8.2.2-7 Entscheidungstabellen mit einfachen Bedingungen und Aktionen.

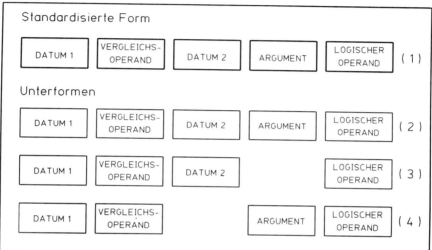

Bild 8.2.2-8 Standardisierte Bedingungen mit Unterformen [26].

	Datum 1	Vergleichs-operand	Argument	Datum 2	logischer Operand
Kodierung	3,11,3	2	2.	3,11,2	0
Klartext	LAENGE	GROESSER	2.000×	Durchmesser	?
Boolsche Operation	15.	>	2.×	17.5	–

Bild 8.2.2-9 Codierung, Klartext und Vergleichsoperation einer Bedingung [26].

Die in den Bedingungen genannten Daten entsprechen definierten Informationen des Werkstückes und für die Entscheidungsfindung relevanten Grenzwerten. Die Vergleichsoperatoren können die Bedeutung gleich, ungleich, größer als, kleiner als annehmen. Der logische Operator gibt die Verknüpfung mehrerer Bedingungen an *(Bild 8.2.2-9)*. Bei der

```
MANIPULATIONS-MOEGLICHKEITEN :
        1 = AO OHNE VERAENDERUNG DES KRITERIUMS ZULASSEN
        2 = KRITERIUM LOESCHEN
        3 = VERGLEICHSOPERAND UND/ODER ARGUMENT AENDERN
        4 = KRITERIUM EINFUEGEN
WAS SOLL DURCHGEFUEHRT WERDEN? : ! 4
NACH WELCHEM KRITERIUM EINFUEGEN ? : ! 2
DATUM1 ERMITTELN:
        4 = KLASSE 4 (ARBEITSOPERATIONEN)
        5 = KLASSE 5 (GESAMTWERKSTUECK,MASCHINE)
DATUM AUS WELCHER KLASSE? : ! 4
        1 = EBENE 11 (FORMELEMENTGEOMETRIE)
        2 = EBENE 12 (OPERATIONSGEOMETRIE)
        3 = EBENE 13 (TOLERANZEN,RAUHTIEFEN)
        4 = EBENE 14 (EINSTELLGROESSEN)
        5 = EBENE 15 (EINRICHTUNGSDATEN)
DATUM AUS WELCHER EBENE? : ! 1
        1 = FORMART
        2 = AUSSEN
        3 = LAENGE
        4 = DURCHMESSER AM STARTPUNKT
        5 = DURCHMESSER AM ZIELPUNKT
        6 = MAXIMALDURCHMESSER
        7 = MINIMALDURCHMESSER
        8 = STEIGUNG
        9 = WINKEL(GRAD)
       10 = TIEFE
DATUM ANGEBEN: ! 3
 MOEGLICHE VERGLEICHSOPERANDEN :
        1 = GLEICH
        2 = UNGLEICH
        3 = GROESSER ALS
        4 = KLEINER ALS
        5 = GROESSER GLEICH
        6 = KLEINER GLEICH
WELCHER VERGLEICHSOP. SOLL EINGEFUEGR WERDEN? : ! 3
DATUM2 VORHANDEN? : J
DATUM2 ERMITTELN:
        4 = KLASSE 4 (ARBEITSOPERATIONEN)
        5 = KLASSE 5 (GESAMTWERKSTUECK,MASCHINE)
DATUM AUS WELCHER KLASSE? : ! 4
        1 = EBENE 11 (FORMELEMENTGEOMETRIE)
        2 = EBENE 12 (OPERATIONSGEOMETRIE)
        3 = EBENE 13 (TOLERANZEN,RAUHTIEFEN)
        4 = EBENE 14 (EINSTELLGROESSEN)
        5 = EBENE 15 (EINRICHTUNGSDATEN)
DATUM AUS WELCHER EBENE? : ! 2
        1 = ANFANGSLAENGE
        2 = ENDLAENGE
        3 = ANFANGSDURCHMESSER
        4 = ENDDURCHMESSER
        5 = ARBEITSWEG
DATUM ANGEBEN: ! 4
ARGUMENT ANGEBEN : ! 2

FORTSETZUNGSZEILE VORHANDEN? : N
EINGEFUEGTE BEDINGUNG :
```

LAENGE GROESSER ALS 2.000 * ENDDURCHMESSER

Bild 8.2.2-10 Dialogprotokoll für die Generierung einer Bedingung [26].

Verarbeitung dieser Bedingungen werden die vorgegebenen Werkstückinformationen eingelesen und mit der Vergleichsoperation auf Erfüllung geprüft.
Die Generierung derartiger Bedingungen kann auf zwei Wegen erfolgen. Bei sehr guten Systemkenntnissen kann eine Eingabe in codierter Form durchgeführt werden. Für den Anwender erfolgt die Generierung im Dialog, der auch im Rahmen der Lernfähigkeit eingesetzt wird. Dies ist jedoch auf derartige Daten und Operationen beschränkt, deren Klartext für die Dialogverarbeitung bereitgestellt wird. Für die in *Bild 8.2.2-9* gezeigte Bedingung enthält *Bild 8.2.2-10* das Dialogprotokoll der Generierung.
Die Aktionen der Entscheidungstabellen entsprechen den Ergebnissen, die sich mit Algorithmen erzielen lassen. Für die Aktionen gilt dasselbe wie für die Bedingungen; die rechnerinterne Verarbeitung erfolgt über Codezahlen. Die Dokumentation und die dialogmäßige Darstellung geschieht im Klartext. Diese Aktionen können einen festdefinierten Inhalt als Ergebnis besitzen *(Bild 8.2.2-11)* oder ähnlich den Bedingungen aus logischen Zusammenhängen bestehen, deren Resultat weiterverarbeitet wird *(Bild 8.2.2-12)*.

FERTIGUNGSVERFAHREN. Gewindeschneiden	302
TRAGERART. Langsschlitten	1
SPINDELLAGEN: 4. 5. Spindellage	18
ABSTÜTZUNG: Keine Angabe	0
AUFBAUHALTER. Keine Angabe	0
WERKZEUG-EINRICHTUNG: Gewinde-Schneid-Einrichtung	305
ZUBEHÖR FUR APPARATE. Keine Angabe	0
VORSCHUB-VARIATION. Überholung moglich	2
SCHNITTGESCHW.-VARIATION: Wstk. lauft um, Wkz. steht oder Gegenlauf	2
WERKZEUG. Schneideisen(allgemein)	20
SCHNEIDSTOFF. Keine Angabe	0

Bild 8.2.2-11 Aktion: Codierte Arbeitsoperation [26].

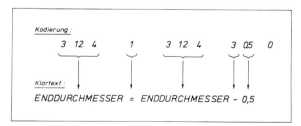

Bild 8.2.2-12 Aktion: Beziehung beim Einsatz einer Vorbearbeitung [26].

480 8 Rechnerunterstützte Arbeitsplanung   [Literatur S. 601]

Die Generierung von Aktionen erfolgt nach den gleichen Verfahren wie die Generierung von Bedingungen, das heißt durch Abspeichern der Codeinformationen oder durch dialogmäßiges Generieren der Codezahlen.
Die Verarbeitung der Entscheidungstabellen kann zwei Zielen dienen:
- Ermittlung aller zugelassenen Aktionen und
- Ermittlung durchzuführender Aktionen.

Die Verarbeitung beginnt in beiden Fällen mit der Überprüfung der Bedingungen und der Erstellung des Ergebnisfeldes. Die Matrixzahlen, die im Ergebnisfeld als erfüllt definiert sind (Codezahl 1), werden weiter untersucht. Für die Ermittlung aller zugelassenen Aktionen gilt, daß alle als nicht erfüllt erkannten Aktionen (Matrixelement = 0) zum Ausschluß der Aktion führen *(Bild 8.2.2-13)*. Für jede erfüllte Bedingung ergibt sich so eine Aktionsfolge, die gleichzeitig die Wertigkeit der einzelnen Aktionen beinhaltet.

		Ergebnisfeld	Aktion 1	Aktion 2	Aktion 3	Aktion 4	Aktion 5
Bedingung 1 ?	erfüllt	1	0	1	1	0	1
Bedingung 2 ?	nicht erfüllt	0	1	0	1	1	1
Bedingung 3 ?	nicht erfüllt	0	1	1	0	0	1
Bedingung 4 ?	erfüllt	1	0	1	1	0	1
Bedingung 5 ?	erfüllt	1	1	1	0	0	1

Ausgeschlossene Aktionen →	A1		A3	A4	
Zugelassene Aktionen →		A2			A5

Bild 8.2.2-13 Entscheidungstabellenverarbeitung zur Ermittlung zugelassener Aktionen [nach 39, 40].

Bietet ein System die Möglichkeit, derartige Entscheidungstabellen aufgrund von Planungserkenntnissen aufzubauen oder zu manipulieren, ist die Voraussetzung zur Lernfähigkeit erfüllt. Des weiteren müssen die zur Planung notwendigen Werkstückinformationen und die während der Planung anfallenden Informationen jederzeit vollständig zugriffsbereit sein. Die Einzelinformationen, die innerhalb der Entscheidungstabellen codiert angesprochen werden, müssen redundanzfrei und eindeutig definierbar sein. Für die Bereitstellung der Systemdaten, wie zum Beispiel Werkstoff-, Werkzeug-, Maschinen-, Spannmittel- und Prüfmitteldaten sowie Zerspan- und Zeitrichtwerte sind geeignete Dateien notwendig.

Dateien

Für die rechnerunterstützte Arbeitsplanung müssen die zur Durchführung der Planungstätigkeiten benötigten Informationen kurzfristig in geeigneter Aufbereitung und mit ausreichender Aktualität zur Verfügung stehen. Praxiserfahrungen mit der üblichen manuellen Handhabung derartiger Planungsdaten, zum Beispiel in Form von Katalogen und Vorschriften, zeigen, daß die methodische Erfassung und auch die Dokumentation nicht den aktuellen Anforderungen genügt. Für eine rechnergerechte Aufbereitung von Planungsdaten ist zunächst eine systematische Datenerfassung durchzuführen.
Die zu erfassenden Planungsdaten gliedert man zweckmäßiger Weise in funktionsorientier-

8.2 Funktionen der rechnerunterstützten Arbeitsplanung

te Datenkomplexe. Grundlage für diese Gliederung bilden die rechnerunterstützten Arbeitsplanungsfunktionen. Inwieweit eine derartige Gliederung durchgeführt wird, ist vom Detaillierungsgrad der jeweiligen rechnerunterstützten Arbeitsplanung abhängig. So ist beispielsweise eine Aufteilung der Datenkartei in folgende Datenkomplexe denkbar:
- Werkzeugmaschinenkartei,
- Spannmittelkartei,
- Werkzeugkartei,
- Werkstoffkartei,
- Meßmittelkartei und
- Planzeitkarte.

Eine derartige Aufteilung ermöglicht eine praxisnahe Verknüpfung von Funktionselementen. Voraussetzung dafür ist, daß aus den Bestimmungs- und Ergänzungsparametern der einzelnen Datenkarteien sinnvoll Verknüpfungsmöglichkeiten zu erkennen sind. Daher sind bei der Gestaltung der Datenkartei sowohl logische als auch formale Zusammenhänge anzustreben. Ein weiterer wesentlicher Gesichtspunkt ist die Auswahl der aufzunehmenden Planungsdaten. Die Auswahl sollte so umfassend sein, daß für die jeweilige Planungsfunktion hinreichende Kriterien zur Verfügung stehen und der Aufwand zur Datenerfassung und Datenaufbereitung möglichst gering ist, um die Erstellung, Ergänzung und Handhabung der Datenkartei zu erleichtern.

Jedem dieser Datenkomplexe werden Karteiblätter mit Klarschriftinformationen zugeordnet, die als Vorlage zur Datenspeicherung dienen. Das Karteiblatt gliedert sich in einen Bildteil und in einen Datenteil *(Bild 8.2.2-14)*.

Der Bildteil veranschaulicht die Gestalt des Fertigungsmittels und die Zuordnung der geometrischen Daten. Zusätzlich kann der Bildteil durch Textangaben erläutert werden. Der Datenteil enthält die Stammdaten für die Informationsverarbeitung, die sich in Bestimmungsparameter und Ergänzungsparameter gliedern lassen. Die Bestimmungsparameter charakterisieren die Eigenschaften eines Fertigungsmittels und die Ergänzungsparameter geben die Verknüpfungsmöglichkeit der einzelnen Fertigungsmittel an.

Zu den Bestimmungsparametern zählen Identnummer, Systemnummer und Daten der geometrischen, technologischen, kinematischen und mechanischen Eigenschaften. Während die Identnummer eine frei wählbare Ordnungsnummer zur Identifizierung darstellt, beinhaltet die Systemnummer die Codierung der wesentlichen Merkmale und Einsatzbedingungen des jeweiligen Fertigungsmittels.

Die Ergänzungsparameter dienen dazu, die Fertigungsmittel untereinander zuzuordnen. Von zentraler Bedeutung ist hierbei die Maschinenkartei. Dabei kann zwischen einer direkten Zuordnung, einer indirekten Zuordnung und einer bedingten Zuordnung zur Werkzeugmaschinenkartei unterschieden werden.

Eine direkte Zuordnung besteht zwischen der Werkzeugmaschinenkartei, der Werkzeugträgerkartei und einer für die Fertigungssteuerung vorgesehenen Zeitplanungskartei. Diese Karteien erhalten zur eindeutigen Erkennung der Zugehörigkeit stets dieselbe Maschinenidentnummer.

Eine indirekte Zuordnung zur Werkzeugmaschinenkartei liegt für die Spannmittel- und Werkzeugkartei vor, wenn Spannmittel und Werkzeuge einer bestimmten Werkzeugmaschine angehören sollen. Hierbei erhalten die entsprechenden Karteien zusätzlich die Maschinenidentnummer. Diese formale Zuordnung ist ein weiteres Kriterium bei der automatischen Bestimmung der Fertigungsmittel.

Eine bedingte Zuordnung der Spannmittel- und Werkzeugkartei zur Werkzeugmaschinenkartei ist gegeben, wenn beliebige Spannmittel und Werkzeuge auf einer Werkzeugmaschine verwendet werden können. In diesem Fall erfolgt keine Angabe der Maschinenidentnummer. Die Verknüpfung der Fertigungsmittel wird dann allein aus logischen Zuordnungen ihrer geometrischen, technologischen und kinematischen Bestimmungsparameter abgeleitet.

482 8 Rechnerunterstützte Arbeitsplanung [Literatur S. 601]

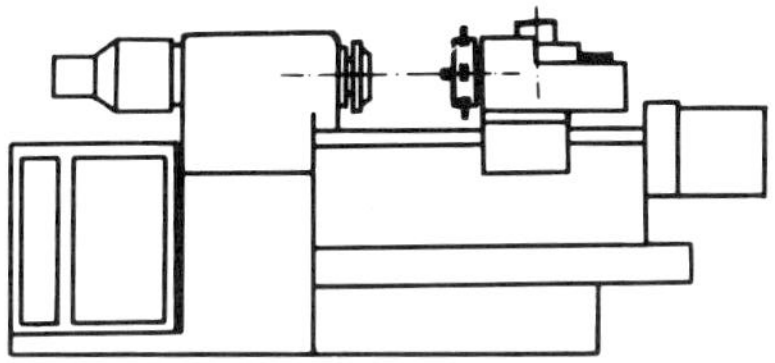

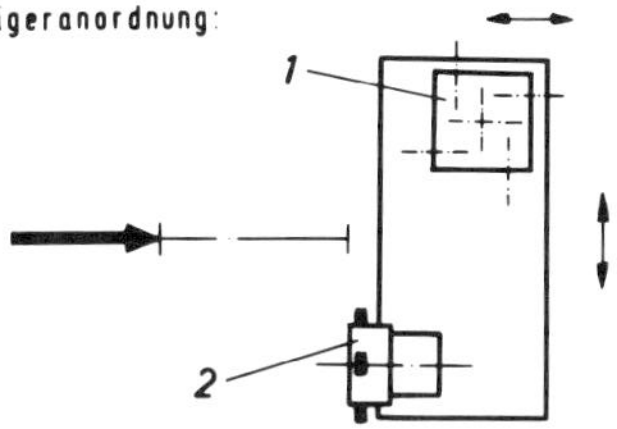

Bild 8.2.2-14 Karteiblatt für Drehmaschinen (NC-Revolver-Drehmaschine) [41].

[Literatur S. 601]   *8.2 Funktionen der rechnerunterstützten Arbeitsplanung*

Die Werkstoffkartei ist der Werkzeugmaschinenkartei in jedem Fall nur bedingt zugeordnet. Aufgrund der Angabe von Werkstoff-Schneidstoffpaarungen in der Kartei besteht jedoch eine logische Verknüpfung zwischen der Werkstoffkartei und der Werkzeugkartei. Diese Erfassungsformulare berücksichtigen in ihrem Aufbau neben der manuellen Handhabung die zweckmäßige Speicherung der ermittelten Daten. In einer ersten Ausbaustufe werden die Erfassungsformulare in einer zentralen Kartei verwaltet. Die zentrale Kartei bildet die wesentliche Voraussetzung für den Einsatz von Dateiensystemen für rechnerunterstützte Planungssysteme. Ein derartiges Planungssystem muß die folgenden Funktionen beinhalten:
 – Daten bereithalten,
 – Daten speichern,
 – Daten aktualisieren und
 – Daten bereitstellen.

Die dazu erforderlichen Handhabungs- und Wartungsprogramme müssen folgende Aufgaben lösen:
 – Daten in einer Datei ablegen,
 – Daten innerhalb einer Datei gezielt ändern und
 – Daten aus der Datei entnehmen.

Für einen sinnvollen Einsatz eines Dateiensystems ist die zentrale Datenverwaltung unerläßlich. Diese zentrale Datenverwaltungsstelle erstellt, verwaltet, prüft und ändert die Dateien und organisiert den Zugriff auf die Dateien für dezentrale Aufgabenbearbeitungen, wie z.B. die rechnerunterstützte Arbeitsplanung.

8.2.3 Rechnerunterstützte Arbeitsplanungsfunktionen

Der Planungsablauf läßt sich analog zur Konstruktion in die Bereiche Informationsgewinnung, Informationsverarbeitung und Informationsausgabe unterteilen [42]. Die Informationsgewinnung beinhaltet die Eingabe der geometrischen Daten des Roh- und Fertigteils und die Angabe technologischer Daten, die für den Umwandlungsprozeß vom Roh- zum Fertigteil erforderlich sind. Damit wird deutlich, daß die Informationssammlung und Informationsbereitstellung einen besonderen Stellenwert für den Erfolg der Arbeitsplanung haben. Ausgehend von einem technischen Objekt, das in seiner Form und seinen Abmessungen derart festgelegt ist, daß es nach seiner materiellen Realisierung in der Lage ist, bestimmte Funktionen unter vorgegebenen Bedingungen zu erfüllen, hat der Arbeitsplaner die Aufgabe, aus diesen Eingangsinformationen und zusätzlichen Auftragsparametern einen Arbeitsplan zu erstellen [43]. Dieser muß sowohl den Anforderungen der Konstruktion als auch denen der Fertigung gerecht werden [26].

Die Arbeitsplanung stellt im wesentlichen einen Vorgang der Informationsumsetzung dar. Im Wechsel zwischen der Lösungsfindung und der Lösungsauswahl wird eine Entscheidung zugunsten des bestmöglichen Konzepts angestrebt. Aufgrund der simultan-komplexen Arbeitsweise des Menschen vollziehen sich Arbeitsplanungsprozesse bei personeller Planung durch fortwährende Überlagerung mehrerer Lösungsfindungs- und Lösungsauswahlvorgänge.

Betrachtet man die in der Arbeitsplanung anfallenden Tätigkeiten, so läßt sich feststellen, daß es sich überwiegend um gedachte Veränderungen an simulierten Bearbeitungszuständen handelt. Demzufolge muß der Arbeitsplaner sich die verschiedenen Zwischenzustände vorstellen, die ein Rohteil auf dem Wege zum Fertigteil durchläuft, bevor er Planungen für den jeweils folgenden Bearbeitungsschritt vornehmen kann. Übertragen auf die Detailaufgaben bei der Arbeitsplanung ist festzustellen, daß jede weitere Bearbeitung eines Werkstückes erst dann geplant werden kann, wenn der Endzustand des vorausgegangenen Planungsschrittes bekannt ist.

484 8 Rechnerunterstützte Arbeitsplanung [Literatur S. 601]

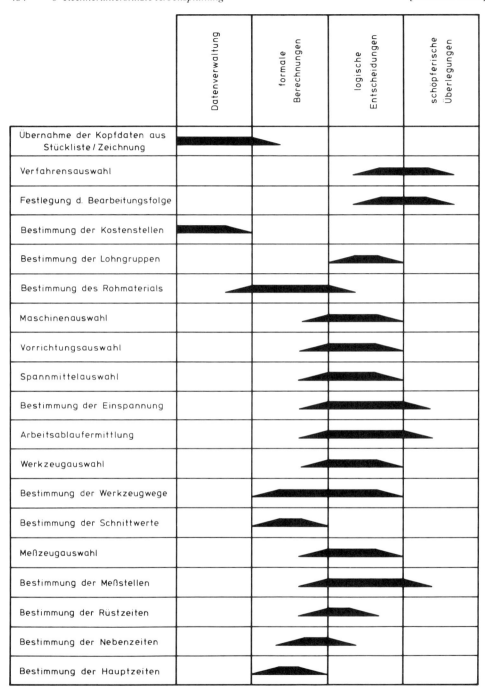

Bild 8.2.3-1 Gliederung von Planungsfunktionen hinsichtlich der Art der Informationsverarbeitung.

Grundlage für die Rechnerunterstützung von Arbeitsplanungsfunktionen ist eine eingehende Analyse der bei der Arbeitsplanung anfallenden Tätigkeiten und ihrer Eignung für die Übertragung in Rechnerprogramme *(Bild 8.2.3-1)*.

Technischen Planungsvorgängen liegen oftmals schöpferische Überlegungen zugrunde, die sich nicht oder nur mit erheblichem Aufwand algorithmieren und damit der Programmierung zugänglich machen lassen. Hieraus ist die Forderung abzuleiten, derartige Aufgabenstellungen soweit in Teilaufgaben zu zerlegen, daß der überwiegende Anteil der zu lösenden Probleme auf formale Berechnungen und logische Entscheidungen rückführbar wird.

Ein Gebiet, das den größten Zeitanteil der anfallenden Tätigkeiten im Bereich der Arbeitsplanung einnimmt, ist die Arbeitsplanerstellung. Sie beinhaltet verschiedene Teilaufgaben, die sich gemäß *Bild 8.2.3-1* schwerpunktmäßig unter den Begriffen Datenverwaltung, formale Berechnungen, logische Entscheidungen und schöpferische Überlegungen einordnen lassen. Diese Teilfunktionen sind nicht gleichmäßig gut zu automatisieren. Zunächst wird eine Automatisierung darin bestehen, Routinearbeiten vom Rechner ausführen zu lassen, um so den Sachbearbeiter schnell an die zu treffenden Entscheidungen heranzuführen. Für höhere Ausbaustufen können schrittweise Programme für weitere Teilfunktionen entwickelt und in ein Gesamtsystem einbezogen werden, wodurch sich der vom Sachbearbeiter zu entscheidende Arbeitsumfang von Aufgaben niedrigen Schwierigkeitsgrades zu jenen mit hohem Schwierigkeitsgrad und schöpferischen Überlegungen verlagert.

Für diesen Übergang müssen die Arbeitsplanungsfunktionen nach folgenden Merkmalen untersucht werden:
- Algorithmierbarkeit der Planungsfunktionen,
- Häufigkeit heuristischer Entscheidungen,
- Verfügbarkeit einer geschlossenen Planungslogik,
- anfallende Datenmengen und
- notwendiger Verarbeitungsumfang.

In *Bild 8.2.3-2* sind Entscheidungskriterien aufgezeigt, nach denen eine Teilung der Aufgabenbearbeitung in maschinell und personell zu erzielende Lösungen durchgeführt werden kann.

Problemmerkmal	Lösung maschinell	Lösung personell
– eindeutige Entscheidungsregeln	●	
– häufig zu lösende Aufgabe	●	
– große Anzahl zu berücksichtigender Informationen aus personell lesbaren Unterlagen (Normen, Kataloge)		●
– große Anzahl von Ausgabeinformationen	●	
– einfache personelle Entscheidungsfindung		●
– geringer Aufwand zur EDV-gerechten Beschreibung der Aufgabe	●	
– unterschiedliche Darstellungsformen der Ergebnisse aus einem einheitlichen Datenbestand	●	
– häufig zu ändernde Entscheidungsregeln		●

Bild 8.2.3-2 Entscheidungskriterien zur maschinellen oder personellen Aufgabenbearbeitung [35].

Beschreiben der Planungsaufgabe

Zum Durchführen einer rechnerunterstützten Planung muß die Planungsaufgabe definiert werden. Diese Aufgabenbeschreibung enthält Informationen über die Gestalt des Werkstückes, Zusatzangaben über Oberflächen, Toleranzen, Materialzustände und Bearbeitungsangaben, die Angabe des Werkstoffes und die Benennung. Neben diesen werkstückbezogenen Daten werden Informationen zur Bestimmung der Bearbeitung sowie Fertigungsmittel und Fertigungshilfsmittel definiert.

Die Vorgabe der Werkstückgeometrie kann in unterschiedlicher Ausprägung erfolgen. Bei der Werkstückbeschreibung mit einer Klassifizierung ist ein Klassifizierungsschlüssel notwendig. Die Schlüsselpositionen enthalten im wesentlichen Angaben über die Werkstückform als Beschreibungsmerkmale und Aussagen über Abmessungen, Werkstoff und Oberflächenqualität. Für eine detaillierte Arbeitsplanung ist der Informationsgehalt jedoch zu gering und zu ungenau [8].

Die Beschreibung mit Komplexteilen ermöglicht die Arbeitsplanerstellung für ein abgegrenztes Werkstückspektrum mit großer Wiederholhäufigkeit und starkem Ähnlichkeitscharakter. Die unterschiedlichen Ausführungen sind als Varianten in einem Variantenkatalog zusammengefaßt. Sämtliche Beschreibungselemente der verschiedenen Varianten werden zu einem „Komplexteil" verknüpft. Für die aktuelle Planungsaufgabe wird die zutreffende Variante ausgewählt. Die variablen Dimensionsgrößen werden eingegeben. Rechnerintern wird die Beschreibung des vollständigen Werkstückes erzeugt [8].

Die Eingabe über Elemente basiert auf der Gliederung des Werkstückes in Gestalt- und Technologieelemente [8, 44]. Die verwendbaren Elemente müssen für jeden Anwendungsbereich in Abhängigkeit vom Teilespektrum exakt definiert werden. *Bild 8.2.3-3* zeigt einen Ausschnitt aus einem Elementekatalog [39]. Fertigungstechnische Aspekte werden per Definition berücksichtigt, um die Formulierung von Planungsfunktionen zu vereinfachen. So muß beispielsweise eine Fase, die geometrisch betrachtet eine Sonderform des Kegels ist, im Hinblick auf die Fertigung als eigenes Element eingeführt werden. Der Einsatzbereich dieser Art der Werkstückbeschreibung hängt von der Anzahl der definierten Elemente ab. Der Beschreibungsaufwand steigt mit dem Komplexitätsgrad der Werkstücke an.

Punkte-, Kanten- und Flächenverfahren verwenden zur Beschreibung der Planungsaufgabe Elemente der ebenen Geometrie, wie Punkte, Geraden oder Kreise [8, 15]. Diese Methode bereitet aber Schwierigkeiten, aus der rechnerintern abgelegten Kontur bzw. den Konturpunkten wieder fertigungstechnisch relevante Elemente, wie zum Beispiel Freistiche, Paßfedernuten oder Abflachungen zu bilden.

Außer der Klassifizierung sind alle Verfahren prinzipiell geeignet, Werkstücke exakt zu beschreiben. Ähnlichkeitsplanungssysteme wenden vorwiegend Klassifizierung [46] und Komplexteilverfahren [8] an, während Neuplanungssysteme mit Elementeverfahren [47, 48] und Punkte-, Kanten-, Flächenverfahren [1, 35] arbeiten.

Neben der vollständigen Werkstückbeschreibung wird die arbeitsvorgangsbezogene Werkstückbeschreibung angewandt. Die geometrische Informationseingabe beschränkt sich dabei auf die Beschreibung eines Werkstückbereiches, der in einem Arbeitsvorgang bearbeitet wird. Die technologischen Ermittlungen des Planungssystems beziehen sich nur auf den beschriebenen Bereich und nicht auf das gesamte Werkstück. Über den Bearbeitungsbereich hinausgehende Ermittlungen sind nicht möglich [49].

Eine weitere Form der Beschreibung ist die Definition von Zerspansegmenten [50]. Hierbei werden nicht Roh- und Fertigteil beschrieben, sondern fertigungstechnisch ausgewählte Zerspanvolumina. Da diese Volumina das Fertigungsverfahren beinhalten, ist mit der Reihenfolge der Eingabe in der Regel auch der Fertigungsablauf festgeschrieben.

Die Verfahren, die zur Werkstückbeschreibung eingesetzt werden, sind auch für die Definition bearbeitungstechnischer Angaben anwendbar. Die bearbeitungstechnischen Angaben enthalten Angaben über Fertigungsmittel und Fertigungshilfsmittel sowie Vorgaben für die Festlegung der Bearbeitungsfolge, der Bearbeitungskinematik und der Maschinenkennwerte. Fertigungsmittel und Fertigungshilfsmittel können fest definiert sein, zum Beispiel über eine Identnummer, oder für eine automatisierte Auswahl durch die Angabe von Fertigungsbedingungen geometrischer und technologischer Art vorgewählt werden. Dasselbe gilt für

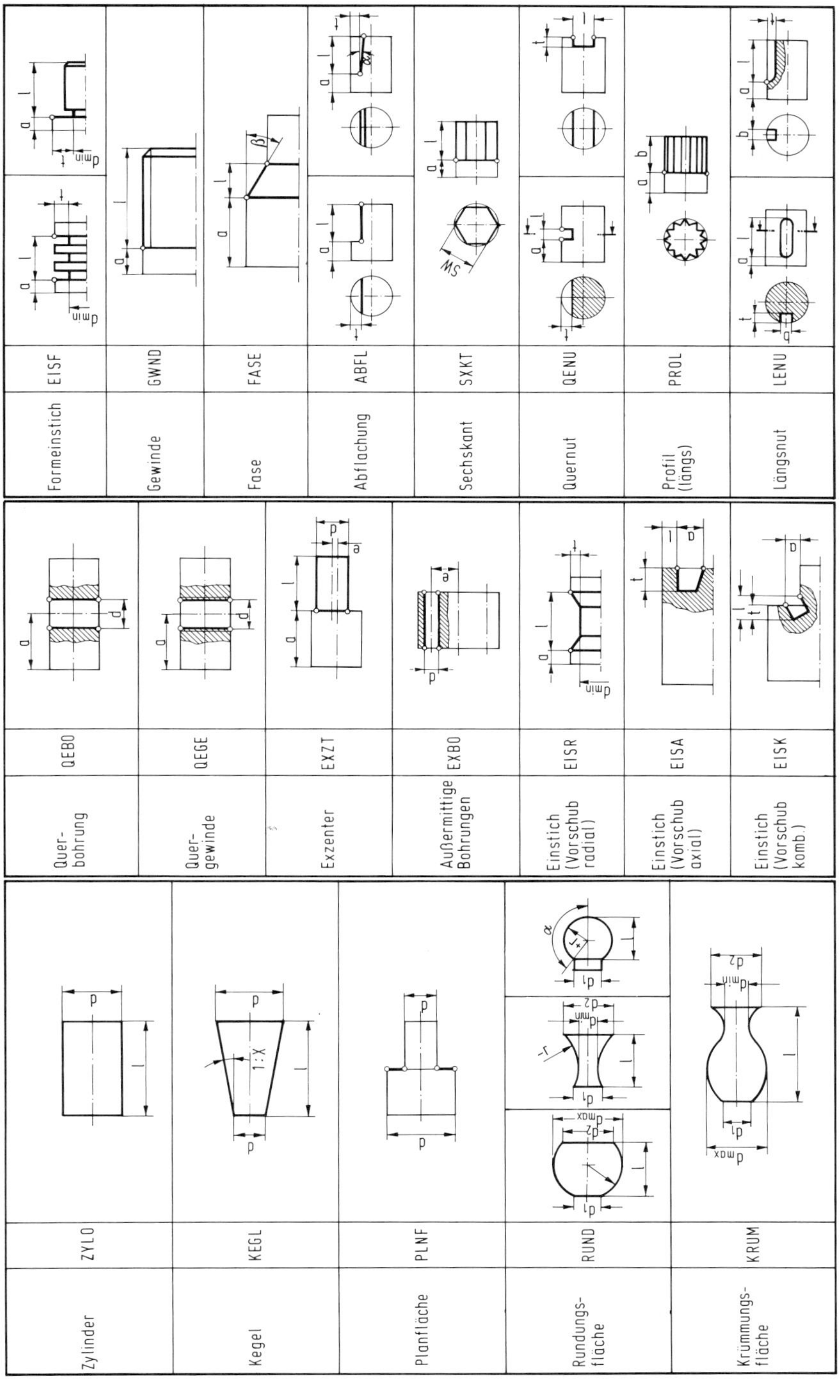

Bild 8.2.3-3 Auszug aus einem Formelementekatalog [39].

die Definition von Fertigungsreihenfolge, Bearbeitungskinematik und Maschinenkennwerten.

Die Eingabe der Planungsaufgabe kann mit einem Teileprogramm, im Dialog oder durch eine rechnerunterstützte Datenübertragung von vorgeschalteten Planungsbereichen erfolgen. Im Teileprogramm sind alle Informationen über die Planungsaufgabe enthalten. Die Definition der Informationen erfolgt in einer problemorientierten Programmiersprache. Da alle notwendigen Angaben vor Beginn der rechnerunterstützten Verarbeitung bereitstehen, kann der Planungsablauf automatisch erfolgen.

Die Beschreibung der Planungsaufgabe kann im alphanumerischen oder grafischen Dialog erfolgen. Hier bestehen die Möglichkeiten, daß jede Eingabe sofort überprüft und verarbeitet wird oder daß die Eingabe nur überprüft wird und die Verarbeitung erst nach Vorliegen eines bestimmten Informationsumfanges durchgeführt wird.

Erfolgt die Bereitstellung der Planungsaufgabe mit einer rechnerunterstützten Datenübertragung, ist die Vervollständigung der bereitgestellten Informationen vorzusehen. Für die Arbeitsplanung werden bei einer Verknüpfung mit Konstruktionsbereichen meist nur die Informationen des zu fertigenden Werkstückes bereitgestellt. Die bearbeitungstechnischen Vorgaben müssen dann noch hinzugefügt werden. Für die rechnerunterstützte Arbeitsplanung müssen die Informationen in einer definierten Form vorliegen. Dazu müssen bei einer rechnerunterstützten Datenübertragung meist Datenumformungen – oft mit erheblichem Aufwand – vorgenommen werden. Von Vorteil ist jedoch die nur einmalige Eingabe der zu verarbeitenden Informationen.

Bestimmung der Arbeitsvorgangsfolge

Die rechnerunterstützte Ermittlung der Arbeitsvorgangsfolge als eine wesentliche Funktion der Arbeitsplanung konnte bisher nur in Teilbereichen oder bei fest definierten Werkstückspektren erfolgreich angewandt werden. Geprägt durch einen äußerst komplexen Entscheidungsvorgang unter Berücksichtigung der jeweiligen betrieblichen Gegebenheiten, müssen nicht nur die entsprechenden Arbeitsvorgänge bestimmten fertigungsorientierten Formmerkmalen des Werkstückes zugeordnet werden, sondern es müssen außerdem unter technologischen und wirtschaftlichen Gesichtspunkten die entsprechenden Fertigungsmittel und Hilfsmittel zugeordnet werden. Eine Automatisierung dieser Hauptfunktion würde den Ablauf der Arbeitsplanerstellung zwar erheblich beschleunigen, ist aber kaum allgemeingültig zu lösen. Von besonderer Bedeutung für die automatisierte Ermittlung der Arbeitsvorgangsfolge sind Art und Vollständigkeit der bereitgestellten Werkstückdaten. Neben betriebsspezifischen Lösungen, welche meist auf klassifizierenden Beschreibungen der Fertigungsaufgaben aufbauen, können allgemeingültigere Lösungen nur auf vollständigen Beschreibungen des Werkstückes basieren, verbunden mit der Anwendung von Entscheidungstabellen und anderen Planungslogiken.

Die Arbeitsvorgangsplanung mit Standardfolgen ist nur zur firmenspezifischen Anwendung bei der Wiederhol- und Variantenplanung und einer Werkstückgruppe geeignet, wobei die Bereitstellung der aktuellen Werkstückgeometrie nicht Voraussetzung für die Rechnerunterstützung ist.

Für die Arbeitsvorgangsfolgeermittlung bei der Neuplanung wurden Systeme entwickelt, die auf einer analytischen Ermittlung von standardisierten Bearbeitungselementen basieren, die in einer Einspannung und mit einem Werkzeug gefertigt werden können. Nach Ermittlung der Elemente können diesen mit Hilfe einer Zuordnungsmatrix Verfahren bzw. Maschinen oder Maschinengruppen zugeordnet werden. Aufgrund von Reihenfolgebedingungen kann zunächst eine grobe Arbeitsvorgangsfolge ermittelt werden, wobei die ungeordneten Arbeitsvorgänge zu Gruppen zusammengefaßt werden. Innerhalb der Gruppe können die Arbeitsvorgänge anschließend beliebig in der Reihenfolge vertauscht werden, so daß ein optimaler Fertigungsablauf entsteht. Die Ermittlungen basieren sowohl auf be-

triebsneutralen als auch betriebsspezifischen Entscheidungsregeln. Letztere werden durch den betrieblichen Maschinenpark und Materialfluß bestimmt [51].
Nach der Zuordnung von Verfahren und herzustellender Form müssen die ausgewählten Verfahren noch auf ihre technologischen Zulässigkeit überprüft werden. So müssen beispielsweise Freiraum, Genauigkeit und Steifigkeit der betrieblich verfügbaren Maschinen ausreichen, um die jeweilige Bearbeitungsaufgabe zu erfüllen. In welchem Umfang die technologische Überprüfung durchzuführen ist, richtet sich nach Werkstückspektrum, vorhandenen Fertigungsmitteln und den Anforderungen des Anwenders hinsichtlich der technologischen Auslastung seiner Fertigungsmittel. *Bild 8.2.3-4* zeigt einen Ablauf zur Arbeitsvorgangsfolgeermittlung.

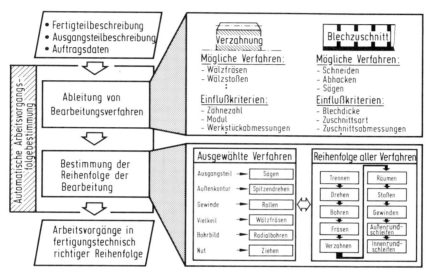

Bild 8.2.3-4 Ablauf der Arbeitsvorgangsbestimmung [52].

Die Abspeicherung der Fertigungsmitteldaten und der Daten des fertigungstechnischen know-hows, die bei der Zuordnung der Verfahren berücksichtigt werden müssen, erfolgt im Hinblick auf eine schnelle Implementierung beim Benutzer und einfache Anpassung an neue Fertigungsmittel in Dateien. Diese umfassen beispielsweise eine Maschinendatei, die u.a. Angaben zu dem Freiraum, den Bewegungsmöglichkeiten, den Spannmöglichkeiten und der erreichbaren Genauigkeit enthält. Andere abzuspeichernde Informationen sind Angaben zu den verfahrensbedingten Qualitäten und die Zerspanungskriterien.
Durch Programmierung mittels Entscheidungstabellen [38, 1] läßt sich auch der gesamte Ablauf der Verfahrensauswahl nach technologischen Gesichtspunkten den Wünschen des Benutzers sehr einfach anpassen.
Zentrale Bedeutung für diesen Abschnitt der Ermittlung der Arbeitsvorgangsfolge hat die Datei mit der Zuordnung der Verfahren zu Beschreibungselementen, mit der auch mehrere Bearbeitungen auf Teilvorgangsebene einem Element zugeordnet werden können.
Eine vom Anwender nach eigenen Wünschen vorgegebene Priorität der elementbezogenen Bearbeitungsfolgen dient dem Rechner als Anhaltspunkt für eine spätere Rangfolgeoptimierung der elementbezogenen Bearbeitungsfolgen, die in erster Linie nach wirtschaftlichen Kriterien erfolgt und Grundlage der Reihenfolgebildung ist.
Eine solche Zuordnungsdatei bewirkt eine starke Einschränkung der theoretisch möglichen Kombinationsvielfalt und ermöglicht, daß der Rechner nur vorgegebene Folgen zu über-

prüfen hat, statt sie anhand von aufwendigen Planungsregeln generieren zu müssen. Außerdem stellen die Folgen Makrostrukturen dar und liefern damit Anhaltspunkte für die Reihenfolgebildung.

Die Reihenfolge wird in einem iterativen Prozeß ermittelt. Basierend auf Abarbeitungsregeln für miteinander verknüpfte Werkstückelemente läßt sich für ein bestimmtes Werkstückspektrum eine sogenannte Komplex-Reihenfolge aufstellen, die dann als Sortierkriterium für die elementbezogenen Verfahren dient. Im Anschluß an den Sortiervorgang erfolgt die technologische Überprüfung anhand von Reihenfolgeregeln. Bei Widersprüchen werden iterativ andere Reihenfolgen der Verfahren und auch alternative Verfahren eingesetzt und erneut überprüft. Unter Berücksichtigung der wirtschaftlichen Kenndaten der eingesetzten Fertigungsmittel und Fertigungsmittelgruppen, sowie des Materialflusses ist auch eine weitergehende Optimierung möglich [33].

Die rechnerunterstützte Bestimmung von Arbeitsteilvorgangsfolgen kann wesentlich einfacher durchgeführt werden, da der notwendige Analyseaufwand durch die Vorgabe bestimmter Hauptoperationen, zum Beispiel Drehen, stark reduziert wird. Die mögliche Werkstückgeometrie ist zu diesem Zeitpunkt bereits stark eingeengt, so daß mögliche Arbeitsvorgänge wie zum Beispiel Querdrehen oder Gewindedrehen nur noch auf bereits bestimmten Maschinen durchgeführt werden können.

Obwohl auch bei dieser Bestimmung auf betriebsspezifische Einflüsse kaum verzichtet werden kann, sind doch erfolgreiche Automatisierungsansätze für die Verfahren Drehen, Bohren und Stanzen bekannt geworden, die besondere Bedeutung bei der entsprechenden NC-Programmierung erlangt haben.

Die rechnerunterstützte Fräsarbeitsablaufermittlung ist wegen der Komplexität des Fertigungsverfahrens und der Vielzahl der Möglichkeiten bestimmte geometrische Formen auf verschiedene Arten herzustellen, auf bestimmte Teiloperationen beschränkt. Während beim Konturfräsen und beim Zirkularfräsen mit meist einem Werkzeug relativ einfach die Fräserwege ermittelt werden können, müssen beim wirtschaftlichen Taschenfräsen meist zwei verschiedene Werkzeuge eingesetzt werden und außerdem zwischen einem zickzackförmigen Ausräumen oder einem mäanderförmigen Ausräumen der Taschen unterschieden werden. Während bei einem zickzackförmigen Fräsen die Abarbeitung einer Tasche in Bahnen parallel zu einer vorgegebenen Vorschubrichtung erfolgt, wird beim mäanderförmigen Fräsen das Ausräumen einer Tasche in Bahnen, äquidistant zur Ausgangskontur vorgenommen.

Beim Taschenfräsen kann die Arbeitsablaufermittlung zwei unterschiedlichen Prinzipien folgen *(Bild 8.2.3-5)* [173]. Beim ersten Prinzip setzt zuerst das kleinste ausgewählte Werkzeug ein. Dieses Werkzeug führt einen Schnitt entlang der Ausgangskontur durch. Dadurch werden alle Eckenradien und eventuell auftretende Einschnürungen freigelegt. Das zweite Werkzeug arbeitet anschließend das restliche zu zerspanende Material mittels eines der zuvor beschriebenen Bahnzerlegungensverfahren ab.

Beim zweiten Prinzip wird das größte Werkzeug zuerst eingesetzt, um den größten Teil des zu zerspanenden Volumens abzuarbeiten. Die Fertigteilkontur wird dabei nicht verletzt. Das kleinere Werkzeug arbeitet anschließend die Bereiche ab, die mit dem größten Werkzeug nicht zerspant werden konnten.

Weitergehende automatisierte Arbeitsablaufermittlungen für beliebige Fräsoperationen sind nur in Ansätzen bekannt [174] und zum industriellen Einsatz noch nicht ausreichend entwickelt.

Bei allen Systemen zur Vorgangsfolgeermittlung sind der möglichen Automatisierungstiefe durch den notwendigen Systemerstellungsaufwand Grenzen gesetzt. Der Anpassungsaufwand bei der Ersteinführung eines ausgeführten Arbeitsplanungssystems mit automatischer Arbeitsvorgangsfolgeermittlung wird etwa um den Faktor 10 höher geschätzt als bei vergleichbaren dialoggesteuerten Systemen [153]. Die Forderungen nach Betriebsneutralität, geringen Implementierungs- und Pflegekosten für Programme, Planungsflexibilität und

[Literatur S. 601]   8.2 Funktionen der rechnerunterstützten Arbeitsplanung   491

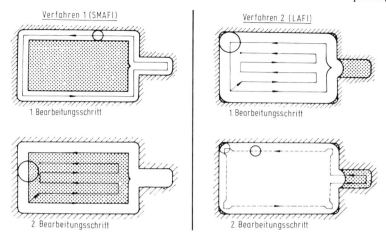

Bild 8.2.3-5 Unterschiedliche Prinzipien des Arbeitsablaufes beim Taschenfräsen [173].

großer Einsatzbreite machen vor diesem Hintergrund deutlich, daß es sinnvoll ist, Arbeitsvorgangs- und Teilvorgangsfolgen durch den Arbeitsplaner im Dialog bestimmen zu lassen.

Auswahl von Fertigungsmitteln und Fertigungshilfsmitteln

Nach der Festlegung der Arbeitsvorgangsfolgen hat der Arbeitsplaner die Entscheidung zu treffen, welches aus den zur Verfügung stehenden Fertigungsmitteln das für die aktuelle Bearbeitung am besten geeignet ist. Für die gängigen Fertigungsverfahren, wie Drehen, Bohren, Fräsen, Schleifen, stehen in der Regel mehrere Maschinen zur Verfügung, von denen die jeweils günstigste im Hinblick auf den durchzuführenden Arbeitsvorgang auszuwählen ist. Bei der Anwendung von speziellen Verfahren ist die Festlegung der Werkzeugmaschine oft durch den Arbeitsvorgang bestimmt [184].
Mit der Zuordnung von Werkstück und Werkzeugmaschine wird weitgehend die Höhe der Fertigungskosten festgelegt. Die Fertigungskosten hängen von der Bearbeitungsart und von dem bei der Kalkulation zu berücksichtigenden Kostensatz ab.
Weitere Einflußparameter für die Maschinenauswahl sind die Werkstückgröße, der Werkstückwerkstoff und die geforderte Bearbeitungsgenauigkeit. Ansatz für die Algorithmierung dieses Problemkreises existieren für die Auswahl von Fertigungsmitteln allgemein [54] und für Drehmaschinen speziell [41,55]. Für eine rechnerunterstützte Maschinenauswahl müssen die Merkmale von Werkstücken und Maschinen gegenübergestellt werden.
Grundsätzlich gibt es zwei Möglichkeiten zur Erfassung von Werkstück- und Maschinenmerkmalen:
  – Klassifizierung der Merkmale oder
  – Beschreibung der Merkmale.
Bei der Klassifizierung von Merkmalen müssen die Daten aus der Werkstückbeschreibung und der Maschinendatei zuerst für die Codierung aufbereitet werden *(Bild 8.2.3-6)*, bevor sie für die Zuordnung ausgewertet werden können. Da es sich um eine irreversible Codierung, der Einteilung in verschiedene Klassen handelt (siehe Formen- und Ergänzungsschlüssel des VDW-Klassifizierungssystems nach Opitz [11]), muß ein Informationsverlust hingenommen werden.
Wie eine solche Klassifizierung zu ungünstigen Ergebnissen führen kann, zeigt *Bild 8.2.3-7,* in dem Klassifizierung und Beschreibung der Merkmale gegenübergestellt sind. Dem Werkstück mit dem maximalen Durchmesser D = 175 mm wird im Klassifizierungssystem eine Codeziffer zugeordnet, die einem Durchmesser von 160 mm bis 250 mm entspricht.

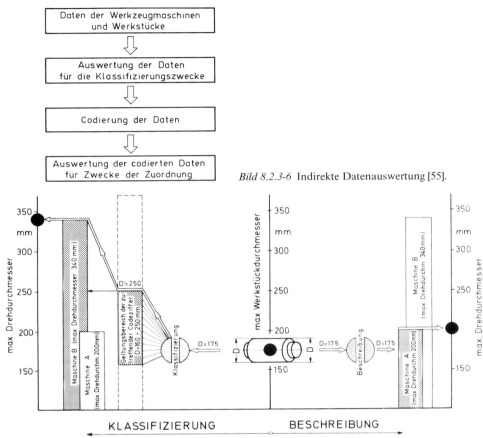

Bild 8.2.3-6 Indirekte Datenauswertung [55].

Bild 8.2.3-7 Vergleich von Klassifizierung und Beschreibung des Werkstückdurchmessers für Zuordnungszwecke [55].

Mit der Codeziffer wird eine geeignete Drehmaschine gesucht, das heißt, die gesuchte Maschine muß auch den Maximaldurchmesser dieser Klasse (250 mm) bearbeiten können. Das führt zu einer überdimensionierten Maschine mit einem maximalen Arbeitsdurchmesser von 340 mm.

Dagegen bietet die Beschreibung der Merkmale die Möglichkeit, mit Hilfe der exakten Daten die Maschine der Fertigungsaufgabe optimal anzupassen. In dem gezeigten Beispiel wird eine Maschine mit einem maximalen Drehdurchmesser von 200 mm gefunden.

Um die auftretenden Informationsverluste zu vermeiden und damit die Voraussetzungen für eine optimale Lösungsfindung zu gewährleisten, ist eine direkte Auswertung der Werkstück- und Maschinendaten anzustreben *(Bild 8.2.3-8)*.

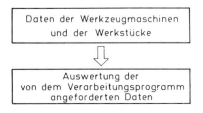

Bild 8.2.3-8 Direkte Datenauswertung [55].

Die Werkstückmerkmale werden mit den Maschinenmerkmalen und bestimmten Kriterien verglichen. Innerhalb des Arbeitsplanungssystems CAPSY ist diese Zuordnung in folgende Bereiche gegliedert [187]:
- Vorauswahl,
- Spannbereichsermittlung,
- Drehlänge,
- Reitstock,
- Lünette,
- Werkstückdurchmesser,
- Steuerung,
- Gewindebearbeitung,
- Fertigungsgenauigkeit und
- Oberflächengüte.

Für die Zuordnung wird ein Bewertungsschema verwendet, das abhängig vom Ergebnis des Vergleichs von Werkstück und Werkzeugmaschine in Noten von 1 bis 3 dargestellt wird. Note = 1 bedeutet, die Maschine ist voll geeignet, Note = 2 heißt bedingt geeignet und bei Note = 3 ist die Maschine ungeeignet.

Aus den Einzelnoten für die verschiedenen Bereiche wird das Gesamtergebnis einer Maschine nach dem gleichen Bewertungsschema ermittelt. Sollten mehrere Maschinen für den Beurteilungsfall geeignet sein, kann sich der Arbeitsplaner die einzelnen Teilergebnisse am Bildschirm darstellen lassen und somit die entgültige Entscheidung treffen.

Die Wahl des Spannmittels und die geometrische Zuordnung des Werkstücks zum Spannmittel sind wegen ihrer Auswirkungen auf die Arbeitsablaufermittlung, auf die zu erreichende Formgenauigkeit und Oberflächengüte des Werkstücks und auf die Schnittwertermittlung von erheblicher Bedeutung.

So verursachen beispielsweise kraftschlüssig wirkende Spannmittel Verformungen am Werkstück, die zu unerwünschten Maßabweichungen am Fertigteil führen können. Die Zuordnung der Spannmittelkollisionskontur zum Werkstück beeinflußt den Arbeitsablauf durch die Einschränkung des Bearbeitungsbereichs. Zudem bestimmen Spannmittelart und -abmessung die Richtung und Größe maximal zulässiger Zerspankräfte.

Eine Vielzahl von Lösungsalternativen und Einflußparametern erschwert die Ermittlung einer optimalen Einspannung, so daß diese Aufgabe überwiegend intuitiv gelöst wird. Sind aber die Lösungsmöglichkeiten durch wenige, unterschiedliche Spannmittelarten und durch das Werkstückspektrum eingeschränkt, lassen sich ferner die Spannmittel mit geringem Aufwand geometrisch und technologisch beschreiben sowie allgemeingültige Regeln für die Bestimmung der Einspannmöglichkeiten aufstellen, so sind die Voraussetzungen zur rechnerunterstützten Aufgabenbearbeitung gegeben.

Für den überwiegenden Teil der Spannprobleme bei der Drehbearbeitung sind die Voraussetzungen erfüllt, da sich die Spannmittel im allgemeinen auf wenige Bauarten unterschiedlicher Größe für rotationssymmetrische Werkstücke beschränken.

Aus diesen Randbedingungen läßt sich ableiten, daß eine rechnerunterstützte Spannlagenermittlung immer dann zu günstigen Ergebnissen führen wird, wenn keine der schwer erfaßbaren Einflußgrößen, wie die Verformung des Werkstücks infolge von Spannkräften oder die Werkstückauslenkung durch das Eigengewicht, Fliehkräfte und Schnittkräfte bei den Ermittlungen zu berücksichtigen sind. Die Einbeziehung derartiger Größen in eine Programmlogik ist möglich, erfordert aber die Entwicklung umfangreicher und rechenintensiver Programme [56,57,58,59].

Gegenwärtig werden bei der personellen Bestimmung der Werkstückeinspannung individuelle Erfahrungen und gegebenenfalls Hilfsmittel, wie Richtwert- und Spannmittelkarteien genutzt. Die durch unterschiedliche Erfahrungen der Mitarbeiter beeinflußten Entscheidungen führen zwangsläufig zu subjektiven Ergebnissen. Ein Programmsystem ist dagegen in der Lage, eine Spannaufgabe mit reproduzierbaren Ergebnissen zu lösen.

Für die Realisierung von Programmen zur Spannlagenermittlung sind verschiedene Lösungswege möglich, die sich insbesondere hinsichtlich ihres Automatisierungsgrades und ihrer Optimierungsstrategien unterscheiden.

Eine Lösung mit geringem Automatisierungsgrad stellt die Eingabe der wesentlichen Spanndaten durch ein Teileprogramm dar. Das Verarbeitungsprogramm hat hier die Aufgabe, diese Daten auf formale Richtigkeit zu prüfen und für nachfolgende Kollisionskontrollen zu verwalten. Eine derartige Vorgehensweise findet beispielsweise Anwendung im Programmiersystem EXAPT 2 [45]. Nachteilig ist der personelle Aufwand zur Ermittlung der Spanndaten, da die Art der bereitzustellenden Daten eng an der Planungsstrategie des Verarbeitungsprogramms ausgerichtet ist [45].

Eine wesentliche Vereinfachung der Spannlagenermittlung läßt sich durch eine Aufgabenverteilung zwischen dem Anwender und dem Programmsystem verwirklichen. Das erforderliche Programm hat dabei die Aufgabe, Entscheidungshilfen anzubieten, Eingebedaten anzufordern und diese auf Zulässigkeit zu kontrollieren. Ferner muß die Programmlogik die eingegebenen Daten und ermittelten Ergebnisse speichern sowie zur Lösungskontrolle der Spannmittel- und Werkstückkonturen grafisch darstellen können. Ein Angebot geeigneter Spannmittel und Spannstellen gewährt dem Arbeitsplaner wirkungsvolle Entscheidungshilfen. Wesentliche Vorteile dieser Planungsmethode bestehen insbesondere in folgenden Punkten:

– Für den Dialog werden wenige, aus einem Lösungsangebot auszuwählende Daten zur Bestimmung der Werkstückeinspannung benötigt.
– Eine sofortige Kontrolle der Werkstückeinspannung wird durch die grafische Darstellung möglich.
– Bei unbefriedigendem Planungsergebnis kann mit veränderten Eingabedaten die Werkstückeinspannung beliebig oft geändert werden.

Die automatische Ermittlung sämtlicher Einspannungen für eine Fertigungsaufgabe stellt eine Lösung mit weit höherem Automatisierungsgrad dar. Dazu ist die Berechnung aller Entscheidungskriterien für die Spannlagenreihenfolge, Spannmittel- und Spannstellenauswahl erforderlich. Zusätzlich muß in die Optimierungsstrategie der gesamte Arbeitsablauf einbezogen werden. Da dieser zum Zeitpunkt der Spannlagenermittlung noch nicht festliegt, ist entweder eine Gesamtoptimierung der vollständigen Arbeitsvorgangsplanung notwendig oder innerhalb der Spannlagenermittlung muß eine Abschätzung des Arbeitsablaufs durchgeführt werden. Die automatische Spannlagenermittlung erfordert also einen hohen Programmier- und Rechenaufwand. Deshalb ist die Realisierung eines dialogfähigen Programms zweckmäßig.

Bild 8.2.3-9 zeigt den Aufbau des im Arbeitsplanungssystem CAPSY implementierten Programmbausteins für die Drehbearbeitung. In der Programmlogik werden die Spannmittel Drehfutter, Spannzange und Zentrierspitze berücksichtigt. Darüber hinaus ist es möglich, beliebige koaxiale Anordnungen von Werkstücken im Spannmittelkoordinatensystem zu definieren. Dies ist beispielsweise für Sonderspannmittel von Bedeutung, die wegen ihrer geringen Anwendungshäufigkeit für eine automatische Ermittlung nicht geeignet sind. Andererseits muß sichergestellt sein, daß sich mit einem Programmsystem jede Einspannung definieren läßt.

In der Einzel- und Kleinserienfertigung ist die am häufigsten auftretende Planungsphase bei der Fertigungshilfsmittelbestimmung die Werkzeugauswahl. Sie steht im engen Zusammenhang mit der Arbeitsteilvorgangsbestimmung [185]. Bei einer abbildenden Formgebung läßt sich das erforderliche Werkzeug direkt aus den geometrischen Verhältnissen des Werkstücks ermitteln. Am Beispiel der Bearbeitung von Bohrbildern wird dieser Zusammenhang besonders deutlich (*Bild 8.2.3-10).* Durch Angabe der Lage, Art, Dimensionen und Technologie, zum Beispiel Toleranzen, lassen sich aus einer entsprechenden Werkzeugdatei die benötigten Werkzeuge bestimmen. Andere Beispiele für diese Art der Ermittlung sind die Fertigung von Nuten oder Verzahnungen. Wesentlich höhere Aufwendungen sind bei der

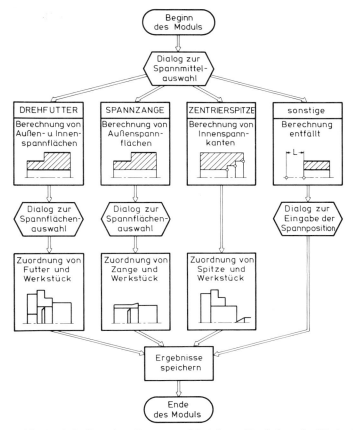

Bild 8.2.3-9 Aufbau eines Programm-Moduls zur Ermittlung der Werkstückeinspannung [35].

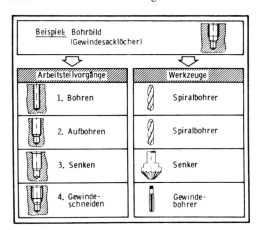

Bild 8.2.3-10 Beispiel für die Ermittlung von Arbeitsteilvorgängen und Werkzeugen für die Bohrbearbeitung [52].

kinematischen Formgebung erforderlich. Im folgenden wird ein Modell vorgestellt, das für die kinematische Formgebung bei der Drehbearbeitung entwickelt wurde *(Bild 8.2.3-11)* und folgende vier Funktionen beinhaltet [32]:

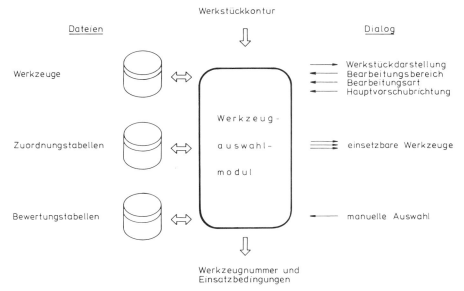

Bild 8.2.3-11 Modulkonzeption für die Werkzeugauswahl [32].

- Bestimmung der Bearbeitungsstelle,
- Bestimmung der Bearbeitungsart,
- Bestimmung der Vorschubrichtung,
- Bestimmung des Werkzeuges.

Die Bestimmung der Bearbeitungsstelle erfolgt auf der Basis der Darstellungen von Roh- und Fertigteilkontur auf dem Bildschirm. Mittels Angabe zweier Konturpunkte wird vom Benutzer ein Bearbeitungsbereich auf der Fertigteilkontur festgelegt. Vor der Bestimmung der Bearbeitungsart wird dieser Konturabschnitt hinsichtlich seiner Stellung innerhalb der Gesamtkontur analysiert, und es erfolgt eine Zuordnung zur Außen- oder Innenbearbeitung. Daran orientiert können vom Benutzer als Drehbearbeitungsarten die Verfahren Einfachdrehen, Konturdrehen, Einstechen und Gewindeschneiden und als Bohrbearbeitungsarten die Verfahren Bohren, Senken, Reiben und Zentrieren definiert werden.

Die Bestimmung eines Werkzeuges erfolgt auf der Basis einer Werkzeugdatei, die neben den technologischen Einsatzdaten auch die geometrischen Werkzeugdaten enthält, zum Beispiel die EXAPT-Werkzeugdatei. Der vorgegebene Vorschubbereich wird unter Berücksichtigung des Anstellwinkels mit den Einsatzwinkeln aller Werkzeuge verglichen und in einer ersten Auswahl wird eine Untermenge aller einsetzbaren Werkzeuge gebildet. Nach dieser geometrieorientierten Untersuchung erfolgt eine Auswahl nach technologischen Gesichtspunkten. Hierzu werden die in *Bild 8.2.3-12* dargestellten Bewertungstabellen für verschiedene Schneidplattentypen in Matrizenform im Rechner abgespeichert [60].

In diesen Bewertungstabellen wird für die verschiedenen Schneidplattentypen nach unterschiedlichen Kriterien eine Gewichtung mit Bewertungsziffern von 5 (sehr gut geeignet) bis 0 (ungeeignet) vorgenommen. Durch Vergleich mit den aktuell vorliegenden Bedingungen erhält man eine Untermenge einsetzbarer Plattentypen in einer nach Eignung geordneten Reihenfolge. Diese Untermenge wird mit der in der geometrieorientierten Auswahlphase festgelegten Untermenge zum Schnitt gebracht und damit eine detaillierte Auswahl getroffen.

Die einsetzbaren Werkzeuge werden auf dem grafischen Bildschirm dargestellt *(Bild 8.2.3-13)*. Der Arbeitsplaner trifft daraufhin die endgültige Werkzeugauswahl oder führt

Werkstofftyp	langspanend	4	1	4	4	1	4	3	5
	kurzspanend	3	5	3	3	5	3	2	3
	rostbeständig	1	1	3	3	1	3	1	4
	weich (Al, Cu)	1	0	2	2	0	2	0	3
	hart (>400 HB)	2	4	2	3	5	3	4	3
Spanbrechungsvermögen	Feinbearbeitung s:0,1-0,3; a:0,5-2	4	0	2	2	0	2	2	4
	leichte Grobbearb. s:0,2-0,5; a:2-4	5	0	3	3	0	3	3	3
	Grobbearbeitung s:0,4-1,0; a:4-10	4	1	2	3	1	3	3	1
	schwere Grobbearb. s:1,0 ; a:6-20	1	3	0	0	3	0	3	0
Bearbeitung mit unterbrochenem Schnitt		2	3	2	2	4	3	4	3
Neigung zu Vibrationen		1	1	3	3	1	2	0	5
begrenzte Maschinenleistung		1	1	3	3	1	3	1	5

5 sehr gut geeignet
0 ungeeignet

Bild 8.2.3-12 Technologische Bewertungstabelle für Schneidplatten [32].

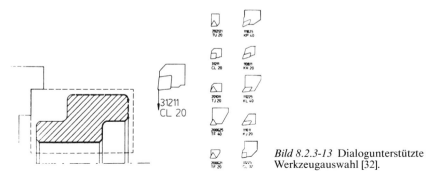

Bild 8.2.3-13 Dialogunterstützte Werkzeugauswahl [32].

durch Vorgabe eines geänderten Konturabschnittes einen neuen Entscheidungsprozeß herbei.

Rechnerunterstützte Schnittwertermittlung

Die Schnittwertermittlung im Rahmen der Arbeitsplanung hat einen wesentlichen Einfluß auf den wirtschaftlichen Einsatz neuzeitlicher Schneidstoffe und Werkzeugmaschinen. Sie stellt für die spanenden Fertigungsverfahren ein äußerst komplexes Entscheidungsproblem dar, bei dessen Lösung eine Vielzahl funktionsbedingter, technologischer und wirtschaftlicher Einflußfaktoren berücksichtigt werden muß. Da die wechselseitigen Einflüsse dieser Faktoren teilweise nur empirisch und nährungsweise erfaßt werden können, entziehen sie sich somit einer rein analytischen Bestimmung. Die automatische Anwendung komplexer mathematisch-logischer Schnittwertmodelle haben somit erst in einem beschränkten Rahmen eine programmtechnische Realisierung gefunden. Der Aufwand zur Ermittlung zuver-

lässiger Daten wird noch dadurch erhöht, daß die Bestimmung der Schnittwerte unter Berücksichtigung bestimmter Optimierungskriterien wie minimaler Zeit, minimaler Kosten oder vorgegebener Standzeit zu erfolgen hat. Obwohl inzwischen umfangreiche Optimierungsprogramme für die Hauptbearbeitungsverfahren Drehen, Bohren und Fräsen entwickelt wurden, ist immer nur eine Annäherung der jeweiligen Optimierungsziele möglich.
Die wohl bekanntesten Informationszentren für Schnittwerte sind das an der TH AACHEN entwickelte System INFOS [74] und das in der DDR von der TH MAGDEBURG und der TU DRESDEN entwickelte System SWS (Schnitt-Wert-Speicher) [175]. Kennzeichnend für solche Schnittwertzentren ist die automatisierte verschleiß- oder leistungsbezogene Schnittwertermittlung in Abhängigkeit bestimmter Werkstoff-Schneidstoffpaarungen. Die Möglichkeiten zur Berücksichtigung verschiedener Einflußparameter kennzeichnen die Leistungsfähigkeit solcher Systeme.
Die tatsächliche Berücksichtigung aller Einflüsse auf den Zerspanungsprozeß, wie beispielsweise ungleichmäßige Werkstoffgefüge und variable statische, dynamische oder thermische Verformungen des Fertigungssystems sowie Streuungen bei der Messung zerspanungstechnischer Kenngrößen für eine Werkstoff-Schneidstoffkombination würde zu einem Aufwand führen, der in den meisten Fällen sicherlich nicht zu rechtfertigen ist.
Somit lassen sich unterschiedliche Formen und Automatisierungsstufen bei der rechnerunterstützten Schnittwertermittlung und -optimierung aufzeigen. Neben der Dialogeingabe von Schnittwerten, die in diesem Sinne keine rechnerunterstützte Funktion darstellt, ist die Verwendung von Taschenrechnerprogrammen ein weitverbreitetes Hilfsmittel. In der einfachsten Ausführung übernehmen die programmierten Taschenrechner nur die manuellen Tätigkeiten und berücksichtigen die Einflüsse der Schnittwerte sowie des Werkzeugverschleißes nur unzulänglich.
Eine weitere Stufe ist die Verwendung von Basisprogrammen auf handelsüblichen Taschenrechnermodellen, die sowohl von INFOS als auch von verschiedenen Schneidstoffherstellern angeboten werden [61]. Die Rechner bieten die Möglichkeit, die erstellten Programme und die notwendigen Daten auf Magnetkarten zu speichern. Die Mobilität der Rechnereinheit, d.h. Einsatzmöglichkeit auch am Maschinenarbeitsplatz und die niedrigen Investitionskosten im Vergleich mit Klein- oder Großrechenanlagen, ermöglichen speziell in Klein- und Mittelbetrieben einen wirtschaftlichen Einsatz.
Wesentlich höheren Ansprüchen genügen die ermittelten Daten, die die Anwendung von Schnittwertoptimierungsprogrammen der Schnittwertzentren liefern. Die Systembestandteile sind gekennzeichnet durch die hauptsächlich angewandten Verfahren Drehen, Bohren und Fräsen [62]. Entsprechend praxisorientierten Anforderungen sind für die Schnittaufteilung wahlweise drei Strategien vorgesehen:
– die konventionelle Schnittaufteilung (das heißt Aufteilung des Bearbeitungsbereichs in gleiche Schnitte),
– die Einzelschnittwertoptimierung im Hinblick auf die NC-Bearbeitung und
– die Erstellung von firmenspezifischen Richtwerttabellen für die konventionelle Arbeitsplanung.
Da die Anwendung von INFOS für die Drehbearbeitung am weitesten fortgeschritten ist, seien hier exemplarisch die Berechnungsstrategien dieses Modells aufgeführt:
– Maximierung der optimalen Schnittiefe (und damit Minimierung der Schnittanzahl),
– Bestimmung des optimalen Vorschubes für Werkzeuge mit und ohne Spanleitstufe mit Hilfe des Spanformpolygons bzw. der Spanformhyperbel,
– Berechnung der Schnittgeschwindigkeit mit Hilfe der erweiterten Taylorgleichung unter wahlweiser Berücksichtigung der kostenoptimalen Standzeit, der zeitoptimalen Standzeit oder einer vom Benutzer vorgegebenen Standzeit sowie
– Berechnung der Hauptzeit und der Zerspanungskosten.
Eine Anpassung der mit Hilfe der Optimierungskriterien berechneten Schnittwerte an die durch das System vorgegebenen Restriktionen erfolgt

– durch die Berücksichtigung der technologischen Grenzen von Maschine, Werkzeug und Werkstoff/Schneidstoff und
– mit Hilfe von Kriterien, die durch das Werkstück vorgegeben sind, wie Oberflächenbeschaffenheit und Stabilitätsverhalten.

Ermittlung der Bearbeitungskinematik

Die Ermittlung der Bearbeitungskinematik, die den Feinablauf des Fertigungsprozesses beschreibt, erfolgt für ein Werkstück und eine Bearbeitungsoperation in drei Verarbeitungsschritten. Nacheinander sind die Schnittaufteilung, die Schnittfolge und die Werkzeugwege zu ermitteln. Schnittaufteilungszyklen für vorgegebene Bearbeitungsbereiche lassen sich damit unter Berücksichtigung der Zerspanungswerte bestimmen.

Der Einfluß der Schnittiefe auf die Standzeit ist geringer als der Einfluß des Vorschubs und der Schnittgeschwindigkeit, deshalb wird bei der Schnittaufteilung von der maximalen Schnittiefe ausgegangen [63]. Die weiteren Zerspanungsgrößen wie Vorschub und Schnittgeschwindigkeit sind für die Ermittlung der Schnittaufteilung nicht relevant. Für die Zeit- und Schnittwertermittlung ist ihre Kenntnis jedoch Voraussetzung.

Die Schnittfolge setzt sich aus der Reihenfolge aller Einzelschnitte eines Werkzeuges zusammen [41]. Besitzt der Bearbeitungsbereich mehrere Segmente, so erfolgt eine getrennte Abarbeitung dieser Segmente.

Werkzeugwege sind die geometrischen Orte aller Werkzeugbewegungen, die bei der Abarbeitung eines Segmentes einen unmittelbaren oder mittelbaren Arbeitsfortschritt erzielen. Sie setzen sich zusammen aus dem Vorschubweg, der während der Hauptzeit zurückgelegt wird, und den Stellwegen, die während der Nebenzeit verfahren werden. Der Vorschubweg wird durch die Einzelschnitte bestimmt, die Stellwege durch die kollisionsfreie Verbindung der Einzelschnitte. Der Verlauf der Stellwege ist gradlinig und setzt sich nach DIN 6580 aus dem Rückstellweg, dem Anstellweg und dem Zustellweg zusammen [41, 64] *(Bild 8.2.3-14)*. Der Rückstellweg 1–2 beginnt am Ende des ermittelten Schnittes und definiert die Abhebebewegung des Werkzeuges und den Sicherheitsabstand. Der Zustellweg 2–3 bestimmt die Tiefe des jeweiligen nächsten Schnittes. Der Vorschubweg 4–5 beginnt im Sicherheitsabstand vor dem Anschnittpunkt und endet an der Zielkontur oder an der Ausgangskontur. Diese Werkzeugwege, bestehend aus den Stellwegen und dem Vorschubweg bilden auf einen Schnitt bezogen einen Schnittzyklus.

1 --→ 2 Rückstellweg
2 --→ 3 Anstellweg
3 --→ 4 Zustellweg
4 --→ 5 Vorschubweg

Bild 8.2.3-14 Beispiel für Werkzeugwege bei einem Schnittzyklus [nach 41].

Unter Schnittaufteilung wird die Zerlegung eines Bearbeitungssegmentes in technologisch sinnvolle Einzelschnitte verstanden. Der Verlauf jedes einzelnen Schnittes wird durch die Bearbeitungsart und das gewählte Werkzeug bestimmt.

Ziel für die Schruppbearbeitung ist eine wirtschaftliche Schnittaufteilung, d.h. mit jedem Einzelschnitt ist das Spanvolumen in Bezug auf die Fertigungszeit oder auf die Fertigungskosten zu maximieren. Für die Feinbearbeitung dagegen ist das Erzielen der geforderten Oberfläche vorrangig.

Die Schnittaufteilung innerhalb eines Bearbeitungsbereiches setzt sich aus Einzelschnitten zusammen. Diese Einzelschnitte können mit konstanter oder mit wechselnder Vorschubrichtung erzielt werden. Entsprechend läßt sich auch die Schnittaufteilung einteilen in:
– Schnittaufteilung mit konstanter Vorschubrichtung und
– Schnittaufteilung mit wechselnder Vorschubrichtung.

Zur Schnittaufteilung mit konstanter Vorschubrichtung gehören das Längs- und Querdrehen, wobei der Vorschub parallel beziehungsweise senkrecht zur Drehachse verläuft, sowie das Drehen unter einem festen Winkel zu einer Achse, das Kegeldrehen. Mit dieser Schnittaufteilung ist es nicht möglich, beliebige Konturen mit einer hohen Oberflächengüte zu erzeugen. Für die Feinbearbeitung ist ein zusätzlicher Konturschnitt erforderlich, der eine wechselnde Vorschubrichtung besitzt. Ebenfalls wechselnde Vorschubrichtung besitzen Schnitte, die sich an der Fertigteilkontur oder an der Rohteilkontur orientieren. Orientiert sich die Schnittaufteilung an der Fertigteilkontur, so verlaufen die Schnitte entweder vom ersten Schnitt an entlang der verschobenen Fertigteilkontur *(Bild 8.2.3-15 d)* oder zuerst mit konstanter Vorschubrichtung und vom ersten Erreichen der Zielkontur an ihr entlang *(Bild 8.2.3-15 a-c)*.

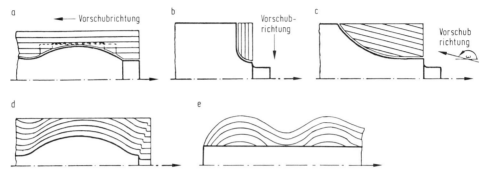

Bild 8.2.3-15 Schnittaufteilungsarten bei wechselnder Vorschubrichtung [65, 208].

Zusammengefaßt ergeben sich hieraus folgende Möglichkeiten der Schnittaufteilung mit wechselnder Vorschubrichtung:
– Quer-, Längs- oder Kegeldrehen mit anschließendem Konturschnitt,
– bevorzugte Vorschubrichtung parallel, senkrecht oder unter einem Winkel zur Drehachse; bei Erreichen der freizulegenden Kontur wechselnde Vorschubrichtung *(Bild 8.2.3-15 a-c)*,
– Vorschubrichtung orientiert sich vom ersten Schnitt ab an der Fertigteilkontur (Konturdrehen im eigentlichen Sinne), siehe *Bild 8.2.3-15 d* und
– Vorschubrichtung orientiert sich an der Rohteilkontur *(Bild 8.2.3-15 e)*.

Ein Schnittaufteilungszyklus wird neben der Schnittaufteilungsart durch die Schnittaufteilungsstrategie bestimmt. Ziel einer solchen Strategie ist es, mit einer minimalen Anzahl von Schnitten den Bearbeitungsbereich zu zerspanen. Alle bisher entwickelten Schnittaufteilungsstrategien gehen von der maximal möglichen Schnittiefe aus, da der größte Arbeitsfortschritt für jeden Schnitt mit der maximal möglichen Schnitttiefe erzielt wird [63]. Da diese jedoch nicht für jeden Schnitt realisierbar ist, müssen hiervon abweichende Strategien entwickelt werden. Folgende Schnittaufteilungsstrategien sind bekannt [66, 35, 41]:
– Schnittaufteilung mit maximaler Schnittiefe,
– Schnittaufteilung mit gleichmäßiger Schnittiefe,
– absatzgebundene Schnittaufteilung (absatzgebundene Schnittaufteilung mit gleichmäßiger Schnittiefe),
– absatzorientierte Schnittaufteilung.

Aus fertigungstechnischen Gründen darf eine minimale Schnittiefe AMIN nicht unterschritten werden, da sonst keine kontinuierliche Spanabnahme erfolgen kann [63]. Für die Ermittlung der Einzelschnitte mit einer geeigneten Strategie ist somit die Kenntnis der werkzeugbezogenen maximalen Spanungsbreite BMAX, der minimalen Schnittiefe AMIN und des Einstellwinkels KAPPA vorauszusetzen. Die Beziehungen zwischen Spanungsbreite, Schnittiefe und dem Einstellwinkel für das Langdrehen zeigt *Bild 8.2.3-16*.

8.2 Funktionen der rechnerunterstützten Arbeitsplanung

AMAX = BMAX · sin ϰ

Bild 8.2.3-16 Maximal zulässige Schnittiefe beim Langdrehen.

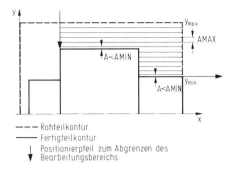

Bild 8.2.3-17 Schnittaufteilung mit maximaler Schnittiefe.

Bei der Schnittaufteilung mit maximaler Schnittiefe wird die Radiusdifferenz eines Bearbeitungsbereiches in Einzelschnitte mit maximaler Schnittiefe zerlegt. Die theoretisch erforderliche Anzahl der Schnitte berechnet sich zu:

$$N_{ith} = \frac{(Y_{max} - Y_{min})}{AMAX} \qquad (1)$$

Die tatsächlich erforderliche Anzahl N_i ergibt sich hieraus durch Aufrundung. Von diesen Schnitten werden N_i-1 Schnitte mit der maximalen Schnittiefe vorgegeben, für den letzten Schnitt ergibt sich folgende Schnittiefe:

$$A_{letzt} = (Y_{max} - Y_{min}) - (N_i - 1) \cdot AMAX \qquad (2)$$

Hierbei kann die minimale Schnittiefe AMIN unterschritten werden. Ebenfalls kann bei gestufter Kontur die minimale Schnittiefe über Absätzen unterschritten werden.
Wird hier eine Anpassung vorgenommen, so kommt man zur absatzorientierten Schnittaufteilung. Die Einzelschnitte einer Aufteilung mit maximaler Schnittiefe zeigt Bild 8.2.3-17.
Die Schnittaufteilung mit gleichmäßiger Schnittiefe unterscheidet sich von der Aufteilung mit maximaler Schnittiefe dadurch, daß alle nach Gleichung (1) ermittelten Schnitte N_i mit einer gleichmäßigen Schnittiefe A erfolgen. Die dieser Aufteilung zugrunde liegende Schnittiefe berechnet sich zu:

$$A = \frac{(Y_{max} - Y_{min})}{N_i} \qquad (3)$$

Bei ungestuften Teilbereichen läßt sich mit dieser Strategie eine minimale Schnittzahl erzielen. Sind jedoch gestufte Abschnitte zu verarbeiten, so kann es zu Unterschreitungen der minimalen Schnittiefe kommen. Die Folge sind unwirtschaftliche Spanungsquerschnitte. Bild 8.2.3-18 zeigt eine Schnittaufteilung mit gleichmäßiger Schnittiefe am Beispiel des Langdrehens.
Bei einer absatzorientierten Schnittaufteilung wird zunächst eine maximale Schnittiefe angestrebt. Die erforderliche Anzahl an Schnitten entspricht dem erreichbaren Minimum, es gilt also Gleichung (1). Zusätzlich wird jedoch berücksichtigt, ob beim nächsten Schnitt die minimale Schnittiefe AMIN unterschritten wird. Ist dies der Fall, so wird die Schnittiefe des vorherigen Schnittes reduziert.
Die Aufteilung der Schnitte in einem Bearbeitungsbereich nach dieser Strategie zeigt Bild 8.2.3-19. Diese Schnittaufteilungsstrategie findet in dem NC-Programmiersystem EXAPT 2 [67, 65] sowie in dem Arbeitsplanungssystem CAPSY-NC [68] Anwendung.
Für die absatzgebundene Schnittaufteilung wird nicht die gesamte Radiusdifferenz, sondern nur jeweils diejenige über einem Konturabsatz in gleichmäßige Schnitte aufgeteilt. Die Anzahl der Einzelschnitte über einem Absatz M berechnet sich analog zu Gleichung (1):

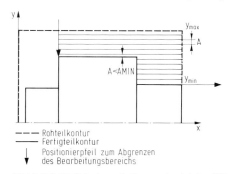

Bild 8.2.3-18 Schnittaufteilung mit gleichmäßiger Schnittiefe.

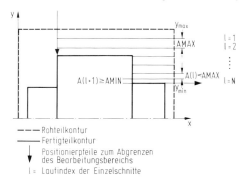

Bild 8.2.3-19 Absatzorientierte Schnittaufteilung.

$$N_{i(M)} = \frac{(Y_{(M)} - Y_{(M+1)})}{AMAX} \tag{4}$$

Die Schnittiefe eines Schnittes über dem Absatz beträgt dann:

$$A_{(M)} = \frac{(Y_{(M)} - Y_{(M+1)})}{N_{i(M)}} \tag{5}$$

Durch diese Aufteilung wird erreicht, daß über einem Konturabsatz M keine Restschnittiefe verbleibt, die kleiner als AMIN ist. Bei großen Absatzdifferenzen liegt die Schnittiefe genügend dicht bei AMAX; bei kleinen Differenzen kann die Schnittiefe entlang eines ganzen Vorschubweges kleiner als AMIN sein, was wiederum zu unwirtschaftlichen Spanungsquerschnitten führt. Darüber hinaus ist die Gesamtzahl der Schnitte $N_i = N_{i(M)}$ größer als die nach Gleichung (1) erzielbare minimale Anzahl.

In *Bild 8.2.3-20* ist ein Bearbeitungsbereich unter Verwendung der absatzgebundenen Schnittaufteilung in Einzelschnitte zerlegt.

Die Schnittaufteilungsstrategie mit gleichmäßiger Schnittiefe wird beispielsweise innerhalb des Systems AUTOPIT [69] und für CAPSY-konventionell [41] angewandt.

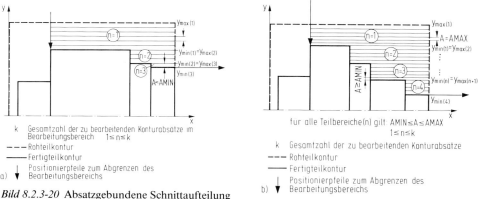

Bild 8.2.3-20 Absatzgebundene Schnittaufteilung
a) mit gleichmäßiger Schnittiefe, b) mit maximaler Schnittiefe.

Zeit- und Kostenermittlung

Eine wesentliche Aufgabe der Arbeitsplanerstellung ist die Ermittlung der Vorgabezeit für jeden einzelnen Arbeitsvorgang. Voraussetzung für die korrekte Zeitbestimmung ist die

Berücksichtigung der zeitbestimmenden Einflußgrößen, zum Beispiel die Arbeitsperson, das Arbeitsverfahren, die Arbeitsmethode, die Arbeitsmittel und die Arbeitsbedingungen, außerdem hängt die Zeit von weiteren Daten ab, wie zum Beispiel der Weglänge, dem Gewicht, der Schwierigkeit der ausgeführten Arbeit oder auch deren Güte.
Die Bedeutung der Zeitermittlung ist daran erkennbar, daß die Werte der Vorgabezeiten im Normalfall der Entlohnung (Akkord- und Prämienlohn) sowie als Basis für die Personal- und Arbeitsmittelplanung, für die Kostenkalkulation und Terminierung dienen.
Vorgabezeiten sind Soll-Zeiten für vom Menschen und vom Betriebsmittel ausgeführte Arbeitsabläufe. Sie berücksichtigen neben dem wesentlichen Anteil für die planmäßige Erfüllung der Arbeitsaufgabe auch Anteile für nicht genau vorausbestimmbare Ablaufabschnitte. Vorgabezeiten enthalten für den Menschen Grundzeiten, Erholzeiten und Verteilzeiten, für das Betriebsmittel Grundzeiten und Verteilzeiten [70].
Im Arbeitsplan wird die Vorgabezeit meist in Hauptzeit, Nebenzeit und Rüstzeit gegliedert ausgewiesen. Die wesentlichen Methoden zur Soll-Zeit-Bestimmung sind:
- Systeme vorbestimmter Zeiten (Zeiten für Arbeitsvorgangselemente),
- Planzeiten (Auswertung von Ist-Zeiten und Zusammenfassung zu Zeitrichtwerttabellen),
- Schätzen und Vergleichen und
- Berechnen von Prozeßzeiten.

Für eine rechnerunterstützte Vorgabezeitbestimmung bieten sich die folgenden Möglichkeiten an:
- Zeitermittlung auf der Basis von Tabellen,
- Zeitermittlung auf der Basis von Formeln und
- direkte Eingabe von Zeitwerten.

Basis für die Tabellenverarbeitung ist das Vorhandensein von Planzeittabellen für jeden planbaren Arbeitsvorgang.
Die Ausführungszeit jedes Arbeitsvorgangs ergibt sich aus den fertigungstechnischen Bedingungen und der aktuellen Bearbeitungsaufgabe.
Voraussetzung für die Anwendung von Formeln ist die Kenntnis des algorithmierbaren Zusammenhanges für den jeweiligen Zeitanteil und die Bereitstellung der benötigten Daten. Zu unterscheiden sind hierbei Formeln, die auf fertigungstechnologischen Abhängigkeiten basieren, zum Beispiel Hauptzeit beim Drehen, und Formeln, die nur relevante Einflußgrößen berücksichtigen.
Die direkte Eingabe von Zeitwerten wird insbesondere für selten vorkommende Tätigkeiten und für Neben- und Rüstzeitanteile angewandt, für die weder Tabellen noch formelmäßige Zusammenhänge vorliegen.
Ein wesentliches Problem der Verarbeitung von Planzeittabellen ist nicht nur der große Aufwand zur Erstellung, sondern der Aufwand zum Erhalten der Aktualität der Tabellen; denn ständige Verbesserungen der Fertigungstechnologie, der Maschinen und Werkzeuge haben Einfluß auf die Fertigung und damit auf die Fertigungszeit und die Schnittwerte. Zeitrichtwerttabellen können nur firmenspezifisch sein und müssen somit in jedem Unternehmen individuell erstellt werden.
Um die Aktualität der Vorgabezeiten zu verbessern, bietet es sich an, einzelne Zeitanteile über Formeln bei jeder Zeitkalkulation neu zu berechnen.Die meisten Arbeitsplanungssysteme für die Planung spanender Fertigungsverfahren berechnen die Hauptzeit über die bekannten Zeitformeln.
Voraussetzung für die automatische Berechnung der Hauptzeit sind die aktuellen geometrischen und technologischen Informationen über das Werkstück und die Zerspanung. Die geometrischen Informationen werden entweder aus einem rechnerinternen Werkstückmodell ermittelt, zum Beispiel bei den Programmsystemen AUTAP [80], CAPSY [187], DREKAL [91], oder einzeln für jede Bearbeitungsaufgabe eingegeben, zum Beispiel bei INFOS [74] oder VERDI [205]. Die benötigten technologischen Daten wie Maschinen-,

Werkstoff-, Werkzeug- und Schneidstoffdaten werden in externen Dateien zur Verfügung gestellt oder aus Tabellen ermittelt.
Nach der Ermittlung der Schnittwerte und Maschineneinstelldaten erfolgt die Berechnung der Hauptzeit und zum Teil die Berechnung von anteiligen Nebenzeiten [71].
Die exakte Berechnung der Vorgabezeit über technologische Formeln ist in vielen Fällen wegen nicht vorherbestimmbarer Einflüsse, zum Beispiel Matrialabweichungen, nur sehr schwer möglich. Häufig ist eine derartige Genauigkeit gar nicht erforderlich. Um einen unnötig hohen Aufwand für die Zeitfindung zu vermeiden, besteht die Möglichkeit, Berechnungsformeln zu verwenden, die nur die wesentlichen Einflußgrößen berücksichtigen. In den Firmen liegen oft für verschiedene Bearbeitungen Tabellen mit Richtwerten aus Zeitaufnahmen in Abhängigkeit von verschiedenen Einflußgrößen vor. Um nicht die gesamten Tabellen abspeichern zu müssen, können Formeln mit Hilfe statistischer Verfahren, zum Beispiel Regressionsanalysen, entwickelt werden [72, 73]. Hierdurch tritt gleichzeitig ein Glättungseffekt auf, der die Streuung der Tabellenwerte ausgleicht und über einen längeren Planungsabschnitt gleichen sich die Einzelabweichungen soweit aus, daß die Summengenauigkeit innerhalb kleiner Grenzen bleibt.
Zeitwerte für Bearbeitungsaufgaben, die von den rechnerunterstützten Planungssystemen nicht berücksichtigt werden, können meist direkt im Dialog eingegeben werden. Diese Dialogtechnik wird häufig auch für die Bestimmung von Neben- und Rüstzeiten angewendet. Das Planungssystem übernimmt hierbei die Aufgabe, die Zeitanteile für die einzelnen Arbeitsvorgänge zu addieren, gegebenenfalls Zuschläge dazuzurechnen und den Arbeitsplan auszudrucken.
Im Anschluß an die Vorgabezeitermittlung bieten die meisten Systeme noch die Möglichkeit der Kostenkalkulation. Die Kosten ergeben sich durch Multiplikation der zur Leistungserstellung benötigten Menge oder Zeit mit dem Wert. Die Kostenkalkulation basiert auf den in Dateien gespeicherten Kostensätzen, den ermittelten Fertigungszeiten sowie den angewandten Kalkulationsformeln. Da die Kostenrechnung im Rahmen der Arbeitsplanung unterschiedliche Aufgaben haben kann, zum Beispiel dient sie zur
- Angebotserstellung,
- Vorkalkulation,
- Kostenvergleichsrechnung und
- Nachkalkulation,

sind die verschiedenen Systeme unterschiedlich ausgebaut.
Der Aufwand für die Kostenrechnung und der Detaillierungsgrad der Ermittlungsmethoden und der Ergebnisse ist abhängig von der Zielsetzung der Planungssysteme.

8.3 Systeme zur rechnerunterstützten Arbeitsplanung

8.3.1 Informationsbereitstellung

Vor einer Automatisierung der im Rahmen der Arbeitsplanerstellung anfallenden Tätigkeiten ist es notwendig, alle Phasen der Planung nach wichtigen Gesichtspunkten abzugrenzen. Durch Festlegung der Ein- und Ausgangsinformationen müssen die Informationsverknüpfungen zwischen den abgegrenzten Phasen eindeutig definiert werden. Die Informationsverknüpfungen können sich sowohl auf parallel zum Arbeitsfortschritt verlaufende auftragsgebundene Informationsflüsse als auch auf Rückflüsse von Einzelinformationen beziehen. Informationsverknüpfungen mit Dateien und anderen nicht im Produktionsbereich integrierten Informationsverarbeitungsstellen, können ebenfalls vorgenommen werden.

Die hierfür erforderlichen Verarbeitungsalgorithmen können als betriebs- beziehungsweise aufgabenspezifische oder als betriebs- beziehungsweise aufgabenneutrale Algorithmen aufgefaßt werden. Der Einsatz von betriebs- beziehungsweise aufgabenneutralen Algorithmen ergibt gegenüber den betriebs- bzw. aufgabenspezifischen Algorithmen einen erweiterten Einsatzbereich. Dem gegenüber steht ein erheblicher Erstellungsaufwand. Da für die Arbeitsplanung viele experimentell oder empirisch ermittelte Vorgehensweisen benutzt werden, ist es nicht immer möglich, neutrale Algorithmen allgemeingültig zu definieren und sie programmtechnisch zu realisieren.

Der Verarbeitung betriebs- beziehungsweise aufgabenneutraler Algorithmen dient die externe Speicherung. Externe Speicherung bedeutet, daß die zu den Vorgehensweisen gehörenden Daten auf Dateien abgelegt werden, die von neutralen Algorithmen verarbeitet werden können. Hierbei kann jeder Anwender seine speziellen Vorgehensweisen in den Dateien ablegen, ohne programmiertechnische Aufgaben durchführen zu müssen. Die externe Bereitstellung der Daten reduziert einerseits den Aufwand der Programmerstellung durch Verwendung einheitlicher Algorithmen, andererseits hat jeder Benutzer die Möglichkeit, seine speziellen technologischen Daten für das Planungssystem bereitzustellen.

Die speziellen Verarbeitungsschritte können auch durch interaktive Eingabe seitens des Benutzers durchgeführt werden [68]. Dies hat jedoch eine entsprechende Reduzierung des jeweiligen Automatisierungsgrades zur Folge.

Die für Planungssysteme und Planungsabläufe erforderlichen Daten können ebenfalls betriebs- beziehungsweise aufgabenspezifisch oder betriebs- beziehungsweise aufgabenneutral sein. Mit der Allgemeingültigkeit der verwendeten Daten erweitert sich entsprechend der Einsatzbereich. Darüber hinaus können Daten systemspezifisch sein. Hierzu zählt beispielsweise der Text des ablaufenden Dialogs.

Als dritter Schwerpunkt für den Einfluß des Einsatzbereichs auf die Architektur von Arbeitsplanungssystemen ist die Betriebsart zu nennen. Hierbei sind die Formen:
 – Stapelbetrieb oder interaktiver Betrieb,
 – alphanumerischer oder grafischer Betrieb und
 – Einzel- oder Mehrbenutzerbetrieb

zu unterscheiden. Der Stapelbetrieb weist einen vollautomatischen Planungsablauf auf, wobei vor Beginn der Ergebnisermittlung die Planungsaufgabe, die einflußnehmenden Randbedingungen und die geforderten Informationen für den Planungsvorgang definiert werden müssen. Diese Informationen werden während des gesamten Planungsablaufes bereitgestellt, auch wenn sie innerhalb eines Planungsabschnitts nicht benötigt werden.

Beim interaktiven Betrieb eines Arbeitsplanungssystems hat der Anwender ständig die Möglichkeit, in den Planungsablauf steuernd und kontrollierend einzugreifen. Dies hat zur Folge, daß die Architektur des Planungssystems die Möglichkeit von Rücksprüngen und Wiederholungen während des Planungsablaufes gewährleisten muß. Wird von einem Arbeitsplanungssystem der Komfort des grafischen Dialoges angeboten, eventuell mit ständiger Darstellung des aktuellen Planungszustandes, so muß die Architektur derart gestaltet sein, daß die notwendigen grafischen Informationen allen Bereichen des Arbeitsplanungssystems zur Verfügung gestellt werden.

Beim Mehrbenutzerbetrieb muß im Gegensatz zum Einzelbenutzerbetrieb durch die Systemarchitektur gewährleistet sein, daß eine eindeutige Zuordnung der Planungsergebnisse und der Eingabeinformationen zu dem einzelnen Benutzer besteht.

Für die festgelegten Schnittstellen sind weiterhin Informationsinhalte zu definieren, deren Konkretisierung hinsichtlich Inhalt, Struktur und Darstellungsform in Abhängigkeit von den unternehmensspezifischen Automatisierungsmaßnahmen erfolgen muß. Durch die systematische Abgrenzung von Tätigkeitskomplexen und durch festgelegte Schnittstellen im Prozeß der Informationsverarbeitung werden die wesentlichen Voraussetzungen für die Automatisierung im Arbeitsplanungsbereich geschaffen [25].

Zur Konzipierung eines praxisorientierten Sollkonzepts zur Erstellung von nutzungsge-

rechter Informationsbereitstellung müssen die in der heutigen Praxis gegebenen Randbedingungen erfaßt werden. Hierzu zählen [25]:
- Einflußgrößen seitens des Automatisierungsstandes,
- geltende Normen und Vorschriften für die Aufbereitung von Informationen und Archivierung von Informationsträgern,
- beschränkte Möglichkeiten seitens technischer Hilfsmittel zur Informationsverarbeitung und -aufbereitung,
- personelle Nutzung und Wiederverwendung von Informationsträgern,
- Nutzung der gleichen Informationsträger in unterschiedlichen Unternehmensbereichen,
- Komplexität der herzustellenden Produkte, zum Beispiel der zu montierenden Baugruppen und der zu fertigenden Werkstücke sowie
- Qualifikationsstruktur des Personals.

Einflüsse auf die Architektur von Arbeitsplanungssystemen durch Anforderungen seitens der Anwender sind insbesondere:
- der Einsatzbereich, nämlich aufgabenspezifisch oder aufgabenneutral, produktspezifisch oder produktneutral, problemspezifisch oder problemneutral und betriebsspezifisch oder betriebsneutral,
- die Planungslogik mit Arbeitsplanverwaltung, Variantenplanung, Anpaßplanung und Neuplanung,
- die Planungsform, alphanumerisch oder grafisch, im Stapel- oder Dialogbetrieb,
- der Planungsumfang mit Grund- und Ausbaustufen oder als Komplettlösung,
- die Nutzungsart als Einzel- oder Mehrbenutzerbetrieb,
- der Automatisierungsgrad nämlich im Dialog, teilautomatisiert oder vollautomatisiert und
- die Aufgabenbeschreibung, vollständig oder aufgabenspezifisch.

Eine Verringerung des Arbeitsspeicherbedarfs kann durch eine Entflechtung von arbeitsplanungsspezifischen Informationen und Steuerungsfunktionen erzielt werden.

Infolge der steigenden Kosten für die Produktionsmittel, auch im Hinblick auf den Trend zur Einzel- und Kleinserienfertigung, werden erhöhte Anforderungen an die Arbeitsplanung gestellt. Nur eine vollständige und zuverlässige Informationsbereitstellung ermöglicht den optimalen Einsatz der Produktionsmittel auf der Basis einer zielgerichteten Arbeitsplanung. Die Informationsbereitstellung kann über rechnerunterstützte Informationssysteme erfolgen, die beispielsweise Daten über Fertigungsmittel und Fertigungshilfsmittel, fertigungstechnische Prozesse, betriebsinterne Vorgaben und vorhandene Planungsergebnisse bereitstellen.

Die vorhandenen technologischen Reserven lassen sich im Bereich der spanenden Fertigung am besten durch Verwendung von optimalen Zerspanwerten nutzen. Dies führte in verschiedenen Ländern zum Aufbau technologischer Datenbanken für Zerspandaten.

Beim Aufbau dieser Datenbanken werden verschiedene Vorgehensweisen angewandt. Die Zerspandaten werden in ihrer Erfassungsform abgespeichert und in derselben Form wieder bereitgestellt oder nach der Erfassung vorab geprüft, ausgewertet, verdichtet und in komprimierter Form als Zerspankennwerte abgelegt. Bei der Erzeugung von Zerspankennwerten müssen die erfaßten Daten in ausreichender Anzahl und Qualität bereitgestellt werden. Erfolgt die Datenspeicherung in der Erfassungsform, kann lediglich eine Datenverwaltung und -ausgabe folgen. Bei der Generierung von Zerspankennwerten kann unter Verwendung geeigneter Schnittwertmodelle die Datenbank als Informationssystem benutzt werden. *Bild 8.3.1-1* zeigt eine Übersicht über den Entwicklungsstand der bedeutendsten technologischen Datenbanken [75].

Die seit 1963 bestehende METCUT-Datenbank [169] speichert Informationen über bestimmte Bearbeitungsfälle. Dies sind zumeist Einzelwerte, die aus der Produktion stammen oder der Literatur entnommen sind. Die Daten werden nach Werkstoffgruppen geordnet und in einer zentralen Datei gespeichert. Bereitgestellt werden die gesammelten Daten in Form eines Handbuches mit globalen Schnittwertempfehlungen.

[Literatur S. 601]

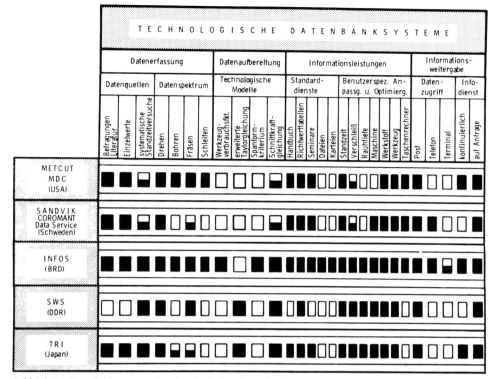

Bild 8.3.1-1 Entwicklungsstand technologischer Datenbanksysteme [75].

Als Kundendienstleistung eines Schneidstoffherstellers wurde der SANDVIK COROMANT DATA SERVICE aufgebaut [170]. Hier werden Versuchsberichte des Kundendienstes aus der Produktion und Daten des eigenen Prüffeldes als Einzelwerte abgespeichert. Schnittwerte im Zusammenhang mit Schneidstoffen anderer Hersteller finden dabei kaum Berücksichtigung. Die Informationsbereitstellung dieser technologischen Datenbank erfolgt ebenfalls durch Richtwerte in Form von Tabellen und Handbüchern.

Technologische Datenbanken, die in Verbindung mit entsprechenden Schnittwertmodellen als Informationssysteme eingesetzt werden können, sind das Informationszentrum für Schnittwerte (INFOS) [74], der Schnittwertspeicher Magdeburg (SWS) [171] und das Informationssystem des Technical Research Institut (TRI) in Tokio [172]. Die Datenerfassung für diese Datenbanken erfolgt in erster Linie über systematisch durchgeführte Zerspanversuche.

Weitere technologische Datenbanken für Zerspandaten existieren in den Forschungsinstituten [75]

- Centre Technique des Industries Mecanique, CETIM, Frankreich,
- Research Center of the Belgian Metal Working Industry, CRIF, Belgien,
- Production Engineering Laboratory, SINTEF, Norwegen,
- Swedish Institute of Production Engineering Research, Schweden und
- Melton Mowbray, PERA, Großbritannien.

Die Datenbanken dieser Forschungsinstitute werden hauptsächlich zur rechnerunterstützten Verwaltung von Zerspandaten eingesetzt.

Die Leistung des Informationszentrums für Schnittwerte (INFOS), aufgebaut am *Werkzeugmaschinenlabor* der TH AACHEN, ist auf das Drehen, Bohren, Fräsen und Schleifen ausgerichtet. Der Datenbestand hat einen Umfang, der für das Drehen etwa 80% der Anfragen nach technologischen Zerspanwerten abdeckt. Das Informationszentrum wird von einem Arbeitskreis, dem über 50 Industrieunternehmen angehören, unterstützt. Diese Firmen beziehen Informationen vom Zentrum und stellen ihrerseits Erfahrungen und Zerspanwerte zur Verfügung.

Das Aufgabenspektrum von INFOS teilt sich in drei Gruppen [74]:
- Datengewinnung und -erfassung,
- Verarbeitung und Archivierung sowie
- Aufbereitung und Weitergabe von Informationen.

Die Organisation unterteilt sich in die interne und externe Informationsverarbeitung. Aufteilung und Arbeitsweise von INFOS zeigt *Bild 8.3.1-2*. Die innere Informationsverarbeitung beinhaltet die mittels Datenverarbeitungsanlage ausgeführten Tätigkeiten, beispielsweise das Vergleichen neu erfaßter Daten mit vorhandener Datenverdichtung, Abspeicherung sowie Rückgewinnung aus der Datenbank und die Auswertung der Daten.

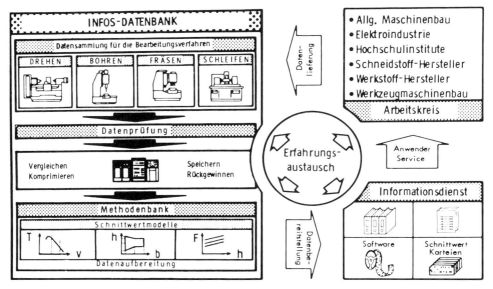

Bild 8.3.1-2 Arbeitsweise des Informationszentrums für Schnittwerte (INFOS) [75].

Als äußere Informationsverarbeitung treten die Beschaffung, Prüfung und Aufbereitung sowie Zusammenstellung und Weiterleitung von neutralen Zerspanungsunterlagen an die Informationsanwender auf. Hierzu gehört die Analyse und Bewertung der bereitgestellten Informationen an Hand der Rückmeldungen des Benutzers.

Die Beschaffung von Zerspandaten ist ein wesentlicher Bereich des Zentrums, da die Funktionsfähigkeit von einem ausreichenden Datenbestand abhängt. Die Beschaffung erfolgt durch die Erfassung von Einzelwerten und durch systematische Verschleißuntersuchungen. Durch den hohen Aufwand für die Datenerfassung kommt der Automatisierung der Zerspandatenerstellung eine große Bedeutung zu. Zur rationellen Datenerfassung wurde ein System aus einer CNC-Werkzeugmaschine und einem Prozeßrechner aufgebaut [76]. Zur Aufnahme der verschiedenen Meßwerte, wie beispielsweise Werkzeugverschleiß und Schnittkräfte, werden Sensoren eingesetzt. Der Prozeßrechner steuert den Versuchsablauf, übernimmt die jeweiligen Sensorsignale, die gesamte Versuchsauswertung sowie Protokollierung und Datenaufbereitung zur langfristigen Speicherung im Informationssystem.

Der Informationsdienst umfaßt betriebsneutrale und betriebsbezogene Schnittwertinformationen. Den Benutzeranforderungen entsprechend sind diese auf die konventionelle Fertigung und die NC-Fertigung ausgerichtet. Für eine anwendergerechte Nutzung der INFOS-Zerspandaten wurden Programmsysteme zur rechnerunterstützten Schnittwertoptimierung sowie zur Zeit-, Kosten-, Methoden- und Fertigungsmittelplanung entwickelt [77].

Die damit berechneten Zerspandaten gewährleisten eine aktuelle Vorgabe von technologisch gesicherten und reproduzierbaren Richtwerten für die Fertigung. Die entwickelten Programme wurden entsprechend der fertigungstechnischen Bedeutung für die Drehbearbeitung (TURN), Bohrbearbeitung (DRILL) und Fräsbearbeitung (MILL) erstellt.

Mit Hilfe dieser Programmsysteme werden aus den firmenneutralen INFOS-Werkstoff/Schneidstoff-Karteien und unter Berücksichtigung firmenspezifischer Maschinen- und Werkzeugkarteien fertigungsmittelabhängige Richtwerttabellen, Fertigungsanweisungen für die konventionelle Fertigung und Maschineneinstelldaten für die NC-Programmierung ausgegeben. *Bild 8.3.1-3* zeigt ein Beispiel für das Drehen.

```
                SCHNITTWERTERMITTLUNG FUER
                -----------------------------------
                MASCHINE              HEIDENREICH 5500
                WERKSTOFF             MRCK45
                WERKZEUG              TPMR           /P15/P20
                WERKSTUECKNUMMER            999.
                -----------------------------------
                OPERATION      :LAENGS,SCHRUPPEN + SCHLICHTEN
                WERKZEUGLAGE   :INNENBEARBEITUNG
                OBERFLAECHE    :VORGEDREHT
                SCHNITT        :OHNE UNTERBRECHUNG
                -----------------------------------
                T= 45.0  ( VORGEGEBEN)    VK=  .400     R1=  63.0
                SEGMENT    3.00

                DA=  30.0    DE= 40.0    L= 35.0     CAPA=  90.0
                -----------------------------------
                KONVENTIONELLE  SCHNITTAUFTEILUNG

                ANZAHL DER SCHNITTE   2

                  N       V      S      A     TH      TZU    TTATS   KOSTEN
                (U/MIN) (M/MIN) (MM/U) (MM)  (MIN)   (MIN)   (MIN)   (DM)
                 1120.   137.2  .28    2.3    .22     .08    77.12    .20
```
(werkstückspezifische Schnittwertoptimierung)

```
                     RICHTWERTTABELLE  LAENGSDREHEN
                ===================================================
                MASCHINE              BOEHR. P 560 II C NC
                WERKSTOFF             42CRMO 4G
                WERKZEUG              TNUN 160410 /P 30
                ---------------------------------------------------
  D-BEREICH VON 500.BIS 100.MM    L = 1000.MM         QAPA = 95.
                ---------------------------------------------------
    T= 7.3 MIN ( KOSTENOPTIMAL )    VK=  .50    RT  63.0
                ---------------------------------------------------
                            SCHRUPPEN
                ---------------------------------------------------
  D   I  A   I  S  I  T   I   N   I   V   I   P   I   TH    I K/SCH I
  MM  I MM  I MM/U I MIN I U/MIN I M/MIN I KW  I  MIN   I   DM
  500.I 8.0 I .58 I 6.  I 112. I 176. I 22.5I 15.52 I 39.00
      I 6.0 I .60 I 7.  I 112. I 176. I 17.4I 14.91 I 36.58
      I 4.0 I .62 I 7.  I 112. I 176. I 11.9I 14.34 I 33.95
  400.I 8.0 I .58 I 6.  I 140. I 176. I 22.5I 12.41 I 31.20
```
(werkstückneutrale Schnittwertoptimierung)

Bild 8.3.1-3 Mit TURN erstellte Zerspanungsunterlagen [77].

Nach Eingabe der Daten über die Zerspanungsaufgabe erfolgt die Schnittaufteilung und Schnittwertoptimierung durch Vorgabe des Optimierungszieles. Die werkstückgebundenen oder werkstückneutralen Zerspanunterlagen werden danach erstellt.

510 8 *Rechnerunterstützte Arbeitsplanung* [Literatur S. 601]

Bei der rechnerunterstützten Schnittwertermittlung werden für die Schnittaufteilung drei Strategien bereitgestellt [77]:
- die konventionelle Schnittaufteilung bzw. die Aufteilung des Bearbeitungsbereichs in gleiche Schnitte,
- die Einzelschnittoptimierung im Hinblick auf die NC-Bearbeitung und
- die Erstellung von firmenspezifischen Richtwerttabellen für die konventionelle Arbeitsplanung.

Der zentrale SCHNITTWERTSPEICHER MAGDEBURG (SWS) basiert ebenso wie INFOS auf der Verarbeitung systematisch durchgeführter Zerspanversuche. Als Leistungsangebot werden Spanungsrichtwerte in Katalogform, Schnittwerte für Werkstoff/Schneidstoff-Paarungen in Tabellenform sowie fertigungsaufgabenbezogene optimierte Schnittwerte bereitgestellt [175]. Berücksichtigte Verfahren sind Drehen, Fräsen, Bohren/Senken, Schleifen und Verzahnen.

Das Informationssystem besteht aus drei Systemkomponenten *(Bild 8.3.1-4)*. Die Datenverwaltung umfaßt die Dateien über Maschinen, Werkzeuge, Spannmittel, Schneidstoffe und Werkstoffe. Im technologischen Verarbeitungsteil erfolgen die Berechnungen und Optimierungen der Schnittwerte. Die Kommunikationskomponente steuert den Einsatz und gewährleistet den Informationsaustausch.

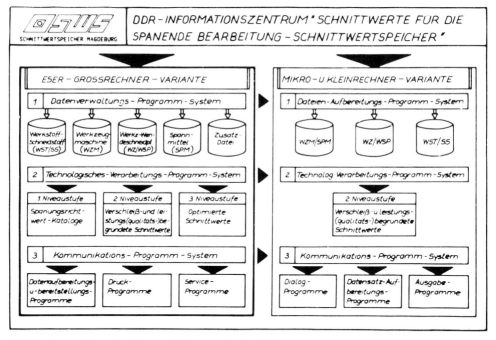

Bild 8.3.1-4 Struktur der SWS-Funktionsorganisation [175].

Neben der Großrechnerversion steht eine Systemvariante für Klein- und Mittelrechner zur Verfügung *(Bild 8.3.1-4)*, um eine erweiterte Anwendung zu ermöglichen.

Die Ermittlung der Kenngrößen für den Schnittwertspeicher erfolgt in Prüflabors. Die ermittelten Daten werden in Formularen erfaßt und dem Informationssystem zugeführt. Das in *Bild 8.3.1-5* gezeigte Formular läßt den benötigten Datenumfang erkennen und vermittelt einen Einblick in die verwendete Struktur.

[Literatur S. 601]   8.3 Systeme zur rechnerunterstützten Arbeitsplanung   511

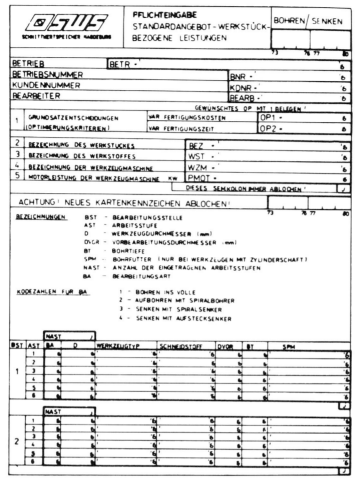

Bild 8.3.1-5 Formular zur Aufnahme von Daten eines Informationssystems für die Zerspanung [175].

8.3.2 Systeme zur Arbeitsplanerstellung

8.3.2.1 Bearbeitungspläne

Bei der Einführung von rechnerunterstützten Systemen ist die Arbeitsplanverwaltung häufig der erste Ansatzpunkt. Wegen der sehr starken betriebsspezifischen Ausprägung von Arbeitsplänen und Stücklisten sind aufbauend auf kommerziellen Datenbanksystemen viele Lösungen erarbeitet worden, die auf die spezifischen Belange des Anwenders zugeschnitten wurden.
Von vielen Rechnerherstellern werden Grundsysteme zur Arbeitsplanverwaltung, auch Arbeitsplanungsprozessoren genannt, angeboten. Sie werden häufig um Zusatzfunktionen erweitert, die über den eigentlichen Rahmen der Arbeitsplanverwaltung hinausgehen. Somit können meist, ausgehend von auftragsneutralen Arbeitsplänen, auftragsbezogene Arbeitspläne erstellt und zusätzliche Berechnungen für Zeitwerte und Materialdispositionen

durchgeführt werden. Beispielhaft für Systeme zur Arbeitsplanorganisation von Herstellern mittlerer und größerer Rechnersysteme seien hier genannt: BOMP von IBM, BASIS von SIEMENS und UNIBOSS von UNIVAC. Für Kleinrechner ausgelegte Systeme arbeiten auf Microprozessorbasis, wie zum Beispiel das von ORMIG angebotene System AV 5500 mit dem Programmsystem CAUSO.

Da die Arbeitsplanverwaltung im Sinne der Fertigungssteuerung meist die auftragsbezogenen Arbeitspläne erstellen soll, müssen demzufolge diese Systeme ein breiteres Leistungsspektrum bieten als die reine Datenverwaltung, denn anderenfalls wäre mit dieser ausschließlichen Funktion nur eine Wiederholplanung möglich. Änderungsmöglichkeiten von Arbeitsplänen sowie Erweiterungsmöglichkeiten sind von ausschlaggebender Bedeutung bei der Auswahl solcher Systeme. Die rationale Neuerstellung von Arbeitsplänen unter Zugrundelegung von bestehenden ähnlichen Arbeitsplänen stellt allerdings Anforderungen, die von den meisten Arbeitsplanverwaltungssystemen nicht erfüllt werden können.

Das Erkennen von Werkstücken mit ähnlichen Arbeitsplänen oder die Zuordnung von Varianten zu bestimmten Teilefamilien setzt Hilfsmittel voraus, die eine objektive, reproduzierbare Zuordnung ermöglichen. Unabhängig von den prinzipiell unterschiedlichen Vorgehensweisen bei der Ähnlichkeitsplanung und bei der Variantenplanung müssen geeignete Identifizierungs- und Klassifizierungssysteme vorhanden sein.

Im Zusammenhang mit Klassifizierungssystemen lassen sich neue gruppentechnologieorientierte Arbeitsplanungssysteme zur Varianten- oder Ähnlichkeitsplanung aufbauen. Das wohl ausgeprägteste System zur Verwaltung, Änderung und Speicherung von Arbeitsplaninformationen, aufbauend auf dem Vorhandensein eines beliebigen Klassifizierungssystems ist das von CAM-I (Computer Aided Manufacturing International) geförderte System CAPP (Computer Aided Process Planning System) [86].

Eine andere Methode der Variantenplanung, entwickelt am *Lehrstuhl für Produktionssystematik* der TH AACHEN [10], konzentriert sich auf die Bestimmung der Arbeitsvorgangsfolge mit Hilfe einer ermittelten Arbeitsvorgangsstruktur für das Werkstückspektrum einer Variantenklasse *(Bild 8.3.2.1-1)*.

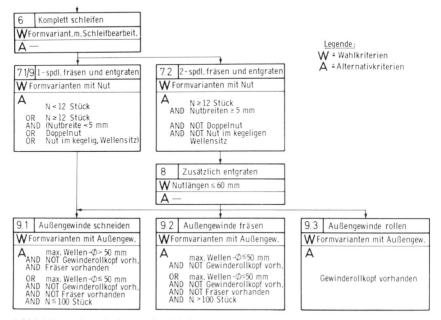

Bild 8.3.2.1-1 Ausschnitt aus der Arbeitsvorgangsstruktur für die Variantenklasse "Welle" [24].

[Literatur S.601]   *8.3 Systeme zur rechnerunterstützten Arbeitsplanung*   513

Betrachtet man die Arbeitsplanungstätigkeiten bei Einzelteil- und Kleinserienfertigung, so haben die entsprechenden Arbeitsvorbereitungskosten einen erheblichen Anteil an den Fertigungskosten, da sie sich in diesem Fall nicht auf große Stückzahlen umlegen lassen. Gemäß des vorher beschriebenen Prinzips der Neuplanung wird nicht auf bestehende Arbeitspläne zurückgegriffen, so daß alle Ermittlungen neu durchgeführt werden müssen und mit Bestimmung des Arbeitsablaufes und der einzelnen Arbeitsvorgänge entsprechend viele Daten generiert werden müssen. Abgesehen von einigen betriebsspezifischen Lösungen besteht die Hauptproblematik bei der Entwicklung von rechnerunterstützten Arbeitsplanungssystemen, die nach dem Generierungsprinzip arbeiten, darin, daß diese Systeme so allgemeingültig aufgebaut sein sollten, daß sie überbetrieblich einsetzbar sind und die betriebsspezifischen Anpassungen klein gehalten werden.

Der durch die Anpassung bedingte hohe Einführungsaufwand eines vollautomatischen Arbeitsplanungssystems hat zur Entwicklung von dialogorientierten Systemen geführt. Höhere Flexibilität im Planungsablauf und leichte Kontrollierbarkeit betrieblicher Einflußgrößen kennzeichnen diese Art der Arbeitsplanung.

System CODE

Das Klassifizierungs- und Kodierungssystem CODE wird von der Firma MANUFACTURING DATA SYSTEM INC. (MDSI), Ann Arbor/Michigan vertrieben.

Das System CODE vereinfacht die Klassifizierung und Verwaltung, insbesondere aber das Wiederauffinden von Zeichnungsdaten, Arbeitsplänen und NC-Steuerinformationen. Die Verschlüsselung erfolgt mit Hilfe einer achtstelligen Codenummer und weiteren Angaben zum Werkstoff, zur Werkstückbezeichnung und Werkstückabmessung *(Bild 8.3.2.1-2)*. Die Codenummer beschreibt die wesentlichen Gestaltmerkmale des Werkstücks. Jedes der zu verwaltenden Objekte wird mit mindestens 80 und maximal 256 Zeichen verschlüsselt. Wesentliches Ziel des CODE-Systems ist es, Kostenreduzierung durch Standardisierungen, Zeitersparnisse durch vereinfachtes Suchen sowie durch Reduzierung der Teilevielfalt zu ermöglichen [78].

System MICLASS

MICLASS ist ein Klassifizierungs- und Codierungssystem, das von TNO in den Niederlanden entwickelt wurde [79]. Bei dem System werden die Prinzipien der Gruppentechnologie angewandt, die es ermöglichen, Einzelteile zu Familien entsprechend der spezifischen Konstruktions- und Fertigungsanforderungen zusammenzufassen.

Die MICLASS-Verschlüsselung und -Klassifizierung erleichtert das Auffinden von Zeichnungen, sie reduziert die Anfertigung doppelter Entwürfe und ermöglicht eine Vereinheitlichung der Zeichnungen und des Materialbedarfs. MICLASS kann auch dazu dienen, die Leistungsfähigkeit von CAD-Systemen zu steigern.

In der Arbeitsvorbereitung wird MICLASS zur Erstellung der Arbeitspläne und deren Vereinheitlichung benutzt. Es kann auch für die Auswahl der benötigten Werkzeugmaschinen und Vorrichtungen verwendet werden.

Außer den Möglichkeiten, Gegenstände kennzeichnen, verschlüsseln, klassifizieren und wiederfinden zu können, lassen sich auch Analysen durchführen, zum Beispiel bei der Planung von neuen Produkten, Investitionen und anderen Aufgaben der Betriebsführung.

MICLASS ist ein rechnerorientiertes System. Es kann jedoch auch manuell angewandt werden. Das Arbeiten mit MICLASS erfolgt im Dialog durch Beantwortung der gestellten Fragen durch den Benutzer.

Das System umfaßt vier Hauptteile *(Bild 8.3.2.1-3)* [79]:
- Die Klassifizierungsnummer, die es ermöglicht, die Teile aufgrund ihrer technischen und geometrischen Merkmale einzuteilen,
- die Datenbank, die Einzelheiten über Konstruktion und Fertigung enthält,

- Abfrageprogramme, die es ermöglichen Zeichnungen, Laufkarten, Arbeitsplätze und anderes wieder aufzufinden,
- Analyseprogramme, die für eine Vereinheitlichung der Entwürfe, die optimale Ausnutzung der Werkzeugmaschinen und Fertigungsabläufe verwendet werden.

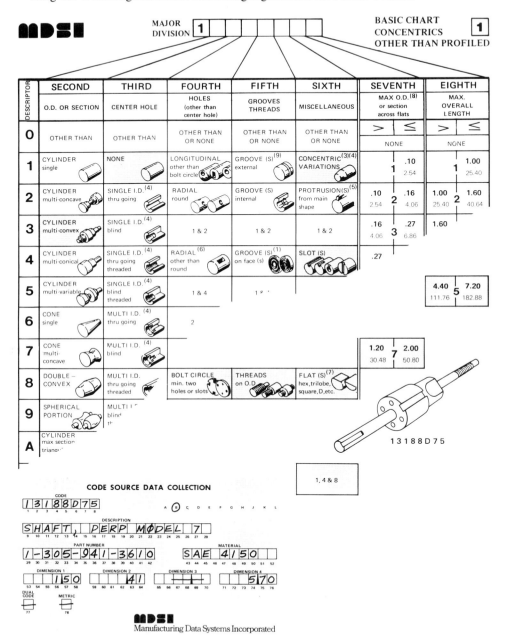

Bild 8.3.2.1-2 Aufbau des Werkstückklassifizierungssystems CODE der MDSI, Ann Arbor/Michigan.

8.3 Systeme zur rechnerunterstützten Arbeitsplanung

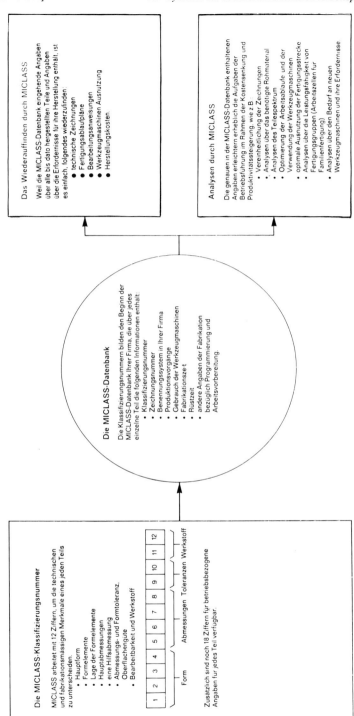

Bild 8.3.2.1-3 MICLASS – Systemteile [79].

516   8 Rechnerunterstützte Arbeitsplanung   [Literatur S. 601]

System AUTAP

Das System AUTAP, am *Lehrstuhl für Produktionssystematik* der TH AACHEN entwickelt, ist ein System zur automatischen Erstellung von Arbeitsplänen [80]. Auf der Basis einer einmaligen Eingabe erfolgt die Bestimmung aller notwendigen Arbeitsvorgänge sowie die Festlegung der Bearbeitungsreihenfolge. Daran anschließend werden jedem Arbeitsvorgang die notwendigen Daten, wie zum Beispiel Vorgabezeiten, ermittelt. *Bild 8.3.2.1-4* zeigt den prinzipiellen Aufbau von AUTAP.

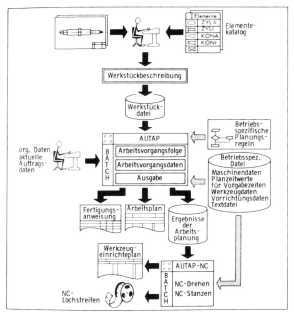

Bild 8.3.2.1-4 Arbeitsplanerstellung mit dem System AUTAP [53].

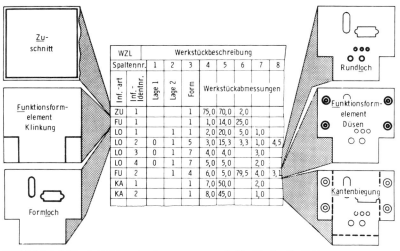

Bild 8.3.2.1-5 Werkstückbeschreibungssystematik für Blechteile [81].

[8.3 Systeme zur rechnerunterstützten Arbeitsplanung 517]

Die dem AUTAP-System zugrunde liegende Werkstückbeschreibung baut auf einer Systematik auf, die eine Gliederung der Werkstücke in Formelemente beinhaltet. Diese fertigungsorientierte Werkstückbeschreibung ist entsprechend dem verfügbaren Elementevorrat dazu geeignet, beliebige Blechteile und Rotationsteile zu definieren, einschließlich einiger nicht rotationsförmiger Elemente wie zum Beispiel Nuten, Keilwellen und exzentrische Bohrungen. Bei der automatischen Planung von Rotationsteilen, die der eigentliche Einsatzschwerpunkt des Systems ist, kann mit der Übernahme der Werkstückbeschreibung von DETAIL 2 ein integrierter Informationsfluß erzielt werden. Betrachtet man zum Beispiel die Beschreibung von Blechteilen, so werden die Gestaltelemente des Werkstückes einzeln durch Zugabe aller form- und größenbestimmenden Maßangaben beschrieben *(Bild 8.3.2.1-5)*.

Dabei wird von der Abwicklung des Einzelteiles ausgegangen, soweit eine zweidimensionale Beschreibung der Blechteile verwirklicht werden kann. Dies trifft für die Mehrzahl der

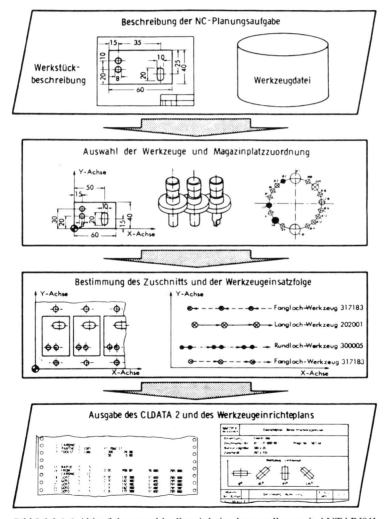

Bild 8.3.2.1-6 Ablauf der maschinellen Arbeitsplanerstellung mit AUTAP [81].

518 8 Rechnerunterstützte Arbeitsplanung [Literatur S. 601]

Formelemente zu. Die räumliche Ausdehnung der flachkubischen Einzelteile wird durch dreidimensional definierte Formelemente abgedeckt. Neben den Werkstückbeschreibungsdaten müssen zur Erstellung des NC-Lochstreifens alle Stanzpositionen und Verfahrwege bekannt sein. Daher wird die Werkstückbeschreibung bei NC-Teilen um die Lagebeschreibung erweitert, die die Lochpositionen relativ zu einem werkstückbezogenen Koordinatensystem angibt. Die Positionsbeschreibung lehnt sich an die EXAPT 1.1-Sprachbeschreibung an, wodurch alle Beschreibungsmakros, wie Lochbilder, Spiegelungen und Drehungen genutzt werden können. Gleichzeitig ist der direkte Anschluß an den EXAPT 1.1-Prozessor möglich.

Im ersten Planungsschritt des Systems AUTAP erfolgt eine Anpassung der Werkstückdaten an die speziellen Anforderungen der Arbeitsplanerstellung *(Bild 8.3.2.1-6)*.

Die benutzerneutrale Arbeitsplanungslogik ist in den Programmen abgelegt, die anwenderspezifischen Daten werden in Dateien gespeichert.

Auf der Basis der fertigungsorientierten Werkstückbeschreibung wird überprüft, ob für die vollständige Bearbeitung des Werkstückes Hilfselemente für die Fertigung, wie zum Beispiel Zentrierungen oder Spannzapfen, definiert werden müssen. Darüber hinaus werden die Gesamtlänge des Werkstückes und der maximale Außendurchmesser generiert, um die Rohteilabmessungen zu ermitteln und die Maschinenauswahl durchzuführen.

Im nächsten Planungsschritt wird die Arbeitsvorgangsfolge bestimmt. Dazu werden für die Fertigungsaufgabe die Bearbeitungsverfahren und Maschinen ermittelt, ebenso die Auswahl von Hilfsarbeitsvorgängen wie Entgraten, Kontrollieren und Anreißen.

Mit den Ergebnissen der Arbeitsvorgangsbestimmung werden im nächsten Planungsschritt die Arbeitsvorgangsdaten ermittelt. Daran schließt sich die Ermittlung der benötigten Fertigungshilfsmittel wie Werkzeuge und Vorrichtungen sowie der Haupt-, Neben- und Rüstzeiten für die einzelnen Bearbeitungsverfahren an. Im letzten Schritt erfolgt die Generierung der Arbeitsvorgangstexte und die Ausgabe des Arbeitsplanes.

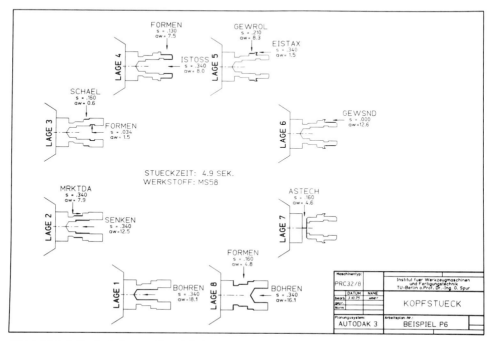

Bild 8.3.2.1-7 Grafisch dargestellter Arbeitsplan (AUTODAK 3) [4].

System AUTODAK

Bei der Massenfertigung mit konventionellen Drehautomaten ergibt sich für die Arbeitsplanung eine spezielle Aufgabenstellung. Hierfür ist die Anwendung des Generierungsprinzips erforderlich, weil die Formenvielfalt und die technologischen Randbedingungen sonst zu einer sehr großen Anzahl von Standardarbeitsplänen führen würde. Für die Planung von Aufgaben, die mit Drehautomaten bearbeitet werden können, ist das automatische System AUTODAK am *Institut für Werkzeugmaschinen und Fertigungstechnik* der TECHNISCHEN UNIVERSITÄT BERLIN entwickelt worden [39, 40]. Ausgehend von einer Beschreibung der Teile mit einer Eingabesprache werden der Arbeitsplan und Daten für Kurvenscheiben erzeugt.

Kern des Systems ist die aus der formelementorientierten Werkstückbeschreibung abgeleitete Ermittlung von Arbeitsoperationen. Arbeitsoperationen, die durch Kombination eine gemeinsame Werkzeugeinrichtung aufweisen, werden als Arbeitsvorgänge aufgefaßt. Unter Einbeziehung der Grafik zur Arbeitsplanerstellung kann eine transparente Handhabung des Systems vorgenommen werden *(Bild 8.3.2.1-7)*.

System ARPL

Das Programmsystem ARPL (ARbeitsPLan) ist eine Entwicklung des *Instituts für Werkzeugmaschinen* der UNIVERSITÄT STUTTGART [82]. Es dient zur Vorgabezeitermittlung und Arbeitsplanung im Dialog. Das System ist für den Einsatz in Betrieben mit Einzelteil- und Kleinserienfertigung konzipiert. Vorrangiges Ziel ist die Befreiung des Arbeitsplaners von Routinetätigkeiten bei der Arbeitsplanerstellung und eine Konzentration seiner Aktivitäten auf planerische Aufgaben. *Bild 8.3.2.1-8* zeigt den Planungsablauf mit ARPL.

Die automatisierte Datenermittlung wird mit Hilfe eines alphanumerischen Datensichtgerätes durchgeführt. Entsprechend der konventionellen Arbeitsplanerstellung wird zuerst die Eingabe übergeordneter Daten vorgenommen. Geführt trägt der Benutzer die Daten in das auf dem Bildschirm dargestellte Formular ein. Fehler werden ohne Programmabbruch korrigiert.

Der Ablauf zur Ermittlung der Arbeitsfolge ist nach DIN 8580 gegliedert. Für jedes Bearbeitungsverfahren wird ein verfahrensspezifischer Modul aufgerufen, mit dem die Arbeitsgangdaten im Dialog ermittelt und abgespeichert werden.

Bei etwa 80% aller Bearbeitungsfälle, die mit den Fertigungsverfahren Drehen, Bohren, Fräsen und Schleifen durchgeführt werden, erfolgt eine ausführliche Fertigungsbeschreibung auf der Basis des Fertigungsbeschreibenden Klassifizierungssystems (FBKS). Dieses Klassifizierungssystem verwendet einen sechsstelligen Zahlenschlüssel, der eine Aussage über das Werkstückspannmittel, die Art der Bearbeitung, die Kinematik und die Bearbeitungsgenauigkeit zuläßt [46].

Damit ist die Abspeicherung der Arbeitsvorgänge mit Hilfe von Codezahlen möglich. Die Verschlüsselung eines Arbeitsvorganges führt der Arbeitsplaner anhand von Menütabellen durch. Ausgehend von der Schlüsselnummer wird eine verfahrensbezogene Zuordnungslogik angesprochen, mit der die einsetzbaren Werkzeugmaschinen ermittelt und eine Aussage über ihre Eignung getroffen wird. Für jede Bearbeitung wird ein gesonderter Zeitberechnungsmodul zur Bestimmung der Vorgabezeit aufgerufen. Voraussetzung dafür ist die Erstellung einer Maschinen- und Zerspandatenbank. Bei der Vorschubermittlung werden die geforderte Genauigkeit, die Oberflächengüte und die Fertigungseinrichtung berücksichtigt. In *Bild 8.3.2.1-9* ist ein mit dem System ARPL erzeugter Arbeitsplan dargestellt.

520   8 Rechnerunterstützte Arbeitsplanung

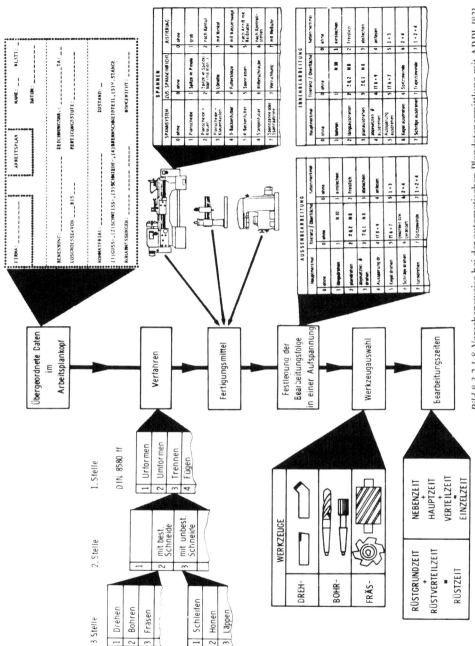

Bild 8.3.2.1-8 Vorgehensweise bei der automatischen Plandatenermittlung mit ARPL [83].

```
****************                  ****************                                                        *
*              *                  *              *                                                        *
*    IFW       *                  * ARBEITSPLAN  *                                   BLATT: 1  V.          *
*              *                  *              *                                                        *
****************                  ****************                                                        *
*                                                                                                         *
* BENENNUNG:BOHRSPINDEL BEP25      TA:76  ZEICHG.NR.:11002.76144    LOSGROESSE 2   DATUM:02-MAR-77 NAME:NU *
*---------------------------------------------------------------------------------------------------------*
* MATERIAL.: 01              ABMESSUNG: 628.0* 45.0            ROHGEWICHT:   7.8                          *
***********************************************************************************************************
*  AVO-NR. IABT.IARBEITSGANG            IWERKZEUGE UND VORRICHTUNGEN  IMASCHINEI  N  I   S  I TR I   TE   *
*---------I----I-----------------------I-----------------------------I---------I----I-----I----I---------*
*   10    1 I 50 ISAEGEN                I                             I 8224   I    I     I  16I  3.08   *
*---------I----I-----------------------I-----------------------------I---------I----I-----I----I---------*
*   20    1 I10  ILAENGSDREHEN UND/ODER IBACKENFUTTER HARTE BACKEN    I 1061   I 492I 0.12I  63I  0.41   *
*         1  I   IPLANDREHEN,GLATT      I                             I        I    I     I    I         *
*         1  I                          I                             I        I    I     I    I         *
*         1  I                          I \/\/                        I        I    I     I    I         *
*         1  I                          I                             I        I    I     I    I         *
*         1  I   IZENTRIEREN            I                             I        I    I     I    I         *
*         1  I                          I                             I        I    I     I    I         *
*         2 I10  IABGESETZTE WELLE DREHEN IBACKENFUTTER HARTE BACKEN  I 1061   I 492I 0.27I  69I 12.27   *
*         1  I                          I                             I        I    I     I    I         *
*         1  I   IEINSTECHEN            I \/\/                        I        I    I     I    I         *
*         1  I                          I                             I        I    I     I    I         *
*         3 I10  ILAENGSDREHEN UND/ODER IBACKENFUTTER HARTE BACKEN    I 1061   I 615I 0.24I  58I 12.88   *
*         1  I   IPLANDREHEN,GLATT      I                             I        I    I     I    I         *
*         1  I                          I                             I        I    I     I    I         *
*         1  I                          I \/\/                        I        I    I     I    I         *
*         1  I                          I                             I        I    I     I    I         *
*         4 I10  ILAENGSDREHEN UND/ODER IBACKENFUTTER WEICHE BACKEN   I 1061   I 492I 0.12I  80I 16.14   *
*         1  I   IPLANDREHEN,GLATT      I                             I        I    I     I    I         *
*         1  I                          I                             I        I    I     I    I         *
*         1  I                          I \/\/                        I        I    I     I    I         *
*         1  I                          I                             I        I    I     I    I         *
*         1  I   IZENTRISCH BOHREN      I                             I        I    I     I    I         *
*         1  I   IODER AUSDREHEN GLATT  I                             I        I    I     I    I         *
*         1  I                          I                             I        I    I     I    I         *
*         1  I   IZENTRIEREN            I                             I        I    I     I    I         *
*         1  I                          I                             I        I    I     I    I         *
*         5 I10  I                      IBACKENFUTTER WEICHE HACKEN   I 1061   I 492I 0.12I  74I 16.14   *
*         1  I                          I                             I        I    I     I    I         *
*         1  I                          I \/\/                        I        I    I     I    I         *
*         1  I                          I                             I        I    I     I    I         *
*         1  I   IZENTRISCH BOHREN      I                             I        I    I     I    I         *
*         1  I   IODER AUSDREHEN GLATT  I                             I        I    I     I    I         *
*         1  I                          I                             I        I    I     I    I         *
*         1  I   IEINSTECHEN            I                             I        I    I     I    I         *
*---------I----I-----------------------I-----------------------------I---------I----I-----I----I---------*
```

Bild 8.3.2.1-9 Mit ARPL erzeugter Arbeitsplan [82].

System CAPEX

Das Arbeitsplanerstellungssystem CAPEX (CAP based on EXAPT) wird vom EXAPT-Verein entwickelt, um die vorhandenen NC-Aktivitäten in Richtung Arbeitsplanerstellung zu erweitern [85]. Das Systemkonzept geht von einem Grundleistungsumfang aus, der durch firmenspezifische Erweiterungen ergänzt werden kann. Dafür steht dem Anwender eine Definitionssprache zur Verfügung, die ohne besondere Rechnerkenntnisse benutzt werden kann. An Standardfunktionen enthält CAPEX Formeln für Zeitermittlungen, Möglichkeiten der Dateienverarbeitung, Tabellenverarbeitungstechniken und Definitionsmöglichkeiten für mathematische Berechnungen und logische Entscheidungen.

Der Planungsvorgang mit CAPEX erfolgt im Dialog über eine Maskentechnik, bei der die Eingabedaten entsprechend der konventionellen Planung, wie bei einem Formular eingetragen werden. *Bild 8.3.2.1-10* zeigt die Darstellung eines Arbeitsplanes, *Bild 8.3.2.1-11* die Maske zur Berechnung einer Hauptzeit beim Bohren. Über die vorhandene Dateienverwaltung können während des Planungsvorganges gespeicherte firmenspezifische Daten eingesetzt werden. Die Wiederhol- und Ähnlichkeitsplanung wird durch entsprechende Dialoghilfen ebenfalls unterstützt. Zur Erhöhung des Automatisierungsgrades können ähnliche Aufgabenstellungen als Makros definiert und als komplexe Planungsvorgänge abgerufen werden. Die firmenspezifische Anpassung erfolgt durch Einbringen spezieller Algorithmen und durch Aufnahme spezifischer Datenbestände. Existierende FORTRAN-Softwarelösungen können in das CAPEX-System integriert werden, zum Beispiel auch das NC-Programmiersystem EXAPT.

Bild 8.3.2.1-10 Arbeitsplan des Systems CAPEX [85].

Bild 8.3.2.1-11 Dialogmaske zur Hauptzeitberechnung [85].

System CAPP

CAPP (Computer Aided Process Planning System) ist ein rechnerunterstütztes Arbeitsplanerstellungs- und -verwaltungssystem, das auf der Basis eines beliebigen vom Benutzer zu stellenden Klassifizierungssystems arbeitet [86, 87]. Die Hauptfunktionen des Systems sind:
- Ändern,
- Abspeichern und Verwalten sowie
- Wiederfinden von Arbeitsplänen.

Die Arbeitsplanerstellung erfolgt über Menütechnik im Dialog zwischen System und Planer. Grundlage für die Arbeitsplanerstellung ist ein Standardarbeitsplan, der selbst definiert wird. Ebenso werden vom Anwender die Teilefamiliendaten mit dem Klassifizierungscode sowie alle notwendigen Teilebereiche des Standardarbeitsplanes definiert. Der Standardarbeitsplan wird über die Teilefamiliennummer identifiziert.

Mittels OPCODES erfolgt die Beschreibung der Arbeitsvorgänge. Hierzu werden Kurzformen der entsprechenden Fertigungsverfahren benutzt. Die Festlegung der Teilefamilienart erfolgt über den Klassifizierungsschlüssel.

Für die Erstellung eines Arbeitsplanes müssen die im Standardarbeitsplan vorgegebenen Daten benutzt werden. Dies erfolgt in drei Schritten. Zuerst werden die allgemeinen Werkstückdaten in den Arbeitsplankopf eingesetzt. Danach werden die einzelnen Fertigungsschritte bestimmt. Dies geschieht unter Verwendung der Standardfolge des Standardarbeitsplanes. Jeder Arbeitsvorgang kann dabei vom Benutzer überprüft und entsprechend der gegebenen Anforderungen verändert werden. Neue Vorgänge können eingefügt werden, sofern sie vorher im System definiert wurden.

Im letzten Planungsschritt werden Daten für die einzelnen Arbeitsschritte eingefügt. Dies sind zum Beispiel Maschinendaten, Aufspannungen, Arbeitsvorgänge und deren Parameter. Sind auf diese Weise alle Arbeitsplandaten aktualisiert, wird der erzeugte Arbeitsplan abgespeichert.

In der jetzigen Aufbaustufe bietet das CAPP-System keinerlei Geometrieverarbeitung und keine Generierungsmöglichkeiten von Arbeitsplanungsdaten. *Bild 8.3.2.1-12* zeigt den prinzipiellen Aufbau des CAPP-Systems. Das Hauptanwendungsgebiet des Systems ist die Variantenplanung. Mit CODE als Klassifizierungssystem wird das CAPP-System unter dem Namen COMCAPP V von MDSI mit stark erweiterten interaktiven Möglichkeiten angeboten. Ebenso wie das Ändern bzw. Erstellen von Arbeitsplänen erfolgt der Vorgang des Findens und Bereitstellens im Dialog.

Für den Dialog bei CAPP stehen drei Grundtypen von Anweisungen zur Verfügung: Steu-

[Literatur S. 601]   8.3 Systeme zur rechnerunterstützten Arbeitsplanung   523

erkommandos für den Planungsvorgang, Suchkommandos und Befehle zum Erzeugen von Ausgaben.

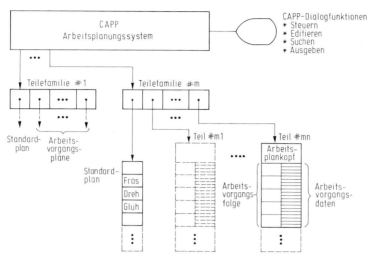

Bild 8.3.2.1-12 Logische Struktur des CAPP-Systems [87].

System CAPSY

Das Konzept des am *Institut für Werkzeugmaschinen und Fertigungstechnik* der TECHNISCHEN UNIVERSITÄT BERLIN entwickelten Arbeitsplanungssystems CAPSY [187] läßt sich wie folgt zusammenfassen:
- Ziel ist die Bereitstellung eines für unterschiedliche Firmen anwendbaren Arbeitsplanungssystems,
- im Vordergrund stehen die Berücksichtigung eines breiten Werkstückspektrums und weitgehend vereinheitlichte Planungsmethoden für konventionell und numerischgesteuerte Werkzeugmaschinen,
- die dem Planungssystem zugrunde gelegten Ermittlungsstrategien erfolgen nach dem Generierungsprinzip,
- zum Steuern des Ermittlungsablaufs sowie zum Kontrollieren und Ändern von Teilergebnissen wird der Dialog eingesetzt,
- zur visuellen Kontrolle und zur Dokumentation der Planungsergebnisse werden als grafische Zwischenausgaben die jeweils aktuellen Bearbeitungszustände mit den ermittelten Einzelschnitten dargestellt, das heißt es erfolgt eine grafische Simulation des Fertigungsprozesses während der Planung.

Das Arbeitsplanungssystem CAPSY besteht aus fünf funktionalen Bereichen *(Bild 8.3.2.1-13)*:
- Definieren der Planungsaufgabe,
- Bereitstellen von Planungsdaten,
- Kommunikation zwischen Benutzer und Planungssystem,
- Ermitteln der Fertigungsdaten und
- Erzeugen der Fertigungsunterlagen.

Zur Beschreibung der Fertigungsaufgabe durch Angaben über Roh- und Fertigteil sind verschiedene Vorgehensweisen realisiert. Das zu planende Werkstück kann mit einem Beschreibungsprozessor im Dialog definiert werden. Durch eine Verknüpfung mit dem *Baustein* GEOMETRIE, dem 3D-System COMPAC oder dem 2D-Zeichnungserstellungssy-

524   8 Rechnerunterstützte Arbeitsplanung   [Literatur S. 601]

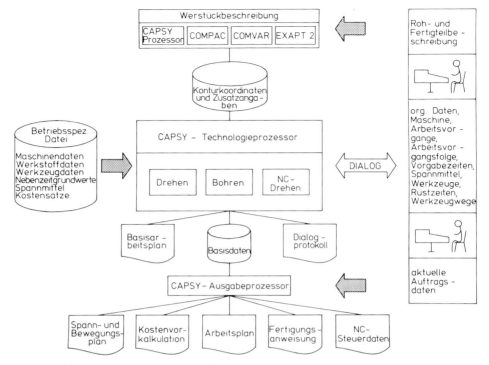

Bild 8.3.2.1-13 Aufbau des Systems CAPSY.

stem COMVAR ist die Bereitstellung der Werkstückinformationen für einen Planungsvorgang aus dem Bereich der Konstruktion möglich. Ebenso kann die Aufgabenbeschreibung über ein Teileprogramm mit Moduln des EXAPT-Programmiersystem erfolgen.
Für die Ermittlung der Fertigungsdaten, wie Einstell-, Weg- und Hilfsmittelinformationen, werden firmenspezifische Dateien benötigt. Daten über Maschinen, Spannmittel, Werkzeuge, Richtzeitwerte und Zerspanrichtwerte müssen bereitgestellt werden.
Der Dialog zwischen System und Benutzer bietet einen flexiblen Programmablauf und das Einbringen der schöpferischen Fähigkeit des Menschen. Die nicht in feste Regeln zerlegbaren Planungstätigkeiten können mit dem Dialog ebenfalls durchgeführt werden.
Die Ermittlung der Fertigungsdaten erfolgt in Technologieprozessoren für die verschiedenen Fertigungsverfahren und Technologien. Betriebsspezifische Arbeitsunterlagen werden aus der Gesamtheit der ermittelten Informationen mit einem wählbaren Detaillierungsgrad und Datenumfang erzeugt.
Das Gesamtsystem CAPSY teilt sich auf in Bausteine für verschiedene Bearbeitungsverfahren, die durch ein übergeordnetes Steuerprogramm aufgerufen werden.
Analog zu den hierarchisch gegliederten Aufgaben in einer Arbeitsplanung wurde bei der Konzipierung des rechnerunterstützten Arbeitsplanungssystems CAPSY für die einzelnen Bausteine eine ähnliche hierarchische Struktur gewählt *(Bild 8.3.2.1-14). Bild 8.3.2.1-15* zeigt die Teilschritte, die mit einem Arbeitsplanungssystem lösbar sein müssen [35].
Der Programmablauf mit dem System CAPSY findet überwiegend im Dialog statt. Der Bearbeiter bestimmt beim Erreichen jeder neuen Planungsstufe durch die Eingabe von Kurzworten den weiteren Planungsverlauf. Auf Wunsch gibt das System eine Liste der jeweils möglichen Antworten aus. Wünscht der Bearbeiter eine Korrektur, so können die durchgeführten Ermittlungen gelöscht und der Ausgangszustand wieder hergestellt werden.

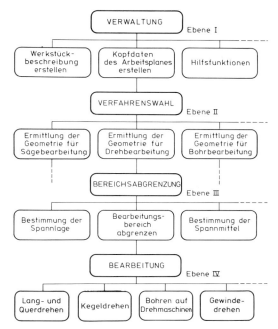

Bild 8.3.2.1-14 Hierarchische Struktur des Systems CAPSY.

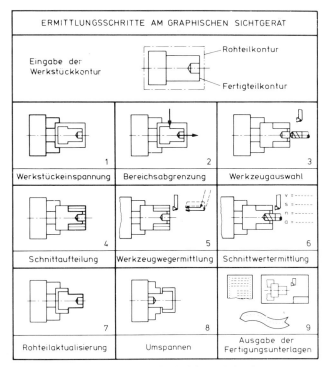

Bild 8.3.2.1-15 Ermittlungsschritte bei der Arbeitsplanung [35].

Der Planungsablauf beginnt mit dem Anfordern der Werkstückdaten. Nachdem die Daten von Roh- und Fertigteil vom Plattenspeicher eingelesen wurden, beginnt der für jedes Fertigungsverfahren spezifische Teil der Planung durch den Aufruf des Prozessors für das Bearbeitungsverfahren.

Unter Berücksichtigung des Spannmittels muß der Bearbeiter den für die nachfolgenden Bearbeitungen zugelassenen Bearbeitungsbereich eingrenzen. Die grafischen Kontrollausgaben sind hierbei besonders hilfreich. Danach werden die Modulen für die verschiedenen Arbeitsvorgänge und Arbeitsteilvorgänge aufgerufen.

Bild 8.3.2.1-16 zeigt die Ausgabe eines Planungsschrittes (Bohren). Die grafische Darstellung gibt die Formänderung des Werkstückes wieder, die alphanumerische Ausgabe enthält Einstellwerte, Werkzeuge und Zeiten.

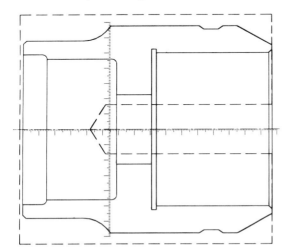

Bild 8.3.2.1-16 Grafische Zwischenausgabe des Planungsprozesses [88].

```
BOHREN:
DURCHMESSER:      32,00 MM
BOHRTIEFE:       115,00 MM
REVERSIEREN:       4,00 MAL
DREHZAHL:          180 U/MIN
VORSCHUB:         1,25 MM/U
WERKZEUG:         SPIRALBOHRER NR. 38
NEBENZEIT:         0,9 MIN
HAUPTZEIT:         0,6 MIN

KEINE ANMERKUNGEN
```

Bei der NC-Programmierung ist die wichtigste Aufgabenstellung die Ermittlung der Werkzeugwege. Der Planungsablauf und der Dialog ist bei der Arbeitsplanung für die Bearbeitung auf konventionell gesteuerten Drehmaschinen und numerisch gesteuerten Maschinen gleich. Aufgrund abweichender Anforderungen werden bei Teilaufgaben unterschiedliche Lösungen verwendet. Es werden zum Beispiel bei der Schnittaufteilung unterschiedliche Strategien zugrunde gelegt, für die konventionelle Bearbeitung ist eine absatzgebundene Schnittaufteilung zweckmäßig, während für die NC-Maschine eine absatzorientierte Schnittaufteilung vorzuziehen ist.

Die Berechnung der Werkzeugwege bei komplexeren Werkstückgeometrien oder die Ermittlung konturparalleler Werkzeugwege (NC-Formdrehen) *(Bild 8.3.2.1-17)* ist bei der manuellen Programmierung der NC-Maschine sehr aufwendig, mit dem Rechner lassen sich diese Fälle so schnell lösen wie geradlinige achsparallele Lang- bzw. Querdrehbearbeitungen.

Geradlinige Bewegungsabläufe von Drehwerkzeugen lassen sich durch eine Folge von Werkzeugpositionen beschreiben. Die Positionsfolge bei komplexen Bewegungen läßt sich mit Hilfe eines verschiebbaren Fadenkreuzes am Bildschirm in anschaulicher Form definieren. Die grafische Darstellung des Bearbeitungsbereichs, der Werkstückeinspannung, der Werkzeuge und der bereits ermittelten Wege auf dem Bildschirm erleichtert diese Aufgabe. Wichtiges Resultat des Planungsablaufs ist der Basisarbeitsplan *(Bild 8.3.2.1-18)*, der die Ergebnisse der auftragsneutralen technologischen Ermittlungen in Form eines Zwischenspeichers enthält. Durch Zugriff auf den Basisarbeitsplan lassen sich weitere Fertigungsunterlagen erstellen.

[Literatur S. 601]   8.3 Systeme zur rechnerunterstützten Arbeitsplanung   527

```
a)
ARBEITSPLANUNG IM ALPHANUMER.
UND GRAPHISCHEN DIALOG
ALLGEMEINE ANGABEN..........: WA
WERKSTUECKDATEN EINLESEN
NUMMER DES WERKSTUECKS......: W012
NAME DES BEARBEITERS........: TUROWSKI
FERTIGUNGSVERFAHREN.........: DR
DREHEN
VERFAHREN...................: DA
NC-DREHEN
KOSTENSTELLE................: 123
MASCHINENAUSWAHL............? N
MASCHINENGRUPPE.............: 12
LOHNGRUPPE..................: 6
SCHLICHTAUFMASS.............: 0.5
FEINSCHLICHTAUFMASS.........: 0.2
BEREICHSABGRENZUNG..........: GB
ABGRENZUNG OHNE SPANNMITTEL
AUF WELCHE ART..............: GN
EINGABE DER STANDARDBEREICHE
STANDARDBEREICH.............: AS-B
DREHBEARBEITUNG.............: KP
KONTURPARALLELDREHEN
TECHNOLOGIE.................: SR
SCHRUPPEN MIT KONTURSCHNITT
ZERSPANBEREICH:
VOR BUND AUSSEN
BEARBEITUNGSRICHTUNG........: IA
WERKZEUG ZUM LANGDREHEN.....: 110
```

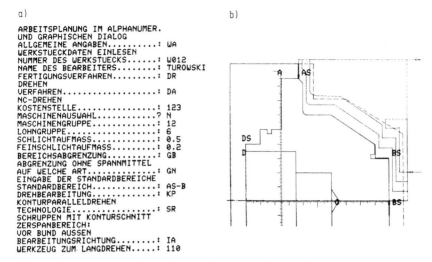

Bild 8.3.2.1-17 Grafische Darstellung bei konturparallelem NC-Drehen.
a) Planungsdialog, b) Grafische Darstellung.

```
I-----------------------------------------------------------------------------I
I IWF TUB    I                BASISARBEITSPLAN                I 13-May-81  I
I-----------------------------------------------------------------------------I
I      BENENNUNG....: FLANSCH           WERKSTOFF....: C 22                  I
I      ZEICHNUNGSNR.:    W012           BEARBEITER...: PISTORIUS             I
I-----------------------------------------------------------------------------I
I AFO I KST I APL I LGR I                              I TR    I TM   I TH   I
I-----------------------------------------------------------------------------I
I 567    1       6   SCHMIEDETEIL ENTGRATEN   I FLACHFEILE HIEB 1 I 10.0  2.0  4.2 I
I                                                                   10.0  2.0  4.2 I
I GRUNDZEITEN                                                        1.0  0.2  0.4 I
I VERTEILZEITEN                                                                    I
I                                                                   11.0  2.2  4.6 I
I 123    12      6   DREHEN KONVENTIONELL    A  I  N  S                            I
I
I SPANNEN IM DREIBACKENFUTTER
I  LANGDREHEN          A M11 D  170.00     5.00  2  560.0 0.224  ABGES.SEITENDREHM.        1.0
I    ALLGEMEINE TAETIGKEITEN                                     R2525    DIN4980    1.2
I    DREHZAHL SCHALTEN                                           -P20         12     0.1
I    ZUSTELLEN, ANSTELLEN, RUECKSTELLEN                                              0.5
I    VORSCHUB SCHALTEN                                                               0.2
I    MESSEN                                                                          1.1
I  LANGDREHEN          A M12 D   10.00     6.60  5  560.0 0.180                             1.8
I    SCHLICHTAUFMASS       2.00
I    EINSCHL. PLANFL.  M12 L   25.00
I    SCHLICHTAUFMASS       2.00
I    ALLGEMEINE TAETIGKEITEN                                                         1.2
I    DREHZAHL SCHALTEN                                                               0.1
I    ZUSTELLEN, ANSTELLEN, RUECKSTELLEN                                              1.1
I    VORSCHUB SCHALTEN                                                               0.4
I    MESSEN                                                                          1.1
I  LANGDREHEN          A M12 D   80.00     5.00  2  900.0 0.250                             0.2
I    SCHLEIFAUFMASS        2.00
I  EINSCHL. PLANFL.    M11 L   15.00
I    ALLGEMEINE TAETIGKEITEN                                                         1.2
I    DREHZAHL SCHALTEN                                                               0.1
I    ZUSTELLEN, ANSTELLEN, RUECKSTELLEN                                              0.4
I    VORSCHUB SCHALTEN                                                               0.2
I    MESSEN                                                                          1.1
I  QUERDREHEN          A M11 L  100.00     5.50  2  1400.0 0.112  ABGES. STIRNDREHM.        0.6
I    ALLGEMEINE TAETIGKEITEN                                      R2525    DIN4977    1.2
I    DREHZAHL SCHALTEN                                            -P20          8     0.1
I    ZUSTELLEN, ANSTELLEN, RUECKSTELLEN                                               0.5
I    VORSCHUB SCHALTEN                                                                0.2
I    MESSEN                                                                           0.6
I
I GRUNDZEITEN                                                       5.0   12.6   3.6
I VERTEILZEITEN                                                     0.5    1.5   0.5
I                                                                   5.6   14.1   4.1
I
I                                                                  16.6   16.3   8.7
I-----------------------------------------------------------------------------I
```

Bild 8.3.2.1-18 Auszug aus einem Basisarbeitsplan.

Durch Auslagerung der im System CAPSY verwendeten Texte in externe Textdateien ist es möglich, ohne Eingriffe in die Programme sämtliche Textausgaben in betriebsspezifischer Ausdrucksweise oder in verschiedenen Sprachen zu erzeugen. Der Anwender muß lediglich die Textdatei austauschen. Mit Hilfe der in Dateiensystemen gespeicherten Kostensätze und der Daten aus dem Basisarbeitsplan wird eine Vorkalkulation der Fertigungskosten ermöglicht.

Bild 8.3.2.1-19 zeigt eine Programmieraufgabe für eine NC-Drehmaschine mit Werkzeugmagazin und automatischer Werkzeugwechseleinrichtung. Das Ergebnis wird durch einen Spann-, Werkzeug- und Werkzeugbewegungsplan für die Bohr- und Drehbearbeitung in zwei Spannlagen dargestellt.

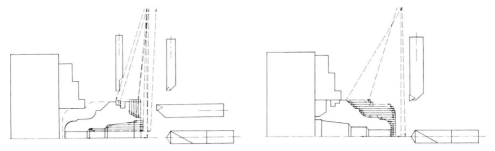

Bild 8.3.2.1-19 Spann- und Bewegungsplan für eine NC-Drehbearbeitungsaufgabe [35].

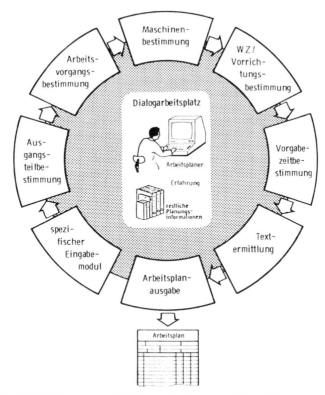

Bild 8.3.2.1-20 Dialogsystem DISAP zur Arbeitsplanerstellung [89].

System DISAP

Das Arbeitsplanungssystem DISAP ist eine Entwicklung des *Lehrstuhls für Produktionssystematik* der TH AACHEN [89].
Die Einsatzbreite erstreckt sich über das gesamte Werkstückspektrum und alle eingesetzten Fertigungsverfahren. Auch komplexe und schwierig algorithmierbare Verfahren, zum Beispiel Fräsen, können mit dem System geplant werden. Die Planungstiefe ist den betriebsspezifischen Gegebenheiten anpaßbar. Eine Verkürzung der Einführungsphase wird dadurch erreicht, daß dem System lediglich alle benötigten Arbeitsvorgänge mitgeteilt werden müssen, um auf der niedrigsten Automatisierungsebene mit dem Rechner planen zu können [90]. Der Anwender kann aufgrund der Systemstrukturierung und des benutzerorientierten Dateiwesens selbst die nächst höheren Automatisierungsstufen realisieren. In jeder Ausbaustufe des Systems sind produktionsgerechte Arbeitspläne für das gesamte betriebliche Werkstückspektrum erstellbar. Durch Bildschirmmasken, durchgängig standardisierte Dialogsteuerbefehle sowie entsprechende Prüf- und Kontrollfunktionen wird ein benutzerfreundlicher und leicht erlernbarer Mensch-Maschine-Dialog möglich. *Bild 8.3.2.1-20* zeigt die Systemstruktur von DISAP.
Bei der Basisversion werden alle Werkstücke mit der gleichen Anzahl von interaktiven Dialogschritten geplant. Mit einem konzipierten Eingabemodul wird eine Werkstückbeschreibung vor Beginn und während des Planungslaufes möglich sein, um einfache Funktionen, die direkt auf geometrischen und technologischen Werkstückdaten basieren, automatisch durchzuführen.
Die Ermittlung der Vorgabezeiten orientiert sich an den betrieblichen Planungsverfahren,

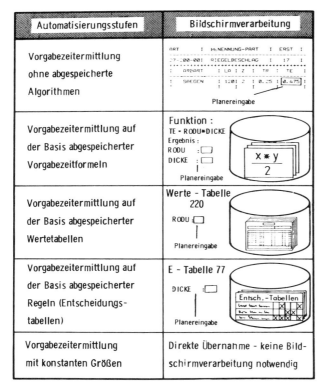

Bild 8.3.2.1-21 Möglichkeiten der Vorgabezeitermittlung im System DISAP [89].

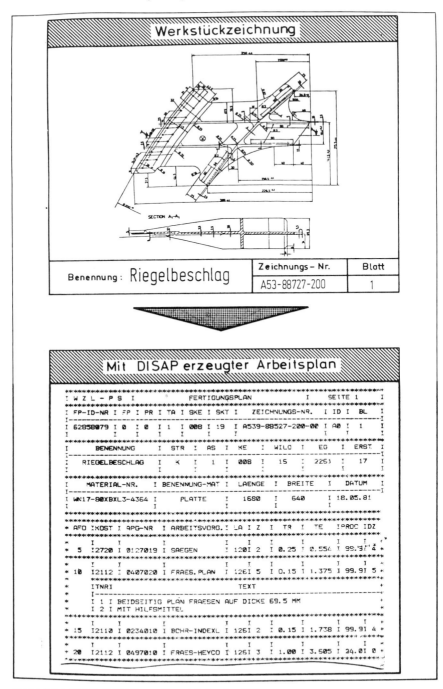

Bild 8.3.2.1-22 Mit DISAP erstellter Arbeitsplan [89].

wobei eine Anpassung an den betriebsspezifischen Planungsablauf und die Art der vorhandenen Planungshilfsmittel möglich ist.

In DISAP sind verschiedene Formen der Datenermittlung möglich *(Bild 8.3.2.1-21)*. In der niedrigsten Automatisierungsstufe unterstützt der Rechner den Planer nur bei der Eingabe der ermittelten Zeitwerte über Bildschirmmasken. Notwendige Überprüfungen der Eingabe können vom Rechner durchgeführt werden. Diese Vorgabezeitbestimmung ist sinnvoll, wenn keine abgesicherten Werte vorliegen und Schätzwerte eingetragen werden oder wenn noch keine Planungsgrundlagen abgespeichert sind.

Die Planung mit den nächsten Automatisierungsstufen (siehe *Bild 8.3.2.1-21*) ist dann möglich, wenn dem System Berechnungsformeln, Wertetabellen, Entscheidungsregeln oder Endwerte bekannt sind. Ein Bildschirmdialog erfolgt nur, wenn Parameter zur Ermittlung der Vorgabezeit nicht bekannt sind.

Die Bildschirmanzeige ist in Informationsstufen aufgeteilt. Entsprechend der Blickrichtung steigt der Detaillierungsgrad der Informationen von oben nach unten. Zum Beispiel geben die ersten beiden Zeilen Auskunft über das Werkstück und zu welchem Arbeitsvorgang die Arbeitsvorgangsdaten ermittelt werden. Die nächsten Zeilen zeigen dann an, welcher Planungsvorgang im Augenblick durchgeführt und welche Formel, Tabelle oder Werteliste dazu herangezogen wird. Damit ist der Planer präzise über den aktuellen Planungsstand informiert. In den folgenden Zeilen werden fehlende Parameter vom Planer erfragt. Auch Werkzeuge, Vorrichtungen und Zusatztexte werden so ermittelt.

In der letzten Planungsphase werden die Arbeitsplandaten zusammengestellt und als ein in der Fertigung direkt verwendbarer Fertigungsplan ausgedruckt *(Bild 8.3.2.1-22)*.

System DREKAL

Das am *Institut für Fertigungstechnik und spanende Werkzeugmaschinen* der UNIVERSITÄT HANNOVER entwickelte Programmsystem DREKAL ist für die Planung und Kalkulation von Drehteilen in der Einzelteil- und Kleinserienfertigung konzipiert [91]. *Bild 8.3.2.1-23* zeigt den Aufbau von DREKAL.

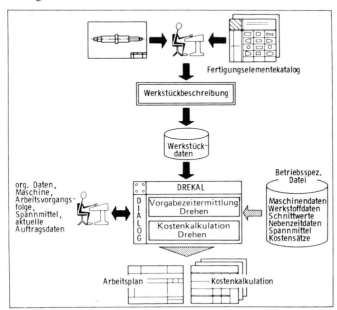

Bild 8.3.2.1-23 Arbeitsplanerstellung mit dem System DREKAL [53].

Geringer Eingabeaufwand bei hohem Benutzerkomfort und großer Flexibilität wird durch den Dialogbetrieb gewährleistet. Dabei übernimmt die Datenverarbeitung die Routinetätigkeiten und überläßt die schwer algorithmierbaren Entscheidungen dem Menschen. Die Aufgabe wird sofort abgearbeitet, so daß die Ergebnisse gleich zur Verfügung stehen. Eingabe- und Entscheidungsfehler können somit rasch behoben werden.

Für die Aufgabenbeschreibung wurden Fertigungselemente (FE) definiert, von denen *Bild 8.3.2.1-24* eine Auswahl zeigt [92]. Jedes FE wird durch einen siebenstelligen Zifferncode beschrieben. Anstelle des FE-Codes kann auch ein vorprogrammiertes oder frei wählbares Synonym, zum Beispiel Z für Zylinder, verwendet werden. Die Haupt-FE müssen in der am Werkstück auftretenden Reihenfolge eingegeben werden, die Neben-FE können zusammengefaßt an beliebiger Stelle des Werkstückes angegeben werden. Dadurch verringert sich der Eingabeaufwand. Für die Kalkulation der Fertigungszeit ist es von untergeordneter Bedeutung, wo am Werkstück die Nebenelemente zu fertigen sind. Diese einfache Beschreibung verringert den Eingabeaufwand. Eine Kopplung des Kalkulationsprogramms an CAD-Systeme ist grundsätzlich möglich. Im Dialog erfragt der Rechner nur die notwendigen Parameter der Fertigungselemente.

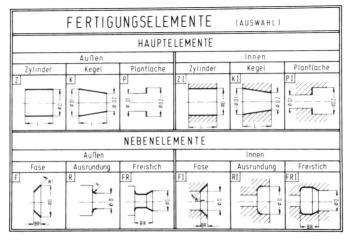

Bild 8.3.2.1-24 Auszug aus einem Fertigungselementkatalog [91].

An die Werkstückbeschreibung schließen sich Planung und Kalkulation der zur Fertigung nötigen Arbeitsvorgänge an. Der Automatisierungsgrad des Programmsystems berücksichtigt die Zielvorstellungen:
- allgemeine, betriebsneutrale Programmlogik,
- Einsatz bei inhomogenem Werkstückspektrum,
- Flexibilität bei der Planung, das heißt Reaktionsfähigkeit, auf Sonder- und Störfälle sowie
- geringer Einführungs- und Wartungsaufwand.

Es wurde eine Dialogform gewählt, bei der Maschinen, Spannmittel und Arbeitsvorgangsfolge vorgegeben werden und die Kalkulation anhand der Werkstückdaten und der betriebsspezifischen Planungsdaten automatisch abläuft.

Die Dialogplanung erfolgt teilweise in Menütechnik, bei der aus vorgegebenen Alternativen eine ausgewählt wird. *Bild 8.3.2.1-25* zeigt den Zusammenhang von Eingabeinformationen und erzeugten Arbeitsplaninformationen.

Nach Eingabe des Arbeitsvorganges und Bearbeitungsbereiches läuft die Kalkulation automatisch ab. Die Schnittaufteilung orientiert sich beim Schruppen an der Gesamtform von

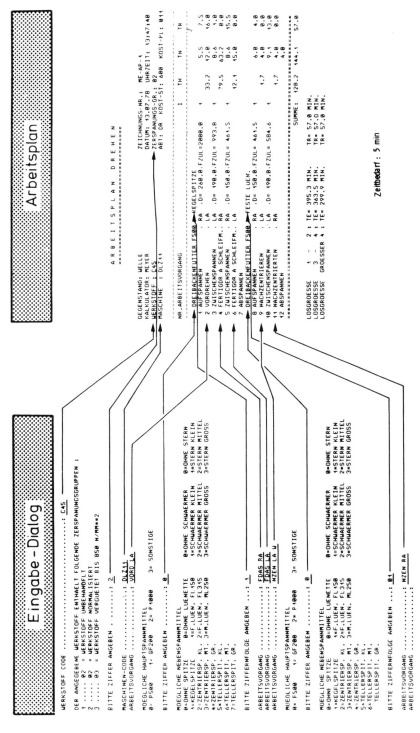

Bild 8.3.2.1-25 Gegenüberstellung der Eingabeinformationen und der erzeugten Arbeitsplaninformationen; System DREKAL [53].

Roh- und Fertigteil. Die Anordnung der verschiedenen Fertigungselemente zueinander wird dabei berücksichtigt. Die Aufteilung in Plan- und Längsschnitte erfolgt mit dem Ziel einer zeitgünstigen Fertigung. Bei der Fertigbearbeitung von Hauptelementen und der Bearbeitung aller Nebenelemente erfolgt die Schnittaufteilung ohne Berücksichtigung benachbarter Elemente. Die Genauigkeit der Zeitberechnungen wird durch derartige Berechnungen kaum beeinträchtigt. Die ermittelten Schnitte werden unter Berücksichtigung von Schnittwerten, Maschinendaten und Neben- und Rüstzeiten berechnet und auf einer Datei abgelegt. Nach Ablauf der Zeitkalkulation können die Ergebnisse am Terminal überprüft werden. Die Ausgaberoutinen sind vom übrigen Programmsystem losgelöst, so daß sie einfach an die Wünsche der Anwender angepaßt werden können.

Nach der Zeitkalkulation können Kosten- und Kostenvergleichsrechnungen durchgeführt werden. Dazu sind Angaben über Losgröße, Jahresstückzahl und geplante oder geschätzte Gesamtstückzahl erforderlich. Berechnet werden die Fertigungsstückkosten, die sich zusammensetzen aus Vorbereitungs-, Auftragswiederhol-, Einzel- und Folgekosten. Ein Kostenvergleich kann durchgeführt werden, wenn unterschiedliche Maschinen für die Fertigung bereitstehen. Durch Wiederholung der Zeitkalkulation mit einer Alternativmaschine und anschließender Kostengegenüberstellung kann die kostenoptimale Maschine und die Grenzlosgröße ermittelt werden, bei der die Wirtschaftlichkeit von einer Maschine auf die andere übergeht.

```
NAPF-RÜCKWÄRTS-FLIESSPRESSEN
   EPSILON – A          EA     =       25.00 %
   BODENHÖHE            8      =        8.44 MM
   UMFORMGRAD           PHI1   =        1.49
   UMFORMGRAD           PHI2   =        1.86
   FLIESS-SPANNUNG      KF1    =     1182.8  N/MM**2
   FLIESS-SPANNUNG      KF2    =     1237.7  N/MM**2
   UMFORMKRAFT          F      =      526.06 KN
   UMFORMARBEIT         W      =    15216.81 J
   UMFORMWEG            S      =       28.93 MM
   WERKSTÜCKLÄNGE       HGES   =       47.01 MM

WÄRME- UND OBERFLÄCHENBEHANDLUNG

ABSTRECK-GLEITZIEHEN
   UMFORMGRAD           PHI    =         .40
   EPSILON – A          EA     =       33.19 %
   FLIESS-SPANNUNG      KF     =      906.9  N/MM**2
   UMFORMKRAFT          F      =      170.73 KN
   UMFORMWEG            S      =       21.81 MM
   WERKSTÜCKLÄNGE       HGES   =       56.43 MM

ABSTRECK-GLEITZIEHEN
   UMFORMGRAD           PHI    =         .47
   EPSILON – A          EA     =       37.64 %
   FLIESS-SPANNUNG      KF     =     1061.9  N/MM**2
   UMFORMKRAFT          F      =      180.71 KN
   UMFORMWEG            S      =       11.24 MM
   WERKSTÜCKLÄNGE       HGES   =       60.19 MM

STAUCHEN
   UMFORMGRAD           PHI    =         .71
   STAUCHVERHÄLTNIS     STV    =        1.45
   FLIESS-SPANNUNG      KF     =     1018.2  N/MM**2
   UMFORMKRAFT          F      =     1271.03 KN
   UMFORMARBEIT         W      =     3325.14 J
   UMFORMWEG            S      =        5.19 MM
   WERKSTÜCKLÄNGE       HGES   =       55.00 MM
```

Bild 8.3.2.1-26 Ausschnitt einer Ergebnisdokumentation [93].

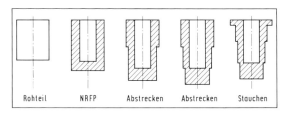

Bild 8.3.2.1-27 Plotterbild der Arbeitsfolgen [93].

System Kaltfließpressen

Für das Kaltmassivumformen rotationssymmetrischer Werkstücke wurde am *Institut für Umformtechnik* der UNIVERSITÄT STUTTGART ein Programmsystem zur rechnerunterstützten Erstellung von Fertigungsunterlagen erstellt [93]. Ausgehend von der Ermittlung der Rohteilherstellung über die Festlegung der Arbeitsfolge einschließlich der erforderlichen Wärme- und Oberflächenbehandlungen und der zeichnerischen Darstellung der Arbeitsfolge werden auch die Herstellkosten berechnet.

Wegen der Komplexität der Problematik in der Kaltmassivumformung ist es schwierig, mit einem Rechenprogramm einen technisch ausgereiften Arbeitsplan zu erstellen. Deshalb ist der Schwerpunkt des Einsatzgebietes die Angebotserstellung. Hier gilt es primär, in kürzester Zeit einen Überblick über die Zahl der Arbeitsgänge, den Maschinen- und Werkzeugbedarf und über die Höhe der Herstellkosten zu erhalten.

Das Programmsystem arbeit im Dialogbetrieb. Das planbare Teilespektrum besteht aus einseitig und zweiseitig steigenden rotationssymmetrischen Voll- und Hohlkörpern. Die Werkstückabmessungen sind beliebig. Da einige Verfahrensgrenzen der Kaltmassivumformung werkstoffabhängig sind, werden in einer Werkstoffdatei die für das Verfahren der Kaltmassivumformung bedeutenden Werkstoffkennwerte abgespeichert.

Kernstück des Programmsystems ist die Berechnung der Stadienfolge. Da die Problematik bei der Festlegung der Stadienfolge in der Kaltmassivumformung sehr komplex ist, wurden die Verfahrensgrenzen der zugelassenen Umformverfahren eingeschränkt. Als Planungsergebnis werden für jeden Umformvorgang die wichtigsten Vorgangskenngrößen, wie Umformgrad, Fließspannung, Kraft- und Arbeitsbedarf, Umformweg und Werkstücklänge berechnet *(Bild 8.3.2.1-26)*. Außerdem kann die Stadienfolge grafisch auf einem Plotter ausgegeben werden *(Bild 8.3.2.1-27)*.

8.3.2.2 Montagepläne

Neben den Bestrebungen, die Arbeitsplanerstellung für die Teilefertigung durch den Einsatz rechnerunterstützter Arbeitsplanungssysteme zu rationalisieren, sind entsprechende Bestrebungen auch für eine rechnerunterstützte Montageplanerstellung bekannt geworden. Die zur Erstellung eines Montageplanes notwendigen Planungsfunktionen unterscheiden sich von denen in der Teilefertigung, da der Arbeitsprozeß in Teilefertigung und Montage unterschiedlich ist. In der Teilefertigung wird ein Werkstück mit Hilfe geeigneter Bearbeitungsverfahren durch schrittweise Veränderung der Form vom Rohzustand in den fertigen Zustand überführt. Die Montage läßt sich dagegen als ein Prozeß kennzeichnen, in dem Einzelteile, formlose Stoffe und Baugruppen mit Hilfe von Montagefunktionen und Montagehilfsmitteln zum fertigen Produkt zusammengefügt werden.

Der Planungsprozeß zur Erstellung von Montagearbeitsplänen läßt sich in die folgenden Teilaufgaben gliedern:
- Ermitteln der Montageteile und Baugruppen,
- Ermitteln der Montagearbeitsvorgangsfolge,
- Zuordnen der Montagearbeitsplätze,

– Zuordnen der Montagehilfsmittel,
– Berechnen der Vorgabezeit,
– Kalkulieren der Kosten.

Die Montagestückliste, aus der die zur Montage eines Montageobjektes benötigten Montageteile und Baugruppen hervorgehen, kann häufig aus einer montagespezifisch strukturierten Stückliste (Baukastenstückliste) in Verbindung mit der Zusammenstellungszeichnung ermittelt werden. Einige zur Montageplanerstellung verwendeten charakteristischen auftragsneutralen Planungsunterlagen sind in *Bild 8.3.2.2-1* den Teilfunktionen der Montagearbeitsplanerstellung zugeordnet.

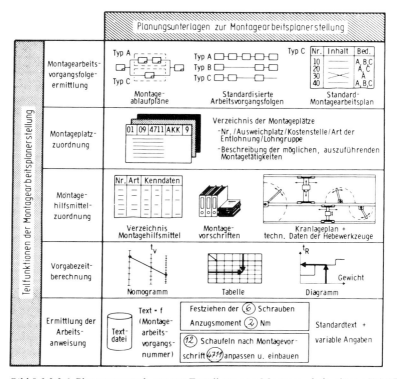

Bild 8.3.2.2-1 Planungsunterlagen zur Erstellung von Montagearbeitsplänen [96, 97].

Ein weiteres Kriterium zur Charakterisierung der Montageplanerstellung ist die angewandte Planungsmethode, die insbesondere den benötigten Planungsaufwand bestimmt. In Analogie zur Arbeitsplanerstellung von Bearbeitungsplänen lassen sich auch bei der Montageplanung die

– Wiederholplanung,
– Variantenplanung,
– Anpaßplanung und
– Neuplanung unterscheiden.

Eine Analyse von Montageplanungsabteilungen in mehreren Unternehmen des Maschinenbaus [96, 97] ergab die in *Bild 8.3.2.2-2* gezeigte Häufigkeitsverteilung der angewandten Planungsmethoden, gleichzeitig wird der relative Aufwand bezogen auf die Wiederholplanung dargestellt (in der Ähnlichkeitsplanung sind die Varianten- und Anpaßplanung zusammengefaßt).

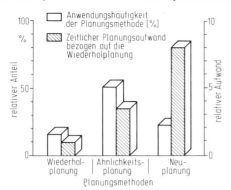

Bild 8.3.2.2-2 Anwendung und Aufwand unterschiedlicher Planungsmethoden [96,97].

System REMP

Zur Rationalisierung der Montageplanerstellung wurde am INSTITUT FÜR PRODUKTIONSTECHNIK UND AUTOMATISIERUNG, STUTTGART, ein Programmsystem entwickelt, mit dem Montagepläne für überwiegend manuelle Montageabläufe bei kleinen und mittleren Stückzahlen rechnerunterstützt erstellt werden können [94]. Das System ba-

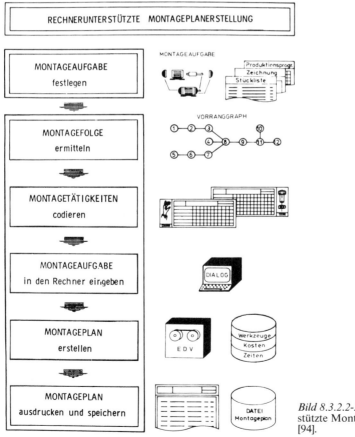

Bild 8.3.2.2-3 Rechnerunterstützte Montageplanerstellung [94].

538   8 Rechnerunterstützte Arbeitsplanung   [Literatur S.601]

siert auf einer genauen Beschreibung der Montageaufgabe und der für ihre Realisierung erforderlichen Montagefunktionen und deren Einflußgrößen. Ausgehend von diesen Angaben werden die Montageplandaten mit einer überbetrieblich aufgebauten Planungslogik unter Verwendung von gespeicherten Betriebsdaten ermittelt.

Den Ablauf der rechnerunterstützten Montageplanerstellung zeigt *Bild 8.3.2.2-3*. Ausgehend von den Konstruktions- und Produktionsdaten wird im ersten Planungsschritt die Montagefolge ermittelt. Die Montagefolge gibt die Art und Reihenfolge der einzelnen Montagefunktionen an, die zur Realisierung der Montageaufgabe erforderlich sind. Im nächsten Planungsschritt wird jede Montagefunktion genau beschrieben. Dabei sind Angaben über Größe und Gewicht der zu montierenden Bauteile, Genauigkeit des Fügevorgangs, Abmessungen des Arbeitsplatzes und Anordnungen der Werkzeuge von Bedeutung [94].

Zur Beschreibung wurde ein Codierungsblatt entwickelt, mit dem der Planer die Montagefunktionen eines Montageablaufs durch möglichst wenig Angaben beschreibt. Das ist entsprechend der Zusammensetzung der Montagefunktionen in der Praxis in Codierungsblätter für „Handhaben" und „Schrauben" gegliedert. Die Codierungsblätter werden vom Planer handschriftlich ausgefüllt und die Daten im Dialog in den Rechner eingegeben und weiterverarbeitet. Ausgehend von den Code-Nummern werden die Montagefunktionen eines Montageablaufes nacheinander abgearbeitet. Bei Schrauboperationen wählt der Rechner aus der Werkzeugdatei für den speziellen Fall die technisch möglichen Schraubwerkzeuge aus. Für jedes der ausgewählten Werkzeuge werden auf der Basis des MTM-Systems die Montagezeiten ermittelt und mit Kostendaten die Montagekosten berechnet. Nach dem Kostenvergleich mit alternativen Werkzeugen wird das Werkzeug, das die geringsten Kosten verursacht, definiert.

```
AUFTRAGSNR    I      TERMIN       I   STUECK   I   MONTAGEPLAN-NR    I   AUSG.
              I   MBT   I   MET   I            I                     I   NR
654 8077      I         I         I   150      I   363 412 015       I   1
-------------------------------------------------------------------------------
LOHNGRUPPE    I   KOSTENSTELLE    I   MONTAGEZEIT       I   MONTAGEKOSTEN
              I                   I         1.87 MIN    I         1.21 DM
3             I   9704            I   281.99 MIN [GES.] I   184.71 DM [GES.]
-------------------------------------------------------------------------------
BENENNUNG                         I   HAUPTGR.  I              ZEICHNUNGS-
                                  I   NR        I   NR           I   FORMAT
MOTOR SR/LS                       I             I   1- 345- 0-SR I   A4
-------------------------------------------------------------------------------
                         I   M O N T A G E P L A N   I   DATUM     I   BEARBEITER
   IfI-IPA               I   --------------------    I   10.10.77  I   PL:   OH
   universität stuttgart I                           I             I   KA:   WOH
-------------------------------------------------------------------------------
AG.I          I          I                  I          IVORRICHTG I           I
NR IST.I BAUTEIL         I BAUTEIL NACH     IARBEITSVORGANGIBETRIEBS-  I ZEIT I KOSTEN
    I         I          I                  I          I   MITTEL  I           I
-------------------------------------------------------------------------------
1    1 MOTORGEHAEUSE    IN VORRICHTUNG   PLAZIEREN                    .19    .12

-------------------------------------------------------------------------------
2    1 KURBELWELLE      IN MOTOR-        EINSETZEN                    .17    .11
                        GEHAEUSE
-------------------------------------------------------------------------------
3      ZAHNFLANKEN-     AN KURBELWELLE   FESTSTELLEN    LEHRE         .40    .26
       SPIEL
-------------------------------------------------------------------------------
4    1 NOCKENWELLE      IN MOTOR-        EINSETZEN                    .18    .11
                        GEHAEUSE
-------------------------------------------------------------------------------
5    1 GEHAFUSEDECKEL   AUF MOTOR-       PLAZIEREN                    .20    .13
                        GEHAEUSE
-------------------------------------------------------------------------------
6    6 SCHRAUBEN        IN MOTOR-        ANDREHEN+      DL-SCHR.      .71    .46
                        GEHAEUSE        FESTZIEHEN
-------------------------------------------------------------------------------
```

Bild 8.3.2.2-4 Automatisch mit REMP erstellter Arbeitsplan für die Montage [95].

Bei der Erzeugung von Montageplandaten für Handhabungsvorgänge entfällt dieser Optimierungsprozeß. Für die einzelnen Montageoperationen werden entsprechend der im Code definierten Einflußgrößen auf Basis des MTM-Systems die Vorgabezeiten ermittelt und die Montagekosten errechnet.

Die Planung von Montagevorrichtungen und Sonderwerkzeugen für einen Montageablauf kann nicht vom Rechner durchgeführt werden. Die dafür erforderlichen kreativen Tätigkeiten muß nach wie vor der Planer selbst übernehmen.

Als Ergebnis des rechnerunterstützten Planungsablaufes wird ein vollständiger, genauer und reproduzierbarer Montageplan erstellt *(Bild 8.3.2.2-4)*.

System Montageplanung WZL-Aachen

Bei einer Analyse des Istzustandes der Montageplanung in Unternehmen des Maschinenbaus mit Einzel- und Kleinserienfertigung wurde festgestellt, daß mehr als die Hälfte aller Montagearbeitspläne mit Hilfe einer Ähnlichkeitsplanung erstellt worden waren. Am Lehr-

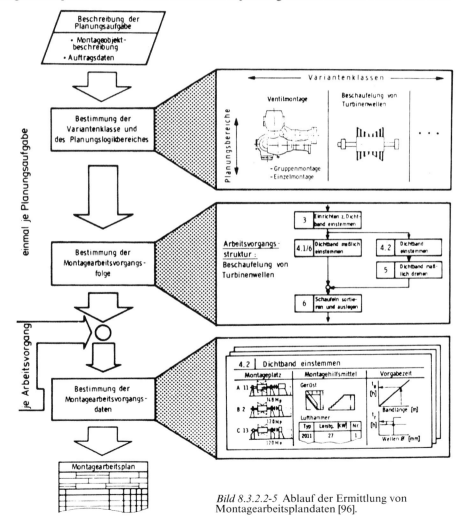

Bild 8.3.2.2-5 Ablauf der Ermittlung von Montagearbeitsplandaten [96].

stuhl für Produktionssystematik der TH AACHEN ist ein Programmsystem zur automatischen Montageplanerstellung nach dem Ähnlichkeitsprinzip auf der Grundlage von Planungsunterlagen entwickelt worden [96, 97].

Eingegeben wird eine Beschreibung der Planungsaufgabe hinsichtlich des Montageobjektes. Dabei werden Form und Abmessungen des gesamten Montageobjekts und der Einzelteile bzw. Baugruppen definiert. Außerdem werden Auftragsdaten, wie Stückzahl, Liefertermin und organisatorische Angaben vorgegeben.

Die Teilfunktionen der Montagearbeitsplanerstellung wurden in betriebsneutralen Programmen realisiert, die alle Steuerfunktionen sowie die betriebsneutral formulierbaren Arbeitsplanungslogiken enthalten. Standardisierte, betriebsspezifische Programme enthalten zusätzlich für jede Variantenklasse alle Planungsinformationen zur Bestimmung der Montagearbeitsvorgangsfolge und der jeweils zugehörigen Arbeitsvorgangsdaten. Das Programmsystem benutzt Dateien, die teilweise variantenklassenunabhängig sind.

Der Planungsablauf ist in mehrere Teilfunktionen gegliedert. Die Montageteilbestimmung nimmt eine Sonderstellung ein, da sie in den Bereich der Stücklistenaufbereitung fällt und bereits weitgehend gelöst ist. Daran schließt sich die Ermittlung der Montagearbeitsplandaten an, wie in *Bild 8.3.2.2-5* dargestellt.

Zunächst werden entsprechend der Planungsaufgabe die zutreffende Variantenklasse und der Planungsbereich bestimmt. In Variantenklassen sind Montageobjekte mit objektbezogener bzw. tätigkeitsbezogener Ähnlichkeit zusammengefaßt. Bei der Planungsbereichsbildung findet eine weitere Differenzierung nach montagetechnischen Gesichtspunkten statt, z.B. nach Montageaufgabe oder Montageplatz. Danach wird die Montagearbeitsvorgangsfolge anhand einer Arbeitsvorgangsstruktur ermittelt, die netzplanähnlich alle möglichen Montagevorgänge einer Variantenklasse mit ihren Einsatzkriterien enthält. Nach Festlegung der Arbeitsvorgangsfolge werden abschließend je Arbeitsvorgang die zugehörigen Arbeitsvorgangsdaten bestimmt.

8.3.2.3 Prüfpläne

Bei den Rationalisierungsbestrebungen im Bereich der Arbeitsvorbereitung ist die Qualitätssicherung bisher weitgehend ausgeklammert worden. Unter dem Begriff Qualitätssicherung wird die Gesamtheit aller organisatorischen und technischen Aktivitäten zur Sicherung der Qualität des Entwurfs und der Ausführung eines Produkts unter Berücksichtigung der Wirtschaftlichkeit verstanden [98]. Die Qualitätssicherung als organisatorische Einheit plant, überwacht und koordiniert diese Aktivitäten in und zwischen den einzelnen Unternehmensbereichen im Rahmen der Qualitätsplanung, Qualitätsprüfung und Qualitätslenkung. Während die Qualitätsplanung die Auswahl der Qualitätsmerkmale sowie das Festle-

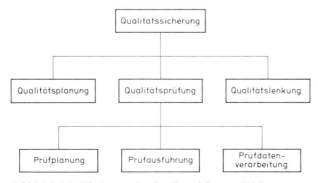

Bild 8.3.2.3-1 Gliederung der Qualitätssicherung [106].

gen ihrer geforderten und ihrer zulässigen Werte zur Aufgabe hat, übernimmt die Qualitätslenkung die langfristige Planung, Überwachung und Korrektur der Ausführung eines Produktes *(Bild 8.3.2.3-1)*.
Für die eigentliche Prüfung der Qualitätsmerkmale und die Einleitung von Korrekturmaßnahmen innerhalb der kurzfristigen Qualitätslenkung ist die Qualitätsprüfung verantwortlich, die sich in die Teilbereiche Prüfplanung, Prüfausführung und Prüfdatenverarbeitung gliedern läßt [98,99]. Aufgabe der Prüfplanung *(Bild 8.3.2.3-2)* ist es, Entscheidungen bezüglich

- Prüfnotwendigkeit,
- Prüfumfang,
- Prüfzeitpunkt,
- Prüfart,
- Prüfmittel,
- Prüfort,
- Prüfer,
- Prüfzeiten und
- Prüfvorgang

zu treffen, eine Verwertung der Ergebnisse durchzuführen und die Ergebnisse in geeigneter Form, zum Beispiel als Prüfplan, zu dokumentieren. Die Aufgaben bei der rechnerunterstützten Prüfplanung beinhalten analog zur rechnerunterstützten Arbeitsplanung die Verwaltung und Manipulation großer Datenbereiche, formale Berechnungen und logische Entscheidungen. Somit sind die für die rechnerunterstützte Arbeitsplanung erläuterten Probleme und Methoden auf den Bereich der Prüfplanung übertragbar. Trotz dieser Erkenntnis muß festgestellt werden, daß rechnerunterstützte Prüfplanungssysteme über das Stadium grundsätzlicher Betrachtungen und aufgezeigter Konzeptionen noch nicht hinausgekommen sind [100,101]. Es existieren lediglich Teillösungen, wie beispielsweise auf dem Gebiet der Prüfmittelauswahl [102].

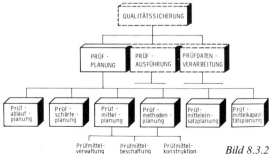

Bild 8.3.2.3-2 Aufgaben der Prüfplanung [98].

In anderen Teilbereichen der Qualitätssicherung wird der Rechner häufig für die Aufgabenbearbeitung eingesetzt. Hier sind Systeme zur rechnerunterstützten Qualitätslenkung innerhalb der Wareneingangsprüfung bekannt geworden [103, 104, 105]. Aufgabenschwerpunkt dieser Systeme ist die Ermittlung des Prüfumfangs auf der Basis einer Lieferantenbewertung. Dazu werden Prüfpläne, einschließlich der benötigten Belege des innerbetrieblichen Informationssystems, on-line dem Prüfer vorgegeben. Alle vorhandenen Systeme dienen dem Abbau von Verwaltungsaufwand innerhalb der Prüfausführung, eine Planung von Prüfarbeitsgängen findet nicht statt.

System PREPLA

Im Bereich der Klein- und Großserienfertigung wird die Prüfplanung durch die Prüfmitteleinsatzplanung für Standardprüfprobleme kapazitiv und personell stark belastet. Mit dem am *Institut für industrielle Fertigung und Fabrikbetrieb* der UNIVERSITÄT STUTTGART entwickelten Programm PREPLA wird dem Arbeitsplaner ein Hilfsmittel zur Verfügung gestellt, das ihm ermöglicht, nach jedem Arbeitsvorgang - wenn notwendig - den Prüfvorgang mit dem dafür geeigneten Prüfmittel zu ermitteln *(Bild 8.3.2.3-3)*.

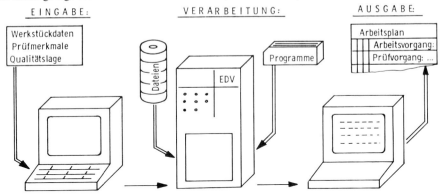

Bild 8.3.2.3-3 Rechnerunterstützte Planung von Prüfmitteln [102].

Die Entwicklung des Programmbausteins erfolgte unter Berücksichtigung folgender Punkte [102]:
- einfache Bedienung,
- Möglichkeit zum Einfügen betriebs- und werkstückspezifischer Daten,
- geringe Speicherkapazität,
- einfache Verknüpfungsmöglichkeit mit vorhandenen Programmen der Qualitätssicherung, insbesondere der Prüfplanung und der Arbeitsvorbereitung,
- Eigenständigkeit der Programmunterschritte (modularer Aufbau).

Entsprechend der Ausbaustufe der Datenverarbeitunganlage und des Programmbausteins lassen sich die geeigneten Prüfmittel im Dialogverkehr über ein Datensichtterminal oder durch Dateneingabe per Lochkarte bestimmen. Das Datensichtgerät bietet den Vorteil, fehlende Informationen über Prüfmittel während des Programmlaufs eingeben zu können und dadurch die Variationsbreite zu verbessern.

In der augenblicklichen Ausbaustufe werden die Prüfmittel- und Prüfaufgabenstammdateien extern auf Magnetband gespeichert, die Informationen über das Werkstück, die Prüfmerkmalbeschreibungen und zusätzlich benötigte Prüfmittelinformationen über Lochkarten eingegeben [102]. Die Prüfmitteldatei umfaßt die Standardprüfmittel der Längenmeßtechnik und der Werkstoffprüfung.

Die werkstückidentifizierenden Daten wie Name, Zeichnungs-, Arbeitsplan- und Stücklistennummer bilden die Kopfzeile des Prüfplanes. Über die AFO-(Arbeitsfortschritt) Nummer kann man aus dem Arbeitsplan den Arbeitsfortschritt, die Maschinengruppe, die ausführende Kostenstelle und die Taktzeit entnehmen. Zur aufgabenspezifischen Beschreibung wird die Prüfaufgabe im Wortlaut genannt, die Merkmalausprägung in Zahlen sowie bei Standardprüfaufgaben zusätzlich die Klassifizierungsnummer der Aufgabe *(Bild 8.3.2.3-4)*.

Die Entscheidung, ob Stichproben- oder Vollprüfung je Merkmal erforderlich ist, wird von der Bedienperson manuell nach einem Abfrageschema durchgeführt. Diese Entscheidung liefert die Kennzahl zur Qualitätslage dieser Prüfmerkmale. Mittels abgespeicherter Stichprobenpläne wird aufgrund dieser Kennzahl in Abhängigkeit von der Losgröße die Stichprobengröße bestimmt.

Die Zielkriterien zur Bewertung der vom Programm vorgeschlagenen Prüfmittel werden bei der Dateneingabe festgelegt. Bewertet wird zum Beispiel nach der kostengünstigsten Lö-

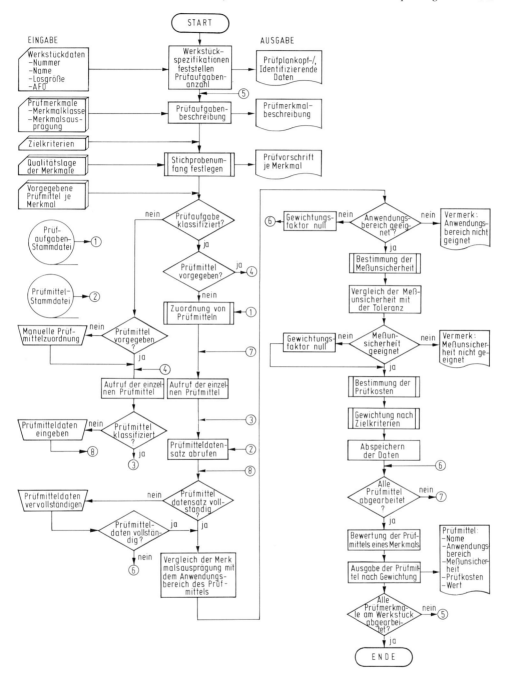

Bild 8.3.2.3-4 Ablauf des Programms PREPLA zur rechnerunterstützten Prüfplanung [102].

sung oder nach dem Prüfmittel mit der geringsten Meßunsicherheit. Die Prüfkosten werden nach dem System der Kostenrechnung mit Maschinenstundensätzen ermittelt. Einflußgrößen sind die Gerätekosten, die Lohnkosten und die Gemeinkosten.

Die Ausgabe der Prüfmittel ist derart organisiert, daß am Bildschirm oder am Drucker die fünf bestgeeigneten Prüfmittel aufgeführt werden. Anhand dieser Darstellung kann der Bediener aufgrund subjektiver Entscheidungen nach eigenen Zielkriterien ein Prüfmittel auswählen.

System CAPSY

Im Rahmen eines Forschungsprojektes ist am *Institut für Werkzeugmaschinen und Fertigungstechnik* der TECHNISCHEN UNIVERSITÄT BERLIN das im folgenden beschriebene System entwickelt worden [106]. In der jetzigen Ausbaustufe stellt das System eine Basisversion dar.

Ausgehend von den Arbeitsunterlagen, wie Zeichnungen, Stücklisten und Arbeitsplänen, hat der Prüfplaner die Aufgabe, kritische Qualitätsmerkmale oder Prüfmaße zu selektieren und diese in die Datenverarbeitungsanlage zur weiteren Verarbeitung einzugeben *(Bild 8.3.2.3-5)*. Die Zuordnung der so in einem separaten Prüfplan aufgeführten Prüfarbeitsgänge erfolgt durch einen Eintrag an entsprechender Stelle im Arbeitsplan und durch eine Markierung des Prüfmerkmals in der Zeichnung.

Alle anderen Planungsschritte erfolgen im Dialog zwischen Arbeitsperson und Rechner. Die zur Entscheidungsfindung des Prüfplaners benötigten Informationen werden in Dateien abgelegt. Die Dateien enthalten sowohl betriebsabhängige Parameter als auch betriebsunabhängige Daten. Dadurch wird der Prüfplaner von manuellen Tätigkeiten entlastet und kann sich im wesentlichen darauf konzentrieren, den Prüfungsablauf optimal zu planen.

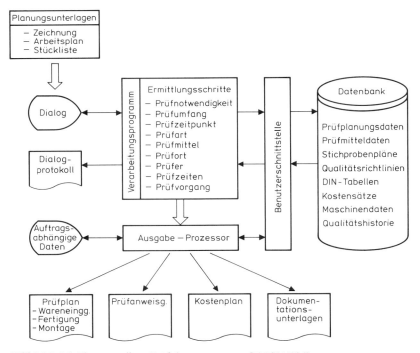

Bild 8.3.2.3-5 Eigenständiges Prüfplanungssystem CAPSY [106].

[Literatur S. 601]   8.3 Systeme zur rechnerunterstützten Arbeitsplanung   545

Die rechnerunterstützte Prüfplanung im Dialog beginnt mit dem Aufruf des Programmsystems zur Prüfplandatenermittlung und der anschließenden Eingabe von übergeordneten Informationen. Diese beziehen sich einerseits auf allgemeine Angaben wie Name des Prüfplaners und andererseits auf werkstückbeschreibende Daten wie Teilebenennung, Zeichnungsnummer, Sachnummer und einzusetzendes Material. Die werkstückbeschreibenden Daten hat der Prüfplaner den Planungsunterlagen zu entnehmen. *Bild 8.3.2.3-6* zeigt das aufgezeichnete Eingabeprotokoll.

Aus diesen Daten sind im nächsten Schritt die prüfbaren Fertigungsmerkmale abzuleiten. Merkmale können beispielsweise Längen-, Oberflächen- oder Form- und Lagemaße sein, deren zulässige Merkmalausprägungen durch Sollwerte und Grenzwerte vorgegeben werden. Da die Prüfung sämtlicher Merkmale wirtschaftlich nicht tragbar ist, wird anhand der Entscheidungskriterien
- Qualitätsrichtlinien,
- Prüfvorschriften,
- Sicherheitsvorschriften,
- gesetzliche Nachweispflichten,
- Kundenvorschriften sowie die
- Fertigungsunsicherheit der Fertigungsmittel

festgelegt, welche Merkmale zu Prüfmerkmalen werden.

```
PRUEFPLANUNG                              3 = FORM- UND LAGEMASSE
   1 = PRUEFPLAN ERSTELLEN                4 = OBERFLAECHENMASSE
   2 = PRUEFPLAN AENDERN                  5 = SONDERPRUEFMERKMAL
   3 = PRUEFPLAN AUSDRUCKEN            EINGABE....................: 1
   4 = PRUEFPLAN BEENDEN              DREHBEARBEITUNGSMASSE
EINGABE....................: 1           1 = AUSSEN-DURCHMESSER
   1 = PRUEFPLAN FERTIGUNG                2 = INNEN-DURCHMESSER
   2 = PRUEFPLAN WARENEINGANG             3 = EINSTICHBREITE
   3 = PRUEFPLAN ENDPRUEFUNG              4 = ABSATZTIEFE
EINGABE....................: 1           5 = ABSATZLAENGE
EINGABE IDENTNR. DES PLANES : 311         6 = FREISTICHRADIUS
BEZEICHNUNG DES WERKSTOFFS..: MS 58       7 = FASENBREITE
NAME DES BEARBEITERS........: IWF         8 = AUSSENRADIUS
BEZEICHNUNG DES WERKSTUECKS.: GEHAEUSEWELLE  9 = INNENRADIUS
ZEICHNUNGSNR................: Z 345      10 = FASENWINKEL
                                         11 = KEGELWINKEL
```
Bild 8.3.2.3-6 Dialogprotokoll zur Eingabe von
Prüfplankopfdaten [106].
```
                                       EINGABE....................: 1
                                       SOLLWERT(MM)...............: 50
                                       TOLERANZFELD/ABMASSE
                                       OBERE GRENZE...............: H.8
                                       KENNUNG DER MASCHINE.......: 12
                                       ARBEITSSTREUBREITE (MM)....: 0.020
                                       TREND (MM/ST)..............: 0.060
                                       MERKMAL IST PRUEFMERKMAL
                                       EINGABE PRUEFART     :
                                          1 = SICHTPRUEFUNG
                                          2 = VOLLPRUEFUNG
                                          3 = ATT. STICHPROBEN PR.
                                          4 = VAR. STICHPROBENPR.
                                          5 = ATT. STICHPROBEN PLANPR.
                                          6 = VAR. STICHPROBEN PLANPR.
                                       EINGABE....................: 4
                                       PRUEFART    : VARIABLE
                                       STICHPROBENPRUEFUNG
                                          1 = UMFANG
                                          2 = URWERTKARTE
                                          3 = X/S-KARTE
                                          4 = X/R-KARTE
                                       EINGABE....................: 3
                                       PRUEFART    : VARIABLE
                                       STICHPROBENPRUEFUNG
                                       X/S-KARTE
                                       STICHPROBENUMFANG ANGEBEN..: 5
                                       HAUPTZEIT EINGEBEN.........: 0.2
                                       EINGABE PRUEFMITTEL:
                                          1 = MIKRON-AUSSENMIKROMETER
                                          2 = DICKENSCHNELLMESSER
```
Bild 8.3.2.3-7 Eingabedialog eines Prüfplanungslaufes
[106].
```
                                          3 = SONDERPRUEFMITTEL
                                       EINGABE....................: 1
```

Bei den ersten fünf Kriterien handelt es sich um teile- oder betriebsspezifische Vorschriften, die dem Prüfplaner bekannt sein müssen bzw. zur rechnerunterstützten Entscheidungsfindung der Sachnummer des Werkstücks zugeordnet werden. Bestehen solche Vorschriften, so ist für diese Merkmale automatisch Prüfnotwendigkeit gegeben.
Für die weiteren Merkmale erfolgt die Beurteilung einer Prüfnotwendigkeit durch das Vergleichen der zulässigen Toleranzen mit den Kenngrößen der Fertigungsunsicherheit des Fertigungsmittels. Liegt ein Fertigungsprozeß mit Trend vor, so wird das Bearbeitsungmerkmal zunächst generell zum Prüfmerkmal erklärt. Die endgültige Entscheidung bleibt jedoch dem Prüfplaner überlassen, wobei ihm der Rechner alle zur Entscheidungsfindung notwendigen Informationen im Dialog zur Verfügung stellt.
Die Auswahl eines geeigneten Prüfmittels erfolgt in einem ersten Schritt anhand der Klassifizierungsnummer der Prüfaufgabe. Die für die Prüfaufgabe geeigneten Prüfmittel werden anschließend durch einen Vergleich der technischen Kenngrößen wie Meßbereich und Meßunsicherheit mit den Parametern der Prüfaufgabe wie Sollwert und Toleranz weiter automatisch selektiert. Werden mehrere technisch geeignete Prüfmittel gefunden, so wird eine Sortierung nach wirtschaftlichen Gesichtspunkten vorgenommen. Nach Auflistung der geeigneten Prüfmittel am Bildschirm, hat der Prüfplaner die Möglichkeit, weitere Kriterien, wie zum Beispiel geometrische Restriktionen hinsichtlich der Zugänglichkeit der Meßstelle, zu berücksichtigen und das zweckmäßigste Prüfmittel auszuwählen.
Anschließend hat der Prüfplaner die Einordnung von Prüfarbeitsgängen vorzunehmen. Dazu ist neben der Festlegung der Prüfzeitpunkte die Prüfart und der Prüfumfang vorzugeben. In *Bild 8.3.2.3-7* ist der Ausschnitt eines Dialoges, der für die Durchführung eines Planungsablaufes notwendig ist, dargestellt. Nur die Informationen nach dem Doppelpunkt werden vom Prüfplaner eingegeben.

```
I-----------------------------------------------------------------------------------------I
I          I                                                              I               I
I          I                    P R U E F P L A N                         I               I
I  IWF TUB I                                                              I   5-AUG-81    I
I          I                    F E R T I G U N G                         I               I
I          I                                                              I               I
I-----------------------------------------------------------------------------------------I
I                                                                                         I
I         SACH-NR......: 1001                    ERSTELLT.....:  5-AUG-81                 I
I         BENENNUNG....: FLANSCH                 WERKSTOFF....: 13 CR V 53                I
I         ZEICHNUNGSNR.: Z 34                    BEARBEITER...: IWF                       I
I         AUFTRAGSNR...: A 3487                  LOSGROESSE...:    600                    I
I                                                                                         I
I-----------------------------------------------------------------------------------------I
I     I     I     I     I                                                 I        I      I
I AFO I KST I APL I LGR I                                                 I   TR   I  TG  I
I     I     I     I     I                                                 I        I      I
I-----------------------------------------------------------------------------------------I
I     I 99    12     7   PRUEFEN                    SOLLWERT     TOLERANZ I               I
I     I-------------------------------------------------------------------I               I
I     I                                                                   I               I
I 20  I PRUEFMERKMAL  :  AUSSEN-DURCHMESSER         50.00  JS.9   0.0310  I  2.00    0.30 I
I     I   PRUEFMITTEL :  MIKRON-AUSSENMIKROMETER   685           -0.0310  I               I
I     I   PRUEFART    :  VARIABLE STICHPROBENPRUEFUNG                     I               I
I     I                  X/S-KARTE                                        I               I
I     I                  STICHPROBENUMFANG =    5                         I               I
I     I                  INTERVALL         =   80                         I               I
I     I                                                                   I               I
I 21  I PRUEFMERKMAL  :  ABSATZLAENGE               35.00         0.1000  I 10.00    0.20 I
I     I   PRUEFMITTEL :  MESSTASTER               1210            0.0000  I               I
I     I   PRUEFART    :  VOLLPRUEFUNG                                     I               I
I     I                  VARIABEL                                         I               I
I     I                                                                   I               I
I 35  I PRUEFMERKMAL  :  BOLZEN-GEWINDE             20.00  6.G   -0.0420  I  2.00    0.25 I
I     I   PRUEFMITTEL :  GEWINDE-GUTLEHRRING  300  DIN 2279      -0.3770  I               I
I     I   PRUEFART    :  VARIABLE STICHPROBENPRUEFUNG                     I               I
I     I                  STICHPROBENUMFANG =    2                         I               I
I     I                  INTERVALL         =   45                         I               I
I     I                                                                   I               I
I 45  I PRUEFMERKMAL  :  RAUHTIEFE                                0.0010  I 15.00    0.50 I
I     I   PRUEFMITTEL :  RAUHIGKEITSPRUEFGERAET   1400                    I               I
I     I   PRUEFART    :  VARIABLE STICHPROBENPRUEFUNG                     I               I
I     I                  STICHPROBENUMFANG =    4                         I               I
I     I                  INTERVALL         =   50                         I               I
I     I                                                                   I               I
I     I-------------------------------------------------------------------I               I
I     I 99    20     7   PRUEFEN                    SOLLWERT     TOLERANZ I               I
I     I-------------------------------------------------------------------I               I
I     I                                                                   I               I
I 46  I PRUEFMERKMAL  :  RUNDLAUF                                 0.0200  I  5.00    1.00 I
I     I   PRUEFMITTEL :  RUNDLAUFPRUEFGERAET      2100                    I               I
I     I   PRUEFART    :  VARIABLE STICHPROBENPRUEFUNG                     I               I
I     I                  STICHPROBENUMFANG =    3                         I               I
I     I                  INTERVALL         =   60                         I               I
I     I                                                                   I               I
I-----------------------------------------------------------------------------------------I
```

Bild 8.3.2.3-8 Ausschnitt aus einem Prüfplan für die Fertigungsprüfung [106].

Aufgabe des Systems ist der auftragsunabhängige Basisprüfplan *(Bild 8.3.2.3-8)*. Er enthält neben den allgemeinen Daten im Kopfteil detaillierte Angaben zu den vorgesehen Prüfarbeitsgängen. Während der Basisprüfplan die auftragsunabhängige, werkstückbezogene Ausgabe der Planungsergebnisse darstellt, orientieren sich alle anderen vom Ausgabeprozessor erzeugten Unterlagen an einem konkreten Auftrag. Dieser bestimmt, je nach Art des Prüfplans, die ergänzend im Dialog einzugebenden Auftragsdaten wie Losgröße, Auftragsnummer, Nummer des Wareneingangsscheines und Namen des Lieferanten. *Bild 8.3.2.3-9* zeigt als Beispiel einen durch Zugriff auf die Basisdaten erstellten Prüfplan zur Überwachung der laufenden Fertigung.

8.3.3 Systeme zur NC-Programmierung

8.3.3.1 NC-Werkzeugmaschinen

Mit dem Einsatz kapitalintensiver und leistungsstarker NC-Werkzeugmaschinen wurde erkannt, daß eine wirtschaftliche Nutzung dieser Maschinen auch maßgeblich von der Qualität der Programmierung abhängt. Dies hat frühzeitig zu Automatisierungsbestrebungen bei der NC-Programmierung geführt. Zuerst wurden Programmiersysteme entwickelt, die Werkzeugwege für solche Werkstücke ermitteln, die manuell kaum noch programmierbar sind.

Die überwiegende Anzahl aller Programmiersysteme ist geometrieorientiert, das heißt die Werkzeugwegberechnung entlang einer vorgegebenen Werkstückkontur oder -fläche wird vom Rechner übernommen. Die Ermittlung und die Eingabe technologischer Daten wie Schnittwerte und Schnittaufteilung muß vom Programmierer durchgeführt werden. Da die Automatisierung technologischer Ermittlungen mit einem sehr hohen Aufwand verbunden ist, orientierte sich die Entwicklung vieler Systeme an den speziellen Anforderungen einzelner Fertigungsverfahren. Hierbei bildet die Programmierung von Drehbearbeitungen einen Schwerpunkt der Systeme, da dieses Bearbeitungsverfahren am häufigsten auftritt und außerdem die meisten NC-Drehmaschinen inzwischen mit Bahnsteuerungen ausgerüstet sind. Da zur Beschreibung rotationssymmetrischer Werkstücke und zur programmtechnischen Ermittlung entsprechender Werkzeugwege eine zweidimensionale Geometrieverarbeitung ausreicht, sind viele Systeme hinsichtlich ihrer Einsatzmöglichkeiten um Bearbeitungsverfahren erweitert worden, denen ebenso eine zweidimensionale Beschreibung der Bearbeitungsaufgabe genügt, wie zum Beispiel das Brennschneiden, NC-Nibbeln und Drahterodieren. Zur Beurteilung eines solchen Programmiersystems hinsichtlich seines Anwendungsspektrums ist die jeweilige Automatisierungstiefe der technologischen Ermittlungen für die entsprechenden Bearbeitungsverfahren von Bedeutung.

Somit sind Systeme teilweise als speziell einzustufen, wenn sie zwar die Beschreibung verschiedener Bearbeitungsaufgaben zulassen, aber nur in einem Verfahren eine hohe Automatisierungstiefe besitzen. Eine Möglichkeit, den Zusammenhang zwischen Automatisierungstiefe und Anwendungsbreite für ein Programmiersystem darzustellen, zeigt *Bild 8.3.3.1-1*.

Neben den maschinellen Programmiersystemen hat mit Einführung der CNC-Steuerung und des Mikroprozessors auch die sogenannte Werkstattprogrammierung einen wesentlichen Platz innerhalb der NC-Technologie eingenommen. Durch den hohen Entwicklungsstand der Steuerungssysteme ist es möglich, im Dialogverfahren Teileprogramme zu erstellen und den Bearbeitungsablauf auf einem grafischen Bildschirm zu simulieren. Diese Simulation kann statisch oder dynamisch erfolgen und bestimmte Geometrieinformationen können auch in unterschiedlichen Farben hervorgehoben werden. Durch die Integration von Programmiersystem und Steuerungssystem kann somit ohne größere organisatorische Maßnahmen NC-Technologie auch in kleineren Betrieben problemlos eingeführt werden.

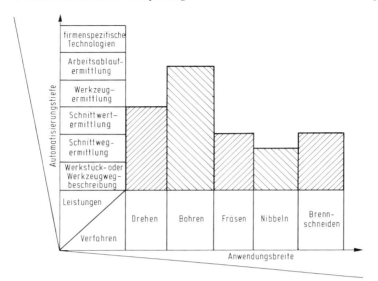

Bild 8.3.3.1-1 Charakterisierungsmöglichkeiten von NC-Programmiersystemen.

System APT

Mitte der fünfziger Jahre wurde am MIT (MASSACHUSETTS INSTITUTE OF TECHNOLOGY), USA, das Programmiersystem APT (AUTOMATICALLY PROGRAMMED TOOLS) entwickelt und 1959 zum Einsatz gebracht [107]. Durch seine universelle Anwendbarkeit für nahezu alle NC-Werkzeugmaschinen und durch sein umfangreiches geometrisches Konzept hat APT eine weltweite Verbreitung erlangt.

Das Programmiersystem APT ist für komplizierte dreidimensionale Fräsbearbeitungen, wie sie im Flugzeugbau verlangt werden, konzipiert worden. Im APT-System lassen sich analytische und einfache nichtanalytische Oberflächen sowie Punktmuster beschreiben. Zweifach gekrümmte nichtanalytische Oberflächen, wie sie zum Beispiel bei Turbinenschaufeln auftreten, können nicht definiert werden.

Die geometrischen Definitionen werden durch einen symbolischen, frei wählbaren Namen belegt und abgespeichert. Eine allgemeine Geometrieanweisung mit APT wäre:

Symbol = Hauptwort / Modifikation

Beispiel: P1 = POINT / 60, 80, 20

Die Modifikatoren sind Parameter, welche der vollständigen Definition des links vom Schrägstrich stehenden fest vereinbarten Geometrieelementes dienen. Mehrere Punkte auf einer Geraden oder einem Kreis lassen sich in Form von Punktmustern (PATTERN) beschreiben und unter einem symbolischen Namen abspeichern. Nach der Bestimmung der Werkstückgeometrie werden die Werkzeugwege durch eine Positionsanweisung mit nachfolgenden Bewegungsanweisungen definiert. *Bild 8.3.3.1-2* zeigt die schematische Werkzeugführung mittels der APT-Kontrollflächen. Die Positionierung des Werkzeugs erfolgt in Beziehung zu einer Führungsfläche (Drivesurface) und einer Werkstückoberfläche (Partsurface). Das Werkzeug wird tangential an eine der Flächen herangeführt, während die Werkzeugspitze auf der anderen Fläche positioniert wird. Bei einer Fahranweisung wird das Werkzeug durch die Werkstückoberfläche und die Führungsfläche geführt, bis ein definierter Punkt auf einer Grenzfläche (Checksurface) erreicht ist, wo ein Bearbeitungsvorgang abgeschlossen wird. Für jede weitere Fräsbahn muß eine neue Fahranweisung erfolgen. Es können mit einer Anweisung keine definierten Flächenbereiche automatisch abgearbeitet werden. Mit dem APT-System lassen sich Konturen und Oberflächen zeilenweise abfahren. Ein Verfahren längs Raumkurven ist nicht möglich. Ebenso wird keine automatische Schnittaufteilung durchgeführt.

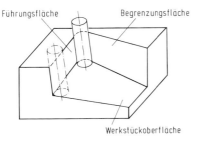

Bild 8.3.3.1-2 Werkzeugführung mittels der APT-Kontrollflächen.

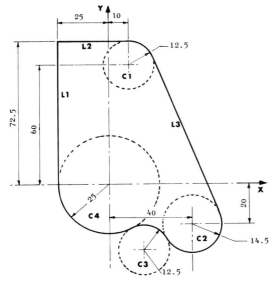

```
PARTNO/ADAPT EXAMPLE                              1
$$ PART GEOMETRY DEFINITIONS                      2
C1 = CIRCLE/10,60,12.5                            3
C2 = CIRCLE/40,-20,14.5                           4
C4 = CIRCLE/0,0,25                                5
C3 = CIRCLE/TANTO,OUT,C4,OUT,C2,     $
     YSMALL,RADIUS,12.5                           6
L1 = LINE/XSMALL,TANTO,C4,ATANGL,90               7
L2 = LINE/0,72.5,10,72.5                          8
L3 = LINE/RIGHT,TANTO,C2,RIGHT,TANTO,C1           9
$$ DEFINE CUTTER AND TOLERANCES                  10
CUTTER/15                                        11
INTOL/0.005                                      12
OUTTOL/0.001                                     13
$$ DEFINE DATUM AND MACHINING                    14
FROM/0,0,30                                      15
GODLTA/-50,0,0                                   16
PSIS/(PLANE/0,0,1,-2)                            17
GO/PAST,L2                                       18
TLLFT,GORGT/L2                                   19
GOFWD/C1                                         20
GOFWD/L3                                         21
GOFWD/C2,TANTO,C3                                22
GOFWD/C3,TANTO,C4                                23
GOFWD/C4                                         24
GOFWD/L1,PAST,L2                                 25
GODLTA/0,0,32                                    26
GOTO/0,0,30                                      27
CLPRNT                                           28
NOPOST                                           29
FINI                                             30
```

Bild 8.3.3.1-3 Bearbeitungsbeispiel für APT [4].

Technologische Angaben, wie zum Beispiel die Programmierung der Spindeldrehzahl und -drehrichtung, müssen vom Teileprogrammierer angegeben werden. Eine automatische Werkzeugauswahl ist nicht vorgesehen. Das Schneidwerkzeug muß im Teileprogramm durch das Hauptwort CUTTER in Verbindung mit den Werkzeugparametern spezifiziert werden. Ein Bearbeitungsbeispiel für ein Frästeil zeigt *Bild 8.3.3.1-3*.

Zur Vereinfachung der Teileprogrammierung können Programmschleifen oder Sprungbefehle programmiert werden. Um den Programmieraufwand weiter zu vermindern, stehen zusätzliche Unterprogramme zur Verfügung. Aus den geometrischen Informationen der Konstruktionszeichnung und den technologischen Informationen aus einem Werkstoff- und Werkzeugkatalog wird das APT-Teileprogramm erstellt, auf Lochkarten gestanzt und im Stapelbetrieb dem Verarbeitungssystem zugeführt. Hier wird jede Anweisung des Teileprogramms zunächst übersetzt, das heißt analysiert, klassifiziert und verschlüsselt. Es erfolgt eine Zuordnung der Geometrieelemente mit einer anschließenden rechnerinternen Darstellung. Die weitere Verarbeitung umfaßt die Koordinatenbestimmung des Werkzeug-

endpunktes. Ein Diagnoseprogramm ermittelt Syntaxfehler, mathematisch unzulässige Anweisungen oder Fehler in den Bewegungsanweisungen.
Die ermittelten Koordinaten der Werkzeugbahn werden in standardisierter Form als CLDATA (Cutter Location DATA) dargestellt und dem Postprozessor zugeführt [108,109]. Das APT-System wurde mehrfach hinsichtlich der Geometrie- und Technologieverarbeitungsmöglichkeiten verbessert und erweitert.
Ende der sechziger Jahre wurde aufbauend auf dem APT-IV System das APT-SS-System (Sculptured Surface) vom Illinois Institute of Technology (IIT) entwickelt [110, 111,112].
Das APT-SS-System besitzt alle APT-Fähigkeiten, wie zum Beispiel die Fräserführung durch drei Kontrollflächen. Es erlaubt die Beschreibung von ebenen und beliebigen Raumkurven (Splines) aus Punkten. Für die Beschreibung gekrümmter Flächen stehen verschiedene Möglichkeiten zur Verfügung. Neben der Beschreibung von gekrümmten Flächen aus geordneten Punkten (MESH) sind auch rotationssymmetrische Flächen (REVOLV) und Regelflächen (RULED) definierbar.
Mit der PATCH-Definition lassen sich gekrümmte Flächen durch verschiedene Pflasterbeschreibungsmöglichkeiten (COONS, BEZIÉR) darstellen. Gekrümmte Flächen, die nur durch Raumkurven definiert sind, lassen sich mittels der GENCUR-Definition beschreiben.
Mit dem APT-SS-System können einfache Flächenbereiche durch eine Anweisung automatisch abgearbeitet werden.

System FMILL-APTLFT

1963 wurde von der BOEING-COMPANY, USA, das Programmiersystem FMILL-APTLFT für die Programmierung gekrümmter Flächen eingeführt [112,113]. Das FMILL-APTLFT-System ist als Erweiterung des APT-Programmiersystem aufzufassen. Es ist in der Lage, analytisch nicht beschreibbare Flächen, welche durch wenige berechnete oder genau gemessene Punkte vorgegeben sind, zu programmieren und definierte Flächenstücke mit einem Aufruf zu fertigen. Das Verarbeitungsprogramm gliedert sich in die zwei voneinander unabhängigen Modulen FMILL und APTLFT. FMILL ist ein eigenständiges Geometrieaufbereitungsprogramm. Die analytische Flächenbeschreibung wird nach der Methode von COONS durchgeführt. Die geometrischen Eingangsinformationen sind eine Anzahl netzförmig geordneter Punkte. Die Punkte werden durch ihre Koordinaten mit eventuell zusätzlichen Tangentenvektoren vom Teileprogrammierer beschrieben.
Nach der Reihenfolge der Eingabe wird eine gleiche Anzahl von Punkten vom FMILL-Programm kurvenförmig verbunden. Die gekrümmten Verbindungen entsprechender Punkte auf diesen Kurven werden als Stringers bezeichnet, die die Fläche in sogenannte Stringerstrips unterteilen. Das Ergebnis ist eine netzförmige Fläche, deren einzelne Pflaster (COONS) durch Kurven und Stringers gebildet werden. Die Stringers definieren den Werkzeugweg einer späteren Fräsbearbeitung. Durch eine geeignete Auswahl der Reihenfolge der Punkteingabe wird somit die Bearbeitungsrichtung von vornherein festgelegt.
Das APTLFT-Modul ist in das APT-System integriert und wird durch die Anweisung CALL/APTLFT aufgerufen. Es berechnet aus der erzeugten FMILL-Fläche die entsprechenden Fräserpositionen nach den Angaben des Teileprogrammierers über Bearbeitungsrichtung, Fräsform und Bearbeitungsmodus (drei- oder fünfachsiges Fräsen) [114,115].
Bezüglich der fünfachsigen Fräsbearbeitung unterliegt das APTLFT-System gewissen Einschränkungen:
– Konkave Flächen lassen sich nur mit Unterschnitt erzeugen, da nur ein konstanter Voreilwinkel definiert werden kann,
– es ist nicht möglich, die Fräserführung in Bezug zu der zu bearbeitenden Fläche und einer angrenzenden Fläche genau zu kontrollieren, so wie es das APT-Fräserführungskonzept vermag,

- für verschiedene Bearbeitungsmuster gibt es keine ausreichenden Verfahren zur Verknüpfung der Fräsbahnen untereinander,
- neben dem FMILL-APTLFT-System muß ein APT-Verarbeitungsprogramm vorhanden sein.

System FMILL-ISWAX5

Ausgehend vom FMILL-APTLFT-System wurde am *Institut für Steuerungstechnik* der *Werkzeugmaschinen und Fertigungseinrichtungen* der UNIVERSITÄT STUTTGART (ISW) das FMILL-ISWAX5-System entwickelt. Es ist für die drei- und fünfachsige Fertigung gekrümmter Flächen geeignet.

Das Geometrieaufbereitungs- und Werkzeugwegermittlungskonzept wurde vom FMILL-System übernommen. ISWAX5 ist eine Weiterentwicklung des APTLFT-Systems. Es ist in der Lage, durch seine Konzeption die Einschränkungen des APTLFT-Systems aufzuheben. Das ISWAX5-System ist unabhängig von einem APT-Verarbeitungsprogramm. Es benutzt eine eigene APT-ähnliche Eingabesprache, womit eine detailliertere Teileprogrammierung als im APTLFT-System möglich ist [115].

Die Fräserführung erfolgt längs Parameterkurven. Im ISWAX5-Systemteil können variable Voreilwinkel in Abhängigkeit von der Flächenkrümmung in Werkzeugwegrichtung und zusätzliche Rand-, Abhebe- und Rücklaufpunkte programmiert werden. Die Fräserwege können für ein Programmsegment zur Kontrolle auf einer automatischen Zeichenmaschine grafisch dargestellt werden. Für die Programmierung fünfachsiger Fräsbearbeitung ist am ISW ein dialogfähiges interaktives grafisches Bildschirmsystem in Entwicklung. Die grafische Programmierung erfolgt mittels einer alphanumerischen Tastatur in Verbindung mit Funktionstasten und Lichtstift [116,117,118].

System EXAPT

Das seit 1964 entwickelte Programmiersystem EXAPT (EXtended Subset of APT) ermöglicht im Gegensatz zu APT und den APT-ähnlichen Systemen umfangreiche technologische Ermittlungen [13, 188]. Es wurde von den folgenden Hochschulinstituten entwickelt:
Laboratorium für Werkzeugmaschinen der TECHNISCHEN HOCHSCHULE AACHEN, Prof. Dr.-Ing. Dr. h. c. H. OPITZ,
Institut für produktionstechnische Automatisierung der TECHNISCHEN UNIVERSITÄT BERLIN,
Prof. Dr.-Ing. W. SIMON.
Institut für Werkzeugmaschinen und Fertigungstechnik der TECHNISCHEN UNIVERSITÄT BERLIN,
Prof. Dr.-Ing. G. SPUR und
Institut für Steuerungstechnik der Werkzeugmaschinen der UNIVERSITÄT STUTTGART, Prof. Dr.-Ing. G. STUTE.
EXAPT ist ein modular aufgebautes Programmiersystem für alle NC-Bearbeitungen wie NC-Drehen, NC-Bohren, NC-Fräsen, NC-Nibbeln, NC-Brennschneiden und NC-Drahterodieren. BASIC-EXAPT, Grundbaustein des EXAPT-Systems, kann für alle NC-Programmieraufgaben eingesetzt werden. Es führt vor allem geometrische Ermittlungen automatisch aus und enthält alle wichtigen Programmiertechniken wie
- vollständige Geometriedefinitionen für Punkte, Linien, Kreise, Punktmuster und tabellierte Zylinder,
- frei programmierbare Makros,
- Programmschleifen,
- bedingte und unbedingte Programmsprünge,
- indizierte Symbole,
- arithmetische und trigonometrische Funktionen,
- Verschieben, Drehen, Spiegeln von Programmabschnitten,

– Mehrfachdefinition von Konturabschnitten oder geschlossenen Konturen,
– Verfahrwege entlang von Konturen mit nur einer Anweisung,
– Schnittaufteilung,
– Verwaltung und automatische Bereitstellung von Makros,
– Speicher- und Nutzungsmöglichkeit von Werkzeugdaten.

EXAPT verfügt im Unterschied zu anderen Systemen über zusätzliche Technologien für die am häufigsten vorkommenden NC-Bearbeitungen wie Drehen (EXAPT 2) und Bohren/Fräsen (EXAPT 1.1). Der Umfang der automatisierten technologischen Ermittlungen ist in *Bild 8.3.3.1-4* dargestellt.

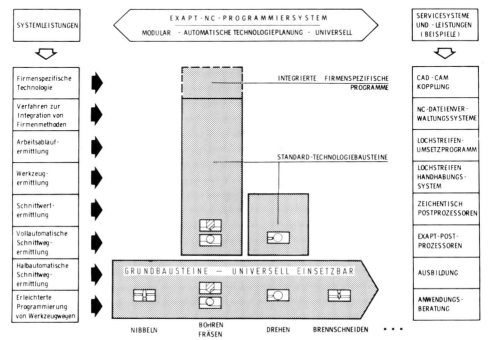

Bild 8.3.3.1-4 Einsatzbereich des EXAPT-Systems [119].

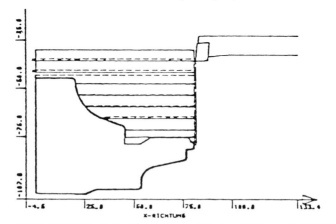

Bild 8.3.3.1-5 Grafische Kontrolle der Schnittaufteilung mit EXAPT [119].

Nach Ermittelungen der technologischen Daten lassen sich für Drehoperationen grafische Kontrollausgaben darstellen *(Bild 8.3.3.1-5)*.

Als wichtiges Hilfsmittel zur Rationalisierung der Teileprogrammerstellung ist die Verwendung von Makros zu nennen. Diese anwendergerechte Technik, wie sie von den meisten APT-ähnlichen Sprachen angeboten wird, erlaubt logische Vergleiche, Schleifenbildung, Indizierung und Schachtelung von Unterprogrammen bei der Erstellung von Teileprogrammen. Ein Beispiel für die Anwendung der Makro-Technik zeigt *Bild 8.3.3.1-6* [28].

Neben dem ursprünglichen NC-Programmiersystem werden zusätzliche Programmpakete als EXAPT-Systemmoduln angeboten, die für unterschiedliche Aufgaben im Produktionsplanungsbereich Verwendung finden. Aufbauend auf die EXAPT-Geometriebeschreibung von Einzelteilen, ist es beispielsweise möglich, mit dem System NESTEX einen Schachtel-

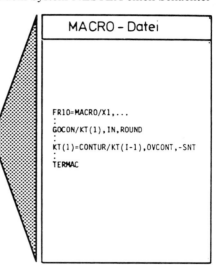

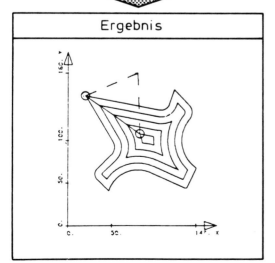

Bild 8.3.3.1-6 EXAPT-Taschenfräsprogramm mit Makro-Anwendung [28].

554   8 Rechnerunterstützte Arbeitsplanung   [Literatur S. 601]

planvorschlag automatisch auszuarbeiten und mit Hilfe grafischer Interaktivität zu korrigieren. Dieses Korrekturschachteln beinhaltet im wesentlichen folgende Grundfunktionen:
- Beliebige Lageänderungen sowie Löschen und Hinzufügen von Einzelteilen.
- Möglichkeit der Zusammensetzung von Komplettschachtelplänen aus Teilschachtelplänen und/oder Einzelteilen.

Eine verfahrensabhängige Technologieplanung kann für Schachtelungen für Stanz/Nibbelbearbeitung, Drahterodieren, Fräsen und Brennschneiden vorgenommen werden, wobei beim Brennschneiden beispielsweise Schneidbrücken und Ausschnittfahnen berücksichtigt werden *(Bild 8.3. 3.1-7)*.

Bild 8.3.3.1-7 Schachtelungsbeispiel für Brennschneidbearbeitung mit dem System NESTEX (Quelle: EXAPT).

System TELEAPT

Das APT-ähnliche Programmiersystem TELEAPT [120] wird von der Firma IBM angeboten und kann für die Bearbeitung von 2- und 2 ½-dimensionalen Bearbeitungsaufgaben angewendet werden. TELEAPT faßt die IBM-Systeme AUTOSPOT, ADAPT und AUTO-

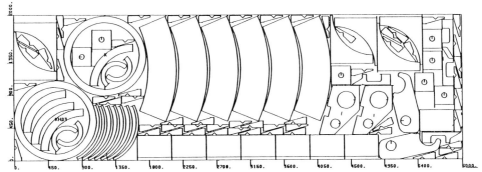

Bearbei- tungs- art	Punkt- und Strecken- Bearbeit- tung	2 1/2 D-Bahn- Bearbei- tung	Drehen	3D-Bahn- Bearbei- tung
Merkmale der Bearbei- tung	Bearb.- Zyklen Bearb.- Muster	Kontur- segmente, Fräser- versatz	Schnittauf- teilung Drehzahl- stufung	Kontur- segmente, Fräser- versatz
NC-Masch.	Bohrmasch. Bearb.- Zentren	Fräs-, Zei- chen-, Nibbel-, Brenn- schneide- masch.	Drehmasch.	Fräsmasch.
/360 NC	Autospot	Adapt	Autopol	APT
CALL	←——————— TELEAPT ———————→			

Bild 8.3.3.1-8 Leistungsspektrum des Systems TELEAPT [120].

POL nach *Bild 8.3.3.1-8* zusammen. Zur Anwendung des Systems ist die Installation eines Fernschreibers, der über Telefon mit einem Dienstleistungszentrum der IBM verbunden ist, erforderlich.

Im alphanumerischen Dialog können Teileprogramme eingegeben und korrigiert werden. Die Eigenschaften des Systems sind:
- Fehlerkorrektur durch einen Editor,
- über APT hinaus stehen Schrupp- und Schlichtbearbeitungsverfahren zur Verfügung sowie
- Reduzierbarkeit des Programmieraufwands durch Makrobibliotheken.

Ein Beispiel für eine Fräsbearbeitung ist mit dem Teileprogramm in *Bild 8.3.3.1-9* zu sehen.

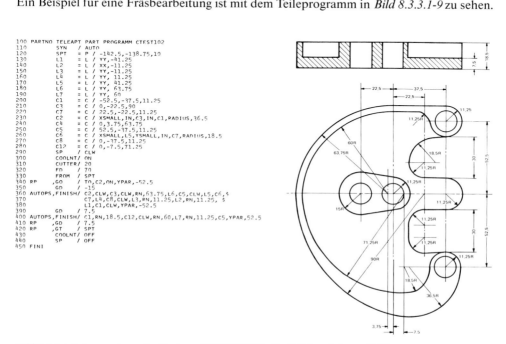

Bild 8.3.3.1-9 Anwendung des Systems TELEAPT für die Fräsbearbeitung [120].

System SEMAPT-TEKAPT

Stellvertretend für viele Programmiersysteme, die auf 2-dimensional ausgerichtete Bearbeitungsverfahren spezialisiert sind, wie zum Beispiel Nibbeln, Brennschneiden und Drahterodieren, seien hier für 2- oder 4-achsengesteuerte Drahterodiermaschinen noch die in Anlehnung an APT entwickelten Programmiersysteme MEMOAPT (2- und 4-Achsen) oder SEMAPT und TEKAPT (2-Achsen) [121] genannt.

Die im Dialog erstellten Anweisungen bestehen bei MEMOAPT und TEKAPT im ersten Arbeitsschritt in der Definition und Abspeicherung der geometrischen Figuren. Im zweiten Arbeitsschritt wird durch Angabe der Reihenfolge der Figuren der Schneidpfad durch den Rechner zusammengesetzt *(Bild 8.3.3.1-10)*.

Im Gegensatz dazu kann mit SEMAPT bei Festlegung der Formen gleichzeitig Satz für Satz der Bewegungsverlauf definiert werden und gleichzeitig der Programmierfortschritt zur frühzeitigen Fehlererkennung am Bildschirm mitverfolgt werden.

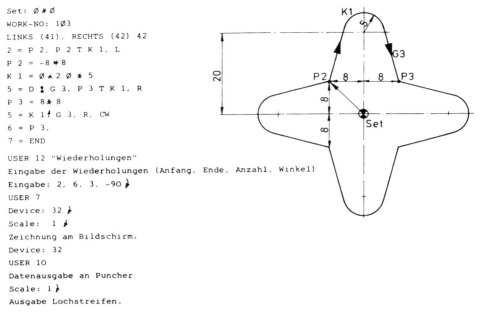

```
Set: Ø * Ø
WORK-NO: 1Ø3
LINKS (41), RECHTS (42) 42
2 = P 2, P 2 T K 1, L
P 2 = -8 * 8
K 1 = Ø * 2 Ø * 5
5 = D : G 3, P 3 T K 1, R
P 3 = 8 * 8
5 = K 1 f G 3, R, CW
6 = P 3,
7 = END

USER 12 "Wiederholungen"
Eingabe der Wiederholungen (Anfang, Ende, Anzahl, Winkel)
Eingabe: 2, 6, 3, -90 }
USER 7
Device: 32 }
Scale: 1 }
Zeichnung am Bildschirm.
Device: 32
USER 10
Datenausgabe an Puncher
Scale: 1 }
Ausgabe Lochstreifen.
```

Bild 8.3.3.1-10 Programmdialog in TEKAPT 2002 für eine Schneidplatte [121].

System COMPACT II

Einen Schritt in Richtung Dialogverarbeitung stellt das System COMPACT II der MDSI *(Manufacturing Data Systems International)* dar. Das System läßt sich für numerisch gesteuerte Dreh-, Fräs-, Schleif-, Brennschneid- und Laserschneidmaschinen, aber auch für Bearbeitungszentren und Stanzmaschinen anwenden [122]. Die große Anwendungsbreite wird durch einen weitgehenden Verzicht auf technologische Ermittlungen erreicht. Der Dialog erfolgt über Telefonverbindung mit einem Netz von Time-Sharing-Rechnern in den USA oder mit COMPACT II-Serie I auf einem eigenen Minicomputer-System. Die nach Eingabe des Teileprogramms ermittelten Werkzeugwege können über Bildschirme und automatische Zeichenmaschinen grafisch dargestellt werden. Durch die Dialogeingabe ist die Erstellung fehlerfreier Teileprogramme mit wenigen Rechenläufen möglich. *(Bild 8.3.3.1-11)*.

Das Untersystem OPTIMILL ermöglicht die Beschreibung von 2D-Fräsbearbeitungsaufgaben zum Taschenfräsen. Die Werkzeugwege werden innerhalb der beschriebenen Konturen automatisch ermittelt. FASTURN ist ein Untersystem zur automatischen Ermittlung der Schnittaufteilung aus den Beschreibungen von Roh- und Fertigteilkontur für Drehbearbeitungen. RECALL dient der Definition, Abspeicherung und dem Wiederfinden von benutzerorientierten Makros.

Die Kontrolle von NC-Programmen mit Plotterzeichnungen in zwei Achsen für die Bearbeitung in drei Achsen ist sehr zeitaufwendig, da zwei oder drei 2-Achsenausschnitte (XY,XZ,YZ) gezeichnet und ausgewertet werden müssen, um zum Beispiel Bohrtiefen oder die Zustelltiefe des Werkzeuges beim Fräsen überwachen zu können.

Bei gleichzeitiger Bearbeitung in mehreren Achsen (3D) genügt das Plotten in verschiedenen Ebenen oftmals nicht. Hier ist eine isometrische Darstellung wesentlich aussagekräftiger *(Bild 8.3.3.1-12)*, vor allem, wenn die Position des Betrachtungspunktes verändert werden kann [123].

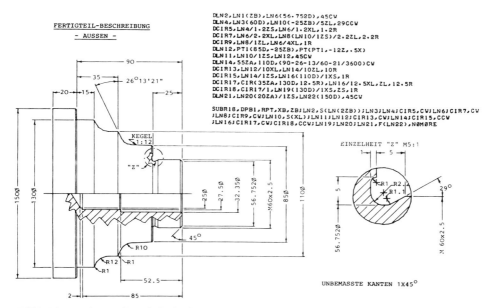

Bild 8.3.3.1-11 Anwendungsbeispiel für das System COMPACT II [122].

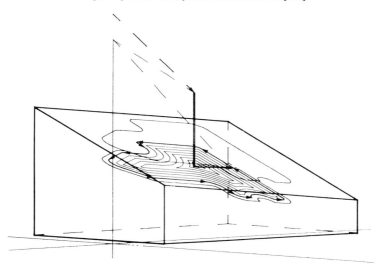

Bild 8.3.3.1-12 3D-Fräsen mit COMPACT II (isometrische Darstellung) [122].

System DUCT

Das Programmsystem DUCT [176] ist eine Entwicklung der UNIVERSITÄT CAMBRIDGE, England. Es ermöglicht die interaktive Erzeugung dreidimensionaler doppelt gekrümmter Strukturen und deren grafische Darstellung mit anschließender Erzeugung eines Steuerlochstreifens für die Bearbeitung auf einer NC-Fräsmaschine. Zusätzlich können die Geometriedaten zu Berechnungsprogrammen für Finite-Elemente-Methoden aufbereitet werden.

558   8 Rechnerunterstützte Arbeitsplanung

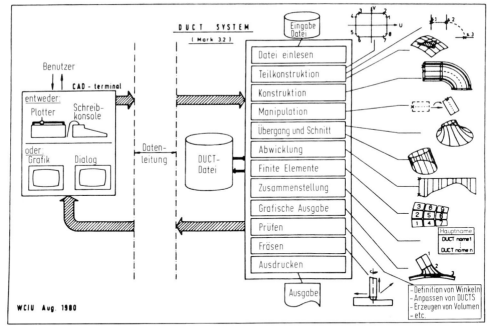

Bild 8.3.3.1-13 Gesamtstruktur des DUCT-Systems [176].

Das DUCT-System zeigt einen modularen Aufbau *(Bild 8.3.3.1-13)*, bestehend aus zwölf einzeln ansprechbaren Moduln.

Die Moduln Teilkonstruktion und Konstruktion dienen dem Aufbau und der Bildung der endgültigen geometrischen Form. Der Modul Grafische Ausgabe ist ein Grafikmodul, mit dem die Daten für die Zeichnungserstellung aufbereitet werden. Es lassen sich einzelne Teilgeometrien oder beliebige Schnitte darstellen. Der Modul Prüfen beinhaltet Prüf- und Berechnungsroutinen sowie die Möglichkeit der Zusammenfügung mehrerer geometrischer Flächen. Sonderfunktionen, wie Durchdringungen und Blenden, wie in *Bild 8.3.3.1-14* gezeigt, können mit der Option Übergang und Schnitt realisiert werden.

Mit dem Modul Fräsen lassen sich Fräserwege zum Fertigen der Werkstückgeometrie definieren. Werkzeugwege können in zwei Arbeitsgängen berechnet werden; eine Vorbearbei-

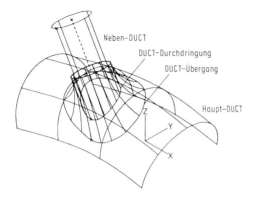

Bild 8.3.3.1-14 Verbindung von Haupt- und Nebenflächen im DUCT-System durch Sonderfunktionen [176].

tung (Schruppen) mit anschließender Endbearbeitung (Schlichten) ist möglich. Von den Werkzeugbahnen erzeugt der Modul ein CLDATA-File nach DIN 66215. Die CLDATA-Files sind APT-kompatibel und können von APT- bzw. EXAPT-Postprozessoren zu NC-Steuerlochstreifen umgesetzt werden.
Das DUCT-System eignet sich besonders für das Gestalten und Fertigen von Gießformen, Kernkästen und Umformwerkzeugen.

System EUKLID

Ein spezielles Anwendungsgebiet der NC-Programmierung ist die Steuerdatengenerierung zur Fertigung beliebig geformter kubischer Bauteile auf 3- oder 5-achsig bahngesteuerten Fräsmaschinen. Besonders im Bereich der Turbinenschaufelfertigung und der Fertigung von Schmiedegesenken und Gußformen treten äußerst komplizierte geometrische Formen auf, die besonders hohe Ansprüche an die Werkzeugwegermittlung stellen *(Bild 8.3.3.1-15)*. So müssen zum Beispiel im Formenbau komplizierte Verrundungen vorgenommen werden, Auszugschrägen beachtet und Schwund berücksichtigt werden. Ein speziell für solche Anwendungsfälle entwickeltes System ist EUKLID von FIDES, Zürich [124].

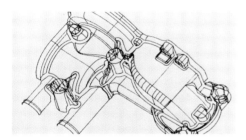 

Bild 8.3.3.1-15 Anwendungsbeispiel von EUKLID [124].

Ausgangspunkt ist die Zeichnung oder die Entwurfskizze eines Werkstücks. EUKLID erlaubt es dem Konstrukteur, die geometrischen Daten auf einfache Weise in das System einzugeben, wo sie für verschiedene Anwendungsmöglichkeiten gespeichert bleiben. So kann zum Beispiel jede beliebige Ansicht oder jeder beliebige Schnitt geplottet werden. Nach Eingabe des Fräsablaufs und einiger Zusatzinformationen über Toleranzen, Material und Werkzeug berechnet EUKLID selbständig den Fräserweg. Komfortable Sprachelemente gestatten die NC-Programmierung selbst komplexer Teile mit wenigen Zeilen. Der Fräsweg kann auf dem Bildschirm oder Plotter simuliert und in verschiedenen Perspektiven betrachtet werden. Fehler, die zu Kollisionen führen würden, können sofort erkannt und korrigiert werden.
Aufgrund der bereinigten Daten liefert EUKLID anschliessend das APT-CL-TAPE, mit dem der Postprozessor den Lochstreifen für die NC-Steuerung der Werkzeugmaschine erzeugt. Die Werkstückgeometrie bleibt als Teil einer Datenbank weiterhin gespeichert und verfügbar. Weiterentwicklungen, Änderungen und Verbesserungen können so voll auf bereits durchgeführte Arbeiten aufbauen. Auch häufig vorkommende Konstruktionen, Körper- und Flächenformen können abrufbereit gespeichert werden.

System HI-PROGRAMM III

Das HI-PROGRAMM III ist ein NC-Programmiersystem für dreidimensionales Gesenkfräsen, entwickelt von MAKINO MILLING MACHINE CO. [125]. Beim NC-Fräsen von Gesenkformen oder komplizierten Elektroden zum Senkerodieren stellt sich das Problem, analog dem Kopiermodell ein möglichst exaktes geometrisches Modell zu beschreiben,

560   8 Rechnerunterstützte Arbeitsplanung   [Literatur S. 601]

ohne schon die Art und Durchführung der Zerspanung zu berücksichtigen. Das HI-PRO-
GRAMM-III-System erstellt unabhängig von den für die Zerspanung erforderlichen Verfahrwegen das Geometrieprogramm. Das so im Computer hergestellte "MODELL" wird auch Geometrie-Modell genannt.
Das geometrische Modell wird durch einen Kombinationsprozeß hergestellt, bei der eine relativ einfache dreidimensionale Formeinheit benutzt wird, die durch geometrische Parametervorgabe entsteht. Mit diesem Konzept können auch Probleme gelöst werden, die durch Grenzlinien beim Zusammenfügen von Körpern entstehen. Die Reihenfolge der Geometriebeschreibung führt stets, ausgehend von der Definition der Grundelemente wie Punkte, Geraden und Kreise, über die Definition zweidimensionaler Flächen, die anschließende Beschreibung der dreidimensionalen Flächenelemente zur Definition komplexer dreidimensionaler Formen.
Sowohl die beschriebene Geometrie einer Form, wie auch die generierten Fräsbahnen können anschließend auf einem grafischen Sichtgerät oder einem Plotter zur visuellen Kontrolle ausgegeben werden. Das System läuft auf einem 16-bit Minicomputer mit mindestens 128 KByte Arbeitsspeicher und kann sowohl im Einzel- als auch im Mehrbenutzerbetrieb genutzt werden *(Bild 8.3.3.1-16)*.

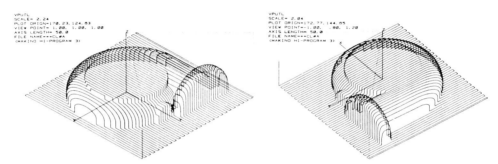

Bild 8.3.3.1-16 Fräsbahnen zur Fertigung eines Pumpenteils mit Hi-Programm III [125].

System MITURN

Als sehr hochautomatisiertes im Stapel-Verfahren arbeitendes NC-Programmiersystem für Drehbearbeitungen ist das von KOLOC unter dem Systemnamen AUTOPROG in der CSSR begonnene und später unter dem Systemnamen MITURN am METAL RESEARCH INSTITUT TNO in Appeldorn, Holland, weiter entwickelte System zu nennen [126].
Mit Hilfe der von APT-ähnlichen Systemen abweichenden elementgebundenen Werkstückbeschreibung können sämtliche geometrischen und technologischen Ermittlungen vollautomatisch durchgeführt werden. Neben der Generierung von Schnittwerten werden auch die Werkzeug- und Arbeitsablaufermittlungen automatisch durchgeführt, so daß MITURN den wohl höchsten Automatisierungsgrad für die Datengenerierung bei NC-Drehverfahren besitzt. *Bild 8.3.3.1-17* zeigt ein Programmierbeispiel unter Verwendung von Einzelanweisungen.
Ferner können für verschiedene Funktionen zugeordnet zu bestimmten Drehmaschinen vollautomatisch Abläufe definiert werden. Neben allgemeinen Funktionen, wie sie in *Bild 8.3.3.1-18* dargestellt sind, können auch andere häufig benutzte Abläufe definiert werden, wie zum Beispiel:
– die automatische Errechnung des äquidistanten Werkzeugweges unter Kompensation des Fasenradiuseinflusses beim Schlichten,

8.3 Systeme zur rechnerunterstützten Arbeitsplanung

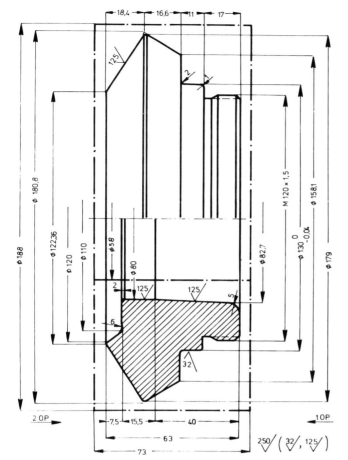

```
1 OP

105  C.V.M.-TNO
110  MITURN TESTPIECE
115  MM
120  ST.CK 45
125  DEMCAT 1
130  1 10 96 0 0 1
140  207.3 1 59 47 68 3
150  OPTION 2 2 0 0
205  1
210  1
215  CYL 188 73
250  1
255  1
260  CYL 58 73
305  4
310  5 1 3 1
315  THR 120 17 1.5 1 250 1
320  CYL 130 0 −0.04 11 32 250 −1 2
325  TPR 158.1 180.8 0.05 −0.05 16.6 250 0
330  CYL 180.8 0.05 −0.05 2.4 250 0 0 0
405  0
505  2
510  3 1
515  TPR 82.7 80 0.05 −0.05 40 125 0 5 0
520  CYL 80 0.05 −0.05 28 125 0 0 0
525  0
705  FAC 3 250 0
955  FIRST CHUCKING
960  CHUCKED LENGTH 14 MM

2 OP

105  C.V.M.-TNO
110  MITURN TESTPIECE
115  MM
120  ST.CK45
125  DEMCAT 1
130  1 10 96 0 0 1
140  207.3 5 42 21 9.5 3
150  OPTION 4 1 0
205  1
210  1
215  CYL 188 68
250  1
255  1
260  CYL 80 68
305  2
310  3 1
315  TPR 122.36 180.8 0.05 −0.05 18.4 125 0
320  CYL 180.8 0.05 −0.05 2.6 250 0 0 0
405  0
505  2
510  3 3
515  TPR 120 110 0.01 −0.01 7.5 250 0 0  6
520  TPR 82 78 0.01  0.01 2 125 0
525  0
605  FAC 7 250 0
705  AFTER FTURN
710  GOLIN 91 225 MPMIN 80 MMPMIN 5000
715  GOLIN 89.5 225
810  GOLIN 89.5 220 MMPR 0.1
815  GOLIN 92 220
820  END
955  SECOND CHUCKING
960  CHUCKED LENGTH 28 MM
```

Bild 8.3.3.1-17 Programmierbeispiel mit MITURN [209].

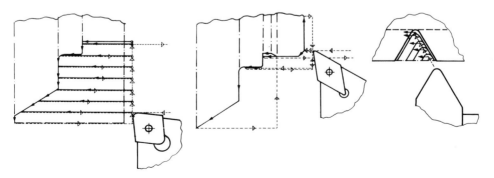

Bild 8.3.3.1-18 Beispiele automatischer MITURN-Funktionen [209].

- das Bohren tiefer Löcher,
- tiefe Einstiche in zähem Werkstoff,
- automatische Anpassung der Schnittbedingungen an die programmierte Einspanngegebenheit sowie
- automatische fortlaufende Berechnung der Werkstücksteifigkeit während des Schruppens.

System OKISURF

Das OKISURF-System ist eine Entwicklung der OKI ELECTRIC INDUSTRY, Japan. Das OKISURF-Programmiersystem ist ein modular aufgebautes Programmiersystem für die zwei- bis fünfachsige Fräsbearbeitung von freigeformten Flächen (Sculptured Surfaces). *Bild 8.3.3.1-19* zeigt die Programmstruktur des Systems. Es beinhaltet unter anderem folgende Modulen:

- SURF zur Kurven- und Oberflächendefinition,
- REGION zur Definition der Bearbeitungsregion,
- PATH zur Bestimmung der Fräsbahnarten,
- OPERAT zur Spezifizierung von Bearbeitungsoperationen.

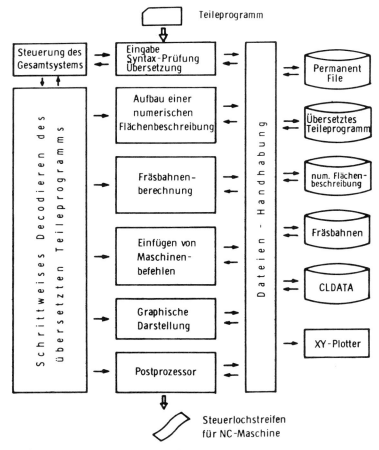

Bild 8.3.3.1-19 Programmstruktur des OKISURF-Systems [112].

Zusätzlich verfügt OKISURF über Moduln zur grafischen Darstellung von Flächen und Fräserwegen, zum Einfügen von frästechnischen Daten und zum Erzeugen einer CLDATA-Datei. Bei einer möglichen Integration des OKISURF-Programmiersystems in ein CAD/CAM-System können die Aufgaben der SURF- und REGION-Blöcke vom CAD-Systemteil übernommen werden.
Für die automatische Bestimmung der Fräsbahnarten innerhalb einer Fräserbereichsabgrenzung stehen drei Möglichkeiten zur Auswahl:
- FLOW-Fräsen entlang von Flächenkurven,
- LINEAR-Fräsen entlang von Schnittlinien, die von der Oberfläche und anderen definierten Ebenen gebildet werden.
- ARC-Fräsen entlang von Schnittlinien, die von der Oberfläche und definierten Zylinderflächen gebildet werden.

Für die Bearbeitung wird ein Kugelfräser benutzt, der durch seine spezifischen Werkzeugparameter definiert werden muß. Neben der automatischen Fräserbahnberechnung besteht die Möglichkeit, das Werkzeug durch eine Anweisung zu führen. Die Fräserführung erfolgt über eine Raumkurve beziehungsweise zwei Raumkurven (bei fünfachsiger Bearbeitung), einer Raumkurve in Verbindung mit einer gekrümmten Fläche oder einer Flächenkurve.
Die OKISURF-Programmiersprache ist der ISO-Norm für Programmiersprachen angepaßt und lehnt sich an die APT-Syntax an [127].

System POLYSURF

Das POLYSURF-Programmiersystem wurde am CAD CENTRE CAMBRIDGE, England, entwickelt und ist heute in verschiedenen Industriebetrieben für die Turbinenfertigung und im Formenbau im Einsatz.
Mit dem POLYSURF-Rechnerprogramm lassen sich dreidimensionale und bestimmte doppelgekrümmte Werkstücke entwerfen, zeichnen und fertigen.
Das Programmpaket ist in FORTRAN realisiert und kann auf verschiedenen Kleinrechenanlagen implementiert oder im Time-Sharing-Betrieb auf einem Großrechner betrieben werden.
Die für POLYSURF verwendete Programmiersprache leitet sich von APT ab, sie wurde für den interaktiven Dialogeinsatz modifiziert.
Im Entwurfsstadium kann am grafischen Bildschirm die Geometrie eines Werkstücks interaktiv entwickelt und dreidimensional dargestellt werden. Es stehen dafür unter anderem geometrische Elemente wie Ebene, Zylinder, Kegel, tabellierte Zylinder und Regelflächen zur Verfügung. Nicht einfach darstellbare Geometrien werden durch Punktmuster beschrieben, aus denen Spline-Kurven berechnet werden, die die Oberfläche definieren. Für die Werkzeugwegbeschreibung stehen zwei Möglichkeiten zur Verfügung. Die eine benutzt das APT-Flächenführungskonzept, wobei das Werkzeug entlang zweier definierter Führungsflächen läuft, bis es eine definierte Grenzfläche erreicht hat.
Die zweite Möglichkeit ist die automatische Werkzeugwegberechnung für die Bearbeitung eines definierten Oberflächenbereiches. Das Werkzeug wird hierbei entweder durch Parameterkurven oder durch Schnittkurven zweier Flächen geführt. Durch die Angabe der Werkzeugdaten für Schrupp- und Schlichtschnitte und der gewünschten Schnittrichtung werden innerhalb der begrenzten Fläche mäanderförmige Werkzeugwege automatisch berechnet. *Bild 8.3.3.1-20* zeigt ein Bearbeitungsbeispiel.
Die erzeugten Werkzeugwege können auf dem grafischen Bildschirm dargestellt und hinsichtlich Fräserradius und möglicher Werkzeugkollisionen überprüft und korrigiert werden. Die Werkzeugwegdaten und die technologischen Daten werden in genormter Form als CLDATA auf einer Ausgabedatei gespeichert und stehen für entsprechende Postprozessoren zur Verfügung [128,129].

Bild 8.3.3.1-20 Bearbeitungsbeispiel mit POLYSURF [128].

NC-Programmierung mit Kleinrechnern

Die große Zahl unterschiedlicher Programmiersysteme zeigt, daß zur Zeit noch nicht abzusehen ist, welche Lösungen sich zukünftig zur rechnerunterstützten NC-Programmierung durchsetzen werden. Ein überwiegender Anteil von Programmiersystemen ist auf die Möglichkeiten von Kleinrechnern zugeschnitten. Besondere Merkmale der Programmiersysteme auf Keinrechnern sind:
- Geringe Anschaffungskosten für Hard- und Software,
- einfacher Zugriff zum Programmiersystem, da der Kleinrechner in der Arbeitsplanung zur Verfügung steht,
- geometrische Berechnungen, wie Koordinatentransformationen und Schnittpunktbestimmungen, sowie einfache technologische Ermittlungen erleichtern den Programmieraufwand,
- die Software ist nicht übertragbar auf andere Rechenanlagen. Die Erweiterung oder Anpassung der Software an betriebliche Anforderungen läßt sich nur bedingt durchführen, da die Software häufig in einer rechnerspezifischen Programmiersprache geschrieben ist.
- die Software ist meist auf die Werkzeugmaschinen eines Herstellers oder auf ein Bearbeitungsverfahren zugeschnitten.

An ausgewählten Beispielen werden im folgenden die Anwendungsmöglichkeiten von Programmiersystemen auf Kleinrechnern vorgestellt.

System EASYPROG

Von der Firma GILDEMEISTER & COMP. AG, Bielefeld, wird der Programmierplatz EASYPROG angeboten, der eine Weiterentwicklung des gleichnamigen Systems der Zweigniederlassung MAX MÜLLER BRINKER MASCHINENFABRIK, Hannover, darstellt. Der Programmierplatz EASYPROG C enthält einen Kleinrechner vom Typ PDP 11/23-11/44 für Mehrbenutzerbetrieb und als Programmierplatz EASYPROG M einen 16-bit Mikroprozessorrechner für den Einzelbenutzerbetrieb.

Das Programmiersystem stellt verschiedene Prozessoren für das Drehen, Bohren und Fräsen sowie für das Nibbeln zur Verfügung. Die entsprechenden Sprachen dafür sind einheitlich aufgebaut. Die Syntax lehnt sich an die APT-Schreibweise an *(Bild 8.3.3.1-21).*

[Literatur S. 601]   8.3 Systeme zur rechnerunterstützten Arbeitsplanung   565

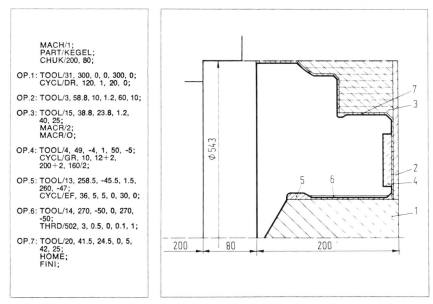

Bild 8.3.3.1-21 Programmierung eines Werkstückes mit Operationsanweisungen durch EASYPROG [210].

Der Sprachteil für die Beschreibung von Drehbearbeitungsaufgaben basiert auf dem Prinzip einer Werkzeugwegbeschreibung und automatischer Berücksichtigung von Werkzeugradius und Aufmaß. Die Beschreibung der Werkzeugbahn erfolgt über die Auflistung der Konturstützpunkte, wobei für Kreisbögen einige Vereinfachungen vorgesehen sind. Bei zusätzlicher Angabe einer Schnitttiefe und eines k_s-Wertes wird die Einhaltung der maximal zulässigen Maschinenleistung überwacht. Weiterhin bietet das System die Möglichkeit, eine automatische Schnittaufteilung für ein Zerspanungssegment durchzuführen, dessen Fertigteilkontur durch eine Folge von Stützpunkten definiert wird. Neben den Werten für Vorschub- und Schnittgeschwindigkeit müssen die Schnitttiefe sowie die Zustell- und Vorschubrichtung spezifiziert werden. Daneben ist auch das Gewindeschneiden durch eine spezielle Anweisung zu programmieren.

Das System ist für Zwecke der Bohr- und Fräsbearbeitung ergänzt worden. Die Möglichkeiten zur Beschreibung der Wegbedingungen und der Stützpunkte sind weitgehend identisch mit dem System für die Drehbearbeitung. Zusätzlich lassen sich lineare und zirkulare Bohrmuster beschreiben. Die Definition von Punktmustern innerhalb eines Makrobereiches bewirkt, daß automatisch die Bearbeitung an allen Punkten des Musters erfolgt. Für die Beschreibung der notwendigen Bearbeitungen sind Bohrzyklen programmierbar.

System AUTOPROGRAMER

Das von der Firma OERLIKON-BOEHRINGER, Göppingen, angebotene Programmiersystem AUTOPROGRAMER 80 läuft im Mehrbenutzerbetrieb auf Rechnern der Serie PDP 11/23-11/44. Es können NC-Programme für alle gängigen Bearbeitungsarten sowie Arbeitspläne und Vorkalkulationen im Dialog erstellt werden. Unter Verwendung von Werkzeug-, Schnittwert- und Maschinendateien werden die zu programmierenden Bearbeitungsaufgaben mit Hilfe von umfangreichen alphanumerischen Arbeitskennungen codiert. Aufbauend auf das einmal erstellte Quellenprogramm können im Wiederholungsfall für ähnliche Werkstücke Programmteile dupliziert oder einzelne Arbeitsschritte ergänzt, eingefügt oder entfernt werden. Als Ausgaben stehen dann neben dem Lochstreifen, NC-Klartexte und Einrichteblätter zur Verfügung.

System H200/H400

Von der Firma INDEX-WERKE KG, HAHN & TESSKY, Esslingen, wird ein Programmierplatz, basierend auf einem Microrechner PDP 11/34 mit dem Programmiersystem H 200 für NC-Drehmaschinen angeboten. In mehreren Ausbaustufen läßt sich die Basisausrüstung durch Blattschreiber, Lochstreifenstanzer, Plotter und Schnelldrucker ausbauen.
Mit dem System INDEX H 200 lassen sich Fahranweisungen für Drehwerkzeuge definieren. Das Programm übernimmt Radiuskorrekturen und Koordinatenumrechnungen. Für einfache Zerspansegmente sowie für die Gewindebearbeitung stehen Bearbeitungszyklen zur Verfügung. Ferner erlaubt die Software das Programmieren von Teilefamilien durch explizite Wertezuweisungen.
Zusätzlich wurde das Programmiersystem INDEX H 400 für Bohr- und Fräsmaschinen sowie für Bearbeitungszentren entwickelt. Zur Beschreibung der Bearbeitungsaufgaben steht eine Reihe von Makros zur Verfügung. Die Programmbenutzung erfolgt im Stapelbetrieb und kann über den Index-Programmierplatz, durch hauseigene Rechenanlagen oder im Time-Sharing-Betrieb mit Telefon- oder Datexanschluß an ein Rechenzentrum erfolgen.

System OLIVETTI-GTL

Die Firma OLIVETTI NC-SYSTEME GmbH, Dietzenbach, bietet ein NC-Programmiersystem für Dreh-, Bohr- und Fräsbearbeitung mit zugehörigem Kleinrechner (28-256 KBytes) an. Zur Programmierung von Bearbeitungszentren, Bohr-Fräswerken sowie Drahterodiermaschinen dient das Teilsystem GTL/3 und für NC-Drehmaschinen das Teilsystem GTL/4.
Die in FORTRAN und BASIC erstellte Software ermöglicht in symbolischer Form nach den syntaktischen Regeln dieser Programmiersprache die geometrische und technologische Beschreibung des Werkstücks. Für häufig vorkommende Bearbeitungsaufgaben stehen vereinfachte, katalogisierte Beschreibungsmöglichkeiten zur Verfügung. Bei der Drehbearbeitung lassen sich mit Hilfe von Kontur- und Bearbeitungsdefinitionen die Steuerinformationen durch Schnittaufteilungs- und Gewindezyklen automatisch ermitteln. Die Ergebnisse der Werkzeugwegermittlung können über einen Schnelldrucker oder Plotter grafisch ausgegeben werden. Ferner bietet das System Möglichkeiten zum Editieren und Archivieren der Ausgabedaten.

Werkstattprogrammiersysteme

Die steigende Leistungsfähigkeit moderner CNC-Steuerungen hat dazu geführt, daß Techniken und Möglichkeiten maschineller Programmiersysteme direkt an der zu programmierenden Werkzeugmaschine Anwendung finden. Diese integrierten Programmiersysteme erlauben durch die klare Aufgabenteilung in Programmieren und Steuern, daß während des Betriebes der Maschine simultan neu programmiert werden kann. Eine wesentliche Steigerung des Benutzerkomforts bei der Programmerstellung stellt die Einbindung grafischer Kontrollausgaben sowie dynamischer Simulationen dar.

System des IPK-BERLIN

Mit einem am FHG-INSTITUT FÜR PRODUKTIONSANLAGEN UND KONSTRUKTIONSTECHNIK, Berlin, entwickelten dynamischen Simulationssystem läßt sich ein NC-Programm im Echtzeitbetrieb am grafischen Bildschirm darstellen. Die Aktualisierung eines neuen Bildes erfolgt nach dem Verfahren von kurzen Weginkrementen, so daß ein kontinuierlicher Bearbeitungsablauf vermittelt wird. Die Vorteile dieses Verfahrens sind:

- optimale Kontrolle von NC-Programmen,
- Verkürzung der Inbetriebnahme neuer NC-Programme,
- Vermeidung von Werkzeugbruch und Beschädigung der Werkzeugmaschine,
- Erhöhung der Sicherheit an der Maschine.

In *Bild 8.3.3.1-22* ist der Simulationsablauf eines Drehprogramms dargestellt. In den Simulationsablauf können verschiedene Parameter einfließen [177]. Bevor der Bearbeitungsvorgang am grafischen Bildschirm abgebildet werden kann, muß zuerst die Rohteilkontur des Werkstücks eingegeben werden. Bei zylindrischen Rohteilen sind dies lediglich der Durchmesser und die Länge.

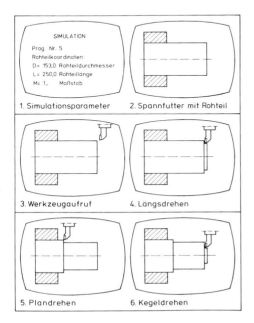
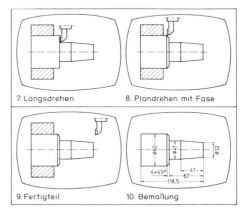

Bild 8.3.3.1-22 Dynamische Simulation eines NC-Programms am grafischen Bildschirm.

Nach der Eingabe des Maßstabsfaktors wird das Rohteil mit dem Spannfutter am Bildschirm dargestellt. Die Werkstückspannung kann durch verschiedene Spannmittel erfolgen, zum Beispiel Innen- und Außenspannung. Die vorkommenden Spannmittel sind im Speicher des Simulationssystems abgelegt. Zusätzlich ist noch eine Werkzeugdatei abgespeichert. Nach jedem neuen Werkzeugaufruf erscheint das programmierte Werkzeug am Bildschirm.

Nach dem Start des Simulationsablaufs werden die einzelnen NC-Sätze interpretiert und für das Werkzeug die notwendigen Verfahrinkremente ermittelt. Befindet sich das Werkzeug im Eingriff, so wird außerdem die Werkstückkontur geändert. An kritischen Bearbeitungsstellen kann der Anwender mit dem Overrideschalter die Geschwindigkeit des Simulationsablaufs beeinflussen. Durch die Echtzeit-Darstellung werden die unterschiedlichen Verfahrgeschwindigkeiten des Werkzeugs, zum Beispiel Bearbeiten oder Freifahren, deutlich sichtbar. Wird das Werkzeug zum Werkzeugwechselpunkt nicht im Eilgang, sondern mit Vorschub verfahren, so kann dies vom Anwender klar erkannt werden und eine dementsprechende NC-Programmkorrektur erfolgen.

Neben der geometrischen Datenaufbereitung läßt sich das Simulationssystem mit einer Technologieüberwachung vorgegebener Kenngrößen verknüpfen. Beim Überschreiten wichtiger Grenzwerte der Werkzeugmaschine oder des Werkzeuges muß dann der Simulationsablauf zur Korrektur unterbrochen werden.

568   8 Rechnerunterstützte Arbeitsplanung   [Literatur S. 601]

System MAZATROL M-1

Eine weitere Vorgehensweise zur Programmerstellung und Kontrolle kann am Beispiel der Steuerung MAZATROL M-1 von YAMAZAKI MACHINERY WORKS, LTD, Japan, gezeigt werden. Die Programmierung eines Bearbeitungszentrums wird an einem 14-Zoll Farbdisplay im Dialog durchgeführt. Die Geometrie des herzustellenden Werkstückes sowie die ermittelten Werkzeugverfahrwege können in unterschiedlichen Farben und aus beliebigen Blickwinkeln am Bildschirm dargestellt werden. Neben allgemeinen grafischen Funktionen wie Ausschnittvergrößerung, werden eine Reihe von Technologieermittlungsfunktionen angeboten. So können Schnittwerte unter Berücksichtigung der jeweils zu zerspanenden Materialien in Verbindung mit einer Werkzeugauswahl automatisch bestimmt werden. *Bild 8.3.3.1-23* zeigt mögliche Darstellungen am Bildschirm der MAZATROL M-1.

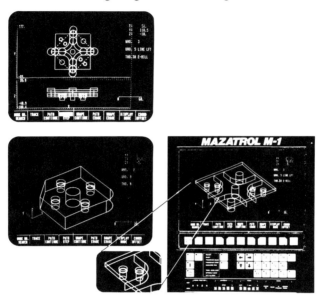

Bild 8.3.3.1-23 Grafische Programmkontrolle mit MAZATROL M-1 (Quelle: MAZAK).

Programmiersysteme für NC-Umformmaschinen

System ROBEND

Zum Erstellen von Steuerdaten für NC-Walzrundmaschinen wurde am *Lehrstuhl für umformende Fertigungsverfahren* der UNIVERSITÄT DORTMUND das im folgenden beschriebene Programmiersystem ROBEND entwickelt [130]. In der vorliegenden Version werden Werkstücke mit zylindrischer Mantelfläche, gleichbleibender Blechbreite und konstantem Blechquerschnitt behandelt.

Mit Hilfe des Programmiersystems ROBEND können der Fertigungsablauf auf einem Rechner simuliert und die für das Walzrunden auf NC-, CNC- oder nachformgesteuerten Walzrundmaschinen benötigten Steuerungsdaten ermittelt werden.

Im Dialog mit dem Rechner wird die gewünschte Werkstückkontur als eine Folge verschiedener oder gleicher Kurvenformen beschrieben, die werkstofftechnischen Daten werden eingegeben und die Daten zur Ausführung des Programmes zugefügt. Vom Bediener werden dabei keinerlei Programmierkenntnisse verlangt.

Der Rechner bestimmt die Kontur der Biegelinie im Eingriffsbereich der Walzen durch Überlagern eines ideal-plastischen Anteils, der sich aus der geometrischen Form des Werkstücks ergibt, und eines durch das aufzubringende Biegemoment bestimmten elastischen Anteils. Die zugehörige Biegewalzenposition ist durch die Maschinengeometrie und die Forderung nach tangentialer Anlage des Blechs an der Biegewalze festgelegt und wird durch ein iteratives Näherungsverfahren bestimmt.

Weiterhin übernimmt das Programmiersystem Funktionen, wie das Optimieren der Bahnkurve, das Überprüfen auf Durchführbarkeit, die grafische Darstellung des Fertigungsablaufs *(Bild 8.3.3.1-24)* und die Datenausgabe.

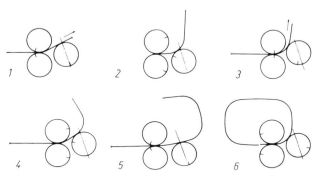

Bild 8.3.3.1-24 Anrunden und Fertigrunden beim CNC-Walzrunden [130].
1...6 Fertigungsschritte.

System LEICOPROG

Seit 1967 wird die NC-Technologie bei Drückmaschinen eingesetzt, womit hinsichtlich Werkstückgeometrie und Verarbeitung schwer umformbarer Werkstoffe neue Möglichkeiten in der Drücktechnologie verwirklicht werden konnten. Im Zuge der Weiterentwicklung dieser Maschinen entstanden Anfang der siebziger Jahre komplexe, mit achtfach-Werkzeugträgern ausgerüstete, CNC- gesteuerte Bearbeitungszentren.

Um die Rationalisierungswirkung sowie die mit diesen numerisch gesteuerten Drückmaschinen geschaffenen neuen Umformmöglichkeiten vollständig ausschöpfen zu können, wurde ein rechnerunterstütztes Programmiersystem entwickelt, das die neuzeitliche Drücktechnologie durch ein wirtschaftliches Bereitstellen der Maschinen-Steuerdaten vervollständigt [131,132].

Das NC-Maschinenprogramm wird mit Hilfe eines freiprogrammierbaren Tischrechners im Dialogverkehr erstellt. Kommunikationsmittel ist eine einfach aufgebaute, leicht erlernbare Sprache mit verschiedenen Anweisungstypen, die auf die besonderen Aufgaben des Metalldrückens zugeschnitten sind und mit denen sämtliche Phasen der Werkstückbearbeitung, wie Bewegungsabläufe und Schaltvorgänge der Drückmaschine beschrieben werden können. Grundlage bzw. Ausgangsinformation für die Teileprogrammierung ist die Programmskizze mit der Kontur der Drückform und den beabsichtigten Umformstufen *(Bild 8.3.3.1-25)* [131].

Das logische Zusammensetzen und Aneinanderreihen der Anweisungen wird durch Bildschirmhinweise des Rechners an den Programmierer erleichtert, zum Beispiel durch Aufforderung zur Eingabe von Informationen über den gewünschten Bearbeitungsablauf und die zugrunde liegenden geometrischen Daten. Auf diese Weise wird der Prozessor auf einen bestimmten Lösungsweg ausgerichtet.

Die Teileprogrammanweisungen durchlaufen nach ihrer Überprüfung die mathematischen Algorithmen des Prozessors und Postprozessors und werden direkt dem entstehenden NC-Drückprogramm angegliedert, das in einem übersichtlichen Format auf dem Bildschirm erscheint.

570   8 Rechnerunterstützte Arbeitsplanung   [Literatur S. 601]

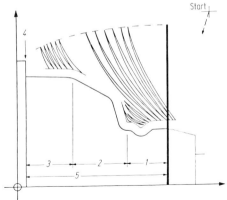

Bild 8.3.3.1-25 Arbeitsvorgänge an einem Umformbeispiel (Programmskizze) [131].
1 und 3 stufenweises Drücken, 2 Projizierdrücken, 4 Rand bearbeiten, 5 Glätten.

System der RUHRUNIVERSITÄT BOCHUM

Am *Institut für Automatisierungstechnik* der RUHRUNIVERSITÄT BOCHUM wurde ein System zur Programmierung von CNC-Drückmaschinen auf der Basis des EXAPT-Systems mit dem Ziel entwickelt, die speziellen Probleme der Geometrieverarbeitung beim Drücken zu berücksichtigen und technologisches Wissen zu verarbeiten [133].
Drückmaschinen mit zwei numerisch gesteuerten Achsen können ohne große Schwierigkeiten programmiert werden. Für Drückmaschinen mit fünf NC-Achsen, wobei der Hauptsupport zwei translatorische und eine rotatorische Achse und der Nebensupport zwei translatorische Achsen hat, muß EXAPT angepaßt werden. Diese Anpassungen werden durch den Grundaufbau der APT-Sprachen erleichtert, die die rechnerische Verarbeitung zuerst durch den Prozessor und danach durch den Postprozessor durchführen.
Der erste Programmteil beschreibt eine Datei mit dem Namen CLDATA, die maschinenunabhängig ist. Im zweiten Verarbeitungsschritt, dem Postprozessor, werden diese Informationen an die vorhandene Werkzeugmaschine angepaßt. Hier können zum Beispiel Anweisungen zur Bewegung der Drückwalze unter Einhaltung eines bestimmten Winkels zur verfahrenden Bahnkurve in Steuerinformationen für die NC-Achsen umgesetzt werden.
Der Aufbau der Dateien des EXAPT-Systems läßt sich auch für das Drücken übernehmen. Die Geometriedaten und sonstige Angaben zu den Einsatzbedingungen von Drückwerkzeugen lassen sich in einer Datei erfassen und über die Werkzeugnummer für den Prozessor zugreifbar machen. Eine Werkstoffdatei mit umformspezifischen Kenngrößen dient zur Bestimmung von Eingangsparametern für Unterprogramme. In einer weiteren Datei sind die Makros abgespeichert. So können für typische Drückvorgänge Makros programmiert werden *(Bild 8.3.3.1-26)*, die dann beim Aufruf durch eine geringe Anzahl von Parametern gesteuert werden.

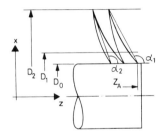

Bild 8.3.3.1-26 Drückmakro DRZYL [133].
D = Durchmesser, α = resultierende Winkel.

Systeme zum Brennschneiden

Durch Brennschneiden werden in der Regel mehrere Teile aus größeren Blechtafeln ausgeschnitten. Ein wesentlicher Aufgabenschwerpunkt bei der Arbeitsplanung von Brennschneidmaschinen ist das Erstellen der Schnittpläne entweder für fotoelektrisch abtastende oder NC-Maschinen.

Hierzu werden die Werkstücke derart auf den vorgegebenen Tafeln geschachtelt, daß der Verschnitt gering gehalten wird. Die konventionellen Verfahren sind sehr zeitaufwendig und personalintensiv und wegen der Komplexität des Problems oft mit Fehlern behaftet, so daß eine Rechnerunterstützung durch grafische Systeme eine Verbesserung der Schachtelergebnisse erwarten läßt. Die Ziele einer rechnerunterstützten Schachtelplanerstellung sind:

- Minimierung des Abfalls,
- Erhöhung der Genauigkeit,
- Vereinfachung des Arbeitsablaufes,
- Reduzierung der Planungszeiten und Personalkosten,
- Geometriebereitstellung für die NC-Programmierung.

System GAIN

Insbesondere in der Werftindustrie werden viele Blechteile verarbeitet, so wurde speziell für den Schiffsbau von der Firma ITALCANTIERI das System GAIN (Graphic Advanced Interactive Nesting) zum Blechschachteln entwickelt. Dieses GAIN-System ist in ein Gesamtkonzept integriert, das vom Entwurf bis zur Fertigung den Schiffsbau unterstützt [189]. Die Bauteile werden grafisch am Bildschirm dargestellt und durch den Arbeitsplaner interaktiv auf den Stahlrohlingen positioniert und gegebenenfalls manipuliert. Das Festlegen der Schneidwege und Bestimmen der Verbindungsstege erfolgt ebenfalls interaktiv am Bildschirm. Nach Angabe zusätzlicher Informationen, wie Anzahl der Schneidbrenner, Fasen und Durchbrüche, kann der Bearbeitungsvorgang simuliert und vom Anwender überprüft werden. Abschließend werden alle erforderlichen Arbeitsunterlagen automatisch erstellt *(Bild 8.3.3.1-27)*.

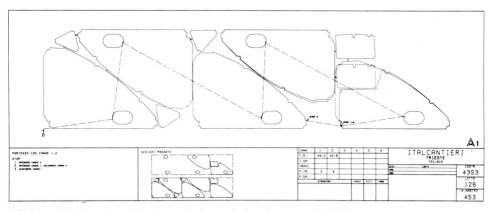

Bild 8.3.3.1-27 Interaktive Blechschachtelung mit dem System GAIN [189].

System KRUPP ASCO

Mit dem System KRUPP ASCO wurde ein Schachtelsystem entwickelt, das vollautomatisch Schnittpläne für NC-Brennschneidanlagen erstellt [190]. Ohne manuelle Eingriffe werden flache Werkstücke mit beliebig gestalteten Konturen unter Berücksichtigung von

572   8 Rechnerunterstützte Arbeitsplanung

technologischen Bedingungen, wie Stegbreite und Walzrichtung auf vorgegebenen Tafeln geschachtelt *(Bild 8.3.3.1-28)*. Für rechteckige Teile kann eine Optimierung der Schnittpläne im Hinblick auf ein Minimieren der Gesamtkosten der Plattenaufteilung vorgenommen

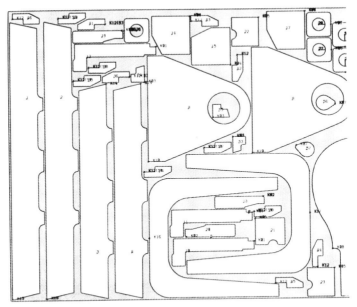

Bild 8.3.3.1-28 Automatische Schnittplanerstellung mit dem System KRUPP ASCO [190].

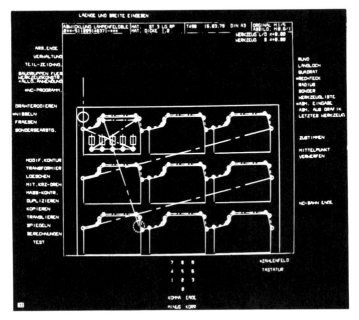

Bild 8.3.3.1-29 Schachtel- und Nibbelbeispiel, System PHILIKON [192].

werden. Die Ergebnisse der Schachtelung werden automatisch an Systeme zur Lochstreifenerstellung weitergegeben und können als grafische Darstellung ausgegeben werden.
Die Aufgaben der Schachtelung sind nicht nur auf das Brennschneiden beschränkt, sondern sie treten bei allen Bearbeitungen auf, bei denen ein Zuschnitt von Halbfertigprodukten aus größerem Ausgangsmaterial erfolgt. So kann das System KRUPP ASCO auch für Zuschnitte von Textilien und Folien und zur sonstigen Plattenbearbeitung, zum Beispiel aus Holz, Kunststoff oder Glas genutzt werden.
Für die Unterstützung weiterer Blechbearbeitungsverfahren, zum Beispiel Nibbeln, Drahterodieren, Plasma- und Laserschneiden, wurden noch andere Systeme entwickelt, die die Möglichkeit bieten, verschiedene Konturen auf Tafeln anzuordnen und die Geometriedaten für die Ermittlung von NC-Verfahrwegen bereitzustellen, zum Beispiel NESTEX von EXAPT. Für das Programmieren von Nibbelbearbeitungen bietet zum Beispiel das System PHILIKON einen Baustein zur grafisch interaktiven Rechnerunterstützung an *(Bild 8.3.3.1-29)* [192].
Die Vorteile der Grafikanwendung bei den Aufgaben der Schachtelbearbeitung und anschließenden NC-Teileprogrammerstellung wurde auch von CAD-Anbietern erkannt, die basierend auf einem CAD-System, entsprechende Programmbausteine bereitstellen, zum Beispiel APPLICON [191] oder GERBER.

Programmiersysteme für NC-Mehrmaschinenbearbeitung

Der wirtschaftliche Betrieb eines Fertigungssystems hängt entscheidend von Art, Umfang und Leistungsfähigkeit der Planung ab. Bei Mehrmaschinensystemen kommt diesem Bereich infolge der Abhängigkeit der Maschinen untereinander noch größere Bedeutung zu. Unter dem Begriff der Mehrmaschinenbearbeitung sei im folgenden die werkstückbezogene Bearbeitungsfolge innerhalb eines Fertigungssystems verstanden, das zum Zwecke der Komplettbearbeitung aus verschiedenen Einzelmaschinen besteht.

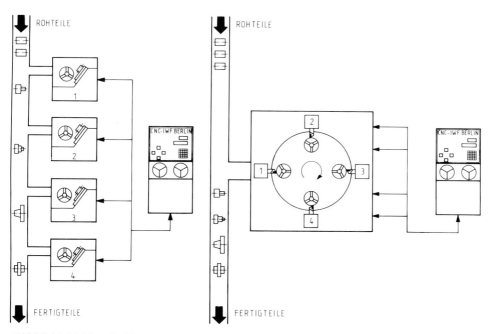

Bild 8.3.3.1-30 Vierspindliges NC-Drehbearbeitungszentrum.

574   8 Rechnerunterstützte Arbeitsplanung

Die Mehrmaschinenprogrammierung wird im folgenden am Beispiel eines am *Institut für Werkzeugmaschinen und Fertigungstechnik* der TECHNISCHEN UNIVERSITÄT BERLIN entwickelten Systems zur Mehrmaschinenprogrammierung vorgestellt.

Bei dem beispielhaft betrachteten Mehrmaschinensystem handelt es sich um ein mehrspindliges NC-Drehbearbeitungszentrum, dessen vier Bearbeitungsstationen hinsichtlich Wirkkinematik und Programmierung autark sind. Sie können deshalb als vier einzelne NC-Maschinen angesehen werden, die über eine schaltbare Spindeltrommel verkettet sind *(Bild 8.3.3.1-30)* [134,135].

Das Ziel der Planung für die NC-Mehrmaschinenbearbeitung ist die Erstellung einer detaillierten Beschreibung der statischen und dynamischen Zuordnung von Werkstück und Werkzeug an mehreren Maschinen. Dieses Fertigungsprogramm enthält die Angaben aller Schalt-, Weg- und Hilfsfunktionen in ihrer zeitlichen und lokalen Zuordnung, die zur Steuerung des gesamten Fertigungssystems erforderlich sind. Die daraus resultierenden Abhängigkeiten des Planungssystems von Mehrmaschinensystemen wurden untersucht [32]. Auf der Basis der funktionalen Zusammenhänge erfolgt eine Aufteilung des Planungsprozesses in drei Verarbeitungsphasen *(Bild 8.3.3.1-31)*.

Im Mittelpunkt der ersten Verarbeitungsphase steht das Werkstück und die Bestimmung aller für seine Herstellung erforderlichen Bearbeitungsoperationen. Dieser Planungsvorgang erfolgt zunächst unabhängig davon, auf welcher Einzelmaschine oder Bearbeitungsstation die jeweilige Operation durchgeführt wird. Sie muß nur innerhalb des vorgegebenen Ferti-

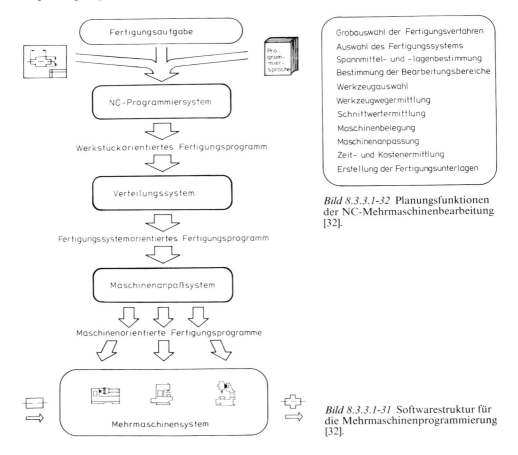

Bild 8.3.3.1-32 Planungsfunktionen der NC-Mehrmaschinenbearbeitung [32].

Bild 8.3.3.1-31 Softwarestruktur für die Mehrmaschinenprogrammierung [32].

gungssystems prinzipiell möglich sein. Das Ergebnis dieser ersten Verarbeitungsphase wird als werkstückorientiertes Fertigungsprogramm bezeichnet und stellt die Summe aller Bearbeitungsoperationen bei Betrachtung der gesamten Fertigung innerhalb des Mehrmaschinensystems dar.
Eine funktionelle Unterteilung der Planungsphasen für die Mehrmaschinenbearbeitung führt zu einer in *Bild 8.3.3.1-32* dargestellten Aufgabengliederung.
Ausgehend von der Gestalt eines Bauteiles erfolgt in der ersten Planungsfunktion eine Grobauswahl der anzuwendenden Fertigungsverfahren. Für den Bereich der spanenden Fertigung ist darunter die Festlegung der prinzipiellen Wirkkinematik zu verstehen. Dieser Vorgang steht in starker Abhängigkeit vom betrieblichen Know-how.
In der zweiten Funktion wird anhand der notwendigen Wirkkinematik das anzuwendende Fertigungssystem bestimmt. Weitere Einflußparameter für diese Auswahl sind die Werkstückgröße, der Werkstoff und die geforderte Bearbeitungsgenauigkeit. Wichtiges Hilfsmittel dafür sind fertigungsbeschreibende Klassifizierungssysteme und Maschinendateien, die neben den funktionalen Daten auch Angaben über Einsatzbedingungen enthalten.
Die Auswahl des Spannmittels in Verbindung mit der Bestimmung der Spannlage erfolgt im wesentlichen nach den gleichen Parametern wie die Festlegung des Fertigungssystems. Es werden nur jene Spannmittel zu Auswahl herangezogen, die den bereits ausgewählten Fertigungssystemen zuzuordnen sind. Rechnerunterstützte Lösungsmöglichkeiten für den Bereich der Drehbearbeitung sind bereits aufgezeigt worden [33,35,41]. Sie werden in das System zur Mehrmaschinenprogrammierung integriert [32].
Die Bestimmung der Bearbeitungsbereiche erfolgt unter Berücksichtigung der Roh- und Fertigteilgeometrie sowie der gewählten Spannlage. Es werden die Art und Lage der durch Bearbeitung zu erzeugenden Konturabschnitte ermittelt, in Relation zu den entsprechenden Abschnitten der Rohteilkontur gesetzt und ihre Reihenfolge festgelegt. Dieser Vorgang steht in enger Beziehung zur Funktion der Werkzeugauswahl.
Die Werkzeugauswahl erfolgt auf der Basis einer Feinanalyse der zu erzeugenden Konturelemente hinsichtlich erforderlicher Vorschubrichtungen. Ein Vergleich dieses Vorschubbereichs mit den Bereichen der dem Fertigungssystem zugeordneten Werkzeuge liefert entweder ein geeignetes Werkzeug oder es wird eine erneute Bereichsbestimmung verlangt.
Die einsetzbaren Werkzeuge werden auf dem grafischen Bildschirm dargestellt. Der Arbeitsplaner trifft daraufhin die endgültige Werkzeugauswahl oder führt durch Vorgabe eines geänderten Konturabschnittes einen neuen Entscheidungsprozeß herbei.
In der Planungsfunktion Maschinenbelegung sind die einzelnen Bearbeitungsoperationen innerhalb möglicher technologischer Bearbeitungsfolgen den entsprechenden Maschinen zuzuordnen.
Die Lösung des Problems wird erschwert durch die gegenläufigen Forderungen nach:
 – minimaler Durchlaufzeit und
 – maximaler Kapazitätsauslastung [136].
Die Durchlaufzeit wird durch die Art der Verkettung der Einzelmaschinen beeinflußt. Mehrmaschinensysteme können aus sich ergänzenden oder ersetzenden und aus Kombinationen dieser Möglichkeiten aufgebaut sein. Dies hat entsprechend *Bild 8.3.3.1-33* im allgemeinen eine lineare, parallele oder kombinierte Verkettungsstruktur des Fertigungssystems zur Folge.
Das Zuordnungsproblem bei einem linear verketteten Mehrmaschinensystem ohne Möglichkeiten der Werkstückzwischenablage ist in der zeitlichen Abstimmung der Bearbeitungsvorgänge auf den einzelnen Maschinen zu sehen. Eine derartige Abstimmung bedeutet, daß die Summe der fertigungsablaufbedingten Leerzeiten ein Minimum und eine möglichst gleichmäßige Auslastung der Maschinen erreicht wird. Erschwerend tritt hinzu, daß technologisch bedingte Reihenfolgevorschriften und maschinenorientierte Bearbeitungsmöglichkeiten berücksichtigt werden müssen. Durch die zwangsweise Aneinanderreihung der Bearbeitungsvorgänge nach dem Fließprinzip wird das Problem der Liege- oder

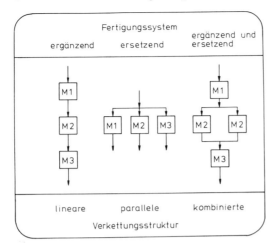

Bild 8.3.3.1-33 Verkettungsstrukturen von Mehrmaschinensystemen [32].

Wartezeiten beseitigt. Damit sind bei der Fließfertigung die beiden Hauptforderungen der Ablaufplanung weitgehend in Übereinstimmung gebracht.
Für die Aufteilung des Gesamtablaufes auf mehrere Maschinen mußte eine Struktur gewählt werden, deren Elemente zeitlich gesehen möglichst kurz sind und eine weitgehende Unabhängigkeit voneinander besitzen. Die Schalt- und Wegfunktionen der CLDATA-Schnittstellen besitzen diese Unabhängigkeit nicht, da sie sich zumeist aufeinander beziehen und einem bestimmten Werkzeug zugeordnet sind. Deshalb wurde als Basis einer Verteilungsstruktur eine Werkzeugoperation mit dem Werkzeug als Systemgrenze gewählt. Sie wird als Vorgangsstufe bezeichnet und ist gekennzeichnet durch Angabe eines Werkzeuges und aller für seinen Bewegungsablauf notwendigen Weg-, Schalt- und Hilfsfunktionen [32]. Die Verteilungsstruktur eines Mehrmaschinensystems ist von der Verkettungsstruktur zu unterscheiden. Die Verkettungsstruktur orientiert sich am intermaschinellen Werkstücktransport, während die Verteilungsstruktur darüber hinaus auf die maschinellen Bearbeitungsmöglichkeiten zu beziehen ist. Im Falle einer linearen Verkettungsstruktur bei sich ausschließlich ergänzenden Maschinen ergibt sich die Verteilung der Vorgangsstufen aus der eindeutigen Zuordnung von Werkzeug und Bearbeitungskinematik zur Maschine. Eine Optimierung des Gesamtablaufes auf der Basis vorgegebener Vorgangsstufen ist nicht möglich [32].
Liegt eine parallele Verkettungsstruktur bei sich ersetzenden Maschinen vor, so sind prinzipiell alle Vorgangsstufen auf jeder Einzelmaschine durchführbar. Daraus ergibt sich als Verteilungskriterium in erster Linie eine bestmögliche Auslastung des Gesamtsystems. Sie kann sowohl nach kostenmäßigen als auch nach zeitlichen Gesichtspunkten erfolgen. Im allgemeinen werden Mischformen sich ergänzender und ersetzender Maschinen bevorzugt. Dadurch lassen sich die Vorteile der Verwendung einfacher Maschinen mit denen der Austauschbarkeit und Verteilmöglichkeit auf die im Mehrmaschinensystem vorhandenen gleichartigen Maschinen verbinden.
Für das betrachtete Mehrmaschinensystem wird eine lineare Verkettungsstruktur zugrunde gelegt. Für die Wahl der Verteilungsstruktur wird der allgemeine Fall einer Mischform aus sich ergänzenden und ersetzenden Maschinen gemäß *Bild 8.3.3.1-34* angenommen. Die Verteilungsstruktur ist so gewählt, daß eine flexible Vorgangsstufenstruktur einer vorliegenden Maschinenstruktur hinsichtlich einer zeitlichen Minimierung des Gesamtablaufes überlagert werden kann [32].
Infolge der Taktung - eine lineare Verkettung vorausgesetzt - ergibt die längste Bearbeitungszeit aller Bearbeitungseinheiten die systemeinheitliche Taktzeit *(Bild 8.3.3.1-35)*. Das

Ergebnis dieser zweiten Verarbeitungsphase ist ein fertigungssystemsorientiertes Fertigungsprogramm. Ein Modul zur Lösung dieses Aufgabenbereiches liegt in einer ersten Ausbaustufe vor [32].

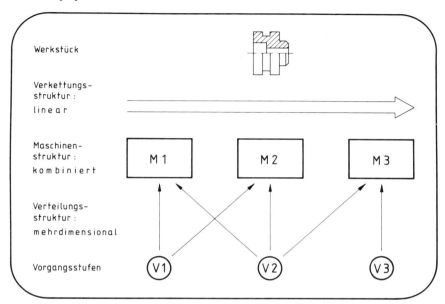

Bild 8.3.3.1-34 Verteilungsstrukturen bei linearer Verkettungs- und kombinierter Maschinenstruktur [32].

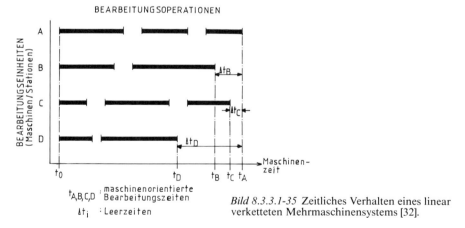

Bild 8.3.3.1-35 Zeitliches Verhalten eines linear verketteten Mehrmaschinensystems [32].

In *Bild 8.3.3.1-36* ist eine automatisch ermittelte Verteilung als Ergebnis dieses Moduls für ein Beispiel dargestellt. Aufgrund der Tatsache, daß für dieses Beispiel zwei Einspannungen pro Station notwendig sind, ergeben sich zwei Bearbeitungszyklen und damit zwei Taktzeiten.
In der dritten Verarbeitungsphase werden die aufgeteilten NC-Informationen in maschinenorientierte Fertigungsprogramme umgesetzt. Die Ergebnisse können in Form eines Lochstreifens, eines alphanumerischen Programmanuskriptes und eines grafischen Arbeitsplanes *(Bild 8.3.3.1-37)* ausgegeben werden.

578 8 Rechnerunterstützte Arbeitsplanung   [Literatur S. 601]

		ZYKLUS I			ZYKLUS II	
STATION	EIN-SP.	WKZ-OP.	STAT.-ZEIT /MIN/	EIN-SP.	WKZ-OP.	STAT.-ZEIT /MIN/
1	1	1	0.413	2	8	0.332
2	2	9,10,11	0.375	1	2, 3, 4	1.367
3	1	5	0.576	2	12	2.969
4	2	13,14	0.549	1	6, 7	1.047

```
TAKTZEIT I      =  0.826 MIN       TAKTZEIT II  =  3.219 MIN
STUECKZEIT      =  4.045 MIN
GESAMTWIRKUNGSGRAD = 47.133 %
```

Bild 8.3.3.1-36 Verteilungsplan für eine Mehrmaschinenbearbeitung [32].

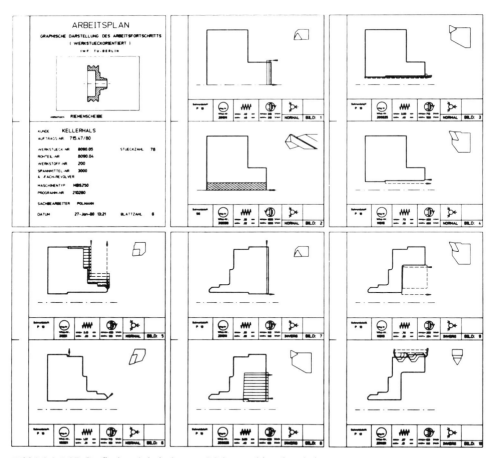

Bild 8.3.3.1-37 Grafischer Arbeitplan zur Mehrmaschinenbearbeitung.

8.3.3.2 NC-Handhabungsmaschinen[1)]

Programmierbare Handhabungsgeräte, häufig auch als Industrieroboter bezeichnet, eröffnen neue Wege zur Automatisierung der Klein- und Mittelserienfertigung [193, 194]. Eine wirtschaftliche Nutzung von Handhabungsgeräten setzt umfangreiche Planungsarbeiten voraus. Meist beruht die Planung weitgehend auf den individuellen Erfahrungen des Planers und führt dadurch teilweise zu unbefriedigenden Ergebnissen. Die Planung von Handhabungssystemen teilt sich auf in die Planungsstufen [196]
- Bedarfsplanung,
- Auslegungsplanung und
- Einzelplanung.

Bei der Bedarfsplanung werden die zu automatisierenden Funktionen ermittelt und die Anforderungen an das Handhabungssystem definiert. Die Auslegungsplanung befaßt sich mit der Umsetzung der ermittelten Anforderungen in technische Realisierungskonzepte [195]. Für die Einzelplanung ist neben dem Lösen der eigentlichen Handhabungsaufgabe mit Geräteauswahl und Maschinenaufstellung die Automatisierung des Bearbeitungsvorganges, des Prüfens sowie der Hilfsstoffzufuhr und -abfuhr maßgebend. Wichtige Teilaufgaben der Einsatzplanung von programmierbaren Handhabungsgeräten zeigt *Bild 8.3.3.2-1*.

Wesentliche Teilaufgaben der Einsatzplanung sind die Festlegung der Anzahl benötigter Handhabungsgeräte, die Definition der Maschinenaufstellung, das Festlegen der Einbaulage des Handhabungsgerätes und die Bestimmung der optimalen Verfahrwege einschließlich der Erstellung der NC-Daten [197].

Die Anzahl benötigter Handhabungsgeräte ergibt sich aus der Zugänglichkeit zu den Fertigungsmitteln, der Entfernung anzufahrender Positionen und der erzielbaren Ausbringungsrate. Ziel der Auswahl ist die Anzahl der minimal erforderlichen Handhabungsgeräte. Beim Einsatz von mehr als einem Handhabungsgerät ergibt sich die zusätzliche Aufgabe der Abstimmung von Umfang und Reihenfolge der von den Einzelgeräten auszuführenden Teilaufgaben [197].

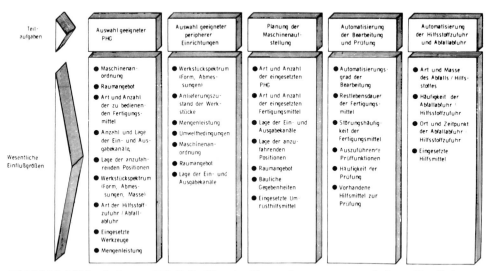

Bild 8.3.3.2-1 Teilaufgaben und Einflußgrößen der Einsatzplanung programmierbarer Handhabungsgeräte [197].

---
[1] In diesem Abschnitt wird auf Arbeiten von PRAGER zurückgegriffen [137]

580 8 *Rechnerunterstützte Arbeitsplanung* [Literatur S. 601]

Das Festlegen der Maschinenaufstellung hängt in erster Linie vom Arbeitsraum und Platzbedarf des beziehungsweise der einsetzbaren Handhabungsgeräte ab. Zu berücksichtigende Randbedingungen sind die Lage der Ver- und Entsorgungspunkte, die erforderlichen Freiräume für Umrüst- und Wartungsarbeiten sowie bestehende Maschinenfundamente. Planungsziel bei der Maschinenaufstellung ist der Einsatz weniger Bewegungsachsen und die Erzielung kurzer Verfahrwege [197].

Die Einbaulage der Handhabungssysteme in der Fertigungszelle ist im engen Zusammenhang mit der Anzahl der Handhabungsgeräte und der Maschinenaufstellung zu sehen.

Die Bestimmung des optimalen Verfahrweges hängt im wesentlichen von folgenden Einflußgrößen ab [197]:
- den geometrischen Gegebenheiten,
- der Kinematik des Handhabungsgerätes,
- der Verfahrgeschwindigkeit der einzelnen Achsen,
- der Bedienfolge und
- der Greiferausführung.

Zur Bestimmung des optimalen Verfahrweges gehört auch die Aufgabe der Erstellung der Steuerdaten für das programmierbare Handhabungsgerät. Für die Programmierung von Handhabungsgeräten, im folgenden Roboter genannt, stehen verschiedene Programmierverfahren zur Verfügung. Eine Unterteilung nach dem Ort der Programmierung zeigt *Bild 8.3.3.2-2*.

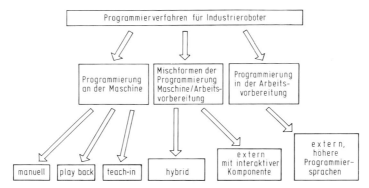

Bild 8.3.3.2-2 Programmierverfahren für Industrieroboter [nach 137].

Bei der manuellen Programmierung wird die Arbeitsaufgabe durch mechanische Einstellungen und der Schaffung von Verbindungen auf dem Programmierfeld und am Handhabungsgerät realisiert. Beim Play-Back-Verfahren wird der Roboter durch Führen seines Werkzeugträgers oder Greifers bewegt. Die dabei erzielten Lageistwerte werden in definierten Zeitrastern aufgenommen und ergeben das Anwenderprogramm. Die Erstellung des Anwenderprogramms bei der Teach-in-Programmierung erfolgt durch eine Folge von Schalter- und Tastenbetätigungen.

Externe Programmierung bedeutet die steuerungsunabhängige Erstellung ablauffähiger Anwenderprogramme für Industrieroboter. Diese Verfahren bieten folgende Vorteile [137]:
- Reduzierung der Nebenzeitanteile des Roboters einschließlich Peripherie,
- komfortable Programmerstellung durch Verwendung höherer Programmiersprachen und Kopplungsmöglichkeiten zu CAD-Systemen,
- einfache Änderungsmöglichkeiten durch Editierprogramme und
- einfache Dokumentationsmöglichkeiten.

Im Unterschied zur Programmierung von NC-Werkzeugmaschinen treten bei der Programmerstellung für Industrieroboter zusätzlich spezielle Probleme auf [140]:

- Bezugnahme auf eine reale Umwelt mit Ortsangaben, Orientierungsangaben, Zeitangaben, Geschwindigkeitsangaben und Objekteigenschaften,
- Integration von Sensormeldungen und Sensordatenanforderungen in die Programmsteuerung,
- Reaktion auf die Änderungen der realen Umwelt, die unbeabsichtigt, irreversibel und auch dynamisch sein können,
- Operationsangaben mit Implikationen sowie
- Aufbau und dynamische Anpassung einer Datenstruktur, die die Umwelt beschreibt.

Für den Einsatz universeller externer Programmierverfahren sind einheitliche Schnittstellen und definierte Grundfunktionen Voraussetzung. Diesbezüglich liegen bereits erste Ergebnisse vor [138]. Mischformen der Programmierung von Handhabungsgeräten enthalten Anteile externer und interner Programmierung. Bei der hybriden Programmierung werden das Programmgerüst und bewegungsspezifische Daten extern erstellt und intern Positions- und Orientierungsdaten im Teach-in-Verfahren eingefügt.

Bei externer Programmierung mit interaktiver Komponente werden extern Programmgerüste und intern Bewegungsangaben erzeugt. Programmgerüst und Bewegungsdaten werden anschließend mit einem Interpreter verknüpft.

Auf dem Gebiet der externen Programmierung sind zwei Hauptgruppen an Programmiersprachen zu unterscheiden [139]:
- explizite oder bewegungsorientierte Programmiersprachen und
- weltmodell- oder aufgabenorientierte Programmiersprachen.

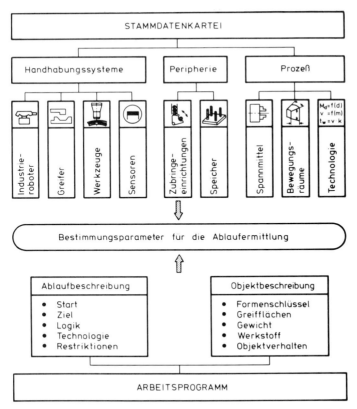

Bild 8.3.3.2-3 Bestimmungsparameter für die Ermittlung von Handhabungsabläufen

Bei expliziten Sprachen müssen alle für die Realisierung der Aufgabe erforderlichen Bewegungen des Roboters einzeln beschrieben werden. Die exakten Angaben von Positionen und Orientierungen im dreidimensionalen Raum erfordern von dem Programmierer ein außerordentliches Vorstellungsvermögen, das nicht immer vorausgesetzt werden kann. Gleiches gilt für Kollisionsbetrachtungen mit Gegenständen, die sich im Arbeitsraum befinden.

Der Vorteil weltmodell-orientierter Sprachen gegenüber expliziten Sprachen liegt in der übersichtlichen Beschreibung komplizierter Bewegungsvorgänge und logischer Zusammenhänge. Dieses ist einer der Hauptgründe, weshalb sich gerade diese Art der Sprache für die Programmierung verketteter Fertigungseinrichtungen eignet. Speziell bei Montageprozessen ist es notwendig, Programmablaufanweisungen sowie Fehlerreaktionsroutinen und Kontrollfunktionen in einer problemorientierten Sprache definieren zu können.

Für die externe Programmierung von Handhabungsgeräten ergeben sich folgende Einzelaufgaben:
- Beschreibung der Bewegungsgeometrie,
- Beschreibung der Ablauffolge,
- Kontrolle und Überwachung.

Bei der rechnerunterstützten Erstellung von Steuerdaten für Industrieroboter lassen sich drei Gruppen von Bestimmungsparametern abgrenzen. Entsprechend *Bild 8.3.3.2-3* sind dies die Stammdaten des Arbeitsplatzes und der Handhabungseinrichtung, die Ablaufbeschreibung der Handhabungsaufgabe und die Beschreibung des zu handhabenden Objektes [150].

Nachfolgend werden einige Programmiersprachen und die zugehörigen Programmiersysteme dargestellt [137,140].

System AL

Basierend auf dem WAVE-System [141] wurde seit 1974 an der STANFORD UNIVERSITY, Kalifornien, die Programmiersprache AL (Assembly Language) entwickelt und auf einem Rechner des Typs PDP-KL 10 implementiert [142]. Zur Steuerung eines Scheinmann-Armes stand zusätzlich eine PDP 11/45 zur Verfügung.

Das System besteht aus Compiler, Interpreter, Testsystem (ALAID) und einem Systemprogramm zur interaktiven Programmierung, POINTY [143]. AL ist eine algoähnliche, blockstrukturierte, weltmodellorientierte Programmiersprache für den Einsatz von Handhabungsgeräten in der Montage.

Im Rahmen eines Technologietransfers wurde AL auch Ausgangspunkt für eine programm- und gerätetechnische Weiterentwicklung und Neuimplementierung dieser Sprache und des Systems am *Institut für Informatik* der UNIVERSITÄT KARLSRUHE [144]. Hier stehen ein PUMA 5OO, ausgerüstet mit einer Vorrichtung für Kraft- und Drehmomentmessungen, ein elektrisches Greifersystem, ein Steuerrechner LSI-11/2 und ein Hintergrundrechner, Typ PDP 11/34 zur Verfügung.

AL gestattet die Benutzung arithmetischer, boolescher und trigonometrischer Funktionen, eine flexible Programmierung durch Schleifenstrukturen und Programmverzweigungen. Ähnliche Arbeitsabläufe können durch Prozeduren beschrieben werden, denen durch die Möglichkeit einer Variablenverarbeitung vor ihrer Ausführung ein aktueller Parametersatz übergeben wird. AL erlaubt eine quasiparallele Bearbeitung von Programmteilen. Programmierbare Ereignisvariable können über Semaphoroperationen verändert werden. Damit besteht eine programmtechnische Möglichkeit der Synchronisation mit externen Geräten bzw. der gleichzeitigen Steuerung mehrerer Roboterarme.

Die interaktive Komponente ermöglicht die Eingabe von Bewegungsinformationen im Teach-in-Verfahren. Die übernommenen Raumpunkte werden unter Zuordnung eines Namens in eine Frameliste eingetragen. Derart eingegebene AL-Befehle mit Teach-in-Parame-

tern werden über den Compiler als AL-Code dem AL-Interpreter zur Ausführung zur Verfügung gestellt.
AL beinhaltet zur Beschreibung der Umwelt das Framekonzept, in dem Frames und ihre relative Lage zueinander definiert werden können. Ein Frame beinhaltet alle Angaben über die Position und Orientierung des Greifers, bezogen auf ein definierbares Standardkoordinatensystem der Maschinenanordnung. Die Relationen zwischen Frames werden durch Translationsvektoren und Rotationsangaben beschrieben. Dem Programmierer steht für diese Festlegung die AFFIX-Anweisung zur Verfügung, so daß ein Bewegungsablauf beispielsweise wie folgt beschrieben werden kann:

    move   GREIFER to TEIL,
    affix   TEIL to GREIFER,
    move   TEIL to PALLETTE.

Die vollständige Bewegungsanweisung setzt sich aus einem bewegbaren Frame, einem Zielframe und zusätzlichen Bewegungsbedingungen zusammen, zum Beispiel Geschwindigkeitsangabe, Zeitangabe, Kraftüberwachung.

System ROBEX

An den *Instituten des Werkzeugmaschinenlabors* der TH AACHEN wird an einem Programmiersystem für numerisch gesteuerte Handhabungsgeräte gearbeitet [145]. Die bereits definierte Programmiersprache ROBEX ist weltmodell-orientiert. Sowohl die Systemstruktur als auch die Eingabesprache gleichen in ihrem Konzept den zur Steuerung von Werkzeugmaschinen benutzten NC-Programmiersprachen EXAPT bzw. APT. Ziel des ROBEX-Programmiersystems ist eine Verlagerung der Programmierung von Handhabungsgeräten von der Werkstatt in die Arbeitsvorbereitung.

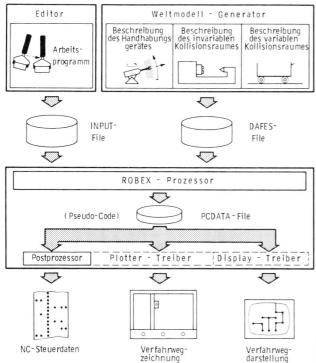

Bild 8.3.3.2-4 Struktur des ROBEX-Programmiersystems [145].

Das ROBEX-System besteht aus einem Editor zur Programmeingabe, einem Weltmodell-Generator, der die Geometriedaten des Handhabungsgerätes und der sich im Arbeitsraum befindlichen Teile bzw. Maschinen beinhaltet und im Dialogverkehr mit dem Programmierer Datenstrukturen zur Beschreibung der Fertigungszelle erzeugt. Dem ROBEX-Prozessor, der aus den Eingabe- und Geometrieinformationen ein steuerungsunabhängiges Arbeitsprogramm generiert, das heißt die Ermittlung der Verfahrwege unter Berücksichtigung von Kollisionen vornimmt und einem Postprozessor, der das Arbeitsprogramm steuerungsspezifisch umformt (Bild 8.3.2.2-4). Zur Kollisonsbetrachtung wird die Beschreibung elementarer Hüllvolumen herangezogen. Die Generierung kollisionsfreier Verfahrwege soll jedoch erst in einer späteren Entwicklungsstufe erfolgen.

Das System ermöglicht eine problemlose Erweiterung der Sprachelemente. Die Verarbeitung externer Daten (Sensorinformationen) ist derzeit nicht möglich, sofern es sich nicht um ein digitales Signal handelt, das durch eine Kanalnummer adressiert, nur eine Ja/Nein-Entscheidung zuläßt. Neben der Definition von Makros besteht die Möglichkeit der Vergabe von Punktmustern, beispielsweise für Palettieraufgaben oder der Eingabe einer Palettieranweisung. Letztere Anweisung dient Steuerungen mit systeminterner Palettierfunktion, erstere Steuerungen ohne diese Fähigkeit.

Die Beschreibung der Werkstücke und des Kollisionsraumes erfolgt durch geometrische Anweisungen für:
- Punkte, Punktmuster,
- Linien, Vektoren, Koordinatentransformationen,
- Flächen, Kreise,
- Quader, Kugeln, Kegel und Zylinder.

Aus diesen Grundelementen können dann Volumenelemente zusammengesetzt werden.

System VAL

Das System VAL (VAriable Language) ist eine Entwicklung der Firma UNIMATION, Danbury, Conn. [146]. VAL ist sowohl der Name einer Progammiersprache für Handhabungsgeräte als auch die Bezeichnung eines steuerungsinternen Programmiersystems, das sich in großer Stückzahl mit dem Industrieroboter PUMA 500 im industriellen Einsatz befindet. Es hebt sich damit von den meisten hier beschriebenen Systemen und Sprachen ab.

VAL beinhaltet Bewegungsanweisungen für punktgesteuertes Verhalten und lineare Interpolation sowie die Möglichkeit der Relativprogrammierung. Bedingte und unbedingte Programmsprünge, Unterprogrammtechnik sowie Anweisungen zum Abfragen und Ansteuern peripherer Zustände bzw. Geräte sind vorhanden. Spezielle Greiferbefehle ermöglichen das Öffnen und Schließen der Greiferbacken um bestimmte Beträge. Die Ausführung des Befehls kann sowohl in einer programmierten Position als auch während der Bewegung erfolgen und durch Zusatzbefehle über eine Greiferrückmeldung zur Programmverzweigung führen.

Ein Roboter mit fünf Rotationsachsen, wie der verwendete PUMA 500, kann die meisten Raumpositionen mit unterschiedlichen Konfigurationen seiner Achsen erreichen. Dem Benutzer wird die Möglichkeit gegeben, mit vier Befehlen eine Auswahl zu treffen. VAL verfügt über Integer-Variable, die über programmierbare arithmetische Operationsbefehle verändert werden können. Positionsvariablen können aktuelle Positionswerte zugewiesen werden. Sowohl das Bezugskoordinatensystem als auch das Werkzeugkoordinatensystem können per Programm verändert werden.

System SIGLA

Das System SIGLA (Sistema Integrato Generico per la Manipolasione Automatica) ist eine Programmiersprache, die speziell für den Montageroboter SIGMA [147] der Firma OLIVETTI, Italien, entwickelt wurde [148]. Ziel der Entwicklung war die Erstellung eines einfa-

chen Programmiersystems ohne die Verwendung von Hintergrundrechnern, insbesondere für den Einsatz in der Montage.
Die Anweisungen setzen sich aus zwei Buchstaben und einem Parameterteil zusammen. Sie werden über ein Teletype eingegeben und systemintern interpretativ übersetzt und ausgeführt. Häufig benutzten Funktionen sind Funktionstasten zugeordnet.
Das System ermöglicht eine parallele Steuerung von bis zu vier Armen mit je drei bis acht Freiheitsgraden. Die dazu erforderlichen Anweisungen können in SIGLA formuliert werden. Die Positionsinformation wird im Teach-in-Verfahren eingegeben. Der Befehlsvorrat erlaubt unter anderem bedingte Verzweigung, Greiferbefehle mit Sensorrückkopplung sowie die Verarbeitung externer Signale.

System RAPT

Basierend auf APT wurde an der UNIVERSITÄT EDINBURGH, Schottland, eine modifizierte Sprachversion für den Einsatz von Industrierobotern in der Montage entwickelt. RAPT (Robot-APT) ist auf einer Rechenanlage vom Typ DEC-10 implementiert [149].
Ein RAPT-Programm beinhaltet die Beschreibung aller am Arbeitsvorgang beteiligten Körper, der sequentiellen Relationen zwischen den Körpern sowie Angaben über Einschränkungen der mit den Körpern auszuführenden Bewegungen. Bewegungen (Actions) beziehen sich ausschließlich auf Körper.
Die Vorgehensweise bei der Erstellung eines RAPT-Programmes beginnt im allgemeinen mit der Definition von programmunterstützenden Makros, um eine spätere Übersichtlichkeit des Programmablaufes zu gewährleisten. Die Eingabe einer Bewegungsanweisung erfolgt explizit durch die Darstellung räumlicher Beziehungen oder implizit durch die Beschreibung der Zustände vor und nach der Bewegung.
RAPT verfügt über keine Greiferbefehle. Das Öffnen und Schließen der Greiferbacken muß über die Beschreibung zweier definierter, gekoppelter Körper erfolgen. Die Verarbeitung externer Sensorsignale ist nur in Form einer Ja/Nein-Entscheidung vorgesehen. Die Beschreibung von Körpern durch Flächen, Volumina und Hohlvolumina sowie die Angabe von Punkten, Geraden und Kreisen erfolgt wie bei APT.

System RPL

Das System RPL (Robot-Programming-Language) wurde 1976 am *Institut für Werkzeugmaschinen und Fertigungstechnik* der TECHNISCHEN UNIVERSITÄT BERLIN entwickelt [150]. In Anlehnung an den Programmaufbau numerisch gesteuerter Arbeitsmaschinen wurden den Grund-, Koordinaten- und Steuerfunktionen entsprechende Adreßbuchstaben zugeordnet. Die Sprachsyntax wurde unter Zuhilfenahme der erweiterten Backus-Naur-Form definiert, die sich von der ursprünglichen Form von Backus [151] durch eine Beschränkung der Anzahl von Angaben unterscheidet. Die Sprachanweisungen lassen sich in vier Gruppen unterteilen:
- Ein-, Ausgabeanweisungen,
- Verfahranweisungen,
- Kontrollanweisungen und
- Makroanweisungen.

Aus den Basissymbolen Buchstabe, Ziffer, Vorzeichen und Trennzeichen setzen sich die Grundelemente der Sprache zusammen. Die Sprachanweisungen wiederum bestehen aus: Name, Marke, Zahl, logischer Eingangs- bzw. Ausgangsgröße und logischem Ausdruck.

System WAVE

Das System WAVE [141] ist sowohl der Name einer blockstrukturierten Programmiersprache als auch der Name eines Steuerungssystems, das in den Jahren 1970 bis 1975 am STANFORD ARTIFICIAL INTELLEGENCE LABORATORY entwickelt wurde.

Ausgehend von einem im Rechner konstruierten Modell des Handhabungsgerätes war es das Ziel des Forschungsprojektes, nach der Beschreibung der Montageaufgabe Abweichungen zwischen Modell und Realität automatisch zu korrigieren.

Die Aufgabenbeschreibung bezieht sich auf ein systemexternes Koordinatensystem. Wird beispielsweise beim Greifen eines Werkstückes festgestellt, daß die Lage nicht mit einem ausgewählten Punkt des Greifersystems übereinstimmt, so wird sowohl der Greifer als auch das Programm durch die Korrektursignale der im Greifer integrierten Kraftsensoren nachgeführt verschoben.

Das System WAVE kontrolliert in jeder programmierten Position die auftretenden Momente und Kräfte der beteiligten Gelenke sowie die zugehörige Ausführungszeit. Die maximale Bearbeitungszeit kann per Programm vorgegeben werden. Die Greiferanweisungen enthalten eine Angabe über die Strecke, um die der Greifer geöffnet bzw. geschlossen werden soll. Die Rückmeldung wird ausgenutzt, um eine Aussage über das Vorhandensein des Werkstücks zu machen.

Parametrisierbare Makros bilden Standardfunktionen der Programmiersprache. So kann beispielsweise das Auffinden eines Gewindeloches durch sich verengende Kreise erfolgen. Bei der Montage von Bolzen wird der Greifer von Vibrationsbewegungen überlagert.

Die Programmentwicklung und Systemunterstützung erfolgt auf einem Rechner vom Typ PDP 10. Die Sprache beinhaltet lineare Transformationsanweisungen und verarbeitet einfache Sensorinformationen bis hin zu optischen Bildsensorinformationen. Aufbauend auf WAVE wurde bereits seit 1974 an der neuen Programmiersprache AL gearbeitet.

System HELP

Die von der italienischen Firma DEA weiterentwickelte Programmiersprache HELP [152] wurde in ihrer ursprünglichen Form nur für 3 D-Meßmaschinen eingesetzt. Mit ihr wird zur Zeit der Industrieroboter PRAGMA A 3000, gesteuert von einem Prozeßrechner des Typs LSI 11/02, programmiert.

HELP ist blockstrukturiert wie PASCAL und ist mit Echtzeiteigenschaften ausgerüstet wie PEARL. Diese Eigenschaften gestatten eine unabhängige Synchronisation der einzelnen Verfahrachsen. Da das System für maximal zwölf Achsen ausgelegt ist, können beispielsweise ein Roboter und ein Drehtisch von einem Steuerrechner kontinuierlich koordiniert werden.

Die Möglichkeit der hybriden Programmierung gestattet die Eingabe von Positionen sowohl nach dem Teach-in-Verfahren als auch explizite Positionsangaben in Millimetern bzw. Grad.

Die Berücksichtigung von Sensorinformationen kann durch programmierbare arithmetische Funktionen in Form einer Variablenmodifizierung erfolgen. Die Darstellungsform der Sprachanweisungen kann durch eine programmierbare Umbenennung beliebig verändert und so beispielsweise der Landessprache angeglichen werden. Die Verwendung eines DEC-Editors bietet eine komfortable Möglichkeit der Änderung von Quellprogrammen innerhalb der Steuerung oder eine externe Programmierung auf jedem Rechner innerhalb der Familie PDP 11. Die über das Terminal eingegebenen Anweisungen können aufgrund der wahlweise interpretativen oder compilierenden Systemeigenschaften auch unmittelbar ausgeführt werden.

System MAL/DIL

Das System MAL (Multipurpose Assembly Language) ist sowohl der Name einer Programmiersprache als auch eines Programmiersystems für Industrieroboter [139]. Die MAILÄNDER UNIVERSITÄT entwickelte dieses System, das zur Steuerung des SUPERSIGMA-Roboters eingesetzt wird. Es können verschiedene Arbeitsaufgaben, aber auch mehrere Roboterarme oder andere mechanische Geräte wie Drehtische synchronisiert werden. Die Synchronisation erfolgt programmintern.

Das MAL-System besteht aus einem Programmerstellungs- und einem Programmausführungsteil. Die Beschreibung der Arbeitsaufgabe wird in eine systeminterne Form übersetzt, die interpretativ abgearbeitet werden kann. Eine konsequente Trennung beider Modulen erlaubt es, daß Teile des Programmes geändert werden können, ohne den gesamten Programmablauf wiederholen zu müssen.
Ein MAL-Befehl besteht normalerweise aus einer Zeilennummer, dem Befehlscode und Parameterangaben. Bedingte Sprünge, Unterprogrammtechnik, arithmetische und trigonometrische Funktionen sind Teil des Befehlsumfanges. Bewegungsinformationen werden explizit eingegeben. Die Verarbeitung von Sensorinformationen erfolgt programmgesteuert durch die Abfrage bestimmter Datenkanäle. Eine Beschreibung der Werkstückgeometrie existiert nicht.
MAL wurde um eine spezielle Problemlösungskomponente erweitert. DIL ermöglicht eine syntaktische Definition von Programmanweisungen durch den Benutzer. DIL ist ein System, welches bei der systeminternen Generierung von Anwenderbefehlen unterstützend wirkt. Es soll die Implementierung von Ablauffunktionen in Robotersprachen vereinfachen. Ausgehend von den Grundelementen der Sprache MAL ist es dem Programmierer möglich, anhand einfacher Definitionen und Regeln Programmbefehle nach seinen speziellen aufgabenspezifischen Anforderungen zu generieren.

System PAL

Das PAL-Programmiersystem wurde an der PURDUE UNIVERSITY entwickelt und basiert auf dem AL-Sprachkonzept [153]. PAL kann den höheren Sprachen zugeordnet werden, die in erster Linie auf die Anforderungen der Montage unter Berücksichtigung des Einsatzes von Industrierobotern zugeschnitten sind. PAL integriert die Position des Roboterarmes neben der Position der Teile und Werkzeuge in seine Programmdaten und ist damit theoretisch in der Lage, mehrere Roboter oder Roboter mit anderen definiert gesteuerten Maschinen zusammenarbeiten zu lassen.
Das PAL-System läßt sich in drei Modulen unterteilen. Der Editor kann mit Hilfe externer Dateien sogenannte PAL-Prozeduren generieren, die nach der Eingabe auf Formfehler überprüft und danach in einem systemspezifischen Format auf externe Speichermedien ausgegeben werden können. Mit dem Teach-Modul wird das Programm getestet. Nicht definierte Punkte lassen sich nachträglich eingeben. Das Programmausführungsmodul übergibt dem Roboter die entsprechenden Anweisungen.

System ML

IBM arbeitet seit Jahren an Entwicklungen von Programmiersprachen für den Einsatz von Handhabungsgeräten. ML (Manipulator Language) wurde für hausinterne einfache Manipulatoren entwickelt [154].
ML hat einen syntaktisch einfachen Sprachaufbau, ähnlich einer Assemblersprache. Jeder Befehl besteht aus einer Zeilennummer, einem Befehlscode und einem Parameter. ML erlaubt die Interruptverarbeitung. Durch spezielle Sensormeldungen können vorgegebene Toleranzbänder überprüft und auf eine Nichteinhaltung spontan reagiert werden.
Die relativ niedrige Sprachebene konnte 1975 durch die Entwicklung von EMILY, einer ML-Erweiterung verbessert werden.

System MICROPLANNER/LISP/DONAU

DONAU (Domain Oriented Natural Language Understanding System) ist ein Programmiersystem, welches am *Polytechnikum* der UNIVERSITÄT MAILAND entwickelt und in den Sprachen MICROPLANNER und LISP auf einer Rechenanlage UNIVAC 1108 implementiert wurde [155]. Ziel war die Schaffung einer Anzahl von Programmierbefehlen, die in ihrer Formulierung der menschlichen Umgangssprache nahe kommen.

Der Programmbeschreibung folgt eine syntaktische Analyse der textuellen Eingabe durch den Rechner, in dem die Bedeutung der einzelnen Wörter zueinander ermittelt wird, beispielsweise die Zuordnung von Substantiv und Verb. Die sich anschließende semantische Analyse ordnet die Aussage in eine der drei Grundkategorien Frage, Beschreibung und Befehl ein. Das dritte Modul extrahiert unter Eliminierung redundanter Wörter oder Wortgruppen den Informationsgehalt der Aussage. Dieser wird dann in geeigneter Form für den Interpreter aufbereitet und gespeichert. Die Systementwicklung befindet sich noch in der Anfangsphase.

System AUTOPASS

Dieses System (AUTOmated Parts ASsembly System) wurde von IBM entwickelt. Die Sprache ist in einer Untermenge von PL/1 eingebettet [156]. Die roboterspezifischen Befehle sind so aufgebaut, daß die funktionsbezogenen Anweisungen den Anweisungen für den Facharbeiter möglichst ähnlich sein sollen (montageorientierte Programmierung). Sie sind sehr umfangreich und zielbezogen, daher gehört zum Übersetzer ein Problem-Lösungs-Teil, der die Anwender-Anweisungen auf ihre Verträglichkeit überprüft, Ergänzungen vornimmt und eine Befehlsfolge zum Erzeugen der Anweisungen generiert. Gelingt dies nicht, so muß der Anwender zusätzliche Angaben machen.

Der Aufbau des Umwelt-Modells, das die Daten für die vom System zu treffenden Entscheidungen bereitstellt, erfolgt über einen Geometrie-Design-Prozessor GDP. Er wird in zwei Schritten benutzt:
- Der Anwender definiert eine prozedurale Beschreibung der Objekte in PL/1;
- der Anwender prüft die Objekte in einer interaktiven Phase und modifiziert sie gegebenen falls.

Zur Ermittlung der stabilen Positionen und der Silhouetten sind Programme an den GPD angeschlossen. Der Übersetzer berechnet aufgrund dieser Daten zwischen den einzelnen Arbeitspunkten kollisionsfreie Bewegungsbahnen (Trajektorien) sowie Greifpunkte und Ablage-Positionen der Objekte.

System INDA/RTL/2

Das System INDA (INDustrial Automation) ist ein Programmiersystem, welches am STANFORD RESEARCH INSTITUT (SRI), Kalifornien, in Zusammenarbeit mit PHILIPS LABORATORIES, England, entwickelt wurde.

Die Systemprogramme sind in der Programmiersprache RTL/2 geschrieben und auf einem Philipsrechner P 857 (32 K Worte), einem 16-bit-Minicomputer, implementiert. Der Rechner wird von einem Disk-Operating-System derselben Firma unterstützt. Ziel des Einsatzes des INDA-Systems [157] war die Reduzierung der Rüstzeiten bei der Umprogrammierung von Industrierobotern während der Produktion.

Die Sprachelemente des Anwenderprogrammes setzen sich aus einer Untermenge von RTL/2 zusammen. Die Arbeitsprogramme werden mit einem Editor erstellt, compiliert und danach interpretativ abgearbeitet. Bedingte Sprünge, Unterprogrammtechnik, arithmetische und boolsche Operationen ermöglichen einen flexiblen Programmablauf.

Die bewegungsspezifischen Positionen müssen im Teach-in-Verfahren eingegeben werden. Das System besitzt eine interaktive Komponente zur Programmkorrektur. Ohne den Programmablauf zu unterbrechen, können Informationen über Speicherbelegung und Variablengrößen abgerufen oder Teile des Anwenderprogrammes verändert werden.

System LAMA

Das System LAMA (Language of Automatic Mechanical Assembly) ist eine weltmodellorientierte Programmiersprache für den Einsatz von Handhabungssystemen in der Montage [158]. Sie wurde am MASSACHUSETTS INSTITUT OF TECHNOLOGIE (MIT) teilweise entwickelt und implementiert. LAMA ermöglicht, ähnlich wie RAPT, eine Beschreibung der Werkzeuggeometrie. Die Überwachung des Montageprozesses erfolgt über die Rückmeldungen von Sensoren. Die Sprache verfügt über die meisten Elemente höherer Programmiersprachen.

System PRIMA/LAMA-S

Das System LAMA-S wurde als eine sich selbst weiterentwickelnde Programmiersprache für Handhabungsgeräte am IRIA in Frankreich entwickelt. Sie basiert auf dem System PRIMA, eine aus demselben Hause stammende Sprache mit nur relativ wenigen Grundelementen. Die Entwicklung eines Programmiersystems für Roboter soll in erster Phase bewegungsorientiert, in zweiter Phase aufgabenorientiert erweiterbar sein.
PRIMA beinhaltet neben achsspezifischen Bewegungsanweisungen eine Reihe von arithmetischen, boolschen und Verzweigungsbefehlen, die eine Grundlage flexibler Programmgestaltung bilden. LAMA-S gestattet die Definition von Makros, die sich ihrerseits aus Elementen der Sprache PRIMA zusammensetzen. Dadurch soll sich der Aufwand für die Programmierung entsprechend verringern.

System MDL

An der UNIVERSITÄT NEW YORK wurden die Grundlagen für eine höhere Programmiersprache MDL (Motion Description Language) entwickelt, deren Schwerpunkt auf der Bewegungsbeschreibung mehrachsiger Maschinen liegt [159]. Komplizierte mechanische Bewegungsabläufe werden auf eine Anzahl sequentieller Einfachbewegungen zurückgeführt.
Der zunehmende Anteil externer Programmierung beim Einsatz von Industrierobotern erfordert Möglichkeiten zum Überprüfen und Testen der erzeugten Steuerinformationen. Die grafische Simulation von Roboterbewegungen ist ein derartiges Werkzeug, um mit einer externen Programmierung funktionssichere Steuerprogramme zu erzeugen. Bei der grafischen Simulation erfolgt die Darstellung der Roboterbewegungen auf einem Sichtgerät, in Abhängigkeit von den erzeugten Steuerdaten. Je nach System werden auch die zu bedienenden Stationen der Fertigungszelle dargestellt. Neben der Steuerdatenkontrolle können Simulationssysteme auch zur Steuerdatenerzeugung, zur Robotergestaltung und -auswahl sowie zur Planung von Fertigungszellen einsetzbar sein.

System COMPAC

Die dreidimensionale rechnerinterne Bauteildarstellung des am *Institut für Werkzeugmaschinen und Fertigungstechnik* der TECHNISCHEN UNIVERSITÄT BERLIN entwickelten CAD-Systems COMPAC [199] erlaubt es, einzelne Bauteile beliebig im Raum zu transformieren. Neben der Bauteilbeschreibung kann diese Fähigkeit ebenso zur Darstellung von Bewegungen einzelner Bauteile herangezogen und grafische Kollisionskontrollen durchgeführt werden [200]. Damit ist die Simulation von Roboterbewegungen aufgrund vorgegebener Bewegungsdaten möglich.
Zu diesem Zweck muß jedes Bauteil der im Rechner abgebildeten Baugruppen Informationen über seine Bewegungsmöglichkeiten besitzen. Dies erfolgt durch Zuweisung von Rotationsachsen beziehungsweise Translationsrichtungen. Die Orientierung der Achsen und Richtungen bestimmt dabei die positive Bewegungsrichtung. Zu den notwendigen Informationen zählen ferner die Grenzen der einzelnen Bewegungen.
Für eine korrekte Abbildung der Bewegungsvorgänge ist die Reihenfolge der Ausführung der Bewegungen einzuhalten; daher sind die Elemente der Baugruppe in eine bestimmte durch ihre Bewegungsfolge diktierte Hierarchie zu bringen. Diese Informationen werden zu einem Modell des technischen Objektes in Form einer geometrieabhängigen Erweiterung der geometrischen Informationsstruktur hinzugefügt. Die problemabhängige Erweiterung der Informationsstruktur stellt ein abstrahiertes Modell der Baugruppe dar und wird

unabhängig von der Geometriebeschreibung als Rechenmodell verwendet.
Um mögliche Kollisionen auf dem Weg zum Endzustand der Bewegung dem Betrachter sichtbar zu machen, kann dieser einen oder mehrere Punkte des technischen Objektes bestimmen. Die Bahnen dieser Punkte werden während der Bewegung aufgezeichnet und zusammen mit der bewegten Baugruppe grafisch dargestellt *(Bild 8.3.3.2-5)*.

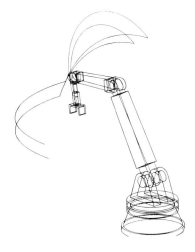

Bild 8.3.3.2-5 Grafische Darstellung einer simulierten Bewegung.

System der UNIVERSITÄT TOKIO

Basierend auf dem 3D-CAD-System GEOMAP [201] wurde an der *Faculty of Engineering* der UNIVERSITÄT TOKIO ein System zur Programmierung und grafischen Simulation von Industrierobotern entwickelt [202]. Der Systemaufbau gliedert sich in drei Hauptbereiche: den geometrischen Modellierer, den Simulationsbaustein und den Modul zur Erstellung der Steuerdaten.

Als ersten Schritt bei der Anwendung des Systems werden die geometrischen Definitionen des Roboters und der zu handhabenden Objekte mit einer Eingabesprache durchgeführt und daraus die geometrischen Objektmodelle erzeugt. Mit der Beschreibung der Arbeitssituation werden diese Objekte entsprechend angeordnet.

Nach diesen vorbereitenden Tätigkeiten wird die Arbeitsaufgabe mit einer Roboterprogrammiersprache festgelegt. Der Simulationsbaustein interpretiert diese Beschreibung, berechnet die Bewegungen in den einzelnen Achsen und generiert ein neues geometrisches Modell für jeden Arbeitsschritt. *Bild 8.3.3.2-6* zeigt die Darstellung der einzelnen Arbeitsschritte für eine Handhabungsaufgabe. Die Beschreibung der Arbeitsaufgabe kann bei jedem Teilschritt verändert werden, um so die korrekte und vollständige Bewegung des Roboters zu erzeugen. Zum Schluß erzeugt der Modul zur Steuerdatengenerierung anhand der vorliegenden Bewegungsdaten für jede gesteuerte Achse die NC-Daten oder die Eingabedaten für ein Roboter-Programmiersystem.

Durch die vorhandenen Möglichkeiten ist das Simulationssystem zur Gestaltung neuer Roboter sowie zur Bewertung der kinematischen und dynamischen Möglichkeiten geeignet.

System PLACE

Das System PLACE, entwickelt von der Firma MCDONNELL DOUGLAS AUTOMATION COMPANY, USA, dient zur Planung von flexiblen Fertigungszellen [203]. Das System kann zur rechnerunterstützten Anordnung und Simulation von Komponenten flexibler Fertigungszellen eingesetzt werden.

[Literatur S.601] 8.3 Systeme zur rechnerunterstützten Arbeitsplanung 591

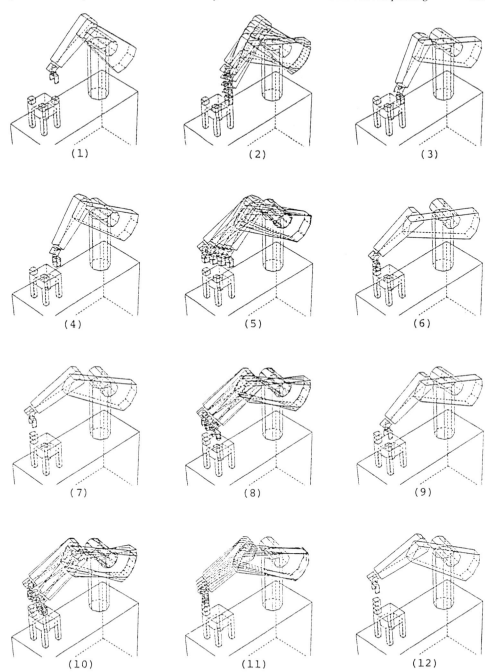

Bild 8.3.3.2-6 Grafische Darstellung der Simulation einer Handhabungsaufgabe [202].

Mit einem 3D-CAD-System werden die geometrischen Modelle von Robotern, Transporteinrichtungen, Spannmitteln und Arbeitsstationen definiert. Diese Objektmodelle werden in den Simulationsbaustein überführt und auf dem Benutzersichtgerät grafisch dargestellt. *Bild 8.3.3.2-7* zeigt die Darstellung einer flexiblen Fertigungszelle mit Bearbeitungsmaschine, Roboter, Meßmaschine, Transporteinrichtung und Spannmittel. Durch Eingabe von Bewegungsdaten können für die Arbeitsstellungen des Roboters Kollisionsbetrachtungen durchgeführt und die Funktion der flexiblen Fertigungszelle simuliert werden.

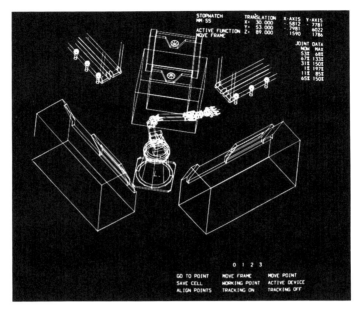

Bild 8.3.3.2-7 Simulation einer Fertigungszelle [203].

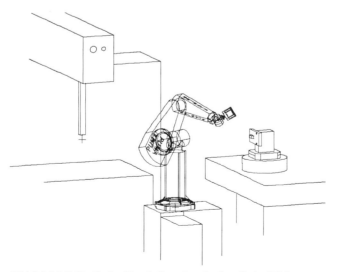

Bild 8.3.3.2-8 Grafische Simulation einer Ladeaufgabe [204].

System ROBOGRAPHIX

Das System ROBOGRAPHIX, entwickelt von der Firma COMPUTERVISION, USA, ist ein grafisches System zur Roboterprogrammierung und -simulation, das vollständig in ein CAD-System integriert ist [204]. Auf der Basis einer gemeinsamen Datenbasis für Konstruktion und Fertigung können folgende Aufgaben durchgeführt werden:
- Konstruieren des Produktes, das mit dem Roboter bearbeitet wird,
- Gestalten der Fertigungszelle mit Auswahl des Roboters und der Komponenten der Fertigungszelle,
- Definieren der Spann- und Halteeinrichtung sowie der Sondermittel für die flexible Fertigungszelle,
- Programmieren des Roboters und grafische Simulation der Roboterbewegungen unter Berücksichtigung der Gesamtkonfiguration,
- Programmierung der weiteren NC-Komponenten der Fertigungszelle (NC-Werkzeugmaschine, NC-Meßmaschine),
- Verteilung der NC-Daten über ein DNC-System an die Fertigungszelle.

Bild 8.3.3.2-8 zeigt die Simulationsdarstellung eines Ladevorganges der Spanneinrichtung einer Fertigungszelle mit einem Industrieroboter.

8.3.3.3 NC-Meßmaschinen

Messen und Prüfen sind Tätigkeiten des industriellen Produktionsprozesses, die zunehmende Bedeutung erhalten, wobei höhere Anforderungen an das Produkt auch zu höheren Anforderungen an die Qualität der Einzelteile und ihrer Herstellung führen.
Mit der Entwicklung von Koordinatenmeßmaschinen wurden die Möglichkeiten geschaffen, den Meßvorgang für die häufig auftretenden Längenmeßaufgaben zu beschleunigen und subjektive Einflüsse auf die Meßergebnisse zu vermindern.

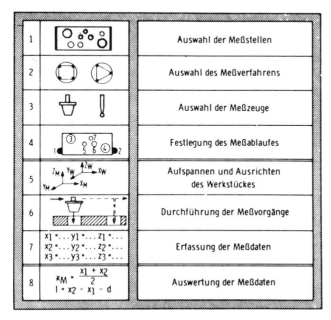

Bild 8.3.3.3-1 Tätigkeiten beim Messen mit Koordinatenmeßmaschinen [160].

Numerisch gesteuerte Koordinatenmeßmaschinen weisen einen von NC-Werkzeugmaschinen her bekannten hohen Automatisierungs- und Flexibilitätsgrad auf und eignen sich besonders für komplexe Meßaufgaben an kleinen Werkstückserien. Sind Meßaufgaben in ein flexibles Fertigungssystem zu integrieren, ist die numerische Steuerung der Meßmaschinen eine zwingende Notwendigkeit.

Bild 8.3.3.3-1 zeigt auszuführende Tätigkeiten beim Einsatz von Koordinatenmeßmaschinen. Sie gliedern sich in [160]:
- Planung des Meßvorganges (1...4),
- Durchführung des Meßvorganges (5...7),
- und Ergebnisauswertung (8).

Bei der NC-Meßmaschine ergibt sich gegenüber konventionellen Meßmaschinen eine Aufgabenverlagerung von dem durchführenden in den planenden Bereich. Damit kommt der Steuerdatenerstellung für NC-Meßmaschinen erhöhte Bedeutung zu. Grundsätzlich sind drei Methoden der Programmierung von NC-Meßmaschinen möglich [161]:
- manuelle Programmierung im Format und Code der jeweils eingesetzten Steuerung,
- teilautomatische Programmierung mit sogenannten Lern- oder Repetiersteuerungen sowie
- maschinelle Programmierung mit Hilfe einer problemorientierten, steuerungsunabhängigen Programmiersprache.

System AUTOTECH/SYMAP

Dieses Programmiersystem für NC-Meßmaschinen wurde in der DDR entwickelt. Es basiert auf der Programmiersprache AUTOTECH/SYMAP, einer Sprache zur rechnerunterstützten Programmierung von Werkzeugmaschinen [162]. Die Meßaufgabe wird mit einem Teileprogramm definiert. Die Soll-Koordinaten der anzufahrenden Meßpunkte werden durch geometrische Anweisungen bestimmt. Diese Anweisungen werden vom AUTOTECH/SYMAP-Sprachteil übernommen. Zur Ausgabe der Meßdatenauswertung steht für jede der 16 Auswerteoperationen ein Sprachwort zur Verfügung.

Das Verarbeitungsprogramm generiert aus den geometrischen und technologischen Anweisungen die Meßmittelbewegungen der einzelnen Meßoperationen und die notwendigen Verfahrbewegungen. Die ermittelten Steuerdaten für die Meßmaschine werden zusammen mit den Anweisungen für die Meßdatenauswertung ausgegeben. Die Auswertung selbst erfolgt auf einem Auswertungsrechner, der an die Meßmaschine angeschlossen ist.

System MAUS

Das Programmiersystem MAUS (Meß - AUSwertungssprache) wurde in der DDR vorrangig zur Auswertung von Meßdaten entwickelt [163, 164]. Die Verarbeitung der Meßaufgabe aus einem Teileprogramm erfolgt in zwei Verarbeitungsläufen *(Bild 8.3.3.3-2)*.

Im ersten Durchgang wird eine Meßanweisung im Klartext erzeugt, die die Arbeit auf konventionellen Meßmaschinen festlegt. Die auf einem Lochstreifen abgelegten Meßdaten werden im zweiten Durchgang ausgewertet. Mit den Modellanweisungen des Teileprogramms und den Ist-Koordinaten der Meßpunkte wird ein Modell des gemessenen Objektes im Rechner erzeugt. Daraus werden durch Berechnungsoperationen die gesuchten Maße ermittelt.

Ziel der Entwicklung ist eine Meßmaschinen-Steuerungssprache, die über ein Teileprogramm den Steuerlochstreifen für numerisch gesteuerte Meßmaschinen automatisch generiert. Das Teileprogramm muß dazu weitere geometrische Angaben zur Sollgeometrie des Werkstückes sowie technologische Angaben zur Meßdurchführung enthalten.

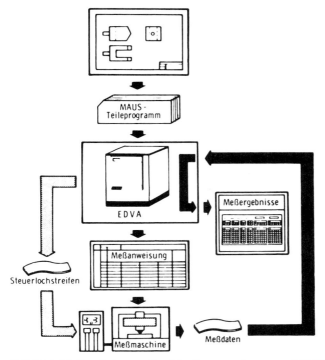

Bild 8.3.3.3-2 Verarbeitungsablauf des Programmiersystems MAUS [160].

System NCMES

NCMES (Numerical Controlled Measuring and Evaluvation System) ist ein allgemeingültiges, für unterschiedliche Meßmaschinen und Anwendungsfälle einsetzbares, rechnerunterstütztes Programmiersystem. Es wird als Gemeinschaftsprojekt des *Instituts für Steuerungstechnik der Werkzeugmaschinen* der UNIVERSITÄT STUTTGART, des INSTITUTS FÜR PRODUKTIONSTECHNIK UND AUTOMATISIERUNG der FHG, des *Werkzeugmaschinenlabors* der TH AACHEN, der Firma LEITZ und der Firma ZEISS entwikkelt [161, 165, 166]. Die Meßaufgabe wird mit einer Programmiersprache in einem Teileprogramm definiert. Das Verarbeitungsprogramm - in der Programmiersprache FORTRAN geschrieben - erzeugt daraus die Steuer- und Auswerteinformationen. Eingabesprache und Verarbeitungsprogramm sind rechner- und maschinenunabhängig. Die Anpassung an die jeweilige Maschine und Steuerung erfolgt in einem Anpassungsprogramm.
Die Meßmaschine liefert Koordinatenwerte des Meßvorganges, die in einem nachgeschalteten Rechenvorgang zum eigentlichen Meßergebnis verarbeitet werden. Dieser Teil des Verarbeitungsprogramms und die Ansteuerung der Meßmaschine müssen durch einen Rechner erfolgen, der direkt mit der Meßmaschine verbunden ist. Wesentliche Teile der Verarbeitungsprogramms werden unabhängig von der Meßmaschine bearbeitet und entlasten somit den Steuerungsrechner und die Meßmaschine. *Bild 8.3.3.3-3* zeigt das Gesamtkonzept des Programmiersystems NCMES [166].
Im Hauptrechner sind die Syntaxprüfung des Teileprogramms, der Geometrieprozessor, der größte Teil des Technologieprozessors und das meßmaschinenabhängige Anpassungsprogramm implementiert. Der ausgegebene Lochstreifen enthält auch die Informationen für die maschinennahe Technologie und die Auswertung. Die Prozessorteile sind im Steue-

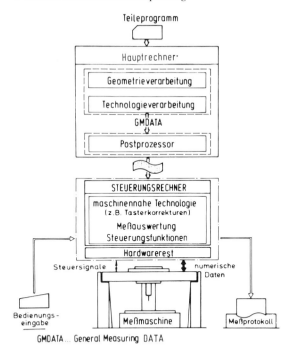

Bild 8.3.3.3-3 Gesamtkonzept des Programmiersystems NCMES [166].

rungsrechner implementiert. Bei diesem Zwei-Rechner-Konzept wird die Meßmaschine ausschließlich für den Meßvorgang genutzt. Für die Programmierung wird die Datenverarbeitungsanlage verwendet, die für die maschinelle Erstellung der NC-Steuerlochstreifen eingesetzt wird.

Die Modulstruktur des Systems erlaubt die Übernahme von Bausteinen des EXAPT-Systems und ist für Ausbaustufen bei einer Erweiterung offen. Mehr als 50% der EXAPT-Modulen konnten im Geometrieprozessor unmittelbar übernommen werden, während für die zweieinhalb und dreidimensionalen Elemente neue Verarbeitungsprogramme entwickelt werden mußten.

Aufgabe des Technologieprozessors ist unter anderem die Auflösung von Meßaufgaben, die Auswahl von Meßpunkten, die Optimierung von Meßpunktreihenfolgen, die Tasterverfahrwegermittlung sowie die Ausgabe der Steuerdaten im Werkstückkoordinatensystem [166]. Ein weiterer Programmteil des Technologieprozessors im Steuerungsrechner hat die Aufgabe, die aktuelle Lage jedes Werkstückes im Maschinenkoordinatensystem zu erfassen und alle Steuerinformationen in dieses Koordinatensystem zu transformieren.

Im Technologieprozessor erfolgt die Ermittlung und Optimierung der Tasterverfahrwege zur Vermeidung von Kollisionen zwischen Taster und Werkstück, um die Programmierung von Zwischenpositionen zu vermeiden.

Zur Durchführung dieser Ermittlungen müssen den Prozessoren Kenndaten zur Verfügung gestellt werden. Dies erfolgt in Form von Dateien, zum Beispiel für standardisierte Meßabläufe oder Meßmittel. In Anlehnung an die EXAPT-Dateien wurde eine Meßmitteldatei aufgebaut. *Bild 8.3.3.3-4* zeigt den Aufbau und Inhalt am Beispiel einer Karteikarte zur Datenaufnahme und Dokumentation der Meßmittelinformationen. Die Datei enthält Daten zur Meßmittelgeometrie und zu den Einsatzbedingungen.

Der Steuerlochstreifen beinhaltet Steuerdaten für die Meßmaschine, Anweisungen für den Bedienungsmann an der Maschine und Auswerteroutinen mit Sollwert- und Toleranzangaben und enthält somit alle für den Betrieb der Meßmaschine notwendigen Informationen.

Die Verarbeitung im Steuerungsrechner erfolgt so, daß die Meßpunkte angefahren werden und der Auswerteprozessor die Meßpunkte zum eigentlichen Meßergebnis verdichtet. Auch das Verarbeitungsprogramm im Steuerungsrechner ist weitgehend rechner- und meßmaschinenunabhängig in der Programmiersprache FORTRAN geschrieben. Lediglich die Kopplung zur Meßmaschine ist entsprechend der Anlagenkonfiguration auszuführen.

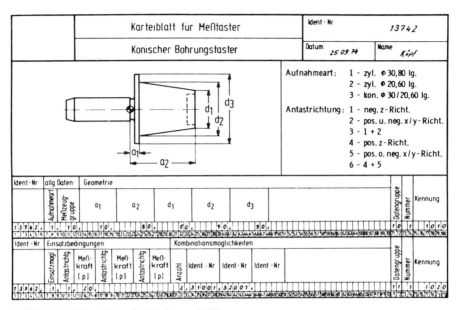

Bild 8.3.3.3-4 Karteiblatt für Meßtaster [160].

8.4 Kopplungsmöglichkeiten von Arbeitsplanungssystemen

Im Vordergrund der Integrationsbestrebungen bei der rechnerunterstützten Arbeitsplanung steht die Verknüpfung mit den Aufgabenbereichen der rechnerunterstützten Konstruktion und Zeichnungserstellung [206]. Zentrale Aufgabe der Konstruktionssysteme ist, Werkstückmodelle bereitzustellen, die auch von Arbeitsplanungssystemen verwendet werden können. Dafür sind in den Werkstückmodellen neben der Bauteilgeometrie weitere Werkstückinformationen wie Oberflächen- und Toleranzangaben oder fertigungstechnische Definitionen vorzugeben.
Weitere Kopplungsziele bei der rechnerunterstützten Arbeitsplanung sind die Verknüpfung von Arbeitsplanerstellungssystemen untereinander oder die Verbindung mit NC-Programmiersystemen und zur Fertigungssteuerung. Ziel der gesamten Kopplungs- und Integrationsbemühungen ist die Reduzierung des Eingabeaufwandes durch Mehrfachverwendung gespeicherter Werkstückinformationen. Diese Zielsetzung kann zum Beispiel durch die Verbindung von Arbeitsplanverwaltung und Variantenplanung mit der Neuplanung erreicht werden.
Bei der Variantenplanung ist die Erstellung der Standardarbeitspläne eine der zentralen Aufgaben. Hierbei müssen alle bei einer Teilefamilie möglichen Werkstückformen und Werkstückzustände berücksichtigt werden.

Die rechnerunterstützte Erzeugung derartiger Standardarbeitspläne mit einem System zur Neuplanung kann eine Hilfe bei der Erstellung von Standardarbeitsplänen sein. *Bild 8.4-1* zeigt das Kopplungskonzept [167] für ein System zur Arbeitsplanverwaltung und Variantenplanung [86] mit einem System zur Neuplanung [88]. Das System CAPP verwaltet bestehende Arbeitspläne und erzeugt neue Arbeitspläne nach dem Variantenprinzip auf der Basis frei definierbarer Teilefamilien, Arbeitsvorgangsfolgen und Arbeitsvorgänge. Das System CAPSY erzeugt mit einer vollständigen Werkstückbeschreibung Arbeitspläne und NC-Informationen. Ziel der Kopplung ist die Bereitstellung der teilefamilienbezogenen Standardarbeitspläne sowie die Erzeugung von nicht teilefamilienbezogenen Arbeitsplänen durch das System CAPSY. Das System CAPP führt auch nach der Kopplung die Variantenplanung und die Arbeitsplanverwaltung für alle vorhandenen Arbeitspläne durch.

Bei der Kopplung ist das System CAPP um den Aufruf für das System CAPSY zu erweitern, einschließlich des Verwaltungsbereiches für die CAPSY-Daten. Das System CAPSY ist für die Aufnahme der allgemeinen Arbeitsplandaten aus dem System CAPP, für die Verarbeitung der CAPP-Verwaltungsdaten und um den Aufruf des Kopplungsbausteines zu erweitern.

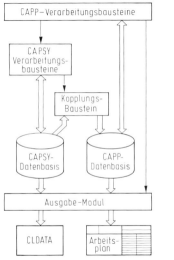

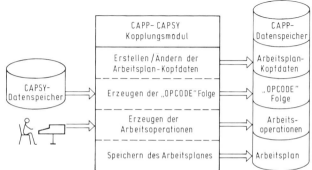

Bild 8.4-2 Kopplungsmodul für die Systeme CAPP und CAPSY.

Bild 8.4-1 Kopplungskonzept für Arbeitsplanverwaltung, Variantenplanung und Arbeitsplangenerierung.

Die eigentliche Verknüpfung der Systeme erfolgt durch aufgabenspezifischen Kopplungsbaustein *(Bild 8.4-2)* [167]. In diesem Kopplungsbaustein erfolgt die Umsetzung der von CAPSY erzeugten Informationen in die von CAPP benötigte Form. Die Umwandlung der vorhandenen Informationen geschieht automatisch, die fehlenden Daten für den Standardarbeitsplan werden im Dialog hinzugefügt. Im einzelnen werden dabei folgende Aufgaben durchgeführt:
– Übertragen und Ergänzen der allgemeinen Angaben,
– Erstellen der Arbeitsvorgangsfolgen aus den vorliegenden Arbeitsplaninformationen,
– Erstellen der Arbeitsvorgänge aus dem gegebenen Arbeitsplan und
– Abspeichern des erzeugten Arbeitsplanes, sofern erforderlich.

Das Variantenplanungssystem CAPP kann mit diesen vom Kopplungsbaustein bereitgestellten Informationen weitere Arbeitspläne nach dem Variantenprinzip erstellen.

Innerhalb der Arbeitsplanung ist die Verbindung von Arbeitsplanerstellung und NC-Programmierung eine der auftretenden Integrationsaufgaben. Der bei der Nutzung solcher Systeme anfallende Eingabeaufwand soll bei einer integrierten Verarbeitung reduziert werden. Für die Verknüpfung von Arbeitsplanerstellungs- und NC-Programmiersystemen können verschiedene Vorgehensweisen gewählt werden. Bei der Arbeitsplanerstellung können unter Verwendung der vorhandenen Informationen Teileprogramme, das heißt die Aufgabenbeschreibung für das NC-Programmiersystem erstellt werden. Die andere Kopplungsform erfolgt mit der Übergabe der rechnerinternen Darstellung des Werkstückes an das NC-Programmiersystem, jeweils entsprechend dem ermittelten Fertigungsverfahren oder dem Arbeitsvorgang.

Die Kopplung über ein Teileprogramm erfordert aufwendige Verarbeitungsprogramme zur Erzeugung des Teileprogrammes, jedoch sind bei dem eingesetzten NC-System keine Anpassungen notwendig. Bei der Verknüpfung mit einer rechnerinternen Objektdarstellung sind nur geringe programmtechnische Aufwendungen zur Informationsanpassung im Arbeitsplanungssystem zu erbringen, jedoch sind innerhalb des NC-Systems Veränderungen vorzunehmen, da für die Dateneingabe nicht die Standardschnittstelle benutzt wird.

Ein System zur automatisierten Erstellung von NC-Teileprogrammen wurde im Zusammenhang mit dem System AUTAP [80] entwickelt. Das System AUTAP erzeugt aus den Daten der Werkstückbeschreibung und organisatorischen Daten, wie Losgröße und Auftragsdaten, vollautomatisch den Arbeitsplan [168]. Dabei werden nacheinander Rohmaterial, Arbeitsvorgangsfolge, Fertigungsmittel und Fertigungshilfsmittel sowie Vorgabezeiten ermittelt.

Wird hierbei ein NC-Arbeitsvorgang gewählt, so können mit dem Programmbausteine AUTAP-NC die maschinenneutralen Steuerinformationen für die Stanz- und Nibbelbearbeitung oder ein Teileprogramm für die Drehbearbeitung erstellt werden. *Bild 8.4-3* zeigt die Planungsschritte bei der automatischen Erstellung von NC-Informationen.

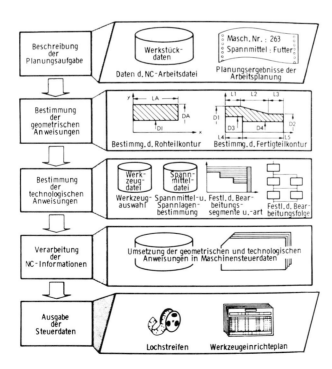

Bild 8.4-3 NC-Datenerzeugung bei integrierter Arbeitsplanung [168].

600 8 *Rechnerunterstützte Arbeitsplanung* [Literatur S. 601]

Die Erstellung von Steuerinformationen erfolgt in drei Schritten. Basierend auf den Daten der Werkstückbeschreibung und des Arbeitsplanes werden durch formelle Datenumsetzung die Geometriedefinitionen des Teileprogrammes erzeugt. Im zweiten Schritt werden unter Verwendung von Komplexfolgen die technologischen Anweisungen festgelegt. Hierbei sind Dateien über Werkzeuge, Spannmittel und Maschinen notwendig. Der dritte Schritt der NC-Steuerdatenerzeugung erfolgt im NC-Programmiersystem, das aus dem erzeugten Teileprogramm die Maschinensteuerdaten generiert.

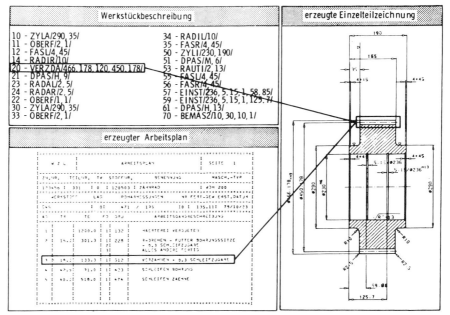

Bild 8.4-4 Zusammenhang von Werkstückbeschreibung, Einzelteilzeichnung und NC-Teileprogramm [168].

In *Bild 8.4-4* ist beispielhaft ein NC-Teileprogramm dargestellt, das von AUTAP-NC für das System EXAPT [119] erzeugt wurde. Dieses Bild zeigt auch den Zusammenhang von Werkstückbeschreibung, Einzelteilzeichnung und NC-Teileprogramm.
Kopplungsaspekte der Arbeitsplanung zur Fertigungssteuerung hängen von der zu planenden Steuerungstätigkeit ab [198]:
– Für die Materialdisposition können die Rohteilangaben und die Werkstoffe der Einzelteile aus dem Basisarbeitsplan beziehungsweise direkt aus den Stücklisten entnommen werden,
– für die Termin- und Kapazitätsplanung sind maßgeblich die Arbeitsvorgangsfolge, die Zuordnung zu den Einzelarbeitsplätzen und die Vorgabezeiten für die einzelnen Arbeitsvorgänge von Bedeutung. Aus den im Arbeitsplan enthaltenen Daten können die Arbeitsgangterminierung, die Kapazitätsbedarfsplanung und Fertigstellungsplanung abgeleitet werden,
– da Angaben über die Fertigungshilfsmittel mit den zugehörigen Arbeits- und Teilarbeitsvorgängen ein Bestandteil des Arbeitsplanes sind, kann ihre rechtzeitige Bereitstellung im Rahmen der Werkstattsteuerung vorgenommen werden.
Außerdem kann die Rückmeldung aus der Fertigungssteuerung zur Arbeitsplanung Entscheidungsänderungen beim Planungsvorgang bewirken.

Literatur

1. Fricke, F.: Beitrag zur Automatisierung der Arbeitsplanung unter besonderer Berücksichtigung der Fertigung von Drehwerkstücken. Diss. TU Berlin 1974.
2. Spur, G.: Produktionstechnik im Wandel. Carl Hanser Verlag, München, Wien 1979.
3. AWF/REFA: Handbuch der Arbeitsvorbereitung. Teil 1, Arbeitsplanung. Beuth-Verlag, Berlin, Köln, Frankfurt 1969.
4. Spur, G.: Rechnerunterstützte Zeichnungserstellung und Arbeitsplanung. Sonderdruck aus ZwF. Carl Hanser Verlag, München, Wien 1980.
5. Eversheim, W.: Organisation in der Produktionstechnik. Band 3, Arbeitsvorbereitung. VDI-Verlag, Düsseldorf 1980.
6. Elektronische Datenverarbeitung bei der Produktionsplanung und -steuerung. Automatische Arbeitsplanerstellung. VDI-Taschenbuch T61/62. VDI-Verlag, Düsseldorf 1974.
7. Wiewelhove, W.: Automatische Detaillierung, Zeichungs- und Arbeitsplanerstellung für Varianten. Diss. TH Aachen 1976.
8. Steudel, M.: Aufbau und Anwendungsmöglichkeiten eines modularen Systems zur automatischen Arbeitsplanerstellung. Diss. TH Aachen 1980.
9. Bachmann, G.: Rechnerunterstützte Arbeitsplanerstellung auf der Grundlage fertigungstechnisch orientierter Programmiersysteme. Diss. TH Aachen 1973.
10. Wiewelhove, W.: Planungsmethode zur Bestimmung der Arbeitsvorgangsfolge für Varianten. VDI-Z 120 (1978) 12, S. 561-570.
11. Opitz, H.: Werkstückbeschreibendes Klassifizierungssystem. Verlag de Gruyter, Essen 1966.
12. Spur, G.: Die automatische Fabrik eine Utopie? IWF-Report Nr. 3. Herausgegeben vom IWF e.V. Berlin 1975, S. 1-10.
13. Spur, G.: Hohes Anfangsrisiko moderner Produktionssysteme auch vom Staat mitzutragen. wt-Z. ind. Fertig. 64 (1974) 11, S. 713-716.
14. Pätzold, A., Prehn, W., Zastrow, F.: Steuerungskonzept für eine rechnergeführte Fertigung. ZwF 71 (1976) 2, S. 50-56.
15. Spur, G.: Rechnereinsatz in der Arbeitsvorbereitung. wt-Z. ind. Fertig. 64 (1974) 3, S. 171-172.
16. Opitz, H., Wessel, H.-J.: Rechnereinsatz in der Konstruktion. wt-Z. ind. Fertig. 67 (1977) 3, S. 133-138.
17. Eversheim, W.; Westkämper, E.: Stand und Entwicklungstendenzen des Computer-Aided-Manufacturing. wt-Z. ind. Fertig. 67 (1977) 3, S. 171-178.
18. Gold, P., Vetter, R.: Fabrikplanung im praktischen Einsatz eines Großunternehmens der Elektroindustrie. ZwF 71 (1976) 12, S. 536-540.
19. Wegner, N., Stönner, G., Eidt, A.: Praxisgerechte Materialflußanalyse – Auswertung von Betriebsdaten mit EDV. ZwF 71 (1976) 12, S. 545-550.
20. Materialflußuntersuchungen. VDI-Richtlinie 3300. VDI-Verlag, Düsseldorf 1959.
21. Greindl, A.: Datenhandhabung in CAD/CAM-Prozessen. Diss. TU Berlin 1977.
22. Baberg, T.: Rationalisierung in der Arbeitsplanung unter Berücksichtigung dynamischer Unternehmensveränderungen und der Auswirkungen auf die Fertigungskosten. Diss. TH Aachen 1980.
23. Minolla, W.: Rationalisieren in der Arbeitsplanung – Schwerpunkt Organisation –. Diss. TH Aachen 1975.
24. Autorengemeinschaft: Rationalisierung in der Arbeitsplanung. Ind.-Anz. 96 (1974) 70, S. 1592-1597.
25. Szabó, Z.-J.: Systematische Planung von Programmsystemen zur Erstellung von Fertigungsunterlagen. Diss. TH Aachen 1976.
26. Arndt, W.: Eine Lernmethode für automatisierte Arbeitsplanungssysteme. Reihe Produktionstechnik Berlin, Band 7, Carl Hanser Verlag, München 1980.

27. Spur, G.: Automatisierung in der Arbeitsvorbereitung. Industrial Engineering 2 (1972) 1, S. 59-68.
28. Adamczyk, P., Ernst, G.: Macro-Anwendung in EXAPT. Nutzung der Gruppentechnologie zur rationellen NC-Teileprogrammierung. tz für Metallbearbeitung 76 (1982) 8/12, S. 32-40.
29. Ernst, G., Reubsaet, G., Daßler, R., Germer, H.-J.: Anwendung von 3D-Werkstückmodellen für die maschinelle NC-Programmierung. ZwF 76 (1981) 7, S. 309-313.
30. von Zeppelin, W.: CNC-Drehautomat mit integriertem Programmiersystem. ZwF 74 (1979) 10, S. 475-481.
31. Meier, H.: Werkstattprogrammierung mit CNC-Steuerungen am Beispiel der Drehbearbeitung. Reihe Produktionstechnik Berlin, Band 24, Carl Hanser Verlag, München, Wien 1981.
32. Schultz, R.: Automatisierte Fertigungsplanung für die numerisch gesteuerte Mehrmaschinenbearbeitung. Reihe Produktionstechnik Berlin, Band 29, Carl Hanser Verlag, München, Wien 1982.
33. Fischer, U.: Rechnerunterstützte Erstellung von Steuerinformationen für NC-Maschinen im Rahmen eines integrierten Gesamtplanungssystems bei mehrstufiger Fertigung. Diss. TH Aachen 1977.
34. Arbeits- und Ergebnisbericht des Sonderforschungsbereichs 155 - Fertigungstechnik. Universität Stuttgart 1977.
35. Stuckmann, G.: Bildschirmunterstützte Arbeitsplanung für programmgesteuerte Drehmaschinen. Diss. TU Berlin 1978.
36. Krause, F.-L.: Systeme der CAD-Technologie für Konstruktion und Arbeitsplanung. Reihe Produktionstechnik Berlin, Band 14, Carl Hanser Verlag, München, Wien 1980.
37. Strunz, H.: Entscheidungstabellentechnik. Grundlagen und Anwendungsmöglichkeiten bei der Gestaltung rechnergestützter Informationssysteme. Reihe Betriebsinformatik 2, Carl Hanser Verlag, München 1977.
38. Thurner, R.: Entscheidungstabellen. Aufbau, Anwendung, Programmierung. VDI-Taschenbuch T 33. VDI-Verlag, Düsseldorf 1972.
39. Hahn, J.: Automatische Fertigungsplanung für kurvengesteuerte Einspindel-Drehautomaten. Diss. TU Berlin 1970.
40. Minkmar, H.: Maschinelle Erstellung von Arbeitsplänen für die Fertigung auf Mehrspindel-Drehautomaten. Diss. TU Berlin 1973.
41. Tannenberg, F.: Automatische Ermittlung des Arbeitsablaufs bei der maschinellen Programmierung numerisch gesteuerter Drehmaschinen. Diss. TU Berlin 1970.
42. Beitz, W.: Möglichkeiten methodischer Lösungsfindung bei der Konstruktion. Konstruktion 23 (1971) 5, S. 161-167.
43. Spur, G.: Schwerpunkte der Rechneranwendung in industriellen Produktionsprozessen. VDI-Berichte Nr. 292, VDI-Verlag, Düsseldorf 1977.
44. Balogh, L.: Ein Beschreibungssystem für rotationssymmetrische Werkstücke unter besonderer Berücksichtigung des Rechnereinsatzes in Konstruktion und Fertigungsplanung. Diss. TU Berlin 1969.
45. EXAPT 2 – Sprachbeschreibung. EXAPT-Verein, Peterstr. 1, Aachen 1969.
46. Lueg, H.: Systematische Fertigungsplanung. Vogel-Verlag, Würzburg 1975.
47. Eversheim, W., Fuchs, H.: Automatische Arbeitsplanerstellung – Anwendung des Systems AUTAP für allgemeine Rotationsteile. Ind. Anz. 101 (1979) 7, S. 21-25.
48. Tönshoff, H. K., Meyer, K.-D.: Computer kalkulieren Kosten. Anforderungen und Anwendungen rechnerunterstützter Kalkulation für mittlere Betriebe. Betriebstechnik 19 (1978) 6, S. 19-22.
49. EXAPT 1 – Sprachbeschreibung. EXAPT-Verein, Peterstr. 1, Aachen 1969.
50. Ruoff, F.: Arbeitsplanerstellung und Vorgabezeitermittlung am Bildschirm für konventionelle spanende Fertigung. Verlag Günter Grossmann, Stuttgart-Vaihingen 1979.

51. Meyer, K.-D.: Rechnerunterstützte Planung und Kalkulation von Drehoperationen. Diss. TU Hannover 1981.
52. Fuchs, H.: Automatische Arbeitsplanerstellung. Ein Baustein im Rahmen der integrierten Fertigungsunterlagenerstellung. Diss. TH Aachen 1981.
53. Wessel, H.-J., Steudel, M.: Gegenüberstellung von Systemen zur automatischen Arbeitsplanerstellung. VDI-Z 122 (1980) 8, S. 302-310.
54. Moll, W.-P.: Maschinenbelegung mit EDV-Verbesserung der Maschinennutzung durch systematische Lösung des Zuordnungsproblems Bearbeitungsaufgabe zu Bearbeitungsmöglichkeit. Vogel-Verlag, Würzburg 1975.
55. Tomczyk, A.: Rechnerunterstützte Maschinenauswahl für Drehteile. Ein Beitrag zur Automatisierung der Fertigungsplanung. Diss. TU Berlin 1972.
56. Lutz, W.: Entwicklung einer fertigungsbeschreibenden Systemordnung für das Drehen von Einzelteilen und Kleinserien. Diss. TH Stuttgart 1967.
57. Spur, G., Fricke, F., Stuckmann, G.: Ermittlung eines Verfahrens zur automatischen Bestimmung der Werkstückeinspannung mit Hilfe von EDVA. AIF-Forschungsbericht 2942, 1974.
58. Raschke, W., Wunderlich, G.: Technische Grenzen beim Drehen. Fertigungstechnik und Betrieb 23 (1973) 12, S. 728-730.
59. Stuckmann, G.: Rechnerunterstützte Ermittlung der Werkstückeinspannung für die Drehbearbeitung. Ind. Anz. 97 (1975) 88, S. 1834-1885.
60. Wahl der Drehwerkzeuge und Schnittdaten. Informationsschrift der Firma SANDVIK-Coromant, Heerdter Landstr. 229/233, Düsseldorf 1976.
61. Hoff, M., Dammer, L.: INFOS-Taschenrechnerprogramme vereinfachen die Schnittwertoptimierung. Ind. Anz. 103 (1981) 88, S. 18-20.
62. Eversheim, W., Gebauer, D.: Rechnerunterstützte Schnittwertoptimierung und Vorgabezeitbestimmung. TZ für Metallbearbeitung 72 (1978) 3, S. 13-16.
63. Witthoff, J.: Die Ermittlung der günstigsten Arbeitsbedingungen bei der spanenden Formgebung. Werkstatt und Betrieb 80 (1947) 4, S. 77-83; 85 (1952) 10, S. 521-526; 90 (1957) 1, S. 61-68.
64. DIN 6580. Begriffe der Zerspantechnik, Bewegungen und Geometrie des Zerspanvorganges. Entwurf. Beuth Verlag, Berlin 1982.
65. EXAPT 2 – Technologische Ermittlungsverfahren. EXAPT-Verein, Peterstr. 1, Aachen 1969.
66. Spur, G.: Optimierung des Fertigungssystems Werkzeugmaschine. Carl Hanser Verlag, München 1972.
67. Stute, G.: EXAPT – Möglichkeiten und Anwendung der automatisierten Programmierung für NC-Maschinen. Reihe Fortschritte der Fertigung auf Werkzeugmaschinen. Carl Hanser Verlag, München 1968.
68. Kunzendorf, W., Stuckmann, G.: Dialogorientierte Arbeitsplanung für die Kleinserienfertigung. VDI-Berichte Nr. 292, VDI-Verlag, Düsseldorf 1977.
69. AUTOPIT 2 – Sprachbeschreibung. Pittler Maschinenfabrik AG, Pittlerstr. 6, Langen.
70. Spur, G.: Arbeitsvorbereitung. In: Enzyklopädie "Naturwissenschaft und Technik", Verlag Moderne Industrie, München 1979.
71. Eversheim, W., Gebauer, D., Wesch, H.: Einsatz des Schnittwertoptimierungsprogramms "TURN" zur Zeit-, Kosten und Fertigungsmittelplanung. tz für Metallbearbeitung 73 (1979) 7, S. 13-18.
72. Tönshoff, H. K., Ehrlich, H., Klinger, H., Prack, K.-L.: DREKAL – ein System zur automatischen Arbeitsplanerstellung. Teil 1-3. AV 18 (1981) 3, S. 71-75; 4, S. 123-127; 5, S. 158-161.
73. Bux, E.: Rechnerunterstützte Produktionsplanung und -steuerung im Dienstleistungsbereich, z.B. im Werkzeugbau. ZwF 76 (1981) 3, S. 101-105.
74. König, W.: Zerspanwerte für die Fertigung aus der INFOS-Datenbank. wt-Z. ind. Fertig. 69 (1979) 1, S. 58-59.

75. Dammer, L., Hoff, M., Wesch, H.: Bereitstellung optimierter Zerspandaten durch technologisch orientierte Datenbanken. VDI-Z 123 (1981) 20, S. 827-832.
76. König, W., Bierlich, R., Spira, K.: Automatisches Erfassen von Verschleißdaten beim Zerspanen. Schmiertechnik und Tribologie 23 (1976) 6, S. 150-156.
77. Eversheim, W., Gebauer, D., Wesch, H.: Rechnerunterstützte Schnittwertoptimierung, Zeit- und Kostenplanung. tz für Metallbearbeitung 75 (1981) 8, S. 65-70.
78. Lewandowski, S., Stuckmann, G.: CAD-Systeme in den USA. Bericht von der IMTS '78 in Chicago und einer CAD/CAM-Konferenz in Los Angeles. ZwF 74 (1979) 4, S. 170-173.
79. MICLASS. Systembeschreibung des Metalinstitut TNO. Postfach 541, Apeldoorn, Niederlande.
80. Eversheim, W., Fuchs, H., Zons, K.-H.: Anwendung des Systems AUTAP zur Arbeitsplanerstellung. Ind. Anz. 102 (1980) 55, S. 29-33.
81. Eversheim, W., Fuchs, H.: Automatische Arbeitsplan und NC-Lochstreifenerstellung für Blechteile. Ind. Anz. 99 (1977) Sondernr. vom 6.9.77, S. 1393-1396.
82. Tuffentsammer, K., Ruoff, F., Wolf, M., Lueg, H.: Vorgabezeitermittlung und Arbeitsplanerstellung mit dem Rechner. TZ für Metallbearbeitung 71 (1971) 7, S. 49-52.
83. Ruoff, F.: Arbeitsplanerstellung und Vorgabezeitermittlung am Bildschirm für konventionelle spanende Fertigung. Ind. Anz. 102 (1980) 34, S. 23-24.
84. Burkhardt, H., Wolf, M.: Rechnerunterstützte Zuordnung Arbeitsgang-Werkzeuge für die Außenbearbeitung. TZ für Metallbearbeitung 76 (1977) 12, S. 47-51.
85. CAPEX. Firmenschrift der EXAPT-NC-Systemtechnik GmbH, Peterstr. 1, Aachen 1982.
86. Link, C.H.: CAM-I, Automated Process Planning System (CAPP). Technical Paper, Dearborn, Michigan USA 1977.
87. Automated Process Planning System (CAPP). Systems Manual. Version 2, Release 1. CAM-I, Arlington, Texas USA 1976.
88. Spur, G., Anger, H.-M., Kunzendorf, W., Stuckmann, G.: CAPSY – A dialogue system for Computer Manufacturing Process Planning. 19. MTDR - Conference, Manchester, England, Sept. 1978.
89. Eversheim, W., Loersch, U., Esch, H.: Arbeitsplanerstellung im Dialog mit dem System DISAP. Ind. Anz. 103 (1981) 97, S. 29-32.
90. Autorengemeinschaft: Fortschrittliche Produktionstechnik – Einsatzmöglichkeiten und Grenzen von EDV-Systemen in Konstruktion und Arbeitsvorbereitung. Vorträge zum 17. Aachener WerkzeugmaschinenKolloqium 1981, S. 74-86.
91. Tönshoff, H.-K., Ehrlich, H., Meyer, K.-D., Prack, K.-W.: Arbeitsplanung im Dialog mit dem Rechner für die Anforderungen mittlerer Unternehmen. Ind. Anz. 101 (1979) 73, S. 40-42.
92. Ehrlich, H., Meyer, K.-D., Prack, K.-W.: Rechnerunterstützte Arbeitsplanung in mittleren Unternehmen. Ind. Anz. 101 (1979) 46, S. 49-50.
93. Rebholz, M.: Entwicklung eines verfahrensbezogenen Programmoduls zur Erstellung von Fertigungsunterlagen für das Kaltfließpressen. Ind. Anz. 103 (1981) 55, S. 29-30.
94. Hirschbach, D., Hoheisel, W.: Rationalisierung der Arbeitsplanung durch Einsatz der EDV, Teil 2. AV 15 (1978) 3, S. 71-74.
95. Hirschbach, D.: Rechnerunterstützte Montageplanerstellung. Reihe Forschung und Praxis, Krauskopf-Verlag, Mainz 1978.
96. Steudel, M.: Automatische Montagearbeitsplanerstellung. Ind. Anz. 100 (1978) 84, S. 42-43.
97. Eversheim, W., Steudel, M.: Automatische Montagearbeitsplanerstellung für Unternehmen der Einzel- und Kleinserienfertigung. tz für Metallbearbeitung 72 (1978) 10, S. 57-64.

98. Babić, H.-G., Czetto, R., Dietzsch, M.: Aufgaben und Gliederung der Prüfplanung. wt-Z. ind. Fertig, 67 (1977) 5, S. 273-276.
99. Babić, H.-G., Dietzsch, M.: Organisation des Qualitätswesens. QZ 21 (1978) 5, S. 114-116.
100. Goubeaud, F.: Kritische Bemerkungen zur Verwendung der EDV in der Qualitätssicherung. QZ 29 (1975) 12, S. 275-277.
101. Baberg, T., Holz, B., Loersch, U.: Rechnerunterstützte Prüfplanung. VDI-Z 122 (1980) 22, S. 1011-1019.
102. Babić, H.-G., Bläsing, J.-P., Lang, H.: PREPLA - Ein Baustein zur rechnerunterstützten Prüfplanung. wt-Z. ind. Fertig. 66 (1976) 3, S. 155-158.
103. Bokelmann, D.: Qualitätsprüfung in der Eingangsprüfung mit Hilfe elektronischer Datenverarbeitung. QZ 20 (1975) 9, S. 194-199.
104. Menterodt, H., Claussen, D.: Computergesteuerte Wareneingangs-Prüfung. IBM-Nachrichten 21/206 (1971), S. 715-719.
105. Busch, M., Fatehi, D., Hahner, A.: Kleinrechnereinsatz zur Automatisierung von Prüfabläufen im Wareneingangs- und Fertigungsbereich. ZwF 75 (1980) 11, S. 542-545.
106. Spur, G., Hein, E.: Ergebnisse zur rechnerunterstützten Prüfplanung. Endbericht P 6.4/28; B-PRI/2 KfK-BMFT, 1981.
107. APT PART PROGRAMMING MANUAL. IIT Research Institute, Chicago, USA 1964.
108. Shah, R.: NC-Guide, Numerical Control Handbook. Caruna Druck, Miltenberg 1971.
109. APT Reference Manual, Control Data Corporation, Sunnyvale, California USA 1971.
110. Sculptured Surface Long Range Planning Guide. Submitted to Sculptured Surfaces Sponsors by John K. Hinds, USA Aug. 1973.
111. Documentation for the Third Sculptured Surface experimental Release System (SSX 3). ITT Research Institute, Chicago, USA April 1973.
112. Henning, H.: Fünfachsiges NC-Fräsen gekrümmter Flächen. Springer Verlag, Berlin, Heidelberg, New York 1972.
113. Becker, M.: FMILL-APTLFT. Ein Programm zur Darstellung und Bearbeitung allgemeiner räumlicher Flächen. Siemens-Zeitschrift 44 (1970).
114. Damsohn, H., Henning, H.: Fünfachsiges NC-Fräsen gekrümmter Flächen. ZwF 72 (1977) 2, S. 77-80.
115. Stute, G., Walter, W.: Programmierung und Fertigung gekrümmter Flächen. INFERT 1978, Internationale Konferenz industrieller Fertigung, TU Dresden, Fachsektion 2, Fertigungstechnik 2, DDR 10.-13. Oktober 1978.
116. Henning, H.; Sanzenbacher, M.: Neuere Erkenntnisse beim Fünfachsen-Fräsen. wt-Z ind. Fertig. 66 (1976) 5, S. 259-264.
117. Damsohn, H.: Fünfachsiges NC-Fräsen – ein Beitrag zur Technologie, Teileprogrammierung und Postprozessorverarbeitung. Springer Verlag, Berlin, Heidelberg, New York 1976.
118. Storr, A., Sielaff, W.: Programmierung der fünfachsigen NC-Fräsbearbeitung. wt-Z. ind. Fertig. 68 (1976) 4, S. 203.
119. EXAPT – Universelles NC-Programmiersystem. Firmenschrift EXAPT e.V., Peterstr. 1, Aachen 1982.
120. Kriens, B.: NC-Programmierung mit TELEAPT. ZwF 72 (1977) 6, S. 271-279.
121. Schekulin, K.: Einsatz der APT-Sprachen zum Programmieren von CNC-gesteuerten Drahterodiermaschinen. tz für Metallbearbeitung 76 (1982) 2, S. 43-49.
122. Firmenschrift MDSI-COMPACT II. Manufacturing Data System International, Deutschland GmbH, Lyonerstr. 10, Frankfurt 1979.
123. Streckfuß, G.: Maschinelle NC-Programmierung – Anforderungen an ein modernes System. tz für Metallbearbeitung 74 (1980) 7, S. 25-28.

124. EUKLID – ein interaktives CAD/CAM-System. Handbuch FIDES Treuhand-Vereinigung, Bleicherweg 33, Zürich, Schweiz 1981.
125. Hi-Programm. Makino-Milling Machine Co. Ldt., Tokyo - 152, Japan 1982.
126. Koloc, J.: Weiterentwicklung des MITURN-Programmiersystems für numerisch gesteuerte Drehmaschinen.TZ für prakt. Metallbearbeitung 67 (1973) 9, S. 405-410.
127. Kishi, M., Naggi, K., Hatta, T.: The Application of OKISURF. Advances in Computer-Aided Manufature. D. McPherson, Cambridge, England ed. 1977, S. 152-165.
128. Flutter, A.G.: The Computer-Aided-Design and NC-Manufacture of Turbine components. C.A.D. Centre Cambridge Advances in Computer-Aided-Manufacture, D. McPherson, Cambridge, England ed. 1977, S. 215-225.
129. Flutter, A.G., Rolph, R.N.: POLYSURF. An interaktive System for the Computer-Aided Design and Manufacture of Components. Reprinted from CAD 78 Proceedings, Cambridge, England ed. 1978, S. 150-158.
130. Ludewig, G., Zicke, G.: Programmiersystem für das CNC-Walzrunden. wt-Z. ind. Fertig. 71 (1981) 5, S. 287-291.
131. Winkels, H., Runge, M., Hinze, D., Winkel, H.-K.: Numerisch gesteuerte Werkzeugmaschinen zum Drücken und Drückwalzen. wt-Z. ind. Fertig. 70 (1980) 11, S. 693-696.
132. Runge, W.: Dialogorientiertes Programmiersystem für CNC-Drückmaschinen auf Tischrechnerbasis. Ind. Anz. Sonderheft NC-Technik, Juni 1980, S. 132-135.
133. Dudriak, R.: Nutzung der Programmiersprache EXAPT für das CNC-Drücken. wt-Z. ind. Fertig. 70 (1980) 12, S. 775-782.
134. Spur, G., Mathes, H., Meier, H., Schiffelmann, H.: CNC-Steuerung für ein mehrspindliges Drehbearbeitungszentrum. ZwF 72 (1977) 9, S. 448-451.
135. Koschnick, G.: Konzepte und wirtschaftliche Nutzung numerisch gesteuerter Mehrspindel-Drehmaschinen. Reihe Produktionstechnik Berlin, Band 9, Carl Hanser Verlag, München 1981.
136. Roschmann, K.: Automatische Datenerfassung für Fertigungssteuerung und Kostenrechnung. Krausskopf-Verlag, Mainz 1973.
137. Prager, K.-P.: Kopplung externer und interner Programmiersysteme für Industrieroboter. Reihe Produktionstechnik Berlin, Band 33, Carl Hanser Verlag, München, Wien 1983.
138. Programmieren numerisch gesteuerter Handhabungssysteme – Adressierung von Koordinaten und Funktionen. VDI 2864, Entwurf, VDI-Verlag, Düsseldorf 1983.
139. Gini, G., Gini, M., Gini, R., Guise, D.: Introducing Software Systems in Industrial Robots. Proc. 9th International Symp. Industrial Robots, Washington DC, USA 13.-15. March 1979, S. 309-321.
140. Blume, C., Dillmann, R.: Struktur und Programmierung von Industrierobotern. Teil 2: Programmiersprachen und Programmiersysteme. VDI-Z 122 (1980) 6, S. 231–239.
141. Paul, R.: WAVE. A Model based Language for Manipulator Control. The Industrial Robot 4 (1977) 1, S. 10-17.
142. Mujtaba, S.M.: Current Status of the AL Manipulator Programming System. Proc. 10th International Symp. Industrial Robots, Mailand, Italien, 5.-7. March 1980, S. 119-127.
143. Gini, G., Gini, M.: Using a Task Description Language for Assembly; the Generation of World Models. Proc. 8th International Symp. Industrial Robots, Stuttgart 20. May - 1. June 1978, S. 364-372.
144. Blume, C.: Roboterprogrammierung optimal durchgeführt.VDI-Nachrichten 34 (1980) 34, S. 4.
145. Weck, M., Zühlke, D.: Programmiersprache für NC- Handhabungsgeräte. Ind. Anz. 102 (1980) 37, S. 27-30.
146. User's Guide to VAL, A Robot Programming and Control System. 744-800 Unimation Inc. Danbury, Conn. 06810, USA 1980.

147. d'Auria, A., Salmon, M.: SIGMA: An Integrated General Purpose System for Automatic Manipulation. Proc. 5th International Symp. Industrial Robots, Chicago USA 22.-24. Sept. 1975, S. 185-202.
148. Salmon, M.: SIGLA. The Olivetti SIGMA Robot Programming Language. Proc. 8th International Symp. Industrial Robots, Stuttgart 30. May - 1. June 1978, S. 358-363.
149. Poppelstone, R.J., Ambler, A.P., Bellos, I.: RAPT. A Language for Describing Assemblies. Industrial Robot 5 (1978) 3, S. 131-137.
150. Spur, G., Auer, B.H., Sinning, H.: Industrieroboter-Steuerung, Programmierung und Daten von flexiblen Handhabungseinrichtungen. Carl Hanser Verlag, München, Wien 1979.
151. Backus, W.: The Syntax and Semantic of the Proposed International Algebraic Language of the Zürich ACM-GAMM Conference. ICIP Paris Frankreich Juni 1959.
152. Schmidt, I.: Prozeßrechner steuert den Montageroboter. VDI-Nachrichten 35 (1981) 12, S. 14.
153. Paul, R.: EVALUATION of Manipulator Control Programming Languages. 18th IEEE Conference on Decision Control Proceedings. Fort Lauderdale USA 1979, S. 252-256.
154. Will, P., Grossmann, D.: An Experimental System for Computer Controlled Mechanical Assembly. IBM T.J. Watson Research Center, New York, USA 1974.
155. Bernorio, M., Bertoni, M., Dabenne, A., Somalvico, M.: Programming a Robot in a Quasinatural Language. The Industrial Robot 4 (1977) 3, S. 132-140.
156. Liebermann, L., Wesley, M.: AUTOPASS. An Automatic Programming System for Computer Controlled Mechanical Assembly. IBM J. Res. Dev. New York, USA 21 (1977) New York, USA 4.
157. Park, W.T., Burnett, D.J.: An Interactive Incremental Compiler for more Productive Programming of Computercontrolled Industrial Robots and Flexible Automation Systems. Proc. 9th International Symp. Industrial Robots, Washington DC USA 13.-15. March 1979, S. 281-295.
158. Lozano-Perez, T.: The Design of a Mechanical Assembly System. MIT Cambridge Artif. Intell. Lab.. Techn. Report AI-TR-397, USA Dec. 1976, S. 188.
159. Spegel, M.: Programming of Mechanism Motion. Report No. CRL-43 Univ. Div. of Applied Sciences., New York, USA Nov. 1975, S. 177.
160. Pfau, D., Koerth, D.: Probleme der maschinellen Programmierung numerisch gesteuerter Meßmaschinen. TZ für prakt. Metallbearbeitung 69 (1975)2, S. 55-60.
161. Pfeifer, T., Goluke, M.: Maschinelle Programmierung von Mehrkoordinaten-Meßgeräten. QZ 24 (1979) 5, S. 124-128.
162. Frohberg, W., Hörnlein, H.-J.: Problems Concerning the Automatic Programming of NC-Measuring Machines. Prolamat 73, Budapest, Ungarn 1973.
163. Lotze, W.: Rechnerunterstützte Dreikoordinatenmessung. IMEKO VI, Dresden, DDR Juni 1973.
164. Lotze, W., Hartmann, M.W.: Problemorientierte Programmiersprache für die Längenmeßtechnik. Feingerätetechnik 21 (1972) 11, S. 481-486.
165. Eversheim, W., Koerth, D., Stute, G., Berner, A.: Programming of NC-Measuring Machines. IFIP-IFAC-Prolamat 76, Preprints Vol. 2, Ann Arbor, Michigan, USA 1976.
166. Berner, A.: Geometrieverarbeitung und Beschreibung geometrischer Elemente in NCMES. Ind. Anz. 99 (1977) 33, S. 593-594.
167. Spur, G., Arndt, W., Grottke, W., Krause, F.-L., Pistorius, E.: Possibilities of Interfacing COMPAC, CAPSY, CAPP. CAM-I INC. Arlington, Texas February USA 1980.
168. Prior, H., Fuchs, H.: Integrierte Erstellung von Fertigungsunterlagen. Ind. Anz. 102 (1980) 82, S. 120-127.
169. MDC-Machinability Data Center. Information Service 1978/79. Cincinnati, USA.

170. Kallenbach, I.: Schnittdaten kostenlos auch für Nicht-Kunden. Maschinen-Markt 86 (1980) 6, S. 87-88.
171. Informationszentrum – Schnittwerte für spanende Bearbeitung – Schnittwertspeicher. Anwenderbeschreibung. TH Magdeburg, DDR 1980.
172. Technical Information Service Section. Druckschrift des TRI, Tokio, Japan 1979.
173. Waelkens, J.: Rechnerunterstützte Fräsarbeitsablaufbestimmung. Ind.-Anz. 97 (1975) 101, S. 2135-2136.
174. Harenbrock, D.: Die Kopplung von rechnerunterstützter Konstruktion und Fertigung mit dem Programmbaustein PROREN 1/NC. Diss. Universität Bochum 1980.
175. Lierath, F., Jacobs, H.-J., Pieper, H.-J.: Zentraler Schnittwertspeicher der DDR - Nutzungserfahrung und aktueller Entwicklungsstand. Konferenzunterlagen INFERT 82, Dresden, DDR 1.-2. Sept. 1982, S. 72-81.
176. Galwelat, M.: Praktischer Einsatz der CAD/CAM-Systeme DUCT und AD 2000. BW 4689, VDI-Bildungswerk, Düsseldorf 1981.
177. Spur, G., Potthast, A.: NC-Programmkontrolle mit dynamischer Simulation bei der Drehbearbeitung. ZwF 76 (1981) 4, S. 153-155.
178. Spur, G., Meier, H.: Moderne Produktionstechnik: Entwicklung, Konstruktion, Arbeitsplanung, Fertigung. Enzyklopädie Naturwissenschaft und Technik. Jahresband. Verlag moderne Industrie, Landsberg 1982.
179. Spur, G.: Neue Forschungsschwerpunkte für die Automatisierung der Produktionstechnik. Sonderforschungsbereich 57, Kolloquium 1980, ZwF-Sonderdruck, Carl Hanser Verlag, München 1980, S. 3-8.
180. Spur, G.: Capabilities of solid Modelling and Technological Planning Systems. – Michael Field International Manufacturing Engineering Symposium. METCUT Res. Ass. Inc., Cincinnati, USA 19. June 1982, S. 16-1 bis 16-21.
181. Spur, G., Krause, F.-L.: Aufbau und Einordnung von CAD-Systemen. VDI-Berichte 413. VDI-Verlag, Düsseldorf 1981, S. 1-18.
182. Spur, G., Fricke, F.: Automatisierte Arbeitsplanung. ZwF 68 (1973) 11, S. 589-594.
183. Spur, G., Meier, H., Potthast, A.: Entwicklung einer CNC-Steuerung mit integriertem Programmiersystem für Drehautomaten. ZwF 74 (1979) 10, S. 482-490.
184. Spur, G., Tomczyk, A.: Programm für die Zuordnung von Drehwerkstücken zu Drehmaschinen. ZwF 68 (1973) 4, S. 178-180.
185. Spur, G., Kurth, J.: Grundlagen zur automatischen Ermittlung von Drehwerkzeugen. ZwF 64 (1969) 12, S. 628-633.
186. Spur, G., Stuckmann, G.: Rechnergestützte Fertigungsplanung am Bildschirm - dargestellt am Beispiel der Mehrschnittdrehbearbeitung. ZwF 71 (1976) 5, S. 179-182.
187. Spur, G., Kunzendorf, W., Stuckmann, G.: Automatisierte Arbeitsplanung für die Einzelteil- und Kleinserienfertigung. Proc. CIRP Seminars on Manufacturing Systems, 5 (1976) 4.
188. Spur, G., Tannenberg, F.: Das Programmiersystem EXAPT – eine einheitliche Sprache zur maschinellen Programmierung numerisch gesteuerter Werkzeugmaschinen. ZwF 62 (1967) 6, S. 269-272.
189. Deichen, H.: GAIN-Graphic Advanced Interactive Nesting, ein System zur Konstruktion und Fertigung im Schiffsbau. ZwF 73 (1978) 5, S. 236-239.
190. KRUPP ASCO, Automatische Schnittplanoptimierung. Firmenschrift Fried. Krupp GmbH, Essen 1980.
191. Schaffer, G.: Computer-Graphics Flame Cutting. American Machinist 123 (1979) 1, S. 105-108.
192. Burmester, J., Dahnken, H., Denter, A.: Schneidwerkzeugkonstruktion und NC-Programmierung am interaktiven Bildschirm. VDI-Z 121 (1979) 15/16, S. 791-798.
193. Spur, G., Tannenberg, F., Dicke, K.G., Weisser, W.: Industrieroboter in der spanenden Fertigung. ZwF 71 (1976) 1, S. 4-7.

194. Spur, G., Duelen, G., Adam, W.: Entwicklungsstand von Industrierobotern. ZwF 75 (1980) 11, S. 522-526.
195. Spur, G., Duelen, G.: Sicherheit von Personal und Handhabungsgeräten. VDI-Berichte 421, VDI-Verlag, Düsseldorf 1981, S. 95-100.
196. Schimke, E.-F.: Planung und Einsatz von Industrierobotern. VDI-Verlag, Düsseldorf 1978.
197. Schmidt-Streier, U.: Methode zur rechnerunterstützten Einsatzplanung von programmierbaren Handhabungsgeräten. Springer-Verlag, Berlin, Heidelberg 1982.
198. Spur, G., Hirn, W., Seliger, G.; Viehweger, B.: Simulation zur Auslegungsplanung und Optimierung von Produktionssystemen. ZwF 77 (1982) 9, S. 446-452.
199. Spur, G., Daßler, R., Gausemeier, B.-J.: Computer Aided Handling of Geometric Data for Design and Manufacturing. Proc. 18th MTDR-Conference, Mac Millan Press, London 1977, S. 725-732.
200. Daßler, R.: Simulation of Movements with COMPAC. Seminar for APS at the Institut für Produktionsanlagen und Konstruktionstechnik, Berlin, Mai 1981.
201. Hosaka, M.; Kimura, F.: An Interactive Geometrical Design System with Handwriting Input. Information Processing 77, North-Holland 1977, S. 167-172.
202. Sata, T., Kimura, F., Amano, A.: Robot Simulation System as a Task Programming Tool. Proc. 11th International Symp. Industrial Robots, Tokio 7.-9. Okt. 1981, S. 595-602.
203. MCAUTO Offers New System To Design Robotic Work Cells. ENTRY, Computer Service News, McDonnell Douglas Automation Company, St. Louis, USA January 1983.
204. Simon, R.L.: The Marriage between CAD/CAM-Systems and Robotics. Tagungsunterlagen CAMP '83, Berlin März 1983.
205. Moll, W.-P., Schäuble, O.W.: Kalkulation von Vorgabezeiten mit Kleinrechnern. Teil 1 und 2. tz f. Metallbearbeitung 75 (1981) 9, S. 62–64; 75 (1981) 12, S. 55–59.
206. Spur, G.: Technischer Informationsfluß beim Einsatz von EDV. Tagungsunterlagen FTK '82, Stuttgart 7.-8. Okt. 1982, S. 45-55.
207. Maschinelles Programmieren numerisch gesteuerter Werkzeugmaschinen. AEG-NUMERIC. Allgemeine Elektricitäts-Gesellschaft. Nr. A 341/0466.
208. Gieseke, E.: Automatische Schnittaufteilung beim Drehen. Sonderdruck aus Ind.-Anz. 94 (1972) 14, S. 290-293.
209. miturn Programmiersystem für Drehmaschinen. Druckschrift des metaalinstituut TNO, laan van Westenenk, Apeldoorn, Niederlande.
210. Programmiersystem-EASYPROG. Firmenschrift 105d-4 9.77. MAX MÜLLER BRINKER MASCHINENFABRIK, Max-Müller-Str. 24, Hannover 1977.

9 Einführung von Systemen zur rechnerunterstützten Konstruktion und Arbeitsplanung

9.1 Allgemeines

Die Entscheidung, Systeme zur rechnerunterstützten Konstruktion und Arbeitsplanung einzuführen, erfordert eine detaillierte Systemplanung, da sich dadurch das Unternehmen langfristig organisatorisch, technisch, personell und finanziell festlegt. Vor Beginn umfangreicher Analyse- und Planungstätigkeiten sollte eine Vorstudie durchgeführt werden, um einen groben Überblick über den betrieblichen Istzustand zu erhalten sowie die Möglichkeiten des Rechnereinsatzes unter Berücksichtigung von technischen und wirtschaftlichen Aspekten zu prüfen.
Im folgenden wird eine weitgehend allgemeingültige Methode für die Auswahl und Einführung von Systemen zur Rechnerunterstützung in der Konstruktion und Arbeitsplanung vorgestellt. Es handelt sich um systemtechnische Verfahren, die aus der kommerziellen Datenverarbeitung bekannt sind sowie um Investitionsrechenverfahren, die der Einführung rechnerunterstüzter Systeme zur Konstruktion und Arbeitsplanung angepaßt wurden.
Die Vorgehensweise bei der Auswahl und Einführung von CAD-Systemen muß auf die funktionellen Anforderungen, die finanziellen Möglichkeiten und die unternehmensspezifischen Gegebenheiten abgestimmt sein. Die wichtigsten Einflußparameter auf die Investitionsentscheidung sind:
- Unternehmensgröße und -struktur,
- Konstruktionsphasen und Konstruktionsobjekte,
- Angebot des CAD-Markts,
- Integrationsanforderungen,
- Wirtschaftlichkeit,
- Ausbildung der Mitarbeiter und
- Risikobereitschaft des Unternehmens.

Die einzelnen Phasen der Systemplanung sind in *Bild 9.1-1* dargestellt.
Einige der Arbeitsschritte müssen nicht nacheinander durchgeführt werden, sondern können auch parallel ablaufen, um die Planungszeit zu reduzieren. Einzelne Phasen können wiederholt durchlaufen werden, um die Lösung schrittweise zu verbessern. Der zeitliche Aufwand einzelner Planungsphasen kann bei der Einführung von CAD-Systemen, NC-Programmiersystemen oder Systemen zur rechnerunterstützten Arbeitsplanung unterschiedlich groß sein, ohne daß sich die prinzipielle Vorgehensweise ändert. Ebenso werden die Schwerpunkte und der Planungsumfang der einzelnen Phasen in Klein- und Mittelbetrieben im Vergleich zu Großbetrieben voneinander abweichen. Die Probleme, die für kleine und mittlere Unternehmen zusätzlich zu bewältigen sind, ergeben sich aus:
- den Schwierigkeiten, die Planungsarbeiten finanziell in genügendem Umfang ausstatten zu können,
- der fehlenden Ausbildung in CAD-Technologie bei firmeneigenen Planern und
- den Schwierigkeiten, Personal für den Planungszeitraum verfügbar zu machen [1].

Zur Durchführung der Planungsarbeiten können folgende Wege gewählt werden [2]:
- Das Unternehmen führt die Planung selbst durch. Der Vorteil dieser Vorgehensweise liegt in der Unabhängigkeit zur Auswahlentscheidung und im großen Lerneffekt für die ausgewählten Mitarbeiter. Nachteil ist der große zeitliche Aufwand, da die erforderlichen Kenntnisse der CAD-Technologie nur durch einen längeren Lernprozeß erworben

[Literatur S. 653]   *9.1 Allgemeines*   611

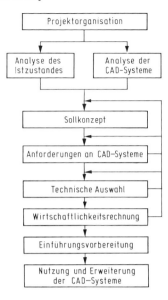

Bild 9.1-1 Vorgehensweise bei der Einführung von CAD-Systemen zur rechnerunterstützten Konstruktion und Arbeitsplanung.

werden können. Aufgrund der nur begrenzt verfügbaren Planungskapazität ist zu erwarten, daß das Planungsergebnis nicht optimal ist.
- Das Unternehmen läßt die Planung von einer Beratungsfirma, einem Softwarehaus oder einem Institut durchführen. Vorteile dieser Vorgehensweise liegen in der Sachkompetenz und der Erfahrung der Berater. Nachteile liegen darin, daß die Firmenangehörigen an dem Entscheidungsprozeß nicht aktiv teilnehmen, daß die Know-How-Entwicklung nur teilweise auf die Anwenderfirma übergeht, daß die vorgeschlagene Planung möglicherweise nicht genug auf das Unternehmen abgestimmt ist und daß relativ hohe Planungskosten entstehen.
- Das Unternehmen überträgt die Planung der CAD-Einführung einem Team, das aus Mitarbeitern der eigenen Firma und aus Mitarbeitern einer Beratungsinstitution gebildet wird. Die Vorteile bestehen darin, daß sich die Firmensachkompetenz mit der Kompetenz des Beratungsunternehmens verbinden läßt. Die Kosten können relativ niedrig gehalten werden, und die Firma ist immer auf der Höhe des aktuellen Informationsstandes, obwohl die Firmenmitglieder die Planungstätigkeiten nicht zu 100 % ausführen müssen.

Zahlreiche Erfahrungen mit der Planung von Einführungsmaßnahmen bei kleineren sowie bei größeren Unternehmen lassen die letztgenannte Form der Zusammenarbeit als besonders wirkungsvoll erscheinen [3].

Größere Unternehmen haben für Aufgaben der Planung und ständigen Anpassung an technologische Entwicklungen teilweise Planungsabteilungen aufgebaut. Die Auswahl und die Einführung von CAD-Systemen kann vollständig durch Mitarbeiter der Planungsabteilung durchgeführt werden, sofern genug Fachwissen und ausreichend Personalkapazität verfügbar ist. Externe Beratung durch eine möglichst neutrale Stelle kann dennoch angebracht sein, um zusätzliche Gesichtspunkte zu berücksichtigen. Je nach der Größenordnung des Unternehmens, der Anzahl der zu analysierenden Konstruktionsabteilungen und der Mitbetrachtung von Kommunikationsbedingungen zwischen den Abteilungen sowie zwischen den Abteilungen und Lieferanten bzw. Kunden müssen die Planungszeiträume und die Anzahl in Frage kommender CAD-Systeme festgelegt werden. Das mit einer CAD-Einführung normalerweise verbundene Investitionsvolumen rechtfertigt einen im Vergleich zu anderen Investitionsobjekten größeren Planungsaufwand.

9.2 Analyse des Istzustandes

Ausgangspunkt für die Planung des CAD-Einsatzes ist eine systematische Analyse des Istzustandes in den betreffenden Konstruktions- und Arbeitsplanungsabteilungen [4]. Es werden in erster Linie die Aufbauorganisation, das Teilespektrum und die Ablauforganisation bei der Aufgabenbearbeitung aufgenommen. Dabei sind die Eingangsinformationen, die erzeugten Unterlagen, die verwendeten Hilfsmittel, wie Normen und Vorschriften, und der Informationsfluß ebenso zu untersuchen, wie die Verteilung der einzelnen Tätigkeitszeiten auf den Gesamtaufwand. Aus der Kenntnis des Istzustandes können Problemschwerpunkte formuliert werden, anhand derer die Reihenfolge von Rationalisierungsmaßnahmen festgelegt wird. Wichtig ist, vorhandene Rechnerkapazität und vorhandene Programme zu berücksichtigen und die Terminvorstellung für die Einführung der CAD-Systeme zu klären. In *Bild 9.2-1* ist die Vorgehensweise zur Analyse des Istzustandes dargestellt.

Im Rahmen der Analyse werden zunächst die Aufbauorganisation, die Personalstruktur und organisatorische Querverbindungen der zu analysierenden Abteilung untersucht, um Aussagen über den personellen und finanziellen Aufwand bei der Umstellung von konventioneller zur rechnerunterstützten Aufgabenbearbeitung zu erhalten.

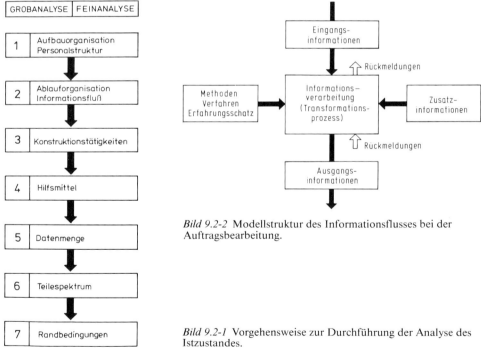

Bild 9.2-2 Modellstruktur des Informationsflusses bei der Auftragsbearbeitung.

Bild 9.2-1 Vorgehensweise zur Durchführung der Analyse des Istzustandes.

Im nächsten Schritt erfolgt die Untersuchung der Ablauforganisation und des Informationsflusses *(Bild 9.2-1)*, um Informationen zu gewinnen, wie der konventionelle Arbeitsablauf für eine künftige Rechnerunterstützung umzugestalten ist. *Bild 9.2-2* zeigt in abstrahierter Form den Transformationsprozeß bei der Auftragsbearbeitung.
Ein Beispiel für die Analyse des Informationsflusses zeigt in *Bild 9.2-3* die Informationsverknüpfungen der Tätigkeiten in der Arbeitsplanung [5].

[Literatur S. 653]   9.2 Analyse des Istzustandes   613

EINGANGS-INFORMATIONEN	Lfd Nr.	TÄTIGKEIT	AUSGANGS-INFORMATIONEN
- Kundenauftrag	1	Produktkonstruktion	- Einzelteil- bzw. Montagezeichnung - Konstruktionsstückliste
- Konstruktionsstückliste	2	Stücklistenauflösung	- Fertigungsstückliste (Eigenfertigung, Struktur) - Zukaufteile
- Fertigungsstückliste - Einzelteil- bzw. Montagezeichnung	3	Planungsvorbereitung	- Einzelteil- bzw. Montagezeichnung - Bedarf an neuen Betriebsmitteln
Innerbetrieblicher Auftrag - Bedarf an neuen Betriebsmitteln	4	Betriebsmittelkonstruktion	- Einzelteil- bzw. Montagezeichnung - Betriebsmittelkonstruktionsstückliste
- Betriebsmittelkonstruktionsstückliste	5	Stücklistenauflösung (Betriebsmittel)	- Fertigungsstückliste (Eigenfertigung, Struktur) - Zukaufteile
- Fertigungsstückliste - Einzelteil- bzw. Montagezeichnung	6	Planungsvorbereitung (Betriebsmittel)	- Einzelteil- bzw. Montagezeichnung - Bedarf an neuen Betriebsmitteln - Zeichnung der kompletten Betriebsmittel
- Einzelteil- bzw. Montagezeichnung - Fertigungsstückliste	7	Heraussuchen vorhandener Fertigungsunterlagen	- vorhandene ähnliche Arbeitspläne, Montagepläne, Steuerlochstreifen - vorhandene identische Arbeitspläne, Montagepläne, Steuerlochstreifen
- vorhandene ähnliche Arbeitspläne, Montagepläne, Steuerlochstreifen - Fertigungsstückliste - Einzelteil- bzw. Montagezeichnung - Information: Konventionelle bzw. NC-Fertigung	8	Materialauswahl	- Materialangaben (Rohmaße, Rohgewicht, Materialart) für konventionelle Fertigung - Materialangaben für NC-Fertigung
- Materialangaben für NC-Fertigung - Einzelteilzeichnung - NC-Arbeitsvorgang	9	NC-Programmierung	- Steuerlochstreifen
- Steuerlochstreifen	10	Funktionskontrolle des Steuerlochstreifens	- kontrollierter und korrigierter Steuerlochstreifen
- Arbeitsplanformular - Materialangaben - Fertigungsstückliste - Einzelteil- bzw. Montagez.	11	Kopffeld ausfüllen für Arbeits- bzw. Montageplan	- sachabhängige und allgemeine Angaben zu Arbeits- bzw. Montageplan
- sachabhängige und allgemeine Angaben - Einzelteil- bzw. Montagez.	12	Ermittlung von Arbeits- bzw. Montageablauf	- konventionelle Arbeits- bzw. Montagevorgangsfolge - NC-Arbeitsvorgang
- konventionelle Arbeits- bzw. Montagevorgangsfolge - sachabhängige und allgemeine Angaben - Einzelteil- bzw. Montagez.	13	Fertigungsmittel- bzw. Montagemittelzuordnung	- Maschinenangaben - Arbeitsplatz- bzw. Montageplatzbeschreibung

Bild 9.2-3 Informationsverknüpfungen der Tätigkeiten in der Arbeitsplanung [5].

Die Analyse der Tätigkeiten hat zur Zielsetzung, Tätigkeitsschwerpunkte für eine Rechnerunterstützung zu ermitteln. *Bild 9.2-4* zeigt zum Beispiel die Beurteilung der Arbeitsplanungsaufgaben nach der überwiegenden Planungsart [6].

Aufgaben der Arbeitsplanung		Planung überwiegend durch		
		formale Berechnung	logische Ermittlung	schöpferische Überlegung
Arbeitsablaufplanung	Erzeugnisgliederung		●	
	Arbeitsvorgangsplanung		●	
	Methodenplanung			●
Arbeitsstättenplanung	Fabrikplanung			●
	Werkstätten- u. Bereichsplanung			●
	Arbeitsplatzgestaltung		●	
Arbeitsmittelplanung	Maschinen-, Anlagenplanung		●	
	Werkzeug-, Vorrichtungsplanung		●	
	Sonderarbeitsmittelplanung			●
Arbeitszeitplanung	Planzeitwertermittlung	●		
	Vorgabezeitermittlung	●		
Bedarfsplanung	Materialbedarfsermittlung		●	
	Arbeitsmittelbedarfsermittlung		●	
	Arbeitskräftebedarfsermittlung		●	
Arbeitsfristenplanung	Fristenermittlung	●		
	Stat. Ermittlung der Durchlaufzeit		●	
Arbeitskostenplanung	Materialkostenbestimmung	●		
	Arbeitsmittelkostenbestimmung	●		
	Lohnkostenbestimmung	●		

Bild 9.2-4 Beispiel für die Beurteilung von Aufgaben der Arbeitsplanung nach der überwiegenden Planungsart [6].

Die Tätigkeitsanalyse soll ein Ergebnis liefern, das mit genügender Genauigkeit den Istzustand des Bereiches widerspiegelt. Gleichzeitig jedoch soll sie mit einem vertretbaren Aufwand an Zeit und Kosten abgewickelt werden können [7].
Folgende Methoden können nach VDI 2210 unterschieden werden:
- Multimomentaufnahme,
- Interviewtechnik,
- Selbstaufschreibung.

Die Anwendung der Multimomentaufnahme, deren Verfahren auf der Basis von Kleinstzeit- und Bewegungsstudien beruht und mit deren Hilfe durch Summieren von Zeitelementen Ausführungszeiten (Normalzeiten) von Tätigkeiten ermittelt werden können, scheitert daran, daß bei bestimmten Tätigkeiten nicht unterschieden werden kann, ob sie dem Arbeitsfortschritt dienen oder nicht. So sind z.B. die Gedankengänge eines über einen Entwurf nachdenkenden Konstrukteurs nicht erkennbar.

Die Interviewtechnik ist eine einfache und bewährte Methode zur Analyse des Istzustandes. Durch Befragung des Abteilungsleiters oder der Gruppenleiter anhand eines vorbereiteten Fragebogens liefert dieses Verfahren brauchbare Ergebnisse bei einem vertretbaren Aufwand. Das Verfahren hat den Vorteil, daß der Arbeitsablauf im Büro während der Analyse kaum gestört wird.

Das Verfahren der Selbstaufschreibung beruht auf dem systematischen Aufschreiben der benötigten Zeiten für die einzelnen Tätigkeiten oder für die Bearbeitungsaufgaben unter Verwendung vorbereiteter Erfassungsformulare. Demnach ist in eine
- auftragsunabhängige Selbstaufschreibung und eine
- auftragsabhängige Selbstaufschreibung

zu unterscheiden.
Die Selbstaufschreibung ist ein in der Praxis bereits mehrfach angewendetes, relativ einfaches Verfahren mit hoher Aussagegenauigkeit, deren Anwendung der Zustimmung des Betriebsrates bedarf.
Aus der auftragsunabhängigen Selbstaufschreibung wird die Häufigkeit der Tätigkeiten in der untersuchten Abteilung unabhängig von den zu bearbeitenden Aufträgen hervorgehen. Demgegenüber wird bei der auftragsabhängigen Selbstaufschreibung die Ermittlung der

Tätigkeitszeiten bezogen auf einen einzelnen Auftrag ermöglicht. Im Rahmen der Analyse der Konstruktionstätigkeiten ist der Tätigkeitsanteil für die einzelnen Konstruktionsarten *(Bild 9.2-5)* ebenso zu untersuchen wie die Tätigkeitsverteilung für einzelne direkte und indirekte Konstruktionstätigkeiten *(Bild 9.2-6)*.

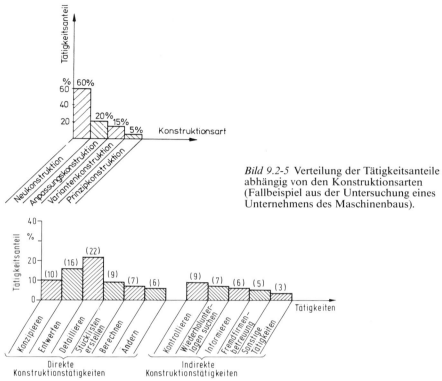

Bild 9.2-5 Verteilung der Tätigkeitsanteile abhängig von den Konstruktionsarten (Fallbeispiel aus der Untersuchung eines Unternehmens des Maschinenbaus).

Bild 9.2-6 Tätigkeitsverteilung in einer Konstruktionsabteilung (Fallbeispiel aus der Untersuchung eines Unternehmens des Maschinenbaus).

Im nächsten Schritt bei der Durchführung der Analyse des Istzustandes erfolgt die Erfassung vorhandener Hilfsmittel. Für den Konstruktionsbereich sind dies:
Abnahmevorschriften,
Angebotsprüflisten,
Lagerbestandslisten,
DIN-Normen,
Werksnormen,
Auswahlnormen,
Werkstoffkarteien,
Änderungskarteien,
Teilekarteien,
Baugruppenkarteien,
Berechnungshilfsmittel,
Berechnungsvorschriften,
Entscheidungstabellen,
Entwicklungsberichte,

Erzeugniskataloge,
Klassifizierungssysteme,
Zeichnungsnummernsysteme,
Fachbücher,
Fachzeitschriften,
Fertigungsrichtlinien,
Formelsammlungen,
Funktionskataloge,
Funktionsträgerkataloge und
Fertigungsmittelkataloge.

Bei der Arbeitsplanerstellung sind im wesentlichen die gleichen Hilfsmittel von Bedeutung. Sie werden durch fertigungstechnisch orientierte Informationen ergänzt.

Zur Erfassung der anfallenden Datenmenge in der Konstruktion und Arbeitsplanung ist eine Zeichnungsanalyse bzw. eine Analyse der Arbeitspläne erforderlich, bei der die jährlich erstellten Unterlagen nach verschiedenen quantitativen Gesichtspunkten, z.B. Anzahl verschiedener Zeichnungs- und Arbeitsplanarten, erfaßt werden.

Die Analyse des Teilespektrums dient dazu, Informationen hinsichtlich der Einsetzbarkeit auf dem Markt vorhandener CAD-Systeme für bestimmte Teile, wie beispielsweise rotationssymmetrische Teile oder Teile mit Blechteilabwicklungen, zu erhalten. Beispiele konstruktionsorientierter Produktanalysen zeigen *Bild 9.2-7* und *Bild 9.2-8*. Besonders im Bereich der Arbeitsplanung und NC-Programmierung ist die Analyse des Teilespektrums und der angewandten Bearbeitungsverfahren für das spätere Sollkonzept wichtig, da viele der angebotenen rechnerunterstützten Arbeitsplanungssysteme bzw. NC-Programmiersysteme auf spezielle Bearbeitungsverfahren ausgelegt sind. Außerdem sind aus dieser Analyse die Rationalisierungsschwerpunkte zu erkennen [8].

Wie bei der zeitlichen Verteilung der Arbeitsplanungstätigkeiten ist auch bei der Analyse der angewandten Bearbeitungsverfahren zu erkennen, daß die relativen Anteile der Verfahren von Unternehmen zu Unternehmen starken Schwankungen unterworfen sind.

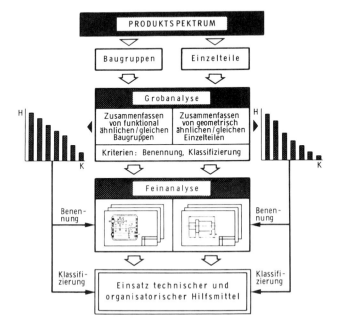

Bild 9.2-7 Analyse des Produktspektrums [8].

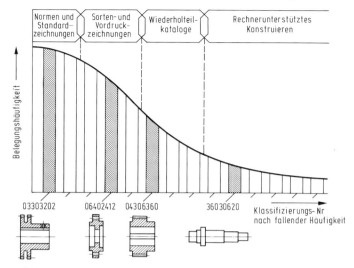

Bild 9.2-8 Hilfsmitteleinsatz in Abhängigkeit von der Häufigkeit unterschiedlicher Teileklassen [8].

Die Analyse firmenspezifischer Randbedingungen bezieht sich hauptsächlich auf das Erfassen

- spezieller Betriebsinteressen,
- vorhandener Rechnerkapazitäten,
- vorhandener Programme,
- terminlicher Vorstellungen für die Systemeinführung,
- personalspezifischer und sozialer Gesichtspunkte.

Die Analyse des Istzustandes kann in einer Grob- und einer Feinstufe erfolgen. In der Grobanalyse werden zuerst Basisinformationen ermittelt, wodurch die Bereiche und die Möglichkeiten für den Rechnereinsatz abgeschätzt werden.

Die Ergebnisse der Grobanalyse können in einer anschließenden Feinanalyse näher untersucht, vertieft und ergänzt werden, um die Aussagefähigkeit der Ergebnisse zu verbessern.

Die Informationen und Ergebnisse, die mit der Analyse des Istzustandes gewonnen werden, dienen der Entwicklung von Sollkonzepten und der Formulierung von Anforderungen an das zu installierende System.

9.3 Analyse der CAD-Systeme

Gleichzeitig mit der Analyse des Istzustandes erfolgt eine Marktanalyse der CAD-Systeme. Es soll ein Überblick über Angebot und Leistungsfähigkeit der auf dem Markt verfügbaren Systeme gewonnen werden, damit bei der Entwicklung des Sollkonzeptes und des Anforderungsprofils von realistischen Planungsvoraussetzungen ausgegangen werden kann.

Als Informationsquellen zur Erfassung der Möglichkeiten von Systemen zur rechnerunterstützten Konstruktion und Arbeitsplanung bieten sich an:

- Fachtagungen und Seminare,
- Messebesuche,
- Marktübersichten,
- Prospektmaterial,

- Dokumentationsmaterial,
- Veröffentlichungen,
- Erfahrungsberichte und
- Herstellerbefragungen.

Systeme zur rechnerunterstützten Konstruktion und Arbeitsplanung wurden bereits in den Kapiteln 7 und 8 beschrieben, so daß an dieser Stelle darauf verwiesen werden kann.

9.4 Erarbeitung eines Sollkonzeptes

Aufbauend auf der Analyse des Istzustandes der ausgewählten Abteilungen und der Untersuchung der am Markt angebotenen CAD-Systeme muß die Planungsgruppe die Zielvorstellungen, die durch die Umstellung des Betriebes auf rechnerunterstützte Konstruktions- und Arbeitsplanungstechniken zu erfüllen sind, finanziell und personell festlegen. Durch die Erarbeitung eines Sollkonzeptes, das den gewünschten Endzustand und die beabsichtigten Zwischenstufen beschreibt, werden die umzustellenden Arbeitsbereiche und Tätigkeiten, die Reihenfolge bei der Umstellung und die Betriebsart des Systems definiert.

Innerhalb des Sollkonzeptes muß eine geeignete Einführungsstrategie aufgestellt werden. Bei der Einführung werden die CAD-Systeme vorgezogen, die eine mittelfristige Realisierung des Sollkonzeptes ermöglichen, sei es durch Hinzunahme bereits verfügbarer Software oder sei es durch die Entwicklung noch fehlender Komponenten. Langfristig ist eine integrierte Gesamtkonzeption für die Bereiche der Konstruktion und Arbeitsplanung anzustreben.

Die Zielsetzungen für die Verbesserung des Istzustandes durch Einführung von rechnerunterstützten Systemen zur Konstruktion und Arbeitsplanerstellung können aufgrund der Definition von Problemschwerpunkten und Randbedingungen festgelegt werden. Allgemeine Zielsetzungen sind im folgenden zusammengefaßt:

- Kostensenkung beim Erstellen von Arbeitsunterlagen,
- Verkürzung der Durchlaufzeiten,
- Steigerung der Produktivität,
- Erstellung einheitlicher Fertigungsunterlagen,
- Reduzierung des Änderungsaufwands,
- Erstellung detaillierter Arbeitspläne,
- Reduzierung des Aufwands für die Informationsbeschaffung,
- Verbesserung des Informationsflusses,
- Erstellen von alternativen Lösungsvarianten,
- Verbesserung der Datenaktualität,
- Übernahme von geometrischen Daten aus der Konstruktion zur NC-Programmierung und Arbeitsplanung,
- Reduzierung des Aufwands für die Erstellung von Fertigungsunterlagen, wie komplette Arbeitspläne, Fertigungsanweisungen und Baugruppenarbeitspläne,
- Reduzierung des Aufwands für die Erstellung von Konstruktionszeichnungen, wie beispielsweise Einzelteil- und Zusammenbauzeichnungen,
- einmalige Speicherung und beliebige Manipulation der Wiederhol-, Norm- und Zukaufteile,
- Verwendung von 3D-Darstellungen und Explosionszeichnungen,
- Durchführung von Bewegungssimulationen und
- Verbesserung der Beschreibungsgenauigkeit.

Die Liste der Zielsetzungen läßt sich durch firmenspezifische Gesichtspunkte erweitern. Durch die Art der Systemeinführung werden die Anforderungen an die finanziellen und personellen betrieblichen Ressourcen festgelegt. Dabei sind die unterschiedlichen Auswir-

kungen auf die zeitliche Verteilung der Kosten sowie Schulungsmaßnahmen und psychologische Wirkungen auf die Mitarbeiter zu beachten.
Einführungsstrategien können nach folgenden Kriterien eingeteilt werden:
- Quantität,
- Einführungspriorität,
- Einführungszeitpunkt und
- Qualität *(Bild 9.4-1)*.

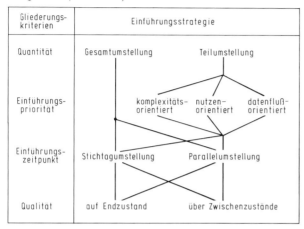

Bild 9.4-1 Mögliche Einführungsstrategien.

Die quantitative Betrachtung berücksichtigt eine Gesamt- oder Teilumstellung der Konstruktions- und Arbeitsplanungsaufgaben auf rechnerunterstützte Systeme. Eine Teilumstellung der Arbeitsplanung könnte beispielsweise derart erfolgen, daß zunächst nur die Dreh- und Bohrbearbeitung geplant wird und später weitere Fertigungsverfahren hinzukommen.
Hinsichtlich der Einführungspriorität kann eine Teilumstellung komplexitäts-, nutzen- oder datenflußorientiert vorgenommen werden. So kann in erster Linie die Komplexität der rechnerunterstützten Aufgaben stufenweise gesteigert werden. Es ist aber möglich, die Aufgaben nach der Höhe des zu erzielenden Nutzens auszuwählen. Anwendererfahrungen mit CAD-Systemen zur Unterstützung der Konstruktion haben zum Beispiel gezeigt, daß beim heutigen Stand der Technik die höchsten Rationalisierungseffekte bei der 2D-orientierten Zeichnungserstellung zu erreichen sind. Unter Berücksichtigung vorhandener Erfahrungen kann man als erste Bereiche für eine CAD-Einführung in der Konstruktion Schemazeichnungen, Diagramme, Zeichnungen mit vielen Norm-, Wiederhol- oder Zukaufteilen und Variantenzeichnungen auswählen. Bei der Umstellung nach dem Datenfluß ist darauf zu achten, daß die Ausgabedaten eines Moduls von nachgeschalteten Moduln übernommen werden können.
Betrachtet man den Einführungszeitpunkt, so ist eine Stichtagumstellung oder eine Parallelumstellung möglich. In dem letztgenannten Fall werden qualitativ gleiche Aufgaben mit konventionellen und mit rechnerunterstützten Arbeitsmitteln durchgeführt.
Die qualitativen Gesichtspunkte bei der Umstellung berücksichtigen z.B. verschiedene Automatisierungsgrade bei der Aufgabenbearbeitung. So kann der Übergang von der konventionellen zur rechnerunterstützten Aufgabenbearbeitung auf einer hohen oder auf einer niedrigen Automatisierungsstufe erfolgen. Bei der Arbeitsplanung wären eine niedrige Stufe z.B. durch die Arbeitsplanverwaltung und eine höhere Automatisierungsstufe durch die Arbeitsplanerzeugung nach dem Ähnlichkeits- oder nach dem Neuplanungsprinzip gegeben. Aus der Kombination aller Umstellungsarten ergeben sich verschiedene Einführungsstrategien.

9.5 Ermittlung der Anforderungen an CAD-Systeme

Ausgangspunkt für die Erfassung dieser Anforderungen sind die Grundtätigkeiten im derzeitigen Arbeitsprozeß, die zukünftig durch Rechner unterstützt werden sollen. Aus der Sicht des Konstrukteurs lassen sich benutzungsorientierte, geometrieorientierte, konstruktionsorientierte, zeichnungsorientierte, berechnungsorientierte, aufgabenorientierte und informationsorientierte Anforderungen unterscheiden (Bild 9.5-1).

Bild 9.5-1 Anforderungen aus der Sicht des Konstrukteurs.

Im Mittelpunkt aller Konstruktionstätigkeiten und somit aller künftigen CAD-Anwendungen steht die Geometrie der zu konstruierenden Teile. Aus diesem Grund ist den geometrieorientierten Anforderungen, die anhand der Teilespektrumanalyse ermittelt werden, eine besondere Bedeutung beizumessen.

Aus der Sicht des Arbeitsplaners sind zusätzlich zu den oben genannten allgemeingültigen Anforderungen folgende Gesichtspunkte von Bedeutung:
- Abdeckung des betrieblichen Teilespektrums,
- Anwendung verschiedener Fertigungsverfahren,
- Realisierung verschiedener Planungsfunktionen,
- Anwendbarkeit betriebsspezifischer Dateien,
- Berücksichtigung betriebsspezifischer Planungslogiken,
- flexible Anpassung des Automatisierungsgrades und
- Integrationsfähigkeit in den innerbetrieblichen Informationsfluß.

Die Erstellung umfassender anwenderspezifischer Anforderungslisten erfolgt durch Detaillierung der vorgenannten Anforderungsgruppen. Anschließend werden die firmenspezifischen Anforderungen ermittelt und Differenzierungen nach Fest-, Mindest- und Wunschforderungen entsprechend VDI 2212 und VDI 2225 vorgenommen.

Die anwenderspezifischen Anforderungen werden in einem weiteren Schritt in systemspezifische Anforderungen umgewandelt und durch CAD- und datenverarbeitungsspezifische Anforderungen sowie wirtschaftliche und unternehmenspolitische Anforderungen ergänzt *(Bild 9.5-2)*.

Zu den allgemeinen Anforderungen gehören:
- Möglichkeit der langfristigen rechnerunterstützten Integration mehrerer Aufgaben,
- Möglichkeit der firmenspezifischen Anpassung oder Weiterentwicklung der Programme,
- Verfügbarkeit des Systems unter Berücksichtigung von Wartungs- und Reparaturzeiten,
- Zuverlässigkeit des Systems und
- gute Dokumentationsunterlagen.

Zu den Anforderungen an den Hersteller gehören:
- Einführungsunterstützung,
- technische Unterstützung,
- Wartung des Systems,

[Literatur S. 653]   *9.5 Ermittlung der Anforderungen an CAD-Systeme*   621

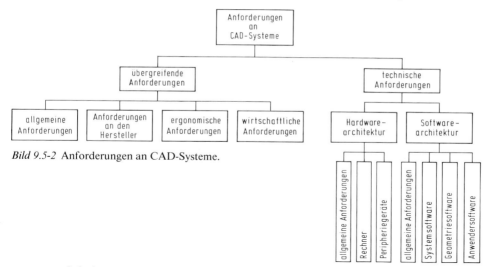

Bild 9.5-2 Anforderungen an CAD-Systeme.

- Schulungsprogramm,
- Garantie- und Lieferzeit,
- Garantie für Aufwärtskompatibilität der Hardware und
- Garantie für Aufwärtskompatibilität der Software.

Zu den ergonomischen Anforderungen gehören:
- Trennung zwischen Tastatur und Bildschirm,
- spiegelfreier Bildschirm,
- leicht interpretierbare Menü- und Funktionstasten,
- ausreichende Arbeits- und Ablagefläche,
- Geräte und Unterlagen im physiologischen Arbeitsraum des Benutzers,
- Höhenverstellung der einzelnen Bedienungskomponenten,
- geringe Geräuschentwicklung und
- geringe Wärmeabgabe.

Zu den wirtschaftlichen Anforderungen gehören:
- geringes erforderliches Gesamtinvestitionsvolumen,
- niedrige Erstinvestition,
- geringe laufende Kosten,
- günstige Miet- oder Leasingkonditionen und
- kurze Amortisationsdauer.

Zu den Hardwareanforderungen gehören:
- Anzahl der grafischen Arbeitsplätze,
- minimale Größe des grafischen Bildschirms,
- minimale Auflösung des grafischen Bildschirms,
- Rechnerart und Rechnergröße,
- Betriebsarten des Rechners,
- Speichermöglichkeiten und Speicherkapazität,
- Art und Größe der Peripheriegeräte und
- erforderliche Kopplungsmöglichkeiten des Rechners.

Zu den Softwareanforderungen gehören:
- Portabilität der Software,
- Modularität der Programme,
- leichte anwenderspezifische Erweiterbarkeit,
- Einbau von Fremdsoftware,

- Verwendung analytisch beschreibbarer und analytisch nicht beschreibbarer geometrischer Elemente,
- Manipulationen der beschriebenen geometrischen Elemente,
- Bildschirmoperationen,
- Definition von Symbolen,
- geometrische Beschreibung auf mehreren Ebenen,
- Bemaßungsfunktionen,
- teilautomatische Schraffur,
- geometrische Berechnungen,
- Definition von Varianten,
- Verwendung angepaßter Eingabesprachen,
- Arbeitsplanerstellung,
- Arbeitsplanverwaltung,
- Anwendung für unterschiedliche Fertigungsverfahren,
- grafische Simulation,
- Zeit-, Kostenkalkulation und
- NC-Programmierung.

9.6 Technische Auswahl der CAD-Systeme

Die Auswahl der CAD-Systeme erfolgt in mehreren Stufen unter wiederholter Gegenüberstellung der Auswahlkriterien und Anforderungen.
Anhand des firmenspezifisch vorgegebenen Investitionsrahmens wird eine erste Selektion der verfügbaren Systeme vorgenommen. Für kleinere und mittlere Betriebe ist von besonderer Bedeutung, daß die Erstinvestitionen möglichst gering und die Betriebskosten pro Arbeitsplatz klein sind.
Die anschließende Vorauswahl der Systeme erfolgt durch den Vergleich der firmenspezifischen Anforderungsprofile mit den Leistungsprofilen der untersuchten Systeme. Diejenigen Systeme, welche die gestellten Fest- und Mindestforderungen nicht erfüllen, scheiden aus der weiteren Betrachtung aus *(Bild 9.6-1)*.
Da die detaillierte Untersuchung der CAD-Systeme sich als zeit- und kostenintensiv erweist, ist besonders bei kleineren und mittleren Betrieben anzustreben, möglichst viele technisch oder wirtschaftlich nicht geeignete Lösungen in einer frühen Auswahlphase auszusondern.
Für eine endgültige Auswahl ist eine detaillierte Bewertung der vorausgewählten CAD-Systeme erforderlich. Grundsätzlich bestehen die Möglichkeiten, die Systeme global, technisch und wirtschaftlich zu bewerten oder die entsprechenden Wertigkeiten getrennt zu ermitteln und gegenüberzustellen.
Zur globalen Bewertung der Systeme eignet sich besonders die Methode der Nutzwertanalyse *(Bild 9.6-2)*.
Der erste Schritt bei der Nutzwertanalyse ist die Aufstellung eines hierarchisch strukturierten Zielkriteriensystems, das aus dem Anforderungsprofil abgeleitet wird. Dabei handelt es sich um qualitative und quantitative Eigenschaften und Merkmale der Systeme, die zur Erfüllung der Sollkonzeption erforderlich sind. Ein Beispiel eines Oberzielkriteriensystems für CAD-Systeme ist in *Bild 9.6-3* dargestellt [9].
Bei dem zweiten Schritt der Nutzwertanalyse wird entsprechend der Wichtigkeit für jedes Kriterium eine Gewichtung vorgenommen. Zur Bewertung der einzelnen Ziele ist zunächst die Aufstellung der jeweiligen Bewertungsskala erforderlich. Mit Hilfe dieser Bewertungsskala werden anschließend die Erfüllungsgrade einzelner Alternativen bezüglich jedes Kriteriums festgelegt. Dabei werden nur die Überschreitungen der Mindestforderungen und

9.6 Technische Auswahl der CAD-Systeme

[Literatur S. 653]

lfd. Nr.	Auswahlkriterien (Anforderungen)	Gewichtung		System 1	System 2	System 3	System 4	System 5	System 6	System (...)	System n
				CAD-Systeme							
1	Wartung des Systems durch Hersteller/Anwender	F	⇔	⊖	×	×	×	×	×	×	×
2	Lieferzeit < 6 Monate	W	⇔	×	×	–	×	–	×	–	–
3	Gute Dokumentationsunterlagen	M	⇔	×	×	×	⊖	×	⊖	×	⊖
4	Schulung der Anwender durch Hersteller	F	⇔	×	×	⊖	×	×	×	×	×
5	Reflexionsfreier Bildschirm	W	⇔	×	×	×	×	–	–	×	–
6	Geringe Geräuschentwicklung	M	⇔	×	×	×	×	×	⊖	×	⊖
11	Berechnung von Trägheitsmomenten	W	⇔	–	×	×	–	–	–	–	–
n	Berechnung der Kurven	M	⇔	⊖	×	⊖	×	×	⊖	×	⊖
				⇓							
				○	●	○	○	●	○	●	○

F = Festforderung
M = Mindestforderung
W = Wunschforderung
× = erfüllte Anforderung
– = nicht erfüllte Anforderung
⊖ = nicht erfüllte Fest- oder Mindestforderung
● = vorausgewähltes System
○ = ausgeschiedenes System

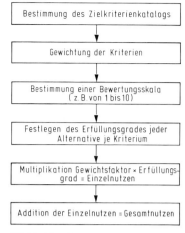

Bestimmung des Zielkriterienkatalogs
↓
Gewichtung der Kriterien
↓
Bestimmung einer Bewertungsskala (z.B. von 1 bis 10)
↓
Festlegen des Erfüllungsgrades jeder Alternative je Kriterium
↓
Multiplikation Gewichtsfaktor × Erfüllungsgrad = Einzelnutzen
↓
Addition der Einzelnutzen = Gesamtnutzen

Bild 9.6-2 Ablauf der Bewertung mit der Nutzwertanalyse.

Bild 9.6-1 Vorauswahl der CAD-Systeme.

	ENTSCHEIDUNGSSITUATIONEN / AUSWAHLKRITERIEN	Auswahl einer EDV-Nutzungsform	Auswahl einer EDVA	Ausw. eines Dienstleistungsrechenzentr.	Ausw. eines schlüsselfertigen Hardware-Software-Systems	Auswahl eines Gerätes	Ausw. eines Softwareanwendungspakets
1	Hardwaremäßige Leistungsfähigkeit **	●	●	●	◐	●	◐
2	Softwaremäßige Leistungsfähigkeit	●	●	●	●	◐	●
3	Einführungsaufwand	●	●	◐	●	●	●
4	Betriebsaufwand	●	●	●	●	●	●
5	Erweiterbarkeit **	●	●	●	●	◐	●
6	Anwendungsbreite	●	●	●	●	●	●
7	Leistungsfähigkeit des Herstellers	○	●*	●	●*	●	●
8	Vertragsbedingungen	○	●	●	●	●	●
9	Zuverlässigkeit	◐	●	●	●	●	●
10	Sicherheit	●	○	●	○	○	○
11	Verfügbarkeit	●	◐	●	◐	●	○
12	Entfernung vom Konstruktionsbereich	●	○	●	○	●	○
13	Auslastung durch eigene Anwendungen	●	●	◐	●	●	○
14	Schulung und Betreuung der Anwender	●	●*	●	●*	◐	●

**, * DOPPELBERÜCKSICHTIGUNG AUSSCHLIESSEN   ● SEHR HOHE BEDEUTUNG   ◐ MITTLERE BEDEUTUNG   ○ OHNE BEDEUTUNG

Bild 9.6-3 Oberzielkriteriensystem für die Auswahl des bestgeeigneten Datenverarbeitungs-Systems für CAD-Prozesse [9].

die Erfüllung der Wunschforderungen bewertet. Durch Multiplikation des Gewichtungsfaktors mit dem Erfüllungsgrad ergibt sich der Einzelnutzen einer Alternative bezüglich eines Kriteriums. Die Summe der Einzelnutzwerte drückt zahlenmäßig den Gesamtnutzen einer Alternative aus. Ein wesentlicher Nachteil der Nutzwertanalyse ist in der Vermengung der Kosten und des technischen Nutzens zu sehen [10].

Eine genauere Bewertung der Systeme erreicht man durch die Anwendung einer Kosten-Nutzen-Analyse, die in einer Gegenüberstellung der technischen und der wirtschaftlichen Komponenten besteht *Bild 9.6-4*. Der technische Nutzen der Systeme kann mit Hilfe einer technischen Nutzwertanalyse ermittelt werden.

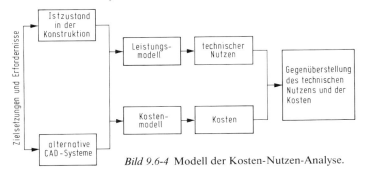

Bild 9.6-4 Modell der Kosten-Nutzen-Analyse.

Zu einer genaueren Beurteilung der Leistungsfähigkeit der Systeme vor der Auswahl sind Systemtests, z.B. Bench-Mark-Tests, erforderlich. Dazu ist eine Auswahl von repräsentativen anwendungsorientierten Aufgaben mit dem Ziel erforderlich, das Betriebsverhalten eines noch nicht installierten Systems zu prognostizieren.

Da es sich dabei um eine sehr zeit- und kostenintensive Beurteilungsmethode handelt, empfiehlt es sich, nur eine geringe Anzahl von Systemen zu testen. Eine Reduzierung des Aufwandes kann auch durch einen gestuften Bench-Mark-Test erzielt werden [11]. In der ersten Stufe wird die Anzahl der Lösungsalternativen anhand eines einfachen Tests eingeschränkt. Die Bench-Mark-Tests erfolgen in drei Phasen:
- Bench-Mark-Vorbereitung,
- Bench-Mark-Durchführung und
- Bench-Mark-Auswertung.

In der Vorbereitungsphase müssen die Testaufgaben und die Testziele definiert werden. Ausgangspunkte sollen die ermittelten Anforderungen an das System sein. Das Testen aller Leistungsmerkmale ist wegen des erheblichen Aufwandes nicht realisierbar. Die wichtigsten Eigenschaften können aber stichprobenartig getestet werden. So können konkrete, repräsentative Aufgaben ausgewählt oder künstliche Testaufgaben definiert werden.

Die wichtigsten Ziele des Bench-Mark-Tests liegen in der Beurteilung von qualitativen und quantitativen Leistungsmerkmalen eines CAD-Systems.

Hierbei sind folgende Merkmale für die Geometrieverarbeitung von besonderem Interesse:
- Eingabe- und Manipulationsmöglichkeiten von 2D- und 3D-geometrischen Elementen,
- Zeichnungserstellung,
- Möglichkeiten zur 3D-Konstruktion,
- Möglichkeiten zur Variantenkonstruktion,
- Anwendung der Konstruktionssprache,
- Systemhandhabung,
- Benutzerfreundlichkeit,
- Antwortzeitverhalten und
- Ergonomie.

Die Durchführung von Bench-Mark-Tests sollte bei dem Systemhersteller bzw. Anbieter in Anwesenheit der Prüfungsgruppe stattfinden. Die getesteten Aufgaben können in diesem Fall geringe Komplexität aufweisen und müssen innerhalb kurzer Zeit durchführbar sein. Komplexere Aufgaben können nur in Abwesenheit der Kunden bei den Herstellern vorbereitet werden. Es besteht auch die Möglichkeit, für detailliertere komplexere Bench-Mark-Tests die Systeme für einen beschränkten Zeitraum zu mieten.

Von besonderer Bedeutung ist auch das direkte Testen von einfachen Aufgaben durch die künftigen Benutzer des Systems, welche die Leistungsfähigkeit unter anwendungsorientierten Gesichtspunkten beurteilen können.

Die Auswertung der Bench-Mark-Ergebnisse kann ebenfalls mit Hilfe einer Nutzwertanalyse durchgeführt werden. Die Beteiligung mehrerer Personen an der Bench-Mark-Auswertung kann zu einer objektiveren Beurteilung beitragen. Durch eine Gegenüberstellung des möglichst genau ermittelten technischen Nutzens sowie der Kosten kann schließlich eine endgültige Systemauswahl erfolgen.

9.7 Wirtschaftlichkeitsrechnung

Als Hauptgrund für die CAD-Einführung wird häufig eine erwartete Steigerung der Produktivität im Konstruktions- und Planungsbereich angegeben. Die wirtschaftlichen Konsequenzen sind jedoch wesentlich weitreichender. Der im Kapitel 9.4 dargestellte Zielkatalog der Einführung weist auf die Vielschichtigkeit der zu erwartenden Auswirkungen hin. Die wichtigsten davon lassen sich folgendermaßen zusammenfassen:
- Änderungen der Arbeitsweise,
- Produktivitätssteigerung,
- Ermöglichung von Variantenvergleichen,
- Anwendung neuer Berechnungsverfahren,
- Änderungen organisatorischer Art,
- Verknüpfung von technischen und administrativen Aufgaben,
- Standardisierung und Senkung der Teilevielfalt,
- Know-how-Abspeicherung durch die Anwendung des Systems,
- Integration der NC-Programmierung.

Aus betriebswirtschaftlicher Sicht sind diese Auswirkungen deshalb von Bedeutung, weil sie mindestens einen der folgenden Unternehmensvorteile hervorrufen:
- Senkung der Produktkosten,
- Senkung der Personalkosten,
- Senkung der Gemeinkosten,
- Verbesserung der Marktstellung,
- Verkürzung der Durchlaufzeit,
- Verbesserungen der Produktqualität.

In der Literatur werden Wirtschaftlichkeitsbetrachtungen über den Einsatz von CAD-Systemen angegeben [10, 12, 13]. Diesen Darstellungen ist gemeinsam, daß sie nur die Produktivitätssteigerung als Auswirkung des CAD-Einsatzes betrachten und die daraus folgende Kostenersparnis ermitteln. Es wird demnach nur eine Auswirkung und die daraus folgende Produktkostensenkung betrachtet. Verbesserungen der Marktstellung werden nicht berücksichtigt. Der Grund dafür ist durch die extremen Schwierigkeiten gegeben, auf die man bei dem Versuch der Quantifizierung weiterer Auswirkungen stößt. Selbst die Ermittlung der zu erwartenden Produktivität bereitet erhebliche Probleme. Die folgenden Ausführungen schließen sich der Einschränkung auf die Produktivitätssteigerung an und beziehen sich auf die Personalkosteneinsparung als daraus folgenden Unternehmensvorteil.

Ein Schwerpunkt bei der Wirtschaftlichkeitsrechnung ist die Prognose der erzielbaren Produktivitätssteigerungen. Bei den potentiellen CAD-Anwendern existieren normalerweise nur ungenaue Vorstellungen über die Leistungsfähigkeit der Systeme. Wird eine Marktanalyse der technisch einsetzbaren Systeme durchgeführt, so geben die Anbieter neben der technischen Beschreibung, dem Preis und den Lieferkonditionen auch Produktivitätsfaktoren an, die die Leistungsfähigkeit der Systeme unter bestimmten Einsatzbedingungen wiedergeben sollen. Diese Produktivitätsfaktoren stellen Verhältniszahlen zwischen den Zeiten für die manuelle und die CAD-unterstützte Bearbeitung bestimmter Aufgaben dar. Sie können die Grundlage für die Berechnung erzielbarer Einsparungen bilden.

Meistens werden für derartige Faktorenangaben günstige Einsatzbeispiele herangezogen. Wegen der Komplexität der Randbedingungen sind diese Werte in den seltensten Fällen direkt übertragbar. Die voraussichtliche Produktivität sollte deshalb mit Hilfe weiterer Informationen geplant werden. Solche Informationen können mit Hilfe von Bench-Mark-Tests erhoben werden. Bei diesen Tests wird das System mit den künftig zu bearbeitenden Aufgaben konfrontiert. Aus den Ergebnissen eines Bench-Mark-Tests kann neben der prinzipiellen Bearbeitbarkeit der ausgewählten Aufgabentypen eine begründete Schätzung über die zu erwartende Produktivität abgegeben werden. Dabei erweist sich oft eine Differenzierung in Aufgabengruppen und die spezielle Produktivitätsschätzung für jede Gruppe als sinnvoll.

Es muß darauf hingewiesen werden, daß die Durchführung eines Bench-Mark-Tests sehr kostenintensiv ist. Die Kosten steigen sowohl mit der Anzahl der untersuchten Systeme als auch mit der geforderten Informationstiefe exponentiell an.

Ein besonderes Problem bei der Einsparungsermittlung liegt in der Abgrenzung der in der Produktivitätsberechnung berücksichtigten Zeiten. Einsatzbeispiele mit besonders hohen Produktivitätssteigerungen schließen oft Verteil- und Erholzeiten aus. Dies betrifft häufig auch die erforderliche Vor- und Nachbereitung der Aufgaben durch den Konstrukteur. Solche Zeiten werden in diesen Betrachtungen als nicht beeinflußbar bezeichnet. Diese Angaben führen leicht zu falschen Schlußfolgerungen. Wichtig ist, daß bei der Ermittlung der Zeiten für die konventionelle Bearbeitung, für die CAD-unterstützte Bearbeitung und bei der Häufigkeitsabschätzung der Aufgabengruppen die gleichen Maßstäbe zugrunde gelegt werden. Beispielsweise dürfen Nachkalkulationszeiten für die konventionelle Bearbeitung einer gesamten Konstruktion nicht mit den reinen Bildschirmzeiten der entsprechenden CAD-Bearbeitung verglichen werden.

Bei der Planung der zu erwartenden Einsparungen ist zu berücksichtigen, daß nicht unmittelbar nach der Einführung der Anlage eine Produktivitätssteigerung eintritt, die dann in der folgenden Zeit konstant bleibt. Die Leistungsfähigkeit der Anwender im Umgang mit den CAD-Systemen wird meist durch eine Schulung begründet. Erst die praktische Arbeit an den Systemen kann die Leistungsfähigkeit auf ein höheres Dauerniveau anheben.

Eine weitere Voraussetzung zur Realisierung maximaler Leistungswerte stellt die Spezialisierung eines CAD-Systems auf die Anwendungssituation des Unternehmens dar. Diese spiegelt sich beispielsweise in der Anzahl der abgespeicherten rechnerinternen Darstellungen wieder.

Die zu erwartenden Einsparungen müssen aus diesen Gründen das Einlaufverhalten berücksichtigen. Bei der Ermittlung der Produktivitätssteigerung kann deshalb außer einer Differenzierung in Aufgabengruppen eine zeitliche Gliederung zur Berücksichtigung des Anlaufverhaltens sinnvoll sein. Den zweiten Schwerpunkt bei der Prognose der Wirtschaftlichkeit stellen die zu erwartenden Kosten dar. Hier ist zunächst eine Festlegung der Hard- und Software-Konfiguration vorzunehmen. Neben anderen Informationen sind dazu Kenntnisse über das Aufgabenspektrum, die künftige Produktivität und die gewünschte Auslastung der Arbeitsplätze erforderlich. Auf der Grundlage der Anlagenkonfiguration lassen sich die Kosten im Gegensatz zu den Einsparungen relativ einfach ermitteln.

Eine Untergliederung der Kostenerfassung ergibt sich notwendigerweise durch die Tren-

nung von einmaligen und laufenden Kosten. Die einmaligen Kosten sind dadurch gekennzeichnet, daß sie für die Erstellung der Betriebsbereitschaft aufgewendet werden müssen. Demgegenüber werden die laufenden Kosten durch den Betrieb selbst sowie durch die Erhaltung der Betriebsbereitschaft verursacht.
Bei der konkreten Kostenermittlung können Abgrenzungsschwierigkeiten auftreten. Diese resultieren daraus, daß manche Kostenarten sowohl als einmalige Kosten als auch als laufende Kosten in Form von Miete auftreten können. Bei der Abgrenzung, welche Kosten zu den einmaligen und welche zu den laufenden gerechnet werden sollen, ist darauf zu achten, daß keine Kosten doppelt erfaßt werden. Ein mögliches Gliederungsschema der einmaligen Kosten unterscheidet:
- Anlagenkosten,
- Softwarekosten,
- Kosten der Hilfsmittel,
- Ausbildungskosten sowie
- Kosten der Organisation und Planung.

Die aufgezeigten Kostenarten entstehen grundsätzlich immer bei der Einführung eines CAD-Systems. Um eine mehrfache Erfassung auszuschließen, ist zu prüfen, welche von diesen Aufwendungen im Kauf- bzw. Mietpreis enthalten sind.
Unter Anlagenkosten fallen zunächst die Kosten für die Anschaffung der erforderlichen Hardware. Hierbei ist zu prüfen, ob im Unternehmen bereits einzelne Komponenten vorhanden sind, die für den CAD-Einsatz genutzt werden können.
Ebenfalls zu den Anlagekosten können die Aufwendungen für zusätzlichen Raumbedarf sowie sonstige bauliche Veränderungen gerechnet werden. Hierbei sind neben der Bereitstellung geeigneter Räumlichkeiten für die Aufstellung der Zentraleinheit und der Peripherie die Kosten für die Klimatisierung zu beachten. Als grober Anhalt für die Dimensionierung der Klimaanlage kann von der Energieaufnahme der CAD-Anlage ausgegangen werden. Vor allem bei größeren CAD-Systemen ist weiterhin die Einrichtung von Doppelböden erforderlich. Ebenso können die Kosten für Einrichtungsgegenstände wie zusätzlich erforderliche Büromöbel zu den Kosten für bauliche Aufwendungen gerechnet werden.
Einen nicht zu vernachlässigenden Anteil an den Anlagenkosten stellen die Transport-, Versicherungs-, Zoll- und Frachtkosten dar. Werden diese nicht vom Hersteller getragen, so liegen sie meistens in der Größenordnung von 10 % des Nettoanlagenpreises.
Bei der Ermittlung der Softwarekosten muß zunächst geklärt werden, welche Teile der Software vom Anwender selbst erstellt und welche erworben werden sollen. Die Möglichkeit der reinen Eigenerstellung scheidet in den meisten Anwendungsfällen aus. Fast immer besteht die Möglichkeit, ein existierendes System an die spezifischen Aufgaben anzupassen. Oft kann bis auf wenige Ergänzungen auf ein bestehendes System zurückgegriffen werden. Da die Kosten für die nicht selbsterstellte Software in Form von Angebotspreisen der Hersteller benannt werden, ist ihre Ermittlung relativ unproblematisch. Schwieriger ist dies für den Fall der Selbsterstellung. Für die Vorkalkulation von Software sind die Kosten folgender Arbeiten zu berücksichtigen [14]:
- Systemanalyse,
- Detailentwurf,
- Programmierung und Test sowie
- Dokumentation.

Zu den Kosten der Hilfsmittel zählen zunächst die Aufwendungen für die Datenträger. Innerhalb der einmaligen Kosten ist die Grund- bzw. Erstausstattung zu erfassen, die für die anfangs zu speichernden Daten erforderlich ist. Ebenso sind die für Testarbeiten erforderlichen Datenträger zu kalkulieren. Erwähnenswert sind auch Schutz-, Transport- und Aufbewahrungsmittel. Als weitere Hilfsmittel kommen Büromaterialien in Betracht. Eine Größenabschätzung der hier entstehenden Summen kann zeigen, daß eine explizite Kalkulation wegen der vergleichsweise geringen Kosten nicht erforderlich ist.

Bei den personellen Aufwendungen kann die Grundausbildung den einmaligen Kosten zugeordnet werden. Neben den Löhnen und Gehältern entstehen Schulungskosten, wenn die gewünschte Grundausbildung den im Systempreis eingeschlossenen Schulungsumfang übersteigt. Für die Unterbringung und Verpflegung des Personals können bei externer Schulung erhebliche Kosten entstehen.

Ist im Unternehmen des Anwenders für den CAD-Einsatz kein geeignetes Personal vorhanden, so entstehen Personalbeschaffungskosten. Da CAD-geeignete Fachkräfte besonders schwierig auf dem Arbeitsmarkt anzuwerben sind, können diese Kosten erheblich sein.

Die laufenden Kosten entstehen durch den Betrieb der Anlage sowie die Erhaltung der Betriebsbereitschaft. Sie setzen sich zusammen aus:
- Hardwarekosten,
- Softwarekosten,
- Kosten der Hilfsmittel,
- Personalkosten sowie
- Kosten der Leitung und Verwaltung.

Anlagen und Räumlichkeiten können gekauft oder gemietet werden. Wird die Mietform gewählt, so zählen die entsprechenden Aufwendungen zu den laufenden Kosten. Bietet der Anlagenhersteller selbst eine solche Möglichkeit nicht an, so kann ein Leasingunternehmen eingeschaltet werden, das die Objekte erwirbt und an den Anwender vermietet. In der Praxis lassen sich diese Kosten aufgrund der Vertragsangebote genau prognostizieren.

Zu den laufenden Kosten sind die Energiekosten zu rechnen. Hier sind die Anschlußwerte von den Anlagenlieferanten zu erfahren. Unter Berücksichtigung des Energieverbrauchs für Klimatisierung bzw. Heizung läßt sich der entstehende Aufwand leicht kalkulieren. Ebenso sind die entstehenden Versicherungskosten einfach abzuschätzen.

Als laufende Kosten der Hard- und Software entstehen Wartungskosten. Die Wartung wird in den meisten Fällen vom Anlagenlieferanten durchgeführt. Sie beträgt je nach Lieferant jährlich zwischen 8 und 12 % des Kaufpreises, wobei während der Garantiezeit diese Kosten meistens von den Lieferanten getragen werden. Die Erstellung der speziellen vom Benutzer gewünschten zusätzlichen Programme verursacht ebenso wie die Erstellung von Anpassungssoftware Kosten, die in der Regel pro Jahr 10 bis 20 % der zu Beginn anfallenden einmaligen Softwarekosten betragen.

Als Hilfsmittelkosten entstehen vor allem Aufwendungen für Datenträger wie Speicherplatten, -bänder und Druckerpapier. Diese Kosten können in Abhängigkeit von der Anzahl der vorgesehenen Arbeitsplätze geschätzt werden.

Einen wesentlichen Anteil an den laufend anfallenden Kosten stellen die Personalkosten dar. Es lassen sich folgende Personalgruppen bilden [10]:

Datenverarbeitungspersonal, wie:
- Systementwickler,
- Programmierer und
- Operateure.

Anwendungskräfte, wie:
- Konstrukteure,
- Detailzeichner und
- Arbeitsplaner.

Hilfskräfte, wie:
- Dateneingabepersonal,
- Wartungspersonal und
- Personal für Transportaufgaben.

Der Bedarf an Systementwicklern und Programmierern hängt primär davon ab, in welchem Umfang und mit welchem Schwierigkeitsgrad Software zu erstellen ist. Der Bedarf an Operateuren ist vom verwendeten System selbst und der Organisation der Systembenutzung wie Einschicht- und Mehrschichtarbeit abhängig. Im Gegensatz zu den Kosten für Hilfskräfte

[Literatur S. 653]

sind die Kosten für das Anwendungspersonal nicht zu den Systemkosten zu rechnen.
Zur Durchführung der Kostenermittlung ist es sinnvoll auf schematisierte Tabellen zurückzugreifen. Eine derartig standardisierte Kostenermittlung schafft die Voraussetzungen für eine fehlerarme und weitgehend lückenlose Erfassung der anfallenden Kosten.
Nach der Ermittlung der Einsparungen und Aufwendungen, die durch den Einsatz eines CAD-Systems bewirkt werden, müssen diese miteinander verglichen werden. Es existiert eine Reihe von Bewertungsverfahren, mit deren Hilfe eine Prognose der wirtschaftlichen Auswirkungen vorgenommen werden kann. Die Anwendung der verschiedenen Verfahren ist primär von den ermittelbaren Daten abhängig.
Es lassen sich eindimensionale und mehrdimensionale Verfahren unterscheiden. Während die eindimensionalen Verfahren voraussetzen, daß eine Umrechnug der Systemvorteile in Geldeinheiten vorgenommen wird, verzichten die meisten mehrdimensionalen Verfahren auf eine solche Quantifizierung. In der Praxis wird für Investitionsentscheidungen jedoch häufig auf eindimensionale Verfahren zurückgegriffen. Im folgenden wird ein kurzer Überblick über diese Verfahren gegeben.
Es gibt statische und dynamische Verfahren. Zu den statischen gehören: Kostenvergleichsrechnung, Gewinnvergleichsrechnung, Rentabilitätsrechnung und Amortisationsrechnung. Vorteilhaft bei allen statischen Verfahren ist, daß sie in bezug auf die Datenermittlung einfach sind. So ist beispielsweise mit Hilfe der Kostenvergleichsrechnung die Bildung von CAD-Systemstundensätzen und dadurch eine Auswahl des kostengünstigsten Systems relativ leicht möglich.
Der einfachen Handhabung der statischen Verfahren stehen erhebliche Nachteile gegenüber. So sind vorwiegend nur Vergleichsrechnungen bezüglich der verschiedenen Systemalternativen möglich. Eine absolute Aussage über die Wirtschaftlichkeit eines Systems kann nicht erreicht werden. Darüber hinaus wird der Zeitpunkt, zu dem eine Ein- bzw. Auszahlung geleistet wird, nicht berücksichtigt, obwohl die sich aus der Verzinsung ergebenden Beträge zu erheblichen Veränderungen des Kalkulationsergebnisses führen können. Die Aussagefähigkeit der statischen Verfahren wird gesteigert, wenn für die gleiche Investitionsentscheidung mehrere Verfahren angewendet werden.
Zu den dynamischen Verfahren zählen die Kapitalwertmethode, Annuitätenmethode, die Methode des internen Zinsfußes und die dynamische Amortisationsrechnung. Diese Verfahren gehen davon aus, daß alle Ein- und Auszahlungen, die während der Nutzungsdauer anfallen, erfaßt werden. Diese Zahlungen werden dadurch vergleichbar gemacht, indem sie - entsprechend dem Zahlungszeitpunkt - verzinst werden. Als Bezugszeitpunkt wird dabei in der Regel der Investitionszeitpunkt gewählt. Zu ermitteln sind daher alle Ein- und Auszahlungen während der Nutzungsdauer nach ihrer Höhe und ihrem Zeitpunkt. Darüber hinaus muß der Kalkulationszinsfuß bestimmt werden. Dieser ergibt sich aus den alternativen Kapitalanlagemöglichkeiten.
Liegen bei den in Frage kommenden Anlagen keine erheblichen Nutzungsdauerunterschiede vor, so ist zur Beurteilung einer CAD-Einführung die Kapitalwertmethode aus theoretischer Sicht am geeignetsten. Die anderen dynamischen Verfahren weisen verschiedene Mängel auf. Die Kosten für die exakte Datenerhebung, insbesondere die Einsparungsermittlung, sind in der Praxis jedoch regelmäßig so groß, daß die Anwendung der Kapitalwertmethode nicht zu vertreten ist. Aus diesem Grund wird fast immer auf ein statisches oder eine Kombination statischer Verfahren zurückgegriffen. Im folgenden wird mit Hilfe der Kostenvergleichsrechnung eine Vorgehensweise aufgezeigt, die Grundlage der Investitionsentscheidung sein kann.
Zunächst ist das für eine CAD-Unterstützung geeignete Aufgabenspektrum zu ermitteln. Mit Hilfe des Verrechnungssatzes für eine konventionelle Konstruktionsstunde sind die Istkosten zu berechnen, die durch die Bearbeitung dieses Aufgabenspektrums verursacht werden. Weiterhin sind die Kosten für die Systembereitstellung zu planen. Kernpunkt der folgenden Ausführungen ist die Bedingung, daß nach der CAD-Einführung die Istkosten des

entsprechenden Aufgabenspektrums nicht überschritten werden sollen. Dadurch sind die bei der CAD-Anwendung maximal zulässigen Nutzungsstunden errechenbar. Die Kenntnis dieser Größe ermöglicht die Bildung eines CAD-Stundensatzes, der die Kosten des Sytems je Anwendungsstunde und Arbeitsplatz ausdrückt.
Mit Hilfe von Personal- und CAD-Stundensatz läßt sich die erforderliche Mindestproduktivitätssteigerung aufgrund des Systemeinsatzes berechnen:

$$R_{Min} = \frac{\text{Personalstundensatz} + \text{CAD-Stundensatz}}{\text{Personalstundensatz}} = \frac{P_{ss} + CAD_{ss}}{P_{ss}}$$

Die Prognose der Wirtschaftlichkeit des Systemeinsatzes läuft damit auf die Frage hinaus: Ist der Faktor R_{Min} im geplanten Anwendungsfall zu realisieren? Die Möglichkeiten zur Prognose des Faktors wurden weiter oben beschrieben.

Im folgenden wird zur Erläuterung eine Beispielrechnung angeführt. Es wird betont, daß die zugrunde liegenden Zahlenwerte nicht ohne weiteres übertragbar sind, da sie auf verschiedenen Voraussetzungen beruhen. Das angeführte Beispiel soll lediglich eine grobe Vorstellung von der Höhe der mit einer CAD-Einführung verbundenen Kosten geben und darüber hinaus den Gang der Rechnung verdeutlichen.

Beispielrechnung:
Ermittlung der Istpersonalkosten:

P_{SS}:	Verrechnungssatz für die Arbeitsstunde eines Konstrukteurs	60,-- DM/h
H_{Ist}:	Anzahl der für eine CAD-Unterstützung geeigneten Iststunden	30.000,-- h/Jahr
K_{Ist}:	Istkosten der Konstruktion ($P_{SS} \times H_{ist}$)	1.800.000,-- DM/Jahr

Ermittlung der CAD-Systemkosten:
Einmalige Kosten

K_H:	Beschaffungskosten der Hardware einschließlich Transportkosten und Versicherung, 1 Zentraleinheit einschließlich Drucker, 8 Arbeitsplätze einschließlich Funktionstastatur, Digitalisierer und Hardcopy-Einheiten	1.100.000,-- DM 960.000,--DM
K_S:	Beschaffungskosten der Software einschließlich Implementierung: Betriebssystem, FORTRAN-Compiler und 2D/3D Geometrieverarbeitung	200.000,-- DM
K_{SA}:	Spezielle Anpassungen	50.000,-- DM
K_{SU}:	Schulungskosten	50.000,-- DM
K_B:	Baukosten	50.000,-- DM
Einmalige Kosten		2.410.000,-- DM

Laufende Kosten:

K_A:	Kalkulatorische Abschreibung über 5 Jahre	482.000,-- DM/Jahr
K_Z:	Kalkulatorische Zinskosten (10%)	241.000,-- DM/Jahr
K_I:	Wartung (etwa 10%) + Personalkosten	341.000,-- DM/Jahr
K_R:	Raumkosten (100 m² mit 180 DM/m²)	18.000,-- DM/Jahr
K_E:	Energiekosten	10.000,-- DM/Jahr
K_B:	Kosten für Hilfsmittel (Druckerpapier, Datenträgerersatz)	10.000,--DM/Jahr
K_{CAD}:	Laufende Kosten/Jahr (Gesamtkosten der CAD-Bereitstellung/Jahr)	1.102.000,-- DM/Jahr

Ermittlung des wirtschaftlichen Deckungspunktes

$$K_{Ist} = K_{Soll} + K_{CAD}$$
$$K_{Soll} = K_{Ist} - K_{CAD} = 1.800.000 - 1.102.000 \text{ DM/Jahr}$$
K_{Soll}: Maximale Personalkosten bei CAD-Unterstützung
$$K_{Soll} = 698.000,-- \text{ DM/Jahr}$$
$$H_{Soll} = \frac{K_{Soll}}{P_{SS}} = \frac{698.000}{60} \frac{h}{Jahr}$$

[Literatur S. 653]

$H_{Soll} = 11.633$ h/Jahr

H_{Soll}:Maximale Anzahl der Konstruktionsstunden pro Jahr bei CAD-Unterstützung der geeigneten Aufgaben

CAD_{SS}:Maschinenstundensatz des CAD-Systems

$$CAD_{SS} = \frac{K_{CAD}}{H_{Soll}} = \frac{1.102.000}{11.633} = 94{,}73 \text{ DM/h}$$

R_{Min}:Erforderliche Mindestproduktivitätssteigerung

$$R_{Min} = \frac{P_{SS} + CAD_{SS}}{P_{SS}} = \frac{60 + 94{,}73}{60}$$

$R_{Min} = 2{,}58$

Die Annahme, daß nur Produktivitätssteigerungen wirtschaftlich vorteilhaft sind, führt zwar zu einem verzerrten Bild, bietet aber die Voraussetzung für die vergleichsweise einfache Berechnung des Mindestproduktivitätsfaktors. Weiterreichende Auswirkungen des CAD-Einsatzes sind zu Beginn dieses Kapitels beschrieben worden. Die wirtschaftliche Quantifizierung dieser Effekte ist auch nach der CAD-Einführung außerordentlich schwierig. Vor der Einführung weisen entsprechende Prognosen spekulativen Charakter auf. Die Kenntnis, daß weitere wirtschaftlich vorteilhafte Auswirkungen mit einer CAD-Einführung verbunden sind, erlaubt folgende Aussage: In der Realität arbeitet ein System bereits vor dem Erreichen des Mindestproduktivitätsfaktors wirtschaftlich. Formal ist eine Wirtschaftlichkeit jedoch erst mit dem Erreichen von R_{Min} nachweisbar.

9.8 Einführungsvorbereitung

Die Vorbereitung zur Einführung eines CAD-Systems kann sogleich nach der Systembestellung begonnen werden. Sie muß bis zur Installation der Anlage weitgehend abgeschlossen sein. Die Planungs- und Vorbereitungsaktivitäten können zwischen sechs und neun Monaten in Anspruch nehmen und sollen möglichst von derselben Arbeitsgruppe durchgeführt werden, die die Systementscheidung vorbereitet hat. Hauptziel der Einführungsplanung und der Vorbereitungsmaßnahmen ist es, einen störungsfreien Übergang zu einer optimalen produktiven Nutzung des Systems zu schaffen. Die Maßnahmen müssen sich nach dem geplanten Sollkonzept richten, das nach der Systemauswahl nochmals überarbeitet und angepaßt wird. Die wichtigsten Planungs- und Vorbereitungsaktivitäten zur Einführung der CAD-Systeme sind in *Bild 9.8-1* zusammengefaßt.

Bei der Planung der CAD-Betriebsart muß über einen direkten oder einen indirekten Betrieb, auch Schalterbetrieb genannt, entschieden werden. Beim direkten Betrieb führen die Anwender, also Konstrukteure, technische Zeichner, Arbeitsplaner oder NC-Programmierer, ihre Arbeit am Bildschirm selbst durch. Ein Vorteil dieser Betriebsart ist die Möglichkeit der Systemanwendung in allen Arbeitsphasen. Der direkte Betrieb setzt eine genaue Zeitplanung der Arbeitsplätze voraus, die für eine optimale Nutzung des Systems erforderlich ist. Beim indirekten Betrieb stellen die Anwender ihre Vorlagen zur Erstellung der Fertigungsunterlagen, wie Zeichnung, Arbeitsplan oder NC-Teileprogramm, bereit, die dann von spezialisierten Mitarbeitern bearbeitet werden. Der Vorteil dieser Betriebsart liegt in der gleichmäßigeren Auslastung der Arbeitsplätze. Ein wesentlicher Nachteil ergibt sich dadurch, daß die Anwender leicht verständliche, detaillierte Unterlagen, wie Skizzen, Zeichnungen, Planungsvorlagen, anfertigen müssen.

Die Standortplanung ist mit der Betriebsart sowie mit der Integration der Systeme eng verbunden.

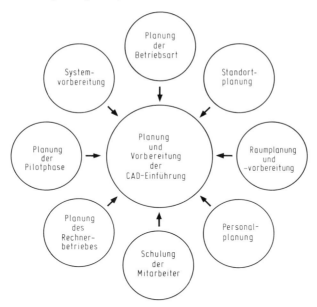

Bild 9.8-1 Wichtige Planungs- und Vorbereitungsaktivitäten bei der Einführung von CAD-Systemen.

Die Stand-Alone-Systeme, bei denen alle Komponenten in einer Einheit zusammengefaßt sind, werden direkt am Arbeitsplatz oder in unmittelbarer Nähe des Anwenders aufgestellt. Bei den Mehrstationensystemen wird wegen spezieller klimatechnischer Anforderungen und wegen der Geräuschentwicklung eine Trennung zwischen den grafischen Arbeitsplätzen und dem Rechner empfohlen. Die Plotter und Drucker sollten wegen der Geräuschentwicklung möglichst in einem getrennten Raum aufgestellt werden. Die grafischen Arbeitsstationen können direkt am Arbeitsplatz der Konstrukteure oder der Arbeitsplaner angeordnet sein. Der wichtigste Vorteil der dezentralen Arbeitsplatzverteilung ist die gute Verfügbarkeit der Arbeitsstationen für den Anwender. Als Nachteil sind die schlechte Auslastung der Arbeitsplätze, die erhöhten Installationskosten, die mangelhafte Kommunikation zwischen Anwendern sowie die aufwendige Integration verschiedener Bereiche zu erwähnen. Die zentrale Aufstellung der Arbeitsplätze hat sich in den meisten Anwendungsfällen durchgesetzt. Wichtige Vorteile sind die

- bessere Auslastung der Arbeitsplätze,
- zentrale Wartung des Systems,
- geringere Installationskosten,
- bessere Koordination und Erfahrungsaustausch zwischen den Anwendern,
- leichtere Organisation des Rechnerbetriebes und der Datenbestände sowie die
- leichtere Erweiterung des Systems.

Nachteilig für den Anwender können die großen Entfernungen zwischen dem konventionellen Arbeitsplatz und dem rechnerunterstützten Arbeitsplatz sein. Es besteht aber die Möglichkeit, die CAD-Arbeitsplätze in der ersten Einführungsphase zentral aufzustellen und in den nächsten Phasen eine bereichsorientierte Dezentralisierung vorzunehmen.

Nach Festlegung des Standortes müssen die Arbeitsräume vorbereitet werden. Die wichtigsten Aufgaben der Raumplanung und -vorbereitung sind:

- Planung der Aufstellung der Rechner und der grafischen Arbeitsplätze,
- Planung und Einleitung evtl. notwendiger Baumaßnahmen,
- Auslegung, Einbau und Testen der Klimaanlage,

9.8 Einführungsvorbereitung

- Bestellung des Mobiliars,
- Herstellung der Stromversorgung,
- Entwurf und Installation der elektrischen Anschlüsse für die Peripheriegeräte,
- Erstellen eines Beleuchtungsplans,
- Umgebungsgestaltung,
- Sicherheitsvorkehrungen.

Während diese Maßnahmen beim Einsatz von Mehrstation-CAD-Systemen eine besondere Bedeutung haben, kann bei der Installation von Stand-Alone-Systemen auf einen Teil dieser Maßnahmen verzichtet werden.

Von besonderer Bedeutung bei der Einführung von CAD-Systemen ist die Personalplanung. Dabei sind mehrere Mitarbeitergruppen zu unterscheiden. Die Anforderungen an diese Mitarbeitergruppen sowie die Inhalte der ausgeübten Tätigkeiten wurden in den letzten Jahren anhand zahlreicher praktischer Erfahrungen definiert [15, 16].

Der CAD-Koordinator hat für den erfolgreichen Einsatz eines Systems eine Schlüsselrolle. Dieser soll möglichst frühzeitig in der Planungsgruppe tätig und der technischen Leitung des Betriebes direkt untergeordnet werden. Es ist zu wünschen, daß der Koordinator bereits eine mehrjährige CAD- und Datenverarbeitungserfahrung besitzt und mit der Anwenderproblematik gut vertraut ist. Die wichtigsten Aufgaben des CAD-Koordinators sind:

- ständige Anwenderberatung,
- Aufgabenverteilung, Terminplanung und -überwachung,
- Planung und Organisation der Schulungsmaßnahmen,
- Erstellung der Kommunikation zwischen verschiedenen Anwendern sowie zwischen Anwendern und Datenverarbeitungsspezialisten,
- Planung und Koordination der Weiterentwicklung des Systems,
- Einführung von Richtlinien für den Betrieb des Systems.

Industrieerfahrungen haben gezeigt, daß vier bis acht Anwender die volle Arbeitszeit eines Koordinators in Anspruch nehmen können [17].

Die größte Gruppe von Mitarbeitern bilden die Anwender. Es wird empfohlen, Mitarbeiter der Fachabteilungen aus dem eigenen Betrieb einzusetzen. Zu den ersten Anwendern sollten besonders stark motivierte Mitarbeiter gehören.

Zur Anpassung und zur Erweiterung der CAD-Basissysteme sind Anwenderprogrammierer erforderlich. Es ist sinnvoll, daß die Anwenderprogrammierer eine mehrjährige Programmiererfahrung in einer höher orientierten Programmiersprache und Einblick in die Anwenderproblematik haben. Die Mehrzahl der Anwenderprogramme werden in CAD-systemspezifischen Makrosprachen erstellt. Zu den wichtigsten Aufgaben des Anwenderprogrammierers zählen:

- Erstellung von Bibliotheken mit konstanten Benutzerelementen, wie Symbole, Norm- und Wiederholteile,
- Erstellung von anwendungsspezifischen Variantenprogrammen,
- Erstellung von Befehlsmacros,
- Erstellung von grafischen Hilfsprogrammen,
- Anpassung vorhandener Programme und
- Erstellung von Menükarten für die Programm- und Makrobibliotheken.

Falls allgemeine technisch-wissenschaftliche Programme in einer höher orientierten Programmiersprache, wie FORTRAN, entwickelt werden müssen, kann die Mitarbeit eines technischen Programmierers ebenfalls erforderlich sein.

Für die Betreuung des Rechenzentrums soll ein Systemoperator zuständig sein. Dazu ist ein Mitarbeiter mit einer mehrjährigen Erfahrung in Datenverarbeitung und Betriebssystemen erwünscht. Dieser soll ebenfalls die Anwender in datenverarbeitungsspezifischen Problemen beraten. Außerdem soll der Operator für die Datensicherung und -archivierung, für die Wartung der Hardware, für die Implementierung neuer Programme sowie für die Kopplung neuer Geräte und Programme verantwortlich sein. Für die Erstellung und Anpassung von Grundsoftware zum Betrieb der Rechneranlage kann ein Systemprogrammierer erforderlich sein. Seine Erfahrungen müssen sich besonders auf das Betriebssystem und die Arbeitsweise der Hardware erstrecken. Weiterhin muß er neben den höheren Programmiersprachen auch die ASSEMBLER-Sprache beherrschen. Abhängig von der Betriebsgröße, von der Systemgröße sowie von den vorhandenen CAD-Erfahrungen können mehrere Aufgabengruppen von einem einzigen Mitarbeiter wahrgenommen werden.

Für die Programmierarbeiten kann es vorteilhaft sein, die Leistung der Systemhersteller oder von Softwarefirmen in Anspruch zu nehmen. In diesem Fall ist keine Schulung und Einarbeitungszeit von Betriebsangehörigen erforderlich, und die eigene Firma ist nicht langfristig an hochbezahlte Datenverarbeitungsspezialisten gebunden. Die Spezifikationen der in Auftrag gegebenen Programme müssen aber sehr genau definiert werden, damit das Ergebnis den Anforderungen der Anwender entspricht.

Nach der Planung der Personalstruktur ist eine systematische Schulung der Mitarbeiter erforderlich. Die industrielle Situation ist dadurch geprägt, daß die notwendigen Fachleute nicht genügend verfügbar sind und die Universitäten und Fachhochschulen die Nachfrage nicht befriedigen können. Das Angebot der Verbände und Softwarefirmen zu Weiterbildungsmaßnahmen ist weitgehend abhängig von der Wahl geeigneter Referenten. Die Möglichkeiten zum Erwerb praktischer Erfahrungen sind meist nicht gegeben [18].

Bei der Schulung der Mitarbeiter handelt es sich nicht um einen einmaligen Prozeß für die Pilotanwendung, sondern auch während der produktiven Nutzung des Systems muß die Ausbildung fortgesetzt werden. Die Schulung kann im eigenen Unternehmen durch erfahrene Fachkräfte, bei dem Systemhersteller bzw. Anbieter oder bei Firmen, Instituten oder Verbänden erfolgen.

Die Ausbildungsprogramme können sich aus Kombination dieser Möglichkeiten zusammensetzen. Da in den meisten Betrieben keine vorherigen Erfahrungen vorhanden sind, ist eine Vorschulung aller mittelbar oder unmittelbar am CAD-Prozeß beteiligten Mitarbeiter erforderlich. Ziel der Vorschulung ist es, allgemeine Informationen über CAD-Hardwaresysteme, CAD-Softwaresysteme und CAD-Anwendungen zu vermitteln.

Die systemspezifischen Schulungsprogramme orientieren sich an den Aufgaben, die die Mitarbeiter im Rahmen des Projektes übernehmen werden.

Die Ausbildung der Benutzer bezieht sich in erster Linie auf die Anwendung der CAD-Systeme. Die Schulung soll den Mitarbeitern aber auch einen Einblick in Aufbau und Funktion des Systems vermitteln. Mathematische und wissenschaftliche Grundlagen sind kaum erforderlich. Schwerpunkte der Anwenderausbildung sind [19]:
- Bedienung der Geräte,
- Kommandosprache des Systems,
- Datenhandhabung und Datenorganisation,
- Arbeitstechnik bei der Zeichnungserstellung und
- Arbeitstechnik bei dreidimensionalen Konstruktionsaufgaben,
- Arbeitstechnik bei der Arbeitsplanung und NC-Programmierung.

Die anwenderspezifische Schulung kann je nach System bis zu drei Wochen dauern. Die Ausbildungsmaßnahme sollte dabei nicht auf eine einmalige Vermittlungs- und Übungsphase beschränkt sein. Theoretische Erläuterungen zu den Möglichkeiten des verwendeten Systems müssen mit Phasen der eigenen Systemanwendung als konkrete, konstruktive, zeichnerische oder arbeitsplanerische Aufgaben gekoppelt sein.

Schwerpunkt der Ausbildung der Anwenderprogrammierer ist die systemspezifische grafische Konstruktionssprache. Die Schulung des Anwenderprogrammierers setzt vorhandene Erfahrungen mit der Anwendung des CAD-Grundsystems voraus. Zusätzlich muß der Anwendungsprogrammierer über Grundkenntnisse hinsichtlich Betriebssystem, Systemanalyse und Anwendung von Programmierhilfsmitteln verfügen. Die Beherrschung einer höher orientierten Programmiersprache ist ebenfalls erwünscht. Die Schulung in der geometrischen Konstruktionssprache kann bis zu drei Wochen in Anspruch nehmen.

Die CAD-Koordinatoren, die das eingesetzte System noch nicht kennen, müssen mindestens eine einwöchige Einführung in die Bedienung und Anwendung des Systems erhalten. Das Schulungsprogramm der Systemoperateure und der Systemprogrammierer richtet sich in erster Linie nach den Vorkenntnissen und Erfahrungen der Mitarbeiter. Die Ausbildung muß sich hauptsächlich auf das Betriebssystem und die Arbeitsweise der Hardware erstrecken. Weiterhin kann eine Einführung in ASSEMBLER-Sprachen erforderlich sein.

Wegen der schnellen Entwicklung auf dem CAD-Sektor ist eine regelmäßige Nachschulung der Mitarbeiter notwendig. Im Rahmen dieser Ausbildungsmaßnahmen sollen besonders Informationen über neue Funktionen und Eigenschaften der CAD-Systeme vermittelt werden. Im Interesse der Auszubildenden und der Betriebe sollte nicht versäumt werden, Möglichkeiten zur Weiterbildung zu nutzen oder sie in geeigneter Weise aufzubauen. Die Weiterbildungsmaßnahmen sollen auch den aktuellen Stand der Entwicklung und der Anwendung der CAD-Technologie darstellen [18].

Die Schulung der Mitarbeiter bildet eine der größten Schwierigkeiten bei der Einführung der Systeme. Die Probleme entstehen hauptsächlich wegen des Fehlens von systematischen Ausbildungsprogrammen sowie von ausführlichen, deutschsprachigen Schulungs- und Trainingsunterlagen.

Vor der Einführung des Systems ist eine Organisation des Rechnerbetriebes erforderlich. Dabei sind folgende Aspekte zu berücksichtigen:
- Datenschutz,
- Datensicherung,
- Datenarchivierung und
- Betriebssicherheit.

Der Datenschutz soll zunächst erreichen, daß ein Zugriff auf Daten seitens Unbefugter nicht möglich ist. Die Datensicherung bewirkt, daß die Daten bei falscher Bedienung des Systems nicht gelöscht werden. Außerdem ist ein regelmäßiges Kopieren der Plattendaten auf Band erforderlich. Zusätzlich sollte eine Kopie jedes Bandes außerhalb des Konstruktionsbereiches aufbewahrt werden.

Bei der Planung der Datenarchivierung soll genau festgelegt werden, wie Informationen ständig auf der Magnetplatte gespeichert werden. Weiterhin ist die herkömmliche Ablage mit der rechnerinternen Speicherung der Zeichnungen zu koordinieren. Dies setzt ein konsistentes und datenverarbeitungskompatibles Zeichnungsnummernsystem voraus, so daß auf einmal erstellte Datensätze jederzeit wieder zugegriffen werden kann.

Das Betriebssicherheitskonzept soll bewirken, daß beim Ausfall des Rechners auf die gespeicherten Daten eine Zugriffsmöglichkeit besteht. Weiterhin sollen die Reparaturzeiten minimiert werden. Die Bearbeitung der Aufgaben auf anderen Rechnern sollte beim Anlagenausfall möglich sein.

Eine weitere wichtige Aufgabe der Einführungsvorbereitungsphase ist die Planung der Pilotphase. Das wichtigste Ziel dieser Phase ist das Testen des Systems unter konkreten Betriebsbedingungen sowie eine Verifikation der Realisierungsmöglichkeiten des geplanten Sollkonzeptes. Ein erstes Problem, mit dem besonders größere Firmen konfrontiert werden, ist die Auswahl der Pilotabteilungen. Dabei kann eine Nutzwertanalyse angewendet werden. Die wichtigsten Analyseschwerpunkte für diese Auswahl sind [20]:
- hohe Beschäftigtenzahl,
- großer Durchsatz an Aufträgen,
- großer Termindruck sowie
- mögliche Nutzung einer vorhandenen Datenverarbeitungsanlage.

Von besonderer Bedeutung ist auch die Auswahl der Testaufgaben. Dazu sollen repräsentative Beispiele gehören, die künftig mit Rechnerunterstützung bearbeitet werden sollen. Bei der Auswahl der Aufgaben sollte berücksichtigt werden, daß sich die Anwender in einem Lernprozeß befinden. Demzufolge soll die Komplexität der Aufgaben ständig gesteigert werden. Auch für die Pilotphase soll eine globale Terminplanung erstellt werden.

Entscheidend für die Effizienz eines Systems ist die Systemvorbereitung. Dabei handelt es sich um eine Anpassung des Systems an die betriebsspezifischen Erfordernisse. Für eine produktive Nutzung sind vor der Installation eines CAD-Systems folgende wichtige Vorbereitungsmaßnahmen durchzuführen:
- Speicherung der firmenspezifischen Zeichnungsrahmen,
- Speicherung der meist verwendeten Symbole,
- Speicherung der meist verwendeten Wiederholelemente,
- Erstellung von oft verwendeten Befehlsmakros,
- Speicherung alter Zeichnungen, die in neuen Konstruktionen benutzt werden können,
- Erstellung einfacher Variantenprogramme,
- Erstellung von CAD-spezifischen Konstruktionsrichtlinien,
- Erstellung von Menükarten mit Symbol- und Makrobibliotheken.

Für die produktive Nutzung eines Systems zur rechnerunterstützten Arbeitsplanung sind folgende betriebsspezifischen Vorbereitungsmaßnahmen anzuführen, die jedoch sehr stark vom eingesetzten System abhängen:
- Speicherung von Betriebsmitteldaten,
- Speicherung von Planungslogiken mittels Entscheidungstabellen,
- Speicherung technologischer Daten,
- Speicherung von Vorgabezeiten,
- Speicherung von Arbeitsabläufen,
- Erstellen eines Klassifizierungssystems,
- Erstellen von Bearbeitungsmakros,
- Erstellen von Benutzermakros und
- Erstellen einer Arbeitsplantextdatei.

Diese Systemvorbereitungen werden vor der Installation der Anlage getroffen und während der Pilotphase und der produktiven Nutzung des Systems fortgesetzt.

9.9 Inbetriebnahme

Nach der Installation und nach dem Abnahmetest kann mit der Nutzung des Systems begonnen werden. Anfangs sollte eine sechs- bis zwölfmonatige Pilotphase vorgesehen werden, deren wichtigste Ziele sind:
- Verifikation der getroffenen Entscheidung,
- Ermittlung der erreichbaren Produktivitätsfaktoren bei der Bearbeitung verschiedener Aufgabenklassen,
- Beurteilung des Betriebsverhaltens und des Benutzerkomforts,
- Ermittlung der erfolgversprechenden Anwendungsbereiche,
- Ermittlung und mögliche Beseitigung der Systemfehler.

Am Ende der Pilotphase kann das festgelegte Einführungskonzept anhand der gewonnenen Erfahrungen überarbeitet werden.

Um eine optimale Auslastung der grafischen Arbeitsplätze zu sichern, muß besonders bei der dezentralen Aufstellung der Bildschirme eine genaue Arbeitszeitplanung vorgenommen werden. Dabei ist zu berücksichtigen, daß die individuelle ununterbrochene Arbeitszeit am Bildschirm aus ergonomischen und arbeitspsychologischen Gründen begrenzt ist. Falls die gesamte verfügbare Bildschirmzeit für die Bearbeitung der Aufgabe nicht ausreichend ist, sollte man die Möglichkeiten einer flexibleren Arbeitszeit überprüfen. In die Zeitplanung sollten auch die Zeiten für die Datensicherung sowie für die Wartung des Systems einbezogen werden.

Die Anwendung der CAD-Technologie hat auch eine Umorganisation des konventionellen Arbeitsprozesses zur Folge. Da die tägliche Arbeitszeit am Bildschirm begrenzt ist, muß der Konstrukteur die Zwischenergebnisse in Form von Plotterzeichnungen oder von Hardcopies ausgeben lassen. Diese Arbeitsunterlagen werden am konventionellen Arbeitsplatz mit Ideen für die Weiterführung der Aufgabe ergänzt und dienen als Grundlage für eine neue „Bildschirmsitzung". Durch diese iterative Vorgehensweise kann auch eine Reduzierung der Denkzeiten am Bildschirm erzielt werden.

Um die Bildschirmzeit maximal auszunutzen, sollten auch alle im Arbeitsprozeß erforderlichen Informationsunterlagen wie Normen, Richtlinien und Kataloge, im voraus vorbereitet werden.

Von besonderer Bedeutung während der Nutzungsphase ist ein ständiger Erfahrungsaustausch zwischen Anwendern innerhalb einer Firma sowie zwischen Anwendern von verschiedenen Firmen, die das gleiche System im Einsatz haben. Die Zusammenarbeit zwischen verschiedenen Anwendern wird bei den meisten Systemen im Rahmen von sogenannten „User-Groups" ermöglicht.

Um die CAD-Systeme mit maximaler Effizienz zu betreiben, können nach der Inbetriebnahme Erweiterungsmaßnahmen erforderlich sein, die vom Anwender selbst, vom Systemanbieter oder von einer spezialisierten Softwarefirma durchgeführt werden können. Grundsätzlich kann man zwischen drei Gruppen von anwendungsorientierten Maßnahmen zur Erweiterung der Software unterscheiden:

- Erweiterung des Grundsystems mit anwenderspezifischen, allgemeinen Funktionen,
- Entwicklung von benutzerorientierten Anwenderprogrammen,
- Entwicklung von Anpassungsprogrammen zur Kopplung des CAD-Systems mit anderen CAD-Systemen oder Programmen.

Bei der ersten Gruppe von Erweiterungsmaßnahmen kann zwischen Programmierung von neuen Funktionen und Programmierung von Funktionen, die sich aus mehreren Kommandos des Grundsystems zusammensetzen, unterschieden werden. Im letzten Fall handelt es sich um mehrfach ablaufende Kommandofolgen, die in Form von Makros zusammengesetzt werden. Als Hilfsmittel zur Erzeugung der Makros bieten viele CAD- Hersteller benutzerfreundliche Makrosprachen an.

Eine andere wichtige Erweiterungsmöglichkeit der CAD-Grundsysteme besteht in der Entwicklung von benutzerspezifischen Anwenderprogrammen. Derartige Programme sind zum Beispiel für die Beschreibung und Erzeugung von Teilefamilien erforderlich. Nach Abruf des Variantenprogramms kann der Anwender durch Eingabe einiger Parameter, die den variablen Maßen entsprechen, die Varianten erzeugen. Zur Unterstützung der Variantenprogrammierung bieten viele CAD-Anbieter grafische Programmiersprachen an. Diese Sprachen beinhalten sowohl grafische Befehle des CAD-Systems als auch arithmetische und logische Funktionen.

Mit Hilfe der grafischen Programmiersprachen können auch einfache Berechnungsprogramme oder Konstruktionsalgorithmen mit grafischer Ausgabe der Ergebnisse in CAD-Systeme integriert werden. Da die meisten grafischen Programmiersprachen zur Zeit noch im Befehlsumfang und in der Anzahl der Variablen begrenzt sind, ist für die Programmierung komplexer Aufgaben eine allgemein anwendbare Programmiersprache, wie FORTRAN erforderlich. Wenn das CAD-System über eine FORTRAN-Schnittstelle verfügt, ist eine Kopplung der FORTRAN-Anwenderprogramme mit dem CAD-Grundsystem möglich. Die höchsten Rationalisierungsfaktoren bei der Anwendung der CAD-Technologie lassen sich durch eine Integration unterschiedlicher Aufgaben erzielen. Das setzt eine Kopplung der CAD-Grundsysteme mit anderen CAD-Systemen oder Programmen, wie FEM-Berechnungsprogrammen, NC-Programmen, voraus. Sind die entsprechenden Kopplungsbausteine nicht vorhanden, so müssen diese durch die Anwenderfirma bereitgestellt werden.

9.10 Eigenschaftskatalog zur technischen Analyse von CAD-Systemen

Der vorgestellte Eigenschaftskatalog [21] soll als Hilfsmittel für die Planung der CAD-Einführung dienen und eine Basis für die Ermittlung von firmenspezifischen Anforderungen an CAD-Systeme darstellen. Die genannten Eigenschaften können bei Bedarf um weitere ergänzt oder für die nähere Analyse detailliert werden. So kann der Katalog für schlüsselfertige und rechnerflexible Systeme sowie nur für Systemkomponenten gleichermaßen angewendet werden. Der Katalog kann weiterhin die Grundlage für einen tabellarischen Vergleich von CAD-Systemen bilden. Um die Anzahl der einer ausführlichen Bewertung zu unterziehenden Systeme von vornherein einzuschränken, kann mit einer sehr geringen Anzahl der am wichtigsten erscheinenden Eigenschaften eine Vorauswahl von CAD-Systemen oder Komponenten vorgenommen werden.

Das Zielsystem sowie die Bewertungskriterien für eine technische Nutzwertanalyse von CAD-Systemen sind ebenso wie die Anforderungen von einem Betrieb zu dem anderen unterschiedlich. Bei der firmenspezifischen Zusammenstellung von Zielen und Beurteilungskriterien für die Nutzwertanalyse kann der vorliegende Eigenschaftskatalog als Grundlage dienen. Weiterhin kann die Definition von betriebsspezifischen Aufgaben für einen CAD-Bench-Mark-Test durch Anwendung des vorliegenden Katalogs erleichtert werden.

Bei der Auswahl von CAD-Systemen werden die technischen Systemeigenschaften mit Informationen über Leistungsfähigkeit des Herstellers, Anbieter-Service, Vertragsbedingungen, Schulungsprogramme und Lieferkonditionen erweitert. Von besonderer Bedeutung sind auch Referenzen von Anwendern aus derselben Branche sowie Informationen über die eventuell bestehende Anwendergruppe.

Bei der umfassenden Merkmalliste handelt es sich in erster Linie um Eigenschaften, die bei den auf dem Markt verfügbaren oder bei den in Entwicklung befindlichen Systemen vorkommen. Dabei wurden lediglich CAD-Grundsysteme berücksichtigt, die überwiegend unternehmensneutrale oder branchenübergreifende Programmodulen für Maschinenbauanwendungen beinhalten.

Der hier vorgelegte Eigenschaftskatalog kann auch als Basis für die Schaffung eines betrieblichen Informationssystems über die Weiterentwicklung der CAD-Technologie angewendet werden. Dabei ist es möglich, neue Entwicklungen und Eigenschaften einzubeziehen. Als Basis eines Informationssystems ist der Katalog auch für Entwickler, Vertriebsorganisationen und Ausbildungsstätten anwendbar.

Die rasante Entwicklung der CAD-Technologie hat auch eine entsprechende Entwicklung der CAD-Terminologie zur Folge. Die entstehende CAD-Fachsprache beinhaltet noch eine große Anzahl englischer Begriffe und ist leider nicht einheitlich und noch nicht standardisiert. Für zukünftige Normungsarbeiten könnte dieser Katalog ebenfalls hilfreich sein.

[Literatur S.653]   9.10 *Eigenschaftskatalog zur technischen Analyse von CAD-Systemen*

A. CAD-Hardware-Eigenschaften

Allgemeines	– Hardware-Architektur (Einzelrechnerkonfiguration, Zentralrechner-Satellitenrechnerkonfiguration), – Integration der Hardware-Komponenten (Desk-Top-System, Stand-alone-System, Multi-station-System), – Raumbedarf, – Erforderliche Raumbedingungen (Klimatisierung, Dämpfung), – Zuverlässigkeit, – Dokumentation.
Rechner	– Rechnertyp (z.B. Universal- oder Spezialrechner, Mikro-, Mini- oder Großrechner), – Rechnermodell, – Wortlänge (bit), – Arbeitsspeicherkapazität (KByte oder MByte), – Ausbaufähigkeit des Arbeitsspeichers (KByte oder MByte), – Erforderlicher Arbeitsspeicher je Bildschirm, – Bearbeitungsgeschwindigkeit (KOPS : Kilo Operationen pro Sekunde), – Zykluszeit, – Rechengenauigkeit, – Anzahl und Art der Schnittstellen zu anderen EDVA und zu Peripheriegeräten, – Datenübertragungsrate bei der Datenfernübertragung (DFÜ), – Maximale und empfohlene Anzahl anschließbarer grafisch interaktiver Arbeitsplätze, – Umfang und Leistung des Befehlsvorrats, – Freie Programmierbarkeit.
Speicherperipherie — Magnetplattenlaufwerk	– Plattenart (Fest-, Wechselplatte), – Speicherkapazität (MByte), – Mittlere Zugriffszeit (ms), – Datenübertragungsrate (Byte/s), – Anzahl der Plattenlaufwerks pro Steuereinheit.
Speicherperipherie — Bandgeräte	– Bandart (Magnetband, Magnetkassette), – Anzahl der Spuren, – Schreibdichte (bpi), – Aufzeichnungsverfahren (NRZ. PE. GCR), – Lesegeschwindigkeit, – Umschalten der Schreibdichte von zum Beispiel 800 auf 1600 bpi, – Maximale Bandlänge.
Speicherperipherie — Floppy-Disk-Systeme	– Plattendurchmesser, – Speicherkapazität (KByte), – Mittlere Zugriffszeit (ms), – Schreibdichte (einfach, doppelt, vierfach), – Anzahl der Speicherungsseiten je Floppy-Disk, – Datenübertragungsrate (KByte/s), – Anzahl der Laufwerke pro Steuereinheit.

Grafisch interaktiver Arbeitsplatz	– Art des Arbeitsplatzes (grafisches Terminal, intelligenter Arbeitsplatz), – Arbeitsplatzkomponenten (Rechner, grafischer Bildschirm), – Farbige Abstimmung mehrerer Bildschirme, – Freie Positionierung der Eingabegeräte, – Anordnung der Geräte in bezug auf den Greifarm der Arbeitsperson, – Winkel häufiger Blickbewegungen in bezug auf die Normallage, – Position der Oberarme beim interaktiven Arbeiten, – Ablagefläche, – Platz für die Arme, – Tischhöhe, – Verstellung der Tischhöhe, – Reflexion des Arbeitstisches, – Fußraum, – Verstellung des Bildschirmes (horizontal, vertikal, Rotation), – Arbeitsstuhl (Verstellbarkeit), – Fußplatte, – Geräuschentwicklung, – Wärmeemision, – Information des Anwenders über ablaufende Funktionen z.B. durch farbige Lampen, – Bedienung des alphanumerischen und des grafischen Bildschirms von der gleichen Tastatur aus, – Maximale Entfernung zwischen Zentralrechner und Arbeitsplatz, – Datenübertragungsrate zwischen Hauptrechner und Arbeitsplatz.	
Eingabegeräte	Alphanumerische Tastatur	– Trennung vom Bildschirm, – Anzahl der Tasten, – Höhe der Tastatur, – Neigungswinkel, – Handstütze, – Schreibmaschinenanordnung der Tasten, – Besondere Tasten (Funktionstasten) gekennzeichnet durch Form, Position, Farbe, – Reflexion der Tasten, – Druckkraft, – Rückmeldung bei der Eingabe (Druck, akustisches Signal, Beleuchtung), – Größe der Tasten.
	Funktionstastaturen	– Anzahl der Funktionstasten, – Übersichtliche Anordnung der Funktionsblöcke, – Echo (Aufleuchten, Erlöschen oder Blinken der Tasten), – Rückmeldung bei der Eingabe (Beleuchtung der vom Rechner gesteuerten Funktionen), – Programmierbarkeit der Tastatur, – Anzahl der freiprogrammierbaren Tasten, – Integrierbarkeit in die alphanumerische Tastatur.
	Eingabetablett mit Tablettstift	– Größe, – Prinzip (induktiv, kapazitiv, Ultraschall-Verfahren), – Auflösung, – Genauigkeit, – Rückmeldung bei der Eingabe (akustisch, optisch), – Übersichtlichkeit der Menüfelder (durch Position und Farbe), – Leichte Erlernbarkeit der Menüfunktionen (durch Symbole oder durch eindeutige Abkürzungen), – Cursor-Steuerung.

Eingabegeräte (Fortsetzung)	Potentiometer-orientierte Eingabegeräte	– Rändelschrauben (Thumb wheel), – Steuerknüppel (Joy Stick), – Rollkugel (Tracker Ball), – Maus (Mouse), – Wertgeber (Control Dials).
	Lichtgriffel (Light pen)	– Unempfindlichkeit bei Fremdlicht, – Reaktionszeit.
	Manuelle Digitalisierer	– Bauart, – Betriebsart (on-line, off-line), – Digitalisierungsfläche, – Position des Digitalisierer-Tisches (horizontal schwenkbar), – Digitale Positionsanzeige, – Anzeige der Funktion (Punktfolge, Abtastrate), – Eingabe von Zusatzinformationen, – Abtastrate, – Lokale Intelligenz (geom. Operationen, Interpolationen), – Genauigkeit, – Auflösung, – Wiederholbarkeit, – Tastwerkzeuge (Fadenkreuz, Ringmarke, Taststift), – Betrachter (Lupe, Mikroskop).
	Automatische Digitalisierer (Scanner)	– Digitalisierungsfläche, – Genauigkeit, – Abtastgeschwindigkeit, – Auflösung.
	3D-Abtast-maschinen	– Digitalisierungsraum, – Genauigkeit, – Abtastgeschwindigkeit.
	Lochstreifenleser	– Lesegeschwindigkeit (Zeichen/s), – Streifenbreite, Code, – Streifenlänge, – Spulendurchmesser.
	Lochkartenleser	– Lesegeschwindigkeit (Karten/s), – Kartentyp.

Ausgabegeräte	Grafischer Bildschirm	– Modell, – Bildschirmart (Speicherbildschirme, bildwiederholende Vektorbildschirme, Raster-Bildschirme), – Bildschirmgröße (Diagonale) nutzbare und adressierbare Bildfläche, – Auflösung (adressierbare und darstellbare Punkte), – Maximale Anzahl darstellbarer Vektoren ohne Flackern des Bildes (bei bildwiederholenden Vektorbildschirmen), – Flackerfreiheit, – Bildwiederholungsfrequenz (bei bildwiederholenden Geräten), – Farben (Anzahl der Farben), – Bildwiederholspeicher, – Einstellbare Helligkeit, – Grauwerte (Anzahl der Grauwerte), – Kontrast (grafisches Element/Hintergrund), – Erzeugung von Negativ-Bildern, – Zeichenvorrat, – Zeichengröße, – Unterschiedliche Zeichengrößen, – Lesbarkeit der Zeichen, – Spiegelfreiheit der Bildschirmoberfläche, – Unterschiedliche Lichtintensitäten, – Tiefenmodulation der Lichtintensität, – Blinken, – Lokale Intelligenz, – Linienstärken, – Kurvengeneratoren, – Linienarten, – Grafik und Videofunktionen, – Rechnerschnittstelle, – Anschluß für Hardcopy-Geräte, – Anschluß für Stift- und Rasterplotter, – Anschluß für Digitalisierer, – Lebensdauer (Stunden), – Anschluß von Eingabe- und Bedienungselementen (Tastatur, Funktionstastatur, Tablett mit Tablettstift, Steuerknüppel, Rollkugel, Rändelschrauben, Lichtgriffel).
	Alphanumerischer Bildschirm	– Bildschirmgröße, – Auflösung, – Einstellbare Helligkeit, – Zeichenvorrat, – Zeichengröße, – Bildschirmformat (Linien × Zeilen), – Lesbarkeit der Zeichen, – Spiegelfreiheit der Bildschirmoberfläche, – Anschluß von Eingabe- und Bedienungselementen (Tastatur), – Vertikale Verschiebung des Bildschirminhaltes, – Schreibmarke (Cursor), – Masken.
	Drucker	– Druckverfahren (thermisch, elektrostatisch), – Zeichensatz, – Druckgeschwindigkeit (Zeichen/s, Zeilen/min), – Zeichengröße, – Zeilenbreite (Zeichen/Zeile), – Farben, – Rechnerschnittstelle, – Geräuschemission, – Pufferung von Zeichen.

Ausgabegeräte (Fortsetzung)	Plotter	Stiftplotter	– Bauart (Trommelplotter, Flachtischplotter), – Position des Tisches (horizontal, vertikal, schwenkbar), – Größe der Zeichenfläche/Breite der Zeichenfläche, – Positionskontrolle des Zeichenstiftes (mit/ohne Lageregelung), – Betriebsart (on-line, off-line), – Platzbedarf, – Genauigkeit, – Wiederholbarkeit, – Auflösung, – Zeichengeschwindigkeit, – Zeichenwerkzeuge, – Zusatzvorrichtungen, – Positionsanzeige, – Hardware-Generatoren (für Zeichen, Figuren, Stricharten), – Eigene Intelligenz (mit zeichnungsorientierter Software), – Anzahl der Zeichenstifte, – Kombination mit Digitalisierer in einem Gerät.
		Sonstige Plotter	– Art (Elektrostatischer Printer und Plotter, Hardcopy-Geräte, Tintenstrahlplotter, Mikrofilmplotter), – Größe der Zeichnungsfläche beziehungsweise Breite des Plotters oder Bildformat, – Auflösung, – Größe der Rasterpunkte, – Zeichnungsgeschwindigkeit, – Farben, – Filmformat (bei Mikrofilmplottern), – Anschluß an mehrere grafische Bildschirme (Multiplexer-Eigenschaft), – Maximale Entfernung vom Arbeitsplatz oder Rechner.
	Lochstreifen-stanzer		– Stanzgeschwindigkeit (Zeichen/s), – Streifenbreite, Code, – Streifenlänge, – Spulendurchmesser.

B. CAD-Software-Eigenschaften

Systemsoftware	Allgemeines	– Standard- oder spezielles Betriebssystem, – Komplexität (kleinrechner- oder großrechnerorientiert), – Speicherbedarf, – Zuverlässigkeit, – Modularität, – Visuelle Kontrolle aller eingegebenen Informationen, – Fehlermeldungen, – Dokumentation, – Rekonfigurationsmöglichkeit des Betriebssystems (Generierung).
	Betriebsarten	– Stapelbetrieb, – Echtzeitbetrieb, – Teilnehmerbetrieb, – Teilhaberbetrieb, – Mischbetrieb.

Systemsoftware (Fortsetzung)	File-Management-System	– Länge der File-Namen (Anzahl der Zeichen), – File-Manipulation (Löschen, Kopieren, Umbenennen), – Zugriffsmethoden (sequentiell, wahlfrei und indexsequentiell), – Hierarchischer File-Aufbau (Anzahl der Hierarchieebenen), – File-Sicherungssystem (Lesen, Schreiben, Löschen, Ändern, Ausführen), – Automatische Verteilung der Platten-Speicherplätze.
	Kommandosprache	– Syntax (Ähnlichkeit mit der Kommandosprache des CAD-Systems), – Befehlsvorrat.
	Programmentwicklung	– Programmiersprache, – Übersetzer (Compiler), – Lader (Loader), – Fehlersuchprogramme (Debugger), – Programmbinder (Linker), – Locator.
	Text-Editor	– Linien- und Zeileneditierung, – Editierungsoperationen (Finden Löschen, Einfügen, Kopieren, Verschieben, Ersetzen).
	Ein-/Ausgabemoduln	– Programme zur Kommunikation mit allen Peripheriegeräten, – Steuerung von mehreren Plattenlaufwerken, – Warteschlangenprogramme (Job Monitor).
	System-Information	– Informationen über gespeicherte Files (Directories), – Informationen über die Benutzung des Systems, – Statistische Auswertung.
	Kommunikationsprogramme	– Kommunikationsprogramme für verschiedene marktgängige Rechner, – Datenübertragungsrate, – Programme zur Steuerung eines Rechnernetzwerkes.
	Sonstige Programme	– Speicherverwaltungsprogramme, – Programmsegmentierungsmoduln, – Initialisierungsroutinen, – Makroprozeduren, – Bibliothek mit Dienstprogrammen, – Diagnose-Programme, – Programme zur Menüverwaltung.

[Literatur S. 653]   *9.10 Eigenschaftskatalog zur technischen Analyse von CAD-Systemen*

CAD-Grundsoftware	Allgemeines	– Modularer Aufbau der Programme, – Speicherbedarf des CAD-Grundsystems, – Programmiersprache, – Verfügbarkeit des Quellcodes, – Ständige Verbesserung des Systems durch den Hersteller (Up-Dates), – Erweiterbarkeit des Systems durch den Benutzer, – Dokumentation (Anzahl der Handbücher, Aufbau, Übersichtlichkeit, Verständnis, Schlagwortverzeichnis), – Anwendung von grafischen Standardpaketen (z. B. GKS).
	Software-Ergonomie	– Antwortzeitverhalten, – Zuverlässigkeit, – Benutzerführung durch das Programm, – Flexible Gestaltung des Dialogs (Anpaßbarkeit an die Fähigkeiten des Benutzers), – Permanente Information des Benutzers über den Systemzustand, – Echos nach allen Eingaben (durch Text, Blinken, Markierung, Aufhellen, Farbänderung), – Eindeutige Unterschiede zwischen verschiedenen Echos, – Verhalten des Systems bei Eingabefehlern, – Dokumentation der Eingabefehler, – On-Line Benutzerhandbuch (Help-Funktionen), – Möglichkeiten Operationen rückgängig zu machen, – Schützen kritischer Funktionen (z. B. Löschen) durch zusätzliche Bestätigung, – Programm-Meldungen (Fragen, Fehlermeldungen, Warnungen) am gleichen Ort und im gleichen Format, – Möglichkeit gleiche Funktionen von verschiedenen Eingabegeräten einzugeben, – Möglichkeit Operationen zu unterbrechen, – Leichte Erlernbarkeit der Programmbedienung, – Format der Bildschirminformation (Grafik, Menüfelder, alphanumerische Informationen), – Trennung zwischen grafischen und alphanumerischen Informationen, – Einblenden der Koordinatenachsen auf dem Bildschirm.
Eingabetechnik	Eingabe-art	– Stapel, – Dialog.
	Eingabeform	– Menütechnik (Menübäume, Menütafel), – Skizzenhafte Eingabe, – Digitalisierung von Zeichnungen, – Rekonstruktionstechnik, – Natürlich sprachliche Eingabe
	Dialogorientierte Kommandosprache	– Sprachstruktur, – Befehlsvorrat, – Systematische Abkürzungen, – Assoziation zwischen Inhalt der Befehle und Abkürzungen , – Einheitliche Form aller Sprachelemente, – Ähnlichkeit mit der deutschen Sprache, – Eindeutigkeit der Wortsymbole, – Einheitliche Parameterliste, – Erweiterung des Befehlsvorrats durch den Anwender.

CAD-Grundsoftware (Fortsetzung)	Allgemeine Grundfunktionen	– Erzeugen, – Holen, – Ändern, – Löschen.
	Grafische Grundfunktionen – Identifizierung	– Form (durch Digitalisierung, durch Name), – Elemente (einzelne Elemente, Gruppen von Elementen, Elemente gleicher Art, Elemente einer Ebene), – Automatische Konturverfolgung (Chaining), – Identifizierung innerhalb (außerhalb) eines Polygons.
	Grafische Grundfunktionen – Positionieren	– Durch Digitalisierung, – Durch Koordinateneingabe, – Durch Eingabe eines Relativvektors.
	Grafische Editierungsfunktionen	– Translation, – Rotation, – Spiegelung, – Duplizieren, – Lineare, winkelförmige oder kreisförmige Anordnung von Elementen, – Ein- und Ausblenden, – Meßfunktion (Abstände und Winkel), – Skalierung in einer oder mehreren Richtungen, – Abfragen von Informationen über geometrische Elemente, – Trimm-Funktion (Kurven und Flächen), – Dehnen (Stretch-Funktion).
	Bildschirmfunktionen	– Zoom-Funktion, – Window-Funktion, – Scroll-Funktion, – Pan-Funktion, – Clipping-Funktion, – Z-Clipping-Funktion, – Ein- und Ausblenden von Punktrastern oder Liniengittern, – Video-Mixing, – Einblenden verschiedener Z-Ebenen, – Definition von Viewports (variable Anzahl und Anordnung), – Definition mehrerer Linienarten, – Definition mehrerer Linienstärken, – Definition mehrerer Farben.
	Zusatzfunktionen	– Zeichnungsebenen, Anzahl der Ebenen, – Gruppenbildung und -auflösung, – Anzahl der Elemente in einer Gruppe, – Tischrechnerfunktionen, – Vektorenbeschreibung, – Einstellen und Ändern der Systemparameter (z. B. Darstellungsgenauigkeit, Schriften, Zeichengröße), – Erstellung von Befehlsmakros, – Zusammensetzen von mehreren Modellen (Merge-Capability), – Definition von Koordinatensystemen (Objektkoordinatensystem, Gerätekoordinatensysteme), – Freie Definition von Menüfeldern.

CAD-Grundsoftware (Fortsetzung)	Rechnerinterne Darstellung (RID)	– Modellorientierte Behandlung der RID (Trennung zwischen Modell- und Bilddaten), – Speicherung der RID in Datenfeldern, – Assoziation voneinander abhängiger Daten, – Assoziation von nicht grafischen Informationen (Attribute) zu den grafischen Elementen, – Maximale Anzahl von Attributen, – Maximale Anzahl von Grundelementen, – Datenschnittstelle, – Existenz einer Standard-Datenschnittstelle (IGES), – Unterprogrammschnittstelle.
	2D-Geometriesoftware / Koordinatensysteme (KS)	– Kartesisches Koordinatensystem, – Polares Koordinatensystem.
	Beschreibungsmodell	– Linienorientiert, – Flächenorientert.
	Grundelemente	– Punkt, – Gerade, – Kreis, Kreisbogen, – Kegelschnitte (Ellipse, Parabel, Hyperbel), – Beliebig gekrümmte Kurven (Interpolations- oder Approximationsmethode), – Ebene Fläche mit beliebiger Berandung, – Text (Befehlsvorrat, Schriftarten, Schriftgrößen, Schriftwinkel, Definition von Zeichen), – Konstante Benutzerelemente (frei definierbar).
	Geometrische Funktionen	– Verschiedene Definitionsmöglichkeiten der Grundelemente, – Berechnung von Schnittpunkten zwischen allen Grundelementen, – Verknüpfung von linienorientierten Grundelementen, – Globale und lokale Änderungen von beliebig gekrümmten Kurven, – Automatische Verrundung (zwischen linienorientierten Grundelementen), – Automatische Generierung von Fasen zwischen zwei linienorientierten Elementen, – Automatische Äquidistantenermittlung zu den linienorientierten Grundelementen, – Mengentheoretische Operationen mit Flächenelementen (Vereinigung, Differenz, Durchschnitt), – Topologietreue Änderungen.
	Textoperationen	– Editierung von grafischen Texten, – Linien- und Zeicheneditierung, – Operationen (Löschen, Einfügen, Kopieren, Verschieben, Ersetzen), – Positionierung von Texten in bezug auf einen Punkt (mitte, links, rechts, oben, unten), – Orientierung des Textes (horizontal, vertikal in einem Winkel, parallel mit einer Kurve).

CAD-Grundsoftware (Fortsetzung)	3 D-Geometriesoftware	Koordinatensysteme (KS)	– Kartesisches Koordinatensystem, – Zylinderisches Koordinatensystem, – Kugel-Koordinatensystem.
		Beschreibungsmodell	– Linienorientiert, – Flächenorientiert, – Volumenorientiert.
		Grundelemente — Linienorientiert	– Punkt, – Gerade, – Kreis, Kreisbogen, – Kegelschnitte (Ellipse, Parabel, Hyperbel), – Beliebig gekrümmte Kurven (Interpolations- oder Approximationsmethode).
		Grundelemente — Flächenorientiert	– Ebene Flächen, – Rotationsfläche (allgemein. Zylindermantelfläche, Kegelmantelfläche, Kugeloberfläche, Torusoberfläche), – Translationsfläche mit gerader Leitlinie, – Translationsfläche mit gekrümmter Leitlinie, – Regelfläche, – Beliebig gekrümmte Flächen (Maximale Anzahl der Stützpunkte beziehungsweise Stützkurven, Interpolations- oder Approximationsmethode).
		Grundelemente — Volumenorientiert	– Quader, – Zylinder, – Kegel (Kegelstumpf), – Kugel, – Torus, – Rotationskörper, – Profilkörper, – Halbraum, – Durch beliebig gekrümmte Flächen berandete Volumenelemente, – Sonstige Volumenelemente (Prisma, Pyramide, Keil).
		Geometrische Funktionen	– Konstante Benutzerelemente (bestehend aus einer Kombination der Grundelemente).
			– Verschiedene Definitionsmöglichkeiten der Grundelemente, – Berechnung von Schnittpunkten zwischen zwei linienorientierten Grundelementen, linienorientierten und flächenorientierten Grundelementen, sowie linienorientierten und volumenorientierten Grundelementen, – Berechnung von Schnittkurven zwischen zwei flächenorientierten Grundelementen, einem flächenorientierten und einem volumenorientierten Grundelement (automatisch), sowie zwei volumenorientierten Grundelementen (automatisch), – Verknüpfung von analytisch beschreibbaren Grundelementen, beliebig gekrümmten Grundelementen, linienorientierten mit flächenorientierten Grundelementen, flächenorientierten Grundelementen, flächenorientierten mit volumenorientierten Grundelementen und volumenorientierten Grundelementen (kontaktflächenmäßige Verknüpfung, mengentheoretische Verknüpfung wie zum z. B. Addition, Subtraktion, Durchschnitt),

[Literatur S. 653]   9.10 *Eigenschaftskatalog zur technischen Analyse von CAD-Systemen*   649

CAD-Grundsoftware (Fortsetzung)	3D-Geometriesoftware (Fortsetzung)	– Automatische Erzeugung von Schnitten eines 3D-Modells mit einer Ebene durch gerade Schnitte, abgesetzte Schnitte, Winkelschnitte, automatische Entfernung des Restkörpers und automatische Schraffur der Schnittfläche, – Automatische Verrundung zwischen analytisch beschreibbaren und beliebig gekrümmten Grundelementen, zwischen zwei linienorientierten Grundelementen, zwischen zwei flächenorientierten Grundelementen, zwischen einem flächenorientierten und einem volumenorientierten Grundelement, sowie zwischen zwei volumenorientierten Grundelementen, – Automatische Kantenverrundung bei volumenorientierten Grundelementen, – Automatische Eckenverrundung bei volumenorientierten Grundelementen, – Automatische Generierung von Fasen bei volumenorientierten Grundelementen, – Automatische Äquidistantenermittlung bei analytisch beschreibbaren Grundelementen, beliebig gekrümmten Grundelementen, linienorientierten Grundelementen, flächenorientierten Grundelementen und volumenorientierten Grundelementen, – Glätten von analytisch nicht beschreibbaren Flächen, – Topologietreue Änderungen bei volumenorientierten Grundelementen (Tweaking), – Automatische Prüfung der Vollständigkeit von volumenorientierten Modellen.
	Grafische Ausgabe	– Darstellung verschiedener Ansichten und Teile eines Modells in unterschiedlichen Bildschirmausschnitten (Viewports), – Assoziativität zwischen den verschiedenen Ansichten desselben Modells, – Perspektivische Darstellungen, – Programmunterstützung bei der Erstellung von Explosionszeichnungen, – Automatische Ermittlung der Sichtkanten bei Modellen mit analytisch beschreibbaren und nicht beschreibbaren Flächen, – Automatische Ermittlung der verdeckten Kanten, – Ausblenden der verdeckten Kanten, – Darstellung der verdeckten Kanten mit unterschiedlichen Linienarten, – Automatische Ermittlung von Schattierung (bei einer unterschiedlichen Position einer Lichtquelle), – Darstellung von Parameterlinien bei Flächen, – Variable Anzahl von Parameterlinien bei Flächendarstellungen, – Projektion eines 3D-Modells auf die Bildschirmebene.
CAD-Anwendersoftware	Allgemeines	– Integration der Anwenderprogramme in das CAD-System, – Nutzung der gleichen Datenbasis wie die CAD-Geometrieprogramme.
	Geometrische Berechnungen	– Kurvenlängen, – Flächeninhalte, – Schwerpunktkoordinaten, – Volumina oder Gewichte, – Trägheitsmomente (axial, polar), – Polarer Trägheitsradius, – Massenträgheitsmoment.

CAD-Grundsoftware (Fortsetzung)	CAD-Anwendersoftware (Fortsetzung)	Bemaßung allgemein	– Einheiten (mm, inch) – Automatisierungsgrad (halbautomatisch/ automatisch), – Interaktive Bemaßung, – Normgerechtigkeit (DIN-Norm), – Verschiedene Zeichnungsmaßstäbe, – Assoziativität zwischen Bemaßung und Geometrie, – 3D-Bemaßung.
		Bemaßungselemente	– Maßlinien, – Maßpfeile (verschiedene Formen, Größen und Positionen), – Maßzahlen (Größe, Position in Bezug auf die Maßlinien, unterschiedliche Dezimalstellen), – Durchmessersymbole, – Mittellinien – Text – Oberflächenzeichen, – Toleranzangaben (Lage- und Formtoleranzen).
		Bemaßungsarten	– Abstandsbemaßung (horizontal oder vertikal), – Parallelbemaßung, – Differenzbemaßung, – Kettenbemaßung, – Winkelbemaßung, – Radienbemaßung, – Durchmesserbemaßung.
		Schraffur	– Einstellbarer Abstand der Schraffurlinien, – Einstellbarer Winkel der Schraffurlinien, – Automatische Berücksichtigung von Inseln, – Musterschraffur.
		Schematische Darstellungen	– Elementvorrat zur Symbolbeschreibung, – Definition von Verbindungsknoten, – Definition von Textknoten, – Assoziation zwischen Textknoten und Verbindungsknoten, – Plazierung der Symbole mit unterschiedlichen Skalierungsfaktoren und Rotationswinkeln, – Automatische Verknüpfung der Verbindungsknoten, – Zuordnung von Attributen zu den Verbindungslinien, – Änderung der Symboltexte mit dem Texteditor, – Änderung der Symbole, – Aufbau von Symbolbibliotheken, – Systematische Auswertung der Symboldaten, – Aufbau von Symbol-Hierarchien.

CAD-Grundsoftware (Fortsetzung)	CAD-Anwendersoftware (Fortsetzung)	Finite-Elemente-Berechnungen	Erzeugung der FE-Modelle	– Elementtypen 2D/3D (Stab, Balken, Platte, Schalen, Scheiben, Volumenelemente), – Belastungstypen (Kräfte, Moment, Wärmequellen, Druck), – Materialeigenschaften, – Randbedingungen, – Durchführung der Netzgenerierung (interaktiv, halbautomatisch, automatisch), – Fehlerkontrolle der erzeugten Netze, – Automatische Knoten- und Kantennummerierung, – Verfeinerung der Knotendichte, – Interaktive Änderung der Knoten und der Elemente, – Umwandlung der Modelldaten in ein Standarddatenformat, – Umwandlung der Modelldaten in Datenformate für spezielle FE-Berechnungsprogramme (NASTRAN, STRUDL, SAP, ASKA).
			FE-Berechnungen	– Integration des FE-Berechnungsprogramms in das CAD-System, – Berechnung von Verformungen, – Berechnung von Spannungsfeldern, – Berechnung von Temperaturfeldern.
			Darstellung der Berechnungsergebnisse	– Umwandlung der Berechnungsergebnisse in das Datenformat des CAD-Systems, – Darstellung der verformten Geometrie (mit einem Vergrößerungsfaktor), – Darstellung von Isospannungslinien, – Darstellung von Spannungsfeldern in verschiedenen Farben, – Darstellung von Isotemperaturlinien.
		NC-Programmierung		– Bearbeitungsverfahren (Punkt zu Punkt, Bohren), 2½ Achsen (Kontur-, Taschenfräsen, Bohrbearbeitung), 3 Achsen (Fräsen), 5 Achsen (Fräsen von beliebig gekrümmten Flächen), – Automatische Berechnung der Werkzeugwege, – Grafische Darstellung der Werkzeugwege, – Assoziation zwischen Werkzeugwegen und Geometrie, – Automatische Kennzeichnung der Geometrie-Elemente (Labeling), – Identifizierung der Geometrie-Elemente, – Änderung der Werkzeugwege, – Zuordnung von technologischen Daten zu den geometrischen Elementen, – Grafische Darstellung der Werkzeuge, – Definition von NC-Benutzermakros (für bestimmte Maschinen, Werkstoffe, Fertigungsprozesse), – Automatische Berechnung von technologischen Werten (Drehzahl, Vorschub), – Ausgabe der Steuerdaten im systemeigenen Format. CLDATA-Format, APT-Format, EXAPT Format und NC-maschinenspezifische Steuerlochstreifen, – Verfügbarkeit von Postprozessoren.
		Schachtelung von Blechteilen		– automatische Verschnittoptimierung, – interaktive Schachtelung der Blechteile.
		Abwicklung von Blechteilen		– Berücksichtigung der Blechstärke, – Abwicklungswinkel, – Abwicklungsradius, – Berücksichtigung der Festigkeitsgrenzen, – Automatische Bemaßung der abgewickelten Teile (innere und äußere Bemaßung, Bemaßung des Abwicklungswinkels).

CAD-Grundsoftware (Fortsetzung)	CAD-Anwendersoftware (Fortsetzung)	Stück-listen-erstellung	– Assoziativität mit den Geometrie-Daten, – Stücklistenart (strukturiert, unstrukturiert, Varianten-Stückliste), – Festlegung des Stücklistenformats.
		Bewegungs-simulation	– Berücksichtigung von Randbedingungen, – Interaktive Bewegungssimulation, – Dynamische Bewegungssimulation.
		Kollisions-prüfung	– Berechnung und Darstellung von Hüllkurven und -flächen, – Automatische Ermittlung und Darstellung von Kollisionsbereichen.
		Sons. An-wender-software	– Berechnungsprogramme (z.B. Festigkeitsberechnungen), – Toleranzanalysen, – Programmierung von Handhabungsgeräten.
		Bibliotheken mit Benutzerelementen	– Modellart der Benutzerelemente (2 D, 3 D-linienorientiert, 3 D-flächenorientiert, 3 D-volumenorientiert), – Konstante oder variable Benutzerelemente, – Symbolbibliotheken (z. B. elektrische, hydraulische, pneumatische Symbole), – Bibliotheken mit genormten Form- oder Funktionselementen (z. B. Sacklöcher, Einstiche, Schweißsymbole), – Bibliotheken mit den gebräuchlichsten Normteilen (z. B. Schrauben, Muttern, Stifte, Federringe, Paßfedern), – Bibliotheken mit Zukaufteilen (z. B. Lager, Kupplungen).
Grafische Programmiersprache			– Befehlsumfang, – Struktur, – Dokumentation, – Konstante und variable Daten, – Arithmetische Operationen, – Trigonometrische Funktionen, – Geometrische Grundelemente und Funktionen aus dem interaktiven CAD-System (2D- und 3D-orientiert), – Dialogfähigkeit, – Logische Operationen, – Schleifen, – Dienstprogramme (Editor, Fehlersuchprogramme), – Programmierterminal (normales oder CAD-Terminal), – Kopplung zu FORTRAN-Programmen.
Datenbanksystem			– Echtzeitdatenbanksystem, – Grafische und alphanumerische Informationen, – Maximale Anzahl der zu verarbeitenden Informationen, – Art der Datenbank (hierarchisch, tabellenorientiert, netzwerkorientiert), – Sprache zur Definition und Manipulation von Daten, – Zugriff auf Daten (identifizierend, klassifizierend, beschreibend mit Deskriptoren), – Grundfunktionen (Speichern, Lesen, Löschen, Ändern, Einfügen, Ersetzen, Schützen, Suchen), – Auswertung und Auflistung der grafischen Daten und der Attribute nach verschiedenen Kriterien.

Literatur

1. Krause, F.-L., Abramovici, M.: Möglichkeiten zum verstärkten Einsatz von CAD in kleineren und mittleren Maschinenbaubetrieben. ZwF 77 (1982) 5, S. 201–206.
2. Spur, G., Krause, F.-L.: Auswahl und Einführung von CAD-Systemen. Proc. of CAMP '83, VDE-Verlag, Berlin 1983, S. 1041–1057.
3. Krause, F.-L., Gross, G., Abramovici, M.: Planning the introduction of CAD-Systems in small and medium sized companies, Proc. of MICAD 82, Paris 1982, S. 36–51.
4. Gross, G.: Vorgehensweise bei der Einführung von CAD-Systemen. Seminarreihe IPK/RKW, Berlin 16.–17. 3. 82 und 29.–30. 9. 82.
5. Minolla, L.: Rationalisieren in der Arbeitsplanung – Schwerpunkt Organisation. Diss. TH Aachen 1975.
6. Fricke, F.: Beitrag zur Automatisierung der Arbeitsplanung unter besonderer Berücksichtigung der Fertigung von Drehwerkstücken. Diss. TU Berlin 1974.
7. VDI-Richtlinie 2210: Datenverarbeitung in der Konstruktion. Analyse des Konstruktionsprozesses im Hinblick auf den EDV-Einsatz. VDI-Verlag, Düsseldorf 1975.
8. Eversheim, W., Sander, R.: Verfahren für die Analyse von Benutzerproblemen. Kernforschungszentrum Karlsruhe GmbH, Karlsruhe. KfK-CAD 61, Dez. 1978.
9. Vassilakopoulos, V.: Hardwarekonfigurationen für CAD-Prozesse. Reihe Produktionstechnik Berlin, Bd. 5, Carl Hanser Verlag, München, Wien 1979.
10. Goldbecker, H.: Die betriebswirtschaftliche Bewertung von CAD-Systemen im Rahmen des Investitionsentscheidungsprozesses. Fortschr.-Ber. VDI-Z, Reihe 2, Nr. 38, 1979.
11. Eigner, M.: Fallbeispiele zur Einführung von CAD. VDI-Berichte, Nr. 413, VDI-Verlag, Düsseldorf, 1981, S. 127–136.
12. Westermann, A.: Grafische Datenverarbeitung im Konstruktionsbüro. IBM-Nachrichten, 30 (1980) 248, S. 61–67.
13. Chasen, S.: Formulation of System Cost-Effektiveness. The CAD/CAM Handbook. Computervision Corp., Bedford 1980, S. 261–272.
14. Wedekind, H.: Systemanalyse. Carl Hanser Verlag, München, Wien 1976.
15. Llewelyn, A.: CAD/CAM Education and Training. Proc of CAD 82-Konferenz Brighton, Mai 1982.
16. VDI-Richtlinie 2216: Datenverarbeitung in der Konstruktion. Vorgehen bei der Einführung der DV im Konstruktionsbereich. VDI-Verlag, Düsseldorf 1975.
17. Lang, G.: Erfahrungen mit der rechnerunterstützten Erstellung von Schemazeichnungen im Anlagenbau. VDI-Berichte 413, VDI-Verlag, Düsseldorf 1981, S. 93–100.
18. Krause, F.-L.: Auswirkungen von CAE auf die Anforderungen in der Aus- und Weiterbildung. VDI-Berichte 417, VDI-Verlag, Düsseldorf, 1981, S. 85–92.
19. Abramovici, M., Gross, G.: Schulungsmaßnahmen bei der Einführung von CAD. Proc. of CAMP '83, VDE-Verlag GmbH, Berlin 1983, S. 903–919.
20. Neipp, G.: Methodisches Vorgehen zur Auswahl und zum Einsatz von CAD-Systemen. VDI-Berichte 413, VDI-Verlag, Düsseldorf 1981, S. 19–31.
21. Spur, G., Krause, F.-L., Abramovici, M.: Eigenschaftskatalog zur technischen Analyse von CAD-Systemen. ZwF 78 (1983) 5, S. 221–230.

Sachregister

Abarbeitung
 –, gleichzeitige 61
 –, rechtzeitige 61
Abbildung, topologische 171
Ablauforganisation 451
Abstraktionsgrad 271
Abstraktionsmodell 270
Abtastmaschine 110
 –, dreidimensionale 110
 –, zweidimensionale 110
AD 2000 331
AD/380 311
Adaptabilität 52
Adresse 38
Adressierungsarten 49
 –, direkte 49
 –, indirekte 49
 –, indizierte 49
 –, relative 49
 –, unmittelbare 49
 –, virtuelle 49
Adreßraum, logischer 49
Adreßregister 48
Advanced Production System (APS) 77
Ändern 296
Änderungen 296
 –, interaktive 296
 –, topologieerhaltende 296
 –, topologieändernde 296
Äquivalenz 46
Algebra
 –, BOOLEsche 45
 –, logische 45
 –, Schalt- 45
Algorithmierbarkeit 16
Algorithmus 36, 474
 –, BOOLEscher 46
 –, ortssequentieller 46
 – von GRIFFITH 247
 – von LOUTREL 246
 – von ROBERTS 245
 – von WARNOCK 246
 –, zeitsequentieller 46
 –, zeitortssequentieller 47
Alphabet 36
Analysephase 55
Anforderung 28
 –, allgemeine 620
 – an CAD-Systeme 620
 – an den Hersteller 620
 – an die Hardware 621
 – an die Software 621
 –, ergonomische 621
 –, wirtschaftliche 621
Anpassungsplanung 458
Antivalenz 46
Anweisung 37

 –, Quell- 60
 –, Ziel- 60
Anwendbarkeit 52
Anwenderprogrammierer 34, 633
Anwendersoftware 40, 59, 63
Approximation einer Fläche 187
 – mit B-Splines 187, 193
 – nach BEZIER 187, 192
 – nach FERGUSON 187, 189
Approximation einer Kurve 187
 – mit B-Splines 187, 193
 – nach BEZIER 187
 – nach FERGUSON 187, 189
APT (Automatically Programmed Tools) 22, 23, 548
APT-Familie 466
APT-SS 550
Arbeitsplan 443
 –, auftragsbezogener 443
 –, auftragsneutraler 443
 –, Basis- 443
 –, Standard- 445, 449, 457
Arbeitsplaner 27, 28
Arbeitsplanerstellung 444
Arbeitsplanung 12, 16
 –, Gliederungsmöglichkeiten
 –,–, funktionelle 453
 –,–, herstellungsbezogene 454
 – –, objektbezogene 454
 –, Organisation 450
 – –, Ablauf 451
 – –, Aufbau 451
Arbeitsplanungsaspekte, technologische 447
Arbeitsplanungsarten 448
Arbeitsplanungsfunktionen 3, 48
Arbeitsplanungsphase 14
Arbeitsplanungsprozeß 442
Arbeitsplanungssystem
 –, rechnerunterstütztes 443
 – – ARPL 519
 – – AUTAP 312, 516
 – – AUTODAK 519
 – – CAPEX 521
 – – CAPP 522
 – – CAPSY 523
 – – DISAP 529
 – – DREKAL 531
 – – Kaltfließpressen 535
Arbeitsplanungstätigkeiten 444
Arbeitsplanverwaltung 448, 456, 457
Arbeitsspeicher 48
Arbeitsstruktur 524
Arbeitsvorgang
 –, Beschreibung 459
 –, Daten 445
Arbeitsvorgangsfolge 445
 –, Bestimmung 488

Arbeitsweise
-, interaktive 142
-, passive 142
Architektur eines Rechnersystems 63
Arrays, Aufbauarten 65
ASP (Associative Structure Package) 130
Assembler 61
Assemblierer 60
AUERZAHN 25
Auflösungsvermögen 100
Auftrag (Job) 61
Auftragsabwicklung 430
Ausblenden verdeckter Flächen 243
Ausblenden verdeckter Kanten 162, 243
Ausgabeinformation 265
Ausgabewerk (Ausgabeprozessor) 49
Auslegungsprogramme 282
Auslegungsrechnung 282
Auslegungssystem BOLT 3 282
Aussage 45
Auswahl der CAD-Systeme 622
Auswahlfunktion 156
Auswahlkriterien
-, 2D-Abtastmaschinen 110
-, Fotoaufzeichnungsgeräte 113
-, Hardwarekomponenten 82
-, Rechner 82
-, CAD-Systeme 623
Auswahl von Fertigungsmitteln 491
Auswahl von Fertigungshilfsmitteln 491
Auswahl von Getrieben 382
Auswahl von Maschinenelementen 382
Auswähler 155
AUTAP 24, 312, 516
AUTO BOARD 414
Automat 46
Automatisierung 26
Automatisierungsgrad 619
Automatisierungsstufe 619
Automobilbau 392
   -, dreidimensionale Objekte 392
   -, Karosserienentwicklung 392
   -, dreidimensionale Bauteilbeschreibung 398
   -, Entwurf elektrischer Kabelpläne 400
   -, zweidimensionale Objekte 392
AUTOPLACE 421
AUTOPROGRAMMER 565
AUTOTECH 25
AUTOTECH-SYMAP 594
AUTOTECH-SKET 25
Axonometrie
   -, Dimetrie 242
   -, Isometrie 241
   -, orthogonale 241

BASIC-EXAPT 551
Basisvolumenelemente 223
Baumstruktur 115, 146
Baustein GEOMETRIE 24
Bauteilbeschreibung 229, 233, 234
Bauteilrepräsentation 233
Bauwesen 421
   -, Architekturobjekte 421

-, Auftragsabwicklung 430
- Installationstechnik 426
- -, elektrische 426
- -, sanitäre 426
Bayerbaum 115
BCD-Code 37
Bearbeitung
   -, automatische 16
   -, dialogorientierte 16
   -, Fein- 499
   -, Schrupp- 499
Bearbeitungsablauf 463
Bearbeitungsabschnitte 463
Bearbeitungskinematik, Ermittlung 499
Befehl 38
   -, Ausgabe 38
   -, Eingabe 38
   -, Einadreß 64
   -, Zweiadreß 64
Befehlsregister 47
Befehlsverarbeitung
   -, asynchrone 48
   -, synchrone 48
Befehlswort 38
Befehlszähler 47
Bemaßung 94, 286
   -, automatische 94
   -, teilautomatische 94
Benchmark-Test 624, 625
Benutzerelement 233
Benutzerfreundlichkeit 22, 28, 52, 91
Berechnungsmethode 25
Berechnungsprogramm 278
Berechnungsverfahren 271
Betrieb
   -, interaktiver 505
   -, Echtzeit 34, 62
   -, Einzelbenutzer 505
   -, Mehrbenutzer 505
Betriebsmittelverbund 45
Betriebssicherheit 635
Betriebssoftware 40, 59
Betriebssprache 60
Betriebssystem 59, 91
Bewegungsparallaxe 243
Bewerten 259
Bewertungsverfahren 291
   -, eindimensionale 629
   -, Kosten-Nutzen-Analyse 624
   -, mehrdimensionale 629
   -, Nutzwertanalyse 292, 622, 624
   -, System RELKO 291
BEZIER 187
   -, Flächendarstellung 198
   -, Kurvendefinition 192
Bild 146
Bildanalyse 145
Bilddatei 145
Bilddatenstruktur 146
Bildgenerierung 145, 149
Bildgenerierungskommandos 149
Bildprozessor 148
Bildverarbeitung 145
Bildwiederholungsdatei 147

Bildwiederholungsspeicher 105
Binärbaum 115
 -, blattorientierter 115
 -, knotenorientierter 115
Binärcode 36
Binder 61
Bit 36
bit 36
 -, parallele Datenübertragung 67
 -, serielle Datenübertragung 67
Blätter 115
BOLT3 282
BUS-Struktur 70
Byte 36

Cache-Speicher 49
CAD-Anforderungen 620
CAD 16, 74
CAD-Anwendersoftware
 -, anwendungsneutrale 92, 93
 -, Generierungsprinzip 75
 -, problemabhängige 93
 -, problemunabhängige 93
 -, produktorientierte 92
 -, schlüsselfertige 75
CAD-Arbeitsplatz 26, 27
 -, autonomer 85
CAD-Aufbau, integrierter 358
CAD-Ausgabegeräte 75
CAD-Datenbanksystem 137
 - TORNADO 139, 140
 - PHIDAS 137
CAD-Hardware 20
CAD-Hardwaresystem 78, 91
CAD-Koordinator 633
CAD-Prozeß 17
CAD-Rechnerverbund 90
CAD-Software 16, 20, 21
CAD-Softwarearchitektur 20
CAD-Softwaresystem 78, 80
CAD-Stundensatz 630
CAD-System 16, 20, 21, 24, 26, 80
 -, Aufbau, integrierter 358
 -, Betriebsart 631
 -, Eigenschaften 643
 -, Ein-Benutzer 86
 -, Einführung 610
 -, Entwickler 16
 -, hardwareflexible 81
 -, Hardwarekonfiguration 82
 -, interaktive 78
 - - Integration 76
 - Komponenten, benutzerspezifische 95
 -, Kopplung 76
 -, kommunizierende 77
 -, Leistungsspektrum
 -, Leistungsvermögen 91
 -, Mehr-Benutzer 90
 -, rechnerflexibel 75
 -, schlüsselfertige 74, 81, 88
 -, softwareflexibel 81
 -, VLSI 420
 -, Zwei-Benutzer 86, 88
CAD-Technik 19, 22

CAD-Technologie 18
CAD/CAM Integrated Information Network (CIIN) 90
CAD/CAM Systeme 24
CADAM 407
CADDS 3 327
CADIS 342
CALAY V03 420
CATIA 353
Charge Coupled Device 51
CD/2000 311
CDM 300 331
CLDATA (Cutter Location Data) 22, 466
Clipping 151
Cluster 133
CODASYL 125
Code 36
 -, ASCII 37
 -, BCD 37
 -, n-Bit 36
CODEM 320
COMPAC 23, 335
COMPACT II 556
COM-Systeme (Computer Output on Microfilm) 111
Compiler 60
Computer 38
Computer Aided Design 16, 22, 23
Computer Aided Geometric Design 20
Computer Aided Geometric Modelling 20
Computer Aided Manufacturing 24
Computer Aids to Design 23
Computer Vision 34
COMVAR 23, 304
COONS 187
 -, Flächendarstellung nach 196
DAC-1 (Design Augmented by Computers) 23
Darstellung
 -, Festkomma 37
 -, grafische 22, 164, 237, 285
 -, flächenhafte 145, 163
 -, Kurven-
 - -, linienorientiert 145
 - -, mit B-Splines 199
 - -, nach COONS 196
 - -, nach FERGUSON 196
 -, rechnerinterne 17, 80, 119, 120
 -, schattierte 163
 -, Spline-Funktionen 190
Datei 115, 480
Dateiensystem 483
Daten 33, 36
 -, alphanumerische 80
 -, analoge 39
 -, digitale 33, 39
 -, geometrische 80
 -, grafische 80
Datenausgabe 16
Datenbank 18, 25, 115, 118
 - administrator 119, 139
 -, unabhängige 134
 -, vollständige 134
 -, widerspruchsfreie 134
Datenbankoperation, mengenorientierte 127

Sachregister

Datenbanksystem 18, 27, 118, 132
—, verteiltes 135
Datenbasis 120, 132, 135
—, administrative 132
—, programmorientierte 133
—, produktorientierte 132
—, technologieorientierte 132
Datenbestand 115
Datendefinitionssprache 118, 137
—, logische 118
—, physische 118
Dateneingabe 16
—, geometrische 80
—, grafische 80
Datenerfassung 481
Datenfernverarbeitung, allgemeine 44
Datenfluß 18
Datengenerierung 25
Datenmanagementssystem 25
Datenmanipulationssprache 118, 125, 138
Datenmodell 125, 128, 134
— nach CODASYL 125
— nach CODD 127
—, netzwerkartiges 126
—, relationales 127
Datenorganisation 115, 128
Datensatz 115
Datenschutz 635
Datensicherung 635
Datenstruktur 115, 146
—, Abbildung einer 147
—, baumartige 115
Datenträger 50, 51
Datentyp, grafischer 152
Datentypist 35
Datenträger mit vorgedruckten Strichmarkierungen 51
Datenübertragung
—, bitparallele 67
—, bitserielle 67
—, on-line 44
—, synchrone serielle 67
Datenunabhängigkeit 134
Datenverarbeitung 33, 35
—, automatische 33, 35
—, elektronische 33
—, grafische 19, 24, 25, 27, 34, 142, 152
—, interaktive 142
—, kommerzielle 33, 35
—, passive 142
—, maschinelle 33, 35
Datenverarbeitungsanlage 38
— Einsatz 442
—, elektronische 33
Datenverarbeitungsnetzwerk
—, lokales 66
Datenverarbeitungssystem 38
—, dezentral 44
—, grafisch 148
—, zentral 44
Datenverbund 45
Datex L 69
Dehnlinientechnik 158
DDM 323

DETAIL 2 24, 310
Detaillierungsgrad 447
Detaillierungsphase 14
Detailplanungsaufgaben in der Arbeitsplanung 475
Determinante 182
Dezimalsystem 37
Dialog 15, 18, 22, 34
—, alphanumerischer 16
—, grafischer 16, 165
Dialogeingabe 472
Dialogverarbeitung 33, 62, 471
Dienstprogramm 60
Digitalisierer 109
Digitalisierung 145
Disjunktion 46
DRAW 149
Drehfläche 182
Dualsystem 37
DUCT 557
Duplex-Betrieb 68
—, Halb 68
—, Voll 68

EASYPROG 564
Ebene
—, Achsenabschnittsgleichung 180
—, HESSE-sche Normalform 180
—, Parameterdarstellung 179
—, Projektions- 239
Editor 61
Eigenschaften von Softwaresystemen 52, 53
Ein-/Ausgabeanweisung 37
Ein-/Ausgabeeinheit, periphere 51
Ein-/Ausgabekanal 50
Ein-/Ausgabewerk 50
Einführungsstrategie 618
Einführungszeitpunkt 619
Eingabe
—, elementare 155
—, logische 155
Eingabefunktion 155
Eingabegerät 109
Eingabeinformation 265
Eingabemechanismen 155
Eingabetablett 109
Einprogrammbetrieb 61
Elektrotechnik 415
—, Herstellung gedruckter Schaltungen 418
—, Konstruktion 416
—, Leiterplattenlayout 419
—, Schaltungstopologie 416
—, VLSI 420
Element 36, 126
—, technisches 310
Element-Anwendung 309
Elementekatalog 486
Ellipse 177
—, Mittelpunktgleichung 177
—, Parameterdarstellung 177
Ellipsoid 181
Entscheidungsachsen 476
Entscheidungsbedingungen 476
Entscheidungstabellen 476

Entscheidungsverarbeitung 480
Entwickeln 13
Entwurfsphase 14, 56
Entwurfssprache 94
Ereignis 155
Erfassungsformular 483
Ersatzmodelle 169, 270
Erweiterbarkeit 52
   – von CAD-Systemen 20, 92
Erweiterungsmaßnahmen 637
ETHERNET 70
EUCLID 350
EUKLID 559
EULER
   –, Satz von 219
   – – –'sche Winkel 213
EURONET 70
EXAPT 551
EXAPT 1.1 552
EXAPT 1 23
EXAPT 2 23
EXAPT-System 23
Expertensystem 77, 78
Expliziter Parallelismus 65

Farbdarstellungen, flächenhafte 145
Fehlertoleranz 166
Feinanalyse 617
Feld 115, 129
Fenster 151
FERGUSON 187
   –, Flächendarstellung 196
   –, Kurvendarstellung 189
Fertigungablauf
   –, Simulation 471
Fertigungshilfsmittel 446, 491
Fertigungsmittel 445, 491
Fertigungsprogramm 461, 466
Festkommadarstellung 37
FIFO 129
Finite-Elemente-Kraftmethode 275
Finite-Elemente-Verschiebungsmethode 275
Finite-Elemente-Methode 273, 275
   –, Berechnung nach 273
   –, physikalisches Verhalten 273
   –, physikalische Idealisierung 275
   –, ebene Dreieckselemente 275
FMILL-APTLFT 550
FMILL-ISWAX 551
Flächenausgabe 160
Flächendarstellung 163
   – mit B-Splines 199
   – nach BEZIER 198
   – nach COONS 196
   – nach FERGUSON 196
Flächenschattierung 243
Flexibilität von CAD-Systemen 21
Flipflop 47
Flugzeugbau
   –, CAD-Systeme zur Flugkörpergestaltung 403
   –, Entwicklungsprozeß der Flugkörpergestaltung 404
Forschen 13

FORTRAN 22
Fotoaufzeichnungsgerät 111
Front-End-Prozessor 82
Funktion
   –, grafische 154
   –, Pierce- 46
   –, Sheffer- 46
   –, Schalt- 45
Funktionsfindungsphase 14
Funktionsklasse 154
Funktionstastatur 110
Funktionstastaturgerät 110

GAIN 571
Gastgebersprache 152
Genauigkeit 99
   –, Wiederhol- 100
Generierungskonstruktion 320
Generierungsprinzip 285
Generierungsverfahren 320
Generierungs-System CODEM 320
   – System RADIAN 323
   – System T2000 324
GEOLAN 24
GEOMAP 25
Geometrie
   –, algebraische 171
   –, analytische 19, 171
   –, darstellende 19, 171
   –, der Zahlen 171
   –, Differential- 171
   –, Mengen- 171
   –, projektive 19, 171
   –, rechnerunterstützte darstellende 20
Geometrieverarbeitendes System 298
Geometrieverarbeitung 23, 24, 299
   –, dreidimensionale 327
   –, zweidimensionale 298
Gerade in der Ebene 174
   –, Achsenabschnittsform 174
   –, HESSEsche Normalform 175
   –, kartesische Normalform 174
   –, Punktrichtungsform 174
   –, Zweipunkteform 174
Gerade im Raum 175, 202
   –, Punktrichtungsgleichung 175
   –, Zweipunktegleichung 175
Geräteunabhängigkeit 52
Gestaltungsphase 14
GKS (Grafisches Kernsystem) 18, 154
Gleitkommadarstellung 37
Gleitkommazahl 37
Grafiksystem
   –, autonomes 148
   –, nichtautonomes 148
Grafisches Kernsystem (GKS) 22, 24, 154
Grautondarstellungen, flächenhafte 145
GRIFFITH, Algorithmus von 247
Grobanalyse 617
Grundvolumenelemente 229, 288

Handhabungsgeräte, programmierbare 579
Handskizzeneingabe 158, 231
Hardcopy-Gerät 102

Hardware 33, 38, 621
- Anforderungen 621
hardwareflexibel 81
Hardwaretechniker 35
Hauptprogramme 57
Hauptspeicherverwaltung, virtuelle 84
Hauptzeit 503
Herstellung, integrierte 14
Hilfselemente 286
Hilfsmittel für den Konstruktionsbereich 615
HI-Programm III 559
Homogenität 52
HYKON I 389
Hyperbel 178, 202

ICES (Integrated Civil Engineering System) 22, 25
Identifizierer 155
Identifizierungsfunktion 155
Identität 46
IGES (Initial Graphics Exchange Specification) 22, 25
Implementierungsphase 58
Implikation 46
INDEX H 200 566
INDEX H 400 566
Industrieroboter 579
Informatik 33
- , angewandte 34
- , technische 33, 36
- , theoretische 34, 36
Information 35
Informationsaufbereitung 265, 512
Informationsbereitstellung 290
Informationserfassung 265
Informationsfluß 13, 612
Informationsmodell 120, 122
Informationsrückgewinnung 20, 265
Informationssystem
- Anforderung 266
- , rechnerunterstützte 267
- , Typen 267
- , System INDOK 268
- , System STAIRS 268
- , Werkstoffdatei 268
Informationstechnik 19, 35
Informationsumsatz 265
Informationsumsetzung, rechnerunterstützte 16
Informationsverarbeitung 33
- , integrierte 459
- , rechnerunterstützte 19
Insellösung 76
Installationstechnik 426
Integrationsfähigkeit 52
Interaktion 142
interaktiv 142
Interpolation einer Fläche 187
- mit kubischen Splines 187
- nach HERMITE 187
- nach LAGRANGE 187
Interpolation einer Kurve 187
- durch ein Polynom 187
- mit B-Splines 195
- mit kubischen Splines 187, 190

- nach HERMITE 187, 190
- nach LAGRANGE 187
Interpreter 60
Interviewtechnik 614
Investitionsbewertung 629
ISO-Architekturmodell 68
Isometrie 241
Istzustand 612
- , Analyse 612, 615

Karosserieentwicklung 392
Karteiblätter 481
Kavalierperspektive 241
Kegel 181, 182
Klarschriftbelege 51
Klassen, grafischer Daten 145
Kleinrechner 43
Knotenkräfte 277
Kommandoliste 156
Kommandomenü 156
Kommandosprache, problemorientierte 164
Kommunikation 164
- , Arbeitsperson und Datenverarbeitungsanlage 22
- im Dialogbetrieb 64
- im Stapelbetrieb, grafische 164
- , Maschine-Maschine 62
- , Mensch-Maschine 27, 34, 62, 78
Kommunikationsarten 164
Kommunikationsfähigkeit 52
Kommunikationsmöglichkeiten 165, 472
Kommunikationsregister 65
Kommunikationsschnittstelle 164
- , grafische 142
Kommunikationssystem 67, 84
Kommunikationsverbund 45
Kompabilität 20, 52
Komplexarbeitsplan 75
Komplexteil 75
Konjunktion 45
Konsistenz 53
Konstante 45
Konstruieren 11, 12, 13, 16, 26
- , methodisches 14
- , rechnerunterstütztes 16
Konstrukteur 16, 26, 27, 28
Konstruktion
- von Hydrauliksteuerblöcken 388
- von Schweißvorrichtungen 391
- von Tiefziehteilen 385
Konstruktionsablauf 254
Konstruktionsarten 13, 259
Konstruktionslogik 17, 18
Konstruktionsmethodik 14
Konstruktionsorganisation 261
- , Aufbau 262
- , Ablauf 262
Konstruktionsphasen 14
- , Berechnen 257
- , Bewerten 259
- , Informieren 256
- , Zeichnen 258
Konstruktionsplanungsmittel 261
Konstruktionsprozeß 12, 14, 254

660 Sachregister

Konstruktionstätigkeiten 256
 -, direkte 256
 -, indirekte 256
Konstruktionssprache 94
Konstruktionssystematik 14
Konstruktionsverfahren 11, 26, 28
 -, Anpassungs- 259, 260
 -, Neu- 259
 -, Prinzip- 260, 298
 -, Varianten- 259, 260
konstruktives Denken 13
Kontrolle
 -, dezentrale 136
 -, zentralisierte 136
Kontrollierbarkeit 166
Kontrollrechnungen 258, 270
Konzipierungsphase 14
Koordinaten
 -, homogene 161, 214
 -, kartesische 171
 -, Polar- 172
Koordinatensystem 171
 -, Bewegung 208
 -, rechtwinkliges 171
Kopplung von CAD-Arbeitsplätzen 85
Kopplung von CAD-Systemen 76
 - Variantensystem/FEM 365
 - Volumensystem/FEM 368
 - Volumensystem/Wellenberechnung 367
Kopplung von Konstruktions- und Arbeitsplanungssystemen 371
Kopplungsmöglichkeiten von Arbeitsplanungssystemen 597
Korrektheit 53
Kosten
 -, Anlage- 627
 - Erfassung 626
 - Ermittlung 627, 629
 -, Hilfsmittel- 628
 - Nutzen-Analyse 624
 -, Personalbeschaffungs- 628
 -, Software- 627
 -, System- 630
 -, Wartungs- 628
Kostenkalkulation 629
Kostenvergleichsrechnung 629
Kreis in der Ebene 176
 -, algebraische Form 176
 -, Mittelpunktgleichung 176
 -, Parameterdarstellung 176
KRUPP-ASCO 571
Kugel 180, 182
Kurve
 -, analytisch nicht beschreibbare 184
 -, Approximation 187
 -, glatte 189
 -, Interpolation 187
 -, Parameterdarstellung einer Raum 188

Lader 61
Lastverbund 45
Laufsicherheit 93
Lebensdauer 27
LEICOPROG 569

Leistungsfähigkeit 28
Leitungsvermögen 20
Leistungsvermittlung 66
Leitwerk 41, 47
Lesbarkeit 53
Lichtgriffel 109
LIFO 129
Linearkombination 174
Linienausgabe 160
Liste 129
 -, doppelt verkettete 130
 -, leere 129
 -, Ring- 129
Lochkarte 50
Lochstreifen 51
Lösungsfindung, Methoden 473
Losgröße 448
LOUTREL, Algorithmus von 246

Magnetband 50, 51
Magnetbandkassete 51
Magnetkarte 51
Magnetplatte 51
Magnetschriftbeleg 51
Magnettrommel 51
Makro 233, 637
Makro-Sprachen 553, 637
Manipulationen
 -, grafische 94
 -, topologische 296
Mantisse 37
Mapping 49
Markierungsbelege, handschriftliche 51
Marktanalyse, CAD-Systeme 617
Maschinenauswahl 445
Maschinenbau 377
 - Auswahl von Maschinenelementen 382
 - Getriebeauswahl 385
 - Konstruktion von Tiefziehteilen 385
 - Konstruktion von Hydraulik-Steuerblöcken 388
 - Konstruktion von Schweißvorrichtungen 391
 - Variantenkonstruktion von Kurvenscheiben 378
Maschinenprogramm 60
Maschinensprache 60
Master-Instance-Verfahren 234
Materialgesetz 275
Materialplanung 444
MAUS 594
MEDUSA 352
Member 125
Methode
 - der Finiten Elemente 275
 -, flächenorientierte 122
 -, volumenorientierte 122
Methodenplanung 444
Mikrofiche 50
mikroprogrammierbar 43
Mikroprogrammspeicher 48
Militärperspektive 241
MITURN 560
Modell 115

- algorithmen 121, 122
-, Datei 125
-, flächenorientiertes 217, 221
-, geometrisches 215
-, Informations- 120, 133
-, kantenorientiertes 216
-, mentales 119
-, Netzwerk- 125
-, rechnerinternes 81, 120
-, Speicher- 131
-, Speicherungs- 125
-, volumenorientiertes 218
Modellieren, geometrisches 215
Modellierer, geometrischer 215
Modifikationsfähigkeit 53
Modul 57
Modularisierung 92, 93
Modularisierungsziel 57
Modultyp 57
Montagearbeitsplan 535
Montagearbeitsplanerstellung 538
Montageplanungssystem 537
Multimomentaufnahme 614
Multiplexer 82
Multiplexerkanal 50
Multiprozessorsystem 65
Mustererkennung 158, 232

Nachrechnung 258, 270
Nachrechnungsprogramme 271
- REMOP 272
Nachrichten 36
Nachrichtenvermittlung 66
Nachziehtechnik 157
NCMES 595
NC-Mehrmaschinenprogrammierung 469
-, alternative 470
-, direkte 470
NC-Meßmaschinen 593
NC-Programmierung 448, 460, 467
-, manuelle 462, 594, 579
-, maschinelle 463
NC-Programmiersystem
-, Brennschneiden 564
-, Kleinrechner 564
-, Mehrmaschinenbearbeitung 573
-, teilautomatisches 594
NC-Programmiersystem Meßmaschinen 593
- AUTOTECH-SYMAP 594
- MAUS 594
- NCMES 595
NC-Programmiersystem Schachteln 563
- GAIN 571
- KRUPP-ASCO 571
- NESTEX 573
- PHILIKON 572
NC-Programmiersystem Trennen 553
- APT 548
- APT-SS 550
- AUTAP-NC 312
- AUTOPROGRAMMER 565
- BASIC-EXAPT 551
- COMPACT II 556
- DUCT 557

- EASYPROG 564
- EUKLID 559
- EXAPT 551
- EXAPT 1.1 552
- EXAPT 1 23
- EXAPT 2 23
- FMILL-APTLFT 550
- FMILL-ISWAX 551
- HI-Programm III 559
- INDEX H 200 566
- INDEX H 400 566
- MITURN 560
- OLIVETTI-GTL 566
- OKISURF 562
- POLYSURF 563
- SEMAPT-TEKAPT 555
- TELEAPT 554
NC-Programmiersystem Umformen 568
- Drücken 569
- LEICOPROG 569
- ROBEND 568
- Universität Bochum 570
Nebenzeit 503
Negation 45
NESTEX 573
Netz
-, Daten- 69
-, Direktfunk- 69
-, Fernmelde- 69
-, geschlossenes 66
-, hierarchisches 66
-, Rechnerverbund-, offenes 66
-, ringförmiges 66
-, sternförmiges 66
-, vermaschtes 66
Netzgeneratoren 278
Netzgenerierung 278
- Methode nach CAVENDISH 279
Netzwerkmodell 126
Netzwerktopologie 66
Neuplanung 459
NEWELL, Verfahren von 248
Nutzwertanalyse 622

Objekte
-, analytisch beschreibbare 171
-, analytisch nicht beschreibbare 171, 184
-, geometrische 170
Objektprogramm 61
OKISURF 562
OLIVETTI-GTL 566
Operateur 35
Operation 36
-, mengentheoretische 223
Operationsprinzip 63
Operationsregister 47
Operationsteil 38
Operator 35
Optimierungsmethoden 282
-, lineare 282
-, nichtlineare 282
Optimierungsrechnungen 258, 282
Organisationsaufbau 262
Organisation der Arbeitsplanung 450

Sachregister

Organisationsformen 26
Organisationsprogramm 60
Owner 125

Paketvermittlung 66, 69
Parabel 178, 202
Parallelepiped 183
Parallelismus 65
 –, expliziter 65
 –, impliziter 65
Parallelitätsgrad 65
Parallelogramm 178
Parallelprojektion 239
 –, orthogonale 239
 –, schiefe 239
Peripherie 50
Peripheriegerät 78
Personalplanung 633
Perspektive
 –, dynamische 242
 –, Kavalier- 241
 –, Militär- 237, 241
Phasenlogik 17, 255
PHIDAS 137
PHILIKON 572
Pipeline-Prinzip 65
Planungsarbeiten 610
Planungsphasen 610
Play-Back Verfahren 580
Polyeder 183
Polygon 178
Polyprozessorsystem 65
POLYSURF 563
Portabilität 53
Positionierer 155
Positionierfunktion 155
Positionierungssymbol 155
Postprozessor 465
Prägnanz 53
Prinziperarbeitungsphase 14
Prinzipkonstruktion 298
 –, Anwenderbereiche 302
 –, Beispiel 300
 –, Methoden 299
Prisma 183
Problemangemessenheit 166
Problemdatenstruktur 146
Produktivitätsfaktoren 626
Produktivitätssteigerung 626
Programm 36, 57
 –, Bibliotheksverwaltungs- 60
 –, Dienst- 60
 –, Maschinen- 60
 –, Organisations- 60
 –, Quell- 60
 –, Steuer- 60
 –, Ziel- 60
Programmablaufskizze 462
Programmierphase 56
Programmiersprache 36, 94
 –, grafische 152
 –, höhere 61
 –, maschinenorientierte 60
 –, problemorientierte 60

Programmiersystem 461
Programmierung
 –, direkte 470
 –, Ort 580
 –, Play-Back-Verfahren 581
 –, Teach-in-Verfahren 580
Programmkette 76
Programmreihe 76
Projektion 161, 237
 –, orthogonale 239
 –, Parallel- 239
 –, planare geometrische 162
 –, schiefe parallele 239
 –, Strahl- 162
 –, Zentral- 162, 238
 –, Zweitafel- 240
PROREN 2 391
Protokoll 68
Prozedur, rekursive 57
Prozessor
 –, Darstellungs- 231
 –, Handskizzen- 231
 –, Mikro- 43
 –, Multi-, inhomogen 65
 –, Multi-, homogen 65
 –, Rekonstruktions- 231
Prozessorarray 65
Prozessorsystem, verteiltes 66
Prozeß 61
Prozeß, interaktiver 142
Prozeßdatenverarbeitung 34
Prozeßrechner, digitaler 42
Prüfplanung 540
Prüfplanungssysteme
 – CAPSY 544
 – PREPLA 541
PS 300 107
Puffer 48
Punktausgabe 160
Punktmengen geschnittener Flächen 20

Qualität 52
Qualitätssicherung 541
Quellanweisung 60
Quellprogramm 60, 61
Quellsprache 60

RADIAN 323
RAFAELE 401
Randabschaltung 151
Randbedingung, firmenspezifische 616
Rasterpunkt 160
Rastertechnik 160
Rastertechnologie 145
Raumplanung 632
Rechenanlage 38
Rechenwerk 41, 48
Rechner 38
 –, Ein-Akkumulator- 61
 –, Einadreß- 64
 –, Groß- 43
 –, Klein- 43
 –, Mikro- 43
 –, Mini- 43

Rechnerhierarchie 84
rechnerinterne Darstellung 17, 80, 120
rechnerinternes Modell 81, 120
Rechnersystem
 –, Einkomponenten- 20, 93
 –, Einzel- 83
 –, Zweikomponenten- 20
rechnerunterstützte Arbeitsplanung 442
rechnerunterstützte Konstruktionsprozesse 377
Rechnerverbundnetz 65
Rechnerverbundsystem 44
Rechteck 179
Record 125
Regelfläche 182
Register 47
 –, Einzweck- 47
 –, Index- 48
 –, Mehrzweck- 47
 –, Status- 48
Rekonstruktionsprozeß 231
Rekursivität 57
Relation 126
Relationenmodell 127
Reproduktionsfähigkeit 53
Rhombus 179
Ringliste 129
Ringstruktur 130
ROBEND 568
ROBERTS, Algorithmus von 245
Roboterbewegungen, Simulation
 – COMPAC 589
 – PLACE 590
 – ROBOGRAPHIX 593
 – UNIVERSITÄT TOKIO 590
Roboterprogrammiersystem
 – AL 582
 – AUTOPASS 588
 – COMPAC 589
 – HELP 586
 – INDA/RTL/2 588
 – LAMA 588
 – MAL/DIL 586
 – MDL 589
 – MICROPLANNER/LISP/DONAU 587
 – ML 587
 – PAL 587
 – PLACE 590
 – PRIMA/LAMA-S 589
 – RAPT 585
 – ROBEX 583
 – RPL 585
 – SIGLA 584
 – UNIVERSITÄT TOKIO 590
 – VAL 584
 – WAVE 585
Roboterprogrammierung 579
Rollkugel 109, 110
ROMULUS 339
Rotation 161
Rüstzeit 503

Satzschlüssel 115
Schaltkette

–, asynchrone 47
–, synchrone 47
Schaltnetz 47
Schaltplanerstellung 24
Schaltung, digitale 45
Schema, externes 125, 137
Schemabeschreibung 118
Schemakonstruktion 314
Schema
 – konzept 138
 –, konzeptionelles 137
Scherung 208
Schicht
 –, Anpassungs- 69
 –, Anwendungs- 69
 –, Leitungs- 69
 –, Netzwerk- 69
 –, physikalische 69
 –, Verbindungs- 69
Schichtung in Abstraktionsebene 58
Schiffbau 409
 –, Detaillierung 414
 –, Entwurf 412
 –, Fertigung 414
 –, Vorentwurf 411
Schnitt
 – einer Geraden mit einer Ebene 199
 – einer Geraden mit einer Zylinderfläche 203
 – einer Kreiskegelfläche mit einer Ebene 202
 – eines Kreises mit einer Geraden 201
Schnittaufteilung 500, 501
 –, absatzgebunden 500
 –, absatzorientiert 501
 –, gleichmäßige Schnittiefe 501
 –, maximale Schnittiefe, 501
 – mit konstanter Vorschubrichtung 499
 – mit wechselnder Vorschubrichtung 499
 –, Strategien 500
 –, wirtschaftliche 499
Schnittaufteilungszyklen 500
Schnittstelle 22, 58
Schnittiefe 501
Schnittwerteermittlung, rechnerunterstützte 497
 – INFOS 507
 – METCUT 506
 – SANDVIK COROMANT DATA SERVICE 507
 – SWS (Schnittwertspeicher Magdeburg) 507
 – TRI TOKIO 507
Schulung 634
SCHUMACKER, Verfahren von 248
Segment 115, 151
Segmentierung 49, 151
Seitenadressierung 49
Selbstaufschreibung 614
Selbsterklärungsfähigkeit 54, 166
Selektorkanäle 50
SEMAPT-TEKAPT 555
Serienfertigung 448
Set 125
Sichtbarkeitsverfahren 244

664 Sachregister

–, Flächenmethode 244
–, Flächen-Punkt-Methode 244
–, GRIFFITH 247
–, Klassifizierung 247
–, List-Priority 248
–, LOUTREL 246
–, NEWELL 248
–, Object-Space-Algorithmen 247
–, ROBERTS 245
–, SCHUHMACKER 248
–, WARNOCK 246
Sichtgerät 103
–, analoge Vektordarstellung 40, 105
–, bildspeichernd 103, 105
–, bildwiederholend 103, 105
–, Elektronenstrahl- 103, 106
–, grafisch 88, 103
–, Plasma- 108
–, Raster- 103
Signale 36
Simplex-Betrieb 68
Simulation 471, 547
Skalierung 161, 207, 214
SKETCHPAD 142
Softcopy-Gerät 160
Software 34, 38, 59
–, externe 50
–, individuelle 63
–, sekundäre 50
–, steuerungsorientierte 101
–, zeichnungsorientierte 101
Softwareanteile,
–, problemabhängige 21
–, problemunabhängige 21
Softwareanwender 40
Softwarearchitektur 20
Softwareanforderung 621
Software-Engineering 54
Softwareentwicklung 54
Softwareergonomie 52
Softwarekosten 627
Softwaremethodik 27
Softwarequalität 52
Softwaresystem 23
–, anwendungsbezogenes 54
–, betriebsbezogenes 54
Software-Technologie 27
Softwaretechniker 35
Softwarezuverlässigkeit 52
Sollkonzept 618
Soll-Zeit-Bestimmung 503
Speicher
–, Assoziativ- 49
–, Cache- 48, 49
–, externer 50
–, Fest- 48
–, peripherer 50
–, sekundärer 50
–, virtueller 49
Speicherkapazität 48
Speichermodell 41, 131
Speicherplatte, optische 51
Speicherungsmodell 138
Speicherungsstruktur 125

Spezialrechner 42
Spezifikationsphase 56
Spiegelung
– am Koordinatenursprung 208
– an einer Geraden 204
– an einer Koordinatenachse 208
– an einem Punkt 204
Splinekurve
–, B- 193
–, HERMITE–sche 187
–, kubische 190
Spracherweiterung 152
Spurenecho 158
Standardarbeitsplan 457
Standardsoftware 63
Standortplanung 631
Stapel 36, 61, 129
Stapelbetriebssystem, serielles 61
Stapelverarbeitung 62
Statusregister 48
STEER-BEAR HULL 3 409
Stereoskopie 242
Steuerdatenkanäle 50
Steuerfunktionen 151
Steuerknüppel 110
Steuerkommando 149
Steuerprogramm 60
Steuerung, dezentralisierte 64
Strahl 175
Strecke 176
Streckung 207
Stromweg 69
Struktur
–, Informations- 63
–, Kontroll- 63
Strukturiertheit 54
Strukturtest 59
Symbol 36
Symbolverarbeitung 314
Schaltwerk
–, asynchrone 77
–, synchrone 47
SYSCAP II 419
Systemanforderungen 620
System, geometrieverarbeitend
– Baustein GEOMETRIE 345
– CADDS 3 327
– CADIS 342
– CADSYM 314
– CATIA 333
– CDM 300 333
– CODEM 320
– COMPAC 335
– DDM 328
– EUCLID 350
– MEDUSA 352
– ROMULUS 339
– T 2000 324
– TIPS-1 341
Systemanalyse 27
Systemanalytiker 35
Systemarchitektur 17, 20
Systemimplementierung 58
Systemkopplung

Sachregister

-, integrierte Verarbeitung 356
-, Integration 357
Systemorganisator 34
Systemprogrammierer 34

T 2000 324
Tätigkeitsanalyse 614
Teilefamilie 449
Teileprogramme, Archivierungsmöglichkeiten 465, 469
Teilhabersystem 62
Teilnehmersystem 62
Teilespektrumanalyse 616
TELEAPT 554
Telexnetz 69
Test
   -, Abnahme- 59
   -, funktioneller 59
   -, Struktur- 59
Testphase 58
Texteingabe 156
Textgeber 155
Tiefeneindrücke
   -, direkte 163
   -, indirekte 163
Time-Sharing-System 62
TIPS-1 343
Top-Down-Programmierung 56
Topologie 19
TORNADO 139
Transfergeschwindigkeit 67
Transformation 160, 204
   -, homogene 206
   -, inhomogene 206
   -, lineare 204, 214
Transformationskommando 149
Translation 161

Übersetzer 60
Übertragungsgeschwindigkeit 67
Umsetzer 42
Universalrechner 41
UNIX 62
Unterbild 150
Unterprogramm 57
Unterprogrammpaket 151
Unterprogrammtechnik 57
User-Group 637

Variable 45
Variantenkonstruktion 304
   - Arbeitsweise 304
   - System COMVAR 304
Variantenplanung, rechnerunterstützte 457
Variantenprinzip, grafisches 285
Variantenprogramme 637
Vektor 173
   -, Einheits- 173
   -, freier 173
   -, Orts- 173
   -, Rechenregeln 173
Vektordarstellung 105
Vektorgenerator 106

Vektortechnologie 145
Verbindung
   -, feste, virtuelle 69
   -, gewählte, virtuelle 69
Verbund, heterogener 66
Verfahren
   -, GAUSS'sches 277
   -, GAUSS-SEIDEL 277
   -, Monte-Carlo 284
Verfügbarkeit 54
Verknüpfung 223
   -, Durchdringungs- 226
   -, Kontaktflächen- 224
   -, logische 45
   -, mengentheoretische 218, 223
   -, NAND 46
Verständlichkeit 54
Verträglichkeit 275
Vieleck 178
Vielwegbaum 115
VLSI-CAD-System 420
Vollständigkeit 54
Von-Neumann-Rechner 64
Vorentwurf 411
Vorgänge
   -, algorithmisch beschreibbare 254
   -, heuristische 254

Wahrheitswert 45
WARNOCK, Algorithmus von 246
Warteschlange 129
Wartung 59
Wartungsdokumentation 59
Wartungsfähigkeit 54
Wartungsphase 59
Weltkoordinaten 160
Werkstattprogrammierungsystem 467, 566
   - IPK-Berlin
   - MAZATROL M-1 568
Werkstückbeschreibung 25, 459, 486
   -, arbeitsvorgangsbezogene 486
   -, dreidimensionale 23
   -, vollständige 486
Werkstückbeschreibungsdaten 445
Werkzeugbewegung 499
Werkzeugkonstruktion für Blechteile 380
Werkzeugplan 463
Werkzeugvoreinstellung 463
Werkzeugweg 463, 499
Werteingabe 157
Wertgeber 155
Wiederholgenauigkeit 100
Wiederholplanung 449
Wirtschaftlichkeitsrechnung 626
Wort 36

Zähler 47
Zeichen 36
   - Binär 36
Zeichengenauigkeit 105
Zeichengeschwindigkeit 108
Zeichengenerator 106
Zeichenmaschine
   -, Flachbett- 96

-, Inkremental- 98
-, Interpolations- 98
- mit Lageregelung 98
- mit Schnittmotorsteuerung 99
- ohne Lagerung 96
-, off-line-Kopplung 97
-, on-line-Kopplung 97
-, Tintenstrahl- 102
-, Trommel- 96
-, automatische 96
Zeichenvorrat 36
-, binärer 36
Zeichnen 285
- in der CAD-Technologie 285
Zeichnung 165
-, originale 258
Zeichnungserstellung 20
Zeichnungsvordruck 258
Zeiger 147
Zeitermittlung 502
Zeitvorgabe 445, 503

Zentraleinheit 40, 47
Zentralprozessor 40, 47
Zentralrechner-Satellitenrechner-Konfiguration 84
Zentralspeicher 41, 48
Zerlegung in Teilfunktionen 58
Zerlegungskriterien 58
Zerspandaten 509
Zielkriteriensystem 622
Zielsprache 60
Zugänglichkeit 54
Zugriff, direkter 130
Zugriffsprogramm 94
Zustandsgraph 46, 165
Zuverlässigkeit 20
Zweiadressrechner 64
Zweikomponentensoftware 20, 21, 93
zyklisch 62
Zykluszeit 48
Zylinder 181